PHYSICAL CHEMISTRY

2nd Edition

DAVID W. BALL

데이비드 볼의

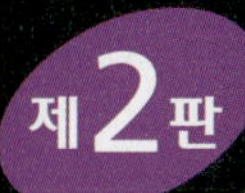

물리화학

제2판

| 오세웅 외 6인 옮김 |

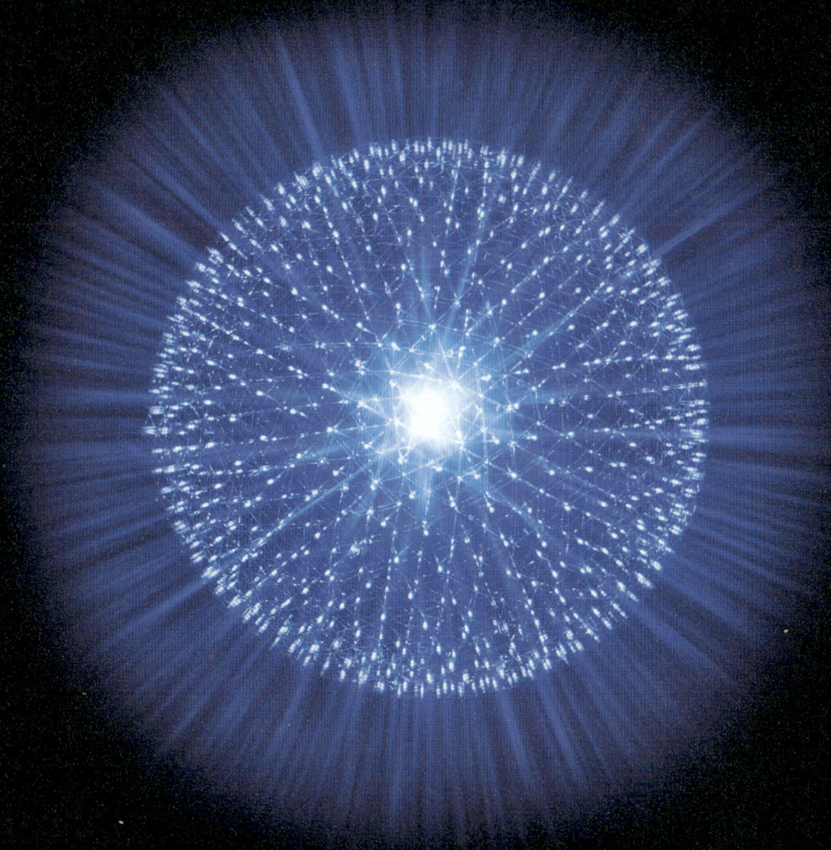

CENGAGE Learning 사이플러스 Science plus

Andover Melbourne Mexico City Stamford, CT Toronto Hong Kong New Delhi Seoul Singapore Tokyo

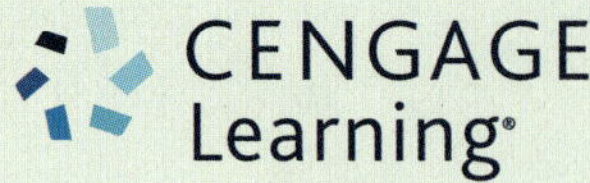

Physical Chemistry

2nd Edition

David W. Ball

Original edition © 2015 Brooks Cole, a part of Cengage Learning.
Physical Chemistry, 2nd Edition by David W. Ball
ISBN: 9781133958437

This edition is translated by license from Brooks Cole, a part of Cengage Learning, for sale in Korea only.

ISBN-13: 978-89-92603-09-6

Cengage Learning Korea Ltd.
14F YTN Newsquare 76 Sangamsan-ro
Mapo-gu Seoul 03926 Korea
Tel: (82) 2 330 7000
Fax: (82) 2 330 7001

Cengage Learning is a leading provider of customized learning solutions with office locations around the globe, including Singapore, the United Kingdom, Australia, Mexico, Brazil, and Japan. Locate your local office at: www.cengage.com/global

Cengage Learning products are represented in Canada by Nelson Education, Ltd.

For product information, visit www.cengageasia.com

Printed in Korea
1 2 3 4 20 19 18 17

주기율표

Periodic Table of the Elements

주족 금속	전이 금속	준금속	비금속

Uranium
92 ---- 원자 번호
U ---- 원소 기호
238.0289 -- 원자량

	1A (1)	2A (2)	3B (3)	4B (4)	5B (5)	6B (6)	7B (7)	(8)	8B (9)	(10)	1B (11)	2B (12)	3A (13)	4A (14)	5A (15)	6A (16)	7A (17)	8A (18)
1	Hydrogen 1 H 1.0079																	Helium 2 He 4.0026
2	Lithium 3 Li 6.941	Beryllium 4 Be 9.0122											Boron 5 B 10.811	Carbon 6 C 12.011	Nitrogen 7 N 14.0067	Oxygen 8 O 15.9994	Fluorine 9 F 18.9984	Neon 10 Ne 20.1797
3	Sodium 11 Na 22.9898	Magnesium 12 Mg 24.3050											Aluminum 13 Al 26.9815	Silicon 14 Si 28.0855	Phosphorus 15 P 30.9738	Sulfur 16 S 32.066	Chlorine 17 Cl 35.4527	Argon 18 Ar 39.948
4	Potassium 19 K 39.0983	Calcium 20 Ca 40.078	Scandium 21 Sc 44.9559	Titanium 22 Ti 47.867	Vanadium 23 V 50.9415	Chromium 24 Cr 51.9961	Manganese 25 Mn 54.9380	Iron 26 Fe 55.845	Cobalt 27 Co 58.9332	Nickel 28 Ni 58.6934	Copper 29 Cu 63.546	Zinc 30 Zn 65.38	Gallium 31 Ga 69.723	Germanium 32 Ge 72.61	Arsenic 33 As 74.9216	Selenium 34 Se 78.96	Bromine 35 Br 79.904	Krypton 36 Kr 83.80
5	Rubidium 37 Rb 85.4678	Strontium 38 Sr 87.62	Yttrium 39 Y 88.9059	Zirconium 40 Zr 91.224	Niobium 41 Nb 92.9064	Molybdenum 42 Mo 95.96	Technetium 43 Tc (97.907)	Ruthenium 44 Ru 101.07	Rhodium 45 Rh 102.9055	Palladium 46 Pd 106.42	Silver 47 Ag 107.8682	Cadmium 48 Cd 112.411	Indium 49 In 114.818	Tin 50 Sn 118.710	Antimony 51 Sb 121.760	Tellurium 52 Te 127.60	Iodine 53 I 126.9045	Xenon 54 Xe 131.29
6	Cesium 55 Cs 132.9055	Barium 56 Ba 137.327	Lanthanum 57 La 138.9055	Hafnium 72 Hf 178.49	Tantalum 73 Ta 180.9479	Tungsten 74 W 183.84	Rhenium 75 Re 186.207	Osmium 76 Os 190.23	Iridium 77 Ir 192.22	Platinum 78 Pt 195.084	Gold 79 Au 196.9666	Mercury 80 Hg 200.59	Thallium 81 Tl 204.3833	Lead 82 Pb 207.2	Bismuth 83 Bi 208.9804	Polonium 84 Po (208.98)	Astatine 85 At (209.99)	Radon 86 Rn (222.02)
7	Francium 87 Fr (223.02)	Radium 88 Ra (226.0254)	Actinium 89 Ac (227.0278)	Rutherfordium 104 Rf (267)	Dubnium 105 Db (268)	Seaborgium 106 Sg (271)	Bohrium 107 Bh (272)	Hassium 108 Hs (270)	Meitnerium 109 Mt (276)	Darmstadtium 110 Ds (281)	Roentgenium 111 Rg (280)	Copernicium 112 Cn (285)	Ununtrium 113 Uut Discovered 2004	Ununquadium 114 Uuq Discovered 1999	Ununpentium 115 Uup Discovered 2004	Ununhexium 116 Uuh Discovered 1999	Ununseptium 117 Uus Discovered 2010	Ununoctium 118 Uuo Discovered 2002

란타넘족	Cerium 58 Ce 140.116	Praseodymium 59 Pr 140.9076	Neodymium 60 Nd 144.242	Promethium 61 Pm (144.91)	Samarium 62 Sm 150.36	Europium 63 Eu 151.964	Gadolinium 64 Gd 157.25	Terbium 65 Tb 158.9254	Dysprosium 66 Dy 162.50	Holmium 67 Ho 164.9303	Erbium 68 Er 167.26	Thulium 69 Tm 168.9342	Ytterbium 70 Yb 173.054	Lutetium 71 Lu 174.9668
악티늄족	Thorium 90 Th 232.0381	Protactinium 91 Pa 231.0359	Uranium 92 U 238.0289	Neptunium 93 Np (237.0482)	Plutonium 94 Pu (244.664)	Americium 95 Am (243.061)	Curium 96 Cm (247.07)	Berkelium 97 Bk (247.07)	Californium 98 Cf (251.08)	Einsteinium 99 Es (252.08)	Fermium 100 Fm (257.10)	Mendelevium 101 Md (258.10)	Nobelium 102 No (259.10)	Lawrencium 103 Lr (262.11)

비고: 여기서의 원자량은 2007년 IUPAC에서 제정한 값(소숫점 4자리까지)이며, 괄호 안의 숫자는 가장 안전한 동위 원소의 원자량 또는 질량수이다.

※ 원소의 한글 이름은 대한화학회 주기율표(new.lcsnet.or.kr/periodic)를 참조 바람.

분자 모델에서 원자들의 표준 색상

탄소 원자 · 수소 원자 · 산소 원자 · 질소 원자 · 염소 원자

물리 상수

Physical Constants

상수의 종류	기호	값	종류
진공에서 빛의 속도(Speed of light in vacuum)	c	2.99792458×10^{8}	m/s
자유 공간에서 유전율(Permittivity of free space)	ε_0	$8.854187817 \times 10^{-12}$	$C^2/J \cdot m$
중력 상수(Gravitational constant)	G	6.673×10^{-11}	$N \cdot m^2/kg^2$
플랑크 상수(Planck's constant)	h	$6.62606876 \times 10^{-34}$	J·s
기본 전하(Elementary charge)	e	$1.602176462 \times 10^{-19}$	C
전자의 질량(Electron mass)	m_e	$9.10938188 \times 10^{-31}$	kg
양성자의 질량(Proton mass)	m_p	$1.67262158 \times 10^{-27}$	kg
중성자의 질량(Neutron mass)	m_n	$1.67492735 \times 10^{-27}$	kg
보어 반지름(Bohr radius)	a_0	$5.291772083 \times 10^{-11}$	m
뤼드베리 상수(Rydberg constant)	R	109737.31568	cm^{-1}
아보가드로 상수(Avogadro's constant)	N_A	$6.02214199 \times 10^{23}$	mol^{-1}
페러데이 상수(Faraday's constant)	$\mathcal{F}$	96485.3415	C/mol
이상 기체 상수(Ideal gas constant)	R	8.314472	J/mol·K
		0.0820568	L·atm/mol·K
		0.08314472	L·bar/mol·K
		1.98719	cal/mol·K
볼츠만 상수(Boltzmann's constant)	k, k_B	$1.3806503 \times 10^{-23}$	J/K
스테판-볼츠만 상수(Stefan-Boltzmann constant)	σ	5.670400×10^{-8}	$W/m^2 \cdot K^4$
보어 마그네톤(Bohr magneton)	μ_B	$9.27400899 \times 10^{-24}$	J/T
핵마그네톤(Nuclear magneton)	μ_N	$5.05078317 \times 10^{-27}$	J/T

Source: Excerpted from Peter J. Mohr and Barry N. Taylor, CODATA Recommended Values of the Fundamental Physical Constants, *J. Phys. Chem. Ref. Data*, vol. 28, 1999.

옮긴이 머리말

Preface

이 책은 지은이가 머리말에서 밝힌 대로 제1판을 개선하여 출판된 것이다. 제2판은 큰 틀에서 제1판의 프레임을 그대로 유지하고 있지만, 내용면으로 보면 열역학에서 미시적인 접근을 시도하였으며, 연습 문제의 수를 늘렸고, 책의 여백에 부분적으로 주석을 달아 놓은 것이 달라진 점이라 할 수 있다. 원서는 총 22개의 장으로 구성되어 있지만 이 번역서에서는 한 학기 분량의 물리화학 교재를 만들기 위하여 양자화학과 분광학 부분(원서 9~16장)을 제외하고 열역학, 통계 열역학, 반응 속도론, 결정 및 표면 부분만을 번역하여 총 14장으로 구성하였다. 따라서 양자화학이 필요한 경우 별도의 교재를 참고하기 바란다. 아울러 부록에서도 양자화학 관련 부분은 제외시켰다.

특히 이 책은 학부과정의 수준에 맞추어져 있고, 설명이 자세하며, 개념과 단위를 잘 조화시키고 있어 화학과 학생들뿐만 아니라 화학 관련 학과의 학생들이 두 학기 정도 물리화학을 공부하는 데 안성맞춤의 교재라고 생각한다. 문제 풀이 과정이 때에 따라서는 지루할 정도로 상세하게 설명을 해주고 있기 때문에 기초 수학에 부담을 갖는 학생들도 이 책을 통해서 물리화학을 공부하기가 수월할 것으로 생각한다. 선택된 연습 문제의 해답은 원서의 내용을 더 이상 번역하지 않고 그대로 이 책의 부록 다음에 수록하였다.

책을 번역하는 과정에서 원본의 오류는 옮긴이가 임의로 수정하였고, 오해가 있을 수 있는 부분은 보충하였다. 대부분의 화학 용어는 대한화학회 홈페이지(new.kcsnet.or.kr)의 화학정보/화학술어란에서 확인하여 사용하였고, 화합물명은 같은 홈페이지의 화학정보/화합물 명명법에서 제시한 규칙을 따라 번역하였다. 외래어 표기는 국립국어원(www.korean.go.kr)의 외래어 표기법을 따랐으며, 띄어쓰기는 한글 맞춤법 검사기(speller.cs.pusan.ac.kr)를 활용하였다. 좋은 번역 책을 만들고자 하였지만 짧은 기간 책을 번역하는 과정에서 생길 수 있는 잘못은 독자들의 지적을 받아 고쳐나가고자 한다.

바쁜 교육과 연구의 일정에도 번역에 참여해주신 교수님들께 감사드리며, 이 책이 나올 때까지 애써 주신 사이플러스 대표님과 직원 여러분들께도 고마움을 전한다.

2017년 2월 20일
옮긴이 대표 적음

지은이 머리말

Preface

첫 번째 임기를 맞이하는 정치인이 가장 바라는 것은 두 번째 임기라고 하는 옛 유머가 있다. 제1판의 지은이들도 비슷한 말을 할 수 있다. 즉, 제1판의 지은이들이 가장 바라는 것은 제2판이다. 결국, 제2판은 지은이뿐만 아니라 편집자, 보조 편집자, 재검토자, 정밀 검토자, 보조 집필자 및 그 외 많은 사람들에 의해서 지은이로 하여금 또 다른 노력과 시간 및 경비를 들여서 통찰할 가치가 있다고 재확인하여 준다. 학교에서 실제 교재 채택자가 있다고 하는 것은 이를 다시 확인해 주는 것이기도 하다. 왜냐하면 초판이 사용되지 않는다면 어떠한 저명한 출판사도 노력과 시간 및 경비를 더는 들이지 않을 것이기 때문이다.

제2판은 교재의 전반적인 철학과 내용을 되돌아보게 하는 기회이기도 하다. 이 책의 경우에는 기조가 변하지 않았다. 이 책의 제1판이 출간된 이후로 새로운 교재들이 출판되었음에도 시중에서는 물리화학 **백과사전**이 아닌 물리화학 **교재**를 원하고 있으며, 졸업자격시험을 위해서 공부하는 대학원생들의 수준이 아닌 학부 학생들의 수준을 요구하고 있다.

제1판이 이러한 일을 했다고 입증할 만한 증거가 있다. 이 책에 대하여 긍정적인 의견을 가진 학생들로부터 수십 통의 이메일을 받은 바 있는데, 그들은 이 책이 최종 사용자인 학생들에게 물리화학의 개념을 전달하는 힘이 있다고 칭찬하였다. 물리화학 교재에 대하여 긍정적인 평을 해준 학생들을 생각해 볼 때 제1판의 철학이 학생들에게 통한 것 같다.

제2판은 또한 제1판이 완벽한가에 대하여 개선의 기회를 제공하여 준다. 제2판의 특징으로는 다음 몇 가지가 있다.

- 각 장의 끝에 상당히 많은 수의 연습 문제가 있고, 기존 주제와 새로운 주제에 대한 추가적인 연습 문제가 제공된다. 전반적으로 각 장의 연습 문제는 50% 이상 증가했고, 이는 강사와 학생들에게 물리화학의 실력을 연마하는 데 더 많은 유연성을 줄 것이다.
- 분자 수준의 현상학적인 열역학을 새롭게 강조했다. 고전적인 열역학은 큰 물질의 성질에 바탕을 두고 있지만, 물질이 원자와 분자로 구성되어 있고, 물질의 특성을 원자 및 분자와 관련지으려는 어떠한 시도든지 화학의 기초를 강화한다는 사실을 화학자로서 결코 잊지 말아야 한다.
- 각 장의 많은 예제 풀이에서 주석을 달아 놓았다. 보조단에 위치한 주석은 학생의 이해를 증진시키는 수단으로서 예제를 풀 때 추가적인 힌트나 통찰력을 준다.
- 각 장에서 중요한 식을 요약하고 학생들의 학습을 증진시키기 위하여 '주요 식'란을 두었다.

당연히 제2판을 제작함에 있어 수년간 강의실에서 제1판을 실제로 사용하면서 무엇이 잘되고 무엇이 잘못되었는지를 파악할 수 있어 도움을 받았고, 궁극적으로 학생들이 학습할 때 보여준 의견이 도움이 되었다.

David W. Ball

차례

Contents

제 1 장

기체와 열역학 제0법칙

Gases and the Zeroth Law of Thermodynamics

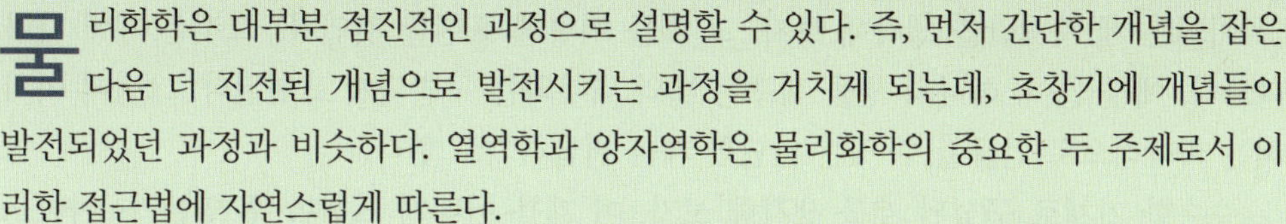

물리화학은 대부분 점진적인 과정으로 설명할 수 있다. 즉, 먼저 간단한 개념을 잡은 다음 더 진전된 개념으로 발전시키는 과정을 거치게 되는데, 초창기에 개념들이 발전되었던 과정과 비슷하다. 열역학과 양자역학은 물리화학의 중요한 두 주제로서 이러한 접근법에 자연스럽게 따른다.

물리화학의 첫 장인 이 장에서는 일반 화학에서 다룬 간단한 개념 중 하나인 기체 법칙에 관하여 다시 한 번 살펴보기로 한다. 기체 법칙은 기체에 대하여 측정할 수 있는 값들(물리적 변수) 사이의 관계를 식으로 나타낸 것으로서, 연금술이 판을 치던 1600년대 이후 처음으로 화학을 수식화한 것들 중의 하나이다. 기체 법칙은 자연을 이해하는 데 있어서 양이란 것이 얼마나 중요한 것인가를 보여주는 첫 번째 실마리였다. 보일 법칙, 샤를 법칙, 아몽통 법칙 및 아보가드로 법칙은 모두 수학적으로 간단한 것이지만, 어떤 식들은 매우 복잡하게 표현되기도 한다.

물질이 원자나 분자로 이루어졌음을 화학을 통해서 알고, 물리화학적 개념이 어떻게 이러한 입자들과 관련이 되는지를 또한 이해할 필요가 있다. 즉, 주제에 대하여 분자적 접근법을 취할 수 있다. 다음 몇 장에 이러한 접근 방식을 여러 번 사용할 것이다.

화학에서 열역학은 거시적 계(macroscopic system)를 다루며, 양자역학은 미시적 계(microscopic system)를 다룬다. 반응 동역학(kinetics)은 시간에 따라 구조가 변하는 계를 취급한다. 그러나 이 분야들은 모두 기본적으로 열역학과 관련이 있기 때문에 열역학(화학에서 열과 일에 대한 연구)을 시작으로 물리화학을 공부한다.

1.1 개요

이 장은 열역학 **계**(system)를 비롯한 몇 가지 정의와 그 계를 규정해주는 거시적 변수들로부터 시작한다. 만일 기체를 하나의 계로 생각한다면 그 기체의 특성을 나타내는 데 여러 가지 수학적 관계들이 유용하게 쓰인다는 것을 알게 될 것이다. 이와 연관된 일부 '기체 법칙'들은 간단하지만 정확하지는 않으며, 일부 다른 기체 법칙들은 복잡하지만 보다 더 정확하다. 복잡한 일부 기체 법칙에는 실험적으로 결정되는 변수들을 포함하는데, 이러한 변수들은 나중에 표에서 보겠지만 물리적으로 타당할 수도 있고 그렇지 않을 수도 있다. 간단한 미적분학을 사용하여 몇 가지 관계식(수학적 관계식)을 유도한다. 이러한 수학적 취급은 더 깊게 열역학을 다루는 이후 장들에서 유용할 것이다. 마지막으로, 열역학에서 허용된 모형이 물질의 원자 이론에 연결되어야 하므로 분자적 관점에서 열역학을 소개할 것이다.

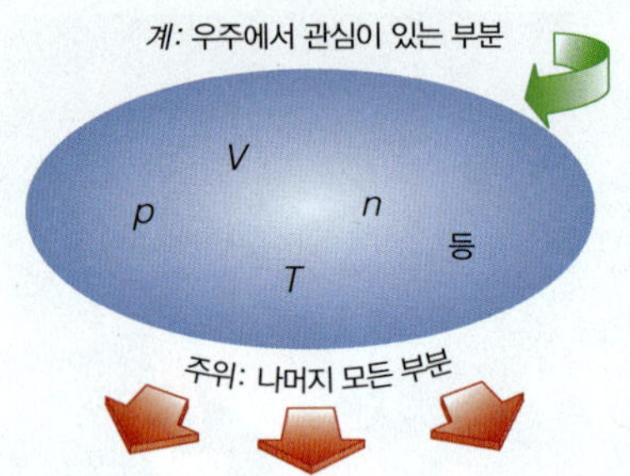

그림 1.1 계는 관심을 갖고 있는 우주의 일부분이고, 계의 상태는 압력, 부피, 온도 및 몰과 같은 거시적 변수들로써 나타낸다. 주위는 계를 제외한 나머지 부분이다. 예를 들어, 냉장고를 계라 하면 냉장고 이외의 나머지 공간이 주위가 된다.

1.2 계, 주위 및 상태

그림 1.1에서와 같이 우리가 연구할 관심 대상의 물질이 들어 있는 용기를 생각해 보자. 용기는 물질과 그 주변의 다른 모든 것들을 갈라놓는 좋은 역할을 한다. 또한 주변의 다른 것들에 대한 측정과 무관하게 물질의 성질을 측정하려 한다고 해보자. 관심의 대상인 물질을 **계**(system)로 정의하며, 그 외의 다른 모든 것들을 **주위**(surroundings)라고 정의한다. 이러한 정의는 연구 대상으로 관심을 갖는 우주(universe)의 일부분 즉, 계를 규정하기 때문에 중요한 기능을 한다. 더 나아가 이러한 정의로부터 곧바로 다른 질문을 할 수가 있다. 즉, 계와 주위 사이에는 어떤 상호작용이 존재하는가? 계와 주위는 서로 무엇을 교환하는가?

이제는 계 자체만을 생각해 보자. 그 계를 어떻게 표현할 것인가? 그것은 계에 따라 다르다. 예를 들어, 하나의 생물 세포는 별의 내부와는 구별되게 표현된다. 그런데 여기서는 화학적으로 언급할 수 있는 간단한 계를 취급하기로 한다.

순수한 기체로 구성된 계를 생각해 보자. 이 계를 어떻게 표현할 수 있는가? 아마도 그 기체는 어떤 부피, 압력, 온도, 화학적 조성, 원자수나 분자수, 화학적 반응성 등과 같은 값들을 가지고 있을 것이다. 이러한 값들을 모두 측정하거나 결정할 수 있으면 그 계의 특성을 아는 데 필요한 모든 값들을 알게 되는 것이다. 이러한 경우 계의 **상태**(state)를 알고 있다고 말한다.

만약 그 계의 상태가 변하지 않는 경우 '그 계는 주위와 **평형**(equilibrium)에 있다'고 말한다.* 평형 조건은 열역학에서 기본적인 개념이다. 모든 계가 평형 상태에 있지는 않을지라도 계에 대한 열역학을 이해하기 위해서는 언제나 평형을 기준점으로 사용한다.

계의 특성에 대하여 꼭 알아두어야 하는 물리적인 값이 하나 있는데, 그것은 바로 에너지(energy)이다. 에너지는 계에 대한 모든 측정값(물리적 변수)들과 연관이 있다(앞으로 알게 되겠지만 모든 변수들은 서로 연관이 있다). 계의 에너지가 다른 변수들과 어떠한 연관성이 있는가를 연구하는 분야가 바로 (열 이동을 뜻하는) **열역학**(thermodynamics)이다. 열역학이 궁극적으로 에너지를 취급하는 분야이기는 하지만 다른 변수들도 취급하며, 이 변수들과의 상호 연관성에 대한 지식이 열역학의 한 단면이다.

계의 상태를 어떻게 정의할 수 있는가? 먼저 화학적 표현과 상반되는 물리적 표현에 중점을 둔다. 기체의 압력, 온도, 부피 및 물질의 양과 같은 몇 개의 변수들만 가지고도 그 계의 거시적 특성을 나타낼 수 있음을 알게 될 것이다(표 1.1 참조). 이러한 값들은 쉽게 측정할 수 있으며, 잘 정의된 단위(unit)를 가진다. 부피의 단위에는 L, mL 또는 cm^3가 있다. 부피의 **SI** (Système International) 단위는 m^3이지만, 다른 단위들도 편의상 사용되고 있다. 압력의 단위로는 atm (atmosphere), torr, Pa (pascal) 또는 bar가 있다(Pa는 압력의 SI 단위이며, 1 Pa = 1 N/m^2이다). 부피와 압력은 눈금으로 나타낸 측정 기구에서 최솟값을 분명히 갖는다. 영의 부피(zero volume)와 영의 압력(zero pressure)은 간단하게 정의되며, 물질의 양도 이와 같다. 계의 양을 규정하는 것은 간단

---

*계에 대하여 평형을 정의하는 것은 까다로운 조건이 될 수가 있는데, 예를 들어 H_2 기체와 O_2 기체가 섞여 있는 혼합물은 두드러진 변화의 경향을 전혀 나타내지 않음에도 불구하고, 평형을 이루고 있는 것이 아니다. 정상 온도에서 촉매가 존재하지 않을 경우는 두 기체 사이의 반응이 너무 느리기 때문에 전혀 변화를 느낄 수가 없는 것이다.

표 1.1 흔히 쓰이는 상태 변수와 단위

변수	기호	단위
압력	p	atm (= 1.01325 bar)
		torr (= 1/760 atm) Pa (SI 단위) Pa (= 1/100,000 bar) mmHg (= 1 torr)
부피	V	m^3 (SI 단위)
		L (= 1/1000 m^3) mL (= 1/1000 L) cm^3 (= 1 mL)
온도	T	°C 또는 K
		°C = K − 273.15
물질의 양	n	mol (분자량을 사용하여 g 단위로 바꿀 수 있음)

하며, 계에서 아무 것도 없는 상태가 0에 해당된다.

계의 온도는 계의 특성을 분명히 나타내는 측정값은 아니었으며, '최소 온도'에 대한 개념은 비교적 최근에 이루어진 것이다. 1603년에 갈릴레오는 처음으로 물 온도계로 온도 변화를 측정하였다. 파렌하이트(Gabriel Daniel Fahrenheit)는 처음으로 수치화된 온도계를 고안하여 널리 사용하였고 이를 더 발전시켜 1714년에 수은 온도계를 제작하였는데, 실험실에서 얻을 수 있는 가능한 최저 온도를 0으로 정하였다. 셀시우스(Anders Celsius)는 1742년에 다른 척도로 된 온도계를 개발했는데, 물의 어는점과 끓는점을 기준으로 정하였다.* 이러한 척도들은 **상대적**인 온도이지 **절대적**인 온도가 아니다. 따뜻하고 차가운 물체는 이러한 상대적 척도로서 결정되는 어떤 값을 갖게 된다. 두 경우 0보다 낮은 온도가 될 수도 있기 때문에 계의 온도가 음의 값으로 나타날 수도 있을 것이다. 부피, 압력 및 물질의 양은 음의 값을 가질 수 없다. 나중에 음의 값을 가질 수 없는 온도 척도를 정의할 것이다. 온도는 계를 잘 이해할 수 있는 변수로 여겨진다.

1.3 열역학 제0법칙

열역학은 물리적 계와 화학적 계에 광범위하게 적용할 수 있는 몇 가지 **법칙**에 근거를 두고 있다. 이 법칙들은 간단하지만 과학적 법칙으로 확립되어 인정받기까지는 실험에 오랜 시간이 걸렸다. 궁극적으로 논의하게 될 세 개의 법칙이 열역학 제1법칙, 제2법칙 및제3법칙이다.

그러나 열역학에서 너무나도 당연하기 때문에 별로 언급되지 않고 있는 기본적인 개념이 있다. 제1법칙도 이 개념에 의존하기 때문에 이 개념을 종종 열역학 제0법칙이라고 부른다. 이 개념은 바로 앞 절에서 소개한 변수들 중의 하나인 온도와 관계가 있다.

*흥미롭게도 셀시우스는 원래 물의 끓는점을 영점으로 하고 어는점을 100으로 정하였다. 셀시우스가 사망한 후 1744년에 스웨덴 식물학자인 리니어스(Carolus Linneaus)가 이를 뒤바꾸었다. 즉 높은 온도가 높은 값을 갖게 하였다. 1948년까지 그 눈금은 쉽게 100분 눈금으로 불렸으나 '셀시우스 눈금(Celsius scale)'이 지금은 적절한 용어로 여겨진다.

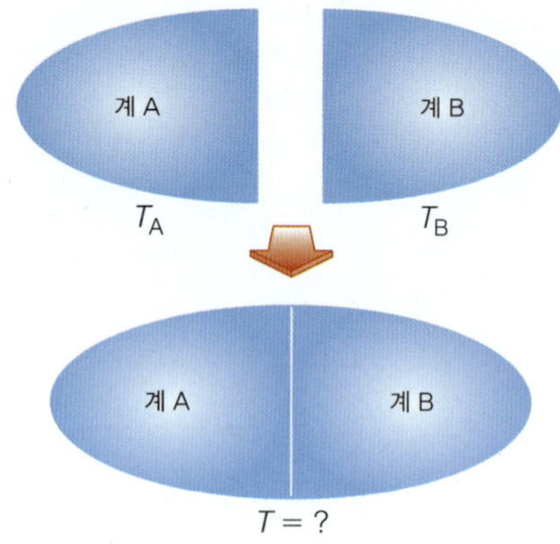

그림 1.2 분리되어 있는 두 계를 접촉시키면 온도는 어떻게 되겠는가?

온도란 무엇인가? **온도(temperature)는 계의 입자들이 얼마나 많은 운동 에너지를 가지고 있는가 하는 척도를 나타낸다.** 계의 상태를 정의하는 다른 변수들(부피, 압력 등)이 같을 경우 온도가 높을수록 계는 더 많은 에너지를 갖는다. 열역학은 부분적으로 에너지에 관한 연구를 포함하기 때문에 온도는 열역학에서 매우 중요한 변수이다.

그러나 우리는 온도를 나타낼 때 조심해야 한다. 온도는 에너지의 형태가 아니고 서로 다른 계들의 에너지 량을 비교하기 위하여 사용되는 파라미터이다.

그림 1.2와 같은 두 계 A와 B를 생각해 보자. 여기서 A의 온도는 B의 온도보다 높다고 가정한다. 각 계는 경계면을 통하여 물질의 출입은 허락되지 않으나 에너지의 출입이 가능한 계를 의미하는 **닫힌계**(closed system)이다. 각 계의 상태는 압력, 부피 및 온도와 같은 양으로 정의된다. 그림과 같이 두 계가 분리된 상태로 서로 물리적으로 접촉하고 있다고 생각하자. 예를 들어, 두 개의 금속 조각은 서로 접촉할 수 있으며, 기체가 담긴 두 용기는 마개가 닫힌 상태에서 연결될 수 있다. 이렇게 연결이 되었다 하더라도 두 계 사이나 주위와의 사이에서 물질 교환이 일어나지 않는다.

각 계의 온도 T_A와 T_B는 어떻게 될까? 항상 관측할 수 있는 것은 한 계로부터 다른 계로 에너지 이동이 일어난다는 것이다. 두 계 사이에 에너지 이동이 일어나기 때문에 $T_A = T_B$가 될 때까지 두 온도는 변한다. 이때 두 계는 **열적 평형 상태**(thermal equilibrium)에 있다고 말한다. 이러한 평형 상태에서도 두 계 사이의 에너지 이동이 있을 수는 있으나, **알짜 에너지 변화**(net change in energy)는 0이며, 온도는 더 이상 변하지 않는다. 이러한 열적 평형 상태에 도달하는 것은 계의 크기와는 무관하며, 큰 계들 간의 접촉, 작은 계들 간의 접촉 및 큰 계와 작은 계가 접촉되는 경우에도 적용된다.

온도 차이에 의하여 한 계에서 다른 계로 에너지가 이동하는 것을 **열**(heat)이라고 부른다. 이 경우에 계 A로부터 계 B로 열이 흐른다고 말한다. 더 나아가 제3의 계 C가 계 A와 열적 평형 상태에 있다면 $T_C = T_A$이며 계 C는 계 B와도 열적 평형 상태에 있게 된다. 이러한 개념은 더 많은 수의 계들을 포함하는 경우에도 확장하여 적용될 수 있으나, 위에서와 같이 세 개의 계를 가지고 설명한 기본적 개념을 열역학 제0법칙으로 요약하여 부른다.

> 열역학 제0법칙: 두 계가 서로 열적 평형 상태에 있고, 제3의 계가 이들 중 한 계와 열적 평형 상태에 있다면 제3의 계는 다른 계와도 열적 평형 상태에 있다.

우리의 경험으로 볼 때 이 사실은 명백한 것이며, 열역학에서 기본적인 내용이다.

제0법칙은 경험에 근거를 둔 것이며, 처음 보기에 분명한 것처럼 여겨진다. 그러나 이 '분명하다'는 중요성은 매우 심오할 수도 있고 또는 심오해질 것이다. 과학적으로 증명되지 않은 법칙이다. 그들이 어긋났다고 관찰된 일이 없기 때문에 옳다고 받아들이는 것이다.

예제 1.1

세 개의 계가 37.0°C에 있다. 즉, H_2O 시료 1.0 L와 압력이 1.00 bar인 Ne 기체 100 L 및 NaCl 결정 조각이 있다. 각 계의 크기와 열평형 상태의 관련성에 대하여 설명하라. 이 계들이 접촉될 경우 에너지의 알짜 이동이 있겠는가?

예제 1.1 *(계속)*

풀이

열평형은 계의 온도에 의하여 결정되는 것이며, 시료의 크기에 의하여 결정되는 것이 아니다. 계들이 모두 같은 온도에 있기 때문에[즉, $T(H_2O) = T(Ne) = T(NaCl)$] 이들은 모두 서로 열평형 상태에 있다. 열역학 제0법칙에 의하여 H_2O가 Ne와 열평형 상태에 있고 Ne가 NaCl과 열평형 상태에 있을 경우, H_2O는 NaCl과 열평형 상태에 있게 된다. 계의 크기와는 상관없이 세 개의 계들 사이에는 어떠한 에너지의 알짜 이동도 없을 것이다.

열역학 제0법칙은 새로운 개념을 도입해 준다. 계의 상태를 정의하는 변수들(**상태 변수**) 중 하나의 값이 변할 경우 온도가 변한다. 궁극적으로 상태 변수들이 어떻게 변하고 이러한 변화가 계의 에너지에 어떻게 연관되는 지에 대하여 관심이 있다.

마지막으로 계는 그 변화 이전의 상태를 기억하지 않는다는 것이다. 계의 상태는 현재 그 계의 상태 변수들의 값에 의해서만 결정되는 것이지 변화 이전의 값들이나 그 계가 어떻게 변화해 왔는지에 따라 결정되는 것이 아니다. 그림 1.3에서와 같은 두 계를 생각해 보자. 계 A는 T = 200도에 도달하기에 앞서 더 높은 온도가 된다. 계 B는 초기 상태에서 곧바로 최종 상태로 진행한다. 결국 두 상태는 똑같아진다. 첫 번째 계가 더 높은 온도에 있었다는 것은 문제가 되지 않는다. 즉 계의 상태는 상태 변수가 변화 이전에 어떠한 값을 가졌었는지, 또한 어떤 과정을 거쳐 변화하였는지에 상관없이 현재의 상태 변수들에 의해서만 결정된다.

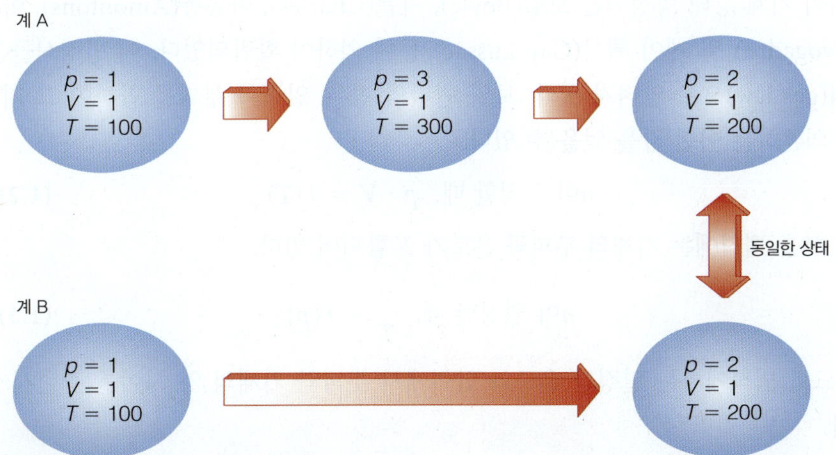

그림 1.3 계의 상태는 변수들에 의해서 결정되며, 계의 변화 과정과는 무관하다. 이 예에서 두 계 A와 B의 초기 상태와 최종 상태는 똑같으며, 계 A의 온도와 압력이 더 높았었던 사실과는 상관이 없다.

1.4 상태 방정식

현상학적 학문인 열역학은 **실험**(experiment)에 기초하고 있다. 측정을 위한 실험은 어느 장소에서도 가능하다. 예를 들면 일정한 양의 순수한 기체에 대하여 두 가지 상태 변수는 압력, P*와 부피, V이다. 압력과 부피는 서로 독립적으로 조절할 수가 있는데, 부피는 일정하게 유지되는 상태에서 기체의 압력을 변화시킬 수 있고, 반대로 압력이 일정한 상태에서 부피를 변화시킬 수도 있다. 온도 T는 압력과 부피와는 무관하게 독립적으로 변화시킬 수 있는 또 다른 상태 변수이다. 그러나 경험적으로 볼 때 평형 상태에 있는 기체 시료에 대하여 압력, 부피 및 온도가 규정되어 있을 경우 시료의 측정 가능한 모든 거시적 성질들은 어떤 특정한 값을 갖게 된다. 즉 이 세 개의 상태 변수들은 기체 시료의 상태를 완벽하게 결정한다. 여기서 주목할 것은 또 다른 하나의 상태 변수인 물질의 양도 있다는 것이다. 계에서의 물질의 양은 보통 mol 단위로 나타내며, n으로 표기한다.

더 나아가 네 개의 변수 p, V, n, T에 임의의 값을 동시에 부여한다는 것은 가능하지 않다. 실험을 통하여 이것을 확인할 수 있다. 실제로 일정한 양의 기체에 대하여 p, V, T 세 개의 상태 변수들 중에서 두 변수만을 독립적으로 변화시킬 수 있다. 두 변수 값들이 규정되면 나머지 변수의 값은 자동적으로 결정된다. 이는 변수들 중에서 두 개의 변수를 대입하여 나머지 변수를 계산해 낼 수 있는 수식이 있음을 의미한다. p와 V의 값을 알고 그 수식을 이용하여 T를 계산한다고 하자. 수학적으로 볼 때, 다음과 같은 함수 F가 존재한다.

$$n\text{이 일정할 때,}\quad F(p, V) = T \tag{1.1}$$

여기서 변수가 압력과 온도라는 것을 강조하기 위하여 함수는 $F(p, V)$로 나타내고, 계산에 의해 온도, T의 값을 얻을 수 있다는 것을 뜻한다. 식 (1.1)과 같은 식을 **상태 방정식**(equation of state)이라 한다. 또한 T 대신에 p나 V를 계산해 낼 수 있는 상태 방정식을 정의할 수도 있다. 실제로 많은 상태 방정식은 여러 개의 가능한 상태 변수들 중의 하나를 계산하기 위하여 대수학적으로 고쳐 쓸 수가 있다.

초기의 기체 상태 방정식은 보일(Boyle), 샤를(Charles), 아몽통(Amontons), 아보가드로(Avogadro) 및 게이-뤼삭(Gay-Lussac) 등에 의하여 확립되었다. 이 방정식들은 **기체 법칙**(gas law)으로 알려져 있다. 보일 법칙의 경우, 압력과 부피를 곱하여 그 기체의 온도에 의존하는 어떤 값을 얻을 수 있다.

$$n\text{이 일정할 때,}\quad p \cdot V = F(T) \tag{1.2}$$

반면에 샤를 법칙에는 기체의 부피와 온도가 포함되어 있다.

$$n\text{이 일정할 때,}\quad \frac{V}{T} = F(p) \tag{1.3}$$

아보가드로 법칙에서는 일정한 온도와 압력에서 부피와 기체의 양 사이를 관련시켜 주고 있다.

$$T\text{와 }p\text{가 일정할 때,}\quad V = F(n) \tag{1.4}$$

위의 세 가지 방정식에서 온도, 압력, 또는 기체의 양이 일정할 경우 각각의 함수 $F(T)$, $F(p)$ 및 $F(n)$은 일정한 값을 가질 것이다. 이는 상태 변수들 중의 하나가 변할 경우 기체 법칙에 의해 똑같은 값이 유지되기 위해서는 다른 변수들이 함께 변해야 한다는 것을 의미한다. 이 결과로부터 친숙한 다음과 같은 형태의 식이 얻어질 수 있다.

---

*압력에 대한 IUPAC 기호는 힘을 뜻하는 대문자 P가 아니라 소문자 p이다.

$$p_1V_1 = F(T) = p_2V_2 \text{ 또는 } p_1V_1 = p_2V_2 \tag{1.5}$$

마찬가지로 식 (1.3)과 식 (1.4)를 이용하여 다음과 같이 나타낼 수 있다.

$$\frac{V_1}{T_1} = \frac{V_2}{T_2} \tag{1.6}$$

$$\frac{V_1}{n_1} = \frac{V_2}{n_2} \tag{1.7}$$

세 가지 기체 법칙들은 모두 부피 변수를 포함하고 있으며, 다음과 같이 다시 쓸 수 있다.

$$V \propto \frac{1}{p}$$

$$V \propto T$$

$$V \propto n$$

여기서 기호 ∝는 '비례함'을 의미한다. 우리는 위의 세 가지 관계의 식을 다음과 같이 하나로 묶을 수 있다.

$$V \propto \frac{nT}{p} \tag{1.8}$$

p, V, T, n은 모두 독립 변수이기 때문에 비례식 (1.8)은 비례 상수를 도입하여 다음과 같이 쓸 수 있다.

$$V = R \cdot \frac{nT}{p} \tag{1.9}$$

여기서 R은 비례 상수이다. p, V, T 및 n의 주어진 값(변하지 않는 값)들은 이 상태 방정식에 의해 관련짓게 되며, 이때의 값들은 변하지 않는다. 이 식은 보통 다음과 같이 나타낸다.

$$pV = nRT \tag{1.10}$$

이 식은 **이상 기체 법칙**(ideal gas law)으로 잘 알려져 있고, R은 **이상 기체 법칙 상수**(ideal gas law constant)이다.

이제 온도 단위에 대하여 알아보고, 적합한 열역학적 온도 척도를 도입해 보자. 섭씨 온도와 화씨 온도 척도는 임의로 0점(기준점)을 설정하여 사용한다는 것을 앞서 언급하였다. 필요한 것은 물리적으로 관련이 있는 절대 0점을 나타내는 온도 척도이다. 이 경우 온도 값들을 0점으로부터 상대적으로 정할 수가 있다. 1848년 영국의 과학자 톰슨(Willian Thomson)[그림 1.4, 후에 남작의 작위를 받았으며, 켈빈(Kelvin) 경의 칭호를 받음]은 기체의 온도-부피 관계를 고려하여 절대 온도 척도를 제안하였는데, 절대 온도 척도에서는 가장 낮은 온도가 대략 −273°C이다[이것의 최신 값은 −273.15°C이며, H_2O의 어는점이 아닌 삼중점(제6장에서 설명할 것임)을 기준으로 한 값이다]. 절대 온도 척도에서의 1도 크기는 섭씨 온도 척도에서의 1도 크기와 같다. 열역학에서 기체의 온도는 언제나 절대 온도로 나타내며, 이 척도를 **절대 온도 척도**(absolute scale) 또는 **Kelvin 척도**(Kelvin scale)라고 부른다. 절대 온도는 (온도 부호를 붙이지 않고) 문자 K로 나타낸다. 섭씨 온도와 절대 온도에서 온도 차이는 동일하므로 두 온도 사이엔 간단한 환산 관계가 성립한다.

$$\text{K} = {}^\circ\text{C} + 273.15 \tag{1.11}$$

그림 1.4 스코틀랜드의 물리학자 톰슨, 후에 켈빈 경(1824~1907). 톰슨은 절대 0도에 기초한 온도 척도를 제안하였다. 그는 최초로 대서양 횡단 케이블 사업에서도 값진 일을 수행하였다. 톰슨은 1892년에 남작이 되었으며, Kelvin River라는 작명을 받았다. 그는 후손이 없었기 때문에 현재 켈빈 남작은 없다.

식 (1.11)은 유효 숫자 세 개만 사용하여 K = °C + 273으로 간단히 나타내기도 한다.

위에서 언급한 모든 기체 법칙에서는 **온도를 반드시 절대 온도로 나타내어야 한다.** 절대 온도는 열역학적 온도에 대해서만 적합한 척도이다(온도 **차이**는 절대 온도나 섭씨 온도에서 같기 때문에 단위가 K나 °C일 수도 있으나 온도의 절댓값은 다르다).

열역학에 적합한 온도 척도를 설명하였으므로 다시 기체 상수 R에 대하여 알아보자. 이상 기체 법칙 상수는 아마도 거시적 계에서 가장 중요한 물리적 상수일 것이다. 방정식에서의 단위는 특정 대수학적 관계도 만족시켜야 하기 때문에 기체 상수값은 압력과 부피에 적용하는 단위에 따라 다르다. 표 1.2에 여러 R 값들을 수록하였다. 이상 기체 법칙은 기체로 이루어진 계에 대하여 가장 잘 알려진 상태 방정식이다. 이상 기체 법칙에 따라 상태 변수 P, V, n 및 T가 변하는 기체 계는 **이상 기체**의 기준을 충족하는 것이다(그 밖의 다른 기준에 대해서는 제2장에서 설명한다). **비이상 기체**(nonideal gas)[또는 **실제 기체**(real gas)]는 이상 기체 법칙에 정확하게 따르지 않으나 기체가 높은 온도와 낮은 압력에 있을 경우에는 근사적으로 이상 기체로 취급할 수 있다.

표 1.2 이상 기체 법칙 상수 R의 값

R = 0.08205 L·atm/mol·K
0.08314 L·bar/mol·K
1.987 cal/mol·K
8.314 J/mol·K
62.36 L·torr/mol·K

다른 상태 변수들에 영향을 미치는 상태 변수들은 넓은 범위의 값들을 가질 수 있기 때문에 기준 상태(표준 상태)를 정의할 필요가 있다. 압력과 온도에 대하여 가장 일반적으로 적용하는 기준 상태는 p = 1.0 atm과 T = 273.15 K = 0.0°C이다. 이 조건을 **표준 온도와 압력**(standard temperature and pressure)*이라 부르며, STP로 표기한다. 기체에 관한 대부분의 열역학 데이터는 STP 조건에서의 값들이다. SI (국제 단위)는 **표준 환경 온도와 압력**(standard ambient temperature and pressure, SATP)을 정의하고 있으며, 이때의 온도는 298.15 K이고, 압력은 1 bar (1 bar = 0.987 atm)이다.

예제 1.2

SATP에서 이상 기체 1 mol의 부피를 계산하라.

풀이

이상 기체 법칙과 적합한 R 값을 적용한다.

여기서는 bar 단위가 포함된 R의 값을 사용한다.

$$V = \frac{nRT}{p} = \frac{(1\text{ mol})(0.08314\,\frac{\text{L·bar}}{\text{mol·K}})(298.15\text{ K})}{1\text{ bar}}$$

$$V = 24.79\text{ L}$$

이 값은 STP보다 압력이 조금 더 낮고 온도가 더 높기 때문에 STP에 있는 기체 1 mol의 부피(22.4 L)보다 약간 크다.

액체와 고체 또한 상태 방정식으로 나타낼 수 있다. 그러나 기체 상태 방정식과는 달리 응축상의 상태 방정식에는 각 물질에 따라 다른 상수가 들어가게 된다. 즉, 이상 기체 법칙 상수와 같이 '이상 액체 법칙 상수'나 '이상 고체 법칙 상수'가 존재하지 않는다. 모든 경우는 아니더라도 대부분 여기에서 고려하고자 하는 것은 기체 상태 방정식이다.

*1 atm은 일상적으로 표준 압력으로 사용되나 엄밀히 말하면 정확하지는 않다. 왜냐하면 1 bar = 0.987 atm이며, 오차는 작다.

1.5 편도함수와 기체 법칙

열역학에서 상태 방정식은 임의의 어떤 상태 변수가 변할 때 다른 상태 변수가 어떠한 영향을 받는가를 결정하기 위하여 주로 사용한다. 이를 위해서는 미적분학이 필요하다. 예를 들어, 그림 1.5a에서 직선은 $\Delta y/\Delta x$ (x의 변화에 대한 y의 변화율)로 주어지는 기울기를 나타낸다. 직선의 경우 기울기는 선의 어디에서나 똑같다. 그림 1.5b의 곡선에서 기울기는 연속적으로 변하고 있다. 곡선의 기울기는 $\Delta y/\Delta x$로 나타내는 대신에 미적분학의 기호를 사용하여 dy/dx (x에 대한 y의 도함수)로 나타낸다.

상태 방정식은 많은 변수들을 포함하고 있다. 여러 변수들을 포함하고 있는 함수의 **전미분**(total differential)은 다음과 같이 정의한다.

$$dF = \left(\frac{\partial F}{\partial x}\right)_{y,z,\ldots} dx + \left(\frac{\partial F}{\partial y}\right)_{x,z,\ldots} dy + \left(\frac{\partial F}{\partial z}\right)_{x,y,\ldots} dz + \cdots \quad \textbf{(1.12)}$$

식 (1.12)에서 함수 F의 도함수를 한 번에 한 변수에 대하여 취할 수 있다. 각 경우 다른 변수들은 일정하게 유지시킨다. 그러므로 첫 번째 항은 x만에 의한 함수 F의 도함수이며, 변수 y와 z 등은 모두 일정하다고 간주한다.

$$\left(\frac{\partial F}{\partial x}\right)_{y,z,\ldots} \quad \textbf{(1.13)}$$

이러한 도함수가 **편도함수**(partial derivative)이다. 여러 변수를 포함하는 함수의 전미분은 각 편도함수에 변수의 미분[식 (1.12)에 있는 dx, dy, dz 등]을 곱한 항들을 모두 더한 것이다.

상태 방정식을 사용하여 도함수를 취할 수 있고, 하나의 상태 변수가 다른 상태 변수에 의하여 어떻게 변하는지를 나타낼 수 있다. 이 도함수들로부터 상태 변수들 간의 관계에 대한 중요한 결론을 얻을 수 있으며, 이것은 열역학을 다룰 때 강력한 기법이 될 수 있다.

예를 들어 이상 기체 상태 방정식을 생각해 보자. 한 기체 계의 부피와 몰수가 일정하다고 가정하고 온도에 따른 압력의 변화가 어떠한지를 알 필요가 있다고 생각해 보자. 이 경우 관심을 갖게 하는 편미분은 다음과 같다.

$$\left(\frac{\partial p}{\partial T}\right)_{V,n}$$

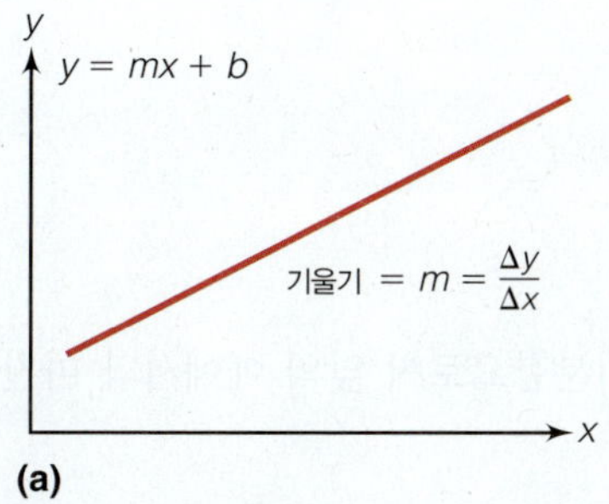

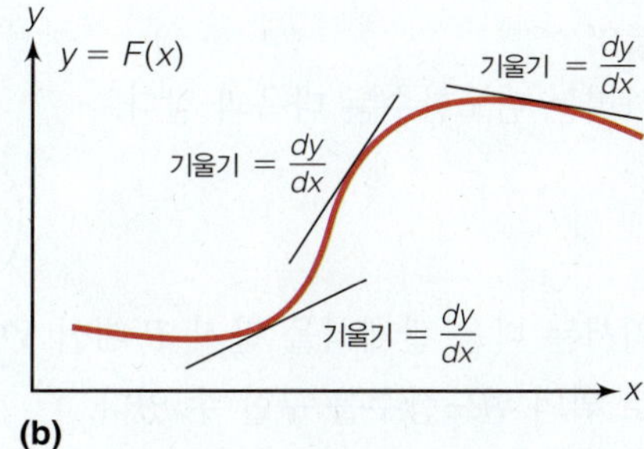

그림 1.5 (a) 직선에 대한 기울기의 정의. 선에 있는 모든 점에서의 기울기는 모두 같다. (b) 곡선에서도 기울기가 있지만 곡선에 있는 점에 따라 기울기가 다르다. 어떤 점에서의 곡선의 기울기는 그 곡선을 나타내는 방정식의 도함수로부터 결정된다.

이상 기체의 다른 상태 변수에 의해서 몇 개의 편도함수가 만들어질 수 있으며, 이 식들 중 몇 개는 다른 식들보다 더 유용하거나 더 이해하기 쉽다. 그러나 R은 상수이기 때문에 R의 도함수는 0이다.

p와 T의 관계를 나타내는 이상 기체 법칙이 있기 때문에 이 편도함수를 해석적으로 구할 수 있다. 첫 번째 단계는 압력만이 식 왼쪽에 위치하도록 이상 기체 법칙을 다시 쓰는 것이다. 따라서 이상 기체 법칙은 다음이 된다.

$$p = \frac{nRT}{V}$$

다음 단계는 양변을 T에 관해 미분하는 것이다. 이 경우 다른 변수들은 일정한 것으로 간주한다. 그러면 왼쪽은 다음과 같다.

$$\left(\frac{\partial p}{\partial T}\right)_{V,n}$$

이 식이 구하고자 하는 편도함수이다. 오른쪽을 미분하면 다음과 같다.

$$\frac{\partial}{\partial T}\left(\frac{nRT}{V}\right) = \frac{nR}{V}\frac{\partial}{\partial T}T = \frac{nR}{V}\cdot 1 = \frac{nR}{V}$$

양변을 결합하면 다음과 같이 된다.

$$\left(\frac{\partial p}{\partial T}\right)_{V,n} = \frac{nR}{V} \tag{1.14}$$

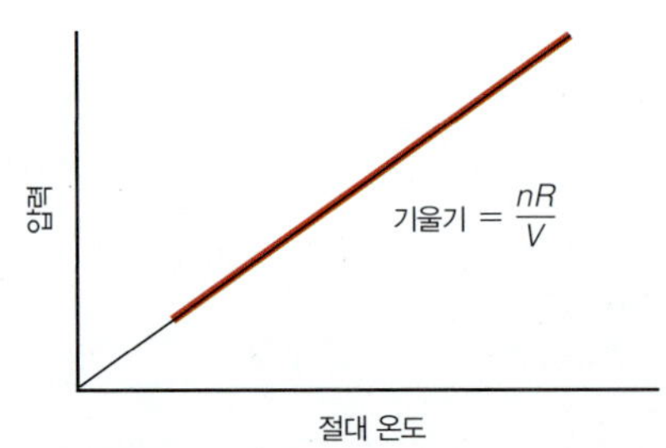

그림 1.6 기체의 압력을 절대 온도에 대하여 도시하면 기울기가 nR/V인 직선을 얻게 된다. 대수학적으로 보면 이것은 방정식 $p = (nR/V)\cdot T$의 그래프이다. 이 직선의 기울기는 미분 항으로 $(\partial p/\partial T)_{V,n}$이고, 일정하다.

즉, 이상 기체 법칙에서 하나의 상태 변수가 다른 상태 변수에 의해 어떻게 해석적인 형태(즉, 특정한 수학적 표현)로 변하는지를 결정할 수 있다. 그림 1.6은 압력을 온도의 함수로 도시한 것이다. 식 (1.14)가 말하고자 하는 바를 생각해 보자. 도함수는 **기울기**이다. 식 (1.14)는 온도(x축)에 대한 압력(y축)의 그래프를 보여 준다. 만약 이상 기체 시료를 취하여 부피가 일정한 조건에서 그 기체의 압력을 여러 온도에 따라 측정하여 그 데이터를 도시하면 직선을 얻을 수 있을 것이다. 직선의 기울기는 nR/V과 같아야 할 것이고, 기울기 값은 이상 기체의 몰수와 부피에 따라 다르게 될 것이다.

예제 1.3

이상 기체에서 부피에 대한 압력 변화를 결정하라. 이때 다른 변수들은 모두 일정하다고 생각한다.

풀이

문제 풀이의 첫 단계는 문제의 진술에 맞게 적절한 편도함수를 세우는 것이다.

구하려는 편도함수는 다음과 같다.

$$\left(\frac{\partial p}{\partial V}\right)_{T,n}$$

여기서는 다음 관계식을 단지 T 대신 V에 대하여 미분함으로써 앞의 예에서와 마찬가지로 위의 편도함수를 구할 수 있다.

이것은 단지 이상 기체 법칙을 다시 적은 것에 불과하다.

$$p = \frac{nRT}{V}$$

예제 1.3 *(계속)*

n, R 및 T를 상수로 간주하고 미분을 하면 다음 식을 얻을 수 있다.

$$\left(\frac{\partial p}{\partial V}\right)_{T,n} = -\frac{nRT}{V^2}$$

도함수를 구할 때 V^{-1}의 함수식으로 처리한다.

앞의 예에서는 T에 대한 의존성이 없었으나 여기서는 V에 대한 p의 변화가 순간적인 V 값에 의존한다는 것에 유의하라. 이전의 미분과는 달리 V에 대한 p의 그래프는 직선이 되지 않을 것이다.

기울기를 나타내는 식에 변수 값들을 대입할 때는 편도함수에 적합한 단위가 주어져야 한다. 예를 들어 1 mol의 기체가 V = 22.4 L일 때 실제로 $(\partial p/\partial T)_{V,n}$ 값은 0.00366 atm/K이다. 단위는 온도(K)에 대한 압력(atm)의 변화를 나타내는 도함수와 일치한다. 부피를 알고 있고, 이를 일정하게 유지한 상태에서 온도에 따른 기체의 압력을 측정하면 이상 기체 법칙 상수 R을 실험적으로 결정할 수 있다. 이것은 이러한 형태의 편도함수가 왜 유용한지를 보여 주는 것이다. 편도함수는 직접 측정하기 어려운 상수나 변수 구하는 방법을 제공해 주기도 한다. 뒤에 나오는 장에서 편도함수에 관한 더 많은 예를 보게 될 것이며 모든 식들은 궁극적으로 단지 몇 개의 간단한 식의 편도함수로부터 유도된다.

1.6 비이상 기체

우리가 실제로 취급하는 기체는 대부분의 조건에서 이상 기체 법칙에 따르지 않는다. 실제 기체는 이상 기체가 아니다. 그림 1.7은 실제 기체와 이상 기체를 비교한 것이다. 비이상 기체도 상태 방정식을 사용하여 나타낼 수는 있으나 대단히 복잡하다.

먼저 1 mol의 기체를 생각해 보자. 이 기체가 이상 기체일 경우 이상 기체 법칙은 다음과 같을 것이다.

$$\frac{p\overline{V}}{RT} = 1 \tag{1.15}$$

여기서 $\overline{V}$는 기체의 **몰부피**(molar volume)이다(일반적으로 상태 변수 위에 줄 표시를 한 것은 상태 변수 1 mol당 값을 의미한다). 비이상 기체의 경우 식 (1.15)의 값은 1이 아니고, 1보다 작거나 클 수가 있다. 그래서 식 (1.15)의 값은 다음과 같이 **압축률 인자**(compressibility factor) Z로서 정의한다.

$$Z \equiv \frac{p\overline{V}}{RT} \tag{1.16}$$

실제 기체의 압축률 인자값은 압력, 부피 및 온도에 따라 달라지지만, 일반적으로 Z 값이 1과 차이가 클수록 기체는 이상성으로부터 더 멀어진다. 그림 1.8은 압축률 인자를 압력의 함수와 온도의 함수로 각각 도시한 그래프이다.

압축률 인자를 수학적으로 표현하면 매우 유용하게도 상태 변수가 변함에 따라 압축률 인자가 어떻게 변하는지를 알 수 있을 것이다. 이러한 수학적 표현이 실제 기체에 대한 상태 방정식이다. 가장 일반적인 상태 방정식은 **비리알 방정식**(virial equation)이라

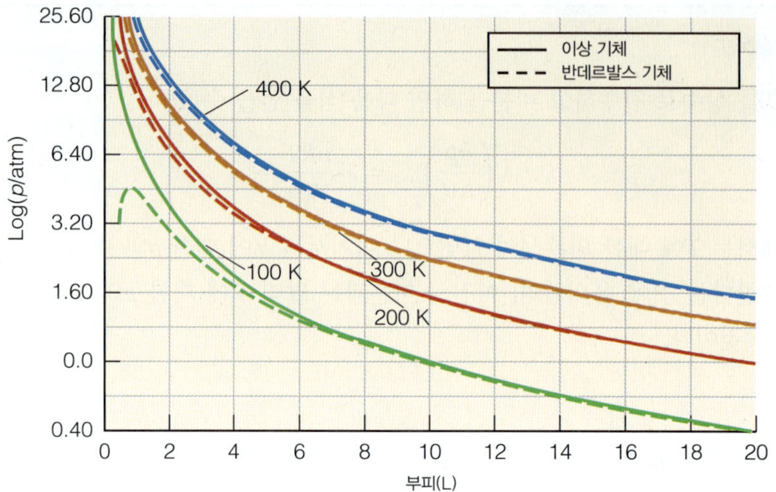

그림 1.7 이상 기체와 실제 기체에 대하여 $p-V$ 변화 관계를 비교한 그림.

고 부르는 것이다. **비리알**은 라틴어로 '힘(force)'이라는 뜻을 가지고 있으며, 원자나 분자들 사이에 작용하는 힘 때문에 기체가 비이상성을 나타낸다는 것을 암시한다. 비리알 방정식은 상태 변수 p나 $\overline{V}$ 중 어느 한 가지 변수의 항으로 나타낸 멱급수이다(측정 가능한 압축률 인자를 멱급수로 나타내는 것은 과학에서 일반적으로 많이 사용하는 방법이다). 비리알 방정식은 실제 기체의 움직임을 수식으로 나타내는 하나의 방법이다.

실제 기체의 압축률 인자를 부피의 함수로 나타내면 다음과 같다.

$$Z = \frac{p\overline{V}}{RT} = 1 + \frac{B}{\overline{V}} + \frac{C}{\overline{V}^2} + \frac{D}{\overline{V}^3} + \cdots \qquad \textbf{(1.17)}$$

여기서 $B, C, D, \ldots$ 는 **비리알 계수**(virial coefficient)라고 하며, 기체의 특성과 온도에 따라 변한다. 계수 A에 해당하는 상수가 1이기 때문에 비리알 계수는 B부터 '시작'한다. B를 제2비리알 계수라고 부르고, C를 제3비리알 계수 등으로 부른다. 분모에 있는 $\overline{V}$의 멱급수는 지수가 증가함에 따라 값이 점점 증가하며, 따라서 압축률 인자에 대한 기여도는 점점 감소한다. 압축률 인자에 가장 기여가 큰 항은 B 항이며 실제 기체의 비이상성 정도를 나타내는 데 있어서 가장 중요한 항이 된다. 표 1.3에는 몇 가지 기체에 대한

표 1.3 여러 가지 기체에 대한 제2비리알 계수, B (온도는 300 K, 단위는 cm^3/mol)

기체	B
암모니아, NH_3	−265
아르곤, Ar	−16
이산화 탄소, CO_2	−126
염소, Cl_2	−299
에틸렌, C_2H_4	−139
수소, H_2	15
메테인, CH_4	−43
질소, N_2	−4
산소, O_2	−16[a]
육플루오린화 황, SF_6	−275
물, H_2O	−1126

출처: D. R. Lide. ed., *CRC Handbook of Chemistry and Physics*, 82nd ed., CRC Press, Boca Raton, Fla., 2001.

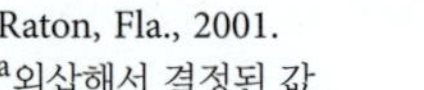
[a]외삽해서 결정된 값

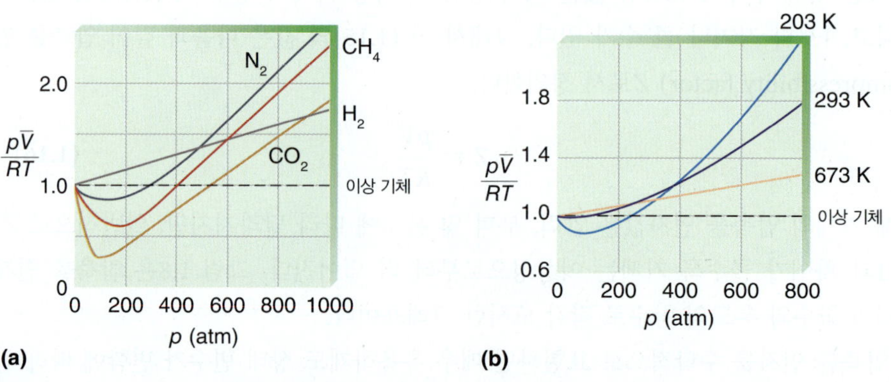

그림 1.8 (a) 여러 가지 기체의 압력에 대한 압축률 인자의 변화. (b) 서로 다른 온도에서 질소의 압력에 대한 압축률 인자의 변화. 양쪽 그래프에서 압력이 0에 가까워짐에 따라 압축률 인자는 1에 접근하고 있음을 주목하자.

제2비리알 계수값을 수록하였다.

부피 대신에 압력의 항으로 나타낸 비리알 상태 방정식은 종종 압축률 인자보다는 이상 기체 법칙의 형태로 나타낸다.

$$p\overline{V} = RT + B'p + C'p^2 + D'p^3 + \cdots \tag{1.18}$$

여기서 프라임 부호(′)로 표시된 비리알 계수들은 식 (1.17)에서의 비리알 계수들과 값이 다르다. 식 (1.18)을 압축률 인자로 다시 쓰면 다음과 같다.

$$Z = \frac{p\overline{V}}{RT} = 1 + \frac{B'p}{RT} + \frac{C'p^2}{RT} + \frac{D'p^3}{RT} + \cdots \tag{1.19}$$

압력이 매우 낮은 조건에서는 $B = B'$가 될 수 있다. 비리알 방정식에서 제2비리알 계수는 보통 가장 큰 비이상적 항이고 대부분의 표에는 주로 B나 B'에 대한 값들만 수록되어 있다.

예제 1.4

식 (1.17)과 식 (1.19)를 사용하여 B와 B'의 단위가 같음을 증명하라.

풀이

식 (1.17)은 압축률 인자의 단위가 없음을 암시해 주고 있기 때문에 제2비리알 계수는 두 번째 항의 분모에 있는 단위와 같아야 한다. 즉, 분모에 부피가 있기 때문에 B는 부피 단위이어야 한다. 식 (1.19)에서도 압축률 인자는 단위가 없기 때문에 B'의 단위는 p/RT 항의 전체 단위를 상쇄하여야 한다. p/RT의 단위는 (부피)$^{-1}$이다. 즉, 부피 단위가 분모에 있다. 그러므로 B'는 분자에서 부피 단위를 가져야 하기 때문에 B'의 단위는 부피의 단위가 된다.

식 (1.17)과 식 (1.18)의 비리알 계수들 간에는 다양한 대수학적 관계가 있기 때문에 대표적으로 한 세트의 계수들만 표로 나타내었는데, 다른 것은 유도해 낼 수가 있다. B (또는 B')는 압축률 인자 Z 값에 가장 큰 영향을 주는 항이기 때문에 가장 중요한 비리알 계수이다.

비리알 계수는 표 1.4에 나타나 있는 바와 같이 온도에 따라 변한다. 따라서 B를 0으로 만드는 어떤 온도가 존재할 텐데, 이 온도를 기체의 **보일 온도**(Boyle temperature, T_B)라고 부른다. 보일 온도에서 압축률 인자는 다음과 같다.

$$Z = 1 + \frac{0}{\overline{V}} + \cdots$$

여기서 나머지 항들은 생략되며 다음과 같이 된다.

$$Z \approx 1$$

이 식은 비이상 기체가 이상 기체처럼 작용한다는 것을 의미한다. 표 1.5에는 몇 가지 기체들의 보일 온도를 수록하였다. 보일 온도가 존재하기 때문에 우리는 실제 기체를 사용하여 이상 기체의 특성을 연구할 수 있다. 기체가 보일 온도에 있을 경우 비리알 방정식에서 두 번째 이후의 항들을 모두 무시할 수 있다.

그림 1.9 기체에 대하여 새로운 상태 방정식을 제안한 네덜란드의 물리학자인 반데르발스(Johannes van der Waals, 1837~1923), 이 연구 업적을 인정받아서 1910년에 노벨상을 수상했다.

표 1.4 여러 온도에서의 제2비리알 계수, *B* (단위는 cm^3/mol)

온도(K)	He	Ne	Ar
20	−3.34	−	−
50	7.4	−35.4	−
100	11.7	−6.0	−183.5
150	12.2	3.2	−86.2
200	12.3	7.6	−47.4
300	12.0	11.3	−15.5
400	11.5	12.8	−1.0
600	10.7	13.8	12.0

출처: J. S. Winn. *Physical Chemistry*, HarperCollins, New York, 1994

표 1.5 여러 가지 기체의 보일 온도

기체	T_B (K)
H_2	110
Ne	25
Ne	127
Ar	410
N_2	327
O_2	405
CO_2	713
CH_4	509

출처: J. S. Winn. *Physical Chemistry*, HarperCollins, New York, 1994

이상 기체에 대한 하나의 모델은 다음과 같다. (a) 이상 기체는 기체의 부피에 비하여 매우 작은 입자들로 구성되어 있기 때문에 공간에서 자체의 부피가 0인 점이라고 간주할 수 있다. (b) 기체의 입자들 사이에 인력과 반발력 같은 상호 작용이 없다. 그러나 실제 기체들의 경우에는 (a) 원자와 분자들이 크기를 가지며, (b) 기체 입자들 사이에 어떤 상호 작용이 있다. 이러한 상호 작용은 아주 작은 값부터 아주 큰 값에 이르는 넓은 범위에 있을 수 있다. 기체의 상태 변수를 고려할 때 기체 입자들 자체의 부피는 기체의 부피 V에 영향을 준다. 기체 입자들 사이의 상호 작용은 기체의 압력 p에 영향을 줄 것이다. 그렇기 때문에 기체의 상태 방정식에는 두 가지 효과를 고려하여 나타내어야 한다.

1873년에 네덜란드의 물리학자인 반데르발스(그림 1.9)는 이상 기체 법칙을 일부 수정한 방정식을 제안하였다. 이 식은 실제 기체에 대한 상태 방정식들 중에서 비교적 간단한 것들 중에 하나이며, **반데르발스 방정식**(van der Waals equation)이라고 부른다.

$$\left(p + \frac{an^2}{V^2}\right)(V - nb) = nRT \qquad \textbf{(1.20)}$$

표 1.6 여러 가지 기체에 대한 반데르발스 파라미터

기체	*a* ($atm \cdot L^2/mol^2$)	*b* (L/mol)	기체	*a* ($atm \cdot L^2/mol^2$)	*b* (L/mol)
아세틸렌, C_2H_2	4.390	0.05136	메테인, CH_4	2.253	0.0428
암모니아, NH_3	4.170	0.03707	네온, Ne	0.2107	0.01709
이산화 탄소, CO_2	3.592	0.04267	일산화 질소, NO	1.340	0.02789
에테인, C_2H_6	5.489	0.0638	질소, N_2	1.390	0.03913
에틸렌, C_2H_4	4.471	0.05714	이산화 질소, NO_2	5.284	0.04424
헬륨, He	0.03508	0.0237	산소, O_2	1.360	0.03183
수소, H_2	0.244	0.0266	프로페인, C_3H_8	8.664	0.08445
염화 수소, HCl	3.667	0.04081	이산화 황, SO_2	6.714	0.05636
크립톤, Kr	2.318	0.03978	제논, Xe	4.194	0.05105
수은, Hg	8.093	0.01696	물, H_2O	5.464	0.03049

출처: D. R. Lide, ed., *CRC Handbook of chemistry and Physics*, 82nd ed., CRC Press, Boca Raton, Fla., 2001.

여기서 n은 기체의 몰수이고, a와 b는 특정 기체의 **반데르발스 상수**(van der Waals constant)이다. 반데르발스 상수 a는 압력에 대한 보정값이며, 기체 입자들 사이의 상호 작용과 관련이 있다. 반데르발스 상수 b는 부피를 보정한 값이며, 기체 입자의 크기와 관련이 있다. 표 1.6에는 여러 가지 기체들에 대한 반데르발스 상수들을 수록하였으며, 이 값들은 실험적으로 결정된다. 실제 기체의 움직임을 수식에 적용하는 비리알 방정식과는 달리 반데르발스 방정식은 실제의 물리적 값들(기체 분자 사이의 상호 작용과 원자의 물리적 크기)의 항들로써 기체의 거동을 예측할 수 있도록 한 수학적 모델이다.

예제 1.5

압력이 5.00 atm이고 부피가 10.0 L인 이산화 황(SO_2) 1.00 mol을 생각해 보자. 이 기체 시료의 온도를 이상 기체 법칙과 반데르발스 방정식을 사용하여 계산하라.

풀이

이상 기체 법칙을 사용하면 다음과 같다.

$$(5\text{ atm})(10.0\text{ L}) = (1.00\text{ mol})\left(0.08205\ \frac{\text{L}\cdot\text{atm}}{\text{mol}\cdot\text{K}}\right)(T)$$

이것이 이상 기체 법칙 계산의 표준이다.

T에 대하여 풀면 T = 609 K이다. 반데르발스 방정식을 사용하기 위해서는 먼저 상수 a와 b를 알아야 한다. 표 1.6에서 찾아보면 a = 6.714 atm · L^2/mol^{2}과 b = 0.05636 L/mol이다. 그러므로 다음과 같이 된다.

$$\left(5.00\text{ atm} + \frac{\left(6.714\ \frac{\text{atm}\cdot\text{L}^2}{\text{mol}^2}\right)(1.00\text{ mol})^2}{(10.0\text{ L})^2}\right)\left(10.0\text{ L} - (1.00\text{ mol})\left(0.05636\ \frac{\text{L}}{\text{mol}}\right)\right)$$

$$= (1.00\text{ mol})\left(0.08205\ \frac{\text{L}\cdot\text{atm}}{\text{mol}\cdot\text{K}}\right)(T)$$

반데르발스 상태 방정식에 a와 b를 포함한 모든 값을 대입한다.

괄호 안의 압력과 부피 항을 간략히 한다.

이 식의 왼쪽 변을 간단하게 정리하면 다음과 같다.

$$(5.00\text{ atm} + 0.06714\text{ atm})(10.0\text{ L} - 0.05636\text{ L}) = (1.00\text{ mol})\left(0.08205\ \frac{\text{L}\cdot\text{atm}}{\text{mol}\cdot\text{K}}\right)(T)$$

$$(5.067\text{ atm})(9.94\text{ L}) = (1.00\text{ mol})\left(0.08205\ \frac{\text{L}\cdot\text{atm}}{\text{mol}\cdot\text{K}}\right)(T)$$

이 식에 최종적으로 보정된 압력과 부피가 포함되어 있고, 이제 T를 구할 수 있다.

T에 대하여 풀면 T = 613 K이다. 이 값은 이상 기체 법칙으로 계산한 값보다 4°만큼 더 크다.

상태 방정식이 언제나 제각기 사용되는 것만은 아니다. 반데르발스 방정식과 비리알 방정식으로부터 유용한 관계식을 유도할 수가 있다. 반데르발스 방정식을 p에 관하여 풀고 이를 압축률 인자에 대한 식에 대입하면 다음과 같은 식을 얻을 수 있다.

$$Z = \frac{p\overline{V}}{RT} = \frac{\overline{V}}{\overline{V} - b} - \frac{a}{RT\overline{V}} \qquad \textbf{(1.21)}$$

이 식을 다음과 같이 고쳐 쓸 수 있다.

$$Z = \frac{1}{1 - b/\overline{V}} - \frac{a}{RT\overline{V}}$$

압력이 매우 낮은 조건(실제 기체를 이상 기체로 취급할 수 있는 조건들 중의 하나)에서 기체의 부피는 보일 법칙을 적용해서 계산한 값보다 클 것이다. 이러한 사실은 $b/\overline{V}$가 매우 작음을 의미하므로, $x \ll 1$일 때, $1/(1-x)^{-1} \approx 1 + x + x^2 + \cdots$가 되는 테일러 급수 근사법(Taylor-series approximation)을 사용하여 바로 앞에 나타낸 식에서 $1/(1 - b\overline{V})$를 치환시키면 다음과 같이 된다.

$$Z = 1 + \frac{b}{\overline{V}} + \left(\frac{b}{\overline{V}}\right)^2 - \frac{a}{RT\overline{V}} + \cdots$$

여기서는 다섯 번째 항 이하를 생략하였다. 분모에 있는 $\overline{V}$의 지수가 1인 두 항을 묶으면 반데르발스 상태 방정식으로 압축률 인자를 다음과 같이 나타낼 수 있다.

$$Z = 1 + \left(b - \frac{a}{RT}\right)\frac{1}{\overline{V}} + \left(\frac{b}{\overline{V}}\right)^2 + \cdots$$

이 식을 식 (1.17)에 나타낸 비리알 방정식 즉, 다음 방정식과 비교해 보자.

$$Z = \frac{p\overline{V}}{RT} = 1 + \frac{B}{\overline{V}} + \frac{C}{\overline{V}^2} + \cdots$$

멱급수의 각 항끼리 서로 비교해 보면 $1/\overline{V}$항의 계수들 간에 다음과 같은 관계가 있음을 알 수 있다.

$$B = \left(b - \frac{a}{RT}\right) \tag{1.22}$$

결국 반데르발스 상수 a와 b 그리고 제2비리알 계수 B 사이에 간단한 관계가 이루어졌다. 더 나아가 보일 온도 T_B에서 제2비리알 계수 B는 0이기 때문에 다음과 같이 놓을 수 있다.

$$0 = b - \frac{a}{RT_B}$$

이 식을 정돈하면 다음과 같은 사실을 알아낼 수 있게 된다.

$$T_B = \frac{a}{bR} \tag{1.23}$$

이 식은 반데르발스 상태 방정식으로 나타낼 수 있는 모든 기체는(최소한 특정 범위의 압력과 온도 영역에서는 대부분의 기체가 그렇게 될 수 있음) 유한한 값 T_B를 가지게 되고, 비리알 방정식의 고차항을 무시한 경우 T_B에서는 이상 기체처럼 거동하게 된다는 것을 나타내고 있다.

예제 1.6

다음 물질의 보일 온도를 산출하라. 표 1.6에 있는 a와 b 값을 사용하면 된다.

a. 헬륨(He)

b. 메테인(CH_4)

예제 1.6 *(계속)*

풀이

a. He의 경우 $a = 0.03508\ \text{atm}\cdot\text{L}^2/\text{mol}^2$이고 $b = 0.0237\ \text{L/mol}$이다. 단위를 상쇄시키려면 적합한 R 값을 사용해야 하는데, 이 경우 $R = 0.08205\ \text{L}\cdot\text{atm/mol}\cdot\text{K}$를 사용하면 된다. 그러므로 다음과 같이 쓸 수가 있다.

$$T_\text{B} = \frac{a}{bR}$$

$$= \frac{0.03508\ \dfrac{\text{atm}\cdot\text{L}^2}{\text{mol}^2}}{0.0237\ \dfrac{\text{L}}{\text{mol}}\cdot 0.08205\ \dfrac{\text{L}\cdot\text{atm}}{\text{mol}\cdot\text{K}}}$$

mol 단위뿐만 아니라 L 단위도 모두 상쇄된다. 또한 atm 단위도 없어지며, 분모의 분모에 있는 K 단위는 남는다(결국 K는 분자에 있게 된다). 따라서 최종 답에는 K 단위만 남게 된다. 분수를 계산하면 다음 값이 얻어진다.

$$T_\text{B} = 18.0\ \text{K}$$

실험적으로 측정된 값은 25 K이다.

b. 메테인의 경우 $a = 2.253\ \text{atm}\cdot\text{L}^2/\text{mol}^2$이고 $b = 0.0428\ \text{L/mol}$인데, 같은 방법으로 계산하면 다음과 같이 된다.

$$\frac{2.253\ \dfrac{\text{atm}\cdot\text{L}^2}{\text{mol}^2}}{0.0428\ \dfrac{\text{L}}{\text{mol}}\cdot 0.08205\ \dfrac{\text{L}\cdot\text{atm}}{\text{mol}\cdot\text{K}}} = 641\ \text{K}$$

실험값은 509 K이다.

계산한 보일 온도가 실험값과 약간의 차이가 난다는 사실은 놀라운 것이 아니다. 비리알 방정식과 반데르발스 상태 방정식 사이를 일치시킬 때 어느 정도 근사가 이루어졌다. 그러나 식 (1.23)을 사용하면 기체가 이상 기체와 같이 거동할 수 있는 온도를 계산하는 데 편리하다.

한 상태 변수가 변하면 다른 상태 변수는 어떻게 변하는지를 알아보기 위해 반데르발스 상태 방정식처럼 새로운 상태 방정식도 사용할 수 있다. 예를 들어, 이상 기체 법칙을 사용하여 다음과 같은 관계를 결정한 바 있다.

$$\left(\frac{\partial p}{\partial T}\right)_{V,n} = \frac{nR}{V}$$

기체의 부피와 몰수가 일정한 조건에서 압력이 온도에 따라 어떻게 변하는지를 반데르발스 상태 방정식을 사용하여 알아보자. 먼저 반데르발스 상태 방정식을 p에 대하여 정리하면 다음과 같다.

$$\left(p + \frac{an^2}{V^2}\right)(V - nb) = nRT$$

$$p + \frac{an^2}{V^2} = \frac{nRT}{V - nb}$$

$$p = \frac{nRT}{V - nb} - \frac{an^2}{V^2}$$

다음에는 이 식을 온도에 대해 미분한다. 오른쪽의 두 번째 항은 온도를 포함하고 있지 않으므로 T에 대하여 미분하면 0이 됨을 명심하자.

$$\left(\frac{\partial p}{\partial T}\right)_{V,n} = \frac{nR}{V - nb}$$

또한 온도와 몰수가 일정한 상태에서 압력을 부피에 대하여 미분하면 다음과 같이 된다.

$$\left(\frac{\partial p}{\partial V}\right)_{T,n} = -\frac{nRT}{(V - nb)^2} + \frac{2an^2}{V^3}$$

미분에 의하여 오른쪽에는 두 개의 항이 남는다. 이 식을 이상 기체 법칙의 미분으로부터 얻은 식과 비교해 보라. 이 식이 조금 더 복잡하기는 하지만, 대부분의 기체에 대한 실험적 결과와 더 잘 일치한다. 상태 방정식을 유도할 때에는 통상적으로 단순성과 적용성 사이에 균형을 이룬다. 아주 간단한 상태 방정식은 대부분 실제 상황에는 정확하지 않다. 그러나 실제 기체의 거동을 정확히 표현하기 위해서는 많은 파라미터를 갖은 복잡한 수식이 필요하다. 루이스(Lewis)와 란달(Randall)이 저술한 교과서*의 다음 식을 극단적인 예로 들 수 있다.

$$p = RTd + \left(B_0RT - A_0 - \frac{C_0}{T}\right)d^2 + (bRT - a)d^3 + a\alpha d^6 + \frac{cd^2}{T^2}(1 + \gamma d^2)e^{-\gamma d^2}$$

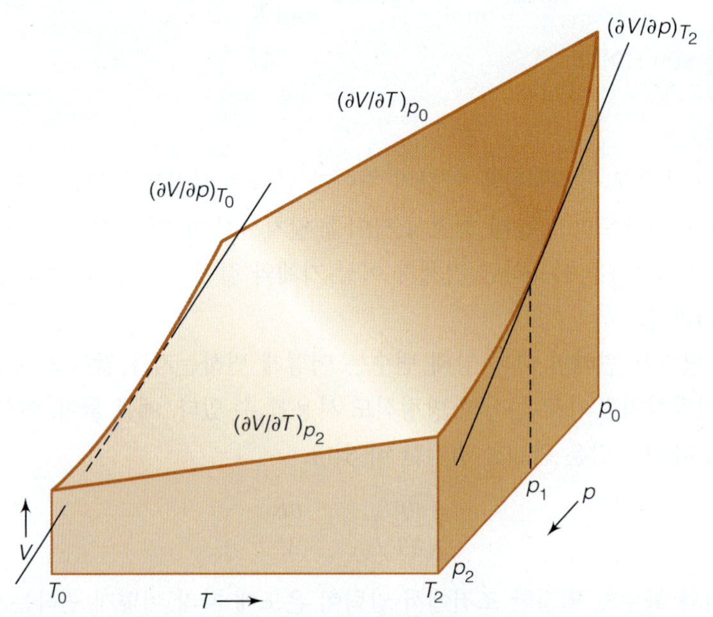

그림 1.10 표면은 이상 기체 법칙에 의하여 이상 기체에 허용되는 p, V 및 T 값의 조합을 나타낸다. 각 면에서의 기울기는 다른 편도함수를 나타낸다. (Adapted with permission from G. K. Vemulapalli, *Physical Chemistry*, Prentice-Hall, Upper Saddle River, N. J., 1993.)

**Thermodynamics*, 2nd ed., revised by K.S. Pitzer and L. Brewer, McGraw-Hill, New York, 1961.

여기서 d는 밀도이고 A_0, B_0, C_0, a, b, c, α 및 γ는 실험적으로 결정되는 파라미터이다(이 상태 방정식은 냉각되거나 액체 상태 부근까지 압축된 기체에 적용할 수 있다). '이 식으로부터 산출된 값은 실험값과는 잘 일치하나 사용하기에 너무 복잡하다.' 지금의 컴퓨터 시대에는 큰 문제가 아닐 수도 있지만, 그럼에도 불구하고 이 상태 방정식은 사용하기에 너무 복잡하다.

기체 1 mol에 대한 레들리히-쿵(Redlich-Kwong) 상태 방정식은 다음과 같다

$$p = \frac{RT}{\overline{V} - b} - \frac{a}{\sqrt{T} \cdot \overline{V} \cdot (\overline{V} - b)}$$

여기서 a와 b는 반데르발스 상수와 유사한 의미를 갖고 있는 상수이다.

기체의 상태 변수들은 도식적으로 표현할 수 있다. 이렇게 표현하는 한 예를 그림 1.10에 나타내었고 상태 변수들은 상태 방정식으로부터 결정된다.

1.7 도함수에 관한 추가 사항

위에서 보여 준 상태 방정식에 대한 편도함수는 비교적 간단한 것임에도 불구하고 열역학에서는 이러한 방법이 폭넓게 사용된다. 그러므로 이 절에서는 앞으로 우리가 사용할 편도함수 기법에 대하여 설명하기로 한다. 열역학에서 편도함수를 사용하여 유도된 식들은 매우 유용하다. 즉 직접 측정할 수 없는 계의 성질을 몇 가지 유도식으로부터 대신 계산할 수 있다.

기존의 알려진 변수 대신에 일반적인 변수 A, B, C, D, . . .를 사용하여 편도함수에 관한 여러 규칙들을 식으로 나타낼 수 있다. 이 식들을 앞으로 관심 있는 상태 변수에 적용시키면 된다. 편도함수에서 특별히 관심을 끄는 두 법칙은 연쇄 규칙(chain rule)과 순환 규칙(cyclic rule)이다.

첫째로, 편도함수는 분수에서의 몇 가지 대수 규칙을 따르는데, 예를 들어 다음 식을 유도했기 때문에

$$\left(\frac{\partial p}{\partial T}\right)_{V,n} = \frac{nR}{V}$$

이 식의 양변을 역수로 취하면 다음과 같다.

$$\left(\frac{\partial T}{\partial p}\right)_{V,n} = \frac{V}{nR}$$

편도함수에서 일정하게 유지되는 변수들은 식이 변환되어도 일정하게 유지됨에 유의하라. 또한 편도함수는 아래의 예에서 볼 수 있는 것처럼 분수에서와 같이 대수적으로 곱할 수도 있다.

A가 두 변수 B와 C의 함수일 경우 $A(B, C)$로 쓸 수 있고 변수 B와 C가 모두 변수 D와 E의 함수일 경우 각각 $B(D, E)$와 $C(D, E)$로 쓸 수 있을 때, **편도함수에 대한 연쇄 규칙**(chain rule for partial derivative)*은 다음과 같다.

*여기서는 연쇄 규칙을 그대로 나타내기만 하고, 유도하지 않았다. 연쇄 규칙을 유도하는 과정은 대부분 미적분학 책에서 찾아볼 수가 있다.

$$\left(\frac{\partial A}{\partial B}\right)_C = \left(\frac{\partial A}{\partial D}\right)_E \left(\frac{\partial D}{\partial B}\right)_C + \left(\frac{\partial A}{\partial E}\right)_D \left(\frac{\partial E}{\partial B}\right)_C \quad (1.24)$$

만약 각 항에 있는 두 편도 함수에 대하여 변수가 동일하다면 첫 항에 있는 ∂D와 두 번째 항에 있는 ∂E가 상쇄될 수 있다는 것을 금방 알 수 있다. 이러한 연쇄 규칙은 다변수 함수에 대한 전미분의 정의를 연상하게 한다.

p, V 및 T 변수들의 경우에 식 (1.24)를 사용하여 **순환 규칙**(cyclic rule)을 설명할 수 있다. 기체의 양이 주어졌을 경우 압력은 V와 T에 대한 의존성을 가진다. 또한 부피는 p와 T에 대한 의존성을 가지며, 온도는 p와 V에 대한 의존성을 갖는다. 기체의 일반적인 상태 변수 F에 대하여 일정한 p에서 온도에 대한 전미분[식 (1.12)에 기초함]은 다음과 같이 될 것이다.

$$\left(\frac{\partial F}{\partial T}\right)_p = \left(\frac{\partial F}{\partial T}\right)_V \left(\frac{\partial T}{\partial T}\right)_p + \left(\frac{\partial F}{\partial V}\right)_T \left(\frac{\partial V}{\partial T}\right)_p$$

$(\partial T/\partial T)_p$ 항은 변수 그 자체에 대한 도함수이기 때문에 1이 된다. 만약 F를 p라고 한다면 p가 상수이므로 $(\partial F/\partial T)_p = (\partial p/\partial T)_p = 0$인데, 그러면 위 식은 다음과 같다.

$$0 = \left(\frac{\partial p}{\partial T}\right)_V + \left(\frac{\partial p}{\partial V}\right)_T \left(\frac{\partial V}{\partial T}\right)_p$$

이 식에서 하나의 항을 다른 변으로 이동하여 다시 정리하면 다음과 같이 된다.

$$\left(\frac{\partial p}{\partial T}\right)_V = -\left(\frac{\partial p}{\partial V}\right)_T \left(\frac{\partial V}{\partial T}\right)_p$$

오른쪽 변의 역수를 왼쪽 변에 곱하면 다음 식을 얻을 수 있다.

$$\left(\frac{\partial p}{\partial T}\right)_V \left(\frac{\partial V}{\partial p}\right)_T \left(\frac{\partial T}{\partial V}\right)_p = -1 \quad (1.25)$$

이 식이 편도함수에 대한 순환 규칙이다. 각 항은 p, V 및 T를 포함하고 있음을 주목하라. 이 식은 어떠한 상태 방정식에도 적용된다. 기체 계의 상태 함수가 무엇이든지 상관없이 어느 두 개의 도함수를 알고 있으면 식 (1.25)를 사용하여 나머지 세 번째 도함수를 구할 수 있다.

순환 규칙은 보다 쉽게 기억할 수 있는 형태로 종종 바꾸어 표시한다. 즉 세 개의 항들 중에서 두 개의 항을 한쪽 변으로 이동시키고 이 중 하나의 편도함수를 역수로 취하여 분수 형태로 등식을 표시한다. 한 가지 방법으로 다음과 같이 나타낼 수 있다.

$$\left(\frac{\partial p}{\partial T}\right)_V = -\frac{\left(\frac{\partial V}{\partial T}\right)_p}{\left(\frac{\partial V}{\partial p}\right)_T} \quad (1.26)$$

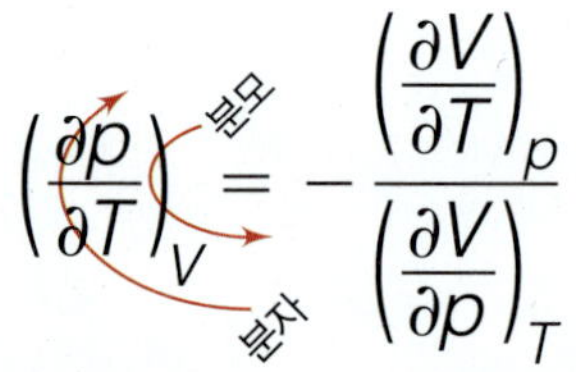

$$\left(\frac{\partial p}{\partial T}\right)_V = -\frac{\left(\frac{\partial V}{\partial T}\right)_p}{\left(\frac{\partial V}{\partial p}\right)_T}$$

그림 1.11 분수 형태로 나타내는 순환 규칙을 기억하는 방법. 분자와 분모에 있는 각 편도함수 항의 변수들을 화살표에 따라 순서대로 배치한다. 단 기억해야 할 것은 식에 음의 부호를 붙이는 것이다.

이것이 복잡하게 보일지 모르겠으나 그림 1.11로부터 기억법을 알아보자. 유용한 분수 형태의 순환 규칙을 만드는 데 있어 체계적인 방법이 있다. 그림 1.11의 기억법은 p, V 및 T 항으로 된 어떠한 편도함수에 대해서도 도움이 될 것이다.

예제 1.7

아래 식이 주어졌을 때

$$\left(\frac{\partial p}{\partial T}\right)_{V,n} = -\left(\frac{\partial p}{\partial V}\right)_{T,n}\left(\frac{\partial V}{\partial T}\right)_{p,n}$$

다음 도함수 식을 유도하라.

$$\left(\frac{\partial V}{\partial p}\right)_{T,n}$$

풀이

등식의 오른쪽에는 T와 n이 일정할 때의 V와 p를 포함하는 식이 있지만 원하는 식의 역수로 표시되어 있다.

먼저 식 전체를 역수로 취하여 다음과 같은 관계를 얻을 수 있다.

$$\left(\frac{\partial T}{\partial p}\right)_{V,n} = -\left(\frac{\partial V}{\partial p}\right)_{T,n}\left(\frac{\partial T}{\partial V}\right)_{p,n}$$

다음에는 $(\partial V/\partial p)_{t,n}$을 풀기 위하여 분수에 대한 통상적인 대수 법칙을 이용하여 다른 편도함수를 식의 반대쪽으로 옮긴다. 동시에 음의 부호도 같이 옮긴다.

$$-\left(\frac{\partial T}{\partial p}\right)_{V,n}\left(\frac{\partial V}{\partial T}\right)_{p,n} = \left(\frac{\partial V}{\partial p}\right)_{T,n}$$

이 식이 구하려는 도함수이다.

예제 1.8

순환 규칙을 사용하여 다음의 편도함수를 다른 형태로 나타내라.

$$\left(\frac{\partial V}{\partial p}\right)_{T}$$

풀이

그림 1.1을 사용하면 쉽게 다음과 같은 식을 얻을 수 있다.

$$\left(\frac{\partial V}{\partial p}\right)_{T} = -\frac{\left(\frac{\partial T}{\partial p}\right)_{V}}{\left(\frac{\partial T}{\partial V}\right)_{p}}$$

이 식이 옳다는 것을 입증해야 한다.

1.8 몇 가지 정의된 편도함수

열역학 개념을 설명하기 위해서 기체를 자주 사용하는데, 그 이유는 기체가 잘 정의될 수 있는 계이기 때문이다. 즉 하나의 상태 변수가 변하면 계의 상태 변수들이 어떻게 변하는지를 잘 알 수 있다. 그러므로 기체는 우리가 처음 열역학을 이해하는 데 중요한 계이다.

기체 계의 상태 변수들로 이루어진 몇 개의 특수 편도함수를 정의하는 것이 유용하다. 왜냐하면 (a) 이 특수 편도함수는 기체의 기본 특성으로 생각할 수 있거나, (b) 앞으로 소개될 식을 간단하게 표현하는 데 도움을 주기 때문이다.

기체의 **팽창 계수**(expansion coefficient)는 α로 표시하는데, 일정한 압력에서 온도 변화에 대한 부피의 변화로 정의되고, 다음과 같이 $1/V$ 인자를 도함수에 곱하여 나타낸다.

$$\alpha = \frac{1}{V}\left(\frac{\partial V}{\partial T}\right)_p \tag{1.27}$$

이상 기체 1 mol에 대해서는 $\alpha = R/pV$가 됨을 쉽게 알 수 있다.

기체의 **등온 압축률**(isothermal compressibility)은 κ로 표시하는데, 일정한 온도에서 압력 변화에 대한 부피의 변화로 정의된다. 마찬가지로 $1/V$ 인자를 도함수에 곱하여 나타내지만, 음의 부호를 붙인다.

$$\kappa = -\frac{1}{V}\left(\frac{\partial V}{\partial p}\right)_T \tag{1.28}$$

기체의 경우 $(\partial V/\partial p)_T$가 음의 값을 갖기 때문에, 식 (1.28)에서 음의 부호는 κ 값을 양의 값으로 만들어 준다. 이상 기체 1 mol에 대해서는 $\kappa = RT/p^2V$가 됨을 쉽게 알 수 있다. α와 κ 값을 구하는 데 있어 $1/V$ 항을 곱해 주는 이유는 두 값을 세기 성질(intensive property, 세기 변수는 물질의 양에 의존하지 않는 성질*)로 만들 수 있기 때문이다.

위의 두 식을 정의하는 데 p, V 및 T 변수들이 포함되어 있기 때문에 순환 규칙을 적용하면 다음과 같은 관계식을 얻을 수 있다.

$$\left(\frac{\partial p}{\partial T}\right)_V = \frac{\alpha}{\kappa}$$

예를 들어, 이 관계식은 부피를 일정하게 유지시킬 수 없는 계에서 유용하게 사용할 수 있다. 일정한 부피에서 도함수는 일정한 온도와 일정한 압력에서의 도함수들로 나타낼 수 있으며, 일정한 온도와 일정한 압력은 우리가 실험실에서 용이하게 조절할 수 있는 조건들이다.

1.9 분자 수준에서의 열역학

화학에서 근본적인 개념은 물질이 궁극적으로 원자와 분자로 구성되어 있다는 점이다. 그래서 화학에서 어떤 모형도 이 개념과 일치해야 한다. 여기서 열역학이 어떻게 원자

---

*온도와 밀도처럼 세기 변수는 물질의 양이 달라지더라도 일정한 반면, 질량과 부피처럼 크기 변수는 물질의 양에 따라 달라진다.

이론으로 설명될 수 있는가 알아보자.

우선 고도에 따른 지구 대기의 압력이라는 아무 관계가 없어 보이는 개념을 생각하면서 논의를 시작해 보자. 대기 즉, 기체는 다음 식으로 주어지는 중력을 받는다.

$$F = mg$$

여기서 m은 대기 입자의 질량이고, g는 지표에서 약 9.81 m/s^{2}인 중력 가속도이다. g는 지구 표면으로부터의 거리에 따라 변하므로, 대기의 밀도 ρ도 변한다. 그림 1.12에 나타낸 것처럼 면적 A를 갖는 대기 기둥을 생각해 보자. 어떤 높이 h에서, 미세한 높이 변화 dh를 표시하면, 이에 해당하는 미세한 부피 변화는 $A \cdot dh$이고, 여기에 밀도를 곱하면 이 작은 부피에 해당하는 질량은 $\rho \cdot A \cdot dh$가 된다. 이제 이 질량에 미치는 미세한 힘을 정할 수 있다. 이 기체를 그 높이에 머물게 하기 위해서는 중력과 반대되는 힘이 작용해야 되고, 이를 표현하기 위하여 음의 부호를 추가하면 이 기체가 나타내는 힘은 다음과 같다.

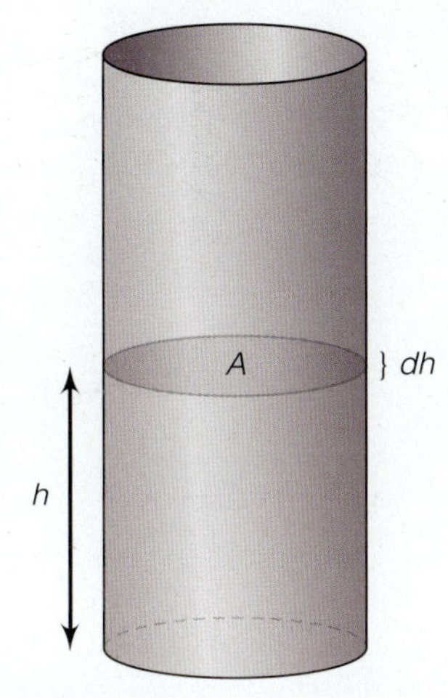

그림 1.12 기압이 고도에 따라 어떻게 변하는지를 결정해주는 대기 기둥 모형.

$$dF = -dm \cdot g = -(\rho \cdot A \cdot dh) \cdot g$$

압력은 면적으로 나누어 주어야 하기 때문에, 이 기체 시료에 작용하는 미세한 압력은 다음과 같다.

$$dp = \frac{dF}{A} = \frac{-\rho \cdot A \cdot dh \cdot g}{A} = -\rho \cdot g \cdot dh \qquad \textbf{(1.29)}$$

마지막 부분에서 무한소 부분을 마지막에 놓는 것은 일반적이다.

높이에 따른 전체 압력을 결정하기 위하여 위 식의 양변을 적분한다. 압력 변수는 1에서 p까지, 높이 변수는 0에서 h까지 취한다.

$$\int_1^p dp = \int_0^h (-\rho \cdot g \cdot dh)$$

이상 기체를 사용하여 기체의 밀도식을 결정할 수 있다. 기체의 밀도를 상기하라.

$$\rho = \frac{m}{V} = \frac{nM}{V}$$

여기서 n은 기체의 몰수이고 M은 몰질량이다. 이상 기체 법칙을 재배열하면 다음과 같다.

$$pV = nRT \rightarrow \frac{n}{V} = \frac{p}{RT}$$

이제 밀도식에서 n/V을 치환한다.

$$\rho = \frac{pM}{RT}$$

이 식을 적분의 오른쪽 항에 대입한다.

$$\int_1^p dp = \int_0^h \left(-\frac{pM}{RT} \cdot g \cdot dh\right)$$

압력 변수를 반대편 적분으로 이동시켜 정리하면 다음과 같다.

$$\int_1^p \frac{dp}{p} = -\int_0^h \left(\frac{Mg}{RT}\right) dh$$

높이에 따른 g와 T는 일정하다고 보고, 이 식들을 적분하면 다음 식을 얻을 수 있다.

$$\ln \frac{p}{1\ \text{atm}} = -\frac{Mgh}{RT}$$

이것은 다음으로 재정리된다.

$$p = e^{-Mgh/RT}\ \text{atm} \quad (1.30)$$

그리하여 대기의 압력은 대체로 음의 지수함수를 따른다. 식 (1.30)은 **기압식**(barometric formula)이라고 불린다.

음의 지수함수는 물리화학에서 여러 번 나타난다. 지수 자체는 순수한 수이고 따라서 단위가 없다. 그래서 Mgh는 RT와 전체 단위가 같다. 이 경우 두 단위 모두 에너지(표준 단위로 J)이다. RT 항은 열역학에서 중요하며, 때때로 **열에너지**(thermal energy)라고 불린다. 이는 온도에 따른 에너지 양을 나타낸다. Mgh가 에너지의 단위를 가졌다는 사실은(실제로 Mgh는 미세한 부피의 중력 위치 에너지를 뜻함) 지수의 분자를 어떤 종류의 에너지로도 대치할 수 있음을 뜻한다. 그래서 다음의 식을 과학에서 흔히 보게 된다.

$$\text{성질} \propto e^{-E/RT}$$

('∝' 기호는 '비례한다'는 뜻이다.) 이와 같은 음의 지수 표현을 볼츠만(Ludwig Boltzmann)이 처음으로 유도했기 때문에 그의 이름을 따서 **볼츠만 인자**(Boltzmann factor)라고 부른다.

원자와 분자는 에너지를 가지고 있다. 그래서 이들의 몇 가지 성질들은 볼츠만 인자와 관련되어 있다. 예를 들어, 기체상의 원자나 분자들은 병진 에너지를 가지고 있고, 이는 $mv^2/2$이다. 그래서 기체의 성질들은 부분적으로 다음 식을 따른다.

$$\text{성질} \propto e^{-\frac{mv^2/2}{RT}} = e^{-mv^2/2RT}$$

볼츠만 인자와 관련될 수 있는 중요한 성질 중의 하나가 **온도에 따른** 특별한 에너지를 가질 확률이다. 특별한 상태의 에너지가 E일 때, 열역학의 기본 개념으로 표현하면 한 입자가 이 상태에 존재할 확률은 다음과 같다.

$$\text{확률} = e^{-\Delta E/RT} \quad (1.31)$$

여기서 ΔE는 최저 에너지로부터의 에너지 차이이다. 최저 에너지가 0인 경우 ΔE는 에너지 E 그 자체이다. 이 개념을 이용하여 시료 물질의 평균 에너지를 실제로 계산할 수 있다. 그러나 이것은 각 입자의 에너지 값을 더하고 입자의 수로 나누어 주어야 하며, 더구나 각 입자의 에너지 값을 일일이 아는 것은 불가능하므로 간단하지 않다. 그러나 평균을 구하는 다른 방법이 있다. 어떤 성질 I를 갖는 확률을 P_i라 하면, 평균값 $\langle I \rangle$는 다음 식으로 주어진다.

$$\langle I \rangle = \frac{\sum_i P_i \cdot I}{\sum_i P_i} \quad (1.32)$$

다음의 예제는 이 식이 어떻게 사용되는가를 보여 준다.

예제 1.9

네 명으로 이루어진 한 학급에서 각 학생이 얻은 퀴즈 점수가 10점 만점 중 5, 5, 5, 10점이었다. 식 (1.32)를 이용하여 평균 점수를 구하라.

예제 1.9 *(계속)*

풀이

식 (1.32)를 이용하기 전에 일반적인 방법으로 평균을 구하면

$$\text{평균} = \frac{5+5+5+10}{4} = \frac{25}{4} = 6.25$$

이것은 평균을 구하는 일반적인 방법이다. 값들을 다 더하고, 이를 값의 개수로 나눈다.

그래서 식 (1.32)를 이용해도 같은 결과가 얻어져야 한다고 본다. 우선, 각 점수에 대한 확률, P_i가 필요하다. 네 점수 중 5점이 셋이므로 5점을 가질 확률은 3/4이고, 넷 중 한 명이 10점을 받았으므로 10점일 확률은 1/4이다. 식 (1.32)를 이용하면 합할 것이 오직 두 항이다. 그러므로

$$\text{평균} = \frac{\sum_i P_i \cdot I}{\sum_i P_i} = \frac{\left(\frac{3}{4}\right)\cdot 5 + \left(\frac{1}{4}\right)\cdot 10}{\left(\frac{3}{4}\right) + \left(\frac{1}{4}\right)}$$

$$\text{평균} = \frac{\left(\frac{15}{4}\right) + \left(\frac{10}{4}\right)}{1} = \left(\frac{15}{4}\right) + \left(\frac{10}{4}\right) = \frac{25}{4} = 6.25$$

이 예에서는 5와 10의 두 가지 점수만이 주어져 있기 때문에 분모와 분자에서의 합은 두 항만으로 이루어져 있다.

분모에서 모든 확률의 합이 어떻게 1이 되는지 보라. 이는 항상 그렇지 않지만 통상 있는 경우로서 계산을 간단하게 해 준다.

이로서 식 (1.32)는 평균을 구하는 데 적절한 방법으로 보여진다.

다음으로 온도에 의한 **열에너지**(thermal energy)라고 불리는 평균 병진 에너지를 구해 보자. 기체 입자가 1차원으로 움직이는 병진 운동을 생각하면, 이미 병진 에너지(즉, 운동에너지)가 $mv^2/2$임이 알려져 있다. 그래서 확률로서 볼츠만 인자를 이용하면 평균 에너지는 다음과 같다.

$$\langle E\rangle = \frac{\sum_i P_i \cdot E}{\sum_i P_i} = \frac{\sum_i e^{-mv^2/2RT}\cdot mv^2/2}{\sum_i e^{-mv^2/2RT}}$$

여기서 합은 각각 가능한 속도에 대해서이다. 식의 표현이 어려워 보이지만, 간단하게 할 두 가지 방법이 있다. 첫째로 실제 속도는 어떤 값도 가질 수 있다. 분수에서 개개의 합을 다음과 같이 적분으로 바꿀 수 있다(수학적으로 적분은 개개의 합이라기 보다는 매끄러운 합이다).

$$\langle E\rangle = \frac{\int_0^\infty e^{-mv^2/2RT}\cdot \frac{mv^2}{2}\,dv}{\int_0^\infty e^{-mv^2/2RT}}$$

두 번째로 이 두 적분의 해는 알려져 있다(부록 1). 이 해를 분수식에 대입하면 다음을 얻을 수 있다.

$$\langle E\rangle = \frac{\frac{1}{2}m\left(\frac{1}{4}\sqrt{\frac{\pi}{\left(\frac{m}{2RT}\right)^3}}\right)}{\frac{1}{2}\sqrt{\frac{\pi}{\left(\frac{m}{2RT}\right)}}}$$

복잡하게 보이긴 하지만, 이 분수식은 다음과 같이 간단하게 된다.

$$1차원의\ 경우\quad \langle E\rangle = RT/2 \tag{1.33}$$

공간은 3차원이고, 각 차원마다 기체의 병진 에너지에 $RT/2$씩 기여한다. 이 개념을 **등가 원리**(equipartition principle)라고 부르며, 각 차원(또는 자유도)마다 입자의 전체 에너지에 균등하게 기여한다는 생각이다. 그래서 기체의 전제 병진 에너지는 다음과 같다.

$$\langle E\rangle = 3RT/2 \tag{1.34}$$

기체의 입자가 병진 에너지만을 가지는 원자(He, Ne 및 Ar처럼)일 경우, 이 결과는 매우 유용하고 그 의미는 실험적으로 입증될 수 있다.

분자 기체는 다른 형태의 에너지를 가지고 있다. 예를 들어, 분자는 3차원 공간에서 회전할 수 있다. 세 가지 다른 공간축에서 회전하나, 직선 형태의 분자는 분자축 방향으로는 회전이 정의되지 않아 두 개의 다른 공간축에서 회전한다. 한 회전축에 대한 회전 에너지는 다음과 같다.

$$E = I\omega^2/2$$

여기서 I는 **관성 모멘트**(moment of inertia)로 불리는 양으로 질량에 의존하고, ω는 회전 속도이다. 회전 에너지에 대한 표현은 병진 에너지의 표현과 유사하다는 것에 유념하라. 즉, 질량과 관련된 양 곱하기 속도의 제곱 나누기 2이다. 이렇기 때문에 앞서 병진 운동에 대하여 행하였던 분석(한 번에 한 차원씩 분리)을 하면 다음과 같이 비슷한 결과를 얻게 된다.

$$\begin{aligned} 비선형\ 분자의\ 경우\quad \langle E\rangle &= 3RT/2 \\ 선형\ 분자의\ 경우\quad \langle E\rangle &= RT \end{aligned} \tag{1.35}$$

이것도 등가 원리의 또 다른 예이며, 분자들의 열역학 성질들에 대한 의미 또한 실험적으로 입증할 수 있다.

에너지는 **진동**(vibration)이라 불리는 운동에도 저장될 수 있다. 분자 내의 원자들은 각자에 대하여 앞뒤로 '흔들리는' 운동을 한다. N개의 원자로 구성된 분자에서 원자들은 $3N - 6$가지의 다른 방법으로 진동을 한다(직선형 분자에 대해서는 $3N - 5$). 얼마나 진동 에너지를 가지는가는 분자들이 에너지를 저장하는 다른 방식처럼 볼츠만 인자로 예측될 수 있으나, 결정적으로 다른 두 가지 점이 있다. 첫째, 진동 에너지는 연속적으로 취급될 수 없다. 어떤 경우에는 허용된 진동 에너지가 RT보다 매우 클 수 있기 때문에 진동 에너지는 오히려 분리되어 취급해야 한다. 중요한 것은 식 (1.32)에서 평균을 구할 때 합을 적분으로 대체할 수 없다는 점이다. 둘째, 이상적인 진동 에너지는 균등한 간격으로 되어 있다. 즉, 첫 번째 진동 에너지가 E라면 두 번째는 $2E$, 세 번째는 $3E$ 등이다. 이것을 수학적으로 이용할 것이다.

진동에 의한 평균 열에너지를 계산하기 위하여 평균에 관한 정의를 사용한다.

$$\langle E\rangle = \frac{\sum_i P_i \cdot E}{\sum_i P_i} = \frac{0\cdot e^{-0/RT} + E\cdot e^{-\frac{E}{RT}} + 2E\cdot e^{-\frac{2E}{RT}} + 3E\cdot e^{-\frac{3E}{RT}} + \cdots}{e^{-0/RT} + e^{-\frac{E}{RT}} + e^{-\frac{2E}{RT}} + e^{-\frac{3E}{RT}} + \cdots}$$

여기서, 진동 에너지의 최저점을 0이라고 가정한다(나중에 알겠지만 이는 기술적으로 옳지 않으나 유도한 식에서의 오차는 아주 작다). 분자의 첫 항은 확실히 0인 반면 분모의 첫 항은 확실히 1이다. $x = e^{-E/RT}$를 대입하면, 이 평균 에너지는 다음과 같다.

$$\langle E\rangle = \frac{x \cdot E \cdot (1 + 2x + 3x^2 + 4x^3 + \cdots)}{1 + x + x^2 + x^3 + \cdots}$$

항이 무한히 많다고 하면, 앞의 분수식에서 각 합은 더 간단히 된다. 분자의 합은 $(1 - x)^{-2}$의 전개와 같고, 반면에 분모의 합은 $(1 - x)^{-1}$의 전개와 같다. 이를 대입하면 다음이 성립한다.

$$\langle E\rangle = \frac{x \cdot E \cdot (1 - x)^{-2}}{(1 - x)^{-1}}$$

$(1 - x)$ 항 중 하나는 상쇄되고, 남는 것은 다음과 같다.

$$\langle E\rangle = x \cdot E \cdot (1 - x)^{-1}$$

$$\langle E\rangle = \frac{x \cdot E}{(1 - x)}$$

x에 해당하는 값을 대입하면 다음과 같다.

$$\langle E\rangle = \frac{e^{-E/RT} \cdot E}{(1 - e^{-E/RT})}$$

이를 간단히 하면 다음과 같다.

$$\langle E\rangle = \frac{E}{e^{E/RT} - 1} \qquad \textbf{(1.36)}$$

이는 N-원자 분자의 독립적인 $3N - 6$ (또는 $3N - 5$) 진동 각각에 대한 것이다. 그러므로 분자의 평균 진동 열에너지는 식 (1.36)으로 나타낸 표현의 $3N - 6$ (또는 $3N - 5$)개의 합이다.

이 표현은 두 극단적인 경우에서 생각해 볼 수 있다. 만약 진동 에너지 E가 RT (298 K에서 2,480 J/mol에 해당)보다 무척 큰 경우 $e^{E/ET}$가 매우 크고, 따라서 식 (1.36)의 분모가 매우 커서 $\langle E\rangle \approx 0$이 된다. 이는 분자의 진동에 의하여 열에너지가 저장되지 않음을 의미한다. 그러나 만약 E가 RT에 비하여 작다면, $e^{E/RT}$가 1에 가깝고 다음과 같이 근사될 수 있다.

$$e^{E/RT} \approx 1 + \frac{E}{RT} + \frac{1}{2!}\left(\frac{E}{RT}\right)^2 + \frac{1}{3!}\left(\frac{E}{RT}\right)^3 + \cdots$$

만약 이 근사에서 첫 항만 취하여 식 (1.36)에 대입하면 다음이 된다.

$$\langle E\rangle \approx \frac{E}{1 + \frac{E}{RT} - 1}$$

이것은 낮은 에너지 진동 각각에 대하여 다음과 같이 간단히 된다.

$$\langle E\rangle = RT$$

많은 분자들의 진동은 낮은 에너지와 높은 에너지 진동의 혼합이며, 그래서 진동하는 분자에 대한 열에너지나 다른 성질들을 실험적으로 측정할 때 역사적으로 이해하기 어려웠다. 이제 진동 에너지는 연속적인 것으로 모형화될 수 없고 작거나 큰 값을 갖는다는 것이 이해되므로 분자 기체들이 나타내는 열역학적 성질을 왜 갖는지 알게 되었다. 이러한 주제에 대하여 물리화학에서 중요한 두 분야인 양자역학이나 통계열역학 장에서 더 살펴볼 것이다(*번역주: 이 책에서는 양자역학적 논의는 생략함).

1.10 요약

먼저 기체의 거동은 단순하기 때문에 열역학을 설명하는 데 기체를 적용하였다. 보일은 1662년에 압력과 부피 사이의 관계식을 발표하였으며, 이 식은 가장 오래된 근대적인 화학 원리들 중의 하나가 되었다. 과학사에서는 간단한 개념들이 모두 다 발견된 것은 분명 아니지만 보다 더 취급하기 쉬운 개념들이 먼저 개발되어 왔다. 복잡한 상태 방정식이 있기는 하지만 기체의 거동을 이해하기가 아주 쉽기 때문에 상태 변수들을 연구하는 데 있어 기체가 선택된 것이다. 또한 편도함수 기법은 쉽게 기체에 적용할 수 있기 때문에 기체 특성에 관한 논의는 열역학 과목의 도입단계 주제로 적합한 것이다. 열역학을 연구하는 이유는 다루는 계의 상태를 이해하려는 것이 핵심인데, 이 계는 아직 설명하지 않은 상태 변수들을 포함하고 있으며, 미적분학의 몇몇 기법을 사용한다. 앞으로 제8장까지 이러한 내용에 관하여 설명할 것이다.

주요 식

$$pV = nRT$$ (이상 기체 법칙)

$$Z = \frac{p\overline{V}}{RT}$$ (압축률)

$$Z = \frac{p\overline{V}}{RT} = 1 + \frac{B}{\overline{V}} + \frac{C}{\overline{V}^2} + \cdots$$ (부피에 의한 비리알 방정식)

$$Z = \frac{p\overline{V}}{RT} = 1 + \frac{B'p}{RT} + \frac{C'p^2}{RT} + \cdots$$ (압력에 의한 비리알 방정식)

$$\left(p + \frac{an^2}{V^2}\right)(V - nb) = nRT$$ (반데르발스 상태 방정식)

$$T_B = \frac{a}{bR}$$ (보일 온도)

$$\left(\frac{\partial A}{\partial B}\right)_C = \left(\frac{\partial A}{\partial D}\right)_E \left(\frac{\partial D}{\partial B}\right)_C + \left(\frac{\partial A}{\partial E}\right)_D \left(\frac{\partial E}{\partial B}\right)_C$$ (편도함수에 대한 연쇄 규칙)

$$\left(\frac{\partial A}{\partial C}\right)_B \left(\frac{\partial B}{\partial A}\right)_C \left(\frac{\partial C}{\partial B}\right)_A = -1$$ (편도함수에 대한 순환 규칙)

$$\alpha = \frac{1}{V}\left(\frac{\partial V}{\partial T}\right)_p$$ (팽창 계수)

$$\kappa = -\frac{1}{V}\left(\frac{\partial V}{\partial p}\right)_T$$ (등온 압축률)

$$P = e^{-Mgh/RT}\ \text{atm}$$ (기압식)

$$\langle I \rangle = \frac{\sum_i P_i \cdot I}{\sum_i P_i}$$ (I의 평균값)

$$\langle E \rangle = 3RT/2$$ (기체의 평균 병진 에너지, 비선형 기체의 평균 회전 에너지)

$\langle E \rangle = RT$ (선형 기체의 평균 회전 에너지)

$\langle E \rangle = \dfrac{E}{e^{E/RT}-1}$ (분자 기체의 각 진동에 대한 평균 진동 에너지)

연습 문제

1.2 계, 주위, 상태

1.1. 분배 열량계는 단단한 금속 용기로 되어 있는데, 용기 내에 투입한 시료를 점화했을 때 발생하는 열이 용기 주위의 물을 데우는 원리를 이용하여 시료에서 발생하는 열량을 측정한다. 이 실험 장치를 개략적으로 그리고, **(a)** 계와 **(b)** 주위를 표시하라.

1.2. 계(system)와 닫힌계(closed system)와 차이점을 설명하고, 각각의 예를 들라.

1.3. 닫힌계라 함은 무엇을 의미하는가? 예를 들라.

1.4. 표 1.1의 데이터를 사용하여 다음 값을 화살표 오른쪽의 단위로 환산하라. **(a)** 12.56 L → cm^3, **(b)** 45°C → K, **(c)** 1.055 atm → Pa, **(d)** 1233 mmHg → bar, **(e)** 125 mL → cm^3, **(f)** 4.2 K → °C, **(g)** 25,750 Pa → bar.

1.5. 다음 중에서 어느 것이 더 높은 온도인가? **(a)** 0 K와 0°C, **(b)** 300 K와 0°C, **(c)** 250 K와 −20°C.

1.6. 보통 빨대 길이는 23 cm이다. 이 높이의 물기둥을 올리는 데 필요한 압력 차이는 얼마인가? (우리가 물을 마실 때 입으로부터 이 압력 차가 주어진다.) 물의 밀도는 1.0 g/cm^3으로 가정하고, $F = mg$ (g = 9.80 m/s^2)를 이용하라.

1.7. 앞의 문제를 참고하고, 특별한 압력 장치가 없이 최대 압력 차이가 1 atm, 즉 101,325 Ps일 때 물 기둥은 얼마나 올라가겠는가?

1.3 & 1.4 열역학 제0법칙, 상태 방정식

1.8. 찬물이 들어 있는 통을 난로 위에서 가열하였다. 물이 끓을 때 달걀을 익히기 위하여 물속에 넣었다. 이 과정을 열역학 제0법칙으로 설명하라.

1.9. 두 계 사이에 열이 흐르기 위해 무엇의 차이가 필요하겠는가?

1.10. 부피가 2.97 L이고 압력이 0.0553 atm인 기체 시료의 $F(T)$ 값은 얼마인가? 기체의 압력이 1.00 atm으로 증가할 경우 기체의 부피는 얼마가 되겠는가?

1.11. 온도가 −33.0°C이고 부피가 0.0250 L인 기체 시료의 $F(p)$ 값은 얼마인가? 부피가 66.9 cm^3으로 변하기 위해서는 온도는 몇 도가 되어야 하는가?

1.12. 압력이 2.66 bar이고 부피가 27.5 L이며 온도가 466.9 K인 기체 시료 1.887 mol에 대하여 식 (1.9)에서의 상수값을 계산하라. 계산한 값과 표 1.2의 값을 비교하라.

1.13. 수소 기체는 헬륨보다 저렴하여 기상 관측용 기구에 사용된다. 1.04 atm에서 초기 부피가 67 L인 이 기구를 채우기 위해 5.57 g의 H_2가 사용되었다고 가정하자. 풍선이 상승하여 압력이 0.047 atm에 이르는 고도까지 다다랐다면 부피는 얼마나 될까? 온도는 일정하다고 가정한다.

1.14. 처음 부피가 67 L이고 압력이 1.04 atm인 기상 관측용 기구에 추가 부착되어 바다에 빠졌다. 10.1 m씩 가라앉을 때마다 수압이 1 atm 씩 증가한다. 기구가 수면에서 64.0 m 가라앉았을 때 부피는 얼마인가? 온도는 일정하다고 가정한다.

1.15. 2.0 L 탄산음료 병이 298 K에서 4.5 atm의 CO_2로 가압되어 있다. 온도가 317 K 이면, CO_2의 압력은 얼마인가?

1.16. 1991년 피나투보 화산 폭발 당시 1.82 × 10^{13} g의 SO_2가 대기로 분출되었다고 추정한다. 만약 그 기체가 −17.0°C이고 부피가 대략 8 × 10^{21} L인 성층권을 채웠다면, 폭발로 인한 SO_2 기체의 부분 압력은 대략 얼마인가?

1.17. 어떤 단위로 얻어낸 기체 상수 R이 다른 단위로 얻어낸 기체 상수 R과 같음을 증명하라.

1.18. 스코틀랜드 물리학자 랭킨(W. J. M. Rankine)은 화씨 온도에 근거를 둔 절대 온도를 제안하여 지금 *랭킨 척도*(약자 R)로 불리며, 공학 분야에 사용되고 있다. 랭킨 척도는 켈빈 온도의 5/9이다. 이상 기체 법칙 상수는 L·atm/mol·R로 하면 얼마이겠는가?

1.19. 두 가지의 적당한 R 값을 사용하여 L·atm과 J 사이의 환산 관계를 결정하라.

1.20. STP와 SATP(이들은 같은 것인가 아니면 다른 것인가?)를 적용하여 계산을 할 경우 R 값을 사용한다. 이 경우 결과가 정확하도록 한 가지를 선택하고, 그 선택이 옳다는 것을 입증하라.

1.5 이상 기체에 관한 추가 사항

1.21. 기체 혼합물에서 각 기체는 부분 압력으로 나타내며, 전체 압력은 부분 압력을 합친 것이다. 25.0°C에서 0.75 atm의 He 기체 1.00 L를 1.5 atm의 Ne 기체 2.00 L와 혼합하여 전체 부피가 3.00 L가 되게 하였다. 온도 변화는 없다고 가정하고, He과 Ne 기체를 이상 기체로 간주하였을 때 **(a)** 전체 압력, **(b)** 각 기체의 부분 압력, **(c)** 혼합물에서 각 기체의 몰분율을 구하라.

1.22. 지구의 대기는 근사적으로 N_2 80%와 O_2 20%로 구성되어 있다. 바다 수면에서의 전체 기압을 약 14.7 lb/in^2 (lb/in^2은 SI 단위는 아니지만 흔히 쓰임)이라 한다면 N_2와 O_2의 부분 압력은 lb/in^2 단위로 각각 얼마인가?

1.23. 금성 표면의 대기압은 90 bar이고 96%의 이산화 탄소와 다른 기체 4%로 이루어져 있다. 표면의 온도가 730 K라고 할 때 금성 표면에서 이산화 탄소의 cm^3당 질량은 얼마인가?

1.24. 화성의 대기는 4.50 torr이고 대부분 이산화 탄소로 되어 있다. 표면 온도가 −87°C일 때, cm^3당 이산화 탄소의 질량은 얼마인가? 앞의 문제와 비교하라.

1.25. 다음과 같은 염산과 마그네슘 반응에서

$$2HCl(aq) + Mg(s) \rightarrow MgCl_2(aq) + H_2(g)$$

100.0 g의 HCl(aq)가 반응하였다. 온도가 47.5°C이고 압력이 1.02 atm일 때 생성된 H_2의 부피는 얼마인가? 이상 기체 법칙을 이용하라.

1.26. 효모에 의한 포도당의 산화에서 CO_2가 생성된다.

$$C_6H_{12}O_6 \rightarrow 2CO_2 + 2C_2H_5OH$$

만약 22.0°C와 0.965 atm에서 1.56 L의 CO_2가 생성되었다면 소모된 $C_6H_{12}O_6$의 질량은 얼마인가? 이상 기체 법칙을 이용하라.

1.27. 다음 함수들의 $x = 5$와 $x = 10$에서의 기울기를 구하라. **(a)** $y = 5x + 7$, **(b)** $y = 3x^2 - 5x + 2$, **(c)** $y = 7/x$.

1.28. 함수 F가 다음과 같을 때 **(a)**~**(f)**의 도함수를 구하라.

$$F(w,x,y,z) = 3xy^2 + \frac{w^3z^3}{32y} - \frac{xy^2z^3}{w}$$

(a) $\left(\frac{\partial F}{\partial x}\right)_{w,y,z}$

(b) $\left(\frac{\partial F}{\partial w}\right)_{x,y,z}$

(c) $\left(\frac{\partial F}{\partial y}\right)_{w,x,z}$

(d) $\left[\frac{\partial}{\partial z}\left(\frac{\partial F}{\partial x}\right)_{w,y,z}\right]_{w,x,y}$

(e) $\left[\frac{\partial}{\partial x}\left(\frac{\partial F}{\partial z}\right)_{w,x,y}\right]_{w,y,z}$

(f) $\left\{\frac{\partial}{\partial w}\left[\frac{\partial}{\partial z}\left(\frac{\partial F}{\partial x}\right)_{w,y,z}\right]_{w,x,y}\right\}_{x,y,z}$

1.29. 이상 기체 법칙이 적용된다고 할 때 다음을 구하라.

(a) $\left(\frac{\partial V}{\partial p}\right)_{T,n}$

(b) $\left(\frac{\partial V}{\partial n}\right)_{T,p}$

(c) $\left(\frac{\partial T}{\partial V}\right)_{p,n}$

(d) $\left(\frac{\partial p}{\partial T}\right)_{V,n}$

1.30. 이상 기체가 적용된다고 할 때 다음을 구하라.

(a) $\left(\frac{\partial n}{\partial V}\right)_{T,p}$

(b) $\left(\frac{\partial T}{\partial p}\right)_{V,n}$

(c) $\left(\frac{\partial n}{\partial T}\right)_{p,V}$

(d) $\left(\frac{\partial p}{\partial n}\right)_{T,V}$

1.31. 위의 문제들 중에서 어느 함수도 R에 대해 미분하는 문제가 없다. 그 이유는 무엇인가? 다른 함수에 대한 R의 도함수를 정의하지 않는 것도 같은 이유인가?

1.32. **(a)** 부피가 압력과 온도의 함수가 되도록 이상 기체 법칙을 다시 써라. **(b)** 압력과 온도의 함수로서 전미분 dV 무엇인가? **(c)** 1.08 atm, 350 K에서 1 mol의 이상 기체가 압력이 0.10 atm만큼(즉, dp = 0.10 atm) 변하고 온도가 10.0 K만큼 변할 때 부피의 변화는 얼마로 예상되는가?

1.33. 자동차 타이어에서 일정한 공기를 빼내면 타이어의 부피와 압력이 동시에 변하며, 따라서 공기의 온도도 변하게 된다. 이러한 변화를 나타내는 도함수를 써라(*힌트*: 이것은 연습 문제 1.28d에서와 같이 이중 도함수로 표현된다).

1.34. 같은 변수에 대하여 한번 이상 미분이 가능하다.

$$\frac{\partial}{\partial x}\left(\frac{\partial F}{\partial x}\right) \equiv \frac{\partial^2 F}{\partial x^2}$$

그리고 이것을 2차 도함수라고 한다. 이상 기체 방정식에서 다음을 계산하라.

(a) $\left(\frac{\partial^2 V}{\partial p^2}\right)_{n,T}$

(b) $\left(\frac{\partial^2 p}{\partial T^2}\right)_{n,V}$

1.6 비이상 기체

1.35. 반데르발스 상수에 영향을 미치는 비이상 기체의 성질은 무엇인가?

1.36. **(a)** 이상 기체의 압축률은 무엇인가? **(b)** 압축률은 p, V, T 또는 n에 따라 변하는가? 그 이유를 설명하라.

1.37. 특수한 수레가 부착되어 있고 77 K에서 액체 질소 120 L를 담을 수 있는 큰 실린더에 액체 질소가 들어 있다. 액체 질소의 밀도가 0.840 g/cm^{3}일 때 반데르발스 방정식을 이용하여 77 K와 대기압에서 기화된 질소 기체의 부피를 계산하라(*힌트*: 반데르발스 방정식에는 V를 포함하는 항이 두 개 있으므로 V를 구하기 위해서는 반복 계산 과정을 거쳐야 한다. 처음에 an^2/V^2을 무시하고 V를 계산한다. 그리고 이 값을 an^2/V^2에 대입하여 압력을 산출하고 V에 대하여 푼다. 그 값이 변하지 않을 때까지 되풀이한다. 프로그램이 가능한 계산기나 스프레드시트 프로그램을 사용하면 아마 편리할 것이다).

1.38. 표 1.5의 반데르발스 상수를 사용하여 이산화 탄소, 산소 및 질소의 보일 온도를 계산하라. 계산한 값들은 표 1.5의 실험값들에 어느 정도 근접하는가?

1.39. 반데르발스 방정식과 부피(V) 항으로 나타낸 비리알 상태 방정식에 대하여 $(\partial p/\partial V)_{T,n}$를 나타내는 식을 결정하라.

1.40. 비리알 계수 C의 단위는 무엇인가? 또 C'의 단위는 무엇인가?

1.41. 표 1.4는 저온에서 He의 제2비리알 계수 B가 음의 값임을 보여주고 있으며, 12.0 cm^3/mol 약간 위 부근에서 최대를 보인 후 다시 감소하는 경향을 보인다. 더 높은 온도에서 이 값은 다시 음의 값이 될 것으로 생각하는가? 그 값은 왜 감소하는가?

1.42. 표 1.5를 사용하여 가장 이상적인 기체로부터 가장 덜 이상적인 기체까지 순서대로 나열하라. 이러한 순서에서 어떠한 경향들을 볼 수 있겠는가?

1.43. Ne의 반데르발스 상수 a는 bar · cm^6/mol^{2}의 단위로 얼마인가?

1.44. 분자가 구와 같다고 가정할 때, 반데르발스 상수 b는 분자의 크기를 추정하는 데 사용된다. 1. 환산식 1 m^3 = 1000 L를 사용하고 b를 m^3/mol로 변환하라. 2. 각 분자의 b에 대한 기여도를 얻기 위하여 아보가드로수로 나누어라. 3. 분자의 반지름을 추정하기 위하여 $V = (4/3)\pi r^3$을 사용하라. 이러한 단계를 이용하여 **(a)** He, **(b)** H_2O, **(c)** C_2H_6의 크기를 추정하라.

1.45. 어떤 조건에서 반데르발스 상수 b가 음수가 되겠는가? 이러한 경우가 되는 기체가 있겠는가?

1.46. 정의에 의해서 이상 기체의 압축률 인자는 1이다. 수소에 대하여 근사적으로 제2비리알 계수 항을 계산에 넣을 때 몇 %의 차이가 있는가? 수증기일 경우는 몇 % 차이가 나는가? 값을 산출하는 조건을 제시하라.

1.47. Ar에 대한 제2비리알 계수 B와 제3비리알 계수 C의 값은 273 K에서 각각 −0.021 L/mol과 0.0012 L^2/mol^{2}이다. 제3비리알 계수 항을 계산에 포함시킬 경우 압축률 인자는 몇 % 차이가 나는가?

1.48. $(1 - x)^{-1} \approx 1 + x + x^2 + \ldots$란 근사식을 사용하여 반데르발스 상수항들로 나타내는 비리얼 계수 C에 관한 식을 결정하라.

1.49. 실온 부근에서 이상 기체의 거동을 연구하는 데 질소 기체가 적합한 이유는 무엇인가?

1.50. 레들리히-퀑 상태 방정식에서 $\partial p/\partial \overline{V}$를 계산하라.

1.51. **(a)** $T = 298$ K, $V = 25.0$ L, **(b)** $T = 1000$ K, $V = 250.0$ L에서 반데르발스 기체로 행동하는 메테인 1 mol에 대한 $\left(\frac{\partial p}{\partial V}\right)_{T,n}$의 계산값을 수치로 나타내라. 어떤 조건의 것이 이상 기체 법칙으로 예상되는 값과 가까운 값을 보이는지 설명하라.

1.52. 부피의 어떤 조건에서 반데르발스 기체가 이상 기체와 가까워지는가? 답을 정당화하기 위하여 반데르발스 방정식을 사용하라.

1.53. 고온에서 반데르발스 상수 하나는 무시될 수 있다. 어느 것인가? 선택하고 고온에서의 반데르발스 방정식을 간단히 하라.

1.55. 1 mol 기체의 베르틀로(Berthelot) 상태 방정식은 다음과 같다.

$$p = \frac{RT}{\overline{V} - b} - \frac{a}{T\overline{V}^2}$$

a와 b는 실험적으로 결정된다. NH_3(g)에 대하여, $a = 741.6$ atm·L^2·K이고 $b = 0.0139$ L이다. $\overline{V} = 22.41$ L이고 $T = 273.15$ K일 때, p를 계산하라. 이상 기체로부터 예측된 p 값과 얼마나 차이가 나는가?

1.56. 1 mol 기체의 디에테리치(Dieterici) 상태 방정식은 다음과 같다.

$$p = RT\frac{e^{-a/\overline{V}RT}}{\overline{V} - b}$$

a와 b는 실험적으로 결정된다. NH_3(g)에 대하여, $a = 10.91$ atm·L^2/mol^{2}이고 $b = 0.0401$ L/mol이다. $\overline{V} = 22.41$ L/mol이고 $T = 273.15$ K일 때, p를 계산하라. 이상 기체로부터 예측된 p 값과 얼마나 차이가 나는가?

1.57. 연습 문제 1.6과 1.7을 참고하여, 압력이 이상 기체와 비이상 기체로부터 차이가 있다면 영향을 받겠는가?

1.7 & 1.8 편도함수와 그에 대한 정의

1.58. 그림 1.11의 기억법을 적용하여 식 (1.26)에서 순환 규칙의 두 가지 다른 형태를 써라.

1.59. 그림 1.11을 이용하여 $(\partial p/\partial p)_T$에 대한 순환 규칙을 만들어 보라. 원래 편도함수를 고려할 때 답이 의미가 있는가?

1.60. α와 κ의 단위는 무엇인가?

1.61. STP와 SATP에서 이상 기체 1 mol의 α를 계산하라.

1.62. STP와 SATP에서 이상 기체 1 mol의 κ를 계산하라.

1.63. 반데르발스 기체에 대한 α와 κ의 해석적 식을 결정하기 어려운 이유는 무엇인가?

1.64. 이상 기체의 경우 $\kappa = (T/p)\alpha$임을 증명하라.

1.65. $(\partial V/\partial T)_{p,n}$을 α와 κ의 항으로 나타내는 식을 구하라. 이 식의 부호를 가지고 온도가 증가할 때 부피에는 어떤 일이 일어나는지를 판단할 수 있는가?

1.66. 밀도는 몰질량 M을 몰부피 $\overline{V}$로 나눈 값으로써 정의한다.

$$d = \frac{M}{\overline{V}}$$

이상 기체에 대한 $(\partial d/\partial T)_{p,n}$ 값을 M, $\overline{V}$ 및 p 항들로써 계산하라.

1.67. 편도함수로 나타내는 순환 규칙을 이용하여 α/κ를 다른 형태로 나타내어라.

1.9 분자 수준에서의 열역학

1.68. 기압 함수에서 지수의 단위를 분석하고, 전체 지수가 단위가 없음을 보여라.

1.69. 기압식을 이용하여 콜로라도 온천에서의 예상되는 압력을 계산하라. 콜로라도는 해발 1840 m에 위치하고 온도는 26.0°C로 가정한다.

1.70. 기압식은 또한 해수면 아래에도 적용할 수 있다. 이 경우 h는 음수이다. 중동에 있는 해수면 432 m 아래의 사해 해변에서의 압력을 예상하라. 온도는 39.0°C로 가정한다.

1.71. 식 (1.32)을 이용하여 10점 만점의 퀴즈가 3, 5, 7, 3, 4, 9, 7, 10점일 때, 평균 점수를 계산하라.

1.72. 식 (1.32)을 이용하여 10점 만점의 퀴즈가 5, 5, 5, 5, 10, 10, 10점일 때, 평균 점수를 계산하라.

1.73. **(a)** 200 K, **(b)** 500 K, **(c)** 1000 K에서 두 상태의 에너지 차이가 500 J이라면 점유 비율은 얼마인가? 답에서 어떤 경향을 볼 수 있는가?

1.74. **(a)** 200 K, **(b)** 500 K, **(c)** 1000 K에서 두 상태의 에너지 차이가 1000 J이라면 점유 비율은 얼마인가? 답에서 어떤 경향을 볼 수 있는가?

1.75. 다음 기체의 병진과 회전 운동에서 예상되는 에너지 $\langle E \rangle$를 RT 단위로 결정하라. **(a)** Ne, **(b)** HCl, **(c)** C_2H_2, **(d)** CH_4.

1.76. 다음 기체의 병진과 회전 운동에서 예상되는 에너지 $\langle E \rangle$를 RT 단위로 결정하라. **(a)** $(CN)_2$, **(b)** H_2O, **(c)** Kr, **(d)** C_6H_6.

1.77. 진동 자유도에 대하여 단순히 $\langle E \rangle$ 값을 결정하기 어려운 이유를 설명하라. 높고-, 낮은- 진동 에너지 값에 대하여 이 값들은 어떠한가?

기호수학 문제

(주: 각 장의 끝부분에 있는 수학적으로 취급하는 연습 문제는 매우 복잡하므로 보통 MathCad, Maple, Mathematica 등과 같은 프로그램이 추가적으로 필요하다.)

1.78. 표 1.4는 여러 온도에서의 제2비리알 계수 B의 여러 값들을 보여주고 있다. 표준 압력 1 bar를 가정하여 각 온도에서 He, Ne 및 Ar의 몰부피를 계산하라. V vs. T의 그래프에서 곡선은 어떤 모양으로 나타나는가?

1.79. 표 1.6의 반데르발스 상수를 사용하여 25°C와 1 bar의 압력에서 **(a)** 크립톤(Kr), **(b)** 에테인(C_2H_6), **(c)** 수은(Hg)의 몰부피를 계산하라.

1.80. 이상 기체 법칙을 이용하여 편도함수의 순환 규칙을 증명하라.

1.81. 연습 문제 1.78의 결과를 이용하여 Ar에 대한 α와 κ를 산출할 수 있는 식을 만들 수 있겠는가?

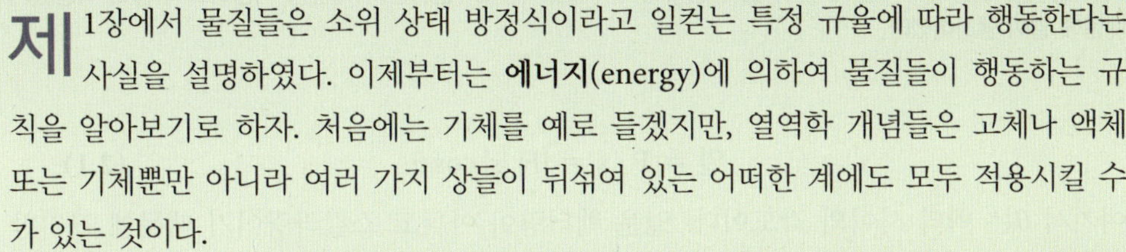

제2장

열역학 제1법칙

The First Law of Thermodynamics

제1장에서 물질들은 소위 상태 방정식이라고 일컫는 특정 규율에 따라 행동한다는 사실을 설명하였다. 이제부터는 **에너지**(energy)에 의하여 물질들이 행동하는 규칙을 알아보기로 하자. 처음에는 기체를 예로 들겠지만, 열역학 개념들은 고체나 액체 또는 기체뿐만 아니라 여러 가지 상들이 뒤섞여 있는 어떠한 계에도 모두 적용시킬 수가 있는 것이다.

열역학은 대부분 19세기에 발전되었고 이때는 양자 역학의 개념(원자와 전자들의 미시 세계는 거대 물질들의 거시 세계와는 다른 규율에 따라 행동한다는 것을 강조함)이 등장하기 전이지만 돌턴의 현대적 원자 이론이 인정받기 시작한 이후의 일이었다. 그렇기 때문에 열역학은 주로 원자들과 분자들의 거대 집단을 취급하게 된다. 다시 말해서 열역학의 모든 법칙들은 **거시적**(macroscopic) 규율이다. 이 책의 후반부에서는 **미시적**(microscopic) 규율(즉, 양자 역학)을 알아보게 될 테지만, 지금 당장은 열역학이 보고 느끼고 무게를 달 수 있으며, 손으로 조작할 수 있는 계를 취급한다는 사실에 염두를 두자.

2.1 개요

우선 먼저 일과 열 그리고 내부 에너지를 바르게 정의해 둘 필요가 있다. 왜냐하면 열역학 제1법칙은 이들 세 가지 양들 사이의 관계에 근거를 두고 있기 때문이다. 내부 에너지는 상태 함수의 한 예인데, 상태 함수는 편리하게 사용할 수 있는 독특한 성질을 가지고 있다. 이 장에서는 또 다른 상태 함수인 엔탈피도 소개할 것이다. 상태 함수의 변화를 생각하면서, 물질이 물리적 변화나 화학적 변화가 일어나는 동안에 내부 에너지와 엔탈피가 얼마나 변화하는지를 계산해 내기 위한 방안을 찾을 것이다. 또한, 계의 온도 변화와 관련되는 열용량과 주울-톰슨 계수도 소개할 것이다. 이 장의 끝 부분에 가서는 열역학 제1법칙으로 예상하는 데 있어서 한계가 있고, 에너지가 물질과 어떻게 상호 작용을 하는지를 이해하기 위해서는 또 다른 개념(열역학의 다른 법칙들)이 필요하다는 인식을 갖게 될 것이다.

2.2 일과 열

어떤 물체가 힘 F의 작용으로 인하여 일정한 거리 s만큼 이동했을 때 물리적 관점에서는 그 물체에 **일**(work)이 행하여졌다라고 한다. 이 경우 수학적 관점에서는 힘 벡터 $\mathbf{F}$와 거리 벡터 $\mathbf{s}$의 내적(dot product)이라고 한다.

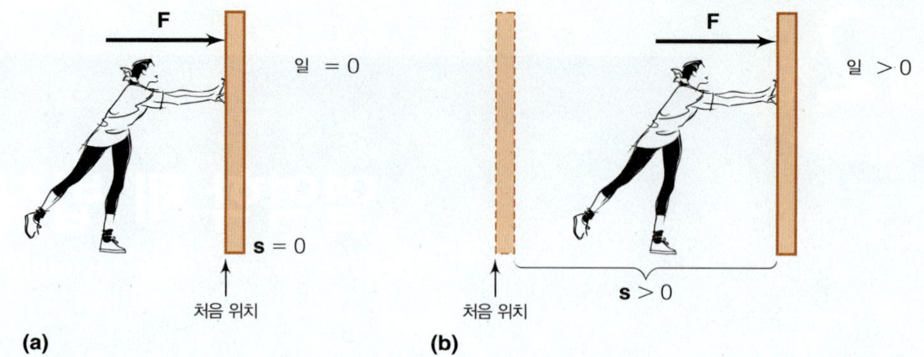

그림 2.1 일정 힘이 물체에 가해졌을 때 물체가 조금도 움직이지 않으면 일이 전혀 행하여지지 않는다. (a) 벽이 움직이지 않았기 때문에 일이 전혀 행하여지지 않았다. (b) 일정한 거리만큼 이동하도록 힘이 작용했기 때문에 일이 행하여졌다.

$$\text{일} = \mathbf{F} \cdot \mathbf{s} = |F|\,|s| \cos\theta \qquad \textbf{(2.1)}$$

여기서 θ는 벡터 사이의 각도이다. 일은 벡터량이 아니고 스칼라량이기 때문에 크기만 있고 방향은 없다. 그림 2.1은 힘이 물체에 작용하고 있는 것을 나타내고 있는데, 그림 2.1a에서 물체가 움직이지 않았으므로(일정한 힘의 크기가 작용되었음에도 불구하고) 일의 양은 영이다. 반면에 그림 2.1b에서는 물체가 움직였으므로 일이 행하여졌다.

일의 단위는 에너지의 단위와 똑같이 J (joule, 주울)이다. 이는 일리가 있다. 왜냐하면 일은 에너지를 이동시키는 하나의 수단이기 때문이다. 에너지란 일을 할 수 있는 능력으로 정의되므로 에너지와 일은 같은 단위를 사용하여 표현하게 되는 것이다.

일반적으로 열역학을 공부하는 초보 단계에서 흔히 쓰이는 일의 형태에는 계의 부피 변화가 포함된다. 그림 2.2a를 보자. 기체 시료가 마찰이 없는 피스톤에 의하여 초기 부피 V_i 속에 갇혀 있다. 이때, 그릇 속에 있는 기체의 초기 압력도 p_i이다. 처음에 피스톤을 일정한 위치에 고정시킬 수 있는 것은 주위의 외부 압력 $p_{\text{외부}}$에 의한 것이다.

그림 2.2b처럼 피스톤이 바깥쪽으로 움직이면 **계가 주위에 일을 하는** 것인데, 이는 일의 형태로 계가 에너지를 **잃고** 있음을 의미한다. 계가 일정한 외부 압력 $p_{\text{외부}}$에 대항하여 부피를 dV만큼 약간 변화시켰을 때 계가 주위에 행한 일 dw는 다음과 같이 정의한다.

$$dw = -p_{\text{외부}}\,dV \qquad \textbf{(2.2)}$$

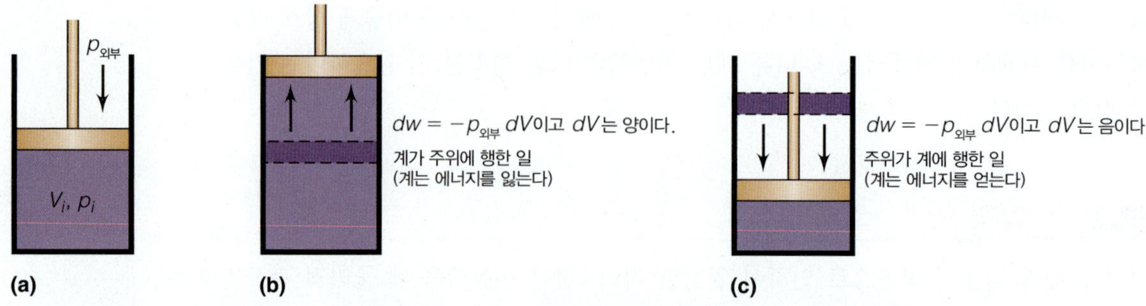

그림 2.2 (a) 마찰이 없는 피스톤에 의해서 갇힌 기체가 계나 주위에 어떻게 일을 행하는지 알아보는 간단한 예. (b) 주위에 일이 행하여진다. (c) 계에 일이 행하여진다. 그렇지만 수학적으로 일을 정의할 경우는 (b)와 (c)에서 일이 서로 같다.

부호가 음인인 것은 행한 일로 인해서 계의 에너지 양이 **줄어든다**는 것을 나타낸다.* 그림 2.2c에서처럼 피스톤이 안쪽으로 움직여 들어가면 주위가 **계에** 일을 한 것이고, 계의 에너지 양은 증가한다. 계에 조금 행하여 진 일의 양은 식 (2.2)와 같이 정의되지만, 부피의 변화 dV가 반대 방향이기 때문에 결국 일은 양의 값을 갖게 된다. 관심의 대상은 계라는 것에 주목하라. 일은 우주의 일부인 계에 대하여 양이거나 혹은 음이다.

전체의 변화에 기여하는 (무수히 많은) 무한소 변화들을 모두 합치면 계에 행하여지거나 또는 계가 행한 일의 전체 양을 얻게 된다. 수많은 무한소 변화를 모두 합치기 위해서는 적분법을 사용하면 되는데, 그림 2.2에 나타낸 것과 같은 변화에 대해서는 전체 일의 양 w는 다음과 같이 된다.

$$w = -\int p_{\text{외부}}\, dV \tag{2.3}$$

이 적분은 변화가 일어나는 조건에 따라 단순화시킬 수도 있고 그렇지 않을 수도 있다. 만일 변화가 일어나는 동안에 외부 압력이 일정한 상태로 유지된다면 외부 압력 항을 적분 기호 밖으로 빼내어서 다음과 같은 식으로 쓸 수가 있다.

$$w = -\int p_{\text{외부}}\, dV = -p_{\text{외부}}\int dV = -p_{\text{외부}}\cdot V|_{V_i}^{V_f}$$

이 경우에 적분 범위는 변화가 일어날 때의 처음 부피 V_i와 변화가 일어난 후의 최종 부피 V_f이다. 이런 내용은 위의 식에서 맨 마지막 항에 해당한다. 이러한 적분 범위에서 계산한 일의 양은 다음과 같다.

$$\begin{aligned} w &= -P_{\text{외부}}(V_f - V_i) \\ &= -p_{\text{외부}}\cdot \Delta V \end{aligned} \tag{2.4}$$

만일 변화가 일어는 동안에 외부 압력이 달라진다면 식 (2.3)에서의 일을 계산할 때 다른 방안을 찾아야 할 것이다.

압력의 단위를 atm으로 하고 부피의 단위를 L로 사용해서 L·atm의 단위로 된 일을 얻을 수가 있는데, 이 단위는 일에 대해서 흔히 쓰는 단위가 아니다. 일을 나타낼 때의 SI 단위는 J이다. 그런데 앞 장에서 R의 값을 여러 가지 단위로 나타내었던 것을 이용하면 1 L·atm = 101.32 J이라는 관계를 알 수가 있다. 이 환산 인자는 일을 SI 단위로 적절히 나타내고자 할 때 매우 쓸모가 있는 것이다. 만일 부피의 단위가 m^3로 나타나 있고 압력의 단위가 파스칼(Pa)로 나타나 있다면 다음과 같은 관계에 의하여 joule 단위가 직접 얻어지기도 한다.

$$\text{Pa} \times \text{m}^3 = \frac{\text{N}}{\text{m}^2} \times \text{m}^3 = \text{N} \times \text{m} = \text{J}$$

기체에서 자주 일어나는 일, 즉 처음에 진공 상태로 된 큰 부피 속으로 기체가 팽창하는 일에 대한 조건을 그림 2.3에서 설명하고 있다. 이 경우 기체는 $p_{\text{외부}} = 0$에 대항해서 팽창하기 때문에 식 (2.4)에서의 일에 대한 정의에 따라 기체가 행한 일은 0이다. 이러한 과정을 **자유 팽창**(free expansion)이라고 부른다.

$$\text{자유 팽창의 경우,}\quad \text{일} = 0 \tag{2.5}$$

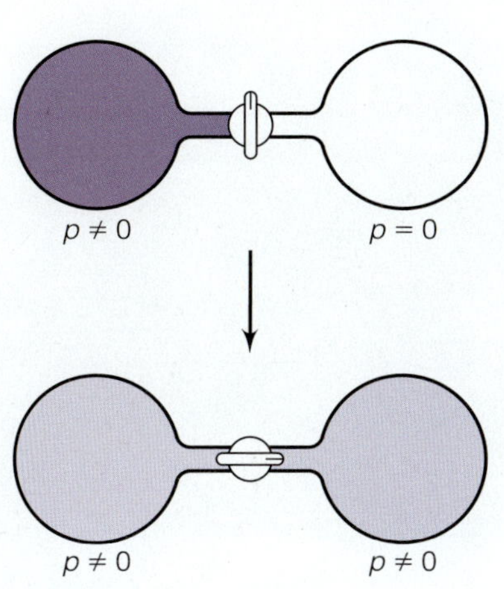

그림 2.3 기체 시료가 진공 속으로 팽창할 경우에는 아무런 일도 행하지 않는다.

*일에 대한 두 가지 정의가 서로 같은 것임을 보여 주기는 쉽다. 압력이란 단위 면적에 작용하는 힘이기 때문에 식 (2.2)는 일 = (힘/면적) × 부피 = 힘 × 거리의 형식으로 다시 쓸 수가 있는데, 이것은 바로 식 (2.1)과 같은 것이다.

예제 2.1

그림 2.1에서와 같이 피스톤 장치가 있는 그릇 속에 이상 기체가 들어 있는데, 처음 부피가 2.00 L이고, 초기 압력은 8.00 atm이라고 하자. 이때 외부 압력이 1.75 atm인데, 피스톤이 움직여서 (즉 계가 팽창해서) 최종 부피가 5.50 L로 되었다고 가정하자. 그리고 이러한 변화가 일어나는 동안 온도는 일정한 상태로 유지되었다고 가정하자.

a. 이 과정에 대한 일을 계산하라.

b. 이 기체의 최종 압력을 계산하라.

풀이

a. 먼저 부피의 변화를 알아야 하는데, 다음과 같이 해서 알아낼 수가 있다.

변화는 언제나 '최종 값 빼기 초기 값'이다.

$$\Delta V = V_f - V_i = 5.50\ \text{L} - 2.00\ \text{L} = 3.50\ \text{L}$$

일정한 외부 압력에 대항해서 행한 일을 계산하려면 식 (2.4)를 적용시키면 된다.

최종 단위가 'L·atm'이다.

$$w = -P_{\text{외부}}\Delta V = -(1.75\ \text{atm})(3.50\ \text{L}) = -6.13\ \text{L}\cdot\text{atm}$$

만일 일의 단위를 SI 단위인 J로 바꾸고 싶다면 이에 해당하는 환산 인자를 사용하면 된다.

$$-6.13\ \text{L}\cdot\text{atm} \times \frac{101.32\ \text{J}}{1\ \text{L}\cdot\text{atm}} = -621\ \text{J}$$

다시 말해서 팽창이 일어나는 동안 계는 621 J만큼의 에너지를 잃는다.

b. 계가 이상 기체라고 가정했으므로 보일의 법칙을 적용해서 기체의 최종 합력을 계산할 수가 있는데, 다음과 같은 결과를 얻게 된다.

보일 법칙은 $p_i V_i = p_f V_f$이다.

$$(2.00\ \text{L})(8.00\ \text{atm}) = (5.50\ \text{L})(p_f)$$
$$p_f = 2.91\ \text{atm}$$

예제 2.2

계에 대하여 다음과 같이 각각 주어진 조건과 그 때마다 정해지는 정의에 따라 계가 일을 행할지 또는 계에 일이 행하여질지 아니면 전혀 일이 행하여지지 않을지를 결정하라.

a. 풍선 속에 들어 있는 조그만 드라이아이스(고체 CO_2) 조각이 승화하면서 풍선이 부풀어 오르고 있다(계 = 풍선).

b. 우주 왕복선에 있는 짐칸의 문이 우주 공간에서 열려 짐칸의 공기 일부가 새어 나가고 있다(계 = 짐칸).

c. 냉매인 기체 상태의 CHF_2Cl을 액화시키려고 에어컨 냉방기의 압축기에서 압축되고 있다(계 = CHF_2Cl).

d. 분무 페인트 통에서 페인트가 방출되고 있다(계 = 페인트 통).

e. d의 경우와 같지만 분무되는 페인트 자체가 계라고 생각하라.

예제 2.2 *(계속)*

풀이

a. 풍선의 부피가 늘어나고 있으므로 분명 일을 행하고 있다. 즉, 계가 일을 행한다.

b. 우주에서 우주 왕복선에 있는 짐칸의 문이 열리면 그 짐칸은 (완전한 진공은 아니지만) 진공 속으로 노출되는 것이기 때문에 어느 정도 자유 팽창이라고 생각할 수 있다. 그러므로 아무런 일도 행하지 않는다.

c. CHF_2Cl이 압축되면 그 부피가 줄어들므로 계에 일이 행하여진다.

d, e. 분무 페인트 통에서 페인트가 방출될 때 페인트 통 자체는 보통 부피가 달라지지 않는다. 따라서 통 자체를 계라고 정의할 경우는 행한 일의 양은 0이다. 그렇지만 분무되는 페인트 자체는 대기압에 대항하여 팽창하고 있기 때문에 페인트 자체는 일을 행한다. 이 마지막 예는 될 수 있는 한 명확하게 계를 정의하는 것이 얼마나 중요한 일인지를 보여 주고 있다.

가능하다면 계가 여러 단계의 변화를 거칠 때 특정 단계 다음의 변화가 일어나기 전에 계로 하여금 이미 일어난 각각의 무한소 변화에 작용이 미치도록 피스톤 장치가 있는 그릇 속에 들어 있는 기체의 부피를 무한히 촘촘하게 작은 단계로 변화시킬 수가 있다. 각 단계에서 계는 그 주위와 평형을 이루게 되므로 전체 과정은 하나의 연속 평형 상태가 된다(실제적으로는 어떤 한정된 부피 변화가 일어날 때 무한히 많은 단계를 거쳐야 하는데, 아주 좋은 접근법으로서 변화를 아주 느리게 일어나도록 하는 것이다). 이런 변화를 **가역**(reversible) 과정이라 부르고, 이런 방식으로 행하여지지 않는(또는 이런 방식과 전혀 다른 방식으로 행하여지는) 변화를 **비가역**(irreversible) 과정이라고 부른다. 많은 열역학적 개념은 가역 과정을 따르는 계를 바탕으로 성립된다. 가역적으로 일어날 수 있는 과정은 부피 변화뿐만 아니라 열적 변화와 기계적 변화(다시 말해서 물질의 움직임) 또는 그 외의 여러 가지 변화들을 가역 과정이나 비가역 과정으로 묘사할 수가 있다.

기체는 부피가 달라질 때 여러 가지 기체 법칙을 사용하여 압력-부피 관계의 일을 쉽게 계산할 수가 있기 때문에 열역학에서는 기체 상태의 계를 예로 드는 것이 아주 쓸모가 있다. 기체에 대한 대부분의 가역 변화는 외부 압력과 내부 압력이 같은 상태로 되게 해서 일어나기 때문에 가역 변화에 대해서는 기체 상태의 계를 모델로 쓰는 것이 특히 편리하다.

$$\text{가역 변화의 경우,}\quad p_{\text{외부}} = p_{\text{내부}}$$

따라서 가역 변화의 경우에 다음의 관계가 성립될 수 있다.

$$w_{\text{가역}} = -\int p_{\text{내부}} dV \qquad \textbf{(2.6)}$$

이제 한 과정에 대한 일을 **내부** 압력으로 구할 수 있다.

계가 이상 기체로 이루어졌다고 한다면 당연히 이상 기체 법칙이 적용되어야 하므로 이상 기체 법칙을 사용하여 식 (2.6)의 내부 압력 대신 nRT/V를 써서 다음과 같이 나타낼 수가 있다.

$$w_{가역} = -\int \frac{nRT}{V}\, dV$$

n과 R은 일정하지만 온도 T는 달라질 수가 있다. 그러나 과정이 일어나는 동안 온도가 일정한 상태로 유지된다면 이 과정을 취급하는 데 있어서 **등온 과정**(isothermal process)을 적용하여 온도 '변수'를 적분 기호 밖으로 옮겨 놓을 수가 있다. 부피는 적분되는 변수이기 때문에 계속 적분 기호 안에 남겨 두어야 한다. 즉, 다음의 식이 된다.

$$w_{가역} = -nRT\int \frac{1}{V}\, dV$$

이 적분은 표준형이므로 계산할 수 있는데, 계산식은 다음과 같다.

$$w_{가역} = -nRT\,(\ln V|_{V_i}^{V_f})$$

여기서 'ln'은 밑수가 10인 상용대수(log로 표시)가 아니고 밑수가 e인 자연대수임을 명심해야 한다. 주어진 구간에서 적분을 하면 다음과 같다.

$$w_{가역} = -nRT\,(\ln V_f - \ln V_i)$$

그리고 이 식은 대수의 성질을 이용하여 다음과 같이 나타낼 수 있다.

$$w_{가역} = -nRT\, \ln \frac{V_f}{V_i} \tag{2.7}$$

이 경우는 이상 기체의 조건에서 등온 가역 변화에 관한 것이다. 기체에 관한 보일 법칙을 이용하면 대수항의 부피 관계를 p_i/p_f로 바꾸어서 나타낼 수가 있는데, 등온 과정을 따르는 이상 기체에 대해서는 다음과 같이 나타낼 수도 있음을 알 수 있다.

$$w_{가역} = -nRT\, \ln \frac{p_i}{p_f} \tag{2.8}$$

예제 2.3

25°C의 항온조에 담겨 있는 피스톤실 안의 기체가 그림 2.4에서처럼 25.0 mL에서 75.0 mL로 아주 천천히 팽창된다. 그릇 속에 0.00100 mol의 이상 기체가 들어 있을 경우에 계가 행한 일을 계산하라.

풀이

계는 항온조 속에서 일정한 온도로 유지되고 있기 때문에 이 경우의 변하는 등온 과정을 따른다. 또한, 아주 천천히 변화가 일어나므로 우리는 이 변화를 가역 과정으로 취급할 수가 있다. 따라서 식 (2.7)을 적용하여 계산하면 다음과 같이 됨을 알 수 있다.

예제 2.3 *(계속)*

$$w_{\text{가역}} = -(0.00100\ \text{mol})\left(8.314\ \frac{\text{J}}{\text{mol}\cdot\text{K}}\right)(298.15\ K)\left(\ln \frac{75.0\ \text{mL}}{25.0\ \text{mL}}\right)$$
$$= -2.72\ \text{J}$$

J가 들어간 R의 단위를 사용하면 J 단위의 답을 직접 얻을 수 있다.

즉, 계가 2.72 J만큼의 에너지를 잃는다.

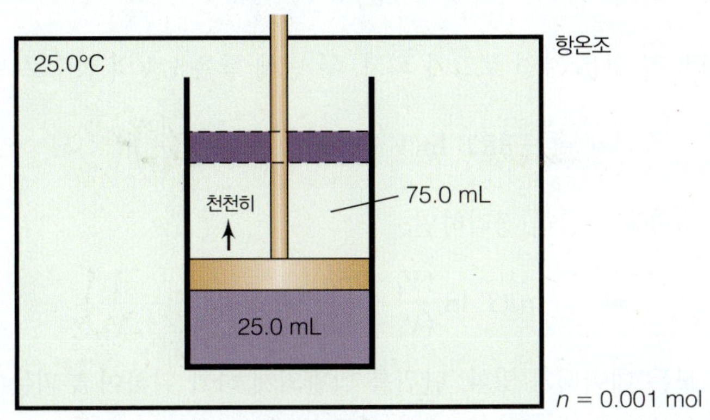

그림 2.4 항온조 속의 피스톤 실, 계의 부피는 가역 과정에 따라 변화한다. 예제 2.3 참조.

식 (2.6)의 정의로부터 출발하여 다른 상태 방정식도 일을 계산하는 데 사용될 수 있다. 다음 예가 이를 보여준다.

예제 2.4

앞의 예제를 SO_2 0.00100 mol을 사용하고 반데르발스 상태 방정식을 이용하여 반복하라. SO_2에 대한 반데르발스 상수 $a = 6.714\ \text{atm}\cdot\text{L}^2/\text{mol}^2$이고 $b = 0.05636\ \text{L/mol}$이다.

풀이

우선 반데르발스 기체에 의한 일에 대한 표현을 유도한다. 식 (2.6)으로 부터의 일에 대한 원래 정의는

$$w = -\int p_{\text{외부}}\, dV$$

이다. 팽창이 가역적이면, $p_{\text{외부}} = p_{\text{내부}}$이다. 반데르발스 기체에 대한 압력은 식을 다시 정리하여 표현할 수 있다.

$$\left(p + \frac{an^2}{V^2}\right)(V - nb) = nRT$$

이것이 반데르발스 상태 방정식이다.

$$p = \frac{nRT}{V - nb} - \frac{an^2}{V^2}$$

앞 식을 p에 대해서 재정리하였다.

이 식을 압력에 치환하면,

예제 2.4 *(계속)*

$$w = -\int_{V_i}^{V_f}\left(\frac{nRT}{V - nb} - \frac{an^2}{V^2}\right)dV$$

이 식을 적분할 수 있고 이것을 두 부분으로 나눌 수 있다

두 개의 '−' 기호는 상쇄되어 두 번째 항은 양의 부호이다.

$$w = -\int_{V_i}^{V_f}\left(\frac{nRT}{V - nb}\right)dV + \int_{V_i}^{V_f}\left(\frac{an^2}{V^2}\right)dV$$

이식을 적분하면, 첫 항은 자연 로그가 되고, 두 번째 항은 $1/V$의 함수로 된다.

적분 과정에서 두 번째 항에 '−'가 다시 도입된다.

$$w = -nRT\ \ln(V - nb)\Big|_{V_i}^{V_f} - an^2\left(\frac{1}{V}\right)\Big|_{V_i}^{V_f}$$

적분 한계를 치환하고 간단히 정리하면,

$$w = -nRT\ \ln\frac{(V_f - nb)}{(V_i - nb)} - an^2\left(\frac{1}{V_f} - \frac{1}{V_i}\right)$$

계산에 필요한 모든 데이터가 있다. 단위를 일관되게 하기 위하여 부피는 L로 환산한다. 즉, $V_i = 0.025$ L이고 $V_f = 0.075$ L이다. 이를 대입하고 풀면,

이 값은 앞의 예제의 답에 매우 가깝지만 이 경우는 비이상 상태 방정식을 사용하여 일을 계산할 수 있다는 것을 보여주고 있다.

$$w = -2.73\text{ J} - (0.01814)\text{ J}$$
$$= -2.71\text{ J}$$

열은 문자 q를 기호로 사용하여 나타내는데, 일보다도 정의하기가 더 어렵다. 열은 물체의 온도 변화에 의하여 결정되는 열 에너지 이동의 정도를 나타내는 것이다. 다시 말해서 열은 계가 에너지 변화를 일으키는 한 수단이다. 열은 에너지의 **변화**이므로 열의 단위는 에너지 단위인 J를 쓴다.

역사적으로 보더라도 열에 관해서는 어려운 개념이었다. 열은 계를 구성하는 성질로서 원래 타고난 물질이며, 따로 분리시킬 수도 있고 감출 수도 있는 것이라고 여겼으며, 심지어 이러한 물질에 'caloric'이라는 이름까지 붙였다. 그러나 1780년경에 톰프슨[Benjamin Thompson, 후에 럼포드 백작(Count Rumford)으로 불림]은 총신의 구멍을 뚫는 동안 발생하는 열을 모두 조사하여, 열의 양이 그 과정에서 행하여진 일과 깊은 관계가 있다는 결론을 얻었다. 1840년대에 영국의 물리학자인 주울(그림 2.5)은 용의주도한 실험을 통하여 이러한 사실을 입증하였다. 양조자였던 주울은 그림 2.6와 같은 장치를 이용하여 도르래에 매달린 저울추를 가지고 일정량의 물을 섞는 작업을 하였다. 물의 온도와 떨어지는 저울추에 의해서 행해지고 있는 일[식 (2.1)을 사용]을 주의 깊게 측정해 본 결과, 일과 열은 똑같은 것을 표현만 다르게 나타내는 것이라는 생각을 뒷받침할 수 있었다(사실 '열의 일 당량'이라는 말이 현재도 종종 쓰이고 있으며, 열과 일 사이의 관계를 강조해서 말하는 것이다). 에너지와 일 그리고 열의 SI 단위인 주울(J)은 주울의 이름을 따서 붙여진 것이다.

그림 2.5 영국의 물리학자인 주울(James Prescott Joule, 1818~1889). 그의 업적에 의하여 열과 일 사이의 상호 변환을 에너지 형태로 설정할 수 있었고, 열역학 제1법칙의 기초를 세웠다.

과거에 사용하던 에너지와 열 및 일의 단위인 cal은 정확하게 1 mL의 물의 온도를 15°C에서 16°C로 1°C만큼 올리는 데 필요한 열의 양으로 정의한다. cal과 J 사이의 관

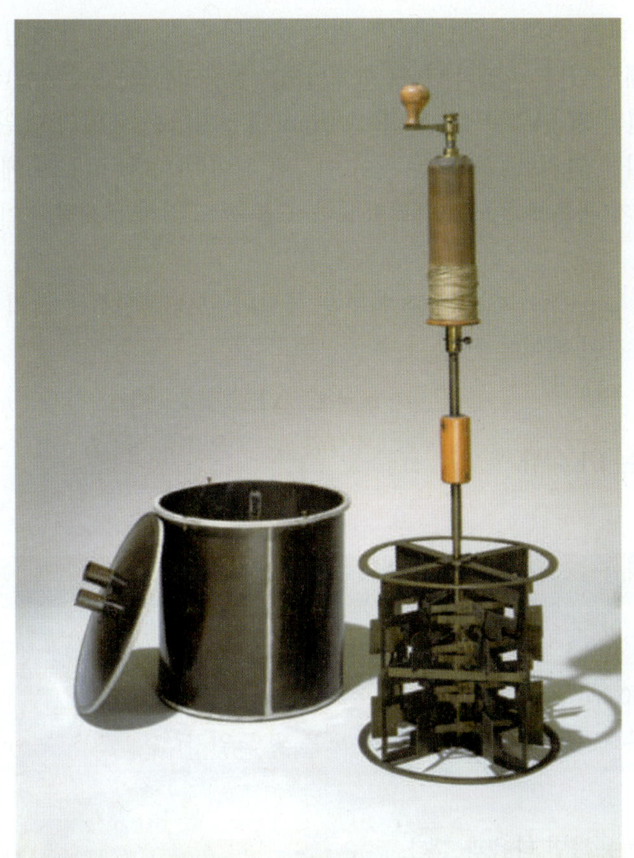

그림 2.6 주울은 장치를 사용해서 한때 '열의 일 당량'이라고 불렀던 것을 측정하였다.

계는 다음과 같다.

$$1 \text{ cal} = 4.184 \text{ J}$$

비록 SI 단위에서는 J를 채택하고 있지만 특히 미국에서는 아직도 cal 단위를 자주 쓴다.

열이 계속으로 들어갈 수가 있는데 이때에는 계의 온도가 올라가고, 열이 계 밖으로 빠져 나올 수가 있는데 이럴 경우는 계의 온도가 내려간다. 열이 계 속으로 들어가는 어떤 변화에 대해서는 q의 부호는 양이고, 반대로 열이 계 밖으로 빠져 나온다면 q의 부호는 음이다. 그러므로 q의 부호는 열이 이동하는 방향을 말해준다.

물질이 다를 경우에는 온도 변화가 같을 지라도 열의 양은 다르게 요구된다. 예를 들어, 10 cm^3의 금속 철로 된 계를 뜨겁게 하는 데에는 10 cm^3의 물을 같은 정도로 뜨겁게 하는 것보다 열량이 적게 든다. 사실상 온도를 변화시키는 데 필요한 열의 양은 온도 변화의 크기인 ΔT와 계의 질량인 m에 모두 비례하여 다음과 같이 된다.

$$q \propto m \cdot \Delta T$$

이 비례 관계식을 등식으로 바꾸려면 비례 상수를 도입해야 하는데, 위 식에서의 비례 상수를 문자 c (어떤 때는 s)로 나타내어 그것을 **비열**(specific heat)[또는 **비열용량**(specific heat capacity)]이라고 한다.

$$q = m \cdot c \cdot \Delta T \tag{2.9}$$

비열은 계를 구성하고 있는 물질의 세기 성질이다. 많은 금속들처럼 비열이 작은 물질은

표 2.1 몇 가지 물질들의 비열

물질명	c (J/g·K)
Al	0.900
Al_2O_3	1.275
C_2H_5OH, 에탄올	2.42
C_6H_6, 벤젠(증기)	1.05
C_6H_{14}, n-헥세인	1.65
Cu	0.385
Fe	0.452
Fe_2O_3	0.651
H_2 (g)	14.304
H_2O (s)	2.06
H_2O (ℓ), 25°C	4.184
H_2O (g), 25°C	1.864
H_2O, 스팀, 100°C	2.04
He	5.193
Hg	0.138
N_2	1.040
NaCl	0.864
O_2 (g)	0.918

온도를 비교적 크게 변화시키는 데에도 열이 조금만 든다. 몇 가지 물질에 대한 비열을 표 2.1에 수록해 놓았다. 비열의 단위는 (에너지)/(질량 · 온도) 또는 (에너지)/(몰수 · 온도)이므로 비열의 SI 단위는 J/g·K 또는 J/mol·K일지라도 비열의 단위를 cal/mol·°C나 아니면 또 다른 단위로 나타내는 것이 이상한 일이 아니다. 식 (2.9)에는 온도의 **변화**가 포함되고 있기 때문에 온도의 단위를 K나 °C를 써도 전혀 문제될 것이 없다는 사실을 명심해야 한다.

열용량(heat capacity) C는 계를 이루는 물질의 양을 포함하는 크기 성질이므로 식 (2.9)는 다음과 같이 되어야 한다.

$$q = C \cdot \Delta T$$

C에 대한 단위는 J/K이다.

예제 2.5

a. 철 7.50 g에 400 J의 에너지가 가해진다면 온도의 변화는 얼마나 생길까? 철의 비열은 c = 0.450 J/g·K이다.

b. 철의 처음 온도가 65.0°C이면 최종 온도는 몇 도인가?

풀이

a. 식 (2.9)를 적용하면 다음과 같다.

$$+400.\ \mathrm{J} = (7.50\ \mathrm{g})(0.450\ \mathrm{J/g{\cdot}K})\Delta T$$

ΔT를 구하하면 다음과 같다.

$$\Delta T = +118\ \mathrm{K}$$

q에 부호를 붙여 사용하면 올바른 방향의 온도 변화를 알 수 있다.

온도는 118 K만큼 올라가는데, 이것은 118°C의 온도 변화와 같은 것이다.

b. 처음 온도 65.0°C에서 118°C만큼 상승한 것은 시료의 온도가 183°C로 되는 것이다.

예제 2.6

그림 2.6에 있는 Joule의 실험 장치를 보면서 40.0 kg의 저울추(이것은 중력에 의해서 392 N에 해당하는 힘을 받게 됨)가 2.00 m의 거리만큼 떨어진다고 가정하자. 물에 적시는 저울추 바닥은 퍼텐셜 에너지의 감소량을 물에 전달해서 열을 발생시킨다. 통 속에 들어 있는 물의 질량이 25.0 kg이라면 물의 온도 변화는 얼마인 것으로 예상되는가? 물의 비열은 4.18 J/g·K이다.

풀이

식 (2.1)을 이용해서 떨어지는 저울추가 물에 행하는 일을 계산할 수 있는데, 다음과 같다.

여기서 1 J = 1 N × 1 m라는 사실을 적용했다.

$$\text{일} = F \cdot s = (392\ \mathrm{N})(2.00\ \mathrm{m}) = 784\ \mathrm{N{\cdot}m} = 784\ \mathrm{J}$$

만일 이때의 일이 모두 물을 가열하는 데 쓰였다면 다음과 같은 사실을 알 수 있다.

예제 2.6 *(계속)*

$$784\ \text{J} = (25.0\ \text{kg})\left(\frac{1000\ \text{g}}{1\ \text{kg}}\right)\left(4.18\ \frac{\text{J}}{\text{g}\cdot\text{K}}\right)\Delta T$$

$$\Delta T = 0.00750\ \text{K}$$

이 만큼의 온도 변화는 큰 것이 아니다. 사실 주울은 온도 변화가 확실하게 관찰될 때까지 저울추를 여러 번 반복해서 떨어뜨려야만 했다.

일과 열은 둘 다 에너지가 이동하는 형태이지만 한 가지 주된 차이로 일은 질서 있게 에너지가 이동하는 형태이지만 열은 무질서하게 에너지가 이동하는 형태라는 것이다. 계에 의하여 일이 행하여지면 일은 특별한 방향으로 집중된다. 그러나 열이 이동할 때 에너지는 모든 가능한 에너지 준위(병진, 회전, 진동)로, 방향이 있다기보다 무질서하게 분배된다.

마지막으로 q의 값은 열이 계로 들어 왔는지 나왔는지에 따라 양과 음이 될 수 있다. 열이 계로 들어 올 경우 q는 양수이고, 이 과정을 **흡열**(endothermic)이라고 한다. 만약 열이 계에서 빠져 나갈 경우 **발열**(exothermic)이라고 한다.

2.3 내부 에너지와 열역학 제1법칙

일과 열은 에너지를 달리 표현한 것이지만, 지금까지 에너지에 관해서는 직접 언급하지 못했다. 이 절에서는 입장을 바꾸어서 에너지와 에너지 관계식이 열역학의 주된 논의의 내용이 될 것이다.

계의 총 에너지를 **내부 에너지**(internal energy)로 정의하고, 기호를 U로 나타내기로 한다. 내부 에너지는 화학 에너지, 전기 에너지, 핵 에너지 및 운동 에너지 등과 같이 근원이 다른 에너지로 이루어져 있다(계가 움직인다면 계 자체의 운동 에너지는 포함되지 않으며, 다른 질량체에 대한 어떠한 중력 퍼텐셜 에너지도 포함되지 않는다. 따라서 이 에너지들은 여기에서 무시한다). 어떤 계가 가지고 있는 총 내부 에너지 절댓값을 알아낼 수는 없다. 그렇지만 모든 계는 총 에너지 U를 분명히 가지고 있다.

물질이나 에너지를 계 안으로나 바깥으로 통과시키지 못하는 계를 **고립계**(isolated system)라고 한다(반면에 에너지는 통과시킬 수 있으나 물질은 통과시키지 못하는 계를 **닫힌계**(closed system)라고 한다). 에너지가 계 안으로나 바깥으로 이동되지 못하는 경우에는 그 계의 총 에너지 U는 변하지 않는다. 이러한 사실을 명백하게 나타낸 표현이 열역학 제1법칙이다.

고립계에 대하여 그 계의 총 에너지는 일정하게 유지된다.

이 말은 계 자체가 정체되거나 아무런 변화도 없다는 뜻은 아니고, 계속에서 화학 반응이나 두 종류의 기체가 섞이는 등의 어떤 일들은 일어날 수가 있다는 것이다. 그러나 계가 고립되어 있을 경우에는 계의 총 에너지는 변하지 않는다.

내부 에너지를 사용하여 제1법칙을 수학적으로 나타내면 다음과 같다.

$$\text{고립계에 대해서 } \Delta U = 0 \tag{2.10}$$

무한소 변화에 대해서는 식 (2.10)을 $dU = 0$으로 쓸 수가 있다.

보통 계를 취급할 때에는 계와 주위 사이에 물질이나 에너지가 통과되도록 하기 때문에 열역학 제1법칙을 나타내는 표현은 사용에 제한될 수밖에 없다. 특히 계의 에너지 변화가 관심거리이다. 계의 에너지 변화에 대한 조사를 통해 계의 총 에너지가 변할 때 에너지 변화는 오직 일이나 열로만 나타난다는 사실이 밝혀졌다. 이 사실을 수학적으로 표현하면 다음과 같다.

$$\Delta U = q + w \tag{2.11}$$

식 (2.11)은 열역학 제1법칙을 또 다른 방법으로 나타낸 것인데, 이 식의 간편성과 중요성에 주의를 기울이면 좋다. 어떤 변화가 일어나는 과정에서의 내부 에너지 변화는 일과 열을 합친 것과 같다. 일이나 열(또는 양쪽 모두)은 내부 에너지의 변화를 동반한다. 일과 열을 어떻게 측정하는지가 알려져 있기 때문에 계의 총 에너지 **변화**를 알아낼 수가 있다. 다음의 예제에서 확인해 보자.

예제 2.7

기체 시료가 1.50 atm의 외부 압력에 대항해서 부피가 4.00 L에서 6.00 L로 변하면서 동시에 1000 J의 열을 흡수한다. 이 때 계의 내부 에너지 변화는 얼마인가?

풀이

계가 열을 흡수하고 있으므로 계의 에너지는 증가하고 있다. 그래서 $q = +1000$ J이라고 쓸 수 있다. 식 (2.4)로 일을 계산할 수 있다.

부피 변화는 최종 부피 빼기 초기 부피이다.

J와 L·atm 사이의 환산 인자가 들어가 있다.

$$w = -p_{외부}\Delta V = -(1.50\text{ atm})(6.00\text{ L} - 4.00\text{ L})$$

$$w = -(1.50\text{ atm})(2.00\text{ L}) = 3.00\text{ L·atm} \times \left(\frac{101.32\text{ J}}{1\text{ L·atm}}\right)$$

$$= -304\text{ J}$$

내부 에너지 변화는 w와 q의 합이므로 다음과 같다.

$$\Delta U = q + w = 1000\text{ J} + (-304\text{ J})$$
$$= 696\text{ J}$$

w와 q는 부호가 반대이고, 전체적인 내부 에너지 변화가 양임에 유의하자. 그러므로 여기서 취급하고 있는 기체 계의 총 에너지는 증가한다.

만일 계가 충분히 잘 절연되어 있다면 열은 계 안으로 들어갈 수도 없고 계 밖으로 나갈 수도 없을 것이다. 이 경우 $q = 0$이 되는데, 이런 계를 **단열계**(adiabatic system)라고 부른다. 단열 과정에 대해서는 식 (2.11)이 다음과 같이 된다.

$$\Delta U = w \tag{2.12}$$

$q = 0$이라는 제한 조건은 변화 과정을 열역학적으로 취급할 때 간편하게 취급하기 위한 여러 제한 조건들 중에서 맨 처음의 경우이다. 식 (2.12)와 같은 많은 식들은 그런 제한 조건이 적용될 때에만 쓸모가 있기 때문에 이러한 제한 조건들을 잘 챙겨둘 필요가 있다.

2.4 상태 함수

일이나 열과 같은 것을 나타낼 때에는 소문자를 이용하지만 내부 에너지는 대문자를 써서 나타내고 있음을 기억하는가? 거기에는 마땅한 이유가 있는데, 내부 에너지는 상태 함수인 반면 일이나 열은 상태 함수가 아니기 때문이다.

다음 비유를 통해서 상태 함수의 유용한 성질 하나를 소개하고자 한다. 그림 2.7에 나타낸 산을 생각해 보자. 등산가로서 산 정상에 이르고자 할 경우 정상까지 가는 길은 여러 가지가 있다. 두 가지 가능성을 생각하면 정상까지 곧바로 올라갈 수도 있고 아니면 산 주위를 빙글빙글 돌아서 올라갈 수가 있다. 곧바로 올라가는 것이 유리한 점은 움직이는 거리가 짧은 것인데, 이 경우는 너무 가파르다. 산 주의를 빙글빙글 돌아서 올라가는 것은 덜 가파르지만 너무 멀다. 그러므로 정상까지 걸어간 거리는 선택한 경로에 따라 달라지게 되는데, 이런 양은 **경로-의존적**(path-dependent)이라고 볼 수 있다.

그러나 선택한 경로가 어떤 것이든 간에 궁극적으로는 산 정상에 도착한다. 즉, 선택한 경로에 관계없이 출발점부터 정상까지의 높이는 일정하다. 그러므로 최종 높이는 **경로-독립적**(path-independent)이라고 말한다.

등산 높이의 차이는 상태 함수라고 할 수 있는데, 그것은 경로에 독립적이다. 그렇지만 등산을 하면서 걸어간 거리는 경로 의존적이기 때문에 상태 함수가 아니다.

계에서 일어나는 물리적 변화와 화학적 변화 과정을 생각해 보자. 모든 과정은 항상 초기 조건과 최종 조건이 있지만 초기 조건에서 최종 조건으로 가는 데에는 여러 가지 방법들이 있게 된다. **상태 함수**(state function)는 과정에 대한 값이 경로에 무관한 열역학적 성질이다. 상태 함수는 오직 계의 상태(p, V, T, n과 같은 상태 변수로 표시)에만 의존할 뿐 계가 이전에 어떤 상태였는지 또는 계가 그 상태에 어떻게 이르렀는지에 관해서는 아무 상관이 없다. 변화 과정에 대한 값이 경로에 따라 달라지는 열역학적

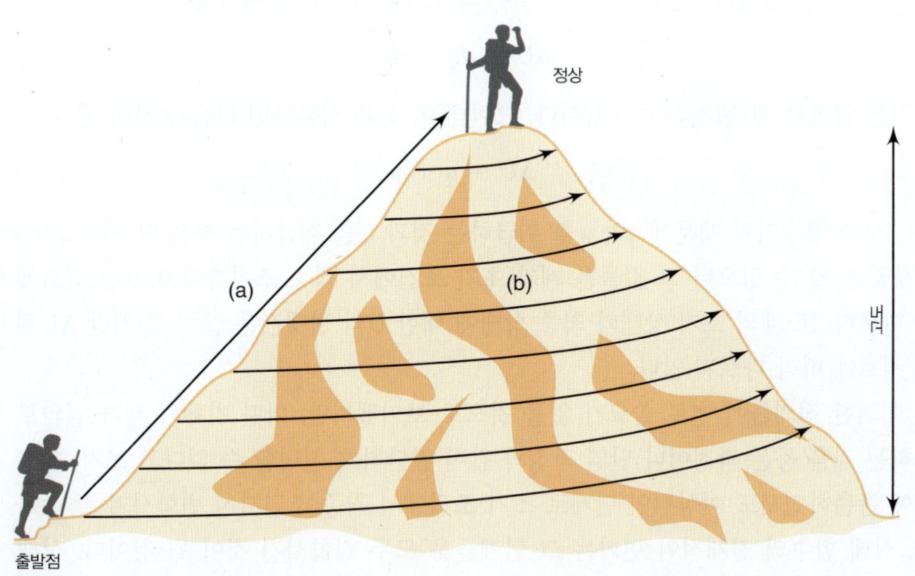

그림 2.7 상태 함수의 정의에 대한 비유. (a) 정상으로 직접 올라가는 경로와 (b) 산을 돌아가면서 차근차근 올라가는 경로 양쪽에 대해서 높이의 변화만 따지면 올라가는 경로에 관계없이 서로 같다. 즉, 높이의 변화는 상태 함수이다. 그렇지만 움직인 거리는 경로에 따라 다르므로 이것은 상태 함수가 아니다.

성질은 상태 함수가 아니다. 상태 함수의 기호는 대문자로 나타내고, 상태 함수가 아닌 것은 소문자로 나타낸다. 내부 에너지는 상태 함수이지만 일과 열은 상태 함수가 아니다.

상태 함수를 취급하는 방법과 상태 함수가 아닌 것을 취급하는 방법이 다르다. 계의 무한소 변화에 대하여 일과 열 및 내부 에너지의 무한소 변화는 dw, dq 및 dU로 각각 표시하는데, 변화가 완결된 과정에 대해서는 이러한 무한소 변화들을 초기 조건부터 최종 조건까지 적분하면 된다. 그러나 표시에서 약간의 차이가 있다. dw와 dq를 적분한 결과는 그 과정에 대한 일 w와 열 q의 절댓값이 되지만 dU를 적분한 결과는 그 과정에 대한 절댓값 U가 아니라 U의 **변화량**인 ΔU가 된다. 이러한 사실을 수학적으로 나타내면 다음과 같다.

$$\int dw = w$$

$$\int dq = q \tag{2.13}$$

그런데

$$\int dU = \Delta U$$

대부분의 다른 상태 함수에 대해서도 이와 똑같은 관계가 잘 성립된다(다음 장에서 알게 되겠지만 예외가 하나 있음). 무한소 변화를 나타내는 dw와 dq를 **불완전 미분**(inexact differential)이라 부르는데, 그 뜻은 이들을 적분했을 때의 값 w와 q가 적분 경로에 따라 달라진다는 것이다. 반면에 dU는 **완전 미분**(exact differential)인데, 그 뜻은 이것을 적분한 값 ΔU가 경로에 무관하다는 것이다. 모든 상태 함수의 변화는 완전 미분이다.

식 (2.13)은 다음과 같이 설명할 수도 있다.

$$\Delta U = U_\mathrm{f} - U_\mathrm{i}$$

그런데 $w \neq w_\mathrm{f} - w_\mathrm{i}$ 및 $q \neq q_\mathrm{f} - q_\mathrm{i}$이다.

계가 무한소만큼 변할 경우에 식 (2.13)은 다음의 관계식을 의미한다.

$$dU = dq + dw$$

이것은 열역학 제1법칙의 미분형이다. 그런데 이 식을 적분하면 다음과 같이 된다.

$$\Delta U = q + w$$

U는 상태 함수이기 때문에 q와 w를 취급하는 것과 U를 취급하는 것은 다르다. q와 w의 절댓값은 알 수 있으나 그 값들은 계가 초기 조건에서 최종 조건까지 이르는 경로에 따라 다르다. 또 계의 초기 상태와 최종 상태에 대한 U의 절댓값은 알 수 없지만 ΔU의 값은 경로에 따라 다르지 않다.

이러한 정의들이 별로 쓸모가 없을 것으로 보이겠지만, 어떤 기체의 계가 임의로 변화하는 것을 등온 과정이나 단열 과정과 같이 간단하게 설명할 수 없다고 보자. 많은 경우에 촘촘하면서도 이상적인 단계로 초기 조건에서 최종 조건까지 변화시켜 갈 수가 있고, 상태 함수의 전체적인 변화는 그 단계들을 모두 결합시킨 것이 될 것이다. 상태 함수의 변화는 경로에 아무런 상관이 없으므로 여러 단계로 나누어서 계산된 상태 함수의 총 변화량은 그 과정을 한 단계로 계산한 상태 함수의 변화량과 같다. 이러한 개념에 대한 예를 간단히 알아보자.

한 과정이 진행되는 동안 전혀 일[*]을 하지 않게 된다면 $dU = dq$ 및 $\Delta U = q$이다. 일이 0과 같게 되는 데에는 보통 두 가지 조건이 있는데, 첫째는 자유 팽창에 대한 것이고, 둘째는 계가 변화 과정을 일으키는 동안 부피가 변하지 않을 때이다. $dV = 0$이면 그 과정에 대한 일을 나타내는 식도 정확하게 0이 될 것이다. 이런 조건하에서는 자주 열과의 관계를 다음과 같이 나타낸다.

$$dU = dq_V \tag{2.14}$$

$$\Delta U = q_V \tag{2.15}$$

이들 식에서 q에 붙어 있는 아래 첨자 V는 변화가 일어나는 동안 계의 부피는 일정하게 유지된다는 것을 나타내는 것이다. 많은 과정에 대해서 q의 값은 직접 측정할 수가 있기 때문에 식 (2.15)는 중요하다. 그러므로 부피가 일정하게 유지되는 상태로 변화 과정이 일어난다면 ΔU를 알 수가 있다.

예제 2.8

압력이 1.00 atm이고 온도가 298 K인 상태에서 1.00 L의 기체 시료가 등온 가역적으로 10.0 L까지 팽창한다. 그런 다음에 온도가 500 K로 될 때까지 가열되고, 부피가 1.00 L로 압축된 다음 다시 온도가 25°C로 냉각되었다. 전체 과정에 대한 ΔU는 얼마인가?

)) 풀이

전체 과정에 대해서는 $\Delta U = 0$이다. 상태 함수는 계의 순간적인 조건에 따라 그 때마다 값이 달라지는 변수라는 사실을 알아 두자. 계의 초기 조건과 최종 조건이 같으므로 변화되기 전과 후에 계가 가지고 있는 내부 에너지의 절댓값은 서로 같다(그 값이 어떠하든지). 그렇기 때문에 내부 에너지의 전체 변화는 0이다.

2.5 엔탈피

비록 내부 에너지가 계의 총 에너지를 나타내고, 열역학 제1법칙도 내부 에너지의 개념에서 비롯된 것이지만 내부 에너지가 항상 다루어야 할 최상의 변수는 아니다. 어떤 특정된 과정에서 계의 부피가 일정한 상태로 유지될 경우에 내부 에너지의 변화는 정확히 q와 같다는 사실을 식 (2.15)에서 알 수 있다. 그러나 모든 과정이 일정한 부피에서 일어나지 않는다. 실제로 계가 대기에 노출되어 있는 경우 일정한 압력 조건이 더 일상적이다.

엔탈피(enthalpy)는 H란 기호로 나타내는데, 그 본질적 정의는 다음과 같다.

$$H \equiv U + pV \tag{2.16}$$

식 (2.16)에서의 압력은 계의 압력 $p_{\text{내부}}$이고, 엔탈피 역시 상태 함수이다. 내부 에너지와 마찬가지로 **엔탈피의 변화** dH는 다음과 같이 결정할 수가 있다.

[*] 처음엔 압력-부피 관계의 일에만 집중했으나 전기적 일이나 중력장의 일과 같은 다른 형태의 일도 있다. 여기서는 그런 다른 형태의 일이 계에게도 그리고 계에 의해서도 행해지지 않는다고 가정한다.

$$dH = dU + d(pV) \tag{2.17}$$

이 식을 적분한 형태는 다음과 같다.

$$\Delta H = \Delta U + \Delta(pV) \tag{2.18}$$

미적분학에서의 연쇄 규칙을 적용시키면 식 (2.17)을 다음과 같이 다시 쓸 수가 있다.

$$dH = dU + p\,dV + V\,dp$$

내부와 외부 압력이 같고 일정하게 유지되는 과정(실험실 실험에서 흔한 경우임)에서 $dp = 0$이기 때문에 $V\,dp$ 항은 0이다. dU에 대한 원래의 정의를 적용하면 위 식은 일정한 압력에서 다음과 같이 된다.

$$\begin{aligned} dH &= dq + dw + p\,dV \\ &= dq - p\,dV + p\,dV \\ &= dq \end{aligned} \tag{2.19}$$

식 (2.19)를 적분해서 계에 대한 엔탈피의 전체 변화량을 다음과 같이 얻을 수 있다.

$$\Delta H = q$$

변화 과정이 일정한 압력하에서 일어날 경우에 이 식은 식 (2.15)처럼 다음과 같이 된다.

$$\Delta H = q_p \tag{2.20}$$

매우 많은 과정에 대한 에너지 변화가 일정 압력의 조건에서 측정되기 때문에 한 과정에 대한 **내부 에너지 변화를 측정하는 것보다 엔탈피 변화를 측정하는 것이 보통은 더 용이하다**. 그러니까 내부 에너지가 더 근본적인 양이긴 하나 엔탈피가 더 일반적인 것이다.

예제 2.9

37.0°C의 일정한 온도에서 0.0400 mol의 이상 기체로 채워진 그릇의 피스톤이 50.0 mL에서 375 mL로 등온 가역 팽창을 한다. 이렇게 하는 동안에 208 J의 열을 흡수한다. 이 과정에 대한 q, w, ΔU 및 ΔH를 계산하라.

풀이

208 J의 열이 계 안으로 들어가기 때문에 계의 총 에너지의 양은 208 J만큼 증가한다. 그래서 $q = +208$ J이다. 식 (2.7)을 사용해서 다음과 같이 일을 계산할 수 있다.

q의 값이 직접 주어져 있다. 할 일은 부호를 정하는 것이다.

$$\begin{aligned} w &= -(0.0400\text{ mol})\left(8.314\,\frac{\text{J}}{\text{mol·K}}\right)(310\text{ K})\ln\frac{375\text{ mL}}{50.0\text{ mL}} \\ &= -208\text{ J} \end{aligned}$$

$\Delta U = q + w$이므로 ΔU는 다음과 같이 된다.

$$\begin{aligned} \Delta U &= +208\text{ J} - 208\text{ J} \\ &= 0\text{ J} \end{aligned}$$

식 (2.18)을 이용해서 ΔH를 계산할 수가 있지만 $\Delta(pV)$를 결정하기 위해서는 초기 압력과 최종 압력을 알아야 한다. 이상 기체 법칙을 적용시키면, 다음과 같다.

예제 2.9 *(계속)*

$$p_i = \frac{(0.0400\ \text{mol})(0.08205\ \frac{\text{L·atm}}{\text{mol·K}})(310\ \text{K})}{0.050\ \text{L}}$$

$$= 20.3\ \text{atm}$$

마찬가지로

$$p_f = \frac{(0.0400\ \text{mol})(0.08205\ \frac{\text{L·atm}}{\text{mol·K}})(310\ \text{K})}{0.375\ \text{L}} = 2.71\ \text{atm}$$

$\Delta(pV)$를 계산하려면 최종 압력과 부피를 곱한 다음에 초기 압력과 부피의 곱을 빼면 되는데, 보일 법칙을 이상 기체의 팽창에 적용시켰을 때 예상되는 바대로 다음과 같이 된다.

$$\Delta(pV) = (2.71\ \text{atm})(0.375\ \text{L}) - (20.3\ \text{atm})(0.0500\ \text{L}) = 0$$

어떠한 차이를 구할 때처럼 $\Delta(pV) = pV_{최종} - pV_{초기}$이다.

결국 $\Delta H = \Delta U$이고 다음이 된다.

$$\Delta H = 0\ \text{J}$$

이 예제에서 두 가지 상태 함수의 변화가 같기는 하지만(그리고 0이기도 하지만) 항상 이렇게 되는 것은 아니다.

일정-압력 과정이 매우 일상적이기 때문에(대기에 노출된 거의 모든 과정이 일정-압력으로 간주될 수 있다.) q와 ΔH가 같다. 그러므로 ΔH가 양인 경우와 음인 경우 각각 **흡열**과 **발열**이란 말을 흔히 사용한다. 그렇지만 이 말도 일정-압력 과정에 대해서만 확실히 옳다.

2.6 상태 함수의 변화

내부 에너지나 엔탈피의 **변화**만을 알 수 있다고 언급하면서 지금까지 변화 과정이 완결되었을 때의 전체적인 변화에 관한 것을 주로 다루었다. H나 U의 무한소 변화에 대해서는 아주 자세하게 다루지 않았다.

주어진 계의 내부 에너지와 엔탈피는 모두 그 계의 상태 변수에 의하여 결정된다. 기체의 경우에 상태 변수라 함은 그 기체의 양, 압력, 부피 및 온도를 말한다. 처음에는 기체의 양이 변화되지 않는다고 가정할 것이다(화학 반응에서는 이 양이 변하겠지만). 이렇게 되면 U와 H는 p, V 및 T에 의해서만 결정된다. 그런데 p, V 및 T가 상태 방정식에 의해서 서로 연관되기 때문에 임의의 두 가지 변수만 알고 있으면 나머지 하나를 결정할 수가 있다. 그러므로 일정한 양의 기체로 된 계에 있어서 독립적인 상태 변수는 두 개 뿐이다. 어떤 하나의 상태 함수에 대한 무한소 변화를 알고자 할 때 p, V 및 T의 세 상태 변수 중에서 두 변수에 대하여 어떻게 달라지는지만 알면 된다. 두 개의 변수로부터 나머지 하나를 계산할 수가 있다.

내부 에너지와 엔탈피에 대해서 무한소 변화를 취급하고 싶은 경우 p, V 및 T 중에서 어느 두 개를 변수로 택할까? 어떠한 두 개를 택해도 되겠지만 수학적인 취급을 원만하게 하려면 각 상태 함수에 대하여 독특한 관계를 갖는 쌍을 택하는 것이 유리할 것이다.

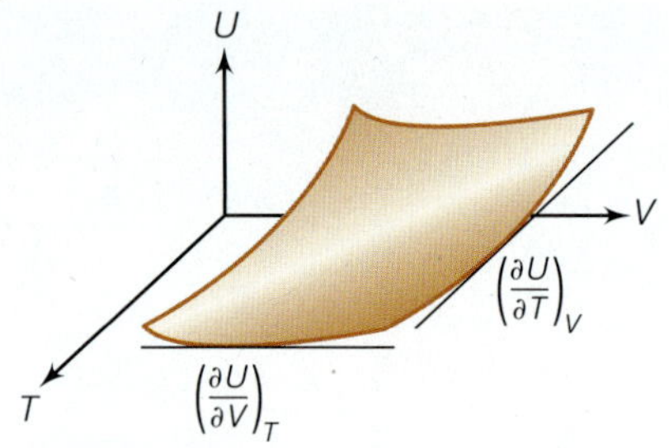

그림 2.8 U의 전체적인 변화가 온도에 따라 변하는 부분[$(\partial U/\partial T)_V$로 표시]과 부피에 따라 변하는 부분[$(\partial U/\partial V)_T$로 표시]으로 나누어질 수 있음을 보여주고 있다.

즉, 내부 에너지를 취급할 때에는 온도와 부피를 택하면 좋고, 엔탈피를 취급할 때에는 온도와 압력을 택하면 좋을 것이다.

상태 함수의 전미분은 선택한 각 변수에 관하여 미분한 것을 합친 형태로 나타내는데, 예를 들어, dU는 부피가 일정한 때 온도에 따른 U의 변화와 온도가 일정할 때 부피에 따른 U의 변화를 합친 것과 같다. $U(T, V) \rightarrow U(T + dT, V + dV)$로 U의 변화를 나타낼 때 내부 에너지의 미분은 다음과 같다.

$$dU = \left(\frac{\partial U}{\partial T}\right)_V dT + \left(\frac{\partial U}{\partial V}\right)_T dV \tag{2.21}$$

그러므로 dU는 온도에 따라 변하는 항과 부피에 따라 변하는 항을 갖는다. 이들 두 개의 편도함수 항은 T에 대한 U의 그래프와 V에 대한 U의 그래프에서의 각 기울기를 나타내고, U의 전체 무한소 변화인 dU는 이들 기울기에 의하여 표현할 수가 있다. 그림 2.8에서는 U의 그래프와 편도함수로 표현되는 기울기가 나타내져 있다.

가역 과정에 대하여 dU는 다시 $dU = dq + dw = dq - p\,dV$로도 정의할 수 있음을 상기해 보자. dU에 대한 이들 두 가지 정의를 같게 놓으면 다음과 같이 된다.

$$\left(\frac{\partial U}{\partial T}\right)_V dT + \left(\frac{\partial U}{\partial V}\right)_T dV = dq - p\,dV$$

열의 변화 dq를 구할 수 있도록 정리하면 다음과 같다.

$$dq = \left(\frac{\partial U}{\partial T}\right)_V dT + \left(\frac{\partial U}{\partial V}\right)_T dV + p\,dV$$

여기서 dV를 포함하고 있는 두 개의 항을 묶어서 정리하면 다음과 같다.

$$dq = \left(\frac{\partial U}{\partial T}\right)_V dT + \left[\left(\frac{\partial U}{\partial V}\right)_T + p\right] dV$$

만일 기체계가 부피가 변하지 않으면서 어떤 변화를 한다면, $dV = 0$이고, 위 식은 다음과 같이 단순한 형태가 된다.

$$dq_V = \left(\frac{\partial U}{\partial T}\right)_V dT \tag{2.22}$$

또한, 이 식의 양변을 dT로 나누어서 다음과 같이 쓸 수도 있다.

$$\frac{dq_V}{dT} = \left(\frac{\partial U}{\partial T}\right)_V$$

온도에 따른 열의 변화는 부피가 일정할 때의 온도에 따른 내부 에너지의 변화와 같은 것인데, 이것을 계의 **일정 부피 열용량**(constant volume heat capacity)이라고 정의한다[식 (2.9)에서 비열이라고 일컫는 상수를 사용하여 온도 변화로 열을 정의한 위의 편도함수로부터 다음을 정의할 수 있다. 식 (2.9)의 정의와 이것을 비교해 보자].

$$\left(\frac{\partial U}{\partial T}\right)_V \equiv C_V \tag{2.23}$$

여기서 이제 일정 부피 열용량에 대하여 C_V란 기호를 사용하면, 결국 식 (2.22)는 다음과 같이 쓸 수 있게 된다.

$$dq_V = C_V\,dT \tag{2.24}$$

총 열량을 계산하려면 이 미분식의 양변을 적분하여 다음을 얻는다.

$$q_V = \int_{T_i}^{T_f} C_V\,dT = \Delta U \tag{2.25}$$

여기에서 일정 부피 변화에 대하여 $\Delta U = q$라는 사실이 최종적으로 얻어진다. 식 (2.25)는 일정 부피 변화에 대한 가장 일반적인 형식이지만, 변화가 일어나는 온도 범위에 걸쳐서 열용량이 일정한 경우에는(상변화가 일어나지 않는 작은 범위의 온도 변화에 대해서는 열용량이 일정함) 열용량을 적분 기호 밖으로 꺼내서 다음과 같이 나타낼 수 있다.

$$\Delta U = C_V\int_{T_i}^{T_f} dT = C_V(T_f - T_i) = C_V\Delta T \tag{2.26}$$

n mol의 기체에 대해서는 위의 관계를 다음과 같이 간단하게 쓸 수 있다.

$$\Delta U = n\overline{C_V}\,\Delta T \tag{2.27}$$

여기서 $\overline{C_V}$는 **몰열용량**(molar heat capacity)이다. 만일 열용량이 실질적으로 온도에 따라 변할 경우에는 식 (2.25)에 있는 C_V를 온도의 함수로 된 C_V의 항으로 바꾸어야 하고 적분은 분명히 계산되어야 한다. 이 경우 적분 구간을 나타내는 온도 범위도 절대 온도(K)로 표현해야 한다.

열용량을 계의 질량으로 나누면 그 단위가 J/g·K 또는 J/kg·K이 되고, 이것을 **비열용량**(specific heat capacity) 혹은 보통 **비열**(specific heat)이라고 한다. 주어진 열용량이 mol이나 질량으로 표현된 경우, 그 단위를 결정하는 것에 주의를 기울여야 한다.

예제 2.10

다음과 같은 경우에 1.00 mol의 산소 O_2가 일정 부피에서 −20.0°C로부터 37.0°C까지 온도가 상승할 때 ΔU를 계산하라(ΔU의 단위는 J이 될 것이다).

a. $C_V = 20.78$ J/mol·K인 이상 기체.

b. $C_V = 21.6 + 4.18 \times 10^{-3}\,T - (1.67 \times 10^5)/T^2$인 실체 기체, 이 식은 실험적으로 결정되었고 T의 단위는 K이다.

풀이

a. 열용량은 일정하다고 가정하고 있으므로 식 (2.27)을 적용할 수가 있는데, 이때 온도 변화는 57°이다.

$$\Delta U = n\overline{C_V}\Delta T = (1.00\text{ mol})(20.78\text{ J/mol·K})(57.0\text{ K}) = 1{,}184\text{ J}$$

온도 변화는 $T_{최종} - T_{초기}$이지만 여기서 초기 온도는 음의 값이다.

여기서 $\overline{C_V}$는 분모에 mol 단위를 포함하고 있다.

b. 열용량이 온도의 함수로 되어 있기 때문에 식 (2.25)에서 온도의 함수로 된 열용량을 대입하여 적분해야 한다. 또한, 온도 단위도 K로 바꾸어야 한다.

예제 2.10 *(계속)*

여기서는 C_V를 주어진 식으로 치환한다.

$$\Delta U = \int_{T_i}^{T_f} C_V\,dT = \int_{253\text{ K}}^{310\text{K}} \left(21.6 + 4.18 \times 10^{-3}T - \frac{167{,}000}{T^2}\right) dT$$

항마다 적분하면 다음과 같다.

각 적분항은 간단히 T의 멱수이다.

$$\Delta U = 21.6T + \frac{1}{2}4.18 \times 10^{-3}T^2 + \frac{167{,}000}{T}\Bigg|_{253}^{310}$$

그리고 적분 구간에서 계산한 결과는 다음과 같다.

$$\Delta U = [6696.0 + 200.8 + 538.7 - 5464.8 - 133.8 - 660.1]\text{ J} = 1176.8\text{ J}$$

답을 보면 두 경우에 차이가 아주 작다는 것을 알 수 있다. 이것은 크지 않지만, 아주 정밀한 측정에서는 주의해야 한다.

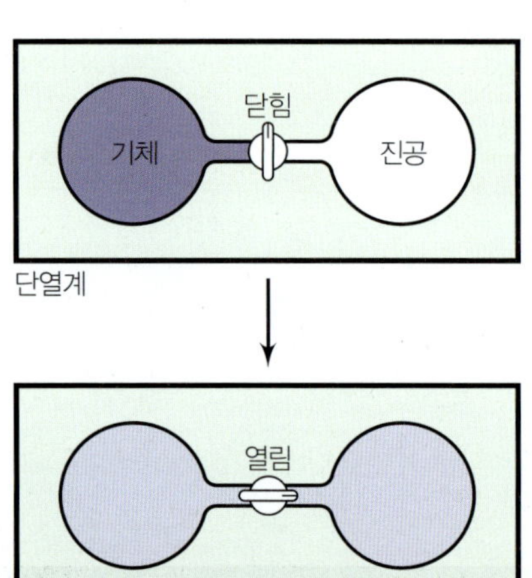

그림 2.9 이상 기체를 단열 자유 팽창시키면 ΔU에 대한 몇 가지 흥미로운 결론을 얻게 된다. 자세한 설명은 본문을 참조하라.

내부 에너지 변화에 대한 결론이 한 가지 더 있다. 그림 2.9에 나타내고 있는 과정에서 ΔU의 변화에 대하여 알아보자. 그림 2.9는 단열계 속에서 이상 기체가 한쪽 그릇에 갇혀 있다가 밸브가 열리면서 진공 속으로 팽창하는 것을 묘사하고 있다. 이런 것은 자유 팽창이기 때문에 일은 0이다. 계는 단열되어 있어서 계와 주위 사이에는 열이 조금도 교환되지 못하므로 역시 $q = 0$이다. 이러한 사실은 이 과정에 대해서 $\Delta U = 0$임을 의미하는 것이다. 식 (2.21)에 의하면 이 경우는 다음과 같음을 나타낸다.

$$0 = \left(\frac{\partial U}{\partial T}\right)_V dT + \left(\frac{\partial U}{\partial V}\right)_T dV$$

비이상 기체에 대하여 이 두 개의 항은 서로 상쇄된다. 그러나 이상 기체에서는 두 항이 합함에 있어 개별적으로 0이 된다는 다른 결론을 제안한다. 온도는 계의 에너지를 나타내는 척도이기 때문에 첫 번째의 편도함수 $(\partial U/\partial T)_V$는 0이 아니다. 온도가 달라지면 에너지도 물론 달라진다. 이러한 사실은 열용량이 0이 아니라는 것을 암시하는 것이다. 그러므로 온도 변화 dT는 0과 같아야 하고, 이것은 등온 과정이다. 그러나 식 (2.27)은 내부 에너지가 온도만의 함수임을 나타내준다. 그래서 $\Delta T = 0$이면 ΔU 또한 0이 된다. 이는 일정 온도에서 편도함수인 $(\partial U/\partial V)_T$가 0이 되어야 한다. 즉,

$$\text{이상 기체에 대해서} \quad \left(\frac{\partial U}{\partial V}\right)_T = 0 \tag{2.28}$$

이 도함수는 이상 기체의 경우에 **일정 온도**(constant temperature)에서 부피 변화에 따른 내부 에너지 변화가 0이 되어야 함을 말해주고 있다. 이상 기체에서 개개의 입자들은 서로 상호 작용을 하지 않는다고 가정하기 때문에 온도가 일정하게 유지된다면 이상 기체의 부피가 변하더라도(즉, 개개의 입자들의 간격이 평균적으로 더 멀리 떨어지더라도) 총 에너지는 변하지 않는다. 사실상 식 (2.28)은 이상 기체를 규정하는 두 가지 기준 중에서 하나를 보여 주고 있는데, 이상 기체라고 하는 것은 (a) 제1장에서 논의한 바와 같이 상태 방정식으로서 이상 기체 법칙을 만족시키는 기체이고, (b) 기체의 온도가 변하지 않는 한 내부 에너지가 변하지 않는 기체를 말한다. 실제 기체에 대해서는 식

(2.28)이 적용되지 않아서 총 에너지는 부피에 따라 변하게 된다. 그 이유는 실제 기체의 원자들이나 분자들 사이에 상호 작용이 있기 때문이다.

엔탈피의 미분 dH를 가지고서도 앞에서와 똑같은 일을 할 수가 있다. 이미 엔탈피에 대해서는 온도와 압력을 적용하게 될 것이라는 점을 언급한 바 있다. 따라서 엔탈피 변화에 대해서는 다음과 같이 나타낼 수 있다.

$$dH = \left(\frac{\partial H}{\partial T}\right)_p dT + \left(\frac{\partial H}{\partial p}\right)_T dp \tag{2.29}$$

일정한 압력에서 변화가 일어날 경우에 $dp = 0$이므로 식 (2.29)는 다음과 같이 된다.

$$dH = \left(\frac{\partial H}{\partial T}\right)_p dT$$

C_V를 정의했을 때처럼 여기서는 일정 압력 열용량(constant-pressure heat capacity) C_p를 정의할 수가 있는데, 다만 지금은 열용량을 H에 의하여 다음과 같이 정의해 두기로 한다.

$$C_p \equiv \left(\frac{\partial H}{\partial T}\right)_p \tag{2.30}$$

식 (2.30)을 바로 앞 식에 대입하면 다음과 같이 된다.

$$dH = C_p\, dT$$

그리고 이 식을 적분하여 온도 변화에 따르는 총 엔탈피 변화를 구할 수 있다.

$$\Delta H = \int_{T_i}^{T_f} C_p\, dT = q_p \tag{2.31}$$

여기서도 일정한 압력하에서 일어나는 변화에 대해서 ΔH와 q가 동일하다는 사실을 재차 적용시키고 있다. 열용량이 온도에 따라 변한다면(예제 2.10 참조) 식 (2.31)을 사용해야 한다. 만일 변화가 일어나는 온도 범위에 걸쳐서 C_p가 일정하다면 식 (2.31)은 다음과 같이 간단하게 나타낼 수가 있다.

$$\Delta H = C_p\, \Delta T = q_p \tag{2.32}$$

C_V의 단위를 취급할 때 적용했던 사항을 C_p에도 똑같이 적용할 수 있다(다시 말해서 물질의 단위량이 g이나 mol의 단위로 명시되어 있는지, 또는 열용량 자체가 계산의 실질적인 한 부분인지를 잘 살펴야 한다). 또한 일정한 압력의 조건하에서 일어나는 과정에 대하여 몰열용량 $\overline{C_p}$를 정의할 수 있다.

일정 부피 열용량과 일정 압력 열용량을 서로 혼동해서는 안 된다. 기체계의 변화에 대해서 그 변화가 일정 압력 변화[**등압 변화**(isobaric change)라고 부름]인지 아니면 일정 부피 변화[**등부피 변화**(isochoric change)라고 부름]인지를 알고 있어야 열이나 ΔU, ΔH 혹은 이들 모두를 계산하는 데 있어서 어떤 열용량이 정확한 것인지를 결정할 수가 있게 된다.

끝으로 이상 기체에 대해서는 역시 다음과 같은 사실을 알 수가 있다.

$$\left(\frac{\partial H}{\partial p}\right)_T = 0 \tag{2.33}$$

즉, 일정한 온도에서 엔탈피 변화도 정확히 0이다. 이것은 U에 대한 경우와 유사하다.

2.7 주울-톰슨 계수

지금까지 많은 방정식들을 취급해 왔지만 궁극적으로 그 식들은 모두 상태 방정식과 열역학 제1법칙이라는 두 가지 개념에서 비롯된 것이고, 이들 개념도 결국은 총 에너지에 대한 정의와 그 정의를 다양하게 변화시키는 것에 근거를 두고 있다. 더욱이 특정 조건들을 명시함으로써 열역학 방정식이 간단하게 되는 여러 가지 경우를 살펴보았는데, 단열이나 자유 팽창, 등압 및 등부피는 모두 열역학의 수학을 간단하게 해주는 변화 과정에 대한 제한들이다. 다른 유용한 제한들이 또 있는가?

그림 2.10에서 설명하고 있는 주울-톰슨 실험에 따르면 열역학 제1법칙에 근거를 둔 쓸 만한 제한 조건이 또 있다. 단열계를 구성해서 다공성 벽의 한 쪽을 기체로 채운다. 이 기체의 온도는 T_1, 고정된 압력은 p_1, 처음 부피는 V_1이다. 피스톤을 밀어서 기체가 모두 다공성 벽을 통과하도록 함으로써 기체가 있던 부분의 최종 부피가 0이 되도록 한다. 벽의 반대쪽에는 기체가 그 쪽으로 확산됨으로써 다른 피스톤이 바깥쪽으로 움직이는데, 그 쪽의 온도는 T_2, 고정된 압력은 p_2, 최종 부피는 V_2이다. 처음에는 벽의 오른쪽 부피가 0이었고, 기체는 강제로 벽을 통과하므로 $p_1 > p_2$임을 알 수 있다. 양쪽의 압력은 각각 일정하게 고정된다 할지라도 기체가 한 쪽에서 다른 쪽으로 힘을 받게 됨에 따라 벽을 통과한 기체의 압력은 떨어지게 된다는 점을 알아야 한다.

벽의 왼쪽에서는 기체에 일이 행하여져서 전체 에너지 변화가 양의 값이 되고, 오른쪽에서는 기체가 일을 해서 전체 에너지 변화가 음의 값이 된다. 왼쪽 피스톤이 안쪽으로 완전히 밀고 들어간 다음 계가 행한 알짜 일 $w_{알짜}$는 다음과 같다.

$$w_{알짜} = p_1V_1 - p_2V_2$$

여기서의 계는 단열계이므로 $q = 0$이고, 따라서 $\Delta U_{알짜} = w_{알짜}$이다. 그렇지만 ΔU를 오른쪽(2)에 있는 기체의 내부 에너지에서 왼쪽(1)에 있는 기체의 내부 에너지를 뺀 것으로 나타내기로 한다.

$$w_{알짜} = U_2 - U_1$$

$w_{알짜}$에 관한 위의 두 식을 같게 놓으면 다음과 같이 된다.

$$p_1V_1 - p_2V_2 = U_2 - U_1$$

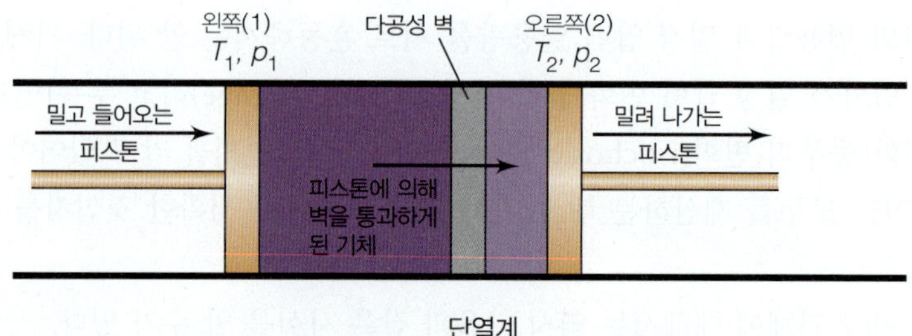

그림 2.10 주울과 톰슨에 의해서 행하여진 등엔탈피 실험. 자세한 설명은 본문의 내용을 참조하라.

또 이 식을 다시 배열시키면 다음과 같다.

$$U_1 + p_1V_1 = U_2 + p_2V_2$$

$U + pV$는 원래 엔탈피 H의 정의에 해당하므로 주울-톰슨 실험에서의 기체에 대하여 다음이 성립한다.

$$H_1 = H_2$$

다시 말해서, 이러한 변화 과정을 거치고 있는 기체에 대해서는 H의 **변화**가 0이다.

$$\Delta H = 0$$

기체의 엔탈피가 변하지 않기 때문에 이 과정을 **등엔탈피 과정**(isenthalpic process)이라고 부른다. 이러한 등엔탈피 과정의 중요성은 무엇인가?

엔탈피 변화가 0이라 하더라도 온도 변화는 0이 아니다. 이러한 등엔탈피 과정에서 압력 강하에 수반되는 온도 변화, 즉 $(\partial T/\partial p)_H$는 어떨까? 우리는 그림 2.10에 나타낸 것과 같은 장치를 사용하여 이 도함수를 실제 실험적으로 측정할 수가 있다.

주울-톰슨 계수(Joule-Thomson coefficient) μ_{JT}는 다음과 같이 일정한 엔탈피에서 기체의 압력에 따른 온도 변화로 정의한다.

$$\mu_{JT} = \left(\frac{\partial T}{\partial p}\right)_H \tag{2.34}$$

이 정의를 다음과 같이 유용하게 근사할 수 있다.

$$\mu_{JT} \approx \left(\frac{\Delta T}{\Delta p}\right)_H$$

이상 기체의 경우에는 엔탈피가 온도에만 의존하므로(즉 엔탈피가 일정할 때 온도도 역시 일정하므로) μ_{JT}는 정확히 0이다. 반면에 실제 기체의 경우에는 주울-톰슨 계수가 0이 아니고, 기체는 등엔탈피 과정에서 온도가 변할 것이다. 편도함수의 순환 규칙에 따라 다음과 같은 사실을 상기해 보면

$$\left(\frac{\partial T}{\partial p}\right)_H\left(\frac{\partial H}{\partial T}\right)_p\left(\frac{\partial p}{\partial H}\right)_T = -1$$

이 식을 다음과 같이 바꾸어 쓸 수가 있다.

$$\left(\frac{\partial T}{\partial p}\right)_H = -\frac{\left(\frac{\partial H}{\partial p}\right)_T}{\left(\frac{\partial H}{\partial T}\right)_p}$$

그런데 이 식의 좌변이 μ_{JT}에 해당하고, 분수의 분모가 일정 압력 열용량에 해당한다는 점을 확인하면 다음의 식을 얻게 된다.

$$\mu_{JT} = -\frac{\left(\frac{\partial H}{\partial p}\right)_T}{C_p} \tag{2.35}$$

이상 기체에 대해서는 $(\partial H/\partial p)_T = 0$이기 때문에, 이 식으로부터 이상 기체에 대하여 $\mu_{JT} = 0$가 됨을 입증할 수 있다.

예제 2.11

이산화 탄소 CO_2의 주울-톰슨 계수가 0.6375 K/atm일 때, 압력이 20 atm이고 온도가 100°C인 이산화 탄소가 벽을 통과해서 최종 압력이 1 atm이 되었다. 이산화 탄소의 최종 온도를 계산하라.

풀이

주울-톰슨 계수에 대한 다음의 근사식을 사용하자.

$$\mu_{JT} \approx \left(\frac{\Delta T}{\Delta p}\right)_H$$

압력 변화는 $P_{최종} - P_{처음}$이고 이 예제에서는 음의 값이다. 문제 풀이에서 음의 부호가 반드시 붙어 있어야 한다.

이 과정에서의 Δp는 -19 atm이다(음의 부호는 압력이 19 atm만큼 낮아지고 있음을 뜻한다). 그러므로 다음과 같은 관계가 성립한다.

$$\left(\frac{\Delta T}{-19\ \text{atm}}\right)_H = 0.6375\ \text{K/atm}$$

계산한 결과는 다음과 같다.

$$\Delta T = -12\ \text{K}$$

이것은 이 과정에서 온도가 100°C에서 대략 88°C로 떨어졌음을 나타낸다.

실제 기체의 주울-톰슨 계수는 온도와 압력에 따라 변한다. 몇 가지 실험적으로 결정한 μ_{JT} 값이 표 2.2에 나열되어 있다. 어떤 조건에서는 주울-톰슨 계수가 음인데, 이는 압력이 떨어질수록 온도가 **올라간다**는 것을 뜻한다. 즉, 팽창하자 뜨거워진다! 좀 더 높은 온도에서는 주울-톰슨 계수가 양이어서 기체의 압력이 떨어짐에 따라 온도 또한 떨어진다. 주울-톰슨 계수가 음에서 양으로 바뀌는 온도를 **반전 온도**(inversion temperature)라 부른다. 주울-톰슨법으로 기체를 냉각시키기 위해서는 기체를 반전 온도 이하가 되도록 해야 한다.

기체를 반복적으로 압축하고 팽창시킬 수 있는 계가 제작될 수 있으므로 기체가 액체로 응축되는 낮은 온도까지 기체의 온도를 내려서 기체를 액화하는 데 주울-톰슨 효과를 적용시킬 수가 있다. 액체 질소와 액체 산소는 보통 이런 방법으로 대규모 시설에서 만들어진다. 그렇지만 적절히 온도가 내려가는 방향으로 주울-톰슨 효과가 작용하도록 먼저 기체의 온도를 반전 온도 이하로 내려야 한다! 반전 온도가 매우 낮은 기체일 경우는 이들을 액화시키기 위해 일종의 주울-톰슨 팽창법을 적용하기 전에 기체를 먼저 냉각시켜야 한다. 이런 일이 광범위하게 실현되기 전에는 일부 어떤 기체들은 '정상적인' 방법으로는 액화시킬 수가 없었기 때문에 이런 기체들은 '완전한 기체'라고 여겼었다 [1845년 패러데이(Michael Faraday)는 이 기체들을 액화시키는 것이 불가능했기 때문에 처음으로 이런 기체들에 대해서 언급했다]. 이 당시 액화시킬 수 없는 기체들 중에서 수소, 산소, 질소, 일산화 질소, 메테인 및 처음 영족 기체가 있었다. 나중에는 순환 주울-톰슨 팽창법을 적용하여 질소와 산소를 쉽게 액화시킬 수가 있었고, 이어서 다른 기체들도 곧 액화되었다. 그러나 수소와 헬륨의 반전 온도(각각 202 K와 40 K 정도로)는

표 2.2 기체의 주울-톰슨 계수(K/atm)

p (atm)	T= −150°C	−100°C	−50°C	0°C	50°C	100°C	150°C	200°C
수증기나 이산화 탄소가 전혀 포함되지 않은 공기								
1	—	0.5895	0.3910	0.2745	0.1956	0.1355	0.0961	0.0645
20	—	0.5700	0.3690	0.2580	0.1830	0.1258	0.0883	0.0580
60	0.0450	0.4820	0.3195	0.2200	0.1571	0.1062	0.0732	0.0453
100	0.0185	0.2775	0.2505	0.1820	0.1310	0.0884	0.0600	0.0343
140	−0.0070	0.1360	0.1825	0.1450	0.1070	0.0726	0.0482	0.0250
180	−0.0255	0.0655	0.1270	0.1100	0.0829	0.0580	0.0376	0.0174
200	−0.0330	0.0440	0.1065	0.1090	0.0950	—	—	—
아르곤								
1	1.812	0.8605	0.5960	0.4307	0.3220	0.2413	0.1845	0.1377
20	—	0.8485	0.5720	0.4080	0.3015	0.2277	0.1720	0.1280
60	−0.0025	0.6900	0.4963	0.3600	0.2650	0.1975	0.1485	0.1102
100	−0.0277	0.2820	0.3970	0.3010	0.2297	0.1715	0.1285	0.0950
140	−0.0403	0.1137	0.2840	0.2505	0.1947	0.1490	0.1123	0.0823
180	−0.0595	0.0560	0.2037	0.2050	0.1700	0.1320	0.0998	0.0715
200	−0.0640	0.0395	0.1860	0.1883	0.1580	0.1255	0.0945	0.0675
이산화 탄소								
1	—	—	2.4130	1.2900	0.8950	0.6490	0.4890	0.3770
20	—	—	−0.0140	1.4020	0.8950	0.6375	0.4695	0.3575
60	—	—	−0.0150	0.0370	0.8800	0.6080	0.4430	0.3400
100	—	—	−0.0160	0.0215	0.5570	0.5405	0.4155	0.3150
140	—	—	−0.0183	0.0115	0.1720	0.4320	0.3760	0.2890
180	—	—	−0.0228	0.0085	0.1025	0.3000	0.3012	0.2600
200	—	—	−0.248	0.0045	0.0930	0.2555	0.2910	0.2455
질소								
1	1.2659	0.6490	0.3968	0.2656	0.1855	0.1292	0.0868	0.0558
20	1.1246	0.5958	0.3734	0.2494	0.1709	0.1173	0.0776	0.0472
60	0.0601	0.4506	0.3059	0.2088	0.1449	0.0975	0.0628	0.0372
100	0.0202	0.2754	0.2332	0.1679	0.1164	0.0768	0.0482	0.0262
140	−0.0056	0.1373	0.1676	0.1316	0.0915	0.0582	0.0348	0.0168
180	−0.0211	0.0765	0.1120	0.1015	0.0732	0.0462	0.0248	0.0094
200	−0.0284	0.0587	0.0906	0.0891	0.0666	0.0419	0.0228	0.0070
헬륨[a]								
p (atm)	160 K	200 K	240 K	280 K	320 K	360 K	400 K	440 K
<200	−0.0574	−0.0594	−0.0608	−0.0619	−0.0629	−0.0637	−0.0643	−0.0645

출처: R. H. Perry and D. W. Green. *Perry's Chemical Engineer's Handbook*, 6th ed., McGraw-Hill, New York, 1984.
[a]헬륨의 경우에 200 atm 이하에서는 μ_{JT} 값이 거의 변하지 않는다(또한 헬륨의 자료는 Kelvin 온도임을 유의하라).

너무 낮기 때문에 어떤 종류의 주울-톰슨 팽창법으로 이들 기체를 더 낮게 냉각하기 전에 미리 그 기체들을 충분히 사전 냉각을 시켜야 한다. 마침내 수소는 1898년 스코틀랜드의 물리학자인 듀와(James Dewar)에 의하여 액화될 수 있었고, 헬륨은 1908년 네덜란드의 물리학자인 오너스(Heike Kamerlingh-Onnes, 액체 헬륨을 이용하여 초전도성을 발견함)에 의하여 액화될 수 있었다.

2.8 열용량에 관한 추가 사항

앞에서 부피가 일정한 상태로 유지되는 계의 변화에 대한 열용량과 압력이 일정한 상태로 유지되는 계의 변화에 대한 열용량의 두 가지 열용량을 정의한 바가 있음을 상기하자. 이들을 각각 C_V와 C_p로 표시했는데, 그러면 이들 두 가지 열용량 사이에는 어떤 관계가 있을까?

궁극적으로 식 (2.22)를 만들어 주었던 식으로부터 시작해보자. 관련 식은 다음과 같다.

$$dq = \left(\frac{\partial U}{\partial T}\right)_V dT + \left[\left(\frac{\partial U}{\partial V}\right)_T + p\right] dV \qquad \textbf{(2.36)}$$

여기서 p는 외부 압력이다. 도함수 $(\partial U/\partial T)_V$를 C_V로 정의했기 때문에 식 (2.36)을 다음과 같이 쓸 수가 있다.

$$dq = C_V\,dT + \left[\left(\frac{\partial U}{\partial V}\right)_T + p\right] dV$$

지금까지는 위의 식을 유도하는 과정에서 pV 일만 행하여진다는 것 이외의 어떠한 조건도 계에 부과하지 않았지만 이제 거기에다 압력이 일정하게 유지된다는 조건을 추가해 보기로 한다. 열의 미분 dq는 온도 변화 dT와 부피 변화 dV에 의하여 표시되기 때문에 실제 달라질 것은 아무 것도 없다. 그러므로 위의 식은 다음과 같이 나타낼 수가 있다.

$$dq_p = C_V\,dT + \left[\left(\frac{\partial U}{\partial V}\right)_T + p\right] dV$$

여기서는 dq에다 아래 첨자 p를 붙였다.

그리고 이 식의 양변을 dT로 나누면 다음이 된다.

$$\left(\frac{\partial q}{\partial T}\right)_p = C_V + \left[\left(\frac{\partial U}{\partial V}\right)_T + p\right]\left(\frac{\partial V}{\partial T}\right)_p$$

이때 일정 압력 조건이라는 규정에 따라 도함수 $\partial V/\partial T$에도 아래 첨자 p를 붙였음에 유의하라. 또한 분수의 분자에 있는 양들을 변화시킬 수 있는 변수가 여러 개이기 때문에 **편도함수** 식으로 표현하고 있음에도 유의하라(다른 도함수들도 편도함수로 나타낸다). $dH = dq_p$이므로 앞의 식의 좌변에 이를 대입하면 다음과 같은 관계를 얻게 된다.

$$\left(\frac{\partial H}{\partial T}\right)_p = C_V + \left[\left(\frac{\partial U}{\partial V}\right)_T + p\right]\left(\frac{\partial V}{\partial T}\right)_p$$

여기에서 $(\partial H/\partial T)_p$를 이미 일정 압력에서의 열용량 C_p로 정의한 바가 있으므로 이제는 C_V와 C_p 사이에 다음과 같은 관계가 있음을 알게 된다.

$$C_p = C_V + \left[\left(\frac{\partial U}{\partial V}\right)_T + p\right]\left(\frac{\partial V}{\partial T}\right)_p \qquad \textbf{(2.37)}$$

만일 계가 이상 기체로 이루어져 있다면 이 식을 간단하게 계산할 수가 있다. 온도가 일정할 때 이상 기체의 내부 에너지 변화는 정확하게 0이다(이는 이상 기체의 특성을 나타내는 것들 중의 하나이다). 이상 기체 법칙을 적용해서 다음과 같이 도함수 $(\partial V/\partial T)_p$를 결정할 수도 있다.

$$\left(\frac{\partial V}{\partial T}\right)_p = \frac{nR}{p}$$

이 식을 식 (2.37)에 대입하면 다음이 된다.

$$C_p = C_V + (0 + p)\frac{nR}{p}$$

$$C_p = C_V + nR$$

또는 이상 기체 1 mol에 대해서는 다음과 같다.

$$\overline{C_p} = \overline{C_V} + R \tag{2.38}$$

이것은 매우 간단하면서도 유용한 결과이다.

C_V와 C_p는 어떤 값일까? 열역학을 분자 입장에서 취급했던 1장으로부터 이 값들을 이해할 수 있다. 단원자 이상 기체를 다시 생각하면, 병진 운동(단원자 기체가 갖는 유일한 형태의 운동)에 의한 열에너지는 다음과 같다.

$$\langle E\rangle = \frac{3}{2}RT$$

이 평균 에너지가 내부 에너지와 동일하다면, 그리고

$$C_V = \left(\frac{\partial U}{\partial T}\right)_V$$

이므로 기체의 이론적인 열용량은 위에 있는 에너지 표현식을 단순히 온도로 미분한 것이며, 다음과 같다.

$$\overline{C_V} = \frac{3}{2}R = 12.471\ \frac{\text{J}}{\text{mol·K}} \tag{2.39}$$

따라서 식 (2.38)로부터 다음을 얻을 수 있다.

$$\overline{C_p} = \frac{5}{2}R = 20.785\ \frac{\text{J}}{\text{mol·K}} \tag{2.40}$$

Ar, Ne 및 He과 같은 기체의 일정 압력 열용량은 대략 20.8 J/mol·K인데, 이것은 전혀 놀라운 일이 아니다. 왜냐하면 가벼운 영족 기체들은 근사적으로 좋은 이상 기체이다.

분자의 회전이나 진동에 대하여서도 같은 생각을 적용할 수 있다. 직선형 분자에 대하여 회전에 의한 열에너지는 다음과 같다.

$$\langle E\rangle = RT$$

그래서 회전 운동으로 인한 열용량은 다음과 같다.

$$C_V(\text{회전}) = R$$

직선 분자에 대한 전체 열용량은 병진 운동과 회전 운동의 기여분을 합한 것으로 다음과 같다.

$$C_V = \frac{3}{2}R + R = \frac{5}{2}R$$

분자의 진동으로 인한 열에너지는 좀 더 복잡하여, 열용량에 대한 진동 운동의 기여분은 좀 더 복잡하다. 앞에서와 같은 과정을 따라 다음을 유도할 수 있다.

$$C_V(\text{진동}) = \frac{\partial \langle E \rangle_{\text{진동}}}{\partial T} = k\left(\frac{hV}{kT}\right)^2 \frac{e^{hV/kT}}{(e^{hV/kT}-1)^2}$$

여기서 h는 플랑크 상수이고, k는 볼츠만 상수이다. 이것은 상당히 복잡한 함수이다. 고온에서(즉 낮은 진동 에너지에서) 에너지는 다음과 같다.

$$E = RT$$

따라서 열용량에 대한 하나의 단일 진동의 기여분은 다음과 같다.

$$C_V(\text{진동}) = R$$

각 N-원자 분자에 대하여 $(3N - 6)$개의 진동이 있기 때문에 분자의 고온 열용량에 진동으로 인하여 $(3N - 6) \times R$만큼 기여할 수 있다.

그림 2.11에 온도에 따른 CO의 실험적 열용량을 그렸다. 낮은 온도에서 열용량은 병진과 회전 운동 에너지에 의한 기여분으로 구성되며, 이는 직선형 분자에 대해서 $3R/2 + R = 5R/2$이다. 낮은 온도에서 열용량은 약 20.8 J/mol·K이며 $5R/2$에 해당한다. 그러나 온도가 증가하면 CO의 열용량은 CO의 한 진동 운동의 기여 때문에 증가하며, 진동으로 인하여 최대로 추가 R만큼 기여하여 열용량은 $7R/2$이 된다. 그림 2.11에 열용량은 점진적으로 $7R/2$에 접근한다. 왜냐하면 CO 원자의 진동에 따라 열에너지를 얻고 기체의 열역학 성질에 영향을 미치기 시작한다. 이것은 분자 수준의 열역학과 잘 맞는다.

더 복잡한 분자에 대해서는 여러 가지 진동 운동 때문에 온도에 따른 열용량의 그래프가 더 복잡하다. 역사적으로 기체의 열용량을 이해하는 것이 얼마나 혼란스러웠고 왜

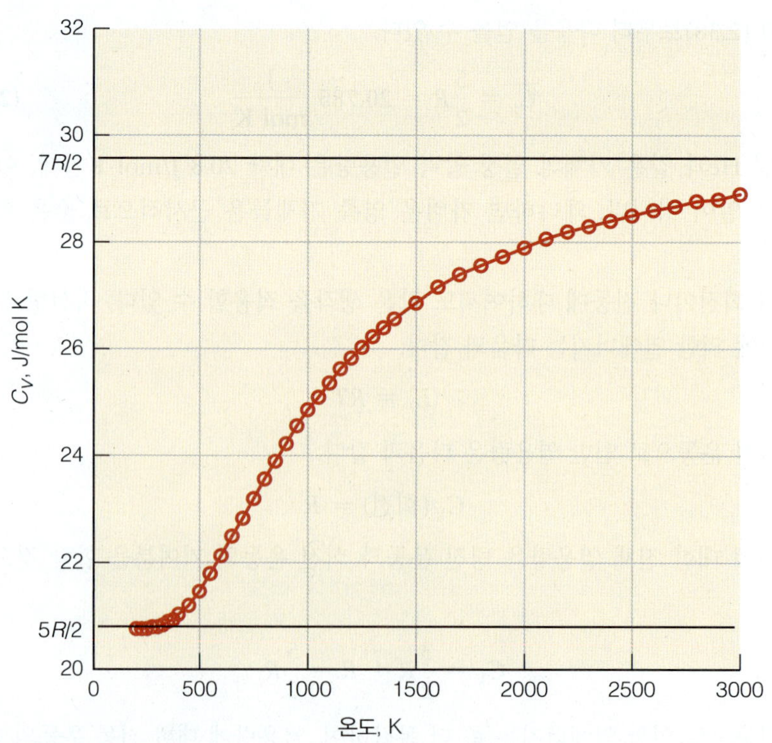

그림 2.11 온도에 따른 일산화 탄소의 C_V 그래프. y축에 $5R/2$과 $7R/2$의 위치가 표시되어 있다.

그들이 그런 식으로 변했는지 아마 추측할 수 있을 것이다.

단원자 이상 기체의 열용량은 온도에 무관하지만, 실제 기체의 열용량은 온도에 따라 달라진다. 실제 기체의 열용량을 나타낼 때 가장 흔하게 쓰는 방법은 다음과 같은 두 가지 멱급수 중에서 하나를 적용한다.

$$C_p = a + bT + cT^2$$

$$C_p = a + bT + \frac{c}{T^2}$$

여기서 a, b 및 c는 실험적으로 결정되는 상수이다. 식 (2.31)과 함께 예제 2.10을 통해서 이러한 형식의 열용량을 사용하여 상태 함수의 변화를 결정할 수 있는 알맞은 방법을 설명했다.

단열 과정인 경우는 열이 정확하게 0이기 때문에 다음의 식이 성립함을 상기하라.

$$dU = dw$$

식 (2.21)에 의하면 이상 기체에 대하여 다음과 같은 사실도 알 수 있다.

$$dU = C_V\,dT + \left(\frac{\partial U}{\partial V}\right)_T dV = C_V\,dT$$

여기서 마지막 등식을 통해서 이상 기체에 대한 편도함수 $(\partial U/\partial V)_T$가 0임을 알 수가 있다. 그러므로 단열 무한소 변화 과정에 대해서는 다음과 같이 된다.

$$dw = C_V\,dT$$

이 식을 전체의 단열 과정에 대하여 적분하면 다음과 같다.

$$w = \int_{T_i}^{T_f} C_V\,dT \tag{2.41}$$

그런데 열용량이 일정한 경우는 다음과 같이 쓸 수 있다.

$$w = C_V\,\Delta T \tag{2.42}$$

기체의 양이 1 mol이 아니고 임의의 몰수를 포함하고 있을 때에는 몰열용량 $\overline{C_V}$를 사용하여 다음과 같이 나타내야 한다.

$$w = n\overline{C_V}\,\Delta T \tag{2.43}$$

만일 변화가 일어나는 온도 범위에서 열용량이 일정하지 않다면 식 (2.41)에서의 C_V에 해당하는 식을 적용하여 변화에 대한 일을 계산해야 한다.

예제 2.12

처음 압력이 1.00 atm이고 처음 온도가 273.15 K인 1 mol의 메테인을 생각해 보자. 이 기체가 외부에서 작용하는 0.375 atm의 압력에 대항하여 그 부피가 두 배로 될 때까지 단열적으로 팽창한다고 가정할 때, 일과 최종 온도 및 이 과정에서의 ΔU를 계산하라. 메테인의 열용량은 35.69 J/mol·K이다.

예제 2.12 *(계속)*

풀이

우선 이 과정에서의 부피 변화를 결정해야 하는데, 처음의 조건으로부터 처음 부피를 계산하고 이어서 부피의 변화를 계산할 수 있다.

이것은 이상 기체 법칙이다.

$$(1.00\ \text{atm})V_\text{i} = (1\ \text{mol})\left(0.08205\ \frac{\text{L·atm}}{\text{mol·K}}\right)(273.15\ \text{K})$$

$$V_\text{i} = 22.4\ \text{L}$$

변화 과정이 일어나는 동안 부피가 두 배로 되었다고 했기 때문에 최종 부피는 44.8 L이고, 부피 변화는 44.8 L − 22.4 L = 22.4 L가 된다.

이 과정에서 행한 일은 간단하게 다음과 같이 계산된다.

마지막 항은 J과 L·atm 사이의 환산 인자이다.

$$w = -p_{\text{외부}}\Delta V$$

$$= -(0.375\ \text{atm})(22.4\ \text{L})\left(\frac{101.32\ \text{J}}{1\ \text{L·atm}}\right) = -851\ \text{J}$$

단열 과정이므로 $q = 0$이다.

$q = 0$이고 $\Delta U = w$이므로 다음이 성립한다.

$$\Delta U = -851\ \text{J}$$

식 (2.43)을 사용하여 다음과 같이 최종 온도를 계산할 수가 있다.

$$-851\ \text{J} = (1\ \text{mol})\left(35.69\ \frac{\text{J}}{\text{mol·K}}\right)\Delta T$$

$$\Delta T = -23.8\ \text{K}$$

처음 온도가 273.15 K이므로 최종 온도는 약 249 K이다.

이제는 단열 변화 과정에서 행한 일의 미분을 다음과 같은 두 가지 식으로 나타낼 수가 있게 되었다.

$$dw = -p_{\text{외부}}dV$$

$$dw = n\overline{C_V}\,dT$$

이들 두 식을 같게 놓으면 다음과 같다.

$$-p_{\text{외부}}dV = n\overline{C_V}\,dT$$

만일 단열 변화 과정이 가역적으로 일어난다면 $p_{\text{외부}} = p_{\text{내부}}$이고, 이상 기체 법칙을 사용하여 $p_{\text{내부}}$를 다른 상태 변수로 바꾸면 다음 식을 얻게 된다.

$$-\frac{nRT}{V}dV = n\overline{C_V}\,dT$$

이 식에서 온도 변수를 모두 우변으로 옮겨서 모아 놓으면 다음이 된다.

$$-\frac{R}{V}dV = \frac{\overline{C_V}}{T}dT$$

이때 변수 n은 상쇄되었다. 이 식의 양변을 적분할 수가 있는데, 변화가 일어나는 동안 $\overline{C_V}$

가 일정한 상태로 유지된다고 가정하면 다음을 알 수 있다($\int 1/x\,dx = \ln x$임을 적용).

$$-R\ \ln\ V|_{V_i}^{V_f} = \overline{C_V}\ \ln T|_{T_i}^{T_f}$$

로그의 성질을 이용하고 각 적분을 해당 적분 한계에서 계산하면 이상 기체의 단열 가역 변화에 대하여 다음을 얻을 수 있다.

$$-R\ln\frac{V_f}{V_i} = \overline{C_V}\ \ln\frac{T_f}{T_i} \tag{2.44}$$

또한 로그의 성질을 이용하여 로그 안의 표현에 대하여 역수를 취하면 다음과 같이 음의 부호를 제거할 수 있다.

$$R\ln\frac{V_i}{V_f} = \overline{C_V}\ \ln\frac{T_f}{T_i}$$

$\overline{C_p} = \overline{C_V} + R$의 관계를 기억하고, 이를 $\overline{C_p} - \overline{C_V} = R$로 재배열하여 대입하면 다음이 된다.

$$(\overline{C_p} - \overline{C_V})\ln\frac{V_i}{V_f} = \overline{C_V}\ \ln\frac{T_f}{T_i}$$

이 식 전체를 $\overline{C_V}$로 나누면 다음과 같다.

$$\frac{(\overline{C_p} - \overline{C_V})}{\overline{C_V}}\ \ln\frac{V_i}{V_f} = \ln\frac{T_f}{T_i}$$

$\overline{C_p}/\overline{C_V}$ 관계를 보통 γ로 정의한다.

$$\gamma \equiv \frac{\overline{C_p}}{\overline{C_V}} \tag{2.45}$$

위에서의 부피와 온도 관계를 포함하고 있는 식을 다시 배열하면 다음과 같은 관계를 얻을 수가 있다.

$$\left(\frac{V_i}{V_f}\right)^{\gamma-1} = \frac{T_f}{T_i} \tag{2.46}$$

단원자 이상 기체에 대해서는 $\gamma - 1 = \frac{2}{3}$이므로, 단원자 이상 기체의 단열 가역 변화에 대해서는 다음과 같은 관계가 성립한다.

$$\left(\frac{V_i}{V_f}\right)^{2/3} = \frac{T_f}{T_i} \tag{2.47}$$

만일 부피 대신에 압력 항을 가지고 이 과정을 취급한다면 다음의 관계를 얻을 수 있을 것이다.

$$\left(\frac{p_f}{p_i}\right)^{2/5} = \frac{T_f}{T_i} \tag{2.48}$$

식 (2.47)과 식 (2.48)을 대수적으로 결합시키면 단원자 이상 기체의 단열 가역 과정에 대하여 다음과 같은 관계식을 유도할 수가 있다.

$$p_1V_1^{5/3} = p_2V_2^{5/3} \tag{2.49}$$

예제 2.13

1 mol의 단원자 영족 기체의 단열 가역 변화 과정에서 압력이 2.44 atm에서 0.338 atm으로 변했다. 처음 온도가 339 K라면 최종 온도는 얼마인가?

풀이

식 (2.48)을 적용시키면 다음이 된다.

$$\left(\frac{0.338\text{ atm}}{2.44\text{ atm}}\right)^{2/5} = \frac{T_f}{339\text{ K}}$$

이것을 풀면 $T_f = 154$ K이다.

예제 2.14

임의의 기체에 대해서 식 (2.48)은 다음과 같이 쓸 수 있다.

$$\left(\frac{p_f}{p_i}\right)^{(\gamma-1)/\gamma} = \frac{T_f}{T_i}$$

1 mol의 CO_2가 단열 가역 변화를 하였을 때, 압력이 2.44 atm에서 0.338 atm으로 변하였다. 초기 온도가 339 K라면, 최종 온도는 얼마인가? 진동 운동 에너지의 기여분은 무시한다.

풀이

앞의 예제와 지금 예제의 주된 차이는 γ의 값이 다르다는 것이다. 직선 분자에 대하여 C_V는 병진 운동 에너지[C_V(병진) = $3R/2$]와 회전 운동 에너지[C_V(회전) = R]로부터의 기여분을 가진다. 그러므로

$5R/2 = 20.78$ J/mol·K

$$C_V = 5R/2$$

$C_p = C_V + R$이므로 다음을 얻을 수 있다.

$7R/2 = 29.10$ J/mol·K

$$C_p = 7R/2$$

그러므로 γ는 다음과 같다.

$$\gamma = \frac{C_p}{C_V} = \frac{\frac{7R}{2}}{\frac{5R}{2}} = \frac{7}{5}$$

그러므로 식에서 지수는

$$\frac{\gamma - 1}{\gamma} = \frac{\frac{7}{5} - 1}{\frac{7}{5}} = \frac{2}{7}$$

이 되고, 이를 대입하면,

예제 2.14 *(계속)*

$$\left(\frac{0.338 \text{ atm}}{2.44 \text{ atm}}\right)^{2/7} = \frac{T_f}{339 \text{ K}}$$

이다. 이를 풀면,

$$T_f = 193 \text{ K}$$

이다. 이 답이 앞의 예제와 다른 것에 유의하라.

앞 식에 $5R/2$와 $7R/2$의 각 값을 사용함으로써 이 답을 입증할 수 있다.

2.9 상변화

지금까지는 계의 압력이나 온도의 변화와 같은 물리적 변화만을 취급해 왔다. 이제 상변화를 시작으로해서 다른 변화에 대하여 알아보자. 0 K와 1 atm에서 H_2O와 같은 물질을 생각해 보자. H_2O에 열이 가해진다면, 물의 열용량에 따른 속도로 온도가 올라갈 것이다. 그림 2.12는 정성적으로 어떻게 변하는가를 보여준다. 0 K에서 물은 얼음의 형태이며 열에너지가 없다. 얼음에 열을 가하면, 273 K에서 얼음이 녹을 때까지 계속 에너지를 얻는다. 이 점에서 열을 추가적으로 더 가해도 온도는 올라가지 않는다. 왜냐하면 얼음이 완전히 녹을 때까지 얼음을 녹이는 데 모든 에너지가 들어가기 때문이다. 이것이 **상변화**(phase change)이다. 일단 모든 얼음이 녹으면, 1 기압에서 끓는점인 373 K에 도달할 때까지 온도가 계속 증가한다. 끓는점에서 다시 한 번 액체로부터 기체로 상변화가 일어난다. 상변화가 일어나는 중에 다시 온도가 일정하게 유지된다(고체에서 기체로의 또 하나의 상변화가 있는데 H_2O에 대하여 이런 상변화는 이 조건하에서 보통 일어나지 않는다).

대부분의 경우에 상변화들(고체 ⇌ 액체, 액체 ⇌ 기체, 고체 ⇌ 기체)은 압력이 일정한 실험 조건하에서 일어나기 때문에 여기에 수반되는 열 q는 역시 ΔH와 같다.* 예를 들어, 다음과 같이 얼음의 정상 녹는점 0°C에서 얼음이 녹을 때,

$$H_2O\ (s, 0°C) \longrightarrow H_2O\ (\ell, 0°C)$$

상변화가 일어나기 위해서는 g당 혹은 mol당 특정한 양의 열이 필요하다. 그렇지만 상변화가 일어나는 동안에는 온도가 변하지 않는다. 상변화는 **등온적**(isothermal)이다.

H_2O는 0°C에서 고체나 액체 어느 상태로도 존재할 수가 있다. 이 경우에는 $\Delta T = 0$이므로 식 (2.9)는 적용할 수가 없고, 대신이 이 과정에서 수반되는 열은 물질의 양에 비례한다. 이때의 비례 상수는 **용융열**(heat of fusion) $\Delta_{용융}H$라고 부르는데, 이렇게 되면 열을 다음과 같이 간단한 식으로 나타낼 수가 있다.

$$q = m \cdot \Delta_{용융}H \tag{2.50}$$

용융(fusion)이라는 말은 '녹음(melting)'과 동의어이다. 질량 m이 g 단위로 주어져 있다면 $\Delta_{용융}H$의 단위는 J/g이고, mol의 단위로 주어져 있다면 식 (2.50)은 다음과 같이 나타낸다.

$$q = n \cdot \overline{\Delta_{용융}H} \tag{2.51}$$

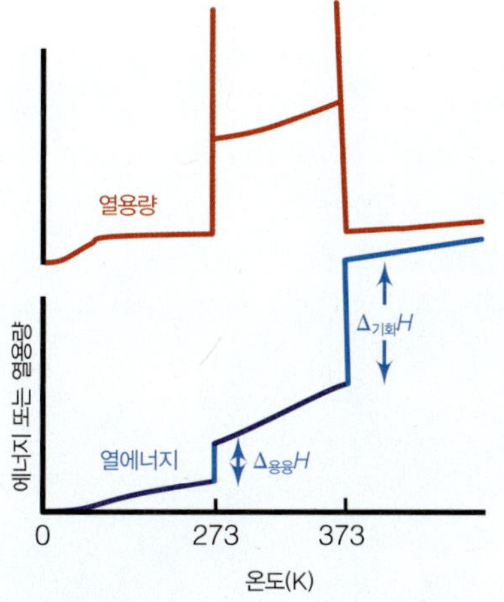

그림 2.12 0 K에서 373 K 이상의 온도 범위에서 물의 열에너지와 열용량의 정성적인 거동. 두 그래프 모두 y 값은 0에서 시작된다.

*압력 변화에 의해서도 상변화가 일어날 수 있는데, 이 문제에 대해서는 제6장에서 취급하게 될 것이다.

여기서 $\overline{\Delta_{용융}H}$는 J/mol 단위를 갖는 몰량이다. 어는 것과 녹는 것은 단지 반대 방향의 과정이기 때문에 식 (2.50)과 식 (2.51)은 어는 과정과 녹는 과정에 모두 적용되는 식이다. 발열 과정이라고 표시하는 것이 타당한 지 아니면 흡열 과정이라고 표시하는 것이 타당한 지는 과정 자체가 결정해 준다. 녹음(melting)의 경우에는 열이 계 안으로 들어가야 하기 때문에 그것은 흡열 과정이고, 이 과정에 대한 ΔH의 값은 양이다. 반면에 얼음(freezing)의 경우에는 열이 계에서 제거되어야 하기 때문에 어는 것은 발열 과정이고 이 과정에 대한 ΔH의 값은 음이다.

예제 2.15

물의 용융열 $\Delta_{용융}H$는 334 J/g이다.

a. 59.5 g의 얼음(대략 큰 얼음 조각 한 개)을 녹이려면 열이 얼마나 필요할까?

b. 이 과정이 일정한 압력에서 일어난다면 이 과정에 대한 ΔH 값은 얼마인가?

풀이

a. 식 (2.50)에 따르면 다음과 같다.

$$q = (59.5\text{ g})(334\text{ J/g})$$
$$q = 1.99 \times 10^4\text{ J}$$

일정한 압력에서 $\Delta H = q$이다.

b. 고체에서 액체로 변화되려면 열이 계 안으로 들어가야 하기 때문에 이 과정에 대한 ΔH는 흡열 과정이라는 사실을 반영해 주어야 한다. 그러므로 $\Delta H = +1.99 \times 10^4$ J이다.

고체에서 액체로 변할 때나 액체에서 고체로 변할 때에는 보통 부피의 변화가 무시될 수 있을 정도이므로 $\Delta H \approx \Delta U$이다(물은 분명하게 예외적이다. 물이 어는 과정에서 부피가 대략 10% 정도 늘어난다). 한편, 다음과 같이 액체에서 기체로(또는 고체에서 기체로) 변할 때에는 부피의 변화가 현저하다.

$$H_2O\ (\ell, 100°C) \longrightarrow H_2O\ (g, 100°C)$$

액체에서 기체로 변할 때 그 과정을 **기화**(vaporization)라고 부르는데, 이 경우에도 상 변화가 일어나는 동안 온도는 일정하게 머물러 있고, 이때 필요한 열은 역시 물질의 양에 비례한다. 이때의 비례 상수를 **기화열**(heat of vaporization) $\Delta_{기화}H$라고 부르기는 하지만, 이 과정에서 수반되는 열을 계산하는 식은 앞의 식 (2.50)과 마찬가지로 다음과 같은 형식이 된다.

$$\text{물질의 양이 g일 때} \quad q = m \cdot \Delta_{기화}H \qquad \textbf{(2.52)}$$

또는 식 (2.51)과 비슷하게 다음과 같은 형식이 되기도 한다.

$$\text{물질의 양이 mol일 때} \quad q = n \cdot \overline{\Delta_{기화}H} \qquad \textbf{(2.53)}$$

열이 어느 방향으로 이동하고 있는지를 새삼 이해하고 식 (2.52)와 식 (2.53)을 이용하여 반대로 일어나는 **응축**(condensation) 과정에서 수반되는 열도 계산해 낼 수가 있다. 기화나 승화 과정에 대하여 일을 결정할 때에는 응축상의 부피는 무시할 수 있을 정도로 작기 때문에 보통은 응축상의 부피를 무시한다. 다음의 예제에서 이 경우를 설명해 보자.

예제 2.16

온도가 100°C이고 압력이 1.00 atm에서 1 g의 H_2O가 기화하는 과정에 대하여 q, w, ΔH 및 ΔU를 계산하라. H_2O의 $\Delta_{기화}H$는 2260 J/g이다. 기화된 H_2O는 이상 기체로 거동한다고 가정한다. 그리고 100°C에서 H_2O의 밀도는 0.9588 g/cm^{3}이다.

풀이

식 (2.52)를 이용하면 이 과정에 대한 열과 ΔH를 직접 계산할 수 있다.

$$q = (1\ \text{g})\ (2260\ \text{J/g}) = 2260\ \text{J}\text{의 열이 계안으로 들어감}$$
$$q = \Delta H = +2260\ \text{J}$$

압력이 일정하므로 $\Delta H = q$이다.

일을 계산하려면 기화 과정에서의 부피 변화가 필요하다. $H_2O(\ell) \rightarrow H_2O(g)$ 과정에서의 부피 변화는

$$\Delta V = V_{기체} - V_{액체}$$

이것은 '최종 부피 빼기 초기 부피'와 같다.

이다. 그러므로 이상 기체 법칙을 적용하면 100°C = 373 K에서 수증기의 부피를 다음과 같이 계산할 수가 있다.

$$V_{기체} = \frac{(0.0555\ \text{mol})\left(0.08205\ \frac{\text{L·atm}}{\text{mol·K}}\right)(373\ \text{K})}{1\ \text{atm}}$$
$$V_{기체} = 1.70\ \text{L}$$

여기서는 이상 기체 법칙을 적용한다.

100°C에서 액체인 H_2O의 부피는 1.043 cm^3 또는 0.001043 L이므로 ΔV는 다음과 같이 계산할 수 있다.

$$\Delta V = V_{기체} - V_{액체} = 1.70\ \text{L} - 0.001043\ \text{L} \approx 1.70\ \text{L} = V_{기체}$$

액체상의 부피는 유효숫자 3개로 충분하다.

이 단계에서 액체의 부피는 기체의 부피에 비해서 무시할 수 있음을 알 수 있으므로 아주 좋은 근사법으로서 $\Delta V = V_{기체}$이다. 기화 과정에 대한 일을 계산하면 다음과 같다.

$$w = -p_{외부}\Delta V$$
$$w = -(1.00\ \text{atm})(1.70\ \text{L})\left(\frac{101.32\ \text{J}}{1\ \text{L·atm}}\right)$$
$$w = -172\ \text{J}$$

L·atm을 J로의 환산인자가 포함되어 있다.

$\Delta U = q + w$이므로 ΔU는 다음과 같다.

$$\Delta U = 2{,}260\ \text{J} - 172\ \text{J}$$
$$\Delta U = 2{,}088\ \text{J}$$

이 예제에서는 엔탈피의 변화가 내부 에너지의 변화와 다르다는 것을 보여 주고 있다.

다양한 물질에 대한 $\Delta_{융용}H$와 $\Delta_{기화}H$의 값들을 표 2.3에 수록해 놓았다. $\Delta_{융용}H$와 $\Delta_{기화}H$의 값들은 상변화가 일어나기 위해서는 에너지가 얼마나 많이 필요한지를 나타내는 것이고, 그것은 물질 속에서의 원자 간 상호 작용이나 분자 간 상호 작용의 세기와 관련된 에너지이다. 예를 들어, 물은 분자가 작음에도 불구하고 증발열은 비정상적으로 크다. 그 이유는 물 분자들 사이에서 강한 수소 결합이 형성되기 때문인데, 그로 인하여 각각의 물 분자들을 따로 분리시키는 데에는 많은 에너지가 필요하고(이 내용은 증발 과정이 일어나

표 2.3 다양한 물질에 대한 $\Delta_{용융}H$와 $\Delta_{기화}H$ (J/g)

물질명	$\Delta_{용융}H$	$\Delta_{기화}H$
Al	393.3	10,886
Al_2O_3	1,070	
CO_2	180.7	573.4 (승화)
F_2	26.8	83.2
Au	64.0	1,710
H_2O	333.5	2,260
Fe	264.4	6,291
NaCl	516.7	2,892
에탄올(C_2H_5OH)	188.99	838.3
벤젠(C_6H_6)	127.40	393.8
헥세인(C_6H_{14})	151.75	335.5

는 동안 무슨 일이 생기는지에 대한 것을 말함), 높은 증발열은 이런 사실이 반영된 결과이다.

2.10 화학 변화

화학 반응이 일어날 때에는 계의 화학적 정체성이 달라진다. 지금까지 취급해 온 대부분의 식들과 정의들을 여전히 직접 적용할 수는 있지만, ΔU와 ΔH의 적용 범위를 확장시킬 필요가 있다.

모든 화학 물질들은 총 내부 에너지와 엔탈피를 가지고 있다는 것을 알아야 한다. 화학 변화가 일어날 때 수반되는 내부 에너지 변화나 엔탈피 변화는 최종 상태인 생성물의 총 엔탈피에서 초기 상태인 반응물의 총 엔탈피를 뺀 것과 같다. 즉, 다음과 같이 나타낼 수 있다.

$$\Delta_{반응}H = H_f - H_i$$
$$\Delta_{반응}H = H_{생성물} - H_{반응물}$$

여기서는 $\Delta_{반응}H$를 써서 화학 반응에 대한 엔탈피 변화를 표현하고 있다. 내부 에너지 변화를 표현할 경우에는 $\Delta_{반응}U$를 쓰면 된다. 이 개념을 그림 2.13에서 설명해 주고 있다. 각 그래프에서 한 수평선은 생성물의 총 엔탈피를 나타내고 있고, 다른 수평선은 반응물의 총 엔탈피를 나타낸다. 선들 사이의 간격은 반응에 대한 엔탈피 변화 $\Delta_{반응}H$를 나타낸다. 그림 2.13a의 경우는 계의 엔탈피량이 감소하고 있다. 다시 말해서 계는 에너지를 주위로 내보내고 있는데, 이것은 발열 과정의 한 예이다. 한편 그림 2.13b의 경우는 계의 엔탈피량이 증가하고 있는데, 이것은 에너지가 계 안으로 들어가는 것을 의미하고, 따라서 이것은 흡열 과정에 의한 예에 해당한다.

화학 변화 과정에서의 에너지 변화는 온도와 압력 같이 변화 과정의 조건에 따라 달라진다. 압력의 표준 조건은 1 bar (이것은 거의 1 atm과 같기 때문에 압력의 표준 조건으로 1 atm을 사용해도 지나치게 큰 오차를 야기시키지는 않음)이다. 25.0°C에 대한 많은 열역학적 측정 자료가 보고되어 있음에도 불구하고 표준 온도는 아직 정의된 바가 없다. 표준 조건에서의 에너지 변화라는 것을 나타내기 위하여 기호에 위첨자 °를 붙인다. 그래서 $\Delta_{반응}H^\circ$, $\Delta_{반응}U^\circ$ 등으로 표시하고, 온도도 보통 명시한다.

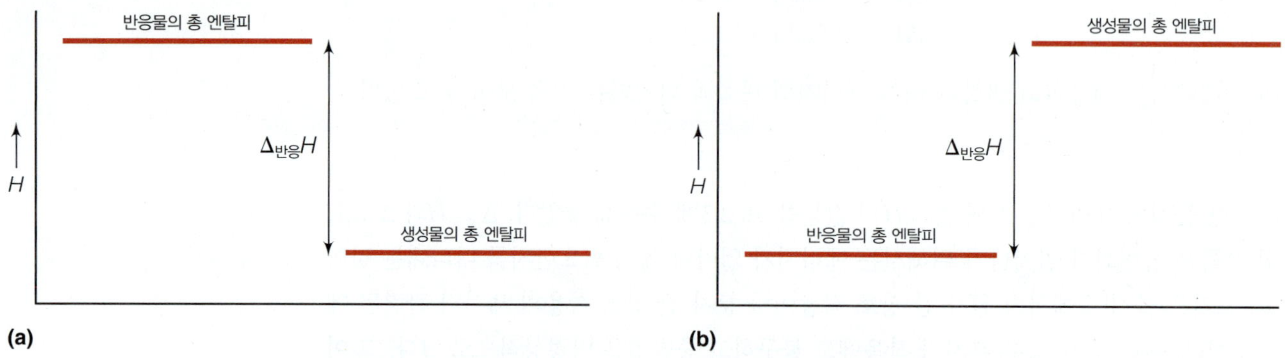

그림 2.13 화학 변화 과정에 대한 $\Delta_{반응}H$는 생성물의 총 엔탈피에서 반응물의 총 엔탈피를 뺀 것이라고 설명하는 그래프. (a) 계의 총 에너지가 감소(에너지를 내어주고 있음을 뜻함)하기 때문에 발열 반응이다. (b) 계의 총 에너지가 증가(에너지가 계 안으로 들어옴을 뜻함)하기 때문에 흡열 반응이다.

화학 변화 과정에 대한 $\Delta_{반응}H$를 정의하기는 했지만 $H_f - H_i$의 차이를 계산해서 $\Delta_{반응}H$의 값을 결정할 수는 없는데, 왜냐하면 엔탈피의 절댓값은 2.3절에서 언급한 것처럼 의미가 없다. 단지 상대값인 엔탈피 변화만을 측정할 수 있다. 필요한 것은 다른 모든 $\Delta_{반응}H$ 값이 측정될 수 있도록 $\Delta_{반응}H$가 표준으로 제공될 수 있는 일단의 화학 반응들이다.

화학 변화 과정에 대한 $\Delta_{반응}H$를 결정하는 방법은 화학자인 헤스(Germain Henri Hess, 1802~1850)의 생각에서 비롯되었는데, 헤스는 스위스 태생이지만 그의 생애 대부분을 러시아에서 보냈다. 헤스는 소위 **열화학**(thermochemistry)이라고 일컫는 열역학의 부주제를 설정한 사람이라고 생각할 수 있다. 헤스는 화학 반응에 대한 에너지 변화(대부분 열로 표현)를 연구하여 마침내 화학 반응이 일어날 때의 에너지 변화를 연구하는 데 있어서 몇 가지 핵심적인 개념이 중요하다는 사실을 깨닫게 되었는데, 그것을 지금의 개념으로 표현하면(헤스는 열역학 분야가 완전히 확립되기 전에 생존했던 사람임) 다음과 같다.

- 특정 화학 반응은 고유의 에너지 변화를 동반한다.
- 이미 알려져 있는 화학 반응들을 결합시켜서 새로운 화학 반응을 고안해 낼 수가 있다. 이런 일은 대수적으로 처리할 수 있다.
- 결합된 화학 반응의 에너지 변화는 결합에 참여하는 각 화학 반응에 대한 에너지 변화를 대수적으로 결합시킨 결과와 동일하다.

위의 개념들을 한데 묶어서 종합적으로 표현한 것이 **헤스 법칙**(Hess's law)으로 알려져 있고, 화학 반응에 적용할 수 있는 열역학의 기본 틀이다. 화학 반응을 대수적으로 취급하기 때문에 화학 반응에 대한 에너지 변화를 대수적으로 결합시키는 데 있어서 다음의 두 가지 관점을 마음 속에 간직하고 있어야 한다.

- 역반응이 일어날 경우에는 반응의 에너지 변화는 부호가 반대로 된다. 이는 결과적으로 엔탈피가 상태 함수라는 것을 말해준다.
- 한 반응에 배수를 취하려면 에너지 변화에도 같은 배수를 사용해야 한다. 이것은 정수 배수뿐만 아니라 분수 배수에도 적용된다. 이는 결과적으로 엔탈피가 크기 성질이라는 것을 말해준다.

헤스 법칙의 의미는 반응에 대하여 측정된 에너지 변화를 가지고 원하는 대로 그 에너지 변화들을 결합시키고, 전체 반응에 대한 에너지 변화는 단지 알고 있는 에너지들을 대수적으로 합하는 것이다. 화학 반응에 대하여 측정된 에너지 변화들은 표로 만들 수 있고, 적절히 결합된 화학 반응에 대해서는 단지 표를 찾아보고 알맞은 대수적 계산만 하면 된다. 헤스 법칙은 결과적으로 엔탈피가 상태 함수라는 사실을 직접 표현한 것이다.

이제 떠오르는 문제는 과연 어떤 반응들을 표로 만들어야 하느냐? 라는 것이다. 가능한 화학 반응들에 대한 엄청난 자료가 제공되어 있다. 모든 화학 반응의 에너지 변화를 표로 만들까? 아니면 선별적으로 몇 가지만 그렇게 할까? 그렇다면 어떤 반응들을 선별할까?

오직 한 종류의 화학 반응에 대한 엔탈피 변화들을 표로 만들면 된다(연소 반응과 같이 다른 반응에 대한 엔탈피 변화들이 수록된 표를 보는 것은 어렵지 않지만). **생성 반응**

(formation reaction)이란 표준 상태에 있는 생성물의 구성 성분 원소들을 반응물로 사용하여 1 mol의 생성물을 만들어 내는 반응을 말한다.* 기호 $\Delta_f H$를 사용하여 소위 **생성 엔탈피**(enthalpy of formation) 또는 대략적으로 **생성열**(heat of formation)이라고 일컫는 생성 반응에 대한 엔탈피 변화를 나타내기로 한다. 한 예로서 NO_2의 생성 반응은 다음과 같다.

$$\tfrac{1}{2}N_2\,(g) + O_2\,(g) \longrightarrow NO_2\,(g)$$

이에 대한 비교 예로서 다음과 같은 반응은 N_2O_5에 대한 생성 반응이 **아니다.**

$$2NO_2\,(g) + \tfrac{1}{2}O_2\,(g) \longrightarrow N_2O_5\,(g)$$

왜냐하면 반응물들이 N_2O_5를 구성하는 원소로만 되어 있는 것이 **아니기** 때문이다. 표 작성상 대부분의 $\Delta_f H$ 값들이 표준 상태의 반응물에 대해서 측정되므로 표에 수록된 것들은 일반적으로 $\Delta_f H°$(표준 상태를 가리키는 °를 붙임)이다.

예제 2.17

다음에 나타낸 반응들이 생성 반응인지 아닌지를 결정하라. 생성 반응이 아니라면 왜 그런지를 밝히라. 반응들은 표준 조건에서 일어난다고 가정한다.

a. $H_2\,(g) + \tfrac{1}{2}O_2\,(g) \rightarrow H_2O\,(\ell)$
b. $Ca\,(s) + 2Cl\,(g) \rightarrow CaCl_2\,(s)$
c. $2Fe\,(s) + 3S$ (비등축) $+ 4O_3\,(g) \rightarrow Fe_2(SO_4)_3\,(s)$
d. $6C$ (흑연) $+ 6H_2\,(g) + 3O_2\,(g) \rightarrow C_6H_{12}O_6\,(s)$ (포도당)

풀이

a. 생성 반응이다. 이 반응은 액체인 물의 생성 반응이다.
b. 생성 반응이 아니다. 염소의 '표준 상태'는 이원자 분자이다.
c. 생성 반응이 아니다. 원소인 산소의 '표준 상태'는 이원자 분자이고, 화학식에 있는 O_3는 산소의 동소체인 오존이다.
d. 생성 반응이다. 이 반응은 포도당의 생성 반응이다.

표준 상태에서의 원소에 대한 생성 엔탈피는 정확히 0이라고 정의한다는 사실을 명심하자. 왜냐하면 생성물과 반응물이 동일하여 반응에 대한 엔탈피 변화는 0이다. 예를 들어, 다음의 반응은 원소 상태의 브로민에 대한 생성 반응이다.

$$Br_2\,(\ell) \longrightarrow Br_2\,(\ell)$$

이 반응이 일어나는 과정에서 화학적 정체성이 전혀 달라지지 않으므로 엔탈피 변화는 0이고, 원소 상태의 브로민에 대해서는 $\Delta_f H° = 0$이라고 말한다. 표준 상태에 있는 모든 원소들에 대해서도 이와 똑같은 상황이다.

*원소의 표준 상태는 1 bar(이전에는 1 atm)의 압력하에 있는 순물질인데, 필요할 때는 특별한 동소체의 형태를 취한다. 표준 상태의 온도를 특별히 규정해 놓은 것은 없지만 많은 참고 문헌에서는 지정된 온도로서 25°C를 적용하고 있다.

생성 반응에 초점을 맞추는 이유는 표에 수록되어 있고 화학 변화 과정에 대한 엔탈피 변화를 결정할 때 사용하는 것이 생성 반응에 대한 엔탈피 변화이기 때문이다. 이렇게 할 수 있는 것은 모든 화학 반응을 생성 반응들의 대수적 결합으로 나타낼 수가 있기 때문이다. 그러므로 헤스 법칙은 $\Delta_f H°$의 값들을 어떻게 결합시켜야 할지를 제시해 준다.

한 예로 다음의 화학 반응에 대하여 알아보자.

$$Fe_2O_3(s) + 3SO_3(\ell) \longrightarrow Fe_2(SO_4)_3(s) \qquad (2.54)$$

이 화학 반응에 대한 $\Delta_{반응}H°$ 값은 얼마일까? 이 반응을 다음과 같이 변화 과정의 모든 반응물과 생성물에 대한 생성 반응으로 나눌 수가 있다.

$$Fe_2O_3(s) \longrightarrow 2Fe(s) + \tfrac{3}{2}O_2(g) \qquad (a)$$
$$3[SO_3(\ell) \longrightarrow S(s) + \tfrac{3}{2}O_2(g)] \qquad (b)$$
$$2Fe(s) + 3S(s) + 6O_2(g) \longrightarrow Fe_2(SO_4)_3(s) \qquad (c)$$

반응 (a)는 Fe_2O_3의 생성에 대한 역반응이므로 (a)의 엔탈피 변화는 $-\Delta_f H°[Fe_2O_3]$이다. 또한, 반응 (b)는 $SO_3(\ell)$의 생성에 대한 역반응인데, 3을 곱했으므로 (b)의 엔탈피 변화는 $-3 \cdot \Delta_f H°[SO_3(\ell)]$이다. 반응 (c)는 황산 철(III)의 생성 반응인데, (c)의 엔탈피 변화는 $\Delta_f H°[Fe(SO_4)_3]$이다. 반응 (a)~(c)를 모두 대수적으로 합치면 식 (2.54)에 나타낸 반응과 동일해진다는 것을 확인해야 한다.

그러므로 $\Delta_f H°$의 값들을 대수적으로 결합시키면 식 (2.54)에 나타낸 반응의 $\Delta_{반응}H°$이 구해진다.

$$\Delta_{반응}H° = -\Delta_f H°[Fe_2O_3] - 3 \cdot \Delta_f H°[SO_3(\ell)] + \Delta_f H°[Fe_2(SO_4)_3]$$

부록 2에 있는 것과 같은 표에서 값들을 찾아보면 $-\Delta_f H°[Fe_2O_3]$와 $\Delta_f H°[SO_3(\ell)]$ 및 $\Delta_f H°[Fe_2(SO_4)_3]$의 값은 각각 −826 kJ/mol, −438 kJ/mol 및 −2583 kJ/mol임을 알 수 있다. 따라서 식 (2.54)의 반응에 대한 $\Delta_{반응}H°$는 다음과 같다.

$$\Delta_{반응}H° = -443 \text{ kJ}$$

이 값은 표준 압력 하에 있는 Fe_2O_3와 SO_3로부터 1 mol의 $Fe_2(SO_4)_3$를 생성할 경우에 대한 표준 반응 엔탈피이다.

앞의 예에서 생성물의 $\Delta_f H°$ 값은 그대로 사용하고, 반응물의 $\Delta_f H°$ 값은 부호가 바뀌며, 균형 화학 반응식에서의 양론 계수는 곱하는 인자(SO_3의 $\Delta_f H$ 값에 3을 곱하는 것은 균형 화학 반응식에서 SO_3 앞에 있는 3과 일치시킨 것이다)로 사용하고 있음을 알 수 있다. 이러한 개념을 잘 이해하면 임의의 화학 반응에 대하여 엔탈피 변화를 계산하는 데 적용할 수 있는 아주 쉬운 방법을 고안해 낼 수가 있다(지금까지는 엔탈피와 내부 에너지만을 상태 함수로 취급해 왔지만, 이런 문제에 관해서는 임의의 모든 상태 함수도 해당된다). 임의의 화학 변화 과정에 대해서는 다음과 같다.

$$\Delta_{반응}H = \sum \Delta_f H(\text{생성물}) - \sum \Delta_f H(\text{반응물}) \qquad (2.55)$$

각각의 합산에서 균형 화학 반응식에 있는 각 생성물과 반응물의 몰수를 반드시 반영시켜야 한다. 모든 물질에 대한 $\Delta_f H$ 값들을 같은 조건에 적용시킬 수만 있다면 식 (2.55)는 어떠한 조건에도 모두 적용된다. 이와 마찬가지로 생성 반응에 대한 내부 에너지 변화도 $\Delta_f U$로 정의할 수가 있는데, 생성 내부 에너지라고 부르는 이 에너지 변화는 $\Delta_f H$와 똑같은 비중으로 중요하고, 이것 역시 표로 만들어져 있다. 임의의 화학 변화 과정에 대한 내부 에너지 변화에 대해서도 생성물 빼기 반응물의 형태로 간단히 나타내고, 이것 역시 $\Delta_f U$ 값에 근거를 두고 다음과 같이 계산된다.

$$\Delta_{반응} U = \sum \Delta_f U(생성물) - \sum \Delta_f U(반응물) \qquad \textbf{(2.56)}$$

또한 모든 값들을 같은 조건에 적용시킬 수 있기만 하면 표준 조건이든 아니든 일반 식이 적용된다. 부록 2에는 (표준) 생성 엔탈피에 대한 값들을 광범위하게 표에 수록해 놓고 있다. 생성 반응의 에너지 변화를 알아보는 문제를 풀 때는 이 표를 참고해야 한다. 식 (2.55)와 식 (2.56)을 이용하면 모든 화학 반응에 관하여 완전한 헤스 법칙형 분석을 실시하지 않아도 된다.

예제 2.18

포도당 $C_6H_{12}O_6$의 산화 반응은 모든 생명체의 기초 대사 과정이다. 이 과정은 세포 속에서 복잡한 일련의 효소-촉매 반응에 의하여 진행되는데, 궁극적인 전체 반응은 다음과 같다.

$$C_6H_{12}O_6\,(s) + 6O_2\,(g) \longrightarrow 6CO_2\,(g) + 6H_2O\,(\ell)$$

포도당의 표준 생성 엔탈피가 −1277 kJ/mol이면 이 과정에 대한 $\Delta_{반응}H°$는 얼마인가? $\Delta_f H°$ 값은 부록 2에서 찾아라.

풀이

CO_2(g)와 $H_2O(\ell)$에 대한 $\Delta_f H°$ 값은 각각 −393.51 kJ/mol과 −285.83 kJ/mol이므로 식 (2.55)를 적용하여 다음과 같이 계산할 수 있다.

$$\Delta_{반응} H° = \Big\{ \underbrace{6(-393.51) + 6(-285.83)}_{\Sigma\, \Delta_f H°\ (생성물)} - \underbrace{(-1277)}_{\Sigma\, \Delta_f H°\ (반응물)} \Big\}\ \text{kJ}$$

이와 같은 식에서는 모든 음의 부호를 잘 살피는 것이 중요하다. 위의 수식을 계산한 결과는 다음과 같다.

$$\Delta_{반응} H° = -2799\ \text{kJ}$$

균형 화학 반응식에서의 양론 계수가 생성물과 반응물의 몰수라는 것을 감안해서 $\Delta_{반응}H°$의 단위를 쓸 때 분모에서 mol을 뺀다. 또 다른 표현법으로 1 mol의 포도당이 6 mol의 산소와 반응하여 6 mol의 이산화 탄소와 6 mol의 물을 만들어 낼 경우에 2799 kJ의 에너지가 나온다라고 말한다. 이 표현은 $\Delta_{반응}H°$에 대하여 kJ/mol의 단위가 사용된다면 제기될 수 있는 '무엇이 몇 몰이야?'란 질문을 피하게 해준다.

생성물-빼기-반응물로 처리하는 기법은 열역학에서 매우 쓸모 있는 것이고, 다른 상태 함수를 취급할 때에도 유용하다. 즉, 어떤 상태 함수라도 그 변화는 최종 값에서 초기 값을 뺀 것이다. 예제 2.18에서 관심을 둔 상태 함수는 엔탈피이다. 헤스 법칙과 생성 반응의 정의를 적용시켜서 화학 변화 과정에 대한 엔탈피 변화와 내부 에너지 변화를 결정하는 방법을 개발할 수 있었다.

화학 반응에 대한 ΔH와 ΔU 사이에는 어떤 관계가 있을까? 만일 생성물과 반응물의 $\Delta_f U$와 $\Delta_f H$ 값들을 모두 알고 있다면 식 (2.55)와 식 (2.56)으로 나타낸 생성물-빼기-반응물 도식을 이용하여 이들을 간단히 비교해 볼 수가 있다. 이들 두 개의 상태 함수들을 서로 연관시키는 데에는 방법이 또 있는데, 다음과 같이 식 (2.16)에서 H에 대한 원래의 정의를 상기해 보자.

$$H = U + pV$$

또한 다음과 같이 dH에 대한 식도 유도했었다.

$$dH = dU + d(pV)$$
$$dH = dU + p\,dV + V\,dp$$

이때, 두 번째 식은 연쇄 규칙을 적용하여 얻어졌다. 이 식을 가지고 할 수 있는 것은 여러 가지가 있다. 만일 부피가 일정한 조건에서 화학 변화 과정이 일어난다면 pdV 항은 0이 되고 $dU = dq_V$(왜냐하면 일 = 0이기 때문)이므로 다음과 같이 된다.

$$dH_V = dq_V + V\,dp \quad \textbf{(2.57)}$$

이 식을 적분한 형태는 다음과 같다.

$$\Delta H_V = q_V + V\,\Delta p \quad \textbf{(2.58)}$$

부피가 일정한 조건에서는 $dU = dq$이므로 이 식을 이용하면 dH와 dU의 차이가 얼마인지를 계산해 낼 수 있는 첫 번째 방법이 주어진다. 압력이 일정한 조건에서는 위의 식이 다음과 같이 된다.

$$\Delta H_p = \Delta U + p\,\Delta V \quad \textbf{(2.59)}$$

여기서 화학 변화 과정에 대하여 ΔH와 ΔU를 계산할 수 있는 두 번째의 방법이 주어진다.

만일 등온적으로 화학 변화 과정이 일어난다면, 취급하는 기체가 이상적으로 작동한다고 가정할 때 다음 식이 성립한다.

$$d(pV) = d(nRT) = dn \cdot RT$$

여기서 dn은 화학 반응에 수반되는 기체의 몰수의 변화를 가리킨다. R과 T는 모두 일정하므로 미적분학의 연쇄 규칙을 사용해도 추가적인 항이 필요 없다. 그러므로 등온 화학 변화 과정에서는 식 (2.58)과 식 (2.59)를 다음과 같이 쓸 수가 있다.

$$\Delta H = \Delta U + RT\,\Delta n \quad \textbf{(2.60)}$$

식 (2.60)에서는 압력과 부피가 일정해야 한다는 제한 조건이 없다.

예제 2.19

일정한 압력과 600°C에서 1 mol의 에테인(C_2H_6)이 과량의 산소가 있는 가운데 연소되었다. 이 과정에 대한 ΔU는 얼마인가? 1 mol의 에테인이 연소할 때 방출하는 열은 1,560 kJ(다시 말해서 이 과정은 발열 반응)이다.

풀이

이렇게 일정 압력하에서 일어나는 과정에 대해서는 $\Delta H = q$이므로 $\Delta H = -1{,}560$ kJ이다. $RT\Delta n$을 결정하려면 균형 화학 반응식을 알아야 한다. 산소가 있는 가운데 에테인의

열이 방출되므로 ΔH는 음이다.

예제 2.19 *(계속)*

에테인 1 mol만이 연소하는 것이므로 산소의 계수는 분수이다. 반응 온도가 물의 끓는점을 충분히 넘어서고 있으므로 생성된 물은 기체로 기술한다.

연소에 대한 균형 화학 반응식은 다음과 같다.

$$C_2H_6\,(g) + \tfrac{7}{2}\,O_2\,(g) \longrightarrow 2CO_2\,(g) + 3H_2O\,(g)$$

기체의 몰수의 변화 Δn은 $n_{생성물} - n_{반응물} = (2 + 3)\text{ mol} - (1 + \tfrac{7}{2})\text{ mol} = (5 - 4.5)\text{ mol} = 0.5\text{ mol}$이다.

따라서 다음 식이 성립한다.

모든 에너지 단위가 동일하도록 kJ로의 환산 인자가 포함되어 있다.

$$-1{,}560\text{ kJ} = \Delta U + (0.5\text{ mol})\left(8.314\,\frac{\text{J}}{\text{mol}\cdot\text{K}}\right)(873\text{ K})\left(\frac{1\text{ kJ}}{1000\text{ J}}\right)$$

이것을 계산하면 다음과 같다.

$$-1{,}560\text{ kJ} = \Delta U + 3.63\text{ kJ}$$
$$\Delta U = -1{,}564\text{ kJ}$$

이 예제에서 ΔU와 ΔH는 아주 조금밖에 차이가 나지 않고 있는데, 이러한 사실은 총 에너지 변화 중에서 약간은 일로 쓰였고, 나머지는 열로 쓰였다는 것을 말해 준다.

2.11 변온 반응

일정한 압력하에서 일어나는 변화 과정(화학자들이 관심을 갖는 대부분의 변화 과정을 포함)에 대해서 그 과정의 ΔH를 쉽게 측정할 수 있는데, ΔH는 그 과정의 열 q와 같다. 그렇지만 그 과정이 일어나는 동안 온도가 달라질 수 있고, ΔU라든가 더 중요하게는 ΔH가 온도에 따라 변하게 될 것이라는 점을 예상할 수가 있다. 그러면 온도가 달라질 때의 ΔH에 대해서 어떻게 설명할 수 있을까?

엔탈피는 상태 함수이기 때문에 원하는 온도에서 그 반응에 대한 ΔH를 결정할 수 있는 편리한 경로를 선택할 수가 있다. 다시 말해서 헤스 법칙과 비슷한 생각을 함으로써 표에 수록되어 있는 자료에서 인용된 온도(보통 25.0°C)와 다른 온도에서 일어나는 과정에 대한 상태 함수의 변화 ΔH를 결정할 수가 있다. 이렇게 하려면 25.0°C에서의 ΔH 외에 생성물과 반응물에 대한 열용량도 알아야 한다. 열용량의 정보가 주어진다면 임의의 온도를 T라 할 때 원하는 ΔH_T는 다음과 같은 사항들을 종합해서 구할 수 있다.

1. 반응물을 기존의 자료가 명시한 온도(보통 298 K)까지 가져오는 데 필요한 열 q
2. 그 온도에서의 반응열 ΔH (표의 자료로부터 결정할 수 있음)
3. 생성물을 원하는 반응 온도로 되돌리는 데 필요한 열 q

위에서 말하는 세 가지 경우의 열 값들을 각각 ΔH_1, ΔH_2, ΔH_3로 표시하면 각 단계에 대한 식을 쓸 수가 있다. 단계 1은 $\Delta H_1 = q_p = m\cdot c\cdot\Delta T$라는 사실이 적용되는 온도 변화 과정이다. 이 식에서 사용된 열용량 c는 모든 반응물들의 열용량들을 결합시킨 것으로서 화학량론적으로 이루어져야 한다. 다시 말해서 하나의 반응물이 2 mol 있다면 열용량은 그 반응물의 열용량에 2를 곱하는 등의 일을 해야 한다. 여기서 ΔH_1이 발열 과정(열이 방출됨, 즉 음의 ΔH)을 나타낸 것인지, 아니면 흡열 과정(열을 흡수함,

즉 양의 ΔH)을 나타낸 것인지를 잘 알아 두어야 한다. 단계 2에 대해서는 ΔH_2가 단지 $\Delta_{반응}H°$에 해당되고, 단계 3의 경우, 반응물이 아니라 생성물을 명시된 온도에서 원하는 최종 온도로 가지고 오는 것(이때에도 다시 그 과정이 흡열 과정인지 아니면 발열 과정인지를 잘 알고 있어야 한다)을 제외하고 ΔH_3와 ΔH_1은 서로 비슷하다. 이 세 번째 단계에서는 **생성물**(product)의 열용량을 알아야 한다. 헤스 법칙과, 엔탈피는 상태 함수라는 사실이 요구하는 것처럼 전체의 열 ΔH_T는 이들 세 가지 엔탈피 변화를 모두 합친 것이다. 다음의 예제에서 알아보자.

예제 2.20

일정한 압력과 500 K에서 다음 반응에 대한 ΔH_{500}을 결정하라.

$$CO\ (g) + H_2O\ (g) \longrightarrow CO_2\ (g) + H_2\ (g)$$

필요한 자료는 다음과 같다.

물질	C_p	$\Delta_f H$ (298 K)
CO	29.12	−110.5
H_2O	33.58	−241.8
CO_2	37.11	−393.5
H_2	28.89	0.0

여기서 C_p의 단위는 J/mol·K이고 $\Delta_f H$의 단위는 kJ/mol이며 모두 몰량이다.

》풀이

우선 CO와 H_2O를 500 K에서 298 K가 되게 변화시켜야 하는데, ΔT는 −202 K이다. 각 반응물 1 mol에 대한 열(엔탈피 변화와 같음)은 다음과 같다.

$$\Delta H_1 = q$$
$$= (1\ \text{mol})\left(29.12\ \frac{\text{J}}{\text{mol·K}}\right)(-202\ \text{K}) + (1\ \text{mol})\left(33.58\ \frac{\text{J}}{\text{mol·K}}\right)(-202\ \text{K})$$
$$\Delta H_1 = -12{,}665\ \text{J} = -12.665\ \text{kJ}$$

일정한 압력으로 일어나는 과정이므로 $\Delta H = q$이고, 이는 $nC_p\Delta T$와 같다.

kJ로 환산한다.

두 번째 단계에 대해서는 298 K에서 반응물의 ΔH를 계산해야 한다. 생성물-빼기-반응물의 체계를 적용하면 다음과 같이 됨을 알 수 있다.

$$\Delta H_2 = [(-393.5 + 0) - (-110.5 + -241.8)]\ \text{kJ}$$
$$\Delta H_2 = -41.2\ \text{kJ}$$

끝으로 반응의 생성물을 500 K가 되게 하는데, 이 단계에 관련된 열 ΔH_3는 다음과 같다.

$$\Delta H_3 = q$$
$$= (1\ \text{mol})\left(37.11\ \frac{\text{J}}{\text{mol·K}}\right)(+202\ \text{K}) + (1\ \text{mol})\left(28.89\ \frac{\text{J}}{\text{mol·K}}\right)(+202\ \text{K})$$

이때의 ΔT는 +202 K이다.

$$\Delta H_3 = +13{,}332\ \text{J} = +13.332\ \text{kJ}$$

kJ로 환산한다.

예제 2.20 *(계속)*

결국 전체적인 반응열 $\Delta_{반응}H$는 이들 세 부분을 모두 합친 것인데, 다음과 같다.

$$\begin{aligned}\Delta_{반응}H &= \Delta H_1 + \Delta H_2 + \Delta H_3 \\ &= -12.665 + (-41.2) + 13.332 \text{ kJ} \\ \Delta_{반응}H &= -40.5 \text{ kJ}\end{aligned}$$

그림 2.14에서는 ΔH_{500}을 계산하는 데 사용한 과정도를 보여 주고 있다.

이 접근법은 ΔH가 상태 함수이기 때문에 취할 수 있다. 이때 열용량이 일정하다는 근사만을 한다.

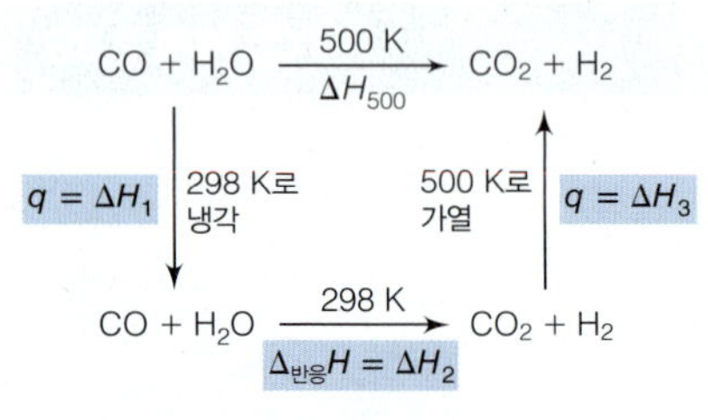

그림 2.14 표준 상태가 아닌 온도에서 $\Delta_{반응}H$를 어떻게 결정하는지를 설명하기 위한 그림. 총 엔탈피 변화는 세 단계에 대한 각 엔탈피 변화를 모두 합친 것이다.

앞 예제의 답은 $\Delta_{반응}H°$와 큰 차이는 없지만, 분명히 다르다. 이 예제에서는 열용량이 온도에 따라 변하지 않는다고 가정했기 때문에 답 또한 근사값에 불과하다. 이 값을 ΔH_{500}의 실험값 −39.84 kJ과 비교해 보면 비슷하다는 것을 알 수 있으므로, 앞에서의 계산 방법은 좋은 근사법이라고 생각된다. 더 정확하게 알아보려면 C_p가 일정하다고 가정해야 할 것이 아니라 C_p에 대한 식이 있어야 하고, 예제 2.10에서 설명했던 것처럼 ΔH_1과 ΔH_3의 단계에 대하여 각각 500 K와 298 K 사이에서 적분을 계산해야 한다. 그러나 개념상으로는 이렇게 하는 것이 앞의 예제에서 한 것과 전혀 다를 게 없다.

2.12 생화학 반응

생명체를 연구하는 생물학은 화학에 바탕을 두고 있다. 생물계는 매우 복잡하게 구성되어 있긴 하나, 그래도 생물계에서의 화학 반응은 열역학의 기본 개념을 충실하게 따른다. 이 절에서는 몇 가지 중요한 생화학 과정에 대하여 열역학적으로 취급하는 것을 간단히 알아보기로 한다.

예제 2.18에서 포도당의 산화 반응에 대하여 알아보았다.

$$C_6H_{12}O_6(s) + 6O_2(g) \longrightarrow 6CO_2(g) + 6H_2O(\ell)$$

이 반응에서 포도당 1 mol이 산화될 때 엔탈피 변화는 −2799 kJ이다. 첫 번째로 중요한 점은 포도당이 공기 중에서 연소되거나 아니면 우리 세포 속에서 신진대사 작용이 일어나거나 간에 아무런 문제될 것이 없다는 것이다. 즉, 어떤 경우에도 포도당 180.15 g (= 1 mol)이 산소와 반응할 때마다 2799 kJ의 에너지가 방출된다는 점이다. 두 번째 중요한 점은 이 정도의 에너지는 우리에게는 많은 에너지라는 것이다. 즉, 이 정도의 에너지를 가지고 80.0 kg(대략 일반 사람의 체중)의 물의 온도를 8°C 이상 충분히 올릴 수 있다! 포도당 1 mol의 부피가 대략 115 mL인 것으로 봐서 사람의 세포는 대단히 밀집된 형태의 에너지를 이용하고 있음을 알 수 있다.

광합성은 식물이 이산화 탄소와 물을 가지고 포도당을 만들어 내는 과정인데, 전체적인 반응은 다음과 같다.

$$6CO_2(g) + 6H_2O(\ell) \longrightarrow C_6H_{12}O_6(s) + 6O_2(g)$$

이 반응은 포도당의 산화/대사 반응에 대한 역반응이다. 헤스 법칙(Hess's law)에 의하면 이 반응의 엔탈피 변화는 원래의 과정(포도당의 산화 과정)에 대한 엔탈피 변화와 부호가 반대인 값을 갖게 되는데, 포도당 1 mol의 생성에 대하여 $\Delta_{반응}H = +2799$ kJ이다. 두 가지의 과정에 대해서 모두 각각의 단계는 복잡한 생화학 반응인데, 그 단계들을

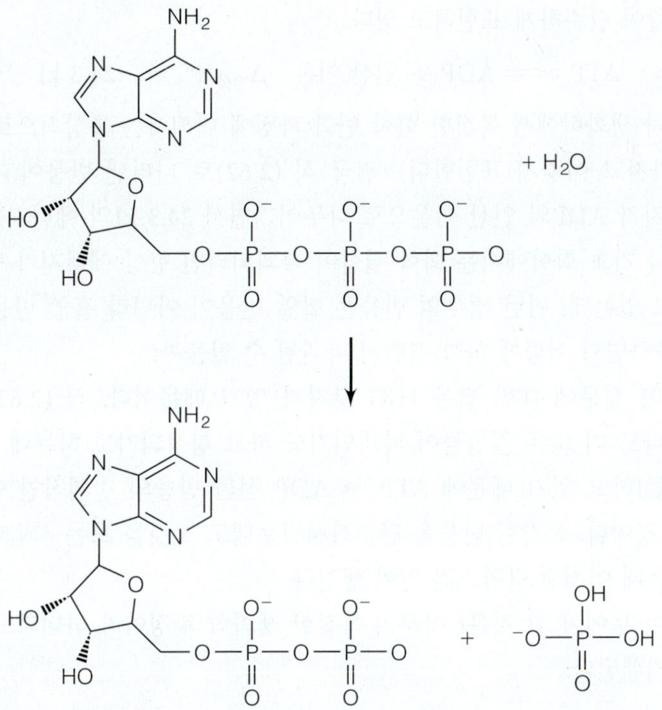

그림 2.15 삼인산 아데노신(adenosine triphosphate, ATP)이 가수분해해서 이인산 아데노신(adenosine diphosphate, ADP)과 무기 인산염을 만들어 내는 반응.

생략했고, 엔탈피 변화를 결정하는 데에는 단지 전체적인 반응만 있으면 된다.

한 가지 매우 중요한 생화학 반응은 삼인산 아데노신(adenosine triphosphate, ATP)이 이인산 아데노신(adenosine diphosphate, ADP)으로 바뀌거나 그 반대인 경우(그림 2.15)인데, 이 과정을 다음과 같이 종합적으로 나타낼 수 있다.

$$\text{ATP} + \text{H}_2\text{O} \rightleftharpoons \text{ADP} + \text{인산 이온} \tag{2.61}$$

여기서 '인산 이온'은 반응이 일어나는 주변 환경 조건에 따라 결정되는 여러 가지 무기 인산 이온($H_2PO_4^-$, HPO_4^{2-}, 또는 PO_4^{3-})들을 가리킨다. 이러한 전환 반응은 아세포 수준에서 일어나는 에너지 저장/소모 과정이다.

이런 반응은 세포 속에서만 일어나고 기체상에서는 일어나지 않으므로 반응 조건을 규정해 주기가 어렵다. **생화학적 표준 상태**(biochemical standard state)에서 꼭 필요한 것은 수용액이 pH = 7인 중성(다시 말해서 산성도 아니고 염기성도 아님)이라야 한다는 것이다.* 상태 함수에 프라임 기호 ′를 붙여서 그것이 생화학적 표준 상태에서의 반응임을 나타낸다. 식 (2.61)에서의 ATP → ADP 반응에 대하여 ATP 1 mol이 반응할 때마다 $\Delta_{\text{반응}}H°' = -24.3$ kJ이다.

이 정도의 엔탈피 변화는 큰 것이 아니지만 생화학적으로 중요한 다른 화학 반응에 연료를 공급할 수 있을 정도의 충분한 에너지이다. 이런 문제와 관련된 자세한 내용은 대부분의 생화학 책에서 다루어지고 있다.

그러나 이 절을 끝내기 전에 일러둘 것이 있다. 많은 생화학 책에서는 식 (2.61)의 반

---

*pH에 대하여 더 자세한 내용은 제8장에서 다루게 된다.

응을 다음과 같이 단순하게 표현하고 있다.

$$\text{ATP} \rightleftharpoons \text{ADP} + \text{인산 이온} \quad \Delta_{\text{반응}}H^{\circ\prime} = -24.3\ \text{kJ} \qquad \textbf{(2.62)}$$

(유기 화학이나 생화학에서 복잡한 화학 변화 과정에 대해서는 통상적으로 중요한 화학 물질종만을 가지고 이렇게 표현한다). 결국 식 (2.62)로 나타낸 반응이 제시하고 있는 것은 ATP 분자가 ADP와 인산 이온으로 나누어지면서 24.3 kJ의 에너지를 방출한다는 것이다. 그러나 기초 화학에서는 화학 결합이 파괴되려면 항상 에너지가 필요하다는 사실을 가르치고 있는데, 이런 경우의 반응은 발열 반응이 아니라 흡열 반응이어야 한다. 에너지를 방출하면서 어떻게 화학 결합이 파괴될 수 있을까?

당황스런 이 질문에 대한 답은 H_2O 분자가 있기 때문이다. 식 (2.62)가 암시해주고 있는 것보다도 더 많은 결합들이 파괴되기도 하고 형성되기도 하는데, 물을 포함[식 (2.61)에서처럼]하고 있기 때문에 ATP → ADP 전환 반응의 전체적인 엔탈피 변화는 음의 값이 된 것이다. 복잡한 반응을 단순화시켰는데도 그것을 보는 사람이 단순화시킨 사실을 무시할 때 이처럼 당황스런 일이 생긴다.

분명히 알아 두어야 할 것은? 아무리 복잡한 생화학 과정이라 하더라도 열역학적 개념에 의해서 지배된다.

2.13 요약

열역학 제1법칙은 **에너지**(energy)에 관심을 집중시킨다. 고립된 계의 총 에너지는 일정한 상태로 유지된다. 만일 닫힌계의 총 에너지가 달라진다면 그 에너지 자체가 일이나 열로만 바뀐 것이지 다른 어떤 현상으로 나타날 수는 없다. 내부 에너지 U만 가지고서는 언제나 계의 에너지를 가장 잘 나타낼 수가 없기 때문에 우리는 더 편리한 상태 함수인 엔탈피 H를 정의하고 있다. 또한, 많은 화학 변화 과정들이 압력이 일정하게 유지되는 조건에서 일어나기 때문에 내부 에너지보다도 엔탈피를 취급하는 것이 더 편리할 때가 많다.

계의 에너지 변화를 취급하는 데에는 여러 가지 수학적 방법이 있다. 이 장에서 취급했던 예들은 모두 열역학 제1법칙에 근거를 두고 있는데, 대부분의 경우는 일정한 압력이나 일정한 부피 또는 일정한 온도와 같은 특정 조건을 필요로 하고 있다. 계의 변화를 이렇게 제한해서 정의하는 것이 어쩌면 더 불편하게 여길지 모르겠지만, 그렇게 함으로써 계의 에너지 변화를 분명하게 계산해 낼 수가 있는데, 열역학의 중요한 목표가 바로 이런 것이다. 그렇지만 다음 장에서 곧 알게 되는 바와 같이 열역학의 중요한 목표를 달성하기 위해서는 이런 것만으로는 충분하지 않다.

열역학에서 구현해야 할 또 다른 일은 '우리가 취급하는 계에 아무런 노력(다시 말해서 일)을 기울이지 않고서도 계 자체에 의하여 무슨 변화 과정이 일어나려는 경향이 있을까?'라는 문제이다. 다시 말해서 어떠한 과정이 **자발적**(spontaneous)으로 일어날까? 열역학 제1법칙을 가지고서는 이와 같은 질문에 대하여 명백하게 대답할 수가 없다. 왜냐하면 열역학 제1법칙은 자발성에 대하여 아무런 설명을 해 주지 못하기 때문이다. 많은 탐구와 실험을 통하여 열역학의 관점은 에너지 외에도 다른 요소가 있음을 알게 되었다. 에너지 외의 또 다른 관점도 역시 중요한데, 그런 관점은 우리가 우주를 어떻게 보느냐 하는 데 있어서 중요한 역할을 한다는 것이 판명되었다.

주요 식

$w = -p_{외부}\Delta V$ (일정한 외부 압력에 대한 일)

$w = -nRT \ln \frac{V_f}{V_i} = -nRT \ln \frac{p_i}{p_f}$ (일정한 온도에서 가역적인 일)

$q = mc\Delta T$ (온도 변화에 따른 열)

$\Delta U = q + w$ (내부 에너지에서의 변화; 제1법칙의 한 가지 표현)

$\Delta U = q_V$ (일정한 부피에서 내부 에너지 변화)

$H = U + pV$ (엔탈피의 정의)

$\Delta H = q_p$ (일정한 압력에서 엔탈피 변화)

$\left(\frac{\partial U}{\partial T}\right)_V = C_V$ (일정한 부피에서 열용량)

$\Delta U = n\overline{C_V}\Delta T$ (일정한 부피에서 내부 에너지 변화)

$\left(\frac{\partial H}{\partial T}\right)_p = C_p$ (일정한 압력에서 열용량)

$\mu_{JT} = \left(\frac{\partial T}{\partial p}\right)_H$ (주울-톰슨 계수)

$\overline{C_p} = \overline{C_V} + R$ (C_p와 C_V와의 관계)

$\left(\frac{V_f}{V_i}\right)^{2/3} = \left(\frac{T_f}{T_i}\right), \left(\frac{p_f}{p_i}\right)^{2/5} = \left(\frac{T_f}{T_i}\right)$ (단원자 이상 기체에서 단열, 가역 변화에서의 관계)

$\Delta_{반응}H = \sum \Delta_f H(생성물) - \sum \Delta_f H(반응물)$ (화학 변화에서 생성 엔탈피로서의 엔탈피 변화)

$\Delta H = \Delta U + RT\Delta n$ (ΔH와 ΔU와의 관계)

연습 문제

2.2 일과 열

2.1. 어떤 사람이 30 N (N: 뉴턴)의 힘을 가하여 상자 하나를 **(a)** 힘이 작용하는 방향과 똑같은 방향으로, **(b)** 힘이 작용하는 방향과 45°의 방향으로 각각 30 m만큼 이동시켰을 때 행한 일을 각각 계산하라. 두 경우의 상대적인 일의 차이는 얼마인가?

2.2. 계가 행한 일의 양 $p\Delta V$는 왜 양이 아니고 **음**으로 정의되는지를 설명하라.

2.3. 피스톤이 2.33 atm의 일정한 외부 압력에 대항하여 부피가 50.00 mL에서 450.00 mL까지 가역적으로 움직여 갈 때의 일을 J 단위로 계산하라.

2.4. 피스톤이 1780 torr의 압력으로 3.55 L에서 1.00 L로 압축될 때 계에 행하여진 일을 구하라.

2.5. 풍선이 표준 대기압에 대항하여 5 mL에서 3.350 L로 팽창하는 데 필요한 일이 몇 J인지를 계산하라(입으로 풍선을 불고 있다면 폐가 그 일을 하는 것이다).

2.6. 연습 문제 2.5의 상황이 **(a)** 에베레스트 산 정상에서, **(b)** 죽음의 계곡 바닥에서, **(c)** 우주 공간에서 일어날 때 각 경우의 다른 외부 압력에 대항하여 행하여진 일이 연습 문제 2.5에서의 일보다 더 큰가 아니면 더 작은가?

2.7. 35.0°C에서 0.033 mol의 기체가 0.77 L에서 2.00 L로 **(a)** 외부 압력 0.455 atm에 대하여, **(b)** 가역적으로 팽창하였을 때 각각 행한 일을 구하라.

2.8. 탄산음료 병이 4.4°C일 때, CO_2 기체가 4.2 atm으로 머리 부분에 25.0 mL 있다. 병을 천천히 열어 초가 압력이 줄어들었을 때, 대기압이 1.0 atm이라면, 빠져나간 CO_2 기체가 한일은 얼마인가? 온도는 일정하게 유지되었다고 가정한다.

2.9. 에테인(C_2H_6) 1.00 mol이 377 K에서 1.00 L에서 15.00 L로 팽창할 때 이 기체가 가역적으로 한 일은 얼마인가? 반데르발스 기체로 가정한다.

2.10. 어떤 물질 50.5 g의 온도를 298 K에서 330 K로 상승시키는 데 288 J의 에너지가 소요되었을 경우 이 물질의 비열을 계산하라. 이때 비열의 단위는 무엇인가?

2.11. 79.8 g의 H_2 기체 시료에 3930 J의 에너지가 가해졌다. 온도 변화는 얼마이겠는가?

2.12. 열용량이 온도에 따라 변한다면, 식 (2.9)의 더 좋은 표현은

$$q = \int_{T_i}^{T_f} n\overline{C(T)}dT$$

이다. 50.0 g의 백린 시료를 가열하여 298 K에서 350 K로 온도를 변화시켰다. 몰열용량 $\overline{C(T)} = [56.99 + 0.1202\ T/K]$ J/mol·K이라면, 얼마나 열이 필요하였는가?

2.13. 액체 상태의 플루오린화 수소, 액체 상태의 물 및 액체 상태의 암모니아 등은 모두 크기가 작은 분자들인데도 이들의 비열은 비교적 크다. 왜 그런지에 대하여 분석하라.

2.14. 5 mm 직경의 우박이 10.0 m/s의 종속을 가졌다. 질량이 6.0×10^{-5} kg이고 모든 운동에너지가 열로 전환되었다면, 우박이 땅에 부딪혀 멈췄을 때 우박의 온도 변화를 계산하라. 얼음의 열용량은 2.06 J/g·K이다.

2.15. 100.0°C로 가열된 7.50 g의 철(Fe) 조각이 온도가 22.0°C인 25.0 g의 물속으로 떨어졌다. 철 조각이 잃은 열은 물이 흡수한 열과 같다고 가정하고, 물에 잠긴 철로 이루어진 계의 최종 온도를 결정하라. 물과 철의 열용량은 각각 4.18 J/g·K와 0.452 J/g·K이다.

2.16. 그림 2.6에 나타낸 주울의 실험 장치에서 물의 질량은 100. kg (약 100 L)이고 추의 질량은 20.0 kg이며 추가 떨어진 높이가 2.00 m라고 가정했을 때, 물의 온도를 1.00°C 만큼 상승시키려면 추를 몇 번이나 떨어뜨려야 할지를 계산하라. 중력 가속도는 9.81 m/s^2이다. (*힌트* : 예제 2.5 참조)

2.17. 식 (2.8)을 증명하라.

2.18. 이상 기체의 자유팽창에 의한 일은 0이고 실제 기체의 경우 0이 아니다. 옳은가 그른가? 그 이유를 설명하라.

2.3 내부 에너지, 열역학 제1법칙

2.19. 열린계, 닫힌계 및 고립계 사이의 차이점은 무엇인가? 각각에 대하여 예를 들어라.

2.20. '에너지는 창조될 수도 없고 소멸될 수도 없다'고 말하는 것은 가끔 열역학 제1법칙과 같은 뜻으로 사용된다. 그러나 그렇게 말하면 정확하지 못한 점이 있다. 좀 더 정확하도록 다시 기술하라.

2.21. 식 (2.10)은 왜 식 (2.11)과 모순되지 않는다고 생각하는지를 설명하라.

2.22. 기체가 1550 torr의 압력하에서 부피가 377 mL에서 119 mL로 수축하는 동시에 124.0 J의 열 에너지를 제거함으로써 냉각되고 있을 때, 그 기체의 내부 에너지 변화는 얼마인가?

2.23. 온도가 95.0°C일 때 0.245 mol의 이상 기체가 1.000 L에서 1.00 mL로 등온, 가역 압축될 경우에 대한 일을 계산하라.

2.24. 이상 기체 1.000 mol이 298.0 K에서 1.0 L로부터 10 L까지 가역적으로 팽창할 때 행한 일의 양을 계산하라. 또한, 그 기체가 같은 온도에서 1.00 atm의 일정한 외부 압력에 대항하여 같은 부피만큼 비가역적으로 팽창할 때 행한 일의 양을 계산하라. 다음에는 이들 두 값을 비교하고 설명하라.

2.25. 35.0°C에서 0.033 mol의 기체를 가진 피스톤이 0.77 L에서 2.00 L로 팽창하며, 동시에 155 J의 열을 흡수하였다. 팽창이 **(a)** 0.455 atm의 외부 압력에 대하여 **(b)** 가역적으로 이루어졌을 때 ΔU를 계산하라.

2.26. 기체로 이루어진 계가 단열적이면서 등온적으로 변화한다고 가정하자. 그런 변화에 대해서 내부 에너지 변화는 어떻다고 생각하는가?

2.4 & 2.5 상태 함수, 엔탈피

2.27. 다음 기술된 과정 중 상태 함수가 열, q와 같은 것은 어떤 것인가?

a. 열을 분석하기 위하여 시료를 태우는 단단하고 무거운 금속으로 이루어진 통 열량계에서 시료를 연소.
b. 컵 안에 있는 얼음 조각의 녹음.
c. 냉장고 안에서 냉각.
d. 벽난로 안의 불.

2.28. 샌프란시스코의 도심과 오클랜드의 도심 사이의 거리는 9 마일이다. 그런데 두 지점 사이를 자동차로 갈 경우에 달린 거리는 12.3 마일이다. 이들 두 거리 중에서 어느 것이 상태 함수에 유사할까? 왜 그런가?

2.29. 온도는 상태 함수인가? 답을 변호해 보라.

2.30. 피스톤이 3.88 mol의 이상 기체를 가역적이면서 단열적으로 원래 부피의 1/10로 수축시킨 다음 다시 원래의 상태로 팽창시킨다. 이 일을 5번 반복한다. 기체의 초기 온도와 최종 온도가 모두 27.5°C라면 전체 과정에 대한 **(a)** 총 일과 **(b)** 총 내부 에너지 변화 ΔU를 각각 계산하라.

2.31. H_2 기체 1.00 mol이 1.00 atm, 10.0 L, 295 K에서 0.793 atm, 15.0 L, 350 K로 변할 때 ΔU를 계산하라.

2.32. 많은 압축 기체들은 보통 크고도 무거운 금속 실린더 속에 보관하는데, 실린더는 너무 무겁기 때문에 이동시키려면 특수 카트가 있어야 한다. 172 atm으로 압축된 80.0 L의 액체 질소 탱크가 햇빛에 방치되어서 20.0°C의 실온에서 140.0°C로 가열되었다. **(a)** 탱크 내부의 최종 압력과 **(b)** 이 과정에서의 일, 열 및 ΔU를 각각 결정하라. 질소를 이상 기체로 취급하고, 이원자 분자인 질소의 몰열용량은 21.0 J/mol·K라고 가정한다.

2.33. 변화 과정의 처음 상태가 최종 상태와 다를 경우 어떤 조건하에서 ΔU가 정확하게 0이 될까?

2.34. 기체 0.505 mol로 채워진 풍선이 5.0°C의 일정한 온도에서 부피가 1.0 L에서 0.10 L로 가역적으로 수축되면서 2690 J의 열을 방출한다. 이 과정에 대한 w, q, ΔU 및 ΔH를 각각 계산하라.

2.35. 110°C에서 7.23 g의 수증기를 가진 피스톤이 온도가 35°C만큼 증가함과 동시에 0.985 atm의 일정 압력에 대항하여 부피가 2.00 L에서 8.00 L로 팽창하였을 때, 이 과정에 대한 w, q, ΔU 및 ΔH를 계산하라.

2.36. 액체 상태의 물 1 g이 정상 끓는점인 100°C에서 증기로 기화할 때 2260 J의 에너지를 흡수한다. 이 과정에 대한 ΔH는 얼마인가? 수증기가 0.988 atm의 압력에 대항하여 팽창할 경우에 일은 얼마인가? 이 과정에 대한 ΔU는 얼마인가?

2.37. ΔH가 음인 과정은 모두 발열 과정이다. 옳은지 그른지 설명하라.

2.6 상태 함수의 변화

2.38. 압력과 부피의 변화에 의하여 내부 에너지가 아주 작게 변해했다면 내부 에너지의 미분 dU에 관한 식은 어떻게 나타낼 수 있을까? 변수가 동일하다고 가정하고 dH에 관해서도 비슷한 식을 써라.

2.39. 보통의 냉장고에는 대략 480 L의 공기가 들어 있다. 공기를 $\overline{C_V}$ = 12.47 J/mol·K인 이상 기체로 가정하고 공기가 실온(22°C)에서 냉장 온도(4°C)로 냉각될 때 U의 변화는 얼마인가? 초기 압력은 1.00 atm이라고 가정한다.

2.40. 일정 부피 열량계 안에서, 35.0 g의 H_2 기체가 75.3°C에서 25.0°C로 식었다. 이 과정에 대한 w, q, ΔU 및 ΔH를 계산하라.

2.41. 기체 시료 2.50 mol이 10.0 atm의 일정한 외부 압력에서 20.0 L에서 5.00 L로 등온 압축되었다. 이 과정에 대한 w, q, ΔU 및 ΔH를 계산하라.

2.42. 커피 244 g이 80.0°C에서 20.0°C로 열려진 플라스틱 컵 안에서 식었다. 액체 물의 질량과 열용량의 손실이 없다면, 이 과정에 대한 w, q, ΔU 및 ΔH를 계산하라. 각 온도에서 물의 밀도는 각각 $d(H_2O, 80.0°C) = 0.9718$ g/cm^{3}이고 $d(H_2O, 20.0°C) = 0.9982$ g/cm^{3}이다.

2.43. 예제 2.10의 b에 주어진 C_V에 관한 식에서 각 항의 단위는 무엇인가?

2.44. 식 (2.27)과 엔탈피에 대한 원래의 정의를 출발점으로 해서 $\overline{C}_p = \overline{C}_V + R$이라는 관계를 유도하라.

2.45. 이상 기체에 대해서 $(\partial H/\partial p)_T$도 역시 0이라는 사실을 유도하라.

2.46. 등압, 등부피, 등엔탈피 및 등온이란 용어를 정의하라. 기체로 이루어진 계는 등압 변화, 등부피 변화 및 등온 변화가 모두 동시에 일어날 수 있는가? 그 이유를 설명하라.

2.7 주울-톰슨 계수

2.47. 주울-톰슨 계수와 관련된 순환 규칙을 시작으로 식 (2.35)를 유도하라.

2.48. 이상 기체 법칙은 이상 기체에 대한 상태 방정식이다. 이상 기체 법칙을 이용해서는 왜 $(\partial T/\partial p)_H$를 결정할 수 없는가?

2.49. 반데르발스 상태 방정식이 잘 적용되는 기체의 반전 온도는 근사적으로 $2a/Rb$라고 할 수 있다. 표 1.6을 이용하여 He과 H_2의 반전 온도를 계산하고, 그것들을 He과 H_2의 실제 반전 온도인 40 K 및 202 K와 각각 비교해 보라. 이들 두 기체의 액화와 관련하여 반전 온도의 의미는 무엇인가?

2.50. 압력이 200.00 atm이고 온도가 19.0°C인 기체 1 mol이 다공성 마개를 통하여 0.95 atm의 최종 압력이 되도록 빠져 나갈 때, 그 기체의 최종 온도를 계산하라. 이 기체의 μ_{JT}는 0.150 K/atm이다.

2.51. 연습 문제 2.50에 관하여 계산한 답이 어느 정도 정확하다고 생각하는가? 그리고 그 이유는 무엇인가?

2.52. 표 2.2에 있는 데이터를 사용하여 0°C와 1 atm에서 Ar의 $(\partial H/\partial p)_T$를 결정하라.

2.53. 표 2.2에 있는 데이터를 사용하여 50°C와 20 atm에서 N_2의 $(\partial p/\partial H)_T$를 결정하라. 필요하다면 적절한 가정을 하라.

2.54. 어떤 사람은 주울-톰슨 계수를 다음과 같이 정의할 수도 있다고 제안한다.

$$\mu_{JT} = -\frac{\left(\frac{\partial U}{\partial p}\right)_T}{C_V}$$

이렇게 정의하는 것이 옳은가? 그 이유는 무엇인가?

2.8 열용량

2.55. 식 (2.37)을 $\overline{C}_V$와 $\overline{C}_p$ 항으로 나타내지 않고 C_V와 C_p 항으로 나타내는 이유가 무엇인가?

2.56. 단원자 이상 기체의 열용량 $\overline{C}_V$와 $\overline{C}_p$의 단위가 cal/mol·K 및 L·atm/mol·K일 때의 값은 각각 얼마인가?

2.57. 일정한 압력이 유지될 수 있는 열량계(다시 말해서 계의 부피가 변할 때 팽창되거나 수축되는 열량계) 속에서 0.145 mol의 이상 기체가 5.00 L에서 3.92 L로 천천히 수축된다. 이 기체의 처음 온도가 0.0°C일 경우에 이러한 변화 과정에 대한 ΔU와 w를 계산하라.

2.58. 초기 온도가 235°C에서 단열적으로 75 J의 일을 행한 단원자 이상 기체 0.122 mol의 최종 온도는 얼마인가?

2.59. 앞의 단계에서부터 식 (2.44)를 유도하라.

2.60. 단원자 이상 기체에 대하여 $\gamma = 5/3$임을 증명하라.

2.61. 이원자 이상 기체의 γ는 얼마인가?

2.62. 변수 γ는 분자 진동의 기여분이 변하기 때문에 분자 기체의 온도가 변하면 따라 변한다. **(a)** $CO_2(g)$와 **(b)** $H_2O(g)$에 대하여 낮은 온도와 높은 온도 극한에서 γ를 각각 결정하라.

2.63. H_2 시료 1.00 mol이 일정 부피에서 22 K에서 40 K로 조심스럽게 덥혀졌다. **(a)** 수소의 예상되는 열용량은 얼마인가? **(b)** 이 과정에서 q는 얼마인가?

2.64. 단원자 이상 기체 시료가 가역 단열적으로 부피가 두 배 되었다. 절대 온도는 몇 % 정도 변하였겠는가?

2.65. 이원자 이상 기체 시료가 가역 단열적으로 초기 압력의 두 배가 되게 압축되었다. **(a)** 낮은 온도 극한과 **(b)** 높은 온도 극한에서 절대 온도는 몇 % 정도 변하였는가?

2.66. 지구 주위의 궤도에 있는 기상 측정용 풍선에 매달린 짐을 떨어뜨리고 나서 그 풍선은 처음보다 더 높이 올라간다. 풍선 내부의 처음 압력은 0.0033 atm이고, 압력이 0.00074 atm인 높이까지 풍선이 다시 올라갔다면 절대 온도는 얼마나 달라질까? 풍선 속에는 헬륨으로 채워져 있는데, 헬륨을 이상 기체로 취급할 수가 있고, 이때의 변화는 단열 과정이라고 가정한다.

2.67. 예제 2.14에 나타낸 일반적인 식을 유도하라. 식 (2.47)에서 출발하고 결합 기체 법칙을 이용하라.

2.68. 예제 2.13과 2.14의 답을 비교하라. 분자가 더 복잡해지고 진동 에너지가 기체의 열에너지와 열용량에 더욱 심각한 영향을 줄 때 최종 온도의 경향은 어떠한가?

2.69. 자동차 타이어에 공기를 넣을 때 단열적이고 가역적이라고 가정한다면, 타이어의 압력을 14.7 psi에서 46.7 psi로 올릴 때, 초기 온도가 22°C였다면 새로운 온도는 얼마일까? 이때 $\gamma = 7/5$이다.

2.70. 기체에서 음속은 γ 값과 연관되어 있다.

$$\text{속도} = \sqrt{\frac{\gamma RT}{M}}$$

여기서 M은 기체의 몰질량이다. **(a)** 기체에서 음속을 측정하여 기체가 CO인지 N_2인지를 말할 수 있는가? **(b)** 100 K와 500 K에서 CO_2 내에서의 음속을 계산하라. 이때 낮은 온도의 γ 값과 높은 온도의 γ 값을 각각 사용하라.

2.9 & 2.10 상변화와 화학 변화

2.71. 표준 압력에서 정확하게 1 g의 얼음이 녹아서 1 g의 물로 변하는 과정에서 부피 변화를 고려하여 ΔH와 ΔU를 계산하라. 0°C에서 얼음의 밀도는 0.9168 g/mL이고, 물의 밀도는 0.99984 g/mL이다.

2.72. 표준 압력에서 0°C의 물 1 mol이 얼어서 같은 온도의 얼음이 될 때 행한 일은 얼마인가? 앞의 문제에 제시된 밀도를 사용하라.

2.73. 증기와 물이 같은 온도로 유지되고 있을지라도 물에 화상을 입은 것보다 증기에 화상을 입은 것이 훨씬 더 심하다. 왜 그럴까? (*힌트*: 물의 기화열을 생각해 보라.)

2.74. 100°C의 수증기 1 g을 응축시킬 때 방출되는 열을 가지고 0°C의 얼음 몇 g을 녹일 수 있을까?

2.75. 다음과 같은 화학 반응에 대한 엔탈피 변화를 설명할 수 있도록 그림 2.11과 같은 도표를 그려라.

$$C\,(s) + 2H_2\,(g) \rightarrow CH_4\,(g)$$

이 화학 반응에서는 74.8 kJ/mol의 열을 방출한다.

2.76. 다음 반응에 대한 $\Delta_{\text{반응}}H(25°C)$를 결정하라.

$$H_2\,(g) + I_2\,(s) \rightarrow 2HI\,(g)$$

2.77. 다음 반응에 대한 $\Delta_{반응}H$(25°C)를 결정하라.

$$NO\ (g) + ½O_2\ (g) \rightarrow NO_2\ (g)$$

이 반응은 스모그를 형성하는 중요한 한 가지 반응이다.

2.78. 버크민스터플러렌(C_{60})의 연소 엔탈피는 −26,367 kJ/mol이다.

$$C_{60}(s) + 60O_2(g) \rightarrow 60CO_2(g)$$

C_{60}의 $\Delta_f H$를 결정하라.

2.79. 다이아몬드의 연소 엔탈피는 −395.4 kJ/mol이다.

$$C(s, 다이아몬드) + O_2(g) \rightarrow CO_2(g)$$

C(s, 다이아몬드)의 $\Delta_f H$를 결정하라.

2.80. 헤스 법칙을 이용하여 최종적으로 다음과 같은 반응이 되도록 각 성분의 생성 반응을 모두 써라. 그리고 다음 반응에 대한 $\Delta_{반응}H$ (25°C)를 계산하라.

$$2NaHCO_3\ (s) \rightarrow Na_2CO_3\ (s) + CO_2\ (g) + H_2O\ (l)$$

[이 반응은 부엌에서 베이킹 소다(중조)를 이용하여 불을 끌 때 일어나는 반응이다.]

2.81. 승화는 액체상을 거치지 않고 고체에서 기체로 가는 상변화이다. (드라이아이스로 불리는 고체 CO_2는 승화 물질의 한 예이다.) 헤스 법칙을 이용하여 $\Delta_{승화}H$가 $\Delta_{용융}H + \Delta_{기화}H$와 같은지를 보여라.

2.82. 테르밋 반응(thermite reaction)은 알루미늄 가루와 산화 철을 섞어서 그 혼합물을 높은 온도로 가열하여 산화 알루미늄과 철을 생성해 내는 반응이다. 이때는 생성된 철이 녹을 정도로 대단히 많은 양의 에너지가 방출된다. 테르밋 반응에 대한 균형 화학 반응식을 쓰고, 이 반응의 ΔH (25°C)를 결정하라.

2.83. 벤조산(C_6H_5COOH)은 부피가 일정하게 유지되는 통열량계에서 흔히 사용되는 기준 물질이다. 24.6°C의 일정한 온도에서 산소가 충분하게 있을 때 1.20 g의 벤조산을 연소 시키면 31,723 J의 에너지를 방출해 낸다. 이 반응에 대한 q, w, ΔH 및 ΔU를 계산하라.

2.84. 벤조산(C_6H_5COOH) 1.20 g을 공기 중에 노출되어 있는 도자기 접시에서 연소시킨다. 이때 31,723 J의 에너지가 방출되고 주위의 온도가 24.6°C일 경우 q, w, ΔH 및 ΔU를 계산하라. 여기서 계산한 답을 바로 앞의 연습 문제에서 계산한 답과 비교해 보라.

2.85. 천연가스는 대부분 CH_4이다. 천연가스가 연소할 때 화학 반응은 다음과 같다.

$$CH_4\ (g) + 2O_2\ (g) \longrightarrow CO_2\ (g) + 2H_2O\ (g)$$

CH_4 기체 1 mol의 연소열 ΔH는 25.0°C에서 −890.0 kJ이다. 외부 압력이 1.07 atm일 때 q, w 및 ΔU를 계산하라.

2.11 온도가 변하는 경우

2.86. 생성물과 반응물에 대한 열용량이 모두 상수라고 가정할 때 다음 반응에 대한 ΔH (500°C)를 결정하라. (*힌트*: 물에 대해서는 어떤 데이터를 사용할지 유의하라.)

$$2H_2\ (g) + O_2\ (g) \rightarrow 2H_2O\ (g)$$

2.87. 테르밋 반응의 생성물과 반응물에 대한 열용량 및 그 반응에서 계산된 ΔH를 이용하여 반응 온도를 결정하라. 반응에서 발생된 열은 모두 계의 온도를 상승시키는 데에만 쓰인다고 가정한다.

기호수학 문제

2.88. 질소 기체에 대한 몰열용량 값은 다음과 같다.

온도 (K)	$\overline{C_V}$(J/mol·K)
300	20.8
400	20.9
500	21.2
600	21.8
700	22.4
800	23.1
900	23.7
1000	24.3
1100	24.9

일반식 $\overline{C_V} = A + BT + C/T^2$를 사용해서 주어진 데이터를 맞추었을 때(fitting) A, B 및 C의 값을 구하라.

2.89. N_2 기체 1 mol이 일정한 부피를 유지하면서 온도가 300 K에서 1100 K로 상승하는 경우 ΔU는 얼마인가? 이 문제를 푸는 데 있어서는 연습 문제 2.88에서 결정한 $\overline{C_V}$ 식을 이용하여 ΔU를 수치상으로 계산하라.

2.90. 가역적이면서 단열적으로 부피가 변하고 있는 기체를 생각해 보자. 그런 변화는 등온적이지 않지만 식 (2.49)를 여기에도 적용시킬 수가 있다. 초기 압력이 1.00 bar일 때 부피가 증가함에 따른이상 기체 1 mol의 최종 압력의 그래프를 그려라. 압력이 달라지는 모습을 도표로 나타내라. 또한, 동일한 초기 조건에서 온도가 일정한 상태를 유지하면서 부피가 증가함에 따른 최종 압력의 그래프를 그려라(즉, 보일 법칙을 따름). 이들 두 가지 그래프를 비교할 때 어떠한가?

2.91. 1 mol 기체에 대한 디에테리치(Dieterici) 상태 방정식은 다음과 같다.

$$p = RT\frac{e^{-a/VRT}}{\overline{V} - b}$$

여기서 a와 b는 실험적으로 결정되는 상수이다. $NH_3(g)$에 대하여, a = 10.91 atm·L^{2}이고 b = 0.0401 L이다. 1.00 mol의 $NH_3(g)$의 부피가 273 K에서 22.4 L에서 50.0 L로 팽창할 때 압력을 그래프로 나타내고, 그 곡선 아래의 면적을 측정하여 기체가 한 일을 수치적으로 결정하라.

2.92. H_2 기체는 $1.295 \times 10^{14}\ s^{-1}$의 단일 진동 주파수로 진동을 한다. 열용량에 대한 진동 기여분, C_V(진동)을 온도 0에서 2000 K에 대하여 그래프로 나타내라.

2.93. 메테인으로부터 n-옥테인에 이르는 연소 반응 엔탈피를 찾아라. 분자 내의 탄소 수에 대하여 그들 값을 그래프로 나타내고, 주어진 각 탄화수소의 연소 엔탈피 ΔH를 구하는 식을 결정하라. 그리고 그 식을 이용하여 n-$C_{12}H_{26}$의 연소 엔탈피를 예측하고 실험값과 비교하라.

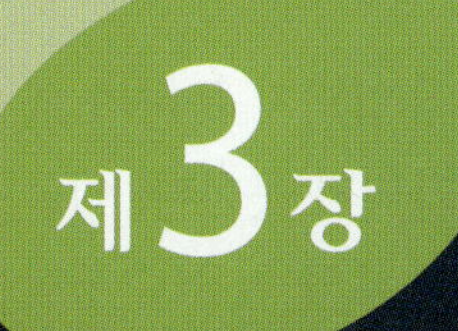

제 3 장

열역학 제2법칙과 제3법칙

The Second and Third Laws of Thermodynamics

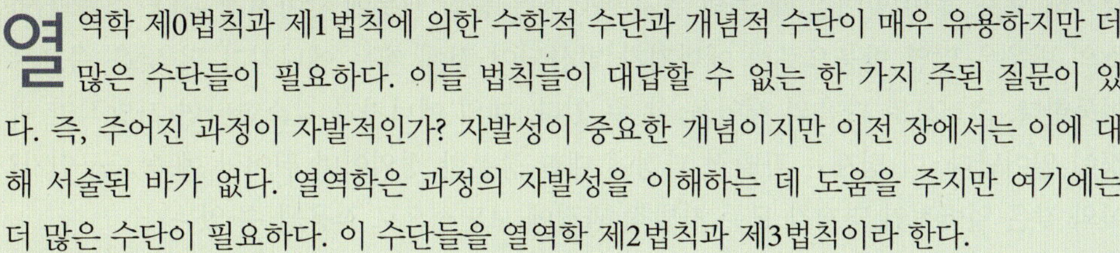

열역학 제0법칙과 제1법칙에 의한 수학적 수단과 개념적 수단이 매우 유용하지만 더 많은 수단들이 필요하다. 이들 법칙들이 대답할 수 없는 한 가지 주된 질문이 있다. 즉, 주어진 과정이 자발적인가? 자발성이 중요한 개념이지만 이전 장에서는 이에 대해 서술된 바가 없다. 열역학은 과정의 자발성을 이해하는 데 도움을 주지만 여기에는 더 많은 수단이 필요하다. 이 수단들을 열역학 제2법칙과 제3법칙이라 한다.

3.1 개요

열역학 제1법칙이 유용함에도 불구하고 어떤 질문에 대해 답하기에는 충분하지 않다는 것을 알 수 있을 것이다. 첫 번째로 열역학 제1법칙이 설명할 수 없는 몇몇 질문을 생각해 볼 것이다. 이후 효율을 소개하고 열을 일로 전환하는 장치인 기관에 이를 어떻게 적용할 것인지를 알아볼 것이다. 열역학 제2법칙은 효율로써 표현될 수 있어 이 시점에서 열역학 제2법칙을 소개할 것이다.

기관을 다루는 데 있어 엔트로피라고 하는 새로운 상태 함수를 제시할 것이다. 초기 엔트로피의 정의를 사용하는 것으로 시작해서 다양한 과정에 대한 엔트로피 변화를 계산할 수 있도록 하는 몇몇 방정식을 유도할 것이다. 엔트로피를 정의하는 또 다른 방법을 생각한 후에 열역학 제3법칙을 언급할 것인데 이 법칙은 엔트로피를 열역학에 있어서 고유한 상태 함수로 만든다. 마지막으로 화학 반응에 대한 엔트로피 변화를 생각해 볼 것이다.

이 장에서는 자발적 과정에서 우주(계와 주위)의 엔트로피는 증가하며 가역 과정에 대한 우주의 전체 엔트로피 변화는 0이라는 것을 설명한다. 이들 결론을 통해 열역학 제2법칙과 제3법칙을 도출한다.

3.2 열역학 제1법칙의 한계

화학적 또는 물리적 과정이 자발적으로 일어날 것인가? 만일 주위가 계에 대해 일을 수행할 필요가 없다면 계 내부에서 일어나는 과정은 **자발적**(spontaneous)이다. 예를 들어, 허리 정도의 높이에서 돌을 떨어트린다면 돌은 자발적으로 떨어지고 이때 중력에 의한 위치 에너지는 열로 전환된다. 헤어스프레이의 용기에 있는 플런저를 누르면 기체가 자발적으로 방출된다. 염소 기체로 가득 찬 용기에 금속 소듐이 놓여 있다면 자발적으로 화학 반응이 일어나 생성물로 염화 소듐이 만들어진다.

그러나 지면에 있는 돌이 자발적으로 허리 높이로 튀어 올라오지는 못한다. 낮은 압력에 있는 헤어스프레이가 높은 압력에 있는 용기 안으로 자발적으로 유입되지 못하며 염화 소듐이 자발적으로 반응하여 금속 소듐과 이원자 염소 기체가 변화되지 못한다. 이들은 **비자발적**(nonspontaneous) 변화의 예들이다. 이들 변화는 어떤 종류의 일을 수행함으로써 일어나게 할 수 있다. 예를 들어, 염화 소듐은 용융될 수 있고 거기에 전류를 흘려주게 되면 소듐과 염소가 생성되지만 그와 같은 경우에서는 강제로 비자발적인 변화가 일어나게 한 것이다. 이런 과정은 그것 자체만으로는 일어나지 못한다. 마지막 예로서 이상 기체의 등온 단열 자유 팽창을 생각해 보자. 이 과정은 자발적이지만 계 안에서 기체의 에너지 변화없이 일어난다.

어떤 과정이 자발적인지를 어떻게 예측할 수 있을까? 위에서 언급한 세 가지 경우를 생각해 보자. 돌이 떨어질 때 돌의 위치 에너지는 중력 때문에 낮아지게 된다. 소듐과 염소의 반응은 발열 반응으로서 에너지가 발산되어 전체 계는 에너지가 더 낮은 쪽으로 이동한다. 그러므로 다음의 제안을 할 수 있다. 계의 에너지가 감소한다면 자발적인 과정이 일어난다. 이 명제는 자발적 과정에 대한 충분한 정의이며 뛰어난 예측 도구인가? 이와 같은 일반적인 명제가 모든 자발적 과정에 보편적으로 적용될 수 있는가?

다음 과정을 생각해 보자.

$$\mathrm{NaCl\,(s)} \xrightarrow{\mathrm{H_2O}} \mathrm{Na^+(aq)} + \mathrm{Cl^-\,(aq)}$$

이 과정은 물에 염화 소듐이 용해되는 것이다. 이 과정의 엔탈피 변화는 **용해열**(heat of solution), $\Delta_{용해}H$의 한 예이다. 자발적으로 일어나는 특별한 과정(소듐 염은 가용성임)의 $\Delta_{용해}H(25°\mathrm{C})$ 값은 +3.88 kJ/mol이다. 이는 **흡열 과정**임에도 자발적으로 일어난다. 화학적으로 가능한 일반적인 화학 반응으로서 다음의 화학 반응을 생각해 보자.

$$\mathrm{Ba(OH)_2 \cdot 8H_2O\,(s)} + \mathrm{2NH_4SCN\,(s)} \longrightarrow \mathrm{Ba(SCN)_2\,(s)} + \mathrm{2NH_3\,(g)} + \mathrm{10H_2O\,(\ell)}$$

이 반응은 주위로부터 많은 양의 에너지를 흡수(즉, 매우 흡열적임)하게 되어 물을 얼게 할 수 있다. 계(즉, 화학 반응)는 에너지가 증가하나 그것 역시 자발적이다.

결론적으로 계의 에너지가 감소한다는 것 자체가 해당 계에서의 과정이 자발적인지의 여부를 예측하기에는 충분하지 않다고 할 수 있다. 모든 자발적 반응이 아닌 대부분의 자발적 변화에서는 에너지의 감소가 동반된다. 그러므로 변화 과정에 대한 에너지 감소는 해당 변화 과정의 자발성 여부를 결정하기에는 충분하지 않다.

불행히도 열역학 제1법칙은 **에너지의 변화**만을 다룬다. 그러나 에너지의 변화만을 고려하는 것은 계에서의 변화에 대한 자발성 여부를 결정하는 데 충분하지 않다는 것을 알았다. 그렇다면 열역학 제1법칙이 잘못되었다는 것인가? 아니다! 그것은 단지 열역학 제1법칙만으로는 이와 같은 특별 질문에 대해 답할 수 없다는 것을 뜻한다.

열역학은 과정들을 공부하는 데 있어서의 열역학 제1법칙과 함께 다른 수단들을 제공한다. 이들 수단을 고려함으로써 열역학의 적용 범위가 넓어지고 '이 과정이 자발적인가?'와 같은 질문에 궁극적인 답을 하게 된다. 이 장에서는 이와 같은 수단을 소개하고 전개할 것이며 다음 장에서는 그 질문에 대한 매우 명확한 답을 생각할 것이다.

3.3 카르노 순환과 효율

1824년에 프랑스 국방 기술자인 카르노(Nicolas Leonard Sadi Carnot, Sadi라는 이름

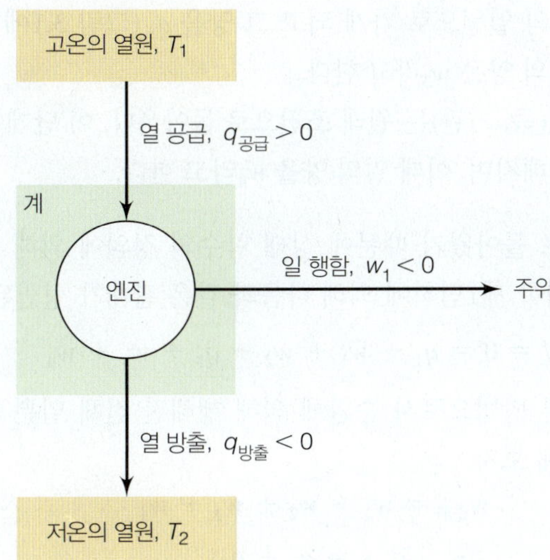

그림 3.1 카르노가 그의 순환과정에 대해 고안한 기관의 형태를 그린 개략도. 고온의 열원은 기관을 운전하기 위한 에너지를 공급하고 이때 에너지의 일부는 일을 만들어내고 나머지는 저온의 열원으로 방출된다. $q_{공급}$, w_1, $q_{방출}$은 **계**에 대하여 0보다 크거나 작다.

은 한 페르시아 시인의 이름을 빌려옴)는 열역학의 발전에 있어 포괄적이지만 매우 중요한 역할을 한 논문을 발표했다. 그 당시에는 이 논문이 무시되었고, 열역학 제1법칙이 아직 정립되지 않았으며 열 역시 '열소(caloric)'라고 여전히 생각되던 때였다. 1848년이 되어서야 비로소 켈빈 경은 과학계로 하여금 그가 한 일에 대하여 관심을 끌게 하였다. 이때는 카르노가 36세로 숨을 거둔지 16년이 지난 시점이었다. 그러나 그 논문은 불후의 개념인 카르노 순환에 대한 정의를 소개했던 것이다.

카르노는 증기기관(그 때까지 거의 1세기 동안 알려졌던)이 일을 수행할 수 있는 능력을 이해하는 데 관심이 있었다. 그는 증기기관의 **효율**(efficiency)과 과정에서의 **온도**(temperature) 사이에 어떤 관계가 있음을 거의 처음으로 알아 낸 사람이었다. 그림 3.1은 카르노의 이상적인 기관에 대한 개략도를 보여주고 있다. 카르노는 모든 엔진이 어떤 고온의 열원으로부터 $q_{공급}$의 열을 받음으로써 정의될 수 있음을 인식하였다. 기관은 열의 일부를 외부에 행하는 일 w로 바꾸고 나머지 에너지를 저온의 열원으로 버린다. 그러므로 기관은 저온의 열원으로 열 $q_{방출}$을 방출하게 된다. 모든 기관들이 정확히 이처럼 작동하는 것은 아니지만 일을 수행하는 모든 장치들은 이와 같은 방식으로 모델링할 수 있다.

카르노는 기관의 작동에 대한 단계를 정의하였다. 이들 단계를 종합적으로 카르노 순환이라 부르는데, 이는 열을 일로 전환하는 기관의 효율을 정의하는 데 사용된다. 기관 자체를 계로 정의하며 순환에 대한 개략도를 그림 3.2에 나타내었다. 카르로 순환의 단계는 다음과 같다.

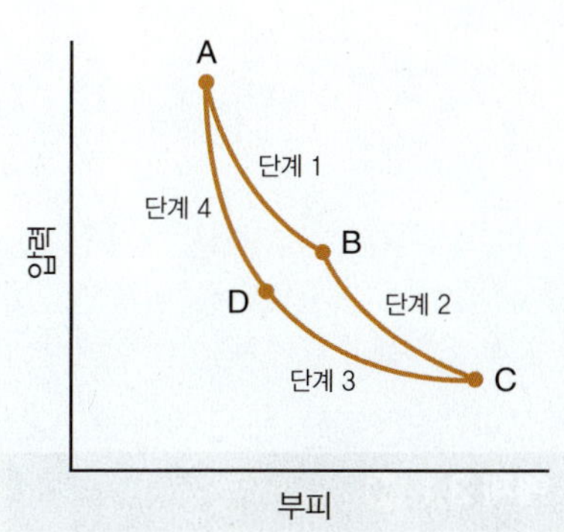

그림 3.2 기체 계에 행해진 카르노 순환에 대한 도표. 각각의 단계는 (1) 가역 등온 팽창, (2) 가역 단열 팽창, (3) 가역 등온 압축, (4) 가역 단열 압축이다. 계는 그것이 시작하는 동일 조건에서 종료되며 네 곡선으로 이루어진 모양의 안쪽 면적은 순환에 의해 행해진 $p-V$ 일을 나타낸다.

1. 가역 등온 팽창. 이 단계가 일어나기 위해서는 고온의 열원으로부터 열이 흡수되어야만 하는데, 이 열을 q_1 (그림 3.1에서는 $q_{공급}$), 계에 의해 수행된 일의 양을 w_1으로 정의한다.
2. 가역 단열 팽창. 이 단계에서 $q = 0$이지만 팽창으로 인하여 기관은 일을 행한다. 이때 일을 w_2로 정의한다.
3. 가역 등온 압축. 이 단계가 등온 조건이 되기 위해서는 계로부터 열이 나가야 한다.

이 열은 낮은 온도의 열원으로 가게 되고 그 양을 q_3 (그림 3.1에서는 $q_{방출}$)라고 한다. 이 단계에서 일의 양은 w_3라고 한다.

4. 가역 단열 압축. 계(즉, 기관)는 원래 조건으로 돌아온다. 이 단계에서 q는 다시 0이 되고, 계에 일이 행해지며, 이때 일의 양을 w_4라고 한다.

계가 원래의 조건으로 돌아왔기 때문에 상태 함수의 정의에 의해 전체 과정에 대해서 $\Delta U = 0$이 된다. 열역학 제1법칙에 의해 다음과 같은 관계가 성립된다.

$$\Delta U = 0 = q_1 + w_1 + w_2 + q_3 + w_3 + w_4 \tag{3.1}$$

이를 기술하기 위한 다른 방법으로서 순환에 의해 행해진 전체 일뿐 아니라 순환 전체에 걸친 열 흐름을 생각해 보자.

$$w_{순환} = w_1 + w_2 + w_3 + w_4 \tag{3.2}$$

$$q_{순환} = q_1 + q_3 \tag{3.3}$$

따라서

$$\begin{aligned} 0 &= q_{순환} + w_{순환} \\ q_{순환} &= -w_{순환} \end{aligned} \tag{3.4}$$

효율(efficiency) e는 고온 열원에서 오는 열에 대하여 순환에 의한 일의 비에 음의 부호를 붙여 정의한다.

$$e = -\frac{w_{순환}}{q_1} \tag{3.5}$$

따라서 효율은 기관으로 돌아온 열이 얼마나 많이 일로 전환되는지의 척도이다. 여기에서 음의 부호는 효율을 양의 값이 되게 해준다. 왜냐하면 계에 의해 행해진 일은 음의 값을 가지지만 계로 들어오는 열은 양의 값을 가지기 때문이다. 식 (3.4)의 $w_{순환}$을 식 (3.5)에 대입하면 음의 부호를 없앨 수 있다.

$$e = \frac{q_{순환}}{q_1} = \frac{q_1 + q_3}{q_1} = 1 + \frac{q_3}{q_1} \tag{3.6}$$

q_1이 계로 들어오는 열이므로 양의 값을 가진다. q_3는 계로부터 나가는 열(그림 3.1에서 저온의 열원으로 들어가는 열)이므로 음의 값을 가진다. 그러므로 분수 q_3/q_1은 음의 값을 가진다. 더욱이 기관을 떠나는 열이 기관으로 들어오는 열보다 클 수 없다고 주장될 수 있다. 그 이유는 에너지가 창조될 수 없다는 열역학 제1법칙에 위배되기 때문이다. 그러므로 $|q_3/q_1|$의 크기는 결코 1을 넘을 수 없으며 언제나 1보다 작든지, 어떠한 일도 하지 않았다면 1과 같을 것이다. 이들 명제를 종합하면 다음과 같은 결론을 얻을 수 있다.

기관의 효율은 언제나 0과 1 사이의 값을 가진다.

예제 3.1 ➡

a. 855 J의 열을 받고 225 J의 일을 하고 그 나머지 에너지는 열로서 방출하는 카르노 기관의 효율을 계산하라.

b. 그림 3.1과 같은 개략도를 그리되 여기 저기 적절한 방향으로 흐르는 정확한 양의 열과 일을 나타내라.

예제 3.1 *(계속)*

)) 풀이

a. 효율에 대한 정의를 이용하고 일과 열에 대한 적절한 부호를 인식하여 다음과 같이 계산할 수 있다.

$$e = -\frac{-225\ \mathrm{J}}{+855\ \mathrm{J}} = 0.263$$

$$e = 1 + \frac{-(855 - 255)\ \mathrm{J}}{855\ \mathrm{J}} = 1 + (-0.737) = 0.263$$

b. 개략도는 직접 그려 보라.

이상 기체를 가정할 경우 고온 열원과 저온 열원의 온도를 사용하여 효율을 달리 나타낼 수 있다. 등온 단계 1과 3에 대해서 $(\partial U/\partial V)_T = 0$이므로 내부 에너지의 변화는 0이다. 그러므로 단계 1과 3에 대해서는 $q = -w$이다. 이상 기체에 대한 일은 식 (2.7)을 사용하여 얻을 수 있다.

$$w = -nRT \ln \frac{V_\mathrm{f}}{V_\mathrm{i}}$$

가역 등온 과정에 대해서 단계 1과 3에 대한 열은 다음과 같다.

$$q_1 = -w_1 = nRT_{고온} \ln \frac{V_\mathrm{B}}{V_\mathrm{A}} \tag{3.7}$$

$$q_3 = -w_3 = nRT_{저온} \ln \frac{V_\mathrm{D}}{V_\mathrm{C}} \tag{3.8}$$

부피에 붙은 아래 첨자 A, B, C, D는 그림 3.2에서 보듯이 각각의 단계에 대한 초기와 최종 지점을 나타낸다. $T_{고온}$과 $T_{저온}$은 고온 및 저온 열원의 온도를 나타낸다. 단열 단계 2와 4에 대해서는 식 (2.47)을 사용하면 아래의 식을 얻을 수 있다.

$$\left(\frac{V_\mathrm{B}}{V_\mathrm{C}}\right)^{2/3} = \frac{T_{저온}}{T_{고온}}$$

$$\left(\frac{V_\mathrm{A}}{V_\mathrm{D}}\right)^{2/3} = \frac{T_{저온}}{T_{고온}}$$

위 두 식에서 부피에 대한 표현이 모두 $T_{저온}/T_{고온}$으로 서로 같으므로 아래의 식이 성립한다.

$$\left(\frac{V_\mathrm{A}}{V_\mathrm{D}}\right)^{2/3} = \left(\frac{V_\mathrm{B}}{V_\mathrm{C}}\right)^{2/3}$$

위 식의 양변에 3/2제곱을 해준 후 이를 정리하면 다음이 된다.

$$\left(\frac{V_\mathrm{A}}{V_\mathrm{B}}\right) = \left(\frac{V_\mathrm{D}}{V_\mathrm{C}}\right)$$

이 식을 식 (3.8)의 $V_\mathrm{D}/V_\mathrm{C}$에 대입하면 q_3를 부피 V_A와 V_B의 항으로 나타낼 수 있다.

$$q_3 = nRT_{저온} \ln \frac{V_\mathrm{A}}{V_\mathrm{B}} = -nRT_{저온} \ln \frac{V_\mathrm{B}}{V_\mathrm{A}} \tag{3.9}$$

식 (3.9)를 (3.7)로 변변끼리 나누게 되면 비율 q_3/q_1에 대한 새로운 표현을 얻을 수 있다.

$$\frac{q_3}{q_1} = \frac{nRT_{저온}\ln\dfrac{V_B}{V_A}}{-nRT_{고온}\ \ln\dfrac{V_B}{V_A}} = -\frac{T_{저온}}{T_{고온}}$$

위 식을 식 (3.6)에 대입하면 효율을 온도의 항으로 나타낼 수 있다.

$$e = 1 - \frac{T_{저온}}{T_{고온}} \tag{3.10}$$

식 (3.10)을 다소 흥미롭게 해석할 수 있다. 첫 번째로 기관의 효율은 고온 열원의 온도에 대한 저온 열원의 온도 **비율**과 매우 단순한 관계를 가진다. 이 비율이 작아질수록 기관의 효율은 높아진다.* 따라서 높은 효율은 높은 $T_{고온}$ 값과 낮은 $T_{저온}$ 값에서 얻어진다. 두 번째로 식 (3.10)은 **열역학적** 온도 척도를 서술할 수 있도록 해 준다. 이 온도 척도에서는 카르노 순환에 대해서 효율이 1인 경우 $T_{저온} = 0$이 된다. 이와 같은 온도 척도는 이상 기체 법칙에서 사용되는 것과 같지만 이상 기체의 거동과는 달리 카르노 순환의 효율에 바탕을 두고 있다.

마지막으로 저온 열원의 온도가 절대온도 0이 아니라면 기관의 효율은 결코 1이 될 수 없을 것이고, 언제나 1보다 작을 것이다. 거시적인 물체에 대해서 절대 0도는 물리적으로 얻을 수 없기 때문에 아래와 같이 말할 수 있다.

어떠한 기관의 효율도 100%가 될 수 없다.

모든 과정들이 일종의 기관으로 생각할 수 있다고 일반화하면 다음과 같은 명제를 얻을 수 있다.

어떠한 과정의 효율도 100%가 될 수 없다.

이와 같은 명제는 영구 기관(perpetual motion machine) 즉, 효율이 1보다 크다(즉, >100%)고 생각되는 기관의 존재를 부정하는 것이며 영구 기관은 들어오는 에너지보다 더 많은 일을 생산해 내는 기관이다. 증기 기관에 대한 카르노의 연구는 이와 같은 명제를 수립하는 데 도움이 되었다. 이 명제에는 많은 신뢰가 쌓여 있기 때문에 미국특허상표청(U.S. Patent and Trademark Office)에서는 영구기관이라고 주장하는 어떠한 출원도 검토하지 않는다(비록 위장 청구로 인하여 영구기관에 대한 일부 출원들이 검토되고는 있지만). 이런 것들이 열역학 법칙의 덕분이다.

효율에 대한 두 표현을 결합하면 다음과 같다.

$$1 + \frac{q_3}{q_1} = 1 - \frac{T_{저온}}{T_{고온}}$$

$$\frac{q_3}{q_1} = -\frac{T_{저온}}{T_{고온}}$$

$$\frac{q_3}{q_1} + \frac{T_{저온}}{T_{고온}} = 0$$

$$\frac{q_3}{T_{저온}} + \frac{q_1}{T_{고온}} = 0 \tag{3.11}$$

*실제로 다른 인자들(역학적인 것들을 포함)은 대부분의 기관들의 효율을 감소시킨다.

q_3는 순환 과정의 등온 단계 3에서 저온의 열원으로 나가는 열인 반면 q_1은 등온 단계 1에서 고온의 열원으로부터 나오는 열임을 주목하라. 그러므로 각각의 분수에는 고려 대상인 우주 내 관련 부분으로부터의 열과 온도가 포함되어 있다. 다른 두 단계가 단열(즉, $q_2 = q_4 = 0$)이기 때문에 식 (3.11)은 카르노 순환의 **모든** 열을 포함하고 있다. 관련된 두 개의 열원의 절대 온도로 나눈 열을 합하면 정확히 0이라는 사실은 흥미롭다. 동일한 계의 조건에서 순환이 시작하고 종료된다는 것을 기억하라. 그러나 상태 함수의 변화는 오로지 계의 조건에 의해서만 좌우되는 것이지 계가 겪는 경로와는 무관하다. 만일 어떤 계가 동일 조건에서 시작하고 종료되면 상태 함수의 전체 변화는 정확히 0이 된다. 식 (3.11)이 뜻하는 것은 **가역 변화에 대해서 열과 절대 온도 사이의 관계는 상태 함수**라는 것이다.

3.4 엔트로피와 열역학 제2법칙

추가적인 열역학적 상태 함수로 **엔트로피**(entropy) S를 정의하자. 엔트로피의 미분 dS는 다음과 같이 정의된다.

$$dS = \frac{dq_{\text{가역}}}{T} \tag{3.12}$$

위 식에서 무한소 열 변화 dq의 아래 첨자 '가역'은 열이 가역 과정에 대한 것이어야 함을 말해준다. 온도 T는 절대 온도이어야 한다. 식 (3.12)를 적분하면 다음과 같다.

$$\Delta S = \int \frac{dq_{\text{가역}}}{T} \tag{3.13}$$

여기에서 ΔS는 과정에 대한 엔트로피 변화이다. 앞 절에서 나타냈듯이 카르노 순환(또는 다른 폐쇄 순환)에 대해서 ΔS는 0이어야 한다.

등온 과정에 대해서 온도 항은 적분기호 밖으로 나올 수 있으며 적분은 다음과 같이 쉽게 계산된다.

$$\Delta S = \frac{1}{T}\int dq_{\text{가역}} = \frac{q_{\text{가역}}}{T} \tag{3.14}$$

식 (3.14)는 엔트로피가 J/K의 단위를 가진다는 것을 보여주고 있다. 이 단위가 생소할지는 모르나 정확한 단위이다. 또한 어떤 과정에 대한 열량은 g이나 mol 단위의 물질의 양에 따라 달라져서 때로는 엔트로피의 단위가 J/mol·K가 됨을 명심하라. 예제 3.2를 통해서 이 단위가 있는 양을 어떻게 취급하는지 알아보자.

예제 3.2

벤젠(C_6H_6) 1.00 g이 1 atm의 일정 압력과 벤젠의 끓는점 80.1°C에서 가역적으로 끓고 있을 때 엔트로피의 변화는 얼마인가? 벤젠의 기화열은 395 J/g이다.

풀이

일정 압력에서 과정이 일어나므로 과정에 대한 $\Delta_{\text{기화}}H$는 과정에 대한 열 q와 같다. 기화는 흡열(즉, 에너지 유입) 과정이므로 열은 양의 값을 가진다. 마지막으로 80.1°C는 353.2 K과 같다. 벤젠 1 g에 대해 식 (3.14)를 사용하면 다음과 같다.

$\Delta H = q_P$이다.

온도의 단위는 켈빈(K)이어야 한다.

예제 3.2 *(계속)*

$$\Delta S = \frac{+395\ \text{J}}{353.2\ \text{K}} = +1.12\ \frac{\text{J}}{\text{K}}$$

이 식은 벤젠 1 g에 대한 엔트로피 변화를 나타내고 있으므로 이때의 ΔS를 $+1.12$ J/g·K로 쓸 수 있다. 이 예제에서 계 즉, 벤젠의 엔트로피는 증가하고 있다.

다른 단계 또는 조건을 갖는 다른 순환 과정을 정의할 수 있다. 그러나 **가역** 단계들로 정의된 순환보다 더 효율적인 과정은 알려져 있지 않다. 이것이 의미하는 것은 임의의 비가역 변화가 가역 변화에 비해 열을 일로 전환하는데 있어 덜 효율적이라는 것이다. 그래서 임의의 과정에 대해서 다음의 관계식이 성립한다.

$$e_{\text{임의}} \leq e_{\text{가역}}$$

여기에서 $e_{\text{임의}}$는 임의의 순환에 대한 효율이며 $e_{\text{가역}}$은 가역 순환에 대한 효율이다. 만일 임의의 과정이 가역 순환이라면 등식이 성립한다. 만일 순환이 비가역적이라면 부등식이 성립한다. 효율에 대한 정의를 대입하면 다음과 같은 관계식을 얻을 수 있다.

$$1 + \frac{q_{\text{방출,임의}}}{q_{\text{공급,임의}}} \leq 1 + \frac{q_{3,\text{가역}}}{q_{1,\text{가역}}}$$

$$\frac{q_{\text{방출,임의}}}{q_{\text{공급,임의}}} \leq \frac{q_{3,\text{가역}}}{q_{1,\text{가역}}}$$

여기에서 1은 서로 상쇄된다. 우변에서의 분수는 앞서 기술한 바와 같이 $-T_{\text{저온}}/T_{\text{고온}}$과 같다. 이를 대입하면 아래와 같다.

$$\frac{q_{\text{방출,임의}}}{q_{\text{공급,임의}}} \leq -\frac{T_{\text{저온}}}{T_{\text{고온}}}$$

이를 정리하면 다음과 같다.

$$\frac{q_{\text{방출,임의}}}{q_{\text{공급,임의}}} + \frac{T_{\text{저온}}}{T_{\text{고온}}} \leq 0$$

이 식을 재배열하면 두 개의 열원과 연관된 열과 온도 변수를 같은 분수(즉, $q_{\text{공급}}$과 $T_{\text{고온}}$ 그리고 $q_{\text{방출}}$과 $T_{\text{저온}}$)로 변형시킬 수 있다. 카르노 순환에 포함된 단계를 강조하기 위해 온도와 열에 아래 첨자를 다시 붙이는 것도 편리하다. 최종적으로 아래 첨자 '임의'를 뺄 것이다(이 단계들을 재현할 수 있는가?). 위의 표현은 아래와 같이 간단해진다.

$$\frac{q_3}{T_3} + \frac{q_1}{T_1} \leq 0$$

많은 단계로 구성된 완전한 순환 과정에 대해서는 위 수식을 합의 기호로 나타낼 수 있다.

$$\sum_{\text{모든 단계}} \frac{q_{\text{단계}}}{T_{\text{단계}}} \leq 0$$

각각의 단계를 더욱더 작게 나눌수록 합의 기호는 적분 기호로 대체될 수 있고 임의의 완전한 순환 과정에 대해서 위 식은 다음과 같이 된다.

$$\oint \frac{dq}{T} \leq 0 \qquad \textbf{(3.15)}$$

식 (3.15)는 클라우지우스의 이름을 딴 클라우지우스 정리(Clausius's theorem)를 설명

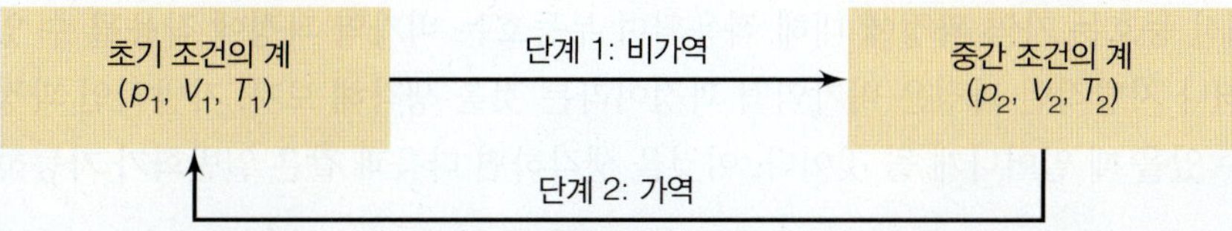

그림 3.3 비가역 단계가 들어 있는 과정을 그린 개략도. 자세한 내용은 본문을 참조하라. 대부분의 실제 과정은 이와 같이 나타낼 수 있으며 실제 과정을 이해함에 있어 엔트로피는 의미 있는 역할을 제공한다.

하기 위한 하나의 방법이다. 클라우지우스(Rudolf Julius Emmanuel Clausius)는 1865년 이러한 관계를 최초로 설명한 포메라니아(지금의 폴란드의 일부)계 독일 물리학자이다.

다음엔 그림 3.3에 나타낸 두 단계 과정을 생각해 보자. 이 그림에서 계가 조건 1에서 조건 2로 진행할 때는 비가역 단계를 취하고, 다시 원래의 조건으로 돌아갈 때는 가역 단계를 취한다. 상태 함수로서 단계에 대한 합은 전체 과정에 대한 전체 변화와 같다. 그러나 식 (3.15)로부터 전체 적분 값은 0보다 적어야만 한다. 적분을 두 부분으로 나누게 되면 다음과 같다.

$$\int_1^2 \frac{dq_{\text{비가역}}}{T} + \int_2^1 \frac{dq_{\text{가역}}}{T} < 0$$

두 번째 적분 기호 안에 있는 표현은 식 (3.12)에 의해 dS와 같음을 알 수 있다. 만일 두 번째 적분항에서 상한과 하한을 뒤집게 되면(두 적분항이 반대 방향이 아닌 같은 과정을 진행한다는 의미) 적분 기호 안은 $-dS$가 된다. 그러므로 아래의 관계식을 얻을 수 있다.

$$\int_1^2 \frac{dq_{\text{비가역}}}{T} + \int_1^2 (-dS) < 0$$

또는

$$\int_1^2 \frac{dq_{\text{비가역}}}{T} - \int_1^2 dS < 0$$

dS를 적분하면 ΔS가 되며, 따라서 이 단계에 대해서 다음의 식이 성립한다.

$$\int_1^2 \frac{dq_{\text{비가역}}}{T} - \Delta S < 0$$

$$\int_1^2 \frac{dq_{\text{비가역}}}{T} < \Delta S$$

임의의 단계에 대해 양변을 이항하고 일반화하면 적분 기호에서 간단하게 특정한 상한과 하한을 제거할 수 있다.

$$\Delta S > \int \frac{dq_{\text{비가역}}}{T} \tag{3.16}$$

만일 미분 항(즉, 적분 기호가 없는)을 유지하고 식 (3.12)로부터 원래의 정의를 포함하게 되면 다음 식을 얻을 수 있다.

$$dS \geq \frac{dq}{T} \tag{3.17}$$

여기에서 등호는 가역 과정에 대해 적용되며 부등호는 비가역 과정에 작용될 수 있다.

그러나 자발적인 과정은 비가역적 과정이라는 것을 생각해 보자. 자발적인 과정은 일어날 수 있을 때 일어나게 될 것이다. 이것을 생각하면 다음과 같은 일반화가 가능하다.

$$\text{비가역, 자발적인 과정에 대해서}\quad dS > \frac{dq}{T}$$

$$\text{가역적 과정에 대해서}\quad dS = \frac{dq}{T}$$

식 (3.17)는 다음을 의미한다.

$$dS < \frac{dq}{T}\quad \text{불가능함}$$

마지막 명제는 특별히 중요하다. S에 있어서의 무한소 변화는 dq/T보다 적지 않을 것이다. dS는 dq/T보다 같거나 크지만 **그것보다 적지 않을 것이다**.

이어서 다음의 설명을 생각해 보자. 어떤 과정이 고립계에서 일어난다. 어떤 조건하에서 그러한 과정이 일어날 것인가? 만을 계가 정말로 고립되어 있다면(계와 주위 사이에 에너지와 물질의 이동이 없음) 그 과정은 단열 과정이 되는데, 그 이유는 고립이 의미하는 것이 $q = 0$이며 확장하여 $dq = 0$이기 때문이다. 그러므로 dq/T가 0과 같다. 그러므로 위의 명제를 다음과 같이 수정할 수 있다.

$$\text{만일 과정이 비가역 자발적일 경우}\quad dS > 0$$

$$\text{과정이 가역적일 경우}\quad dS = 0$$

$$\text{고립계 내 과정에서는 불가능함}\quad dS < 0$$

위의 3가지 명제를 하나로 모으게 되면 열역학 제2법칙이 된다.

> 고립계에서 자발적인 변화가 일어난다면
> 계의 엔트로피가 동시에 증가하면서 일어난다.

만일 자발적인 변화가 일어날 경우 엔트로피는 그와 같은 변화에 대한 유일한 구동력이 되는데, 그 이유는 언급한 조건에서 q와 w가 0이고 따라서 ΔU가 0이기 때문이다.

지금까지 고립계에서의 엔트로피 변화에 대해 초점을 맞추어 왔으며 $\Delta S_{\text{계}}$와 같이 ΔS에 첨자를 적절하게 붙일 수 있다. 그렇다면 비고립계에서의 엔트로피 변화와 주위의 엔트로피 변화 $\Delta S_{\text{주위}}$는 어떻게 될 것인가? 식 (3.12)와 마찬가지로 주위의 엔트로피 변화는 다음과 같이 나타낼 수 있다고 하자.

$$dS_{\text{주위}} \equiv \frac{dq_{\text{주위}}}{T_{\text{주위}}}$$

전형적으로 주위는 관심을 두고 있는 계에 비해 매우 크고 상대적으로 큰 주위의 온도는 일정하다고 할 수 있다. 따라서 위 식을 적분하면 다음과 같아진다.

$$\Delta S_{\text{주위}} = \frac{q_{\text{주위}}}{T_{\text{주위}}} \tag{3.18}$$

마지막으로 우주에서의 전체 엔트로피 변화 $\Delta S_{\text{우주}}$는 계와 주위의 엔트로피 변화의 합과 같다고 할 수 있다.

$$\Delta S_{\text{우주}} = \Delta S_{\text{계}} + \Delta S_{\text{주위}} \tag{3.19}$$

이제 가역적인 변화와 비가역적인 변화의 두 가지 경우를 생각해 보자. 가역 변화에 대해서 $\Delta S_{주위}$은 $-\Delta S_{계}$와 같고 따라서 전체 $\Delta S_{우주}$는 0과 같아진다. 그러나 비가역 변화에 대해서 $\Delta S_{주위}$은 $-\Delta S_{계}$보다 크기가 크며 따라서 전체 $\Delta S_{우주}$는 **언제나 0보다 큰 값을 가지게 될 것이다.** 다음의 예제를 통해서 설명해보자.

예제 3.3

$H_2O(g)$ 시료 1.00 g이 100.0°C에서 가역적으로 응축하여 주위로 2,260 J의 열을 방출한다. $\Delta S_{계}$, $\Delta S_{주위}$ 및 $\Delta S_{우주}$를 계산하라.

풀이

계의 엔트로피 변화는 식 (3.14)를 이용하여 계산할 수 있다.

$$\Delta S_{계} = \frac{q_{가역}}{T} = \frac{-2260\ \mathrm{J}}{373.1\ \mathrm{K}}$$

$$\Delta S_{계} = -6.06\ \frac{\mathrm{J}}{\mathrm{K}}$$

계에 있는 $H_2O(g)$가 열을 잃기 때문에 열 q는 음이다.

주위의 엔트로피 변화를 계산하기 위해서는 주위의 온도를 알아야 한다. 그러나 이 예제에서 물의 응축은 가역적이므로 주위의 온도는 100.0°C가 되어야만 한다. 따라서 아래와 같이 계산할 수 있다.

$$\Delta S_{주위} = \frac{q_{주위}}{T} = \frac{+2260\ \mathrm{J}}{373.1\ \mathrm{K}}$$

$$\Delta S_{주위} = +6.06\ \frac{\mathrm{J}}{\mathrm{K}}$$

열이 주위로 들어가기 때문에 여기서의 q는 양이다.

이들 두 엔트로피의 합이 $\Delta S_{우주}$가 되며 다음과 같다.

$$\Delta S_{우주} = -6.06\ \frac{\mathrm{J}}{\mathrm{K}} + 6.06\ \frac{\mathrm{J}}{\mathrm{K}} = 0$$

이 결과는 다음의 비가역적인 과정에 대한 결과와는 비교가 된다.

예제 3.4

$H_2O(g)$ 시료 1.00 g이 100.0°C, 1 atm에서 1.70 L의 부피를 가진다. 이를 외부 압력 2.00 atm으로 부피가 0.850 L가 될 때까지 등온 압축한다. $\Delta S_{계}$, $\Delta S_{주위}$ 및 $\Delta S_{우주}$를 계산하라. 단, 이상 기체로 거동한다고 가정한다.

풀이

등온 과정이므로 $\Delta U = 0$이며 $q = -w$가 된다. 일은 다음과 같이 계산된다.

$$w = -p_{외부}\Delta V$$

$$= -(2.00\ \mathrm{atm})(0.850\ \mathrm{L} - 1.70\ \mathrm{L})\left(\frac{101.32\ \mathrm{J}}{\mathrm{L \cdot atm}}\right)$$

$$w = 172\ \mathrm{J}$$

예제 3.4 *(계속)*

그러므로 $q = -172$ J이다. 이 열은 주위로 방출되기 때문에 $q_{주위} = 172$ J이 되고, 따라서 $\Delta S_{주위}$은 아래와 같이 계산된다.

등온 변화이므로 주위의 온도 또한 100°C 또는 373.1 K이다.

$$\Delta S_{주위} = \frac{172\ \text{J}}{373.1\ \text{K}} = +0.461\ \frac{\text{J}}{\text{K}}$$

그러나 $\Delta S_{계}$는 가역적인 q를 사용해서 계산해야만 하는데, 이 과정이 가역적이지 않다. 그러나 ΔS가 상태 함수이기 때문에 초기 조건에서 최종 조건으로 바뀌는 어떠한 과정이든 사용할 수 있다. 만일 과정이 가역적이라면 일은 다음과 같이 계산된다.

이 식은 제2장에서 다룬 이상 기체의 가역적인 일에 대한 것이다.

$$w = -nRT\ln\frac{V_f}{V_i}$$

주어진 조건하에서 가역적인 일은 아래와 같다.

$$w = -\left(\frac{1.00\ \text{g}}{18.02\ \frac{\text{g}}{\text{mol}}}\right)\left(8.314\ \frac{\text{J}}{\text{mol·K}}\right)(373.1\ \text{K})\ln\frac{0.850\ \text{L}}{1.70\ \text{L}}$$

등온 과정이므로 $\Delta U = 0$이고, $w = -q$이다.

$$= 119\ \text{J} = -q_{가역}$$

따라서 $q_{가역} = -119$ J이다. 이제 계의 엔트로피 변화를 계산해 보자.

$$\Delta S_{계} = \frac{-119\ \text{J}}{373.1\ \text{K}} = -0.319\ \frac{\text{J}}{\text{K}}$$

$\Delta S_{우주}$의 값은 다음과 같다.

$$\Delta S_{우주} = -0.319\ \frac{\text{J}}{\text{K}} + 0.461\ \frac{\text{J}}{\text{K}}$$
$$= +0.142\ \frac{\text{J}}{\text{K}}$$

따라서 비가역적인 변화에 대한 우주의 전체 엔트로피는 증가함을 알 수 있다.

열역학 제1법칙과 마찬가지로 열역학 제2법칙은 계와 주위의 상호작용의 항으로 표현할 수 있으며 이는 더 유용한 형태가 된다.

어떠한 자발적인(즉, 비가역) 변화라 하더라도 우주의 엔트로피는 증가한다.

자발적인 과정은 늘 일어나고 있기 때문에 우주의 엔트로피는 지속적으로 증가하고 있다.

3.5 엔트로피에 관한 추가 사항

예제 3.2에서 등온 과정에 대한 엔트로피 변화를 계산하였다. 만일 등온 과정이 아니라면 어떻게 될 것인가? 주어진 질량에 대해서 다음 식이 성립한다.

$$dq = C\,dT$$

여기에서 C는 열용량이며 엔트로피에 무한소 변화 dq를 대입하면

$$dS = \frac{dq_{\text{가역}}}{T} = \frac{C\,dT}{T}$$

이 되고 일정한 열용량을 가질 경우 위 식을 적분하면 아래와 같이 된다.

$$\Delta S = \int dS = \int \frac{C\,dT}{T} = C\int \frac{dT}{T} = C \ln T\Big|_{T_i}^{T_f}$$

온도에 대한 상한과 하한을 식에 대입하여 로그 연산 법칙을 이용하면 다음과 같다.

$$\Delta S = C \ln \frac{T_f}{T_i} \qquad \textbf{(3.20)}$$

n mol에 대해서 이 식은 $\Delta S = n\overline{C}\ln(T_f/T_i)$가 되며 이때 $\overline{C}$의 단위는 J/mol·K가 될 것이다. 만일 C가 J/g·K의 단위를 가진다면 계의 질량이 필요하다. 만일 열용량이 정해진 온도 구간에서 일정하지 않다면 온도에 대한 C의 관계식이 적분기호 안에 명시적으로 포함되어야 하며 이는 각 온도 항별로 계산되어야 한다.

다행스럽게도 대부분 열용량 식은 T의 간단한 멱급수이고, 이것의 적분은 항 단위로 쉽게 계산할 수 있다.

식 (3.20)에는 열용량에 대하여 V나 p와 같은 아래 첨자가 없다. 이는 과정의 조건에 따라 달라지기 때문이다. 만일 일정한 부피 조건하에서는 C_V를 사용하면 된다. 또한 일정한 압력 조건하에서는 C_p를 사용하면 된다. 보통 취급하는 특별한 과정에 따라 선택이 정해진다.

기체상의 과정을 생각해 보자. 온도는 일정하지만 압력 또는 부피가 가역적으로 바뀐다면 어떻게 될 것인가? 만일 기체가 이상적이라고 하면 과정에 대한 ΔU는 정확히 0이 되고 따라서 $dq_{\text{가역}} = -dw = +p\,dV$가 된다. 다시 dq를 대입하면 다음과 같아진다.

$$dS = \frac{dq_{\text{가역}}}{T} = \frac{p\,dV}{T}$$

$$\Delta S = \int dS = \int \frac{p\,dV}{T}$$

이 시점에서 이상 기체 법칙을 사용하여 p 또는 dV를 치환할 수 있다. 만일 p를 V의 항(즉, $p = nRT/V$)으로 치환하면 다음과 같게 된다.

$$\Delta S = \int \frac{nRT\,dV}{VT} = \int \frac{nR\,dV}{V} = nR\int \frac{dV}{V}$$

$$\Delta S = nR \ln \frac{V_f}{V_i} \qquad \textbf{(3.21)}$$

마찬가지로 이를 압력의 변화에 대해 나타내면 다음과 같다.

$$\Delta S = -nR \ln \frac{p_f}{p_i} \qquad \textbf{(3.22)}$$

엔트로피가 상태 함수이기 때문에 엔트로피의 변화는 계가 이들 조건에 어떻게 도달하는지의 여부와는 상관없이 계의 조건에 따라 달라진다. 그러므로 어떤 과정이든 더 촘촘한 단계로 나눌 수 있고, 각 단계의 엔트로피는 증가하는 ΔS의 식들을 이용하여 계산할 수 있으며, 전체 과정에 대한 ΔS는 개별 단계의 ΔS들을 모두 합하면 된다.

예제 3.5

He 1.00 mol을 사용하여 다음의 과정에 대한 전체 엔트로피 변화를 계산하라.

$$\text{He (298.0 K, 1.50 atm)} \longrightarrow \text{He (100.0 K, 15.0 atm)}$$

He의 열용량은 20.78 J/mol·K이다. 헬륨은 이상적으로 거동한다고 가정한다.

풀이

전체 반응은 다음과 같은 두 부분으로 나눌 수 있다.

ΔS는 상태 함수이므로 처음과 마지막 상태가 명시되면 어떻게 변화 과정이 진행되더라도 상관이 없다.

단계 1: He (298.0 K, 1.50 atm) → He (298.0 K, 15.0 atm)
(압력 변화 단계)

단계 2: He (298.0 K, 15.0 atm) → He (100.0 K, 15.0 atm)
(온도 변화 단계)

등온 단계인 단계 1에 대한 엔트로피 변화는 식 (3.22)를 이용하여 계산할 수 있다.

$$\Delta S_1 = -nR\ln\frac{p_f}{p_i} = -(1.00\ \text{mol})\left(8.314\ \frac{\text{J}}{\text{mol}\cdot\text{K}}\right)\ln\frac{15.0\ \text{atm}}{1.50\ \text{atm}}$$

$$\Delta S_1 = -19.1\ \frac{\text{J}}{\text{K}}$$

등압 단계인 단계 2에 대한 엔트로피 변화는 식 (3.20)을 이용하여 계산할 수 있다.

단원자 이상 기체의 일정 압력 열용량 C의 값은 $5R/2$이다.

$$\Delta S_2 = C\ln\frac{T_f}{T_i} = (1.00\ \text{mol})\left(20.78\ \frac{\text{J}}{\text{mol}\cdot\text{K}}\right)\ln\frac{100.0\ \text{K}}{298.0\ \text{K}}$$

$$\Delta S_2 = -22.7\ \frac{\text{J}}{\text{K}}$$

전체 과정이 두 단계로 이루어져 있으므로 전체 엔트로피 변화는 이들 두 엔트로피 변화의 합이 된다. 따라서 $\Delta S = [-19.1 + (-22.7)]$ J/K $= -41.8$ J/K이 된다.

예제 3.6

앞 예제에서의 과정에 대한 q, w 및 $\Delta S_{주위}$를 계산할 수 있는가?

풀이

계산할 수 없다. q와 w 모두 경로 의존성이므로 He (298.0 K, 1.50 atm)에서 He (100.0 K, 15.0 atm)에 이르는 경로에 따라 그 값이 달라진다. 마찬가지로 $\Delta S_{주위}$도 계산할 수 없는데, 이는 과정이 일어나는 동안 얼마나 많은 열이 주위로 방출되었는지를 모르기 때문이다.

그림 3.4a에 도시된 계를 생각해 보자. 용기는 부피가 V_1과 V_2인 두 계로 나뉘어져 있으나 두 부분의 압력과 절대 온도는 각각 p와 T로 동일하다. 칸 1과 칸 2에 있는 서로 다른 기체의 몰수가 각각 n_1과 n_2이다. 두 칸은 칸막이로 분리되어 있다. 다음의 과정에 대해서 q가 0 (즉, 단열 과정)이 되도록 계가 주위로부터 고립되어 있다고 하자.

어떤 순간에 전체 압력과 온도를 유지하면서 칸막이를 제거한다. 단열 과정이므로 $q = 0$이다. 온도가 일정하므로 $\Delta U = 0$이다. 그러므로 $w = 0$가 된다. 그러나 두 기체는 혼합되어 최종 계가 그림 3.4b와 같다. 즉, 혼합된 두 기체가 같은 부피를 차지한다. (이는 기체의 거동에 대한 전통적인 지식과 부합한다. 혼합 기체는 팽창하여 용기를 채운다.) 혼합에 따른 에너지 변화가 없으므로 이 과정을 일으키는 것은 엔트로피이어야 한다.

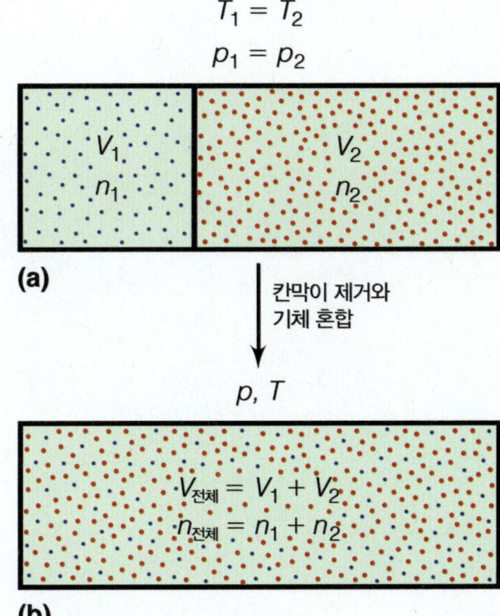

그림 3.4 두 기체의 단열 혼합. (a) 어느 정도의 부피와 양을 가진 기체 1이 왼쪽 칸에 있고, 기체 2는 해당하는 부피와 양을 가지고 오른쪽 칸에 있다. (b) 혼합 후 두 기체는 용기 전체를 채우게 된다. 이때 기체 혼합에 따른 에너지의 변화는 없기 때문에 혼합은 엔트로피 영향으로 인해 유발되는 게 틀림없다.

엔트로피는 상태 함수이므로 엔트로피의 변화는 경로와 무관하다. 혼합 과정을 그림 3.5에 나타낸 것처럼 두 개의 단계로 나누어질 수 있다고 생각해 보자. 하나의 과정은 기체 1이 V_1에서 $V_{전체}$로 팽창하는 것이고 나머지 과정은 기체 2가 V_2에서 $V_{전체}$로 팽창하는 것이다. ΔS_1과 ΔS_2를 사용하여 각 단계에 대한 엔트로피 변화를 나타낼 수 있다.

$$\Delta S_1 = n_1 R \ln \frac{V_{전체}}{V_1}$$

$$\Delta S_2 = n_2 R \ln \frac{V_{전체}}{V_2}$$

$V_{전체}$는 V_1이나 V_2보다 크므로(두 기체 모두 팽창하기 때문에) 부피 분수의 로그값은 항상 양의 값이 될 것이다. (1보다 큰 수의 로그값은 양수이다.) 이상 기체 법칙 상수는 언제나 양의 값이며 각 기체의 몰수 또한 양의 값이다. 그러므로 각 개별 과정의 엔트로피 변화는 모두 양의 값을 가지며 혼합 과정에 대한 ΔS 값은 두 개의 엔트로피 변화를 합하면 된다.

$$\Delta S = \Delta S_1 + \Delta S_2 \tag{3.23}$$

이때 ΔS는 항상 양의 값을 가진다. 그러므로 열역학 제2법칙에 의해 두 성분(혹은 그 이상)의 기체를 혼합하는 것은 혼합이 고립계에서 이루어질 경우 항상 자발적인 과정이 된다.

식 (3.23)을 일반화하는 또 다른 방법이 있다. 두 가지 이상의 기체 시료가 같은 압력과 온도에 있을 경우 그들의 부피는 존재하는 기체의 몰수에 정비례한다. **기체 i의 몰분율 x_i**는 기체 전체의 몰수 $n_{전체}$에 대한 기체 i의 몰수 비로 정의된다.

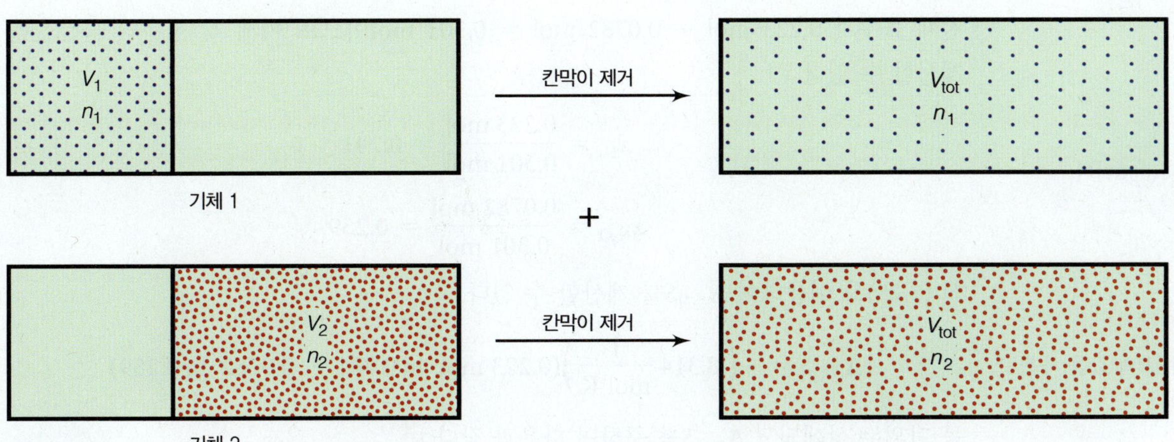

그림 3.5 두 기체의 혼합은 두 개의 개별 과정 즉, 기체 1이 오른쪽으로 팽창하는 과정과 기체 2가 왼쪽으로 팽창하는 과정으로 나눌 수 있다.

$$x_i = \frac{n_i}{n_{전체}} \quad (3.24)$$

또한 아래와 같은 관계도 성립하므로

$$\frac{V_i}{V_{전체}} = \frac{n_i}{n_{전체}} = x_i$$

전체 엔트로피 변화를 다음과 같이 쓸 수 있다.

$$\Delta S = (-n_1 R \ln x_1) + (-n_2 R \ln x_2)$$

여기서 음의 부호는 몰분율로 식을 표현하기 위해서 부피 분수의 역수를 취해야만 하기 때문에 붙여진 것이다. 임의의 종류의 기체가 혼합될 경우 다음 식이 성립한다.

$$\Delta_{혼합}S = -R \cdot \sum_{i=1}^{기체\ 종류의\ 수} n_i \ln x_i \quad (3.25)$$

여기에서 $\Delta_{혼합}S$는 **혼합 엔트로피**(entropy of mixing)라고 한다. x_i가 1보다 항상 작기 때문에(이성분 이상) 로그 값은 항상 음이 된다. 식 (3.25)에서의 음의 부호가 의미하는 것은 혼합 엔트로피는 항상 양의 값을 갖는 항의 합이며 따라서 전체 $\Delta_{혼합}S$는 항상 양이 된다는 것이다.

예제 예제 3.7

N_2 10.0 L가 3.50 L의 N_2O와 300.0 K과 0.550 atm에서 혼합될 때 혼합 엔트로피를 계산하라. 단, 혼합으로 부피 변화는 없다고 본다. 즉, $V_{전체} = 13.5$ L이다.

풀이

혼합에 따른 각 성분의 몰수를 결정해야만 한다. 주어진 조건하에서 이상 기체 법칙을 사용하여 이를 계산할 수 있다.

여기서는 L과 atm의 단위를 갖는 R의 값을 사용한다.

$$n_{N_2} = \frac{pV}{RT} = \frac{(0.550\ \text{atm})(10.0\ \text{L})}{(0.08205\ \frac{\text{L}\cdot\text{atm}}{\text{mol}\cdot\text{K}})(300.0\ \text{K})} = 0.223\ \text{mol N}_2$$

$$n_{N_2O} = \frac{pV}{RT} = \frac{(0.550\ \text{atm})(3.50\ \text{L})}{(0.08205\ \frac{\text{L}\cdot\text{atm}}{\text{mol}\cdot\text{K}})(300.0\ \text{K})} = 0.0782\ \text{mol N}_2\text{O}$$

전체 몰수가 0.223 mol + 0.0782 mol = 0.301 mol이므로 이제 각 성분의 몰분율을 계산할 수 있다.

몰분율의 합은 당연히 1.000이다.

$$x_{N_2} = \frac{0.223\ \text{mol}}{0.301\ \text{mol}} = 0.741$$

$$x_{N_2O} = \frac{0.0782\ \text{mol}}{0.301\ \text{mol}} = 0.259$$

식 (3.25)를 이용하여 $\Delta_{혼합}S$를 계산할 수 있다.

여기서는 J 단위를 갖는 R의 값을 사용한다.

$$\Delta_{혼합}S = -\left(8.314\ \frac{\text{J}}{\text{mol}\cdot\text{K}}\right)(0.223\ \text{mol}\cdot\ln 0.741 + 0.0782\cdot\ln 0.259)$$

몰 단위는 상쇄되고 $\Delta_{혼합}S$를 구하면 다음과 같다.

혼합 엔트로피의 조건 대로 답이 양이다.

$$\Delta_{혼합}S = +1.43\ \frac{\text{J}}{\text{K}}$$

3.6 질서 그리고 열역학 제3법칙

혼합 엔트로피에 대한 지금까지의 논의는 유용하게 사용할 수 있는 엔트로피에 대한 일반적인 개념 즉, **질서**(order)를 생각할 수 있게 한다. 칸막이의 양쪽 칸에 하나씩 순수한 기체가 있다는 것은 상대적으로 질서정연한 배열이라 할 수 있다. 이 두 기체가 혼합됨에 따라 자발적으로 일어나는 과정은 더 무작위적이고 무질서한 배열을 만든다. 따라서 이 계는 더 질서 있는 계에서 덜 질서 있는 계로 자발적인 진행을 한다.

1800년대 중반에서 후반에 이르는 동안 오스트리아 물리학자인 볼츠만(Ludwig Edward Boltzmann, 그림 3.6)은 통계 수학을 물질, 특히 기체의 거동에 적용하기 시작했다. 그렇게 하는 과정에서 볼츠만은 엔트로피에 대한 다른 정의를 내릴 수 있었다. 동일한 화학적 속성을 가진 기체 분자로 구성된 계를 생각해 보자. 이 계는 더 작은 미소계로 나눌 수 있으며 이들 계 각각의 상태는 전체 계의 상태에 통계적으로 기여하게 된다. 임의의 특정한 수의 미소계에 대해서 기체 분자를 이들 미소계에 분배할 수 있는 방법의 수가 어느 정도 존재한다. 가장 확률이 높은 분포가 Ω개의 서로 다른 입자 배열을 갖는다고 할 때* 볼츠만이 발견한 것은 계의 **절대 엔트로피**(absolute entropy)가 가능한 조합수의 자연로그에 비례한다는 것이다.

$$S \propto \ln \Omega$$

비례 관계를 등식으로 만들기 위해 비례 상수가 필요하다.

$$S = k \ln \Omega \qquad (3.26)$$

여기에서 k는 **볼츠만 상수**(Boltzmann's constant)이다.

식 (3.26)으로부터 파생된 중요한 결과가 몇 가지 있다. 첫 번째로는 **절대** 엔트로피가 결정될 수 있는 개념을 소개한 것이다. 따라서 엔트로피는 상태 함수 중에서 절대적인 값이 결정될 수 있는 유일한 것이다. 따라서 ΔU와 ΔH 값이 있는 커다란 열역학 표에서 나란히 나타낸 엔트로피 값은 ΔS가 아닌 S이다. 또한 표에서 찾게 되는 엔트로피는 표준 조건하에서의 원소에 대하여 0이 아닌데 그 이유는 해당 원소의 생성 반응에 따른 엔트로피가 아닌 **절대** 엔트로피를 표에 실었기 때문이다. 과정에 대한 엔트로피의 변화, ΔS를 결정할 수 있으며 지금까지 오로지 엔트로피의 **변화**만을 다루어 왔다. 그러나 볼츠만의 방정식 (3.26)이 의미하는 것은 엔트로피의 절댓값을 결정할 수 있다는 것이다.

두 번째로 식 (3.26)은 흥미로운 개념을 유발한다. 모든 성분을 구성하는 종(원자 또는 분자)들이 같은 상태에 있는 계를 생각해 보자. 이를 설명하는 하나의 방법으로서 그것이 완전한 질서를 갖는 완벽한 결정 형태에 있다고 가정하는 것이다. 이 경우에서 Ω(이러한 배열을 갖는 조건의 가능한 조합의 수)는 1이 되고, Ω의 로그값은 0이 되므로 S는 0이 된다.

이와 같은 조건을 어떻게 얻을 수 있는가? 1장에서 열에너지는 무실서한 에너지이고 기체 입자의 병진, 회전 및 진동 자유도에 분포됨을 알았다. 이들 각각의 자유도는

그림 3.6 볼츠만(Ludwig Edward Boltzmann, 1944~1906, 오스트리아 물리학자) 볼츠만은 원자에 대하여 상대적으로 새로운 개념을 사용하여 통계 수학적으로 물질을 기술하는 방법을 발전시켰다. 여기에서는 엔트로피에 대한 척도로서 질서(order)의 개념을 도입하였다. 열역학 분야에서 그의 업적이 현격하게 중요함에도 불구하고, 과학사에서 중요한 시기에 사상과 비판에 대한 논쟁은 그가 자살하게 되었던 한 요인이 되었다고 생각된다.

*예를 들어 두 개의 공과 4개의 신발상자로 구성된 단순한 계를 생각해 보자. 공을 상자에 넣을 수 있는 10개의 가능한 배열이 있다. 즉, 두 개의 공이 하나의 상자에 있는 경우(나머지 3개의 상자는 비어 있다)가 4가지, 상자에 공이 하나씩 있는 경우(나머지 두 개의 상자는 비어 있다)가 6가지이다. 가장 확률이 높은 배열은 두 개의 상자에 공이 하나씩 있는 경우이며 그 배열 방법의 수는 6가지이다. 그러므로 이 경우에 있어서 Ω는 6이다. 9장에서는 이에 대한 더욱더 자세한 언급이 있을 것이며 엔트로피에 대한 볼츠만의 해석과 관련하여 다른 개념들이 소개될 것이다.

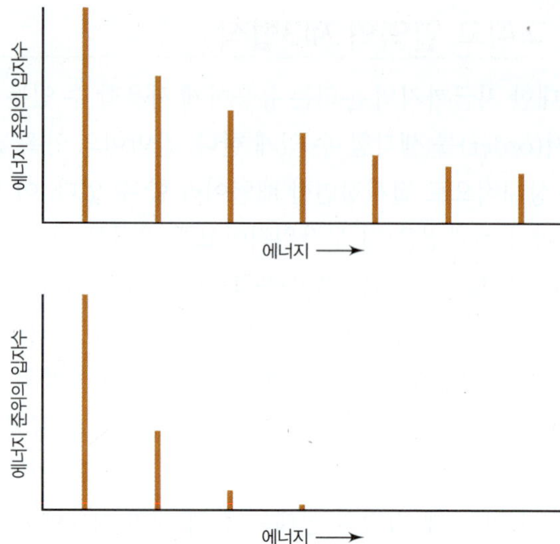

그림 3.7 엔트로피에 대한 분자 표현. 아래: 단지 몇 개의 에너지 수준이 있을 경우에 엔트로피는 낮다. 위: 더 많은 수의 에너지 수준이 있을 경우 엔트로피는 증가한다.

그림 3.8 볼츠만의 흉상. 이 위에 $S = k \ln \Omega$란 식이 쓰여 있다.

Ω에 기여한다. 온도가 낮아질수록 열에 사용되는 자유도는 점점 줄어든다. 따라서 엔트로피는 **모든** 물질에 대해서 온도가 내려가면 감소해야 한다. 그러므로 엔트로피는 가능한 에너지 수준 중에서 에너지 분포 수준을 나타낸다. 만일 많은 수의 에너지 수준이 채워지면 엔트로피는 높지만 만일 단 몇 개(또는 하나)의 에너지 수준만이 채워지면 엔트로피는 낮다. 그림 3.7은 회전 자유도에 대하여 이러한 설명을 해주고 있다.

1800년대 말과 1900년대 초에 걸쳐 매우 낮은 온도에서 물질의 물성이 조사되고 있었다. 절대 0도에 접근하는 온도에서 물질의 열역학이 측정됨으로써 차가운 결정형 물질의 전체 엔트로피[식 (3.20)과 같은 식을 이용하여 실험적으로 측정할 수 있음]는 0으로 접근하기 시작했다. 모든 물질에 대해서 엔트로피는 명백한 온도의 함수이기 때문에 아래의 수학적 표현이 분명해진다.

$$\text{완전 결정체에 대해서} \quad \lim_{T \to 0\,\text{K}} S(T) = 0 \qquad (3.27)$$

이를 열역학 제3법칙이라고 하며 말로 풀어 쓰면 다음과 같다.

절대 온도가 0에 접근함에 따라 절대 엔트로피는 0으로 접근한다.

따라서 이러한 명제는 절대 최솟값 0을 가진 엔트로피를 말하고 있으며 절대 엔트로피를 결정할 수 있도록 한다. 통계적으로 엔트로피를 정의하고 있는 식 (3.26)은 과학에서 매우 근본적인 개념이 되고 있고, 이 식은 비엔나에 있는 볼츠만의 묘비에 새겨져 있다(그림 3.8 참조).

볼츠만 상수는 흥미롭게도 이상 기체 법칙 상수 R과 다음과 같은 관련이 있다.

$$R = N_A \cdot k \qquad (3.28)$$

여기에서 N_A는 아보가드로 수($= 6.022 \times 10^{23}$)이다. 그러므로 상수 k는 1.381×10^{-23} J/K의 값을 갖는다. 상수의 상대적인 크기가 의미하는 것은 거시적인 크기의 시료 내에 포함된 원자 또는 분자가 취할 수 있는 상태의 조합 수가 매우 크다는 것이다. 이는 다음 예제를 통해 확인할 수 있다.

예제 3.8

25°C와 표준 압력에서 Fe(s)의 절대 엔트로피는 27.28 J/mol·K이다. 이 조건하에서 25개의 Fe 원자가 모였을 때 가능한 상태의 조합 수를 계산하라. 구해진 답에 근거하여 여기서 단지 25개의 원자로 제한된 이유를 설명하라.

풀이

엔트로피에 대한 볼츠만 식을 사용하면

$$\left(\frac{25\text{개 원자}}{6.022 \times 10^{23}\text{개 원자/mol}}\right) 27.28\ \frac{\text{J}}{\text{mol}\cdot\text{K}} = \left(1.381 \times 10^{-23}\ \frac{\text{J}}{\text{K}}\right)(\ln \Omega)$$

이 식을 풀면

$$\ln \Omega = 82.01$$
$$\Omega = 4.12 \times 10^{35}$$

이 되는데 이는 단지 25개의 원자에 대해서는 믿을 수 없을 정도로 큰 수이다. 그러나 시료가 상대적으로 높은 온도인 298 K에 있다.

예제 3.9

298 K에서 몰당 절대 엔트로피가 다음과 같은 순서를 가짐을 설명하라.

$$\overline{S}[\text{N}_2\text{O}_5\,(\text{s})] < \overline{S}[\text{NO}\,(\text{g})] < \overline{S}[\text{N}_2\text{O}_4\,(\text{g})]$$

풀이

엔트로피가 계에 가능한 에너지 상태의 수와 연관되어 있다는 생각을 해본다면 고체상의 계가 더 적은 수의 가능한 에너지 상태를 가진다고 주장할 수 있다. 그러므로 주어진 3가지의 물질 중에서 고체상이 가장 낮은 엔트로피를 가져야만 한다. 나머지 둘은 모두 기체상이다. 그러나 둘 중 하나는 이원자 분자로 구성되어 있는 반면 다른 하나는 6개의 원자로 구성된 분자로 구성되어 있다. 이원자 분자가 6원자 분자에 비해 가능한 에너지 상태의 수가 더 적다고 할 수 있다. 그러므로 $\overline{S}[\text{NO(g)}]$가 $\overline{S}[\text{N}_2\text{O}_4\text{(g)}]$에 비해 작다고 할 수 있다. 부록 2처럼 화합물의 실험적인 엔트로피 값을 참고하여 이 순서가 맞음을 확인할 수 있다.

3.7 화학 반응에 대한 엔트로피

다양한 개별 단계를 결합한 것의 전체 엔트로피 변화를 결정하기 위해 이미 개별 단계의 엔트로피 변화를 조합하는 방법을 사용해 왔다. 이런 개념을 사용하여 화학 반응에 따르는 엔트로피 변화를 결정할 수 있다. 그러나 상황은 단지 약간 다르다. 왜냐하면 화학 반응물과 생성물에 대한 **절대** 엔트로피를 계산할 수 있기 때문이다. 그림 3.9는 ΔS가 음수 즉, 엔트로피가 줄어드는 과정에 대한 개념을 보여주고 있다. 절대 엔트로피를 사

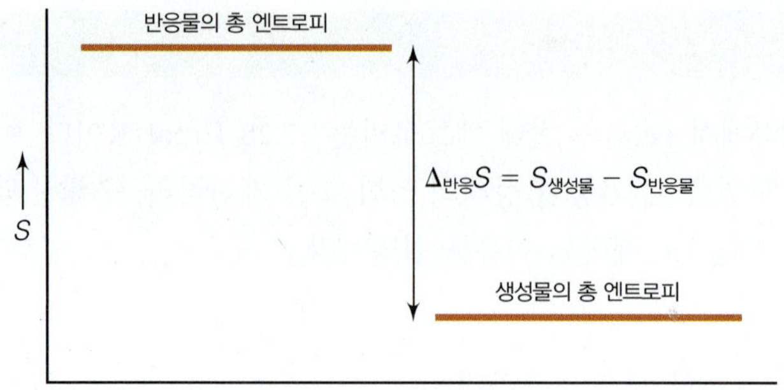

그림 3.9 반응하면 엔탈피가 변하는 것처럼 엔트로피도 변할 수 있다. 이 경우에 생성물의 엔트로피가 반응물의 엔트로피보다 작다. 그러므로 $\Delta_{반응}S$는 음의 값을 가진다.

용할 수 있기 때문에 생성 반응에 의존할 필요 없이 화학 반응의 엔트로피 변화는 생성물의 총 엔트로피에서 반응물의 총 엔트로피를 뺀 것과 같다고 할 수 있다. 이를 수식으로 나타내면 다음과 같다.

$$\Delta_{반응}S = \sum_{생성물} S - \sum_{반응물} S \tag{3.29}$$

여기에서 S(생성물)과 S(반응물)은 과정 중에 포함된 화학종의 절대 엔트로피를 나타낸다. 만일 표준 조건이 적용될 경우 모든 엔트로피 항에는 위첨자 °가 붙게 된다.

$$\Delta_{반응}S^\circ = \sum_{생성물} S^\circ - \sum_{반응물} S^\circ$$

화학 과정에 대한 엔트로피 변화는 앞서 배운 헤스 법칙(Hess's-law)과 같은 접근법을 이용하여 계산할 수 있다.

예제 3.10

부록 2에 있는 표를 이용하여 표준 압력과 주어진 온도에서 일어나는 다음의 화학 반응에 대한 엔트로피 변화를 구하라.

$$2H_2\,(g) + O_2\,(g) \rightarrow 2H_2O\,(\ell)$$

풀이

표로부터 $S°[H_2(g)] = 130.7$ J/mol·K, $S°[O_2(g)] = 205.1$ J/mol·K, $S°[H_2O(l)] = 69.91$ J/mol·K이다. 균형 화학 반응은 반응물과 생성물의 몰 비율을 제공하고 있음을 명심하면 식 (3.29)는 다음과 같다.

이것은 모든 상태 함수에 대하여 사용하는 '생성물 빼기 반응물'이라고 하는 고전적 접근식이다. 분명하게 하기 위하여 처음부터 단위를 간단히 하였다.

$$\Delta_{반응}S^\circ = \Big\{\underbrace{[2 \cdot 69.91]}_{\sum_{생성물} S^\circ} - \underbrace{[2 \cdot 130.7 + 205.1]}_{\sum_{반응물} S^\circ}\Big\}\ \text{J/K}$$

여기에서 생성물과 반응물의 엔트로피에는 각각 반응물과 생성물이라 표기했다. 몰 단위는 생략하는데, 생성물로서 2 mol H_2O, 반응물로서 2 mol H_2와 1 mol O_2라고 명확한 화학량론이 이루어져 있기 때문이다. 계산하면 다음이 된다.

예제 3.10 *(계속)*

$$\Delta_{반응}S^\circ = -326.7\ \frac{\text{J}}{\text{K}}$$

즉, 반응이 진행되는 동안 엔트로피가 326.7 J/K만큼 감소한다. 가능한 상태 수의 척도인 엔트로피를 사용했을 때 이 결과는 이치에 맞는가? 균형 화학 반응이 보여주듯이 3 mol의 기체가 반응하여 2 mol의 액체를 만든다. 응축상이 기체보다 가능한 상태의 수가 적을 것이며 실제 분자의 수가 줄어든다고 주장할 수 있다. 그러므로 엔트로피의 감소는 이해될 수 있다.

ΔH의 경우와 마찬가지로 서로 다른 온도와 압력에서 일어나는 과정에 대해 ΔS를 결정할 때가 많다. 물질의 몰수로 나타낸 식 (3.20)은 온도가 바뀌는 과정에 대한 ΔS를 계산할 수 있게 해준다.

$$\Delta S = n\overline{C}\ln\frac{T_f}{T_i} \tag{3.20}$$

다른 온도에서 ΔH를 계산하는 것과 마찬가지로 다른 온도에서 ΔS를 결정하기 위한 절차는 다음과 같다.

1. 반응물이 초기 온도에서 기준 온도(reference temperature, 보통은 298 K)로 바뀔 때 식 (3.20)을 이용하여 반응물에 대한 엔트로피 변화를 계산한다.
2. 기준 온도에서 반응의 엔트로피 변화를 결정하기 위해 표에 있는 엔트로피를 사용할 수 있다.
3. 식 (3.20)을 다시 사용하여 생성물이 기준 온도에서 원래의 온도로 바뀔 때 생성물에 대한 엔트로피 변화를 계산한다.

명시된 온도에서 엔트로피 변화는 이들 3가지 엔트로피 변화의 합이 된다. 엔트로피가 상태 함수라는 사실을 활용하고 있다. 엔트로피 변화는 조건의 변화에 따라 달라지지만 계가 어떻게 거기에 도달했는지와는 상관이 없다. 그러므로 지금 언급한 3단계 과정은 언급된 온도에서의 단일 단계 과정과 동일하며 단일 단계 과정에 대한 엔트로피 변화와 같은 엔트로피 변화를 가진다. (이때 열용량 C는 온도에 따라 변하지 않는다고 가정한다. 또한 작은 ΔT 값에 대해서 이 가정은 훌륭한 근사법이 될 수 있다.)

표준 압력이 아닌 압력하에서 일어나는 기체상 과정에서의 ΔS 역시 계의 압력이나 부피 변화로 쉽게 계산될 수 있다. 아래의 두 식은 이 장의 초반부에서 유도했던 것이다.

$$\Delta S = nR\ln\frac{V_f}{V_i} \tag{3.21}$$

$$\Delta S = -nR\ln\frac{p_f}{p_i} \tag{3.22}$$

이 식들은 표준 온도가 아닌 경우에 대해서도 앞서 서술한 것과 같이 단계적 방법으로 사용될 수 있다.

예제 3.11

99°C와 표준 압력에서 다음 반응에 대한 엔트로피 변화를 계산하라.

$$2H_2\,(g) + O_2\,(g) \longrightarrow 2H_2O\,(\ell)$$

이 반응은 예제 3.10과 같지만 조건은 다르다. 그러나 ΔS가 상태 함수이고 전체 과정이 쉽게 계산할 수 있는 부분 과정으로 분할할 수 있다는 사실을 이용할 것이다.

H_2, O_2 및 H_2O에 대한 열용량은 각각 28.8, 29.4 및 75.3 J/mol·K로서 일정하다. 몰량은 균형 화학 반응과 이상 기체 거동에 근거하고 있다고 가정한다.

풀이

1. 첫 번째 단계로 반응물 즉, 2 mol의 H_2와 1 mol의 O_2가 99°C에서 25°C (372 K에서 298 K)로 온도가 변함에 따른 엔트로피 변화를 계산한다. 이때 엔트로피 변화를 ΔS_1이라고 하자. 식 (3.20)을 이용하여 ΔS_1을 계산하면 다음과 같다.

$$\Delta S_1 = (2\text{ mol})\left(28.8\,\frac{\text{J}}{\text{mol·K}}\right)\left(\ln\frac{298\text{ K}}{372\text{ K}}\right) + (1\text{ mol})\left(29.4\,\frac{\text{J}}{\text{mol·K}}\right)\left(\ln\frac{298\text{ K}}{372\text{ K}}\right)$$

$$\Delta S_1 = -19.3\,\frac{\text{J}}{\text{K}}$$

이것은 반응물의 온도를 298 K로 내렸을 때 엔트로피 변화를 설명해 준다.

2. 두 번째 단계로 기준 온도인 298 K에서 화학 반응에 대한 엔트로피 변화를 계산한다. 이때의 엔트로피를 ΔS_2라고 하자. 사실 이 값은 예제 3.10에서 이미 계산되었다.

$$\Delta S_2 = -326.7\,\frac{\text{J}}{\text{K}}$$

이것이 기준 온도에서의 ΔS이다.

3. 세 번째 단계로 기준 온도에서의 생성물이 주어진 반응 온도로 변함(즉, 298 K에서 372 K로)에 따른 엔트로피 변화를 계산한다. 이때의 엔트로피 변화를 ΔS_3라고 하자. 식 (3. 20)에 의해 ΔS_3를 다음과 같이 계산할 수 있다.

$$\Delta S_3 = (2\text{ mol})\left(75.3\,\frac{1}{\text{mol·K}}\right)\left(\ln\frac{372\text{ K}}{298\text{ K}}\right)$$

$$\Delta S_3 = 33.4\,\frac{\text{J}}{\text{K}}$$

이것은 생성물을 372 K까지 다시 가열한 것을 설명해준다.

전체 엔트로피의 변화는 이들 3개의 개별 엔트로피 값의 합이 된다.

$$\Delta_{\text{반응}}S = [-19.3 - 326.7 + 33.4]\frac{\text{J}}{\text{K}}$$

$$\Delta_{\text{반응}}S = -312.6\,\frac{\text{J}}{\text{K}}$$

엔트로피 변화가 25°C에서의 값과 비슷함에도 불구하고 약간의 차이는 있다. 이 예제는 상대적으로 작은 조건의 변화에 대한 것이다. 만일 온도가 기준 온도보다 수백 도가 달라진다면 ΔS에서 큰 변화를 보게 될 것이다. 만일 이런 경우라면 온도의 함수로 표현된 열용량 식이 사용되어야 할 것이다. 왜냐하면 열용량이 일정하다는 것은 역시 근사이기 때문이다.

예제 3.12

25°C와 300 atm에서 다음 반응에 대한 반응 엔트로피 변화를 계산하라.

$$2H_2\,(g) + O_2\,(g) \longrightarrow 2H_2O\,(\ell)$$

몰량은 균형 화학 반응에 기초한다고 가정한다. 또한 압력의 변화는 생성물인 액체 물의 엔트로피에 영향을 주지 않는다고 가정한다(즉, $\Delta S_3 = 0$).

풀이

이 예제는 압력이 표준 압력이 아닌 점을 제외하면 예제 3.11과 유사하다. ΔS_3이 근사적으로 0이기 때문에 처음 두 단계만을 가지고 ΔS를 계산할 수 있다.

1. 반응물의 압력이 300 atm에서 표준 압력인 1 atm으로 변함에 따른 엔트로피의 변화는 다음과 같다.

   $$\Delta S_1 =$$
   $$-(2\text{ mol})\left(8.314\,\frac{\text{J}}{\text{mol·K}}\right)\left(\ln\frac{1\text{ atm}}{300\text{ atm}}\right) - (1\text{ mol})\left(8.314\,\frac{\text{J}}{\text{mol·K}}\right)\left(\ln\frac{1\text{ atm}}{300\text{ atm}}\right)$$

   여기서 첫 번째 항은 수소에 대한 것이고 두 번째 항은 산소에 대한 것이다. 이 식을 풀면 다음을 얻는다.

   $$\Delta S_1 = +142.3\,\frac{\text{J}}{\text{K}}$$

2. 두 번째 엔트로피 변화는 표준 조건에서의 반응에 관한 것이다. 이는 예제 3.10에서 이미 계산했으며 아래와 같다.

   $$\Delta S_2 = -326.7\,\frac{\text{J}}{\text{K}}$$

3. 세 번째 엔트로피 변화는 0으로 가정한다.

   $$\Delta S_3 = 0\,\frac{\text{J}}{\text{K}}$$

   반응에 대한 전체 엔트로피 변화 $\Delta_{\text{반응}}S$는 이들 3가지 엔트로피 변화의 합이다.

   $$\Delta_{\text{반응}}S = [+142.3 - 326.7 + 0]\,\frac{\text{J}}{\text{K}}$$
   $$\Delta_{\text{반응}}S = -184.4\,\frac{\text{J}}{\text{K}}$$

엔트로피의 영향은 생물학적 수준에서도 볼 수 있다. 두 개의 단일 가닥 RNA나 DNA가 합쳐질 경우 수소 결합 상호작용에 대해 예상한 것처럼 작은 엔탈피 감소(염기쌍 당 약 40 kJ/mol)가 수반된다. 아울러 염기쌍당 −90 J/mol·K의 중요한 엔트로피 변화도 있다. 이 값을 예제 3.10에서의 연소에 따른 엔트로피 값과 비교해 보라.

3.8 요약

이 장에서는 새로운 상태 함수인 엔트로피를 소개하였다. 이는 열역학을 연구하는 데 특별한 영향을 줄 것이다. 엔트로피는 내부 에너지나 엔탈피처럼 에너지가 아니다. 엔트로피는 다른 종류의 상태 함수로서 다른 양이다. 엔트로피에 대해 생각해야 하는 한 가지는 볼츠만에 의해 소개된 것으로서 계에 가능한 상태 수의 척도가 엔트로피라는 것이다.

엔트로피의 정의는 궁극적으로 열역학 제2법칙이란 개념을 가져다 준다. 임의의 자발적인 변화가 일어나면 동시에 우주의 엔트로피 증가를 수반한다. 엔트로피는 가역 과정에 대한 열의 변화에 의해 수학적으로 정의할 수 있고, 이는 물리적 또는 화학적 과정에 대한 엔트로피 변화를 계산하는 데 사용할 수 있는 많은 수학적 표현을 유도할 수 있도록 해준다. 질서에 대한 개념은 열역학 제3법칙이란 개념을 가져다 준다. 열역학 제3법칙은 절대 0도에서 완전한 결정의 절대 엔트로피는 정확히 0이라는 것이다. 따라서 절대 0도가 아닌 온도에서 물질의 절대 엔트로피를 말할 수 있게 된 것이다. 엔트로피는 절대적으로 알 수 있는 계에 대한 유일한 열역학적 상태 함수가 되고 그리고 그렇게 유지될 것이다. (절대적으로 알 수 있는 값을 가진 p, V, T 및 n과 같은 상태 변수와 엔트로피를 대조해 보라.)

이 장은 자발성에 대한 질문에서 시작했다. 어떤 과정이 저절로 일어날 수 있는가? 만일 계가 고립되어 있다면 엔트로피가 증가할 경우 그 과정은 저절로 일어날 수 있을 것이다. 그러나 대부분의 과정은 고립되어 있지 않다. 많은 계들은 계의 안팎으로 에너지가 출입된다(즉, 닫힌계지만 고립계는 아님). 자발성에 대한 유용한 점검을 위해서는 엔트로피 변화뿐 아니라 에너지의 변화도 고려해야 한다. 이와 같은 내용은 다음 장에서 다룰 것이다.

주요 식

$\Delta U = 0 = q_1 + w_1 + w_2 + q_3 + w_3 + w_4$ (카르노 순환의 열과 일)

$e = -\dfrac{w_{순환}}{q_1}$ (효율에 대한 원래의 정의)

$e = 1 + \dfrac{q_s}{q_1}$ (열로 표현된 효율)

$e = 1 - \dfrac{T_{저온}}{T_{고온}}$ (온도로 표현된 효율)

$dS = \dfrac{dq_{가역}}{T},\ \Delta S = \displaystyle\int \dfrac{dq_{가역}}{T}$ (엔트로피의 정의)

$\Delta S = \dfrac{q_{가역}}{T}$ (등온 과정에 대한 엔트로피)

$\Delta S = C \ln \dfrac{T_f}{T_i}$ (온도 변화에 대한 엔트로피)

$\Delta S = nR \ln \dfrac{V_f}{V_i}$ (부피 변화에 대한 엔트로피)

$\Delta S = -nR \ln \dfrac{p_f}{p_i}$ (압력 변화에 대한 엔트로피)

$$\Delta_{\text{혼합}}S = -R \cdot \sum_{i=1}^{\text{기체 종류의 수}} n_i \ln x_i \quad \text{(기체 혼합 엔트로피)}$$

$$S = k \ln \Omega \quad \text{(상태로 표현된 엔트로피)}$$

$$\Delta_{\text{반응}}S = \sum_{\text{생성물}} \Delta_f S - \sum_{\text{반응물}} \Delta_f S \quad \text{(화학 반응에 대한 엔트로피 변화)}$$

연습 문제

3.2 열역학 제1법칙의 한계

3.1. 다음 과정이 자발적인지를 결정하고, 그 이유를 말하라. 그 '이유'는 특별하지 않고 일반적일 수 있다. **(a)** −5°C에서 얼음의 녹음, **(b)** +5°C에서 얼음의 녹음, **(c)** 물에서 KBr(s)의 용해, **(d)** 플러그를 뽑은 냉장고가 차가워지는 것, **(e)** 나무에서 땅으로 나뭇잎이 떨어지는 것, **(f)** 반응 $Li(s) + \frac{1}{2}F_2(g) \rightarrow LiF(s)$, **(g)** 반응 $H_2O(\ell) \rightarrow H_2(g) + \frac{1}{2}O_2(g)$.

3.2. 실제로 흡열이면서 자발적인 과정의 예를 한 가지 들어라. 즉, 이 과정은 열을 흡수하면서 일어난다.

3.3 카르노 순환과 효율

3.3. 카르노 형태의 순환에 대해 다음의 양을 고려하여 이 순환의 효율을 계산하라.

단계 1: $q = +850$ J, $w = -850$ J. 단계 2: $q = 0$, $w = -155$ J.

단계 3: $q = -623$ J, $w = +623$ J. 단계 4: $q = 0$, $w = +155$ J.

3.4. 네 단계 순환에 대해 다음의 양을 고려하여 이 순환이 카르노 형태의 순환이 되기 위해 각 단계에서 추가적인 조건은 무엇인가? 이 과정의 효율을 구하라.

단계 1: $q = +445$ J, $w = -445$ J. 단계 2: $q = 0$, $w = -99$ J.

단계 3: $q = -360$ J, $w = +360$ J. 단계 4: $q = 0$, $w = +99$ J.

3.5. 0.440 (44.0%)의 효율과 150°C의 고온 열원을 갖는 과정에 있어서 저온 열원의 온도를 구하라.

3.6. 0.440(44.0%)의 효율과 150°C의 저온 열원을 갖는 과정에 있어서 고온 열원의 온도를 구하라.

3.7. $T_{\text{고온}}$이 100°C이며 $T_{\text{저온}}$이 0°C인 기관의 효율을 구하라.

3.8. 열기관의 고온 열원의 온도가 저온 열원의 온도보다 실제 높아야 하는 이유를 설명하라. 반대의 경우가 가능하겠는가?

3.9. 과열 수증기란 100°C보다 높은 온도를 갖는 수증기를 말한다. 증기 기관을 작동시키기 위해 과열 수증기를 이용했을 경우의 장점을 설명하라.

3.10. 기관의 효율을 최적화를 위해 가능한 한 고온의 열원의 온도를 높이는 것과 가능한 한 저온의 열원의 온도를 낮추는 것 중 어떤 것을 선택할 것인가? 그 이유를 설명하라.

3.11. 카르노 순환은 특별히 첫 번째 단계로서 기체의 등온 팽창을 수반하는 것으로 정의된다. 카르노 순환이 단열 팽창인 단계 2에서 시작할 수 있을까? 그 이유를 설명하라. (*힌트*: 그림 3.2 참조)

3.12. 열역학에서 단열 변화에 대한 압력-부피 도표에서의 경로를 단열 곡선이라 하고 등온 변화에 대한 경로를 등온 곡선이라 한다. 그림 3.2에서 단열 곡선과 등온 곡선을 표시하라.

3.13. 냉장고는 열기관과 정반대이다. 즉, 계에서 열을 제거하도록 일이 수행되고 냉장고는 차가워진다. 냉장고의 효율['COP (coefficient of performance, 성능 계수)'라고도 함]은 $q_3/w_{\text{순환}} = T_{\text{저온}}(T_{\text{고온}} - T_{\text{저온}})$으로 정의된다. 이 정의를 이용하여 절대 온도를 반으로 줄이는 데 필요한 효율을 결정하라. 절대 0도에 도달하기 위한 시도에 관해 구한 답의 의미를 설명하라.

3.14. 효율은 식 (3.5), 식 (3.6) 및 식 (3.10)에 의해 주어진다. 열역학 이론을 전개함에 있어 대부분의 경우 이상 기체를 취급하지만, 실험에서는 실제 기체로 한정된다(효율을 나타내는). e에 대한 정의 중 어느 것이 이상 기체는 물론 실제 기체도 포함하는 과정에 엄격하게 적용되는가?

3.4 & 3.5 엔트로피와 열역학 제2법칙

3.15. 이상적인 카르노 순환에 대한 엔트로피 변화는 무엇인가? 답을 설명하라.

3.16. 비스무트(Bi) 3.87 mol이 녹는점 271.3°C에서 녹을 때 엔트로피 변화는 얼마인가? 고체 Bi의 용융열은 10.48 kJ/mol이다(비스무트는 물과 더불어 액체에서 보다는 고체에서 밀도가 더 작은 몇 안 되는 물질 중의 하나이다. 그러므로 얼음이 물에서 뜨는 것처럼 고체 Bi도 액체 Bi에서 뜬다).

3.17. 1064°C에서 1.00 oz (28.3 g)의 액체 금이 응고될 때 엔트로피 변화를 구하라. Au의 용융 엔탈피는 12.55 kJ/mol이다.

3.18. '어떤 과정도 100% 효율을 가질 수는 없다'라는 말이 열역학 제2법칙을 가장 잘 표현하는 것이 아니라는 이유를 설명하라.

3.19. 물 1.00 mol이 0°C에서 100°C로 가역적으로 가열될 때 엔트로피 변화를 구하라. 물의 열용량은 4.18 J/g·K로서 상수라고 가정한다.

3.20. 고체 금(Au)의 몰열용량은 다음 식으로 주어진다.

$$\bar{C} = \left[25.69 - 7.32 \times 10^{-4}\frac{T}{\text{K}} + 4.58 \times 10^{-6}\frac{T^2}{\text{K}^2}\right] \text{J/mol·K}$$

Au 2.50 mol이 22.0°C에서 1000°C까지 가역적으로 온도가 변할 경우 엔트로피 변화를 계산하라.

3.21. He 1.00 mol이 부피가 일정한 상태로 45°C에서 55°C까지 비가역적으로 데워진다. 엔트로피 변화는 0.386 J/K보다 작은가 또는 같은가, 아니면 더 큰가? 그 이유를 설명하라.

3.22. 초기 부피와 초기 압력이 각각 2.00 L과 8.00 atm인 피스톤 내부에 있는 단원자 이상 기체를 생각해 보자. 일정한 외부 압력 1.75 atm에 대해서 피스톤이 위로 움직여서(즉, 계가 팽창) 최종 부피가 5.50 L가 되도록 한다. 물론 과정 중의 온도는 25.0°C로 일정하다. 이 과정에 대한 $\Delta S_{\text{계}}$, $\Delta S_{\text{주위}}$ 및 $\Delta S_{\text{우주}}$를 계산하라.

3.23. 이상 기체 시료 0.500 mol의 초기 온도는 298 K이다. 이 시료는 외부 압력 2.45 atm에 의해 초기 부피 13.00 L에서 5.00 L로 압축되었다. 이때 외부 압력과 내부 압력은 동일하다. 이 과정에 대한 $\Delta S_{\text{계}}$, $\Delta S_{\text{주위}}$ 및 $\Delta S_{\text{우주}}$를 계산하라.

3.24. 온도가 25°C로 일정한 피스톤실 안의 SO_2가 25.0 mL에서 75.0 mL로 매우 천천히 팽창한다. SO_2가 반데르발스 기체로서 거동하며 반데르발스 계수로 $a = 6.714\ atm \cdot L^2/mol^2$이고 $b = 0.05636\ L/mol$이다. 피스톤실 안에 0.00100 mol의 이상 기체가 있을 경우 이 과정에 대한 $\Delta S_{계}$, $\Delta S_{주위}$ 및 $\Delta S_{우주}$를 계산하라.

3.25. 정상적인 호흡량은 대략 1 L의 부피가 된다. 공기를 끌어들이기 위해 폐가 발휘한 압력은 약 758 torr이다. 만일 주위의 공기가 정확히 1 atm (= 760 torr)이라면 공기를 폐 속으로 빨아들여 생기는 한 호흡에 대한 엔트로피 변화를 계산하라. (*힌트*: 관련 기체의 몰수를 결정해야만 할 것이다.)

3.26. 자동차 타이어가 46.0 psi (절대), 22.0°C에 있는 15.6 L의 공기를 포함하고 있다. 타이어에서 공기가 빠져 압력이 14.7 psi에 도달했을 때 공기의 엔트로피 변화를 구하라.

3.27. 자동차 타이어가 46.0 psi (절대), 22.0°C에 있는 15.6 L의 공기를 포함하고 있다. 잠시 주변을 운전한 후 타이어의 온도가 85.0°C로 데워졌다. 공기의 엔트로피 변화를 구하라. 이때 공기에 대한 일정 부피 열용량은 20.79 J/mol·K이다.

3.28. 압축 기체 실린더로부터 (이상) 기체 시료의 압력이 230 atm에서 1 atm으로 바뀌고 동시에 기체의 부피는 1 cm^3에서 230 cm^3으로 팽창했다고 한다. 초기 상태에서 최종 상태로 변화하는 동안 온도는 일정하다고 가정한다. 이 과정을 겪는 기체 1 mol의 엔트로피 변화를 구하라. 그리고 구한 답이 합리적인지 그 이유를 설명하라.

3.29. 식 (3.22)를 유도하라. 음의 부호가 어떻게 붙게 되는가?

3.30. 예제 3.5에서 열용량 20.78 J/mol·K(= $5R/2$)이 사용되었다. 사용된 열용량 값이 올바른지를 설명하라.

3.31. 공기의 구성 원소로부터 공기 1 mol을 만들 때의 혼합 엔트로피를 구하라. 공기는 79% N_2, 20% O_2, 1% Ar으로 되어 있다고 가정하자. 아울러 공기는 이상 기체처럼 거동을 한다고 가정한다.

3.32. Ar 4.00 L 및 He 2.50 L가 각각 298 K와 1.50 atm하에 있고, 이들이 등온 및 등압 조건에서 혼합되었다. 이어서 이 혼합물은 298 K에서 20.0 L의 최종 부피로 팽창되었다. 각 단계의 화학 반응을 쓰고 전체 과정에 대한 엔트로피 변화를 결정하라.

3.33. 치과 의사들은 산화 이질소의 초기 마취제로서 40% N_2O와 60% O_2의 혼합물을 사용할 수도 있다(비록 정확한 혼합 비율은 변할 수 있지만). 이 혼합물 1 mol에 대한 혼합 엔트로피를 구하라. 여기서의 기체는 이상 기체로 거동한다고 가정한다.

3.34. Cu 금속 조각 5.33 g을 끓는 물속에서 99.7°C로 가열시킨 후 22.6°C의 물 99.53 g이 들어 있는 열량계에 넣었다. 이 열량계는 외부 환경에 대해 밀폐되어 있고 온도는 같다. $C_p[Cu(s)] = 0.385\ J/g \cdot K$, $C_p[H_2O] = 4.18\ J/g \cdot K$. **(a)** 열량계 내에서 일어나는 과정을 열역학 제0법칙과 제1법칙으로 설명하라. **(b)** 이 계 내의 최종 온도를 구하라. **(c)** Cu (s)의 엔트로피 변화를 구하라. **(d)** H_2O (ℓ)의 엔트로피 변화를 구하라. **(e)** 이 계의 총 엔트로피 변화를 구하라. **(f)** 열량계 내에서 일어나는 과정을 열역학 제2법칙으로 설명하라. 이 과정은 자발적이라고 예상하는가?

3.35. 150°C에 있는 은(silver, Ag) 시료 1.00 mol이 0°C에 있는 1.00 mol의 은과 접촉하고 있다. **(a)** 두 Ag 시료의 최종 온도를 구하라. **(b)** 뜨거운 Ag 시료에 대한 ΔS를 구하라. **(c)** 차가운 Ag 시료에 대한 ΔS를 구하라. **(d)** 계에 대한 전체 ΔS를 구하라. **(e)** 이 과정은 자발적인가? 어떻게 그것을 알 수 있는가? Ag의 열용량은 25.75 J/mol·K로 일정하다고 가정한다.

3.36. 연습 문제 3.34에서 Cu나 H_2O는 모두 이상 기체가 아니다. **(c)**, **(d)**, **(e)**의 ΔS에 대해 구한 답의 예상 신뢰도에 대해 논하라. (*힌트*: ΔS를 계산하기 위해 이용했던 식의 유도를 생각해보라.)

3.37. 물 2.22 mol이 25°C에서 100°C로 가열될 때 엔트로피의 변화를 구하라. 물의 열용량은 4.18 J/g·K로 일정하다고 가정한다.

3.38. 온도가 보통의 주변 온도인 20°C에서 평균 작동 온도인 650°C로 변하는 800 lb의 기관(1 lb = 0.455 kg)에 대한 엔트로피 변화를 추산하라. 철(대부분 기관의 주요 성분)의 열용량은 0.45 J/g·K이다.

3.39. 풍선 내 초기 압력이 2.55 atm이고 외부 압력이 0.97 atm일 때 풍선이 터짐에 따른 몰당 엔트로피 변화를 구하라.

3.40. 보통의 호흡량은 부피로 약 1 L 정도가 된다. 만일 압력이 760 mmHg인 해수면에서 숨을 들이 마신다고 가정하자. 그리고 즉시 정상 대기압이 590 mmHg인 산악지역의 뉴멕시코주 로스알라모스로 이동하여 숨을 내쉰다고 하자. [이것은 단지 사고실험(thinking experiment)일 뿐이다.] 공기는 이상 기체의 거동을 한다고 가정했을 때 공기의 엔트로피 변화를 구하라. 온도는 37°C로 가정한다.

3.41. 열역학 제1법칙은 때때로 '너는 이길 수 없다'라고 말하는 것이고, 열역학 제2법칙은 '너는 비길 수조차도 없다'라고 비슷하게 말하는 것이다. 이 두 진술이 열역학 제1및 제2법칙에 대해 얼마나 적절한(비록 불완전하지만) 관점이라 생각되는지를 설명하라.

3.42. 트루톤 법칙(Trouton's rule)에 따르면 정상 끓는점에서의 기화 엔트로피가 85 J/mol·K임을 나타낸다. **(a)** 예제 3.2의 데이터가 트루톤 법칙에 맞는가? **(b)** H_2O의 기화열은 40.7 kJ/mol이다. 정상 끓는점에서 H_2O의 $\Delta_{기화}S$가 트루톤 법칙에 부합되는가? 차이점을 설명할 수 있는가? **(c)** 사이클로헥세인(C_6H_{12})의 $\Delta_{기화}H$가 30.1 kJ/mol이라면 사이클로헥세인의 끓는점을 예측하라. 구한 답을 측정된 정상 끓는점 80.7°C와 비교하라.

3.43. 열역학 제2법칙에 대한 켈빈-플랑크 공식의 의미는 다음과 같다. '한 열원으로부터 열을 흡수하여 동일한 양의 일을 하는 순환으로 작동하는 열기관을 만드는 것은 불가능하다.' 그와 같은 불가능한 기관을 나타내기 위해 그림 3.1을 다시 그려라. 열기관의 효율은 어떻게 되는가? 그와 같은 기관이 왜 불가능한가?

3.6 질서와 열역학 제3법칙

3.44. S는 결코 음의 값을 가질 수 없다는 것에 대해 엔트로피에 관한 볼츠만 정의를 사용하여 논하라. [*힌트*: 식 (3.26) 참조.]

3.45. 볼츠만 상수 값을 **(a)** L·atm/K, **(b)** (cm^3·mmHg)/K의 단위로 계산하라.

3.46. 어느 계의 엔트로피가 더 큰가? **(a)** 깨끗한 주방과 더러운 주방, **(b)** 글씨를 쓴 흑판과 완전히 지운 흑판, **(c)** 0°C에 있는 얼음 1 g과 0°C에 있는 얼음 10 g, **(d)** 0 K에 있는 얼음 1 g과 0 K에 있는 얼음 10 g, **(e)** 22°C(거의 실온)에서 에틸 알코올(C_2H_5OH) 10 g과 2°C(거의 차가운 음료수의 온도)에서 에틸 알코올 10 g.

3.47. 다음에서 어느 계의 엔트로피가 더 큰가? **(a)** 1064 K에서 고체 Au 1 g과 1064 K에서 액체 Au 1 g, **(b)** STP에서 CO 1 mol과 STP에서 CO_2 1 mol, **(c)** 1 atm의 압력에서 Ar 1 mol과 0.01 atm의 압력에서 Ar 1 mol.

3.48. 298.15 K에 있는 He의 절대 엔트로피는 126.04 J/mol·K이다. 1000.00 K에서의 He의 절대 엔트로피를 구하라. 단, 열용량은 일정하다고 가정한다.

3.49. 298.15 K에 있는 Kr의 절대 엔트로피는 163.97 J/mol·K이다. 200.00 K에서 부피가 변하지 않는다고 할 때 Kr의 절대 엔트로피를 구하라. 단, 열용량은 일정하다고 가정한다.

3.50. 헬륨 원소는 절대 0도에서 액체로 존재할 것으로 생각된다(고체 헬륨

은 오직 액체 시료에 약 26 atm의 압력을 가해서 만들어질 수 있다). 절대 0도에서 액체 헬륨의 엔트로피는 정확하게 0인가? 그 이유를 설명하라.

3.51. 다음 물질을 엔트로피가 증가하는 순서로 배열하라. NaCl (고체), C (흑연), C (다이아몬드), $BaSO_4$ (고체), Si (결정), Fe (고체).

3.52. 어떤 과정에 대한 몰당 엔트로피 변화가 1.00 J/mol·K이라고 한다. 반응물에서 생성물로 반응이 진행될 때 가능한 분포 수인 Ω는 몇 퍼센트까지 변하는가? 식 (3.26)에서의 관계를 사용하면 된다.

3.53. 만일 과정 중에 Ω가 두 배가 되었을 경우 그 과정에 대한 엔트로피 변화를 구하라. 식 (3.26)의 관계를 사용하면 된다.

3.54. 이상 기체 1 mol이 등온 가역적으로 1.00 L만큼 팽창한다. 첫 번째 경우는 팽창이 1.00 L에서 시작하고 두 번째 경우는 팽창이 10.00 L에서 시작된다고 하자. 두 경우에 대한 엔트로피 변화를 계산하고 각각의 경우에서 Ω의 변화를 이용하여 상대적인 값이 옳은지 설명하라.

3.7 화학 반응의 엔트로피

3.55. 보통 온도(즉, 실온)와 표준 압력에 있는 원소들의 엔트로피는 왜 0과 같지 않는가?

3.56. 다음 화합물에 대해 생성 엔트로피 $\Delta_f S$를 결정하라. 온도는 25°C로 가정한다. **(a)** $H_2O(\ell)$, **(b)** $H_2O(g)$, **(c)** $Fe_2(SO_4)_3$, **(d)** Al_2O_3

3.57. 테르밋 반응은 산화 철(III)을 고체 알루미늄 분말과 반응시켜서 산화 알루미늄과 철을 만든다. 이 반응은 너무 발열적이어서 보통 처음에는 생성물 철이 녹아 있다. 이 테르밋 반응에 대해 균형 화학 반응식을 쓰고, 이 과정에 대한 $\Delta_{반응}S$를 결정하라. 표준 조건을 가정한다.

3.58. 앞의 문제에서 테르밋 반응의 산화 철(III) 대신에 산화 크로뮴(III)을 사용하면 생성물로서 크로뮴 금속과 산화 알루미늄을 얻을 수 있다. 이런 형태의 테르밋 반응에 대한 $\Delta_{반응}H$ 및 $\Delta_{반응}S$를 계산하라. 표준 조건을 가정한다.

3.59. 다음의 두 반응에 대해 표준 조건하에서 $\Delta_{반응}S$의 차이를 구하라. 그리고 그 차이가 옳은지 설명하라.

$$H_2\,(g) + \tfrac{1}{2}O_2\,(g) \longrightarrow H_2O\,(\ell)$$
$$H_2\,(g) + \tfrac{1}{2}O_2\,(g) \longrightarrow H_2O\,(g)$$

3.60. 탄산 칼슘은 아라고나이트(aragonite, 연체 동물의 껍질로부터 형성)와 방해석(calcite, 퇴적암에서 형성)의 두 가지 결정 형태를 가진다. 다음 반응에 대한 엔탈피 변화는 1 atm하에서 그리고 탄산 칼슘의 전이 온도인 380°C에서 −0.20 kJ/mol이다. 이 상변화에 대한 ΔS를 계산하라.

방해석(calcite) → 아라고나이트(aragonite)

3.61. 가솔린에 대한 화학식은 대략 C_8H_{18}로 나타낼 수 있다. 가솔린의 연소 반응식은 다음과 같다.

$$2C_8H_{18}(\ell) + 25O_2(g) \rightarrow 16CO_2(g) + 18H_2O(\ell)$$

만일 $S(C_8H_{18})$ = 361.2 J/mol·K이라고 할 때 가솔린 2653 g (= 1.00 gal)이 연소함에 따른 엔트로피 변화를 계산하라.

3.62. 다음 반응에 대한 몰당 엔트로피 변화를 계산하라.

C(고체, 흑연) → C(고체, 다이아몬드)

흑연과 다이아몬드에 대해 알려진 구조에 기초하여 ΔS의 부호를 설명하라.

3.63. 이 장의 처음에 언급되었던 자발적인 흡열 화학 반응은 다음과 같다.

$$Ba(OH)_2\cdot 8H_2O(s) + 2NH_4SCN(s) \rightarrow Ba(SCN)_2(s) + 2NH_3(g) + 10H_2O(\ell)$$

이들 물질 모두에 대한 특정 엔트로피 값이 주어지지 않았다면 이 반응에 대한 ΔS의 부호가 양인지 음인지를 예상할 수 있는가? 답이 이 반응의 자발성을 설명할 수 있는가?

3.64. 식물은 $CO_2(g)$와 $H_2O(\ell)$를 취해서 포도당[$C_6H_{12}O_6(s)$]과 $O_2(g)$를 만들어낸다. 전체 반응에 대한 표준 엔트로피 변화를 구하라.

기호수학 문제

3.65. 네 단계의 카르노 순환에 대해 열과 일을 계산할 수 있는 식을 만들어라. 주어진 양(이를테면 1 mol)의 이상 기체에 대해 압력 및 부피에 대한 초기 조건을 정의하고, 순환의 각 단계에 대한 w와 q를 계산하라. 그리고 순환에서의 전체의 일과 열을 계산하라. 만일 이 과정이 가역적으로 이루어진다면 이 순환에 대해 ΔS = 0임을 증명하라. 다른 변수를 지정해야 할 수도 있다.

3.66. 갈륨 금속 4.55 g이 일정 압력에서 298 K에서 600 K로 가열될 때 이 금속의 ΔS를 수치적으로 결정하라. 이때 갈륨 금속의 몰열용량은 $\overline{C}_p$ = [27.49 − 2.226 × 10^{-3} T/K + 1.361 × 10^5/(T/K)^2] J/mol·K이다. 열용량에 대한 식에서 표준 단위를 가정한다.

3.67. 물질의 T에 대한 C_p/T의 그래프를 이용하여 해당 물질의 엔트로피를 결정할 수가 있는데, 그래프의 곡선 아래 부분의 면적이 엔트로피 값이 되기 때문이다. 황산 소듐(Na_2SO_4)에 대해서는 다음 자료를 이용할 수 있다.

T (K)	C_p (cal/K)
13.74	0.171
16.25	0.286
20.43	0.626
27.73	1.615
41.11	4.346
52.72	7.032
68.15	10.48
82.96	13.28
95.71	15.33

출처: G. N. Lewis and M. Randall, *Thermodynamics*, rev. K.Pitzer and L.Brewer, McGrawHill, New York, 1961.

함수 $f(T) = kT^3$을 이용해서 0 K까지 외삽하라. 여기서 k는 상수이다. 그래프를 이용하여 90 K에서 Na_2SO_4의 실험적인 엔트로피를 수치적으로 계산하라.

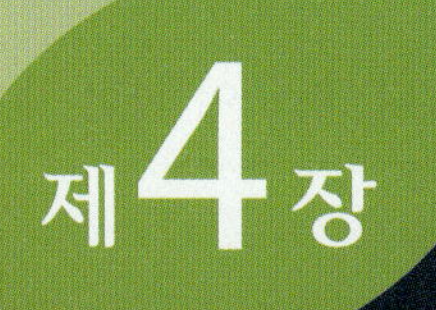

제 4 장 깁스 에너지와 화학 퍼텐셜

Gibbs Energy and Chemical Potential

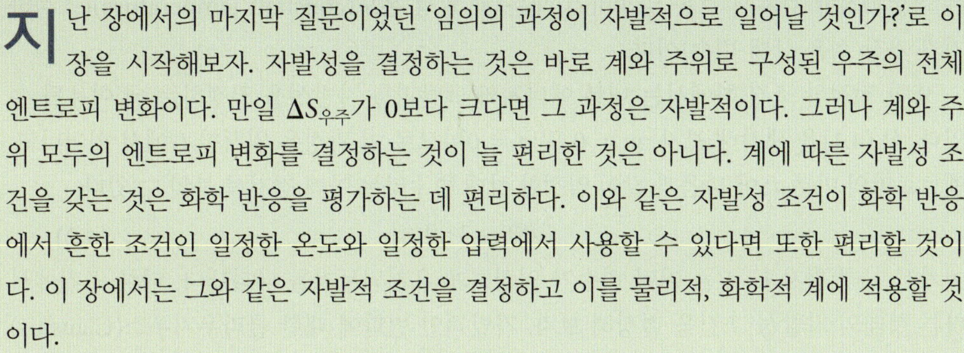

지난 장에서의 마지막 질문이었던 '임의의 과정이 자발적으로 일어날 것인가?'로 이 장을 시작해보자. 자발성을 결정하는 것은 바로 계와 주위로 구성된 우주의 전체 엔트로피 변화이다. 만일 $\Delta S_{우주}$가 0보다 크다면 그 과정은 자발적이다. 그러나 계와 주위 모두의 엔트로피 변화를 결정하는 것이 늘 편리한 것은 아니다. 계에 따른 자발성 조건을 갖는 것은 화학 반응을 평가하는 데 편리하다. 이와 같은 자발성 조건이 화학 반응에서 흔한 조건인 일정한 온도와 일정한 압력에서 사용할 수 있다면 또한 편리할 것이다. 이 장에서는 그와 같은 자발적 조건을 결정하고 이를 물리적, 화학적 계에 적용할 것이다.

4.1 개요

엔트로피의 한계를 논하는 것으로부터 시작할 것이다. 그 후 깁스 에너지(Gibbs energy)와 헬름홀츠 에너지(Helmholtz energy)를 정의할 것이다. 궁극적으로 보여주려고 하는 것은 대부분의 화학 반응에 대해서 깁스 에너지가 해당 과정의 자발성 여부에 대한 엄격한 기준을 제공한다는 것이다.

깁스 에너지와 헬름홀츠 에너지 모두 탁월한 열역학 학자의 이름을 따서 이름이 붙여졌으며, 마지막으로 정의될 에너지이다. 이들 에너지의 정의는 편도함수의 적절한 사용과 더불어 매우 다양한 수학적 관계식을 얻을 수 있게 한다. 이들 수학적 관계식의 일부는 화학 반응, 화학 평형, 그리고 중요한 것으로는 화학 반응의 예측과 같은 많은 현상에 열역학을 충분히 적용하도록 해준다. 어떤 이들은 이러한 관계식 때문에 물리화학이 복잡하다고 말하기도 한다. 아마도 이런 관계식들은 물리화학이 화학 전반에 널리 적용되고 있다는 증거로서 좋게 보여질 것이다.

4.2 자발성 조건

한 과정에 대한 자발성의 척도로서 다음의 식은 유용하기는 하나 복잡할 수 있다.

$$\Delta S_{우주} > 0$$

열역학적으로 '계(system)'는 물리적, 화학적 과정이 일어나는 우주(universe) 내 관심이 있는 영역으로 정의하고 '주위(surroundings)'는 그 나머지로 정의한다. 즉, 정의에 의하면 주위는 거의 **관심을 두지 않는** 영역이 된다. 자발성 조건을 정함에 있어서 오직 관심을 두는 계가 아닌 전체 우주에 적용되는 상태 함수에 의존할 필요가 있는가? 실상은 그럴 필요가 없다. 사실 계의 조건에만 의존하는 함수를 정의할 수 있다. 더욱이 과학 체험에 적합한 조건에 적용할 수 있는 함수를 정의할 수 있다.

자발성의 척도로서 다음의 식은 적용하는 데 한계가 있다.

$$\Delta S_{계} > 0 \tag{4.1}$$

그 이유는 이 식이 아무런 p-V 일이 행해지지 않고 단열적이어서 w 및 q 모두가 0인 고립계에만 적용되기 때문이다. 그러나 많은 과정은 $w \neq 0$이거나 $q \neq 0$ 또는 w와 q가 둘 다 0이 아닌 조건으로 일어난다. 여기서 실제로 원하는 것은 실생활에 공통적이고 주위가 아닌 계만의 성질에 바탕을 둔 실험 조건의 자발성을 결정하는 방법이다. 이 실험 조건들은 **일정 압력**(constant pressure)(많은 과정이 일어날 때 대기압에 노출되며 대기압은 실험과정에 걸쳐서 보통 일정하기 때문)과 **일정 온도**(constant temperature)(조절하기가 가장 쉬운 상태 변수)이다.

또한 적절한 조건 하에서는 내부 에너지와 엔탈피를 자발성을 결정하는 데 이용될 수 있다. 식 (4.1)을 생각해 보자. $w = 0$ 및 $q = 0$이므로 이 과정은 일정한 U에서 일어나고, 엔트로피의 미분 dS에 다음과 같이 일정한 상태 변수라는 아래 첨자를 붙일 수 있다.

$$(dS)_{U,V} > 0 \tag{4.2}$$

여기서 아래 첨자 U, V는 어떤 변수가 일정하게 유지되는가를 나타낸다. 다른 조건에서 다른 형태의 자발성 조건을 결정해 보자. 자발적인 변화에 대한 클라우지우스(Clausius) 정리는 다음과 같다.

$$\frac{dq}{T} \leq dS$$

이 식을 다음과 같이 다시 쓸 수 있다.

$$\frac{dq}{T} - dS \leq 0$$

그리고 $dU = dq - pdV$ 또는 $dq = dU + pdV$이므로 위 식을 다음과 같이 쓸 수 있다.

$$\frac{dU + p\,dV}{T} - dS \leq 0$$

위 식에서 등호는 가역 과정일 경우 성립한다. 양변에 T를 곱해주면 자발적 변화에 대한 아래와 같은 식을 얻을 수 있다.

$$dU + p\,dV - T\,dS \leq 0$$

만일 과정이 일정 부피 및 일정 엔트로피, 즉 dV 및 dS가 0인 조건하에서 일어난다면 자발성 조건으로서 위 식은 아래와 같아진다.

$$(dU)_{V,S} \leq 0 \tag{4.3}$$

이 조건은 일정하게 놓는 부피와 엔트로피에 의해 좌우되기 때문에 V 및 S를 내부 에너지의 자연 변수라 부른다. 상태 함수의 **자연 변수**(natural variable)란 상태 함수가 이 변수에 대해 어떻게 거동하는지를 알면 계의 모든 열역학적인 성질을 알게 되는 변수이다(이것은 나중에 나오는 예제를 보면 보다 명확해 질 것이다).

그렇다면 애초에 자발성 조건으로서 식 (4.3)을 소개하지 않았을까? 첫째, 이 식은 엔트로피에 대한 정의에 좌우되는데, 제3장에 이르러서야 엔트로피를 도입했다. 둘째, 더 중요하게 이 식은 **등엔트로피**(isentropic) 과정 즉, 무한소 변화 과정에 대해서는 $dS = 0$

이고, 전체 과정에 대해서는 $\Delta S = 0$인 과정을 필요로 한다. 어떤 계에 변화 과정이 일어나게 하고 계 내의 원자 및 분자 수준에서의 질서도가 전혀 달라지지 않도록 하는 것이 얼마나 어려운지 상상할 수 있다(dV가 0 또는 전체 과정에 대해 ΔV가 0이 되는 과정을 고안하는 것이 얼마나 쉬운가하는 것과는 대조적임). 솔직히 식 (4.3)은 자발성 조건으로서 매우 유용하지는 못하다.

$dH = dU + d(pV)$이므로 식 (4.3)의 바로 앞 식에서 dU를 치환하면 다음과 같다.

$$dH - p\,dV - V\,dp + p\,dV - T\,dS \leq 0$$

두 개의 $p\,dV$ 항은 상쇄되므로 자발적인 변화에 대한 다음의 관계를 얻게 된다.

$$dH - V\,dp - T\,dS \leq 0$$

만일 이 변화가 일정 압력과 일정 엔트로피 조건하에서 일어난다면 dp 및 dS는 모두 0이 되므로 자발성 조건은 다음이 같이 된다.

$$(dH)_{p,S} \leq 0 \tag{4.4}$$

등엔트로피 과정을 유지할 수 없다면 자발성 조건으로서 이 식은 유용하지 않다. 엔탈피 변화가 자발성 조건으로 작용하기 위해선 p와 S는 상수가 되어야 하기 때문에 p와 S는 엔탈피에 대한 자연 변수가 된다. 그러나 식 (4.4)는 많은 자발적인 변화가 왜 발열적인지 그 이유를 알려 준다. 그러나 많은 과정은 대기압이란 일정 압력하에서 일어난다. 일정 압력은 엔탈피 변화가 자발성이 되는 데 필요한 요건의 절반에 해당한다. 그러나 많은 과정에서 엔트로피 변화는 0이 아니므로 이 같은 자발성 조건은 충분치 못하다.

어떤 경향성에 주목해 보자. 엔트로피에 대한 자발성 조건인 식 (4.1)은 자발적인 과정에 대해 엔트로피 변화가 양의 값임을 말해 준다. 즉, 엔트로피가 **증가**한다. 반면에 계의 에너지 척도인 내부 에너지 및 엔탈피에 대한 자발성 조건이 성립하기 위해서는 그 변화가 0보다 작아야 한다. 즉, 자발적인 변화에서 계의 에너지는 **감소**한다. **적절한 조건들이 충족된다면** 엔트로피의 증가 및 에너지의 감소는 보통 자발적이다. 그러나 실험 조건으로서 대부분 유용한 일정 압력 및 온도에 대해서는 뚜렷한 자발성 시험이 여전히 부족하다.

예제 4.1

다음 조건하에서 아래의 과정들이 자발적인지 아니면 자발적이 아닌지에 대해 말하라.

a. 일정한 V 및 p에서 ΔH가 양의 값을 가지는 과정

b. ΔU가 음의 값을 갖고 ΔS가 0인 등압 과정

c. ΔS가 양의 값을 갖고 부피가 변하지 않는 단열 과정

d. ΔH가 음의 값을 갖는 등압, 등엔트로피 과정

풀이

a. 압력과 엔트로피가 일정할 경우 자발적 과정이 되기 위해서는 ΔH가 음의 값을 가져야 한다. p 및 S에 대한 제한 조건은 모르기 때문에 이 과정이 자발적인지의 여부는 알 수 없다.

b. 등압 과정은 $\Delta p = 0$이다. 또한, 마이너스의 ΔU와 $\Delta S = 0$이 주어져 있다. 불행하게도

예제 4.1 *(계속)*

음의 ΔU 자발성 조건은 일정 부피(즉, $\Delta V = 0$)의 조건을 필요로 한다. 그러므로 이 과정을 자발적이라고 말할 수 없다.

c. 단열 과정은 $q = 0$임을 의미한다. 그리고 부피가 변하지 않는 것은 $\Delta V = 0$이 되므로 $w = 0$이 된다. 그러므로 $\Delta U = 0$이 된다. 일정한 U 및 V는 엄격한 엔트로피 자발성 시험을 적용할 수 있도록 해준다. 만일 $\Delta S > 0$이라면 이 과정은 자발적이다. ΔS가 양의 값이라고 했기 때문에 이 과정은 자발적이어야 한다.

d. 등압 및 등엔트로피는 $\Delta p = \Delta S = 0$임을 의미한다. 이것들은 엔탈피 자발성 시험에 있어 유용한 변수이다. 여기서 엔탈피 자발성 시험은 ΔH가 0보다 작아야 함을 요구한다. 실로 이것은 합당한 경우이며, 이 과정은 자발적이어야 한다.

주목할 것은 위의 예제에서 모든 과정들은 자발적일 수 있다는 것이다. 그러나 열역학 법칙에 의하면 마지막 두 개만이 자발적일 수 있다. '될 수 있다'와 '되어야 한다' 간의 차이는 과학에서 중요하다. 과학은 어떤 것도 일어날 수 있다고 본다. 그러나 과학은 무엇이 일어날 것인가에 대해 초점을 맞추고 있다. 이 자발성 조건들은 무엇이 일어날 것인가를 결정하는 데 도움을 준다.

4.3 깁스 에너지와 헬름홀츠 에너지

이제 두 가지의 에너지를 더 정의하고자 한다. **헬름홀츠 에너지**(Helmholtz energy) A는 다음으로 정의된다.

$$A \equiv U - TS \tag{4.5}$$

그러므로 미분 dA는 다음과 같다.

$$dA = dU - T\,dS - S\,dT$$

가역 과정에 대해 이 식은 다음과 같이 된다.

$$dA = -S\,dT - p\,dV$$

여기서 가역 과정에 대한 dU와 엔트로피의 정의를 대입하였다. dU 및 dH, 이들의 자연 변수 및 자발성에 관한 앞선 결론과 비슷하게 A의 자연 변수는 T와 V이며, 일정 온도 및 일정 부피 과정에 대해 다음과 같은 관계가 성립되어야 과정에 대한 자발성이 충족된다.

$$(dA)_{T,V} \leq 0 \tag{4.6}$$

이 식에서 '등호'는 가역적으로 일어나는 과정에 적용된다. 일부 화학적 그리고 물리적 과정들은 일정 부피(예를 들면, 통열량계) 조건하에서 일어나므로 이 정의는 일부 과정에 대해 적용될 수 있다.

또한 **깁스 에너지**(Gibbs energy) G는 다음과 같이 정의된다.

$$G \equiv H - TS \tag{4.7}$$

미분 dG는 다음과 같다.

$$dG = dH - T\,dS - S\,dT$$

여기에 dH의 정의를 대입하고 다시 가역 변화를 가정하면 다음과 같은 관계를 얻게 된다.

$$dG = -S\,dT + V\,dp$$

이 식은 자연 변수가 T 및 p임을 나타내므로 자발성 조건은 다음과 같다.

$$(dG)_{T,p} \le 0 \qquad \textbf{(4.8)}$$

이 식이 바로 찾고자 했던 자발성 조건이다. 그러므로 다소 섣부르지만 다음과 같이 결론을 내릴 수 있다. 일정 압력 및 온도 조건하에 있는 어떠한 과정에 대해서도

만일 $\Delta G < 0$이면, 과정은 자발적이다.
만일 $\Delta G > 0$이면, 과정은 자발적이 아니다. **(4.9)**
만일 $\Delta G = 0$이면, 계는 평형에 있다.

G (및 A)는 상태 함수이므로 위의 명제는 $\int dG = G$가 아니라 $\int dG = \Delta G$라는 사실을 반영한다.

상태 함수 U, H, A 및 G는 p, V, T 및 S를 사용해서 정의될 수 있는 유일한 독립적인 에너지 양들이다. 이 시점에서 고려하고 있는 유일한 일의 형태는 압력-부피 일이라는 것에 주목해야 하는 것이 중요하다. 만일 다른 형태의 일이 수행될 경우에는 이들이 dU의 정의에 반드시 포함되어야 한다. (보통 이 일들은 $dw_{비\text{-}pV}$로서 나타난다. 차후에 비-pV 일의 하나를 고려할 것이다.)

더욱이 조건 $\Delta G < 0$은 변화의 속도가 아닌 오직 자발성만을 정의한다. 반응은 열역학적으로 유리하나 아주 느린 속도로 진행될 수도 있다. 예를 들면, 다음과 같은 반응의 ΔG는 큰 음의 값이다.

$$2H_2(g) + O_2(g) \longrightarrow 2H_2O(\ell)$$

그러나 모든 반응물 기체가 액체의 물로 바뀌기에 앞서 수백만 년 동안 수소 기체와 산소 기체는 고립계에서 함께 공존한다. 이 시점에서 반응의 속도를 말할 수는 없고, 오직 반응이 자발적으로 일어날 수 있는지 여부만을 말할 수 있다.

헬름홀츠 에너지는 독일의 의사이며 물리학자인 헬름홀츠(그림 4.1)의 이름을 따서 명명된 것이다. 그는 1847년 최초로 열역학 제1법칙에 대해 구체적이고 명확하게 선언한 사람으로 알려져 있다. 깁스 에너지는 미국의 수리물리학자인 깁스(그림 4.2)의 이름을 따서 명명되었다. 1870년대에 깁스는 열역학의 원리를 가져다가 화학 반응에 수학적으로 적용시켰다. 그러던 중에 깁스는 열기관에 대한 열역학이 또한 화학에도 적용될 수 있음을 입증하였다.

헬름홀츠 에너지 A의 유용성은 열역학 제1법칙으로 시작하여 설명될 수 있다.

$$dU = dq + dw$$

$dS \ge dq/T$이므로 위 식을 다음과 같이 다시 쓸 수 있다.

$$dU - T\,dS \le dw$$

만일 $dT = 0$이면(즉, 등온 변화에 대해) 이 식은 다음과 같이 쓸 수 있다.

$$d(U - TS) \le dw$$

괄호 안의 양은 A의 정의이므로 이 정의를 대입하여 다음과 같이 쓸 수 있다.

그림 4.1 독일의 물리학자이며 생리학자인 헬름홀츠(Hermann Ludwig Ferdinand von Helmholtz, 1821~1894). 헬르홀츠는 시력과 청력을 포함하여 생리학의 여러 가지의 양상을 연구하는 것 이외에 에너지의 연구에 대해서도 중요한 공헌을 하였다. 그는 어떻게 열역학 제1법칙이 만들어졌는지를 분명히 밝힌 초기 사람들 중 한 사람이다.

그림 4.2 미국의 물리학자인 깁스(Josiah Willard Gibbs, 1839~1903). 깁스는 열역학에 관한 수학을 화학 반응에 엄격하게 적용하여 열역학의 영역을 기관에서 화학에 이르기까지 확대시켰다. 그러나 그의 연구는 그 당시의 연구를 너무 앞서 갔기 때문에 그의 업적이 인정받을 때까지는 거의 20년이나 걸렸다.

$$dA \le dw$$

식의 양변을 적분하면 다음과 같이 된다.

$$\Delta A \le w \quad (4.10)$$

이 관계로부터 헬름홀츠 에너지에서의 등온 변화는 계에 의해 주변에 행해진 일보다 적거나 가역 변화의 경우에는 똑같다는 것을 알 수 있다. 계에 의해 행해진 일은 음의 값이기 때문에 식 (4.10)은 등온 과정의 ΔA는 계가 주위에 할 수 있는 **최대 일의 양**을 의미한다. 일과 헬름홀츠 에너지 사이의 관련성은 헬름홀츠 에너지를 A로 나타내는 이유가 된다. A는 '일(work)'을 의미하는 독일어 **Arbeit**로부터 나왔다.

깁스 에너지에 대해서도 비슷한 식이 유도될 수 있으나 이것은 일에 대한 다소 다른 인식을 이용하고 있다. 지금까지 일은 항상 외부 압력에 대해 기체를 팽창시켜 수행한 일 즉, pV 일로 논의해 왔다. 이것만이 유일한 일은 아니다. 일종의 pV 일이 아닌 일(비-pV 일)을 정의할 수 있다고 한다면 열역학 제1법칙을 다음과 같이 쓸 수 있다.

$$dU = dq + dw_{pV} + dw_{\text{비-}pV}$$

앞에서와 같이 $dS \ge dq/T$와 pV 일의 정의를 위 식에 대입하면 다음을 식을 얻게 된다.

$$dU + p\,dV - T\,dS \le dw_{\text{비-}pV}$$

만일 온도 및 압력이 일정하다면(유용한 상태 함수 G를 위한 중요한 요구 조건), 이 미분식을 다음과 같이 다시 쓸 수 있다.

$$d(U + pV - TS) \le dw_{\text{비-}pV}$$

$U + pV$는 H의 정의이므로, 이를 위 식에 대입하면 다음과 같다.

$$d(H - TS) \le dw_{\text{비-}pV}$$

또한 $H - TS$는 G의 정의이므로 위 식은 다음과 같이 정리된다.

$$dG \le dw_{\text{비-}pV}$$

이 식을 적분하면 다음 식을 얻을 수 있다.

$$\Delta G \le w_{\text{비-}pV} \quad (4.11)$$

즉, 비-pV 일이 수행될 때 ΔG는 한계를 가진다. 계에 의해 수행된 일이 음의 값이기 때문에 ΔG는 계가 주위에 행할 수 있는 비-pV 일의 최대 일을 나타낸다. 가역 과정에 대해 깁스 에너지의 변화는 그 과정의 비-pV 일과 똑같다. 식 (4.11)은 제8장에서 전기 화학과 전기적 일을 논의할 때 중요하게 될 것이다.

dA와 dG의 정의에서 'TdS' 항은 무질서한 분자 에너지 상태에 묶여 있는 내부 에너지 또는 엔탈피의 양을 나타내므로 이는 pV 일이든 비-pV 일이든 간에 어떤 일을 행하는 데에도 이용되지 않는다. (앞에서 열을 무질서한 에너지 전달이라고 정의했던 반면 일을 정돈된 에너지 전달이라고 정의했던 것을 상기해 보라.) 이와 같은 사실은 왜 A와 G가 때로는 각각 **헬름홀츠 자유 에너지**(Helmholtz free energy)와 **깁스 자유 에너지**(Gibbs free energy)로 불리는지에 대한 이유가 된다. (참고로 자유 에너지란 말은 G에는 보통 사용되지만 A에는 보통 사용되지 않는다. 그러나 둘 다 IUPAC에서는 권장되지 않는다.) 자유 에너지란 용어는 그야말로 '자유롭게' 행하는 일 에너지의 양을 말한다. 이것이 바로 식 (4.10)과 식 (4.11)이 의미하는 것이다.

예제 4.2

이상 기체 1 mol을 100.0 L에서 22.4 L로 가역 등온 압축시킬 때 헬름홀츠 에너지의 변화를 계산하라. 온도는 298 K라 가정한다.

풀이

제시된 이 과정은 카르로 형태의 순환에서 세 번째 단계이다. 이 과정이 가역적이므로 등식 $\Delta A = w$가 적용된다. 그러므로 이 과정에 대한 일을 계산할 필요가 있다. 이 일은 식 (2.7)에 의해 다음과 같이 주어진다.

$$w = -nRT \ln \frac{V_f}{V_i}$$

변수에 해당하는 값을 대입하면 다음과 같다

$$w = -(1\ \text{mol})\left(8.314\ \frac{\text{J}}{\text{mol}\cdot\text{K}}\right)(298\ \text{K}) \ln \frac{22.4\ \text{L}}{100.0\ \text{L}}$$
$$= 3{,}710\ \text{J}$$

가역 과정에 대해서는 $\Delta A = w$이므로 아래의 값을 얻을 수 있다.

$$\Delta A = 3{,}710\ \text{J}$$

예제 4.3

전지가 776 J의 일을 회로 상에서 하고 있다. 이 일과 관련된 상태 함수는 무엇이며 해당 상태 함수의 값을 구하라.

풀이

전기적 일은 비-pV 일의 한 형태이다. 그와 같은 경우 일은 ΔG와 관련 있다. 따라서 이 과정에 대한 일은 식 (4.11)에 의해 구할 수 있고 다음과 같다.

$$\Delta G \le -776\ \text{J}$$

계에 의해서 행해진 일은 일이 pV이든 비-pV이든 음의 값이다.

많은 과정이 등온적으로 일어나도록(또는 적어도 이들의 원래의 온도로 되돌아가도록) 만들어질 수 있기 때문에 ΔA 및 ΔG에 대해 다음과 같은 식을 전개시킬 수 있다.

$$A = U - TS$$
$$dA = dU - T\,dS - S\,dT$$

등온 변화에 대해 $dA = dU - T\,dS$

또는 적분하면 다음과 같다.

$$\Delta A = \Delta U - T\,\Delta S \tag{4.12}$$

마찬가지로, 깁스 에너지에 대해서도 다음과 같은 식을 얻을 수 있다.

$$G = H - TS$$
$$dG = dH - T\,dS - S\,dT$$

$$\text{등온 변화에 대해}\ \ dG = dH - T\,dS$$

적분하면 다음을 얻을 수 있다.

$$\Delta G = \Delta H - T\,\Delta S \qquad \textbf{(4.13)}$$

식 (4.12)와 식 (4.13) 모두 계에서의 등온 변화에 대한 식이다. 만일 다른 상태 함수의 변화를 알면 이 식들로부터 ΔA 또는 ΔG를 계산할 수 있다.

헤스 법칙의 방법을 이용해서 화학 반응에 대해 ΔU, ΔH 및 ΔS를 구할 수 있는 것과 같이, '생성물-빼기-반응물'의 방법을 이용한다면 화학 반응에 대해 ΔG 및 ΔA 값을 역시 구할 수 있다. ΔG가 더 유용한 상태 함수이므로 이 함수에 관심을 집중하기로 한다. 생성 엔탈피와 마찬가지로 **생성 깁스 에너지**(Gibbs energies of formation) $\Delta_f G$를 정의하고 표로 만든다. 만일 $\Delta_f G$ 값이 표준 열역학 조건에서 결정된다면 위첨자 °를 써서 $\Delta_f G°$로 나타낸다. 이때 반응 엔탈피에 대하여 했던 것과 마찬가지로 반응의 ΔG인 $\Delta_{반응} G$를 구할 수 있다. 그러나 ΔG를 써서 반응에 대한 자유 에너지 변화를 계산하는 데는 두 가지 방법이 있다. $\Delta_f G$ 값 및 '생성물-빼기-반응물' 방법을 이용하거나 또는 식 (4.13)을 이용할 수도 있다. 어느 방법을 택할 것인지는 주어진 정보(또는 얻을 수 있는 정보)에 달려 있다. 이상적으로 볼 때 두 방법은 같은 답을 주어야 한다.

이상의 내용이 의미하는 것은 표준 상태의 원소에 대한 $\Delta_f G$는 정확히 0이라는 것에 주목하자. 똑같은 논리가 $\Delta_f A$에 대해서도 성립되는데, 그 이유는 생성 반응은 표준 상태의 구성 원소로부터 화합물이 생성되는 반응이라고 정의되기 때문이다.

예제 4.4

앞에서 논의하였던 두 가지 방법을 사용해서 다음 화학 반응에 대한 $\Delta_{반응} G$ (25°C = 298.15 K)를 구하라. 그리고 두 가지 방법이 같은 답을 준다는 것을 증명하라. 표준 조건이라 가정한다. 이 책의 뒤에 있는 부록 2에는 다양한 열역학적인 데이터가 실려 있다.

$$2H_2\,(g) + O_2\,(g) \longrightarrow 2H_2O\,(\ell)$$

풀이

부록 2에서 다음의 자료를 찾을 수 있다.

	H_2 (g)	O_2 (g)	H_2O (ℓ)
$\Delta_f H$, kJ/mol	0	0	−285.83
S, J/mol·K	130.68	205.14	69.91
$\Delta_f G$, kJ/mol	0	0	−237.13

먼저 $\Delta_{반응} H$부터 계산해 보자.

$$\Delta_{반응} H = [2(-285.83) - (2\cdot 0 + 1\cdot 0)]\ \text{kJ}$$
$$\Delta_{반응} H = -571.66\ \text{kJ}$$

그 다음 $\Delta_{반응} S$를 계산한다.

$$\Delta_{반응} S = [2(69.91) - (2\cdot 130.68 + 205.14)]\ \text{J/K}$$

이 식에서 괄호 앞에 있는 계수 2는 균형 화학 반응식의 양론에서 나온 것이다.

예제 4.4 *(계속)*

$$\Delta_{반응}S = -326.68 \text{ J/K}$$

기체 3 mol이 액체 2 mol로 바뀔 때 이 엔트로피 변화는 합당하다.

$\Delta_{반응}H$와 $\Delta_{반응}S$를 결합시키려면 단위가 일치해야 한다. $\Delta_{반응}S$의 단위를 kJ을 포함한 단위로 바꾸자.

$$\Delta_{반응}S = -0.32668 \text{ kJ/K}$$

1000으로 나누어 줌으로써 kJ 단위로 바뀐다.

식 (4.13)을 이용해서 $\Delta_{반응}G$를 계산한다.

$$\Delta G = \Delta H - T\Delta S$$
$$= -571.66 \text{ kJ} - (298.15 \text{ K})(-0.32668 \text{ kJ/K})$$

두 번째 항에서 온도 단위 K가 상쇄됨을 인식하라. 두 항은 같은 kJ 단위를 갖게 되고, 식 (4.13)을 이용하면 $\Delta_f G$는 다음과 같다.

$$\Delta G = -474.26 \text{ kJ}$$

'생성물-빼기-반응물'의 방법을 이용하면 표에 있는 $\Delta_f G$ 값을 사용하여 다음을 얻는다.

$$\Delta_{반응}G = [2(-237.13) - (2 \cdot 0 + 0)] \text{ kJ}$$
$$= -474.26 \text{ kJ}$$

가능한 자료에 따라 사용법은 달라질 수 있다.

이것은 ΔG를 계산하는 두 가지 방법 모두 적절하다는 것을 보여 준다.

4.4 자연 변수식과 편도함수

독립적인 모든 에너지 양을 p, V, T 및 S 항으로 정의하였으므로 이 에너지 양을 이들의 자연 변수로 정리하면 다음과 같다.

$$dU = T\,dS - p\,dV \tag{4.14}$$

$$dH = T\,dS + V\,dp \tag{4.15}$$

$$dA = -S\,dT - p\,dV \tag{4.16}$$

$$dG = -S\,dT + V\,dp \tag{4.17}$$

자연 변수에 대한 이 에너지들의 거동을 알게 되면 **계의 모든 열역학적 성질을 결정**할 수 있기 때문에 이 식들은 중요하다.

예를 들어 내부 에너지 U를 고려해 보자. 이것의 자연 변수는 S와 V이다. 즉, 내부 에너지는 S 및 V의 함수이다.

$$U = U(S, V)$$

앞 장에서 논의했던 것처럼 U의 전체 변화 dU는 S에 따라 변하는 성분과 V에 따라 변하는 성분으로 나눌 수 있다. S에 대한 U의 변화(즉, V는 일정하게 유지됨)는 $(\partial U/\partial S)_V$로 나타내며, 이는 V가 일정할 때 S에 대한 U의 편도함수를 의미한다. 이것은 U를 엔트로피 S에 대해 도시했을 때의 단순 기울기이다. 마찬가지로 일정한 S에서 V의 변화에 대한 U의 변화는 $(\partial U/\partial V)_S$로 나타내며 S가 일정할 때 V에 대한 U의 편도함수를 의미한다. 이것은 U를 V에 대해 도시했을 때의 기울기이다. 그러므로 U의 전체 변화 dU는 다음과 같다.

$$dU = \left(\frac{\partial U}{\partial S}\right)_V dS + \left(\frac{\partial U}{\partial V}\right)_S dV$$

그런데 자연 변수식으로부터 다음과 같은 관계를 알고 있다.

$$dU = T\,dS - p\,dV$$

위의 두 식을 비교할 때 dS에 곱해 주는 항은 서로 같아야 하고, dV에 곱해 주는 항도 서로 같아야 한다. 즉, 다음과 같은 관계가 성립한다.

$$\left(\frac{\partial U}{\partial S}\right)_V dS = T\,dS$$

$$\left(\frac{\partial U}{\partial V}\right)_S dV = -p\,dV$$

그러므로 다음 식을 얻을 수 있다.

$$\left(\frac{\partial U}{\partial S}\right)_V = T \qquad \textbf{(4.18)}$$

$$\left(\frac{\partial U}{\partial V}\right)_S = -p \qquad \textbf{(4.19)}$$

식 (4.18)은 일정 부피에서 엔트로피가 변화할 때 내부 에너지의 변화는 그 계의 온도와 같다는 것을 말해 준다. 식 (4.19)는 일정 엔트로피에서 부피가 변할 때 내부 에너지의 변화는 압력의 음의 값과 같다는 것을 보여 준다. 얼마나 놀라운 관계들인가! 만일 계의 압력을 안다면 일정한 엔트로피에서 부피에 대한 내부 에너지의 변화를 실제로 측정하지 않아도 이 압력의 마이너스 값이 바로 일정한 엔트로피에서 부피에 대한 내부 에너지의 변화와 같다는 것이다. 이 변화들이 엔트로피 또는 부피에 대해 내부 에너지를 도시했을 때의 기울기를 나타내기 때문에 이 기울기들이 계에서 무엇인지를 알게 된다. 따라서 만일 S 및 V에 따라 U가 어떻게 변하는지를 안다면 계에 대한 T 및 p를 역시 알 수 있다.

더욱이 이와 같은 편도함수들 중 많은 수는 실험적으로 결정될 수 없다(예를 들어, 엔트로피가 일정하게 유지되는 실험을 할 수 있는가? 이것은 때로는 장담하기가 지극히 어려울 수 있다). 식 (4.18) 및 식 (4.19)와 같은 식들은 이렇게 할 필요성을 없애 준다. 예를 들어, 일정 엔트로피에서 부피에 대한 내부 에너지 변화는 압력의 음의 값과 같다는 것을 이 식들은 수학적으로 말해 준다. 부피에 대해 내부 에너지를 측정할 필요가 없다는 의미이다. 측정을 필요로 하는 것은 오직 압력이다.

마지막으로 많은 유도 과정에서 이와 같은 편도함수들은 두드러진다. 식 (4.18) 및 식 (4.19)와 같은 식들은 복잡한 편도함수를 간단한 상태 변수로 바꿀 수 있게 해 준다. 이것은 열역학을 더욱 발전시키는 데 지극히 유용하고, 열역학의 실제적인 위력을 부분적으로나마 보여 줄 것이다.

예제 4.5

식 (4.18)의 좌변의 단위가 온도의 단위와 같음을 증명하라.

예제 4.5 *(계속)*

풀이

U의 단위는 J/mol이며, 엔트로피 단위는 J/mol·K이다. U 및 S의 변화 또한 이들 단위를 사용하여 표시된다. 그러므로 도함수의 단위(U의 변화를 S의 변화로 나눈)는 다음과 같다.

$$\frac{\text{J/mol}}{\text{J/mol}\cdot\text{K}} = \frac{1}{1/\text{K}} = \text{K}$$

이는 온도 단위이다.

다른 자연 변수식으로부터 또 다른 관계들이 유도될 수 있는데, dH로부터 다음 관계가 유도된다.

$$\left(\frac{\partial H}{\partial S}\right)_p = T \tag{4.20}$$

$$\left(\frac{\partial H}{\partial p}\right)_S = V \tag{4.21}$$

dA로부터 다음 관계가 유도된다.

$$\left(\frac{\partial A}{\partial T}\right)_V = -S \tag{4.22}$$

$$\left(\frac{\partial A}{\partial V}\right)_T = -p \tag{4.23}$$

그리고 dG로부터는 다음 관계가 유도된다.

$$\left(\frac{\partial G}{\partial T}\right)_p = -S \tag{4.24}$$

$$\left(\frac{\partial G}{\partial p}\right)_T = V \tag{4.25}$$

만일 G가 p 및 T의 함수라는 것을 알고, 또한 p와 T에 따라 G가 어떻게 변하는지를 안다면 S 및 V도 알 수 있다. 또한 G를 알고 G가 p 및 T에 따라 어떻게 변하는지를 알면 다른 상태 함수를 결정할 수 있다.

$$H = U + pV$$

그리고

$$G = H - TS$$

이기 때문에 위의 두 식을 결합시키면 다음 식을 얻게 된다.

$$U = G + TS - pV$$

G의 편도함수[즉, 식 (4.24)와 식 (4.25)]를 대입하면 다음과 같다.

$$U = G - T\left(\frac{\partial G}{\partial T}\right)_p - p\left(\frac{\partial G}{\partial p}\right)_T \tag{4.26}$$

다른 에너지 상태 함수에 대한 식들도 구할 수 있다. 만일 한 에너지 상태 함수의 적절한 변화에 대한 값을 안다면 열역학의 모든 식을 이용해서 에너지 상태 함수의 다른 변화를 결정할 수 있다는 것이 중요한 점이다.

예제 4.6 ➲

G의 거동을 안다고 가정할 때[즉, 식 (4.24)와 식 (4.25)의 편도함수] H에 대한 식을 구하라.

》풀이

다음 식을 이용할 수 있다.

$$G = H - TS$$

H를 얻기 위해 위 식을 재정리한다.

$$H = G + TS$$

만일 G가 자연 변수에 대해 어떻게 변하는지를 안다면 $(\partial G/\partial T)_p$를 알게 된다. 이 편도함수는 $-S$와 같다. 따라서 이 사실을 대입하면 다음과 같이 되며 이 식은 H를 구하는데 이용된다.

$$H = G - T\left(\frac{\partial G}{\partial T}\right)_p$$

자연 변수식이 얼마나 쓸모가 있는가를 다시 강조할 가치가 있다. 만일 어떤 한 에너지가 그것의 자연 변수 항에 따라 변한다는 것을 안다면 열역학의 법칙에서 오는 정의와 식들을 사용해서 **임의의 다른 에너지**에 대한 식을 만들 수 있다. 열역학의 수학은 실로 강력하다.

4.5 맥스웰 관계식

열역학적 에너지의 편도함수를 포함하는 식들은 한 단계 더 나아갈 수 있는데, 이를 위해 몇 가지 정의가 필요하다.

몇몇 열역학 함수들은 상태 함수이며 상태 함수의 변화는 정확히 택한 경로에 무관하다는 점을 여러 번 강조하였다. 다른 말로 표현하면 상태 함수 변화는 초기 조건으로부터 최종 조건으로 어떻게 진행되었는지에 대해서는 무관하고, 오직 초기와 최종 조건에만 좌우된다.

이것을 자연 변수 식으로 생각해 보자. 이들은 모두 두 개의 항, 즉 하나의 상태 변수에 대한 변화와 또 다른 상태 변수에 대한 변화로 구성된다. 예를 들어, dH에 대한 자연 변수 식은 다음과 같다.

$$dH = \left(\frac{\partial H}{\partial S}\right)_p dS + \left(\frac{\partial H}{\partial p}\right)_S dp \qquad \textbf{(4.27)}$$

여기서 H의 전체 변화는 엔트로피 S가 변할 때의 변화와 압력 p가 변할 때의 변화로 나누어진다. 상태 함수가 경로에 무관하다는 개념은 어떤 변화가 먼저 일어나든 중요하지 않다는 것을 의미한다. H의 편도함수가 어떤 순서로 일어나든 중요하지 않다. 지정된 초기 값으로부터 지정된 최종 값으로 이들 모두가 변하는 한 H의 전체 변화는 같은 값을 가진다.

이와 같은 논의는 수학적으로 뒷받침 될 수 있다. 만일 두 개의 독립 변수를 갖는 수학적 '상태 함수' $F(x, y)$가 있다면 F의 전체 변화에 대하여 '자연 변수' 식을 다음과 같이 세워서 F의 전체 변화를 결정할 수 있다.

$$dF = \left(\frac{\partial F}{\partial x}\right)_y dx + \left(\frac{\partial F}{\partial y}\right)_x dy \qquad \textbf{(4.28)}$$

함수 $F(x, y)$는 x 및 y에 따라 변한다. x 및 y에 따라 F가 동시에 변하는 것에 관심이 있다고 생각하자. 즉, x 및 y에 대해 F의 이차 도함수를 알고 싶다고 하자. 어떤 순서로 미분을 행하겠는가? 이 순서는 수학적으로 중요하지 않다. 이것은 다음의 등식이 성립하기 때문이다.

$$\left[\frac{\partial}{\partial x}\left(\frac{\partial F}{\partial y}\right)_x\right]_y = \left[\frac{\partial}{\partial y}\left(\frac{\partial F}{\partial x}\right)_y\right]_x \qquad \textbf{(4.29)}$$

y에 대한 F의 도함수를 x에 대하여 미분한 것은 x에 대한 F의 도함수를 y에 대하여 미분한 것과 똑같다. 만일 이것이 옳다면 식 (4.28)의 원래의 미분 dF는 **완전 미분**(exact differential)의 한 가지 요구 조건을 만족시킨다. 즉, 다중 미분값은 미분의 순서에 좌우되지 않는다.* 식 (4.29)는 완전 미분의 **교차 도함수 상등 조건**(cross-derivative equality requirement)으로 알려져 있다. 식 (4.29)의 이중 도함수를 실제의 열역학 식에 적용할 때 편도함수는 다음의 예제에서 보는 것처럼 좀 다르게 표현될 수 있다.

예제 4.7

다음 식은 완전 미분인가?

$$dT = \frac{p}{R}dV + \frac{V}{R}dp$$

풀이

식 (4.28)을 모형으로 비슷하게 다음과 같이 나타낼 수 있다.

$$\left(\frac{\partial T}{\partial V}\right)_p = \frac{p}{R}$$

그리고

$$\left(\frac{\partial T}{\partial p}\right)_V = \frac{V}{R}$$

첫 번째 편도함수를 p에 대하여 미분하면 다음과 같다.

$$\frac{\partial}{\partial p}\left(\frac{\partial T}{\partial V}\right)_p = \frac{1}{R}$$

그리고 두 번째 편도함수를 V에 대하여 미분하면 다음과 같다.

$$\frac{\partial}{\partial V}\left(\frac{\partial T}{\partial p}\right)_V = \frac{1}{R}$$

정의에 의해 원래의 미분은 완전 미분이다. 그러므로 이중 도함수는 두 경우에 모두 같은 값을 주기 때문에 $T(p, V)$를 어떤 순서로 미분하는지는 중요하지 않다.

*이것은 상태 함수의 적분 값이 경로에 무관하다(제2장에서 적용한 개념)는 것을 말하는 것과 등등한 의미이다.

완전 미분의 계산에서 미분의 순서는 중요하지 않다. 상태 함수에 대해서 변화의 경로는 중요하지 않다. 오직 중요한 것은 초기 조건과 최종 조건 사이의 차이뿐이다. 두 조건들이 서로 같다면 결론들도 서로 같다고 할 수 있다. 즉, 열역학적 에너지에 대한 자연 변수식의 미분 형태는 완전 미분이다. 그러므로 U, H, G 및 A에 대해 혼합 이차 도함수를 택하는 두 가지 방법은 똑같아야 한다. 다시 말해서 식 (4.29)로부터 다음 관계가 성립된다.

$$\left[\frac{\partial}{\partial p}\left(\frac{\partial H}{\partial S}\right)_p\right]_S = \left[\frac{\partial}{\partial S}\left(\frac{\partial H}{\partial p}\right)_S\right]_p \tag{4.30}$$

마찬가지로 다른 에너지에 대해서도 다음과 같은 관계가 성립한다.

$$\left[\frac{\partial}{\partial V}\left(\frac{\partial U}{\partial S}\right)_V\right]_S = \left[\frac{\partial}{\partial S}\left(\frac{\partial U}{\partial V}\right)_S\right]_V \tag{4.31}$$

$$\left[\frac{\partial}{\partial V}\left(\frac{\partial A}{\partial T}\right)_V\right]_T = \left[\frac{\partial}{\partial T}\left(\frac{\partial A}{\partial V}\right)_T\right]_V \tag{4.32}$$

$$\left[\frac{\partial}{\partial T}\left(\frac{\partial G}{\partial p}\right)_T\right]_p = \left[\frac{\partial}{\partial p}\left(\frac{\partial G}{\partial T}\right)_p\right]_T \tag{4.33}$$

이 관계식 각각에 대해서 식의 양쪽의 대괄호 내부에 있는 편도함수는 알고 있는 것인데, 이들은 식 (4.18)~(4.25)에 주어져 있다. 식 (4.30)에서 대괄호 내부의 편도함수를 식 (4.20)과 식 (4.21)으로 치환하면 대입하면 다음 식이 된다.

$$\left(\frac{\partial}{\partial p}T\right)_S = \left(\frac{\partial}{\partial S}V\right)_p$$

또는

$$\left(\frac{\partial T}{\partial p}\right)_S = \left(\frac{\partial V}{\partial S}\right)_p \tag{4.34}$$

일정 압력에서 엔트로피에 대한 부피 변화를 더 이상 측정할 필요가 없기 때문에 이 식은 아주 쓸모 있는 관계식이다. 이 식은 압력에 따른 등엔트로피 온도 변화와 같다. 이 식은 어떤 에너지에 직접 관련된 식이 아니라는 것을 명심하자.

식 (4.31)~(4.33)을 이용해서 다음의 식들도 유도할 수 있다.

$$\left(\frac{\partial T}{\partial V}\right)_S = -\left(\frac{\partial p}{\partial S}\right)_V \tag{4.35}$$

$$\left(\frac{\partial S}{\partial V}\right)_T = \left(\frac{\partial p}{\partial T}\right)_V \tag{4.36}$$

$$\left(\frac{\partial S}{\partial p}\right)_T = -\left(\frac{\partial V}{\partial T}\right)_p \tag{4.37}$$

그림 4.3 스코틀랜드의 수학자인 맥스웰(James Clerk Maxwell, 1831~1879). 맥스웰은 48세의 생일 직전 불시에 그가 사망할 때까지 중요한 많은 공헌을 하였다 이 업적 중에는 맥스웰의 전자기 이론이 있는데, 이것은 오늘날까지도 전기 및 자기의 거동의 기초를 이루고 있다. 또한, 그는 기체 운동론과 열역학 제2법칙의 발전에도 기여하였다. 그는 깁스의 연구를 이해한 몇 안 되는 사람들 중의 하나였다.

식 (4.34)~(4.37)을 **맥스웰 관계식**(Maxwell relationship)이라고 부르는데, 스코틀랜드의 수학자이며 물리학자인 맥스웰(그림 4.3)이 1870년에 최초로 이 관계를 제시했기 때문에 그의 이름을 따서 붙여진 것이다[비록 식 (4.34)~(4.37)의 유도 과정이 현재에는 간단하게 보일지라도 그 당시는 이러한 식들을 유도했던 맥스웰처럼 열역학의 기초를 충분이 이해되지 않았다].

맥스웰 관계식은 두 가지 이유 때문에 매우 유용하다. 첫째, 이 식들 모두가 보편적으로 적용된다는 것이다. 이 식들은 이상 기체나 또는 반드시 기체에만 한정되는 것이 아니고, 심지어는 고체와 액체 계에도 적용된다. 두 번째, 이 식들은 어떤 관계식을 측정이 쉬운 변수로 나타낸다. 예를 들어, 엔트로피를 직접 측정하고 일정 온도에서 부피에 따른 엔트로피 변화를 결정하는 것은 어렵다. 식 (4.36)의 맥스웰 관계식은 이를 직접 측정하지 않아도 된다는 것을 보여 주고 있다. 만일 일정 부피에서 온도에 대한 압력의 변화 $(\partial p/\partial T)_V$를 측정한다면 $(\partial S/\partial V)_T$를 알 수 있다. 이들 두 편도함수는 똑같다. 또한 맥스웰 관계식은 계의 열역학적인 변화에 적용할 수 있는 새로운 식을 유도하거나 실험으로 직접 측정하기가 어려운 상태 함수의 변화 값을 결정하는 데 유용하다. 다음의 예제를 통해서 똑같은 맥스웰 관계식을 서로 다른 두 방법으로 적용해 보자.

예제 4.8

반데르발스 상태 방정식을 따르는 기체에 대한 $(\partial S/\partial V)_T$는 어떻게 되는가?

풀이

식 (4.36)의 맥스웰 관계식은 $(\partial S/\partial V)_T$가 $(\partial p/\partial T)_V$와 같다는 것을 보여 준다. 반데르발스 식은 다음과 같다.

$$p = \frac{nRT}{V - nb} - \frac{an^2}{V^2}$$

이것은 p로 나타낸 반데르발스 방정식이며, p의 도함수를 얻을 수 있다.

일정 부피에서 T에 대한 p의 도함수를 구하면 다음 식이 된다.

$$\left(\frac{\partial p}{\partial T}\right)_V = \frac{nR}{V - nb}$$

반데르발스 방정식에 있는 두 번째 항에는 변수 T가 존재하지 않으므로 이 항은 없어진다.

그러므로 맥스웰 관계식에 의해 다음의 관계식을 얻을 수 있다.

$$\left(\frac{\partial S}{\partial V}\right)_T = \frac{nR}{V - nb}$$

엔트로피 변화를 실험으로 측정할 필요는 없고 반데르발스 계수로부터 부피에 대한 등온 엔트로피의 변화를 구할 수 있다.

예제 4.9

제1장에서 다음 관계를 증명하였다.

$$\left(\frac{\partial p}{\partial T}\right)_V = \frac{\alpha}{\kappa}$$

여기서 α는 팽창 계수이고, κ는 등온 압축률이다. 수은의 경우 20°C에서 $\alpha = 1.82 \times 10^{-4}$/K이고 $\kappa = 3.87 \times 10^{-5}$/atm이다. 이 온도에서 등온적으로 부피에 따른 엔트로피의 변화를 결정하라.

제1장으로 돌아가 이들이 α와 κ에 대한 적절한 단위임을 증명할 수 있다.

풀이

취급해야 할 도함수는 $(\partial S/\partial V)_T$이고, 이는 식 (4.36)에 의해 $(\partial p/\partial T)_V$와 같으며, 이 도함수는 팽창 계수와 등온 압축률을 사용하면 다음과 같이 계산할 수 있다.

맥스웰 관계식에 의해 다음이 성립한다. $\left(\frac{\partial S}{\partial V}\right)_T = \frac{\alpha}{\kappa}$.

예제 4.9 *(계속)*

$$\left(\frac{\partial p}{\partial T}\right)_V = \frac{1.82 \times 10^{-4}/\text{K}}{3.87 \times 10^{-5}/\text{atm}} = 4.70\ \text{atm/K}$$

이것은 엔트로피와 부피에 대한 적절한 단위가 아닌 듯 보인다. 그러나 다음과 같은 관계를 생각해 보면

하나의 환산 인자로서 1 L·atm = 101.32 J을 사용한다. 단위가 어떻게 정리되는지 파악할 수 있다.

$$\frac{\text{atm}}{\text{K}} \cdot \frac{101.32\ \text{J}}{\text{L·atm}} = 101.32\,\frac{\text{J/K}}{\text{L}}$$

더욱 알아 보기 쉬운 단위로 답을 쓸 수 있으며 그 결과는 다음과 같다.

$$\left(\frac{\partial S}{\partial V}\right)_T = 476\,\frac{\text{J/K}}{\text{L}}$$

4.6 맥스웰 관계식의 이용

맥스웰 관계식은 열역학에 관한 다른 식을 유도하는 데 매우 유용하게 쓰일 수 있다. 예를 들어, 다음의 관계가 성립하므로

$$dH = T\,dS + V\,dp$$

T를 일정하게 유지하고 양변을 dp로 나누면 다음의 식을 얻을 수 있다.

$$\left(\frac{\mathrm{d}H}{\mathrm{d}p}\right)_T \equiv \left(\frac{\partial H}{\partial p}\right)_T = T\left(\frac{dS}{dp}\right)_T + V$$

압력에 대한 엔트로피 변화를 측정하기는 어렵지만 맥스웰 관계식을 이용하면 다른 표현으로 바꿀 수 있다. $(\partial S/\partial p)_T$는 $-(\partial V/\partial T)_p$와 같으므로 다음 식을 얻을 수 있다.

$$\left(\frac{\partial H}{\partial p}\right)_T = V - T\left(\frac{\partial V}{\partial T}\right)_p \qquad \textbf{(4.38)}$$

이 식에서는 항의 순서를 바꾸어 놓았다. 왜 이 식이 유용한가? 상태 방정식(예를 들어, 이상 기체 법칙)을 알고 있으면 V, T 그리고 일정 압력에서 V가 T에 따라 어떻게 변하는지를 알 수 있고 또한 이 정보를 이용하여 일정 온도에서 압력에 따른 엔탈피의 변화를 엔탈피를 측정하지 않고 계산할 수 있다.

식 (4.38)에서 엔탈피의 도함수는 주울-톰슨 계수(Joule-Thomson coefficient) μ_{JT}와 함께 사용될 수 있다. 편도함수의 순환 규칙은 다음과 같다.

$$\mu_{\text{JT}} = \left(\frac{\partial T}{\partial p}\right)_H = -\left(\frac{\partial T}{\partial H}\right)_p\left(\frac{\partial H}{\partial p}\right)_T$$

$$= -\frac{1}{C_p}\left(\frac{\partial H}{\partial p}\right)_T$$

이 식에 식 (4.38)의 도함수 $(\partial H/\partial p)_T$를 대입하면 다음 관계를 얻을 수 있다.

$$\mu_{JT} = -\frac{1}{C_p}\left[V - T\left(\frac{\partial V}{\partial T}\right)_p\right] \quad (4.39)$$

$$= \frac{1}{C_p}\left[T\left(\frac{\partial V}{\partial T}\right)_p - V\right]$$

이들에 대한 상태 방정식과 열용량을 안다면 기체의 주울-톰슨 계수를 계산할 수 있다. 식 (4.39)에서는 일정 압력에서의 열용량을 제외하고는 계의 엔탈피에 대한 어떤 정보도 필요로 하지 않는다. 맥스웰 관계식이 얼마나 유용한지를 다음의 두 가지 예제에서 확인해 보자.

예제 4.10

식 (4.39)를 이용하여 이상 기체의 μ_{JT} 값을 구하라. 이상 기체 1 mol을 가정한다.

μ_{JT}는 기체의 주울-톰슨 계수이다.

풀이

이상 기체의 상태 방정식은 다음 식과 같다.

$$p\overline{V} = RT$$

식 (4.39)를 계산하려면 $(\partial V/\partial T)_p$를 결정해야 한다. 이상 기체 법칙을 다음과 같이 다시 쓰자.

$$\overline{V} = \frac{RT}{p}$$

이제 $(\partial \overline{V}/\partial T)_p$를 구할 수 있다.

$$\left(\frac{\partial \overline{V}}{\partial T}\right)_p = \frac{R}{p}$$

앞의 방정식을 T의 1차 함수로 취급하고 간단히 T로 미분한다.

이 식을 식 (4.39)에 대입하면 다음 식이 된다.

$$\mu_{JT} = \frac{1}{C_p}\left(T\frac{R}{p} - \overline{V}\right) = \frac{1}{C_p}\left(\frac{RT}{p} - \overline{V}\right)$$

그런데 이상 기체 법칙에 따르면 $RT/p = \overline{V}$이므로, 이를 위 식에 대입하면 다음과 같이 된다.

$$\mu_{JT} = \frac{1}{C_p}(\overline{V} - \overline{V}) = \frac{1}{C_p}(0) = 0$$

이 값은 이상 기체의 주울-톰슨 계수가 정확히 0이라는 것을 한번 더 보여 준다.

예제 4.11

dU에 대한 자연 변수식으로 시작해서 내부 에너지의 등온 부피 의존식, $(\partial U/\partial V)_T$를 측정 가능한 성질 ($T$, V 또는 p)과 α 및(또는) κ 항으로 유도하라. *힌트*: 편도함수의 순환 규칙을 이용하라(제1장 참조).

$\alpha = \frac{1}{V}\left(\frac{\partial V}{\partial T}\right)_p$ 이고

$\kappa = -\frac{1}{V}\left(\frac{\partial V}{\partial p}\right)_T$ 이다.

예제 4.11 *(계속)*

)) 풀이

dU에 대한 자연 변수식[식 (4.14)]은 다음과 같다.

$$dU = T\,dS - p\,dV$$

$(\partial U/\partial V)_T$를 얻기 위해 온도를 일정하게 해 놓고 양변을 dV로 나누면 다음 식을 얻는다.

$$\left(\frac{\partial U}{\partial V}\right)_T = T\left(\frac{\partial S}{\partial V}\right)_T - p$$

이제 맥스웰 관계식을 이용하여 $(\partial S/\partial V)_T$를 치환한다. 맥스웰 관계식에 따르면 이 도함수는 $(\partial p/\partial T)_V$와 같다. 따라서 다음 식을 얻는다.

$$\left(\frac{\partial U}{\partial V}\right)_T = T\left(\frac{\partial p}{\partial T}\right)_V - p$$

이제 힌트를 이용하자. α와 κ에 대한 정의와 편도함수 $(\partial p/\partial T)_V$는 모두 p, T 및 V를 사용하고 있다. 편도함수에 대한 순환 규칙은 임의의 세 변수 A, B 및 C로 된 세 개의 가능한 독립 편도함수 사이에 다음과 같은 관계가 있음을 보여 준다.

$$\left(\frac{\partial A}{\partial B}\right)_C\left(\frac{\partial B}{\partial C}\right)_A\left(\frac{\partial C}{\partial A}\right)_B = -1$$

변수 p, V, T에 대해 이 식을 적용하면 다음과 같이 된다.

$$\underbrace{\left(\frac{\partial V}{\partial T}\right)_p}_{=V\alpha}\left(\frac{\partial T}{\partial p}\right)_V\underbrace{\left(\frac{\partial p}{\partial V}\right)_T}_{=-\frac{1}{V}\frac{1}{\kappa}} = -1$$

여기서 계수 α 및 κ가 이 순환 규칙의 도함수와 어떻게 관련되어 있는가를 이 식에서 볼 수 있다. 가운데 있는 편도함수 항은 일정 V에서 p 및 T를 포함하며 이 항이 바꾸려는 항이다. 해당되는 항을 대입하고 다시 정리하면 다음과 같다.

분수에 대한 표준 대수 규칙에 따라 ∂p가 분자에, ∂T가 분모에 온다.

$$(V\alpha)\left(-\frac{1}{V}\frac{1}{\kappa}\right) = -\left(\frac{\partial p}{\partial T}\right)_V$$

여기서 바꾸어야 할 편미분을 식의 반대쪽으로 이항하였다. 그렇게 하는 중에 **온도**에 대한 **압력**의 편도함수를 얻었다. 좌변에서 부피는 상쇄되고, 양변에 있는 음의 부호도 상쇄된다. 모두 함께 모으면 다음 식을 얻는다.

$$\left(\frac{\partial p}{\partial T}\right)_V = \frac{\alpha}{\kappa}$$

이를 $(\partial U/\partial V)_T$의 식에 대입하면 다음과 같이 된다.

$$\left(\frac{\partial U}{\partial V}\right)_T = T\frac{\alpha}{\kappa} - p$$

이제 필요로 하는 $(\partial U/\partial V)_T$에 대한 식을 얻었다. 즉, 이 식은 실험으로 용이하게 측정되는 파라미터(온도 T, 압력 p, 계수 α 및 κ) 항으로 나타낼 수 있게 되었다.

예제 4.11은 실질적으로 중요한 교훈을 준다. 예제에서처럼 수학적으로 식을 유도하는 능력[실험으로 값이 결정되는 양으로 식을 제공]은 열역학에서 수학의 주요한 힘이다. 열역학의 수학은 유용한 도구이나 복잡할 수도 있다. 그러나 이 도구들을 이용하면 계에 대해 알 수도 있고, 말할 수 있는 것들이 많다. 그리고 이런 것이 궁극적으로는 물리 화학의 일부가 된다.

4.7 ΔG의 핵심 내용

지금까지 온도에 따라 U, H 및 S가 어떻게 변하는가를 알아보았다. 두 가지 에너지에 대하여 온도에 대한 이들의 변화를 열용량이라 부른다. 그리고 온도에 대한 S의 변화에 대한 몇가지 식[식 (3.20)의 $\Delta S = n\cdot\overline{C}\cdot\ln(T_f/T_i)$ 또는 열용량이 일정하지 않은 경우 식 (3.20)의 앞에 있던 적분 형식]을 유도해 보았다. G가 가장 유용한 에너지 상태 함수라고 강조했는데, 그러면 G는 온도에 따라 어떻게 변하는가?

dG에 대한 자연 변수식으로부터 G와 T 사이에 다음과 같은 하나의 관계식을 찾아내었다.

$$\left(\frac{\partial G}{\partial T}\right)_p = -S \tag{4.40}$$

온도가 변함에 따라 G의 변화는 그 계의 엔트로피의 음의 값과 같다. 이 식에서 엔트로피에 있는 음의 부호에 주목하자. 이 부호는 온도가 증가함에 따라 깁스 에너지는 감소하며, 온도가 감소하면 깁스 에너지는 증가한다는 것을 의미한다. 언뜻 보기에 이것은 직관적으로 틀린 것으로 보일 수도 있다. 온도가 증가하는데 에너지가 **내려간다**? 그러나 깁스 에너지에 대한 원래의 정의, $G = H - TS$를 생각해 보자. 온도와 절대 엔트로피(언제나 양의 값)를 포함하는 항 앞에 있는 음의 부호는 실제로 T가 증가할 때 G는 감소될 것이라는 것을 의미한다.

형태는 약간 다르지만 G의 온도 의존성과 관련된 또 다른 식이 있다. 다음과 같은 G의 정의로 시작하자.

$$G = H - TS$$

$-S$는 식 (4.40)의 편도함수로 정의된다는 것을 기억하자. 이것을 대입하면 다음과 같이 된다.

$$G = H + T\left(\frac{\partial G}{\partial T}\right)_p$$

여기서는 음의 부호가 상쇄되었다. 식의 양변을 T로 나누고 다시 정리하면 다음 식을 얻는다.

$$\frac{G}{T} = \frac{H}{T} + \left(\frac{\partial G}{\partial T}\right)_p$$

모든 G 항을 한쪽으로 옮기고 다시 정리하면 다음과 같다.

$$\frac{G}{T} - \left(\frac{\partial G}{\partial T}\right)_p = \frac{H}{T} \tag{4.41}$$

비록 이 식이 다루기 힘들게 보일지 모르지만 간접적인 방법으로 단순화시키는 치환법을 도입할 것이다. G/T란 식을 생각해 보자. p가 일정할 때 T에 대한 G/T의 편도함수에 연쇄 규칙을 엄격하게 적용시켜서 얻을 수 있다.

$$\frac{\partial}{\partial T}\left(\frac{G}{T}\right)_p = -\frac{G}{T^2}\left(\frac{\partial T}{\partial T}\right)_p + \frac{1}{T}\left(\frac{\partial G}{\partial T}\right)_p$$

$\partial T/\partial T$는 1이므로 위 식은 다음과 같이 간단히 된다.

$$\frac{\partial}{\partial T}\left(\frac{G}{T}\right)_p = -\frac{G}{T^2} + \frac{1}{T}\left(\frac{\partial G}{\partial T}\right)_p$$

이 식의 양변에 $-T$로 곱하면 다음과 같다.

$$-T\cdot\frac{\partial}{\partial T}\left(\frac{G}{T}\right)_p = \frac{G}{T} - \left(\frac{\partial G}{\partial T}\right)_p$$

이 식의 우변은 식 (4.41)의 좌변과 똑같으므로 이를 치환할 수 있다.

$$-T\cdot\frac{\partial}{\partial T}\left(\frac{G}{T}\right)_p = \frac{H}{T}$$

또는

$$\frac{\partial}{\partial T}\left(\frac{G}{T}\right)_p = -\frac{H}{T^2} \tag{4.42}$$

이 식은 매우 간단한 식이고, 에너지 변화를 고려하기 위해 이 유도 과정을 확장시킬 경우 과정 전체에 대해 유도하기는 어렵지 않아야 한다. 물리적 과정이나 화학적 과정의 경우는 다음과 같다.

$$\frac{\partial}{\partial T}\left(\frac{\Delta G}{T}\right)_p = -\frac{\Delta H}{T^2} \tag{4.43}$$

식 (4.42)와 식 (4.43)은 **깁스-헬름홀츠 방정식**(Gibbs-Helmholtz equation)의 두 가지 표현 방법이다. 치환[즉, $u = 1/T$로 두면 $du = -(1/T^2)dT$]에 의해 식 (4.43)을 다음과 같이 쓸 수 있다.

$$\left(\frac{\partial \frac{\Delta G}{T}}{\partial \frac{1}{T}}\right)_p = \Delta H \tag{4.44}$$

식 (4.44)에 주어진 형태는 특별히 유용하다. 어떤 과정에 대한 ΔH를 알면 ΔG에 대한 것을 알 수 있다. $\Delta G/T$를 $1/T$에 대하여 도시하면 그 기울기는 ΔH가 된다(도함수가 바로 기울기임을 기억하라). 더욱이 만일 작은 온도 범위에 걸쳐 ΔH가 일정하다고 근사하면 다음 예제에서 설명하는 것처럼 식 (4.44)를 사용하여 다른 온도에서의 ΔG를 근사적으로 구할 수 있다.

예제 4.12

여기서 한 것은 무한소 변화 '∂'를 한정된 변화 'Δ'로 바꾼 것이다.

식 (4.44)를 다음과 같이 근사하여

$$\left(\frac{\Delta \frac{\Delta G}{T}}{\Delta \frac{1}{T}}\right)_p \approx \Delta H$$

다음 반응에 대한 ΔG (100°C, 1 atm)의 값을 예측하라.

예제 4.12 *(계속)*

$$2H_2\,(g) + O_2\,(g) \longrightarrow 2H_2O\,(\ell)$$

단, ΔG (25°C, 1 atm) = −474.36 kJ이고, ΔH = −571.66 kJ이고 압력과 ΔH는 일정하다고 가정한다.

풀이

우선 $\Delta(1/T)$를 계산해야 한다. 온도를 절대 온도로 바꾸면 다음 식을 얻을 수 있다.

$$\Delta\frac{1}{T} = \frac{1}{373\ \text{K}} - \frac{1}{298\ \text{K}} = -0.000674/\text{K}$$

식 (4.44)의 근사적인 형태를 이용하면 다음의 식을 얻을 수 있다.

답으로 얻어진 숫자를 너무 많이 잘라내지 않도록 조심한다. 너무 많이 잘라내면 정확하지 않게 된다.

$$\left(\frac{\Delta\frac{\Delta G}{T}}{-0.000674/\text{K}}\right)_p \approx -571.66\ \text{kJ}$$

$$\Delta\frac{\Delta G}{T} = 0.386\,\frac{\text{kJ}}{\text{K}}$$

이 단계에서는 분모를 반대쪽에 곱한다.

$\Delta(\Delta G/T)$를 $(\Delta G/T)_{최종} - (\Delta G/T)_{초기}$로 쓰면 주어진 조건을 사용해서 아래의 식을 얻을 수 있다.

$$\left(\frac{\Delta G}{373\ \text{K}}\right)_{최종} - \left(\frac{-474.36\ \text{kJ}}{298\ \text{K}}\right)_{초기} = 0.386\,\frac{\text{kJ}}{\text{K}}$$

이를 대수적으로 재배열하여 373 K에서의 ΔG를 구한다.

$$\Delta G_{최종} = \Delta G\,(100°\text{C}) = -450.\ \text{kJ}$$

이 값은 헤스 법칙의 접근법을 이용하여 ΔH (100°C) 및 ΔS (100°C)를 다시 계산해서 얻어진 −439.2 kJ 값과 비교된다. 깁스-헬름홀츠 방정식은 근사법을 적게 쓰므로 보다 정확한 ΔG 값을 줄 것으로 예상된다.

압력과 G 사이에는 어떤 관계가 있는가? 자연 변수식으로부터 초기 답을 얻을 수 있다.

$$\left(\frac{\partial G}{\partial p}\right)_T = V$$

등온 변화를 가정하여 이 식을 다시 쓸 수 있고 이 편도함수는 다음과 같이 다시 정리될 수 있다.

$$dG = V\,dp$$

식의 양변을 적분하자. G는 상태 함수이므로 dG의 적분은 ΔG이다.

$$\Delta G = \int_{p_i}^{p_f} V\,dp$$

응축상에 대해서 V는 작은 압력의 변화에 대하여 일정한 것으로 근사할 수 있으므로 이 식은 아래와 같이 간단하게 된다.

$$\Delta G = V\int_{p_i}^{p_f} dp = V(p_f - p_i) = V\,\Delta p \tag{4.45}$$

이상 기체에 대해서는 이상 기체 법칙을 적용하여 다음과 같이 V를 nRT/p로 치환할 수 있다.

$$\Delta G = \int_{p_i}^{p_f} \frac{nRT}{p}\,dp = \int_{p_i}^{p_f} nRT\,\frac{dp}{p} = nRT\int_{p_i}^{p_f}\frac{dp}{p}$$

미분적분학에서 $\int(dx/x) = \ln x$임을 알고 있다. 위 식의 적분에 이 공식을 적용시키고 적분의 상한과 하한을 대입하면 다음의 식을 얻을 수 있다.

$$\Delta G = nRT\ln\frac{p_f}{p_i} \tag{4.46}$$

이 식은 오직 등온 변화에만 적용된다.

예제 4.13

295 K의 실온에서 0.022 mol의 이상 기체가 2505 psi (pounds per square inch)에서 14.5 psi로 되는 과정에 대한 G의 변화는 구하라.

풀이

식 (4.46)를 직접 적용시키면 다음과 같다.

$$\Delta G = (0.022\ \text{mol})\left(8.314\ \frac{\text{J}}{\text{mol·K}}\right)(295\ \text{K})\ln\frac{14.5\ \text{psi}}{2505\ \text{psi}}$$

$$\Delta G = -278\ \text{J}$$

이 과정은 자발적이라고 생각되는가? 압력이 일정하게 유지되지 않기 때문에 자발성 조건으로서 ΔG를 엄격하게 적용시키는 것은 확실치 않다. 그러나 기회가 주어지면 기체는 고압에서 저압으로 되는 경향이 있다. 실제로는 이 과정이 자발적이라고 예상할 수 있다.

4.8 화학 퍼텐셜과 분몰량

지금까지 압력, 온도, 부피 및 이와 유사한 계의 물리적인 변수를 이용하여 측정되는 계의 변화에 초점을 맞추었다. 그러나 화학 반응에서는 물질이 그들의 화학적인 형태를 바꾼다. 물질의 화학적인 본성에 대해서 그리고 반응 과정 중에 이것이 어떻게 변하는지에 대해 초점을 맞출 필요가 있다.

여태까지 고려했던 모든 변화에서는 어떤 물질의 몰수 n이 일정하게 유지된다고 가정하였다. 예를 들어, $(\partial U/\partial V)_{T,n}$처럼 모든 편도함수에는 오른편에 아래 첨자 n을 붙여서 물질의 양이 일정하다는 것을 표시하였다. 그러나 몰수 n에 대한 도함수를 고려하지 못할 이유는 없다.

자발성을 고려할 때 깁스 에너지의 중요성 때문에 n에 대한 대부분의 도함수는 G에 관한 것이다. 물질의 **화학 퍼텐셜**(chemical potential) μ는 다음과 같이 일정 온도 및 압력에서 물질의 양에 대한 깁스 에너지 변화로 정의된다.

$$\mu \equiv \left(\frac{\partial G}{\partial n}\right)_{T,p} \tag{4.47}$$

두 개 이상의 화학 성분을 가진 계에 대해서는 어떤 성분인지를 표시하기 위해 화학 퍼텐셜에 이를 나타내 주어야만 한다(일반적으로 수 또는 화학식). 단일 성분에 대한 화학 퍼텐셜 μ_i는 i 번째 성분의 몰수 n_i만 변하고, 다른 모든 성분들의 몰수 $n_j\ (j \neq i)$는 일정한 상태로 남아 있다고 가정한다. 그러므로 식 (4.47)을 다음과 같이 쓸 수 있다.

$$\mu_i = \left(\frac{\partial G}{\partial n_i}\right)_{T,p,n_j(j \neq i)} \tag{4.48}$$

만일 G의 무한소 변화를 취급하고 싶으면 역시 물질의 양의 가능한 변화를 고려해서 이 식을 확장시켜야 한다. dG에 대한 일반적인 식은 다음과 같이 된다.

$$dG = \left(\frac{\partial G}{\partial T}\right)_{p,n\text{'s}} dT + \left(\frac{\partial G}{\partial p}\right)_{T,n\text{'s}} dp + \sum_i \left(\frac{\partial G}{\partial n_i}\right)_{T,p,n_j(j \neq i)} dn_i$$

또는

$$dG = -S\,dT + V\,dp + \sum_i \mu_i\,dn_i \tag{4.49}$$

여기서 합의 기호는 계에 있는 서로 다른 물질의 수만큼의 항을 포함한다. 식 (4.49)는 조건과 양에 대한 모든 상태 변수를 포함하고 있기 때문에 때때로 **화학 열역학의 기본식**(fundamental equation of chemical thermodynamics)이라고도 한다.

화학 퍼텐셜 μ_i는 **분몰량**(partial molar quantity)의 첫 번째 예이다. 이 양은 몰 양에 대한 상태 변수인 깁스 에너지의 변화를 나타낸다. 순수 물질의 경우 화학 퍼텐셜은 물질의 양이 변함에 따른 계의 깁스 에너지의 변화와 같다. 이성분 이상을 포함하는 계의 경우 화학 퍼텐셜은 순수 물질의 자유 에너지의 변화와 똑같지 않는데, 그 이유는 각 성분이 다른 성분과 작용하여 계의 전체 에너지에 영향을 주기 때문이다. 만일 모든 성분이 이상적이라면 이런 일은 일어나지 않을 것이고 분몰량은 임의의 계에서의 어떤 성분에 대해서도 똑같게 된다.*

열역학으로 정의된 여러 가지 에너지 사이의 관계로 인해 화학 퍼텐셜은 또한 이때 다른 에너지 항으로 정의될 수 있다. 다른 상태 변수는 일정하게 유지된다.

$$\mu_i \equiv \left(\frac{\partial U}{\partial n_i}\right)_{S,V,n_j(j \neq i)} \tag{4.52}$$

---

*분몰량은 임의의 상태 변수에 대해 정의될 수 있다. 예를 들어, 분몰 엔트로피 변화 $\overline{S}_i$는 다른 조건이 어떤 상태가 되든지 일정하게 유지되기만 하면 다음과 같이 정의된다.

$$\overline{S}_i = \left(\frac{\partial S}{\partial n_i}\right)_{n_j(j \neq i)} \tag{4.50}$$

마찬가지로 분몰 부피 $\overline{V}_i$는 다음과 같이 정의된다.

$$\overline{V}_i = \left(\frac{\partial V}{\partial n_i}\right)_{T,p,n_j(j \neq i)} \tag{4.51}$$

분몰 부피는 특히 응축상에서 유용한 개념이다. 또한, 물 1 L와 알코올 1 L를 혼합시키면 그 부피는 2 L가 아닌 용액이 된다(2 L보다 조금 작다). 엄밀한 열역학적인 의미로 볼 때 부피는 직접적으로 가감성의 성질을 갖지 않지만 **분몰 부피**(partial molar volume)는 가감성의 성질을 갖는다. [분몰량(μ에 대한 것을 제외하고)은 몰량과 똑같은 기호를 가진다. 즉, 변수 위에 선분 표시가 있다. 그러므로 두 양을 사용할 때는 조심해야 한다].

$$\mu_i \equiv \left(\frac{\partial H}{\partial n_i}\right)_{S,p,n_j(j\neq i)} \tag{4.53}$$

$$\mu_i \equiv \left(\frac{\partial A}{\partial n_i}\right)_{T,V,n_j(j\neq i)} \tag{4.54}$$

그러나 G의 유용성으로 볼 때 깁스 에너지에 기반을 둔 μ의 정의가 가장 유용할 것이다.

화학 퍼텐셜은 얼마나 많은 화학종이 물리 및 화학적인 변화를 하고자 하는지의 척도이다. 만일 어떤 계에 둘 이상의 물질이 존재하고 서로 다른 화학 퍼텐셜을 가진다면 이 화학 퍼텐셜들이 똑같게 되도록 어떤 과정이 일어날 것이다. 따라서 화학 퍼텐셜은 화학 반응과 화학 평형을 생각하게 한다. 지금까지의 예제에서는 화학 반응을 취급해 왔지만(대부분 '생성물-빼기-반응물'의 형식으로 된 에너지 또는 엔트로피의 변화) 화학 반응이나 화학 평형에 초점을 맞춘 것은 아니었다. 이에 대해서는 다음 장에서 논의할 것이다.

4.9 퓨가시티

실제 기체의 비이상성에 대한 척도로서 퓨가시티를 정의함으로써 열역학을 화학 반응에 적용시켜 보자. 먼저 퓨가시티를 정의할 필요가 있는지를 알아보자.

이론을 전개시킬 때 이상적인 물질을 가정하고 바로 이 물질을 열역학적으로 취급해 왔다. 예를 들어, 이 장에서는 보편적으로 '이상 기체'를 사용하고 있다. 그러나 사실 이상 기체 같은 것은 존재하지 않는다. 실제 기체는 이상 기체 법칙을 따르지 않고 더 복잡한 상태 방정식을 가진다.

예상한 것처럼 기체의 화학 퍼텐셜은 압력에 따라 변한다. 식 (4.46)을 다시 나타내면 다음과 같다.

$$\Delta G = nRT \ln \frac{p_\mathrm{f}}{p_\mathrm{i}}$$

화학 퍼텐셜은 G를 가지고 정의되기 때문에 이상 기체의 경우 μ의 변화에 대하여 이와 비슷한 식으로 쓸 수 있을 것이다.

$$\Delta \mu = RT \ln \frac{p_\mathrm{f}}{p_\mathrm{i}} \tag{4.55}$$

G와 μ 앞의 Δ 부호가 변화를 나타낸다고 볼 때, 이들 두 식을 다른 형태로 쓸 수 있다. 따라서 ΔG 또는 $\Delta\mu$를 $G_{최종} - G_{초기}$ 또는 $\mu_{최종} - \mu_{초기}$로 쓸 수 있다.

$$G_{최종} - G_{초기} = nRT \ln \frac{p_\mathrm{f}}{p_\mathrm{i}}$$

$$\mu_{최종} - \mu_{초기} = RT \ln \frac{p_\mathrm{f}}{p_\mathrm{i}}$$

두 식에 대해서 초기 상태는 1 atm 또는 1 bar (1 atm = 1.01325 bar. 따라서 비 SI 표준인 1 atm을 사용하면 약간의 오차가 생김)와 같은 표준 압력이라 가정하자. 초기 조건을 ° 기호로 나타내고, 초기 에너지의 양은 식의 오른쪽에 놓으며, '최종'이라는 아래 첨자는 없앤다. 그러면 임의의 압력 p에서는 G 또는 μ로 표시되고, 이들은 표준 압력(1 atm 또는 1 bar)에서의 G° 및 μ°에 대하여 계산된다.

$$G = G° + nRT \ln \frac{p}{p°} \quad (4.56)$$

$$\mu = \mu° + RT \ln \frac{p}{p°} \quad (4.57)$$

두 번째 식은 화학 퍼텐셜이 압력의 자연 로그에 따라 변한다는 것을 보여 준다. p에 대해서 μ를 도시하면 그림 4.4에서 보여 주는 것처럼 일반적인 로그 형태를 취한다.

그러나 실제 기체에 대한 측정 결과에 따르면 μ와 p 사이의 관계가 그렇게 정확하지 않다. 아주 낮은 압력에서 모든 기체들의 거동은 이상적으로 접근한다. 보통의 압력에서는 주어진 화학 퍼텐셜이 예상보다 낮다. 이것은 실제 기체를 구성하는 분자 간에 약한 상호 인력이 작용하여 에너지를 낮추기 때문이다. 매우 높은 압력에서는 주어진 화학 퍼텐셜이 예상보다 더 높은데, 이는 기체 분자들이 너무 조밀하게 가까이 있어서 서로 반발하여 그 결과 에너지를 증가시키기 때문이다. 기체의 실제 압력에 대한 화학 퍼텐셜은 실제로 그림 4.5처럼 거동한다.

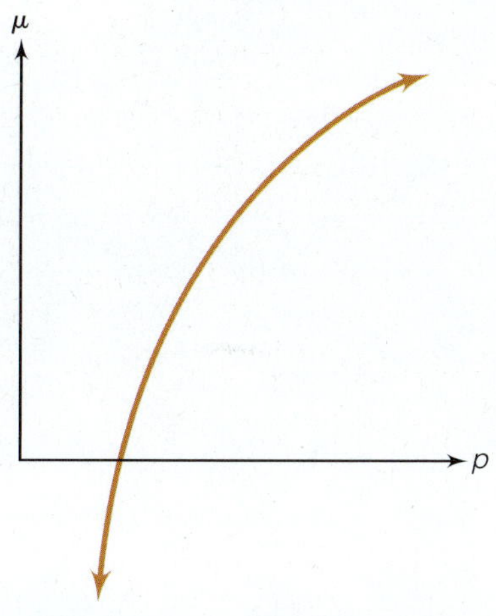

그림 4.4 이상 기체에 대하여 화학 퍼텐셜 μ의 그래프가 보여주어야 하는 모습.

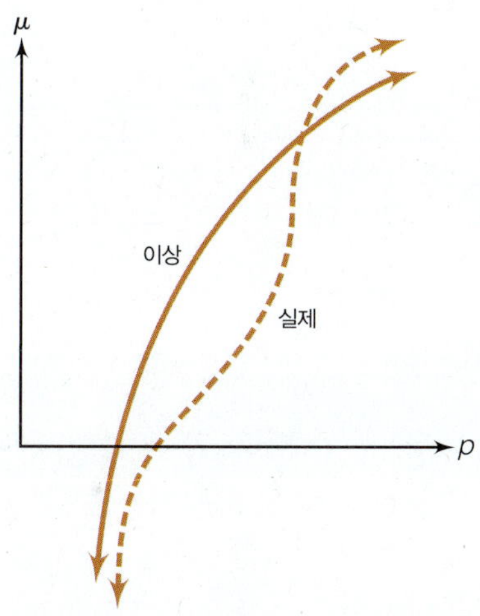

그림 4.5 실제 기체의 경우 높은 압력에서는 분자 내 반발로 인해 화학 퍼텐셜이 예상보다 더 크다. 보통의 압력에서는 화학 퍼텐셜이 예상보다 작은데, 이것은 분자 내 인력 때문이다. 매우 낮은 압력에서는 기체가 이상적으로 거동하는 경향이 있다.

실제 기체에 대하여 열역학은 **퓨가시티**(fugacity) f라 불리는 보정된 압력을 다음과 같이 정의 한다.

$$f = \phi \cdot p \quad (4.58)$$

여기서 p는 기체의 압력이고 ϕ는 **퓨가시티 계수**(fugacity coefficient)라고 한다. '퓨가시티(fugacity)'란 단어는 1901년 루이스(G. N. Lewis)에 의해 만들어졌으며 라틴어로 '빠름(fleetness)'에서 유래되었다. 분자 수준에서 퓨가시티는 얼마나 많은 기체 분자가 서로로부터 '탈출(flee)'하기를 원하는지의 정도로 해석된다. 퓨가시티 계수는 단위가 없다. 따라서 퓨가시티는 압력 단위를 가진다. 실제 기체에 대해 퓨가시티는 그 기체가 어떻게 거동하는가를 적절하게 나타낸다. 그러므로 실제 기체의 화학 퍼텐셜은 나타낸 다음 식으로 더 잘 나타낸다.

$$\mu = \mu° + RT \ln \frac{f}{p°} \quad (4.59)$$

압력이 낮아질수록 실제 기체는 점차 이상적으로 거동한다. 압력이 0인 극한에서 모든 기체는 이상 기체로 작용하며, 이들의 퓨가시티 계수는 1과 같다. 이를 수학적으로 나타내면 다음과 같다.

$$\lim_{p\to 0}(f) = p; \qquad \lim_{p\to 0}\phi = 1$$

실험적으로 퓨가시티를 어떻게 결정하는가? 식 (4.49)에 주어진 기본 열역학 식을 가지고 시작할 수 있다.

$$dG = -S\,dT + V\,dp + \sum_i \mu_i\,dn_i$$

등온 과정으로 일어나는 단일 성분(합의 기호에는 단 하나의 항뿐임)의 경우 이 식은 다음과 같이 된다.

$$dG = V\,dp + \mu\,dn$$

dG는 완전 미분이므로(4.5절 참조) $\partial\mu/\partial p = \partial V/\partial n$의 관계를 얻을 수 있다. 두 번째 식은 물질의 분몰 부피 $\overline{V}$이다. 즉,

$$\frac{\partial \mu}{\partial p} = \overline{V}$$

이는 다음의 식이 된다.

$$d\mu = \overline{V}\,dp$$

이상 기체의 경우에 이 식은 다음과 같이 될 것이다.

$$d\mu_{\text{이상}} = \overline{V}_{\text{이상}}\,dp$$

(왜 이상 기체를 다시 끌어들이는지 그 이유를 잠시 알아 볼 것이다). 위의 두 식을 빼면 다음과 같다.

$$d\mu - d\mu_{\text{이상}} = (\overline{V} - \overline{V}_{\text{이상}})\,dp$$

여기서 우변의 두 항에서 공통인수로 dp를 빼내었다. 이 식을 적분하면 다음과 같다.

$$\mu - \mu_{\text{이상}} = \int_0^p (\overline{V} - \overline{V}_{\text{이상}})\,dp$$

$$\mu - \mu_{\text{이상}} = \int_0^p \overline{V}\,dp - \int_0^p \overline{V}_{\text{이상}}\,dp \tag{4.60}$$

만일 식 (4.57)에서 이상 기체의 화학 퍼텐셜 $\mu_{\text{이상}}$을 압력의 항으로 나타내고, 식 (4.59)에서 실제 기체의 화학 퍼텐셜 μ를 퓨가시티의 항으로 나타낸다는 것을 안다면 이 식들을 사용하여 $\mu - \mu_{\text{이상}}$을 계산할 수 있다.

$$\begin{aligned}\mu - \mu_{\text{이상}} &= \mu^\circ + RT\ln\frac{f}{p^\circ} - \left(\mu^\circ + RT\ln\frac{p}{p^\circ}\right)\\ &= RT\left(\ln\frac{f}{p^\circ} - \ln\frac{p}{p^\circ}\right)\\ &= RT\ln\frac{f/p^\circ}{p/p^\circ} = RT\ln\frac{f}{p}\end{aligned}$$

그러므로 이 식을 식 (4.60)의 좌변에 대입하면 다음과 같다.

$$RT\ln\frac{f}{p} = \int_0^p \overline{V}\,dp - \int_0^p \overline{V}_{\text{이상}}\,dp$$

다시 정리하면 다음과 같이 된다.

$$\ln\frac{f}{p} = \ln\phi = \frac{1}{RT}\left(\int_0^p \overline{V}\,dp - \int_0^p \overline{V}_{\text{이상}}\,dp\right) \tag{4.61}$$

이 식은 복잡하게 보일지 모르겠지만 식의 의미를 생각해보자. 적분은 곡선 아래의 면적이다. 첫 번째 적분항은 압력에 따른 분몰 부피 그래프에서 곡선 아래의 면적이고, 두 번째 적분항은 압력에 따른 이상 기체의 몰부피 그래프에서 곡선 아래의 면적에 해당한다. 이때 두 적분항의 차는 단지 **$p = 0$과 0이 아닌 압력 p의 구간에서 두 그래프의 면적 차이**에 해당한다. 이 값을 RT로 나누면 퓨가시티 계수 ϕ의 로그값를 얻게 된다. 그러므로 퓨가시티는 등온 조건하에서 양을 알고 있는 실제 기체의 부피를 측정하고 이를 이상 기체의 예상 부피와 비교함으로써 결정된다. 그림 4.6은 이런 사실을 그림으로 나타낸 것이다.

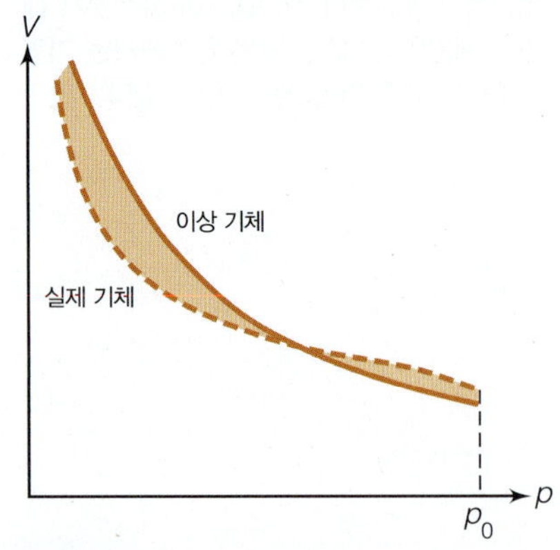

그림 4.6 실제 기체의 퓨가시티 계수를 결정하는 간단한 방법은 여러 압력에서 기체의 실제 부피를 도시하여 이 기체에 대해 예상된 이상적인 부피와 비교하는 것이다. 퓨가시티 계수는 곡선 밑의 면적의 차이(그림에서 어둡게 표현된)와 관련이 있다[식 (4.61) 참조].

식 (4.61)은 실제 기체에 대한 압축률 인자 Z를 이용하여 계산될 수 있다. 이상 기체

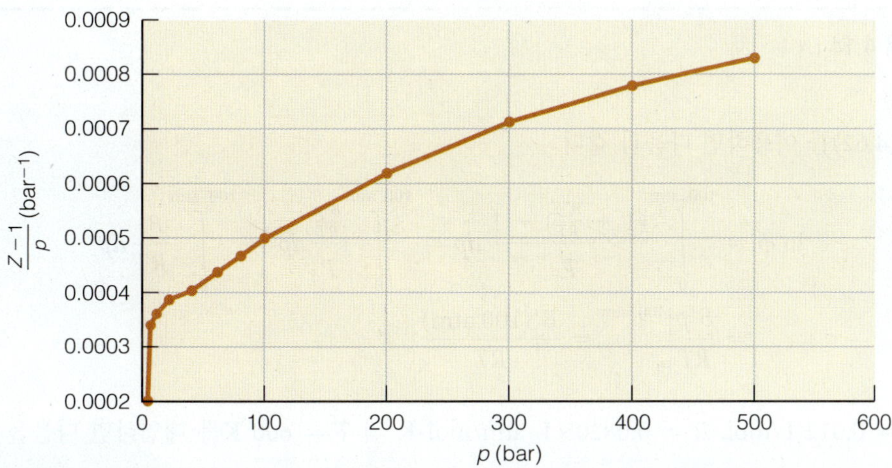

그림 4.7 실제 기제에 대하여 압력에 대한 $(Z-1)/p$의 그래프에서 압력 0과 어떤 압력 p 사이의 구간의서 곡선 아래 면적은 그 압력에 있는 기체의 퓨가시티 계수 ϕ의 로그값을 나타낸다. 여기에 그려진 데이터는 150 K에서 네온에 대한 것이다.

에 대해서 $\overline{V} = RT/p$인 반면 실제 기체에 대해서 $\overline{V} = ZRT/p$이다. 이를 식 (4.61)에 대입하면 아래의 식을 얻을 수 있다.

$$\ln\phi = \frac{1}{RT}\int_0^p \left(\frac{ZRT}{p} - \frac{RT}{p}\right) dp$$

RT 항은 적분 기호로부터 공통 인수로 빼낼 수 있다.

$$\ln\phi = \frac{RT}{RT}\int_0^p \left(\frac{Z}{p} - \frac{1}{p}\right) dp$$

RT 항은 상쇄되고 적분 기호 내에 같은 분모를 갖는 분수는 하나의 분수로 합쳐질 수 있다.

$$\ln\phi = \int_0^p \left(\frac{Z-1}{p}\right) dp \qquad \textbf{(4.62)}$$

만일 어떤 기체에 대한 상태 방정식과 상태 방정식에 의한 압축률 인자를 알고 있다면 식 (4.62)의 Z에 대입하여 적분값을 알아낼 수 있다. 또는 압축률 인자를 그림으로 나타낼 수가 있는데, p에 대한 $(Z-1)/p$를 도시해서 곡선 아래 부분의 면적을 수치적으로 측정해 내면 적분을 결정할 수가 있다.

그림 4.7은 150 K에서 네온에 대한 그래프이다. 임의의 압력에서 네온의 퓨가시티는 압력이 0에서 그 압력까지의 이 곡선 아래의 면적을 이용하여 알아낼 수 있다.

표 4.1 0°C에서 질소 기체의 퓨가시티

p (atm)	퓨가시티(atm)
1	0.99955
10	9.956
50	49.06
100	97.03
200	145.1
300	194.4
300	301.7
400	424.8
600	743.4
800	1196
1000	1839

출처: G. N. Lewis, M. Randall. *Thermodynamics*, revised by K. S. Pitzer and L. Brewer. McGraw-Hill. New York, 1961.

예제 4.14

온도가 600 K이고 압력이 100 atm인 아르곤 기체의 퓨가시티를 계산하라. 아르곤 기체의 압축률 인자는 단축된 비리알 방정식 $Z = 1 + B'p/RT$로 나타낼 수 있다고 가정한다. 600 K에서 Ar의 B'은 0.012 L/mol (표 1.4)이다. 답에 대해 의견을 말하라.

예제 4.14 *(계속)*

풀이

식 (4.62)를 이용하면 다음과 같다.

비리알 방정식은 상태 방정식의 한 형태이고, 제1장에서 소개하였다.

$$\ln \phi = \int_0^{100.\text{ atm}} \frac{(1 + \frac{B'p}{RT}) - 1}{p} dp = \int_0^{100.\text{ atm}} \frac{\frac{B'p}{RT}}{p} dp = \int_0^{100.\text{ atm}} \frac{B'}{RT} dp$$

$$= \frac{B'p}{RT}\bigg|_0^{100.\text{ atm}} = \frac{B'(100\text{ atm})}{RT}$$

$B' = 0.012$ L/mol, $R = 0.08205$ L·atm/mol·K 및 $T = 600$ K를 대입하면 다음을 얻는다.

모든 단위가 상쇄되고 식은 간단해진다.

$$\ln \phi = \frac{(0.012 \frac{\text{L}}{\text{mol}})(100\text{ atm})}{(0.08205\text{ L·atm/mol·K})(600.\text{ K})} = 0.024$$

그러므로 $\phi = 1.024$이다. $f = \phi p$이므로 이것은 $f = 102$ atm이라는 것을 의미한다. 아르곤 기체는 실제로 거동하는 것보다 약간 더 큰 압력을 갖는 것처럼 작용한다. 이것은 어디까지나 근사값이라 생각해야 한다. 왜냐하면 비리알 계수 B'은 100 atm 및 600 K의 조건에 적용되어야만 하기 때문이다.

ϕ를 구하기 위해서 역로그함수를 취한다.

압력에 따라 퓨가시티가 어떻게 변하는지를 알아보기 위해서 표 4.1은 질소 기체의 퓨가시티를 보여 준다. $p = 1$ atm에서 퓨가시티는 그 압력과 거의 같지만 $p = 1000$ atm에서는 퓨가시티가 압력의 거의 두 배가 되는 것에 주목하라.

4.10 요약

이 장에서는 마지막 두 에너지인 헬름홀츠 에너지 및 깁스 에너지를 소개하였다. 이 두 에너지는 계가 수행할 수 있는 최대 일의 양과 관계된다. 네 개의 모든 에너지를 그들의 자연 변수로 쓸 때 편도함수를 신중하게 적용시키면 많은 수의 유용한 관계식을 얻어낼 수 있다. 이러한 편도함수, 특히 그 중에서도 맥스웰 관계식은 직접 측정하기가 어려운 양을 쉽게 측정될 수 있는 상태 변수의 변화로 나타내 주기 때문에 매우 유용하다.

화학 퍼텐셜 μ를 정의하였다. 이것은 계에 있는 물질의 몰수에 대한 편도함수이므로 분몰량이라 부른다. 다른 분몰량들도 정의할 수 있다. 화학 반응과 화학 평형을 조사할 때 μ의 유용성 때문에 μ가 맨 처음으로 정의되었다.

마지막으로 실제 기체를 기술할 때 필요한 퓨가시티를 정의하였고, 퓨가시티를 실험적으로 어느 정도 간단히 결정할 수 있는 방법을 보여 주었다. 이런 과정은 비교적 간단한데, 그 이유는 열역학의 기본 개념으로부터 많은 식들을 유도할 수 있었고 이 식들을 이용하면 계에 대하여 달리 접근할 수 없는 다양한 정보를 얻을 수 있었기 때문이다.

주요 식

$A = U - TS$ (헬름홀츠 에너지의 정의)

$G = H - TS$ (깁스 에너지의 정의)

$(dG)_{T,p} < 0$ (일정 온도, 압력하에서 자발성 조건)

$\Delta A \leq w$ (압력-부피 일에 대한 한계)

$\Delta G \leq w_{\text{비-}pV}$ (비 압력-부피 일에 대한 한계)

$\Delta G = \Delta H - T\Delta S$ (등온 과정에서의 깁스 에너지 변화)

$\left(\frac{\partial U}{\partial S}\right)_V = T; \left(\frac{\partial U}{\partial V}\right)_S = -p$ (자연 변수 식으로부터의 관계식)

$\left(\frac{\partial H}{\partial S}\right)_p = T; \left(\frac{\partial H}{\partial p}\right)_S = V$

$\left(\frac{\partial A}{\partial T}\right)_V = -S; \left(\frac{\partial A}{\partial V}\right)_T = -p$

$\left(\frac{\partial G}{\partial T}\right)_p = -S; \left(\frac{\partial A}{\partial p}\right)_T = V$

$\left(\frac{\partial T}{\partial p}\right)_S = \left(\frac{\partial V}{\partial S}\right)_p$ (맥스웰 관계식)

$\left(\frac{\partial T}{\partial V}\right)_S = -\left(\frac{\partial p}{\partial S}\right)_V$

$\left(\frac{\partial S}{\partial V}\right)_T = \left(\frac{\partial p}{\partial T}\right)_V$

$\left(\frac{\partial S}{\partial p}\right)_T = -\left(\frac{\partial V}{\partial T}\right)_p$

$\frac{\partial}{\partial T}\left(\frac{\Delta G}{T}\right)_p = -\frac{\Delta H}{T^2}$ (깁스-헬름홀츠 방정식)

$\Delta G = V\,\Delta p$ (응축상에서 압력에 따른 깁스 에너지의 변화)

$\Delta G = nRT \ln \frac{p_f}{p_i}$ (기체에 대한 등온 깁스 에너지 변화)

$\mu = \left(\frac{\partial G}{\partial n}\right)_{T,p}$ (물질의 화학 퍼텐셜)

$f = \phi \cdot p$ (퓨가시티와 퓨가시티 계수의 정의)

연습 문제

4.2 자발성 조건

4.1. 계 내의 과정에 대한 dS, dU 및 dH가 자발성 조건이 되기 위한 조건을 나열하라.

4.2. 엄격한 자발성 조건으로서 $\Delta S > 0$을 적용하기 위해서는 왜 ΔU와 ΔH 모두가 0이 되어야 하는지 설명하라.

4.3. 에너지의 감소와 엔트로피의 증가와 함께 자발적인 변화가 일어난다는 생각과 다음 식이 어떻게 일치하는지를 설명하라.

$$\frac{dU + pdV}{T} - dS \leq 0$$

4.4. 식 (4.3)과 식 (4.4)에 주어진 자발성 조건이 다른 상태 변수에 따른 U와 H의 편도함수으로 되어 있지 않고 일반적인 미분 dU와 dH의 항으로 되어 있

는 이유를 설명하라.

4.5. 이상 기체의 단열 자유 팽창이 자발적임을 증명하라.

4.3 깁스 에너지와 헬름홀츠 에너지

4.6. 식 (4.5)로부터 식 (4.6)을 유도하라.

4.7. 식 (4.7)로부터 식 (4.8)을 유도하라.

4.8. 식 (4.9)의 세 번째 부분은 평형 조건 즉, 계의 상태에서 알짜 변화가 없음을 뜻한다. dU, dH 및 dA에 대한 평형 조건은 무엇인가?

4.9. 이상 기체 0.160 mol이 37°C의 온도에서 880 mmHg의 일정한 외부 압력에 대하여 1.0 L에서 3.5 L로 팽창하는 과정에 대한 ΔA를 계산하라.

4.10. 다음 반응에 의해 행해질 수 있는 비-pV 일의 최대량을 구하라. 단, $\Delta_f G\,(H_2O) = -237.13$ kJ/mol이고 $\Delta_f G\,(H_2) = \Delta_f G(O_2) = 0$이다.

$$2H_2 + O_2 \longrightarrow 2H_2O$$

4.11. 압축비가 10:1, 즉 $V_f = 10 \times V_i$인 피스톤을 생각해 보자. 만일 1,400 K에서 0.0200 mol의 기체가 가역적으로 팽창한다면 이 피스톤이 한 번 팽창할 때의 ΔA를 구하라.

4.12. 사람이 잠수할 때 물의 압력은 10.55 m의 깊이가 될 때마다 1 atm씩 증가한다. 가장 깊은 바다의 깊이는 10,430 m이다. 온도가 273 K일 때, 이 깊이에서 1 mol의 기체가 작은 풍선 속에 들어 있다고 가정하자. 등온 및 가역 과정으로 풍선이 표면에 올라온 후에 w, q, ΔU, ΔH, ΔA 및 ΔS를 계산하라. 단, 이때 풍선은 터지지 않는다고 가정한다.

4.13. 다음의 화학 반응에 대해 $\Delta G°$(25°C)를 계산하라. 이 반응은 사이클로헥세인(cyclohexane)을 만들기 위한 벤젠의 수소화 반응이다.

$$C_6H_6\,(\ell) + 3H_2(g) \longrightarrow C_6H_{12}\,(\ell)$$

일정한 T 및 p에서 이 반응은 자발적이라고 예상하는가? 부록 2의 데이터를 이용하라.

4.14. 이온에 대해서도 열역학적 성질이 결정될 수 있다. 다음 두 반응에 대한 ΔH, ΔS 및 ΔG를 결정하라. 이 두 반응은 단순한 용해 반응이다.

$$NaHCO_3\,(s) \longrightarrow Na^+\,(aq) + HCO_3^-\,(aq)$$
$$Na_2CO_3\,(s) \longrightarrow 2Na^+\,(aq) + CO_3^{2-}\,(aq)$$

표준 조건(수용액 내에서 이온의 표준 농도는 1 M이다)을 가정하고 부록 2의 열역학 물성 표를 참고하라. 어떤 유사점과 차이점이 있는가?

4.15. 다음과 같은 NO_2의 이합체화(dimerization) 반응에 대한 ΔG를 두 가지 방법으로 계산하라.

$$2NO_2\,(g) \longrightarrow N_2O_4\,(g)$$

두 값이 서로 같은가?

4.16. 다음과 같은 벤젠의 연소 반응에 대하여 ΔG를 두 가지 방법으로 계산하라.

$$2C_6H_6\,(\ell) + 15O_2\,(g) \longrightarrow 12CO_2\,(g) + 6H_2O\,(\ell)$$

두 값이 서로 같은가?

4.17. 다음 반응이 25°C에서 일어날 경우 $\Delta H = +1.897$ kJ이고 $\Delta G = 2.90$ kJ이다. 이 반응에 대한 ΔS를 구하라. 흑연과 다이아몬드의 구조에 대해 알고 있는 지식에 근거하여 구한 ΔS가 합리적인지를 설명하라.

$$\text{C (흑연)} \longrightarrow \text{C (다이아몬드)}$$

4.18. 0°C와 표준 압력에서 다음 반응의 ΔG를 결정하라.

$$H_2O\,(\ell) \longrightarrow H_2O\,(s)$$

이 반응은 자발적인가? 부록 2로부터 얻은 열역학적인 값들이 왜 이들 조건하에서의 반응에 엄격하게 적용되지 않는가?

4.19. 연료전지 내에서 1.00 mol의 CH_4를 25°C에서 다음과 같이 반응시켰을 때 얻을 수 있는 최대 전기적인 일(비-pV 일)의 양을 구하라.

$$CH_4\,(g) + 2O_2\,(g) \longrightarrow 2H_2O\,(\ell) + CO_2\,(g)$$

4.20. 사람이 일을 할 때 그 일은 비-pV 일이다. 이때 일 에너지는 전형적으로 세포 내에서의 포도당 대사를 통해 얻게 된다.

$$C_6H_{12}O_6\,(s) + 6O_2\,(g) \longrightarrow 6CO_2\,(g) + 6H_2O\,(\ell)$$

만일 시간당 2,090 kJ의 일을 조깅을 통해서 소모할 때 120 g의 포도당(중간 크기의 캔디 바에 들어 있는 양)을 전부 연소시키는 데 필요한 시간을 구하라.

4.21. $\Delta G = 0$인 과정에서 비-pV 일을 얻을 수 있는가? 그 이유를 설명하라.

4.22. $\Delta G = 0$인 과정에서 pV 일을 얻을 수 있는가? 그 이유를 설명하라.

4.23. 배터리는 전기적 일을 발생시키는 데 사용될 수 있는 화학계이다. 전기적 일은 비-pV 일의 한 형태이다. 배터리에 사용될 수 있는 일반적인 하나의 반응은 다음과 같다.

$$\text{M (s)} + \tfrac{1}{2}X_2\,(s/\ell/g) \longrightarrow \text{MX (결정)}$$

여기서 M은 알칼리 금속이고 X_2는 할로젠이다. 부록 2를 이용해서 서로 다른 알칼리 금속과 할로젠을 사용할 때 배터리가 제공할 수 있는 최대 일의 양을 표로 만들어라. 이들 형태의 배터리 중 어느 것이 실제로 생산되는지를 아는가?

4.24. 일정한 압력 p에서 임의의 상변화에 대한 ΔG 값이 정확히 0이다. 이를 알고 있다고 할 때 다음 과정에 대한 ΔS를 구하라.

$$\text{Au (1 mol, s)} \longrightarrow \text{Au (1 mol, }\ell)$$

단, 반응은 1,064°C와 일정 압력에서 이루어지며 Au의 용융 엔탈피는 12.61 kJ/mol이다.

4.25. 일정한 압력 p에서 임의의 상변화에 대한 ΔG 값이 정확히 0이다. 이를 알고 있다고 할 때 다음 과정에 대한 ΔS를 구하라.

$$\text{Au (1 mol, }\ell) \longrightarrow \text{Au (1 mol, g)}$$

단, 반응은 2,808°C와 일정 압력에서 이루어지며 Au의 기화 엔탈피는 343 kJ/mol이다. 이 연습 문제에서 구한 답이 앞 연습 문제에서 계산한 ΔS 값보다 매우 큰 이유를 설명하라.

4.26. 상변화에 대하여 $\Delta A = 0$인 조건을 구하라. 실제 조건하에서도 이것이 유용할 것 같은가?

4.27. 예제 4.2는 카르노 순환의 한 단계에 대한 ΔA를 계산하였다. 카르노 순환 전체에 대한 ΔA는 얼마인가?

4.4~4.6 자연 변수, 편도함수, 맥스웰 관계식

4.28. dU 및 dH에 대한 자연 변수식을 이용해서 C_V 및 C_p가 쉽게 정의될 수 있는가? 그 이유를 설명하라.

4.29. A가 온도와 부피에 따라 변하고 A의 거동을 안다고 가정했을 때 식 (4.26)과 유사한 U에 대한 식을 구하라.

4.30. 다음을 증명하라.

$$dS = \frac{\alpha}{\kappa}dV + \frac{(\partial S/\partial p)_V}{(\partial T/\partial p)_V}dT$$

여기서 α는 열팽창 계수이고 κ는 등온 압축률이다. *힌트*: dS에 대한 자연 변수식을 V 및 T항으로 쓰고 식의 일부를 치환하라. 맥스웰 관계식과 편도함수에 대한 연쇄 규칙을 이용하라.

4.31. 식 (4.18)~(4.25)에서 양변의 단위가 일치함을 증명하라.

4.32. 식 (4.25)를 사용하여 깁스 에너지가 일정 온도하에서 압력이 증가함에 따라 항상 증가함을 논하라.

4.33. 일정 온도에서 기체상 과정에 대해 이상적으로는 $\Delta U = \Delta H = 0$이지만 ΔA와 ΔG는 그러하지 않다. 그 이유를 설명하라.

4.34. 식 (4.21)과 식 (4.25)를 사용하여 고체상과 액체상에 대한 H와 G에 비해 기체상에 대한 H와 G가 압력에 따라 크게 변화함을 설명하라.

4.35. 식 (4.35)~식 (4.37)을 유도하라.

4.36. 다음 함수 중 완전 미분인 것은?

(a) $dF = \frac{1}{x}dx + \frac{1}{y}dy$

(b) $dF = \frac{1}{y}dx + \frac{1}{x}dy$

(c) $dF = 2x^2y^2\,dx + 3x^3y^3\,dy$

(d) $dF = 2x^2y^3\,dx + 2x^3y^2\,dy$

(e) $dF = x^n dx + y^n dy$, n = 정수

(f) $dF = (x^3\cdot\cos y)\,dx + (x^3\cdot\sin y)\,dy$

4.37. $(\partial S/\partial p)_T = -\alpha V$임을 증명하라.

4.38. dH에 대한 자연 변수식을 이용하여 다음 식이 성립함을 증명하라.

$$\left(\frac{\partial H}{\partial p}\right)_T = V(1 - \alpha T)$$

4.39. 어떤 계의 조건에서의 변화가 무한히 작게 일어난다고 할 때 ∂ 또는 d 기호를 사용하여 상태 변수의 변화를 나타낸다. 계의 조건의 변화들이 유한할 때 Δ 기호를 사용하여 그 변화를 나타낸다. 자연 변수식인 식 (4.14)~식 (4.17)을 유한 변화 Δ를 사용하여 나타내어라.

4.40. 다음 식은 식 (4.19)이다.

$$\left(\frac{\partial U}{\partial V}\right)_S = -p$$

만일 ΔU의 변화(내부 에너지 변화의 변화)를 고려한다면 이 식을 다음과 같이 쓸 수 있다(유사한 논의를 위해 앞 문제를 보라).

$$\left(\frac{\partial(\Delta U)}{\partial V}\right)_S = -\Delta p$$

이 식이 열역학 제1법칙과 완전히 부합함을 증명하라.

4.41. 등엔트로피 과정에 대해 기체 1.0 mol로 구성된 계가 7.33 atm과 3.04 L로부터 1.00 atm과 10.0 L로 변화했을 경우 이때 ΔU의 변화는 대략 얼마인가? (*힌트*: 바로 앞 문제 참조)

4.42. 이상 기체 법칙을 사용하여 편도함수의 연쇄 규칙을 설명하라.

4.43. 이상 기체에 대하여 다음 관계를 증명하라.

$$\left[C_p - \left(\frac{\partial U}{\partial T}\right)_p - \left(\frac{\partial H}{\partial p}\right)_S\left(\frac{\partial p}{\partial T}\right)_V\right] = 0$$

4.44. 다음 식이 성립함을 증명하라.

$$\frac{\alpha}{\kappa}\left(\frac{\partial V}{\partial S}\right)_T = 1$$

여기서 α는 팽창 계수이고 κ는 등온 압축률이다.

4.45. 예제 4.11의 식을 이용하여 이상 기체에 대한 $(\partial U/\partial V)_T$를 계산하라. 구한 답이 합리적인가?

4.46. 예제 4.11의 3번째 식을 이용하여 반데르발스 기체에 대한 $(\partial U/\partial V)_T$를 계산하라. 이 연습 문제에서 구한 답을 앞의 연습 문제에서 구한 답과 비교하라.

4.47. 베르텔로(Berthelot) 상태 방정식을 따르는 기체에 대해 직전 연습 문제를 반복하라(연습 문제 1.55 참조).

4.48. 이상 기체 및 반데르발스 기체에 대해 $(\partial p/\partial S)_T$를 각각 구하라.

4.7 ΔG의 핵심 내용

4.49. 다음의 고체상 반응에 대한 도함수$[\partial(\Delta G)/\partial T]_p$의 값을 구하라.

$$2Al + Fe_2O_3 \longrightarrow Al_2O_3 + 2Fe$$

(*힌트*: 연습 문제 3.57 참조)

4.50. 헬름홀츠 에너지 A가 없다고 할 때 깁스-헬름홀츠 식과 동등한 식을 유도하라.

4.51. $1/T$ 대 $\Delta G/T$ 도시의 기울기는?

4.52. 아르곤 시료 0.988 mol이 350 K의 일정한 온도에서 25.0 L로부터 35.0 L로 팽창한다. 이 팽창에 대한 ΔG를 구하라.

4.53. 헬륨 시료 3.66 mol이 −188°C하에서 15.5 L로부터 2.07 L로 압축된다. 이 과정에 대한 ΔG를 구하라.

4.54. 식 (4.41)을 적절히 변형하여 식 (4.41)이 식 (4.42)가 됨을 증명하라. 편도함수에 대한 연쇄 규칙이 깁스-헬름홀츠 식의 유도에 얼마나 중요한 역할을 하는지를 알 수 있는가?

4.55. 식 (4.43)으로부터 식 (4.44)가 도출됨을 증명하라.

4.56. 깁스-헬름홀츠 식을 사용하여 임의의 온도에서 C(다이아몬드)가 C(흑연)에 비해 불안정하다는 것을 설명하라. ΔH와 ΔG의 값은 연습 문제 4.17를 참조하라.

4.57. 다음 반응에 대하여

$$2H_2\,(g) + O_2\,(g) \longrightarrow 2H_2O\,(g)$$

ΔH(25°C) = −241.8 kJ이고, ΔG(25°C) = −228.61 kJ이다. 깁스-헬름홀츠 방정식을 사용하여 $\Delta G = 0$인 온도를 추산하라.

4.58. 예로서 식 (4.46)을 이용하여 부피 변화에 따른 ΔA에 대한 표현식을 구하라.

4.59. 물 1.00 mol이 1.00 atm에서 등온 압축되어 100.0 atm이 되었을 때 ΔG의 값을 구하라. 몰당 부피는 18.02 cm^{2}로 일정하다고 가정한다.

4.60. **(a)** 25°C에 있는 물 1 mol (바로 앞 문제 참조)에 대하여 ΔG가 +1.000 kJ이 되기 위해 필요한 Δp를 구하라. **(b)** 25°C에 있는 이상 기체 1 mol에 대하여 ΔG가 +1.000 kJ이 되기 위해 필요한 Δp를 구하라. **(c)** 여기서 구한 두 개의 Δp 값의 차이를 설명하라.

4.61. G 대신에 A에 대한 깁스-헬름홀츠 식의 형태를 제안하라. 어떤 조건이 일정해야 하는가?

4.62. 혼합 엔트로피와 마찬가지로 기체에 대한 **혼합 깁스 에너지**(Gibbs energy of mixing)는 다음과 같이 유도된다.

$$\Delta_{혼합}G = RT \sum_{i=1}^{기체수} n_i \ln x_i$$

여기에서 n_i와 x_i는 각각 i번째 기체에 대한 몰수와 몰분율이다. **(a)** 이 식을 유도하라. *힌트*: $\Delta_{혼합}H = 0$임을 가정하고 식 (3.25)를 사용하라. **(b)** 기체 혼합물에 대하여 $\Delta_{혼합}G$가 늘 0보다 작다는 것을 입증하여 혼합은 항상 자발적으로 이루어짐을 보여라. **(c)** 1.0 mol의 Ne, 2.0 mol의 He 및 3.0 mol의 Ar이 35.0°C에서 혼합될 때 $\Delta_{혼합}G$를 계산하라.

4.8 & 4.9 화학 퍼텐셜과 퓨가시티

4.63. 식 (4.46)과 달리 식 (4.55)에는 변수 n이 없다. 그 이유는 무엇인가?

4.64. $\left(\frac{\partial \mu}{\partial T}\right)_p$는 무엇과 같은가? [*힌트*: 식 (4.40) 참조]

4.65. O_2 1 mol이 이미 1 mol의 O_2를 포함하고 있는 계에 가해졌다면 계의 화학 퍼텐셜에는 어떤 변화가 있는가? 아마도 최상의 답은 '변화가 없다'이다. 그 이유를 설명하라.

4.66. μ는 크기 변수인가 아니면 세기 변수인가? 분몰 부피는 어떤 변수인가? 분몰 엔트로피는 어떤 변수인가?

4.67. N_2와 O_2를 각각 0.1 mol씩 포함하고 있는 계에 대한 화학 열역학의 기본 방정식을 써라.

4.68. 원래 부피의 10배 만큼 팽창하는 이상 기체의 몰당 화학 퍼텐셜 변화 **(a)** 100 K와 **(b)** 300 K에서 계산하라.

4.69. 온도가 273.15 K일 때 압력이 1.00 atm에서 1.00 bar로 변화하는 이상 기체에 대한 화학 퍼텐셜의 변화를 계산하라. 이것의 절대량의 변화가 얼마나 크다고 생각하는가?

4.70. 이상 기체에 대한 ϕ를 계산하는 데 식 (4.62)가 이용될 수 있는가? 그 이유를 설명하라.

4.71. 다음 각 쌍의 계에서 어느 계가 더 큰 화학 퍼텐셜을 가진다고 생각하는가? **(a)** 25°C에 있는 10.0 g Fe과 35°C에서 10.0 g Fe, **(b)** 1 atm 압력에서 공기 25.0 L와 100 atm 압력까지 등온 압축된 같은 양의 공기.

4.72. 같은 고압에서 헬륨과 산소 기체 중 어느 것이 이상성으로부터 더 큰 편차를 가질 것으로 예상되는가? 보통의 압력에서 이상성으로부터 더 큰 편차를 가지는 것으로 예상되는 기체도 같은 기체인가? 매우 낮은 압력에서는 어떠한가?

4.73. 어떤 기체가 다음과 같은 단축된 형태의 반데르발스 상태 방정식과 닮은 상태 방정식을 따른다고 한다.

$$p(V - nb) = nRT$$

이 기체에 대한 ϕ를 구할 수 있는 식을 유도하라(예제 4.14 참조).

기호수학 문제

4.74. 식 (4.39)를 이용하여 25°C에서 이산화 황(SO_2)에 대한 주울-톰슨 계수 μ_{JT} 값을 구하라. 단, 이 기체는 반데르발스 기체로 작용한다고 가정한다. 반데르발스 상수는 표 1.6에서 얻을 수 있다.

4.75. 다음 표는 300 K에서 압력에 따른 질소 기체 N_2의 압축률 인자를 수록해 놓은 것이다.

압력(bar)	압축률 인자
1	1.0000
5	1.0020
10	1.0041
20	1.0091
40	1.0181
60	1.0277
80	1.0369
100	1.0469
200	1.0961
300	1.1476
400	1.1997
500	1.2520

출처: R. H. Perry and D. W. Green, *Perry's Chemical Engineers' Handbook*, 6th ed., McGraw-Hill, New Yok, 1984.

퓨가시티 계수 ϕ의 값을 구하고, 이 값을 예제 4.14에서 얻었던 ϕ 값과 비교하라.

4.76. 두 기체 A와 B의 전체 몰수를 1 mol로 가정한다. $x_B = 0$에서 $x_B = 1.00$으로 변함에 따른 25.0°C에서의 $\Delta_{혼합}G$를 계산하고 도시하라. $\Delta_{혼합}G$가 음의 최댓값을 갖는 상대 농도를 구하라.

제 5 장 화학 평형 입문

Introduction to Chemical Equilibrium

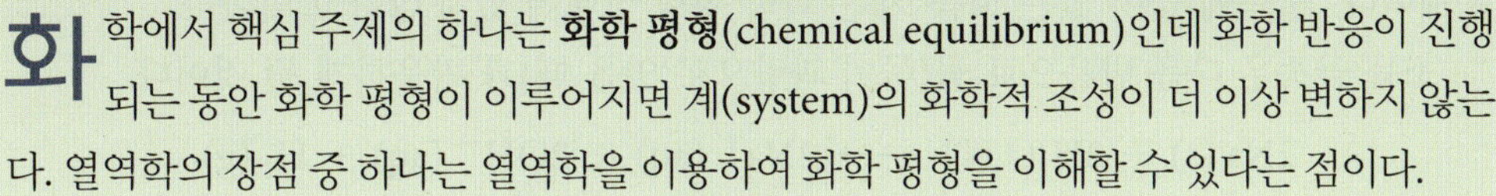

화학에서 핵심 주제의 하나는 **화학 평형**(chemical equilibrium)인데 화학 반응이 진행되는 동안 화학 평형이 이루어지면 계(system)의 화학적 조성이 더 이상 변하지 않는다. 열역학의 장점 중 하나는 열역학을 이용하여 화학 평형을 이해할 수 있다는 점이다.

차분히 생각해 보면 사실 평형 상태에 도달해 있는 화학적 과정은 극히 드물다. 사람의 몸속에 있는 체세포에서 일어나는 화학 반응을 생각해 보자. 만일 반응이 평형 상태를 유지한다면 사람은 바로 죽게 된다. 공업적 규모로 일어나는 화학 반응들은 평형 상태가 아닌 것이 많은데, 그렇지 않으면 화학제품 생산자들은 판매용 신제품을 개발하지 못하게 된다.

그렇다면 왜 평형에 그렇게 많은 관심을 집중하는가? 한 가지 분명한 것은 평형 상태에 놓인 계는 열역학을 이용하여 그 계를 이해할 수 있다는 점이다. 또한, 관심을 두는 거의 모든 화학계가 평형 상태에 있지 않지만 평형의 개념을 출발점으로 삼을 수가 있다. 평형 상태가 아닌 계를 이해하기 위해서는 화학 평형의 개념부터 알아보아야 한다. 화학을 공부하는 핵심 부분은 바로 평형 상태를 이해하는 일이다.

5.1 개요

이 장의 도입부에서는 화학 평형을 정의한다. 일정한 온도(T)와 압력(p) 조건(용의하게 설정할 수 있는 조건)에서 어떤 과정의 자발성은 dG에 의해서 결정되기 때문에 깁스 에너지는 가장 유용한 에너지이다. 그러므로 화학 평형에 대한 개념을 깁스 에너지에 연관시킨다. 화학 반응들은 아직까지 완결되는 쪽으로만 진행하고, 순수한 반응물이 생성물로 변함에 따라 반응이 얼마나 많이 진척되었는지를 나타내는 척도로서 진척도를 정의한다. 이 진척도를 이용하면 화학 평형을 정의하는 데 도움이 된다.

G는 화학 퍼텐셜과 관련되므로 화학 퍼텐셜이 평형과 어떤 관련이 있는지를 알아보게 된다. 그리고 평형 상수는 어떻게 화학 변화 과정의 특성이 되는지 알아본다. 고체와 액체는 대부분 평형 상수 값에 수치적으로 영향을 미치지 않지만 용액 속의 용질의 농도는 평형 상수 값에 영향을 미치는 이유를 찾는다. 끝으로 평형 상수 값이 조건에 따라 변한다는 사실을 살펴본다. 압력과 온도의 변화가 평형 상수 값과 평형에서의 반응 진척도에 어떻게 영향을 미치는지를 이해하기 위한 몇 가지의 간단한 생각을 해 본다.

5.2 평형

물리학의 법칙에 따르면 그림 5.1a와 같이 산의 경사면에 있는 돌은 자발적으로 산 밑으로 굴러 떨어지기 때문에 평형 상태에 있는 것이 아니다. 반면에 그림 5.1b의 돌은 더 이상 자발적으로 변화할 것이라고 예상할 수가 없기 때문에 그들은 평형 상태에 있다. 평형 상태에 있는 계를 변화시키려면 오히려 계에 일을 해 주어야만 할 텐데, 그렇다면 그 변화는 자발적으로 일어나는 것이 아니다.

이제 하나의 화학계를 생각해 보자. 물 100 mL가 담겨 있는 비커 속에 들어 있는 1 cm^3짜리 입방체 모양의 금속 소듐(Na)을 생각해 보자. 이 계는 평형 상태에 있는 것일까? 물론 아니다. 1 cm^3짜리의 소듐 금속을 물에 집어넣으면 틀림없이 화학 반응이 자발적으로 격렬하게 일어날 것이다. 앞에서 언급한 바와 같이 이 계는 화학 평형 상태에 있지 않다. 지금 다루는 내용은 중력 위치 에너지 문제가 아니라 화학 반응성에 관한 문제이다. '물속에 들어 있는 소듐' 계는 화학 평형 상태에 있지 않다고 말한다.

소듐 금속은 다음 반응으로 물(물이 과량으로 있을 때)과 반응하게 될 것이다.

$$2Na\,(s) + 2H_2O\,(\ell) \longrightarrow 2Na^+\,(aq) + 2OH^-\,(aq) + H_2\,(g)$$

반응이 일단 끝나면 계의 화학적 조성은 더 이상 변하지 않을 것이고, 계는 화학적 평형을 도달하게 된다. 어찌 보면 이러한 현상은 산과 돌의 예와도 매우 흡사하다. 물속의 소듐 금속은 마치 산의 경사면에 있는 돌(그림 5.1a)과 같고, 수산화 소듐 수용액(위 반응의 생성물에 대한 정확한 표현)은 마치 산의 바닥면에 놓여 있는 돌(그림 5.1b)과 같다.

또 다른 화학계를 생각해 보자. 이 계는 밀폐된 용기 속에 들어 있는 물(H_2O)과 중수(D_2O) 시료이다(중수소 D는 수소의 동위 원소로 하나의 원자핵 속에 한 개의 중성자를 가지고 있다). 이 계는 평형 상태에 있는 것일까? 흥미롭게도 이 계는 평형 상태에 있지 않다. 오랜 시간이 지나면 물 분자들은 반응해서 수소 원자들을 교환하게 될 것이고, 결국 일부 물 분자들은 화학식이 HDO인 분자가 되고, 이 결과는 이른바 질량 분석계를 이용하여 실험적으로 쉽게 입증할 수가 있다(동위원소 치환 반응이라고도 부르는 이와 같은 반응은 일부 현대 화학 연구에서 중요한 부분을 차지한다). 이러한 반응 과정을 그림 5.2에서 설명하고 있다. 수용액에서 난용성 염의 침전과 같은 과정도 평형의 예이다. 용액으로부터 침전되어 고체로 뭉치는 이온들과 고체로부터 녹아 나와서 용액 속으로 흩어지는 이온들 사이에는 일정한 균형이 존재한다.

$$PbCl_2\,(s) \longrightarrow Pb^{2+}\,(aq) + 2Cl^-\,(aq)$$
$$Pb^{2+}\,(aq) + 2Cl^-\,(aq) \longrightarrow PbCl_2\,(s)$$

알짜 변화가 없음 : 화학 평형

언덕 바닥의 돌이 되는 언덕 경사면의 돌은 평형의 한 예이지만, 이 경우는 아무 일도 일어나지 않는 평형이다. 이러한 평형을 **정적 평형**(static equilibrium)이라고 한다. 그러나 화학 평형은 이와 다르다. 화학 평형에서는 화학 반응이 계속해서 일어나고 있는데 다만 정반응과 역반응이 똑같은 속도로 일어나기 때문에 전체적인 계의 화학적 특성

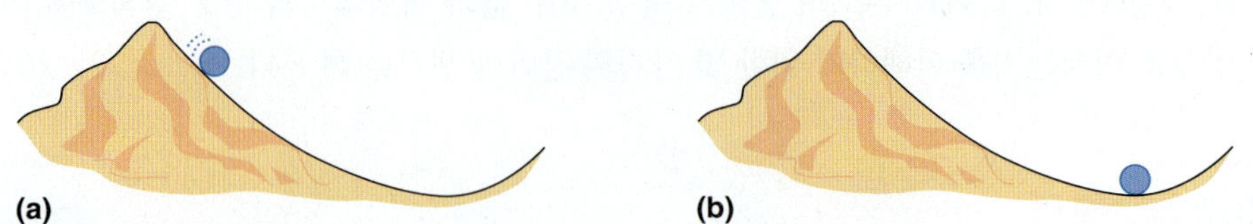

그림 5.1 (a) 산의 경사면에 있는 돌은 평형 상태가 아닌 간단한 물리적 계를 나타낸다. (b) 돌은 산의 바닥면에 놓여 있고, 최소의 중력 위치 에너지 상태에 있다. 이 계는 평형 상태에 있다.

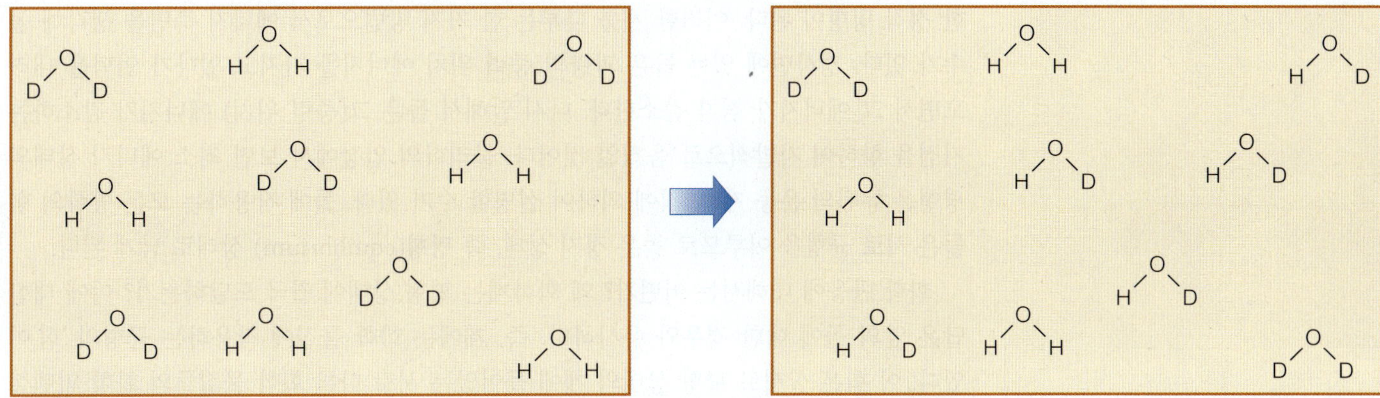

그림 5.2 때때로 계가 화학 평형에 있는지 알아내는 것은 어렵다. 물(H_2O)과 중수(D_2O)는 단순하게 보면 모두 물이기 때문에 H_2O와 D_2O를 같은 몰수되게 혼합하면 외견상 평형에 있는 것 같이 보이지만 실제로는 수소 원자 치환 반응이 일어나서 물 분자들 사이에 수소의 동위 원소(H와 D)들이 섞인다. 결국 평형 상태에서 주로 존재하는 분자는 HDO이다.

에는 아무런 변화가 없다. 이러한 평형을 **동적 평형**(dynamic equilibrium)이라고 부른다. 화학 평형은 모두 동적 평형이다. 다시 말해서 계의 성분들은 지속적으로 변화하지만, 어느 한 쪽으로 기울어지지는 않는다.

예제 5.1

다음의 각 경우가 정적 평형인지 아니면 동적 평형인지를 설명하라.

a. 물이 일정하게 여과기를 통과할 때, 수족관의 물 높이

b. 흔들거림이 멈춘 흔들의자

c. 수용액에서 대략 2% 정도만 이온화된 약산인 아세트산

d. 많은 돈을 예금하기도 하고 인출하기도 하는데도 매달 평균 1,000달러의 잔고를 유지하는 은행 계좌

풀이

a. 평형에서 물질, 즉 물이 일정하게 움직이고 있기 때문에 이것은 동적 평형의 예이다.

b. 정지된 흔들의자는 거시적 수준에서는 전혀 움직이지 않으므로 이 경우는 정적 평형의 예이다.

c. 아세트산의 이온화는 하나의 화학 반응이고, 평형에서의 모든 화학 반응과 마찬가지로 이것은 동적 평형이다.

d. 월 평균 잔고가 1,000달러를 유지하지만 돈이 계좌에 들어오고 빠져나가므로 이 경우는 동적 평형이다.

어떠한 계든 평형으로 진행되는 이유는 무엇인가? 그림 5.1a에서 산 경사면의 돌을 생각해 보자. 물리학에서 안 것처럼 중력은 돌을 당기고 있고, 산비탈의 경사는 중력 작용을 억제해서 돌을 움직이지 못하게 하는 데 충분하지 않다. 그래서 돌은 바닥에 다다를 때까지 굴러 내려간다(그림 5.1b). 이 지점에서 바닥은 중력을 상쇄하고 상황은 안정

한 정적 평형이 된다. 이러한 계를 다루는 한 가지 방법으로서 에너지 측면을 생각해 볼 수가 있다. 경사면에 있는 돌은 과량의 중력 위치 에너지를 가지고 있다가 언덕을 내려오면서 그 에너지가 점차 감소한다. 다시 말해서 돌은 그(중력 위치) 에너지가 감소하는 지점을 향하여 자발적으로 움직일 것이다. 물리학의 입장에서 보면 최소 에너지 상태의 평형은 뉴턴의 운동 제1법칙에 의하여 설명할 수가 있다. 돌에 작용하는 모든 방향의 힘들은 서로 균형을 이루므로 돌은 정지 상태, 즉 **평형**(equilibrium) 상태로 남게 된다.

화학 반응에 대해서는 어떤가? 왜 화학계는 평형 상태에 결국 도달하는가? 이에 대한 답은 앞의 돌에 대한 경우와 유사하다. 즉, 계에는 화학 물질에 작용하는 균형의 '힘'이 있다. 이 힘은 실제로 평형 상태의 계에 들어있는 서로 다른 화학 물질들의 화학 퍼텐셜인 에너지이다. 다음 절에서는 화학 평형을 에너지 측면에서 소개하고자 한다.

5.3 화학 평형

닫힌계에서 일어나는 화학 반응의 경우, 초기의 화학적 특성을 갖는 물질('반응물')은 다른 화학적 특성을 갖는 물질('생성물')로 변한다. 바로 앞 장에서 깁스 에너지는 물질의 양에 의존한다고 했고 물질의 양에 따른 깁스 에너지 변화를 화학 퍼텐셜이라고 정의했다.

$$\mu_i = \left(\frac{\partial G}{\partial n_i}\right)_{T,p,n_j\,(j\neq i)}$$

각각의 n_i에 따라 G도 달라지기 때문에 화학적 변화 과정이 일어나는 동안 **계 전체의 총 깁스 에너지가 변한다**는 사실은 지극히 당연한 일이다.

이제 반응 진행의 척도로서 진척도 ξ를 정의하자. $t = 0$의 시간에 계에 들어 있는 i번째 화학종의 몰수를 $n_{i,0}$라고 한다면 반응의 진척도 ξ는 다음과 같다.

$$\xi = \frac{n_i - n_{i,0}}{\nu_i} \qquad \textbf{(5.1)}$$

이 식에서 n_i와 ν_i는 각각 화학 반응식에서 i번째 화학종의 시간 t에서의 몰수와 화학량론 계수이다. 이때 계수 ν_i는 생성물에 대해서는 양의 값이고, 반응물에 대해서는 음의 값이다. ξ 값은 반응의 초기 조건과 화학량론에 따라 달라질 수가 있겠지만, 반응 중 임의의 시점에서 ξ의 값은 식 (5.1)에서 어떤 화학종이 사용된다 하더라도 상관없이 같을 것이다.

예제 5.2

아래에 표시된 각 물질의 초기 양으로부터 다음 반응이 시작된다.

$$\underset{18.0\ \text{mol}}{6H_2} + \underset{2.0\ \text{mol}}{P_4} \longrightarrow \underset{1.0\ \text{mol}}{4PH_3}$$

다음의 각본에 따라 ξ를 결정하는데 어느 물질을 사용한다 하더라도 ξ의 값이 모두 같음을 증명하라.

a. P_4가 모두 반응하여 생성물을 만든다.

b. PH_3가 모두 반응하여 반응물을 만든다.

예제 5.2 *(계속)*

풀이

a. 2.0 mol의 P_4가 반응하면 P_4는 모두 사라질 것이므로 $n_{P_4} = 0.0$ mol이 된다. H_2 중에서 12.0 mol은 반응했을 것이고, 6.0 mol은 남아 있게 된다($n_{H_2} = 6.0$). 따라서 반응 결과 8 mol의 PH_3가 생성되고 이는 원래 있던 1.0 mol과 합쳐져서 $n_{PH_3} = 9.0$ mol이 될 것이다. ξ를 정의한 식에 각 물질에 해당하는 값들을 적용시키면 다음과 같이 된다.

균형 화학 반응식에 따라 P_4 1 mol에 대해서 H_2가 6 mol이 반응하므로 H_2 12.0 mol이 반응한다.

$$H_2\text{를 사용할 때,}\quad \xi = \frac{6.0\text{ mol} - 18.0\text{ mol}}{-6} = 2.0\text{ mol}$$

$$P_4\text{를 사용할 때,}\quad \xi = \frac{0.0\text{ mol} - 2.0\text{ mol}}{-1} = 2.0\text{ mol}$$

$$PH_3\text{를 사용할 때,}\quad \xi = \frac{9.0\text{ mol} - 1.0\text{ mol}}{+4} = 2.0\text{ mol}$$

계산을 할 때 해당되는 물질에 따라 ν_i를 양 또는 음의 값을 사용했고, 반응 진척도 ξ의 단위는 mol이 된다는 사실을 주목하라.

b. PH_3가 모두 반응하면 $n_{PH_3} = 0$이 되고, H_2와 P_4는 각각 1.5 mol과 0.25 mol씩 만들어진다. 결국 H_2와 P_4의 몰수는 각각 19.5 mol과 2.25 mol이 된다.

얻어진 H_2와 P_4의 양 또한 균형 화학 반응식의 계수로부터 구해진다.

$$H_2\text{를 사용할 때,}\quad \xi = \frac{19.5\text{ mol} - 18.0\text{ mol}}{-6} = -0.26\text{ mol}$$

$$P_4\text{를 사용할 때,}\quad \xi = \frac{2.25\text{ mol} - 2.0\text{ mol}}{-1} = -0.25\text{ mol}$$

$$PH_3\text{를 사용할 때,}\quad \xi = \frac{0.0\text{ mol} - 1.0\text{ mol}}{+4} = -0.25\text{ mol}$$

이 예제를 통해 반응 중의 어느 물질을 사용해도 ξ의 값은 같으므로 ξ는 반응의 진행을 지속적으로 추적하는 길임이 확인되었다. 아울러, 반응 과정이 오른쪽으로 진행될 경우는 ξ의 값이 양이고, 왼쪽으로 진행될 경우는 ξ의 값이 음이라는 사실도 알 수 있다.

반응이 진행됨에 따라 n_i가 달라진다. 식 (5.1)의 관계를 이용하여 각 물질량의 무한소 변화 dn_i를 반응 진척도의 무한소 변화로 나타낼 수 있다.

$$dn_i = \nu_i \, d\xi \tag{5.2}$$

앞 장의 식 (4.49)를 다시 쓰면 다음과 같고, 이 식에 따르면 n_i 값이 변함에 따라 계의 깁스 에너지도 변한다.

$$dG = -S\,dT + V\,dp + \sum_i \mu_i \, dn_i$$

온도와 압력이 일정할 경우, 이 식은 다음과 같이 된다.

$$(dG)_{T,p} = \sum_i \mu_i \, dn_i$$

식 (5.2)를 가지고 이 식의 dn_i를 치환하면 다음과 같이 된다.

$$(dG)_{T,p} = \sum_i \mu_i \nu_i \, d\xi$$

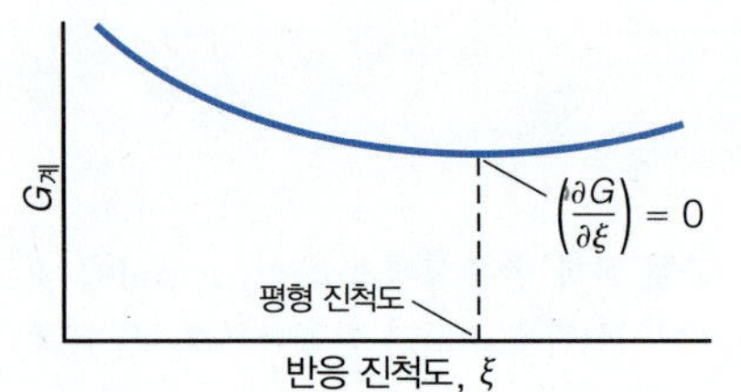

그림 5.3 반응 경로(x축에 '반응 진척도'라고 표시함)에 따라 전체적인 깁스 에너지는 최솟값이 되고, 이 점에서 반응은 화학 평형에 있게 된다.

반응식에 있는 모든 물질에 대하여 진척도 변수는 동일하므로 이 식의 양변을 $d\xi$로 나누면 다음을 얻게 된다.

$$\left(\frac{\partial G}{\partial \xi}\right)_{T,p} = \sum_i \mu_i \nu_i \qquad (5.3)$$

앞 장의 식 (4.9)에서 $\Delta G = 0$이거나 또는 무한소 변화 과정의 경우에 똑같은 의미인 $dG = 0$이면 계는 평형 상태에 있다고 했다. **화학 평형**에서 필요한 조건은 **반응의 깁스 에너지**인 $\Delta_{반응}G$로 정의되는 식 (5.3)의 도함수는 0이 되어야 한다는 것이다.

$$화학\ 평형에서\ \left(\frac{\partial G}{\partial \xi}\right)_{T,p} \equiv \Delta_{반응}G = \sum_i \mu_i \nu_i = 0 \qquad (5.4)$$

그림 5.3은 식 (5.4)의 의미를 설명해주고 있다. 반응이 어느 정도 진행되면 계의 전체적인 G가 최솟값에 도달되고, 이때 계는 화학 평형에 이르렀다고 말한다(곡선의 **최대점**에서 도함수가 0이라는 사실도 알고 있지만 열역학 논의에서는 그런 경우를 만나지는 않을 것이다).

그림 5.3을 분자 수준에서 해석하면 어떻게 될까? 어떤 계에서 일어나는 다음과 같은 화학 반응을 생각해 보자.

$$A\,(g) \longrightarrow B\,(g)$$

반응이 진행되면서 계의 깁스 에너지는 그림 5.4(a)에서처럼 순수한 A의 깁스 에너지로부터 순수한 B의 깁스 에너지까지 선형으로 변화한다. 이 경우 순수한 생성물의 위치에서 깁스 에너지는 최소이며 평형 상태에서는 생성물만 존재한다. 그러나 앞 장에서 소개하였듯이 혼합 깁스 에너지, $\Delta_{혼합}G$(연습 문제 4.62 참조)가 역시 존재한다. A와 B 분자들의 혼합에 따른 깁스 에너지의 영향이 그림 5.4(b)에 나타내져 있다. 계의 전체 ΔG는 이 두 가지의 기여분을 합한 것이고, 그림 5.4(c)에 나타내져 있다. 반응물과 생성물 분자들의 혼합에 따른 깁스 에너지 때문에 전체 ΔG는 더 이상 직선이 아니라 순수한 반응물과 생성물 사이에 최소점을 가지는 곡선을 이룬다. 따라서 분자들의 혼합으로 인해 평형은 순수한 A와 순수한 B 사이에 존재하게 된다.

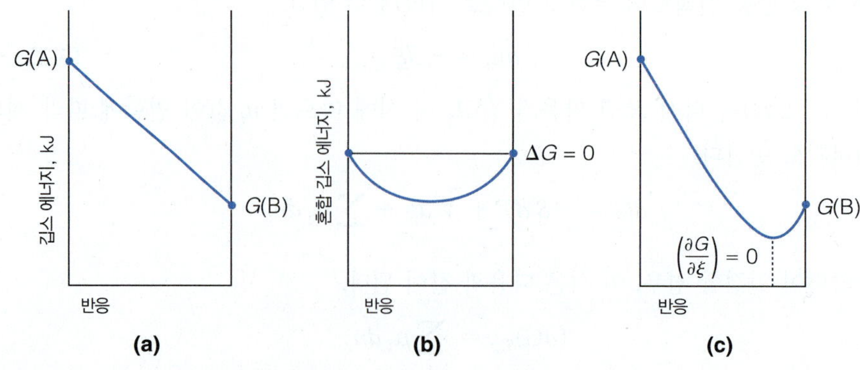

그림 5.4 (a) A → B의 반응만 고려하면 G의 변화는 직선을 나타낸다. (b) 그러나 생성물이 형성되면서 반응물과 생성물 분자들의 혼합에 따른 ΔG의 성분이 존재한다. 수평 점선은 $\Delta G=0$인 경우이다. (c) 따라서 반응계의 전체 깁스 에너지는 각 물질(반응물과 생성물)의 깁스 에너지와 혼합에 따른 깁스 에너지와의 합이 된다. 평형에서는 반응물과 생성물의 혼합물이 존재한다.

예제 5.3

밀폐된 용기에서 다음과 같은 반응이 일어난다.

$$2NO_2\,(g) \longrightarrow N_2O_4\,(g)$$

초기 용기 속에는 N_2O_4는 없고 3.0 mol의 NO_2만 들어 있다. 반응의 진척도에 대한 두 개의 표현을 적어라. 그리고 화학 평형이 존재하기 위하여 만족해야 할 식을 적어라.

풀이

ξ에 대한 식은 NO_2나 또는 N_2O_4 어느 것으로도 나타낼 수가 있다.

$$\xi = \frac{n_{NO_2} - 3.0\text{ mol}}{-2} = \frac{n_{N_2O_4}}{+1}$$

NO_2와 N_2O_4의 화학 퍼텐셜에 의하여 나타낸 다음 식이 만족될 때 화학 평형이 존재할 것이다.

$$\mu_{N_2O_4} - 2\mu_{NO_2} = 0$$

이 식은 식 (5.4)에서 곧바로 얻어진다.

다음과 같은 일반적인 기체상 반응을 생각해 보자.

$$a\text{A} \longrightarrow b\text{B}$$

이 과정에 식 (5.4)를 적용시키면 다음과 같이 쓸 수가 있다.

$$\Delta_{\text{반응}}G = b\mu_{\text{B}} - a\mu_{\text{A}}$$

여기서 a와 b는 균형 화학 반응식에서의 화학량론 계수이다. 화학 퍼텐셜은 표준 상태의 화학 퍼텐셜 $\mu°$와 비표준 압력을 고려한 항으로 표현된다. 이상 기체의 거동을 가정하면 식 (4.57)을 사용하여 이 식을 다음과 같이 고쳐 쓸 수가 있다.

$$\Delta_{\text{반응}}G = b\left(\mu_{\text{B}}^{\circ} + RT\ln\frac{p_{\text{B}}}{p^{\circ}}\right) - a\left(\mu_{\text{A}}^{\circ} + RT\ln\frac{p_{\text{A}}}{p^{\circ}}\right)$$

이 식을 대수적으로 재정리하고 로그 성질을 이용하면 다음 식을 얻게 된다.

$$\Delta_{\text{반응}}G = (b\cdot\mu_{\text{B}}^{\circ} - a\cdot\mu_{\text{A}}^{\circ}) + RT\ln\frac{(p_{\text{B}}/p^{\circ})^{b}}{(p_{\text{A}}/p^{\circ})^{a}} \qquad \textbf{(5.5)}$$

반응의 표준 깁스 에너지, $\Delta_{\text{반응}}G°$는 다음과 같이 정의한다.

$$\Delta_{\text{반응}}G^{\circ} = b\cdot\mu_{\text{B}}^{\circ} - a\cdot\mu_{\text{A}}^{\circ} \qquad \textbf{(5.6)}$$

H와 S를 취급할 때와 마찬가지로 생성 반응에 대한 $\Delta_f G°$도 정의할 수 있다. G는 상태 함수이므로 식 (5.6)을 표준 생성 깁스 에너지의 형태로 더 유용하게 나타낼 수 있다.

$$\Delta_{\text{반응}}G^{\circ} = b\cdot\Delta_f G^{\circ}_{\text{생성물}} - a\cdot\Delta_f G^{\circ}_{\text{반응물}}$$

식 (5.5)에 있는 $[(p_{\text{B}}/p^{\circ})^{b}]/[(p_{\text{A}}/p^{\circ})^{a}]$을 **반응 지수**(reaction quotient) Q라고 정의하며, 다음과 같다.

$$Q \equiv \frac{(p_B/p^\circ)^b}{(p_A/p^\circ)^a}$$

그러므로 식 (5.5)를 다음과 같이 쓸 수 있다.

$$\Delta_{반응}G = \Delta_{반응}G^\circ + RT\ln Q \tag{5.7}$$

$\Delta_{반응}G^\circ$와 Q에 대한 정의는 반응물과 생성물의 수에 관계없이 일반화시킬 수가 있는데, 다음과 같다.

$$\Delta_{반응}G^\circ = \sum \Delta_f G^\circ(\text{생성물}) - \sum \Delta_f G^\circ(\text{반응물}) \tag{5.8}$$

$$Q = \frac{\prod_{i\,\text{생성물}} (p_i/p^\circ)^{|\nu_i|}}{\prod_{j\,\text{반응물}} (p_j/p^\circ)^{|\nu_j|}} \tag{5.9}$$

Q는 무차원으로서 단위가 없다. Q는 분명히 분수로 나타내져 있기 때문에 화학량론 계수(ν)는 절댓값을 쓴다. 식 (5.8)을 이용하면 표준 생성 깁스 에너지를 가지고 표준 반응 깁스 에너지를 결정할 수가 있다. $\Delta_f G^\circ$ 값들은 $\Delta_f H^\circ$ 및 절대 엔트로피 S°와 함께 같은 표에 수록되어 있다. $\Delta_f G^\circ$ 값들은 통상 1 mol의 양으로 주어지기 때문에(즉, $\overline{\Delta_f G}$) 식 (5.8)을 적용시킬 때에는 화학 반응의 화학량론을 사용해야 한다.

$\Delta_{반응}G$와 $\Delta_{반응}G^\circ$를 분명히 구분해야 한다. $\Delta_{반응}G$는 계가 어떤 조건하에 있고 반응의 진척도가 어떤가에 따라 그 값이 여러 가지로 달라질 수 있다. 반면에 $\Delta_{반응}G^\circ$는 모든 반응물과 생성물의 압력, 형태 및 농도가 특정 온도(대표적으로는 25°C)에서 표준 상태에 있을 때 생성물과 반응물 사이의 깁스 에너지 차이를 가리킨다. $\Delta_{반응}G^\circ$는 하나의 반응에 대한 특성을 나타내는 반면 $\Delta_{반응}G$는 계의 정확한 상태 혹은 반응물과 생성물의 각 상태에 따라 달라질 수가 있는 양이다. 예를 들어, 식 (5.7)을 이용하면 다음의 예제에서 보는 바와 같이 표준 압력이 아닌 다른 조건하에서 임의의 반응에 대한 $\Delta_{반응}G$를 결정할 수가 있다.

예제 5.4

25°C에서 다음 반응에 대한 표준 반응 깁스 에너지는 1 mol 당 −457.14 kJ이다.

$$2H_2\,(g) + O_2\,(g) \longrightarrow 2H_2O\,(g)$$

p_{H_2}와 p_{O_2} 및 p_{H_2O}가 각각 0.775 bar, 2.88 bar 및 0.556 bar인 계에서 $\Delta_{반응}G$를 결정하라. 표준 압력은 1.00 bar이다.

풀이

먼저 Q에 대한 알맞은 식을 세워야 하는데, 식 (5.9)와 균형 화학 반응식 및 주어진 조건들을 모두 이용하면 Q는 다음과 같이 된다.

분모에 있는 '1 bar'는 단위를 없애주는 역할을 한다.

$$Q = \frac{\left(\frac{p_{H_2O}}{1\text{ bar}}\right)^2}{\left(\frac{p_{H_2}}{1\text{ bar}}\right)^2\left(\frac{p_{O_2}}{1\text{ bar}}\right)} = \frac{\left(\frac{0.556\text{ bar}}{1\text{ bar}}\right)^2}{\left(\frac{0.775\text{ bar}}{1\text{ bar}}\right)^2\left(\frac{2.88\text{ bar}}{1\text{ bar}}\right)}$$

$$Q = 0.179$$

예제 5.4 *(계속)*

이 Q를 식 (5.7)에 대입하여 풀면 다음과 같다.

$$\Delta_{반응}G = -457.14\ \text{kJ} + \left(8.314\ \frac{\text{J}}{\text{K}}\right)(298\ \text{K})(\ln 0.179)\left(\frac{1\ \text{kJ}}{1000\ \text{J}}\right)$$

$$\Delta_{반응}G = -461\ \text{kJ}$$

마지막 분수는 단위를 일치시키기 위해 J을 kJ로 환산한 것이다.

풀이에서는 단위를 J에서 kJ로 환산하였는데, 반응물과 생성물의 화학량론적 몰수를 고려하고 있기 때문에 $\Delta_{반응}G$의 단위를 간단히 kJ로 나타낸다. 만일 $\Delta_{반응}G$를 반응물이나 생성물 1 mol 당의 단위로 나타내고 싶다면 각각 -231 kJ/mol H_2, -461 kJ/mol O_2 및 -231 kJ/mol H_2O로 나타낸다.

'발열(exothermic)'과 '흡열(endothermic)'이란 용어와 유사하게 $\Delta G < 0$과 $\Delta G > 0$의 과정을 표현하는 데 각각 **자유 에너지 감소**(exergonic)와 **자유 에너지 증가**(endergonic)란 용어를 사용한다. 이 용어들은 각각 '밖에서 일을 하다'와 '안에서 일을 하다'란 뜻을 지닌 그리스어에서 유래하였고 일(비-pV 일)이 과정(계)에 의해서 주위에 행해질 수 있는가 아니면 주위에 의해서 과정(계)에 행해질 수 있는가를 의미한다.

화학 평형에 대해서는 $\Delta_{반응}G = 0$이므로 식 (5.7)은 다음과 같이 된다.

$$0 = \Delta_{반응}G^\circ + RT \ln Q$$

$$\Delta_{반응}G^\circ = -RT \ln Q$$

$\Delta_{반응}G^\circ$는 화학적 과정마다 하나의 고유한 값을 가지기 때문에, 평형에서의 반응 지수 Q의 값도 하나의 고유한 값을 가질 것이다. 이때의 Q 값을 그 반응에 대한 **평형 상수**(equilibrium constant)라고 부르고 새로운 기호 K로 표시한다. 결국은 위의 식을 다음으로 나타낸다.

$$\Delta_{반응}G^\circ = -RT \ln K \tag{5.10}$$

Q와 마찬가지로 K는 단위가 없다. K는 평형 상태에 있는 생성물과 반응물의 압력에 의하여 정의되기 때문에, 표준 반응 깁스 에너지를 알면 반응이 평형 상태에 이르렀을 때 생성물과 반응물의 상대적인 양도 알아낼 수가 있다. K 값이 큰 경우는 평형 상태에서 반응물보다는 생성물이 더 많이 존재함을 의미하고, 반면에 K 값이 작은 경우는 생성물보다 반응물이 더 많다는 것을 의미한다. 평형 상수 값은 결코 음의 값이 될 수 없다. 예제 5.4에서 구한 $\Delta_{반응}G^\circ$ 값을 이용하여 K를 계산해 보면 1.3×10^{80}임을 알 수 있는데, 이처럼 K 값이 큰 것은 반응이 평형 상태에 이르렀을 때 생성물의 양은 많고 반응물의 양은 아주 조금만 존재한다는 것을 나타낸다.

화학 평형은 동적 과정이라는 점을 기억하라. 계의 G 값이 최소화 되었을 때 화학적 변화 과정은 멈추지 않는다. 오히려 정반응 과정이 역반응 과정에 의해서 균형을 이룬다. 정반응과 역반응이 동시에 일어나고 있음을 강조하기 위하여 반응을 표시할 때 단일 화살표 대신 일반적으로 이중 화살표 $\rightleftharpoons$를 써서 나타낸다.

다음의 예제에서 보는 바와 같이 평형 상수를 이용하여 반응의 진척도를 결정할 수가 있다.

예제 5.5

다음과 같은 기체상 반응에 대해 120°C에서의 평형 상수는 4.00이다

$$\underset{\text{에틸아세테이트}}{CH_3COOC_2H_5} + \underset{\text{물}}{H_2O} \rightleftharpoons \underset{\text{아세트산}}{CH_3COOH} + \underset{\text{에탄올}}{C_2H_5OH}$$

a. 10.0 L의 용기 내에 에틸아세테이트와 물의 초기 압력이 각각 1.00 bar인 상태에서 반응이 시작된다면 평형에서 반응의 진척도는 얼마인가?

b. 평형에서 $\Delta_{\text{반응}}G$는 얼마인가? 설명하라.

c. 평형에서 $\Delta_{\text{반응}}G°$는 얼마인가? 설명하라.

풀이

a. 아래의 표는 초기 및 평형에서의 관련 물질의 양을 나타낸다.

압력(bar)	$CH_3COOC_2H_5$	+	H_2O	$\rightleftharpoons$	CH_3COOH	+	C_2H_5OH
초기	1.00		1.00		0		0
평형	$1.00 - x$		$1.00 - x$		$+x$		$+x$

화학 반응으로부터 평형 상수에 관한 식을 구성할 수 있고, 표의 마지막 줄에 있는 값들을 대입하면 다음을 얻게 된다.

$$K = \frac{(p_{CH_3COOH}/p°)(p_{C_2H_5OH}/p°)}{(p_{CH_3COOC_2H_5}/p°)(p_{H_2O}/p°)} = 4.00$$

$$4.00 = \frac{(+x)(+x)}{(1.00 - x)(1.00 - x)} = \frac{x^2}{(1.00 - x)^2}$$

이차방정식의 근의 공식은 $x = \dfrac{-b \pm \sqrt{b^2 - 4ac}}{2a}$이고, x의 값은 두 개가 가능하다.

이 식을 전개하면 이차 방정식이 되는데, 대수학적으로 풀면 다음과 같이 두 개의 x 값을 얻게 된다.

$$x = 0.667 \text{ bar} \quad \text{또는} \quad x = 2.00 \text{ bar}$$

숫자로 얻어진 답은 물리적으로 가능한지 여부를 알아보기 위해 늘 점검해야 한다.

실제 상황을 고려하여 이 값들을 점검해 보기로 하자. 처음에 단 1 bar의 반응물로 시작한다면 2.00 bar만큼 잃을 수가 없다. 그러므로 물리적으로 실질적인 답이 될 수 없는 $x = 2.00$ bar는 버려야 한다. 따라서 양의 변화로서 $x = 0.667$ bar를 사용하면 평형에서 최종적인 각 물질의 양을 다음과 같이 얻을 수 있다.

$$p_{\text{에틸아세테이트}} = 0.333 \text{ bar} \qquad p_{\text{물}} = 0.333 \text{ bar}$$
$$p_{\text{아세트산}} = 0.667 \text{ bar} \qquad p_{\text{에탄올}} = 0.667 \text{ bar}$$

반응식에 있는 임의의 반응물을 택하여 압력으로 표현된 양을 몰수로 환산하면 평형 상태에서 반응 진척도를 계산할 수가 있다. H_2O에 대하여 이상 기체 법칙을 적용시키면 다음과 같은 결과를 얻게 된다.

$$n_{H_2O,\text{초기}} = 0.306 \text{ mol} \qquad n_{H_2O,\text{평형}} = 0.102 \text{ mol}$$

$$\xi = \frac{0.102 \text{ mol} - 0.306 \text{ mol}}{-1}$$

$$\xi = 0.204 \text{ mol}$$

반응식에 있는 나머지 세 개의 물질에 대해서도 ξ의 값을 계산해 낼 수 있어야 한다.

예제 5.5 *(계속)*

정의에 따라 평형에서 $\Delta G = 0$이다.

b. 평형에서는 $\Delta_{반응}G$가 0인데, 왜 그럴까? 그것은 평형을 정의하는 한 가지 방법이기 때문이다. 즉, 반응이 평형 상태에 있을 때 순간적인 깁스 에너지 변화는 0이다. 이것은 식 (4.9)의 등식이 의미하는 것이다.

c. 반면에 $\Delta_{반응}G°$는 0이 아니다. $\Delta_{반응}G°$(° 표시에 주목)는 반응물과 생성물들이 모두 표준 압력과 농도 상태로 존재할 때 깁스 에너지 차이를 말한다. $\Delta_{반응}G°$는 식 (5.10)에 의하여 다음과 같이 평형 상수 값과 연관된다.

$$\Delta_{반응}G° = -RT \ln K$$

온도가 120°C (393 K)이고 평형 상수 값이 4.00이므로 다음과 같이 대입시킬 수가 있다.

$$\Delta_{반응}G° = -\left(8.314 \frac{\text{J}}{\text{mol·K}}\right)(393\text{ K}) \ln 4.00$$

이 식을 계산한 결과는 다음과 같다.

$$\Delta_{반응}G° = -4{,}530\text{ J/mol}$$

지금까지는 평형 상수를 부분 압력에 의해서 정의했기 때문에 물질의 양의 단위가 mol이나 g과 같은 다른 단위를 쓰고 있다면 이에 맞는 값으로 바꾸어주어야 할 것이다. 다음의 예제에서는 더 복잡한 문제를 다룬다.

예제 5.6

아이오딘 분자는 비교적 온화한 온도에서 아이오딘 원자로 해리한다. 1000 K일 때 1.00 L의 용기에 I_2가 처음으로 6.00×10^{-3} mol이 들어 있고 최종 평형 압력은 0.750 atm이 된다. 평형 상태에서 존재하는 I_2 분자와 I 원자의 양을 결정하라. 그리고 평형 상수 값을 계산하고 관련된 평형이 다음과 같을 경우 ξ를 결정하라.

$$I_2\text{ (g)} \rightleftharpoons 2I\text{ (g)}$$

위 조건하에서는 이상 기체로 취급할 수 있다고 가정하고, 압력의 표준 단위는 atm을 사용한다.

풀이

이 예제는 약간 더 복잡하기 때문에 시작 전에 먼저 전략적 계획을 세워 보자. 아이오딘 분자의 일부가 해리하면(해리한 양을 x mol로 표시함) 반응의 화학량론에서 알 수 있는 바와 같이 생성된 아이오딘 원자의 양은 $+2x$ mol이 될 것이다. 온도는 1000 K이고 부피는 1.00 L이므로 이상 기체 법칙을 적용하여 각 물질의 부분 압력을 결정할 수가 있다. 이 때의 답은 반드시 $p_{I_2} + p_I = 0.750$ atm의 조건이 성립되어야 한다. 이 예제에 대해서 다음과 같은 표를 만들 수 있다.

물질의 양	I_2	$\rightleftharpoons$	2I
초기	6.00×10^{-3} mol		0 mol
평형	$(6.00 \times 10^{-3} - x)$ mol		$+2x$ mol

예제 5.6 *(계속)*

평형에서 물질의 양은 압력이 아니고 **몰수**의 단위로 되어 있다. 온도는 물론 평형에서의 총 압력을 알고 있으므로 이상 기체 법칙을 이용하여 각 물질의 몰수를 각 부분 압력으로 환산할 수가 있고, 그 부분 압력들을 모두 합치면 0.750 atm이 되어야 한다. 따라서 평형에서는 다음과 같이 된다.

압력(atm)	I_2	⇌	**2I**
평형	$\dfrac{(6.00 \times 10^{-3} - x)(0.08205)(1000)}{1.00}$		$\dfrac{(2x)(0.08205)(1000)}{1.00}$

여기서는 명료하게 하기 위해서 변수의 단위를 생략했지만, 각 값에 해당하는 단위가 무엇인지를 알고 있어야 한다. 위 표에서의 압력은 이 반응이 평형에 도달했을 때 각 물질의 부분 압력이고, 두 부분 압력을 합하면 0.750 atm이어야 한다. 다음과 같은 조건에 부합되어야 한다.

복잡하게 보이지만 이 식은 모든 수를 곱하고 나누어줌으로써 실제로 쉽게 풀 수 있다.

$$\frac{(6.00 \times 10^{-3} - x)(0.08205)(1000)}{1.00} + \frac{(2x)(0.08205)(1000)}{1.00} = 0.750$$

이 식은 단위가 모두 atm으로 되어 있어서 단위가 mol인 x에 대해 풀 수 있다. 각 분수항을 계산하면 다음과 같이 된다.

$$0.4923 - 82.05x + 164.1x = 0.750$$
$$82.05x = 0.258$$
$$x = 3.14 \times 10^{-3}$$

마지막 단계에서 최종 답은 유효 숫자 세 자리로 한정시켰다. 만일 평형 상태에서 존재하는 I_2 분자와 I 원자들의 양을 알고 싶다면 적절한 식을 풀어야 하는데, 반응물과 생성물의 몰수에 대해서는 다음과 같이 된다.

$$\text{mol } I_2 = 6.00 \times 10^{-3} - x = 6.00 \times 10^{-3} - 3.14 \times 10^{-3}$$
$$= 2.86 \times 10^{-3} \text{ mol } I_2$$
$$\text{mol I} = +2x = 2(3.14 \times 10^{-3}) = 6.28 \times 10^{-3} \text{ mol I}$$

평형 상수를 알아내기 위하여 평형 상태의 부분 압력들을 계산해 내려면 다음과 같은 식들을 이용하면 된다.

$$p_{I_2} = \frac{(2.86 \times 10^{-3})(0.08205)(1000)}{1.00} \text{ atm} = 0.235 \text{ atm}$$
$$p_I = \frac{(6.28 \times 10^{-3})(0.08205)(1000)}{1.00} \text{ atm} = 0.515 \text{ atm}$$

여기서도 알아보기 쉽게 하기 위해서 단위를 생략했음을 유의하라. 이렇게 계산된 부분 압력을 합친 것은 0.750 atm이 된다는 것을 쉽게 확인할 수 있으므로, 이 부분 압력들을 이용하여 다음과 같이 평형 상수 값을 계산할 수 있다.

$$K = \frac{(p_I/p°)^2}{(p_{I_2}/p°)} = \frac{(0.515)^2}{0.235} = 1.13$$

이 평형 상수 값으로 봐서 반응물과 생성물은 대략 같은 양으로 존재하고 있음을 알 수

예제 5.6 *(계속)*

있다. 평형 상태의 부분 압력뿐만 아니라 몰수를 가지고 계산해도 이러한 사실을 뒷받침해 준다.

반응의 진척도 ξ는 아이오딘 분자의 처음 양과 평형 상태에서의 양을 가지고 다음과 같이 결정할 수가 있다.

$$\xi = \frac{2.86 \times 10^{-3}\ \text{mol} - 6.00 \times 10^{-3}\ \text{mol}}{-1}$$

$$\xi = 0.00314\ \text{mol}$$

이와 같은 사실은 평형 상태의 위치가 대략 반응물과 생성물 사이의 중간쯤에 해당한다는 것과 일치한다.

한편 평형에서 I의 양을 사용하여 이를 증명할 수 있다. 물론 처음 I의 양은 0이다.

5.4 용액과 응축상

지금까지는 평형 상수를 부분 압력의 항으로 표현했으나, 실제 기체에 대해서는 물질의 퓨가시티를 사용해야 한다. 그렇지만 압력이 충분히 낮을 경우에는 압력과 퓨가시티가 거의 같다고 할 수 있으므로 압력 자체를 그대로 사용할 수가 있다. 그런데 기체상에서 보다는 다른 상에서 일어나는 화학 반응이 많은데, 고체와 액체 및 용해되어 있는 용질도 화학 반응에 참여한다. 이 경우에 그런 물질들은 평형 상수에 어떻게 나타낼까?

이 문제에 대답하기 위하여 물질의 **활동도**(activity) a_i를 표준 화학 퍼텐셜 μ_i°와 비표준 압력에서의 화학 퍼텐셜 μ_i에 의하여 다음과 같이 정의한다.

$$\mu_i = \mu_i^\circ + RT \ln a_i \qquad (5.11)$$

이 식을 앞 장의 식 (4.59)와 비교해 보면 실제 기체에 대해서 활동도는 퓨가시티를 가지고 다음과 같이 정의됨을 알 수 있다.

$$a_{\text{기체}} = \frac{f_{\text{기체}}}{p^\circ} \qquad (5.12)$$

반응 지수(또는 평형 상수)는 보다 공식적으로 압력보다는 활동도를 가지고 다음과 같이 나타내게 된다.

$$Q = \frac{\prod\limits_{i\,\text{생성물}} a_i^{|\nu_i|}}{\prod\limits_{j\,\text{반응물}} a_j^{|\nu_j|}} \qquad (5.13)$$

이 식은 각각의 반응물과 생성물이 어떤 상태에 있든지 적용할 수 있다.

식 (5.11)로 정의된 것은 모든 물질에 대해서 다 같지만, 응축상(다시 말해서 고체나 액체)과 용해되어 있는 용질에 대해서는 활동도를 다른 형태로 나타낸다. 특정 온도와 표준 압력에서 어떤 특정 응축상에 대한 화학 퍼텐셜은 μ_i°로 나타낸다. 바로 앞 장으로부터 다음의 사실을 알고 있다.

$$\left(\frac{\partial \mu_i}{\partial p}\right)_T = \overline{V}_i$$

여기서 $\overline{V}_i$는 i번째 물질의 몰부피이다. 이 식을 재배열하면 다음이 된다.

$$d\mu_i = \overline{V}_i \, dp$$

식 (5.11)을 일정한 온도에서 미분하면 다음과 같이 된다.

$$d\mu_i = RT\,(d \ln a_i)$$

위의 마지막 두 개의 식을 결합시켜서 $d \ln a_i$에 대해서 정리하면 다음과 같다.

$$d \ln a_i = \frac{\overline{V}_i \, dp}{RT}$$

표준 상태인 $a_i = 1$ 및 $p = 1$ atm (또는 bar)에서부터 양변을 적분하면 다음과 같이 된다.

$$\int_1^a d \ln a_i = \int_1^p \frac{\overline{V}_i \, dp}{RT}$$

$$\ln a_i = \frac{1}{RT} \int_1^p \overline{V}_i \, dp$$

몰부피 $\overline{V}_i$가 압력 범위에 걸쳐서 일정할 경우에(참고로 압력 변화가 현저하게 크지 않는 한 보통 좋은 근사임) 적분한 결과는 다음과 같다.

$$\ln a_i = \frac{\overline{V}_i}{RT}(p - 1) \tag{5.14}$$

예제 5.7

100 bar는 대략 98.7 atm이다.

온도가 25.0°C이고 압력이 100 bar인 액체 물의 활동도를 결정하라. 이 온도에서 H_2O의 몰부피는 18.07 cm^3이다.

풀이

식 (5.14)를 사용하여 다음과 같은 계산식을 세운다.

L과 cm^3 사이의 환산인자 및 R의 값과 단위에 주의한다.

$$\ln a_{H_2O} = \frac{\left(18.07 \, \frac{cm^3}{mol}\right)\left(\frac{1 \, L}{1000 \, cm^3}\right)}{\left(0.08314 \, \frac{L \cdot bar}{mol \cdot K}\right)(298 \, K)}(100 \, bar - 1 \, bar)$$

이것을 풀면 다음과 같이 된다.

$$\ln a_{H_2O} = 0.0722$$
$$a_{H_2O} = 1.07$$

표준 압력의 100배나 되는 압력에서 조차도 액체의 활동도는 1에 가깝다는 사실에 주목하라. 이러한 현상은 화학을 취급할 때 보통 마주하게 되는 압력에서 응축상에 대해서는 일반적으로 옳다. 그러므로 대부분의 경우에 응축상의 활동도는 **대략 1이라고 할 수 있고**, 응축상의 활동도는 반응 지수의 값이나 평형 상수 값에는 아무런 영향을 미치지 않는다. 그렇지만 극단적인 압력이나 온도의 조건에서는 이런 현상이 적용되지 않는다는 것에 유의하라.

용액(보통은 수용액) 속에 녹아 있는 화학 물질의 활동도는 다음과 같이 몰분율을 가지고 정의한다.

$$a_i = \gamma_i x_i \tag{5.15}$$

여기서 γ_i는 **활동도 계수**(activity coefficient)이다. 용질에 대해서 몰분율이 0에 접근해 감에 따라 활동도 계수는 1에 접근한다.

$$\lim_{x_i \to 0} \gamma_i = 1 \qquad \lim_{x_i \to 0}(a_i) = x_i$$

몰분율은 다른 농도 단위와 연관시킬 수가 있는데, 가장 엄밀한 수학적 관계는 몰분율과 몰랄 농도 m_i 사이의 관계로서 다음과 같다.

$$m_i = \frac{1000x_i}{(1 - x_i) \cdot M_{용매}}$$

여기서 $M_{용매}$는 용매의 몰질량으로서 g/mol의 단위를 가지고, 분자에 있는 1000은 g과 kg 사이의 환산을 위한 것이다. 용액이 묽을 경우에는 용질의 몰분율이 1보다 훨씬 작으므로 분모에 있는 x_i를 무시할 수가 있어서 x_i에 대하여 다음과 같이 정리할 수 있다.

$$x_i = m_i \cdot \frac{M_{용매}}{1000}$$

따라서 묽은 용액에서 용질의 활동도는 다음과 같이 쓸 수가 있다.

$$a_i = \gamma_i \cdot m_i \cdot \frac{M_{용매}}{1000}$$

식 (5.11)의 활동도에 위의 식을 대입하면 다음과 같은 관계를 얻게 된다.

$$\mu_i = \mu_i^\circ + RT\ln\left(\gamma_i \cdot m_i \cdot \frac{M_{용매}}{1000}\right)$$

$M_{용매}$와 1000은 일정한 상수이므로 대수 항은 다음과 같이 이들 상수만 포함하는 항과 활동도 계수 및 몰랄 농도를 포함하는 항으로 된 두 개의 항으로 나누어 쓸 수가 있다.

$$\mu_i = \mu_i^\circ + RT\ln\left(\frac{M_{용매}}{1000}\right) + RT\ln\,(\gamma_i \cdot m_i)$$

이 식의 우변에 있는 처음 두 개의 항을 묶어서 '새로운' 표준 화학 퍼텐셜로 정의할 수가 있는데, 이것을 기호 μ_i^*를 써서 나타내기로 한다. 그렇게 되면 위의 식은 다음과 같이 된다.

$$\mu_i = \mu_i^* + RT\ln\,(\gamma_i \cdot m_i)$$

이 식을 식 (5.11)과 비교해 보면 용해되어 있는 용질의 활동도에 대하여 다음과 같이 유용한 새로운 정의를 찾아낼 수 있다.

$$a_i = \gamma_i \cdot m_i \tag{5.16}$$

식 (5.16)에 의하면 용해된 용질의 농도를 가지고 반응 지수와 평형 상수를 나타내는 식에서 용해된 용질의 영향을 표현할 수 있다. a_i가 단위가 없는 양이 되도록 하기 위하여 몰랄 농도 m_i를 표준 몰랄 농도인 1 mol/kg (기호 m°로 나타냄)로 나누어 준다.

$$a_i = \frac{\gamma_i \cdot m_i}{m^\circ} \tag{5.17}$$

묽은 수용액의 경우에는 몰랄 농도가 몰 농도와 거의 같기 때문에 일반적으로 평형 농도를 몰 농도의 단위로 나타내는 것은 이상하지 않다(사실상 처음 시작하는 과정에서는 보통 이렇게 한다). 그렇지만 이것은 실제로 사용하는 반응 지수와 평형 상수 식에서 추가하는 근사이다.

예제 5.8

다음과 같은 화학 평형에 대하여 압력을 가지고 나타낼 수 있는 적절한 평형 상수 식은 무엇인가? 거의 표준 압력 조건을 가정한다.

$$Fe_2(SO_4)_3\,(s) \rightleftharpoons Fe_2O_3\,(s) + 3SO_3\,(g)$$

풀이

평형 상수에 대한 정확한 식은 다음과 같다.

$$K = \frac{(a_{SO_3})^3 a_{Fe_2O_3}}{a_{Fe_2(SO_4)_3}} \approx (a_{SO_3})^3 \approx \left(\frac{p_{SO_3}}{p^\circ}\right)^3$$

평형에 있는 다른 물질들은 응축상으로 있는데, 표준 압력에 가까운 경우는 K 값에 영향을 미치지 않는다.

예제 5.9

다음과 같은 화학 평형에 대하여 농도와 부분 압력을 가지고 나타낼 수 있는 적절한 평형 상수 식은 무엇인가? 이 평형은 대기 중에서 산성비를 만들어 내는 데 부분적으로 기여하는 반응이다.

$$2H_2O\,(\ell) + 4NO\,(g) + 3O_2\,(g) \rightleftharpoons 4H^+\,(aq) + 4NO_3^-\,(aq)$$

풀이

이에 맞는 평형 상수 식은 다음과 같다.

용해된 이온의 양은 몰랄농도로 나타내는 반면에 기체의 양은 압력으로 나타낸다.

$$K = \frac{\left(\frac{\gamma_{H^+} m_{H^+}}{m^\circ}\right)^4 \left(\frac{\gamma_{NO_3^-} m_{NO_3^-}}{m^\circ}\right)^4}{\left(\frac{p_{NO}}{p^\circ}\right)^4 \left(\frac{p_{O_2}}{p^\circ}\right)^3}$$

$H_2O(\ell)$은 응축상으로서 평형 상수 식에는 나타내지 않는다.

5.5 평형 상수의 변화

평형 상수 값은 '상수'라는 이름에도 불구하고 조건에 따라 달라질 수가 있는데, 보통은 온도가 변할 때 영향을 받는다. 평형에 미치는 온도의 영향은 쉽게 모형화할 수 있다. 바로 앞 장에서 다음과 같은 깁스-헬름홀츠 방정식을 유도한 바 있다.

$$\frac{\partial}{\partial T}\left(\frac{\Delta G}{T}\right)_p = -\frac{\Delta H}{T^2}$$

이 방정식을 표준 압력 조건에 있는 화학 반응에 적용하면 다음으로 다시 쓸 수가 있다.

$$\frac{\partial}{\partial T}\left(\frac{\Delta_{\text{반응}}G^\circ}{T}\right)_p = -\frac{\Delta_{\text{반응}}H^\circ}{T^2}$$

$\Delta_{\text{반응}}G^\circ = -RT \ln K$이므로 이 관계를 $(\Delta_{\text{반응}}G^\circ/T)$에 대입하여 다음을 얻을 수 있다.

$$\frac{\partial}{\partial T}(-R \ln K)_p = -\frac{\Delta_{\text{반응}}H^\circ}{T^2}$$

이 식에서 R은 상수이고, 양변에 있는 음의 부호는 서로 상쇄되므로 이 식을 재배열하면 다음의 **반트호프 방정식**(van't Hoff equation)이 된다.

$$\frac{\partial \ln K}{\partial T} = \frac{\Delta_{\text{반응}}H^\circ}{RT^2} \tag{5.18}$$

정성적으로 볼 때 K의 변화는 반응 엔탈피의 부호에 의존한다. 즉, $\Delta_{\text{반응}}H^\circ$의 부호가 양이면 T가 증가함에 따라 K도 증가하고, T가 감소하면 K도 감소한다. 그러므로 흡열 반응일 경우는 온도가 상승하면 생성물이 더 많이 만들어지는 쪽으로 반응이 치우친다. 반대로 $\Delta_{\text{반응}}H^\circ$의 부호가 음이면 온도 상승이 K 값을 감소시키고, 온도가 내려갈 때 K 값은 증가한다. 그러므로 발열 반응에서는 온도가 상승하면 반응물이 더 많아지는 쪽으로 반응이 치우친다. 위의 두 가지 정성적인 경향은 모두 평형이 자극을 받을 경우 그 자극을 최소화하는 방향으로 평형이 이동한다는 **르샤틀리에 원리**(Le Chatelier's principle)와 잘 부합된다.

수학적으로 동등한 반트호프 방정식은 다음과 같다.

$$\frac{\partial \ln K}{\partial (1/T)} = -\frac{\Delta_{\text{반응}}H^\circ}{R} \tag{5.19}$$

$1/T$에 대하여 $\ln K$를 그래프로 나타낼 경우, 기울기가 $-(\Delta_{\text{반응}}H^\circ)/R$이기 때문에 이 식은 유용하다. 따라서 $\Delta_{\text{반응}}H^\circ$는 여러 온도에서의 평형 상수를 측정하여 이것을 그래프로 나타냄으로써 결정할 수가 있다. (이 경우와 깁스-헬름홀츠 식을 이와 같은 방식으로 그래프를 그린 것과 비교해 보라. 두 가지 그래프에서 다른 것은 무엇이고, 비슷한 것은 무엇인가?) 그림 5.5는 이러한 그래프의 한 예를 보여준다.

반트호프 방정식에서 다음과 같이 온도 변수를 식 (5.18)의 한 쪽으로 이동시키고, 양변을 적분하면 더 유용한 식을 얻을 수가 있다.

$$d \ln K = \frac{\Delta_{\text{반응}}H^\circ}{RT^2}\, dT$$

$$\int_{K_1}^{K_2} d \ln K = \int_{T_1}^{T_2} \frac{\Delta_{\text{반응}}H^\circ}{RT^2}\, dT$$

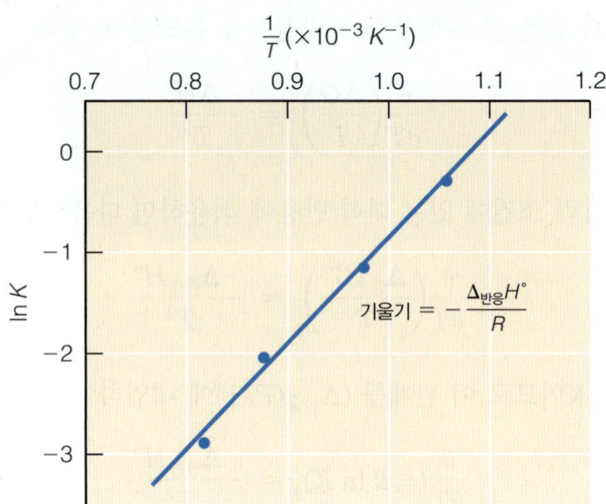

그림 5.5 식 (5.19)로 나타낸 반트호프 방정식의 그래프. 이와 같은 그래프는 $\Delta_{반응}H°$를 결정하는 하나의 방법이다.

$\Delta_{반응}H°$가 적분 온도 구간에서 일정하다고 가정하면, $\Delta_{반응}H°$와 R을 적분 기호 밖으로 빼내어서 적분했을 때 다음과 같은 결과를 얻게 된다.

$$\ln\frac{K_2}{K_1} = \frac{\Delta_{반응}H°}{R}\left(\frac{1}{T_1} - \frac{1}{T_2}\right) \tag{5.20}$$

표준 엔탈피 변화를 알고 있을 경우, 위의 식을 이용하면 다른 온도에서의 평형 상수를 추산해 낼 수가 있다. 또한 식 (5.19)를 이용해서 그래프를 그리지 않아도 두 개의 서로 다른 온도에서 각 평형 상수를 알고 있으면 표준 엔탈피 변화를 추산해 낼 수가 있다.

예제 5.10

단백질의 이합체화 반응에 대한 평형 상수는 주어진 온도에서 다음과 같다. K (4°C) = 1.3×10^7, K (15°C) = 1.5×10^7. 이 과정에 대한 표준 반응 엔탈피를 추산하라.

)) 풀이

식 (5.20)을 적용시키고 온도를 절대 온도로 바꾸어야 한다는 것을 명심하면 다음과 같이 나타낼 수가 있다.

주울(J)의 단위가 포함된 R을 사용한다. 계산과정에서 온도 역수의 뺄셈을 너무 단순화시키면 오차가 커진다.

$$\ln\frac{1.3 \times 10^7}{1.5 \times 10^7} = \frac{\Delta_{반응}H°}{8.314\,\frac{\text{J}}{\text{mol}\cdot\text{K}}}\left(\frac{1}{288\text{ K}} - \frac{1}{277\text{ K}}\right)$$

반응 엔탈피에 관하여 풀면 다음과 같다.

$$\Delta_{반응}H° = 8{,}600\text{ J/mol} = 8.6\text{ kJ/mol}$$

평형에 미치는 압력의 영향은 어떻게 알아볼 수 있을까? 다음과 같은 NO_2와 N_2O_4 사이의 간단한 기체상 반응을 생각해 보자.

$$2NO_2 \rightleftharpoons N_2O_4$$

이 반응에 대한 평형 상수 식은 다음과 같다.

$$K = \frac{p_{N_2O_4}/p^\circ}{(p_{NO_2}/p^\circ)^2}$$

등온적으로 부피가 줄어든다면 NO_2와 N_2O_4의 압력은 모두 증가한다. 그런데도 평형 상수 값은 변하지 않는다! 평형 상수 식의 분모에 있는 부분 압력은 화학 반응식의 화학량론 결과로 제곱이 되기 때문에 부피가 감소함에 따라 K 식의 분자에 비해서 분모가 더 빨리 증가한다. K 값이 일정하게 유지되기 위해서는 분모는 상대 값을 줄이고, 분자는 상대 값을 크게 하여 서로 보충해 주어야 한다. 반응으로 보면 이 말은 N_2O_4 (생성물)의 부분 압력은 높아져야 하고, NO_2 (반응물)의 부분 압력은 낮아져야 한다는 것을 의미한다. 일반적으로 부피가 줄어들 경우 평형은 기체 분자의 수가 적은 쪽으로 이동되는데, 이러한 사실은 압력의 영향에 대한 르샤틀리에 원리를 간단하게 표현한 것이다. 이와 반대로 압력이 낮아지면(예를 들어, 등온적으로 부피가 늘어나면) 반응은 기체 분자들이 더 많은 쪽으로 이동하게 될 것이다.

예제 5.11

예제 5.6에서 기체상의 I_2와 I의 평형 부분 압력은 각각 0.235 atm과 0.515 atm이었고, 평형 상수 값은 1.13이었다. 같은 온도에서 부피가 갑자기 0.500 L로 줄어들어서 결국 압력이 두 배로 높아졌다고 가정해 보자. 그렇게 되면 증가된 압력의 자극을 완화시키기 위하여 평형이 이동된다. 새로 이루어진 평형 상태에서 부분 압력은 각각 얼마일까? 그리고 새로운 평형 부분 압력의 값들은 르샤틀리에 원리에 부합되는가?

풀이

부피가 갑자기 등온적으로 0.500 L로 줄어들면, I_2와 I의 부분 압력은 각각 0.470 atm과 1.030 atm으로 두 배가 된다. 이때 발생된 자극에 대응하여 평형 상수가 다시 1.13이 되도록 평형이 이동될 것이다. 이런 경우 I_2와 I에 대한 초기 압력과 다시 조성된 평형 상태에서의 압력은 다음 표와 같다.

압력(atm)	I_2	$\rightleftharpoons$	2I
초기	0.470		1.030
평형	$0.470 + x$		$1.030 - 2x$

이 예제에서는 직접 부분 압력을 가지고 문제를 풀고 있음을 명심하자. 이제 평형 상수 식에다 각 평형 부분 압력을 대입할 수 있다.

$$K = \frac{(p_I/p^\circ)^2}{(p_{I_2}/p^\circ)} = \frac{(1.030 - 2x)^2}{0.470 + x} = 1.13$$

알고 있는 평형 상수 값을 이용하여 위의 식을 정리하면 다음과 같은 이차 방정식을 얻게 된다.

$$4x^2 - 5.25x + 0.5298 = 0$$

이 방정식의 근을 구하면 $x = 1.203$ 및 $x = 0.110$을 얻는다. 이들 근 중에서 $x = 1.203$은 평형에서 I의 압력을 음의 값으로 만들기 때문에 물리적으로 불가능한 값이다.

예제 5.11 *(계속)*

따라서 인정할 수 있는 대수 해는 오직 $x = 0.110$뿐이다. 결국 평형 상태에서의 최종 압력은 다음과 같다.

$$p_I = 1.030 - 2(0.110) = 0.810 \text{ atm}$$
$$p_{I_2} = 0.470 + 0.110 = 0.580 \text{ atm}$$

이 값들이 여전히 정확한 평형 상수 값을 이루고 있음을 증명할 수 있다. 순간적으로 압력이 두 배로 증가되면 르샤틀리에 원리에 따라 I의 부분 압력은 원래의 압력보다 낮아지고, I_2의 부분 압력은 원래의 압력보다 높아진다는 사실을 명심하라.

끝으로 기체상 평형에 비활성 기체를 첨가시키면 조건에 따라 둘 중 한 가지가 일어난다는 사실을 유의해 두자. 만일 비활성 기체를 첨가해도 기체상에 있는 물질의 부분 압력이 변하지 않는다면(그 대신에 총 부피가 증가함) 평형의 위치는 변하지 않는다. 그러나 비활성 기체의 압력이 기체상에 있는 물질의 부분 압력을 변화시킨다면 예제 5.11에서 설명한 바와 같이 평형의 위치는 달라진다.

5.6 아미노산의 평형

앞서 2.12절과 예제 5.10에서 알아본 바와 같이 생명체의 세포 내에서 일어나는 복잡한 반응들까지도 열역학의 원리를 적용시킬 수가 있다. 생명체의 세포는 고립되어 있는 계도 아니고 닫힌계도 아니지만 여기에도 역시 평형 문제를 적용시킬 수가 있다.

우선 세포 내에서 일어나는 대부분의 화학 반응들은 좀처럼 믿기 어렵겠지만 화학 평형에 있지 않다는 사실을 지적하고 싶다. 만일 생명체의 조직이나 세포가 화학 평형에 있다면 그 생명체는 살아 있지 못 할 것이다. 그럼에도 불구하고 생화학 반응에서는 평형 개념이 아주 쓸모가 있는데, 그 중에서도 수용액에서의 약한산과 약한 염기 평형이라든가 완충 용액의 평형 및 평형에 미치는 온도의 영향 등은 특히 생화학 반응에 많이 적용되는 것들이다.

아미노산은 유기산(또는 카복실)기인 —COOH와 염기성 아미노기인 $—NH_2$를 동시에 가지고 있다. 카복실기는 $—COO^-$와 H^+로 이온화될 수 있고 아미노기는 H^+를 받아서 $—NH_3^+$기가 될 수 있다. 전체적으로 중성인 아미노산은 고체상이나 중성 수용액상에서 실제로 다음과 같이 **쯔비터 이온**(zwitterion)* 이라고 부르는 이중의 전하를 띠고 있는 물질이다.

$$RC(NH_2)COOH \longrightarrow RC(NH_3^+)COO^-$$

여기서 R은 아미노산의 종류를 구분하는 여러 종류의 알킬기를 나타낸다. 모든 아미노산에 대하여 서로 다른 이온들 사이에는 일련의 평형이 존재할 텐데, 그 평형의 크기는 외부(다른 산)로부터 생긴 독립된 H^+가 존재하는지의 여부에 따라 영향을 받는다.

***zwitterion**이라는 말은 독일어에서 '혼성'을 의미하는 **zwitter**에서 유래된 것이다.

$$\mathrm{RC(NH_3^+)COOH} \underset{}{\overset{K_1}{\rightleftharpoons}} \mathrm{RC(NH_3^+)COO^-} \overset{K_2}{\rightleftharpoons} \mathrm{RC(NH_2)COO^-} \quad \textbf{(5.21)}$$

여기서 평형 상수 K_1은 —COOH 기의 이온화가 일어나는 산 해리 과정에 대한 평형 상수이고, 평형 상수 K_2는 $—NH_3^+$ 기로부터 H^+가 빠져 나오는 산 해리 과정에 대한 평형 상수이다[알아보기 쉽게 하기 위해 식 (5.21)에서는 H^+를 생략했다]. 그렇다 하더라도 H^+의 존재 여부에 따라 식 (5.21)의 각 평형 상수의 크기는 달라질 것이다.

단순화를 위하여 보통 K의 대수 값에 음의 부호를 붙인 것을 표에 수록해 두고 사용하는데, 평형 상수의 상용대수에 음의 부호를 붙인 것을 pK로 나타낸다.

$$\mathrm{p}K \equiv -\log K \quad \textbf{(5.22)}$$

단백질을 구성하고 있는 아미노산들에 대한 pK 값들을 표 5.1에 수록해 놓았다. 용액의 pH가 아미노산이 쯔비터 이온 형태로 존재할 때의 pH와 같을 경우, 이러한 pH를 그 아미노산의 **등전점**(isoelectric point)이라고 부른다. 등전점은 두 pK 값의 중간일 때가 많지만, 또 다른 산성 기나 염기성 기를 가지고 있는 아미노산의 경우에는 그렇지 않다. 표 5.1에서 보는 바와 같이 수용액 속에서 아미노산은 다양한 거동을 한다. 여기서 강조하고 싶은 점은 아미노산 화학, 더 나아가서 단백질 화학에 대해서는 평형 과정이 중요하다는 것이다.

헤모글로빈(hemoglobin)에서의 O_2/CO_2 교환 반응(이 장 끝에 있는 연습 문제 5.8 참조)이나 DNA 가닥에 결합되어 있는 작은 분자들의 결합(복제 과정에서 일어날 수 있음) 및 기질과 효소 간의 상호작용 등과 같은 생화학 반응 과정에서도 평형 개념은 중요하다. 단백질 변성 과정에서는 온도 효과가 중요하다. 분명히 말해서 이 장에서 취급한 개념들은 아무리 복잡한 화학 반응이라 할지라도 모든 화학 반응에 폭넓게 적용시킬 수가 있다.

표 5.1 아미노산들의 pK 값

아미노산	pK_1	pK_2
글라이신(Glycine)	2.34	9.60
글루타민(Glutamine)	2.17	9.13
글루탐산(Glutamic acid)	2.19	9.67
라이신(Lysine)	2.18	8.95
류신(Leucine)	2.36	9.60
메싸이오닌(Methionine)	2.28	9.21
발린(Valine)	2.32	9.62
세린(Serine)	2.21	9.15
시스테인(Cysteine)	1.96	10.28
아스파라진(Asparagine)	2.02	8.80
아스파트산(Aspartic acid)	1.88	9.60
아르지닌(Arginine)	2.17	9.04
알라닌(Alanine)	2.34	9.69
아이소류신(Isoleucine)	2.36	9.60
타이로신(Tyrosine)	2.20	9.11
트레오닌(Threonine)	2.09	9.10
트립토판(Tryptophan)	2.83	9.39
페닐알라닌(Phenylalanine)	1.83	9.13
프롤린(Proline)	1.99	10.60
히스티딘(Histidine)	1.82	9.17

5.7 요약

화학 평형은 반응의 진척도에 대한 깁스 에너지의 최소로서 정의한다. 깁스에너지는 화학 퍼텐셜과 관련되기 때문에 화학 퍼텐셜을 포함하고 있는 방정식을 이용하여 화학 변화 과정에 대한 평형 조건과 비평형 조건에 관련되는 여러 가지 방정식을 유도할 수가 있다. 이러한 식에서는 반응의 반응물과 생성물을 가지고 구성된 반응 지수가 있다. 기체상 반응의 경우는 반응 지수가 물질의 부분 압력이나 퓨가시티로 표현된다. 활동도를 정의함으로써 반응 지수를 고체와 액체(비록 고체와 액체의 활동도가 1에 아주 가깝기 때문에 Q에 미치는 영향을 무시할 수 있기는 하지만) 및 용액에까지도 확장시킬 수가 있다. 용액에 대해서는 Q의 변수로서 용질의 몰랄 농도를 쓰면 편리하다.

임의의 특정 화학 반응에 대해서 특정의 깁스 에너지 변화가 있기 때문에 평형에서는 그 화학 반응의 특정 값을 갖는 Q가 존재한다. 이러한 Q의 특정 값을 평형 상수 K라고 부르는데, 평형 상수는 깁스 에너지가 최소인 상태, 즉 평형 상태에서의 반응 진척도에 대한 기준으로 편리하게 사용된다. 계의 조건이 달라지면 평형 상수는 변할 수 있지만, 열역학을 수학적으로 취급하면 이런 변화를 모형화하는 수단을 제공해 준다.

주요 식

$$\xi = \frac{n_i - n_0}{i}$$ (반응 진척도의 정의)

$$\left(\frac{\partial G}{\partial \xi}\right)_{T,p} \equiv \Delta_{\text{반응}} G = \sum_i \mu_i \nu_i = 0$$ (평형의 조건)

$$\Delta_{\text{반응}} G° = b \cdot \mu_B° - a \cdot \mu_A° = b \cdot \Delta_f G_B° - a \cdot \Delta_f G_A°$$ (표준 반응 깁스 에너지의 변화)

$$\Delta_{\text{반응}} G = \Delta_{\text{반응}} G° + RT \ln Q$$ (비표준 조건에서 깁스 에너지의 변화)

$$\Delta_{\text{반응}} G° = -RT \ln K$$ ($\Delta_{\text{반응}} G°$와 평형 상수의 관계)

$$\mu_i = \mu_i° + RT \ln a_i$$ (비표준 조건에서 화학 퍼텐셜)

$$\ln a_i = \frac{\overline{V}_i}{RT}(p - 1)$$ (응축상의 활동도)

$$a_i = \frac{\gamma_i \cdot m_i}{m°}$$ (몰랄 농도로 나타낸 활동도)

$$\frac{\partial \ln K}{\partial T} = \frac{\Delta_{\text{반응}} H°}{RT^2}$$ (반트호프 방정식)

$$\ln \frac{K_2}{K_1} = \frac{\Delta_{\text{반응}} H}{R}\left(\frac{1}{T_1} - \frac{1}{T_2}\right)$$ (적분 형태의 반트호프 방정식)

$$\text{p}K = -\log K$$ (K의 로그 형태)

연습 문제

5.2 & 5.3 평형 및 화학 평형

5.1. 1 볼트의 전압을 유지하고 있는 배터리를 평형 상태에 있는 계라고 생각할 수 있는가? 모두 방전된 배터리에 대해서는 어떤가? 각 결론에 대하여 평가하라.

5.2. 정적 평형과 동적 평형은 무엇이 다른가? 예제 5.1과 다른 예를 제시해 보라. 두 가지 형태의 평형에 대하여 서로 비슷한 점은 무엇인가?

5.3. 다음의 각 짝 중에서 어느 계가 표준 조건의 온도와 압력 하에서 평형 물질을 가장 잘 나타내고 있는가? 화학의 기초 지식을 약간 동원할 필요도 있다.

(a) Rb와 H_2O 또는 Rb^+와 OH^-와 H_2

(b) Na와 Cl_2 또는 NaCl (결정 상태)

(c) HCl과 H_2O 또는 H^+(aq)와 Cl^-(aq)

(d) C(다이아몬드) 또는 C(흑연)

5.4. **과포화 용액**(Supersaturated solution)은 용액 속에 정상적으로 녹은 용질보다 더 많은 용질을 용액에 녹여 만들 수 있는데, 이런 용액은 본질적으로 불안정하다. 아세트산 칼슘[$Ca(C_2H_3O_2)_2$]의 과포화 용액에 종자(seed) 결정을 넣으면 과량으로 존재하는 용질이 침전된다. 과량의 용질이 모두 침전되었을 때 화학 평형이 이루어진다. 이 평형에 대한 화학 반응식을 써라. 그리고 전체적으로 일어나는 알짜 화학 반응식을 써라.

5.5. 다음은 닫힌계에서 아연 금속과 염산 사이에 일어나는 화학 반응이다.

$$Zn(s) + 2HCl(aq) \longrightarrow H_2(g) + ZnCl_2(aq)$$

초기에 아연 100.0 g과 2.25 M HCl 150.0 mL가 있을 경우, 이 반응의 ξ에 대하여 가능한 최댓값과 최솟값을 결정하라.

5.6. 초기 조건이 다음과 같은 반응이 있다.

$6H_2$	+	P_4	$\longrightarrow$	$4PH_3$
10.0 mol		3.0 mol		3.5 mol

(a) P_4가 1.5 mol 반응하여 생성물을 만들 경우 ξ를 결정하라.

(b) 이 경우에 $\xi = 3$이 될 수 있을까? 될 수 있다면 왜 그럴까? 또는 될 수 없다면 왜 그럴까?

5.7. 반응의 초기 조건은 다음과 같다.

2Al	+	$3Cl_2$	$\longrightarrow$	$2AlCl_3$
5.0 mol		9.5 mol		1.0 mol

(a) 3.5 mol의 Al이 반응하여 생성물을 만들 경우 ξ를 구하라.

(b) ξ 값이 5가 되는 것이 가능한가? 왜 가능한가? 아니면 왜 불가능한가?

5.8. 혈액 속의 헤모글로빈은 산소 기체와 순식간에 평형을 이룬다. 이 경우의 평형 관계식은 다음과 같이 나타낼 수가 있다.

$$\text{heme} + O_2 \rightleftharpoons \text{heme}\cdot O_2$$

여기서 'heme'은 헤모글로빈을 나타낸 것이고 'heme · O_2'는 헤모글로빈-산소 착물을 나타낸 것이다. 이 반응에 대한 평형 상수 값은 대략 9.2×10^{18}이다. 일산화 탄소도 다음과 같은 반응에 의하여 헤모글로빈과 결합한다.

$$\text{heme} + CO \rightleftharpoons \text{heme}\cdot CO$$

이 반응에 대한 평형 상수는 2.3×10^{23}이다. 생성물 쪽으로 더 많이 치우쳐 있는 평형 반응은 어느 것인가? 제시한 답이 CO의 독성을 평가할 수 있는가?

5.9. 설탕($C_{12}H_{22}O_{11}$) 1.00 g은 100.0 mL의 물에 완전히 녹지만 200.0 g의 설탕을 같은 양의 물에 넣으면 164.0 g만 녹는다. 이 경우 양쪽 계에 대한 평형 반응식을 쓰고, 이들의 차이점 을 설명하라.

5.10. N_2와 H_2 및 NH_3 기체들이 함께 용기 속에 들어 있어서 총 압력이 100.0 bar인 계를 구성하고 있다면 식 (5.9)에 있는 $p°$ 항은 100.0 bar와 같다. 이 말은 맞을까 아니면 틀릴까? 그 이유를 설명하라.

5.11. 다음 반응의 Q 값을 구하라.

$$N_2\,(g, 1.4\text{ atm}) + 3H_2\,(g, 0.044\text{ atm}) \rightleftharpoons 2NH_3\,(g, 0.26\text{ atm})$$

이 반응의 Q 값의 단위는 무엇인가?

5.12. 반응물과 생성물 모두의 부분 압력이 절반으로 감소하였다면, Q 값도 절반으로 줄어든다. 이 말은 맞을까 아니면 틀릴까? 제시한 답을 입증할 화학 반응의 예를 하나 들어 보라.

5.13. 다음 반응이 있다.

$$2SO_3\,(g) \rightleftharpoons 2SO_2\,(g) + O_2\,(g)$$

350 K에서 10.0 L 부피의 플라스크에 2.00 mol의 SO_3를 가하고 평형에 도달하면 $SO_2 : SO_3$의 비가 0.663이었다. 평형 상수의 값은 얼마인가? 이 온도에서 $\Delta G°$는 얼마인가?

5.14. 부록 2에 있는 데이터를 이용하여 25°C에서 다음 반응에 대한 $\Delta_{반응}G°$와 $\Delta_{반응}G$를 결정하라. 생성물과 반응물의 부분 압력은 화학 반응식에 표시되어 있다.

$$2CO\,(g, 0.650\text{ bar}) + O_2\,(g, 34.0\text{ bar}) \rightleftharpoons 2CO_2\,(g, 0.0250\text{ bar})$$

5.15. 다음 반응이 있다.

$$2NO_2\,(g) \rightleftharpoons N_2O_4\,(g)$$

위 반응이 298 K에서 $\Delta G = 0.00$ kJ일 때, $p(N_2O_4) = 0.077$ atm이면 $p(NO_2)$는 얼마인가?

5.16. 대기 화학에서 다음의 화학 반응을 통해 황을 포함하고 있는 물질이 연소될 때 나오는 황의 주요 산화물인 SO_2가 SO_3로 변하고, SO_3는 H_2O와 반응하여 산성비를 내리게 하는 황산을 만들어 낸다.

$$SO_2\,(g) + \tfrac{1}{2}O_2\,(g) \rightleftharpoons SO_3\,(\ell)$$

(a) 이 평형 반응에 대한 K를 구하는 식을 써라. **(b)** 부록 2에 있는 $\Delta_f G°$ 값을 이용하여 평형에 대한 $\Delta G°$를 계산하라. **(c)** 이 평형에 대한 K 값을 계산하라. **(d)** 용기 속에 약간의 액체 상태인 SO_3가 존재할 때 그 계에 1.00 bar의 SO_2와 1.00 bar의 O_2를 함께 가두어 놓으면 평형은 어느 방향으로 이동할까?

5.17. 또 다른 대기 화학 반응으로 NO가 NO_2로 산화되는 반응이 있다.

$$2NO\,(g) + O_2\,(g) \rightleftharpoons 2NO_2\,(g)$$

(a) 평형에 대한 K를 표현하라. **(b)** 부록 2의 $\Delta_f G°$ 값을 이용하여 평형에 대한 $\Delta G°$를 계산하라. **(c)** 이 평형에 대한 K 값을 계산하라. **(d)** 1.00 bar의 NO, 1.00 bar의 O_2, 0.250 bar의 NO_2가 용기에 있다면 반응은 어느 방향으로 진행될 것인가?

5.18. 사이안화 수소(HCN)는 아이소사이안화 수소(HNC)로 이성질화될 수 있다.

$$HCN\,(g) \rightleftharpoons HNC\,(g)$$

	HCN (g)	HNC (g)
$\Delta_f G°$, kJ/mol	75.0	120.0

(a) 25.0°C에서 이 반응의 평형 상수를 계산하라. **(b)** $p_{HCN} = 1.000$ atm이면 평형에서 HCN의 부분 압력은 얼마인가?

5.19. 반응물과 생성물의 부분 압력이 모두 1 bar일 때 평형이 이루어지는 어떤 반응이 있다고 가정하자. 만일 계의 부피가 두 배로 팽창하면 부분 압력은 모두 0.5 bar가 될 것이다. 이렇게 될 때에도 그 계는 계속해서 평형 상태에 있게 되는가? 그 이유를 설명하라.

5.20. 원래 Q와 K가 압력에 의해서 정의되는데 단위가 없는 이유는 무엇인가?

5.21. 균형 화학 반응식의 화학량론 계수를 모두 2로 나누면 $K = K^{1/2}$이 됨을 증명하라. 그리고 이런 경우의 예를 하나 제시해 보라.

5.22. 기체상 반응에서 $K = 1$일 때 평형에서 모든 반응물과 생성물의 부분 압력은 1.00 atm 이다. 이 말은 맞을까 아니면 틀릴까? 그 이유를 설명하라.

5.23. 암모니아가 그 원소들로부터 생성되는 균형 화학 반응식은 다음과 같다.

$$N_2 + 3H_2\,(g) \rightleftharpoons 2NH_3\,(g)$$

(a) 이 반응에 대한 $\Delta_{반응}G°$는 얼마인가? **(b)** 온도가 25°C일 때 각 물질의 부분 압력이 모두 0.500 bar이면 이 반응에 대한 $\Delta_{반응}G$는 얼마인가? 이때, 각 물질의 퓨가시티는 부분 압력과 같다고 가정한다.

5.24. 연습 문제 5.23의 답은 설령 부분 압력의 비가 달라지지 않는다(즉, 표준 압력 조건에서 1 : 1 : 1의 압력비는 주어진 조건에서 0.5 : 0.5 : 0.5의 압력비와 같다) 하더라도 부분 압력이 변하면 동시에 $\Delta_{반응}G$도 변한다는 것을 보여주고 있다. 이러한 사실은 모든 성분 물질들의 부분 압력 p가 같을 때에도 역반응, 다시 말해서 $\Delta_{반응}G$ 값의 부호가 반대인 반응이 일어날 수 있다는 흥미 있는 가능성을 제시해주고 있다. 이러한 평형에 대하여 p를 결정하라(답을 알아내려면 본문에서 언급한 대수의 성질을 이용해야 할 것이다). 이때의 답은 높은 압력이나 또는 낮은 압력의 기체를 가지고 연구하는 사람들에게 가치가 있는가? 그 이유를 설명하라.

5.25. 대단히 높은 온도에서 다음과 같은 기체상 동위원소 교환 반응의 평형 상수는 4.00이다.

$$H_2 + D_2 \rightleftharpoons 2\,HD$$

온도가 488 K에서 20.0 L 용기에 들어 있는 H_2와 D_2의 초기 압력이 각각 0.50 atm과 0.10 atm일 때 각 물질의 평형 부분 압력을 계산하라. 평형에서의 반응 진척도는 얼마인가?

5.26. 만일 연습 문제 5.25에서 0.50 atm의 Kr이 평형계의 한 부분을 차지하고 있었다면 부피가 같은 상태로 유지되고 있었다고 할 때 평형 상수 값은 같을까 아니면 다를까? 이 경우는 예제 5.6이나 예제 5.11과는 다른가?

5.27. 이산화 질소(NO_2)는 쉽게 이합체화 되어서 다음 반응과 같이 사산화 이질소(N_2O_4)를 생성한다.

$$2NO_2\,(g) \rightleftharpoons N_2O_4\,(g)$$

(a) 부록 2에 있는 데이터를 이용하여 이 평형에 대한 $\Delta_{반응}G°$와 K를 계산하라. **(b)** 부피가 20.0 L인 계에서 처음에 NO_2 1.00 mol을 넣어서 이합체가 생성되어 평형에 이르게 했을 경우 이 평형에 대한 ξ를 계산하라.

5.28. 산성비의 근원이 되는 반응이라고 여겨지는 다음과 같은 질소-산소 반응도 어떤 면에서는 중요하다.

$$2NO_2\,(g) + H_2O\,(g) \rightleftharpoons HNO_3\,(g) + HNO_2\,(g)$$

이 반응에 대한 $\Delta_{반응}G°$와 K를 결정하라.

5.29. 예제 5.5에서의 반응이 부피가 20.0 L인 용기 속에서 일어났다고 가정해 보자. 평형 상태에서의 물질의 양들은 달라질까? 평형에서의 ξ은 어떤가?

5.30. $\Delta_{혼합}G$ (연습 문제 4.62 참조)로부터 $K_{혼합}$를 다음과 같이 정의하는 것이 적절한가?

$$\Delta_{혼합}G = -RT\ln K_{혼합}$$

그 이유는 무엇인가?

5.4 용액과 응축상

5.31. 다음 반응에 대하여 적절한 평형 상수 식을 써라.

(a) $PbCl_2\ (s) \rightleftharpoons Pb^{2+}\ (aq) + 2Cl^-(aq)$

(b) $HNO_2\ (aq) \rightleftharpoons H^+\ (aq) + NO_2^-\ (aq)$

(c) $CaCO_3\ (s) + H_2C_2O_4\ (aq) \rightleftharpoons CaC_2O_4\ (s) + H_2O\ (\ell) + CO_2\ (g)$

5.32. 다음 반응의 평형 상수는 $K = 1.8 \times 10^{-10}$이다.

$$AgCl\ (s) \rightleftharpoons Ag^+\ (aq) + Cl^-\ (aq)$$

(a) 부록 2의 $\Delta_f G°[AgCl(s)]$ 값을 이용하여 $\Delta_f G\ [Ag^+(aq) + Cl^-(aq)]$를 결정하라. **(b)** $\Delta_f G\ [Cl^-(aq)] = -131.3$ kJ이면, $\Delta_f G\ [Ag^+(aq)]$는 얼마인가?

5.33. 부록 2의 데이터를 이용하여 다음 반응의 K를 계산하라.

$$CaCO_3\ (s, 아라고나이트) \rightleftharpoons Ca^{2+}\ (aq) + CO_3^{2-}\ (aq)$$

5.34. 원소 상태로 존재하는 탄소의 결정형인 다이아몬드의 $\Delta_f G°$는 25.0°C에서 +2.90 kJ/mol이다. 다음 반응에 대한 평형 상수를 계산하라.

$$C\ (s, 흑연) \rightleftharpoons C\ (s, 다이아몬드)$$

제시된 답을 근거로 해서 천연 다이아몬드의 생성에 관하여 분석해 보라.

5.35. 흑연과 다이아몬드의 밀도는 각각 2.25 g/cm^{3}와 3.51 g/cm^{3}이다. 다음 관계식과 식 (5.14)를 이용하여 $\Delta_{반응}G = 0$이 되는 압력을 계산하라.

$$\Delta_{반응}G = \Delta_{반응}G° + RT\ln\frac{a_{다이아몬드}}{a_{흑연}}$$

높은 압력에서 고체상으로 안정하게 존재할 수 있는 탄소는 무엇인가?

5.36. 버크민스터풀러렌(buckminsterfullerene, C_{60})은 육각형과 오각형으로 모인 탄소 원자들로 구성되어 마치 측지선 돔을 연상케 하는 공 모양의 분자인데, 현재 집중적인 과학 연구의 대상이다. 25.0°C에서 C_{60}의 $\Delta_f G°$는 23.98 kJ/mol이다. 버크민스터풀러렌 1 mol 생성에 대한 균형 화학 반응식을 쓰고, 이 생성 반응에 대한 평형 상수를 계산하라.

5.37. 버크민스터풀러렌(연습 문제 5.36 참조)은 밀도가 1.65 g/cm^{3}이다. 100°C와 1,500 bar에서 C_{60}의 활동도는 얼마인가?

5.38. H_2O의 활동도가 2.00이 되는 압력은 얼마인가? 온도는 25°C이고 몰부피는 18.07 cm^3/mol로 가정한다.

5.39. 중황산수소 음이온 또는 황산수소 음이온(HSO_4^-)은 약산이다. 다음과 같은 수용액에서의 산 반응에 대한 평형 상수는 1.2×10^{-2}이다.

$$HSO_4^-\ (aq) \rightleftharpoons H^+\ (aq) + SO_4^{2-}\ (aq)$$

(a) 이 평형에 대한 $\Delta G°$를 계산하라. 온도는 25.0°C로 가정한다.

(b) 농도가 낮을 경우에는 활동도 계수가 대략 1이 되어서 용해된 용질의 활동도는 그 용질의 몰랄 농도와 같아진다. 0.010 몰랄 농도의 황산수소 소듐 용액에 대하여 평형에서의 몰랄 농도를 결정하라.

5.40. 이온성 용질의 활동도는 일반 용질(제8장 참조)과는 다르게 정의되지만 개념은 동일하다. 다음 표에 NaCl 수용액의 몰랄 농도와 활동도가 나열되어 있다.

몰랄 농도(mol/kg)	활동도
0.001	0.000996
0.002	0.00191
0.005	0.00465
0.010	0.00904
0.020	0.0175
0.050	0.0412
0.100	0.0780
0.200	0.146
0.500	0.340
1.00	0.660

NaCl이 식 (5.16)을 따른다고 가정하고, 각 농도에서 NaCl의 활동도 계수 γ를 계산하고, 어떤 경향이 나타나는지 설명하라.

5.41. 다음의 각 반응에 대한 평형 상수를 활동도로 나타내고 적절히 단순화하라.

(a) $C\ (s) + O_2\ (g) \rightleftharpoons CO_2\ (g)$

(b) $P_4\ (s) + 5O_2\ (g) \rightleftharpoons P_4O_{10}\ (s)$

(c) $2HNO_2\ (g) + 3Cl_2\ (g) \rightleftharpoons 2NCl_3\ (g) + H_2\ (g) + 2O_2\ (g)$

5.5 평형 상수의 변화

5.42. 반응 $2Na(g) \rightleftharpoons Na_2(g)$에 대한 K 값은 다음과 같이 결정되었다(C. T. Ewing et.a1., *J. Chem. Phys.* 1967, 71, 473).

T(K)	*K*
900	1.32
1000	0.47
1100	0.21
1200	0.10

여기서 주어진 데이터를 이용하여 이 반응에 대한 $\Delta_{반응}H°$를 계산하라.

5.43. 임의의 화학 반응에 대해 온도에 따른 평형 상수를 실험적으로 결정하였다.

T	*K*
350 K	3.76×10^{-2}
450 K	1.86×10^{-1}

이 반응의 $\Delta H°$를 구하라.

5.44. 생물학적 표준 상태는 기준 온도로서 일반적인 25.0°C가 아닌 37.0°C로 규정하고 있다. $\Delta H = -24.3$ kJ [식 (2.62) 참조]인 화학 반응의 경우 K 값은 몇 퍼센트나 변화가 생기는가?

5.45. **(a)** 25.0°C에서 물의 자체 이온화에 대한 K_w는 1.01×10^{-14}이고, 100.0°C에서는 5.60×10^{-13}이다. 물의 자체 이온화에 대한 $\Delta H°$는 얼마인가? **(b)** D_2O의 경우는 25.0°C와 100.0°C에서 K_w 값은 각각 1.10×10^{-15}과 7.67×10^{-14}이다. D_2O의 자체 이온화에 대한 $\Delta H°$는 얼마인가?

5.46. 표준 엔탈피 변화가 −100.0 kJ인 반응에 대하여 평형 상수가 298 K에서의 값의 두 배가 되려면 온도는 몇 도가 되어야 하는가? 평형 상수를 10배만큼 증가시키는 데 필요한 온도는 몇 도인가? 만일 표준 엔탈피 변화가 −20.0 kJ이라면 어떤가?

5.47. 다음 반응에 대하여

$$2NO_2\ (g) \rightleftharpoons N_2O_4\ (g)$$

K(0°C) = 58이고 K(100°C) = 0.065이다. 이 반응의 $\Delta_{반응}H°$를 계산하라.

5.48. 1,000 K에서 다음의 동위원소 치환 반응의 평형 상수는 4.00이다.

$$H_2\ (g) + D_2\ (g) \rightleftharpoons 2HD\ (g) \qquad \Delta_{반응}H° = 0.64\ kJ$$

K = 1이 되는 온도를 구하라.

5.49. 다음과 같은 평형 반응을 생각해 보자.

$$2SO_2\ (g) + O_2\ (g) \rightleftharpoons 2SO_3\ (g)$$

다음과 같은 각각의 변화가 일어날 때 평형 상수에는 어떤 영향을 미치는가? (이 문제에 대답하려면 표준 엔탈피 변화나 또는 표준 깁스 에너지 변화를 계산해야 할 필요가 있을 지도 모른다) **(a)** 부피가 줄어들어서 압력이 증가됨. **(b)** 온도가 내려감. **(c)** 질소 기체(N_2)가 첨가되어서 압력이 증가됨.

5.50. 다음 평형을 생각해 보자.

$$Br_2\ (g) \rightleftharpoons 2Br\ (g)$$

755 K에서 Br_2와 Br의 평형 부분 압력은 각각 P_{Br_2} = 0.668 bar와 P_{Br} = 0.226 bar이다. 계의 부피가 갑자기 두 배로 증가해서 P_{Br_2} = 0.334 bar와 P_{Br} = 0.113 bar로 변할 경우, 새로운 평형에 도달한다면 각각의 부분 압력은 어떻게 변하겠는가? 이 결과는 르샤틀리에 원리와 잘 부합하는가?

5.51. 부엌에서 화재 진압을 위해 사용하는 $NaHCO_3$의 분해 반응은 다음과 같다.

$$2NaHCO_3\ (s) \rightleftharpoons Na_2CO_3\ (s) + CO_2\ (g) + H_2O\ (g)$$

(a) 부록 2의 데이터를 이용하여 $\Delta_{반응}G°$와 $\Delta_{반응}H°$를 계산하라.

(b) 298 K에서 평형 상수 K를 계산하라.

(c) 298 K의 평형에서 p_{CO_2}와 p_{H_2O}는 얼마인가?

(d) 기름이 연소하면 1,150°C까지 뜨거워지는데, 이 온도에서 p_{CO_2}와 p_{H_2O}는 얼마인가?

5.52. 1,000 K의 평형 조건에서 다음 반응의 K = 4.55이다. 1.00 L의 플라스크에 0.012 mol의 Br_2를 넣었다.

$$Br_2\ (g) \rightleftharpoons 2Br\ (g)$$

(a) 두 화학종의 평형 부분 압력을 계산하라. **(b)** 평형에 도달한 후 용기의 부피를 2.00 L로 증가시켰다. 새로운 평형에 도달하면 두 화학종의 평형 부분 압력은 어떻게 달라지는가?

5.53. 식 (5.18)과 식 (5.19)는 같은 식임을 증명하라.

5.54. 1,600 K에서 다음 반응의 평형 상수는 0.235이다.

$$3O_2\ (g) \rightleftharpoons 2O_3\ (g)$$

(a) 1,600 K의 용기에 1.00 atm의 O_2를 처음으로 넣어주었을 때, 평형에서 존재하는 각 화학종의 부분 압력을 계산하라. (*힌트*: 3차 방정식을 풀어야 함.) **(b)** 두 번째 실험으로 1,600 K의 용기에 1.00 atm의 O_2와 0.50 atm의 Kr을 함께 넣었다. 평형에서 부분 압력을 계산하라.

5.55. **(a)** 발열 과정 **(b)** 흡열 과정의 화학 반응인 경우 온도를 증가시키면 반응의 방향은 정방향과 역방향 중 어느 쪽을 향할지 반트호프 방정식을 이용하여 예측하라. 반응의 방향은 르샤틀리에 원리와 일치하는가?

5.6 아미노산 평형

5.56. 표 5.1에 수록되어 있는 아미노산 중에서 등전점이 중성인 물의 pH인 7에 가까운 아미노산은 어느 것인가?

5.57. 글라이신 1.0 mol로 1.00 L의 수용액을 만들 경우, 이 수용액 속에 존재하는 세 가지 이온 형태의 농도를 구하라. pK_1 = 2.34이고 pK_2 = 9.60이다. 계산을 단순화하기 위해 필요한 가정이 있는가?

5.58. 글라이신의 산 형태[$CH_2(NH_3^+)(COOH)$]와 염기 형태[$CH_2(NH_2)(COO^-)$]로부터 쯔비터 이온[$CH_2(NH_3^+)(COO^-)$]이 형성된다.

$$CH_2(NH_3^+)(COOH) + CH_2(NH_2)(COO^-) \rightleftharpoons 2CH_2(NH_3^+)(COO^-)$$

표 5.1의 데이터를 이용하여 이 반응의 평형 상수를 구하라. 여기서 구한 답으로부터 용액 속의 쯔비터 이온의 상대적인 양을 예측할 수 있는가?

5.59. MSG라 불리는 글루탐산 일소듐(monosodium glutamate)은 아미노산의 하나인 글루탐산의 소듐 염으로 화학식은 $Na^+C_5H_8NO_4^-$이다. 0.010 m의 MSG 수용액에 들어있는 쯔비터 이온 형태의 글루탐산의 농도를 계산하라. 단, 몰랄 농도는 활동도와 동일하다고 가정하고, 식 (5.21)과 표 5.1을 참고하라.

5.60. 단백질에서 중요한 과정은 서로 다른 아미노산에 있는 황 원자(S) 간의 이황화 결합(disulfide bridge) 형성이다. 이런 과정의 모형으로서 시스틴(Cys)의 이합체화를 들 수 있다.

$$2\ \text{cysteine} \longrightarrow \text{Cys-S-S-Cys} + H_2$$

위 반응의 ΔH = + 73.4 kJ이며 ΔS = 369.9 J/K이다. 25.0°C에서 ΔG와 K를 계산하라. 여기서 구한 값은 단백질에서 이황화 결합 형성을 예측할 수 있는가?

기호수학 문제

5.61. 다음과 같은 균형 화학 반응식을 생각해 보자.

$$CH_4\ (g) + 2Br_2\ (g) \longrightarrow CH_2Br_2\ (g) + 2HBr\ (g)$$

초기 계에는 CH_4가 10.0 mol, Br_2가 3.75 mol 들어 있고, 생성물은 모두 0.00 mol 들어 있다. 각각의 생성물과 반응물의 양에 대하여 ξ를 그래프로 그려라. 그리고 이들 그래프의 차이점에 대하여 의견을 말하라.

5.62. 다음과 같은 기체상 반응의 $\Delta_{반응}G°$는 −457.18 kJ이다.

$$2H_2 + O_2 \longrightarrow 2H_2O$$

25.0°C에서 ln Q (ln Q는 −50에서 +50까지 변함)에 대한 ΔG의 그래프를 그리면 어떤 모양이 되는가? 또 온도를 변화시켜서 다른 온도에서의 그래프가 확실하게 다르게 보이는지를 알아보라.

5.63. 반응식에 있는 각 물질의 화학량론 계수가 작은 정수로 되어 있으면서 모두 다를 경우에는 간단한 평형 문제도 수학적으로 복잡하게 될 수가 있다. 다음과 같은 균형 화학 반응식에 대하여 어느 정도 높은 온도에서의 평형 상수 값은 4.33×10^{-2}이다.

$$2SO_3\ (g) \longrightarrow S_2\ (g) + 3O_2\ (g)$$

초기 SO_3의 양이 각각 **(a)** 0.150 atm, **(b)** 0.100 atm, **(c)** 0.001 atm일 때 모든 물질의 평형 농도를 각각 계산하라.

5.64. A → B의 반응에서 $\Delta_f G(A)$ = −65 kJ/mol, $\Delta_f G(B)$ = −69 kJ/mol, $n_A + n_B$ = 1 mol, 온도는 298K이다. 그림 5.4에서처럼 이 반응에 대한 ΔG(물질), ΔG(혼합), 그리고 두 ΔG의 합을 그래프로 나타내어라. 평형에서 ξ를 구하라(y축을 연장할 필요도 있다).

제 6 장

단일성분계의 평형

Equilibria in Single-Component Systems

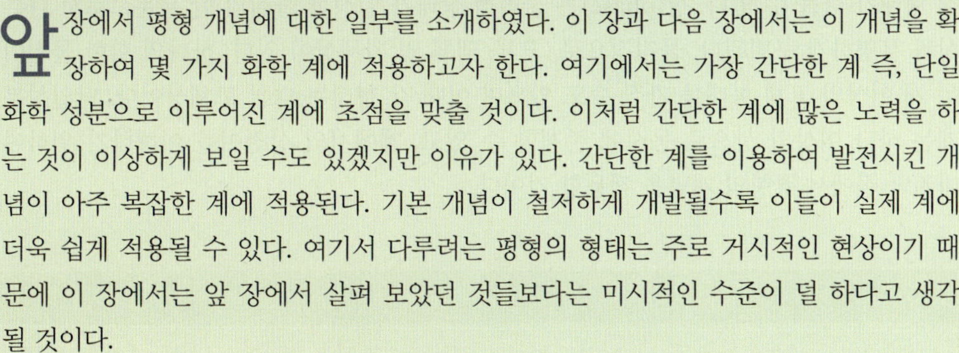

앞 장에서 평형 개념에 대한 일부를 소개하였다. 이 장과 다음 장에서는 이 개념을 확장하여 몇 가지 화학 계에 적용하고자 한다. 여기에서는 가장 간단한 계 즉, 단일 화학 성분으로 이루어진 계에 초점을 맞출 것이다. 이처럼 간단한 계에 많은 노력을 하는 것이 이상하게 보일 수도 있겠지만 이유가 있다. 간단한 계를 이용하여 발전시킨 개념이 아주 복잡한 계에 적용된다. 기본 개념이 철저하게 개발될수록 이들이 실제 계에 더욱 쉽게 적용될 수 있다. 여기서 다루려는 평형의 형태는 주로 거시적인 현상이기 때문에 이 장에서는 앞 장에서 살펴 보았던 것들보다는 미시적인 수준이 덜 하다고 생각될 것이다.

6.1 개요

단일성분계라고 생각되는 평형의 형태는 극히 몇 개 안되지만 이들은 다성분계의 평형을 이해하는 기초를 제공해준다. 우선, 성분과 상을 정의한다. 앞 장에서의 몇 가지 수학을 사용하여 단일성분계의 평형을 이해하는 데 이용될 수 있는 새로운 식을 유도한다. 이 같은 간단한 계의 평형을 그래프로 나타내는 방법(상도표)은 유용하다. 몇 가지 간단한 상도표의 예를 살펴 보고 이들이 제공해주는 정보를 논의한다. 마지막으로 다성분계에도 유용한 **깁스의 상규칙**(Gibbs phase rule)이라고 하는 단순화된 식을 도입한다.

6.2 단일성분계

열역학적으로 기술하고 싶은 계가 있다고 하자. 그것을 어떻게 기술할까? 아마도 기술할 때 가장 중요한 것이 **계에 무엇이 있는가** 즉, 계의 성분일 것이다. 여기에서 **성분**(component)이란 일정한 성질을 가지고 있는 유일한 화학물질로서 정의할 수 있다. 예를 들어, 순수한 UF_6로 이루어진 계는 육플루오린화 우라늄이란 단일 화학 성분이다. 분명히 UF_6는 우라늄과 플루오린의 두 원소로 이루어져 있지만 UF_6란 화합물이 만들어지면 각 원소들은 각각의 정체성을 잃는다. 단일성분계를 나타낼 때 '화학적으로 균일하다'란 말을 사용할 수 있다.

반면에, 철가루와 황가루의 혼합물은 철과 황의 두 성분으로 이루어져 있다. 혼합물은 단일 성분처럼 보일 수 있지만 자세히 관찰하면 고유의 성질을 가진 두 개의 분명한 물질임이 드러난다. 그러므로 Fe/S 혼합물은 이성분계이다. 다성분계를 기술할 때 '화학적으로 균일하지 않다'란 말을 사용할 수 있다.

용액(solution)은 균일한 혼합물이다. 용액의 예로서, 소금물[H_2O에 녹아 있는 NaCl(s)]과 합금인 놋쇠[구리와 아연의 고체 용액]가 있다. 분리된 성분이 용액에서 화학적으로 똑같은 물질이 아닐 수 있기 때문에 용액은 판단하기 다소 어렵다. 예를 들어, NaCl(s)과 $H_2O(\ell)$는 두 화학 성분이지만, NaCl(aq)은 과량의 H_2O 용매와 함께 Na^+(aq) 이온과 Cl^-(aq) 이온으로 구성되어 있다. 용액을 하나의 계로서 취급할 때는 계의 성분을 정의하는 것이 분명할 것이다. 용액은 균일하지만, 이 장에서는 용액의 성질을 고려하지 않을 것이다.

이 장에서는 단일성분계 즉, 화학적 조성이 전체적으로 같은 계를 다룬다. 그렇지만, 화학적 조성에 덧붙여서 계의 상태를 나타내는 방법이 또 있다. 물질이 존재할 때 물리적 형태가 다를 수 있다. **상**(phase)은 물리적 상태가 일정한 물질의 한 부분으로서 다른 상과 분명하게 구별된다. 물리적으로, 고체, 액체 및 기체상이 있다. 하나의 화학 물질이 두 개 이상의 고체 형태를 가질 수도 있으며 이때 각 형태는 다른 고체상이다. 단일성분계는 하나 이상의 상으로 동시에 존재할 수 있고, 계에서의 상전이를 이해하기 위하여 마지막 절에서 평형의 개념을 적용할 것이다.

예제 6.1

다음 각 계에 존재하는 성분과 상의 수를 구하라. 각 계에 주어진 것 이외의 성분은 존재하지 않는다고 가정한다.

a. 얼음과 물로 이루어진 계

b. 물과 에탄올(C_2H_5OH)이 50:50으로 섞여 있는 용액

c. 액체와 기체 이산화 탄소가 들어 있는 가압 탱크

d. 벤조산(C_6H_5COOH, s) 알갱이와 25 bar의 O_2 기체가 들어 있는 통열량계

e. 폭발 후 통열량계. 통열량계 안에는 벤조산이 CO_2(g)와 $H_2O(\ell)$로 변환되었고 과잉 산소가 남아 있다고 가정한다.

풀이

a. 얼음물은 고체와 액체 형태의 H_2O를 포함한다. 그러므로 하나의 성분과 두 개의 상이 있다.

b. 물과 에탄올은 둘 다 액체이다. 그러므로 두 개의 성분과 하나의 상이 있다.

c. 얼음물과 마찬가지로 탱크 안에는 액체와 기체 상태의 가압된 이산화 탄소는 하나의 성분과 두 개의 상으로 되어 있다.

d. 폭발하지 않는 통열량계에서는 고체 알갱이와 산소 기체가 두 개의 성분과 두 개의 상을 이룬다.

e. 폭발 후 벤조산이 타서 이산화 탄소 기체와 액체 물을 만든다. 그러므로 과잉 산소 존재 하에서 세 개의 성분과 두 개의 상이 있다.

이제, 너무나 당연하여 실제로 생각하지 않은 것을 검토해보자. 계의 조건에 따라 단일성분계의 안정한 상은 변한다. 물을 예로 들어보자. 밖이 추울 때 눈(고체 H_2O)이 올 수 있지만 따뜻하면 비(액체 H_2O)가 온다. 스파게티를 만들려면 물을 끓여야 한다(기체

H_2O를 만든다). H_2O의 안정한 상은 계의 온도에 따라 결정된다. 이는 당연하지만, 계의 **모든** 조건에 따라 단일성분계의 상이 변한다는 것은 그리 분명하지 않을 수 있다. 여기서의 조건들로는 압력, 온도, 부피 및 계에서의 물질의 양을 들 수 있다.

한 가지 순수한 성분의 상이 다른 상으로 변화할 때 **상전이**(phase transition)가 일어난다. 서로 다른 형태의 상전이가 표 6.1에 수록되어 있고, 이들 대부분에 이미 친숙해 있을 것이다. 한 가지 화학 성분으로 된 서로 다른 고체 형태 사이의 상전이도 있으며 이 같은 특성을 **다형 현상**(polymorphism)이라 부른다. 예를 들어, 탄소 원소는 흑연이나 다이아몬드로 존재하고, 이 두 가지 형태 사이의 전이 조건은 잘 알려져 있다. 실제로, 고체 H_2O는 온도와 압력에 따라 구조가 다른 적어도 여섯 가지의 고체로 존재할 수 있고, 물은 적어도 여섯 개의 **다형**(polymorph)을 가진다고 말 할 수 있다[원소에 대해서는 다형 대신 **동소체**(allotrope)란 말을 사용한다. 흑연과 다이아몬드는 둘 다 탄소 원소의 동소체이다]. 광물 형태의 탄산 칼슘은 고체 결정 형태에 따라 방해석이나 아라고나이트로 존재한다.

표 6.1 상전이[a]

용어	전이
녹음(또는 용융)	고체 → 액체
끓음(또는 기화)	액체 → 기체
승화	고체 → 기체
응축	기체 → 액체
응축(또는 석출)	기체 → 고체
응고(또는 얼음)	액체 → 고체

[a]같은 성분의 두 고체 형태 사이에서 고체상 → 고체상 전이에 대한 특별한 용어는 없다.

대부분의 일정한 부피, 물질의 양, 압력 및 온도 하에서 하나의 단일성분계는 하나의 고유하고 안정된 상을 갖는다. 예를 들어, 대기압과 25°C에서의 1 L H_2O는 정상적으로 액체상으로 존재한다. 그러나 같은 압력과 125°C에서의 1 L H_2O는 기체로 존재할 것이다. 이러한 상들은 해당 조건에서 열역학적으로 안정한 것이다.

주어진 압력과 온도에서 일정 부피와 물질의 양을 가진 고립된 단일성분계에는 두 개 이상의 상이 동시에 존재할 수 있다. 계의 상태 변수가 일정하다면 계는 평형 상태에 있게 된다. 그러므로 **하나의 계에 두 개 이상의 상이 평형 상태로 존재할 수 있다.**

계가 고립되지 않고 단순히 닫혀 있다면 계에 열이 들어가거나 나갈 수 있다. 이 경우 각 상의 상대적인 양이 변할 것이다. 예를 들어, 18.4°C와 대기압에서 고체 다이메틸설폭사이드(DMSO)와 액체 DMSO가 들어 있는 계에 열이 가해지면 고체상의 일부가 녹아 액체상으로 될 것이다. 상들의 상대적인 양이 변한다(물리적 변화)고 하여도 계는 여전히 화학 평형 상태로 있다. 이것은 다른 상전이에 대해서도 사실이다. 대기압과 189°C에서 액체 DMSO는 기체 DMSO와 **평형**으로 존재할 수 있다. 열을 가하거나 또는 제거하면 DMSO는 화학 평형을 유지한 채 액체상이 기체상으로 또는 기체상이 액체상으로 이동할 것이다.

주어진 부피와 물질의 양에 대하여 평형을 이룰 수 있는 온도는 압력에 따라 변하며, 반대의 경우도 마찬가지이다. 그러므로 일정한 표준 조건을 정하는 것이 편리하다. **정상 녹는점**(normal melting point)은 1 atm에서 하나의 고체가 그의 액체상과 평형으로 존재하는 온도이다.* 고체와 액체상은 매우 조밀하므로 단일 성분의 녹는점은 큰 압력 변화에 의해서만 영향을 받는다. **정상 끓는점**(normal boiling point)은 1 atm에서 액체가 그의 기체상과 평형으로 존재할 수 있는 온도이다. 상 중의 하나인 기체상은 압력에 크게 영향을 받는 거동을 하기 때문에 끓는점은 비록 작은 압력 변화에도 크게 변할 수 있다. 그러므로 끓음, 승화 또는 응축 과정을 논의할 때는 압력을 확실히 알 필요가 있다.

단일 성분의 서로 다른 두 개의 상이 존재하면 닫힌계는 평형의 한 과정을 나타내고, 앞 장에서의 몇 가지 개념과 방정식을 사용할 수 있다. 예를 들어, 그림 6.1에 나타낸 이

* '정상' 끓는점과 '정상' 녹는점은 비-SI 단위로 정의된다는 점에 유의해야 한다.

© intoit/Shutterstock.com

그림 6.1 성분이 같은 두 개의 상이 서로 평형으로 함께 존재할 수 있다. 그러나 이것이 일어나는 조건은 아주 특정적이다.

른바 고체-액체 평형에서 각 상의 화학 퍼텐셜을 생각해 보자. 온도와 압력은 일정하다고 하자. G에 대한 자연 변수식인 식 (4.49)가 만족되어야 한다.

$$dG = -S\,dT + V\,dp + \sum_{\text{상}} \mu_{\text{상}} \cdot dn_{\text{상}}$$

T와 p가 일정한 평형에서 dG는 영이고, 위 식에서 dT와 dp 항 또한 영이다. 그러므로 상평형에 대하여 다음 식이 성립한다.

$$\sum_{\text{상}} \mu_{\text{상}} \cdot dn_{\text{상}} = 0 \tag{6.1}$$

고체-액체 평형에 대하여 위 식은 두 개의 항으로 전개시킬 수 있다.

$$\mu_{\text{고체}} \cdot dn_{\text{고체}} + \mu_{\text{액체}} \cdot dn_{\text{액체}} = 0$$

단일성분계에 대하여 평형 상태가 무한소량으로 변한다면 한 상의 변화량과 다른 상의 변화량은 당연히 같아야 한다. 하지만 한 상의 양이 증가하면 다른 상의 것은 감소하며, 따라서 두 무한소 변화량 사이에는 수차적으로 부호가 반대이다. 이를 수학적으로 다음과 같이 쓸 수 있다.

$$dn_{\text{액체}} = -dn_{\text{고체}} \tag{6.2}$$

미분량 중 어느 것도 치환할 수 있다. 고체상으로 치환하면 다음이 된다.

$$\mu_{\text{고체}}\, dn_{\text{고체}} + \mu_{\text{액체}}(-dn_{\text{고체}}) = 0$$
$$\mu_{\text{고체}}\, dn_{\text{고체}} + \mu_{\text{액체}}\, dn_{\text{고체}} = 0$$
$$(\mu_{\text{고체}} - \mu_{\text{액체}})\, dn_{\text{고체}} = 0$$

미분량 $dn_{\text{고체}}$는 실로 아주 작지만 영은 아니다. 그러므로 이 식이 영이 되기 위해서는 괄호 안의 것이 영이어야 한다.

$$\mu_{\text{고체}} - \mu_{\text{액체}} = 0$$

고체상과 액체상 사이의 평형에서는 일반적으로 다음과 같이 쓴다.

$$\mu_{\text{고체}} = \mu_{\text{액체}} \tag{6.3}$$

즉, 두 상의 화학 퍼텐셜이 같다. 이를 확대하여 **평형에서는 성분이 같은 여러 상들의 화학 퍼텐셜은 서로 같다**고 말할 수 있다.

현재는 단일 성분의 닫힌계를 취급하고 있기 때문에 평형 상태의 계에 대하여 다음 두 가지의 묵시적 조건이 있다.

$$T_{\text{상1}} = T_{\text{상2}}$$
$$p_{\text{상1}} = p_{\text{상2}}$$

평형이 이루어지고서 온도나 압력이 변하면 평형은 **이동**해야 한다. 즉, 식 (6.3)이 다시 성립될 때까지 상들의 상대적인 양이 변해야 한다.

상들의 화학 퍼텐셜이 서로 같지 않다면 어떻게 될까? 이 경우 상들 중에 하나(또는 그 이상)의 상은 실험 조건 하에서 안정한 상이 못 된다. 예를 들어, -10°C에서 고체 H_2O는 액체 H_2O보다 낮은 화학 퍼텐셜을 갖는 반면, $+10$°C에서 액체 H_2O는 고체 H_2O보다 낮은 화학 퍼텐셜을 갖는다. 그러나 정상 압력과 0°C에서는 고체 및 액체 H_2O 둘 다 같은 화학 퍼텐셜을 갖는다. 그러므로 그들은 같은 계에서 평형으로 함께 존재할 수 있다.

예제 6.2

다음에 나열한 두 물질의 화학 퍼텐셜이 같은지 혹은 다른지를 결정하라. 다르다면 어느 것이 더 낮은지를 기술하라.

a. 정상 녹는점 −38.9°C에서 액체 수은(Hg, ℓ)과 고체 수은(Hg, s)

b. 99°C와 1 atm에서 $H_2O(\ell)$와 $H_2O(g)$

c. 100°C와 1 atm에서 $H_2O(\ell)$와 $H_2O(g)$

d. 101°C와 1 atm에서 $H_2O(\ell)$와 $H_2O(g)$

e. 2,000°C와 정상 압력에서 고체 염화 리튬(LiCl)과 기체 염화 리튬(LiCl의 끓는점은 약 1,350°C이다.)

f. STP에서 산소(O_2)와 오존(O_3)

풀이

a. 정상 녹는점에서 고체와 액체 두 상은 평형으로 존재한다. 그러므로 두 화학 퍼텐셜은 같다.

b. 99°C에서 물의 액체상이 안정한 상이므로 $\mu_{H_2O,\ell} < \mu_{H_2O,g}$.

c. 100°C는 물의 정상 끓는점이므로 이 온도에서 두 상의 화학 퍼텐셜은 같다.

d. 101°C에서 H_2O의 기체상이 안정한 상이므로 $\mu_{H_2O,g} < \mu_{H_2O,\ell}$. (2°의 차이가 얼마나 큰지를 알아보아라.)

e. 주어진 온도가 LiCl의 끓는점보다 높기 때문에 고체상의 LiCl보다 기체상의 LiCl의 화학 퍼텐셜이 더 낮다.

f. 이원자 산소가 산소 동소체 중에서 가장 안정하므로 $\mu_{O_2} < \mu_{O_3}$임을 예상할 수 있다. 이 예는 상전이가 포함되지 않는다는 점에 유의하라.

6.3 상전이

같은 성분의 다른 상들이 동시에 평형으로 존재할 수 있다고 하면 그 평형에 영향을 주는 것이 무엇인지 질문할 수 있을 것이다. 특히 계에 들어가고 나가는 열의 이동은 평형에 영향을 준다. 열전달의 방향에 따라 하나의 상은 양이 많아지는 반면 동시에 다른 상의 양은 감소한다. 기술된 열 흐름의 방향대로 일어나는 다음의 과정을 아마 대부분 알고 있을 것이다.

$$\begin{aligned} &\text{고체} \underset{\text{열이 나감(발열)}}{\overset{\text{열이 들어옴(흡열)}}{\rightleftharpoons}} \text{액체} \\ &\text{액체} \underset{\text{열이 나감(발열)}}{\overset{\text{열이 들어옴(흡열)}}{\rightleftharpoons}} \text{기체} \\ &\text{고체} \underset{\text{열이 나감(발열)}}{\overset{\text{열이 들어옴(흡열)}}{\rightleftharpoons}} \text{기체} \end{aligned} \tag{6.4}$$

상전이 동안 계의 온도는 일정하게 유지된다. 상전이는 **등온적**(isothermal)이다. 하나의 상이 다른 상으로 모두 완전히 바뀔 때만이 열은 계의 온도를 변화시키게 될 것이다. 각 화학 성분은 용융(녹음), 기화 혹은 승화 과정에 대한 특정한 열량을 필요로 하기 때문에 순수 화합물에 대하여 용융열($\Delta_{\text{용융}}H$), 기화열($\Delta_{\text{기화}}H$) 및 승화열($\Delta_{\text{승화}}H$)을 정의할 수 있다. (이 같은 과정은 일정한 압력 하에서 일어나므로 여기서의 열은 사실상 용융, 기화 또는 승화 엔탈피이다.) 이들 변화 중 많은 것들에 부피 변화가 동반되고, 기체상이 포함된 전이에는 그 변화가 클 수 있다.

상전이의 엔탈피는 공식적으로 흡열 과정으로 정의한다. 그래서 이들은 모두 양수이다. 그러나 위의 각 과정은 열 흐름의 방향을 제외하고는 같은 조건 하에서 일어남으로 상전이의 엔탈피는 반대 방향의 상전이에도 적용될 수 있다. 즉, 용융 엔탈피는 녹는 과정뿐만 아니라 어는 과정에도 사용된다. 기화 엔탈피는 기화나 역과정인 응축에 사용될 수 있고, 기타 상전이 엔탈피의 경우도 마찬가지이다. 발열 과정에 대해서는 음의 엔탈피를 사용하는데, 헤스 법칙(Hess's law)에 따르면 역과정에 대한 엔탈피 변화의 부호가 반대로 되기 때문이다.

하나의 상전이에서 흡수되거나 내놓은 열의 양은 다음 식으로 나타낸다.

$$q = m \cdot \Delta_{\text{전이}}H \tag{6.5}$$

여기서 m은 계에 있는 성분의 질량이다. 용융이든 기화든 혹은 승화든 어떠한 상전에 대해서도 '전이(trans)'란 아래 첨자를 사용할 것이다. 일반적으로 발열 혹은 흡열에 따르는 열 흐름의 방향을 파악하여 $\Delta_{\text{전이}}H$에 대하여 적절한 부호를 사용하는 것은 문제 푸는 사람의 책임이다.

몰(mol)을 사용하여 식 (6.5)를 다음과 같이 쓸 수 있다.

$$q = n \cdot \Delta_{\text{전이}}\overline{H}$$

상전이의 엔탈피 단위는 보통 kJ/mol 혹은 kJ/g이다.

몇 가지 상전이의 엔탈피가 표 6.2에 주어져 있다. 단위는 표 아래에 표시되어 있고, 문제를 다룰 때 성분의 양은 적절한 단위로 표시해야 한다.

상전이 자체는 본질적으로 **등온적**이다. 더 나아가 물질의 녹는점이나 끓는점에서 다음의 관계가 성립된다는 것을 이미 언급했다.

$$\mu_{\text{상}1} = \mu_{\text{상}2}$$

표 6.2 상전이 엔탈피와 엔트로피 값[a]

물질	$\Delta_{\text{용융}}H$	$\Delta_{\text{기화}}H$	$\Delta_{\text{승화}}H$	$\Delta_{\text{용융}}S$	$\Delta_{\text{기화}}S$	$\Delta_{\text{승화}}S$
아세트산	11.7	23.7	51.6 (15°C)	40.4	61.9	107.6 (−35 − 10°C)
암모니아	5.652	23.35		28.93	97.4	
아르곤	1.183	6.469			74.8	
벤젠	9.9	30.7	33.6 (1°C)	38.0	87.2	133 (−30 − 5°C)
이산화 탄소	8.33	15.82	25.23			
다이메틸설폭사이드	13.9	43.1	52.9 (4°)			
에탄올	5.0	38.6	42.3 (1°C)		109.8	
갈륨	5.59	270.3	286.2	18.44		
헬륨	0.0138	0.0817		4.8	19.9	
수소	0.117	0.904		8.3	44.6	
아이오딘	15.52	41.95	62.42			
수은	2.2953	51.9	61.38		92.92	
메테인	0.94	8.2			73.2	91.3 (~ −190°C)
나프탈렌	19.0	43.3	72.6 (10°C)		82.6	167
산소	0.444	6.820	8.204	8.2	75.6	
물	6.009	40.66	50.92	22.0	109.1	

출처: J. A. Dean, ed. *Langes Handbook of Chemistry*, 14th ed., McGraw-Hill, New York, 1992; D.R.Lide, ed, *CRC Handbook of Chemuistry and Physics*, 82nd ed., CRC Press, Boca Raton, Fla,2001.

[a]모든 ΔH의 단위는 kJ/mol이고 모든 ΔS의 단위는 J/(mol K)이다. 모든 값은 물질의 정상 녹는점과 끓는점에 해당된다. 승화와 관련된 자료는 별 다른 언급이 없으면 표준 온도에 해당된다.

이는 물질의 양이 일정하고 두 상이 평형으로 존재하는 계에 대하여 다음이 성립함을 의미한다.

$$\Delta_{전이}G = 0 \tag{6.6}$$

이 식은 등온 상전이에만 적용할 수 있다. 해당 물질의 정상 녹는점이나 끓는점으로부터 온도가 변하면 식 (6.6)은 사용될 수 없다. 예를 들어, 다음의 등온 상전이에서

$$H_2O\ (\ell, 100°C) \longrightarrow H_2O\ (g, 100°C)$$

ΔG의 값은 영이다. 그러나 다음과 같은 비등온 과정에 대하여

$$H_2O\ (\ell, 99°C) \longrightarrow H_2O\ (g, 101°C)$$

ΔG의 값은 영이 아니다. 이 과정은 단순한 상전이가 아니고, 온도 변화도 포함된다.

등온 ΔG에 대한 다음 식으로부터 식 (6.6)의 한 가지 결과 식을 유도할 수 있다.

$$\Delta G = \Delta H - T\Delta S$$

등온 상전이에 대하여 ΔG는 영이므로 다음 식이 성립한다.

$$0 = \Delta_{전이}H - T_{전이} \cdot \Delta_{전이}S$$

식을 다시 쓰면 다음과 같다.

$$\Delta_{전이}S = \frac{\Delta_{전이}H}{T_{전이}} \tag{6.7}$$

$\Delta_{전이}H$는 $\Delta_{기화}H$와 $\Delta_{용융}H$를 나타내고, 이들은 주로 표로 정리되어 있기 때문에 상전이에 동반되는 엔트로피 변화를 계산하는 것이 비교적 쉽다. 그러나 $\Delta_{기화}H$와 $\Delta_{용융}H$의 값은 보통 양수로 표에 정리되어 있다. 이것은 흡열반응을 의미한다. 용융과 기화만이 흡열성이고, 응축 상전이(기체가 액체나 고체로 전이)나 결정화 혹은 고체화 상전이는 **발열성**이다. 식 (6.7)을 사용하여 엔트로피를 계산할 때는 과정의 흡열도(endothermicity) 혹은 발열도(exothermicity)를 결정하여 $\Delta_{전이}H$의 정확한 부호를 구해야 한다. 예제 6.3을 통해서 이를 설명할 수 있다.

예제 6.3

다음 상전이에 대한 엔트로피 변화를 계산하라.

a. 액체 수은(Hg) 1 mol이 정상 녹는점 −38.9°C에서 언다. 수은의 용융 엔탈피는 2.33 kJ/mol이다.

b. 사염화 탄소(CCl_4) 1 mol이 정상 끓는점 77.0°C에서 기화한다. 사염화 탄소의 기화 엔탈피는 29.89 kJ/mol이다.

풀이

a. 수은의 얼림이라고 하는 특별한 화학 과정은 다음으로 나타낼 수 있다.

$$Hg\ (\ell) \longrightarrow Hg\ (s)$$

이 반응은 −38.9°C 혹은 234.3 K에서 일어난다. 액체상에서 고체상으로 변할 때 열을 잃어버려야 하므로 발열 과정이다. 그러므로 $\Delta_{전이}H$는 실제로 −2.33 kJ/mol 혹은 −2,330 J/mol이다. (Hg의 $\Delta_{용융}H$은 +2.33 kJ/mol이 아님.) 엔트로피 변화를 계산하면 다음과 같다.

온도는 절대 온도이어야 한다.

$$\Delta S = \frac{-2330\ \text{J/mol}}{234.3\ \text{K}} = -9.94\ \frac{\text{J}}{\text{mol·K}}$$

분명하게 하기 위해 kJ을 J로 바꾼다. 엔트로피 변화가 음수이며, 이는 엔트로피가 액체가 고체상으로 전이할 때 예상되는 것이다.

예제 6.3 *(계속)*

b. 사염화 탄소의 기화 반응은 다음 식으로 나타낼 수 있다.

$$CCl_4\,(\ell) \longrightarrow CCl_4\,(g)$$

이 반응은 정상 대기압, 77.0°C 또는 350.2 K에서 일어난다. 액체상에서 기체상으로 옮겨가기 위해서는 에너지가 계에 가해져야만 하고, 이는 흡열 반응을 의미한다. 그러므로 부호 변동 없이 직접 $\Delta_{기화}H$를 사용할 수 있다. 엔트로피 변화를 계산하면 다음과 같다.

표에 있는 $\Delta_{기화}H$ 값의 단위는 J이다. 여기서 ΔS가 증가한다는 사실을 강조하기 위해서 +의 부호를 붙인다.

$$\Delta S = \frac{+29{,}890\ \mathrm{J/mol}}{350.2\ \mathrm{K}} = +85.35\ \frac{\mathrm{J}}{\mathrm{mol \cdot K}}$$

많은 화합물의 $\Delta_{기화}S$가 대략 85 J/mol · K임이 1884년 초에 알려졌다. 이 같은 현상을 **트루톤 규칙**(Trouton's rule)이라 한다. 수소 결합과 같이 강한 분자 간 상호작용을 하는 물질에서는 트루톤 규칙이 심하게 벗어난다. 몇 가지 화합물에 대한 $\Delta_{기화}H$와 $\Delta_{기화}S$ 값이 표 6.2에 열거되어 있다. 수소와 헬륨의 기화 엔트로피는 매우 작다. 물(H_2O)과 에탄올(C_2H_5OH)과 같이 강한 수소 결합을 하는 화합물은 예상보다 높은 기화 엔트로피를 갖는다. 이들 화합물의 $\Delta_{용융}H$와 $\Delta_{용융}S$도 표 6.2에 수록되어 있다.

6.4 클라페롱 방정식

앞에서 평형의 거동에 대한 일반적인 경향을 자세하게 논의하였다. 더욱 정량적인 논의를 위해서 몇 가지 새로운 관계식을 유도할 필요가 있다.

식 (6.3)을 일반화하면 성분이 같은 두 상의 화학 퍼텐셜은 평형에서 같다고 말할 수 있다.

$$\mu_{상1} = \mu_{상2}$$

G에 대한 자연 변수식과 유사하게 전체 물질의 양이 일정한 상태에서 μ의 미분 $d\mu$는 압력과 온도의 미분으로 나타낼 수 있다.

$$d\mu = -\overline{S}\,dT + \overline{V}\,dp \qquad \textbf{(6.8)}$$

[이 식을 식 (4.17)과 비교하라.] 다상(multiphase) 평형에서 T나 p의 미분 변화가 있게 되면 평형은 무한소량만큼 움직일 것이지만 여전히 평형이 유지될 것이다. 이는 $\mu_{상1}$의 **변화**와 $\mu_{상2}$의 변화가 같을 것임을 의미한다. 즉,

$$d\mu_{상1} = d\mu_{상2}$$

식 (6.8)을 사용하여 다음 식을 얻을 수 있다.

$$-\overline{S}_{상1}\,dT + \overline{V}_{상1}\,dp = -\overline{S}_{상2}\,dT + \overline{V}_{상2}\,dp$$

온도 변화 dT와 압력 변화 dp가 두 상에 동시에 가해지기 때문에 T와 p에 첨자를 붙일 필요는 없다. 그러나 각 상은 고유의 몰엔트로피와 몰부피를 가지고 있으므로 각 상을 구별하기 위하여 $\overline{S}$와 $\overline{V}$ 각각에 아래 첨자를 붙여야 한다. 식을 재배열하여 dp 항과 dT 항을 양쪽으로 모을 수 있다.

$$(\overline{V}_{상2} - \overline{V}_{상1})\,dp = (\overline{S}_{상2} - \overline{S}_{상1})\,dT$$

괄호 안의 차이는 상 1에서 상 2로 몰부피와 몰엔트로피가 변하는 것을 나타내기 때문에 이들을 $\Delta\overline{V}$와 $\Delta\overline{S}$로 쓸 수 있다. 이를 반영하면 다음 식이 된다.

$$\Delta\overline{V}\,dp = \Delta\overline{S}\,dT$$

이 식을 재배열하면 다음 식을 얻을 수 있다.

$$\frac{dp}{dT} = \frac{\Delta\overline{S}}{\Delta\overline{V}} \qquad (6.9)$$

1834년 이 관계를 알아낸 프랑스 공학자인 클라페롱(Benoit P. E. Clapeyron, 그림 6.2)의 이름을 따서 이 식을 **클라페롱 방정식**(Clapeyron equation)이라 한다. 클라페롱 방정식은 모든 상평형에서 관련된 상의 몰부피와 몰엔트로피의 변화로 압력과 온도를 관계지어 준다. 이는 어떠한 상평형에도 적용될 수 있다. 가끔 근사적으로 다음 식으로 나타내기도 한다.

$$\frac{\Delta p}{\Delta T} \approx \frac{\Delta\overline{S}}{\Delta\overline{V}} \qquad (6.10)$$

클라페롱 방정식의 매우 유용한 한 가지의 응용은 상평형을 다른 온도로 이동시키는 데 필요한 압력을 예상하는 것이다. 다음의 예를 통하여 이를 설명할 수 있다.

SPL/Science Source

그림 6.2 프랑스의 열역학자인 클라페롱(Benoit P. E. Clapeyron, 1799~1864). 클라페롱은 카르노(Carnot)가 세운 원리를 사용하여 엔트로피의 개념을 유도하였고, 이것은 궁극적으로 열역학 제2법칙으로 이어졌다.

예제 6.4

액체 물과 얼음의 몰부피가 각각 18.01 mL/mol 및 19.64 mL/mol일 때 −10.0°C에서 얼음을 녹이는 데 필요한 압력을 추산하라. 이 과정의 $\Delta\overline{S}$는 +22.04 J/mol · K로서 온도에 따라 비교적 일정하다고 가정할 수 있다. 계산에 필요한 환산 인자는 1 L · bar = 100 J이다.

풀이

다음 반응에 대한 몰부피의 변화는 (18.01 − 19.64) mL/mol = −1.63 mL/mol이다. 이 값을 L 단위로 고치면 -1.63×10^{-3} L/mol이다.

$$H_2O\,(s) \rightleftharpoons H_2O\,(\ell)$$

이 과정에 대한 ΔT는 −10.0°C이고, 이는 −10.0 K이기도 하다. $\Delta\overline{S}$가 주어졌으므로 클라페롱 방정식을 사용할 수 있어 다음의 계산을 할 수 있다.

부피 변화는 L 단위로 표시해야 한다.

온도 변화의 크기는 섭씨로나 켈빈으로나 같다.

$$\frac{\Delta p}{-10.0\text{ K}} = \frac{22.04\,\frac{\text{J}}{\text{mol·K}}}{-1.63 \times 10^{-3}\,\frac{\text{L}}{\text{mol}}}$$

식을 재배열하면 온도 단위가 생략된다.

$$\Delta p = \frac{(-10.0)(22.04\text{ J})}{-1.63 \times 10^{-3}\text{ L}}$$

주어진 환산 인자를 사용하면 압력 단위를 얻을 수 있다.

$$\Delta p = \frac{(-10.0)(22.04\text{ J})}{-1.63 \times 10^{-3}\text{ L}} \times \frac{1\text{ L·bar}}{100\text{ J}}$$

압력의 표준 단위인 bar 단위만 남고 J 및 L 단위는 상쇄되며, 계산 결과는 다음과 같다.

$$\Delta p = 1.35 \times 10^3\text{ bar}$$

1 bar는 0.987 atm과 같으므로 얼음의 어는점을 낮추기 위해서는 대략 1,330 atm이 필요하다. $\Delta\overline{V}$와 $\Delta\overline{S}$가 0°C(얼음의 정상 녹는점) 또는 25°C(통상적인 열역학의 표준 온도)에서보다 −10°C에서 약간 다를 수 있기 때문에 계산 값은 추정치이다. 그러나 $\Delta\overline{V}$와 $\Delta\overline{S}$ 둘 다 이처럼 작은 온도 범위에 걸쳐서 크게 변화하지 않기 때문에 매우 좋은 근사치이다.

클라페롱 방정식은 극단적인 온도와 압력의 조건에 처해 있는 물질에 적용될 수도 있다. 왜냐하면 표준 조건이 아닌 다른 조건에서 상전이의 조건(결국 화합물의 안정한 상)을 예상할 수 있기 때문이다. 이러한 조건들은 토성이나 목성과 같은 거대한 기체로 된 행성의 한 복판에 존재할지도 모른다고 말할 수 있다. 또는 다양한 공업적 과정이나 합성 과정에서 극단적인 조건을 적용할 수도 있다. 일반적으로 지구 깊숙한 곳에서 일어나는 (그렇게 생각되는) 다이아몬드 합성을 생각해 보자. 탄소의 안정한 상인 흑연에서 불안정한 상인 다이아몬드로의 상전이는 두 상이 고체라 하더라도 클라페롱 방정식을 실제 적용해 볼 수 있는 예가 되고 있다.

예제 6.5

이 상전이 과정은 1955년 제너럴 일렉트릭(General Electric)에 의해 공업적으로 이루어졌다.

온도 2,298 K, 즉 $\Delta T = (2{,}298 - 298)$ K $= 2{,}000$ K에서 흑연으로부터 다이아몬드가 만들어지는 데 필요한 압력을 다음의 자료를 사용하여 예측하라.

	C (s, 흑연)	$\rightleftharpoons$	C (s, 다이아몬드)
$\overline{S}$ (J/mol·K)	5.69		2.43
$\overline{V}$ (L/mol)	4.41×10^{-3}		3.41×10^{-3}

풀이

클라페롱 방정식을 사용하여 다음의 식을 쓸 수 있고, 여기서 단위 J가 L·bar로 바뀌지는 환산인자가 사용되었다.

$$\frac{\Delta p}{2{,}000\ \text{K}} = \frac{(2.43 - 5.69)\frac{\text{J}}{\text{mol}\cdot\text{K}}}{(3.41 \times 10^{-3} - 4.41 \times 10^{-3})\ \text{L/mol}} \times \frac{1\ \text{L}\cdot\text{bar}}{100\ \text{J}}$$

Δp에 대하여 풀면 흑연에서 다이아몬드로의 변환을 촉진시키기 위해 필요한 압력이 구해진다.

이 온도에서 합성 다이아몬드를 만들기 위해서는 실제로 100,000 bar 정도의 매우 높은 압력이 사용된다.

$$\Delta p = 65{,}200\ \text{bar}$$

이 압력은 대기압의 65,000배가 넘는다.

액체-기체 및 고체-기체 상전이에 대해서도 클라페롱 방정식은 적용되지만 몇 가지의 근사를 하면 최소의 오차를 주는 다른 식들을 유도할 수 있다.

상평형에 대하여 $\Delta G = 0$임을 상기하라. 따라서 다음 식이 성립한다.

$$0 = \Delta_{\text{전이}} H - T\Delta_{\text{전이}} S$$

이 식을 다음과 같이 재배열할 수 있다.

$$\Delta_{\text{전이}} S = \frac{\Delta_{\text{전이}} H}{T}$$

몰 양(molar amount)을 감안하여 식 (6.9)의 $\Delta\overline{S}$를 치환하면 클라페롱 방정식은 다음이 된다.

$$\frac{dp}{dT} = \frac{\Delta\overline{H}}{T\Delta\overline{V}} \tag{6.11}$$

이때 $\Delta\overline{H}$에서 첨자 '전이'가 또한 생략되었다. dT를 온도 변수가 있는 쪽으로 가져갈 수 있으므로 식 (6.11)은 특히 유용하다.

$$dp = \frac{\Delta\overline{H}}{T\Delta\overline{V}}\, dT$$

식을 재배열하면 다음이 된다.

$$dp = \frac{\Delta\overline{H}}{\Delta\overline{V}}\frac{dT}{T}$$

이제 식의 한 쪽은 압력으로 다른 쪽은 온도로 양쪽을 정적분할 수 있다. $\Delta\overline{H}$와 $\Delta\overline{V}$를 온도에 무관하다고 가정하면 다음 식을 얻을 수 있다.

$$\int_{p_i}^{p_f} dp = \frac{\Delta\overline{H}}{\Delta\overline{V}}\int_{T_i}^{T_f}\frac{dT}{T}$$

압력 쪽 적분은 압력 변화 Δp이고, 온도 쪽 적분은 온도의 상한과 하한에서 계산되는 온도의 자연 로그이며, 다음 식을 얻을 수 있다.

$$\Delta p = \frac{\Delta\overline{H}}{\Delta\overline{V}}\ln\frac{T_f}{T_i} \qquad (6.12)$$

이 식은 상변화 조건의 변화량을 몰량인 $\Delta_{전이}\overline{H}$와 $\Delta_{전이}\overline{V}$에 의해서 연관시켜주고 있다.

예제 6.6

물의 끓는점을 1.000 atm, 100°C(373 K)에서 97°C(370 K)로 변화시키는 데 필요한 압력은 얼마인가? 물의 몰 기화 엔탈피는 40.7 kJ/mol이다. 100°C에서 물의 밀도는 0.958 g/mL이고 증기의 밀도는 0.5983 g/L이다. 101.32 J = 1 L·atm의 관계식을 사용해라.

풀이

먼저, 부피 변화를 계산한다. 질량이 18.01 g인 물 1.00 mol에 대하여 액체의 부피는 18.01 g/(0.958 g/mL) = 18.8 mL이다. 증기 1.00 mol에 대하여 부피는 18.01 g/(0.5983 g/L) = 30.10 L이다. 물의 $\Delta\overline{V}$는 (30.10 L − 18.8 mL)/mol = 30.08 L/mol이다. (부피의 단위에 주의하라.) 식 (6.12)를 사용하면 다음이 됨을 알 수 있다.

이 식은 $V = m/d$로서 밀도의 정의를 재배열한 것이다. 액체 물과 수증기의 밀도에서 부피 단위가 다르다는 것에 주의해야 한다.

$$\Delta p = \frac{40{,}700\frac{\text{J}}{\text{mol}}}{30.08\frac{\text{L}}{\text{mol}}}\ln\frac{370\text{ K}}{373\text{ K}}$$

$\Delta\overline{H}$의 단위를 J로 환산하였음에 주의하라. 온도의 단위는 상쇄되어 다음 식이 된다.

$$\Delta p = 1{,}353\,\frac{\text{J}}{\text{L}}(-0.00808)$$

$$\Delta p = -10.9\text{ J/L}$$

이때 J와 L·atm 사이의 환산 인자를 사용한다.

$$\Delta p = -10.9\,\frac{\text{J}}{\text{L}} \times \frac{1\text{ L·atm}}{101.32\text{ J}}$$

J 및 L 단위는 상쇄되고, 압력 단위인 atm 단위만 남게 된다.

$$\Delta p = -0.108\text{ atm}$$

이것이 원래 압력 1.000 atm으로부터의 압력 변화이므로 끓는점이 97°C에서 실제 압력은 (1.000 − 0.108) atm = 0.892 atm이다. 이것은 약 해발 1,000 m 또는 3,300 ft에서의 압력이 될 것이다. 세계에는 이 같은 고도 이상에서 살고 있는 사람들이 많기 때문에 상당한 사람들은 물이 97°C에서 끓고 있음을 체험하고 있다.

6.5 기체상 효과

상전이에 기체가 포함된다면 간단한 근사식을 만들 수 있다. 응축상보다 기체상의 부피가 훨씬 크므로(예제 6.6에서 보여준 것처럼) 단순히 응축상의 부피를 무시한다 하더라도 약간의 오차만을 가져오게 된다. 다만 식 (6.11)에서 단순히 $\overline{V}_{기체}$를 사용하면 다음 식을 얻는다.

$$\frac{dp}{dT} = \frac{\Delta\overline{H}}{T\cdot\overline{V}_{기체}}$$

기체가 또한 이상 기체 법칙을 따른다고 가정하면 기체의 몰부피 대신 RT/p를 대입할 수 있다.

$$\frac{dp}{dT} = \frac{\Delta\overline{H}\cdot p}{T\cdot RT} = \frac{\Delta\overline{H}\cdot p}{RT^2}$$

식을 재배열하여 다음 식을 얻는다.

$$\frac{dp}{p} = \frac{\Delta\overline{H}}{R}\cdot\frac{dT}{T^2}$$

dp/p가 $d(\ln\ p)$와 동일하다는 것을 알고 있으므로 **클라우지우스-클라페롱 방정식**(Clausius-Clapeyron equation)의 한 형태인 다음 식을 얻을 수 있다.

$$d(\ln p) = \frac{\Delta\overline{H}}{R}\cdot\frac{dT}{T^2} \tag{6.13}$$

(p_1, T_1)과 (p_2, T_2) 두 세트의 조건 사이에서 이 식을 적분할 수 있다. 온도 범위에 걸쳐 $\Delta\overline{H}$가 일정하다고 가정하면 다음 식을 얻을 수 있다.

$$\ln\frac{p_2}{p_1} = -\frac{\Delta\overline{H}}{R}\left(\frac{1}{T_2} - \frac{1}{T_1}\right) \tag{6.14}$$

기체상 평형을 고려할 때 클라우지우스-클라페롱 방정식은 매우 유용하다. 예를 들어, 이 식은 다른 온도에서 평형 압력을 예측하는 데 도움이 된다. 또는 특별한 압력을 얻기 위해서 필요한 온도가 얼마인지를 예측할 수 있다. 또는 압력/온도 데이터를 사용하여 상전이를 위한 엔탈피 변화를 구할 수 있다.

예제 6.7

모든 액체는 온도에 따라 변하는 특정의 **증기 압력**을 가진다. 순수한 물의 특정 증기 압력은 22.0°C에서 19.827 mmHg이고 30.0°C에서는 31.824 mmHg이다. 이 데이터를 사용하여 기화 과정에 대한 몰당 엔탈피 변화를 계산하라.

풀이

온도를 K로 환산해야 하므로 두 온도는 각각 295.2 K와 303.2 K이다. 식 (6.14)를 사용하면 다음 식이 된다.

온도의 역수를 계산할 때는 자리수를 미리 줄이지 말라. 자리수를 줄이게 되면 정밀도가 떨어진다.

$$\ln\frac{19.827\ \text{mmHg}}{31.824\ \text{mmHg}} = -\frac{\Delta\overline{H}}{8.314\ \frac{\text{J}}{\text{mol}\cdot\text{K}}}\left(\frac{1}{295.2\ \text{K}} - \frac{1}{303.2\ \text{K}}\right)$$

계산하면 다음과 같다.

$$-0.47317 = -\frac{\Delta\overline{H}}{8.314\ \text{J/mol}}(8.938\times10^{-5})$$

예제 6.7 *(계속)*

$\Delta\overline{H}$는 다음과 같다.

$$\Delta\overline{H} = 44{,}010\ \text{J/mol}$$

물의 기화열 $\Delta_{기화}\overline{H}$는 물의 정상 끓는점 100°C에서 40.66 kJ/mol이다. 실험값은 25°C에서 44.02 kJ/mol이며, 이는 클라우지우스-클라페롱 방정식으로 예측한 것에 매우 근접한 값이다.

$\Delta_{기화}H$는 온도에 따라 변한다는 것을 보여주는 것으로서, $\Delta_{기화}H$는 75°의 온도 범위에 걸쳐 3 kJ/mol 이상 변한다.

예제 6.8

수은의 증기 압력은 536 K에서 103 torr이다. 증기 압력이 760 torr에서 수은의 정상 끓는점을 예측하라. 수은의 기화 엔탈피는 58.7 kJ/mol이다.

》 풀이

클라우지우스-클라페롱 방정식을 사용하면 다음 식을 얻을 수 있다.

$$\ln\frac{103\ \text{torr}}{760\ \text{torr}} = -\frac{58{,}700\ \text{J/mol}}{8.314\ \text{J/mol·K}}\left(\frac{1}{536\ \text{K}} - \frac{1}{T_{BP}}\right)$$

기화 엔탈피의 단위를 J로 환산했다.

여기서 T_{BP}는 정상 끓는점을 나타낸다. 식을 재배열하고 단위를 적절히 상쇄시키면 다음을 얻을 수 있다.

$$0.000283\ \text{K}^{-1} = 0.00187\ \text{K}^{-1} - \frac{1}{T_{BP}}$$

끓는점을 구하면 다음과 같다.

$$T_{BP} = 630.\ \text{K}$$

측정된 수은의 끓는점은 629 K이다.

클라우지우스-클라페롱 방정식이 유도될 때 사용한 가정에도 불구하고 이 식이 얼마나 잘 맞는지가 앞의 예를 통하여 설명되고 있다. 이 식은 또한 물질의 증기 압력의 **로그**가 절대 온도의 역수와 관련을 맺고 있음도 보여준다.

$$\ln(\text{증기 압력}) \propto -\frac{1}{T} \tag{6.15}$$

이를 지칭하는 또 다른 방법으로 양변에 대하여 역로그를 취하면 다음 식이 얻어진다.

$$\text{증기 압력} \propto e^{-\frac{1}{T}} \tag{6.16}$$

온도가 증가함에 따라 증기 압력은 점점 더 빠르게 증가하고, 온도에 대한 증기 압력을 나타낸 많은 도표가 지수함수적인 모양을 띠고 있다. 식 (6.15)와 식 (6.16)은 상평형에 적용되는 것이지 증기상에 대한 상태 방정식으로 취급한 것이 아니므로 이상 기체 법칙(이 법칙에서는 p가 T에 정비례함)과는 상관이 없다.

증기 압력이 p인 증기와 평형을 이루고 있는 액체를 생각해 보자. 평형을 이루면 두 상의 화학 퍼텐셜은 같다.

$$\mu(\ell) = \mu(\text{g})$$

그러나 하나의 독자적인 압력원이 액체에 가해질 경우 재미난 현상이 있게 된다. 예를 들어, 이렇게 하기 위한 쉬운 방법으로 평형 증기 압력을 이루는 공간에 약간의 비활성 기체를 가하는 것이다. 추가된 기체는 액체에 약간의 추가적인 압력 Δp를 가하게 된다. 5.4절에서 살펴본 것처럼 외부 압력이 응축상의 활동도에 약간만 영향을 주더라도 약간의 활동도 변화는 평형 증기 압력에 영향을 끼칠 수 있다. 증가된 압력 때문에 액체의 화학 퍼텐셜이 변한다면 평형을 유지하기 위해서 증기의 화학 퍼텐셜도 같은 양만큼 변해야 한다. 즉,

$$d\mu(\ell) = d\mu(\text{g})$$

식 (4.25)는 아래와 같고

$$\left(\frac{\partial G}{\partial p}\right)_{T,n} = V$$

화학 퍼텐셜은 몰당 깁스 에너지이므로 다음의 관계가 성립한다고 볼 수 있다.

$$\left(\frac{\partial \mu}{\partial p}\right)_{T,n} = \overline{V}$$

위 식의 편도함수를 재배열하면 다음 식을 얻을 수 있다.

$$d\mu = \overline{V}\,dp$$

액체상와 기체상의 표시를 오른쪽에 붙이면 다음 식과 같이 된다.

$$\overline{V}(\ell)\,dp(\ell) = \overline{V}(\text{g})\,dp(\text{g})$$

두 가지의 부피는 각각 액체상과 기체상의 몰부피를 나타내며, 반면에 압력 항은 액체에 대한 압력 변화(식의 왼쪽)와 증기의 부분 압력 변화(식의 오른쪽)를 나타낸다. 기체의 몰부피 $\overline{V}(\text{g})$는 $RT/p(\text{g})$로 치환될 수 있다.

$$\overline{V}(\ell)\,dp(\ell) = \frac{RT\,dp(\text{g})}{p(\text{g})}$$

이제, 식의 양변을 압력의 두 극한 사이에서 적분할 수 있다. 몰부피는 변하지 않는다고 가정하고 원래 압력 p와 $p + \Delta p$ 사이에서 식의 왼쪽을 적분하고, 원래 증기 압력 p와 새로운 증기 압력 $p^\star$ 사이에서 식의 오른쪽을 적분한다. 이 적분은 다소 복잡하지만 단순하다.

$$\int_p^{p^*} \frac{RT\,dp(\text{g})}{p(\text{g})} = RT\int_p^{p^*} \frac{dp(\text{g})}{p(\text{g})} = RT\ln p(\text{g})\Big|_p^{p^*} = RT\ln\frac{p^*}{p}$$

두 개의 적분 결과를 같이 놓으면 다음 식이 된다.

$$\overline{V}(\ell)\,\Delta P = RT\ln\frac{p^\star}{p}$$

이 식을 재배열하면 다음 식이 된다.

$$\ln\frac{p^\star}{p} = \frac{\overline{V}(\ell)\,\Delta P}{RT} \qquad \textbf{(6.17)}$$

이 식보다 좀 더 유용하게 사용될 수 있는 다른 식으로 증기의 새로운 증기 압력 $p^{\star}$로 나타낸 식일 것이다.

$$p^{\star} = pe^{\overline{V}(\ell)\,\Delta P/RT} \tag{6.18}$$

예제 6.9

에탄올의 증기 압력은 20.0°C에서 43.7 mmHg이다. 이 온도에서 에탄올의 몰부피는 58.40 mL/mol이다. $C_2H_5OH(\ell)$와 $C_2H_5OH(g)$가 평형으로 존재하는 계가 135.0 atm의 Ar으로 가압된다면 에탄올의 새로운 증기 압력은 얼마인가?

풀이

이 문제의 풀이를 위해서 식 (6.18)을 사용할 수 있지만 단위를 살필 필요가 있다. 몰부피는 L로 나타내야 하며 R은 L과 atm의 단위를 갖는 값이어야 한다. 그러므로 다음의 계산을 할 수 있다.

$$p^{\star} = (43.7\ \text{mmHg})\,e^{(0.05840\ \text{L/mol})(135\ \text{atm})/(0.08205\ \frac{\text{L}\cdot\text{atm}}{\text{mol}\cdot\text{K}})(293.2\ \text{K})}$$

$$p^{\star} = (43.7\ \text{mmHg})(1.38380\ldots)$$

$$p^{\star} = 60.6\ \text{mmHg}$$

부피의 단위를 L로 바꾸었을 뿐만 아니라 온도의 단위도 K로 바꾸었다.

계산 결과 에탄올의 증기 압력은 39% 증가한다.

6.6 상도표와 상규칙

상전이가 복잡하게 보일 수 있지만 상도표로 단순화할 수 있다. **상도표**(phase diagram)는 다양한 조건의 온도, 압력 및 부피 하에서 어떤 상이 안정한가를 그래프로 나타낸 것이다. 대부분의 단순한 상도표는 이차원으로서 하나의 축으로 압력을, 그리고 다른 축으로 온도를 나타낸다.

상도표 자체는 상평형이 이루어지는 온도와 압력의 값을 나타내는 선들로 이루어져 있다. 예를 들어, 그림 6.3은 H_2O의 부분적인 상도표이다. 상도표에서 각 영역은 안정한 상을 나타내주고, 선들은 상전이를 나타낸다. 선상의 어떠한 점도 복수의 상들이 평형으로 존재할 수 있는 특정 온도와 압력을 나타낸다. 선에 있지 않은 점들은 해당 조건 하에서 화합물 H_2O의 안정한 상이 우세한 상을 나타낸다.

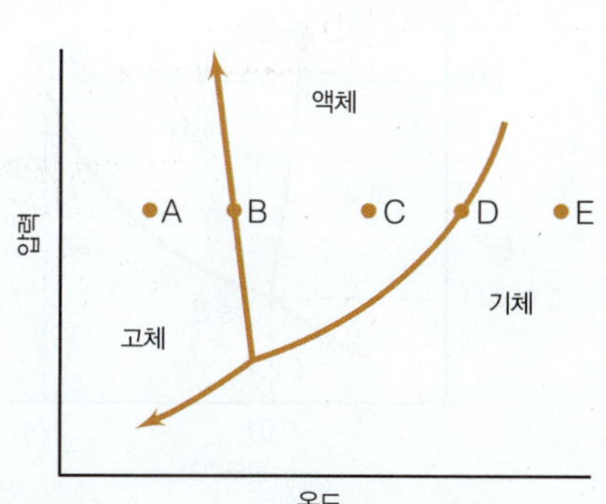

그림 6.3 H_2O의 정성적이고 부분적인 압력-온도 상도표. 이 상도표에서 A, B, C, D 및 E와 같은 점은 압력과 온도의 조건을 가리키며 이런 조건 하에서 물의 어떤 상이 안정한지를 나타내준다.

그림 6.3에 표시한 점을 생각해 보자. 점 A는 H_2O의 고체 형태가 안정한 압력과 온도값이 각각 p_A와 T_A임을 나타낸다. 점 B는 녹음(용융)이 일어나고 고체가 액체와 평형으로 존재할 수 있는 한 쌍의 압력과 온도 상태인 p_B와 T_B를 나타낸다. 점 C는 액체가 안정한 상이 되는 압력과 온도 상태를 나타낸다. 점 D는 액체가 기체와 평형으로 존재할 수 있고 끓음이 일어나는 온도와 압력 상태를 나타낸다. 마지막으로 점 E는 H_2O의 안정한 상이 기체가 되는 한 쌍의 압력과 온도 상태를 나타낸다.

상도표가 나타내듯이 고체와 액체가 평형으로 존재할 수 있는 상태가 많고, 액체와 기체가 평형으로 존재할 수 있는 상태도 많다. 이것은 분명히 사실이다. 그러나 선들이 의미하는 것은 무엇인가? 이들은 상평형에서 온도 변화에 따라 압력이 어떻게 변화하는가를 나타내는 도표이기 때문에 선은 dp/dT를 나타낸다. 이 양은 클라페롱 또는 클라우지우스-클라페롱 방정식을 사용하여 계산될 수 있다. **단일 성분 상도표는 한 물질의 클라페롱 방정식 또는 클라우지우스-클라페롱 방정식의 도표에 지나지 않는다.** 이는 압력-온도 상도표에 대하여 사실이다. 이 단원에서는 거의 이 도표를 주로 취급할 것이다. 압력과 온도뿐만 아니라 부피도 변하는 상도표에서는 삼차원 도표가 필요하고 모든 상의 상태 방정식이 필요하다.

예제 6.10

그림 6.3의 H_2O 상도표에서 고체상과 액체상 사이의 선은 일정한 기울기를 갖는 거의 직선이다. 얼음의 녹음을 다룬 예제 6.4의 답을 사용하여 이 선의 기울기 값을 계산하라.

풀이

한 직선의 기울기가 $\Delta y/\Delta x$임을 상기하라. y축은 압력을 나타내고, x축은 온도를 나타낸다. 따라서 $\Delta p/\Delta T$에 대하여 bar/K 또는 atm/K의 단위를 갖는 기울기를 예상할 수 있다. 예제 6.4가 보여준 것은 물의 녹는점을 -10.0°C만큼 즉, -10.0 K만큼 변화시키려면 1.35×10^3 bar가 필요하다는 것이다. 그러므로 $\Delta p/\Delta T$는 $(1.35 \times 10^3 \text{ bar})/(-10.0 \text{ K})$ 또는 -1.35×10^2 bar/K와 같다. 이 기울기는 상당히 크다.

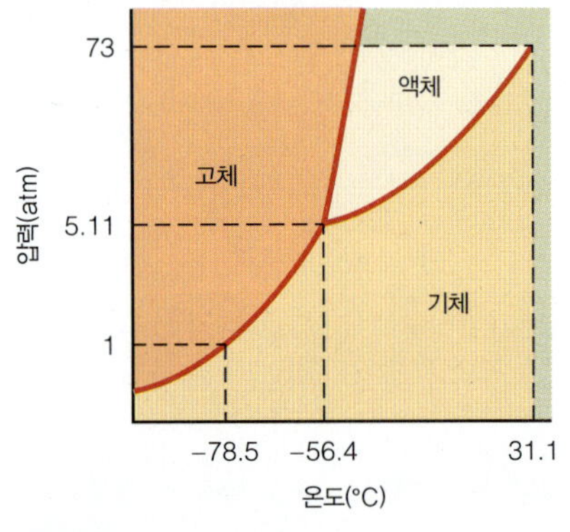

그림 6.4 이산화 탄소(CO_2)의 상도표. 표준 압력에서 고체 CO_2의 온도가 증가할 때 고체는 바로 기체상으로 옮겨 간다. 액체 CO_2는 증가된 압력에서만 안정하다.

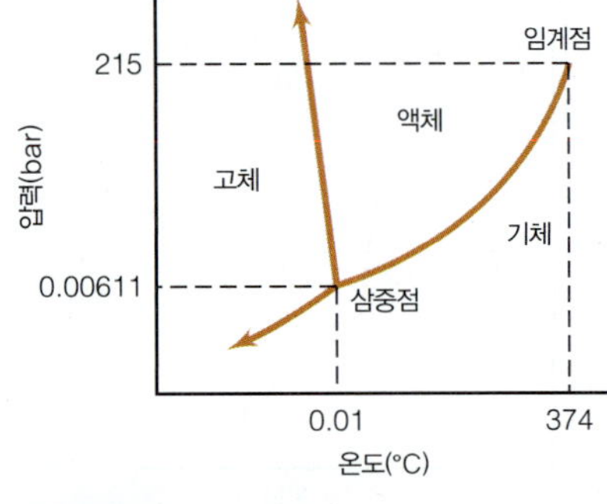

그림 6.5 H_2O의 삼중점과 임계점. 모든 물질에 대하여 액체-기체 평형선은 어떤 조건에서 끝이 있는 유일한 선이다. H_2O에 대하여, 이 선은 374°C와 215 bar에서 끝난다. 이보다 더 높은 온도나 증기 압력에서는 '액체'와 '기체'상 사이에 구분이 없다.

이 예제로부터 알아야 할 또 하나는 고체-액체 평형선의 기울기가 음수라는 것이다. 거의 모든 화합물의 고체-액체 평형선에 대한 기울기는 양수이다. 왜냐하면 고체는 보통 같은 양의 액체보다 부피가 작기 때문이다. 음의 기울기는 H_2O가 고체가 될 때 H_2O의 부피가 **증가**한 결과이다.

고체-기체 평형선은 승화가 일어나는 압력과 온도 상태를 나타낸다. H_2O의 경우, 승화는 분명히 보통 접하는 압력보다 낮은 압력에서 일어난다. [얼음의 승화는 정상 압력에서 천천히 일어나고, 이것은 냉동실의 각진 얼음이 시간이 지남에 따라 점점 작아지는 이유이다. 식품으로부터 얼음의 승화로 인하여 소위 냉동 식품의 냉동화상(freezer burn)이 일어나며, 이것 때문에 냉동 식품을 잘 포장해야 한다.] 그러나 이산화 탄소의 경우, 정상 압력은 승화가 일어나기에 충분할 정도로 낮다. 그림 6.4는 1 atm의 위치가 표시되어 있는 CO_2의 상도표이다. 액체 CO_2는 가압 하에서만 안정하다. 일부 이산화 탄소 기체 통은 압력이 충분히 높기 때문에 통 안의 CO_2는 실제로 액체이다.

액체-기체 평형선은 액체상과 기체상이 평형으로 존재할 수 있는 압력과 온도 상태를 나타낸다. 이 선은 $p \propto e^{-1/T}$와 같은 지수 방정식의 형태를 취하고 있음에 주목하라. 이것은 식 (6.16)과 일치한다. 상도표에서 기화 곡선은 클라페롱 방정식 또는 클라우지우스-클라페롱 방정식의 도표이다. 그러나 그림 6.5에서처럼 이 곡선은 특정의 압력과 온도에서 멈춘다는 것에 주목하라. 이 곡선은 연속적임을 나타내기 위한 화살표가 곡선의 끝에는 없는 유일한 선이다. 이는 어떤 특정한 점을 지나면 액체와 기체를 구분할 수 없게 되기 때문이다. 이 점을 물질의 **임계점**(critical point)이라 하고, 임계점에서의 압력과 온도를 각각 **임계 압력**(critical pressure) p_C와 **임계 온도**(critical temperature) T_C라고 부른다. H_2O의 p_C와 T_C는 각각 218 atm과 374°C이다. 이 임계 온도보다 높은 온도에서는 어떠한 압력을 가한다 하더라도 H_2O 분자는 확실한 액체 상태가 될 수가 없다. 계에 있는 H_2O가 p_C보다 높은 압력을 받는다면 확실한 액체나 기체로 존재할 수 없다. (온도가 충분히 낮다면 고체로는 존재할 수 있다.) 이런 H_2O의 상태를 **초임계 상태**(supercritical state)라 한다. 초임계상은 몇몇 공업적이고 과학적인 과정에서 중요하다. 특히 초임계 유체 크로마토그래피라고 하는 기술이 있는데, 여기에서는 '용매'로서 초임계 CO_2나 다른 화합물을 사용하여 화합물들을 분리한다. (CO_2의 T_C와 p_C는 각각 약 304 K와 73 bar이다.)* 몇 가지 물질의 임계점이 표 6.3에 나열되어 있다.

상도표에서 언급할 가치가 있는 또한 점이 있다. 그림 6.5는 고체, 액체 및 기체가 서로 평형을 이루는 한 상태를 나타내주고 있는데, 이 점을 **삼중점**(triple point)이라 한다. H_2O의 삼중점은 0.01°C (273.16 K)와 6.11 mbar (4.6 torr)이다. H_2O는 너무 흔하기 때문에 H_2O의 삼중점은 입증할 수 있는 온도 표준으로 국제적으로 인정받고 있다. 모든 물질은 세 개의 상이 서로 평형으로 존재할 수 있는 고유의 온도와 압력 상태인 삼중점을 가지고 있다.

일반적으로 H_2O의 상도표가 예로서 사용되는 이유가 몇 가지 있다. 물은 흔한 물질이고, 물의 상도표는 몇 가지 특이성을 보이고 있다. 화합물 H_2O의 좀 더 확장된 상도표가 그림 6.6에 나타내져 있다. 주목할 만한 한 가지는 고체 H_2O 즉, 얼음이 실제로 몇 가지 형태가 있다는 것이다. 그러나 압력과 온도 크기에 주목하라. 이 같은 얼음의 형태를 실험식 밖에서는 경험하지 못할 것이다.

표 6.3 여러 가지 물질의 임계 온도와 임계 압력

물질	T_C (K)	p_C (bar)
암모니아	405.7	111
수소	32.98	12.93
메테인	191.1	45.2
질소	126	33.1
산소	154.6	50.43
황	1314	207
물	647.3	215.15

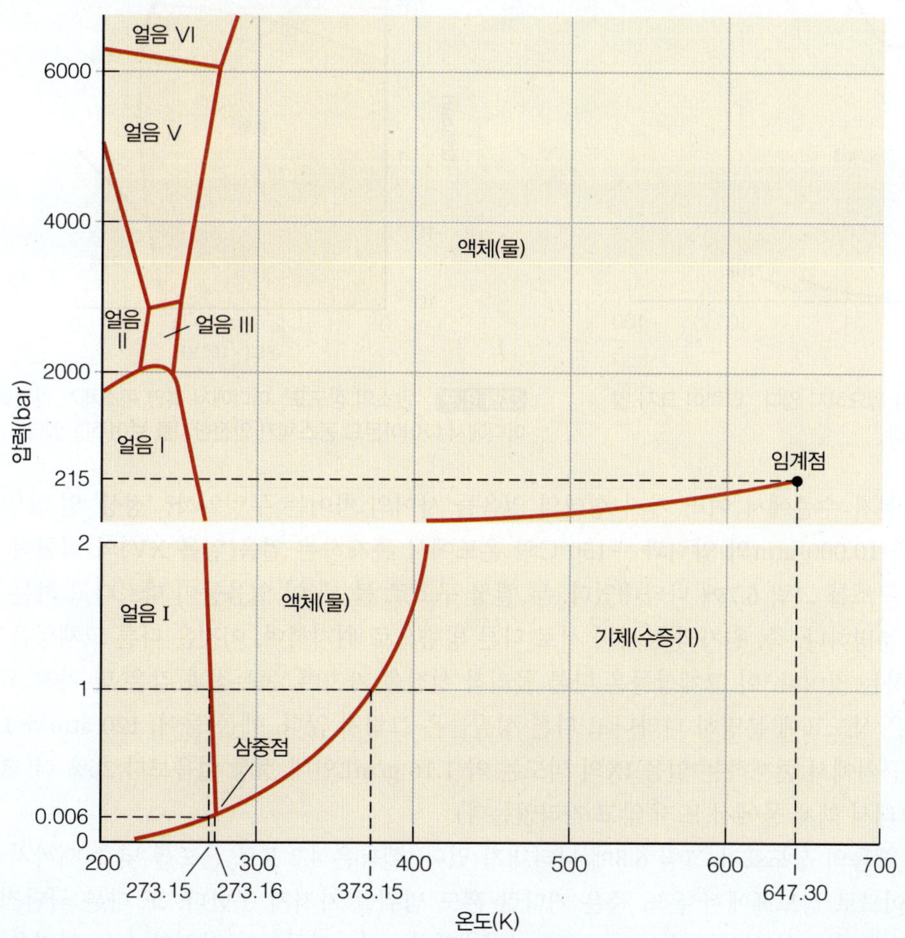

그림 6.6 그림 6.3 보다 더 높은 온도와 압력으로 확장한 물의 상도표를 여기에 나타내었다. 고체 H_2O에는 여러 개의 가능한 결정 구조가 있으며, 이들 대부분은 높은 압력에서만 존재한다. 고체 H_2O는 적어도 15 개의 형태가 알려져 있다.

*커피 콩에서 카페인을 제거하는 한 방법으로 초임계 CO_2를 사용한다.

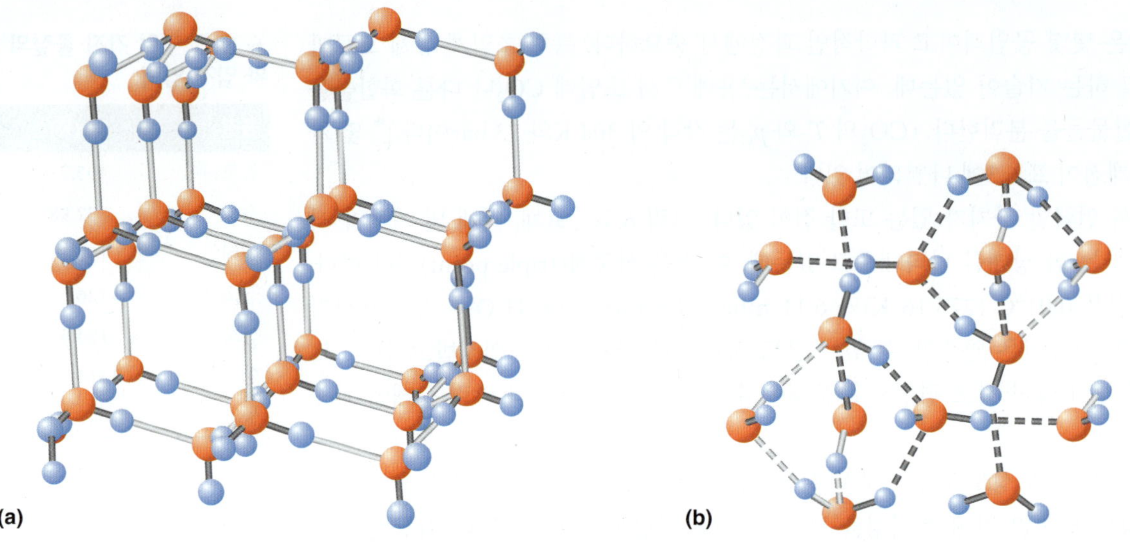

그림 6.7 분자 수준으로 나타낸 서로 다른 얼음의 구조. (a) 얼음 I의 결정 구조, '정상' 형태의 얼음. (b) 얼음 XV의 결정 구조, 최근에 발견된 고체 H_2O의 상으로서 10,000 atm과 −150°C에서 존재. 고체상들이 달라지면 어떻게 원자와 분자의 배열이 달라지는지를 주목하여라.

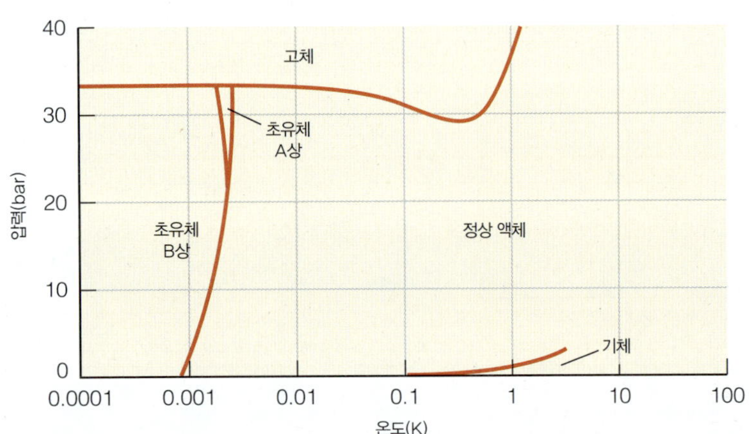

그림 6.8 헬륨(He)의 상도표에는 큰 온도 범위가 필요하지 않다. 압력이 크지 않는 한 고체 He은 존재하지 않는다는 것에 유념하여라.

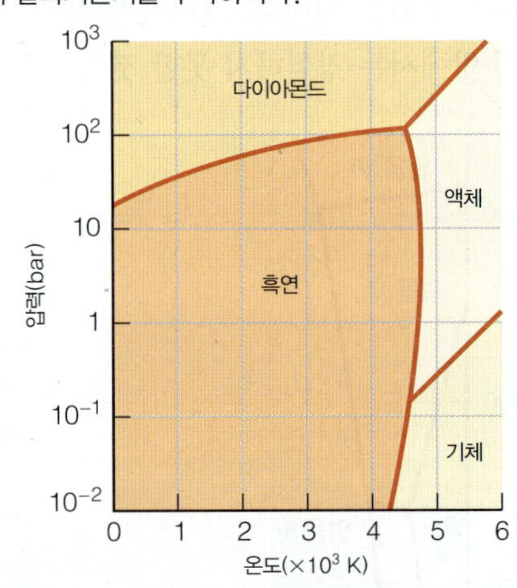

그림 6.9 탄소의 상도표, 어디에서 흑연 동소체가 안정하고 어디에서 다이아몬드 동소체가 안전한지를 보여주고 있다.

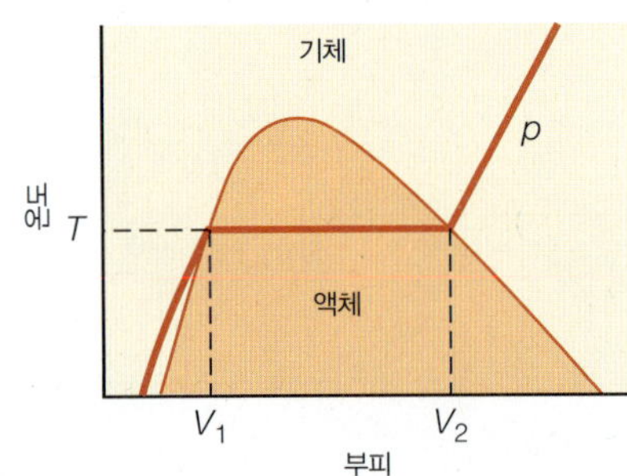

그림 6.10 온도−부피 상도표의 한 예. 주어진 압력 p에서, 상도표가 명시한 것을 보면 어떤 상이 V_1과 V_2 사이를 제외하고 존재해야만 한다. 이 조건 하에서, 액체상(색 칠해진 영역)의 다양한 양이 존재할 수 있고 여전히 주어진 T와 p의 조건을 만족시킨다. 부분적으로 이런 모호성 때문에 온도−부피 상도표는 압력−온도 상도표만큼 일반적이지 못하다.

분자 수준에서 여러 가지 형태의 얼음들 사이의 차이는 무엇일까? '정상' 얼음(얼음 I)과 10,000 atm의 압력과 −150°C의 온도에서 존재하는 얼음(얼음 XV)의 실험적 결정 구조를 그림 6.7에 나타내었다. 두 결정 구조로 볼 때 이 얼음들이 다르다고 하는 것은 분명하다. 즉, 원자와 분자가 서로 다른 방향으로 위치하며, 이것은 다른 고체상을 의미하는 것이다. 이 고체상들은 다른 물리적 성질을 가지며, 녹는점과 같은 몇 가지 성질들은 상도표에 분명히 나타나고 다른 성질들은 그렇지 않다. 예를 들어, 120 atm과 150 K 근처에서 존재하는 얼음 IX의 밀도는 약 1.16 g/mL인데 정상 얼음보다 26% 더 크다(그래서 액체 물에서 뜨지 않고 가라앉는다).

헬륨의 상도표가 그림 6.8에 나타내져 있다. 헬륨은 4.2 K로 온도를 낮출 때까지 기체이므로 상도표에서 온도 축은 커다란 온도 범위를 가지지 못한다. 또 다른 극단적인 경우로 탄소의 상도표를 그림 6.9에 나타내었다. 다이아몬드가 안정한 상인 영역을 인식하라.

화학에서 상도표의 일반적인 변수가 압력과 온도이지만 그림 6.10에서 보여주는 것처럼 부피도 상도표의 한 축이 될 수 있다. 압력, 부피 및 온도로 나타낸 삼차원 상도표도 있는데, 이에 대한 예가 그림 6.11에 나타내져 있다.

단일성분계가 상태의 변화에 따라 어떻게 변화되는지를 이해하는 데 상도표는 매우 유용하다. 상도표에 상태 변화를 간단하게 그리고 상태 변화에 따라 어떤 상전이가 일어나는지 관찰하라. 단일성분 상도표는 특히 이해하기 쉽다.

단일성분계의 상도표는 평형에서 계의 상을 결정하기 위해서 몇 개의 변수가 명시되어야 하는지와 같은 일반 질문에 답을 주기 위한 단순한 생각을 하는 데 유용하다. 이때의 변수들을 **자유도**(degree of freedom)라고 한다. 알아야 할 것은 계의 상태를 규정하기 위해서 명시할 필요가 있는 자유도의 갯수이다. 이 정보는 생각한 것보다 더 유용하다. 상전이(특히 기체상이 포함된 전이)의 위치는 압력과 온도에 따라 빠르게 변할 수 있기 때문에 몇 개의 상태 변수가 정의되어야 하는 가를 아는 것은 중요하다.

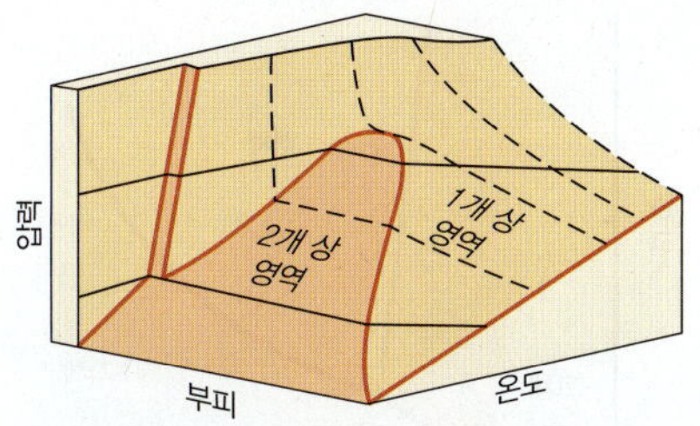

그림 6.11 주어진 압력, 온도 및 부피 조건에서 계에 존재하는 상을 삼차원 상도표로 나타낼 수 있다.

예제 6.11

그림 6.4에 있는 CO_2의 상도표를 사용하여 다음과 같이 상태 변화가 일어날 때의 상변화를 기술하라.

a. 압력 1.00 bar에서 온도가 50 K에서 350 K로 변함

b. 압력 10.00 bar에서 온도가 50 K에서 350 K로 변함

c. 온도 220 K에서 압력이 1 bar에서 100 bar로 변함

풀이

a. 그림 6.12는 등압 과정에서의 상태의 변화를 보여주고 있다. 점 A에서 출발하여 고체상과 기체상 사이의 평형을 나타내는 점 B의 선에 도달할 때까지 왼쪽에서 오른쪽으로 이동함으로써 온도가 올라가고 이는 고체 CO_2가 데워진다는 의미이다. 이 점에서 고체 CO_2는 기체상으로 직접 승화한다. (이것은 약 196 K 또는 −77 °C에서 일어난다.) 온도가 350 K까지 증가하면 마지막 상태의 점 C에 도달할 때까지 기체 CO_2는 데워진다.

b. 그림 6.13은 10 bar에서 CO_2의 등압 가열에 대한 상태 변화를 나나낸다. 이 경우 점 A에 있는 고체에서 출발하지만 CO_2의 삼중점보다 위에 있기 때문에 점 B에서는 고체와 액체 CO_2가 평형에 있게 된다. 열을 가하게 되면 모든 고체가 액체가 될 때까지 녹고 이어서 액체는 데워진다. 액체 CO_2와 기체 CO_2가 평형에 있는 상태를 나타내는 점 C에 도달할 때까지 계속 가열한다. 모든 액체가 기체로 바뀌지면 기체는 점 D의 마지막 상태에 이를 때까지 데워진다.

c. 그림 6.14는 등온 과정을 나타낸다. 출발점 A는 CO_2가 기체상으로 존재할 만큼 충분히 낮은 압력에 있다. 그러나 압력이 증감함에 따라 CO_2는 액체상으로 진입(짧은 시간 동안)한 다음 고체상으로 진입한다. 온도가 몇 도만 낮아도 이 변화는 삼중점의 다른 쪽에서 일어나게 될 것이고 상전이는 기체에서 고체로 직접 응축되게 될 것이다.

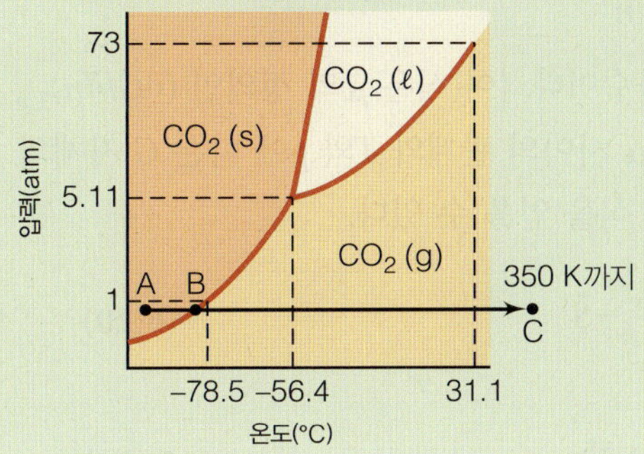

그림 6.12 예제 6.11a에 기술된 CO_2의 등압 변화 도표. 이를 그림 6.13과 비교하라.

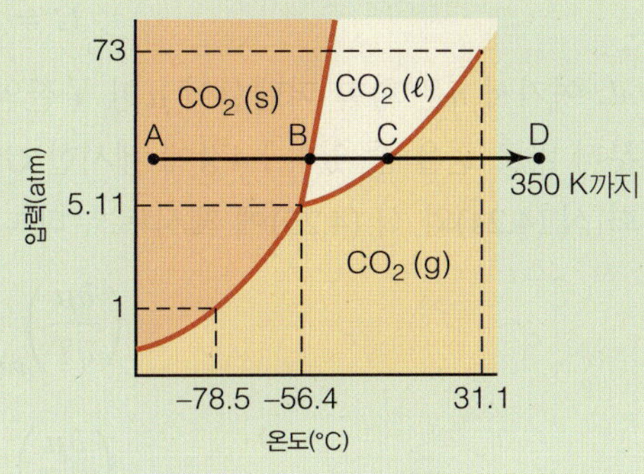

그림 6.13 예제 6.11b에 기술된 CO_2의 등압 변화 도표. 이를 그림 6.12와 비교하라.

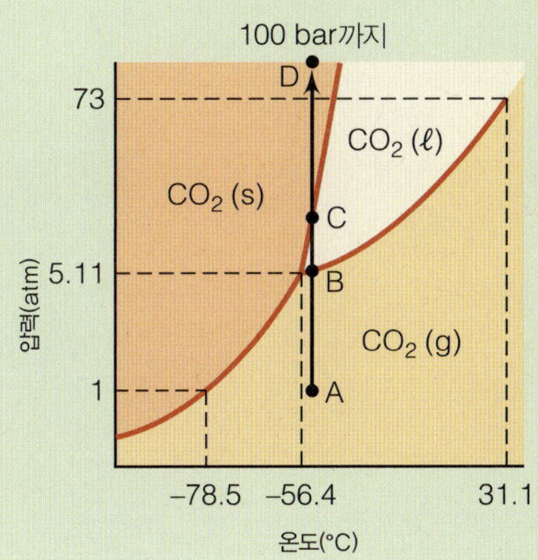

그림 6.14 예제 6.11c에 기술된 변화를 나타낸 도표.

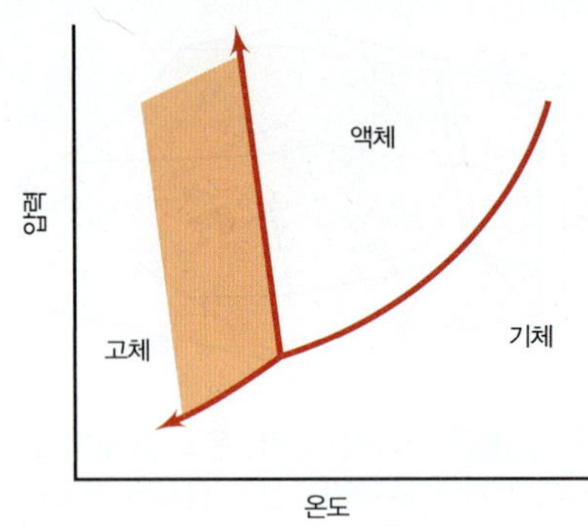

그림 6.15 한 계에 대하여 오직 알고 있는 것은 H_2O가 고체라는 것일 때 이 계에게는 색칠해진 영역의 모든 압력과 온도 조건이 가능할 것이다. 이 계를 기술하기 위해서는 두 개의 자유도를 명시할 필요가 있을 것이다.

H_2O의 이차원 상도표를 생각해 보자. 평형을 이루고 있는 계에서 H_2O만이 존재하고 이 H_2O가 고체상이라면 그림 6.15의 진하게 색칠한 영역에 있는 어떠한 상태도 가능할 것이고, 이 상태를 나타내기 위해서 온도와 압력을 명시해야 할 것이다. 그러나 계에 있는 고체 H_2O와 액체 H_2O가 평형을 이루고 있다고 하자. 그러면 계의 상태는 상도표에서 고체와 액체상을 분리하는 선으로 표시되어야 한다. 한 쌍의 상이 주어지면 온도나 압력만을 명시할 필요가 있는데, 이는 온도와 압력 중 하나를 알면 나머지는 정해지기 때문이다. (상들이 평형을 이루고 있는 계는 선에 따르는 상태여야 한다.) 계에서 상의 수가 증가했기 때문에 자유도의 수는 감소했다.

평형을 이루는 계에서 H_2O의 세 가지 상이 있다고 하자. 이런 경우는 **유일하게 한** 쌍의 온도와 압력 조건에서만 이루어지기 때문에 어떠한 자유도도 명시할 필요가 없다. 고체상, 액체상 및 기체상이 함께 존재하는 H_2O의 상태는 273.16 K와 6.11 mbar이다. (그림 6.5 참조: 상도표상에서 고체, 액체 및 기체가 평형으로 존재하는 점이 유일하게 하나 있는데, 이 점이 삼중점이다.) 평형을 이루는 상의 수와 계의 상태를 나타내는 상도표상의 점을 명시하기 위하여 필요한 자유도의 수 사이에 관계가 있다.

깁스(J. Willard Gibbs, 그의 이름을 따서 깁스 에너지란 이름이 붙여졌다)는 1870년대 자유도의 수와 상의 수 사이의 간단한 관계를 유도하였고, 단일성분계에 대해서는 다음 식과 같다.

$$\text{자유도} = 3 - P \tag{6.19}$$

여기서 P는 평형에서 존재하는 상의 수이다. 식 (6.19)는 **깁스의 상규칙**(Gibbs phase rule)이라고 알려진 것의 간단한 형태이다. 이 식에서 계의 상태 변수들 중의 하나(보통 부피)는 상태 방정식을 통해서 다른 것들로부터 결정할 수 있다고 가정한다. 이 간단한 방정식이 위에서 기술한 각 상황에 대한 자유도의 수를 정확하게 제공한다는 것을 증명해야 한다.

6.7 자연 변수와 화학 퍼텐셜

앞에서 언급했듯이 상평형의 조건은 계의 상태 변수 즉, 부피, 온도, 압력 및 물질의 양에 의존한다. 보통 온도와 압력의 변화에 따른 계의 변화를 다룬다. 그러므로 온도와 압력에 대한 화학 퍼텐셜의 변화를 아는 것은 유용할 것이다. 즉, $(\partial\mu/\partial T)$와 $(\partial\mu/\partial p)$를 알고 싶어 한다. 화학 퍼텐셜은 물질의 양에 대한 깁스 에너지 변화이다. 순물질에 대한 계의 전체 깁스 에너지는

$$G = \mu \cdot n$$

이고, 여기서 n은 화학 퍼텐셜이 μ인 물질의 몰수이다. [이 식은 μ의 정의인 $(\partial G/\partial n)_{T,p}$로부터 바로 얻을 수 있다.] 4장에 제시한 G와 μ 사이의 관계와 T와 p에 따른 G 자체의 변화[식 (4.24)와 식 (4.25)에 제시]로부터 다음 식을 얻을 수 있다.

$$\left(\frac{\partial\mu}{\partial T}\right)_{p,n} = -\bar{S} \tag{6.20}$$

$$\left(\frac{\partial\mu}{\partial p}\right)_{T,n} = \bar{V} \tag{6.21}$$

$d\mu$에 대한 자연 변수 방정식은 다음과 같다.

$$d\mu = -\overline{S}\,dT + \overline{V}\,dp \tag{6.22}$$

이 식은 G에 대한 자연 변수 방정식과 비슷하다. 화학 퍼텐셜의 **변화**인 $\Delta\mu$로 식 (6.20)과 식 (6.21)의 도함수를 나타낼 수 있으며 이 식은 상전이를 고려할 때 더 적절하다. 식 (6.20)과 식 (6.21)은 다음과 같이 다시 쓸 수 있다.

$$\left[\frac{\partial(\Delta\mu)}{\partial T}\right]_p = -\Delta\overline{S} \tag{6.23}$$

$$\left[\frac{\partial(\Delta\mu)}{\partial p}\right]_T = \Delta\overline{V} \tag{6.24}$$

이 식들을 사용하여 T 또는 p의 값이 변할 때 평형의 이동 방향을 예측할 수 있다. 고체에서 액체로의 상전이를 생각해 보자. 대체로 액체는 고체보다 엔트로피가 크므로 고체에서 액체로 전이하는 것은 엔트로피가 **증가**하고, 식 (6.23)의 오른편 음의 부호는 T에 대한 μ의 그래프에서 기울기가 음이라는 것을 의미한다. 그래서 온도가 증가하면 화학 퍼텐셜은 **감소**한다. 화학 퍼텐셜은 에너지(여기에서는 깁스 에너지)에 의해서 정의되고 자발적인 변화에서는 깁스 에너지 변화가 음이기 때문에 온도가 증가하면 계는 **낮은** 화학 퍼텐셜을 가진 상 즉, 액체 쪽으로 향할 것이다. 온도가 증가할 때 물질이 녹는 이유를 식 (6.23)을 통해 설명할 수 있다.

같은 논의가 액체에서 기체로의 상전이에 적용된다. 이 경우, 곡선의 기울기는 일반적으로 좀 더 큰데 액체상과 기체상 사이의 엔트로피 차이가 고체상과 액체상 사이의 것보다 훨씬 크기 때문이다. 그러나 같은 논리로 온도가 증가할 때 액체가 기체로 변하는 이유를 식 (6.23)을 통해 설명할 수 있다.

평형에 대한 압력의 효과는 상의 몰부피에 의존하고, 이 효과의 크기는 상대적인 몰부피 변화에 의존한다. 일반적으로 고체와 액체 사이에 부피 변화는 매우 작다. 이것 때문에 압력 변화가 매우 크지 않을 경우 압력 변화가 고체-액체 평형의 위치에 실질적으로 영향을 미치지 못한다. 그러나 액체-기체(승화의 경우 고체-기체) 전이에 대한 몰부피의 변화는 수백 또는 수천 배가 될 수 있다. 압력 변화는 기체상이 포함된 상평형의 상대적 위치에 상당한 영향을 미친다.

식 (6.24)는 물의 고체상과 액체상의 거동과 부합한다. 물은 고체의 몰부피가 액체의 몰부피보다 큰 몇 안 되는 물질중의 하나이다.* H_2O가 액체에서 고체로 전이될 때 식 (6.24)의 $\Delta\overline{V}$ 항은 양수이므로 자발적인 과정(즉, $\Delta\mu$가 음수)에 대하여 압력 증가는 고체에서 액체로 변하게 한다. 이것은 분명히 흔하지 않은 거동이지만 열역학에 부합한다.

예제 6.12

다음의 평형은 주어진 변수의 변화가 일어날 때 어떻게 될 것인지 식 (6.23)과 식 (6.24)의 변수를 사용하여 설명하라. 다른 모든 조건들은 일정하게 유지된다고 가정한다.

a. H_2O (s, $\overline{V}$ = 19.64 mL/mol) $\rightleftharpoons$ H_2O (ℓ, $\overline{V}$ = 18.01 mL/mol)의 평형에 압력을 증가시킨다.

b. 글리세롤(ℓ) $\rightleftharpoons$ 글리세롤(s)의 평형에 온도를 감소시킨다.

---

*이 말을 다르게 표현하면 일정 부피의 액체는 같은 양의 고체보다 더 조밀하다고 할 수 있다.

예제 6.12 *(계속)*

c. $CaCO_3$ (아라고나이트, $\overline{V}$ = 34.16 mL/mol) $\rightleftharpoons$ $CaCO_3$ (방해석, $\overline{V}$ = 36.93 mL/mol)의 평형에 압력을 감소시킨다.

d. $CO_2(s)$ $\rightleftharpoons$ $CO_2(g)$의 평형에 온도를 증가시킨다.

풀이

a. 주어진 반응에 대한 몰부피의 변화는 −1.63 mL/mol이다. Δp는 양수이고 자발적인 과정의 $\Delta\mu$는 음수이기 때문에 종합적으로 $\Delta\mu/\Delta p$는 음수가 될 것이다. 그러므로 평형은 $\Delta\overline{V}$가 음수가 되는 방향으로 움직일 것이다. 그래서 평형은 액체상을 향하여 이동될 것이다.

b. ΔT는 음수이고 자발적인 과정의 $\Delta\mu$도 음수이기 때문에 $\Delta\mu/\Delta T$는 양수가 될 것이다. 그러므로 반응은 $\Delta\overline{S}$가 음수[식 (6.23)에서 이미 음의 부호가 있으므로]가 되는 방향으로 진행될 것이다. 그래서 평형은 고체 글리세롤 쪽으로 이동할 것이다.

c. Δp는 음수이므로 반응은 부피 변화가 양수인 방향으로 자발적으로 움직일 것이다. 그래서 평형은 방해석상 쪽으로 이동할 것이다.

d. ΔT는 양수이고 자발적인 전이의 $\Delta\mu$는 음수이어야 한다. 그래서 평형은 엔트로피가 증가하는 방향인 기체상 쪽으로 이동한다.

이상의 내용을 상도표와 이들이 나타내는 상전이로 해석해 보자. 먼저, 여러 상들에 대한 엔트로피의 크기는 일반적으로 $\overline{S}_{고체} < \overline{S}_{액체} < \overline{S}_{기체}$이며, 또한 부피의 크기는 $\overline{V}_{고체} < \overline{V}_{액체} < \overline{V}_{기체}$임을 알고 있다. (그러나 물의 경우엔 물에 대한 아래의 논의를 참고하라.)

일정한 압력에서 온도가 변할 때 화학 퍼텐셜의 변화를 살펴보면 그림 6.16의 점 A에서 점 B로 수평선을 따라 움직인다. 이 선을 표현해주는 식 (6.23)의 도함수가 제시해 주는 것은 T가 증가할 때 음의 엔트로피 변화 즉, '$-\Delta\overline{S}$'가 음수가 되도록 화학 퍼텐셜은 감소해야 한다는 것이다. 고체가 액체가 되는(녹음) 상전이, 고체가 기체가 되는(승화) 상전이 또는 액체가 기체가 되는(끓음) 상전이에 대하여 엔트로피는 **언제나** 증가한다. 그러므로 이 과정에 대한 '$-\Delta\overline{S}$'는 **언제나** 음수의 값을 갖는다. 식 (6.23)을 만족시키기 위해서 온도 증가를 동반하는 상전이는 언제나 화학 퍼텐셜의 감소와 함께 동시에 일어나야 한다. 화학 퍼텐셜은 원래 깁스 에너지에 의해 정의되었고, 화학 퍼텐셜은 궁극적으로 에너지이기 때문에 계는 최소의 에너지 상태를 향하려는 경향이 있다는 것을 언급하고자 한다. 이 말은 계가 최소의 에너지(깁스 에너지) 상태를 향하려는 경향이 있다고 하는 앞 장의 뜻과 일치하고 있다. 서로 다른 두 가지의 진술이 같은 결론에 이르게 되어 열역학에서는 자기모순이 없다. (좋은 이론은 모두 자기모순이 없어야 한다.)

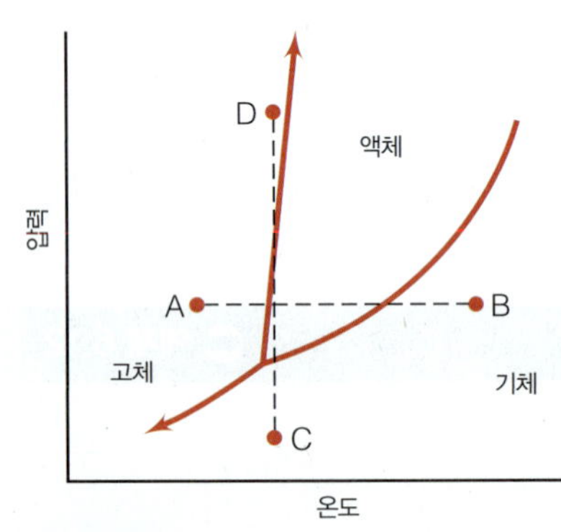

그림 6.16 선 A → B와 C → D는 상태 변화를 나타내고, 각 선을 따른 상변환은 성분의 화학 퍼텐셜 차이와 관련이 있으며, 이는 식 (6.23)과 식 (6.24)으로 주어진다. 자세한 사항은 본문을 참조하라.

그러나 흔히 경험하는 것으로 간단한 말을 할 수 있다. 낮은 온도에서 물체는 고체이고, 열을 가하면 녹아 액체가 되며, 더 열을 가하면 기체가 된다. 이러한 것들은 열역학의 식들과 부합한다. [액체상의 존재는 압력에 의존한다는 것을 지금쯤이면 알아야 한다. 계의 압력이 임계 압력보다 낮으면 고체는 승화할 것이다(CO_2가 보통 그러하듯이). 온도가 임계 온도보다 높으면 고체는 녹아 초임계 유체가 될 것이다. 그림 6.16에서 선

A → B는 세 가지 상을 모두 선보이려고 일부러 선정하였다.]

식 (6.24)는 그림 6.16의 점 C와 D를 연결하는 수직선과 관련되어 있다. 일정한 온도에서 압력이 증가하면 화학 퍼텐셜 역시 증가하는데, 왜냐하면 거의 모든 물질에 대해서 $\overline{V}_{고체} < \overline{V}_{액체} < \overline{V}_{기체}$의 관계 즉, 고체의 부피는 액체의 부피보다 작고, 액체의 부피는 기체의 부피보다 작다는 관계가 성립하기 때문이다. 그러므로 압력이 증가하면 부피가 작아지는 상쪽으로 계는 이동하게 된다. 이래야만 식 (6.24)의 편도함수가 음수 값을 유지하게 된다. 계가 화학 퍼텐셜이 낮은 쪽으로 진행해 간다면 분수식의 분자에 해당하는 $\partial(\Delta\mu)$는 음수이다. 그러나 ∂p가 양수 즉, 압력이 증가한다면 식 (6.24)의 왼쪽 항 전체는 음수가 된다. 그러므로 계는 압력이 증가할 때 부피가 더 작아지는 상 쪽으로 이동하려 한다. 고체는 액체보다 부피가 더 작고, 액체는 기체보다 부피가 더 작기 때문에 일정한 온도에서 압력을 증가시키면 기체에서 액체, 액체에서 고체의 성분을 취하게 되고 이는 경험한 바 그대로이다.

이것은 H_2O의 경우가 아니다. 고체 H_2O의 결정 구조 때문에 H_2O의 고체상의 부피가 같은 양의 액체상의 것보다 더 크다. 이것 때문에 그림 6.3의 H_2O 상도표에 있는 고체-액체 평형선이 음의 기울기를 보인다. 어떤 온도에서 압력이 증가하면 고체상이 아니라 액체상이 안정한 상이 된다. H_2O는 규칙이 아닌 예외이다. 물이 너무 흔하고, 물의 거동은 우리들에게 당연하게 받아들여지기 때문에 열역학이 내포하고 있는 의미를 망각하는 경향이 있는 것은 당연하다.

또한 화학 퍼텐셜 μ에 대한 자연 변수 방정식으로부터 유도할 수 있는 맥스웰 관계식(Maxwell relationship)이 있으며, 다음과 같다.

$$\left(\frac{\partial \overline{S}}{\partial p}\right)_T = -\left(\frac{\partial \overline{V}}{\partial T}\right)_p \tag{6.25}$$

그러나 이것은 G에 대한 자연 변수 방정식으로부터 유도한 식 (4.37)과 같은 관계이므로 더 이상의 새롭고 유용한 관계식을 제공하지 못한다.

6.8 요약

단일성분계는 약간의 평형 개념을 설명하는 데 유용하다. 같은 성분으로 이루어진 두 개의 상이 같은 계에서 평형을 이룰 때 이 두 상의 화학 퍼텐셜이 같아야 한다는 개념을 이용함으로써 열역학을 사용하여 우선 클라페롱 방정식을, 그 다음 클라우지우스-클라페롱 방정식을 유도할 수 있었다. 상평형에 대한 압력과 온도 조건의 그래프가 상도표의 가장 보편적인 형태이다. 깁스의 상규칙을 사용하여 계의 상태를 정확하게 명기하기 위해 알아야 할 변수의 개수를 결정할 수 있다.

두 가지 화학 성분 이상의 계에 대해서는 추가적인 검토가 있어야 한다. 용액, 혼합물 및 다른 다성분계는 이 장에서 기술한 몇 가지의 수단을 가지고 설명할 수 있지만 다성분으로 인하여 상태를 정확하게 기술하기 위해서는 더 많은 정보가 필요하다. 다음 장에서 몇 가지의 수단들을 취급할 것이다.

주요 식

$$\sum_{상} \mu_{상} \cdot dn_{상} = 0 \qquad \text{(상평형 조건)}$$

$$q = m \cdot \Delta_{전이}H \ \ \text{또는} \ \ q = n \cdot \Delta_{전이}\overline{H} \qquad \text{(상변화에 따른 열)}$$

$$\Delta_{전이}S = \frac{\Delta_{전이}H}{T_{전이}} \qquad \text{(상변화 엔트로피)}$$

$$\frac{dp}{dT} = \frac{\Delta\overline{S}}{\Delta\overline{V}} \approx \frac{\Delta p}{\Delta T} \qquad \text{(클라페롱 방정식)}$$

$$\Delta p = \frac{\Delta\overline{H}}{\Delta\overline{V}} \ln \frac{T_f}{T_i} \qquad \text{(변형된 클라페롱 방정식)}$$

$$\ln \frac{p_2}{p_1} = -\frac{\Delta\overline{H}}{R}\left(\frac{1}{T_2} - \frac{1}{T_1}\right) \qquad \text{(클라우지우스-클라페롱 방정식)}$$

$$\ln \frac{p^*}{p} = \frac{\overline{V}(\ell)\Delta P}{RT} \ \ \text{또는} \ \ p^* = pe^{\overline{V}(\ell)\Delta P/RT} \qquad \text{(액체의 압력 변화에 따른 증기 압력의 변화)}$$

$$\text{자유도} = 3 - P \qquad \text{(단일 성분의 깁스의 상규칙)}$$

$$\left(\frac{\partial\mu}{\partial T}\right)_{p,n} = \overline{S} \ \text{와} \ \left(\frac{\partial\mu}{\partial p}\right)_{T,n} = \overline{V} \qquad \text{(화학 퍼텐셜의 자유 변수 관계식)}$$

$$\left(\frac{\partial\overline{S}}{\partial p}\right)_{T} = -\left(\frac{\partial\overline{V}}{\partial T}\right)_{p} \qquad \text{(화학 퍼텐셜의 맥스웰 관계식)}$$

연습 문제

6.2 단일성분계

6.1. 다음 계에서 성분의 수를 구하라. **(a)** 순수한 H_2O의 빙산, **(b)** 청동(구리와 주석의 합금), **(c)** 우즈메탈[비스무트, 납, 주석 및 카드뮴의 합금(우즈메탈은 소화용 스프링클러 장치에 사용한다)], **(d)** 보드카(물과 에틸 알코올의 혼합물), **(e)** 모래와 설탕의 혼합물

6.2. 커피는 볶은 커피콩의 추출물인데 뜨거운 물로 만든다. 커피에는 많은 성분이 들어 있다. 몇몇 회사는 냉동 건조로 제조한 커피로 만든 인스턴트 커피를 판다. 인스턴트 커피가 갓 끓인 커피의 질을 좀처럼 따라가지 못하는 이유를 '성분'이란 관점에서 설명하라.

6.3. 금속 철과 염소 기체로부터 서로 다른 단일성분계가 얼마나 많이 만들어질 수 있겠는가? 성분들은 화학적으로 안정하다고 가정한다.

6.4. 어떻게 한 물질의 고체상과 액체상이 평형 상태의 같은 닫힌 단열계에 존재할 수 있는지를 설명하라. 어떤 조건하에서 고체상과 기체상이 평형으로 존재하겠는가?

6.5. 실온에서 액체 물이 주사기에 담겨진 다음 봉하였다. 주사기의 플런저를 뒤로 당기면 어느 지점에선가 H_2O 증기 방울이 생성된다. 물이 끓고 있다고 말할 수 있는 이유를 설명하라.

6.6. 계가 단열적이지 못하다면 열이 계에서 빠져 나가거나 계로 들어간다. 다음의 각 상황에 있는 계의 순간적인 반응은 무엇인가? **(a)** 열을 제거했을 때 액체-기체 평형에 있는 계, **(b)** 열을 가했을 때 고체-기체 평형에 있는 계, **(c)** 열을 제거하였을 때 액체-고체 평형에 있는 계, **(d)** 열을 제거하였을 때 고체상만으로 구성된 계.

6.7. 어느 순물질이든 정상 끓는점 값을 얼마나 많이 가질 수 있는가? 그 이유를 설명하라.

6.8. 식 (6.2)을 다르게 그러나 대수적으로는 같도록 써라. 다르게 쓴 식이 식 (6.2)와 동일한 이유를 설명하라.

6.3 상전이

6.9. 다음과 같은 상전이가 일어난다면 식 (6.5)에서 $\Delta_{전이}H$의 부호를 확인하고 설명하라. **(a)** 고체에서 기체로 상전이(승화), **(b)** 기체에서 액체로 상전이(응축).

6.10. 헤스 법칙을 사용하여 $\Delta_{승화}H = \Delta_{기화}H + \Delta_{용융}H$임을 증명하라.

6.11. 온도가 $-15°C$인 얼음 100.0 g을 110°C의 수증기로 바꾸는 데 필요한 열량을 계산하라. 이 과정은 발열인가 아니면 흡열인가? 표 2.1과 표 2.3으로부터 얼음, 물 및 수증기의 열용량과 H_2O의 $\Delta_{용융}H$와 $\Delta_{기화}H$의 필요한 값을 얻어라.

6.12. 감귤 재배 농민은 서리가 예상되면 때때로 과일나무에 물을 뿌려준다. 식 (6.4)를 사용하여 그 이유를 설명하라.

6.13. 증발하는 액체의 $\Delta_{기화}H$는 액체 자체에서 기인하며, 액체의 온도는 다음 식에 따라 변한다고 가정한다. $\Delta_{기화}H = -q = mc\Delta T$.

(a) 이 식에서 음의 부호가 붙어 있음을 설명하라.

(b) 원래 H_2O 100.0 g이 들어 있는 25.0°C의 단열 용기에서 H_2O 1.00 g이 증발한다면 물의 마지막 온도는 얼마인가? 25.0°C에서 H_2O의 c = 4.18 J/g·°C와 $\Delta_{기화}H$ = 43.99 kJ/mol이다. H_2O의 증기 압력은 25.0°C에서 23.77 torr이고, 이 값은 액체의 온도 변화가 있어도 일정하게 유지된다고 가정한다.

6.14. 앞 문제에 덧붙여서, 이를 테면 진공을 사용하여 액체로부터 증기가 강제로 충분하게 제거되고 열이 제거된다면 액체를 얼게 할 수 있다. H_2O가 냉각되는 동안 H_2O의 증기 압력이 일정하게 유지된다고 가정할 때(이것은 매우 잘못된 가정이지만 연습 문제 6.71을 참조하라). H_2O 증기가 25°C의 H_2O 500.0 g으로부터 제거되면서 생길 얼음의 질량을 추산하라. 연습 문제 6.13(a)의 자료에 추가하여 $\Delta_{용융}H(H_2O)$ = 6.009 kJ/mol이다.

6.15. 온도를 변화시킬 때 이산화 탄소(CO_2) 1 mol의 화학 퍼텐셜 변화를 수치로 나타내라. 25°C에서 온도의 무한소 변화에 대한 화학 퍼텐셜의 무한소 변화를 다룬다고 가정한다. [*힌트*: 식 (4.40) 참조]

6.16. 벤젠의 끓는점 80.1°C에서 액체 벤젠(C_6H_6)을 기체 벤젠으로 등온 변환시킬 때의 ΔS는 얼마인가? 이것은 트루톤 규칙과 부합하는가?

6.17. 니켈(Ni)의 $\Delta_{용융}H$는 17.61 kJ/mol이고 $\Delta_{용융}S$는 10.21 J/mol·K일 때 니켈의 녹는점을 추산하라. (추산한 녹는점을 측정값인 1,455°C와 비교하라.)

6.18. 백금(Pt)의 $\Delta_{기화}H$는 510.4 kJ/mol이고 $\Delta_{기화}S$는 124.7 J/mol·K일 때 백금의 끓는점을 추산하라. (추산한 끓는점을 측정값인 3,827°C ± 100°C와 비교하라.)

6.19. 아이스스케이팅에서 스케이트 날은 얼음을 녹이기에 충분한 압력을 가한다고 생각되므로 스케이트를 타는 사람은 물의 얇은 막 위를 매끄럽게 미끄러진다. 여기에 관여하는 열역학의 원리는 무엇인가? 이것이 실제로 아이스스케이팅에 작용하는 메커니즘인지 여부를 결정할 수 있는 대강의 계산을 할 수 있겠는가? 스케이팅을 다른 고체 위에서 실시한다면 스케이팅을 할 수 있겠는가? 그리고 이것이 관여된 메커니즘인가?

6.20. 식 $q = mc\Delta T$을 사용하여 상전이에서의 열용량이 무한대임을 주장하라.

6.4 & 6.5 클라페롱 방정식과 기체상 효과

6.21. 식 (6.11)을 적분하여 식 (6.12)를 얻을 때 어떠한 가정을 사용하였는가?

6.22. 클라페롱 방정식을 유도할 때 $d\mu_{상1} = d\mu_{상2}$라는 표현은 닫힌계만을 고려하고 있음을 의미하는 것인가? 그 이유는 무엇인가?

6.23. S_8이란 화학식을 갖는 고리 분자 형태의 황은 특이한 원소이며, 이 고체에는 쉽게 접할 수 있는 두 가지의 고체상이 존재한다. 사방황 결정성 고체는 95.5°C 이하의 온도에서 안정되고, 2.07 g/cm^{3}의 밀도를 갖는다. 단사황은 95.5°C 이상과 황의 녹는점보다 낮은 온도에서 안정되고 1.96 g/cm^{3}의 밀도를 갖는다. 전이 엔트로피가 1.00 J/mol·K라면 식 (6.10)을 사용하여 100°C에서 안정한 상인 사방황을 만들기 위해 필요한 압력을 추산하라. 상태가 변한다 하여도 $\Delta_{전이}S$는 변하지 않는다고 가정한다.

6.24. 연습 문제 6.23을 보고 질문에 답하라. 표준 압력에서의 $\Delta_{전이}S$를 문제에서 언급한 상전이에 필요한 압력의 극한 값에 어떻게 적용할 수 있을까? 연습 문제 6.23에 대한 답이 얼마나 정확하다고 생각하는가?

6.25. 인은 다양한 성질을 갖는 여러 가지의 동소체로 존재한다. 흰 인에서 붉은 인으로 전이할 때 전이 엔탈피, $\Delta_{전이}H$는 −18 kJ/mol이다. 흰 인과 붉은 인의 밀도는 각각 1.823 g/cm^{3}와 2.270 g/cm^{3}이다. 흰 인이 625 atm에서 안정한 상이 되기 위한 온도는 몇 도인가? 인의 화학식은 P_4라고 가정한다.

6.26. 다음 상전이에 클라우지우스-클라페롱 방정식이 전적으로 적용될 수 있는지의 여부를 말하라.

(a) 냉장고에서 얼음의 승화

(b) 수증기가 물로 응축

(c) 6.5°C에서 사이클로헥세인(cyclohexane)의 얼림

(d) 얼음 V가 얼음 VI으로 전이(그림 6.6 참조)

(e) 이원자 분자인 산소(O_2, g)가 삼원자 분자인 오존(O_3, g)으로 전이

(f) 가압 하에 다이아몬드의 생성

(g) 액체 수소에서 금속 고체 수소(H_2)의 생성[금속 고체 수소로의 변환은 메가바(Mbar)의 압력 하에서 일어나고 목성과 토성과 같은 기체로 이루어진 거대 혹성의 일부일 수 있다.]

(h) 깨진 온도계에서 액체 수은(Hg, ℓ)의 증발

6.27. 물질에 대한 **정상 끓는점**(normal boiling point, 여기서는 주위의 압력이 1 atm)과 **표준 끓는점**(standard boiling point, 여기서는 주위의 압력이 1 bar) 중에서 어느 것이 더 높은가?

6.28. 원소 갈륨(Ga)은 고체가 액체에 뜨는 또 다른 금속이다. Ga(s)의 밀도는 5.91 g/cm^{3}인 반면에 Ga(ℓ)의 밀도는 6.09 g/cm^{3}이다. 정상 압력하에서 갈륨의 녹는점은 302.9 K이다. 녹는점을 298.1 K로 낮추기 위해서 필요한 압력은 얼마나 되겠는가? Ga의 용융 엔트로피는 18.45 J/mol·K이다.

6.29. 클라페롱 방정식으로 계산할 수 있는 것이 어떤 기울기인지 말로 설명하라. 즉, 어떤 측정값에 대한 어떤 다른 측정값의 그래프가 식 (6.9)를 사용함으로써 계산될 수 있는가?

6.30. 연습 문제 6.23에 있는 황의 고체-상태 상전이를 생각해 보자. 사방황에서 단사황으로의 상전이에 대한 $\Delta_{전이}H$가 0.368 kJ/mol일 때 식 (6.12)를 사용하여 100°C에서 사방황이 안정되게 하기 위해 필요한 압력을 추산하라. 추가적으로 필요한 자료는 연습 문제 6.23에 주어져 있다. 이 압력을 연습 문제 6.23의 답과 비교하면 어떠한가?

6.31. 어떤 물질의 녹는점을 222°C에서 122°C로 변화시키기 위해서 1.334 Mbar의 압력을 가한다면 이 물질의 용융열은 얼마인가? 이때 몰부피의 변화는 −3.22 cm^3/mol이다.

6.32. 재활용 핫팩에 종종 과포화된 아세트산 소듐이나 아세트산 칼슘의 침전을 사용하여 결정화 열을 방출함으로써 사람에게 따뜻함을 준다. 이 상전이의 조건을 클라페롱 방정식이나 클라우지우스-클라페롱 방정식으로 이해할 수 있을까? 그 이유는 무엇인가?

6.33. 1-뷰탄올, 2-뷰탄올(또는 *sec*-뷰탄올), 아이소뷰탄올(또는 2-메틸-1-프로판올) 및 *tert*-뷰탄올(또는 2-메틸-2-프로판올)의 네 가지 알코올의 화학식은 C_4H_9OH이다. 이들은 같은 분자식을 가지지만 분자 구조가 다른 화합물 즉, **이성질체**(isomer)의 예이다. 이들에 대한 데이터가 다음 표에 주어져 있다.

화합물	$\Delta_{기화}H$(kJ/mol)	정상 끓는점(°C)
1-뷰탄올	45.90	117.2
2-뷰탄올	44.82	99.5
아이소뷰탄올	45.76	108.1
tert-뷰탄올	43.57	82.3

클라우지우스-클라페롱 방정식을 사용하여 25°C에서 증기 압력이 감소하는 순서대로 뷰탄올의 이성질체를 나열하라. 이 순서가 $\Delta_{기화}H$이나 정상 끓는점을 근거로 한 어떠한 통념과 일치하는가?

6.34. 벤젠의 증기 압력은 40.0°C에서 0.241 atm이다. C_6H_6의 기화 엔탈피가 33.9 kJ/mol일 때 벤젠의 정상 끓는점을 추산하라.

6.35. 에탄올의 증기 압력은 20.0°C에서 43.7 mmHg이다. 에탄올의 기화 엔탈피가 38.6 kJ/mol일 때 증기 압력이 250.0 mmHg가 되는 온도는 얼마인가?

6.36. 좀약으로 사용되는 나프탈렌($C_{10}H_8$)의 증기 압력이 22°C에서 7.9×10^{-5} bar이고 기화열이 71.40 kJ/mol일 때 나프탈렌 증기의 온도 변화에 따른 압력 변화의 속도 즉, dp/dT는 얼마인가? 주어진 온도와 압력에서 나프탈렌 증기는 이상 기체 법칙이 적용된다고 가정한다.

6.37. 앞 문제의 데이터를 이용하여 100°C에서 나프탈렌의 증기 압력을 구하라.

6.38. 에탄올의 밀도와 증기 압력은 20.0°C에서 각각 0.789 g/cm^{3}과 5.95 kPa이다. 액체 에탄올 시료가 Kr에 의한 8.53 MPa의 압력을 추가적으로 받는다면 이 조건 하에서 에탄올의 증기 압력은 얼마인가?

6.39. 디에틸에터($C_2H_5OC_2H_5$)는 매우 빠르게 증발하기 때문에 몇몇 헤어스프레이에 부분적으로 사용되는 한 성분이다. 이것의 몰부피와 증기 압력은 25.0°C에서 각각 103.9 cm^3/mol과 18.3 torr이다. 스프레이 통은 3.30 atm의 기체 프로페인으로 가압되어 있다. 스프레이 통 속에 있는 디에틸에터의 증기 압력 얼마인가?

6.40. 전체적으로 식 (6.17)과 식 (6.18)을 유도할 때 기체상과 평형(즉, 승화)을 이루는 응축상인 고체를 제외하지 않았기 때문에 이 식들은 고체의 승화에도 적용된다. 1,4-다이클로로벤젠(또는 *p*-다이클로로벤젠)은 좀약과 살균제로 사용된다. 이 물질은 고체이지만 25°C에서 증기 압력은 1.47 mmHg이다. *p*-다이클로로벤젠의 시료를 증기가 빠져나가게 하면서 압착할 수 있다고 하자. 이 온도에서 증기 압력을 2.00 mmHg로 올리기 위해서 어느 정도의 압력으로 압착해야 하는가? 이 고체의 밀도는 1.25 g/mL이다.

6.41. 높은 온도에서 연구할 때 많은 물질들이 높은 온도로 가열된 도가니에서 기화한다. [이런 물질들은 **내화물질**(refractory)이라 표시한다.] 증기는 작은 구멍을 통해서 실험장치로 흘러 나간다. 그러한 도가니를 **크누센 셀**(Knudsen cell)이라 한다. 온도가 선형으로 증가할 때 기화된 화합물의 압력 변화와 어떠한 관계가 있는가? 높은 온도에서 물질을 기화시킬 때 주의해야 하는 것이 중요한데, 그 이유를 설명할 수 있겠는가?

6.42. 어떤 압력에서 물의 끓는점이 300°C가 되겠는가? 해수의 압력이 10 m (33 ft)마다 1 atm씩 올라간다면 이 압력은 어느 정도의 해수 깊이에 해당되겠는가? 이 정도의 해수 깊이가 지구상에 존재하겠는가? 해저 화산의 가능한 영향은 무엇인가?

6.43. 콜로라도주 콜로라도 스프링스의 대기압은 582 torr이다. $\Delta_{기화}H(H_2O)$가 40.7 kJ/mol일 때 콜로라도 스프링스에서 물의 끓는점은 얼마인가?

6.44. 진공 증류에서는 용기안의 주변 압력이 낮아져서 용매가 낮은 온도에서 끓게 된다. 이 방법은 온도에 민감한 화합물을 분리할 때 유용하다. 메탄올 ($\Delta_{기화}H$ = 38.56 kJ/mol, T_{BP} = 351 K)을 25.0°C에서 증류하기 위해서 용기의 압력이 어느 정도로 감소되어야 하는가?

6.45. 압력솥은 2.02 atm의 절대 압력으로 작동한다. 이 압력에서 H_2O의 끓는점은 얼마인가?

6.46. 액체 방울에 있어서 액체 분자들과 표면에 있는 다른 액체 분자들과의 상호작용이 동일하지 않음으로 인하여 **표면 장력**(surface tension, γ)을 일으킨다. 이 표면 장력은 시료의 전체 깁스 에너지의 한 성분이 된다. 단일성분계에서 G의 미분은 다음과 같이 나타낼 수 있다.

$$dG = -S\,dT + V\,dp + \mu_{상}\,dn_{상} + \gamma\,dA$$

여기에서 dA는 방울의 표면적 변화를 나타낸다. 일정한 압력과 온도에서 이 식은 다음이 된다.

$$dG = \mu_{상}\,dn_{상} + \gamma\,dA$$

반지름이 r인 구형 방울의 표면적 A와 부피 V는 각각 $4\pi r^2$과 $4\pi r^3/3$이다. 그러므로 다음 식이 성립될 수 있다. 질문에 답하라.

$$dA = \frac{2\,dV}{r} \quad \textbf{(6.26)}$$

(a) 표면 장력 γ의 단위는 무엇인가?

(b) A와 V의 도함수를 취함으로써 식 (6.26)을 증명하라.

(c) 식 (6.26)을 사용하여 dV의 관점에서 새로운 식을 유도하라.

(d) 자발적인 상변화에 양의 dG 값이 수반된다면 큰 dG 값에 커다란 방울의 반경이 기여하겠는가 아니면 작은 방울의 반경이 기여하겠는가?

(e) 큰 방울과 작은 방울 중에서 어느 것이 더 빠르게 증발하는가?

(f) 많은 향수를 소위 분무기를 통하여 뿌리는데 이 방법을 여기서의 논의가 설명해 주는가?

6.47. 다른 상변화로서 정상적인 접힘 상태에서 상처받은 풀림 상태로 단백질의 변성이 있다(마치 달걀을 요리할 때 생기는 것과 같이). 클라우지우스-클라페롱 방정식이 적용될 수 있지만 여기서 상의 '압력'은 특별한 온도에서 변성 분율 $f_{변성}$에 비례한다. 박테리아 세포벽 파괴 효소인 라이소자임(lysozyme)의 변성 엔탈피 $\Delta_{변성}H$는 160.8 kJ/mol이다. 라이소자임의 변성 분율 $f_{변성}$이 45.0°C에서 0.113일 때 75.0°C에서는 얼마나 될까?

6.6 & 6.7 상도표, 상규칙 및 자연 변수

6.48. 거대한 고체 얼음덩어리인 빙하가 어떻게 움직이는지를 설명하라. [*힌트*: 식 (6.24) 참조]

6.49. 미국의 록키 산맥에 있는 미국 공군사관학교에 '미국 공군사관학교에서는 맥앤치즈(Mac & Cheese)를 주문하면 추가 2분이 더 걸린다.'라고 표시한 포스터가 있다. 그림 6.5를 사용하여 이 말을 설명하라.

6.50. 고체 H_2O는 액체 H_2O보다 덜 조밀하다고 하는 사실을 이용하여 H_2O(그림 6.5)의 상도표에 있는 고체-액체 평형선의 기울기가 음수인 것을 설명하라.

6.51. 앞 문제에 이어 그림 6.6을 살펴보고 적절한 조건 하에서 어느 얼음상이 액체 물보다 더 조밀한지를 말하라.

6.52. 그림 6.16에 있는 각 영역, 선 또는 교차점에 대하여 자유도의 수를 제시하라.

6.53. 단일성분 p-T 상도표에서는 네 개의 상이 같은 점에 결코 존재할 수 없음을 식 (6.19)를 사용하여 설명하라.

6.54. 상상의 세계 플랫랜드(Flatland)[에드윈 에벗(Edwin Abbott)이 1884년 쓴 고전 풍자소설의 주제]에는 부피가 없고 단 이차원의 면적만 있다. 식 (6.19)로 주어진 깁스의 상규칙이 여전히 적용되는가? 그 이유를 설명하라.

6.55. 네 개의 상이 한 점에 존재할 수 없다(연습 문제 6.53 참조)는 생각을 설명하는 또 다른 방법으로 화학 퍼텐셜은 p와 T의 두 상태 변수만의 함수라는 것을 이해하는 것이다.

$$\mu = F(p,T)$$

단일상에 대하여 많은 p와 T의 값이 가능하다. 그러나 두 상이 평형이 되면 이들의 화학 퍼텐셜은 똑같다. 따라서 다음과 같이 나타낼 수 있다.

$$\mu_1 = \mu_2 \rightarrow F_1(p,T) = F_2(p,T)$$

여기서 두 변수 p와 T를 관계짓는 하나의 방정식이 있게 된다. 따라서 변수들 중에서 하나를 알면, 다른 변수가 이 방정식을 만족시켜야 하기 때문에 이론적으로 다른 변수를 계산할 수 있다. 그러므로 p와 T의 허용된 조합이 일련의 점이고 하나의 선이 된다. 세 개의 상이 평형을 이루면 이들의 화학 퍼텐셜은 같아야 한다.

$$\mu_1 = \mu_2 = \mu_3 \rightarrow F_1(p,T) = F_2(p,T) = F_3(p,T)$$

여기에서는 두 개의 방정식(상1과 상2를 관계시키는 하나의 식과 상2와 상3을 관계시키는 하나의 식)이 있고, 두 개의 변수를 갖는 두 개의 독립된 방정식이 있으면 단 한 쌍의 값 즉 점(point)만이 두 방정식을 만족시킬 것이다. 평형을 이루고 있는 네 개의 상에 이 논리를 확장하여 수학적인 해를 얻는 것이 불가능함을 보여라. 이 해로부터 단일성분계에서 평형을 이루는 네 개의 상이 존재할 수 없다는 결론을 이끌어 내게 된다.

6.56. 식 (6.20)과 식 (6.21)의 양편에 있는 단위가 일치하는지를 보여라.

6.57. 상도표를 사용하여 계의 압력과 온도 조건에 따라 액체상이 '준안정화(metastable)' 상이라고 생각될 수 있는 개념을 정당화하라.

6.58. 그림 6.6에 있는 물의 상도표를 사용하여 상도표에 나타내어진 전체 상전이의 수를 헤아려라.

6.59. 그림 6.17은 매우 낮은 온도에서 ^3He의 상도표이다.

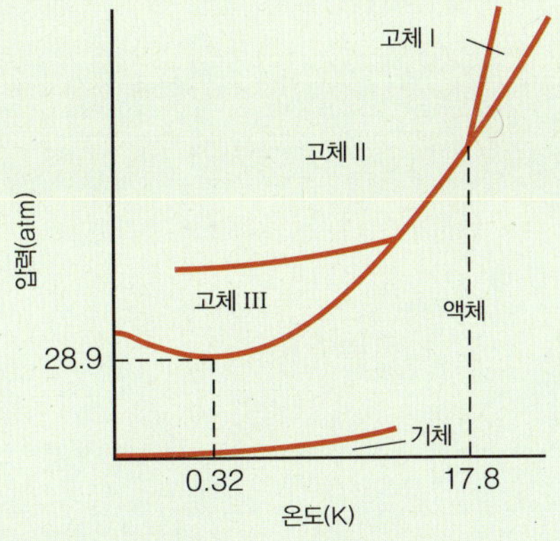

그림 6.17 ^3He의 상도표(출처: adapted from W. E. Keller, *Helium-3 and Helium-4*, Plenum Press, New York, 1969).

약 0.3 K 아래의 온도에서 고체-액체 평형선의 기울기가 음수임을 주목하라. 이 놀라운 실험적 결과를 해석하라.

6.60. 상도표가 단일 축만으로 그려졌다면 단일성분계에 대한 상규칙은 어떤 형태가 되겠는가? **(a)** 상전이 또는 **(b)** 임계점의 조건을 명시하기 위해서 몇 개의 변수가 있어야 하는가?

6.61. 물질의 삼중점에서 고체상과 액체상의 증기 압력은 같다. 각각 짝을 이루고 있는 상에 대한 클라우지우스-클라페롱 방정식을 사용하면 삼중점에서의 온도, T_{tp}는 다음과 같음을 알 수 있다.

$$T_{tp} = -\frac{\Delta_{융융}H}{R\ln\frac{p_{액체}}{p_{고체}} + \frac{\Delta_{증발}H}{T_{액체}} - \frac{\Delta_{승화}H}{T_{고체}}}$$

여기서 점 ($p_{액체}$, $T_{액체}$)와 ($p_{고체}$, $T_{고체}$)는 각각 액체상과 고체상에 대한 증기 압력과 온도 값이다. 질문에 답하라.

(a) 다음 데이터로부터 I_2의 T_{tp}를 계산하라.

$\Delta_{융융}H$	15.52 kJ/mol
$\Delta_{승화}H$	57.09 kJ/mol
$\Delta_{기화}H$	41.57 kJ/mol
$p_{고체}$ (364 K)	10.00 torr
$p_{액체}$ (410 K)	200.00 torr

(b) 클라우지우스-클라페롱 방정식과 I_2의 정상 끓는점이 457.4 K라는 사실을 이용하여 삼중점에서 I_2의 증기 압력을 계산하라.

6.62. 어떤 물질이 정상 대기압에서 승화할 때 액체상으로 그 물질을 얻으려면 압력을 높여야 할까 아니면 낮추어야 할까? 그 이유를 설명하라.

6.63. 물질의 임계점을 정의할 때 두 개의 자유도가 필요하다. (이때 자유도는 임계 온도와 입계 압력이다.) 깁스의 상규칙에 비추어 이 사실을 증명하라.

6.64. 그림 6.6의 윗부분에 세 개의 선이 함께하는 몇 가지의 점이 있다. 이 점을 삼중점이라고 생각할 수 있는가? 그 이유를 말하라.

6.65. H_2O의 확대되지 않은 상도표인 그림 6.3에서 각 선이 나타내는 도함수를 표시하라.

6.66. 이번엔 H_2O의 더 완전한 상도표인 그림 6.6에서 각 선이 나타내는 도함수를 표시하라.

6.67. 원소 황의 상도표가 그림 6.18에 나타내져 있다. 질문에 답하라.

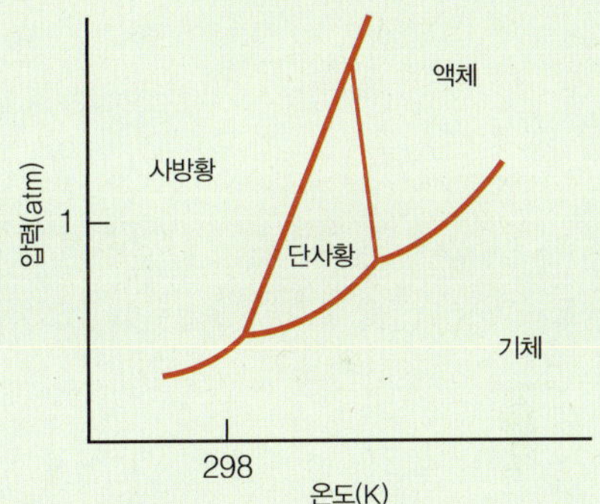

그림 6.18 원소 황의 상도표.

(a) 나타내진 동소체가 몇 개인가? **(b)** 정상 온도와 압력 조건 하에서 안정한 황의 동소체는 무엇인가? **(c)** 압력을 1 atm으로 유지한 채 온도를 25°C에서 증가시킬 때 황의 변화를 기술하라.

6.68. 앞 연습 문제에 있는 황의 상도표를 생각하고, 25°C, 1 atm의 압력(거의 1 bar와 같은)에서 출발하여 온도를 증가시킬 때 고체 황이 사방 황에서 단사 황으로 전이하는데, 이 과정에서의 엔트로피 변화에 대하여 의견을 말하라. 엔트로피 변화는 양일까 음일까? 열역학 제2법칙에 근거하여 상전이는 자발적일 것으로 생각하는가?

6.69. 식 (6.20)을 사용하여 −3.00°C에서 과냉각된 $H_2O(\ell)$의 화학 퍼텐셜 변화를 추산하라. 이때 $\overline{S}[H_2O(\ell)] = 69.54$ J/mol·K이다.

기호수학 문제

6.70. 한 물질의 압력 p_2로 클라우지우스-클라페롱 방정식인 식 (6.14)를 재배열하라. H_2O(끓는점은 100°C이고, $\Delta_{기화}H$ = 40.71 kJ/mol), Ne (끓는점은 −246.0°C이고, $\Delta_{기화}H$ = 1.758 kJ/mol) 및 Li (끓는점은 1,342°C이고, $\Delta_{기화}H$ = 134.7 kJ/mol)의 증기 압력을 그래프로 그려라. 이 세 개의 물질들은 서로 매우 다르지만 온도가 증가할 때 증기 압력의 거동에 있어서 어떠한 유사성이 있는가?

6.71. H_2O의 증기 압력이 온도에 따라 변하기 때문에 연습 문제 6.13(b)의 답은 부정확한 것 같다. H_2O의 증기 압력에 대한 다음 식을 사용하여 이 문제를 다시 풀어라.

$$p = e^{(20.39 - 5132/T)}\ \text{mmHg}, \quad T\text{의 단위는 K}$$

제 7 장

다성분계의 평형

Equilibria in Multiple-Component Systems

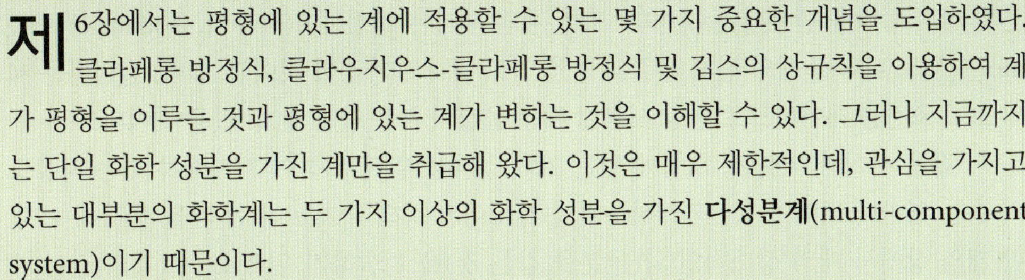

제 6장에서는 평형에 있는 계에 적용할 수 있는 몇 가지 중요한 개념을 도입하였다. 클라페롱 방정식, 클라우지우스-클라페롱 방정식 및 깁스의 상규칙을 이용하여 계가 평형을 이루는 것과 평형에 있는 계가 변하는 것을 이해할 수 있다. 그러나 지금까지는 단일 화학 성분을 가진 계만을 취급해 왔다. 이것은 매우 제한적인데, 관심을 가지고 있는 대부분의 화학계는 두 가지 이상의 화학 성분을 가진 **다성분계**(multi-component system)이기 때문이다.

두 가지로 다성분계를 취급할 것이다. 한 가지는 6장의 개념을 일부 제한된 방법으로 확장할 것이다. 다른 한 가지는 6장의 개념 위에 새로운 개념을 만들어 다성분계에 적용할 것이고, 이것이 이 장의 주된 내용이다.

7.1 개요

우선 가장 일반적인 형태의 깁스의 상규칙을 다성분계로 확장해 보자. 많아야 두세 개의 성분을 가진 비교적 간단한 다성분계에 국한할 것이다. 확장하려는 내용은 일반적으로 적용되어야 하므로 여기서는 더 복잡한 계를 생각할 필요는 없을 것이다. 간단한 이성분계의 예로서 두 액체의 혼합물이 있다. 이 계를 취급할 때 액체와 평형을 이루고 있는 증기상의 특성도 고려할 것이다. 이렇게 함으로써 다른 상들(고체, 액체, 기체)이 용질이나 용매로 작용할 용액에 대하여 더욱 자세하게 연구하게 될 것이다.

용액에서 평형의 거동은 헨리 법칙(Henry's law)이나 라울 법칙(Raoult's law)과 같은 표현으로 일반화될 수 있다. 모든 용액의 몇몇 성질의 변화는 용매와 용질의 입자수에 의해서 간단히 이해될 수 있다. 이러한 성질을 총괄성이라 부른다.

이 장을 통해서 다성분계의 거동을 효율적이고 시각적인 방법으로 새롭게 그래프를 그리는 방법을 도입할 것이다. 간단하고 복잡한 몇 가지의 상도표를 새롭게 그리는 방법이 제시될 것이다.

7.2 깁스의 상규칙

6장에서는 단일성분계에 대한 깁스의 상규칙을 도입한 바 있다. 평형에 있는 고립계의 상태를 알기 위해 제시해야만 하는 독립 변수의 수를 상규칙으로부터 구할 수 있다. 단일성분계에 있어서, 계의 상태를 기술하기 위해 필요한 변수의 수 즉, **자유도**(degree of freedom)를 결정하기 위해서는 평형을 이루고 있는 안정한 상의 수가 유일하게 필요하다.

성분의 수가 둘 이상일 때 평형에 있는 계의 상태를 이해하기 위해서는 더 많은 정보가 필요하다. 얼마나 많은 정보가 필요한지를 생각하기 전에 어떠한 정보가 있는지를 살펴보자. 우선 계가 평형에 있다고 가정하기 때문에 모든 성분에 대한 계의 온도($T_{계}$)와 계의 압력($p_{계}$)은 같다. 즉,

$$T_{성분1} = T_{성분2} = T_{성분3} = \cdots = T_{계} \tag{7.1}$$

$$p_{성분1} = p_{성분2} = p_{성분3} = \cdots = p_{계} \tag{7.2}$$

모든 상에 대한 온도와 압력도 같다고 하는 조건은 6장에서 알았다. 즉, $T_{상1} = T_{상2} = \cdots$ 및 $p_{상1} = p_{상2} = \cdots$. 식 (7.2)는 각 기체의 **부분** 압력이 같다는 것을 의미하는 것은 아니다. 이 식이 의미하는 것은 계의 어떠한 성분도 그것이 기체 성분이라 하더라도 똑같은 전체 계의 압력을 받는다는 것이다. 또한 계의 부피는 일정하고(등부피, isochoric) 보통 mol 단위로 나타낸 계의 전체 물질의 양을 알고 있다고 가정할 것이다. 결국, 실험자는 계의 초기 조건을 제어하므로 항상 시작할 때는 물질의 처음 양을 알 수 있을 것이다.

이 같은 사실과 더불어, 평형에 있는 계의 상태를 알기 위하여 제시해야 하는 자유도의 수는 얼마나 되어야 하는가? 성분의 수가 C이고 상의 수가 P인 한 계를 생각해 보자. 한 개의 상에서 계의 상대적인 양(몰분율 같은 것)을 기술하기 위해 $C - 1$개의 값이 제시되어야만 한다(마지막 성분의 양은 전체 양에서 제시된 양들을 뺌으로써 구할 수 있다). 성분마다 상을 제시해야 하기 때문에 $(C - 1) \cdot P$개의 값을 알아야 한다. 마지막으로, 온도와 압력을 제시해야만 한다면 계를 기술하기 위해서 필요한 값의 총 개수는 $(C - 1) \cdot P + 2$개이다.

계가 평형을 이루고 있다면 서로 다른 상에서 각 성분의 화학 퍼텐셜은 같아야 한다. 즉,

$$\mu_{1,고체} = \mu_{1,액체} = \mu_{1,기체} = \cdots = \mu_{1,다른\ 상}$$

이 같은 관계는 단지 성분 1에 대해서만이 아니라 모든 성분에 대해서 성립되어야 한다. 다시 말하면 모든 성분 C에 대하여 각각 $P - 1$개, 전체적으로 $(P - 1) \cdot C$개의 값을 공제할 수 있다. 남아 있는 값의 개수가 자유도(F)를 나타내준다. 즉, 자유도는 $(C - 1) \cdot P + 2 - (P - 1) \cdot C$ 또는 다음 식과 같다.

$$F = C - P + 2 \tag{7.3}$$

식 (7.3)은 보다 완전한 **깁스의 상규칙**(Gibbs phase rule)이다. 단일성분에 대해서 이 식은 식 (6.19)가 된다. 이 식은 평형에 있는 계에만 적용된다는 것에 유념하라. 또한 기체들은 서로 용해하기 때문에 기체상은 하나만이 존재할 수 있지만 다양한 액체상(즉, 혼합되지 않는 액체)과 다양한 고체상(즉, 같은 계 안에서의 독립적이고 비합금으로 된 고체)이 있을 수 있음에 또한 유념하라.

제시할 수 있는 자유도에는 어떠한 것들이 있는가? 압력과 온도는 이미 잘 알려진 자유도이다. 그러나 다성분계에 대해서는 보통 mol을 사용하여 각 성분의 상대적인 양을 제시할 필요가 있고, 그림 7.1은 간단한 계에 대하여 이를 설명해주고 있다.

만일 화학 평형이 존재한다면, 성분 모두가 독립적인 것은 아니다. 이들의 상대적인 양은 균형 화학 반응의 화학량론에 의해 좌우된다. 깁스의 상규칙을 적용하기 전에 독립 성분의 수를 확인해야 한다. 이것은 다루고 있는 계로부터 **종속** 성분을 제거함으로써 구할 수 있다. 종속 성분은 계에서 다른 성분으로부터 얻어지는 성분이다. 그림 7.1에서 물과 에탄올을 함유하는 어떠한 화학 평형도 존재하지 않으므로 물과 에탄올은 이성분

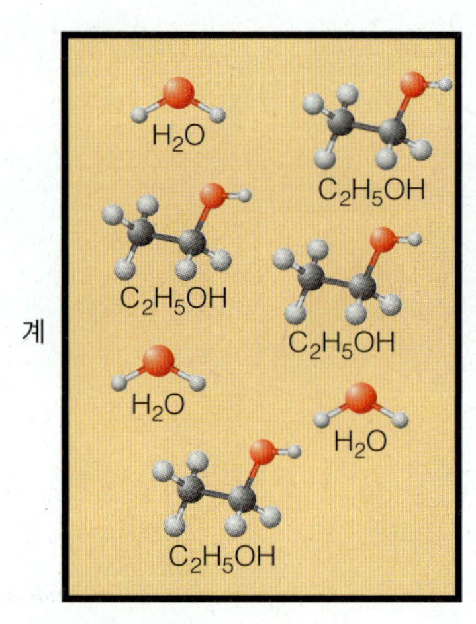

그림 7.1 물과 에탄올로 이루어진 단순한 다성분계. 깁스의 상규칙이 이 계에도 적용된다.

이다. 그러나 다음의 평형에서

$$H_2O\,(\ell) \rightleftharpoons H^+\,(aq) + OH^-\,(aq)$$

수소 이온과 수산화 이온의 양은 화학 반응으로 관계를 짓는다. 따라서 세 개의 독립 성분을 갖는다기보다는 H_2O와 H^+ 혹은 OH^- (반응이 평형에 있다는 사실에 의해서 상대방의 양을 결정할 수 있다)의 단 두 개의 독립 성분을 갖는다. 예제 7.1과 7.2를 통하여 자유도를 설명해 보자.

예제 7.1

에탄올(C_2H_5OH), 물 및 얼음 조각이 들어 있는 혼합 음료를 생각해 보자. 이것이 하나의 계라고 가정할 때 이 계를 정의하기에 필요한 자유도는 몇 개인가? 어떠한 자유도가 있을 수 있겠는가?

》풀이

C_2H_5OH와 H_2O의 두 성분이 있다. 상도 두 개 즉, 고체(얼음 조각)와 액체(물/에탄올 용액)가 있다. 고려할 화학 평형은 없으므로 성분 사이의 의존성에 대해서는 걱정할 필요가 없다. 그러므로 깁스의 상규칙에 의해서 다음을 얻을 수 있다.

$$F = C - P + 2 = 2 - 2 + 2$$

$$F = 2$$

자유도로서 어떤 것을 제시할 수 있을까? 온도가 제시된다면, 액체와 고체 H_2O가 평형을 이루고 있음을 알기 때문에 계의 압력을 알 수 있다. 즉, 온도가 주어지면 H_2O의 상도표를 이용하여 필요한 압력을 결정할 수 있다. 다른 자유도로서 한 성분의 양이 될 수 있다. 보통 한 계에서 전체 물질의 양은 안다. 한 성분의 양을 제시하면 전체 양에서 이 양을 뺌으로써 다른 성분의 양을 구할 수 있다. 앞의 두 자유도를 제시함으로써 계를 완전히 정의할 수 있다.

예제 7.2

황산 철(III)[$Fe_2(SO_4)_3$]에 열을 가하여 다음 반응처럼 산화 철(III)과 삼산화 황을 만든다.

$$Fe_2(SO_4)_3\,(s) \rightleftharpoons Fe_2O_3\,(s) + 3SO_3\,(g)$$

이 평형이 갖고 있는 자유도는 몇 개인가? 평형 반응에서 주어진 상표시를 이용하라.

》풀이

이 평형에는 황산 제이철 고체상, 산화 제이철 고체상, 그리고 기체상의 분명한 세 개의 상이 있다. 따라서 $P = 3$이다. H_2O의 해리에서처럼 이 평형에서는 오직 두 개의 독립 성분이 있다. (세 번째 성분의 양은 반응의 화학량론으로부터 결정될 수 있다.) 따라서, $C = 2$이다. 깁스의 상규칙에 의해서 다음을 얻을 수 있다.

$$F = 2 - 3 + 2$$

$$F = 1$$

7.3 이성분: 액체/액체계

다성분계에 대한 깁스의 상규칙을 이해함으로써 특별한 다성분계를 취급할 수 있다. 비록 개념은 삼성분계 이상의 계에 적용할 수 있지만 이성분계에 중점을 두고 설명을 해 보자.

화학적으로 상호작용을 하지 않는 두 개의 액체 성분으로 이루어져 있는 **이성분** 용액을 생각해 보자. 액체가 차지하고 있는 부피가 곧 계의 크기라고 한다면 하나의 상과 두 개의 성분이 있으며, 따라서 자유도는 깁스의 상규칙에 따라 $F = 2 - 1 + 2 = 3$이다. 온도, 압력 및 한 성분의 몰분율을 제시함으로써 이 계를 완전히 정의할 수 있다. 식 (3.24)에 나타낸 대로 한 성분의 몰분율(x_i)은 그 성분의 몰수(n_i)를 계에 있는 모든 성분의 전체 몰수($n_{전체}$)로 나눈 것이다.

$$\text{성분 } i\text{의 몰분율} \equiv x_i = \frac{n_i}{\sum\limits_{\text{모든 } i} n_i} = \frac{n_i}{n_{전체}} \tag{7.4}$$

한 계에 있는 하나의 상에서 몰분율을 모두 합하면 정확히 1이다. 즉, 수학적으로 다음과 같이 나타낼 수 있다.

$$\sum_i x_i = 1 \tag{7.5}$$

이런 이유로 이성분 용액에서 하나의 몰분율만이 필요하며, 나머지 몰분율은 전체 몰분율에서 그 몰분율을 뺌으로써 구할 수 있다.

그러나 액체가 차지하고 있는 부피가 계의 부피보다 작다면 계에 약간의 '비어 있는' 공간이 있게 된다. 이 공간은 비어 있는 것이 아니라 액체 성분의 증기로 채워져 있는 것이다. 액체의 부피가 계의 부피보다 작은 모든 계에서 그림 7.2*에서 보여주는 것처럼 **남아 있는 공간은 기체상의 각 성분으로 채워질 것이다.** 계가 단일성분으로 이루어져 있다면 기체상의 부분 압력은 액체상의 종류와 온도라는 두 가지만의 특성이다. 이 기체-액체 평형에서 기체상의 압력을 순수한 액체의 **증기 압력**(vapor pressure)이라 한다. 이성분 액체 용액이 이것의 증기와 평형을 이루고 있을 때, 기체상에 있는 각 성분의 화학 퍼텐셜은 액체상에 있는 각 성분의 화학 퍼텐셜과 같아야 한다.

$$\mu_i(\ell) = \mu_i(\text{g}), \text{ 여기서 } i = 1, 2$$

식 (4.59)에 따르면 실제 기체의 화학 퍼텐셜은 기체의 표준 화학 퍼텐셜에 기체의 퓨가시티로 표시된 보정인자를 덧붙인 것과 연관된다.

$$\mu_i(\text{g}) = \mu_i^\circ(\text{g}) + RT \ln \frac{f}{p^\circ} \tag{7.6}$$

여기에서 R과 T는 보통 열역학에서 정의하는 바와 같고, f는 기체의 퓨가시티이며 p°는 표준 압력 상태(1 bar 또는 1 atm)를 나타낸다. 액체(그리고 적절한 계에서는 고체도 가능)에 대해서 동등한 표현이 있다. 하지만 액체의 화학 퍼텐셜은 퓨가시티를 사용하는 것 대신에 5장에서 도입한 바 있는 **활동도**(activity), a_i로 정의한다.

$$\mu_i(\ell) = \mu_i^\circ(\ell) + RT \ln a_i \tag{7.7}$$

평형에서 액체상과 기체상의 화학 퍼텐셜은 서로 같아야만 한다. 앞의 두 식을 사용함으로써 각 성분 i에 대하여 다음의 식이 성립한다. (여기서 어떤 항이 어떤 상을 의미하는지 즉, g인지 ℓ인지를 계속 추적하는 것이 중요하다.)

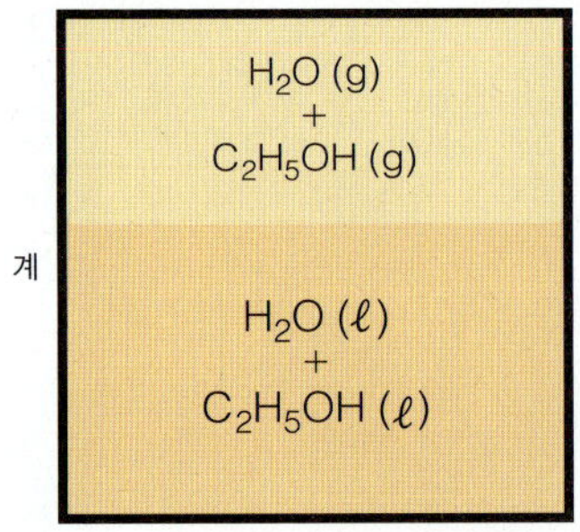

그림 7.2 응축상보다 큰 부피를 갖는 계는 이 응축상과 평형을 이루는 증기상을 갖는다. 보통, 증기상과 평형을 이루고 있는 액체상을 상상하지만, 많은 경우 고체상 또한 증기상과 평형으로 존재한다.

*많은 경우에 고체상이 계를 완전히 채우기 못했다면 같은 진술을 할 수 있다. '냉동 화상(freezer burn)'은 이런 현상의 한 예로서 고체 H_2O에서 생긴다.

$$\mu_i(\mathrm{g}) = \mu_i(\ell)$$

$$\mu_i^\circ(\mathrm{g}) + RT\ln\frac{f}{p^\circ} = \mu_i^\circ(\ell) + RT\ln a_i \quad i = 1, 2 \tag{7.8}$$

증기가 이상 기체처럼 거동한다면 식 (7.8)의 왼쪽에 있는 퓨가시티 f를 부분 압력 p_i로 치환할 수 있다. 이렇게 치환하면 다음이 된다.

$$\mu_i^\circ(\mathrm{g}) + RT\ln\frac{p_i}{p^\circ} = \mu_i^\circ(\ell) + RT\ln a_i \tag{7.9}$$

계가 하나의 **순수한** 성분으로 구성되어 있다면 액체상에서는 활동도를 포함하는 두 번째 보정 항이 필요 없을 것이고, 단일성분계에 대하여 식 (7.9)는 다음이 된다.

$$\mu_i^\circ(\mathrm{g}) + RT\ln\frac{p_i^\star}{p^\circ} = \mu_i^\circ(\ell) \tag{7.10}$$

여기에서 $p_i^\star$는 순수한 액체 성분의 평형 증기 압력이다. 식 (7.10)의 $\mu_i^\circ(\ell)$을 식 (7.9)에 대입하면 다음 식이 된다.

$$\mu_i^\circ(\mathrm{g}) + RT\ln\frac{p_i}{p^\circ} = \mu_i^\circ(\mathrm{g}) + RT\ln\frac{p_i^\star}{p^\circ} + RT\ln a_i$$

표준 화학 퍼텐셜 $\mu^\circ(\mathrm{g})$는 상쇄된다. 두 개의 RT 항을 한쪽으로 이항하면 다음이 된다.

$$RT\ln\frac{p_i}{p^\circ} - RT\ln\frac{p_i^\star}{p^\circ} = RT\ln a_i$$

이 식에서 R과 T는 상쇄될 수 있고, 왼편의 대수 항을 결합하여 p° 항을 상쇄할 수 있어 다음 식을 얻을 수 있다.

$$\ln\frac{p_i}{p_i^\star} = \ln a_i$$

식의 양쪽에 역대수를 취하면 i라고 표시한 성분의 액체상에서의 활동도 식을 얻을 수 있다.

$$a_i = \frac{p_i}{p_i^\star} \qquad i = 1, 2 \tag{7.11}$$

여기에서 p_i는 용액상의 평형 증기 압력이고 $p_i^\star$는 순수한 액체의 평형 증기 압력이다. 식 (7.11)로부터 기체의 평형 증기 압력을 사용하여 액체의 활동도를 결정할 수 있다.

식 (7.9)로 돌아가서 식의 오른쪽은 단순히 액체의 화학 퍼텐셜 $\mu_i(\ell)$이다. 이성분 액체가 증기와 평형을 이룰 때 각 성분은 식 (7.9)와 같은 식을 만족시켜야 한다.

$$\mu_i(\ell) = \mu_i^\circ(\mathrm{g}) + RT\ln\frac{p_i}{p^\circ} \qquad i = 1, 2 \tag{7.12}$$

여기서는 식 (7.9)에 $\mu_i(\ell)$을 대입했고 아울러 식의 좌우를 바꾸었다. 이상 용액일 경우, 증기상에 있는 각 성분의 증기 양 p_i는 각 성분이 액체상에 얼마만큼 존재했었는지에 따라 결정될 수 있을 것이다. 액체 혼합물에 어떤 성분이 많을수록 증기상에서 그 성분의 증기는 많아진다. 즉, 계에서 성분 i가 존재하지 않을 때는 $p_i = 0$이고, 모두 성분 i만 존재할 때는 $p_i = p_i^\star$이다. **라울 법칙**(Raoult's law)에 의하면 이상 용액에 대하여 한 성분의 부분 압력 p_i는 **액체상**(liquid phase)에서 그 성분의 몰분율에 비례한다. 비례 상수는 순수한 성분의 증기 압력 $p_i^\star$이다.

$$\text{이성분 용액에 대하여} \quad p_i = x_i p_i^\star \qquad i = 1, 2 \tag{7.13}$$

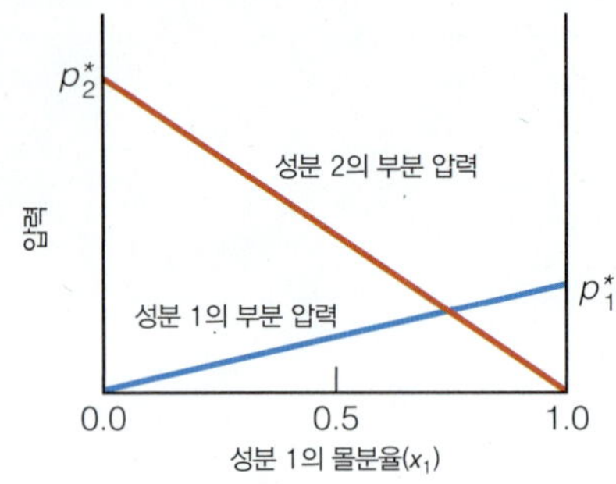

그림 7.3 라울 법칙에 의하면 액체상과 평형을 이루는 기체상의 한 성분에 대한 증기 압력은 액체에서 이 성분의 몰분율에 정비례한다. 각각의 부분 압력 그래프는 직선이다. 직선의 기울기는 p_i^*로서 순수한 액체 성분의 평형 증기 압력이다.

그림 7.3에 라울 법칙을 따르는 용액의 두 성분에 대한 부분 압력의 그래프가 그려져 있다. 부분 압력 0에서 p_i^* 사이의 직선은 라울 법칙의 특징적인 거동이다[식 (7.13)의 직선 형태가 요구하는 대로 각 직선의 기울기는 각 성분의 평형 증기 압력과 같다. x축은 0에서 1까지의 범위를 갖고 있는 몰분율이기 때문에 절편 또한 p_i^*와 같다]. 라울 법칙을 따르는 것은 이상 용액을 정의하는 데 있어서 하나의 필요 조건이고, 다른 필요 조건은 이 절의 끝에서 제시될 것이다. 이 법칙의 명칭은 용액의 성질을 연구하는 데 20년을 보낸 19세기 프랑스 화학자 라울(François-Marie Raoult)의 이름에서 따왔다.

용액이 이상 용액이라면, 라울 법칙을 사용하여 이성분계에서 증기와 평형을 이루고 있는 액체의 화학 퍼텐셜을 이해할 수 있다. 식 (7.12)의 분자에 있는 p_i에 $x_i p_i^*$를 대입함으로써 이 식을 다음과 같이 다시 쓸 수 있다.

$$\mu_i(\ell) = \mu_i^\circ(\mathrm{g}) + RT\ln\frac{x_i p_i^*}{p_i^\circ} \tag{7.14}$$

특성값 p_i^*(평형 증기 압력) 및 p_i°(표준 압력)를 따로 떼어 로그항을 재배열할 수 있다.

$$\mu_i(\ell) = \mu_i^\circ(\mathrm{g}) + RT\ln\frac{p_i^*}{p_i^\circ} + RT\ln x_i$$

오른쪽에 있는 처음 두 항은 성분의 특성이며 주어진 온도에서 일정하다. 따라서 이들을 모아 하나의 항 $\mu_i'(\mathrm{g})$로 묶을 수 있다.

$$\mu_i'(\mathrm{g}) \equiv \mu_i^\circ(\mathrm{g}) + RT\ln\frac{p_i^*}{p_i^\circ} \tag{7.15}$$

이 식을 대입하여 이상 용액에서 한 액체의 화학 퍼텐셜에 대한 관계를 얻을 수 있다.

$$\mu_i(\ell) = \mu_i'(\mathrm{g}) + RT\ln x_i \quad i = 1, 2 \tag{7.16}$$

따라서 다성분계에서 한 액체의 화학 퍼텐셜은 그 액체의 몰분율과 관련된다.

라울 법칙은 이상 용액의 증기상에 대한 거동을 이해하는 데 유용하다. 증기상을 이상 기체로 취급하면 돌턴의 부분 압력의 법칙(Dalton's law of partial pressure)에 따라 전체 압력은 각 부분 압력의 합과 같다. 이는 이성분계에 대하여 다음 식이 된다.

$$p_{\text{전체}} = p_1 + p_2$$

라울 법칙으로부터 이 식은 다음이 된다.

$$p_{\text{전체}} = x_1 p_1^* + x_2 p_2^*$$

그러나 x_1과 x_2는 독립적이지 못하다. 액체상에서 몰분율의 합은 1이어야만 하기 때문에 $x_1 + x_2 = 1$이거나 $x_2 = 1 - x_1$이다. 이를 대입하면 다음 식이 된다.

$$p_{\text{전체}} = x_1 p_1^* + (1 - x_1)p_2^*$$

이 식을 대수적으로 재배열하면 다음 식이 된다.

$$p_{\text{전체}} = p_2^* + (p_1^* - p_2^*)x_1 \tag{7.17}$$

이 식은 직선식 $y = mx + b$의 형태이다. 이때, x_1은 **액체상**에서 성분 1의 몰분율을 나타낸다. 성분 1의 몰분율에 대한 전체 압력의 그래프를 그리면 그림 7.4에서 보여주는 것처럼 직선을 얻게 된다. 기울기는 $p_1^* - p_2^*$가 될 것이고 y절편은 p_2^*가 될 것이다.

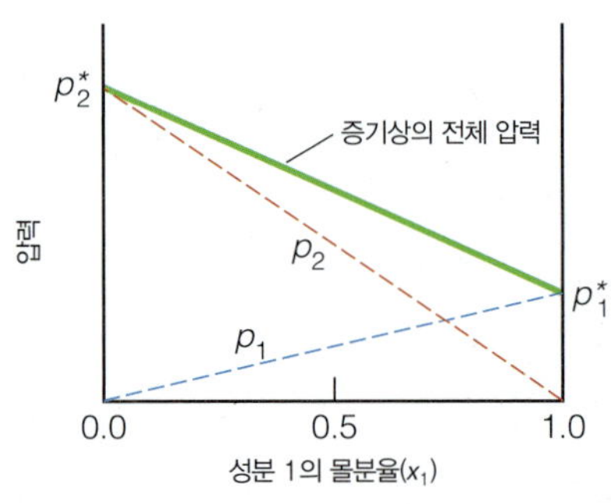

그림 7.4 액체 이상 용액의 전체 압력은 한 순수 성분의 증기 압력에서 다른 순수 성분의 증기 압력으로 반듯하게 변한다.

그림 7.4가 시사하는 바는 용액의 조성이 변화해감에 따라 전체 증기 압력은 $p_1^\star$에서 $p_2^\star$로 선형으로 점차 변화해간다는 것이다.

예제 7.3

액체 탄화수소인 헥세인과 헵테인을 사용하여 하나의 이상 용액을 근사하게 만들 수 있다. 헥세인과 헵테인의 평형 증기 압력은 25°C에서 각각 151.4 mmHg와 45.70 mmHg이다. 닫힌계에서 몰비가 50:50 (즉, $x_1 = x_2 = 0.50$)인 헥세인과 헵테인 용액의 평형 증기 압력은 얼마인가? 어떤 액체가 기호 1이든 2이든 상관없다.

풀이

라울 법칙을 사용하여 다음을 얻을 수 있다.

$$p_1 = (0.50)(151.4 \text{ mmHg}) = 75.70 \text{ mmHg}$$

$$p_2 = (0.50)(45.70 \text{ mmHg}) = 22.85 \text{ mmHg}$$

각 휘발성 액체 성분에 대하여 라울 법칙은 $p_i = x_i p^\star$이다.

돌턴의 법칙에 따라 계의 전체 증기 압력은 두 부분 압력의 합이다.

$$p_{\text{전체}} = (75.70 + 22.85 \text{ mmHg}) = 98.55 \text{ mmHg}$$

한 액체의 증기 압력이 주위의 압력과 같을 때 그 액체는 끓기 때문에 액체 용액은 용액의 조성과 순수한 성분의 증기 압력에 따라 다른 온도에서 끓게 될 것이다. 다음 예제를 통해서 이 같은 개념이 어떻게 사용될 수 있는지 설명해 보자.

예제 7.4

얼음통과 비슷하게, 액체상과 기체상 사이의 평형에 의해서 일정하게 온도가 유지되는 증기통이 있다. 헥세인/헵테인 용액을 사용하여 압력이 500.0 mmHg인 닫힌계에서 65°C의 일정한 온도를 유지한다. 헥세인과 헵테인의 증기 압력은 65°C에서 각각 674.9 mmHg와 253.5 mmHg이다. 용액의 조성은 어떻게 되는가?

풀이

용액의 조성을 구하려면 액체상의 몰분율 중에서 하나를 결정해야 한다. 식 (7.17)을 대수적으로 재배열하여 x_1를 구할 수 있다.

x_2에 대해서도 풀 수 있고 결과적으로 같은 답을 얻는다.

$$x_1 = \frac{p_{\text{전체}} - p_2^\star}{p_1^\star - p_2^\star}$$

이 식을 유도할 수 있어야 한다.

필요한 모든 정보가 주어져 있다. $p_1^\star = 674.9$ mmHg, $p_2^\star = 253.5$ mmHg 그리고 $p_{\text{전체}} = 500.0$ mmHg이다. 이들을 대입하고 풀면 다음과 같다.

$$x_1 = \frac{500.0 \text{ mmHg} - 253.5 \text{ mmHg}}{674.9 \text{ mmHg} - 253.5 \text{ mmHg}}$$

$$x_1 = \frac{246.5 \text{ mmHg}}{421.4 \text{ mmHg}}$$

같은 단위를 가지고 있는 양들이기 때문에 직접 뺄 수 있고 따라서 단위를 환산할 필요가 없다.

예제 7.4 *(계속)*

mmHg의 단위는 상쇄되고, 무단위 값이 남게 된다. 몰분율은 무단위이므로 앞의 계산은 그렇게 되어야 한다. 계산 값은 다음과 같다.

$$x_1 = 0.5850$$

이것은 액체 혼합물에서 헥세인의 몰분율이 반절보다 조금 상회한다는 것을 말해주고 있다. 헵테인의 몰분율은 1 − 0.5850 = 0.4150이 될 것이고, 반절보다 좀 작을 것이다.

증기상(vapor phase)에 있는 두 성분의 몰분율은 어떠한가? 그들은 액체상에서 몰분율과 같지 않다. 변수 y_1과 y_2를 사용하여 **증기상 몰분율**(vapor phase mole fraction)[†]을 나타낸다. 기체 혼합물에서 한 성분의 몰분율은 그 성분의 부분 압력을 전체 압력으로 나눈 것과 같다고 하는 돌턴의 법칙을 사용하여 증기상의 몰분율을 결정할 수 있다.

$$y_1 = \frac{p_1}{p_{전체}} = \frac{p_1}{p_1 + p_2} = \frac{x_1 p_1^\star}{x_1 p_1^\star + x_2 p_2^\star} \tag{7.18}$$

마지막 부분은 라울 법칙을 사용하여 $p_1^\star$과 $p_2^\star$로 치환을 한 것이다. 또한 $x_2 = 1 - x_1$이므로 이를 식 (7.18)에 대입하면 다음 식이 된다.

$$y_1 = \frac{x_1 p_1^\star}{x_1 p_1^\star + (1 - x_1) p_2^\star}$$

이 식을 재배열하면 다음 식이 된다.

$$y_1 = \frac{x_1 p_1^\star}{p_2^\star + (p_1^\star - p_2^\star) x_1} \tag{7.19}$$

마찬가지로, 성분 2의 몰분율은 다음이 된다.

$$y_2 = \frac{x_2 p_2^\star}{x_1 p_1^\star + x_2 p_2^\star} \tag{7.20}$$

식 (7.20)에 비슷한 치환을 하면 식 (7.19)와 형태가 같은 식을 얻을 수 있다. 한 예로서 예제 7.4에 있는 헥세인과 헵테인의 몰분율이 0.5850/0.4150인 혼합물의 기체상 몰분율은 식 (7.19)와 식 (7.20)을 사용할 때 각각 0.7896과 0.2104이다. 기체상에서의 몰분율이 액체상에서의 몰분율과 얼마나 다른지 주목하라.

좀 다른 관점에서 용액 위의 전체 압력 $p_{전체}$를 **증기상**의 조성으로 나타낼 수 있다. 이상 기체의 경우, 혼합물에서 한 기체의 부분 압력은 전체 압력에 그 기체의 몰분율을 곱한 것과 같다.

$$p_i = y_i p_{전체} \tag{7.21}$$

라울 법칙과 한 기체의 부분 압력의 정의와 결합하면 다음 식이 된다.

$$y_i p_{전체} = x_i p_i^\star$$

이 식은 전체 압력 $p_{전체}$를 성분 i의 증기 압력, 성분 i에 대한 액체상에서의 몰분율(x_i) 및 기체상에서의 몰분율(y_i)과 관련짓게 한다.

[†] 용액과 이들의 증기상에 있어서 용액상 몰분율은 x_i로, 증기상 몰분율은 y_i로 나타내는 것이 관례이다.

$$p_{전체} = \frac{x_i p_i^*}{y_i} \tag{7.22}$$

그림 7.4와 일치시키기 위해 $i = 1$이라고 하자. x_1에 대하여 식 (7.19)를 풀면 다음 식이 된다.

$$x_1 = \frac{y_1 p_2^*}{p_1^* + (p_2^* - p_1^*)y_1} \tag{7.23}$$

이렇게 하는 이유는 전체 압력 $p_{전체}$를 액체상이 아닌 증기상의 몰분율로 표시하고자 하기 때문이며, 따라서 x_1을 제거해야 한다. 식 (7.23)을 식 (7.22)에 대입하면 다음 식이 된다.

$$p_{전체} = \frac{\dfrac{y_1 p_2^*}{p_1^* + (p_2^* - p_1^*)y_1} p_1^*}{y_1}$$

$$p_{전체} = \frac{y_1 p_2^* p_1^*}{[p_1^* + (p_2^* - p_1^*)y_1]y_1}$$

이 식의 분자와 분모에 있는 y_1을 상쇄하면 최종적으로 다음 식을 얻는다.

$$p_{전체} = \frac{p_2^* p_1^*}{p_1^* + (p_2^* - p_1^*)y_1} \tag{7.24}$$

y_1 대신에 y_2에 대해서도 비슷한 식을 쓸 수 있다.

식 (7.24)에 대하여 한 가지 중요한 점이 있다. 한 가지 성분의 몰분율 y_1에 대하여 증기상의 전체 압력을 그릴 수 있다는 점에서 식 (7.17)과 비슷하다. 그러나 식 (7.24)는 직선식이 아니고 곡선식이다! 그림 7.4와 같은 척도로 y_1에 대하여 $p_{전체}$를 그린다면 이 곡선은 전형적으로 x_1에 대한 $p_{전체}$의 직선 아래에 놓인다. 그림 7.5를 통해서 y_1에 대한 $p_{전체}$의 그래프가 x_1에 대한 $p_{전체}$의 그래프에 비해서 어떠한 모양이 될 것인지를 볼 수 있다. 액체의 몰분율 x_1에 대한 $p_{전체}$의 그래프를 **기포점 선**(bubble point line)이라 하는 반면 y_1에 대한 $p_{전체}$의 그래프는 **이슬점 선**(dew point line)이라 한다. 몰분율에 대하여 증기 압력을 그린 그림 7.5와 같은 도표는 **압력-조성 상도표**(pressure-composition phase diagram)라 한다.

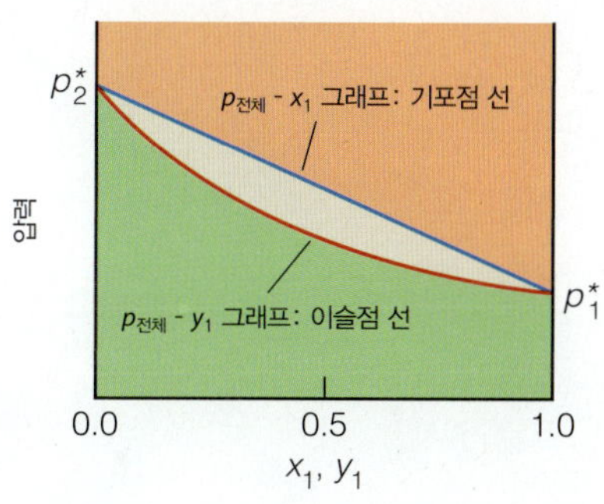

그림 7.5 증기상에서 몰분율은 액체상의 것과 같지 않다. 기포점 선은 액체상 몰분율(x_i)에 대한 전체 압력을 나타낸다. 이슬점 선은 증기상 몰분율(y_i)에 대한 전체 압력을 나타낸다. 두 선은 두 성분이 똑같은 순수 증기 압력을 가질 때에만 일치한다.

특별한 액체상 조성을 가지고 있는 계가 있다고 하자. 이 계는 증기상에서 특정한 조성을 가질 것이고 앞에서의 식으로 조성을 구할 수 있다. 그림 7.5와 같은 압력-조성 상도표를 사용하여 액체상의 조성과 증기상의 조성 사이의 연결 관계를 나타낼 수 있다. 그림 7.5와 같은 도표에서 수평선은 일정한 압력(정압) 조건을 나타낸다. 그림 7.6에 수평선 선분 AB가 나타내져 있는데, 이것은 어떤 몰분율 x_1인 액체의 기포점 선과 이슬점 선을 연결해주고 있다. 그림에 표시된 조성을 가지고 있는 액체의 평형 증기 압력은 기포점 선과 교차하는 B점까지 도표 위쪽으로 올라감으로써 구할 수 있다. 하지만, 평형 압력에서 **증기상**의 조성은 이슬점 선과 교차하는 A점까지 수평으로 이동함으로써 구할 수 있다. 이 같은 그래프 표현방법은 액체상과 기체상의 조성이 어떻게 관련을 맺고 있는가를 이해하는 데 매우 유용하다.

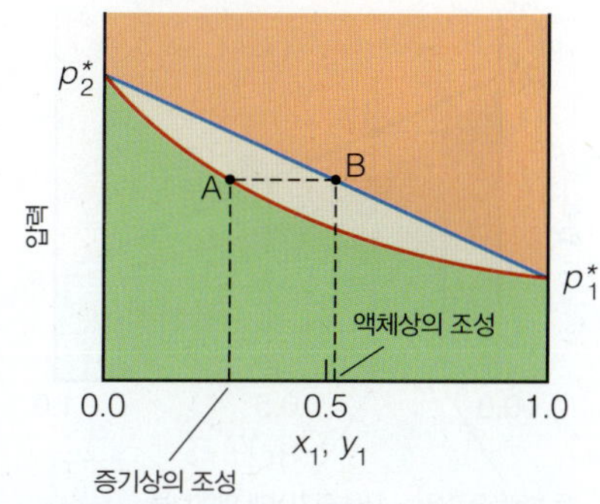

그림 7.6 그림과 같은 압력-조성 상도표에서 수평의 맺음선은 서로 평형을 이루고 있는 액체상의 조성과 증기상의 조성을 연결해준다.

예제 7.5

어느 특정 온도에서 순수한 벤젠(C_6H_6)의 증기 압력은 0.256 bar이고, 순수한 톨루엔($C_6H_5CH_3$)의 증기 압력은 0.0925 bar이다. 용액에서 톨루엔의 몰분율이 0.600이고 계에 약간의 빈 공간이 있다면, 액체와 평형을 이루고 있는 증기의 전체 증기 압력은 얼마이고, 증기의 조성은 몰분율로 표시하여 얼마인가?

풀이

라울 법칙을 사용하여 각 성분의 부분 압력을 구할 수 있다.

벤젠의 몰분율은 1에서 톨루엔의 몰분율을 빼서 구한다.

$$p_{\text{벤젠}} = (0.400)(0.256\ \text{bar}) = 0.102\ \text{bar}$$
$$p_{\text{톨루엔}} = (0.600)(0.0925\ \text{bar}) = 0.0555\ \text{bar}$$

전체 압력은 두 부분 압력의 합과 같다.

이것은 돌턴의 부분 압력의 법칙을 단순히 이용한 것이다.

$$p_{\text{전체}} = 0.102\ \text{bar} + 0.0555\ \text{bar} = 0.158\ \text{bar}$$

톨루엔을 성분 1로 놓고 식 (7.17)을 사용할 수도 있다.

$$p_{\text{전체}} = [0.256 + (0.0925 - 0.256)0.600]\ \text{bar}$$
$$p_{\text{전체}} = 0.158\ \text{bar}$$

증기상의 조성을 몰분율로 구하기 위하여 돌턴의 부분 압력의 법칙을 사용하여 다음을 얻을 수 있다.

$$y_{\text{톨루엔}} = \frac{0.0555\ \text{bar}}{0.158\ \text{bar}} = 0.351$$
$$y_{\text{벤젠}} = \frac{0.102\ \text{bar}}{0.158\ \text{bar}} = 0.646$$

(반올림으로 인한 오차 때문에 두 몰분율을 합했을 때 정확히 1이 되지 못한다.) 원래 용액에 비하여 증기상에서 벤젠이 더 많음에 주목하라. 이것은 톨루엔보다 벤젠의 증기 압력이 훨씬 큰 것으로 주어졌기 때문에 이치에 맞는다.

그림 7.6의 B점은 그 조성을 가진 용액의 **끓는점이 아님**에 주의하라. 단지 그 조성에서 용액의 증기 압력이다. 증기 압력이 주위의 압력에 이를 때에만 이성분 액체는 끓는점에 위치하게 될 것이다. (이같은 자세한 사항은 외부 압력 $p_{\text{외부}}$에 열려 있고 노출되어 있는 계에서만 중요하다.)

그림 7.6의 선분 AB를 **맺음선**(tie line)이라 한다. 이것은 계에 있는 두 성분의 액체상의 조성과 이로부터 생기는 증기상의 조성을 연결시켜주고 있다.

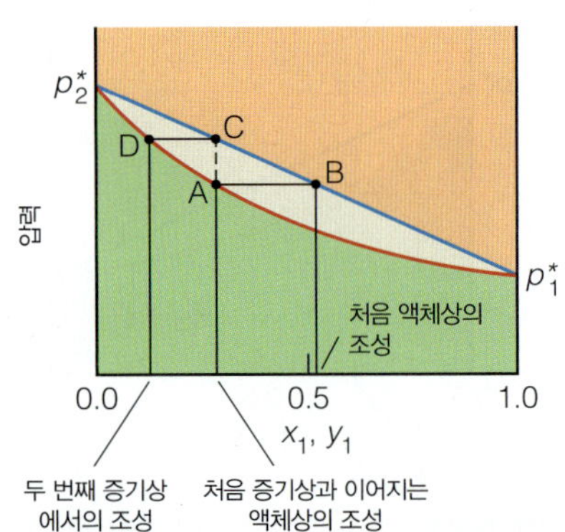

그림 7.7 증기상은 정확히 같은 조성의 액체로 선 AC를 따라 응축될 것이다. 그러나 이렇게 생긴 새로운 액체는 같은 조성을 같은 증기로 기화되지 않을 것이며, 오히려 조성 D를 갖는 증기와 평형을 이룰 것이다.

증기상을 좀 더 작은 계로 응축시킬 수 있도록 계를 만든다고 하자. 새로운 액체상의 조성은 얼마나 되겠는가? 증기를 단지 응축시킨다면 새로운 액체상의 조성은 원래 증기상의 조성과 정확하게 똑같을 것이다. 그림 7.7이 보여주는 것처럼 이 새로운 액체상은 기포점 선상의 C점으로 표시된다. 이렇게 이어지는 액체상 또한 평형 증기상을 가지며, 이 증기상의 조성은 그림 7.7의 맺음선 CD로 주어진다. 두 번째 증기상에는 한 성분이 더 풍부하게 들어 있다. 계가 다단계 증발과 응축을 하도록 구성된다면, 기포점 선과 이슬점 선 사이의 각 단계는 한 성분이 점차 풍부해지는 증기상과 액체상이 만들어지게 된다. 계를 적절히 꾸미면 궁극적으로 실제 순수한 단일성분의 액체상과 증기상을 얻게 된다. 순수한 성분에 이르게 하는 단계가 그림 7.8에 보여주고 있다. 이때 일어난 것은 이성분 혼합물로 시작하여 한 성분을 다른 성분과 분리한 것이다. 이러한 과정을 **분별 증류**(fractional distillation)라 하고, 이 과정은 유기화학에서 특히 흔하다. 한 쌍의 수평선과 수직선으로 나타낸 각각의 단계를 **이론단**(theoretical plate)이라고 한다. 실제 분별 증류를 하도록 만들어진 계는 적게는 세 개 정도의 이론단, 많게는 수만 개의 이론단을 가질 수 있다.

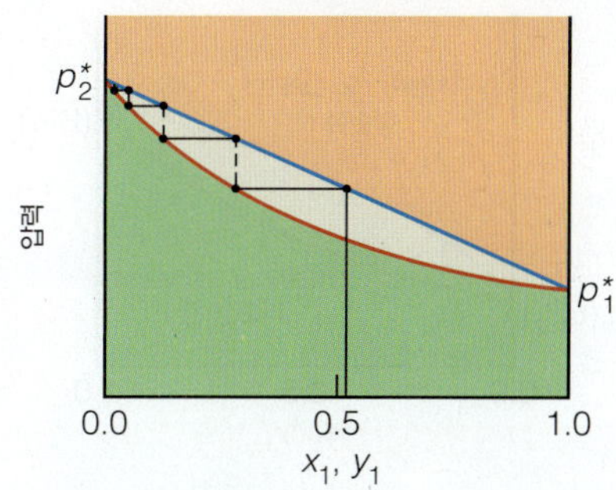

그림 7.8 반복되는 응축과 증발로 인하여 궁극적으로 순수한 액체가 계로부터 분리될 수 있다. 이를 분별 증류라 한다.

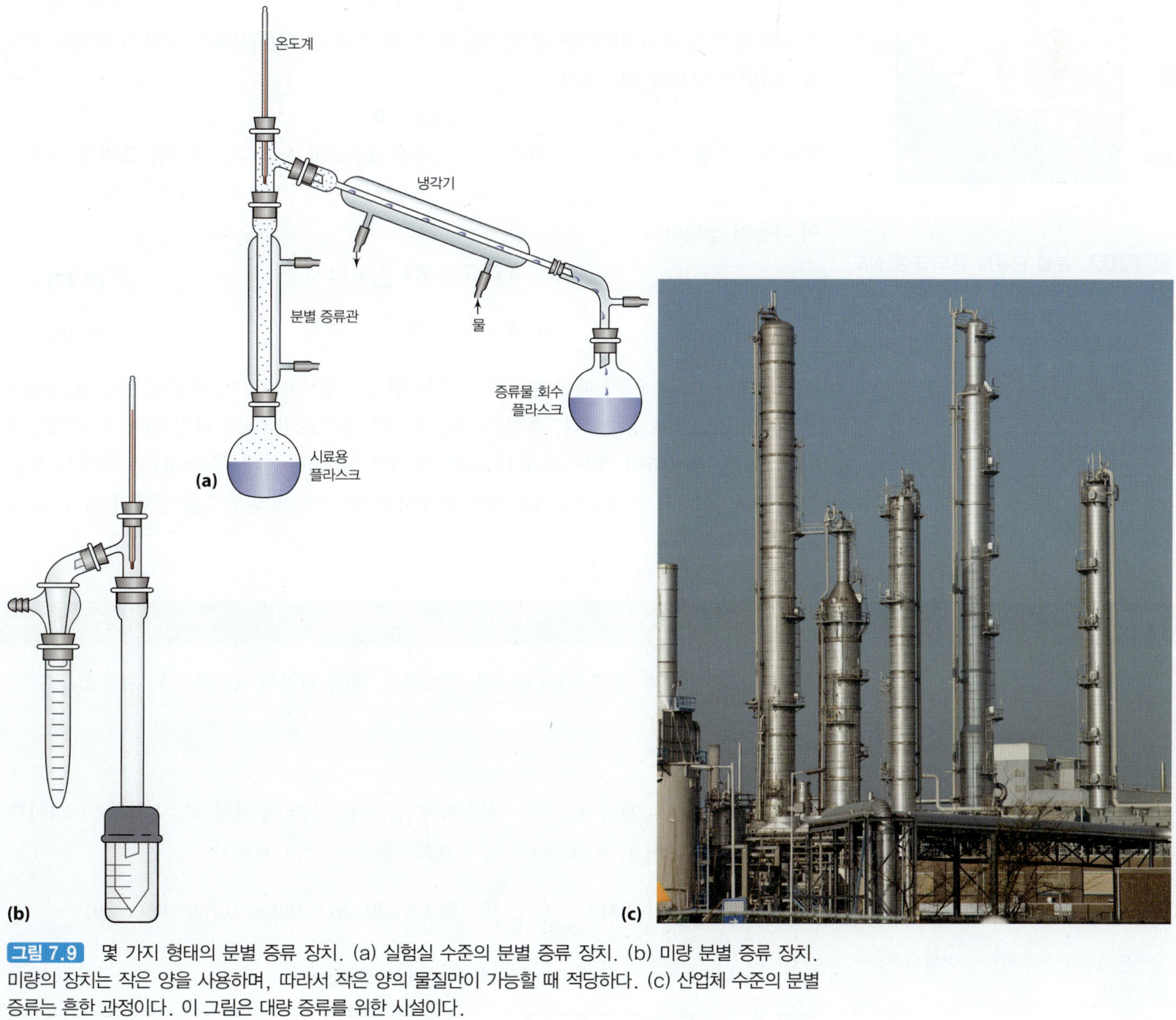

그림 7.9에 3단계 분별 증류를 수행하는 장치를 보여주고 있다. 처음 두 장치는 실험실에서 볼 수도 있는 것으로 큰 규모나 또는 작은 규모의 유리제품이다. 마지막 것은 공장 규모의 분별 증류 장치이다. 분별 증류는 특히 석유화학 공업에서 가장 중요하고 에너지 소비가 많은 공정이다.

그림 7.9 몇 가지 형태의 분별 증류 장치. (a) 실험실 수준의 분별 증류 장치. (b) 미량 분별 증류 장치. 미량의 장치는 작은 양을 사용하며, 따라서 작은 양의 물질만이 가능할 때 적당하다. (c) 산업체 수준의 분별 증류는 흔한 과정이다. 이 그림은 대량 증류를 위한 시설이다.

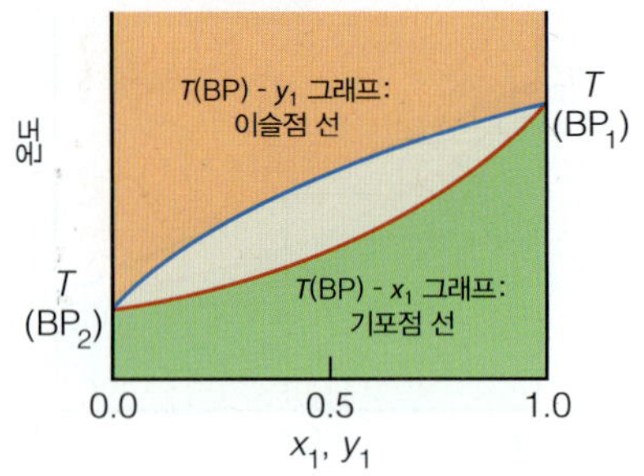

그림 7.10 압력-조성 상도표보다 온도-조성 상도표가 더 일반적이다. 그러나 어떠한 선도 직선이 아니며, 끓는 과정을 나타내는 선과 응축과정을 나타내는 선이 압력-조성 상도표의 경우와는 바뀌어 있음을 인식하라. 그림 7.5와 비교하라.

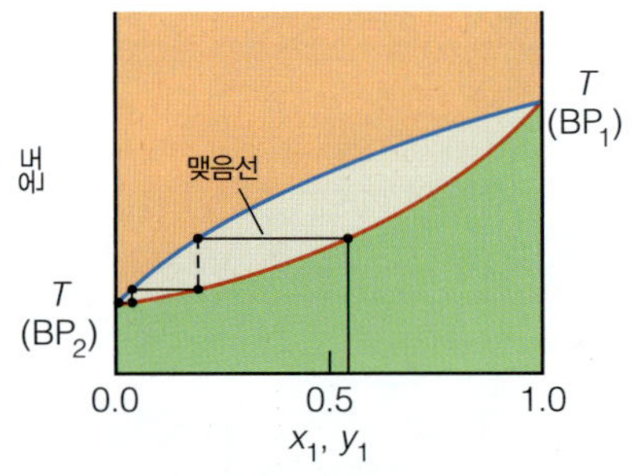

그림 7.11 분별 증류는 온도-조성 상도표를 사용해서도 나타낼 수 있다. 이 상도표는 그림 7.8과 같은 과정을 보여주고 있다. 같은 과정을 나타낸 두 표시법 사이에 차이점을 설명할 수 있겠는가?

상도표는 조성에 대한 온도-일반적으로 액체의 끓는점(BP)으로 그려질 수 있다. 그러나 압력-조성 상도표와 다르게 곡선 중 하나를 나타내기 위한 간단한 직선 방정식은 없어서 온도-조성 상도표의 기포점 선과 이슬점 선은 둘 다 곡선이다. 그림 7.10으로 보여준 예는 그림 7.5에 해당된다. 증기 압력이 더 높은 성분(성분 2)일수록 순수한 성분에서의 끓는점은 더 낮음에 주목하라. 또한 기포점 선과 이슬점 선이 자리를 바꿨음도 유념하라.

분별 증류는 온도-조성 상도표를 사용하여 설명될 수도 있다. 처음 조성의 용액이 기화하여 다른 조성의 증기가 된다. 이 증기를 냉각하면 응축되어 같은 조성의 액체가 된다. 이 새로운 액체는 한 성분이 풍부한 다른 증기상과 평형을 이룰 수 있고, 이 증기상은 응축되고, 이런 과정은 반복된다. 그림 7.11에 단계적인 과정이 묘사되어 있다. 세 개의 이론단이 분명하게 보인다.

라울 법칙은 이상 용액에 대한 하나의 필수 요건이다. 이상 용액에 대한 필수 요건이 몇 개 더 있다. 두 개의 순순한 성분이 혼합할 때 성분들의 전체 내부 에너지나 전체 엔탈피의 변화가 없어야 한다.

$$\Delta_{혼합}U = 0 \tag{7.25}$$

$$\Delta_{혼합}H = 0 \tag{7.26}$$

일정한 압력의 조건 하(보통 쉽게 적용할 수 있는 제한 조건임)에서 용액이 혼합된다면 식 (7.26)은 다음을 의미한다.

$$q_{혼합} = 0$$

일반적으로 혼합은 자발적인 과정이고, 이것은 $\Delta_{혼합}S$와 $\Delta_{혼합}G$는 적절한 크기를 가져야 함을 말해준다. 기체 혼합물과 유사하게, 실제로 일정한 온도 과정의 이상 용액에 대하여 다음이 성립한다.

$$\Delta_{혼합}G = RT\sum_i x_i \ln x_i \tag{7.27}$$

$$\Delta_{혼합}S = -R\sum_i x_i \ln x_i \tag{7.28}$$

x_i는 언제나 1보다 작기 때문에 x_i의 로그는 언제나 음수이고, 이 때문에 항상 $\Delta_{혼합}G$는 음수이며 $\Delta_{혼합}S$는 양수이다. 혼합은 자발적이며 엔트로피 주도 과정이다. 식 (7.27)과 식 (7.28)을 사용하여 계산 결과 J/mol의 단위가 나오고, 이때 '몰(mol)'은 계에서 성분들의 몰을 뜻한다. 전체 양을 계산하기 위해서 몰당 양에 계의 몰수를 곱해야 한다. 다음의 예를 보자.

예제 7.6

톨루엔 1.00 mol과 벤젠 3.00 mol을 혼합하는 계에 대하여 $\Delta_{혼합}H$, $\Delta_{혼합}U$, $\Delta_{혼합}G$ 및 $\Delta_{혼합}S$는 얼마인가?

풀이

이상적인 거동을 가정하고 있기 때문에 $\Delta_{혼합}H$와 $\Delta_{혼합}U$는 영이다.

정의에 의해서 $\Delta_{혼합}H$와 $\Delta_{혼합}U$는 정확하게 영이다. 이 계의 전체 몰수는 4.00 mol이므로 $\Delta_{혼합}G$에 대하여 $x_1 = 0.250$과 $x_2 = 0.750$을 사용한다. 따라서

$$\Delta_{혼합}G = \left(8.314\frac{\text{J}}{\text{mol}\cdot\text{K}}\right)(298\text{K})(0.250\cdot\ln 0.250 + 0.750\cdot\ln 0.750)$$

혼합은 ΔG가 음수이므로 자발적이라고 예상된다.

$$\Delta_{혼합}G = -1{,}390\ \text{J/mol} \times 4.00\ \text{mol} = -5{,}560\ \text{J}$$

예제 7.6 *(계속)*

마찬가지로, $\Delta_{\text{혼합}}S$는

$$\Delta_{\text{혼합}}S = -\left(8.314\,\frac{\text{J}}{\text{mol}\cdot\text{K}}\right)(0.250 \cdot \ln 0.250 + 0.750 \cdot \ln 0.750)$$

$$\Delta_{\text{혼합}}S = 4.86\,\frac{\text{J}}{\text{mol}\cdot\text{K}} \times 4.00\ \text{mol} = 18.7\ \text{J/K}$$

혼합은 ΔS가 양수이므로 자발적이라고 예상된다.

$\Delta_{\text{혼합}}G$와 $\Delta_{\text{혼합}}S$는 다음의 일반식을 만족시킨다는 점을 주목하라.

$$\Delta_{\text{혼합}}G = \Delta_{\text{혼합}}H - T\,\Delta_{\text{혼합}}S$$

이상 용액에 대하여 $\Delta_{\text{혼합}}H = 0$이므로 이 식은 다음 식과 같이 간단히 된다.

$$\Delta_{\text{혼합}}G = -T\,\Delta_{\text{혼합}}S \tag{7.29}$$

이상 용액에 대한 조건이 하나 더 있다.

$$\Delta_{\text{혼합}}V = 0 \tag{7.30}$$

이상 용액에 대한 모든 필수 요건 중에서 가장 쉽게 입증해 줄 수 있는 것은 아마 식 (7.30)일 것이다. 대부분의 실제 액체 용액에 대해서는 이 식이 성립하지 않는다. 대부분의 사람들에게는 순수한 물과 순수한 알코올의 예에 대하여 친숙하다. 순수한 물 1 L와 순수한 알코올 1 L를 혼합하면 최종 용액의 부피는 2.00 L가 좀 안 된다.

7.4 이성분 비이상 액체 용액

간단한 이성분 혼합물이라 하여도 용액의 $\Delta_{\text{혼합}}V$에 대하여 언급한 것처럼 이상적이지 못하다. 한 액체 안에서 분자들은 서로 상호작용을 하고, 이 분자들은 다른 종류의 액체 분자들과는 다르게 상호작용을 한다. 이 같은 상호작용 때문에 라울 법칙에서 벗어나게 된다. 각 성분의 증기 압력이 예상한 것보다 큰 경우, 용액은 라울 법칙으로부터 **양의 편차**를 보인다. 각 성분의 증기 압력이 예상한 것보다 작은 경우, 용액은 라울 법칙으로부터 **음의 편차**를 보인다. 각 경우에 대한 액체-증기 상도표는 약간 흥미로운 성질을 보여준다.

그림 7.12에서는 라울 법칙으로부터 양의 편차를 보이는 액체-증기 상도표를 보여주고 있다. 각 성분의 증기 압력은 예상한 것보다 더 높기 때문에 액체 용액과 평형을 이루는 증기의 전체 압력 또한 예상보다 더 높다. 에탄올/벤젠, 에탄올/클로로폼 및 에탄올/물은 라울 법칙으로부터 양의 편차를 보이는 계이다. 그림 7.13은 유사한 도표이지만 라울 법칙으로부터 음의 편차를 보이는 용액에 대한 것이다. 아세톤/클로로폼 계는 이러한 비이상성을 보여주는 한 가지 예이다.

x_i와 y_i의 그래프에서 압력-조성 상도표보다는 온도-조성 상도표를 사용하는 것이 더 용이할 때가 종종 있다. 그림 7.14는 라울 법칙으로부터 양의 편차를 보여주고 있다. ('양'이라고 하는 뜻은 증기 압력이 라울 법칙으로부터 예상한 것보다 더 높다란 것을 확실히 파악하라. 끓는 온도와 증기 압력은 역의 관계가 있으므로 라울 법칙으로부터 양의 편차는 끓는점의 온도를 더 낮아지게 하며, 그림 7.14는 이것을 설명해주고 있다.)

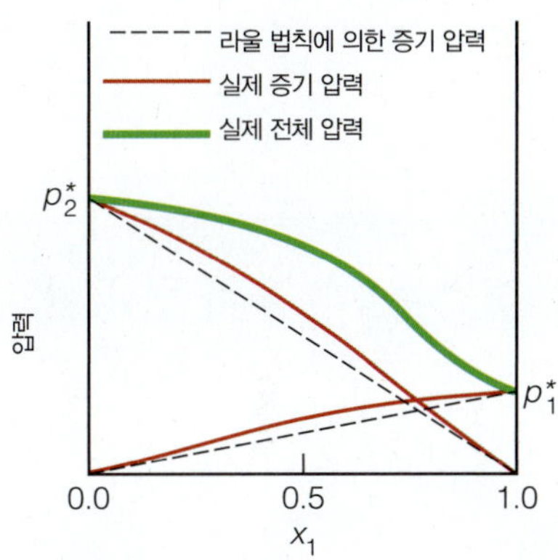

그림 7.12 라울 법칙으로부터 양의 편차를 보이는 비이상 용액. 이 그림을 그림 7.4와 비교하라.

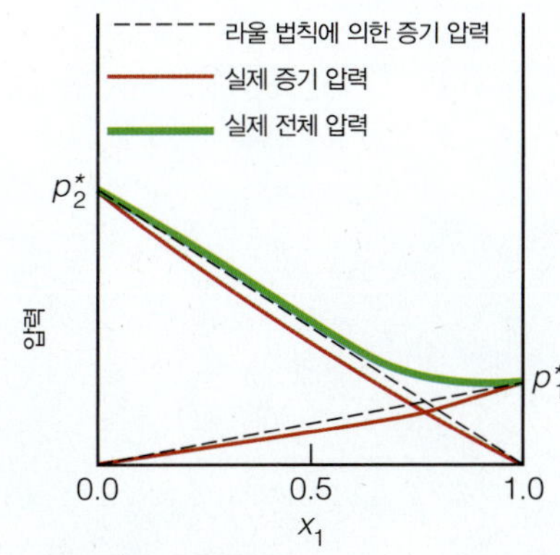

그림 7.13 라울 법칙으로부터 음의 편차를 보이는 비이상 용액. 이 그림 또한 그림 7.4와 비교하라.

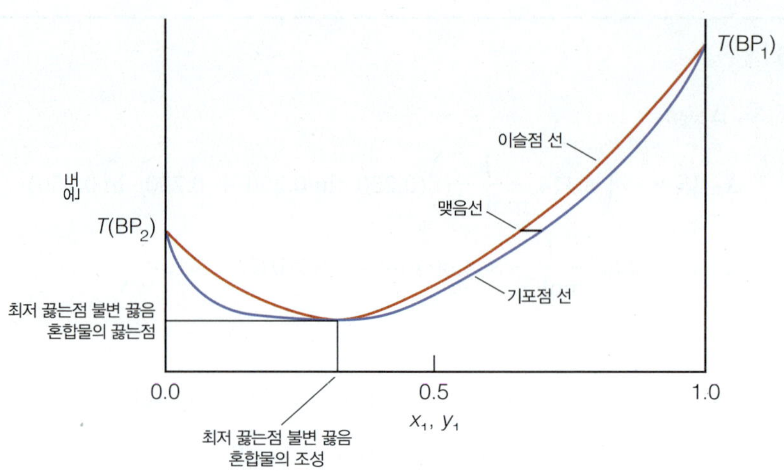

그림 7.14 라울 법칙으로부터 양의 편차를 보이는 비이상 용액에 대한 온도-조성 상도표. 액체와 증기의 조성이 같은 점이 나타남을 인식하라.

그림 7.14는 액체상과 증기상의 조성에 대한 온도의 도표를 보여주고 있다. 이 도표에 대해 신기한 점은 기포점 선과 이슬점 선이 한 점에서 서로 만났다가 다시 분리된다는 것이다. 이 점에서는 서로 평형을 이루는 액체상과 증기상의 각 조성이 정확히 같은 몰분율을 가지고 있다. 이 조성에서 계는 마치 순수한 단일 성분인 것처럼 작용한다. 이 같은 조성을 용액의 **불변 끓음 혼합물 조성**(azeotropic composition)이라 하며, 이 조성을 가지고 있는 '순수한 성분(실제로 다성분 용액임)'을 **불변 끓음 혼합물**(azeotrope)이라 부른다. 그림 7.14의 경우 불변 끓음 혼합물의 끓는 온도가 최저이기 때문에 이 혼합물을 **최저 끓는점 불변 끓음 혼합물**(minimum-boiling azeotrope)이라고 부른다. 예를 들어, 96%의 에탄올과 4%의 물로 이루어져 있는 물과 에탄올 혼합물은 78.2°C에서 끓는 최저 끓는점 불변 끓음 혼합물이다(순수한 에탄올의 정상 끓는점은 78.3°C보다 아주 조금 높다).

그림 7.15는 라울 법칙으로부터 음의 편차를 보이는 온도-조성 상도표이다. 여기서도 역시 기포점 선과 이슬점 선이 서로 만나는 한 점이 있고, 이 경우에는 **최고 끓는점 불변 끓음 혼합물**(maximum-boiling azeotrope)을 형성한다. 여기서 취급하고 있는 계

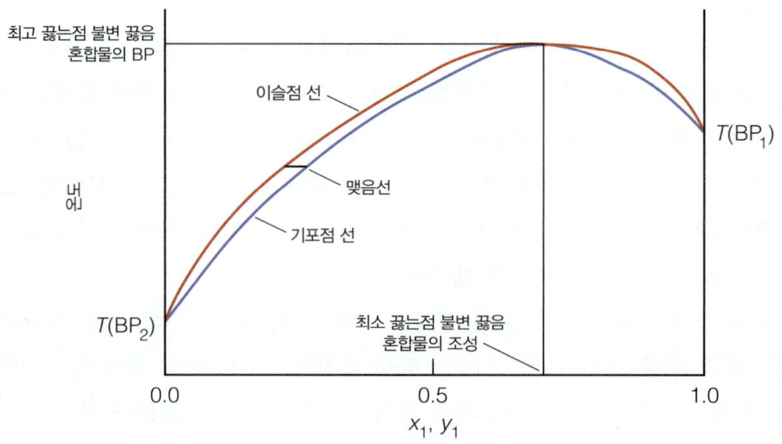

그림 7.15 라울 법칙으로부터 음의 편차를 보이는 비이상 용액에 대한 온도-조성 상도표. 이 경우의 불변 끓음 혼합물은 그림 7.14에서 보여준 것 같은 최저 끓는점 혼합물이라기보다는 최고 끓는점 혼합물이다.

는 이성분계로 제한하였기 때문에 이때의 불변 끓음 혼합물은 모두 이성분 불변 끓음 혼합물이지만, 삼성분 이상의 계에서는 삼성분 불변 끓음 혼합물, 사성분 불변 끓음 혼합물 등도 있다. 거의 모든 실제 계는 해당 계의 액체-증기 상도표에서 불변 끓음 혼합물을 갖고 있고, 임의의 구성 성분 세트에 대해서 하나의 불변 끓음 혼합물이 존재하며, 이 불변 끓음 혼합물에 대하여 단 하나의 고유 조성이 항상 있다.

불변 끓음 혼합물을 가지고 있는 계의 분별 증류는 그림 7.11에서 보여준 과정과 비슷하다. 그러나 맺음선이 한 성분에서 다른 성분으로 이동함에 따라 궁극적으로는 하나의 순수한 성분이나 아니면 불변 끓음 혼합물에 이른다. 만일 불변 끓음 혼합물에 이르게 되면 **증기의 조성에 변화가 없을 것이고**, 증류라는 수단에 의해서는 **더 이상 두 성분을 분리할 수 없을 것이다.** (다른 방법으로 불변 끓음 혼합물의 성분을 분리할 수는 있지만 직접 증류에 의해서는 안 된다. 이런 것이 열역학의 결론이다.)

예제 7.7

그림 7.14와 같은 온도-조성 상도표를 사용하여 몰분율 x_1이 0.9인 용액을 증류할 때 최종 증류물의 일반적 조성을 예측하라.

풀이

그림 7.16을 참조하라. 맺음선을 사용하여 각 액체상 조성에 해당하는 증기상 조성을 연결하면 궁극적으로 최소 끓는점 불변 끓음 혼합물($x_1 = 0.33$)을 얻을 수 있다. 결국, 불변 끓음 혼합물이 얻게 되는 최종 물질이고 증류에 의해 더 이상 분리될 수 없다.

추가적인 예로서, 처음 몰분율 x_1이 0.1인 용액일 경우 증류로부터 어떠한 증류물이 최종적으로 예상되는가?

예제 7.8

그림 7.15와 같은 온도-조성 상도표를 사용하여 몰분율 x_1이 0.5인 용액을 증류할 때 최종 증류물의 일반적 조성을 예측하라.

풀이

그림 7.17을 참조하라. 맺음선을 사용하여 각 액체상 조성에 해당하는 증기상 조성을 연결하면 궁극적으로 $x_1 = 0$이 되는 조성의 물질을 얻을 수 있다. 결국, 순수한 성분 2가 최종 물질이다.

추가적인 예로서 처음 몰분율 x_1이 0.1인 용액일 경우 증류로부터 어떠한 증류물이 최종적으로 예상되는가? 예상된 결과가 예제 7.7의 추가적인 예의 결과와 같은가?

이상성으로부터 벗어남이 아주 크다면 두 액체는 어떠한 몰분율에서도 용액을 만들지 못할 것이다. 이 두 액체는 **섞이지 않을 것이다**(immisible). 각 성분이 계의 증기상과 평형을 이루는 한, 압력-조성 상도표는 그림 7.18과 약간 비슷하게 보일 것이다. 점 A와

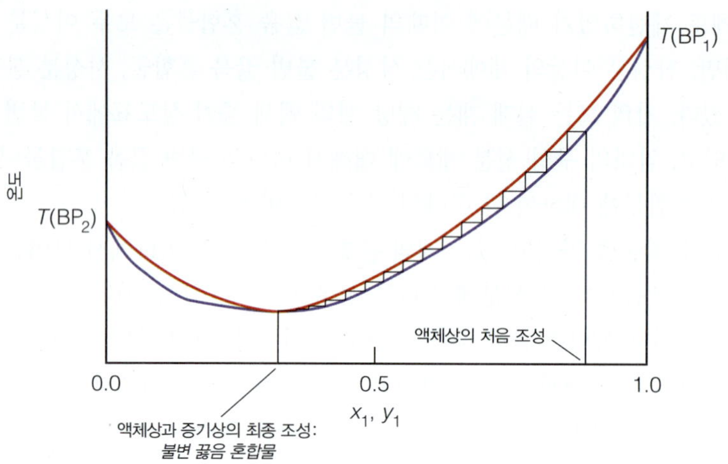

그림 7.16 예제 7.7을 참조하라. 표시한 조성을 갖는 액체로부터 출발하면 최저 끓는점 불변 끓음 혼합물이 최종 산물이 된다.

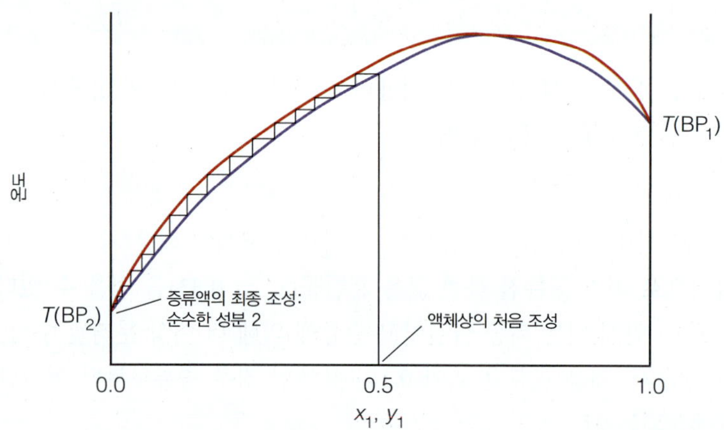

그림 7.17 예제 7.8을 참조하라. 표시한 조성을 갖는 액체로부터 출발하면 최종 산물은 순수한 성분 중 하나가 될 것이다.

표 7.1 몇 가지 불변 끓음 혼합물과 이들의 물리적 성질

성분 1	성분 1의 BP(℃)	성분 2	성분 2의 BP(℃)	성분 1의 %	성분 2의 %	불변 끓음 혼합물의 BP(℃)
CCl_4	76.75	HCOOH	100.7	81.5	18.5	66.65
CH_3OH	64.7	CH_3COCH_3	56.15	12	88	55.5
H_2O	100.00	C_2H_5OH	78.32	4	96	78.17
H_2O	100.00	$C_2H_5CO_2CH_3$	77.15	8.47	91.53	70.38
H_2O	100.00	피리딘	115.5	41.3	58.7	93.6
HCl	−85	$(CH_3)_2O$	−22	38	62	−2
HCOOH	100.75	피리딘	115.5	61.4	38.6	127.4

출처: CRC Handbook of Chemistry and Physics

B 사이에서 두 액체는 섞이지 않음을 말해주고 있고, 액체와 평형을 이루고 있는 증기의 총 증기 압력은 단순히 두 평형 증기 압력의 합이다.*

*두 액체가 모두 계안의 약간의 공간에 노출되어 있고 이들의 증기와 평형을 이룰 수 있다고 가정한다. 더 조밀한 섞이지 않는 액체가 덜 조밀한 액체에 의해서 완전히 뒤덮인 계에서 조밀한 액체의 증기 압력은 낮아질 것이다.

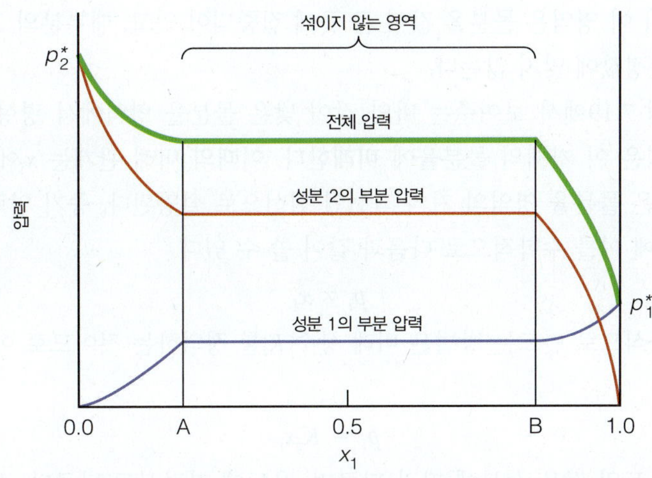

그림 7.18 매우 비이상적인 용액에 대하여 섞이지 않는 영역이 있을 수 있다. 이러한 영역에서 증기의 조성은 변하지 않을 것이다. 점 A와 B 사이의 구간은 섞이지 않는 영역이다. 이 범위에서의 증기 압력은 일정하다.

7.5 액체/기체 계와 헨리 법칙

기체는 액체에 용해할 수 있고 액체/기체 용액은 실로 중요하다. 한 예로서 청량음료가 있는데 이는 이산화 탄소 기체가 물에 용해된 것이다. 다른 예로서 대양이 있으며, 대양에서 산소의 용해도는 물고기를 비롯한 다른 동물에 매우 중요하고, 이산화 탄소의 용해도는 조류를 비롯한 식물에 중요하다. 대양이 기체를 용해시킬 수 있는 능력은 거의 알려지지 않았지만 대류권(지표면과 가장 가까운 대기층)의 날씨 조건의 주된 인자라고 추정하고 있다.

액체/기체 용액의 범위는 극히 넓다. 염화 수소 기체(HCl)는 물에 매우 가용성이어서 염산 용액을 만든다. 반면에, 물에 대한 산소의 용해도는 1 bar에서 약 0.0013 M에 불과하다.

액체/기체 용액은 비이상적이고, 라울 법칙이 적용되지 못한다. 이것은 그림 7.19에 설명되어져 있고, 여기서는 기체 성분의 증기 압력이 몰분율에 대하여 그려져 있다. 그림에서 보면 실제 증기 압력과 비교할 때 라울 법칙에 의한 예측이 잘 맞는 몰분율 영역

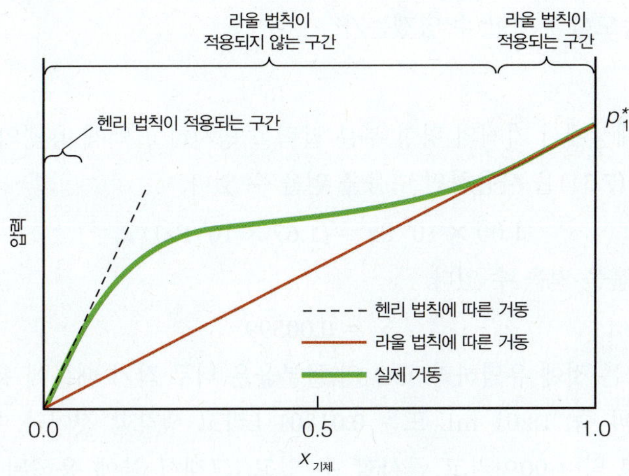

그림 7.19 성분 중 하나가 기체라면, 낮은 몰분율의 기체에서는 라울 법칙이 적용되지 않는다. 그러나 비례하는 구간이 있다. 헨리 법칙을 사용하여 이 구간을 기술할 수 있다.

표 7.2 몇 가지 수용액에 대한 헨리 법칙 상수[a]

화합물	K_i (Pa)
아르곤(Ar)	4.03×10^9
1,3-뷰타디엔(C_4H_6)	1.43×10^{10}
이산화 탄소(CO_2)	1.67×10^8
폼알데하이드(CH_2O)	1.83×10^3
수소(H_2)	7.03×10^9
메테인(CH_4)	4.13×10^7
질소(N_2)	8.57×10^9
산소(O_2)	4.34×10^9
염화 바이닐($CH_2 = CHCl$)	6.11×10^7

[a]온도는 25°C이다.

이 있다. 그러나 이 영역은 몰분율 값이 큰 곳에 집중되어 있고, 대부분의 조성에서 라울 법칙은 실제 측정값에 맞지 않는다.

하지만 그림 7.19에서 보여주는 바와 같이 낮은 몰분율 영역에서 평형 증기상의 기체의 증기 압력은 이 기체의 몰분율에 **비례한다**. 이때의 비례 관계는 x_i에 대한 압력의 그래프에서 낮은 몰분율 영역의 거의 직선인 점선으로 설명된다. 증기 압력은 몰분율에 비례하기 때문에 이를 수학적으로 다음과 같이 쓸 수 있다.

$$p_i \propto x_i$$

비례 관계를 등식으로 만드는 방법은 비례 상수 K_i를 정의하는 것이므로 이제 다음 식을 쓸 수 있다.

$$p_i = K_i x_i \tag{7.31}$$

여기에서 상수 K_i의 값은 성분에 따라 다르며, 온도에 따라서도 다르다. 식 (7.31)을 영국의 화학자 헨리(William Henry)의 이름을 따서 **헨리 법칙**(Henry's law)이라 부르며, 헨리는 현대 원자론과 돌턴의 부분 압력의 법칙으로 명성이 있는 돌턴(John Dalton)과는 동년배 친구였다. K_i는 **헨리 법칙 상수**(Henry's law constant)라 한다.

라울 법칙과 헨리 법칙의 유사점과 차이점에 주목하라. 두 식 모두 용액 내 휘발 성분의 증기 압력에 적용된다. 두 식 모두에 따르면 한 성분의 증기 압력은 그 성분의 몰분율에 비례한다. 그러나 라울 법칙은 비례 상수로 정의한 것이 순수한 성분의 증기 압력인 반면에 헨리 법칙은 실험적으로 결정되는 어떤 값이다. 몇 가지 헨리 법칙 상수가 표 7.2에 나열되어 있다.

헨리 법칙을 많은 곳에 적용할 때는 다른 관점에서 계를 정의한다. 용액의 조성을 명시하는 것 대신에 액체상 및 기체 성분의 평형 압력을 명시한다. 그래서 질문을 하게 되는데, 평형을 이루는 용액에서 기체의 평형 몰분율은 얼마인가? 다음의 예를 통하여 설명해 보자.

예제 7.9

Pa = pascal(파스칼), 1 bar = 10^5 Pa

물에서 CO_2의 헨리 법칙 상수는 20°C에서 1.67×10^8 Pa이다. 물과 평형을 이루는 CO_2의 압력은 같은 온도에서 1.00×10^6 Pa일 때 용액에서 CO_2의 몰분율은 얼마인가? CO_2 용액의 몰농도를 추정할 수 있겠는가?

풀이

이 예제에서 기체상에서 기체의 평형 부분 압력을 명시하고 액체 용액의 몰분율을 결정하려고 한다. 식 (7.31)을 사용하면 다음을 얻을 수 있다.

$$1.00 \times 10^6 \text{ Pa} = (1.67 \times 10^8 \text{ Pa}) \cdot x_i$$

이 식을 풀면 다음을 얻을 수 있다.

몰분율은 단위가 없다.

$$x_i = 0.00599$$

단위가 상쇄된다는 것에 유념하라. CO_2의 몰분율은 너무 작기 때문에 용액 1 mol의 부피는 물의 몰부피 즉, 18.01 mL 또는 0.01801 L라고 생각할 것이다. 더 나아가 H_2O 분자의 몰분율은 약 1.00이라고 근사할 수 있고, 그래서 물에 용해된 CO_2의 몰수는 0.00599 mol이다. 그러므로 용액의 몰농도는 근사적으로 다음과 같다.

예제 7.9 *(계속)*

$$\frac{0.00599 \text{ mol}}{0.01801 \text{ L}} = 0.333 \text{ M}$$

용액의 몰농도가 더 크면 액체상에서 매우 작은 몰분율이란 것에 배치된다.

전형적으로 탄산음료는 이 정도의 이산화 탄소의 압력을 사용하여 만들어진다.

7.6 액체/고체 용액

이 절에서는, 액체 성분(**용매**)의 몰분율은 크고 고체 성분(**용질**)의 몰분율은 작은 용액만을 취급한다. 용액에서 서로 반대로 하전된 이온들이 존재하면 용액의 성질에 영향을 주기 때문에(다음 장에서 취급 예정), 고체 용질은 비이온성이라고 또한 가정한다. 고체 성분을 명시할 때 은연중에 고려할 사항이 또 하나 있다. 용액과 평형을 이루는 증기상에는 고체가 기여하지 못한다. 이를 의미하는 한 방법으로 고체가 **비휘발성**(nonvolatile) 성분이다고 말한다. 그러므로 이런 종류의 용액은 보다 복잡한 분별 증류보다는 용매라는 휘발성 성분만의 **단순 증류**에 의해서 쉽게 분리될 수 있다. 그림 7.20에 단순 증류를 위한 두 개의 실험장치가 있다. 이들을 그림 7.9와 비교해 보라.

액체 성분에 대하여 액체-기체 상변화를 언급했다면 액체-고체 상변화에 대해서는 무엇을 말해야 하는가? 즉, 용액이 얼 때 무슨 일이 발생하는가? 순수한 액체의 어는점은 짧게 논의된 주제이지만, 전형적으로 용액의 어는점은 이와는 같지 않다. 하지만, 액체가 고체화하면 **순수한 고체상이 생긴다.** 남아 있는 액체상은 용질이 더욱 농축된다. 이 같은 농도의 증가는 용액이 포화될 때까지 계속된다. 농축이 더욱 진행된다면 용매의 고체화와 더불어 용질도 침전이 일어나게 된다. 이것은 용질이 모두 침전되고 액체 성분이 모두 순수한 고체가 될 때까지 계속된다.

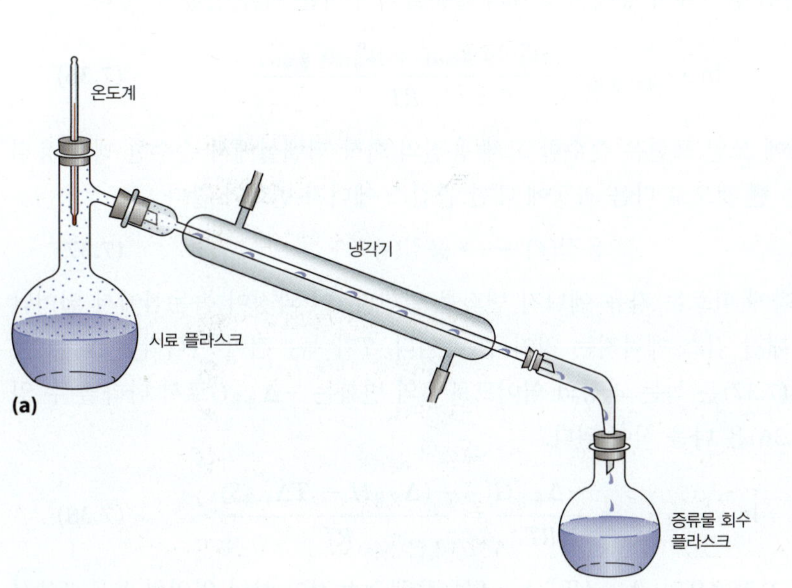

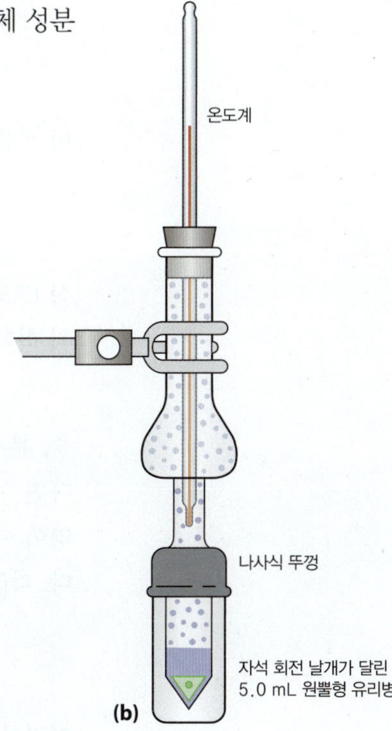

그림 7.20 단순 증류 장치. 이 그림을 그림 7.9와 비교하라. (a) 정상 크기의 단순 증류 장치. (b) 미량의 단순 증류 장치.

대부분 액체/고체 용액은 무한한 비율의 용액을 만들지 못한다. 전형적으로, 주어진 양의 액체에 용해될 수 있는 고체의 양에는 한계가 있다. 이런 한계에서의 용액은 **포화되었다**(saturated)라고 말한다. **용해도**(solubility)는 포화된 용액을 만들기 위해서 용해된 고체의 양을 나타내며 다양한 단위로 주어진다[용해도의 일반적 단위는 (용질의 그램 질량)/(용매 100 mL)이다]. 우리들이 취급하는 대부분의 용액은 용질이 용해될 수 있는 최대 양보다 적게 들어 있어 불포화되어 있다. 이따금 용해될 수 있는 최대 양보다 좀 더 용해하는 것이 가능하다. 이런 현상은 전형적으로 용매를 가열하여 보다 많은 용질을 용해시키고 난 후 과량의 용질이 침전되지 않도록 조심스럽게 용액을 냉각시킴으로써 이루어진다. 이 용액이 **과포화**(supersaturated) 용액이다. 그렇지만 이들은 열역학적으로 안정하지 않다.

액체/고체 이상 용액에 대하여 고체 용질의 용해도를 계산하는 것이 가능하다. 포화 용액이 있다면 이 용액은 과량의 용해되지 않은 용질과 평형을 이루고 있는 것이다.

$$\text{용질(s)} + \text{용매}(\ell) \rightleftharpoons \text{용질(용매화)} \tag{7.32}$$

여기에서 용질(용매화)은 용매화된 용질 즉, 용해된 고체를 말한다.

식 (7.32)의 평형이 이루어지면 용해되지 않은 고체의 화학 퍼텐셜과 용해된 용질의 화학 퍼텐셜은 같다.

$$\mu^{\circ}_{\text{순수한 용질(s)}} = \mu_{\text{용해된 용질}} \tag{7.33}$$

용해되지 않은 용질은 순수한 물질이므로 이것의 화학 퍼텐셜에는 위첨자 °가 붙어 있는 반면에 용해된 용질의 화학 퍼텐셜은 용액의 화학 퍼텐셜의 한 부분이다. 그러나 용해된 용질이 액체/액체 용액의 한 성분일 경우 용해된 용질의 화학 퍼텐셜은 다음과 같다.

$$\mu_{\text{용해된 용질}} = \mu^{\circ}_{\text{용해된 용질}(\ell)} + RT \ln x_{\text{용해된 용질}} \tag{7.34}$$

식 (7.33)에 있는 $\mu_{\text{용해된 물질}}$을 치환하면 다음이 된다.

$$\mu^{\circ}_{\text{순수한 용질(s)}} = \mu^{\circ}_{\text{용해된 용질}(\ell)} + RT \ln x_{\text{용해된 용질}} \tag{7.35}$$

이 식을 재배열하면 용액에서 용해된 용질의 몰분율을 구하는 식을 얻을 수 있다.

$$\ln x_{\text{용해된 용질}} = \frac{\mu^{\circ}_{\text{순수한 용질(s)}} - \mu^{\circ}_{\text{용해된 용질}(\ell)}}{RT} \tag{7.36}$$

식 (7.36)의 분자에 쓰인 표현은 순수한 고체 용질의 화학 퍼텐셜에서 순수한 액체 용질의 화학 퍼텐셜을 뺀 것으로 다음 과정에 대한 몰깁스 에너지 변화와 같다.

$$\text{용질}(\ell) \longrightarrow \text{용질(s)} \tag{7.37}$$

즉, 분자는 고체화에 따르는 자유 에너지 변화를 말한다. 이 과정이 녹는점에서 일어난다면 이 과정에 대한 깁스 에너지는 영이 될 것이다. T가 녹는점이 아니라면 $\Delta_{\text{용융}}G$는 영이 아니다. 식 (7.37)은 녹는 과정의 역이므로 G의 변화는 $-\Delta_{\text{용융}}G$로서 나타낼 수 있다. 따라서 식 (7.36)은 다음 식이 된다.

$$\ln x_{\text{용해된 용질}} = \frac{-\Delta_{\text{용융}}G}{RT} = \frac{-(\Delta_{\text{용융}}H - T\Delta_{\text{용융}}S)}{RT} \tag{7.38}$$

여기서 $\Delta_{\text{용융}}G$를 치환했으며, $\Delta_{\text{용융}}H$와 $\Delta_{\text{용융}}S$는 각각 녹는점이 아닌 임의의 온도 T에서 엔탈피와 엔트로피의 변화를 나타내고 있음에 거듭 유의하라.

이제 식 (7.38)의 마지막 항에 특별한 방법으로 영을 첨가한다. 즉, $(\Delta_{용융}G_{MP})/RT_{MP}$를 붙인다. 여기서 $\Delta_{용융}G_{MP}$는 용융 깁스 에너지이며 T_{MP}는 용질의 녹는점이다. 녹는점에서 $\Delta_{용융}G_{MP}$는 영과 같으므로 식 (7.38)에 영을 간단하게 붙였고 다음 식을 얻을 수 있다.

$$\ln x_{용해된\ 용질} = \frac{-(\Delta_{용융}H - T\,\Delta_{용융}S)}{RT} + \frac{\Delta_{용융}G_{MP}}{RT_{MP}}$$

$$= \frac{-(\Delta_{용융}H - T\,\Delta_{용융}S)}{RT} + \frac{\Delta_{용융}H_{MP} - T_{MP}\,\Delta_{용융}S_{MP}}{RT_{MP}}$$

$$\ln x_{용해된\ 용질} = -\frac{\Delta_{용융}H}{RT} + \frac{\Delta_{용융}R}{R} + \frac{\Delta_{용융}H_{MP}}{RT_{MP}} - \frac{\Delta_{용융}S_{MP}}{R}$$

또다시 아래 첨자 MP를 사용하여 녹는점에서 ΔH와 ΔS를 나타내었다. 그러나 온도에 따른 엔탈피와 엔트로피의 변화가 크게 변하지 않는다면 $\Delta_{용융}H \approx \Delta_{용융}H_{MP}$로, 그리고 $\Delta_{용융}S \approx \Delta_{용융}S_{MP}$로 근사화할 수 있다. $\Delta_{용융}H_{MP}$ 및 $\Delta_{용융}S_{MP}$를 소거하기 위해서 치환하면 다음 식을 얻을 수 있다.

$$\ln x_{용해된\ 용질} = -\frac{\Delta_{용융}H}{RT} + \frac{\Delta_{용융}S}{R} + \frac{\Delta_{용융}H}{RT_{MP}} - \frac{\Delta_{용융}S}{R}$$

따라서 $\Delta_{용융}S$의 두 항은 서로 상쇄됨을 알 수 있다. $\Delta_{용융}H$의 두 항은 합하고 공통 인수로 묶으면 최종 식은 다음과 같이 된다.

$$\ln x_{용해된\ 용질} = -\frac{\Delta_{용융}H}{R}\left(\frac{1}{T} - \frac{1}{T_{MP}}\right) \tag{7.39}$$

이것이 용액에서 용질의 용해도를 계산할 수 있는 기본식이다. 통상 모든 온도의 단위는 절대 온도이어야 한다. 용해도는 용액에서 용해된 용질의 몰분율로 주어짐에 명심하라. 몰농도(mol/L)나 g/L의 단위로 용해도를 나타내고 싶으면 적절한 환산해야 한다.

예제 7.10

나프탈렌의 용융 엔탈피가 19.123 kJ/mol이고 녹는점이 78.2°C일 때 액체 톨루엔($C_6H_5CH_3$)에서 고체 나프탈렌($C_{10}H_8$)의 용해도를 25.0°C에서 계산하라.

풀이

식 (7.39)를 사용하여 다음을 얻는다.

$$\ln x_{용해된\ 용질} = -\frac{19.123\ \frac{\text{kJ}}{\text{mol}}}{0.008314\ \frac{\text{kJ}}{\text{mol}\cdot\text{K}}}\left(\frac{1}{298.15\ \text{K}} - \frac{1}{351.35\ \text{K}}\right)$$

R의 값은 kJ 단위로, 온도는 절대 온도로 변환했음에 유의하라. 모든 단위는 당연히 대수적으로 상쇄되어 다음을 얻는다.

$$\ln x_{용해된\ 용질} = -2300.1(0.0033542\ldots - 0.0028461\ldots)$$

$$\ln x_{용해된\ 용질} = -1.1687\ldots$$

이제 역자연로그를 취하여 다음을 얻는다.

$$x_{용해된\ 용질} = 0.311$$

온도의 역수값을 구할 때 소숫점에서 너무 가깝게 반올림하지 마라. 그렇지 않으면 최종 답에서 숫자적 정밀성을 잃게 된다.

예제 7.10 *(계속)*

실험적으로 톨루엔에 용해된 나프탈렌의 몰분율 $x_{\text{용해된 용질}}$은 0.294이다. 특히 식 (7.39)를 유도할 때 가정한 것을 감안한다면 계산값과 실험값이 서로 잘 일치함에 주목하라.

예제 7.11

식 (7.39)를 사용하여 화합물의 용해도에 대한 온도 증가의 효과를 평가하라. 온도는 순수한 용질의 녹는점보다 낮다고 가정한다.

풀이

$\Delta_{\text{용융}}H$가 양수(정의에 의해서 이 값은 양수이다)라면 $-(\Delta_{\text{용융}}H)/R$은 음수이다. 온도가 증가할수록 $1/T$은 점점 감소하므로 $[(1/T) - (1/T_{MP})]$의 값은 점점 감소한다. ($T < T_{MP}$이면 $1/T > T_{MP}$이다. 따라서 $1/T$이 점점 작아지면 $[(1/T) - (1/T_{MP})]$의 값은 점점 작아진다. 그러므로 $[-(\Delta_{\text{용융}}H)/R][(1/T) - (1/T_{MP})]$의 값은 T가 증가할수록 음수의 숫자가 점점 작아진다. 음수의 숫자가 작을수록 이것의 역로그 값은 더 큰 소수가 된다. 따라서 T가 증가함에 따라 $x_{\text{용해된 용질}}$은 증가한다. 바꾸어 말하면, 온도가 증가할 때 용질의 용해도는 증가한다. 이것은 거의 모든 용질에 대해서 부합한다(온도 증가에 따라 용해도가 감소하는 용질이 몇 개 있지만 드물다).

7.7 고체/고체 용액

많은 고체들은 실제로 두 개 이상의 고체 성분으로 이루어진 용액이다. 합금은 고체 용액이다. **강철**(steel)은 철의 합금이며 강철의 종류가 많다. 이들의 성질은 표 7.3에서 보

표 7.3 고체/고체 용액의 예[a]

이름	조성	용도
알니코(Alnico)[b]	12 Al, ~20 Ni, 5 Co, 나머지는 Fe	영구 자석
모니막스(Monimax)	47 Ni, 3 Mo, 나머지는 Fe	전자석의 전선
우드 메탈(Wood's metal)	50 Bi, 25 Pb, 12.5 Sn, 12.5 Cd	소방용 스프링클러 설비
땜납(Solder)	25 Pb, 25 Sn, 50 Bi	낮은 온도에서 녹는 땜납
스테인리스 강철 #304[c]	18~20 Cr, 8~12 Ni, 1 Si, 2 Mn, 0.08 C, 나머지는 Fe	표준 스테인리스 강철
스테인리스 강철 #440[c]	16~18 Cr, 1 Mn, 1 Si, 0.06~0.75 C, 0.75 Mo, 나머지는 Fe	고급 스테인리스 강철
배빗 합금(Babbitt metal)	89 Sn, 7 Sb, 4 Cu	베어링 마찰 감소
콘스탄탄(Constantan)	45 Ni, 55 Cu	열전기쌍
포금(Gunmetal)	90 Cu, 10 Sn	대포
스터링실버(Sterling silver)	92.5 Ag, 7.5 Cu(또는 다른 금속)	내구성이 있는 은 제품

[a]모든 숫자 값은 무게%이다.
[b]여러 개의 다른 조성의 알니코가 존재하며, 이 중 일부는 다른 금속 성분을 함유한다.
[c]수십 가지 종류의 스테인리스 강철이 존재하며, 각자 고유의 성질을 가진다.

여주는 것처럼 용액을 구성하는 성분들뿐만 아니라 이들의 몰분율에도 의존한다. **아말감**(amalgam)은 수은의 합금이다. 많은 치과용 충전제가 수은의 합금인 아말감이다(수은의 독성에 대하여 인식하고 있는 위험성 때문에 아말감 충전은 별로 인기가 없지만 실제로는 위험하지 않다). 청동(구리와 주석의 합금), 황동(구리와 아연의 합금), 땜납, 백랍, 색유리, 반도체용 도핑 실리콘은 모두 고체 용액의 본보기들이다.

고체 용액은 **복합재료**(composite)와 구분되어야 하며, 복합재료는 실제 전혀 용해하지 않는 두 가지 이상의 성분으로부터 형성되는 물질이다. 용액이란 전체 계에 걸쳐서 일정한 조성을 갖는 혼합물임을 상기하라. 예를 들어, 소금물은 비록 H_2O와 NaCl로 구성이 되어 있지만 거시적인 수준에서 일정한 조성을 갖는다. 그러나 합판은 그렇지 못한데, 합판은 다른 물질의 층으로 구성되어 있다는 것을 쉽게 볼 수 있기 때문이다. 복합재료는 실제 고체 용액이 아니다.

고체/고체 용액에 있어서 관심을 갖게 하는 상변화는 존재 가능한 서로 다른 고체상 사이에서 일어나거나 고체상과 액체상 사이에서 일어난다. 실제로, 액체-기체 상변화와 고체-액체 상변화 사이에 유사성이 있는데, 평형에 있는 계에서 상들의 조성은 꼭 같을 필요는 없다는 것이다. 고체-고체 용액에 있어서 용액과 평형을 이루는 액체상의 조성을 생각해야만 한다.

다음의 예제를 통하여 깁스의 상규칙이 고체 용액에도 적용된다는 것을 알아보자.

예제 7.12

이성분 고체 용액의 온도-조성 상도표에서 다음의 상황에 있는 계를 기술하기 위하여 필요한 자유도는 몇 개인가?

a. 계는 완전히 고체이다.

b. 고체상과 액체상 사이에 평형이 존재한다.

각 경우에 어떠한 변수들이 자유도가 될 수 있겠는가?

풀이

a. 한 개 상의 고체 용액에 대하여 깁스의 상규칙을 사용하면 다음을 얻게 된다.

$$F = C - P + 2 = 2 - 1 + 2$$
$$F = 3$$

자유도는 압력, 온도 및 한 성분의 몰분율이 될 수 있다(다른 몰분율은 뺄셈으로 결정할 수 있다).

b. 액체상과 평형을 이루는 고체의 경우에 상규칙은 다음과 같다.

$$F = C - P + 2 = 2 - 2 + 2$$
$$F = 2$$

이 경우에 온도와 한 성분의 몰분율을 명시할 수 있다. 두 상이 평형을 이루고 있다는 것을 알고 있기 때문에 상도표 그리고 특정 조성과 온도에서 고체상과 액체상 사이의 평형선에 의해서 압력은 결정된다.

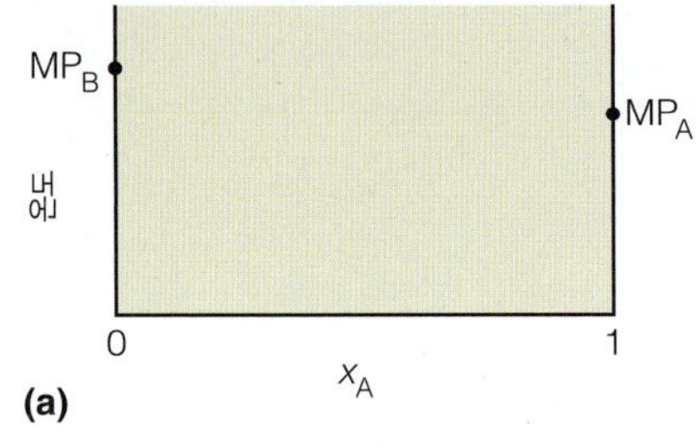

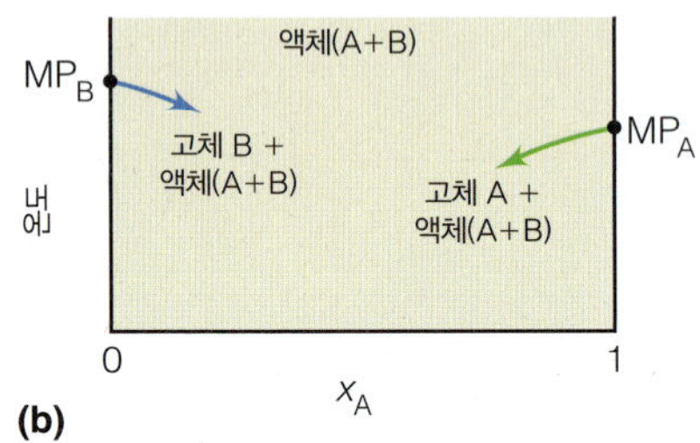

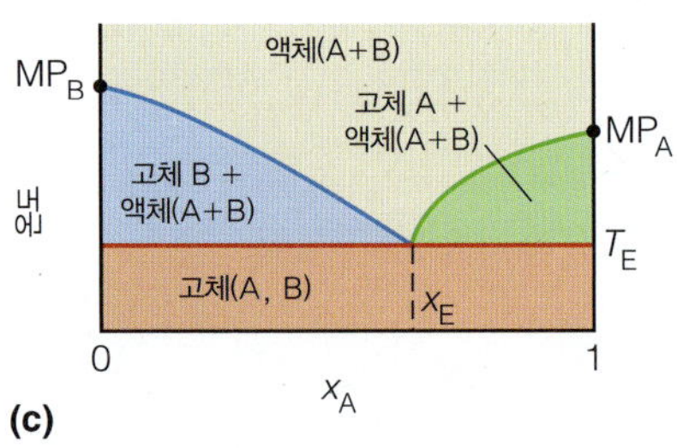

그림 7.21 고체 용액에 대한 단순 고체-액체 상도표 작성. (a) 순수한 고체 성분은 명확한 녹는점을 가지고 있다. (b) 다른 성분이 약간 혼합됨으로써 양쪽으로부터 녹는점은 이동하게 되고 내려간다. 각 선분 위 부분에서 계는 액체 상태에 있다. 각 선분의 아래 부분에서는 일부 액체가 존재하고 일부 주성분은 얼어 있다. (c) 두 선은 어디선가 만날 것이다. 이 점 아래에 있는 계는 고체이다. 그래서 상도표는 모두 고체, 고체 + 액체 및 모두 액체의 영역으로 분할될 수 있다. 두 개의 '고체 + 액체' 영역은 다른 조성을 갖는다.

고체 용액의 고체-액체 상변화(가장 흔한 형태)에 대한 온도-조성 상도표를 이해하는 데에는 바로 앞 절에서 다룬 문제가 내포되어 있다. 액체 용액이 고체화가 일어나는 온도에 이르면 통상 **순수한 상**(pure phase)이 용액에서 응고된다. 이렇게 되면서 남아 있는 액체에는 다른 성분이 더욱 농축된다. 이렇게 말하는 것은 분별 증류처럼 들리고, 그림 7.10이나 7.11과 같은 상도표가 고체-액체 상변화에도 적용될 수 있음을 제시해주고 있다. 그러나 이보다는 다소 복잡하다.

우선 어떠한 용질이라도 용매에 첨가되면 용매의 어는점이 낮아진다는 것을 알아야 하는데 이 내용에 대한 자세한 사항은 나중에 나올 것이다. 예를 들어, 두 개의 순수한 성분 A와 B로 시작할 수 있으며, 이 성분들은 그림 7.21a의 온도-조성 상도표에서 보여주는 것처럼 고유의 녹는점(MP)을 가진다. 이때의 몰분율은 각각 $x_A = 1$과 $x_A = 0$이다. 상도표의 각 변에서 시작하여 순수한 성분이 점점 혼합이 되어감에 따라 즉, 상도표의 각 변에서 중앙 쪽으로 이동함에 따라 녹는점은 떨어진다(그림 7.21b). 상도표에 표시된 대로 이런 현상이 액체상과 이것과 평형을 이루고 있는 하나의 고체상(순수한 B 또는 순수한 A) 사이의 경계선으로 나타내져 있다. 도표의 양변에 있는 순수한 성분이 섞여질수록 고체-액체 평형선은 그림 7.21c에서 보여주는 것처럼 궁극적으로는 만난다. 이 점에서 두 고체 A와 B는 모두 얼 것이다.

상도표의 어느 한 변에서 시작할 때 상황은 액체-기체 상변화와 매우 흡사하다. 즉, 한 성분의 상이 우선적으로 변할 것이고, 다른 성분은 남아 있는 액체에 어떤 특정 조성 x_E가 될 때까지 점점 농축될 것이다. 그래서 두 성분은 동시에 얼게 될 것이고, 생성된 고체는 액체와 같은 조성을 갖게 될 것이다. 이 같은 조성을 **함께 녹는 조성**(eutectic composition)이라 한다. 이 조성에서 액체는 마치 순수한 성분처럼 거동하고, 함께 녹는 온도 T_E에서 평형을 이루는 고체상과 액체상은 같은 조성을 갖는다. 이때 '순수한 성분(실제로 다성분 용액임)'을 **함께 녹는 혼합물**(eutectic)이라 한다. 함께 녹는 혼합물은 액체-기체 상도표에서 **불변 끓음 혼합물**(azeotrope)과 유사하다. 모든 계가 전부 함께 녹는 혼합물을 형성하는 것은 아니다. 어떤 계는 두 개 이상의 함께 녹는 혼합물을 가질 수도 있고, 다성분계의 함께 녹는 혼합물의 조성은 성분들의 특성이다. 즉, 주어진 계에서 함께 녹는 혼합물을 예측할 수는 없다.

따라서 그림 7.21c가 보여주는 것은 A와 B의 고체 혼합물의 거동과 온도 변화에 따른 고체상과 액체상의 거동이다. 함께 녹는 온도 T_E 아래에서 계는 고체이고, 이 온도 위에서는 액체상만이 존재하든지(함께 녹는 혼합물의 조성이라면) 아니면 순수한 고체에 액체 혼합물이 더해진 형태일 수 있다.

예제 7.13

그림 7.22a는 두 성분 A와 B의 상도표를 보여주고 있으며, 처음 시작하는 두 점 M과 N이 있다.

a. 계가 점 M에서 출발하여 냉각될 때 성분들의 거동을 설명하라.

b. 계가 점 N에서 출발하여 가열될 때 성분들의 거동을 설명하라.

풀이

a. 점 M은 A의 몰분율이 대략 0.1이므로 대부분 성분 B로 이루어진 액체를 나타낸다.

예제 7.13 *(계속)*

상도표의 수직 아래로 내려가면 이성분 액체의 온도는 고체-액체 평형선에 이를 때까지 떨어진다. 평형점에서 순수한 성분 B는 응고되고, 남아 있는 액체에서 성분 A의 농도는 실제로 점점 진해진다. A의 몰분율이 0.2에 이르게 되면 함께 녹는 조성이 되고, 액체는 마치 순수한 물질인 양 응고되며, A와 B의 함께 녹는 고체로서 냉각이 계속된다. 그림 7.22b의 점선의 경로가 이런 변화를 표시해준다.

b. 점 N은 A와 B가 거의 같은 몰분율이 되는 고체상을 나타낸다. 온도를 올리면 성분 A와 B가 녹기 시작하는 점에 이르게 된다. 이때의 액체는 성분 B가 풍부한 함께 녹는 혼합물의 조성을 가진다. 남아 있는 고체에는 성분 A가 더 풍부하다. 궁극적으로 성분 B는 모두 녹고, 그 이후로 순수한 성분 A는 A의 녹는점에서 녹는다.

불변 끓음 혼합물에서처럼 함께 녹는 혼합물도 삼성분, 사성분 등이 있을 수 있지만 그들의 상도표는 매우 복잡하고 매우 빠르게 변한다. 몇 가지 중요한 함께 녹는 혼합물은 일상생활에 영향을 끼친다. 보통 땜납은 63%의 주석과 37%의 납으로 이루어져 있는 함께 녹는 혼합물로서 183°C에서 녹는 반면, 주석과 납의 녹는점은 각각 232°C와 327°C이다. 우드 메탈(Wood's metal)은 50%의 비스무트, 25%의 납, 12.5%의 주석과 12.5%의 카드뮴으로 이루어진 합금으로서 70°C(물의 끓는점보다 낮다!)에서 녹으며, 천장에 있는 소방용 스프링클러 설비에 사용될 수 있다. NaCl과 H_2O는 −21°C에서 녹는 함께 녹는 혼합물을 형성하는데, 겨울철 빙판진 도로에 소금을 사용하는 지역에게는 관심을 좀 갖게 한다(이 함께 녹는 혼합물의 조성은 무게비로 약 23% NaCl이다). 세슘과 포타슘으로 이루어진 특별한 함께 녹는 혼합물이 있다. 세슘과 포타슘이 77:23의

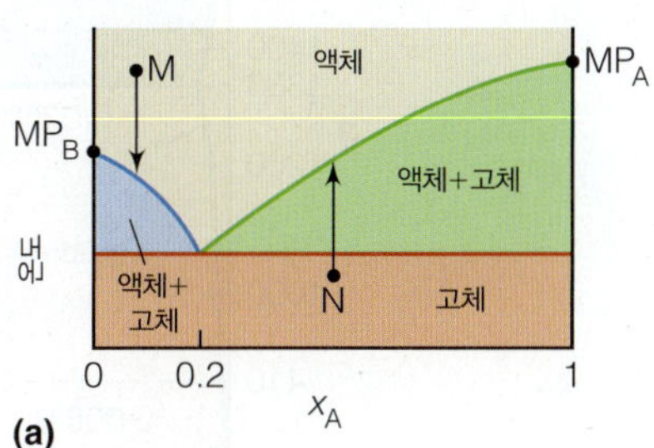

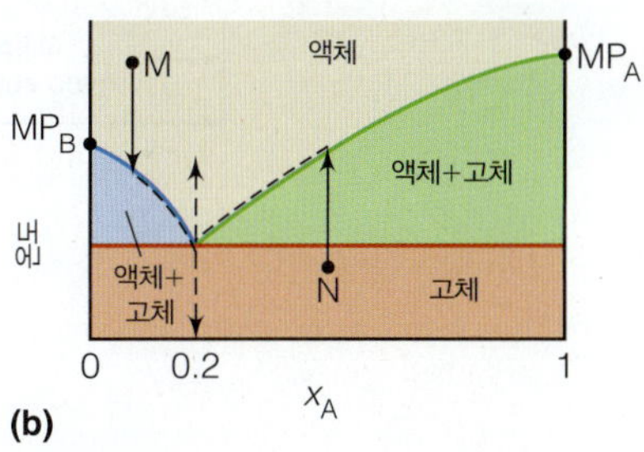

그림 7.22 예제 7.13에 기술된 상도표.

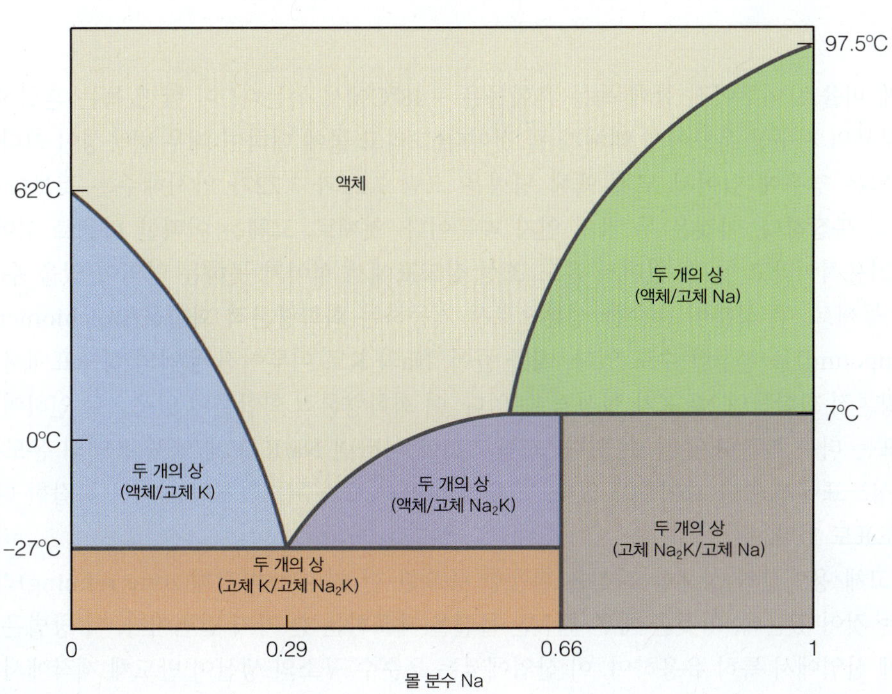

그림 7.23 복잡한 고체 용액의 상도표. 이것은 Na/K 계의 상도표이다. 이 상도표로부터 Na_2K라고 하는 화학량론적 화합물의 존재를 볼 수 있다. *출처*: T.M.Duncan and .A.Reimer, *Chemical Engineering Design and Analysis: An Introduction*, Cambridge University Press, 1998.

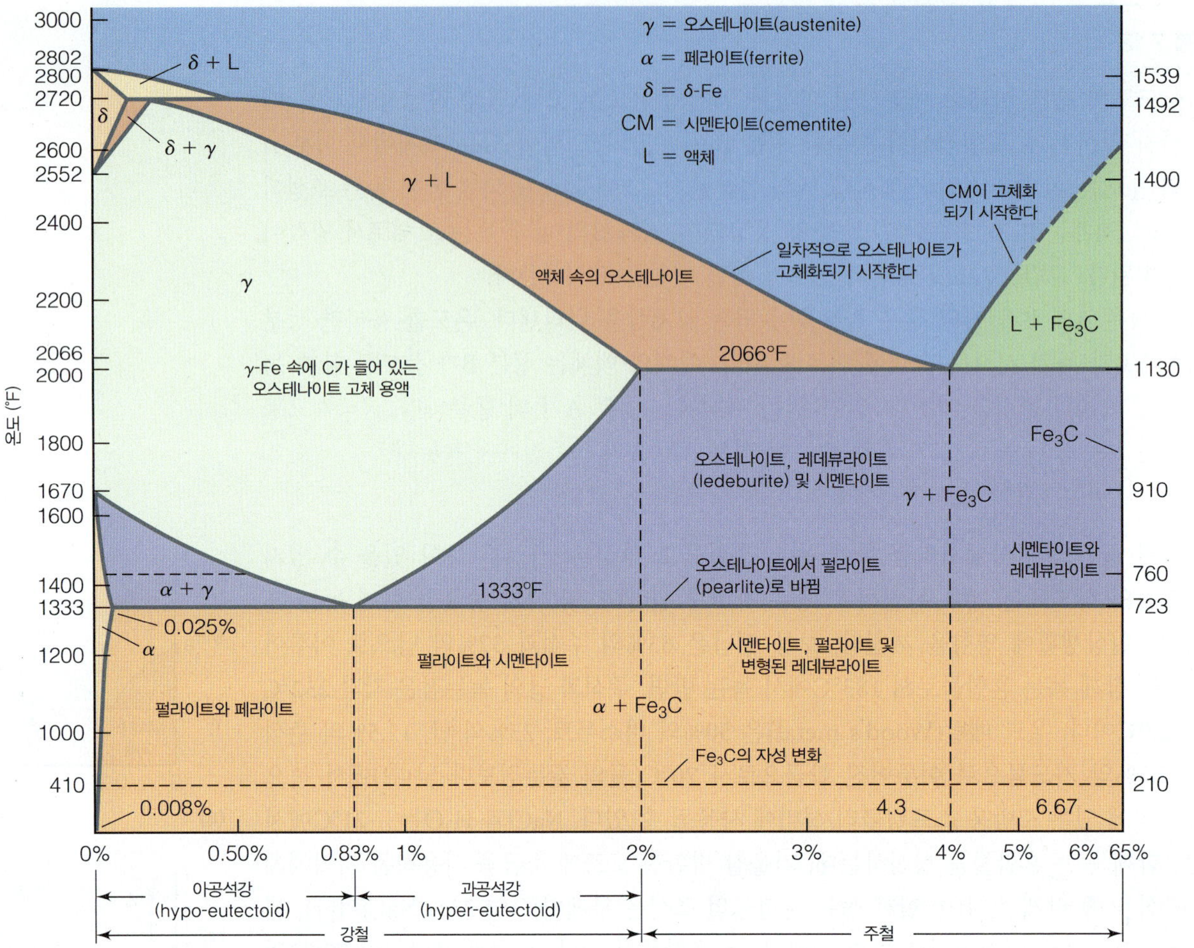

그림 7.24 복잡한 고체 용액의 상도표. 이 경우엔 Fe/C 계를 기술하고 있다.

무게 비율로 이루어진 함께 녹는 혼합물은 −48°C에서 녹는다! 이 함께 녹는 혼합물은 대부분의 지구상 온도에서 액체가 될 것이다(그리고 물에 대하여 매우 반응성이 크다).

많은 경우에 있어서 고체-액체 평형은 그림 7.21과 7.22가 암시해주는 것보다 훨씬 더 복잡하다. 이것은 두 가지 인자 때문이다. 첫째로, 고체는 어떠한 비율로 섞어도 다 가용적이라고 할 수 없어서 온도-조성 상도표에서 섞이지 못하는 영역이 있을 수 있다. 둘째로, 두 성분이 순수한 성분으로서 거동하는 **화학량론적 화합물**(stoichiometric compound)을 형성할 수도 있다. 예를 들어, Na와 K로 이루어진 용액의 상도표에서 화학량론적 화합물인 Na_2K가 형성될 수 있다. 이 화학량론적 화합물이 있음으로 인하여 상도표는 더욱 복잡하게 될 수 있다. 그림 7.23에 나타낸 Na/K 고체/액체 용액의 온도-조성 상도표에서 이를 보여주고 있다. 그림 7.24에서 보여주는 것처럼 더더욱 복잡한 다른 상도표도 있다.

고체 용액상의 상세한 지식을 활용한 중요한 한 가지로 **띠정제**(zone refining)라고 하는 것이 있는데, 이것은 매우 순수한 물질을 제조하는 한 가지 방법이다. 이 방법은 반도체 산업에서 특히 유용하며, 이 산업에서는 초순수 규소의 생산이 반도체 제작에서 매우 중요한 첫 단계이다. 그림 7.25에서 규소와 산화 규소에 대한 온도-조성 상도표를 보여주고 있다. 그림 7.25에서 산소의 무게 퍼센트가 영에 매우 가까운 조성을 갖는 **순수한**(pure) 규소에는 규소의 전기적 성질에 문제를 일으키는 불순물이 여전히 충분하게

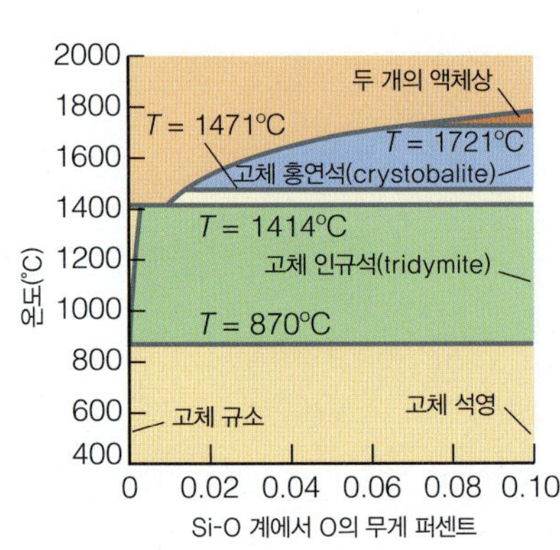

그림 7.25 규소와 산화 규소의 온도-조성 상도표. 초순수 규소를 얻는 것이 마이크로칩 제작의 첫 단계인 반도체 산업에서는 이 상도표가 매우 중요하다.

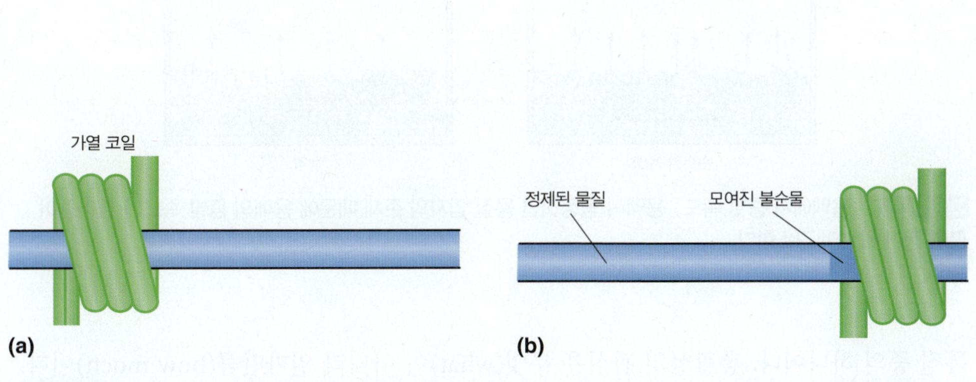

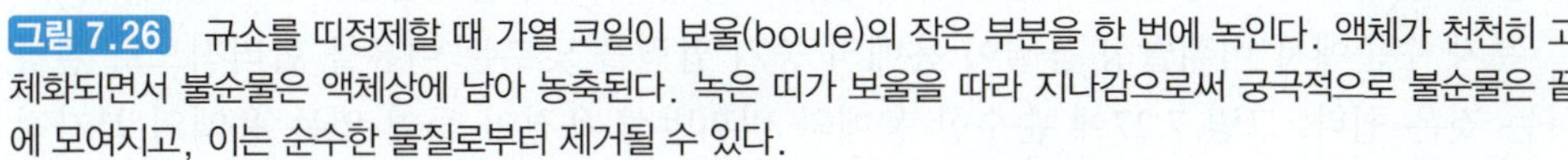
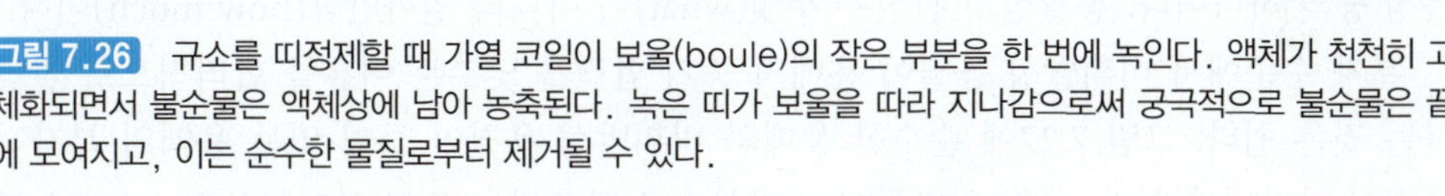

그림 7.26 규소를 띠정제할 때 가열 코일이 보울(boule)의 작은 부분을 한 번에 녹인다. 액체가 천천히 고체화되면서 불순물은 액체상에 남아 농축된다. 녹은 띠가 보울을 따라 지나감으로써 궁극적으로 불순물은 끝에 모여지고, 이는 순수한 물질로부터 제거될 수 있다.

들어 있기 때문에 순수한 규소는 더 정제되어야 한다.

보울(boule)이라고 부르는 고체 원통형의 Si가 그림 7.26에서 보여주는 것처럼 원통형 고온 전기로를 천천히 통과한다(규소는 1,410°C에서 녹는다). 이것이 다시 천천히 고체화될 때 매우 순수한 규소로서 응고되고, 불순물은 용융된 상에 남는다. 보울이 전기로를 통해 더 지나갈 때, 초순수 규소가 결정화됨으로써 불순물 층에는 불순물이 더 많이 모인다. 그림 7.26에서 보여주는 것처럼, 마침내 보울이 완전히 전기로를 다 통과한 후 불순물은 한쪽 끝에 농축되는데 이 부분은 잘라 낸다. 남는 것은 수천 개 또는 수백만 개의 반도체로 자를 수가 있는 원통형의 초순수 결정형 규소이다. 합성 보석을 비롯한 다른 결정도 이러한 방식으로 정제될 수 있다.

7.8 총괄성

용액에서 용매를 생각해 보자. 전형적으로 용매는 대부분의 몰분율을 차지하는 성분으로 정의되지만 진한 수용액의 경우 이 정의가 종종 엄격하지는 않다. 비휘발성 용질이 들어 있는 용액의 성질과 순수한 용매의 같은 성질을 비교하라. 어떤 경우엔 물리적 성질들이 다르다. 이 성질들은 용질 분자가 존재하기 때문에 다르다. 이 성질은 용질 분자가 무슨 분자인가란 **정체성**(identity)에는 관계가 없이 용질 분자의 **수**(number)에 따라 변한다. 이런 성질을 **총괄성**(colligative property)이라 하며, 이 용어는 **함께 묶는다**(to bind together)란 라틴어에서 유래되었고, 이는 어떤 의미에서 용질과 용매 분자의 입자들이 그렇게 하고 있는 것이다. 총괄성에는 보통 증기 압력 내림, 끓는점 오름, 어는점 내림 및 삼투 압력의 네 가지가 있다.

증기 압력 내림에 대해서는 라울 법칙의 형태로 이미 언급하였다. 순수한 액체의 증기 압력은 용질이 가해지면 내려가며 용매의 몰분율에 비례한다.

$$p_{\text{용매}} = x_{\text{용매}} p^{\star}_{\text{용매}}$$

여기서 $p_{\text{용매}}$는 용매의 실제 압력이고 $p^{\star}_{\text{용매}}$는 순수한 용매의 증기 압력이며, $x_{\text{용매}}$는 용액에서 용매의 몰분율이다. 몰분율은 항상 1 이하이기 때문에 용액에서 용매의 증기 압력은 **언제나 순수한 액체의 증기 압력보다 항상 작다**. 라울 법칙은 용질이 무엇인지는 상관하지 않고 오직 용매의 몰분율에만 의존한다는 것도 명심하라. 이것은 총괄성의

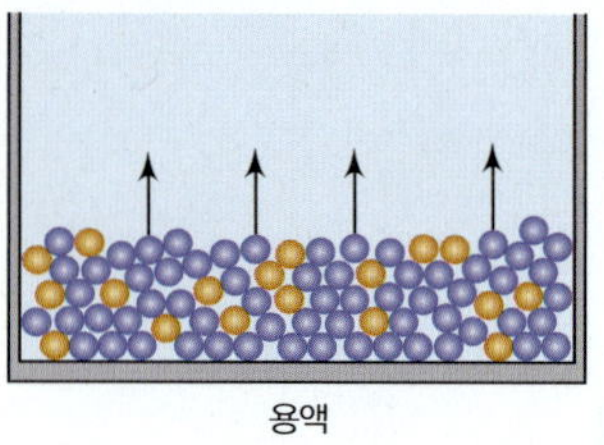

그림 7.27 용액에서 증발 속도. 용액이 형성되면 용질 입자의 존재 때문에 용매의 증발 속도가 줄어들어 평형 증기 압력이 감소한다.

특징 중의 하나이다. 총괄성의 관심은 무엇(what)이 아니라 **얼마만큼**(how much)이다.

분자 수준에서 비휘발성 용질이 용매의 증기 압력을 낮추는 이유를 합리적으로 설명하는 것은 쉽다. 그림 7.27에 순수한 용매와 비휘발성 용질이 들어 있는 용액의 분자적 표현이 나타내져 있다. 용질 입자들이 증기상으로 탈출하는 용매 분자들을 말 그대로 봉쇄함으로 인하여 순수한 액체에 비하여 용액의 평형 증기 압력이 낮아진다.

다음 총괄성을 생각해보기 전에 농도 단위인 **몰랄 농도**(molality)를 상기하자. 한 용액의 몰랄 농도는 L 단위의 용액 부피 대신에 kg 단위의 용매 질량으로 정의한 것을 제외하고는 몰농도와 비슷하다.

$$\text{몰랄 농도} = \frac{\text{용질의 mol 수}}{\text{용매의 kg 수}} \qquad \textbf{(7.40)}$$

몰랄 농도는 줄여서 m으로 나타내며, 용매 분자에 대한 용질 분자의 비를 더욱 직접적으로 나타내고 있기 때문에 총괄성에 대하여 유용하다. 몰농도란 단위는 용매가 아닌 **용액**의 L 단위 부피로 정의되기 때문에 분몰 부피의 개념을 자동적으로 내포한다. 몰랄 농도는 또한 용매(kg 단위)와 용질(mol 단위)의 양에 의존하지만 부피나 온도에는 의존하지 않는다. 따라서 온도가 변할 때 몰랄 농도 단위의 농도는 일정하게 유지되는 반면, 용액의 부피가 팽창하고 수축함으로 인하여 몰농도 단위의 농도는 변한다.

다음 총괄성으로 **끓는점 오름**(boiling point elevation)이 있다. 순수한 액체의 끓는점은 특정 압력에서 잘 정의된다. 비휘발성 용질이 첨가되면 용매 분자가 액체상에서 탈출할 수 있는 능력을 용질 분자가 어느 정도 방해할 것이고, 결국 액체가 끓는 데 더 많은 에너지가 필요하게 되어 끓는점은 상승한다.

비슷하게, 고체화가 방해받을 것이므로 용매 분자가 정상 녹는점에서 결정화되는 것이 비휘발성 용질 분자로 인하여 힘들게 된다. 그러므로 순수한 용매는 더 낮은 온도에서 언다. 이로부터 **어는점 내림**(freezing point depression)이란 개념을 정의한다. 순수한 액체는 그 안에 용질이 용해되면 그 액체의 어는점이 낮아진다(이 개념은 실험실에서 한 화합물을 합성하려했던 모든 사람들에게 일반적인 것이다. 순수하지 않은 화합물은 용매의 어는점 내림 때문에 더 낮은 온도에서 녹을 것이다).

액체-기체 및 액체-고체 전이는 평형을 이루기 때문에 평형 과정에 대한 수학을 일부 상전이 온도의 변화에 적용할 수 있다. 두 경우 모두 논리는 같지만 여기서는 액체-고체 상평형에 집중하고 난 후에 최종적으로 액체-기체 상변화에 논리를 적용할 것이다.

어떤 면에서 어는점 내림은 앞 절에서 논의한 바 있는 용해도 한계로 인식될 수 있다. 이번엔 관심이 되는 성분은 용질 대신에 **용매**이다. 그러나 같은 논리와 식이 적용된다. 식 (7.39)를 적용하면 비슷하게 다음의 관계가 성립한다.

$$\ln x_{용매} = -\frac{\Delta_{용융}H}{R}\left(\frac{1}{T} - \frac{1}{T_{MP}}\right) \tag{7.41}$$

여기서 $\Delta_{용융}H$와 T_{MP}는 각각 용매의 용융 엔탈피와 녹는점이다. 용액이 묽다고 하면 $x_{용매}$는 1에 매우 근접한다. $x_{용매} = 1 - x_{용질}$이므로 이를 대입하면 다음을 얻을 수 있다.

$$\ln (1 - x_{용질}) = -\frac{\Delta_{용융}H}{R}\left(\frac{1}{T} - \frac{1}{T_{MP}}\right) \tag{7.42}$$

테일러 급수 전개 후 한 개 항만을 취하면 $\ln (1 - x) < -x$이고,* 이를 식 (7.42)의 왼편에 대입하면 다음을 얻는다.

$$x_{용질} \approx \frac{\Delta_{용융}H}{R}\left(\frac{1}{T} - \frac{1}{T_{MP}}\right) \tag{7.43}$$

여기에서 음의 부호는 상쇄된다. 온도항을 대수적으로 재정리하여 이 식을 다시 다음과 같이 쓸 수 있다.

$$x_{용질} \approx \frac{\Delta_{용융}H}{R}\frac{T_{MP} - T}{T \cdot T_{MP}} \tag{7.44}$$

마지막으로 한 가지 근사법을 사용해 보자. 묽은 용액을 다루고 있기 때문에 평형 온도는 정상 녹는점 T_{MP}와 크게 다르지 않다(어는점과 녹는점은 같은 온도이고 어는점과 녹는점은 서로 바꾸어 사용될 수 있음을 상기하라). 그러므로 식 (7.44)의 분모에 있는 T를 T_{MP}로 치환할 수 있다. 평형 녹음이나 어는 과정에서 온도 변화 $T_{MP} - T$를 ΔT_f로 정의할 때 식 (7.44)는 다음 식이 된다.

$$x_{용질} \approx \frac{\Delta_{용융}H}{RT_{MP}^2}\Delta T_f \tag{7.45}$$

몰랄 농도와 몰분율 사이의 관계는 단순하다. 용매의 분자량을 $M_{용매}$라면 용액의 몰랄 농도는 다음과 같다.

$$m_{용질} \approx \frac{1000 \cdot x_{용질}}{x_{용매} \cdot M_{용매}} \tag{7.46}$$

식 (7.46)의 분자에 있는 1000은 g을 kg으로의 변환을 나타내주므로 g/kg 단위라는 의미를 은연중에 내포하고 있다. 용매의 몰분율은 1에 가깝다는 것을 기억한다면 $x_{용매}$에 1을 치환함으로써 더욱 근사한 다음, 식 (7.46)을 $x_{용질}$로 나타내어 이를 식 (7.45)에 대입한다. 그 다음 식을 재배열하여 어는점이 내려간 양 ΔT_f에 대한 식을 다음과 같이 얻을 수 있다.

$$\Delta T_f \approx \left(\frac{M_{용매} \cdot RT_{MP}^2}{1000 \cdot \Delta_{용융}H}\right)m_{용질} \tag{7.47}$$

용매와 관련된 모든 항은 괄호 안에 모여져 있고, 용질과 관련된 유일한 항은 용질의 몰랄 농도이다. 용매마다 고유한 분자량 $M_{용매}$, 녹는점 T_{MP}, 용융 엔탈피 $\Delta_{용융}H$를 가지고 있어 괄호 안에 있는 모든 항은 특정 용매에 대하여 특정한 값을 갖는 상수이다(1000과 R 또한 상수이다). 따라서 이 모든 상수들을 용매에 따라 하나의 상수로 표시할 수 있고, 흔히 식 (7.47)을 다음과 같이 쓴다.

$$\Delta T_f \approx K_f \cdot m_{용질} \tag{7.48}$$

여기서 K_f는 용매의 **어는점 내림 상수**(freezing point depression constant 또는 cryoscopic constant)라 부른다.

*다항으로 전개하면 $\ln(1 - x) = -x - \frac{1}{2}x^2 - \frac{1}{3}x^3 - \frac{1}{4}x^4 - \cdots$.

예제 7.14

사이클로헥세인(C_6H_{12})의 용융 엔탈피는 2630 J/mol이고 녹는점이 6.6°C일 때 이 용매의 어는점 내림 상수를 계산하라. 이 상수의 단위는 무엇인가?

풀이

사이클로헥세인의 분자량은 84.16 g/mol이다. 녹는점은 절대 온도로 표시해야 하며 6.6 + 273.15 = 279.8 K이다. 식 (7.47)과 식 (7.48)을 비교함으로써 K_f의 식이 다음이 됨을 알 수 있다.

$$K_f = \frac{M_{용매} RT^2_{MP}}{1000\ \Delta_{용융}H}$$

각 변수들에 값을 대입하면 다음이 된다.

이 식에 'g/kg' 환산 인자가 확실하게 들어 있다.

$$K_f = \frac{(84.16\ \frac{g}{mol})(8.314\ \frac{J}{mol \cdot K})(279.8\ K)^2}{(1000\ \frac{g}{kg})(2630\ \frac{J}{mol})}$$

단위를 정리하면 K·kg/mol만 남고 나머지는 모두 상쇄된다.

$$K_f = 20.83\ \frac{K \cdot kg}{mol}$$

몰랄 농도의 단위가 mol/kg으로 정의된다는 것을 기억한다면 이 단위는 이상하게 보인다. 위의 단위는 몰랄 농도 단위의 역수이므로 분모를 몰랄 농도의 단위로 치환할 수 있다. 따라서 최종 답은 다음과 같다.

사이클로헥세인은 K_f가 큰 일반 용매 중의 하나이다.

$$K_f = 20.83\ K/m$$

식 (7.48)을 사용하여 어는점 내림을 결정할 때 이 단위는 더욱 의미가 있다.

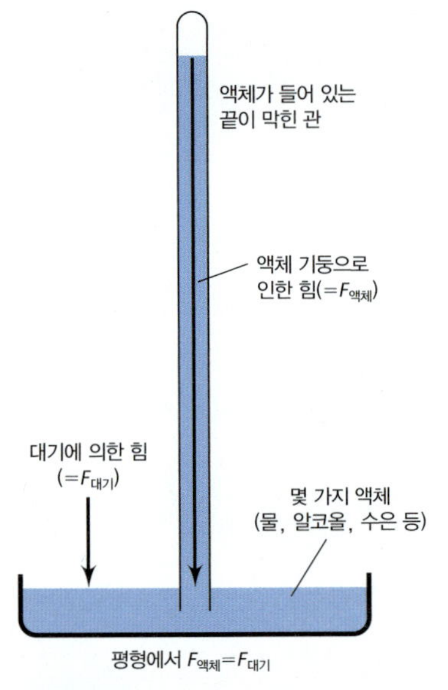

그림 7.28 어떻게 대립되는 압력이 서로 작용하는지를 나타내는 그림. 이 경우, 대립되는 압력은 대기압과 긴 관 속에 있는 액체 기둥의 압력이다. 평형에서 두 압력은 서로 균형을 이룬다(이 그림은 간단한 기압계를 나타낸다).

비휘발성 용질이 용해되어 있는 용매의 끓는점 차이를 어는점 차이와 유사하게 유도할 수 있다. 유도를 온전히 반복하기보다는 최종 결과만을 제시하면 다음과 같다.

$$\Delta T_b \approx \left(\frac{M_{용매} \cdot RT^2_{BP}}{1000\ \Delta_{기화}H}\right) m_{용질} \tag{7.49}$$

여기서 T_{BP}와 $\Delta_{기화}H$는 각각 용매의 끓는점과 기화 엔탈피를 의미한다. 괄호 안에 있는 항들은 역시 특정 용매에 해당하는 상수이며, 따라서 식 (7.49)는 다음과 같이 다시 쓸 수 있다.

$$\Delta T_b \approx K_b \cdot m_{용질} \tag{7.50}$$

여기서 K_b는 **용매의 끓는점 오름 상수**(boiling point elevation constant 또는 ebullioscopic constant)라 부른다.

어는점과 끓는점의 변화식에서 언급하지 않는 한 가지는 변화의 **방향**이다. 형식상 수학식에서는 ΔT_f와 ΔT_b의 방향을 말해주고 있지만 식 (7.48)과 식 (7.50)에서는 이런 정보가 사라졌다. 즉, 이들 식은 변화의 방향이 아닌 변화의 크기만을 말해주고 있다. 알아두어야 할 것은 어는점은 내려가고, 끓는점은 올라간다는 것이다.

여기서 취급할 마지막 총괄성으로 **삼투 압력**(osmotic pressure)이라는 것이 있다. 이것을 마지막으로 취급하고 있지만 우리 몸의 세포와 같은 많은 생물학적 계는 삼투 압력에 의해서 영향을 받고 있기 때문에 아마도 삼투 압력은 가장 중요한 것 중에 하나일 것이다.

압력은 단위 면적당 힘으로 정의된다. 제곱 인치당 파운드(psi)는 SI 단위는 아니지만 미국에서 흔히 볼 수 있는 압력의 단위이다. 경험이 많은 잠수부가 알고 있듯이 액체에 잠겨 있는 물체는 압력을 받는다. 처음으로 개발된 압력계는 대기압에 대하여 작동하도록 만든 물이 들어 있는 관(나중에는 수은관)이었다. 그림 7.28을 참조하라.

그림 7.29에서 볼 수 있듯이 반투막에 의해서 두 영역으로 분리되어 만들어진 계를 생각해 보자. **반투막**(semipermeable membrane)은 어떤 분자는 통과시키고 다른 분자는 통과시키지 않는 얇은 막이다. 셀로판이나 일부 고분자들을 예로 들을 수 있다. 세포벽과 세포막은 반투막이라고 볼 수 있다. 그림 7.29a에서처럼 계의 왼쪽에는 용액, 그리고 오른쪽에는 순수한 용매가 각각 채워져 있지만, 채워진 높이는 같다고 하자. 양쪽에 있는 관은 외부 압력 P에 노출되어 있다.

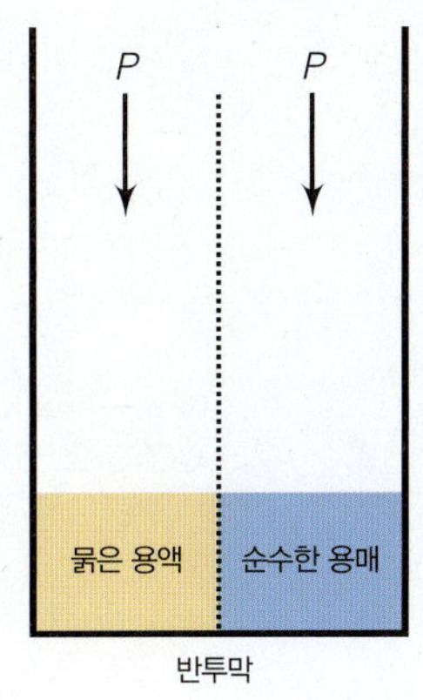

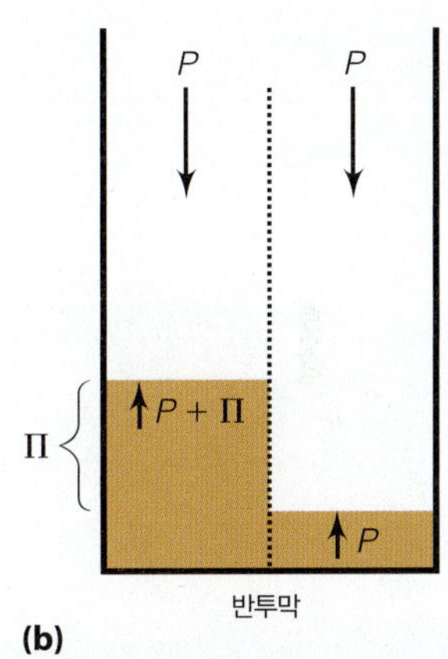

그림 7.29 한쪽에는 순수한 용매가 채워져 있고 다른 쪽에는 묽은 용액이 채워져 있는 두 부분으로 이루어진 계가 있다. (a) 처음에는 액체의 높이가 서로 같다. 그러나 평형 상태에 있는 것은 아니다. 용매는 특정 방향으로 반투막을 통과해 나아갈 것이다. (b) 평형에서 두 액체의 높이는 같지 않다. 두 액체의 높이 차이가 삼투 압력 Π로 정의된다.

신기하게도 이 계는 평형을 이루지 못하는데, 농도가 다르면 화학 퍼텐셜이 다르기 때문이다. 시간이 지나면 많은 반투막들을 쉽게 통과할 수 있는 용매 분자(대개 물)는 오른쪽에서 왼쪽으로 이동하여 용액을 더욱 묽힐 것이다. 이렇게 됨으로써 막의 양쪽에 있는 액체의 높이는 변한다. 어느 시점에서 계는 평형에 도달한다. 즉, 반투막의 양쪽에서 용매의 화학 퍼텐셜은 동일하다.

$$\mu_{\text{용매},1} = \mu_{\text{용매},2}$$

하지만 이때 계의 양쪽 액체 높이는 그림 7.29b에서 보여주는 바와 같이 차이가 난다. 왼쪽에 있는 액체 기둥이 오른쪽 액체 기둥과는 다른 압력을 가하게 된다. 액체 기둥 높이차로 나타낸 두 압력의 차이를 **삼투 압력**(osmotic pressure)이라 부르고 기호 Π로 표시한다. 따라서 평형에서 왼쪽에는 전체 압력 $P + \Pi$가 가해지고 오른쪽에는 압력 P가 가해진다. 그러므로 두 화학 퍼텐셜이 같음을 다음과 같이 나타낼 수 있다.

$$\mu(P + \Pi) = \mu^\circ(P) \tag{7.51}$$

여기에서 대문자 P는 기체 압력에 대하여 사용한 소문자 p와 구별하기 위하여 사용한 변수이다. 용매의 몰분율이 $x_{\text{용매}}$인 용액의 화학 퍼텐셜은 식 (7.35)로 주어진 표준 화학 퍼텐셜과 관련되지만 다음과 같이 약간 다르게 표시할 수 있다.

$$\mu(P + \Pi) = \mu^\circ(P + \Pi) + RT \ln x_{\text{용매}} \tag{7.52}$$

$d\mu$에 대한 자연 변수식을 시작으로 Π에 대한 식을 구해보자.

$$d\mu = -\overline{S}\, dT + \overline{V}\, dp$$

일정한 온도에서 다음이 된다.

$$d\mu = \overline{V}\, dp$$

μ를 구하기 위하여 식의 양변을 압력 P에서 $P + \Pi$까지 다음과 같이 적분을 한다.

$$\int_P^{P+\Pi} d\mu = \int_P^{P+\Pi} \overline{V}\, dp$$

이 식 왼쪽의 적분을 실제로 수행하면 다음이 된다.

$$\mu_{\text{용액 속 용매}}(P + \Pi) - \mu^\circ_{\text{순수한 용매}}(P) = \int_P^{P+\Pi} \overline{V}\, dp \tag{7.53}$$

μ에 아래 첨자를 붙여 놓았다. 액체의 전체 압력이 $P + \Pi$인 쪽에선 용질이 섞여 있는 용매인 반면, 액체 전체의 압력이 P인 쪽에선 순수한 용매로서 위첨자 °가 붙어 있다. 식 (7.52)를 사용하여 식 (7.51)의 $\mu(P + \Pi)$를 치환하면 다음이 된다.

$$\mu°(P + \Pi) + RT \ln x_{\text{용매}} = \mu°(P)$$

이 식을 재배열하면 다음이 된다.

$$\mu°(P + \Pi) - \mu°(P) = -RT \ln x_{\text{용매}}$$

이 식의 왼쪽은 아래 첨자를 뺀 식 (7.53)의 왼쪽과 똑같다. 치환을 하면 다음을 얻을 수 있다.

$$-RT \ln x_{\text{용액 속 용매}} = \int_{P}^{P+\Pi} \overline{V}\, dp \qquad (7.54)$$

순수한 용매와 용액 사이의 몰부피는 일정하다고 가정하면 $\overline{V}$를 적분 기호 밖으로 옮겨서 곧장 답을 얻을 수 있다.

$$\begin{aligned} -RT \ln x_{\text{용액 속 용매}} &= \overline{V} \int_{P}^{P+\Pi} dp \\ &= \overline{V} \cdot p|_{P}^{P+\Pi} \\ &= \overline{V}(P + \Pi - P) \\ -RT \ln x_{\text{용액 속 용매}} &= \overline{V} \cdot \Pi \end{aligned} \qquad (7.55)$$

한편, $\ln x_{\text{용액 속 용매}} = \ln(1 - x_{\text{용질}}) \approx -x_{\text{용질}}$임을 감안하여 최종 치환을 한다.

$$x_{\text{용질}}RT = \overline{V} \cdot \Pi$$

이 식은 재정렬하여 보통 다음으로 나타낸다.

$$\Pi\overline{V} = x_{\text{용질}}RT \qquad (7.56)$$

이상 기체 법칙과 놀랍게도 유사한 이 식을 **반트호프 방정식**(van't Hoff equation)*이라 부르며, 1886년에 이 식을 발표한 네덜란드 물리화학자인 반트호프(Jacobus van't Hoff)의 이름을 따서 지어졌다(반트호프는 사면체 탄소 원자의 개념을 창시한 사람 중 한 사람으로서 1901년 노벨 화학상을 최초로 수상함). 이 식은 용액의 삼투 압력과 용액 내 용질의 몰분율과 관련시키며, 오로지 매우 묽은 용액에만 잘 적용되지만(많은 이상 기체 계를 연상시킴) 더 진한 용액에 대해서도 유용한 지침이 된다.

예제 7.15

0.0100 몰랄 농도의 수크로스 수용액의 삼투 압력은 얼마인가? 이 용액이 그림 7.29에 나타낸 계에 들어 있다면 시료관의 표면적이 100.0 cm^{2}일 때 묽은 수크로스 용액 기둥의 평형 높이는 얼마인가? 온도는 25°C이고 용액의 밀도는 1.01 g/mL라고 가정한다. 몇 가지 필요한 단위 환산으로 1 bar = 10^5 Pa이고 1 Pa = 1 N/m^2 (제곱 미터 면적당

*이 식은 제5장에서 소개한 반트호프 방정식과는 다르다.

예제 7.15 *(계속)*

뉴턴의 힘)이고, 질량 m에 해당하는 힘은 $F = ma$임을 상기하라(여기서 a는 중력 가속도로서 9.81 m/s^2이다).

풀이

0.0100 몰랄 농도의 용액에는 물 1.00 kg 또는 1000 g에 수크로스가 0.0100 mol이 들어 있다. H_2O 1.00 kg은 1000 g/(18.01 g/mol) = 55.5 mol H_2O이다. 따라서 수크로스의 몰분율은 다음과 같다.

$$\frac{0.0100}{55.5 + 0.0100} = 0.000180 = x_{\text{용질}}$$

물의 몰부피는 18.01 mL/mol 또는 0.01801 L/mol이다. 반트호프 방정식을 사용하면 다음을 얻는다.

$$\Pi(0.01801\ \text{L/mol}) = (0.000180)\left(0.08314\ \frac{\text{L}\cdot\text{bar}}{\text{mol}\cdot\text{K}}\right)(298\ \text{K})$$

$$\Pi = 0.248\ \text{bar}$$

이것이 주어진 묽은 용액에 대한 실제 삼투 압력이다! 용액 기둥의 높이를 알기 위하여 삼투 압력을 N/m^2의 단위로 다음과 같이 변환한다.

$$0.248\ \text{bar} \times \frac{10^5\ \text{Pa}}{\text{bar}} \times \frac{1\ \text{N/m}^2}{\text{Pa}} = 2.48 \times 10^4\ \text{N/m}^2$$

이제 여러 번의 변환을 할 것이고, 해당되는 값을 계산할 것이다.

표면적이 100.0 cm^2 = 1.000 × 10^{-2} m^2이므로 이 압력을 주는 힘은 다음과 같이 구한다.

$$2.48 \times 10^4\ \frac{\text{N}}{\text{m}^2} \times 1.000 \times 10^{-2}\ \text{m}^2 = 248\ \text{N}$$

$F = ma$이므로 이 힘에 해당하는 질량은 다음과 같다.

$$248\ \text{N} = m \cdot 9.81\ \text{m/s}^2$$

$$m = 25.3\ \text{kg}$$

여기서 단위를 처리하기 위하여 1 N = 1 kg·m/s^2이란 사실을 사용한다.

밀도 1.01 g/mL에서 이 질량의 부피는 다음과 같다.

$$25.3\ \text{kg} \cdot \frac{1000\ \text{g}}{1\ \text{kg}} \cdot \frac{1\ \text{mL}}{1.01\ \text{g}} \cdot \frac{1\ \text{cm}^3}{1\ \text{mL}} = 2.50 \times 10^4\ \text{cm}^3$$

여기서는 마지막 절차로 1 cm^3 = 1 mL란 등식을 사용한다.

면적이 100 cm^2이므로 이 부피는 250 cm의 용액 기둥의 높이에 해당된다. 이는 거의 8 ft의 높이이다! 그림 7.30을 보면 이 높이가 얼마나 높은가를 상상할 수 있다.

비록 0.0100 몰랄 농도는 진한 용액이 아니지만 예상된 삼투 압력 효과는 상당하다.

삼투 압력을 고려한 몇 가지 중요한 사례가 있다. 그 하나는 생물학에서의 적용이다. 세포막은 반투막이다. 따라서 세포막 양편의 삼투 압력이 동일한 값에 거의 가까워야 한다. 그렇지 않으면 삼투 압력으로 인하여 낮은 농도에서 높은 농도로 H_2O가 이동하기 때문에 세포가 붕괴되거나 팽창한다. 삼투 압력이 세포안보다 더 높거나, 같거나, 낮은 용액에 각각 들어 있는 적혈구 세포의 사진들을 그림 7.31에서 보여주고 있다. 또한 구명보트에 갇힌 사람들이 바닷물을 안전하게 먹을 수 없는 이유를 삼투 압력 효과로

그림 7.30 농도가 0.0100 *m*인 용액의 삼투 압력은 단면적이 100 cm^2인 용액의 기둥을 대략 어린 기린의 높이 정도까지 올라가게 할 것이다.

설명해준다. 바닷물의 삼투 압력은 너무 높고, 바닷물을 마시게 되면 사람의 세포는 수분이 공급되기보다는 사실상 탈수된다.

삼투 압력은 또한 나무의 뿌리로부터 지상 수십 또는 수백 피트나 되는 꼭대기의 잎사귀까지 물을 공급하는 한 요인이기도 하다. 삼투 압력은 비목본식물(nonwoody plant)을 튼튼하고 똑바르게 하는 데, 그리고 요리하지 않은 식물을 파삭하고 아삭하게 하는 데 역시 중요하다.

삼투 압력을 사용하여 거대 분자나 고분자의 평균 몰질량을 결정할 수 있다. 예제 7.15에서 보여준 바와 같이 상당한 삼투 압력 효과를 나타내기 위해서 큰 농도가 필요하지는 않다. 비교적 묽은 용액도 적절한 삼투 압력 효과를 보여줄 수 있고, 이런 삼투 압력 효과로부터 용액의 몰랄 농도 그리고 점차 용질의 몰질량을 계산하는 것이 가능하다. 물론, 큰 몰질량의 고분자에 아주 조금이라도 불순물이 섞여 있다고 하면 아마도 낮은 몰질량의 불순물의 수가 최종 결정에 영향을 상당히 끼칠 것이다. 거듭하여 언급하지만 이것은 삼투 압력이 용액에서 분자의 수에만 의존하지 분자의 정체성에는 의존하지 않는 총괄성의 하나이기 때문이다.

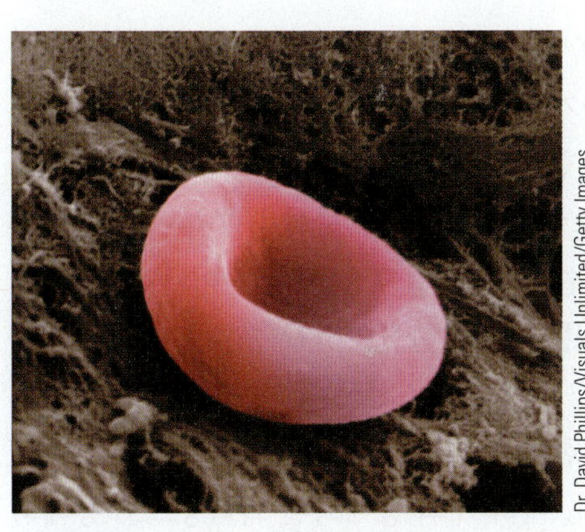

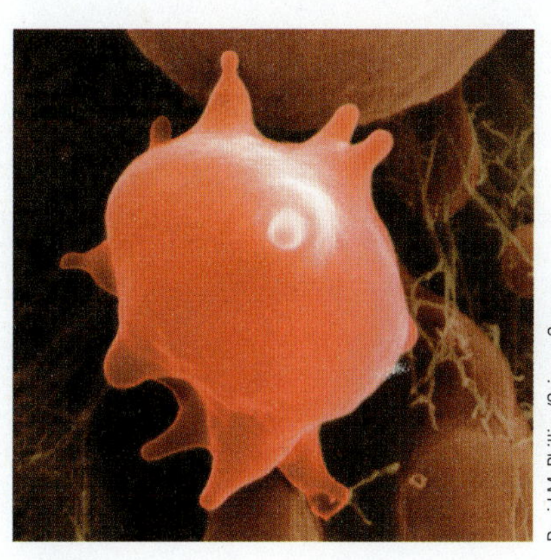

그림 7.31 적혈구에 대한 삼투 압력의 효과를 보여주는 그림. 세포 안과 밖의 삼투 압력이 같다면 세포는 정상으로 보인다. 그러나 세포 밖의 삼투 압력이 너무 낮다면 세포는 부풀고, 너무 높다면 세포는 쭈그러들며 두 경우 다 몸에는 좋지 않다.

예제 7.16

물 1.00 L에 고분자 1.00 g을 용해시켜 만든 폴리바이닐 알코올 수용액의 삼투 압력은 0.00300 bar이다. 고분자의 평균 몰질량은 얼마인가? 온도가 298 K이고 용질이 가해지더라도 용매의 부피는 두드러지게 변화하지 않는다고 가정한다.

풀이

반트호프 방정식을 사용하여 다음 식을 세울 수 있다.

$$(0.00300\ \text{bar})\overline{V} = x_{\text{용질}}\left(0.08314\ \frac{\text{L}\cdot\text{bar}}{\text{mol}\cdot\text{K}}\right)298\ \text{K}$$

압력 단위로서 bar가 포함된 R의 값을 사용한다.

여전히 $\overline{V}$와 $x_{\text{용질}}$이 필요하다. 그러나 용질의 몰분율은 너무 작기 때문에 다음과 같이 근사식을 쓸 수 있다.

$$\frac{x_{\text{용질}}}{\overline{V}} \approx \frac{n_{\text{용질}}}{V} = \text{용액의 몰농도}$$

물의 몰부피는 18.0 mL/mol 또는 0.0180 L/mol이다. 따라서 식을 재배열하면 용액의 몰농도를 구할 수 있다.

$$\text{몰농도} \approx \frac{n_{\text{용질}}}{0.0180\ \text{L}} = \frac{0.00300\ \text{bar}}{(0.08314\ \frac{\text{L}\cdot\text{bar}}{\text{mol}\cdot\text{K}})\ 298\ \text{K}}$$

여기서는 반트호프 방정식을 재정렬하여 $M = \dfrac{\Pi}{RT}$가 되게 한다.

숫자와 단위를 계산하면 다음이 된다.

$$n_{\text{용질}} \approx 2.18 \times 10^{-6}\ \text{mol}$$

용액을 만드는 데 1.00 g이 사용되었다는 사실로부터 다음의 관계를 지을 수 있다.

$$2.18 \times 10^{-6}\ \text{mol} = 1.00\ \text{g}$$

단위가 g/mol인 몰질량을 구하면 다음이 된다.

$$459{,}000\ \text{g/mol}$$

이것은 고분자에 대한 보통의 평균 몰질량이다.

반투막을 중심으로 더 진한 용액이 있는 쪽에 추가적인 압력을 가함으로써 용액의 삼투 압력이 반대로 작용하게 할 수 있다. $p_{외부}$가 실제로 Π보다 더 크다면 삼투 과정은 **반대 방향으로** 일어날 것이다. 이러한 **'역삼투 현상**(reverse osmosis)'의 과정은 실제로 몇 가지 상당한 이익을 준다. 아마도 가장 중요한 것으로 탈염 시설을 통하여 바닷물로부터 담수를 생산하는 것이다. 중동에서 이 시설을 통하여 그 지역의 만이나 바다에 있는 매우 짠물에서 음용수를 생산해 낸다. 과정은 기술의 산물이지만 증류보다 에너지가 훨씬 덜 소비된다.

반트호프 방정식은 용질이 분자적으로 용해한다고 가정한다. 즉, 고체 용질의 분자마다 용매화된 형태의 단일 용질 분자로 용해된다. 여러 개의 용매화된 화학종으로 용해되는 화합물(주로 이온 결합 화합물)의 경우에 용질이 용해되는 화학종의 수를 고려해야 한다. 그러한 화합물에 대해서 반트호프 방정식은 다음이 된다.

$$\Pi\overline{V} = N \cdot x_{용질}RT \tag{7.57}$$

여기에서 N은 화합물이 용해할 때 나누어지는 개별 화학종의 숫자를 나타낸다.

7.9 요약

이성분 용액조차도 용액의 거동은 복잡할 수 있다. 열역학 방정식들의 도움으로 이러한 거동을 이해한다. 액체/액체 용액은 증기상과 평형을 이룰 수 있고, 열역학 방정식들의 도움으로 증기상의 조성과 액체상의 조성이 어떻게 관련짓는지를 이해한다. 고체/고체 용액 및 이 용액이 녹을 때 존재할 액체상에 대해서도 마찬가지이다. 액체/기체 혹은 고체/액체 상변화에서 불변 끓음 혼합물 혹은 함께 녹는 혼합물 같이 순수한 상처럼 작용하는 특정의 조성이 있다. 이 두 가지의 특별한 조성은 일상생활에 영향을 끼치고 있다.

상도표에 의해서 상변화와 용액의 조성을 유용하게 그래프로 나타낸다. 상도표를 통해서 순간적인 조건을 나타낼 뿐만 아니라 조건 변화에 따른 용액의 거동을 예측할 수 있다. 상도표는 적절히 좌표를 정하고 해석하면 온도와 압력과 같은 조건이 변함에 따라 나타나는 다른 상들의 정확한 조성을 알 수 있다. 실제 용액의 상도표로부터 불변 끓음 혼합물과 함께 녹는 혼합물이 왜 불가피한지 알 수 있다.

총괄성은 용매라는 주성분에 대한 용액의 물리적 성질의 변화를 말해준다. 라울 법칙으로 휘발성 용매의 증기압 변화를 요약한다. 어는점과 끓는점도 변한다. 그러나 삼투 압력은 가장 과소평가된 총괄성인 것 같다. 삼투 압력은 생물학적 세포에서, 그리고 바닷물로부터 담수를 만들어 낼 수 있는 주요인이다. 다행히 열역학의 방정식들에 의해서 이 모든 현상을 이해할 수 있다.

주요 식

$F = C - P + 2$	(다성분계에 대한 깁스의 상규칙)
$p_i = x_i p_i^*$	(증기압 내림에 대한 라울 법칙)
$\Delta_{혼합}U = 0$	(이상 용액의 혼합에 대한 상태 함수)
$\Delta_{혼합}H = 0$	

$$\Delta_{\text{혼합}}G = RT\sum_i x_i \ln x_i,$$
$$\Delta_{\text{혼합}}S = -R\sum_i x_i \ln x_i$$

$p_i = K_i x_i$ (기체/액체 용액에 대한 헨리 법칙)

$$\ln x_{\text{용해된 용질}} = \frac{\Delta_{\text{용융}}H}{R}\left(\frac{1}{T} - \frac{1}{T_{\text{MP}}}\right)$$ (용액에서 고체의 용해도)

$$\Delta T \approx \left(\frac{M_{\text{용매}} \cdot RT_{\text{BP}}^2}{1000\ \Delta_{\text{용융}}H}\right)m_{\text{용질}} \approx K_f \cdot m_{\text{용질}}$$ (어는점 내림)

$$\Delta T \approx \left(\frac{M_{\text{용매}} \cdot RT_{\text{BP}}^2}{1000\ \Delta_{\text{용융}}H}\right)m_{\text{용질}} \approx K_b \cdot m_{\text{용질}}$$ (끓는점 오름)

$\Pi\overline{V} = x_{\text{용질}}RT$ 또는 $\Pi\overline{V} = N \cdot x_{\text{용질}}RT$ (삼투 압력에 대한 반트호프 방정식)

연습 문제

7.2 깁스의 상규칙

7.1. 예제 7.1을 참고하고 혼합 음료에 올리브가 들어 있다고 하자. 자유도는 몇 개나 되는가? 명시해야 할 변수로서 어떤 것을 선택할 수 있는가?

7.2. 예제 7.2를 참고할 때 계에 $Fe_2(SO_4)_3$만이 들어 있다고 하면 자유도는 몇 개나 되는가?

7.3. 자유도가 없는 삼성분계에서 필요한 상은 몇 개나 되는가?

7.4. 평형 상태에 있는 어떤 가능한 단일성분 물리계에 대하여 자유도가 음수까지 될 수 있는가? 이성분계에 대해서는 어떠한가?

7.5. 닫힌계에 있는 다음의 화학 평형에 대하여 자유도는 몇 개나 되는가?

$$2NaHCO_3\ (s) \xrightleftharpoons{\text{고온}\ T} Na_2CO_3\ (s) + H_2O\ (\ell) + CO_2\ (g)$$

7.6. 자동차 에어백에 들어 있는 질소 기체를 생산할 때는 다음의 화학 반응을 이용한다.

$$4NaN_3\ (s) + O_2\ (g) \longrightarrow 6N_2\ (g) + 2Na_2O\ (s)$$

이 반응이 평형에 있을 때 계를 기술하기 위해 필요한 자유도는 몇 개가 필요할까?

7.3 액체/액체 계

7.7. 식 (7.4)의 몰분율 정의로부터 식 (7.5)를 유도하라.

7.8. 증기가 이상 기체처럼 거동한다고 가정할 때, 증기상과 평형을 이루는 액체상이 존재한다는 것을 보장하기 위하여 25°C에서 5.00 L 계에 필요한 H_2O의 최소량은 얼마인가? 같은 조건에서 액체상과 기체상이 존재하기 위해 필요한 CH_3OH의 최소량은 얼마인가? 이 온도에서 H_2O와 CH_3OH의 평형 증기 압력은 각각 23.76 torr와 125.0 torr이다.

7.9. $x_{H_2O} = 0.35$인 H_2O와 CH_3OH의 용액에 대한 증기상에서의 H_2O와 CH_3OH의 몰분율은 각각 얼마인가? 연습 문제 7.8의 조건과 데이터를 이용하라.

7.10. H_2O의 증기압이 100.0°C에서 748.2 mmHg인 다성분 용액에서 액체 H_2O의 활동도는 얼마인가?

7.11. $x_1 = 1 - x_2$라고 정의하자. 식 (7.17)을 다시 유도하라. 여전히 직선형인가? 그렇다면 m과 b는 무엇인가?

7.12. 식 (7.19)를 유도하라.

7.13. y_1이 아닌 y_2로 식 (7.19)를 유도하라.

7.14. 헥세인(C_6H_{14})과 사이클로헥세인(C_6H_{12})의 몰비가 1:1인 용액과 평형을 이루고 있는 증기의 전체 증기 압력을 구하라. 단 헥세인과 사이클로헥세인의 평형 증기 압력은 각각 151.4 torr와 97.6 torr이다.

7.15. 헥세인(C_6H_{14})과 사이클로헥세인(C_6H_{12})의 몰비가 2:1인 용액과 평형을 이루고 있는 증기의 전체 증기 압력을 구하라. 단 헥세인과 사이클로헥세인의 평형 증기 압력은 각각 151.4 torr와 97.6 torr이다. 앞 문제의 답과 이 문제의 답을 비교하라.

7.16. 많은 경찰서에서는 음주 운전자를 단속하기 위하여 호흡을 측정한다. 혈중 알코올의 양이 대략 0.06 mol % ($x_{\text{에탄올}} = 0.0006$)일 때 내쉰 숨에서 에탄올의 개략적인 부분 압력은 얼마나 될까? C_2H_5OH의 증기 압력은 37°C에서 115.5 torr이다. 얻어진 답을 사용하여 측정에서 필요한 민감도에 대해 평하라.

7.17. 물과 에탄올의 불변 끓은 혼합물(7.4절 참조)은 0.045 몰분율의 H_2O와 0.955 몰분율의 C_2H_5OH로 되어 있다. $p^*(H_2O) = 17.5$ torr이고 $p^*(C_2H_5OH) = 43.7$ torr일 때 이 혼합물의 증기 압력은 얼마인가?

7.18. 순수한 액체 A와 순수한 액체 B의 증기 압력이 각각 45.9 torr와 99.2 torr이다. 다음 경우에서 용액의 증기 압력을 구하라.

(a) 1.00 mol의 액체 A와 3.00 mol의 액체 B로 이루어진 용액

(b) 3.00 mol의 액체 A와 1.00 mol의 액체 B로 이루어진 용액

7.19. 온도 20°C에서 순수한 에탄올(C_2H_5OH)과 순수한 n-프로판올(C_3H_7OH)의 증기 압력은 각각 43.7 mmHg와 18.0 mmHg이다. 각 알코올 50.0 g씩으로 이루어진 용액의 증기 압력은 얼마인가?

7.20. 메탄올(CH_3OH)과 에탄올(C_2H_5OH)로 이루어진 용액의 증기 압력은 50.0°C에서 350.0 mmHg이다. 메탄올과 에탄올의 평형 증기 압력이 각각 413.5 mmHg와 221.6 mmHg일 때 용액의 조성은 무엇인가?

7.21. 온도 20°C에서 순수한 에탄올(C_2H_5OH)과 순수한 n-프로판올(C_3H_7OH)의 증기 압력은 각각 43.7 mmHg와 18.0 mmHg이다. 두 알코올로 이루어진 용액의 증기 압력이 28.6 mmHg일 때 용액의 조성은 무엇인가?

7.22. 식 (7.19)로부터 식 (7.23)을 유도하라.

7.23. 헥세인(C_6H_{14})과 사이클로헥세인(C_6H_{12})의 몰비가 1:1인 용액과 평형을 이루고 있는 증기상에서 각 성분의 몰분율을 구하라. 단 헥세인과 사이클로헥세인의 평형 증기 압력은 각각 151.4 torr와 97.6 torr이다.

7.24. 헥세인(C_6H_{14})과 사이클로헥세인(C_6H_{12})의 몰비가 2:1인 용액과 평형을 이루고 있는 증기상에서 각 성분의 몰분율을 구하라. 단 헥세인과 사이클로헥세인의 평형 증기 압력은 각각 151.4 torr와 97.6 torr이다.

7.25. 온도 20°C에서 순수한 에탄올(C_2H_5OH)과 순수한 n-프로판올(C_3H_7OH)의 증기 압력은 각각 43.7 mmHg와 18.0 mmHg이다. 각 알코올 10.0 g씩으로 이루어진 용액을 만들고 이 용액의 증기와 평형이 되게 하였다. 증기상에서 각 성분의 몰분율은 얼마인가?

7.26. 식 (7.24)를 사용하여 $\lim_{y_1 \to 0} p_{\text{전체}} = p_2^*$임을 보여라.

7.27. y_1이 아닌 y_2로 식 (7.24)와 같이 $p_{\text{전체}}$를 구하는 식을 유도하라.

7.28. 예제 7.5에서 전체 증기 압력을 구할 때 식 (7.24)를 직접 사용할 수 없었던 이유는 무엇일까?

7.29. 온도 20°C에서 톨루엔 1.00 mol과 벤젠 1.00 mol로 이루어진 혼합물에 대한 $\Delta_{\text{혼합}}G$와 $\Delta_{\text{혼합}}S$는 각각 얼마인가?

7.30. 펜테인(C_5H_{12}) 25.0 g과 헥세인(C_6H_{14}) 45.0 g과 사이클로헥세인(C_6H_{12}) 55.0 g이 혼합된 용액은 실제로 이상 용액이다. 혼합이 37.0°C에서 이루어진다고 가정할 때 혼합에 대한 $\Delta_{\text{혼합}}G$와 $\Delta_{\text{혼합}}S$를 각각 계산하라.

7.4 비이상 액체/액체 계

7.31. 젖은 유리 기구를 헹구는 데 아세톤이 사용되는 이유는 무엇인가?(*힌트*: 표 7.1 참조)

7.32. 예제 7.7을 풀되 상도표로서 그림 7.14를 사용하고 $x_1 = 0.1$인 용액으로 시작하라.

7.33. 예제 7.7을 풀되 상도표로서 그림 7.15를 사용하고 $x_1 = 0.4$인 용액으로 시작하라.

7.34. 순수한 물리적 수단을 사용하여 순수한 화합물과 불변 끓음 혼합물을 어떻게 구분할 수 있겠는가? (*힌트*: 다른 가능한 상변화를 생각해보라.)

7.35. 표 7.1에 있는 불변 끓음 혼합물을 최소 끓는점 불변 끓음 혼합물과 최대 끓는점 불변 끓음 혼합물로 구분하라. 차이점을 어떻게 설명할 수 있는가?

7.36. 표 7.1의 자료를 사용하여 CCl_4/HCOOH 및 HCOOH/피리딘 용액에 대한 온도-조성 상도표(예를 들어 그림 7.14와 그림 7.15 참조)를 그려라. 두 상도표 사이에는 어떠한 차이가 있고, 어떠한 유사점이 있는가?

7.37. 에탄올은 물과 이성분 최저 끓는점 불변 혼합물을 형성하기 때문에 증류에 의해서 제조된 에탄올은 약 96%의 순도만을 갖는다. 100% 에탄올은 일정량의 벤젠을 가하여 64.9°C에서 끓게 되는 삼성분 불변 끓음 혼합물을 형성함으로써 제조될 수 있다. 하지만 이 에탄올은 섭취해서는 안 된다! 왜 그런가?

7.38. H_2O와 에틸렌 글라이콜의 상도표가 그림 7.32에 주어져 있다. 약 50:50의 비율로 혼합된 이 혼합물이 자동차 엔진의 냉각제와 부동액으로 사용되는 이유를 설명하라.

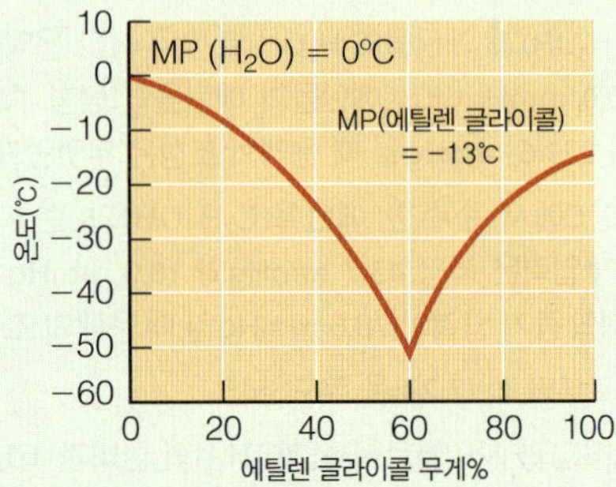

그림 7.32 물과 에틸렌 글라이콜의 온도-조성 상도표. 연습 문제 7.38 참조.

7.5 액체/기체 계와 헨리 법칙

7.39. 표 7.2에 있는 CO_2에 대한 헨리 법칙 상수의 단위를 mmHg, atm 및 bar로 각각 변환하라. 각각의 경우에 상수의 수치값이 변하는가?

7.40. 수용액과 평형을 이루고 있는 아르곤(Ar)의 부분 압력이 103.6 atm일 때 수용액에서 아르곤의 몰분율은 얼마인가? 단, 1 atm = 101,325 Pa이다.

7.41. 수소가 수소 동력 엔진에 사용되려면 어떤 비활성 기체 안에 저장된 H_2의 최소량의 몰분율이 0.185가 되어야 한다. 수용액에서 그러한 몰분율을 얻기 위해 필요한 H_2의 압력은 얼마인가?

7.42. 염화 수소와 염산과의 차이는 무엇인가? 이들 중 어떤 것이 이상적인 물질로 작용할 것으로 생각하는가?

7.43. 수용액에서 염화 메틸(CH_3Cl)에 대한 헨리 법칙 상수는 2.40×10^6 Pa이다. 수용액에서의 몰분율이 0.0010이 되기 위해 필요한 염화 메틸의 압력은 얼마인가?

7.44. 한 때 냉각제로 사용되었던 CCl_2F_2의 몰분율이 정상 압력(1 atm)의 수용액에서 4.17×10^{-5}라고 밝혀졌다. 이 용액의 대략적인 몰농도는 얼마이고, 이 기체에 대한 헨리 법칙 상수는 얼마인가? 물의 밀도는 1.00 g/cm^{3}이다.

7.45. 물에서의 공기의 몰분율은 25°C에서 1.388×10^{-5}이다. **(a)** 이 용액의 몰농도는 얼마인가? **(b)** 공기에 대한 헨리 법칙 상수는 얼마인가? 얻어진 답을 표 7.2의 질소와 산소에 대한 상수값과 비교하라. **(c)** 공기의 용해도는 온도가 증가함에 따라 증가하겠는가 아니면 감소하겠는가?

7.46. 물에서의 질소(N_2, g)의 몰분율은 25°C에서 1.274×10^{-5}이다. **(a)** 이 값과 앞 문제에서의 값을 비교하고, 의견을 말하라. **(b)** 공기는 거의 80%의 질소와 20%의 산소라고 할 때 물에서 산소(O_2, g)의 용해도를 계산하라. **(c)** 산소에 대한 헨리 법칙 상수를 계산하라. 얻어진 답을 표 7.2의 산소에 대한 상수값과 비교하라.

7.47. 헨리 법칙 상수가 크다고 하는 것은 기체가 액체에 많이 녹는다는 뜻인가 아니면 적게 녹는다는 뜻인가? 답을 입증하라.

7.48. 질소중독 현상은 수심 약 66 ft 깊이에 있는 스쿠버 다이버에게 영향을 주기 시작하며, 이때 주위의 전체 압력은 4.0 atm이다. 혈액이 물처럼 N_2를 용해시킨다고 가정할 때 이 깊이에서 혈중에 있는 N_2의 용해도는 얼마인가?

7.6 & 7.7 액체/고체 및 고체/고체 용액

7.49. 순수하지 못한 물(수돗물도 포함)로부터 만들어진 각진 얼음 덩어리의 중심이 종종 탁하고 흐린 이유를 설명하라.

7.50. 페놀(C_6H_5OH) 87.0 g이 물 100 mL에 용해될 수 있는 페놀 포화 용액의 대략적인 몰농도는 얼마인가? 페놀의 밀도는 1.06 g/cm^{3}이고, 전체 용액의 부피에 대해서는 이상적 거동을 보인다고 가정한다.

7.51. 페놀(C_6H_5OH)의 $\Delta_{\text{융융}}H$은 11.29 kJ/mol이고, 녹는점은 40.9°C일 때 25°C에서 물에 대한 페놀의 용해도를 계산하라. 여기서 계산한 용해도와 연습 문제 7.50에서 구한 값을 비교하라. 차이가 있을 때 그 차이점을 설명할 수 있는가?

7.52. **(a)** 예제 7.10에서 톨루엔에 용해한 나프탈렌의 몰분율을 계산하였는데, 이를 몰농도로 변환하라. 단 부피는 정확하게 덧셈의 원리가 적용된다고 가정한다. 톨루엔과 나프탈렌의 밀도는 각각 0.866 g/mL와 1.025 g/mL이다. **(b)** 밀도가 0.730 g/mL인 n-데케인($C_{10}H_{22}$)에 용해한 나프탈렌의 용해도를 g/100 mL의 단위로 예측하고, 몰농도를 계산하라.

7.53. 액체에 대한 기체의 용해도를 구할 때 식 (7.39)가 적용될 수 있을까? 그 이유를 설명하라.

7.54. 다음의 용액이 있다고 하자.

염화 소듐의 수용액
수크로스의 수용액
$C_{20}H_{42}$의 사이클로헥세인 용액
물의 사염화 탄소 용액

각 용액에 대하여 계산된 용해도가 실험적으로 구한 용해도에 근접할 것으로 생각하는가? 그 이유를 설명하라.

7.55. 용액에서 용질의 몰분율을 계산하고 예상한 몰분율과 비교함으로써 다음 각 용액이 얼마나 이상적인지를 결정하라. 모든 자료는 25°C에서의 값이다.

(a) C_6H_6에서 I_2의 무게 퍼센트는 14.09%이고, I_2의 MP는 112.9°C(승화한다)이며 $\Delta_{용융}H$ = 15.27 kJ/mol이다.

(b) C_6H_{12}에서 I_2의 무게 퍼센트는 2.72%이고, I_2의 MP는 112.9°C(승화한다)이며 $\Delta_{용융}H$ = 15.27 kJ/mol이다.

(c) 헥세인에서 *p*-다이클로로벤젠($C_6H_4Cl_2$)의 무게 퍼센트는 20.57%이고, $C_6H_4Cl_2$의 MP는 52.7°C이며 $\Delta_{용융}H$ = 17.15 kJ/mol이다.

7.56. 금속 철의 $\Delta_{용융}H$ 값은 14.9 kJ/mol이며 25.0°C에서 $x_{Fe} = 8.0 \times 10^{-3}$ 정도로 수은에 녹는다. 철의 녹는점을 예측하라. 이 예측값과 문헌값 1530°C와 비교하라.

7.57. 이성분계의 함께 녹는 혼합물을 명시하기 위해서 필요한 자유도는 몇 개인가?

7.58. 겨울에 소금을 사용하는 공동체에서 NaCl과 H_2O 사이에 녹는점이 낮은 함께 녹는 혼합물을 형성할 만큼 충분한 양의 NaCl을 사용하는가? 아니면 일반적으로 어는점 내림 현상을 이용하는 것인가? 이에 대하여 무슨 말을 할 수 있는가?

7.59. 그림 7.23의 액체 영역에 있는 x_{Na} = 0.50에서 출발하여 용액이 온전히 고체가 될 때까지 온도를 내림으로써 일어나는 현상을 기술하라.

7.60. 92%와 95% Sn에서 이성분 함께 녹는 혼합물을 갖는 Sn/Sb 계가 각각 199°C와 240°C에서 녹는다. 이 계에 대한 정성적인 상도표를 그려라. 주석과 안티모니의 녹는점은 각각 231.9°C와 630.5°C이다.

7.61. 초순수 실리콘을 만들기 위한 띠정제가 초순수 탄소를 만드는 데는 현실적인 방법이 되지 못한다. 그 이유를 설명하라.

7.62. Hg에 대한 Na의 용해도를 0°C에서 예측하라. 소듐의 용융 엔탈피는 2.60 kJ/mol이고 녹는점은 97.8°C이다.

7.63. 그림 7.23에서 화학량론적 화합물의 화학식이 어떻게 결정되는지를 설명하라.

7.8 총괄성

7.64. 증발(evaporation)과 기화(vaporization)에는 모두 기체상이 포함되어 있지만, 증발과정에 대해서는 증기압 **내림**을 정의하고 기화 과정에 대해서는 끓는점 **오름**을 정의한다. 두 과정 모두 액체가 기체가 되는 과정을 포함하고 있는데 다른 현상을 정의해야만 하는 이유는 무엇인가?

7.65. 어떻게 몰농도라는 단위가 자동적으로 분몰 부피의 개념을 내포하는지에 대하여 설명하라.

7.66. 비휘발성 용질은 순수한 용매의 증기압에 비하여 용액의 증기압을 (언제나, 가끔, 전혀 안) 증가시킨다. 반면에, 휘발성 용질은 순수한 용매의 증기압에 비하여 용액의 증기 압력을 (언제나, 가끔, 전혀 안) 증가시킨다. 괄호 안의 내용 중 문장에 맞는 하나를 선택하고 그 이유를 설명하라.

7.67. 아이소프로필 알코올의 증기압은 25.0°C에서 47.0 mmHg이다. 비휘발성 헥사클로로벤젠 0.500 mol이 아이소프로필 알코올 2.00 mol에 용해되어 있을 때 용액의 증기 압력은 얼마인가?

7.68. 고체 안트라센 시료 25.0 g이 CCl_4 250.0 g에 용해되어 있다. 순수한 사염화 탄소의 증기 압력이 72.2 torr일 때 용액의 증기 압력은 얼마인가?

7.69. 질량이 1.66 g인 비휘발성 고체 시료가 벤젠 10.00 g에 용해되어 있다. 순수한 벤젠의 증기 압력은 76.03 torr인 반면, 만들어진 용액의 증기 압력은 73.29 torr이다. 미지의 고체 시료의 몰질량은 얼마인가?

7.70. 한 실험자가 비휘발성 고체 12.00 g을 메틸에틸케톤(MEK) 100.0 g에 용해시켰다. 순수한 MEK의 증기 압력은 99.40 mmHg인 반면, 용액의 증기 압력은 97.23 mmHg이다. 고체의 몰질량은 얼마인가?

7.71. 높은 고도에 살고 있는 사람은 파스타와 같은 음식을 끓일 때 물에 소금을 넣으라는 충고를 받는 이유가 무엇이라고 생각하는가? H_2O의 끓는점을 3°C만큼 높이기 위해 필요한 NaCl의 몰분율은 얼마인가? 물에 가해진 소금의 양(전형적으로 물 4 쿼터에 약 1 티스푼의 소금)이 실질적으로 끓는점을 변화시키는가? $K_b(H_2O)$ = 0.51°C/*m*이다.

7.72. 바닷물의 농도가 1.08 *m* NaCl과 대략 같다고 할 때 바닷물의 삼투압, 어는점 및 끓는점을 예측하라. 식 (7.47)과 식 (7.49)를 사용하고, $\Delta_{용융}H[H_2O]$ = 6.009 kJ/mol 및 $\Delta_{용융}H[H_2O]$ = 40.66 kJ/mol을 이용하여 H_2O에 대한 K_f와 K_b를 계산하라. 바닷물에 대하여 알고 있는 것으로부터 어떤 가정을 할 수 있겠는가?

7.73. 어떤 약사가 2006년 2월 한 유아에게 23.0% NaCl 용액(23.0 g NaCl/100.0 g 용액)을 정맥주사로 투여하였고, 이 유아는 결국 사망하였다. 23.0% NaCl 수용액의 삼투압은 얼마인가? NaCl이 이온으로 해리하기 때문에 전체 입자의 농도는 두 배가 되고, 온도는 37.0°C라고 가정한다.

7.74. 시든 셀러리 같은 채소는 찬물(소금물은 아님!)에 담가두면 아삭하게 빳빳해질 수 있다. 이 같은 효과를 세포막과 삼투 압력으로 설명하라. 소금물을 사용하지 않는 이유는 무엇인가?

7.75. Na의 몰분율이 0.0477일 때 용해된 소듐으로 인한 수은의 어는점 내림을 계산하라. Hg의 정상 어는점은 −39°C이고, 용융 엔탈피는 2331 J/mol이다.

7.76. 빙초산의 녹는점은 16.0°C이고 용융 엔탈피는 11.7 kJ/mol이다. **(a)** 빙초산의 어는점 내림 상수를 계산하라. **(b)** $HC_2H_3O_2$ 73.3 g에 I_2 27.6 g이 용해되어 있는 용액의 어는점은 얼마인가?

7.77. 사이클로헥세인의 K_f는 20.3 K/*m*이다. 사이클로헥세인의 정상 녹는점이 279.6 K일 때 C_6H_{12}의 $\Delta_{용융}H$는 얼마인가?

7.78. 연습 문제 7.62의 계에 대하여 0°C에서 소듐의 수은 용액에 대한 삼투 압력을 계산하라.

7.79. 연습 문제 7.62의 계에 대하여 용액에서 수은의 증기 압력 내림을 계산하라. 0°C에서 Hg의 정상 증기 압력은 0.000185 torr이다.

7.80. 액체 브로민의 어는점 내림 상수와 끓는점 오름 상수를 계산하라. 이 계산을 위해서는 다음의 자료가 필요할 것이다.

$\Delta_{용융}H$: 10.57 kJ/mol MP: −7.2°C
$\Delta_{기화}H$: 29.56 kJ/mol BP: 58.78°C

7.81. 용매에 대하여 어는점 내림 상수와 끓는점 오름 상수 중 어느 상수가 보통 더 큰가? 그 이유는 무엇인가?

7.82. 평균 분자량이 200,000 amu인 중합체가 짐작하건대 100 amu짜리 단위체인 불순물 0.5%만큼 오염되었다. 1.000 × 10^{-4} *m* 수용액이 사용되었을 때 분자량 결정에서의 오차를 구하라. 온도는 25°C이다.

7.83. 평균 분자량이 185,000 amu인 중합체 수용액이 있다. 37°C에서 30 Pa의 삼투 압력을 주기 위해서 필요한 몰랄 농도를 계산하라. 이것은 용매 kg당 용질 몇 g인가?

7.84. 식 (7.49)를 유도하라.

7.85. 다음 주어진 각 용액의 삼투 압력을 30.0°C에서 구하라. 염은 완전히 해리한다고 가정한다.

(a) 0.900 mol H_2O에 들어 있는 0.100 mol NaCl

(b) 0.900 mol H_2O에 들어 있는 0.100 mol $Ca(NO_3)_2$

(c) 0.900 mol H_2O에 들어 있는 0.100 mol $Al(NO_3)_3$

7.86. 다음 주어진 각 용액의 삼투 압력을 구하라. 용질은 완전히 해리한다고 가정한다.

(a) 20.0°C에서 100.0 g H_2O에 들어 있는 10.0 g KBr

(b) 80.0°C에서 100.0 g H_2O에 들어 있는 20.0 g $SrCl_2$

(c) 37.0°C에서 0.100 *m* HCl (이것은 위산과 아주 흡사하다)

기호수학 문제

7.87. 벤젠과 1,1-다이클로로에테인의 증기 압력이 25.0°C에서 각각 94.0 mmHg와 224.9 mmHg이다. 용액에서 벤젠의 몰분율에 대한 전체 증기 압력의 그래프를 그려라. 그리고 1,1-다이클로로에테인의 몰분율에 대한 전체 증기 압력의 그래프를 그려라.

7.88. 벤젠과 1,1-다이클로로에테인의 증기 압력이 25.0°C에서 각각 94.0 mmHg와 224.9 mmHg이다. 증기에서 벤젠의 몰분율에 대한 전체 증기 압력의 그래프는 어떠한가? 그리고 1,1-다이클로로에테인의 몰분율에 대한 전체 증기 압력의 그래프는 어떠한가? 이들 그래프와 연습 문제 7.87의 그래프를 비교하라.

7.89. 연습 문제 7.87과 7.88에서 얻은 그래프에 대하여 질문에 답하라.

(a) 이슬점 선을 밝혀라. **(b)** 기포점 선을 밝혀라. **(c)** 이슬점 선과 기포점 선을 함께 나타냄으로써 벤젠과 1,1-다이클로로에테인의 몰비가 50:50인 혼합물의 분별 증류 과정을 추적하고, 이론단을 표시하고, 처음으로 증류된 혼합물의 조성을 예상하라.

7.90. 톨루엔에 대한 나프탈렌의 용해도를 −50°C에서 70°C까지 5°C 간격으로 계산하여 표로 나타내어라. $C_{10}H_8$의 용융 엔탈피와 녹는점은 각각 19.123 kJ/mol과 78.2°C이다.

제 8 장

전기 화학과 이온 용액

Electrochemistry and Ionic Solutions

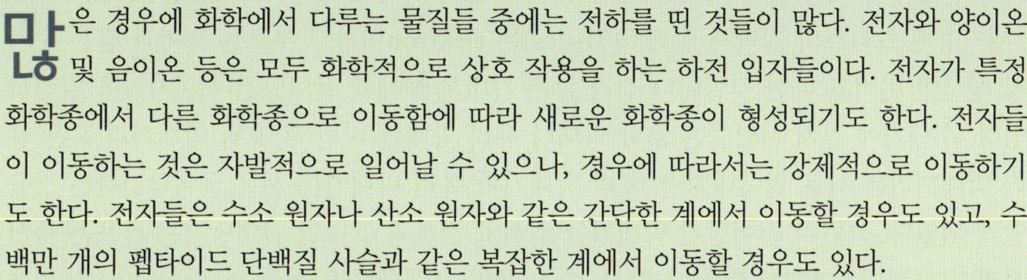

많은 경우에 화학에서 다루는 물질들 중에는 전하를 띤 것들이 많다. 전자와 양이온 및 음이온 등은 모두 화학적으로 상호 작용을 하는 하전 입자들이다. 전자가 특정 화학종에서 다른 화학종으로 이동함에 따라 새로운 화학종이 형성되기도 한다. 전자들이 이동하는 것은 자발적으로 일어날 수 있으나, 경우에 따라서는 강제적으로 이동하기도 한다. 전자들은 수소 원자나 산소 원자와 같은 간단한 계에서 이동할 경우도 있고, 수백만 개의 펩타이드 단백질 사슬과 같은 복잡한 계에서 이동할 경우도 있다.

화학종에서 개별 전하의 존재와 그 값을 알기 위해서는 전하 사이의 반발 또는 반대의 전하와의 인력과 같은 새로운 측면을 고려해야 한다. 하전된 입자들이 어떻게 상호 작용을 하는지를 알기 위해서는 하전된 입자들이 움직여서 가까워지거나 또는 멀리 떨어지는 데 따른 일과 그 일을 수행하는 데 필요한 에너지를 이해해야만 한다. 여기서 말하는 에너지와 일은 열역학적 개념에 의한 것이다. 그러므로 전기적으로 하전된 입자에 대한 화학 즉, **전기 화학**(electrochemistry)은 열역학에 기반한다.

현대 생활에서 전기 화학이 광범하게 응용되고 있다는 사실을 잘 이해하는 사람은 별로 없다. 전기 화학을 이해하고 있어야 모든 배터리와 연료 전지에 대하여 잘 알 수가 있는 것이고, 어떠한 산화-환원 과정도 전기 화학적으로 취급해야만 한다. 금속이나 비금속 또는 세라믹 등이 부식되는 현상도 일종의 전기 화학이다. 절대적으로 중요한 다수의 생화학 반응에는 언제나 전하 이동이 수반되는데, 이것 역시 전기 화학이다. 이 장에서는 하전된 입자에 대한 열역학을 발전시켜서, 그 원리가 여러 가지 계와 반응에 폭 넓게 적용될 수 있다는 사실을 이해하도록 할 것이다.

8.1 개요

우선 현대 과학이 발전하는 초기 단계에서부터 어느 정도 파악되고 있었던 전하의 상호 작용에 관한 물리학적 이론을 살펴볼 것이다. 열역학적인 양, 특히 ΔG를 하전된 화학종의 운동에 따른 일과 에너지에 쉽게 연관시킬 수 있다. 전기 화학적 반응마다 산화 부분과 환원 부분으로 나눌 수 있다. 산화 부분에서는 화학종이 전자를 잃게 되며 환원 부분에서는 전자를 얻게 된다. 산화 부분과 환원 부분으로 나누어 놓기도 하고, 그 부분들을 합치기도 하면서 새로운 전기 화학 과정을 이끌어 낼 수가 있다는 것도 알아보게 될 것이다.

전기 화학 반응은 하전된 화학종이 얼마나 많이 존재하는가에 달려 있지만, 반대 전하를 띤 물질들은 서로 끌어당기기 때문에 단순한 농도 값이 반드시 계의 거동과 연관되지는 않는다. 전하량과 계의 거동을 연관짓기 위해서 이온의 세기, 활동도 및 활동도 계수에 대한 개념을 사용한다.

또한 이온 용액이 보여주는 방식대로 이온 용액이 거동하는 이유를 이해하는 것은 중요하다. 몇 가지 간단한 가정을 통해 디바이-휘켈(Debye-Hückel) 이론을 도출하여 이온 용액을 기술한다. 이런 생각에 대한 간단한 설명만으로도 하전된 용질들의 상호 작용 및 화학에 이 책의 한 장(chapter)을 통째로 할애하는 이유를 이해할 수 있을 것이다.

8.2 전하

과학 분야에서 가장 일찍 이해한 개념 중의 하나가 아마도 **전하**(charge)일 것이다. B.C. 7세기경에 그리스의 철학자 탈레스(Thales)는 **elektron**이라고 부르는 호박과 같은 수지성 성분이 비비고 나면 깃털이나 실과 같은 가벼운 물체를 끌어당긴다는 사실을 발견하였다. 수세기에 걸쳐 사람들은 호박 막대나 유리 막대를 비빈 후 호박 막대끼리 혹은 유리 막대끼리는 서로 밀어내지만, 호박 막대기와 유리 막대기는 서로 끌어당긴다는 것을 알게 되었다. 그런데 끌어당긴 막대기들이 서로 접촉되고 나면 끌어당기는 작용은 즉시 사라지게 된다. 1752년경에 다재다능한 미국의 프랭클린(Benjamin Franklin)은 번개 칠 때 열쇠(아마도 가짜 열쇠)와 연 실험을 수행함으로써 호박을 서로 비볐을 때 호박 내에 나타나는 동일한 성질이 유도될 수 있음을 보여주었다. 전기라고 일컫는 이런 현상은 서로 반대의 성질을 가진다고 제시한 사람이 바로 프랭클린인데, 그는 이러한 전기적 성질에 **양**(positive)과 **음**(negative)이라고 표시하였다. 프랭클린은 유리 막대를 문지르면 유리 막대 속으로 전기가 흘러 들어가서 유리 막대를 양으로 하전시킨다고 설명했다. 또한 호박 막대를 문지르면 호박 막대 밖으로 전기가 흘러나가서 호박 막대가 음으로 하전된다고 하였다. 반대로 하전된 두 개의 막대가 서로 접촉되면 전기의 양이 서로 같아질 때까지 두 막대 사이에 전기가 교환된다. 양으로 하전되든지 아니면 음으로 하전되든지 간에 같은 전하를 띠는 두 막대끼리는 서로 피하려고 하거나 서로 밀어낸다. (프랭클린의 놀라운 통찰력에도 불구하고 그는 실질적인 전하의 움직임에 대해서 틀렸다. 그렇지만 전기 회로에서 전류가 흐르는 방향에 관해서 만큼은 프랭클린의 정의에 대한 증거는 오늘날에도 여전히 유효하다.)

플랭클린에 뒤이어 쿨롱(Coulomb), 갈바니(Galvani), 데이비(Davy), 볼타(Volta), 테슬라(Tesla) 및 맥스웰(Maxwell) 등과 같은 여러 연구자들이 견고한 실험과 이론적 기반을 바탕으로 전기적 현상을 잘 설명하였다. 이 절에서는 이러한 실험적, 이론적 기반에 대한 일부를 살펴보고자 한다.

1785년에 프랑스의 과학자 쿨롱(Charles de Coulomb, 그림 8.1)은 하전된 작은 공 사이에 작용하는 인력이나 반발력을 측정할 수 있는 매우 정확한 실험을 했다. 그는 상호 작용의 방향(즉, 서로 끌어당기는지 아니면 밀어내는지)은 공이 띠고 있는 전하의 종류에 따라 결정된다는 사실을 발견하였다. 두 공이 양전하든 아니면 음전하든 상관없이 같은 전하를 띠고 있으면 서로 밀어내고, 두 공이 각각 반대의 전하를 띠고 있으면 서로 끌어당긴다.

그림 8.1 쿨롱(Charles-Augustin de Coulomb, 1736~1806)은 당시에 아주 다루기 힘든 기구들을 이용하여 하전된 물체 사이의 인력을 측정해 낸 프랑스의 물리학자이다.

또한 쿨롱은 두 개의 공 사이에 상호 작용력의 크기가 두 개의 공 사이의 거리에 따라 달라진다는 것을 발견하였다. 하전된 두 개의 공 사이의 인력 또는 반발력 F는 그 공들 사이의 거리 r의 제곱에 반비례하며 다음으로 나타낼 수 있다.

$$F \propto \frac{1}{r^2} \tag{8.1}$$

하전된 물체 사이에 작용하는 힘은 q_1과 q_2로 표시되는 그 물체의 전하량의 곱에 비례한다는 사실도 발견되었다. 따라서 식 (8.1)은 다음이 된다.

$$F \propto \frac{q_1 \cdot q_2}{r^2} \tag{8.2}$$

이 식은 **쿨롱 법칙**(Coulomb's law)이라고 알려져 있다. 식 (8.2)에서 힘을 SI 단위인 뉴턴(newton)으로 나타내기 위해서는 이 식의 분모에 다음과 같이 하나의 항을 추가하면 된다.

$$F = \frac{q_1 \cdot q_2}{4\pi\epsilon_0 \cdot r^2} \tag{8.3}$$

여기서 q_1과 q_2의 단위는 C(쿨롱)이고, r의 단위는 m (미터)이다. 분모에 있는 4π는 3차원 공간으로 인하여 들어가 있다.* 또한 분모의 ϵ_0 ('엡실론 제로'라고 읽음)는 **자유 공간**(즉, 진공)**의 유전율**(permittivity of free space)이라고 하는데, 그 값은 8.854×10^{-12} $C^2/(J \cdot m)$이다. 유전율의 단위는 적절한 대수적인 전환을 통해 전하량(C)과 거리(m)의 단위로부터 힘(N)의 단위를 얻을 수 있게 한다. 전하량 q의 값은 양 또는 음이 가능하기 때문에, 힘 F도 양 또는 음이 될 수 있고 관례에 따라 힘 F는 반발력의 경우에는 양이고 인력의 경우에는 음이다.

예제 8.1

다음의 경우 전하들 사이에 작용하는 힘을 계산하라.

a. 1.00×10^{-9} m의 거리에 있는 $+1.6 \times 10^{-18}$ C과 $+3.3 \times 10^{-19}$ C

b. 5.83 Å의 거리에 있는 $+4.83 \times 10^{-19}$ C과 -3.22×10^{-19} C

)) 풀이

a. 식 (8.3)에 주어진 값들을 대입하면 다음과 같다.

$$F = \frac{(+1.6 \times 10^{-18}\ \mathrm{C})(+3.3 \times 10^{-19}\ \mathrm{C})}{4\pi \cdot \left(8.854 \times 10^{-12} \frac{\mathrm{C}^2}{\mathrm{J \cdot m}}\right)(1.00 \times 10^{-9}\ \mathrm{m})^2}$$

단위 중에서 m 하나와 C는 각각 상쇄되고, 분모 항 중의 분모에 있는 단위 J는 분자 항으로 옮겨진다. 이 수식을 계산하면 다음과 같이 된다.

$$F = +4.7 \times 10^{-9} \frac{\mathrm{J}}{\mathrm{m}} = +4.7 \times 10^{-9}\ \mathrm{N}$$

마지막 단계에서 $1\ \mathrm{J} = 1\ \mathrm{N \cdot m}$의 관계를 적용시켰다.

힘이 양의 값인 것은 반발력을 나타내고 있다. 거대 물체에 대해서 이 힘은 매우 작지만, 이온과 같은 원자 크기의 계에 대해서는 매우 큰 힘이다.

*실제로 4π는 공간을 규정하는 데 사용하는 3차원 좌표계와 힘이 구대칭적이고 입자들 사이의 거리에만 의존한다는 사실과 관련된다.

여기서는 거리 5.83 Å을 표준 단위인 m로 환산했다.

예제 8.1 (계속)

b. 앞에서와 마찬가지로 주어진 값을 식 (8.3)에 대입하면 다음과 같다.

$$F = \frac{(+4.83 \times 10^{-19}\,\mathrm{C})(-3.22 \times 10^{-19}\,\mathrm{C})}{4\pi \cdot \left(8.854 \times 10^{-12}\,\dfrac{\mathrm{C}^2}{\mathrm{J \cdot m}}\right)(5.83 \times 10^{-10}\,\mathrm{m})^2}$$

이 식을 계산하면 다음과 같이 된다.

$$F = -4.11 \times 10^{-9}\,\mathrm{N}$$

이때 힘은 음의 값을 가지므로 두 개의 하전된 물체 사이에는 인력이 작용하고 있음을 나타낸다.

식 (8.2)와 식 (8.3)은 진공에서의 전기적 하전에 따른 힘을 나타내고 있다. 만일 전기적으로 하전된 입자가 진공이 아닌 어떤 매질 속에 들어 있다면 힘을 나타내는 식의 분모에 그 매질의 **유전 상수**(dielectric constant)라고 일컫는 보정 인자 ϵ_r을 추가해서 식 (8.3)을 다음과 같이 나타낼 수 있다.

$$F = \frac{q_1 \cdot q_2}{4\pi\epsilon_0 \cdot \epsilon_r \cdot r^2} \tag{8.4}$$

유전 상수는 단위가 없는 양이다. 유전 상수가 클수록 하전 입자들 사이에 작용하는 힘은 작아진다. 예를 들어, 물의 유전 상수는 대략 78이다.

전하 q_2와 상호 작용하는 전하 q_1의 **전기장**(electric field) E는 전하들 사이에 작용하는 힘을 자신의 전하량 q_1으로 나눈 것으로 정의한다. 진공에서 전기장은 다음과 같다.

$$E = \frac{F}{q_1} = \frac{q_2}{4\pi\epsilon_0 \cdot r^2} \tag{8.5}$$

(앞의 경우와 마찬가지로, 진공이 아닌 매질에 대해서는 분모에 해당 매질의 유전 상수가 추가된다.) 전기장의 크기 $|E|$(전기장은 원칙적으로 벡터임)는 거리에 대한 **전기 전위**(electric potential), ϕ의 도함수와 같다.

$$|E| \equiv -\frac{\partial\phi}{\partial r}$$

전기 전위는 전기적 성질을 띤 입자가 전기장 속에서 움직일 때 에너지를 얼마나 획득할 수 있는지를 나타낸다. 이 식을 재정리하여 다음과 같이 거리 r에 관하여 적분할 수가 있다.

$$-|E| \cdot dr = d\phi$$

$$\int(-|E| \cdot dr) = \int d\phi$$

$$\phi = -\int |E| \cdot dr$$

이미 E를 r에 관해서 나타낸 식[(식 8.5)]이 있으므로, 이 식을 여기에 대입하면 다음과 같다.

$$\phi = -\int \frac{q_2}{4\pi\epsilon_0 \cdot r^2}\,dr$$

이 식은 r의 함수(즉, 분모에 r^2 항이 있고, 나머지 항은 상수이다)이므로 적분할 수 있다.

따라서

$$\phi = -\frac{q_2}{4\pi\epsilon_0}\int \frac{1}{r^2}\,dr$$

가 되고 이를 적분한 결과는 다음과 같다.

$$\phi = \frac{q_2}{4\pi\epsilon_0 r} \qquad (8.6)$$

이 식에서 보면 전기 전위의 단위는 J/C이다. 여기서는 전기 전위에 대하여 아주 많이 다룰 것이기 때문에 다음과 같이 새로운 단위 V(볼트)를 다음과 같이 정의한다.

$$1\text{ V} = 1\text{ J/C} \qquad (8.7)$$

볼트라는 단위는 전기 화학 계에 대한 기초 개념을 많이 발표한 이탈리아의 물리학자 볼타(Alessandro Volta)를 기념하기 위하여 이름이 붙여졌다.

8.3 에너지와 일

전기 화학 계에 대한 이런 개념은 열역학의 근본적 양인 에너지와 어떤 관계가 있을까? 먼저 일에 대하여 생각해 보자. 보통 일은 압력-부피 일로 정의하지만 이런 종류의 일 말고도 다르게 정의될 수 있는 일이 있다. 전하를 포함한 일은 압력-부피 관계의 일과는 다르게 정의된다. 무한소량의 전기적 일 $dw_{전기}$는 전기 전위 ϕ를 통하여 움직이는 전하량의 미분 dQ로 정의된다.

$$dw_{전기} \equiv \phi \cdot dQ \qquad (8.8)$$

전기 전위의 단위는 V이고 전하량의 단위는 C이므로, 식 (8.7)에 의하면 식 (8.8)에서의 일의 단위가 J임을 알 수 있다. 이제는 새로운 종류의 일을 취급해야 하기 때문에 열역학 제1법칙 하에서 총 내부 에너지 변화의 한 부분으로 새로운 일을 포함시켜야 한다. 즉, 내부 에너지의 미분은 이제 다음과 같이 나타낸다.

$$dU = dw_{pV} + dq + dw_{전기}$$

이렇게 하는 것은 결코 내부 에너지 변화에 대한 정의를 **바꾸는 것이 아니고**, 단지 또 다른 형태의 일을 포함시키는 것에 불과하다. 실제로는 일에 기여하는 것은 많은데도 지금까지는 압력-부피 일만을 주로 취급해 왔다. 비 p-V 일에는 전기적 일(즉, 전기 전위-전하 일)만 있는 것이 아니라 표면 장력-면적 일, 중력-질량 일, 원심력-질량 일 등이 있지만 이 장에서는 전기적 일만을 고려하기로 한다.

전기적 일은 화학 반응이 일어날 때 도처에서 움직이는 하전 입자인 전자들의 운동에 의하여 행해진다(양성자는 전자와 꼭 반대인 전하를 띠고 있지만 정상적인 화학 반응이 일어날 때에 양성자들은 원자핵 속에 계속해서 틀어박혀 있다). 하나의 전자는 약 1.602×10^{-19} C의 특정 전하량을 갖고 있는데, 보통은 이 값 대신에 문자 e를 써서 나타낸다. (전자에 대해서는 전하를 $-e$로 나타내고, 반대로 하전된 양성자의 전하는 $+e$로 나타낸다.) 몰당 양은 $e \cdot N_A$이며(N_A = 아보가드로 수) 그 값은 약 96,485 C/mol이다. 이 양을 패러데이 상수(Michael Faraday를 기념하기 위해 이름이 붙여짐)라고 하고, $\mathcal{F}$로 표시한다. 그러므로 $+z$의 양전하를 갖는 이온의 이온 몰당 전하량은 $z \cdot \mathcal{F}$로 나타내고, $-z$인 음전하를 갖는 이온의 이온 몰당 전하량은 $-z \cdot \mathcal{F}$로 나타낸다.

전하량의 미분 dQ는 이온 몰수의 미분 dn (여기서 n은 이온의 몰수)에 관련된다. 앞 문장의 표현을 이용하면 다음과 같음을 알 수 있다.

$$dQ = z \cdot \mathcal{F} \cdot dn$$

dQ에 관한 이 식을 식 (8.8)에 대입하면 일의 미분은 다음과 같다.

$$dw_{\text{전기}} = \phi \cdot z \cdot \mathcal{F} \cdot dn \tag{8.9}$$

여러 종류의 이온들이 함께 있을 경우 첨자 i로 표시된 하전된 종의 수를 변화시키는 데 소요되는 일의 양은 다음과 같다.

$$dw_{\text{전기}} = \sum_i \phi_i \cdot z_i \cdot \mathcal{F} \cdot dn_i \tag{8.10}$$

전하 이동이 일어나는 계에서는 특정 전하를 가진 물질의 수가 변하고 있으므로 식 (8.10)에서 dn_i는 0이 아니다. 전기적 계에 대하여 G의 미분을 취급하고자 할 때에는 식 (4.49)에 나타나 있는 다음과 같은 G에 대한 자연 변수 방정식을 수정하여 전기 전하로 인한 일의 변화를 포함시킨다.

$$dG = -S\,dT + V\,dp + \sum_i \mu_i\,dn_i$$

그 결과는 다음과 같다.

$$dG = -S\,dT + V\,dp + \sum_i \mu_i\,dn_i + \sum_i \phi_i \cdot z_i \cdot \mathcal{F} \cdot dn_i \tag{8.11}$$

일정 온도와 압력 하에서 이 식은 다음이 된다.

$$dG = \sum_i \mu_i\,dn_i + \sum_i \phi_i \cdot z_i \cdot \mathcal{F} \cdot dn_i$$

두 개의 시그마 항은 모두 동일한 지표(성분이 i)와 동일한 변수(양의 변화, dn_i)에 대해서 합하는 것이기 때문에 이 식은 다음과 같이 다시 쓸 수가 있다.

$$dG = \sum_i (\mu_i + \phi_i \cdot z_i \cdot \mathcal{F}) \cdot dn_i \tag{8.12}$$

만일 식 (8.12)의 괄호 속에 있는 양을 $\mu_{i,el}$로 정의하게 되면

$$\mu_{i,\text{el}} \equiv \mu_i + \phi_i \cdot z_i \cdot \mathcal{F} \tag{8.13}$$

가 되므로 식 (8.12)는 다음과 같이 된다.

$$dG = \sum_i \mu_{i,\text{el}} \cdot dn_i \tag{8.14}$$

여기서 $\mu_{i,el}$은 화학 퍼텐셜이 아니라 **전기 화학 전위**(electrochemical potential)라고 부른다. 전기 화학 평형에 대해서도 식 (5.4)($\sum \mu_i \nu_i = 0$)와 유사한 다음의 식이 성립한다.

$$\sum_i n_i \cdot \mu_{i,\text{el}} = 0 \tag{8.15}$$

이 식은 전기 화학 평형에 대한 기본 방정식이다.

전하(즉, 전자) 이동을 수반하는 반응을 **산화-환원**(oxidation-reduction reaction 또는 redox) 반응이라고 한다. 산화 과정과 환원 과정은 항상 함께 일어나기 때문에, 헤스 법칙의 접근법을 적용함으로써 각각의 개별적 과정을 독립적으로 취급한 후 두 개의 개별 반응을 합하여 전체 과정을 처리해 보자. 산화되는 물질을 A로 표시하면 산화 과정에 대한 일반적인 화학 반응식은 다음과 같이 나타낼 수 있다.

$$A \longrightarrow A^{n+} + ne^-$$

여기서 화학종 A는 n개의 전자를 잃었는데, 이것을 ne^-로 표시하였다. 한편 환원되는 화학종을 B로 표시할 때, 이에 대한 일반적인 화학 반응은 다음과 같이 나타낼 수 있다.

$$B^{n+} + ne^- \longrightarrow B$$

전체 화학 반응은 다음과 같다.

$$A + B^{n+} \longrightarrow A^{n+} + B$$

n_i는 반응물의 경우 음수이고, 생성물의 경우 양수라는 것을 생각하면 식 (8.15)는 다음과 같이 된다.

$$0 = \mu_{A^{n+},el} + \mu_{B,el} - \mu_{A,el} - \mu_{B^{n+},el}$$

식 (8.13)을 이용하고 이온종에 대해 동일한 전하 n이 필요하다는 것을 알고 있으므로 다음의 식을 얻을 수 있다.

$$0 = \mu_{A^{n+}} + \mu_B - n\mathcal{F}\phi_{\text{산화}} - \mu_A - \mu_{B^{n-}} + n\mathcal{F}\phi_{\text{환원}} \qquad \textbf{(8.16)}$$

여기서는 각각의 전위 ϕ를 산화 반응('ox')과 환원 반응('red')의 전위 ϕ로 표시한다. 첫 번째 ϕ 항은 음수이며 두 번째 ϕ 항은 양수인데, 이는 식 (8.13)에 나타난 전자의 전하가 -1이기 때문이다. 따라서 두 번째 ϕ 항은 두 번의 음의 부호가 붙게 되므로 양수가 된다. 화학종 A와 B는 전하를 띠지 않고 있으므로 전기적 일에 해당하는 항[즉, 식 (8.10)]은 그 화학 전위에 포함되지 않으므로 그에 따른 $n\mathcal{F}\phi$ 항이 없다.

식 (8.16)에서 산화 과정의 전기 전위 항과 환원 과정의 전기 전위 항은 서로 상쇄될 수가 없고, A^{n+}의 전기 전위는 B^{n+}의 전기 전위와 같아지지 않는다(다음을 비교해 보자. Li^+ 이온과 Cs^+ 이온의 전하가 같다는 이유만으로 Li^+ 이온의 전기 전위와 Cs^+ 이온의 전기 전위가 서로 같은가? 물론 아니다. Li^+ 이온의 성질은 Cs^+ 이온의 성질과 완전히 다르다).

식 (8.16)을 다시 정리하면 다음과 같다.

$$n\mathcal{F}\phi_{\text{산화}} - n\mathcal{F}\phi_{\text{환원}} = \mu_{A^{n+}} + \mu_B - \mu_A - \mu_{B^{n+}}$$

$$n\mathcal{F}(\phi_{\text{산화}} - \phi_{\text{환원}}) = \mu_{A^{n+}} + \mu_B - \mu_A - \mu_{B^{n+}}$$

관례대로 이 식의 좌변에 있는 $(\phi_{\text{산화}} - \phi_{\text{환원}})$ 대신에 $-(\phi_{\text{환원}} - \phi_{\text{산화}})$로 바꾸어서 다시 쓰면 다음과 같다.

$$-n\mathcal{F}(\phi_{\text{산화}} - \phi_{\text{환원}}) = \mu_{A^{n+}} + \mu_B - \mu_A - \mu_{B^{n+}} \qquad \textbf{(8.17)}$$

계의 주어진 상태(압력, 온도 등)에 대해서 식 (8.17)의 우변에 있는 항들은 모두 일정하므로 식 (8.17)의 우변 전체가 상수이다. 이것은 역시 식 (8.17)의 좌변도 상수가 되어야 한다는 것을 의미한다. 화학 반응에 대하여 변수 n과 $\mathcal{F}$는 상수이다. 그러므로 $(\phi_{\text{환원}} - \phi_{\text{산화}})$도 반응에 대하여 상수이어야 한다.

기전력(electromotive force) E를 환원 반응의 전기 전위와 산화 반응의 전기 전위의 차이로 다음과 같이 정의한다.

$$E \equiv \phi_{\text{환원}} - \phi_{\text{산화}} \qquad \textbf{(8.18)}$$

ϕ의 값은 V(볼트)의 단위로 나타내기 때문에 기전력의 단위도 V로 나타낸다. 어떤 때는 기전력을 간단히 EMF로 표시하기도 한다. 과학적 견지에서 보면 EMF는 사실상 '힘'이 아니고 전기 전위의 변화를 가리키는 말이다.

식 (8.17)은 다음과 같이 된다.

$$-n\mathcal{F}E = \mu_{A^{n+}} + \mu_B - \mu_A - \mu_{B^{n+}} \tag{8.19}$$

식 (8.19)의 우변은 생성물의 화학 퍼텐셜에서 반응물의 화학 퍼텐셜을 뺀 것인데, 이것은 바로 반응 깁스 에너지 변화 $\Delta_{반응}G$와 같다. 따라서 식 (8.19)를 다음과 같이 나타낼 수 있다.

$$\Delta_{반응}G = -n\mathcal{F}E \tag{8.20}$$

표준 압력과 표준 농도 조건 하에서 이 식은 다음과 같이 된다.

$$\Delta_{반응}G^\circ = -n\mathcal{F}E^\circ \tag{8.21}$$

이것은 전기 전위의 변화를 자유 에너지 변화와 연관시키는 기본 방정식이다. 또한, 이 방정식에 의하여 1 J = 1 V·C를 정의할 수 있는 장점도 있다. 변수 n은 균형 산화-환원 반응식에서 이동되는 전자의 몰수를 나타낸다. 완전한 산화-환원 반응식에서도 보통 전자의 수가 뚜렷하게 균형 잡히지 않기 때문에 산화 반응과 환원 반응 자체에서 전자 수를 찾아내야 한다.

예제 8.2

a. 다음과 같은 간단한 산화-환원 반응 과정에서 이동한 전자 수는 얼마인가?

$$2Fe^{3+}\,(aq) + 3Mg\,(s) \longrightarrow 2Fe\,(s) + 3Mg^{2+}\,(aq)$$

b. a의 몰단위 반응에 대한 표준 깁스 에너지 변화가 1,354 kJ이면 환원 반응의 전기 전위과 산화 반응의 전기 전위 사이의 차이는 얼마인가?

풀이

a. 이동한 전자의 수를 결정하는 가장 쉬운 방법은 반응을 산화 과정과 환원 과정으로 나누는 것이다. 이는 다음과 같이 쉽게 할 수 있다.

$$2Fe^{3+}\,(aq) + 6e^- \longrightarrow 2Fe\,(s)$$
$$3Mg\,(s) \longrightarrow 3Mg^{2+}\,(aq) + 6e^-$$

이들 두 개의 반응을 보면 균형 산화-환원 반응 과정에서 6개의 전자가 이동된 것을 알 수 있다. 몰 단위로 나타내면 반응 과정에서 6 mol의 전자가 이동하는 것이다.

b. $\Delta_{반응}G^\circ$의 단위를 J 단위로 바꾸고, 식 (8.21)을 적용하면 다음과 같이 된다.

$$-1{,}354{,}000\text{ J} = -(6\text{ mol e}^-)\left(96{,}485\,\frac{\text{C}}{\text{mol e}^-}\right)E^\circ$$
$$E^\circ = 2.339\text{ V}$$

식 (8.7)에 따라 기전력의 단위 V가 얻어진다.

기전력의 부호에 대하여 한 가지 주의해야 할 점이 있다. ΔG는 등온, 등압 과정의 자발성과 관련이 있고(즉, 비자발적 과정에 대한 ΔG는 양이고, 자발적 과정에 대한 ΔG는 음이며, 평형 상태에 대한 ΔG는 0이다), 식 (8.21)의 부호가 음이기 때문에 전기 화학 과정의 자발성 여부를 판단할 수 있는 또 다른 방법을 세울 수 있다. 산화-환원 반응에 대한 E가 **양**이면 그 반응은 자발적으로 일어나는 과정이고, E가 **음**이면 비자발적인 과정이며, 0이면 전기 화학적 평형 상태에 있는 계이다. 이러한 자발성 조건을 표 8.1에 요약하였다.

산화-환원 반응이 일어났다고 하는 것은 반드시 전기 화학적으로 유용한 일이 생긴다는 것을 의미하지 않는다. 산화-환원 반응으로부터 유용한 무언가를 얻기 위해서(화학적인 결과 외에도)는 산화-환원 반응이 적절히 설정되어야 한다. 그러나 산화-환원 반응을 적절히 설정했다 하더라도 얼마나 많은 전기 전위의 차이를 얻을 수 있으리라 예상할 수 있는가?

이에 대한 답은 바로 식 (8.21)에서 보는 바와 같이 전기 전위차 E가 반응 깁스 에너지 변화와 관련된다는 사실로부터 나온다. 더욱이 제4장에서 살펴본 바대로 비-압력-부피(non-pressure-volume) 형태의 일이 계에 행해지거나 또는 계가 행하는 경우에는 그러한 변화에 대한 ΔG는 행할 수 있는 비-압력-부피 일의 양에 극한 값을 나타낸다.

$$\Delta G \leq w_{\text{비-}pV}$$

이 식은 식 (4.11)이다. 전기적 일은 일종의 비-pV(non-pV) 일이므로 다음과 같이 표현할 수가 있다.

$$\Delta G \leq w_{\text{전기}} \qquad \textbf{(8.22)}$$

계가 행한 일은 음수 값을 갖기 때문에 산화-환원 반응에 대한 ΔG는 그 계가 주위에 행할 수 있는 최대 전기적 일을 나타내는 것이라고 식 (8.22)를 해석할 수 있다.

어떻게 하면 이러한 일을 얻어낼 수 있을까? 그림 8.2a는 Cu^{2+} 이온과 약간의 Zn 금속을 포함하고 있는 용액을 나타낸 것이고, 그림 8.2b는 이 용액에 아연이 첨가된 것을 보여 주고 있다. 푸른색을 띠고 있는 Cu^{2+} 이온은 반응하여 고체 Cu 금속을 생성하는 반면 Zn 금속은 반응해서 색깔이 없는 Zn^{2+} 이온으로 된다. 이 경우에 대한 자발적 산화-환원 반응은 다음과 같다.

$$Zn\,(s) + Cu^{2+} \longrightarrow Zn^{2+} + Cu\,(s) \qquad E° = +1.104\ V$$

그러나 이 예에서 반응은 자발적으로 일어났지만 반응으로부터 어떠한 일도 얻을 수 없다.

그림 8.3과 같이 **산화 반쪽 반응**(oxidation half-reaction)과 **환원 반쪽 반응**(reduction half-reaction)을 물리적으로 나눈 동일한 반응을 실시했다고 하자. 왼쪽에서는 아연 금속이 산화되어 아연 이온이 되고, 오른쪽에서는 구리 이온이 환원되어 구리 금속이 된다. 두 개의 반쪽 반응들은 완전히 분리되어 있지 않고 **염다리**(salt bridge)로 연결되어 전체적으로 전하 균형을 이루고 있다. 염다리는 양이온들을 계가 환원되는 쪽으로 이동하도록 해주고, 음이온들을 계가 산화되는 쪽으로 이동하도록 해준다. 어느 경우에나 염다리는 양쪽 모두 전기적으로 중성을 유지하도록 작용한다.* 보통은 금속선과 같은 전도성 매체로 두 금속 **전극**(electrode)을 연결할 수 있는데, 이 금속선에 전압계나 전구 같은 전기 기구를 부착하면 그 기구를 작동시킬 수가 있다. 즉, 그림 8.3에서 보는 바와 같이 자발적인 전기 화학 반응으로부터 일을 얻을 수 있다. 각각의 반쪽 반응으로 나눔으로써 자발적인 화학 반응으로부터 에너지를 전기적 일의 형태로 에너지를 얻어낼 수가 있는 것이다.

*전하 균형을 유지시키는 데에는 염다리 외에도 다른 방법들이 또 있다.

표 8.1 자발성 조건 요약

ΔG 값	E 값	과정
음	양	자발적
0	0	평형
양	음	비자발적

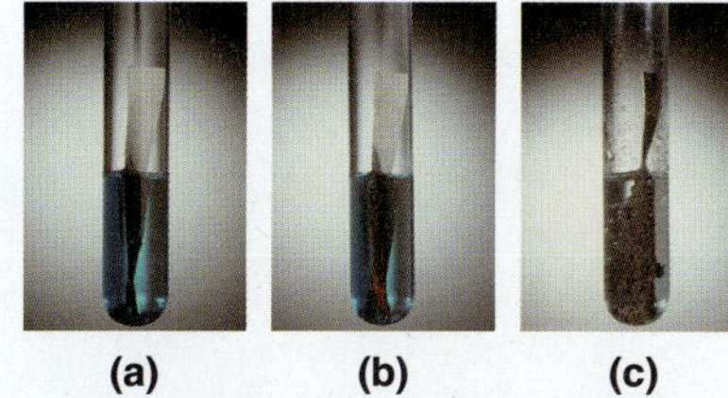

그림 8.2 (a) Cu^{2+} 이온을 포함하고 있는 푸른색의 용액에 Zn 금속을 담근다. (b) Zn은 Cu^{2+} 이온과 반응함으로써 아연 조각은 금속 Cu로 덮인다. 거의 모든 Cu^{2+} 이온이 금속 아연과 반응해서 색이 없는 Zn^{2+} 이온을 생성함으로써 Cu^{2+} 이온의 푸른색은 거의 보이지 않는다.

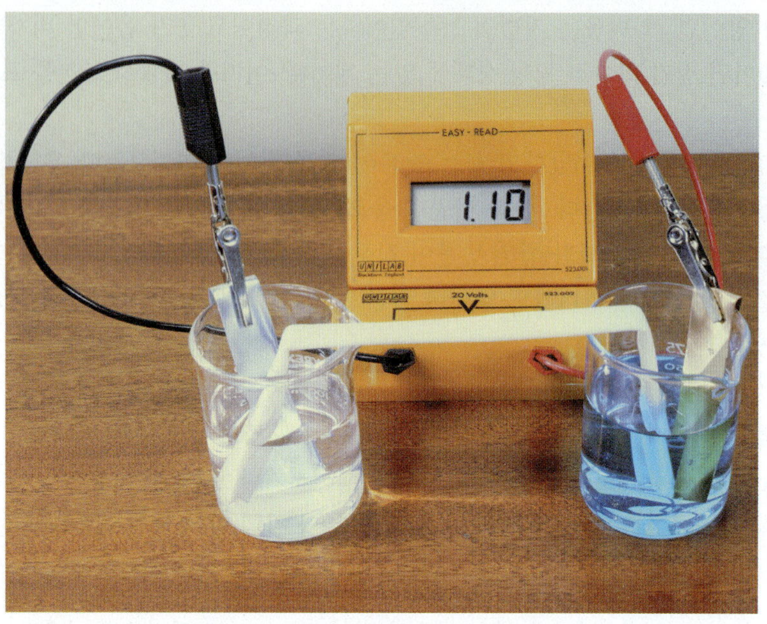

그림 8.3 그림 8.2와 똑같은 산화-환원 반응을 보여 주고 있지만 여기서는 각 반쪽 반응들이 물리적으로 분리되어 있다. 이러한 산화-환원 반응이 일어나게 되면 그림에서 보는 바와 같이 전자 이동을 통해 유용한 일을 얻어낼 수 있다.

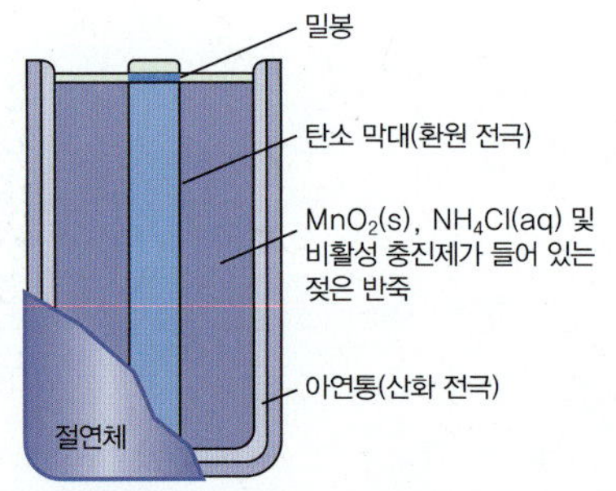

그림 8.4 현대적인 배터리는 단순한 다니엘 전지보다 복잡하지만 전기 화학적 원리는 똑같다.

개별적으로 반응이 일어나는 두 개의 물리적 계를 **반쪽 전지**(half-cell)라고 부르는데, 산화 반응이 일어나는 반쪽 전지를 **산화 전극**(anode)이라고 하고, 환원 반응이 일어나는 반쪽 전지를 **환원 전극**(cathode)이라고 한다. 두 개의 반쪽 전지로서 하나의 계를 구성할 수 있는데, 자발적 반응이 일어날 경우 이를 **볼타 전지**(voltaic cell) 또는 **갈바니 전지**(galvanic cell)라고 부른다. 모든 배터리는 그 속에서 일어나는 산화-환원 반응과 그 구조가 그림 8.3에서 보는 것처럼 간단하지는 않지만 볼타 전지라고 할 수 있다. [아연과 구리로 구성된 볼타 전지는 1836년에 영국의 화학자 다니엘(John Daniel)이 처음 개발하였으며 그의 이름을 따서 **다니엘 전지**(Daniell cell)라고 한다. 그 당시에는 다니엘 전지가 가장 확실한 전기 공급원이었다]. 그림 8.4는 현대적인 볼타 전지의 그림을 자세하게 보여 주고 있다.

의도적으로 전자를 끌어들여서 비자발적인 반응을 강제로 일어나도록 하는 계를 **전해 전지**(electrolytic cell)라고 부르는데, 이런 전지를 이용하여 다른 용도 중에서 보석류나 금속 제품에 장식용 도금을 할 수가 있다.

전기 화학 반응에 대하여 계산된 ΔG의 값은 반응에 의하여 얻을 수 있는 최대 전기적 일임을 명심해야 한다. 그러나 실제로는 최댓값보다 적은 일을 얻는다. 이로부터 모든 과정의 효율이 100% 미만이라는 결과를 얻게 된다.

8.4 표준 전위

기전력 E는 원래 환원 전위와 산화 전위의 차이로 정의됨을 생각해볼 때 어떠한 환원 과정이든지 산화 과정이든지 각 과정에 대한 **절대적인** 기전력 값을 알고 있는가? 불행하게도 그렇지 않다. 이 경우는 내부 에너지나 그 외의 각종 에너지의 경우와 매우 흡사하다. 한 계에는 어느 정도 절대 에너지량이 있고, 그 계에 들어 있는 에너지가 정확하게 얼마인지는 알 수 없으나 계의 에너지 변화를 추적할 수가 있다. *E*도 똑같은 경우이다.

화합물의 생성열처럼 계의 에너지를 추적하기 위하여, 표준 상태의 원소에 대한 생성열이 정확하게 영(0)이라는 인식을 가지고 어떤 표준이 정의되었다. 기전력에 대해서도 이와 같이 하면 된다. **표준 전위**(standard potential)에 적용할 규약은 다음과 같다.

- 균형 산화-환원 반응보다는 분리된 반쪽 반응을 고려한다. 이 같은 방식은 적절한 두 개(또는 그 이상)의 반쪽 반응을 대수적으로 결합시킴으로써 어떠한 산화-환원 반응도 구성할 수 있다.
- 일반적으로 임의의 반쪽 반응에 대한 전위를 말할 때는 **환원**(reduction) 반응으로 나타낸다. 두 개(또는 그 이상)의 반쪽 반응을 결합시킬 때에는 최소한 하나의 반쪽 반응은 산화 반응으로 표현되도록 반응의 방향을 바꾸어야 한다. 반응의 방향을 바꾸면 표준 전위의 부호도 바뀐다.
- 표준 전위에 대해서도 압력과 농도의 열역학적 표준 조건이 적용되고, 표준 온도는 통상적으로 25°C로 정한다. 다시 말해서 반쪽 반응의 표준 전위를 사용할 때에는 반응이 25°C에서 일어나고, 기체 화학종의 퓨가시티는 1이며, 용액의 경우 용해되어 있는 화학종의 활동도는 1이라고 가정한다(보통 근사적인 표준 상태는 기체의 경우 1 atm 또는 1 bar이고 용해된 화학종의 경우 1 M이다).
- 다음의 환원 반쪽 반응에 대한 표준 전위는 0.000 V라고 정의한다.

$$2H^+ (aq) + 2e^- \longrightarrow H_2 (g) \qquad \textbf{(8.23)}$$

이것은 **표준 수소 전극**(standard hydrogen electrode 또는 SHE, 그림 8.5 참조)에 대한 반응이다. 모든 반쪽 반응의 표준 전위는 이 반쪽 반응과 비교하여 상대적으로 결정된다.

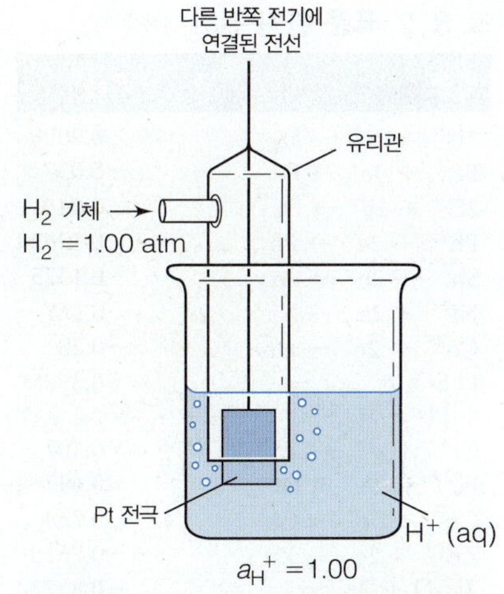

그림 8.5 표준 수소 전극. 이 전극에서 일어나는 반쪽 반응에 대한 표준 환원 전기 전위를 정확하게 0.000 V로 규정한다.

이들을 전기 화학적 표준 환원 전위로 정의하고, *E*°로 표시한다. 표 8.2에는 표준 환원 전위가 수록되어 있다. 성공적으로 전기화학적 작업을 하기 위해서 이상의 규약을 알고 적용해야 한다.

한 가지 더 알고 있어야 할 점은 규약은 때때로 변경될 수가 있다는 것이다. 과거에는 반쪽 반응을 환원 반응이 아닌 **산화**(oxidation) 반응으로 나타내는 것이 규약인 적이 있었다. 어쩌면 그런 방식으로 수록된 오래된 책이나 표를 볼 수도 있을 테니 조심해야 한다. 또한 반쪽 전지 전위를 측정하는 데는 SHE만이 유일한 표준 전극이 아니라는 것을 알아야 한다. 흔히 쓰이는 또 다른 표준 전극으로는 **포화 칼로멜 전극**(saturated calomel electrode, SCE)이 있는데[칼로멜은 염화 수은(I)의 속칭임], 이 전극의 반쪽 반응은 다음과 같다.

$$Hg_2Cl_2 + 2e^- \longrightarrow 2Hg\,(\ell) + 2Cl^- \qquad \textbf{(8.24)}$$
$$E° = +0.2682 \text{ V SHE에 대해서}$$

이 반쪽 반응은 폭발 위험성이 있는 수소 기체를 사용하지 않기 때문에 종종 SCE를 선호한다. SCE를 사용한 모든 반쪽 전지 전위는 SHE에 대한 표준 환원 전위보다 0.2682 V 만큼 차이가 난다.

원하는 전기 화학 반응에 대한 표준 전위를 사용하기 위해서는 그 반응을 반쪽 반응

표 8.2 표준 환원 전위

반응	*E*°(V)
$F_2 + 2e^- \rightarrow 2F^-$	2.866
$H_2O_2 + 2H^+ + 2e^- \rightarrow 2H_2O$	1.776
$N_2O + 2H^+ + 2e^- \rightarrow N_2 + H_2O$	1.766
$Au^+ + e^- \rightarrow Au$	1.692
$MnO_4^- + 4H^+ + 3e^- \rightarrow MnO_2 + 2H_2O$	1.679
$HClO_2 + 3H^+ + 3e^- \rightarrow \frac{1}{2}Cl_2 + 2H_2O$	1.63
$Mn^{3+} + e^- \rightarrow Mn^{2+}$	1.5415
$MnO_4^- + 8H^+ + 5e^- \rightarrow Mn^{2+} + 4H_2O$	1.507
$Au^{3+} + 3e^- \rightarrow Au$	1.498
$Cl_2 + 2e^- \rightarrow 2\,Cl^-$	1.358
$O_2 + 4H^+ + 4e^- \rightarrow 2H_2O$	1.229
$Br_2 + 2e^- \rightarrow 2Br^-$	1.087
$2Hg^{2+} + 2e^- \rightarrow Hg_2^{2+}$	0.920
$Hg^{2+} + 2e^- \rightarrow Hg$	0.851
$Ag^+ + e^- \rightarrow Ag$	0.7996
$Hg_2^{2+} + 2e^- \rightarrow 2Hg$	0.7973
$Fe^{3+} + e^- \rightarrow Fe^{2+}$	0.771
$MnO_4^- + e^- \rightarrow MnO_4^{2-}$	0.558
$I_3^- + 2e^- \rightarrow 3I^-$	0.5360
$I_2 + 2e^- \rightarrow 2I^-$	0.5355
$Cu^+ + e^- \rightarrow Cu$	0.521
$O_2 + 2H_2O + 4e^- \rightarrow 4OH^-$	0.401
$Cu^{2+} + 2e^- \rightarrow Cu$	0.3419
$Hg_2Cl_2 + 2e^- \rightarrow 2Hg + 2Cl^-$	0.26828
$AgCl + e^- \rightarrow Ag + Cl^-$	0.22233
$Cu^{2+} + e^- \rightarrow Cu^+$	0.153
$Sn^{4+} + 2e^- \rightarrow Sn^{2+}$	0.151
$AgBr + e^- \rightarrow Ag + Br^-$	0.07133

(계속)

표 8.2 표준 환원 전위 (계속)

반응	$E°$(V)
$2H^+ + 2e^- \rightarrow H_2$	0.0000
$Fe^{3+} + 3e^- \rightarrow Fe$	−0.037
$2D^+ + 2e^- \rightarrow D_2$	−0.044
$Pb^{2+} + 2e^- \rightarrow Pb$	−0.1262
$Sn^{2+} + 2e^- \rightarrow Sn$	−0.1375
$Ni^{2+} + 2e^- \rightarrow Ni$	−0.257
$Co^{2+} + 2e^- \rightarrow Co$	−0.28
$PbSO_4 + 2e^- \rightarrow Pb + SO_4^{2-}$	−0.3588
$Cr^{3+} + e^- \rightarrow Cr^{2+}$	−0.407
$Fe^{2+} + 2e^- \rightarrow Fe$	−0.447
$Cr^{3+} + 3e^- \rightarrow Cr$	−0.744
$Zn^{2+} + 2e^- \rightarrow Zn$	−0.7618
$2H_2O + 2e^- \rightarrow H_2 + 2OH^-$	−0.8277
$Cr^{2+} + 2e^- \rightarrow Cr$	−0.913
$Al^{3+} + 3e^- \rightarrow Al$	−1.662
$Be^{2+} + 2e^- \rightarrow Be$	−1.847
$H_2 + 2e^- \rightarrow 2H^-$	−2.23
$Mg^{2+} + 2e^- \rightarrow Mg$	−2.372
$Na^+ + e^- \rightarrow Na$	−2.71
$Ca^{2+} + 2e^- \rightarrow Ca$	−2.868
$Li^+ + e^- \rightarrow Li$	−3.04

으로 간단히 분리시키고, 표에서 해당하는 반쪽 반응의 표준 전위를 찾고, 표에 있는 반쪽 반응 중에서 하나(또는 그 이상)를 역반응이 되게 하여 산화 반응으로 만들면서 $E°$의 부호를 반대로 쓰면 된다. 적절한 균형 산화-환원 반응에는 여분의 전자가 없으므로 전자들이 상쇄될 수 있도록 하나 또는 그 이상의 반응에 어떤 정수인 상수를 곱해 주어야 한다. 그런데 $E°$의 값에는 **같은 상수를 곱하지 말아야 한다**. 왜냐하면 전위 E는 전기 전위이고, 물질의 양에 무관한 **세기 성질**이기 때문이다(이와 반대로 물질의 양에 따라 달라지는 것을 크기 성질이라고 한다). 다른 방법으로 이를 설명할 수 있다. 즉, 반응이 변화할 때 ΔG가 비례하여 변하고 전자의 수 n도 변화하므로 $E°$는 동일하게 유지된다.

마지막으로, 표준 전위는 전자의 균형이 맞은 전기 화학 반응에 대해서만 직접 더할 수 있다. 만일 전체 반응에 균형이 맞지 않은 전자가 있을 경우 $E°$의 값을 직접 더하지 말아야 한다. 한 예로서 다음을 생각해 보자.

$$Fe^{3+} + 3e^- \xrightarrow{\text{반응1}} Fe\,(s) \qquad E° = -0.037\text{ V}$$

$$Fe\,(s) \xrightarrow{\text{반응2}} Fe^{2+} + 2e^- \qquad E° = +0.447\text{ V}$$

$$\text{전체 반응:}\quad Fe^{3+} + e^- \xrightarrow{\text{전체 반응}} Fe^{2+} \qquad E° \overset{?}{=} +0.410\text{ V}$$

표 8.2에서 보면 환원 반응 $Fe^{3+} + e^- \rightarrow Fe^{2+}$의 $E°$는 0.771 V로서 예측된 0.410 V와는 차이가 크다. 전자가 상쇄될 수 없다면 $E°$의 값을 직접 더하면 안 된다.

그러나 헤스 법칙에 의하면 에너지는 더할 수 있다. 그러면 위의 예에서 먼저 해야 할 일은 각각의 $E°$를 그에 해당하는 $\Delta G°$로 환산하고, 헤스 법칙에 따라 전체 반응에 대해 $\Delta G°$ 값을 모두 합친 다음에 최종적인 $\Delta G°$의 값을 새로운 반쪽 반응에 대한 최종적인 $E°$의 값으로 환산하면 된다. 위의 예에서는

$$\text{반응 1: } \Delta G° = -(3\text{ mol e}^-)\left(96{,}485\,\frac{\text{C}}{\text{mol e}^-}\right)(-0.037\text{ V}) = 10{,}700\text{ J}$$

$$\text{반응 2: } \Delta G° = -(2\text{ mol e}^-)\left(96{,}485\,\frac{\text{C}}{\text{mol e}^-}\right)(+0.447\text{ V}) = -86{,}300\text{ J}$$

헤스 법칙을 적용하면 이 과정에 대한 전체 $\Delta G°$는 다음과 같다.

$$\Delta G°_{\text{전체}} = \Delta G°\text{ (반응 1)} + \Delta G°\text{ (반응 2)} = (10{,}700 - 86{,}300)\text{ J}$$
$$\Delta G°_{\text{전체}} = -75{,}600\text{ J}$$

이것을 해당하는 $E°$로 환산하면 다음과 같이 표에 있는 표준 환원 전위 값에 훨씬 더 가까운 값을 얻게 된다.

$$-75{,}600\text{ J} = -(1\text{ mol e}^-)\left(96{,}485\,\frac{\text{C}}{\text{mol e}^-}\right)\cdot E°_{\text{전체}}$$

$$E°_{\text{전체}} = +0.783\text{ V}$$

(여기서 계산된 값과 표에 있는 값 사이의 차이가 발생하는 이유는 반응이 일어나는 동안 용액 속에 포함되는 철 이온의 활동도가 달라지기 때문이다.) 여기서의 요점은 전자들이 완전히 상쇄될 때에만 전기 전위는 직접 더할 수 있다는 것이다. 그렇지만 에너지는 **언제나** 더해도 된다.

예제 8.3

a. 다음의 불균형 반응에 대한 $E°$는 얼마인가?

$$Fe\ (s) + O_2\ (g) + 2H_2O\ (\ell) \longrightarrow Fe^{3+} + 4OH^-$$

[최종적인 생성물은 FeO(OH)와 H_2O이지만 이들은 산화-환원 반응으로 형성되는 물질이 아니다. 수화된 FeO(OH)는 우리가 녹으로 알고 있는 것이다.]

b. 반응식의 균형을 맞추어라.

c. 위의 과정이 일어날 수 있는 조건은 무엇인가?

풀이

a. 표 8.2를 이용하여 위의 반응을 다음과 같이 두 개의 반쪽 반응으로 나눌 수가 있다.

$$Fe\ (s) \longrightarrow Fe^{3+} + 3e^- \qquad E° = +0.037\ V$$

$$O_2\ (g) + 2H_2O\ (\ell) + 4e^- \longrightarrow 4OH^- \qquad E° = +0.401\ V$$

여기에 나타낸 첫 번째 반응은 표 8.2에 나타낸 환원 반응의 역이다.

위의 두 개의 $E°$ 값을 결합시키면 전체 반응의 $E°$를 바로 결정할 수가 있으므로, 아직은 반응의 균형을 맞추지 않아도 된다. 위의 두 개의 $E°$ 값을 합친 것은 다음과 같다.

$$E° = +0.438\ V$$

반응은 자발적이며 이는 실제로 철의 부식에 대한 간략한 반응을 나타낸 것이다.

b. 균형 전기 화학 반응(즉, 산화-환원 반응)에서는 전자들이 모두 상쇄되어야 한다. 산화 반응에는 세 개의 전자가 있고, 환원 반응에는 네 개의 전자가 있으며 3과 4의 최소 공배수는 12이므로 균형 화학 반응식은 다음과 같다.

$$4Fe\ (s) + 3O_2\ (g) + 6H_2O\ (\ell) \longrightarrow 4Fe^{3+}\ (aq) + 12OH^-\ (aq)$$

c. E에 위첨자 °가 붙어 있기 때문에 이 반응에 다음과 같은 조건들이 적용된다고 보아야 한다. 온도는 25°C이고 O_2의 퓨가시티는 1이며, Fe (s), H_2O (ℓ), Fe^{3+} (aq) 및 OH^- (aq)의 활동도는 모두 1이다.

이 조건들은 보통 기체 물질에 대해서는 1 bar (또는 1 atm)이고 수용액 속의 용해된 이온에 대해서는 1 M 농도로 취급한다.

짐작하고 있겠지만 실생활에서 철의 부식은 표준 조건, 특히 표준 조건의 농도에서 일어나지 않는다. 그래서 표준 상태가 아닌 조건에서의 기전력을 결정하려면 추가적인 수단이 필요하다.

많은 수의 복잡한 생화학 반응은 전자 이동 과정이며 그런 반응들도 표준 환원 전위를 갖고 있다. 예를 들어, 니코틴아마이드 아데닌 다이뉴클레오타이드(nicotinamide adenine dinucleotide 또는 NAD^+)는 표준 조건 하에서 하나의 양성자와 두 개의 전자를 받아 다음과 같이 NADH가 된다.

$$NAD^+ + H^+ + 2e^- \longrightarrow NADH \qquad E° = -0.105\ V$$

생화학적 표준 상태(즉, pH = 7, 37°C)에서 미오글로빈 속에 들어 있는 철이 한 개의 전자를 받을 경우의 환원 전위는 $E' = +0.046$ V이고. 시토크롬 c에 들어 있는 철의 경우 $E' = +0.254$ V이다. 따라서 생화학 과정을 다룰 때에는 관심을 두고 있는 반응에 대한 조건이 무엇인지를 이해하는 것이 중요하다.

그림 8.6 네른스트(Walther Hermann von Nernst, 1864~1941). 독일의 화학자인 네른스트는 전기 화학 반응에 대한 전위를 생성물과 반응물의 일시적인 조건과 연관시킬 수 있는 방정식을 최초로 공식화하였다. 그렇지만 그가 노벨상을 받게 된 업적은 열역학 제3법칙을 확립시킨 것이다.

8.5 비표준 전위와 평형 상수

예제 8.3에서는 표준 열역학 조건을 반응 조건으로 삼았다. 그렇지만 실제로 이런 경우가 거의 없다. 반응은 매우 다양한 온도, 농도, 그리고 압력 조건에서 일어난다.(실제로 전기 화학에 기초한 많은 반응은 이온의 농도가 아주 낮은 조건에서 일어난다. 자동차의 부식을 생각해보라.)

전기 화학 반응에 대한 표준 전위와 비표준 전위도 에너지의 경우와 똑같은 규칙이 적용된다. 즉, 표준 전위는 위첨자 °를 붙여서 $E°$로 나타낸다. 그런데 E가 임의의 순간적인 조건에 대한 순간적인 기전력일 경우는 첨자를 붙이지 않고 E로 나타낸다.

가장 잘 알려진 E와 $E°$ 사이의 관계는 1889년에 독일의 화학자 네른스트(Walther Hermann Nernst, 그림 8.6)가 유도해 낸 **네른스트 방정식**(Nernst equation)이다[네른스트의 또 다른 업적으로는 열역학 제3법칙의 근본 개념의 규명, 최초로 분기(branching) 연쇄 반응을 이용한 폭발의 설명, 그리고 적외선 복사원인 네른스트 광원의 발명이 있다. 네른스트는 열역학에 기여한 공로를 인정받아서 1920년에 노벨 화학상을 수상하였다]. 다음과 같은 두 개의 방정식[이것은 각각 식 (8.20)과 식 (5.7)임]을 활용해 보자.

$$\Delta G = -n\mathcal{F}E$$

$$\Delta G = \Delta G° + RT \ln Q$$

이들 두 식을 결합하여 다음의 관계를 얻을 수 있다.

$$-n\mathcal{F}E = -n\mathcal{F}E° + RT \ln Q$$

E에 대해서 정리하면 다음과 같은 네른스트 방정식을 얻게 된다.

$$E = E° - \frac{RT}{n\mathcal{F}} \ln Q \tag{8.25}$$

여기서 Q는 반응 지수(reaction quotient)로서 이는 반응물과 생성물의 순간적인(비평형) 농도, 압력, 활동도 또는 퓨가시티를 이용하여 표현될 수 있다.

예제 8.4

다음 반응에 대한 비표준 농도가 주어져 있을 경우, 다니엘 전지에 대한 순간적인 E를 계산하라.

$$Zn + Cu^{2+}\ (0.0333\ M) \longrightarrow Zn^{2+}\ (0.00444\ M) + Cu$$

풀이

Q에 대한 식은 다음과 같다.

여기에서 몰랄 농도를 몰농도로 대신할 수 있다고 가정한다.

$$Q = \frac{\dfrac{m_{Zn^{2+}}}{m°}}{\dfrac{m_{Cu^{2+}}}{m°}} \approx \frac{[Zn^{2+}]}{[Cu^{2+}]}$$

즉, Q의 값은 0.00444/0.0333 = 0.133이다. 이 전지에 대한 표준 조건에서의 전위는 $E°$ = +1.104 V이므로 네른스트 방정식은 다음과 같이 된다.

예제 8.4 *(계속)*

$$E = 1.104\text{ V} - \frac{(\text{mol})(8.314\ \frac{\text{J}}{\text{mol}\cdot\text{K}})(298\text{ K})}{(2\text{ mol e}^-)(96{,}485\ \frac{\text{C}}{\text{mol e}^-})}\ln(0.133)$$

J/C를 제외한 모든 단위는 상쇄되는데, 이 단위는 V와 같다. 위의 식을 계산하면 다음과 같다.

$$E = 1.104\text{ V} - (-0.0259\text{ V})$$

$$E = 1.130\text{ V}$$

이 값은 표준 전위보다 약간 더 크다.

네른스트 방정식은 표준 조건이 아닌 농도와 압력에서 전기 화학 전지의 전위를 계산하는 데 매우 유용하다. 그런데 네른스트 방정식에는 변수로서 온도 T가 포함되어 있음에도 불구하고, 표준 전위인 $E°$ 자체가 온도에 따라 변하기 때문에 보편적인 표준 온도인 25°C 이외의 온도에서는 이 방정식을 적용하는 데 한계가 있다. 다음과 같은 두 개의 식을 이용하면 온도에 따른 $E°$가 얼마나 변하는지를 계산할 수 있다.

$$\Delta G° = -n\mathcal{F}E°$$

$$\left(\frac{\partial G}{\partial T}\right)_p = -S \quad \text{또는} \quad \left[\frac{\partial(\Delta G)}{\partial T}\right]_p = -\Delta S$$

이 식들을 결합시키면 다음과 같은 관계를 얻어낼 수가 있다.

$$\left[\frac{\partial(\Delta G°)}{\partial T}\right]_p = -n\mathcal{F}\left(\frac{\partial E°}{\partial T}\right)_p = -\Delta S°$$

여기서는 모두 $G°$와 $E°$ 및 $S°$를 사용하였다. 온도 변화에 따르는 $E°$의 변화(즉, $\partial E°/\partial T$))에 대해 위 식을 다음과 같이 정리할 수 있다.

$$\left(\frac{\partial E°}{\partial T}\right)_p = \frac{\Delta S°}{n\mathcal{F}} \tag{8.26}$$

이때 편도함수 $(\partial E°/\partial T)_p$를 반응에 대한 **온도 계수**(temperature coefficient)라 한다. 식 (8.26)은 정리 후 근사법을 이용하면 다음과 같다.

$$\Delta E° \approx \frac{\Delta S°}{n\mathcal{F}}\Delta T \tag{8.27}$$

여기서 ΔT는 표준 상태의 온도(보통 25°C)로부터의 온도 변화이다. 이는 임의의 과정에 대한 EMF 변화이므로 표준 온도가 아닌 온도에서의 새로운 EMF는 다음과 같다.

$$E \approx E° + \Delta E° \tag{8.28}$$

이 방정식들은 근사적인 식이지만 꽤 잘 맞는다. 앞 장에서 배운 바에 의하면 온도 변화에 따른 $\Delta S°$의 변화가 상당함에도 불구하고 여기에서는 이를 고려조차 하지 않았다. 그러나 식 (8.26)과 식 (8.27)은 온도가 달라질 때 전기 화학적 계의 거동에 대한 대략적인 가이드를 제공한다. $\mathcal{F}$는 상대적으로 큰 수이기 때문에 온도가 어느 정도 크게 변하더라도 $E°$의 변화는 그리 크지 않다. 그렇지만 몇몇 보편적인 전기 화학 반응에 대해서는 온도 효과가 현저하게 나타나는 경우도 있을 수 있다.

역자 주 네른스트 방정식을 이용하여 전지 전위를 계산할 때 분자 항에 단위 mol만을 곱해주어야 함에 주의하라. 왜냐하면 화학 반응의 화학량론 계수(숫자)는 로그 안의 반응지수의 지수승으로 옮아가고 단위 mol은 그대로 남기 때문이다(예제 2.18 참고).

식 (8.25)에서 n은 화학량론 계수를 의미하는데, $\Delta_{반응}G$의 단위로 J/mol을 채택하면 n은 숫자만 쓰면 되고(예, 2) 네른스트 방정식의 분자에 추가로 mol을 곱할 필요가 없다. 그러나 $\Delta_{반응}G$의 단위로 J을 채택하면 n은 숫자와 단위를 써야 하고(예, 2 mol), 따라서 네른스트 방정식의 분자에 추가로 mol을 곱해 주어야 한다.

예제 8.5

500 K에서 다음 반응에 대한 E를 계산하라.

$$2H_2\,(g) + O_2\,(g) \longrightarrow 2H_2O\,(g)$$

이것은 많은 연료 전지에 대한 주요 화학 반응이다.

풀이

우선 표준 조건에서의 $E°$를 결정한다. 위의 반응식은 다음과 같이 두 개의 반쪽 반응으로 나눌 수 있다.

반응을 두 배로 하여도 $E°$는 두 배가 아니다.

$$2 \times (H_2\,(g) \longrightarrow 2H^+ + 2e^-) \qquad E° = 0.000\ V$$
$$O_2\,(g) + 4H^+ + 4e^- \longrightarrow 2H_2O\,(\ell) \qquad E° = 1.229\ V$$

그러므로 이 반응에 대한 표준 EMF는 1.229 V이다.

부록 2에서 기체 상태의 H_2와 O_2 및 H_2O의 $S°$ 값을 찾아서 몰 단위의 이 반응에 대한 $\Delta S°$를 다음과 같이 결정할 수 있다.

$$\Delta_{반응}S° = \{2(188.83) - [2(130.68) + (205.14)]\}\ J/K$$
$$\Delta_{반응}S° = 288.84\ J/K$$

온도 변화는 500 K − 298 K = 202 K이다. 식 (8.27)을 이용하여 다음과 같이 $\Delta E°$를 계산해 낼 수가 있다.

$$\Delta E° = \frac{\Delta S°}{n\mathcal{F}}\Delta T = \frac{-88.84\ \frac{J}{K}}{(4\ mol\ e^-)(96{,}485\ \frac{C}{mol\ e^-})}(202\ K)$$
$$\Delta E° = -0.0465\ V$$

결국 500 K에서의 반응에 대한 대략적인 전위는 다음과 같다.

모든 단위는 V 즉, J/C를 제외하고 상쇄된다.

$$E = (1.229 - 0.0465)\ V$$
$$E = 1.183\ V$$

이 값은 작지만 감소한 것을 느낄 수 있는 정도이다.

식 (8.26)을 쉽게 정리하여 $\Delta S°$에 대해 다음과 같이 나타낼 수 있다.

$$\Delta S° = n\mathcal{F}\left(\frac{\partial E°}{\partial T}\right)_p \tag{8.29}$$

이제 $\Delta G°$와 $\Delta S°$에 대한 식을 갖고 있으므로 $\Delta H°$에 대한 식을 얻을 수 있다. ΔG에 대한 원래의 정의(즉, $\Delta G = \Delta H - T\Delta S$)를 이용하면 다음과 같은 관계를 얻게 된다.

$$-n\mathcal{F}E° = \Delta H° - T\left(n\mathcal{F}\frac{\partial E°}{\partial T}\right)$$

이 식을 대수적으로 다시 정리하여 다음과 같이 나타낼 수 있다.

$$\Delta H° = -n\mathcal{F}\left(E° - T\frac{\partial E°}{\partial T}\right) \tag{8.30}$$

이 방정식을 이용하면 전기 화학적 정보를 이용하여 어떤 과정의 $\Delta H°$를 계산할 수가 있다.

예제 8.6

$H_2O(\ell)$ 형성에 대한 다음의 반응을 생각해 보자.

$$2H_2\,(g) + O_2\,(g) \longrightarrow 2H_2O\,(\ell)$$

이 반응에 대하여 $n = 4$이고, 25°C에서 $\Delta H° = 571.66$ kJ일 때, 표준 전위 $E°$의 온도 계수를 결정하라.

이것을 구하기 위해서 사용되는 두 개의 반응을 표 8.2에서 확인할 수 있는가?

풀이

식 (8.30)을 이용하여 문제에서 다루고 있는 온도 계수인 $\partial E°/\partial T$를 결정할 수 있다. 표 8.2의 데이터로부터 결정된 $E°$의 값은 1.23 V이다. 알고 있는 값을 식 (8.30)에 대입하면 다음과 같다.

$$-571{,}660\text{ J} = -(4\text{ mol e}^-)\left(96{,}485\,\frac{\text{C}}{\text{mol e}^-}\right)\left[1.23\text{ V} - (298\text{ K})\,\frac{\partial E°}{\partial T}\right]$$

단위 'mol e^-'와 음의 부호는 모두 상쇄되고, 이 식의 양변을 패러데이 상수로 나누면 단위 J/C를 얻게 되고, 이는 단위 V와 같으며, 그 결과는 다음과 같다.

$$1.481\text{ V} = \left[1.23\text{ V} - (298\text{ K})\,\frac{\partial E°}{\partial T}\right]$$

$$-0.25\text{ V} = (298\text{ K})\,\frac{\partial E°}{\partial T}$$

$$\frac{\partial E°}{\partial T} = -8.4 \times 10^{-4}\,\frac{\text{V}}{\text{K}}$$

최종적으로 나타난 단위는 기전력의 온도 계수(변화율)에 적합한 단위이다.

압력에 대한 E의 변화는 다음의 이유로 보통 고려하지 않는다. $\left(\frac{\partial G}{\partial p}\right)_T = V$는 다음과 같은 관계식을 의미한다.

$$\left(\frac{\partial(\Delta G)}{\partial p}\right)_T = -n\mathcal{F}\left(\frac{\partial E}{\partial p}\right)_T = +\Delta V$$

이를 정리하면 다음 식을 얻을 수 있다.

$$\left(\frac{\partial E}{\partial p}\right)_T \approx -\frac{\Delta V}{n\mathcal{F}} \tag{8.31}$$

대부분의 볼타 전지는 일부 응축된 상(즉, 액체나 고체)에서 작동되기 때문에 압력이 굉장히 크게 변하지 않는 한 압력에 의한 응축상의 부피 변화는 매우 작다. 일반적으로 ΔV는 매우 작고 F는 매우 큰 수이므로 우리는 $E°$에 미치는 압력의 효과를 무시할 수가 있다. 그렇지만 전기 화학 반응에 관여하는 기체 생성물이나 기체 반응물의 **부분**(partial) 압력의 변화는 E에 큰 영향을 준다. 반응물이나 생성물의 부분 압력은 반응 지수 Q의 값에 영향을 주기 때문에 압력 효과는 보통 네른스트 방정식을 갖고 해석할 수 있다.

마지막으로 평형 상수와 반응의 EMF 사이에는 어떤 관계가 있는지를 알아보아야 한다. 이 관계를 이용하면 여러 가지 계에 대해서 고안해 낸 전기 화학 전지를 가지고 전위차를 측정함으로써 그 계의 정보를 얻어낼 수 있다. 다음과 같은 관계를 이용해 보자.

$$\Delta G° = -n\mathcal{F}E°$$

$$\Delta G° = -RT\ln K$$

이 두 개의 식을 결합시켜서 다음과 같은 관계식을 쉽게 유도할 수가 있다.

$$E° = \frac{RT}{n\mathcal{F}} \ln K \tag{8.32}$$

평형에서는 $E = 0$ (즉, 환원 전극과 산화 전극의 전위가 똑같음)이라는 사실을 이용하면 위 식은 네른스트 방정식으로부터 쉽게 유도될 수 있다. 또한 평형 상태에서는 반응 지수 Q가 해당 반응에 대한 평형 상수 K와 동일하므로 네른스트 방정식은 다음과 같이 된다.

$$0 = E° - \frac{RT}{n\mathcal{F}} \ln K$$

이 식을 정리해서 다음과 같이 쓸 수 있는데, 바로 식 (8.32)와 같은 식이 된다.

$$E° = \frac{RT}{n\mathcal{F}} \ln K$$

따라서 표준 조건에서 반응에 따른 전위를 이용하여 해당 반응의 평형 위치($E = 0$인 점)를 결정할 수 있다.

예제 8.7

전기 화학 데이터를 사용하여, 25°C에서 AgBr에 대한 용해도곱 상수 K_{sp}를 구하라.

풀이

AgBr의 용해도를 나타내는 화학 반응식은 다음과 같다.

$$\text{AgBr (s)} \rightleftharpoons \text{Ag}^+\text{ (aq)} + \text{Br}^-\text{ (aq)}$$

이 반응식은 표 8.2에 있는 다음 두 개의 반쪽 반응을 조합하여 쓸 수 있다.

$$\text{AgBr (s)} + \text{e}^- \longrightarrow \text{Ag (s)} + \text{Br}^-\text{ (aq)} \qquad E° = 0.07133\text{ V}$$

$$\text{Ag (s)} \longrightarrow \text{Ag}^+\text{ (aq)} + \text{e}^- \qquad E° = -0.7996\text{ V}$$

전체 반응에 대한 $E°$ 값이 옳음을 증명하라.

그러므로 전체 반응에 대한 $E° = -0.728$ V이다. 식 (8.32)를 적용하면(그리고 몰당 양이라 가정) 다음과 같이 된다.

이 예제에서 $n = 1$임을 어떻게 알 수 있나?

$$-0.728\text{ V} = \frac{(\text{mol})(8.314 \frac{\text{J}}{\text{mol·K}})(298\text{ K})}{(1\text{ mol e}^-)(96{,}485 \frac{\text{C}}{\text{mol e}^-})} \ln K_{sp}$$

이 예제에서는 $n = 1$이 분명하다. 위 식의 우변에서 볼트 단위와 똑같은 J/C을 제외하고는 단위들이 모두 상쇄되어서 이 분수 값의 단위가 V임을 알 수 있는데, 이 단위 V도 좌변의 단위 V와 함께 상쇄되어 없어진다. K_{sp}의 자연 로그 항을 따로 떼어내서 정리하면 다음과 같다.

$$\ln K_{sp} = \frac{(-0.728)(1)(96{,}485)}{(8.314)(298)} = -28.4$$

25°C에서 AgBr에 대한 K_{sp}의 실험값은 5.35×10^{-13}이다.

이 식의 양변에 역로그를 취하면 다음과 같은 최종적인 답을 얻게 된다.

$$K_{sp} = 4.63 \times 10^{-13}$$

현대 분석 화학에서는 E와 반응 지수 Q 사이의 관계를 실질적으로 많이 활용하고 있다. 수소에 대한 다음과 같은 표준 환원 반응을 생각해 보자.

$$2H^+(aq) + 2e^- \longrightarrow H_2(g)$$

이 반응에서 $E°$는 0이지만 비표준 조건의 농도에서는 이 반쪽 반응에 대한 E를 네른스트 방정식으로 결정해야 할 것이다. 즉, $E° = 0$이므로 다음과 같이 될 것이다.

$$E = -\frac{RT}{2\mathcal{F}} \ln Q = -\frac{RT}{2\mathcal{F}} \ln \frac{f_{H_2}}{(a_{H^+})^2} \approx -\frac{RT}{2\mathcal{F}} \ln \frac{p_{H_2}}{[H^+]^2}$$

표준 압력 하에서의 반응을 가정하므로 $p_{H_2} = 1$ bar라고 할 수 있다. 또한 $\mathrm{pH} = -\log[H^+] = -\frac{1}{2.303} \ln [H^+]$인 정의와 로그 연산의 성질을 이용하여 위의 식을 E에 관한 식으로 정리할 수 있다.

$$E = -2.303 \cdot \frac{RT}{\mathcal{F}} \cdot \mathrm{pH} \tag{8.33}$$

보편적으로 기준 온도인 25.0°C에서는 2.303 $(RT/\mathcal{F})$가 0.05916 V이므로, 식 (8.33)은 다음과 같이 다시 쓸 수가 있다.

$$E = -0.05916 \cdot \mathrm{pH}\ \mathrm{V} \tag{8.34}$$

따라서 수소 전극의 환원 전위는 용액의 pH에 직접적으로 연관된다. 이것이 의미하는 것은 수소 전극을 임의의 다른 반쪽 반응과 짝을 이루게 해서 전위를 측정하면 용액의 pH를 결정할 수가 있다는 것이다. 그런 반쪽 전지와 수소 전극을 알맞게 짝을 이루게 해서 구성한 전기 화학 전지의 전위차는 바로 다음과 같이 반응들에 대한 두 개의 E 값을 합친 것이 된다.

$$E = (-0.05916\ \mathrm{V} \cdot \mathrm{pH}) + E°\,(\text{다른 반쪽 반응}) \tag{8.35}$$

여기서 우변의 각 항은 단위가 모두 V이다. 물론 '$E°$(다른 반쪽 반응)'의 값은 그 반응이 산화 반응인지 아니면 환원 반응인지에도 관련된다. 중요한 것은 그런 전지의 전위차를 쉽게 측정할 수가 있고, 또 용액의 pH도 전기 화학적으로 결정할 수가 있다는 것이다.

수소 전극은 불편하기 때문에 일반적으로 pH를 측정하는 데에는 다른 전극을 사용한다. 이들 전극 모두는 동일한 전기 화학적 원리와 전압 측정 방법을 이용하여 관심을 두고 있는 용액의 pH를 결정한다. 그 중에서도 가장 널리 사용되고 있는 것이 그림 8.7에서 보여 주고 있는 **유리 pH 전극**(glass pH electrode)이다. 다공성 유리관에는 특정 완충 용액과 Ag/AgCl 전극이 들어 있다. Ag/AgCl 전극의 반쪽 반응은 다음과 같다.

$$AgCl(s) + e^- \longrightarrow Ag(s) + Cl^- \qquad E° = 0.22233\ \mathrm{V}$$

전극이 담겨 있는 완충 용액은 pH가 약 7일 때 $E = 0$이 되도록 하고, 전극의 전위차를 탐지해 내는 전자 장비는 pH가 7.00일 때 정확히 $E = 0$이 되도록 검정될 수 있다. 세계적으로 모든 실험실에서는 이런 전극을 공통적으로 사용하고 있다.

이런 형태의 전기 화학적 측정에서는 수소 이온도 다른 이온들과 똑같이 취급된다. 사실상 모든 이온 물질들은 산화-환원 반응에 참여할 수가 있으므로, 이와 같은 전극을 사용하면 모든 이온의 농도를 측정할 수 있게 된다. 이들 **이온 특이성 전극**(ion-specific

그림 8.7 기기에 의한 pH 측정은 전기 화학에서 비롯된 것이다. 여기에 나타낸 pH 측정용 유리 전극은 E 값이 H^+ 이온의 농도에 매우 민감하다.

electrode)은 끝이 다공성 유리막으로 되어 있고, 그 속에서 반쪽 반응이 일어나는 전기 화학 전지인데, 이 전지에서 측정된 전위차를 가지고 특정 이온의 농도를 계산해 낼 수가 있다. 그림 8.8에서는 이온 특이성 전극을 보여 주고 있다. 거의 모든 부분이 pH 전극과 비슷하므로 이 전극을 사용하여 이온을 검출하는 경우에는 무슨 이온인지를 정확하게 알아낼 수 있도록 주의를 기울여야 한다.

그림 8.8 H^+만이 전기 화학적으로 농도를 측정할 수 있는 유일한 이온은 아니다. 여기서는 이와 다른 이온 특이성 전극을 보여 주고 있다. 이런 전극들은 이 전기 화학적 과정에 대한 순간적 E를 측정하여 특정 이온의 농도를 결정하는 데 사용된다.

예제 8.8

수소 전극이 Fe/Fe^{2+} 반쪽 반응과 연결되었을 때 일어나는 자발적 반응의 전압이 0.300 V 이었다면 수소 전극이 담긴 용액의 pH는 얼마인가? Fe^{2+} 이온의 농도는 1.00 M이고, 그 외의 모든 조건은 표준 상태라고 가정한다.

》풀이

표 8.2에 있는 반쪽 반응에 따르면 자발적으로 일어날 수 있는 반응은 오직 Fe가 Fe^{2+}로 산화되고 H^+는 H_2 기체로 환원되는 것이다.

$$\mathrm{Fe\,(s)} + 2\mathrm{H^+\,(aq,\ ??\ M)} \longrightarrow \mathrm{Fe^{2+}\,(aq)} + \mathrm{H_2\,(g)}$$

Fe 표준 환원 반응을 역으로 돌릴 수 있기 때문에 식 (8.35)에 적용할 '$E°$(다른 반쪽 반응)'의 값은 −0.447 V의 음수, 즉 +0.447 V이다. 따라서 식 (8.35)를 적용하면 다음과 같다.

$$0.300\ \mathrm{V} = (-0.05916\ \mathrm{V} \cdot \mathrm{pH}) + 0.447\ \mathrm{V}$$

이 식을 pH에 대하여 풀면 다음과 같이 된다.

$$-0.147 = -0.05916 \cdot \mathrm{pH}$$

$$\mathrm{pH} = 2.48$$

이는 꽤 산성인 pH이며 이에 따른 농도는 3.3 mM이다.

8.6 용액에서의 이온

아무리 묽은 용액이라 하더라도 용액 속에 포함되고 있는 이온들이 '이상적으로' 거동한다는 가정은 지나친 단순화이다. 에탄올이나 CO_2 같은 분자성 용질의 경우에는 용질과 용매 사이의 인력이 무시할 정도로 작거나, 아니면 수소 결합 또는 그 외의 극성 인력에 의하여 지배된다. 그러나 용질 분자들끼리는 **서로** 영향을 크게 미치지 않는다고 가정한다.

묽은 용액 내 이온들에 대해서 반대로 하전된 이온이 존재하기 때문에 예상되는 용액의 성질은 달라질 것이다. **묽은** 이온 용액의 농도는 보통 0.001 M 이하이다(이 농도는 1,000분의 1 몰농도이다. 바닷물의 농도가 대략 0.5 M인 것에 비하면 어느 정도인지를 짐작할 수 있을 것이다). 이와 같이 낮은 농도에서는 몰농도와 몰랄 농도가 거의 같은데, 몰랄 농도는 총괄 성질을 다룰 때 선호하는 단위이다(용액의 성질은 용질의 종류에는 무관하기 때문이다). 그러므로 몰농도 단위를 몰랄 농도 단위로 바꾸어서 사용할 수가 있고, 묽은 이온 용액의 몰랄 농도는 0.001 m 이하라고 말해도 된다.

아울러 이온의 전하도 용액의 성질에 영향을 주는 한 요인이 될 수 있다. 식 (8.2)로 나타낸 쿨롱 법칙에 의하면 전하 사이에 작용하는 힘은 전하량의 곱에 직접 비례한다. 그러므로 +2의 전하와 −2의 전하 사이에 작용하는 힘은 +1의 전하와 −1의 전하 사이에 작용하는 힘보다 네 배나 클 것이다. 따라서 NaCl 용액과 $ZnSO_4$ 용액의 몰랄 농도가 동일하더라도 묽은 NaCl 용액의 거동과 묽은 $ZnSO_4$ 용액의 거동에는 분명히 차이가 있다.

다른 비이상적 화학 시스템에서처럼 이온 용액을 더 잘 이해하기 위해서 화학 퍼텐셜과 활동도에 대한 개념을 다시 한 번 검토해야 할 것이다. 제4장에서 물질의 화학 퍼텐셜 μ_i를 다음과 같이 그 물질의 몰수 변화에 따른 깁스 에너지 변화로 정의했다.

$$\mu_i = \left(\frac{\partial G}{\partial n_i}\right)_{T,p} \tag{8.36}$$

또한 비이상 파라미터로서 다성분계에서의 특정 성분 i에 대한 활동도 a_i를 정의함으로써 표준 화학 퍼텐셜 μ_i°의 항으로 실제 화학 퍼텐셜 μ_i를 정의했다.

$$\mu_i = \mu_i^\circ + RT \ln a_i \tag{8.37}$$

기체 혼합물의 경우에는 활동도를 그 기체의 부분 압력 p_i과 연관시켜서 정의했다. 그런데 용액 내 이온의 경우 이온성 용질의 활동도는 용질의 농도, 즉 몰랄 농도와 관련된다.

$$a_i \propto m_i \tag{8.38}$$

앞에서의 비례 관계를 취급할 때와 마찬가지로 식 (8.38)을 갖고 수학적으로 동일한 처리가 가능하다. 몰랄 농도 단위를 없애기 위하여 식 (8.38)의 우변을 정확히 1 몰랄 농도에 해당하는 어떤 표준 농도 m°로 나눈다. 여기에 비례상수로서 이온에 대한 **활동도 계수**(activity coefficient) γ_i를 사용하면 다음과 같이 된다.

$$a_i = \gamma_i \cdot \frac{m_i}{m^\circ} \tag{8.39}$$

활동도 계수 γ_i의 값은 농도에 따라 변하므로 각 농도에 대한 값을 표에 수록해 두거나 아니면 활동도 계수 계산법을 알고 있어야 한다. 그러나 무한히 묽은 한계 조건에서는 마치 몰랄 농도가 화학 퍼텐셜에 직접 관련되는 것처럼 이온 용액이 거동하게 된다.

$$\lim_{m_i \to 0} \gamma_i = 1 \tag{8.40}$$

이온의 농도가 진해질수록 γ_i의 값은 작아져서 활동도는 이온의 실제 몰랄 농도보다 점점 더 작아지게 된다.

위의 여러 식의 변수에 붙여진 아래 첨자 i는 개별 화학종마다 자신의 몰랄 농도, 활동도, 활동도 계수 등을 가진다는 것을 의미한다. 예를 들어, 1.00 m의 황산 소듐(Na_2SO_4) 용액에서는 각 이온의 몰랄 농도가 다음과 같다.

$$m_{Na^+} = 2.00 \text{ m}$$

$$m_{SO_4^{2-}} = 1.00 \text{ m}$$

(몰랄 농도의 기호에 해당하는 이온이 분명하게 아래 첨자로 표시되도록 주의해야 한다).

양의 총 전하량과 음의 총 전하량은 반드시 같아야 한다는 사실로부터 이온이 띠고 있는 전하량과 그 이온의 몰랄 농도 사이의 관계를 알아낼 수 있다. 간단한 이성분 염인 $A_{n+}B_{n-}$(이때 n_+와 n_-는 화학식 표기에서 각각 양이온과 음이온에 대한 아래 첨자의 수이다)에 대하여 이온 용액 속의 양이온과 음이온의 몰랄 농도는 반드시 다음의 관계를 만족시켜야 한다.

$$\frac{m_+}{n_+} = \frac{m_-}{n_-} \tag{8.41}$$

황산 소듐 용액을 이용하여 이 관계를 입증하기는 쉽다. 화학식 Na_2SO_4을 보면 $n_+ = 2$와 $n_- = 1$임을 알 수 있으므로 다음의 관계가 성립한다.

$$\frac{2.00\ m}{2} = \frac{1.00\ m}{1}$$

양이온의 활동도 a_+와 음이온의 활동도 a_-를 식 (8.37)에 대입하면 양이온과 음이온의 화학 퍼텐셜은 각각 다음과 같이 된다.

$$\mu_+ = \mu_+^\circ + RT\ln\gamma_+\frac{m_+}{m^\circ}$$

$$\mu_- = \mu_-^\circ + RT\ln\gamma_-\frac{m_-}{m^\circ}$$

양이온과 음이온에 대한 μ°과 몰랄 농도는 반드시 같을 필요는 없으므로 양이온과 음이온의 화학 퍼텐셜은 아마 다를 수 있다. 물론 이온 용액의 총 화학 퍼텐셜은 이온 화학식 변수 n_+와 n_-에 의해 주어진 각 이온의 몰수에 따라 변한다. 총 자유 에너지는 다음과 같다.

$$G = (n_+\cdot\mu_+) + (n_-\cdot\mu_-) \tag{8.42}$$

앞의 μ_+와 μ_-를 식 (8.42)에 대입하면 다음과 같이 된다.

$$G = (n_+\cdot\mu_+^\circ) + (n_-\cdot\mu_-^\circ) + \left(n_+\cdot RT\ln\gamma_+\frac{m_+}{m^\circ}\right) + \left(n_-\cdot RT\ln\gamma_-\frac{m_-}{m^\circ}\right)$$

이 식은 **평균 이온 몰랄 농도**(mean ionic molality) $m_\pm$와 **평균 이온 활동도 계수**(mean ionic activity coefficient) $\gamma_\pm$를 다음과 같이 정의함으로써 간단하게 정리된다.

$$m_\pm \equiv (m_+^{n_+}\cdot m_-^{n_-})^{1/(n_+ + n_-)} \tag{8.43}$$

$$\gamma_\pm \equiv (\gamma_+^{n_+}\cdot \gamma_-^{n_-})^{1/(n_+ + n_-)} \tag{8.44}$$

더 나아가서 $n_\pm = n_+ + n_-$와 $\mu_\pm{}^\circ = n_+\mu_+{}^\circ + n_-\mu_-{}^\circ$를 정의함으로써 총 화학 퍼텐셜을 다음과 같이 쓸 수 있다.

$$G = \mu_\pm^\circ + n_\pm RT\ln\,\gamma_\pm\frac{m_\pm}{m^\circ} \tag{8.45}$$

식 (8.37)에서 유추하고 로그의 성질을 이용하여, 이온 용질 $A_{n+}B_{n-}$에 대한 **평균 이온 활동도**(mean ionic activity) $a_\pm$를 다음과 같이 정의할 수 있다.

$$a_\pm = \left(\gamma_\pm\frac{m_\pm}{m^\circ}\right)^{n_\pm} \tag{8.46}$$

이러한 식들은 이온 용액이 실제로 어떻게 거동하는지를 나타내고 있다.

예제 8.9

0.200 m의 $Cr(NO_3)_3$ 용액에 대한 평균 이온 활동도 계수 $\gamma_\pm$가 0.285일 때 이 용액의 평균 이온 몰랄 농도와 평균 이온 활동도를 결정하라.

풀이

질산 크로뮴(III)에 대하여 계수 n_+와 n_-는 각각 1과 3이므로 $n_\pm$는 4가 된다. 그리고 Cr^{3+}(aq)의 이상적 몰랄 농도는 0.200 m이고, NO_3^-(aq)의 이상적 몰랄 농도는 0.600 m이다. 그러므로 평균 이온 몰랄 농도는 다음과 같다.

$$m_\pm = (0.200^1\cdot 0.600^3)^{1/4}\,m$$

$$m_\pm = 0.456\,m$$

이 계산은 식 (8.43)에 근거한다.

이것들과 주어진 평균 활동도 계수를 이용하여 다음과 같이 용액의 평균 이온 활동도를 결정할 수 있다.

예제 8.9 *(계속)*

활동도는 무단위이다.

$$a_{\pm} = \left(0.285 \cdot \frac{0.456\ m}{1.00\ m}\right)^4$$
$$a_{\pm} = 2.85 \times 10^{-4}$$

이 용액의 거동은 0.200의 몰랄 농도보다는 2.85×10^{-4}의 평균 활동도에 기초한다. 이는 용액에 대해 예상되는 거동과는 큰 차이를 나타낸다.

더 큰 절댓값의 전하량을 가진 이온이 들어 있는 용액은 해당 용액의 성질에 영향을 미치는 쿨롱 효과가 더 크다. 이를 꾸준히 추정하기 위한 한 방법으로서 용액의 **이온 세기**(ionic strength) I를 다음과 같이 정의한다.

$$I = \frac{1}{2}\sum_{i=1}^{\text{이온 종류의 수}} m_i \cdot z_i^2 \quad \textbf{(8.47)}$$

여기서 z_i는 i번째 이온에 대한 전하수를 말한다. 이온 세기는 원래 1921년 루이스(Gilbert N. Lewis)가 정의하였다. 양이온과 음이온의 비가 1 : 1이 아닌 이온성 용질에 대해서 각 이온들의 몰랄 농도 m_i는 같지 않다. 다음의 예제를 통해서 이 사실을 알아보자.

예제 8.10

a. 농도가 모두 0.100 m인 NaCl, Na_2SO_4 및 $Ca_3(PO_4)_2$ 용액의 이온 세기를 각각 계산하라.

b. 0.100 m $Ca_3(PO_4)_2$ 용액과 동일한 이온 세기를 갖는 Na_2SO_4 용액의 몰랄 농도는 얼마인가?

풀이

a. 식 (8.47)을 이용하여 다음과 같음을 알 수 있다.

전하에 대한 부호는 그대로 남겨둠으로써 확인하기 좀 더 용이하다.

괄호 안 첫 항에 있는 '2'는 각 화학식 단위(Na_2SO_4)에 2 Na^+가 존재하기 때문이다.

$$I_{NaCl} = \tfrac{1}{2}[(0.100\ m)(+1)^2 + (0.100\ m)(-1)^2] = 0.100\ m$$
$$I_{Na_2SO_4} = \tfrac{1}{2}[(\underset{\substack{\uparrow \\ n_+=2}}{2} \cdot 0.100\ m)(+1)^2 + (0.100\ m)(-2)^2] = 0.300\ m$$
$$I_{Ca_3(PO_4)_2} = \tfrac{1}{2}[(\underset{\substack{\uparrow \\ n_+=3}}{3} \cdot 0.100\ m)(+2)^2 + (\underset{\substack{\uparrow \\ n_-=2}}{2} \cdot 0.100\ m)(-3)^2] = 1.50\ m$$

각 이온의 전하가 증가할 때 이온 세기가 얼마나 커지는지를 주목하라.

b. 여기서는 앞의 a 부분에서 계산된 0.100 m $Ca_3(PO_4)_2$ 용액의 이온 세기인 1.50 m과 동일한 이온 세기를 나타낼 수 있는 Na_2SO_4 용액의 몰랄 농도는 얼마인지를 물어보고 있다. Na_2SO_4 용액의 이온 세기 $I_{Na_2SO_4}$에 대한 식을 세울 수가 있지만 이 값을 1.50 m로 두고, 몰랄 농도를 미지수로 두면 다음과 같이 계산할 수 있다.

$$I_{Na_2SO_4} = 1.50\ m = \tfrac{1}{2}[(2 \cdot m)(+1)^2 + (m)(-2)^2]$$
$$1.50\ m = \tfrac{1}{2}(2m + 4m) = \tfrac{1}{2} \cdot 6m = 3m$$

예제 8.10 *(계속)*

따라서

$$m = 0.500\ m$$

이 된다. 그래서 0.100 m $Ca_3(PO_4)_2$ 용액의 이온 세기와 같은 이온 세기를 얻기 위해서는 5배의 농도를 가진 Na_2SO_4 용액이 필요하다. 연습으로서 이 값과 동일한 이온 세기를 얻기 위한 NaCl 용액의 몰랄 농도를 구하라.

다른 화학종과 마찬가지로 용해된 이온 역시 생성 엔탈피와 생성 자유 에너지 및 엔트로피를 가진다. 식 (8.23)으로부터 다음과 같은 사실을 알 수 있다.

$$\tfrac{1}{2}H_2\ (g) \longrightarrow H^+\ (aq) + e^- \qquad E° = 0.000\ V$$

이 반응식은 거의 수소 분자로부터 H^+ (aq)가 생성되는 반응이며 E와 ΔG의 관계를 적용하면 $\Delta_f G[H^+\ (aq)] = 0$임을 제안할 수도 있다. 그러나 이러한 주장은 문제가 있다. 우선 전자가 생성물로 존재한다는 것은 이 반응식을 H^+의 생성 반응으로 정의하는 데 문제점이 있다. 두 번째로는 실제로 H^+와 같은 양이온이 생성될 때에는 항상 음이온 생성이 수반된다는 것이다.

원소에 대한 $\Delta_f H$ 값을 0으로 정의하였고, 이를 기준으로 삼아 화합물의 생성열을 결정했던 것처럼 이온에 대해서도 동일한 정의를 만들 수 있다. 수소 이온에 대한 표준 생성 엔탈피와 표준 생성 깁스 에너지는 0이라고 **정의**한다.

$$\Delta_f G°[H^+(aq)] = \Delta_f H°[H^+(aq)] \equiv 0 \qquad \textbf{(8.48)}$$

따라서 다른 이온들에 대한 생성 엔탈피 및 깁스 에너지는 수용액 중의 수소 이온에 대해 상대적으로 측정될 수 있다.

이온의 엔트로피에 대해서도 똑같은 문제가 발생한다. 어느 한 이온에 대한 엔트로피는 반드시 존재해야만 하는 반대로 하전된 이온의 엔트로피와 실험적으로 분리될 수 없다. 이때 또 다시 수소 이온의 엔트로피는 0이라고 정의해서 이 문제를 해결하게 된다.

$$S[H^+(aq)] \equiv 0 \qquad \textbf{(8.49)}$$

다른 이온들의 엔트로피는 이것을 기준으로 삼아서 결정한다.

이들 이온들은 용매(가장 흔한 경우는 물)에서 형성되고 있다는 사실로 인해서 이온의 깁스 에너지, 엔탈피, 그리고 엔트로피에 대한 개념이 복잡해진다. 이온의 존재로 인하여 용매 분자들이 재배열 됨으로 인해 $\Delta_f H$, $\Delta_f G$ 그리고 S의 값이 달라진다. 생성 엔탈피와 생성 깁스 에너지, 심지어는 엔트로피조차 부분적으로는 용매화 영향으로 인하여 H^+(aq)에 대한 것보다 더 높아지거나 더 낮아질 수 있다(즉, 이들 값들은 양이 될 수도 있고 음이 될 수도 있다). 이온에 대한 열역학적 값의 경향은 이들 효과를 고려하지 않고서는 설명하기 어려울 수 있다. 또한, 이것이 의미하는 바는 이온의 엔트로피가 음의 값을 가질 수 있다는 것인데, 이는 절대 엔트로피에 대한 개념과 열역학 제3법칙과는 모순될 수 있다. 명심해야 할 것은 이온의 엔트로피는 H^+의 엔트로피에 대해 상대적으로 결정되기 때문에 어떤 이온의 엔트로피는 H^+의 엔트로피보다 더 높거나 낮을 수 있다는 점이다.

예제 8.11

a. 다음 반응에 대한 반응 엔탈피가 −167.2 kJ일 때 $\Delta_f H°[Cl^-\,(aq)]$를 구하라.

$$\tfrac{1}{2}H_2\,(g) + \tfrac{1}{2}Cl_2\,(g) \longrightarrow H^+\,(aq) + Cl^-\,(aq)$$

b. 다음 반응에 대한 반응 엔탈피가 +3.9 kJ일 때 $\Delta_f H°[Na^+\,(aq)]$를 구하라.

$$NaCl\,(s) \rightarrow Na^+\,(aq) + Cl^-\,(aq)$$

단, $\Delta_f H°[NaCl] = -411.2$ kJ이다. 위 두 반응에서의 모든 화학종은 표준 조건하에 있다고 가정한다.

풀이

표준 상태의 원소에 대한 이 값들은 0이다.

a. 표준 조건을 가정할 경우 $\Delta_f H°[H_2(g)] = \Delta_f H°[Cl_2(g)] = 0$이다. 정의에 따르면 $\Delta_f H°[H^+(aq)] = 0$이므로 $\Delta_{반응}H$가 −167.2 kJ을 알고 있다면 다음의 관계가 성립한다.

$$-167.2\text{ kJ} = \sum \Delta_f H[\text{생성물}] - \sum \Delta_f H[\text{반응물}]$$
$$-167.2\text{ kJ} = (\Delta_f H[Cl^-(aq)] + 0) - (0 + 0)$$
$$-167.2\text{ kJ} = \Delta_f H[Cl^-(aq)]$$

b. a에서 얻은 Cl^- (aq)에 대한 생성 엔탈피를 이용하면 NaCl의 용해에 대해서도 같은 방법을 적용시킬 수 있다.

이것을 계산할 때 음의 부호를 조심해야 한다.

$$+3.9\text{ kJ} = \sum \Delta_f H[\text{생성물}] - \sum \Delta_f H[\text{반응물}]$$
$$+3.9\text{ kJ} = [\Delta_f H[Na^+(aq)] + (-167.2\text{ kJ})] - (-411.2\text{ kJ})$$
$$-240.1\text{ kJ} = \Delta_f H[Na^+(aq)]$$

이온에 대한 생성 엔트로피와 생성 깁스 에너지도 똑같은 방법으로 결정할 수 있다.

8.7 이온 용액에 대한 디바이-휘켈 이론

이온 세기는 유용한 개념이다. 왜냐하면 이온 세기를 이용하면 이온 종류에 상관없이 단지 해당 이온의 세기에만 의존하는 일반식들을 고려할 수 있기 때문이다. 1923년 디바이(Peter Debye)와 휘켈(Erich Hückel)은 모든 이온 용액에 대하여 단순화시킬 수 있는 몇 가지 가정을 세웠다. 그들은 아주 묽은 용액을 가정하였으며 용매는 유전 상수 ϵ_r을 가진 연속적이면서 특별한 구조를 갖지 않는 매질이라고 가정했다. 또한, 디바이와 휘켈은 용액의 성질이 이상성과 차이를 보이는 것은 이온들 사이에 쿨롱 상호 작용(인력과 반발력) 때문이라고 가정하였다.

디바이와 휘켈은 이온 세기에 대한 개념과 통계적 도구를 적용하여 묽은 용액의 평균 이온 활동도 계수 $\gamma_\pm$와 이온 세기 I 사이에 다음과 같은 비교적 간단한 관계식을 유도하였다.

$$\ln \gamma_\pm = A \cdot z_+ \cdot z_- \cdot I^{1/2} \tag{8.50}$$

여기서 z_+와 z_-는 각각 양이온과 음이온의 전하수이다. 양이온의 전하는 그 자체가 양수이고, 음이온의 전하는 그 자체가 음수라는 것을 명심해야 한다. 상수 A는 다음으로 주어진다.

$$A = (2\pi N_A \rho_{용매})^{1/2} \cdot \left(\frac{e^2}{4\pi\epsilon_0\epsilon_r kT} \right)^{3/2} \tag{8.51}$$

여기에서

N_A = 아보가드로 수
$\rho_{용매}$ = 용매의 밀도(kg/m³)
e = 전하의 기본 단위(C)
ϵ_0 = 진공에서의 유전율
ϵ_r = 용매의 유전 상수
k = 볼츠만 상수
T = 절대 온도

이다.

식 (8.50)은 이온 용액에 대한 **디바이-휘켈 이론**(Debye-Hückel theory)의 핵심 부분이다. 이 이론은 아주 묽은 용액($I < 0.01\ m$)에만 엄격하게 적용될 수 있기 때문에 식 (8.50)은 더 구체적으로 **디바이-휘켈 극한 법칙**(Debye-Hückel limiting law)으로 알려져 있다. A는 항상 양수이고 전하수의 곱 $z_+ \cdot z_-$는 항상 음수이므로 $\ln \gamma_\pm$는 항상 음수이다. 이는 $\gamma_\pm$가 항상 1보다 작다는 것을 의미하는데, 결과적으로 이온 용액은 이상적이지 않다는 것을 의미한다.

디바이-휘켈 극한 법칙이 어떻게 잘 적용되는가? 그림 8.9는 이온 세기의 제곱근에 대한 $\ln (\gamma_\pm)$의 일부 실험값들을 도시한 결과를 보여준다. 서로 다르게 하전된 이온을 가진

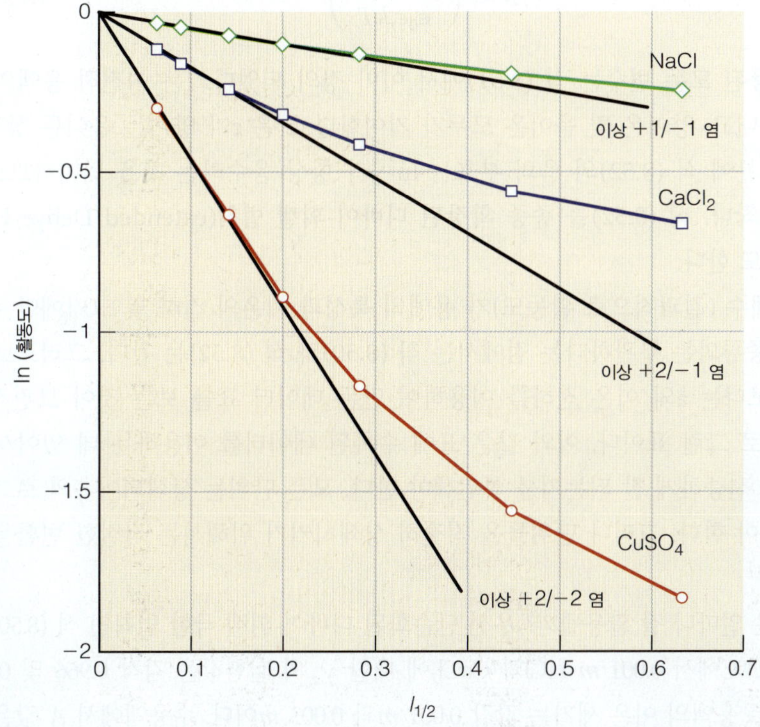

그림 8.9 수용액에서 $I^{1/2}$에 대한 $\ln (\gamma_\pm)$의 실험값 도시. 검정색 실선은 디바이-휘켈 극한 법칙에 의한 예측을 보여주고 있는 반면 색깔이 있는 선은 3개의 서로 다른 염에 대한 실험값을 보여주고 있다. 디바이-휘켈 극한 법칙이 단지 묽은 용액에서만 유효하다는 것에 주목하라.

세 가지의 이온 화합물에 대한 검정색 실선에서 보듯 디바이-휘켈 방정식에 따르면 직선 관계가 예상된다. 색깔 있는 선은 서로 다른 전하의 이온을 갖는 NaCl, $CaCl_2$ 및 $CuSO_4$ 염에 대한 실험값을 보여주고 있다. 그림에서 보듯이 낮은 농도 영역 ($I^{1/2} < 0.2\ m$)에서는 이론과 실험이 잘 일치하나 이온 세기가 큰 경우에는 차이가 있음을 알 수 있다. 예상한 바대로 이온의 전하수가 증가할수록 그 차이는 더욱 더 두드러진다.

디바이-휘켈 극한 법칙에 대해서 살펴보아야 할 중요한 일이 하나 있다. A에는 용매의 밀도와 유전 상수가 포함되고 있으므로 디바이-휘켈 극한 법칙은 용매의 종류에 영향을 받는다. 그러나 극한 법칙에서 이온의 전하를 제외하고는 이온성 **용질**이 따라야 할 변수는 없다. 이것이 의미하는 바는 예를 들어 묽은 NaCl 용액과 묽은 KBr 용액은 같은 전하를 가진 이온으로 구성되어 있으므로 동일한 성질을 갖는다는 것이다. 그런데 묽은 NaCl 용액과 묽은 $CaSO_4$ 용액은 구성된 이온의 비가 모두 1 : 1임에도 불구하고 각각의 양이온과 음이온의 전하가 다르기 때문에 성질이 다를 것이다.

용액의 성질을 더 자세하게 계산하려면 관여하고 있는 이온의 크기도 역시 하나의 인자가 된다. 이 경우 평균 이온 활동도 계수 $\gamma_\pm$를 계산하기 보다는 개별 이온 활동도 계수 γ_+와 γ_-를 고려한다. 개별 이온의 활동도 계수에 대한 보다 정확한 디바이-휘켈 이론은 다음과 같다.

$$\ln \gamma = -\frac{A \cdot z^2 \cdot I^{1/2}}{1 + B \cdot å \cdot I^{1/2}} \qquad \textbf{(8.52)}$$

여기서 z는 이온의 전하수이고, å는 m 단위로 나타낸 이온의 지름이며, B는 다음 식으로 주어지는 또 다른 상수이다.

$$B = \left(\frac{e^2 N_A \rho_{용매}}{\epsilon_0 \epsilon_r kT}\right)^{1/2} \qquad \textbf{(8.53)}$$

위 식에 사용된 모든 변수는 식 (8.51)에서 이미 정의 되었다. I는 여전히 용액의 이온 세기를 나타내고, 양이온 및 음이온 모두가 기여한다. z^2은 z가 양이든 음이든 상관없이 양수이기 때문에 식 (8.52)의 음의 부호는 ln γ가 항상 음수라는 것을 의미하므로 γ는 항상 1보다 작다. 식 (8.52)를 종종 **확장된 디바이-휘켈 법칙**(extended Debye-Hückel law)이라고도 한다.

활동도 계수 (결과적으로 활동도)가 용매의 특성과 이온의 전하 및 크기에만 관련되고, 이온의 종류와는 무관하다는 점에서는 식 (8.50)과 식 (8.52)는 같다. 그러므로 개별 이온 종류 보다는 å와 이온 전하를 이용하여 만든 데이터 표를 보는 것이 보편적이다. 표 8.3이 바로 그런 표이다. 이와 같은 표에 수록된 데이터를 이용하는 데 있어서 단위 계산이 매우 신중하게 잘 되는지를 확인해야 한다. 모든 단위는 상쇄되어 γ의 로그 값은 단위가 없어야 한다. 그러나 단위들을 적절히 상쇄시키기 위해서는 적절한 변환을 해야만 한다.

이 식들은 얼마나 잘 활용될까? 우선 단순화된 디바이-휘켈 극한 법칙인 식 (8.50)을 생각해 보자. 25°C에서 0.001 m HCl과 $CaCl_2$에 대한 $\gamma_\pm$의 실험값은 각각 0.966 및 0.888이다. 그리고 두 용액의 이온 세기는 각각 0.001 m과 0.003 m이다. 수용액에서 A 값은 다음과 같다.

표 8.3 전하수와 이온의 크기 및 이온 세기에 따른 활동도 계수

	이온 세기 I^a				
å(10^{-10} m)	0.001	0.005	0.01	0.05	0.10
전하수가 ±1인 이온					
9	0.967	0.933	0.914	0.86	0.83
7	0.965	0.930	0.909	0.845	0.81
5	0.964	0.928	0.904	0.83	0.79
3	0.964	0.925	0.899	0.805	0.755
전하수가 ±2인 이온					
8	0.872	0.755	0.69	0.52	0.45
6	0.870	0.749	0.675	0.485	0.405
4	0.867	0.740	0.660	0.445	0.355
전하수가 ±3인 이온					
6	0.731	0.52	0.415	0.195	0.13
5	0.728	0.51	0.405	0.18	0.115
4	0.725	0.505	0.395	0.16	0.095

출처: J. A. Dean, ed., *Lange's Handbook of Chemistry*, 14th ed., McGraw-Hill, New York, 1992.
[a]여기에 있는 숫자들은 활동도 계수 γ의 값이다.

$$A = (2\pi N_A \rho_{\text{용매}})^{1/2}\left(\frac{e^2}{4\pi\epsilon_0\epsilon_r kT}\right)^{3/2}$$

$$= \left(2\pi \cdot 6.02 \times 10^{23}\text{mol}^{-1} \cdot 997\frac{\text{kg}}{\text{m}^3}\right)^{1/2} \times \left(\frac{(1.602 \times 10^{-19}\,\text{C})^2}{4\pi \cdot 8.854 \times 10^{-12}\frac{\text{C}^2}{\text{J}\cdot\text{m}} \cdot 78.54 \cdot 1.381 \times 10^{-23}\frac{\text{J}}{\text{K}} \cdot 298\,\text{K}}\right)^{3/2}$$

이때 25°C에서 물의 밀도로 997 kg/m^{3}을, 물의 유전 상수로 78.54를 사용하였다. 나머지 변수값은 표에서 얻을 수 있는 기본 상수들이다.

결과적으로 나온 단위는 kg$^{1/2}$/mol$^{1/2}$인데, 이것은 몰랄 농도 단위의 제곱근의 역수인 $m^{-1/2}$과 같다. 수치적으로 계산된 A의 값은 다음과 같다.

$$A = 1.171\, m^{-1/2} \tag{8.54}$$

(이 A 값은 25°C에서의 임의의 수용액에 대해서 잘 맞는다.) $z_+ = +1$이고 $z_- = -1$인 HCl 수용액의 경우에 다음 계산을 할 수 있다.

$$\ln \gamma_\pm = (1.171\, m^{-1/2}) \cdot (+1) \cdot (-1) \cdot \sqrt{0.001\, m}$$

몰랄 농도의 제곱근이 어떻게 해서 상쇄되는지에 유의하라. 계산 결과는 아래와 같다.

$$\ln \gamma_\pm = -0.03703$$

그러므로 평균 이온 활동도 계수는 다음과 같이 된다.

$$\gamma_\pm = 0.964$$

이 값은 실험값인 0.966과 거의 일치한다. $CaCl_2$에 대한 결과는 다음과 같다.

$$\ln \gamma_{\pm} = (1.171\ m^{-1/2}) \cdot (+2) \cdot (-1) \cdot \sqrt{0.003\ m} = -0.1283$$

$$\gamma_{\pm} = 0.880$$

이 값도 실험 값인 0.888과 아주 가깝다. 비록 단순한 형태이기는 하지만 디바이-휘켈 극한 법칙이 묽은 용액에 대해서는 매우 잘 적용된다. 그러나 좀 더 진한 용액에 대해서는 보다 정확한 형태의 디바이-휘켈 극한 법칙이 실제로 필요하다.

디바이-휘켈 이론은 왜 묽은 용액에만 작동하는가? 우선 이온은 실제로 한정된 부피를 갖고 있음에도 불구하고 점전하(point charge)로 가정한다. 덧붙여서 이온 자체의 부피도 있지만 이온을 수화시키는 주변 용매 분자의 추가적인 부피가 있다. 이는 이온을 점전하보다 더 크게 만든다. 또한 농도가 증가함에 따라 같은 종류의 전하를 가진 이온은 서로 반발하는 반면 반대 전하를 가진 이온은 서로 끌어당긴다. 이들 상호작용은 디바이-휘켈 이론에서는 설명되지 않는다. 식 (8.51)에서 진공에서의 유전율 ϵ_0와 용매의 유전 상수 ϵ_r은 본체 성질인 반면 이온 상호작용은 분자 수준의 성질이다. 식 (8.51)에서 용매의 밀도 $\rho_{용매}$ 역시 본체 성질이어서 이온 근처에서는 매우 만족스럽지 않다. 이온에서의 전하는 분명히 용매의 국부적인 구조에 변화를 일으키게 되는데, 이는 분자 수준의 영향이다. 이들 모든 인자는 용액에서 이온의 수가 증가할수록 더욱 두드러지게 되며 이들 모두는 더 간단한 이론으로부터의 차이를 유발한다.

디바이-휘켈 이론을 이용하여 이온 용액의 활동도 계수를 결정할 수가 있다. 이렇게 결정된 활동도 계수를 이용하면 용액 내 이온들의 활동도를 결정할 수가 있다. 이온의 활동도는 용액 속에 들어 있는 이온의 몰랄 농도에 관련이 있다. 그러므로 이온 용액의 거동을 이해하는 데 있어서 지금까지 다루어 온 방법을 수정해야 한다. (사실 이와 같은 아이디어는 모든 용액에 적용되지만 여기서는 단지 이온 용액만을 생각하기로 한다.) 용액의 농도를 용액의 측정할 수 있는 성질과 관련시키기 보다는 이온 용액의 측정할 수 있는 성질을 **이온의 활동도**에 관련시키는 것이 더 정확하다. 따라서 식 (8.25)와 같은 관계식은 다음과 같이 표현하는 것이 더 좋다.

$$E = E^\circ - \frac{RT}{n\mathcal{F}} \ln Q$$

$$= E^\circ - \frac{RT}{n\mathcal{F}} \ln \frac{\prod_i a_i(\text{생성물})^{|\nu_i|}}{\prod_j a_j(\text{반응물})^{|\nu_j|}} \quad \textbf{(8.55)}$$

여기서는 반응 지수 Q를 활동도를 이용하여 다시 정의하면 다음과 같다.

$$Q = \frac{\prod_i a_i(\text{생성물})^{|\nu_i|}}{\prod_j a_j(\text{반응물})^{|\nu_j|}} \quad \textbf{(8.56)}$$

여기서 a_i(생성물)와 a_j(반응물)은 각각 생성물과 반응물의 **활동도**(activity)를 말한다. 그리고 지수 ν_i와 ν_j는 각각 균형 화학 반응식에서의 생성물과 반응물에 대한 화학량론 계수를 말한다. 표 8.3에 있는 γ 값들을 살펴보면 이온 용액이 더 진해질수록 전기 화학 반응에 대한 E와 같은 성질은 농도를 이용하면 덜 정확하게 예측되고, 활동도를 이용하면 더 정확하게 예측할 수 있다는 것을 알 수 있다. 다음의 예제를 통하여 이러한 차이를 확인해 보자.

예제 8.12

a. 다음의 전기 화학 반응에 대하여 각 물질에 제시된 몰랄 농도를 사용하여 예상되는 전위차를 계산하라.

$$2\text{Fe (s)} + 3\text{Cu}^{2+}\text{ (aq, 0.050 }m) \longrightarrow 2\text{Fe}^{3+}\text{ (aq, 0.100 }m) + 3\text{Cu (s)}$$

b. 이번에는 디바이-휘켈 이론에 따라 계산된 활동도를 사용하여 예상되는 전위차를 계산하라. 반응은 25.0°C에서 일어나고, 이 온도에서 B 값은 $2.32 \times 10^9\ \text{m}^{-1} \cdot m^{-1/2}$이며, A는 $1.171\ m^{-1/2}$이다. 몰랄 농도는 직접 사용될 수 있을 정도로 그 값이 몰농도와 거의 비슷하다고 가정한다. 덧붙여서 음이온은 실제로 0.050 m $Cu(NO_3)_2$ 수용액과 0.100 m $Fe(NO_3)_3$ 수용액 속에 포함되는 NO_3^-라고 가정한다. 그리고 Fe^{3+}과 Cu^{2+}의 평균 이온 반지름은 각각 9.0 Å 및 6.0 Å이라고 한다.

풀이

표 8.2를 이용하여 $E° = 0.379$ V와 몰단위 반응 과정에서 이동된 전자의 몰수가 6인 것을 쉽게 결정 할 수 있다.

a. 네른스트 방정식에서 몰랄 농도를 사용하면 다음과 같다.

더 진행하기 전에 이 결과가 옳음을 증명할 수 있어야 한다.

$$E = 0.379\text{ V} - \frac{(\text{mol})(8.314\ \frac{\text{J}}{\text{mol}\cdot\text{K}})(298\text{ K})}{(6\text{ mol e}^-)(96{,}485\ \frac{\text{C}}{\text{mol e}^-})} \ln \frac{(0.1)^2}{(0.05)^3}$$

$$E = (0.379 - 0.0188)\text{ V} = 0.360\text{ V}$$

b. 그러나 만일 디바이-휘켈 공식을 사용할 경우 우선 이온의 활동도 계수를 계산해야 한다.

$$\ln \gamma_{\text{Fe}^{3+}} = -\frac{1.171\ m^{-1/2} \cdot (+3)^2 \cdot (0.600\ m)^{1/2}}{1 + 2.32 \times 10^9\ \text{m}^{-1} \cdot m^{-1/2} \cdot 9.00 \times 10^{-10}\ \text{m} \cdot (0.600\ m)^{1/2}}$$

여기서는 Fe^{3+}의 이온 반지름의 단위를 m으로 바꾸었고, 0.100 m $Fe(NO_3)_3$ 수용액에 대하여 계산한 이온 세기를 사용하였다. 계산 결과는 다음과 같다.

$$\ln \gamma_{\text{Fe}^{3+}} = -3.119\ldots$$

$$\gamma_{\text{Fe}^{3+}} = 0.0442$$

이는 Fe^{3+} 활동도가 다음과 같음을 의미한다.

0.100 m $Fe(NO_3)_3$의 이온 세기를 계산하여 증명하라.

$$a_{\text{Fe}^{3+}} = 0.0442 \cdot \frac{0.100\ m}{1.00\ m} = 0.00442$$

마찬가지 방법으로, Cu^{2+}에 대한 활동도 계수를 계산할 수 있으며 그 결과는 다음과 같다.

$$\gamma_{\text{Cu}^{2+}} = 0.308$$

그러므로 Cu^{2+}에 대한 활동도는 다음과 같다.

$$a_{\text{Cu}^{2+}} = 0.308 \cdot \frac{0.0500\ m}{1.00\ m} = 0.0154$$

Cu^{2+}의 활동도를 증명하라.

농도 대신에 활동도를 사용하여 반응의 전위차를 계산하면 다음과 같이 된다.

$$E = 0.379\text{ V} - \frac{(\text{mol})(8.314\ \frac{\text{J}}{\text{mol}\cdot\text{K}})(298\text{ K})}{(6\text{ mol e}^-)(96{,}485\ \frac{\text{C}}{\text{mol e}^-})} \ln \frac{(0.00442)^2}{(0.0154)^3}$$

$$E = (0.379 - 0.00718)\text{ V} = 0.372\text{ V}$$

분명히 두 가지 방법으로 계산한 E 값의 차이는 별로 크지 않다. 그렇지만 E는 쉽게 측정할 수가 있는 것이고, 정밀하게 측정해 내었을 경우는 이온 용액에 대해서 계산한 E 값과 큰 차이를 보일 수도 있다. 예를 들어, 반응 과정의 전위차를 아주 정확하게 측정할 수 있는 전기 화학 전지를 사용할 경우에 측정된 E는 이온의 농도와는 관계가 없으나 활동도에는 크게 영향을 받기 때문에 pH와 다른 이온 선택성 전극을 사용할 때에는 반드시 활동도 인자를 고려해 주어야 한다. 퓨가시티도 마찬가지겠지만, 활동도는 화학종들이 실제로 어떻게 거동하는지를 나타내는 보다 현실적인 척도이다. 실제 이온 용액에 대한 정확한 계산을 위해서는 이온 용액의 농도가 아닌 활동도를 사용해야 한다.

8.8 이온의 이동과 전도도

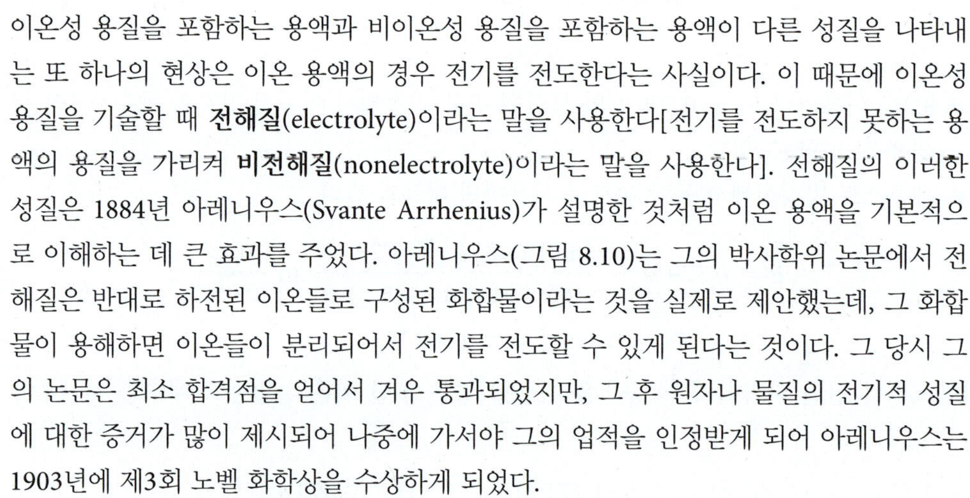

그림 8.10 아레니우스(Svante Arrhenius, 1859~1927). 그는 이온 용액을 이해하는 토대를 마련한 스웨덴의 화학자이다. 그의 박사학위 논문은 겨우 통과될 정도였지만 나중에는 그 업적으로 노벨 화학상을 수상했다.

이온성 용질을 포함하는 용액과 비이온성 용질을 포함하는 용액이 다른 성질을 나타내는 또 하나의 현상은 이온 용액의 경우 전기를 전도한다는 사실이다. 이 때문에 이온성 용질을 기술할 때 **전해질**(electrolyte)이라는 말을 사용한다[전기를 전도하지 못하는 용액의 용질을 가리켜 **비전해질**(nonelectrolyte)이라는 말을 사용한다]. 전해질의 이러한 성질은 1884년 아레니우스(Svante Arrhenius)가 설명한 것처럼 이온 용액을 기본적으로 이해하는 데 큰 효과를 주었다. 아레니우스(그림 8.10)는 그의 박사학위 논문에서 전해질은 반대로 하전된 이온들로 구성된 화합물이라는 것을 실제로 제안했는데, 그 화합물이 용해하면 이온들이 분리되어서 전기를 전도할 수 있게 된다는 것이다. 그 당시 그의 논문은 최소 합격점을 얻어서 겨우 통과되었지만, 그 후 원자나 물질의 전기적 성질에 대한 증거가 많이 제시되어 나중에 가서야 그의 업적을 인정받게 되어 아레니우스는 1903년에 제3회 노벨 화학상을 수상하게 되었다.

이온 용액의 전기 전도도는 용액 속에서 양이온과 음이온이 모두 움직이기 때문에 일어나는 현상이다. 양이온과 음이온은 서로 반대 방향으로 움직여서(예상할 수 있는 바와 같이)양이온에 의한 전류 I_+와 음이온에 의한 전류 I_-를 생각할 수 있다. 그림 8.11에서 보여주는 것처럼 전류를 단위 시간당 단면적 A를 통과하는 이온 양의 변화로 생각하면 각 이온에 의한 전류를 다음과 같이 쓸 수가 있다.

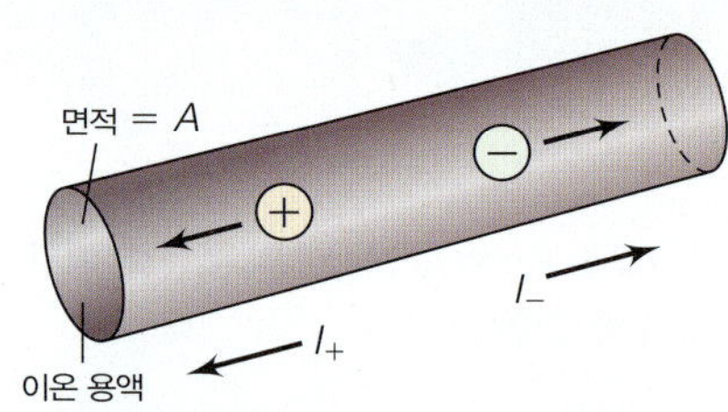

그림 8.11 이온에 의한 전류는 양쪽 방향으로 이동하고, 단위 시간당 단면적 A를 얼마나 많은 이온들이 통과하느냐에 의해서 측정된다.

$$I_+ = \frac{\partial q_+}{\partial t}$$

$$I_- = \frac{\partial q_-}{\partial t}$$

몰당 양에서 만일 전체 전하량(양 또는 음)이 전하의 크기와 전하의 기본 단위(e)와 이온의 몰수를 모두 곱한 것으로 생각한다면 위의 식은 다음과 같이 쓸 수가 있다.

$$I_i = e \cdot |z_i| \cdot \frac{\partial N_i}{\partial t} \tag{8.57}$$

여기에서 N_i는 화학종 i의 이온 수를 나타낸다. 이온의 전하수에 절댓값을 취한 것은 전류가 항상 양의 값을 가지기 때문이다.

이온들이 단면적 A를 통과할 때 어떤 속도 v_i로 이동하고, 이온의 농도를 N/V (즉, 부피로 나눈 양)으로서 나타낸다고 가정하면 단위 시간당 양의 변화 $\partial N_i/\partial t$를 다음과 같이 농도와 단면적 그리고 속도를 모두 곱한 것으로 나타낼 수가 있다.

$$\frac{\partial N_i}{\partial t} = \frac{N_i}{V} A \cdot v_i$$

이 식을 식 (8.57)에 대입하면 다음과 같이 된다.

$$I_i = e \cdot |z_i| \cdot \frac{N_i}{V} \cdot A \cdot v_i$$

용액 내에서 전류를 전도하는 이온들은 용액을 통해 작용하는 기전력에 호응하여 움직인다. 식 (8.5)로부터 힘 F와 전기장 E 사이에는 다음과 같은 관계가 있다는 것을 알 수 있다.

$$F_i = q_i \cdot E$$

이온에 대한 기본 전하량 e와 전하수를 가지고 이 식을 다음과 같이 다시 쓸 수 있다.

$$F_i = e \cdot |z_i| \cdot E$$

뉴턴의 제2법칙에 의하면 물체에 힘이 작용할 때 그 물체는 가속되고 물체의 속도는 증가한다. 만일 전기장에 의해서 지속되는 힘이 작용하고 있다면 이온은 끊임없이(또는 전극에 부딪칠 때까지) 가속되어야 한다. 그런데 용액 내에는 용매 속을 움직일 때의 마찰력도 있다(마치 수영장에서 수영하는 사람이 물에 의한 '항력'을 느끼는 것과 똑같다). 이 마찰력은 항상 운동 방향과 반대로 작용하고, 이온의 속도에 비례한다. 그러므로 이런 현상을 다음과 같이 표현할 수가 있다.

$$\text{이온에 대한 마찰력} = f \cdot v_i$$

여기서 f는 비례 상수이다. 이렇게 되면 이온에 작용하는 힘 F_i는 다음과 같다.

$$F_i = e \cdot |z_i| \cdot E - f \cdot v_i \qquad \textbf{(8.58)}$$

마찰력 때문에 어떤 속도에서 이온에 작용하는 알짜 힘은 0까지 떨어지게 될 것이고, 그 이온은 더 이상 가속되지 않을 것이다. 그래서 그 이온의 움직이는 속도는 일정한 상태로 유지될 것이다. 식 (8.58)에 의하면 이러한 최종 속도는 다음과 같이 유도될 수가 있다.

$$0 = e \cdot |z_i| \cdot E - f \cdot v_i$$

$$v_i = \frac{e \cdot |z_i| \cdot E}{f} \qquad \textbf{(8.59)}$$

그러면 마찰력에서의 비례 상수 f는 무엇인가? 스토크스 법칙(Stokes's law)에 따르면 점성도가 η인 유체 매질 속을 운동하는 반지름 r_i의 구형 물체에 대한 마찰 상수는 다음과 같다.

$$f = 6\pi\eta r_i \qquad \textbf{(8.60)}$$

점성도는 전형적으로 포아즈(poise)란 단위로 측정되며 다음의 관계가 있다.

$$1\ \text{poise} \equiv 1\ \frac{\text{g}}{\text{cm}\cdot\text{s}} = 0.1\ \text{kg/m}\cdot\text{s}$$

스토크스 법칙에 대한 식을 이용하면 이온의 운동 속도는 다음과 같이 된다.

$$v_i = \frac{e \cdot |z_i| \cdot E}{6\pi\eta r_i}$$

이 관계식을 전류 I_i에 관한 식에 대입하면 다음과 같이 된다.

$$I_i = e^2 \cdot |z_i|^2 \cdot \frac{N_i}{V} \cdot A \cdot \frac{E}{6\pi\eta r_i} \quad \textbf{(8.61)}$$

이 식에서 이온에 의한 전류는 그 이온의 전하수의 제곱에 관련된다는 사실을 알 수 있다. 실제로 모든 이온 용액에 대하여 양이온에 의한 전류 I_+와 음이온에 의한 전류 I_-는 서로 다를 것이다. 전체적으로 전기적 중성을 유지하기 위해서는 반대로 하전된 이온들이 서로 다른 속도로 이동해야만 한다.

마지막으로 전도체를 통한 전압 V와 전도체를 통하여 흐르는 전류 I 사이의 관계는 **옴의 법칙**(Ohm's law)으로 알려져 있다.

$$V \propto I \quad \textbf{(8.62)}$$

위 식에서 비례상수를 계의 **저항**(resistance) R로 정의한다.

$$V = IR$$

이온 용액의 저항을 측정해 보면 저항의 크기는 두 전극 사이의 거리 ℓ에 정비례하고, 전극의 면적 A(보통은 두 전극의 면적이 같음)에 반비례한다는 것을 알 수 있다.

$$R = \rho \cdot \frac{\ell}{A} \quad \textbf{(8.63)}$$

위 식에서 비례 상수 ρ를 용액의 **비저항**(specific resistance) 또는 **저항도**(resistivity)라고 부르고, 그 단위는 $\Omega \cdot m$ 또는 $\Omega \cdot cm$가 된다. 또한, 비저항의 역수를 **전기 전도도**(electrical conductivity) 또는 **비전도**(specific conductance) κ라고 정의한다.

$$\kappa = \frac{1}{\rho} \quad \textbf{(8.64)}$$

전기 전도도의 단위는 $\Omega^{-1} \cdot m^{-1}$이다.* 현대적인 전자 장비를 이용하면 저항도나 전기 전도도를 실험적으로 매우 쉽게 측정할 수 있다. 그러나 예상할 수 있는 바와 같이 ρ가 이온이 띠고 있는 전하뿐만 아니라 용액의 농도에도 영향을 받기 때문에 비저항이나 전기 전도도는 변동이 심하다. 이러한 인자들을 설명할 수 있는 양을 정의해 주면 좋겠는데, 이온성 용질의 **당량 전기 전도도**(equivalent conductivity) Λ를 다음과 같이 정의해서 쓴다.

$$\Lambda = \frac{\kappa}{N} \quad \textbf{(8.65)}$$

여기서 N은 용액의 노말 농도이다(Λ는 그리스 문자의 람다임). **노말 농도**(normality)는 용액 1 L 속에 포함되고 있는 용질의 당량 수로 정의한다. 식 (8.65)에서는 이온의 전하를 고려하여 몰 대신에 당량을 사용한 것이다.

예상대로 당량 전기 전도도는 농도에 따라 변한다. 그런데 일찍이 여러 연구자들은 묽은 용액(약 0.1 N 미만)에 대해서 Λ는 농도의 제곱근에 따라 변한다는 것을 알게 되었고, Λ를 $\sqrt{N}$에 대하여 도시했을 때 얻어지는 직선의 y절편이 바로 이온성 용질의 특성을 나타내는 Λ의 값이라는 것을 밝혔다. 무한히 희석된 특성 값을 Λ_0를 써서 나타낸다. 표 8.4에는 다양한 값의 Λ_0가 나타나 있다. 농도에 대한 당량 전기 전도도의 관계를 수학적으로 나타내면 다음과 같이 된다.

$$\Lambda = \Lambda_0 + K \cdot \sqrt{N} \quad \textbf{(8.66)}$$

표 8.4 몇 가지 이온성 물질에 대한 Λ_0 값

물질	Λ_0 ($cm^2/N \cdot \Omega$)
NaCl	126.45
KCl	149.86
KBr	151.9
NH_4Cl	149.7
$CaCl_2$	135.84
$NaNO_3$	121.55
KNO_3	144.96
$Ca(NO_3)_2$	130.94
HCl	426.16
LiCl	115.03
$BaCl_2$	139.98

****Siemens** (줄여서 S로 표시함)는 Ω^{-1}로 정의하므로 전기 전도도 값은 종종 단위 S/m으로 주어진다.*

여기서 K는 직선의 기울기와 관계되는 비례 상수이다. 식 (8.66)을 독일의 화학자인 콜라우슈(Friedrich Kohlrausch)의 이름을 따서 **콜라우슈의 법칙**(Kohlrausch's law)이라고 부른다. 콜라우슈는 이온 용액의 전기적 성질에 대하여 정밀한 연구를 수행한 후 1800년대 후반에 가서 이 법칙을 맨 처음으로 제안했다. 디바이와 휘켈 그리고 이후에는 노르웨이의 화학자 온사가(Lars Onsäger) 등에 의해서 다음과 같은 K에 관한 식이 유도되었다.

$$K = -(60.32 + 0.2289\Lambda_0) \qquad \textbf{(8.67)}$$

식 (8.67)을 식 (8.66)에 대입했을 때 나오는 식을 이온 용액의 전도도에 대한 **온사가 방정식**(Onsäger equation)이라고 부른다.

8.9 요약

이온은 많은 열역학 계에서 핵심적인 역할을 한다. 이온 용액은 전류를 운반할 수가 있기 때문에 앞 장에서 다루지 못했던 화학 변화도 자발적으로 일어날 때가 있다. 그런 반응 중에서 어떤 것은 반응이 일어나고 있는 계에서 전기적인 일을 끄집어낼 수 있어서 매우 유용하다. 또 어떤 반응은 자발적으로 일어나긴 하지만 본질적으로 활용하지 못하는 것도 있다. 예를 들어, 부식 작용은 원하지 않는 전기 화학 과정의 하나이다. 물론 원하지 않는 과정이 일어나지 않게 하거나 또는 그와 반대 과정이 일어나게 할 수는 있지만, 열역학 제2법칙에 의하면 그렇게 억지로 일어나게 하는 과정 각각은 어느 정도 비효율적일 것이다. 열역학 법칙들을 적용시켜서 변화가 일어나는 과정 중에 에너지를 얼마나 얻을 수 있는지 또는 에너지를 얼마나 투입해야 할지를 결정할 수가 있다. 그리고 표준 상태의 전기 화학 전위를 정의하여 이러한 에너지 양을 쉽게 계산할 수 있었다.

열역학을 전기 화학 계에 적용시켜 보면 비표준 조건에 있는 계의 전위를 알아낼 수가 있고, 반응 지수 및 평형 상수와의 관계도 알 수가 있다. 그러나 이제 이해할 수 있는 것은 용액의 성질을 규명하는 데 있어서 농도가 최상의 단위는 아니고, 이온의 활동도가 더 좋은 단위라는 것이다. 디바이-휘켈 이론을 적용하여 이온의 활동도를 계산해 낼 수가 있으므로 결국 비이상 용액의 거동에 대하여 좀 더 정확하게 모형화할 수 있게 되었다.

주요 식

$F = \dfrac{q_1 q_2}{4\pi\epsilon_0 r^2}$ (전하 사이의 힘에 관한 쿨롱 법칙)

$E = \dfrac{q_2}{4\pi\epsilon_0 r^2}$ (전하에 의한 전기장)

$dw_{전기} = \Sigma\phi\cdot z_i\cdot\mathcal{F}\cdot dn_i$ (다중 이온의 전기적 일)

$\Sigma n_i\cdot\mu_{i,\mathrm{el}} = 0$ (전기 화학 평형에 대한 요구 조건)

$E = \phi_{환원} - \phi_{산화}$ (산화-환원 반응에 대한 기전력)

$\Delta_{반응}G^\circ = -n\mathcal{F}E^\circ$ (깁스 에너지와 기전력 사이의 관계)

$\Delta G \le w_{전기}$ (깁스 에너지와 전기적 일의 관계)

$$E = E° - \frac{RT}{n\mathcal{F}}\ln Q$$ (비표준 전위에 대한 네른스트 방정식)

$$\left(\frac{\partial E°}{\partial T}\right)_p = \frac{\Delta S°}{n\mathcal{F}}$$ ($E°$의 온도 계수)

$$\Delta H° = -n\mathcal{F}\left(E° - T\frac{\partial E°}{\partial T}\right)$$ ($\Delta H°$와 $E°$ 사이의 관계)

$$\left(\frac{\partial E}{\partial p}\right)_T = -\frac{\Delta V}{n\mathcal{F}}$$ (압력에 따른 E의 변화)

$$E° = \frac{RT}{n\mathcal{F}}\ln K$$ ($E°$와 평형 상수 사이의 관계)

$$m_\pm = (m_+^{n_+}\cdot m_-^{n_-})^{1/(n_+ + n_-)}$$ (평균 이온 몰랄 농도)

$$\gamma_\pm = (\gamma_+^{n_+}\cdot \gamma_-^{n_-})^{1/(n_+ + n_-)}$$ (평균 이온 활동도 계수)

$$a_\pm = \left(\gamma_\pm \frac{m_\pm}{m°}\right)^{n_\pm}$$ (평균 이온 활동도)

$$\ln \gamma_\pm = A\cdot z_+ \cdot z_- \cdot I^{1/2}$$ (디바이-휘켈 극한 법칙)

$$\ln \gamma = \frac{A\cdot z_+\cdot z_-\cdot I^{1/2}}{1 + B\cdot å\cdot I^{1/2}}$$ (확장 디바이-휘켈 법칙)

$$\Lambda = \Lambda_0 + K\sqrt{N}$$ (전기 전도도에 대한 온사가 방정식)

연습 문제

8.2 전하량

8.1. 어떤 작은 구형 물체가 전하량 1.00 C인 다른 구형 물체와 100.0 m의 거리를 두고 떨어져 있으면서 그 사이에 0.0225 N의 인력이 작용하고 있을 때 그 구형 물체의 전하량을 구하라.

8.2. 중력에 따른 인력은 쿨롱 법칙과 유사한 다음 식을 따른다.

$$F = G\frac{m_1 m_2}{r^2}$$

여기서 m_1과 m_2는 물체의 질량, r은 두 물체 사이의 거리, G는 만유인력 상수로서 그 값은 6.672×10^{-11} N·m²/kg²이다.

(a) 지구의 질량은 5.97×10^{24} kg이고, 태양의 질량은 1.984×10^{30} kg이며, 지구와 태양 사이의 평균 거리가 1.494×10^{8} km일 경우 지구와 태양 사이에 작용하는 만유인력을 계산하라.

(b) 지구와 태양이 각각 크기는 같고 부호가 반대인 전하를 띠고 있다고 가정할 때, 지구와 태양 사이의 쿨롱 인력이 만유인력과 같아지려면 전하량은 얼마이어야 하는가? 그 전하량은 전자 몇 mol에 해당하는가? 정답을 찾는다는 관점에서 지구가 순수하게 철(Fe)로 이루어져 있다면 그 속에 Fe 원자가 약 10^{26} mol 포함된다는 것을 생각하라.

8.3. 두 개의 작은 금속 물체가 각각 반대의 전하를 띠고 있는데, 음전하를 띠고 있는 물체는 양전하를 띠고 있는 물체의 전하량의 두 배만큼 큰 전하량을 띠고 있다. 이 금속 물체들을 서로 6.075 cm 간격을 두게 해서 물(유전 상수가 78인) 속에 담그면 그들 사이에 1.55×10^{-6} N의 인력이 작용한다는 것을 알았다.

(a) 각 금속 조각이 띠고 있는 전하량은 구하라.

(b) 두 물체의 전기장을 구하라.

8.4. cgs (cm-gram-second) 단위계에서의 스탯쿨롱(statcoulomb)은 전하의 단위로서 CGS단위로 힘에 해당하는 (1 statcoulomb)²/(1 cm)² = 1 dyne의 관계를 갖는다. 1 쿨롱은 몇 스탯쿨롱인가?

8.5. 서로 0.529 Å의 간격을 두고 떨어져 있는 음으로 하전된 전자와 양으로 하전된 양성자 사이에 작용하는 인력을 구하라. 전자와 양성자가 띠고 있는 전하량(크기는 같고 부호가 반대)을 찾아보아야 할 것이고, 1 Å = 10^{-10} m의 관계를 이용하면 될 것이다.

8.3 & 8.4 에너지, 일 및 표준 전위

8.6. $\mathcal{F} = e\cdot N_A$임을 증명하라.

8.7. 전자 하나가 1.00 V의 전위차를 통해 이동할 때 필요한 일을 구하라. (일의 양 또는 에너지는 **eV**로 정의된다.)

8.8. 왜 기전력은 실제로 힘이 아닌지를 설명하라.

8.9. $E°$ 값은 엄격히 가산적이라고 반드시 말할 수 없는 이유를 설명하라. (*힌트*: 세기 성질과 크기 성질을 생각해 보라.)

8.10. 다음의 각 반응에 대하여 전체 균형 전기 화학 반응식과 각 반응에 대한 표준 전위 및 표준 깁스 에너지를 각각 계산하라.

(a) $Co + F_2 \rightarrow Co^{2+} + 2F^-$

(b) $Zn + Fe^{2+} \rightarrow Zn^{2+} + Fe$

(c) $Zn + Fe^{3+} \rightarrow Zn^{2+} + Fe$

(d) $Hg^{2+} + Hg \rightarrow Hg_2{}^{2+}$

8.11. 다음의 각 반응에 대하여 전체 균형 전기 화학 반응식과 각 반응에 대한 표준 전위 및 표준 깁스 에너지를 각각 결정하라. 균형 반응식을 구성할 때 용매(즉, H_2O) 분자를 추가해야할 수도 있다. 그리고 반쪽 반응은 표 8.2를 참조하라.

(a) $MnO_2 + O_2 \rightarrow OH^- + MnO_4^-$

(b) $Cu^+ \rightarrow Cu + Cu^{2+}$

(c) $Br_2 + F^- \rightarrow Br^- + F_2$

(d) $H_2O_2 + H^+ + Cl^- \rightarrow H_2O + Cl_2$

8.12. 식 (8.21)의 좌변에 있는 $\Delta G°$는 크기 성질(즉, 물질의 양에 의존하는 성질)인 반면에 우변에 있는 $E°$는 세기 성질(즉 물질의 양에 상관없는 성질)이다. 어떻게 해서 세기 성질이 크기 성질과 연관될 수 있는지를 설명하라.

8.13. 불균등화(disproportionation) 반응인 $Fe^{2+} \rightarrow Fe + Fe^{3+}$은 자발적인가? 이 반응에 대한 $\Delta G°$를 구하라.

8.14. 어떤 과정이 수행될 때 5.00×10^2 kJ의 일이 필요하다고 한다. 다음 불균형 반응 중 어떠한 반응이 이 일을 제공하는 데 사용될 수 있는가?

(a) $Zn\,(s) + Cu^{2+} \rightarrow Zn^{2+} + Cu\,(s)$

(b) $Ca\,(s) + H^+ \rightarrow Ca^{2+} + H_2$

(c) $Li\,(s) + H_2O \rightarrow Li^+ + H_2 + OH$

(d) $H_2 + OH^- + Hg_2Cl_2 \rightarrow H_2O + Hg + Cl^-$

8.15. 20 kg 질량의 물체를 중력에 반하여 1000 m 들어올리는 데에는 196 kJ의 일이 필요하다. 다음 불균형 반응 중 어떠한 반응이 이 일을 제공하는 데 사용될 수 있는가?

(a) $Cu^{2+} + H_2 \rightarrow Cu + H^+$

(b) $Fe + Ag^+ \rightarrow Fe^{3+} + Ag$

(c) $Co + Ni^{2+} \rightarrow Co^{2+} + Ni$

(d) $Au^+ + Zn \rightarrow Au + Zn^{2+}$

8.16. 표준 수소 전극 대신에 칼로멜 전극을 쓰면 $E°$ 값은 0.2682 V만큼 **큰 쪽**으로 변할까 아니면 **작은 쪽**으로 변할까? 반쪽 반응 $Li^+ + e^- \rightarrow Li(s)$ 및 $Ag^+ + e^- \rightarrow Ag$을 가진 각 표준 전극의 자발적 전기 화학 반응에 대한 전압을 결정함으로써 구한 답이 맞는지를 확인하라.

8.17. SHE와 SCE를 연결하였다면 자발적인 반응은 무엇인가?

8.18. 다음 각 반응에 대하여 $E°$와 $\Delta G°$를 결정하라.

(a) $Au^{3+} + 2e^- \rightarrow Au^+$

(b) $Sn^{4+} + 4e^- \rightarrow Sn$

8.19. 다음 각 반응에 대하여 $E°$와 $\Delta G°$를 계산하라.

(a) $I_2 + I^- \rightarrow I_3^-$

(b) $Cr^{2+} + 2e^- \rightarrow Cr$ [두 개의 서로 다른 반쪽 반응을 사용하라.]

8.20. 어떤 화학자가 알루미늄 금속을 침전시키기 위해 Al^{3+} 용액에 가루로 된 아연 금속을 첨가하도록 제안하였다. 이것이 가능한지의 여부를 전기 화학적으로 설명하라. 표준 조건을 가정한다.

8.21. 어떤 배관공이 Cu 배관을 Fe 배관에 땜질하려 한다. 적절한 이온이 존재한다고 가정할 경우에 어떤 배관이 먼저 부식되는가? 두 개의 서로 다른 금속으로 땜질한다는 것은 어떤 의미가 있는가?

8.22. 다음의 반응(불균형)이 금의 부식을 막아준다는 의미로 비자발적임을 보여라.

$$Au\,(s) + O_2\,(g) \longrightarrow Au^+\,(aq) + H_2O$$

8.23. $\Delta_f G$ 값을 이용하여 다음 반응에 대한 $E°$ 값을 계산하라.

$$2\,Al + Fe_2O_3 \longrightarrow 2Fe + Al_2O_3$$

8.24. 전통적인 화학 지식에 따르면 금속 원소들은 주기율표의 왼쪽 아래로 갈수록 반응성이 커지고, 비금속 원소들은 주기율표의 오른쪽 위로 갈수록 반응성이 커진다. 이러한 사실을 전기 화학적으로 설명하면 플루오린과 세슘의 $E°$ 값이 다른 어떤 원소들보다도 가장 커야 할 것이다. 그런데 SHE에 대한 플루오린의 $E°$ 값은 +2.87V이지만, 리튬의 $E°$ 값은 3.045 V로 금속 중에서 가장 높다(세슘의 $E°$ 값은 −2.92 V이다). 이 사실에 대하여 설명할 수 있는가?

8.25. 생화학적 표준 상태에서 다음 반응에 대한 전위는 −0.320 V이다.

$$NAD^+ + H^+ + 2e^- \longrightarrow NADH$$

만일 NAD^+와 NADH의 농도가 모두 1.0 M일 경우 이 조건에서 H^+의 농도를 구하라. 이 반응의 $E°$에 대해서는 8.4절 끝부분에 나와 있다.

8.26. 생물학적 반응은 주로 37.0°C와 pH 7인 다른 표준 조건하에서 측정된다. 이 조건 하에서 다음 두 반쪽 반응은 주어진 전압을 가진다.

$$CH_3COCOO^-\,(aq) + 2H^+\,(aq) + 2e^- \longrightarrow CH_3CHOHCOO^- \qquad E' = -0.166\text{ V}$$

$$CO_2\,(aq) + H^+\,(aq) + 2e^- \longrightarrow HCOO^- \qquad E' = -0.414\text{ V}$$

여기에서 E에 표시되어 있는 ′는 생화학적 표준 상태를 말한다. 이들 두 반쪽 반응 사이에서 자발적인 반응은 무엇인가? 그리고 전위차는 얼마인가?

8.5 비표준 전위와 평형 상수

8.27. 네른스트 방정식은 직선 형태의 방정식으로 쓸 수 있다. 이때 종속 변수, 독립 변수, 기울기 m, 그리고 y 절편 b를 구하라.

8.28. 25.0°C에서 전위차가 1.000 V인 다니엘 전지에 대하여 $Zn^{2+} : Cu^{2+}$의 비는 얼마인가? 이때 Zn^{2+}와 Cu^{2+} 각각의 농도는 얼마라고 말할 수 있는가? 그 이유는 무엇인가?

8.29. 이온별로 주어진 농도를 갖는 다음 반응(균형이 맞지 않음)의 전위차를 구하라.

$$Au^+\,(0.00446\text{ M}) + Fe\,(s) \longrightarrow Au\,(s) + Fe^{3+}\,(0.219\text{ M})$$

8.30. 이온별로 주어진 농도를 갖는 다음 반응의 전위차를 구하라.

$$2MnO_4^-\,(2.66\text{ M}) + 2H^+\,(1.22 \times 10^{-4}\text{ M}) + 2H_2O\,(\ell) \longrightarrow 2MnO_2\,(s) + 3H_2O_2\,(0.0705\text{ M})$$

8.31. 연습 문제 8.23의 결과와 부록 2의 데이터를 이용하여 다음 반응에 대한 E가 0.000 V가 되는 데 필요한 압력을 예상하라.

$$2Al + Fe_2O_3 \longrightarrow 2Fe + Al_2O_3$$

8.32. 다음과 같은 테르밋 반응은 전기 화학 전지의 기본이 될 수 있다.

$$2Al\,(s) + Fe_2O_3\,(s) \longrightarrow Al_2O_3\,(s) + 2Fe\,(s)$$

이 반응에 대한 $E°$ 값이 1.699 V일 때 1,700°C에서 이 화학 반응에 대한 전기 화학 전위를 계산하라. 필요하면 부록 2의 열역학 데이터를 찾아보라.

8.33. 농도차 전지(concentration cell)는 같은 종류의 이온들의 농도를 다르게 해서 만들어지는 데, 농도차로 인해서 전지 사이에는 아주 작은 전위차가 생긴다. 특히 이런 효과는 부식 문제를 발생시킨다. 금속 철이 존재할 때 결과적으로 일어난다고 가정할 수 있는 다음의 반응을 생각해보자.

$$Fe^{3+}\,(0.08\text{ M}) \longrightarrow Fe^{3+}\,(0.001\text{ M})$$

(a) $E°$는 얼마인가?

(b) Q에 대한 식은 무엇인가?

(c) 농도차 전지에 대한 E는 얼마인가?

(d) 농도차 전지는 또 다른 형태의 총괄 성질이라고 생각할 수 있는가? 그 이유를 설명하라.

8.34. 다음 알짜 반응을 하는 농도차 전지의 E를 계산하라.

$$Cu^{2+}\ (0.035\ m) \longrightarrow Cu^{2+}\ (0.0077\ m)$$

8.35. **(a)** Fe^{2+} 이온, **(b)** Fe^{3+} 이온, **(c)** Co^{2+} 이온으로 각각 구성된 농도차 전지에 대하여 E가 0.050 V이 되는 데 필요한 몰농도의 비를 구하라. **(d)** 각각의 답을 비교하여 차이점과 유사점을 설명하라.

8.36. **(a)** 다음 반응에 대한 평형 상수는 구하라.

$$H_2 + 2D^+ \rightleftharpoons D_2 + 2H^+$$

반쪽 반응 $2D^+ + 2e^- \rightarrow D_2$에 대한 $E°$ 값은 0.044 V이다.

(b) 답을 근거로 했을 때 수용액에서 +1 상태로 있는 것이 유리한 것은 수소의 어느 동위 원소인가?

8.37. 450 K에서 아래의 반응에 대한 E를 계산하라.

$$H_2\ (g) + I_2\ (s) \longrightarrow 2HI\ (g)$$

8.38. 연습 문제 8.36에서의 반응에 대한 $E°$ 값이 0.00 V가 되는 데 필요한 온도를 구하라. $S[D^+(aq)] = 0$이라고 가정한다.

8.39. 반쪽 전지 $AgCl\ (s) + e^- \longrightarrow Ag\ (s) + Cl^-\ (aq)$에 대한 온도 계수는 −0.73 mV/K이다. 다음 반응에 대한 엔트로피 변화를 구하라.

$$H_2\ (g) + 2AgCl\ (s) \rightarrow 2Ag\ (s) + 2H^+\ (aq) + 2Cl^-\ (aq)$$

이렇게 구한 답이 부록 2의 데이터를 이용하여 얻은 답과 얼마나 차이가 나는가?

8.40. 부록 2의 데이터를 이용하여 다음의 보편적인 연료 전지 반응에 대한 온도 계수를 계산하라.

$$CH_4 + 2O_2 \longrightarrow 2H_2O + CO_2.$$

표준 조건과 상을 가정한다.

8.41. 적절한 열역학 방정식을 적용하여 298 K에서 500 K로 온도가 변화함에 따른 엔트로피를 보정함으로써 예제 8.5를 다시 풀어보라. 여기서 얻은 답은 처음 답과 얼마나 차이가 나는가?

8.42. 다음의 HI에 대한 형성 반응을 생각해 보자.

$$H_2\ (g) + I_2\ (g) \rightarrow 2HI\ (g)$$

25°C에서 이 반응의 $\Delta H° = 53.0$ kJ이고 $n = 2$일 때 표준 전위 $E°$의 온도 계수를 구하라.

8.43. 부록 2의 열역학 데이터를 사용하여 다음 반응에 대한 온도 계수를 구하라.

$$H_2\ (g) + D_2\ (g) \longrightarrow 2HD\ (g)$$

온도를 높이는 것이 동위 원소적으로 혼합된 HD에 유리한 것인지 아니면 동위 원소적으로 순수한 H_2와 D_2에 유리한 것인지를 답하라.

8.44. 어떤 전기 화학적 과정에 대한 일정 압력 열용량의 변화 $\Delta C_p°$에 대한 식을 구하라. [*힌트*: 식 (8.30)을 참조하고, 열용량의 정의를 사용하라.]

8.45. 식 (8.33)을 유도하라.

8.46. 다음의 반응을 얻기 위해 적절한 반쪽 반응을 결합하여 K_w 값을 전기 화학적으로 구하라. 구한 답이 타당한가? 그 이유를 설명하라.

$$H_2O \rightleftharpoons H^+\ (aq) + OH^-\ (aq)$$

8.47. 다음 반응에 대한 평형 상수를 계산하라.

$$Sn + Pb^{2+} \longrightarrow Sn^{2+} + Pb$$

8.48. 전기 화학 데이터를 사용하여 AgCl의 K_{sp}를 구하라.

8.49. 전기 화학 데이터를 사용하여 $PbSO_4$의 K_{sp}를 구하라.

8.50. Hg_2^{2+}와 Cl^- 이온으로 해리되는 Hg_2Cl_2의 용해도곱 상수를 구하라.

8.51. $[MnO_4^-] = 0.034\ m$과 $[Mn^{2+}] = 0.288\ m$인 MnO_4^-/Mn^{2+} 반쪽 전지에 수소 전극을 연결하면 수소 이온 용액의 pH는 얼마가 되는가? $E = 1.200$ V이다. $p_{H_2} = 1$ bar로 가정한다. 표 8.2에 있는 $E°$의 데이터를 참조하라.

8.52. 전압이 0.300 V라면 Cu^{2+}/Cu 반쪽 반응에 연결된 수소 전극의 용액상의 pH를 구하라. 구리 반쪽 전지에서 표준 조건을 가정한다.

8.53. 예제 8.8에서 다룬 전지를 사용하여 Fe가 Fe^{2+}로 산화되는 과정(철의 부식 작용에 대한 주요 반응)이 높은 pH (염기 용액)에 의해 촉진되는지 아니면 낮은 pH (산성 용액)에 의해 촉진되는지를 결정하라.

8.54. 표준 칼로멜 전극에서 Cl^- 이온의 평형 농도는 얼마인가? (*힌트*: Hg_2Cl_2의 K_{sp}를 먼저 결정해야 할 것이다)

8.55. 생화학적 표준 조건하에서 다음 반쪽 반응의 전압을 계산하라. (연습 문제 8.26 참조)

$$2H^+\ (aq) + 2e^- \longrightarrow H_2(g)$$

8.56. 다음 반쪽 반응의 $E°$ 값이 −0.105 V라고 한다.

$$NAD^+ + H^+ + e^- \longrightarrow NADH$$

E' 값을 구하라.

8.57. 깁스-도난(Gibbs-Donnan) 효과란 세포벽과 같은 반투막을 통과하는 이온의 농도 차이로 인해서 벌어지는 현상이다. 전하 균형은 단백질과 같은 다른 이온에 의해 유지된다. 농도를 다르게 함으로써 농도차 전지를 만들 수 있고, 이 전지의 전압은 다음 식으로 표시된다.

$$\phi = -\frac{RT}{\mathcal{F}} \ln \frac{c_{저} + c_{고}}{c_{고}}$$

여기에서 $c_{저}$와 $c_{고}$는 각각 이온에 대한 더 낮은 농도와 더 높은 농도이다. 전지 내에서 K^+의 농도가 139 mM (mM = millimolar)이고 전지 바깥에서는 4.5 mM인 경우 ϕ를 구하라. 단, T는 37.0°C로 가정한다.

8.6 & 8.7 용액에서의 이온, 디바이-휘켈 이론

8.58. $a_\pm$를 $\gamma_\pm^{n_\pm} \cdot m^{n\pm} \cdot n_+^{\,n+} \cdot n_-^{\,n-}$로 나타낼 수 있음을 증명하라. 여기서 m은 이온 용액의 원래 몰랄 농도이다.

8.59. 0.050 m의 $CuSO_4$ 용액에 대한 평균 이온 몰랄 농도와 활동도를 구하라. 단, 평균 활동도 계수 $\gamma_\pm$는 0.223이다.

8.60. 다음 용액에서 용질들은 100% 이온화된다고 가정할 때 각 용액의 이온 세기를 계산하라.

(a) 0.0055 m HCl

(b) 0.075 m $NaHCO_3$

(c) 0.0250 m $Fe(NO_3)_2$

(d) 0.0250 m $Fe(NO_3)_3$

8.61. 0.100 m $Ca_3(PO_4)_2$ 용액과 동일한 이온 세기를 갖는 데 필요한 NaCl의 몰랄 농도를 구하라.

8.62. 다음 표는 인체의 세포 안 및 세포 밖 체액의 근사적인 농도를 나타내고 있다.

이온	세포 안, mM	세포 밖, mM
Na^+	12	140
K^+	139	5
Cl^-	4	105
HCO_3^-	12	24

(a) 이온 세기가 가산적이라고 가정할 때 세포 내 및 세포 밖 체액에 대한 I를 구하라.

(b) 세포 내와 세포 밖 체액 사이의 이온 농도에 있어서 차이가 있을 뿐 아니라 양이온 농도와 음이온 농도도 같지 않다. 전체 이온 전하의 균형을 맞출 수 있는 방법을 추측하라.

8.63. 암모니아(NH_3)는 이온성 용질은 아니지만, 1.00 m NH_3 수용액은 실제 약전해질이고, 이온 세기는 대략 1.4×10^{-5} m이다. 이를 설명하라.

8.64. 반응 H_2 (g) + I_2 (s) → $2H^+$ (aq) + $2I^-$ (aq)에 대한 몰 단위당 생성 엔탈피가 −110.38 kJ/mol일 때 I^- (aq)의 생성 엔탈피를 계산하라.

8.65. Mg^{2+}(aq)의 생성 엔트로피는 −138.1 J/mol·K이다.

(a) 이 값이 열역학 제3법칙에 위배되지 않는 이유를 설명하라.

(b) 분자 수준에서 볼 때, 어떠한 이온의 생성 엔트로피도 음의 값을 갖게 되는 이유를 설명하라.

8.66. 다음 반응에 대한 $\Delta H°$과 $\Delta G°$를 구하라. 단지 적절한 이온만 반응한다고 가정한다. 부록 2의 데이터를 사용하라.

(a) Na_2CO_3 (aq) + $Ca(NO_3)_2$ (aq) ⟶ $CaCO_3$(s, 아라고나이트) + $2NaNO_3$ (aq)

(b) Li_2SO_4 (aq) + $BaCl_2$ (aq) ⟶ 2LiCl (aq) + $BaSO_4$ (s)

8.67. 플루오린화수소산[HF(aq)]은 용액 속에서 해리가 완전히 되지 않는 약산이다.

(a) 부록 2의 열역학 데이터를 사용하여 해리 과정에 대한 $\Delta H°$, $\Delta S°$ 및 $\Delta G°$를 계산하라.

(b) 25°C에서 HF(aq)의 산 해리 상수 K_a를 계산하라. 그리고 여기서 계산된 값을 문헌값 3.5×10^{-4}과 비교하라.

8.68. 만일 실험적으로 $CaCl_2$의 용해 엔탈피가 −81.3 kJ/mol일 경우 다음 반응을 이용하여 $\Delta_f H°[Cl^-(aq)]$를 계산하라. 이 값을 예제 8.11에서 계산한 값과 비교하면 어떠한가?

$$CaCl_2\ (s) \longrightarrow Ca^{2+}\ (aq) + 2Cl^-\ (aq)$$

8.69. 25°C에서 CaF_2의 표준 용해 엔탈피를 구하라. 단, $\Delta_f H°[CaF_2]$ = −1225.9 kJ/mol이다.

8.70. 아래의 데이터로부터 경향성을 설명하라.

이온	$\Delta_f H$, kJ/mol
F^- (aq)	−332.6
Cl^- (aq)	−167.2
Br^- (aq)	−121.6
I^- (aq)	−55.3

8.71. $NaHCO_3$와 Na_2CO_3의 용해 반응에 대한 $\Delta H°$, $\Delta S°$ 및 $\Delta G°$를 계산하라. (부록 2의 데이터 참조)

8.72. 식 (8.54)의 값과 단위를 증명하라.

8.73. 0.0020 m KCl 수용액의 평균 활동도 계수는 25°C에서 0.951이다. 디바이-휘켈 극한 법칙인 식 (8.50)을 이용하여 이 값을 계산하면 어느 정도 잘 예측할 수 있는가? 추가로 식 (8.52)와 식 (8.53)을 이용하여 γ를 계산하라. [이때 å(K^+) 와 å(Cl^-)는 모두 3×10^{-10} m이다.] 또 식 (8.44)를 이용하여 $\gamma_\pm$를 계산하라.

8.74. 사람의 혈장에는 대략 0.9%의 NaCl이 들어 있다. 혈장의 이온 세기를 구하라.

8.75. 어떤 조건하에서 확장된 디바이-휘켈 법칙인 식 (8.52)이 디바이-휘켈 극한 법칙이 되는가?

8.76. 크게 하전된 이온 결합 화합물일수록 이상적인 디바이-휘켈 극한 법칙으로부터의 차이가 더 커지는 이유를 설명하라.

8.77. 다음과 같은 전기 화학 반응에 대하여 아래의 물음에 답하라.

$$Zn\ (s) + Cu^{2+}\ (aq,\ 0.05\ m) \longrightarrow Zn^{2+}\ (aq,\ 0.1\ m) + Cu\ (s)$$

(a) 반응식에 주어진 몰랄 농도를 이용하여 전위차를 계산하라.

(b) 간단한 디바이-휘켈 이론을 적용시켜서 계산된 활동도를 이용하여 전위차를 계산하라. 이때 Zn^{2+}와 Cu^{2+}의 å 값은 모두 6×10^{-10} m이다. 그리고 왜 그렇게 해서 답을 얻었는지를 설명하라.

8.78. **(a)** 예제 8.12에서 음이온은 구경꾼 이온(spectator ion)임에도 불구하고 음이온의 종을 명확하게 하는 것이 왜 중요한지를 설명하라.

(b) 예제 8.12에서 다른 물질이 모두 질산염이 아니고 황산염이라고 가정하여 예제 8.12의 b 부분을 다시 계산하라. 그 예제에서 주어진 농도는 용액을 제조할 때의 염 자체의 농도가 아니라 용액 속에 존재하는 **양이온**의 농도임을 고려하라.

8.79. 표 8.3의 데이터는 식 (8.40)의 정당성을 입증해 주고 있는가? 그 이유를 설명하라.

8.8 이온의 이동과 전도도

8.80. 식 (8.61)에 의해 전류의 단위가 암페어로 주어진다는 것을 보여라. 전기장 세기 E에 해당하는 단위를 얻으려면 식 (8.5)를 이용해야 할 것이다.

8.81. **(a)** 염 $NaNO_3$는 NaCl + KNO_3 − KCl로 생각할 수가 있다. 표 8.4에서 NaCl, KNO_3 및 KCl의 Λ_0 값들을 찾아서 $NaNO_3$의 Λ_0 값을 계산함으로써 Λ_0 값이 가산성을 나타낸다는 것을 설명하라. 그리고 여기서 계산한 $NaNO_3$의 Λ_0 값을 표에서의 Λ_0 값과 비교하라.

(b) 표 8.4에 주어진 값을 이용하여 NH_4NO_3와 $CaBr_2$의 근사적인 Λ_0 값을 예측하라.

8.82. 갈바니 전지에서 I_+와 I_-가 환원 전극 쪽으로 움직이는지 아니면 산화 전극 쪽으로 움직이는지를 결정하라. 전해질 전지에 대해서는 어떤가?

8.83. 전기장의 세기가 100.0 V/m인 다니엘 전지에서 물속을 움직이는 Cu^{2+} 이온의 속도를 계산하라. Cu^{2+} 이온에 대한 å는 4 Å이고, 물의 점성도는 0.00894 포아즈라고 가정한다. 구한 답에 대하여 설명하라.

기호수학 문제

8.84. 진공 속에서 그리고 유전 상수가 ϵ_r인 매질 속에서, 각각 반대 부호로 된 두 개의 단위 전하에 대한 힘을 전하 사이의 거리 변화에 따라 계산할 수 있는 식을 만들어라. 그런 다음 1 Å부터 25 Å까지의 범위에서 1 Å 간격으로 두 전하 사이의 힘을 계산하라. 진공 속에서의 힘과 유전 상수가 0이 아닌 매질 사이에서는 그 값이 어떻게 바뀌는가? 부호가 같은 두 개의 전하 사이에 대해서도 이와 같은 계산을 해서, 부호가 반대인 전하에 대해서 계산한 결과와 비교하라.

8.85. Zn^{2+}의 농도만 제외하고 모두 표준 농도로 구성된 다니엘 전지가 있다. 아연 이온의 농도가 0.00010 M, 0.0074 M, 0.0098 M, 0.0275 M 및 0.0855 M일 때 이 전지의 E 값은 각각 얼마인가? 그리고 E 값들은 어떤 경향을 나타내는가?

8.86. 4+와 3−까지의 전하를 띨 수 있는 이온들로 구성된 이온성 염이 있다. 염 용액의 농도를 각각 1 m이라고 가정해서 양이온과 음이온의 가능한 모든 조합에 대하여 이온 전하에 따른 이온 세기 I를 표시한 이온 세기 표를 작성하라.

8.87. **(a)** Ag_2CO_3에 대한 용해도곱 상수를 계산하라.

(b) 다음의 데이터를 이용하여 K_w를 계산하라.

$Ag_2CO_3\ (s) + 2e^- \rightarrow 2Ag\ (s) + CO_3^{2-}\ (aq)$	$E = 0.47\ V$
$Ag^+\ (aq) + e^- \rightarrow Ag\ (s)$	$E = 0.7996\ V$
$O_2\ (g) + 2H_2O\ (\ell) + 4e^- \rightarrow 4OH^-\ (aq)$	$E = 0.401\ V$
$O_2\ (g) + 4H^+\ (aq) + 4e^- \rightarrow 2H_2O\ (\ell)$	$E = 1.229\ V$

제 9 장

통계 열역학의 기초

Statistical Thermodynamics: Introduction

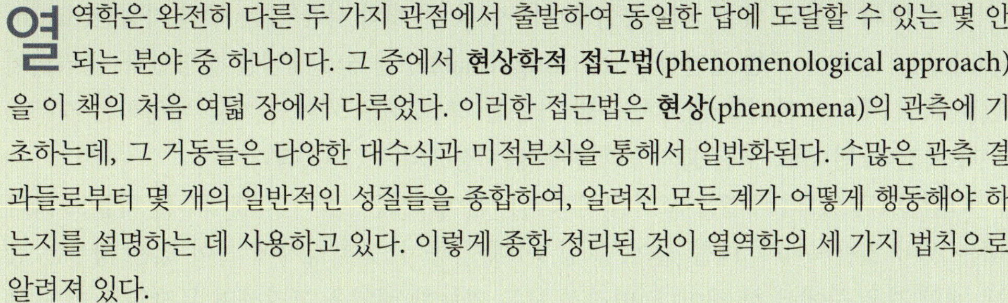

열역학은 완전히 다른 두 가지 관점에서 출발하여 동일한 답에 도달할 수 있는 몇 안 되는 분야 중 하나이다. 그 중에서 **현상학적 접근법**(phenomenological approach)을 이 책의 처음 여덟 장에서 다루었다. 이러한 접근법은 **현상**(phenomena)의 관측에 기초하는데, 그 거동들은 다양한 대수식과 미적분식을 통해서 일반화된다. 수많은 관측 결과들로부터 몇 개의 일반적인 성질들을 종합하여, 알려진 모든 계가 어떻게 행동해야 하는지를 설명하는 데 사용하고 있다. 이렇게 종합 정리된 것이 열역학의 세 가지 법칙으로 알려져 있다.

열역학적 성질들을 고찰하는 또 하나의 방법이 있는데, 이른바 **통계적 접근법**(statistical approach)이다. 물질의 양자론이 공식화되기 여러 해 전에 원자론이 화학의 초석이 되고 있었다. 맥스웰(James Clerk Maxwell), 볼츠만(Ludwig Boltzmann), 깁스(Josiah Willard Gibbs)와 같은 과학자들은 원자나 분자가 상당히 작다면 아마 에너지에 대한 원자나 분자의 거동을 통계적으로 이해할 수 있을 것으로 생각했었다. 같은 시대의 많은 과학자들이 이러한 생각을 거부하였다. (사실 볼츠만의 생각이 받아들여지지 않은 것이 그의 자살 원인 중의 하나라고 한다.) 그러나 원자와 분자의 열역학을 이해하는 데 있어서 통계적인 방법을 이용할 수 있는 것으로 판명되었다. 결국 통계적 접근법으로 현상학적 접근법과 동일한 열역학적 결과를 얻을 수 있음이 밝혀졌고, 이 새로운 접근법을 **통계 열역학**(statistical thermodynamics)이라고 부른다.

9.1 개요

몇 가지의 필요한(그러나 비화학적인) 통계학 지식을 복습하고 나서 그것을 기체 계에 적용할 것이다. (통계 열역학에 관한 설명은 거의 기체에 국한한다.) 하나의 계를 어떻게 더 작은 단위로 분리 또는 분배하고 분배 함수(partition function)라고 하는 중요한 양을 어떻게 정의하는지를 살펴볼 것이다. 분배 함수와 계를 정의하는 열역학적 상태 함수들이 연관되어 있다는 것을 곧 알게 될 것이다.

분배 함수는 어떤 계 안에 들어 있는 각각의 입자들이 가질 수 있는 서로 다른 에너지들을 통해서 정의된다. 통계 열역학의 개발자들은 자연에 대한 양자 이론을 이해하지 못한 상황에서 여러 식들을 유도하였다. 그러나 이제 양자 역학으로 원자와 분자의 행동을 이해할 수 있으므로, 이것이 통계 열역학의 전개에 반영되어야 한다.

이 장에서는 통계 열역학에 필요한 도구들을 살펴본 다음 이를 원자 계에 적용하려고 한다. 단원자 비활성 기체(He, Ne, Ar, Kr 및 Xe)가 그 대상이다. 다음 장에서는 이원자 분자와 더 큰 분자를 다룰 것이다.

9.2 몇 가지 기본 통계학

통계 열역학의 이해를 위하여 몇 가지 통계학의 개념을 복습할 필요가 있다. 예를 들어, 어떤 계가 좀 더 작은 하위 계인 세 개의 상자로 이루어져 있다고 하자. 갈색 공 하나를 동일한 모양의 세 개의 상자에 넣는 방법은 몇 가지인가? 그림 9.1에 나타낸 바와 같이 세 가지이다. 동일한 두 개의 갈색 공을 동일한 세 개의 상자에 각각 한 개씩 넣는 방법은 몇 가지인가? 역시 세 가지이다(증명해 보라).

그림 9.1 세 개의 동일한 상자에 공 하나를 넣는 방법은 세 가지밖에 없다.

갈색 공 한 개와 파란색 공 한 개를 동일한 세 개의 상자에 나누어 넣는 방법은 몇 가지인가? 여섯 가지이다. 가능한 여섯 가지를 그림 9.2에 나타내었다. 두 공이 다르기 때문에 공을 나누는 배열 방법이 두 개의 공이 같을 때와 다르다.

같은 색의 공들과 다른 색의 공들로 이루어진 두 개의 다른 계는 **구별 가능한**(distinguishable) 물체와 **구별 불가능한**(indistinguishable) 물체의 개념을 설명한다. 분리되어 있는 하위 계들에 분배할 물체가 구별 가능한 경우, 하위 계에 물체를 배열하는 경우의 수가 커진다. 반대로, 구별 불가능한 경우에는 경우의 수가 더 작다.

그림 9.1과 9.2의 배열을 고려할 때 하위 계(여기서는 상자)의 개체수를 확률로 나타내는 것이 일반적이다. 예를 들어, 그림 9.1에서 공이 첫째 상자에 들어 있는 경우는 총 세 개의 경우 중에서 한 개이다. 따라서 모든 가능한 배열을 고려하면 무작위로 어느 특정한 배열을 선택할 때 공이 첫째 상자에 있을 확률을 구할 수 있다. 세 개의 배열 중에 한 개가 이 기준을 만족하므로 첫째 상자에서 공을 발견할 확률은 3분의 1이라고 할 수 있고, 확률은 ⅓ 또는 33%로 나타낼 수 있다. 확률은 흔히 백분율로 나타낸다.

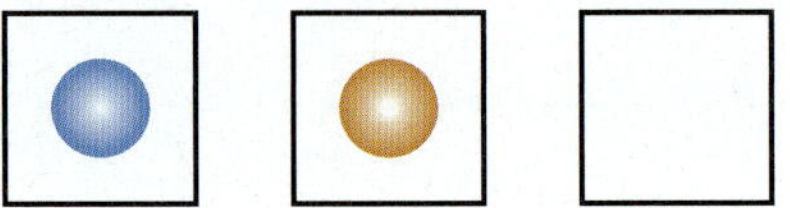
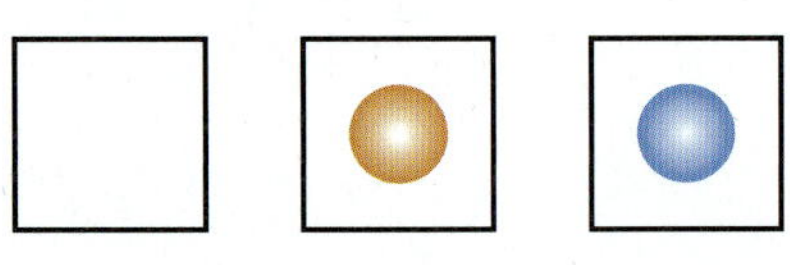
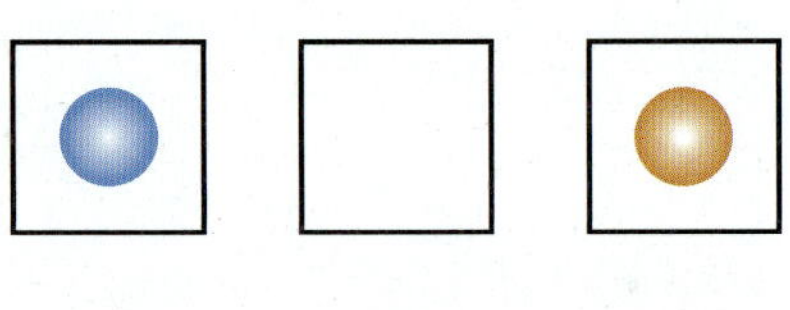
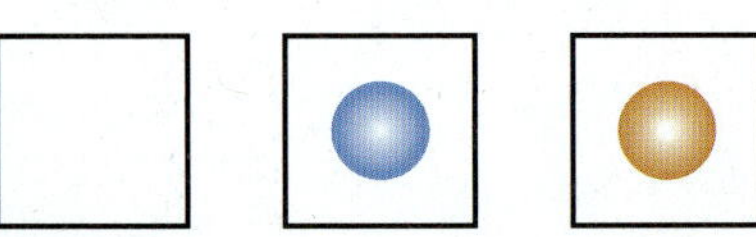

그림 9.2 세 개의 동일한 상자에 두 개의 다른 공을 넣는다면 여섯 가지 방법이 있다. 두 개의 공이 같은 경우에는 배열 방법이 단 세 가지이다. 이것이 구별 가능한 물체와 구별 불가능한 물체에 대한 가능한 배열 수의 차이를 설명해 준다.

예제 9.1

그림 9.2를 참조할 때, 다음을 발견할 확률은 얼마인가?

a. 둘째 상자에 어느 색이든 공이 하나 있다.

b. 셋째 상자에 파란색 공이 하나 있다.

풀이

a. 그림 9.2의 여섯 가지 배열 중 네 가지 배열에서 둘째 상자에 공이 들어 있다. 따라서 둘째 상자에서 공을 발견할 확률은 4/6 또는 67%이다.

b. 셋째 상자에 들어 있는 공이 파란 공이라고 제한하면, 두 가지 배열만이 이 기준을 충족한다. 확률은 2/6 또는 33%이다.

구별 가능한 물체들을 여러 하위 계로 분류하는 경우의 수는 조합 공식으로 나타낼 수 있다. 계를 구성하는 m개의 하위 계와 N개의 물체가 있고 첫 번째 하위 계에 n_1개의 물체, 두 번째 하위 계에 n_2개의 물체, i번째 하위 계에 n_i개의 물체가 있다면, 이와 같은 배열을 이루기 위한 방법의 수 C는 다음의 **조합 공식**(combination formula)으로 주어진다.

$$C = \frac{N!}{\prod_{i=1}^{m} n_i!} \tag{9.1}$$

이 식에서 $N!$은 'N 계승(factorial)', 즉 $1 \cdot 2 \cdot 3 \cdot 4 \cdot \cdot \cdot \cdot N$을 의미하며, 분모의 $\Pi n_i!$은 모든 n_i 값들의 곱을 의미한다. n_i 값을 **점유수**(occupation number)라고 한다. 정의에 따라 $0! = 1$이고, $1! = 1$이다.

앞으로 원자나 분자 계를 다룰 때 물체의 수 N과 점유수는 매우 클 것이다. N이 아보가드로 수 정도로 매우 클 때 $N!$을 계산할 필요가 생긴다. 그러나 계산기로 확인해 보면 $N!$은 N의 증가에 따라 매우 빠르게 커짐을 알 수 있다. (69!이 10^{100}보다 약간 작다. 69!이 보통의 계산기가 계산할 수 있는 가장 큰 계승이다.) 매우 큰 수의 계승을 계산할 수 있는 다른 방법이 필요하다.

계승의 **자연 로그**(natural logarithm)를 어림잡는 방법 즉, **스털링 근사법**(Stirling's approximation)이 있으며, 이에 따르면 큰 N에 대하여 다음의 근사식이 성립한다.

$$\ln N! \approx N \ln N - N \tag{9.2}$$

조합 통계를 분자들의 집합에 적용시킬 때 이 근사법이 유용하다. 예를 들어, 다음의 표를 생각해 보자.

N	$\ln N!$	$N \ln N - N$	% 오차
30	74.66	72.04	3.51
100	363.74	360.52	0.885
5000	37,591	37,586	0.0133

N이 커질수록 $\ln N!$과 $N \ln N - N$ 사이의 퍼센트 오차가 줄어드는 것에 주목하라. 스털링 근사법은 N이 커질수록 잘 맞게 되므로 여러 몰의 원자와 분자로 이루어진 거시적인 계를 다루는 데 유용하다.

이제 평균값을 알아보자. 변수의 평균값을 구하는 데 확률을 사용할 수도 있다. 각각의 가능한 값 u_j를 갖는 어떤 변수 u를 생각해 보자. 어느 특정한 값 u_j가 존재할 확률이 P_j라면 변수 u의 평균값 $\overline{u}$는 다음 식으로 나타낼 수 있다.

$$\overline{u} = \frac{\sum_{j=1}^{\text{가능한 값들}} u_j \cdot P_j}{\sum_j P_j} \tag{9.3}$$

간단한 예로 이 식이 옳다는 것을 확인할 수 있다. 7명의 학생이 10점 만점인 쪽지시험을 보았다. 각각 7, 9, 9, 4, 2, 10 및 8점의 점수를 받았다. 평균 점수는 몇 점인가? 한 가지 방법은 각각의 점수를 모두 더한 후 점수를 받은 인원수로 나누어 평균을 구하는 것이다.

$$\overline{\text{점수}} = \frac{7 + 9 + 9 + 4 + 2 + 10 + 8}{7} = \frac{49}{7} = 7$$

그러나 먼저 각 점수의 확률을 구한다면, 식 (9.3)을 사용할 수도 있다. 0점은 없기 때문에 $P_0 = 0/7$이 된다. 1점도 없으므로 역시 $P_1 = 0/7$이다. 그러나 2점은 일곱 점수 중에서 한 번 나오기 때문에 $P_2 = 1/7$이 된다. 마찬가지로 따져 보면, $P_3 = 0/7$, $P_4 = 1/7$, $P_5 = 0/7$, $P_6 = 0/7$, $P_7 = 1/7$, $P_8 = 1/7$, $P_9 = 2/7$ (9점이 두 명이므로), $P_{10} = 1/7$이 된다. (이 확률을 검증해 보라.) 각각의 점수(10점 중)를 u_j로 표시하면 식 (9.3)에 의해 다음과 같이 평균 점수를 얻을 수 있다.

$$\overline{점수} = \frac{\sum_{j=0}^{10} u_j \cdot P_j}{\sum_j P_j}$$

$$= \frac{0 \cdot \frac{0}{7} + 1 \cdot \frac{0}{7} + 2 \cdot \frac{1}{7} + 3 \cdot \frac{0}{7} + 4 \cdot \frac{1}{7} + 5 \cdot \frac{0}{7} + 6 \cdot \frac{0}{7} + 7 \cdot \frac{1}{7} + 8 \cdot \frac{1}{7} + 9 \cdot \frac{2}{7} + 10 \cdot \frac{1}{7}}{\frac{0}{7} + \frac{0}{7} + \frac{1}{7} + \frac{0}{7} + \frac{1}{7} + \frac{0}{7} + \frac{0}{7} + \frac{1}{7} + \frac{1}{7} + \frac{2}{7} + \frac{1}{7}}$$

$$= \frac{0 + 0 + \frac{2}{7} + 0 + \frac{4}{7} + 0 + 0 + \frac{7}{7} + \frac{8}{7} + \frac{18}{7} + \frac{10}{7}}{\frac{7}{7}}$$

$$= \frac{\frac{49}{7}}{1} = \frac{7}{1} = 7$$

같은 평균 점수를 얻었다. 이 사례에서는 확률을 사용하는 방법이 더 번거롭지만 값(위의 예에서는 점수)의 개수가 많을 때는 단순한 평균법보다 더 쉬운 방법이 될 것이다.

가능한 배열 방법의 수가 작을 때에는 직접 그 수를 헤아려서 전체 가능성의 수를 결정하는 것이 용이하다. 예를 들어, 그림 9.3a가 어떤 계의 여러 배열의 가능성을 나타낸다면 가능한 모든 배열의 수는 그래프에서 막대로 표현된 각 값들을 더하여 구할 수 있다. 그러나 가능성의 수가 증가할수록 시간이 더 많이 소요되고, 결국 각각을 더하는 방법으로는 전체 가능성의 수를 구하기가 곤란해진다.

그러나 확률 분포를 그림 9.3b와 같이 매끄러운 함수로 나타낼 수 있다면, 전체 가능한 배열의 수는 곡선 아래의 면적과 동일하므로 확률 함수를 모든 가능한 배열에 대하여 적분하여 얻을 수 있다. 상자 속 공의 확률을 더하는 것은 쉽다. 하지만 기체계의 경우 입자수가 10^{20}개 단위 정도나 될 수 있으므로 매끈한 함수를 적분하는 방법이 이용될 것이다. 이것은 관심이 있는 계의 통계적인 거동을 이해하는 데 미적분학이 유용할 것이라는 것을 암시한다.

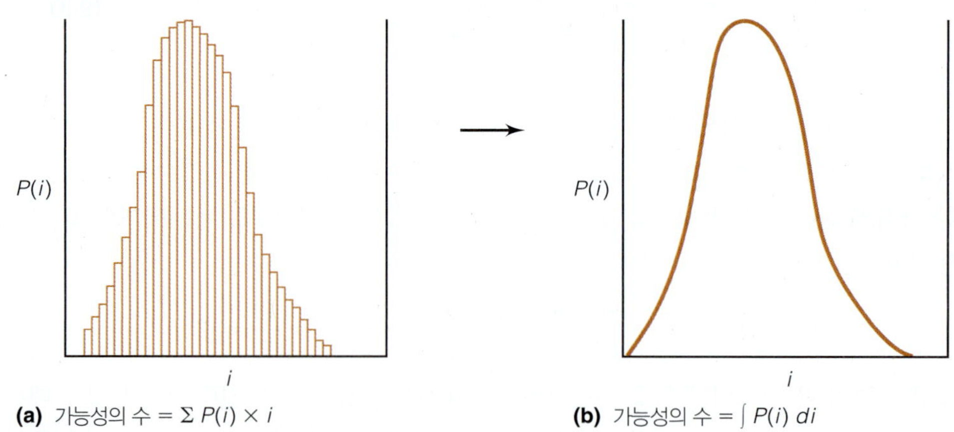

(a) 가능성의 수 = $\Sigma\, P(i) \times i$ **(b)** 가능성의 수 = $\int P(i)\, di$

그림 9.3 매끈한 분포인 경우 합을 적분으로 대치할 수 있다. 따라서 통계 열역학의 식을 유도하는 데 미적분학을 이용할 수 있다.

9.3 앙상블

통계 열역학으로 커다란 **거시적**(macroscopic)인 계의 열역학적 상태를 이해하는 한 가지 방법은 그 계를 매우 작은 **미시적**(microscopic)인 부분으로 나누어서 다루는 것이다. 이러한 미시적인 부분을 **미소계**(microsystem)라 한다. 각 미소계의 상태를 **미소 상태**(microstate)라 부른다. 각 미소계는 부피, 압력, 온도, 에너지, 밀도 등을 포함하는 서로 다른 각각의 미소 상태를 가질 수 있다는 것을 이해하여야 한다. 계의 미소 상태들이 통계적으로 모두 합쳐져서 계의 전체 상태, 즉 **거대 상태**(macrostate)를 만든다. 거대 상태는 전체적인 온도, 압력, 부피, 에너지 등을 뜻한다. 이것이 통계 열역학의 기본 가정이다. 이러한 미소 상태들이 어떻게 결합되는가를 이해하기 위하여 먼저 계를 미소계로 나누고, 미소계의 미소 상태를 결정해야 한다.

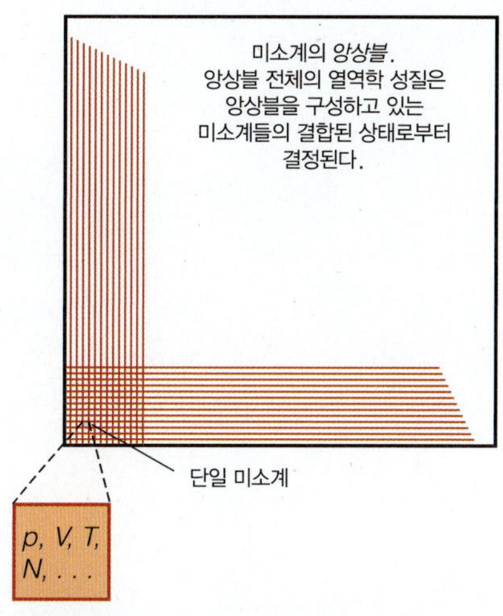

그림 9.4 큰 계를 가상적으로 작은 미소계들의 앙상블로 나누는 한 가지 방식을 보여주고 있다. 미소계들의 각 상태들이 결합하여 계의 전체 상태를 이룬다.

이를 위한 방법이 여러 가지가 있는데, 여기서는 편리한 방법을 선택할 것이다. **앙상블**(ensemble)이라는 용어는 수많은 미소계들의 집합으로 정의하며, 이러한 미소계들이 모여서 거시적인 계를 이룬다. 그림 9.4는 한 거시적인 계를 마음속으로 미소계들의 앙상블로 나누는 한 가지 방법을 설명해 준다. 앙상블에 들어 있는 각 미소계는 특정한 입자수, 에너지, 부피, 압력, 온도 등의 고유한 미소 상태를 갖는다. 엄밀히 말하면 '미소 상태'는 '미소계'의 상태를 정의하는 조건들의 집합이지만, 이들 두 용어는 흔히 혼용하여 사용된다.

정준 앙상블(canonical ensemble)은 각 미소 상태의 입자수 N_j, 부피 V_j, 온도 T_j가 동일한 앙상블이다.* 각 미소 상태들이 모여서 앙상블을 이루며 미소 상태의 수는 n이다. 입자수와 부피는 크기 변수이므로 미소 상태들의 값들을 더해서 앙상블의 값을 얻을 수 있지만, 온도는 세기 변수이므로 더해지는 값이 아니다. 이것으로부터 계의 전체 입자수 N, 전체 부피 V 그리고 계 전체에 걸친 온도 T를 다음과 같이 정의할 수 있다.

$$N = \sum_j N_j = n \cdot N_j \tag{9.4}$$

$$V = \sum_j V_j = n \cdot V_j \tag{9.5}$$

$$T = T_j \tag{9.6}$$

앙상블에 들어 있는 입자들의 에너지를 생각해 보자. 에너지는 전자, 병진, 회전, 진동 및 그 밖의 다른 양자 상태에 대하여 특정한 값만을 가질 수 있다는 것을 양자 역학적으로 이해할 수 있다. 기체 입자의 에너지 준위를 ϵ_j라고 하자. ϵ_0는 바닥 상태(즉, 에너지가 가장 낮은 상태), ϵ_1은 첫 번째 들뜬 상태, ϵ_2는 두 번째 들뜬 상태의 에너지를 나타낸다. 거대 상태의 열역학을 이해하려면 어느 미소 상태에 어떤 에너지를 갖는 기체 입자가 얼마나 많은지를 추적할 필요가 있다.

에너지가 ϵ_0, ϵ_1, ϵ_2, ...인 상태에 각각 N_0, N_1, N_2, ... 개의 기체 입자들이 있다면, 전체 에너지를 유지하며 주어진 입자들을 분배하는 방법은 몇 가지가 될까? 이 문제는 공을 상자에 넣는 것처럼 조합에 관한 문제이다. 이 배열을 만들 수 있는 방법의 수를 W라고 하면 식 (9.1)을 사용하여 다음의 식을 얻을 수 있다.

---

*앙상블을 정의하는 여러 가지 방법들이 있다. 예를 들어, **미소 정준 앙상블**(microcanonical ensemble)은 각 미소 상태의 부피, 입자수, 에너지가 모두 같은 미소 상태의 집합으로 정의한다. 따라서 식 (9.4)와 식 (9.5)는 미소 정준 앙상블에도 여전히 유효하지만, 식 (9.6)은 성립하지 않는다. 대신에 미소 정준 앙상블에서는 다음의 식이 성립한다.

$$E_{계} = \sum_j E_j = n \cdot E_j$$

대정준 앙상블(grand canonical ensemble)은 모든 미소계에 대하여 V, T 및 μ (화학 퍼텐셜)가 동일하다.

$$W = \frac{N!}{N_0! \cdot N_1! \cdot N_2! \cdot N_3! \cdot \cdots} \tag{9.7}$$

이것은 단지 특정한 에너지 상태에 들어 있는 적절한 수의 입자를 배열하는 방법의 수에 불과하다. 각 에너지 상태의 미분화도(degeneracy) g_j를 고려한다면 가능한 총 방법의 수에는 미분화도가 하나의 인자로 포함되어야 한다. 미분화도가 g_j인 입자가 N_j개 있으면 이 입자들이 미분화 상태들에 배열될 수 있는 방법의 수는 $(g_j)^{N_j}$이다. (예를 들어, 두 개의 미분화 파동 함수를 가지고 있는 두 개의 입자의 경우, 입자들이 특정한 파동 함수들을 갖는 가능한 방법의 수는 $2^2 = 4$이다.) 모든 입자들과 모든 미분화도를 고려하면 미분화도에 의한 총 배열의 수는 각 미분화도의 곱이다.

$$W_{\text{미분화도}} = (g_0)^{N_0} \cdot (g_1)^{N_1} \cdot (g_2)^{N_2} \cdot (g_3)^{N_3} \cdot \cdots = \prod_j (g_j)^{N_j} \tag{9.8}$$

에너지가 ϵ_0인 N_0개의 입자에 대하여 바닥 상태의 미분화도 g_0를 N_0번 곱하고, 다른 상태에 대해서도 마찬가지로 계산한다. 미분화도는 매우 커질 수 있다. 원자 1 mol의 병진 상태에 대한 미분화도는 대략 10^{20}의 크기를 갖는다. N 개의 입자가 위와 같이 배열될 수 있는 모든 경우의 수 Ω는 W와 $W_{\text{미분화도}}$의 곱이다.

$$\Omega = W \cdot W_{\text{미분화도}} = \frac{N!}{\prod_j N_j!} \cdot \prod_j g_j^{N_j} \tag{9.9}$$

N_0, N_1, N_2 등은 각 에너지 준위의 점유수이다. 예상할 수 있듯이 Ω는 **거대한** 수이다. 게다가 점유수 N_j의 특정한 집합을 가정하였다. 계가 N_j 값들의 다른 집합을 가질 수 있는가? 물론 그렇다. 통계 열역학에서 나오는 질문 중의 하나는 점유수들의 어떤 집합이 가장 확률이 높은지를 예측할 수 있는가의 여부이다.

예제 9.2

그림 9.5 예제 9.2를 참조하라. 계의 에너지가 5 에너지 단위(EU)가 되도록 구별 가능한 세 개의 입자들을 분배하는 방법의 수는 몇 가지인가?

그림 9.5와 같이 네 개의 가능한 에너지 상태를 갖는 세 개의 입자로 이루어진 계가 있다고 하자. 입자들에 분배할 총 에너지는 5 에너지 단위(EU)이다. 구별 가능한 서로 다른 분배는 몇 가지인가? 점유수를 사용하여 식 9.7을 증명할 수 있는가?

풀이

그림 9.6을 참조하라. 각 그림은 계의 에너지가 5 EU가 되도록 가능한 양자 상태에 입자들을 분배하는 방법을 보여 준다. 각 그림의 하단에 점유수 N_0, N_1, N_2, N_3을 표시하였다. 식 (9.7)을 적용하면 다음과 같다.

$$W(1, 0, 1, 1) = \frac{3!}{1! \cdot 0! \cdot 1! \cdot 1!} = 6$$

$$W(0, 1, 2, 0) = \frac{3!}{0! \cdot 1! \cdot 2! \cdot 0!} = 3$$

$$W(0, 2, 0, 1) = \frac{3!}{0! \cdot 2! \cdot 0! \cdot 1!} = 3$$

그림 9.6은 총 에너지 5 EU가 되도록 가능한 에너지 준위에 입자를 분배하는 방법이 6, 3, 3가지라는 것을 보여 준다.

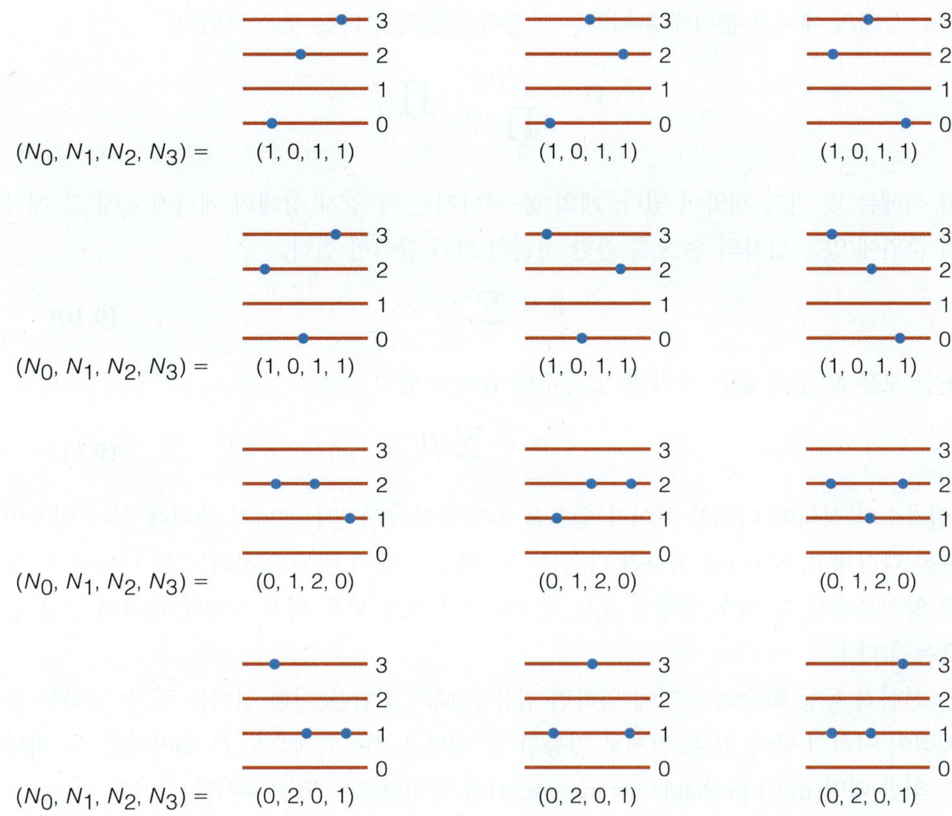

그림 9.6 예제 9.2를 참조하라. 이 그림들은 계의 에너지가 5 EU가 되도록 입자 세 개(왼쪽, 중간 및 오른쪽 점으로 표시)를 분배하는 모든 방법들이다. 점유수 집합이 (1, 0, 1, 1)이 되는 조합은 여섯 가지이고, (0, 1, 2, 0)과 (0, 2, 0, 1)이 되는 조합은 각각 세 가지임에 주목하라.

예제 9.2에서 가능한 12개의 배열은 세 가지의 다른 방법으로 나눌 수 있고, 이 방법들은 각각 다양한 가능성을 갖고 있다. 이 12개의 배열 중 어느 것이 가장 선호되는가? 5 EU를 갖는 미소계들의 앙상블이 있다면 그림 9.6의 어느 배열이 유리한가? 통계 열역학에서는 어느 배열도 다른 배열보다 우선시되지 않는다고 가정한다. 즉 모든 가능한 배열이 동등한 확률을 갖는다. 이것은 **선험적 동등 확률의 원리**(principle of equal a priori probability)라고 알려져 있다.

각각의 점유수 집합 (1, 0, 1, 1), (0, 1, 2, 0), (0, 2, 0, 1)이 전체 계의 3분의 1을 구성한다는 뜻인가? 아니다. 왜냐하면 점유수가 (1, 0, 1, 1)이 되는 방법은 여섯 개가 있고, (0, 1, 2, 0)과 (0, 2, 0, 1)이 되는 방법은 각각 세 가지가 있기 때문이다. 계의 1/12이 그림 9.6의 각각의 그림으로 표현된다는 것을 의미하는 것이다. 점유수가 (1, 0, 1, 1)인 계를 만드는 방법이 더 많으므로 이러한 배열을 갖는 미소계가 더 많을 것이다. 이러한 개념은 실제 계에서 존재하는 많은 수의 기체 입자를 다룰 때 매우 중요하게 된다.

9.4 최빈 분포: 맥스웰-볼츠만 분포

정준 앙상블을 생각해 보자. 정준 앙상블이 나타내는 고립계는 모든 미소 상태의 N_j, V_j, T 값이 동일하다. 각 미소 상태의 에너지 E_j는 동일하지 않지만, 양자 역학에서 익힌 바와 같이 여전히 불연속적인 에너지 준위는 존재하는 것으로 가정한다. 앞에서 입자들을 미소 상태의 에너지 준위에 분배하는 방법이 다음과 같다는 것을 보였다.

$$\Omega = \frac{N!}{\prod_j N_j!} \cdot \prod_j g_j^{N_j}$$

이 식에는 몇 가지 제약이 있다. 계의 총 에너지는 각 양자 상태의 에너지 ϵ_i에 그 에너지 준위에 있는 입자의 수 N_i를 곱한 것들의 합과 같아야 한다.

$$E = \sum_i N_i \cdot \epsilon_i \tag{9.10}$$

또한 모든 N_i 값의 합은 계의 총 입자수와 같아야 한다.

$$N = \sum_i N_i \tag{9.11}$$

[입자수의 정의에 미세한 차이가 있음을 유념하라. N_i는 각 에너지 준위에 있는 입자의 수를 나타내고, N_j (아래 첨자가 다름)는 각 미소 상태에 있는 입자의 수를 나타낸다. 정준 앙상블에서 각 미소 상태의 N_j는 동일하지만 N_i가 모든 미소 상태에 대하여 같을 필요는 없다.]

선험적 동등 확률의 원리에 의하면 점유수 N_j의 집합은 어떤 것이든 될 수 있다는 문제점이 여전히 남아 있다. 실제로 가능한 총 배열은 천문학적으로 큰 수이지만, 단 하나의 **최빈 배열**(most probable arrangement)을 제외하고는 모두 무시할 것이다.

조합 방법의 수와 배열의 조밀도의 관계를 나타낸 막대그래프를 생각해 보자. '조밀도(compactness)'라는 표현은 특정한 배열에 얼마나 많은 서로 다른 미소계가 참여하는가를 일반적으로 의미한다. 예를 들어, 예제 9.2에서 두 개의 에너지 준위가 점유된 배열이 두 개 있었고, 세 개의 에너지 준위가 점유된 배열이 한 개 있었다. 세 개 준위 점유가 나머지 두 개의 두 개 준위 점유에 비해 덜 조밀하다고 말할 수 있다. 두 개 준위 점유는 낮은 에너지 준위에서나 높은 에너지 준위에서나 더 조밀하다. 덜 조밀한 배열이 여섯 개의 가능한 조합을 갖는 데 반해, 더 조밀한 두 개의 배열은 각각 세 개의 가능한 조합만을 가지는 것에 주목하라. 조밀도에 대한 조합의 수를 도시하면(그래프의 양쪽 끝은 조밀도가 큰 배열을 나타내고 가운데는 덜 조밀한 배열을 나타냄) 그림 9.7을 얻게 된다.

가능한 미소 상태의 수와 입자수가 증가하면 재미있는 상황이 벌어진다. $\Omega \gg N$을 만족하는 한, 그래프는 그림 9.8에 있는 곡선들과 정성적으로 비슷해지기 시작한다. 물론 N이 커질수록 Ω는 극적으로 증가한다. 그림 9.8의 그래프들은 같은 척도로 그린 것이 아니다. 그림 9.8에 있는 피크의 절대 높이가 엄청나게 증가하더라도 피크의 폭이 같은 정도로 증가하는 것은 아니다. 그러므로 N이 증가할수록 피크의 모양은 상대적으로 점점 더 좁아진다. 이것은 가능한 조합의 수가 커지더라도 의미 있는 정도로 점유되는 조합의 수는 점차 작아진다는 것을 암시한다. 따라서 최빈 조합에 해당하는 조합이 다른 조합들을 압도하게 된다.

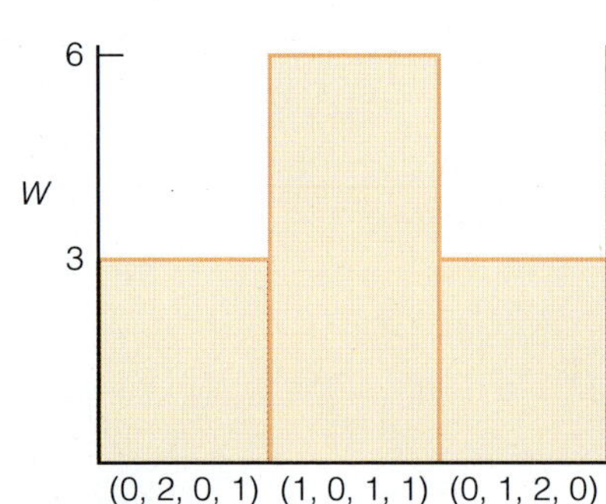

그림 9.7 점유수 집합에 대한 가능성의 수를 도시하면 곡선이 시작됨을 볼 수 있다. 그림 9.8은 이 곡선이 어떻게 전개되는지 보여준다.

이것이 의미하는 바는 어떤 앙상블의 미소 상태들을 고려할 때, 모든 가능한 점유수의 집합을 고려할 필요가 없다는 것이다. N이 크면 최빈 분포만 고려하면 된다.

N_j 값들을 이용하여 Ω를 나타낸 식에서, Ω를 N_j에 대하여 미분한 것을 0으로 놓을 수 있다[한 그래프의 최대점에서 도함수(즉, 기울기)는 영과 같음을 상기할 것]. 그리고 의미 있는 어떤 식을 유도할 수 있다. 식 (9.9)에서 N_j 값들을 이용하여 Ω를 표시하였지

만 식 (9.9) 자체로 극대화될 수 없다. E[식 (9.10)]와 N[식 (9.11)]의 제약을 고려하여 극대화해야 한다.

Ω를 극대화하는 대신 $\ln \Omega$를 극대화한다. 이렇게 할 수 있는 이유는 Ω의 증감에 따라 $\ln \Omega$가 증감하므로 Ω의 최댓값은 $\ln \Omega$의 최댓값에 대응하기 때문이다. 또한, $\ln \Omega$를 극대화할 때 스털링 근사법을 이용할 수 있다. 식 (9.9)로부터 $\ln \Omega$를 다음과 같이 구한다.

$$\ln \Omega = \ln\left(\frac{N!}{\prod_j N_j!} \cdot \prod_j g_j^{N_j}\right)$$

로그의 성질*을 사용하여 위 식의 우변을 간단히 한다.

$$\ln \Omega = \ln N! + \sum_j (\ln g_j^{N_j} - \ln N_j!)$$

계승이 포함된 두 개의 항에 스털링 근사법을 적용하고 로그의 다른 성질†을 사용하여 다음을 얻는다.

$$\ln \Omega = N \ln N - N + \sum_j (N_j \ln g_j - N_j \ln N_j + N_j)$$

세 항에 Σ 기호를 적용하면 다음과 같이 쓸 수 있다.

$$\ln \Omega = N \ln N - N + \sum_j N_j \ln g_j - \sum_j N_j \ln N_j + \sum_j N_j$$

$\Sigma_j N_j$는 전체 입자수 N과 같으므로 우변의 두 항은 상쇄된다. 다시 로그의 성질을 사용하고 나머지 항들을 Σ 기호 안에 넣으면 다음과 같다.

$$\ln \Omega = N \ln N + \sum_j N_j \ln \frac{g_j}{N_j} \qquad \textbf{(9.12)}$$

$\ln \Omega$를 두 가지 제약 조건하에서 극대화하기 위해 먼저 $\ln \Omega$, N, E에 대한 식들을 하나의 일차 결합으로 묶은 다음, 세 항의 합인 그 결과식을 극대화한다. 그러나 각 항들의 상대적인 크기를 알지 못하므로, 세 항 중 두 항에 가중 인자(weighting factor)를 곱한다. 가중 인자로 N에 대해서는 α, E에 대해서는 β를 사용한다. 이러한 방법을 **라그랑주의 미정 승수법**(Lagrange's method of undetermined multiplier)이라 한다. 다음 식을 극대화하면 된다.

$$\ln \Omega + \alpha \cdot N - \beta \cdot E$$

(편의상 마지막 항에 마이너스 부호를 붙였다. 그 이유가 곧 명확해질 것이다.) Ω, N 및 E에 대한 수식을 위 식에 대입하면 다음과 같이 된다.

$$\left(N \ln N + \sum_j N_j \ln \frac{g_j}{N_j}\right) + \alpha \cdot \sum_i N_i - \beta \cdot \sum_i N_i \cdot \epsilon_i \qquad \textbf{(9.13)}$$

분포의 조밀도는 점유수에 의해 결정되므로, 위 식을 각 j에 해당하는 N_j 값에 대하여 미분한 다음 모두 0으로 놓는다. 이는 다차원 함수 그래프의 극대점을 찾는 방법에 해당된다.

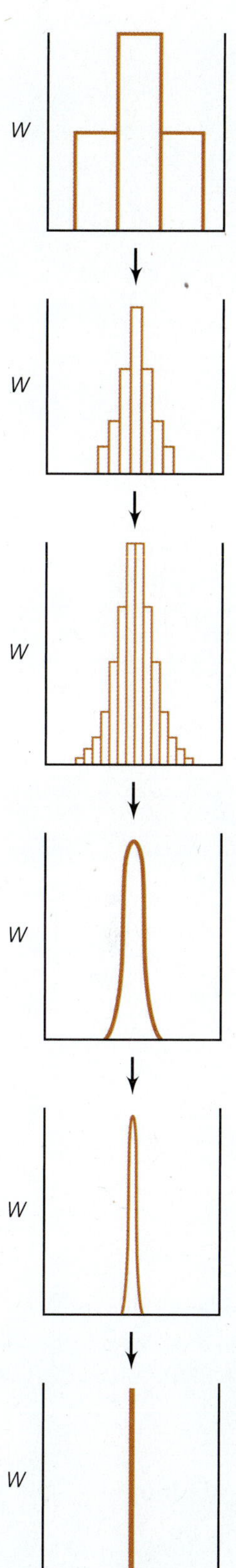

그림 9.8 입자의 수와 가능한 배열의 수가 커질수록 x축(가능한 점유수의 집합을 나타냄)이 점점 커짐에도 불구하고 그래프는 점점 폭이 좁아진다.

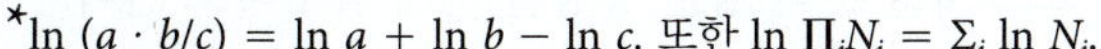

*$\ln (a \cdot b/c) = \ln a + \ln b - \ln c$. 또한 $\ln \Pi_j N_j = \Sigma_j \ln N_j$.

†$\ln a^b = b \cdot \ln a$

$$\frac{\partial}{\partial N_j}\left[\left(N\ln N + \sum_j N_j \ln\frac{g_j}{N_j}\right) + \alpha\cdot\sum_i N_i - \beta\cdot\sum_i N_i\cdot\epsilon_i\right] = 0 \qquad \textbf{(9.14)}$$

따라서 식 (9.14)는 각 j에 대해서 0이 되는 식들을 나타낸다.

$N\ln N$은 상수이기 때문에 N_j에 대하여 미분하면 0이 된다. N_j와 N_i는 다른 점유수를 의미하지만, 충분히 큰 계에서는 $N_i = N_j$가 되는 경우들이 항상 있게 마련이다. 그러므로 N_j에 대해 미분하는 경우, j에 의한 도함수의 효과로 인하여 $N_i = N_j$가 될 때를 제외하고는 Σ 기호 안의 모든 항이 사라진다. 따라서 남는 식은 다음 형태의 i 개의 식이다.

$$\ln\frac{g_i}{N_i} - 1 + \alpha - \beta\epsilon_i = 0 \quad i = 1, 2, 3, \ldots \qquad \textbf{(9.15)}$$

간단히 하기 위하여 미정 승수 α를 다시 다음과 같이 다시 정의한다.

$$\alpha \equiv \alpha - 1 \qquad \textbf{(9.16)}$$

식을 정리하면 다음과 같다.

$$\ln\frac{g_i}{N_i} = -\alpha + \beta\epsilon_i$$

$$\ln\frac{N_i}{g_i} = \alpha - \beta\epsilon_i$$

$$\frac{N_i}{g_i} = e^{\alpha-\beta\epsilon_i}$$

$$\frac{N_i}{g_i} = e^{\alpha}e^{-\beta\epsilon_i}$$

$$N_i = g_i e^{\alpha}e^{-\beta\epsilon_i} \qquad \textbf{(9.17)}$$

식 (9.17)의 양변에 있는 값들을 가능한 모든 i에 대하여 합하면 다음과 같다.

$$\sum_i N_i = N = \sum_i g_i e^{\alpha}e^{-\beta\epsilon_i}$$

여기에서 $\Sigma_i N_i = N$이란 사실을 사용하였다. e^{α}는 상수(e와 α는 각각 상수임)이므로 이 항을 인수로 꺼내서 다음과 같이 쓸 수 있다.

$$N = e^{\alpha}\sum_i g_i e^{-\beta\epsilon_i} \qquad \textbf{(9.18)}$$

식 (9.18)의 의미를 파악하라. 전체 입자수 N은 에너지 준위의 미분화도 g_i 및 i번째 양자 상태 에너지와 관련된 지수 식으로 표현된다. N은 어느 지수 e^{α} 및 상수 β에도 의존한다. β 값이 어떤 형태를 갖는지 차차 알아볼 것이다. 식 (9.18)은 두 상수 α와 β가 계의 입자수 및 에너지와 관련되어 있음을 보여준다.

$\Sigma_i g_i e^{-\beta\epsilon_i}$ 식은 통계 열역학에서 자주 나오는 식이므로 기호를 이용하여 나타내는 것이 유용하다. q를 다음과 같이 정의한다.

$$q \equiv \sum_i g_i e^{-\beta\epsilon_i} \qquad \textbf{(9.19)}$$

여기서 q를 **분배 함수**(partition function)라 한다. 이것은 통계 열역학에서 중심적인 역할을 한다. 계를 정준 앙상블로 정의하였으므로 q를 흔히 정준 앙상블 분배 함수라고 한다.

에너지 상태 ϵ_i에 있는 절대적인 입자수 N_i를 모른다 해도 전체 입자 중에서 그 에너지 상태에 있는 **분율**(fraction)은 구할 수 있다. 따라서 전체 입자수를 안다면 절대적인 입자수 N_i 값을 계산할 수 있다. 이를 위해 식 (9.17)과 식 (9.18)을 사용한다. 분율은 N_i/N이고, 따라서 다음의 관계가 성립한다.

$$\frac{N_i}{N} = \frac{g_i e^{\alpha} e^{-\beta\epsilon_i}}{e^{\alpha} \sum_i g_i e^{-\beta\epsilon_i}} = \frac{g_i e^{\alpha} e^{-\beta\epsilon_i}}{e^{\alpha} \cdot q}$$

지수 e^{α}가 상쇄되어 다음 식을 얻는다.

$$\frac{N_i}{N} = \frac{1}{q} \cdot g_i e^{-\beta\epsilon_i} \qquad \textbf{(9.20)}$$

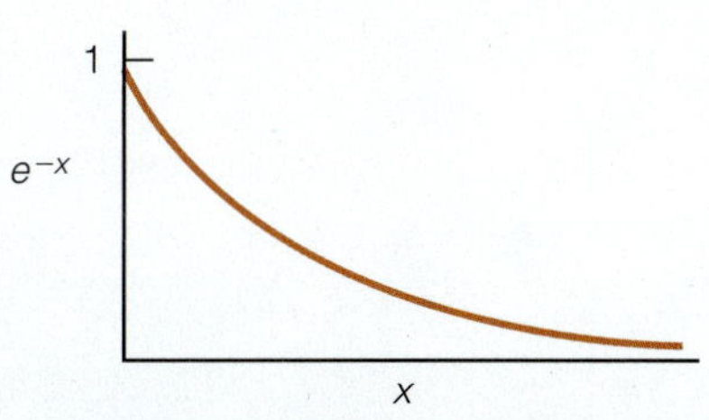

그림 9.9 이 그래프는 음의 지수 함수의 일반적인 모양으로 볼츠만 분포의 핵심이다. 미분화도를 고려하지 않고 이 그래프를 식 (9.20)과 함께 살펴보면, 어느 상태의 에너지가 높을수록 이 상태는 덜 점유된다는 것을 알 수 있다.

이 식을 살펴보자. 정준 앙상블의 어떠한 주어진 분포나 최빈 분포에 대해서도 q는 미소 상태들의 온도, 입자수 및 부피에 의존하는 상수이다. 어떤 물질의 i번째 양자 상태의 미분화도도 역시 상수이며, e와 β 또한 상수이다. 따라서 현재 유일한 변수는 ϵ_i, 즉 양자 상태의 에너지이다. 어떤 에너지 준위의 개체수는 그 에너지 준위 값과 바닥 상태 에너지의 차이의 음의 지수 함수이다. 이 함수의 모양은 그림 9.9와 같다. 즉, 에너지가 증가함에 따라 그 에너지 준위의 개체수는 지수 함수 모양으로 감소한다. 이러한 형태의 개체수 분포를 **맥스웰-볼츠만 분포**(Maxwell-Boltzmann distribution)라 하며 때때로 간단히 볼츠만 분포라고도 한다. 식 (9.20)에는 α 항이 없음에 유의하라. 이것은 α에 별로 관심을 두지 않아도 된다는 것을 뜻한다. 그러나 상수 β는 남아 있다. β 값을 결정하는 것은 통계 열역학을 전개하는 데 있어서 하나의 중요한 과정이다.

하지만 분배 함수 q는 식 (9.20)에서 여전히 한 부분을 차지하고 있다. i번째 에너지 준위의 개체수와 k번째 에너지 준위의 개체수의 비를 구함으로써 q를 제거시킬 수 있다.

$$\frac{\frac{N_i}{N}}{\frac{N_k}{N}} = \frac{\frac{1}{q} \cdot g_i e^{-\beta\epsilon_i}}{\frac{1}{q} \cdot g_k e^{-\beta\epsilon_k}}$$

N과 q 항이 지워지고 다음과 같이 된다.

$$\frac{N_i}{N_k} = \frac{g_i e^{-\beta\epsilon_i}}{g_k e^{-\beta\epsilon_k}}$$

그리고 두 지수 함수를 함께 묶을 수 있다.

$$\frac{N_i}{N_k} = \frac{g_i}{g_k} \cdot e^{-\beta(\epsilon_i - \epsilon_k)}$$

이 식을 대개 다음과 같이 표현한다.

$$\frac{N_i}{N_k} = \frac{g_i}{g_k} \cdot e^{-\beta \cdot \Delta\epsilon} \qquad \textbf{(9.21)}$$

여기에서 $\Delta\epsilon$은 i와 k번째 상태의 에너지 차이를 뜻한다. 미분화도가 식에서 자동으로 사라지지 않는 것에 주목하라.

개체수 분율은 수치적으로 확률과 동일하다. 따라서 임의로 선택한 어느 입자가 i번째 에너지 상태에 있을 확률은 다음과 같다.

$$P_i = \frac{1}{q} \cdot g_i e^{-\beta\epsilon_i} \qquad \textbf{(9.22)}$$

이것을 지적하는 이유는 이제 열역학적 성질들을 이해하기 위하여 어느 정도 통계적인 시각을 활용할 수 있다는 데 있다. 예를 들어, P_i에 대한 식을 얻었기 때문에 9.2절에서 배운 다음 식을 활용할 수 있다.

$$\bar{u} = \frac{\sum_{i=1}^{\text{가능한 값들}} u_i \cdot P_i}{\sum_i P_i}$$

미소 상태들의 평균 에너지 값을 알고 싶을 때, 위의 식을 다음과 같이 고쳐 쓴다.

$$\bar{E} = \frac{\sum_i \epsilon_i \cdot \frac{1}{q} \cdot g_i e^{-\beta\epsilon_i}}{\sum_i \frac{1}{q} \cdot g_i e^{-\beta\epsilon_i}}$$

여기에서 $\bar{E}$는 평균 에너지이고, ϵ_i는 각 상태의 에너지이다. 주어진 조건에서 $1/q$는 상수이므로 분자 및 분모에 있는 각 합의 다른 항으로부터 인수분해될 수 있고 상쇄되어 다음과 같이 된다.

$$\bar{E} = \frac{\sum_i \epsilon_i \cdot g_i e^{-\beta\epsilon_i}}{\sum_i g_i e^{-\beta\epsilon_i}} \tag{9.23}$$

이로써 계의 각 입자들의 에너지를 통계적으로 취급하여 평균 에너지 $\bar{E}$의 계산법을 알게 되었다. 나아가 **평균 에너지 $\bar{E}$는 계의 열역학적 에너지 E와 같다고 가정할 수 있다.**

이제 β가 무엇인지 결정하여야 한다. 이를 위하여 현상학적 열역학에 나오는 몇 가지 식들을 활용하여야 한다. 열역학 제1법칙에 따르면 계의 에너지 변화는 열과 일로 나뉠 수 있다. 이 장의 변수들을 사용하여 다음과 같이 나타낼 수 있다.

$$dE = dq + dw$$

[열을 뜻하는 q와 분배 함수 q를 혼동하지 마라. 또한, 이 장에서는 전체 에너지(즉, 내부 에너지)를 제2장과 그 이후 장에서 사용한 U가 아니라 E로 쓰고 있음에 유의하라. 이러한 표기법이 통계 열역학에서는 일반적이다.] 단열 변화에서 dq는 0이고, 계에 의하여 수행되는 압력-부피 일만을 고려하면 위의 식은 다음과 같이 쓸 수 있다.

$$dE = -p \cdot dV$$

dV를 좌변으로 옮기고 식을 계의 압력에 대해 다시 쓰면, 다음 식을 얻는다.

$$p = -\frac{\partial E}{\partial V}$$

입자수가 N_i로 일정한 각 미소 상태에 대하여 위의 식을 다음과 같이 고쳐 쓸 수 있다.

$$p_i = -\left(\frac{\partial \epsilon_i}{\partial V_i}\right)_{N_i} \tag{9.24}$$

미소 상태의 에너지 ϵ_i는 미소 상태에 의존하므로, 압력 p_i 역시 미소 상태에 의존한다. 압력을 이처럼 정의하면 식 (9.23)을 V_i로 미분하여, 평균 에너지를 구한 것과 같은 방법으로 평균 압력 $\bar{p}$를 얻는다.

$$\bar{p} = \frac{-\sum_i \left(\frac{\partial \epsilon_i}{\partial V_i}\right)_{N_i} \cdot g_i e^{-\beta \epsilon_i}}{\sum_i g_i e^{-\beta \epsilon_i}} \tag{9.25}$$

그러나 동일한 평균 압력을 갖는 미소 상태들의 수가 증가해도 계의 전체 압력은 변하지 않는다. 미소 상태들의 평균 압력은 전체 계의 평균 압력과 같다.

$$\bar{p} = p_{열역학} \tag{9.26}$$

여기에서 $p_{열역학}$은 현상학적이고 거시적이며 측정 가능한 계의 압력이다. 식 (9.26)은 통계 열역학과 현상학적 열역학 사이를 처음으로 직접 연결해 준 것이다.

β를 결정하기 위해 먼저 식 (9.23)의 $\bar{E}$를 V로 미분하고, 식 (9.25)의 $\bar{p}$를 β로 미분한다. 두 경우 모두 미분의 연쇄 규칙을 적용해야 하며 대입이 필요하다. 자세한 과정은 생략하고, 결국 다음 식들을 얻게 된다.

$$\left(\frac{\partial \bar{E}}{\partial V}\right) = -\bar{p} + \beta(\overline{Ep}) - \beta \bar{E} \cdot \bar{p} \tag{9.27}$$

$$\left(\frac{\partial \bar{p}}{\partial \beta}\right) = \bar{E} \cdot \bar{p} - (\overline{Ep}) \tag{9.28}$$

대입하여 정리하면 다음과 같다.

$$\left(\frac{\partial \bar{E}}{\partial V}\right) + \beta\left(\frac{\partial \bar{p}}{\partial \beta}\right) = -\bar{p} \tag{9.29}$$

이 식을 열역학에서 유도할 수 있는 다음 식과 비교할 수 있다.

$$\left(\frac{\partial E}{\partial V}\right) + \frac{1}{T}\left[\frac{\partial p}{\partial (1/T)}\right] = -p \tag{9.30}$$

여기에서 E는 내부 에너지를 나타낸다. 위의 두 식이 유사한 것을 분명히 알 수 있다. 이들은 β가 $1/T$과 관련되어 있는 것을 암시한다. β가 $1/T$과 같지는 않지만, β는 $1/T$에 비례하며, 비례 상수는 식 (9.29)의 두 번째 항에서 상쇄될 것이다.

$$\beta \propto \frac{1}{T}$$

이러한 식은 보통 적절한 비례 상수를 도입하여 등식으로 표현된다. 이 식에서는 관례적으로 비례 상수를 분자에 두지 않고 분모에 둔다. 비례 상수를 k로 놓으면 다음과 같이 된다.

$$\beta = \frac{1}{kT} \tag{9.31}$$

상수 k는 **볼츠만 상수**(Boltzmann's constant)라고 하며, 그 값은 1.381×10^{-23} J/K이다. 분배 함수 q의 식은 다음과 같다.

$$q = \sum_i g_i e^{-\epsilon_i/kT} \tag{9.32}$$

앞에서 나왔던 β를 포함한 모든 식을 적절히 바꿀 수 있다.

예제 9.3

그림 9.5에 있는 네 개의 에너지 준위 도표를 생각해 보자. 에너지 준위들이 네 겹 미분화되어 있고(즉, $g_i = 4$), 에너지 준위들의 값이 0.00, 1.00, 2.00 및 3.00×10^{-21} J이라면, 298 K에서 분배 함수의 값은 얼마인가? 에너지 준위들이 0.00, 1.00, 2.00 및 3.00×10^{-19} J이라면 q의 값은 얼마인가?

이 에너지 준위들은 처음 에너지 준위들에 비해 100 배만큼 더 크다. 이 차이가 분배 함수에 어떤 영향이 미치는지를 아래에서 확인해 보라.

풀이

식 (9.32)의 합은 다음과 같이 된다.

$$q = 4 \cdot \exp\left[-\frac{0.00 \times 10^{-21}\ \text{J}}{(1.381 \times 10^{-23}\ \text{J/K})(298\ \text{K})}\right] + 4 \cdot \exp\left[-\frac{1.00 \times 10^{-21}\ \text{J}}{(1.381 \times 10^{-23}\ \text{J/K})(298\ \text{K})}\right] + 4 \cdot \exp\left[-\frac{2.00 \times 10^{-21}\ \text{J}}{(1.381 \times 10^{-23}\ \text{J/K})(298\ \text{K})}\right] + 4 \cdot \exp\left[-\frac{3.00 \times 10^{-21}\ \text{J}}{(1.381 \times 10^{-23}\ \text{J/K})(298\ \text{K})}\right]$$

각각의 지수 항에 대하여 이 값들이 나오는 것을 보여라.

$$q = 4 \cdot 1 + 4 \cdot 0.784 + 4 \cdot 0.615 + 4 \cdot 0.482$$

$$q = 11.524$$

여기에서 'exp'는 지수 함수 e와 동일하며, 지수가 길 때 사용하면 보기에 좋다. 모든 단위는 상쇄되므로 q는 단위를 갖지 않는다. 에너지 준위들의 값이 큰 경우, 다음과 같이 된다.

첫 번째 항과 비교하면 나머지 항들은 무시할 수 있을 정도로 작다.

$$q = 4 \cdot 1 + 4 \cdot 2.80 \times 10^{-11} + 4 \cdot 7.84 \times 10^{-22} + 4 \cdot 2.19 \times 10^{-32}$$

$$q \approx 4$$

두 번째 예제는 q가 에너지 준위의 값에 얼마나 민감한가를 보여 준다.

위 예제에서 두 번째의 경우 q가 에너지 준위에 있는 상태의 개수와 거의 같다는 사실로부터 분배 함수를 분자적 관점에서 해석할 수 있다. q는 어느 특정 온도에서 한 입자가 접근할 수 있는 에너지 상태의 수에 대한 척도이다. 따라서 주어진 온도에서 낮은 에너지 상태는 열 에너지에 의해 많은 상태가 점유될 수 있다. 위 예제에서 약 12개의 낮은 에너지 상태(각 준위가 네 겹 미분화되어 있음을 상기할 것)가 298 K에서 점유될 수 있다. 그러나 높은 에너지 상태들의 경우 바닥 상태만 점유되며(미분화도 = 4) 분배 함수의 값은 4가 되어 q의 해석과 일치하게 된다.

9.5 통계 열역학으로부터의 열역학적 성질

완전한 분배 함수의 형태가 구축되었으므로, 이로부터 열역학적 성질들을 어떻게 구할 수 있겠는가? 에너지부터 시작하자. 앙상블의 총 에너지는 식 (9.10)으로 주어진다.

$$E = \sum_i N_i \cdot \epsilon_i$$

N_i에 식 (9.20)과 식 (9.31)을 적용하면 다음을 얻는다.

$$E = \sum_i \frac{N}{q} \cdot g_i e^{-\epsilon_i/kT} \cdot \epsilon_i$$

$$E = N \cdot \frac{1}{q} \cdot \sum_i g_i e^{-\epsilon_i/kT} \cdot \epsilon_i \qquad \textbf{(9.33)}$$

식 (9.32)를 온도로 미분하자.

$$\frac{\partial q}{\partial T} = \frac{\partial}{\partial T} \sum_i g_i e^{-\epsilon_i/kT}$$

$$= \sum_i g_i \cdot \frac{\partial}{\partial T} e^{-\epsilon_i/kT}$$

$$= \sum_i g_i \cdot e^{-\epsilon_i/kT} \cdot \frac{\epsilon_i}{kT^2}$$

$$\frac{\partial q}{\partial T} = \frac{1}{kT^2} \sum_i g_i e^{-\epsilon_i/kT} \cdot \epsilon_i$$

양변을 q로 나누면 다음과 같이 된다.

$$\frac{1}{q} \cdot \frac{\partial q}{\partial T} = \frac{1}{q} \cdot \frac{1}{kT^2} \sum_i g_i e^{-\epsilon_i/kT} \cdot \epsilon_i$$

미분의 규칙에 따르면 위 식의 좌변은 $(\partial \ln q/\partial T)$와 같다. kT^2 항을 좌변으로 옮기면 다음과 같이 된다.

$$kT^2 \frac{\partial \ln q}{\partial T} = \frac{1}{q} \cdot \sum_i g_i e^{-\epsilon_i/kT} \cdot \epsilon_i$$

이 식의 우변은 식 (9.33)의 우변에서 N을 제외한 부분과 같으므로 이로부터 다음과 같이 쓸 수 있다.

$$E = NkT^2 \left(\frac{\partial \ln q}{\partial T} \right)_V \qquad \textbf{(9.34)}$$

여기에서 일정 부피의 조건을 분명하게 표시하였다. 식 (9.34)는 놀라운 결과이다. $\ln q$가 온도에 따라 어떻게 변하는가를 안다면 계의 에너지를 계산할 수 있다. 이 식은 분배 함수가 통계 열역학에서 핵심적인 역할을 한다는 것을 보여 준다.

이미 압력을 열역학적 변수로 소개하였다. 식 (9.34)를 얻은 방법과 비슷한 방법으로 다음을 얻을 수 있다.

$$p = NkT \left(\frac{\partial \ln q}{\partial V} \right)_T \qquad \textbf{(9.35)}$$

내부 에너지 E와 엔탈피 H 사이의 관계로부터 다음과 같이 엔탈피를 얻을 수 있다.

$$H = E + pV$$

$$H = E + NkT$$

$$H = NkT^2 \left(\frac{\partial \ln q}{\partial T} \right)_V + NkT$$

결국 다음 식을 얻는다.

$$H = NkT \left(T \left(\frac{\partial \ln q}{\partial T} \right)_V + 1 \right) \qquad \textbf{(9.36)}$$

따라서 통계 열역학으로부터 모든 기본적인 열역학적 상태 함수들에 대한 식을 얻을 수 있으며, 이들은 모두 분배 함수 q에 좌우된다.

그림 9.10 엔트로피가 가능한 배열의 수의 로그 값에 비례한다는 가정은 통계 열역학에서 너무나도 중요해서 비엔나(Vienna)에 있는 볼츠만의 묘비에 새겨져 있다.

깁스 에너지 G와 헬름홀츠 에너지 A에 대한 식을 얻기 위하여 엔트로피 S에 대한 식이 필요하다. S를 얻기 위한 통계 열역학적 접근법은 약간 다르다. S에 대한 통계 열역학적인 식을 유도하기보다는(가능하지만 여기서는 생략됨*) 볼츠만이 1877년에 발표한 엔트로피 S와 앙상블 내의 입자의 분포 Ω를 연결한 다음의 식으로 대신하겠다.

$$S \propto \ln \Omega \tag{9.37}$$

비례 상수는 역시 볼츠만 상수 k이며, β를 정의할 때 사용한 k와 동일하다. 엔트로피의 정의는 다음과 같이 된다.

$$S = k \ln \Omega \tag{9.38}$$

이 가정은 통계 열역학의 전개에 있어서 너무나 중요해서 볼츠만의 묘비에 새겨져 있다(그림 9.10).

식 (9.38)을 출발점으로 하여 식 (9.9)의 Ω를 대입하면 다음을 얻는다.

$$\begin{aligned} S &= k \ln \left(\frac{N!}{\prod_j N_j!} \cdot \prod_j g_j^{N_j} \right) \\ &= k \ln \left(N! \cdot \prod_j \frac{g_j^{N_j}}{N_j!} \right) \end{aligned} \tag{9.39}$$

여기에서 두 번째 식은 단지 첫 번째 식을 대수적으로 다시 정리한 것이다. 로그의 성질(이 장의 앞에 나온 각주 참조)을 활용하여 식을 다시 정리하면 다음과 같다.

$$S = k \left(\ln N! + \sum_j \ln g_j^{N_j} - \sum_j \ln N_j! \right)$$

$\ln N!$과 $\ln N_i!$에 스털링 근사법을 적용하면 다음 식을 얻는다.

$$S = k \left(N \ln N - N + \sum_j \ln g_j^{N_j} - \sum_j (N_j \ln N_j - N_j) \right)$$

마지막에 있는 Σ 기호를 각 항에 취하면 다음과 같다.

$$S = k \left(N \ln N - N + \sum_j \ln g_j^{N_j} - \sum_j N_j \ln N_j + \sum_j N_j \right)$$

ΣN_j는 N, 즉 전체 입자수와 같으므로 괄호 앞부분의 $-N$과 상쇄되어 다음과 같이 된다.

$$S = k \left(N \ln N + \sum_j \ln g_j^{N_j} - \sum_j N_j \ln N_j \right) \tag{9.40}$$

로그의 성질을 활용하여 끝의 두 항을 대수적으로 결합시키면 다음과 같이 더 간략하게 쓸 수 있다.

$$S = k \left(N \ln N + \sum_j N_j \ln \frac{g_j}{N_j} \right) \tag{9.41}$$

$\ln (g_j/N_j)$ 항은 식 (9.20)의 볼츠만 분포에 로그를 취하여 나타낼 수 있다. 그러면 에

*자세한 사항은 다음 책을 참조하라. D. McQuarrie, *Statistical Thermodynamics*, University Science Books, Mill Valley, Calif., 1973.

너지 ϵ_i 항이 도입된다. 계의 전체 에너지 E가 $\Sigma_i\epsilon_i$와 같다는 사실을 사용하고, q로 E를 표현할 수 있으므로, 식 (9.41)이 다음과 같음을 알 수 있다.

$$S = Nk\left[T\left(\frac{\partial \ln q}{\partial T}\right)_V + \ln q\right] \tag{9.42}$$

하지만 엔트로피의 경우 입자들의 동질성이 한 요소가 된다. 9.2절에서 각 입자들을 구별할 수 있다고 가정하였다. 그렇지만 원자의 수준에서는 각각의 동일한 입자들을 구별할 수 없다. 원자와 분자들은 거시적으로 **구별 불가능**하다. 이것은 Ω를 구할 때 가능한 분포의 전체 수를 너무 많이 세고 있다는 것을 뜻한다. 이 초과 개수를 보정하려면 Ω의 분모에 $N!$을 곱해야 한다. (즉, 구별 불가능한 입자들의 분포는 구별 가능한 입자들에 비하여 $1/N!$배만큼 작다.) 이 요소를 고려하면, 식은 다음과 같이 된다.

$$\Omega_{\text{구별 불가능}} = \frac{1}{N!}\cdot\frac{N!}{\prod_j N_j!}\cdot\prod_j g_j^{N_j}$$

결국 엔트로피는 다음과 같이 된다.

$$S = Nk\left[T\left(\frac{\partial \ln q}{\partial T}\right)_V + \ln\frac{q}{N} + 1\right] \tag{9.43}$$

이것이 엔트로피 S에 대한 보다 정확한 식이다.

엔트로피를 통계 열역학적으로 취급하면 엄밀히 말해서 부적절하지만 엔트로피와 무질서가 관련을 맺는다. 원자나 분자의 수준에서 무질서는 원자나 분자가 점유할 수 있는 가능한 에너지 상태 수의 척도로 생각할 수 있다. 이것이 Ω를 정의하는 한 가지 방법이다. 많은 에너지 준위가 가능할 때 통계학적으로 이들은 점유될 것이다. 에너지 준위들 사이에 분포가 높으면 절대 엔트로피가 높다. 위의 정성적인 관계는 예측하는 데 매우 유용하다. 이 관계는 또한 정량적으로도 중요하다. 이러한 양들은 분배 함수 q를 구하면 바로 알아낼 수 있다.

엔트로피의 무질서 개념을 가지고 열역학 제2법칙과 제3법칙이 이해될 수 있다. 질량이나 에너지의 이동이 없는 고립계에서 자발적 변화는 계의 입자들이 더 높은 가능성을 가진 배열을 취하는 변화로 간주할 수 있다. 즉, 상태 1에서 상태 2로의 자발적인 변화는 다음과 같다.

$$\Omega\text{ (상태 2)} > \Omega\text{ (상태 1)}$$

S의 정의에 대한 볼츠만의 가정을 나타낸 식 (9.38)로부터 자발적 과정에 대한 ΔS를 얻을 수 있다.

$$\Delta S = k\ln[\Omega\text{ (상태 2)}] - k\ln[\Omega\text{ (상태 1)}]$$

$$\Delta S = k\ln\frac{\Omega\text{ (상태 2)}}{\Omega\text{ (상태 1)}}$$

이 값은 항상 양수이다. 분수$[\Omega(\text{상태 2})]/[\Omega(\text{상태 1})]$은 항상 1보다 크고, 1보다 큰 수의 로그는 양수이다. 따라서 자발적인 변화는 계의 전체 엔트로피 증가와 더불어 일어난다. 그림 9.11을 참조하라.

제3법칙을 확인하기 위하여 q에 대한 식을 식 (9.42)에 대입하고 q를 온도로 미분한다. 그렇게 하면 다음을 얻는다.

$$S = Nk\ln(\Sigma g_i\cdot e^{-\epsilon_i/kT}) + \frac{N}{T}\frac{\Sigma \epsilon_i\cdot g_i\cdot e^{-\epsilon_i/kT}}{\Sigma g_i\cdot e^{-\epsilon_i/kT}}$$

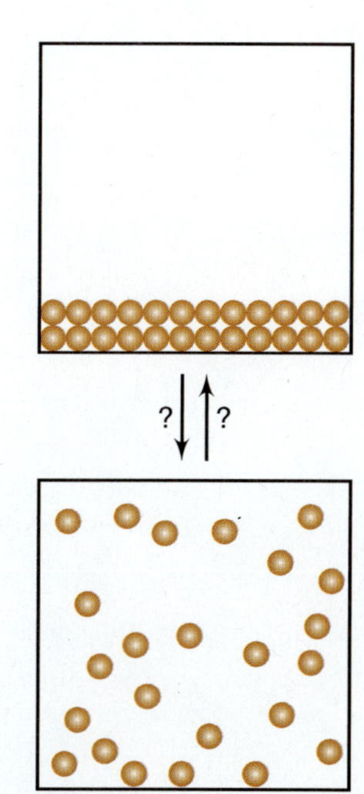

그림 9.11 오로지 무질서의 관점에서 보면 어느 방향이 자발적일까? 오로지 엔트로피의 관점에서 보아도 자발적인 방향은 동일하다.

이 식에 대하여 $T \rightarrow 0$의 극한*을 취하하면 다음을 얻는다.

$$\lim_{T \rightarrow 0} S = Nk \ln g_0$$

여기에서 g_0는 바닥 상태의 미분화도이다. $T \rightarrow 0$의 극한에서 가능한 가장 낮은 에너지 상태들만이 점유된다.

만약 바닥 상태가 미분화되어 있지 않다면, g_0는 1이 되고, S는 정확히 0이 되어 열역학 제3법칙과 정확히 일치한다. 계에 입자가 하나만 있는 경우 이것은 절대적으로 참이다. 대부분의 계에는 몰 단위로 언급될 수 있는 10^{20}개 이상의 많은 원자나 분자가 존재한다. 따라서 실제 계에서 g_0는 적어도 10^{20}이 될 수 있다. 이것이 제3법칙을 어긋나게 할 것인가?

그렇지 않다. $\ln 10^{20}$은 약 46이고, $\ln (10^{20})$에 볼츠만 상수 1.381×10^{-23} J/K를 곱하면 6×10^{-22} J/K가 된다. 이는 측정할 수 없을 정도의 작은 엔트로피이다(특히 측정되는 몰엔트로피는 몇 십에서 몇 백 J/K의 크기이므로 10^{22}배 이상 더 크다). 엔트로피가 절대 영도에서 관측 가능하려면 $10^{10^{19}}$개 정도의 원자들이 필요한데, 이 숫자가 얼마나 큰 수인가 하면, 우리가 눈으로 볼 수 있는 전 우주 공간이라도 이만큼의 원자들로 채우기에는 부족하다. 따라서 다른 적절한 조건들이 계에 적용되는 한, 실제적으로는 온도가 0 K로 접근할수록 S가 0으로 접근한다고 말할 수 있다. 이와 같이 엔트로피에 대한 통계 열역학적 정의는 현상학적 열역학에서 얻은 열역학 제3법칙과 일치한다.

q와 S의 관계식을 알면 헬름홀츠 에너지 A와 깁스 에너지 G는 분배 함수에 의해 수학적으로 간단히 표현될 수 있다. 그 식들은 다음과 같다.

$$A = -NkT\left(\ln \frac{q}{N} + 1\right) \tag{9.44}$$

$$G = -NkT \ln \frac{q}{N} \tag{9.45}$$

A와 G 모두 q의 도함수가 아닌 q와 직접 연관되는 것에 주목하라. 비록 이것이 수학과 앙상블의 정의에 따른 인위적인 결과일지라도, 중요한 상태 함수인 G와 A가 통계 열역학의 핵심인 분배 함수 q와 밀접하게 관련되어 있다는 것은 놀랄 만하다.

끝으로 화학종 i의 화학 퍼텐셜 μ_i는 화학 평형에서 기본적인 것이므로, q를 이용하여 μ_i를 쉽게 정의할 수 있다. 식 (4.54)로부터 다음 식을 쓸 수 있다.

$$\mu_i = \left(\frac{\partial A}{\partial N_i}\right)_{V,T}$$

식 (9.44)를 적용하면 다음 식을 얻는다.

$$\mu_i = -kT \ln \frac{q}{N_i} \tag{9.46}$$

화학 퍼텐셜도 역시 q와 직접 관련되어 있다.

9.6 단원자 기체의 분배 함수

앞 절에서 모든 열역학적 상태 함수들이 분배 함수 q와 어떻게든 관련된다는 것을 명확히 보여 주었다. 이것은 상태 함수들을 얻기 위해서 q가 무엇인지 알아야 한다는 것을 뜻한다. 어떻게 q를 알 수 있을까?

첫 번째로 q는 단지 불연속적인 에너지 준위들의 음의 지수의 합이라는 것을 기억하라.

---

*극한은 미적분학의 로피탈(L'Hôpital) 규칙을 적용하여 결정할 수 있다.

$$q = \sum_i g_i \cdot e^{-\epsilon_i/kT}$$

엄밀히 따지면 위 식은 무한 합이다. 왜냐하면 어느 입자의 가능한 에너지 준위의 수는 무한대이기 때문이다. 이것은 고전 역학과 양자 역학 모두의 일반적인 결론이다. q는 음의 지수의 합으로 정의되는데, 높은 에너지 준위로 갈수록 지수 항의 크기가 작아지므로, 합에 있는 무한한 항의 수가 자동적으로 $q = \infty$를 의미하지는 않는다.

두 번째로, 에너지 준위들이 서로 충분히 가까이 있으면, 합에 나타나는 인접한 두 에너지 준위들에 해당하는 항들의 차이가 극소가 된다. 근사적으로 q는 불연속적인 항들의 합 대신에 연속적인 함수의 적분으로 쓸 수 있다.

$$q = \sum_i g_i \cdot e^{-\epsilon_i/kT} \longrightarrow \int_{i=0}^{\infty} g_i \cdot e^{-\epsilon_i/kT}\, di \qquad (9.47)$$

분배 함수의 이론값을 구하기 위하여 에너지 준위 ϵ_i에 대한 식이 필요하다.

원자나 분자계에 대하여 이러한 식이 실제 알려져 있고, 원자나 분자의 병진, 회전, 진동 및 전자 상태에 대하여 양자 역학을 적용함으로써 얻어진다. 틀림없이 볼츠만은 양자 역학을 알지 못했다. 왜냐하면 양자 역학이 만들어지기 약 50년 전에 볼츠만이 통계 역학의 기초를 세웠기 때문이다. 사실 볼츠만의 식 중에서 일부는 플랑크 상수를 포함하지 않았으므로 부정확하다[볼츠만은 거의 일생 동안 플랑크 상수의 존재를 알지 못했다]. 그러나 열역학적 값들의 계산에서 플랑크 상수는 소거된다. 결국 플랑크 상수가 누락된 것을 눈치채지 못했다. 그러나 앞으로의 계산에서 에너지 준위에 대한 **양자 역학적***인 개념을 사용할 것이다.

먼저 시료가 He이나 Ne과 같은 단원자 기체로 이루어져 있다고 가정한다. Hg 증기와 같은 그 밖의 단원자 기체도 마찬가지로 생각할 수 있다. 이와 같은 시료는 세 가지 형태의 에너지 상태만을 갖는다. 즉, 전자(electronic), 핵(nuclear) 및 병진(translational) 에너지 상태이다. 세 가지 중에 전자와 핵 에너지 상태는 원자 **내부**의 상태들이다. 병진 에너지 상태만이 원자 전체의 위치와 관련되며, 이는 원자 내에 있는 아원자 입자들의 상대적인 위치와는 무관하다.

단원자 기체의 분배 함수는 병진 에너지 준위, 전자 에너지 준위, 핵 에너지 준위로부터 얻어지는 세 개의 독립된 분배 함수들의 곱이다.

$$q = q_{\text{병진}} \cdot q_{\text{전자}} \cdot q_{\text{핵}} \qquad (9.48)$$

또한 병진 분배 함수 $q_{\text{병진}}$이 단원자 기체의 열역학적 성질에 가장 큰 기여를 한다고 가정한다(제11장에서 다룰 기체 분자 운동론을 사용하여 이 가정을 정당화할 것이다. $q_{\text{전자}}$와 $q_{\text{핵}}$의 상대적인 기여는 제10장에서 설명할 것이다). 따라서 단원자 이상 기체에 대하여 다음과 같이 가정한다.

$$q = q_{\text{병진}}$$

단원자 기체의 병진 운동에 대한 모형을 어떻게 만들 것인가? 삼차원 공간에 있는 원자들의 직선 운동에 대하여 상자 속 입자(particle-in-a-box) 근사법을 적용할 수 있다. 삼차원 상자에 있는 한 개의 입자에 대하여 양자 역학적으로 허용된 에너지 준위는 다음과 같다.

*__번역 주__: 이 번역서에서는 양자역학 분야를 생략하였으므로 이 책의 원서를 참고하라.

$$\epsilon = \frac{h^2}{8m}\left(\frac{n_x^2}{a^2} + \frac{n_y^2}{b^2} + \frac{n_z^2}{c^2}\right)$$

변수 m은 상자 속에 있는 입자의 질량인데, 이 경우 몰질량이 아니라 **기체 원자나 분자 하나**의 질량을 나타낸다. 편의상 임의로 정육면체 상자라고 가정하면, $a = b = c$이므로 에너지를 다음과 같이 나타낼 수 있다.

$$\epsilon = \frac{h^2}{8ma^2}(n_x^2 + n_y^2 + n_z^2) \tag{9.49}$$

계가 정육면체이면 계의 부피 V는 a^3이므로 a^2은 $V^{2/3}$이 되므로 식 (9.49)는 다음이 된다.

$$\epsilon = \frac{h^2}{8mV^{2/3}}(n_x^2 + n_y^2 + n_z^2) \tag{9.50}$$

따라서 q는 다음과 같다.

$$q = \sum \exp\left(\frac{-\frac{h^2}{8mV^{2/3}}(n_x^2 + n_y^2 + n_z^2)}{kT}\right)$$

$$= \sum \exp\left(-\frac{h^2(n_x^2 + n_y^2 + n_z^2)}{8mV^{2/3}kT}\right)$$

$$q = \sum_{n_x} \exp\left(\frac{-h^2 n_x^2}{8mV^{2/3}kT}\right) \cdot \sum_{n_y} \exp\left(\frac{-h^2 n_y^2}{8mV^{2/3}kT}\right) \cdot \sum_{n_z} \exp\left(\frac{-h^2 n_z^2}{8mV^{2/3}kT}\right) \tag{9.51}$$

여기에서 각각의 Σ는 x, y, z 방향의 병진 양자수(translational quantum number)에 대한 합이다. 일차원 상자 속 입자가 갖는 모든 에너지 준위들의 미분화도는 1이다.

삼차원 계에서는 특정한 방향에 대한 선호도가 대개 없으므로('등방성'이라고 기술되는 조건) n_x에 대한 계산 결과는 n_y 및 n_z에 대한 계산 결과와 동일하다. 또한 계를 정육면체라고 가정하였으므로 양자화된 에너지는 모든 방향에서 전부 동일하다. 이런 경우에 식 (9.51)은 다음과 같이 하나의 항에 대한 세제곱으로 나타낼 수 있다.

$$q = \left[\sum_{n} \exp\left(\frac{-h^2 n^2}{8mV^{2/3}kT}\right)\right]^3 \tag{9.52}$$

여기서 일반적인 병진 양자수 n의 아래 첨자를 제거하였다.

식 (9.47)에서와 같이 수학적인 도약을 할 차례이다. 식 (9.52)의 각 항이 충분히 근접해 있으면 근사적으로 무한합을 적분으로 나타낼 수 있다.

$$q = \left[\int_{n=0}^{\infty} \exp\left(\frac{-h^2 n^2}{8mV^{2/3}kT}\right) dn\right]^3 \tag{9.53}$$

적분 변수는 병진 양자수 n이다. 이 적분은 다음과 같은 형태와 해를 갖는다(부록 1 참조).

$$\int_{x=o}^{\infty} e^{-ax^2}\, dx = \frac{1}{2}\left(\frac{\pi}{a}\right)^{1/2}$$

식 (9.53)의 경우 상수 a는 다음과 같다.

$$\frac{h^2}{8mV^{2/3}kT}$$

따라서 적분에 정확한 식을 대입하면 다음을 얻을 수 있다.

$$q = \left[\frac{1}{2} \left(\frac{\pi}{\frac{h^2}{8mV^{2/3}kT}} \right)^{1/2} \right]^3$$

이를 정리하면 다음과 같다.

$$q_{병진} = \left(\frac{2\pi mkT}{h^2} \right)^{3/2} \cdot V \qquad \textbf{(9.54)}$$

여기에서는 부피 변수 V를 대수적으로 처리하여 괄호 밖으로 빼냈다. 원자의 병진 운동에 대한 분배 함수를 구하고 있다는 것을 기억하도록 '병진'이라는 아래 첨자를 붙였다. 식 (9.54)에서도 역시 m은 각각의 기체 입자 하나의 질량을 의미한다.

식 (9.54)는 유용한 결론이다. 원래 에너지 준위들의 음의 지수 함수를 무한히 합하는 것으로 정의되는 병진 분배 함수는 기체 입자의 질량, 절대 온도, 계의 부피 및 몇 가지 기본 상수들로 이루어진 식이다. 이 식을 사용하면 명확한 q 값을 계산할 수 있고, 이로부터 에너지, 엔트로피, 열용량 등을 계산할 수 있다. 다음으로 현상학적인 관점이 아닌 통계적인 관점에서 구한 이러한 계산값을 실험값과 비교할 수 있다. 이제 열역학에 대한 통계적인 접근법이 실험과 얼마나 잘 비교되는가를 알아볼 수 있는 첫 번째 기회를 갖게 될 것이다.

q의 단위는 없다. 왜냐하면 q는 단지 지수 함수들의 합이기 때문이고, 따라서 식 (9.54)의 단위들은 결국 모두 상쇄될 것이다. 그러나 몇 가지 단위, 특히 부피 단위를 변환해야 한다. 대개 부피는 리터 단위로 표시된다. 단위가 적절히 상쇄되도록 하기 위하여 부피의 단위를 m^3으로 표시한다. 1 L는 한 변의 길이가 1.00 dm인 정육면체의 부피이다. 1 dm는 0.1 m이므로 다음의 환산 인자를 사용한다.

$$1 \text{ L} = 0.001 \text{ m}^3 \qquad \textbf{(9.55)}$$

이 환산은 정확하므로 유효 숫자 계산에 관여되지 않는다. 원자 질량의 단위를 g이 아닌 kg으로 나타내면 단위 계산은 잘 될 것이다.

예제 9.4

T = 298 K, V = 24.5 L의 조건에서 He 1 mol에 대한 $q_{병진}$을 계산하라. He의 몰질량은 4.0026 g이다.

풀이

식 (9.55)를 염두에 두면, He 1 mol의 부피는 0.0245 m^3에 해당한다. 또한, He 원자 한 개의 질량을 kg 단위로 나타내면, (0.0040026 kg)/(6.02 × 10^{23}) = 6.65 × 10^{-27} kg이다. $q_{병진}$을 구하면 다음과 같다.

부피 환산은 매우 간단하므로 자세한 과정은 생략한다.

질량은 1 mol이 아닌 한 개의 원자에 대한 값이며 kg 단위를 이용한다.

$$q = \left[\frac{2\pi(6.65 \times 10^{-27}\text{ kg})(1.381 \times 10^{-23}\frac{\text{J}}{\text{K}})(298\text{ K})}{(6.626 \times 10^{-34}\text{ J}\cdot\text{s})^2} \right]^{3/2} \cdot 0.0245 \text{ m}^3$$

숫자들을 먼저 계산하자. 모든 수치들을 계산하면(물론 대괄호에 있는 지수 3/2를 잊지 말 것) 다음 값이 된다.

$$숫자 = 1.90 \times 10^{29}$$

예제 9.4 *(계속)*

이제 단위를 살펴보자.

$$\left(\frac{\text{kg}\cdot\dfrac{\text{J}}{\text{K}}\cdot\text{K}}{(\text{J}\cdot\text{s})^2}\right)^{3/2}\cdot\text{m}^3$$

괄호 안에 있는 단위들을 먼저 고려한다. 분자의 K가 상쇄되고, 분자와 분모에 있는 J 단위가 하나씩 상쇄되어 다음이 남는다.

이는 괄호 안의 단위만을 고려한 것이다.

$$\frac{\text{kg}}{\text{J}\cdot\text{s}^2}$$

J 단위는 합성 단위이며 $(\text{kg}\cdot\text{m}^2)/\text{s}^2$과 같으므로 다음과 같이 쓸 수 있다.

$$\frac{\text{kg}}{\dfrac{\text{kg}\cdot\text{m}^2}{\text{s}^2}\cdot\text{s}^2}=\frac{\text{kg}}{\text{kg}\cdot\text{m}^2}=\frac{1}{\text{m}^2}$$

이 단위에 지수 3/2을 취한 후 부피 단위 m^3를 곱하면 다음과 같이 된다.

$$\left(\frac{1}{\text{m}^2}\right)^{3/2}\cdot\text{m}^3=\frac{1}{\text{m}^3}\cdot\text{m}^3=1$$

즉, 당연한 것이지만 모든 단위들은 상쇄된다. 숫자 부분과 단위 부분을 합한 답은 다음과 같다.

이 숫자의 의미는 무엇인가? 1 mol의 He 원자가 점유할 수 있는 에너지 준위가 약 10^{29}개 존재한다는 것을 의미한다.

$$q=1.90\times10^{29}$$

단위는 없다.

9.7 분배 함수로 나타낸 상태 함수

분배 함수 q를 알면 열역학적 성질들을 계산할 수 있으므로 분배 함수는 통계 열역학에서 매우 중요하다. 실제로 거의 모든 열역학적 상태 함수들을 T나 V와 같은 상태 변수가 변함에 따른 분배 함수 q의 변화로 나타낼 수 있다(A와 G만은 q에 직접 의존하는데, 더 자세히 말하면 q의 자연 로그에 직접 의존한다. 그러나 이것은 더 논의를 해봐야 한다).

q의 식을 구했으므로 q를 미분할 수 있다. 왜냐하면 T와 V가 q에 대한 식의 일부이기 때문이다. 따라서 여러 가지 상태 함수들에 대한 식을 유도할 수 있다.

앙상블의 전체 에너지 E로부터 시작하자. 식 (9.34)에 의하면 다음이 성립한다.

$$E=NkT^2\left(\frac{\partial\ln q}{\partial T}\right)_V=NkT^2\left(\frac{1}{q}\frac{\partial q}{\partial T}\right)_V$$

일정한 V에서 T에 대한 q의 도함수를 쉽게 구할 수 있다.

$$\begin{aligned}\frac{\partial q}{\partial T}&=\frac{\partial}{\partial T}\left[\left(\frac{2\pi mkT}{h^2}\right)^{3/2}\cdot V\right]\\&=\left(\frac{2\pi mk}{h^2}\right)^{3/2}V\cdot\frac{\partial}{\partial T}T^{3/2}\\&=\left(\frac{2\pi mk}{h^2}\right)^{3/2}V\cdot\frac{3}{2}\cdot T^{1/2}\end{aligned}$$

이 식을 q 자체로 나누면 대부분의 항이 상쇄된다.

$$\frac{\left(\frac{2\pi mk}{h^2}\right)^{3/2} V \cdot \frac{3}{2} \cdot T^{1/2}}{\left(\frac{2\pi mkT}{h^2}\right)^{3/2} \cdot V}$$

유일하게 남는 것은 $(3/2)\cdot(1/T)$이므로 계에 있는 입자들의 에너지는 다음과 같다.

$$E = NkT^2 \cdot \frac{3}{2} \cdot \frac{1}{T}$$

$$E = \frac{3}{2}NkT \quad \textbf{(9.56)}$$

이것은 나중에 다룰 기체 운동론으로부터 유도되는 식과 같다. 따라서 통계 열역학은 다른 물리화학 이론들과 동일한 답변을 한다.

분배 함수를 이용하여 압력을 다음과 같이 나타낼 수 있기 때문에 압력에 대한 식도 구할 수 있다.

$$p = NkT\left(\frac{\partial \ln q}{\partial V}\right)_T = NkT\left(\frac{1}{q}\frac{\partial q}{\partial V}\right)_T$$

V에 대한 q의 도함수 $\partial q/\partial V$는 $(2\pi mkT/h^2)^{3/2}$이므로 이를 대입하면 다음과 같이 된다.

$$p = NkT\frac{\left(\frac{2\pi mkT}{h^2}\right)^{3/2}}{\left(\frac{2\pi mkT}{h^2}\right)^{3/2} \cdot V}$$

$$p = \frac{NkT}{V} \quad \textbf{(9.57)}$$

이 식을 정리하면 다음과 같다.

$$pV = NkT \quad \textbf{(9.58)}$$

이 식을 이상 기체 법칙과 비교해 보자. 다음이 성립한다면 두 식은 동일하다.

$$nR \equiv Nk \quad \textbf{(9.59)}$$

여기에서 R은 이상 기체 상수이다. 따라서 볼츠만 상수는 이상 기체 법칙 상수에 대한 통계 열역학적 근거를 제공한다. $N = N_A$ (아보가드로 수)이면 다음 식이 성립한다.

$$R = N_A k \quad \textbf{(9.60)}$$

따라서 몰 이상 기체 법칙 $p\overline{V} = RT$를 얻게 된다. 물론 기체 n mol에 대해서 이 식은 이상 기체 법칙의 가장 일반적인 형태인 $pV = nRT$가 된다. R과 k의 관계는 두 상수의 단위로도 설명된다.

예제 9.5

에너지의 SI 단위를 R과 k에서 사용하여 식 (9.60)을 증명하고, k 값을 L·atm/K의 단위로 나타내어라.

예제 9.5 *(계속)*

풀이

식 (9.60)에서 어느 두 변수를 사용하여 다른 한 변수를 구하고, 표에 나와 있는 값과 비교할 수 있다. 여기서는 k와 N_A 값을 선택하자. $k = 1.381 \times 10^{-23}$ J/K, $N_A = 6.022 \times 10^{23}$/mol 이므로 다음을 얻게 된다.

$$R = (6.022 \times 10^{23}/\text{mol}) \cdot 1.381 \times 10^{-23} \frac{\text{J}}{\text{K}}$$

$$R = 8.316 \frac{\text{J}}{\text{mol}\cdot\text{K}}$$

이 값은 용인된 값으로부터 불과 0.02% 벗어난다.

k를 L·atm/K의 단위로 구하기 위하여 L·atm 단위의 R 값을 사용할 필요가 있다. $R =$ 0.08205 L·atm/(mol·K)을 사용하여 이번엔 다른 상수를 구할 수 있다.

$$0.08205 \frac{\text{L}\cdot\text{atm}}{\text{mol}\cdot\text{K}} = 6.022 \times 10^{23}/\text{mol} \cdot k$$

$$k = \frac{0.08205 \dfrac{\text{L}\cdot\text{atm}}{\text{mol}\cdot\text{K}}}{6.022 \times 10^{23}/\text{mol}}$$

분자와 분모의 몰 단위는 상쇄되고, k 값을 구할 수 있다.

$$k = 1.363 \times 10^{-25} \frac{\text{L}\cdot\text{atm}}{\text{K}}$$

적절한 다른 단위를 사용하면 k 값은 완벽하다.

현상학적인 관점에서 얻은 병진(즉, 내부) 에너지 및 압력과 동일한 값들을 통계 열역학으로부터 구할 수 있다는 것을 알게 되었다. 그러나 A와 G는 기체의 엔트로피에 의존한다. S에 대한 통계 열역학적인 예측이 현상학적인 엔트로피 값과 어느 정도 일치하는가(또는 일치 여부)가 남은 과제이다.

식 (9.43)을 사용하여 엔트로피 S를 구한다.

$$S = Nk\left[T\left(\frac{\partial \ln q}{\partial T}\right)_V + \ln\frac{q}{N} + 1\right]$$

앞에서 했던 것과 마찬가지로 병진 분배 함수에 대한 식을 대입할 수 있다. 자세한 풀이는 생략하고(연습 문제에서 풀어 볼 것), S는 다음과 같은 식이 된다.

$$S = Nk\left\{\ln\left[\left(\frac{2\pi mkT}{h^2}\right)^{3/2} \cdot \frac{kT}{p}\right] + \frac{5}{2}\right\} \tag{9.61}$$

식 (9.61)은 **자쿠어-테트로드 방정식**(Sackur-Tetrode equation)이라고 부르는 식의 한 형태이다. 이 식은 아마도 통계 열역학이 기체 계에 얼마나 잘 적용되는지를 보여주는 가장 좋은 사례일 것이다. 왜냐하면 엔트로피의 절댓값을 측정할 수 있기 때문이다. 다음의 예제가 이를 보여 준다.

예제 9.6

25.0°C, 1.000 atm에서 He 1 mol의 절대 엔트로피는 얼마인가? 이 값을 표에 있는 값 126.04 J/(mol·K)와 비교하라. 적절한 단위가 필요하다는 것을 잊지 마라.

예제 9.6 *(계속)*

풀이

'적절한 단위'가 필요하다고 주의를 준 것은 질량을 kg, 부피를 m^3로 표시하라는 것을 일깨워 주려고 했던 것이다. He의 질량 $m = 6.65 \times 10^{-27}$ kg(예제 9.4 참조)이고, 1 m^3 = 1000 L이다. 식 (9.61)에 대입하면 다음과 같다.

$$S = (6.022 \times 10^{23})\left(1.381 \times 10^{-23}\,\frac{\text{J}}{\text{K}}\right)$$
$$\times \left(\ln \left\{ \left[\frac{2\pi(6.65 \times 10^{-27}\,\text{kg})\left(1.381 \times 10^{-23}\frac{\text{J}}{\text{K}}\right)(298\,\text{K})}{(6.626 \times 10^{-34}\,\text{J·s})^2} \right]^{3/2} \right.\right.$$
$$\left.\left. \times \frac{\left(1.381 \times 10^{-23}\,\frac{\text{J}}{\text{K}}\right)(298\,\text{K})}{(1.000\,\text{atm})\left(\frac{101.32\,\text{J}}{\text{L·atm}}\right)} \cdot \frac{1\,\text{m}^3}{1000\,\text{L}} \right\} + \frac{5}{2} \right)$$

L-m^3 변환과 J-L·atm 변환이 적절한 곳에서 이루어지고 있음에 유의하라. 이러한 변환을 하지 않으면 단위가 맞지 않는다.

장황하긴 하지만 어렵지 않게 풀 수 있는 위의 식을 계산하면 다음 값을 얻는다.

$$S = 126.07\ \text{J/mol·K}$$

S의 계산값은 실험값과 거의 일치한다.

실험값과 계산값의 차이는 겨우 0.02%이다.

위의 예제에서 보았듯이 S의 실험값과 통계 열역학적으로부터 계산한 값은 사실상 동일하다! 이 단계에서 절대 엔트로피는 계(적어도 기체계)의 열역학적 거동을 이해하는 데 있어서 통계 열역학이 타당하고 유용하다는 최선의 증거이다. 표 9.1은 몇몇 단원자 기체들에 대하여 계산 및 실험으로부터 얻은 S 값들을 비교한 것이다. 계산값과 실험값이 매우 잘 일치한다는 것을 알 수 있다.

표 9.1 단원자 기체에 대하여 계산과 실험으로 얻은 엔트로피 S의 값 비교[a]

기체	$S_{계산}$	$S_{실험}$
He	126.07	126.04
Ne	146.22	146.22
Ar	154.74	154.73
Kr	163.98	163.97
Xe	169.58	169.57

[a]298 K, 1.00 atm 조건하에서의 값들이며 단위는 J/(mol·K)이다.

S에 대한 식을 얻었고 증명하였으므로, 이제 A와 G에 대한 식을 분배 함수 q로부터 유도할 수 있다. 유도 과정은 생략하고 얻어진 A와 G 식은 다음과 같다.

$$A = -NkT\ln\left[\left(\frac{2\pi mkT}{h^2}\right)^{3/2} \cdot \frac{V}{N} + 1\right] \tag{9.62}$$

$$G = -NkT\ln\left[\left(\frac{2\pi mkT}{h^2}\right)^{3/2} \cdot \frac{V}{N}\right] \tag{9.63}$$

끝으로 새로운 파라미터 하나를 더 정의해 보자. 이것은 상태 함수가 아니지만 양자 역학에서 상응하는 양이 있다. q 식의 일부인 다음 항의 SI 단위가 1/m^3이라는 것에 주목하라.

$$\left(\frac{2\pi mkT}{h^2}\right)^{3/2}$$

따라서 앞의 식에 세제곱근을 취하여 얻은 다음 항은 1/m 단위를 갖는다.

$$\left(\frac{2\pi mkT}{h^2}\right)^{1/2}$$

이 식의 **역수**는 길이의 단위를 가지며 SI 단위로는 m이다. 위 식의 역수를 **열적 드브로이 파장**(thermal de Broglie wavelength)으로 정의하며, Λ(그리스 문자 람다의 대문자)로 나타낸다.

$$\Lambda = \left(\frac{h^2}{2\pi mkT}\right)^{1/2} \quad (9.64)$$

원래의 드브로이 파장은 입자의 운동량 p로 정의되었다.

$$\lambda = \frac{h}{p} = \frac{h}{mv} \quad (9.65)$$

여기에서 두 번째 등식은 $p = mv$를 대입하면 얻을 수 있다. 식 (9.64)와 식 (9.65)를 비교하면 고전적인 운동량 p가 $(2\pi mkT)^{1/2}$에 해당한다는 것을 알 수 있다. 이것은 단지 근사적일 뿐이며 정확한 식은 아니다. 왜냐하면 본질적으로 Λ 식은 최빈 분포로부터 유도되었고, 기체 입자의 평균 운동량 $\bar{p}$에 더 관련이 있기 때문이다. 기체 입자의 에너지에 대한 식으로부터 비슷한 관계식을 얻을 수 있다. N개의 입자에 대한 기체의 에너지는 식 (9.56)이 설명해주고 있다.

$$E = \tfrac{3}{2}NkT$$

고전적으로 N개 입자의 운동에 대한 에너지는 다음과 같다.

$$E = N \cdot \frac{p^2}{2m}$$

두 식을 같게 놓고 p에 대하여 풀면 p는 $(3mkT)^{1/2}$이 되는데, 거의 동일한 식이다. 이것도 역시 근사적이며 정확한 것은 아니다. 만약 측정할 수 있는 양을 열역학의 아주 다른 두 관점으로부터 비슷한 값으로 예측한다면, 이러한 관계를 예상할 수 있다.

예제 9.7

298 K에서 Ar 원자의 최빈 속도는 352.4 m/s이다. Ar 원자의 열적 드브로이 파장 Λ와 일반적인 드브로이 파장 λ를 계산하라. Ar의 몰질량은 39.9 g/mol이다.

풀이

드브로이 파장은 운동량에 반비례한다. Ar 원자 한 개의 질량을 kg 단위로 써야 한다.

$$\lambda = \frac{h}{mv} = \frac{6.626 \times 10^{-34}\ \text{J}\cdot\text{s}}{\left[39.9\frac{\text{g}}{\text{mol}}\right]\left[\frac{1\ \text{kg}}{1000\ \text{g}}\right]\left[\frac{1\ \text{mol}}{6.022 \times 10^{23}}\right] \cdot 352.4\ \text{m/s}}$$

$$\lambda = 2.84 \times 10^{-11}\ \text{m}$$

이제 열적 드브로이 파장을 계산하자.

$$\Lambda = \left(\frac{h^2}{2\pi mkT}\right)^{1/2} = \left[\frac{(6.626 \times 10^{-34}\ \text{J}\cdot\text{s})^2}{2\pi(6.63 \times 10^{-26}\ \text{kg})\left(1.381 \times 10^{-23}\frac{\text{J}}{\text{K}}\right)(298\ \text{K})}\right]^{\frac{1}{2}}$$

모든 환산 인자를 적용하여 계산하는 대신 Ar 원자 한 개의 질량을 kg 단위로 적었다.

계산 결과는 다음과 같다.

$$\Lambda = 1.60 \times 10^{-11}\ \text{m}$$

두 답이 서로 크게 차이가 나지 않는다(사실은 $\pi^{1/2}$ 만큼 차이가 난다).

물질의 거동에 대한 통계적 접근에 있어서 열적 드브로이 파장은 실제로 꽤 쓸모가 있다. 볼츠만 분포의 식을 계에 적용하기 위해서는 열적 드브로이 파장이 입자 사이의 거리에 비하여 매우 짧아야 한다. 이렇게 되면 두 입자의 열적 드브로이 파장이 입자 사이의 거리에 비해 무시할 만하므로, 각각의 기체 입자가 진정으로 서로 독립적이라고 생각할 수 있다. 따라서 이론과 실험을 비교할 때 낮은 압력과 높은 온도의 조건이 요구된다. 이 두 가지 조건 모두 원자 간 거리를 늘리는 데 기여한다. 통계 열역학을 단순하게 적용하여 예측한 값이 특별히 낮은 절대 온도에서 실험값과 어긋나는 예들을 다음 장에서 보게 될 것이다.

9.8 요약

통계학적인 방법을 단원자 기체에 적용하는 과정에서 보았듯이 통계학의 수학을 원자나 분자들에 적용할 수 있다. 이와 같이 앙상블(특히 정준 앙상블)을 이루는 많은 기체 입자들에 에너지를 분배시킬 수 있는 방법이 얼마나 많은지를 고려함으로써 오직 한 가지 분포, 즉 최빈 분포의 성질만 알게 되면 기체의 전체적인 성질들을 이해할 수 있다는 것이 명백해졌다. 그 결과 분배 함수의 식을 얻었다. 평균을 구하는 통계 수학을 사용하면 에너지나 엔트로피와 같은 측정 가능한 양들은 분배 함수에 의해 나타낼 수 있다. 따라서 분배 함수 q는 열역학의 통계적인 본질을 이해하는 데 있어서 핵심이 된다.

양자 역학과 미분법을 활용하여 삼차원에서 운동하는 기체 입자들에 대한 q 식을 분명하게 구할 수 있다. 이 식을 사용하여 E (현상학적인 열역학에서는 U라 부름), H 및 열용량에 대한 식을 구할 수 있다. 하지만 진정한 판단 기준은 S이다. S의 절댓값을 실험적으로 알 수 있으므로, S의 실험값과 통계 열역학으로 계산한 값을 비교하는 것이 대단히 중요하다. 표 9.1은 열역학에 대한 통계적인 접근법으로 유도된 식들이 실험값과 잘 부합하는 것을 보여 준다.

볼츠만의 유도는 근본적으로 입자성인 물질의 존재에 의존하였다. 이것은 현대 원자론과 일치한다. 원자들이 통계적으로 행동한다는 개념을 포함하는 볼츠만의 견해는 물질을 올바르게 이해한 것으로 받아들여지고 있다.

주요 식

$$C = \frac{N!}{\prod_{i=1}^{m} n_i!} \quad \text{(조합 공식)}$$

$$\bar{u} = \frac{\sum_{j=1}^{\text{가능한 값들}} u_j \cdot P_j}{\sum_j P_j} \quad \text{(평균의 정의)}$$

$$N = \sum_j N_j = n \cdot N_j,\ V = \sum_j V_j = n \cdot V_j,\ T = T_j \quad \text{(정준 앙상블의 정의)}$$

$$\Omega = \frac{N!}{\prod_j N_j!} \cdot \prod_j g_j^{N_j} \quad \text{(}N\text{개의 입자들이 배열되는 방법의 수)}$$

$$q = \sum_i g_i \cdot e^{-\epsilon_i/kT}$$ (분배 함수의 정의)

$$E = NkT^2\left(\frac{\partial \ln q}{\partial T}\right)_V$$ (분배 함수로 나타낸 에너지)

$$p = NkT\left(\frac{\partial \ln q}{\partial V}\right)_T$$ (분배 함수로 나타낸 압력)

$$S = k \ln \Omega$$ (볼츠만의 절대 엔트로피에 대한 정의)

$$S = Nk\left[T\left(\frac{\partial \ln q}{\partial T}\right)_V + \ln\frac{q}{N} + 1\right]$$ (분배 함수로 나타낸 엔트로피)

$$q_{병진} = \left[\frac{2\pi mkT}{h^2}\right]^{3/2} \cdot V$$ (병진 분배 함수)

$$E = 3\ NkT/2, \quad p = NkT/V$$ (병진 분배 함수로부터 계산한 에너지와 압력)

$$S = Nk\left\{\ln\left[\left(\frac{2\pi mkT}{h^2}\right)^{3/2} \cdot \frac{kT}{p}\right] + \frac{5}{2}\right\}$$ (자쿠어-테트로드 식)

$$A = -NkT\left(\ln\frac{q}{N} + 1\right)$$ (분배 함수로 나타낸 헬름홀츠 에너지)

$$G = -NkT\ln\frac{q}{N}$$ (분배 함수로 나타낸 깁스 에너지)

$$\Lambda = \left(\frac{h^2}{2\pi mkT}\right)^{1/2}$$ (열적 드브로이 파장)

연습 문제

9.2. 통계학

9.1. 두 개의 공을 세 개의 독립된 상자에 넣는 가능한 방법을 그려라. 상자 하나에는 공이 하나만 들어갈 수 있다고 가정한다. 이렇게 그린 그림이 본문에서 언급된 것과 일치하는가?

9.2. 세 개의 동일한 공을 네 개의 독립된 상자에 넣는 방법은 몇 가지인가? 상자 하나에 공이 하나만 들어갈 수 있다고 가정한다. 경우의 수가 식 (9.1)과 일치하는가? 상자에 들어갈 수 있는 공의 수에 제한이 없다면 몇 가지 방법이 가능한가?

9.3. 각각 한 개의 적색, 청색 및 녹색 공을 네 개의 독립된 상자에 넣는 방법은 몇 가지인가? 이 문제의 답을 연습 문제 9.2의 답과 비교하라.

9.4. 1,000,000! (즉, 백만의 계승)의 값을 추산하라. 답을 밑이 10과 e인 지수 형식으로 각각 표시하라.

9.5. 스털링 근사법을 이용하여 **(a)** 6.02×10^{23}! 및 **(b)** 10^{100}!의 값을 추산하라.

9.6. 로그의 성질을 이용하고 합을 적분으로 어림잡아 나타냄으로써 식 (9.2)로 나타낸 스털링 근사법을 유도하라. $\int \ln x\, dx = x\ln x - x + C$식을 이용한다.

9.7. 다음은 스털링 근사법의 한 형태이다. $N! = (2\pi)^{1/2}N^{N+1/2}\ e^{-N}$. 이 식으로부터 식 (9.2)가 얻어질 수 있음을 보여라.

9.8. 스털링 근사법의 더 정확한 형태는 다음과 같다.

$$(N-1)! = e^{-N} \cdot N^{N-1/2} \cdot (2\pi)^{1/2} \cdot \left(1 + \frac{1}{12N} + \frac{1}{288N^2} + \cdots\right)$$

괄호 안의 고차 항은 무시한다. 이 식에 자연 로그를 취하여 ln (5000!)을 계산하라. 답을 식 (9.2) 아래의 표에 주어진 값과 비교하라. 값들이 얼마나 비슷한가?

9.9. 한 시험 점수의 평균을 두 가지 다른 방법으로 구하고, 두 평균값이 같음을 증명하라. 점수는 78, 44, 74, 92, 85, 50, 74, 80, 80, 90이다.

9.10. 쪽지 시험 점수의 평균을 두 가지 다른 방법으로 구하고, 두 평균값이 같음을 보여라. 쪽지 시험 점수는 3, 7, 10, 8, 10, 7, 9, 4, 2, 10, 8, 7, 5, 10, 9이다.

9.11. 함수로 나타낼 수 있는 관찰 가능한 성질의 평균값은 그 함수 아래의 면적(즉, 적분)을 간격으로 나누어서 계산할 수 있다. 벌레의 개체수 밀도는 종종 하나의 함수로 나타낼 수 있다. 일년의 간격 중 첫 달에 벌레 두 마리를 통제된 계에 풀어 놓았다고 가정하자. 시간이 지남에 따라 벌레가 새끼들을 낳고, 벌레의 새끼 역시 새끼들을 낳는다. 그 해의 중간에 계에는 38마리의 벌레가 있다. 그리고 시간이 더 지남에 따라 벌레들이 죽어 없어져 다음 해가 시작될 때 두 마리의 벌레만 남게 된다. 벌레의 수와 개월의 그래프를 도시하면 개체수는 다음의 이차 방정식을 따른다는 것이 알려졌다.

$$\text{벌레의 수} = -(7 - x)^2 + 38$$

여기에서 x는 개월 수이며 1부터 시작한다. 이 계에서 벌레 수의 개월 당 평균값을 구하라.

9.12. n_j 값이 모두 같을 때, 조합을 나타내는 간단한 방법은 $C(x, y)$이다. 이것은 구별 가능한 x개의 물체를 각각 y개가 들어가는 계에 나누는 조합의 수를 뜻한다. 다음을 계산하라. **(a)** $C(10, 2)$ **(b)** $C(3, 1)$ **(c)** $C(6, 3)$ **(d)** $C(6, 2)$. (*힌트*: 먼저 필요한 계의 수를 결정해야 한다.)

9.3 & 9.4 앙상블, 최빈 분포

9.13. 대정준 앙상블은 미소계의 부피와 온도 및 화학 퍼텐셜이 모두 같은 앙상블로 정의된다. 미소계의 상태들과 전체 계의 상태를 관련짓는 식 (9.4)~(9.6)을 대정준 앙상블에 대하여 다시 써라.

9.14. 미소 정준 앙상블에 대하여 연습 문제 9.13을 반복하라. 미소 정준 앙상블은 본문에서 정의하였다.

9.15. 에너지가 각각 0 EU, 1 EU 및 2 EU인 세 개의 에너지 준위만이 있다고 가정하고 예제 9.2를 다시 풀어라. 계의 전체 에너지가 5 EU일 때, 구별할 수 있는 서로 다른 분포가 몇 개인가? 식 (9.7)을 이용하여 올바른 점유수를 구할 수 있는가?

9.16. 에너지가 각각 0 EU, 1 EU 및 3 EU인 세 개의 에너지 준위만이 있다고 가정하고 예제 9.2를 다시 풀어라. 계의 전체 에너지가 5 EU일 때, 구별할 수 있는 서로 다른 분포가 몇 개인가? 이 문제의 답을 연습 문제 9.15의 답과 비교하라.

9.17. 그림 9.5와 같이 네 개의 가능한 에너지 준위를 가지며 세 개의 입자로 이루어진 계의 최빈 분포는 무엇인가? 이때 계의 전체 에너지는 5 EU이다. 이와 같은 계의 열역학적 성질들은 최빈 분포만을 고려하여 결정할 수 있는가? 답에 대한 이유를 설명하라.

9.18. 연습 문제 9.15에서 최빈 분포를 확인하라.

9.19. 연습 문제 9.16에서 최빈 분포를 확인하라.

9.20. 어느 방 안에 있는 모든 기체 분자들이 동시에 한 구석으로 몰려서 방 안의 모든 사람들이 죽는 사고 실험을 생각할 수 있다. 이러한 일이 일어날 걱정을 결코 할 필요가 없는 이유를 통계 열역학적 관점에서 설명하라.

9.21. 식 (9.15)를 유도하는 과정에서 합에 대한 미분을 취하여 한 개의 항만이 남게 되는 것을 보았는데, 이는 예를 들어 잘 설명할 수 있다. 함수 Φ는 다음과 같이 세 개의 변수 ξ_1, ξ_2 및 ξ_3를 포함한 형태로 나타낼 수 있다.

$$\Phi = \sum_{i=1}^{3} C_i \xi_i$$

여기에서 C_i는 각 변수 ξ_i에 곱해지는 계수이다.

(a) Φ 식을 시그마 기호 없이 풀어서 쓴 다음, $\delta\Phi/\delta\xi_1 = C_1$, $\delta\Phi/\delta\xi_2 = C_2$, $\delta\Phi/\delta\xi_3 = C_3$이 되는 것을 증명하라.

(b) Φ를 ξ_i에 대하여 미분한 일반식을 구하라. 여기서 i는 1, 2, 또는 3이 될 수 있다. 이 일반식을 식 (9.15)와 비교하고, 어떻게 식 (9.15)가 이 식의 바로 앞 식으로부터 유도될 수 있는지 설명하라.

9.22. β의 단위는 무엇인가? 어떻게 이를 알 수 있는가?

9.23. 특정한 온도에서 주어진 계에 대한 q가 왜 상수인지를 설명하라.

9.24. 298 K에서 바닥 상태의 니켈 원자(바닥 상태의 E를 영으로 정함)와 201 cm^{-1}에 놓여 있는 첫 번째 들뜬 상태의 니켈 원자의 비율을 구하라(니켈 원자의 스펙트럼은 이와 같은 들뜬 상태가 존재하기 때문에 복잡하다. 이 연습 문제의 답으로 그 이유를 설명할 수 있는가?). 두 상태의 미분화도는 같다고 가정한다.

9.25. Ti^{3+}의 전자 에너지 준위는 다음과 같다.

i	미분화도	E (cm^{-1})
0	4	0
1	6	384.3
2	2	80378.6

온도가 2,000 K라 하고 세 개의 항을 더하여 q를 계산하라. 보다 정확한 q 값을 얻기 위해 추가적인 항이 필요한가?

9.26. $\beta = 1/kT$이라는 사실을 이용하여 식 (9.29)와 식 (9.30)이 동일함을 증명하라.

9.27. 한 변의 길이가 1.500×10^{-8} m인 일차원 상자가 있다. 온도가 300.0 K인 상자 내부가 전자들로 채워져 있을 때, 계의 q를 계산하라.

9.28. 어느 계의 에너지 준위는 0.00, 1.50, 3.00 및 4.50×10^{-21} J이다. 250 K, 350 K 및 500 K에서 분배 함수의 값을 각각 구하라.

9.29. 바닥 상태에 있는 C 원자의 수가 16.4 cm^{-1}에 있는 첫 번째 들뜬 상태에 있는 원자의 수의 두 배가 되는 온도는 몇 도인가? 바닥 상태와 43.5 cm^{-1}에 있는 두 번째 들뜬 상태의 개체수가 같아지는 온도는 몇 도인가? 첫 번째와 두 번째 들뜬 상태의 개체수가 같아지는 온도는 몇 도인가? 바닥 상태, 첫 번째 들뜬 상태 및 두 번째 들뜬 상태의 미분화도는 각각 1, 3, 5이다. (미분화도가 같다면, 어느 온도에서도 이러한 평형 비는 가능하지 않을 것임에 유의하라.)

9.5 열역학적 성질

9.30. q는 상수이지만 에너지(다른 많은 열역학적 함수들도 마찬가지)에 대한 식에 q의 도함수(또는 $\ln q$의 도함수)가 포함되어 있다는 것을 여러 차례 언급하였다. 상수의 도함수는 0이다. 그런데 왜 열역학적 상태 함수들은 0이 아닌가?

9.31. **(a)** 통계 열역학적 정의에 의하면 A와 G 중 어느 쪽이 더 큰 절댓값을 갖는가?

(b) 통계 열역학적 정의를 따를 때 E와 G 중 어느 쪽이 더 큰 절댓값을 갖는지 알 수 있는가? 그 이유는 무엇인가?

9.32. 절대 영도에서 q 값은 얼마인가? 이 값은 모든 계에 대해서 동일한가?

9.33. 본문에서 언급한 절차를 따라서 식 (9.41)로부터 식 (9.42)를 유도하라.

9.34. 두 성분 이상을 갖는 화학계의 경우 식 (9.46)을 유도하는 데 어떤 제약이 따르는가?

9.35. 식 (9.44)와 식 (9.45)를 유도하라.

9.36. 통계 열역학적 논의를 통해서 다음 상황에 대한 열역학 제2법칙의 자발성을 정당화하라. **(a)** 계의 부피가 단열적으로 증가하면 기체가 팽창한다. **(b)** 얼음은 5°C에서 H_2O의 불안정한 상이다.

9.37. 식 (9.44)와 식 (9.45)에 주어진 A와 G에 대한 식을 비교하면, A 식에 있는 +1 항 이외에는 동일하다. 이 항은 어디에서 온 것일까? (연습 문제 9.35 참조.)

9.38. 로피탈 규칙을 이용하여 $T \rightarrow 0$일 때의 S의 극한을 구하고, 이것이 $k \ln g_0$와 같음을 증명하라.

9.6 & 9.7 단원자 기체와 상태 함수

9.39. 식 (9.53)에 있는 모든 양들의 단위를 기본 단위로 바꾸어서 단위 분석을 하고, 단위가 모두 상쇄되는 것을 입증하라.

9.40. 식 (9.54)의 바로 앞에 있는 식을 간단히 함으로써 식 (9.54)를 얻을 수 있음을 보여라.

9.41. 일차원 및 이차원 상자에 있는 입자에 대한 분배 함수를 각각 구하라.

9.42. 연습 문제 9.41에서 구한 분배 함수를 이용하여 일차원 및 이차원 상자 속의 입자에 대하여 E를 각각 구하라.

9.43. $N = N_A$이면 자쿠어-테트로드 식에 어떤 변화가 생기는가?

9.44. 단원자 기체 1 mol의 열역학적 성질을 계산할 때, 원자 1 mol이 아닌 단일 원자의 질량을 사용한다. 그 이유를 설명하라.

9.45. 식 (9.34)에서 출발하여 식 (9.56)을 증명하라.

9.46. 식 (9.61)에 주어진 자쿠어-테트로드 식을 유도하라.

9.47. 25 K와 500 K에서 He의 열적 드브로이 파장을 각각 계산하라. 두 값이 다르게 나올 것으로 예상하는가?

9.47a. 298.15 K에서 He과 Hg의 열적 드브로이 파장을 각각 계산하라. 두 값의 차이를 설명하라.

9.48. Λ를 이용하여 단원자 기체에 대한 $q_{병진}$ 식을 적어라.

9.49. Kr의 끓는점이 119.8 K임에도 불구하고 120 K에서의 절대 엔트로피 계산값이 실험값에 그리 가깝지 않은 이유를 설명하라.

9.50. 다음의 S를 계산하라. **(a)** 1000 K의 C 원자, **(b)** 3500 K의 Fe 원자, **(c)** 298 K의 Hg 원자. 계산값을 각각 183.2, 239.6, 174.9 J/(mol · K)와 비교하라. 압력은 1 atm으로 가정한다. 계산값과 실험값이 일치되는 경향성을 설명할 수 있는가?

9.51. 298.15 K에서 1 mol의 Hg 증기에 대한 S를 계산하라. 주어진 온도에서 Hg의 압력은 0.001960 torr이다.

9.52. 부피와 온도가 각각 동일한 경우, 1 mol의 $^{12}C(g)$와 $^{13}C(g)$에 대한 분배 함수의 비를 구하라. 실제 계산을 하지 않고 어느 쪽의 q 값이 더 큰지 알 수 있는가?

9.53. 자쿠어-테트로드 방정식에 따르면 S가 다음의 상태 변수에 정비례하는가 아니면 반비례하는가? **(a)** 온도 **(b)** 압력. 변수에 따른 S의 변화에 대하여 현상학적 열역학이 예측한 것과 앞에서의 답이 일치하는가?

9.54. 식 (9.56)을 사용하여 1 mol의 Ar이 일정한 부피에서 298 K로부터 348 K까지 가열될 때의 에너지 변화 ΔE를 구하라. 이 결과를 식 (2.9)$(m \cdot c \cdot \Delta T)$를 이용하여 계산한 에너지 변화와 비교하라. Ar의 비열은 20.79 J/(mol·K)이다.

9.55. 0.01c (c는 광속)의 속도를 갖는 전자의 경우 어느 온도에서 열적 드브로이 파장과 양자 역학적 드브로이 파장이 같아지는가? (원래의 드브로이 파장은 온도에 직접적으로 의존하지 않는다.)

9.56. 자쿠어-테트로드 방정식을 사용하여 등온 변화에 대한 식 $\Delta S = R \ln (V_2/V_1)$과 등부피 변화에 대한 식 $\Delta S = C_V \ln (T_2/T_1)$을 각각 유도하라.

기호수학 문제

9.57. N!의 로그값을 $N = 1$부터 100까지 근사 없이 계산하고, 스털링 근사법을 사용하여 계산한 값과 비교하라. 대략 어느 N 값에서 스털링 근사법이 참값과 1% 이내에서 일치하는가?

9.58. 미분화도가 각각 2인 다섯 개의 에너지 준위로 이루어진 계를 생각해 보자. 각 준위의 에너지는 0, 1×10^{-21}, 2.5×10^{-21}, 4×10^{-21}, 6×10^{-21} J이다. 이 계의 분배 함수를 50, 100, 200, 300, 500 및 1000 K에서 각각 계산하라. 온도가 증가함에 따라 q 값의 변화가 점점 작아지는 것을 인식할 수 있는가? q 값을 어떻게 해석할 수 있는가?

9.59. 기호수학 프로그램을 사용하여 n이 무한대로 갈 때 식 (9.52)의 극한을 구하고, 그 결과를 식 (9.54)와 비교하라.

9.60. 식 (9.61)에 주어진 자쿠어-테트로드 방정식에 대한 프로그램을 계산기나 컴퓨터에서 작성하고, 298 K과 1000 K에서 모든 영족 기체들의 몰엔트로피를 각각 계산하라.

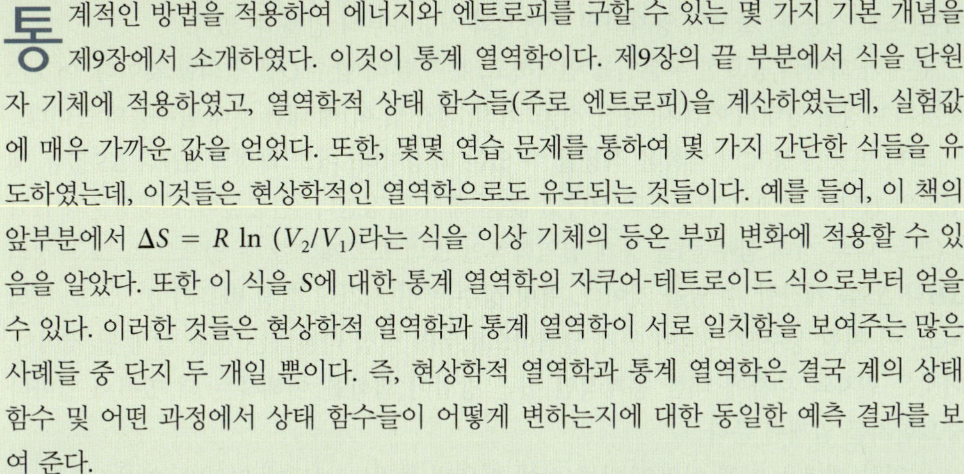

제 10 장 통계 열역학의 확장

More Statistical Thermodynamics

통계적인 방법을 적용하여 에너지와 엔트로피를 구할 수 있는 몇 가지 기본 개념을 제9장에서 소개하였다. 이것이 통계 열역학이다. 제9장의 끝 부분에서 식을 단원자 기체에 적용하였고, 열역학적 상태 함수들(주로 엔트로피)을 계산하였는데, 실험값에 매우 가까운 값을 얻었다. 또한, 몇몇 연습 문제를 통하여 몇 가지 간단한 식들을 유도하였는데, 이것들은 현상학적인 열역학으로도 유도되는 것들이다. 예를 들어, 이 책의 앞부분에서 $\Delta S = R \ln (V_2/V_1)$라는 식을 이상 기체의 등온 부피 변화에 적용할 수 있음을 알았다. 또한 이 식을 S에 대한 통계 열역학의 자쿠어-테트로이드 식으로부터 얻을 수 있다. 이러한 것들은 현상학적 열역학과 통계 열역학이 서로 일치함을 보여주는 많은 사례들 중 단지 두 개일 뿐이다. 즉, 현상학적 열역학과 통계 열역학은 결국 계의 상태 함수 및 어떤 과정에서 상태 함수들이 어떻게 변하는지에 대한 동일한 예측 결과를 보여 준다.

이 장에서 이와 같은 대응을 보여 주는 더 많은 사례들을 살펴볼 것이다. 왜냐하면, 통계 열역학을 기체상 분자로 확장하여 적용할 것이기 때문이다. (거의 전적으로 기체상을 계속 다룰 것임.) 통계 열역학 관련 식에서는 분배 함수 q를 가장 중요한 요소로 확정하였음을 상기하자. 또한, 원래 q를 미소 상태의 기체 입자들이 점유할 수 있는 에너지 준위의 음의 지수들의 합으로 정의한다는 것도 기억하자. 원자 기체 입자에 대하여 에너지 준위를 병진 상태만으로 국한하였고, 이것은 전자 에너지 준위와 핵의 에너지 준위를 무시하였기 때문이다. 이 장에서는 이 두 가지도 고려하여 대부분의 계(모든 계는 아님)에 적용할 것인데, 이 에너지 준위들은 전체 q에 거의 기여하지 않는다.

하지만 분자들은 원자에는 없는 에너지 상태들을 갖는다. 분자들은 q에 중요한 영향을 끼칠 수 있는 회전과 진동 에너지 상태를 갖는다. 회전 분광학의 논의에서 보면 실온에서 분자는 들뜬 회전 에너지 준위(즉, $J > 0$)를 점유하고 있다는 것을 알 수 있다. 이것은 이러한 에너지 준위의 존재가 q에 영향을 끼치고 따라서 분자 기체의 열역학적 성질에 영향을 끼친다는 것을 확실히 시사해주고 있다.

분자 기체에 대한 완전한 분배 함수를 구하고 나서, 화학적 변화를 설명하는 데에도 분배 함수를 추가적으로 적용하여 볼 것이다. 앞 장의 몇몇 연습 문제에서 단원자 기체의 팽창과 같은 물리적 과정에 대하여 Δ(성질)을 계산해 보았다. 그러나 화학에서는 흔히 한 화학종의 **화학적** 동일성의 변화, 즉 화학 반응에 관심을 두게 된다. 이 장에서는 균형 화학 반응식에 포함되어 있는 각 화학종의 분배 함수를 이용하면 평형 상수와 같은 반응의 고유한 특성을 결정할 수 있다는 놀라운 사실을 배우게 될 것이다.

10.1 개요

우선 앞 장에서 무시하였던 전자 분배 함수와 핵 분배 함수를 정의할 것이다. 그러나 대부분의 계에서는 이것들이 무시될 수 있음을 보여줄 것이다. 전자 및 핵 분배 함수를 무시할 수 없는 반증 사례들도 제시할 것이다. 이것은 혼동을 주려는 것이 아니라, 전자 및 핵 분배 함수를 자동적으로 무시하면 안 된다는 점을 강조하기 위함이다. 어느 경우에도 분배 함수가 실제로 원래 q의 정의를 사용하여 표현될 수 있음을 알게 될 것이다. 그러나 회전과 진동 분배 함수의 경우는 다르다. 새로운 q의 식을 얻기 위하여 에너지 준위들에 대한 무한 합을 고쳐 쓸 수 있을 것이다. 새로운 q의 식은 양자 역학의 도움으로, 그리고 삼차원 공간에서 회전하거나(3-D 강체 회전자) 훅(Hooke)의 법칙에 따라 진동하는(조화 진동자) 물체의 양자화된 에너지의 식들로부터 얻을 수 있다.

분자가 화학의 중요한 부분임을 인식하고, 분자 분배 함수 Q를 정의할 것이다. 이것은 분자의 다양한 형태의 에너지(병진, 진동, 회전, 전자 및 핵)에 대한 분배 함수들의 곱이다.

화학 반응은 통계 열역학을 적용할 수 있는 과정이다. 어느 과정의 ΔH나 ΔS 값은 생성물의 H나 S 값에서 반응물의 H나 S 값을 빼서 결정한다. 반응물이나 생성물의 H나 S (또는 다른 상태 함수들)를 통계 열역학적인 방법으로 계산할 수 있으므로, 그 과정의 ΔH나 ΔS를 계산할 수 있을 것이다. **평형 상수**는 긴 시간에 걸친 반응의 진척도로 정의되고, 이 평형 상수의 개념이 통계 열역학으로부터 직접 나온다는 것을 알게 될 것이다. 이것은 원자와 분자에 대한 **통계적인** 접근 방법이 화학을 이해하는 데 있어서 얼마나 중요한지를 일깨워 준다.

이러한 개념을 기체 이외의 다른 상에 적용해 보려는 시도가 있었다. 역사적으로 통계 열역학이 가장 유용하게 적용된 예로 결정(crystal)을 들 수 있다. 비록 완벽하지는 않지만 결정에 적용된 '통계 열역학'의 응용을 논의하면서 통계 열역학의 설명을 마무리하고자 한다. 이 논의에는 인간적인 면이 있다. 왜냐하면 이 논의가 아인슈타인이 틀린(또는 적어도 다른 사람들만큼 '정확'하지는 않은) 재미있는 사례이기 때문이다.

10.2 q의 분리: 핵과 전자의 분배 함수

제9장에서 단원자 기체의 전체 분배 함수 q를 다음과 같이 나타내었다.

$$q = q_{병진} \cdot q_{전자} \cdot q_{핵} \tag{10.1}$$

더 나아가 근사적으로 $q \approx q_{병진}$이라고 하였고, 원자의 질량 및 몇 개의 상수를 비롯한 여러 가지의 양으로 q의 식을 결정할 수 있었다. q로부터 E와 S 및 관련 상태 함수들에 대한 식을 유도할 수 있었고, 이들 상태 함수들에 대한 통계 열역학적 값이 실험값에 매우 근접하거나 (S의 경우) 다른 이론으로 예측한 값과 일치하였다(예를 들어, 다음 장에서 다룰 기체 운동론으로 예측한 것으로서 단원자 기체에 대하여 $E = \frac{3}{2}kT$처럼).

위의 사실은 $q_{병진}$이 전체 q에 압도적으로 기여하고 다른 분배 함수들은 거의 무시할 정도라는 것을 의미하는 것일까? 아니다. 모든 기체 화학종에 대하여 그러한 것은 아니다. 이 가정은 모든 전자가 짝을 이루고 있는 단일항 전자 상태를 가지고 있으며 진동이나 회전이 없는 단원자 기체(결국 단순한 원자들)에 한하여 잘 맞는다. 진동과 회전 분배 함수는 원자 화학종에는 존재하지 않으며, 관심을 끄는 대부분 기체들의 오비탈은 모두 채워져 있으므로 전자 상태는 분배 함수에 거의 기여하지 않고(이 부분은 나중에 더 자세히 다룰 예정), $q \approx q_{병진}$은 상당히 좋은 근사가 된다.

$q_{핵}$은 어떨까? 전체 분배 함수에 핵 에너지 준위의 기여는 얼마나 될까?

분배 함수의 정의로부터 $q_{핵}$은 다음과 같이 정의할 수 있다.

$$q_{핵} = \sum_{\substack{i=\text{첫 번째} \\ \text{핵 준위}}}^{\infty} g_i e^{-\epsilon_i/kT} \tag{10.2}$$

여기서 Σ는 분명히 가능한 모든 **핵** 에너지 준위에 대하여 취한다는 것을 말해준다. 핵 에너지 준위는 핵을 이루는 양성자와 중성자의 배열에 의해 결정된다. 핵 에너지 준위는 대략 백만 eV 즉, 1 mol 당 10^{11} J 정도의 크기에 달한다! 핵 에너지가 화학 에너지에 비해서 엄청나게 크다는 점을 고려하면 핵 에너지 준위의 간격이 매우 클 것이라고 예상할 수 있다. 이렇기 때문에 첫 번째 핵 에너지 준위의 값을 임의로 0이라고 하면 식 (10.2)는 다음이 된다.

$$q_{핵} = g_1 + \sum_{\substack{i=\text{두 번째} \\ \text{핵 준위}}}^{\infty} g_i e^{-\epsilon_i/kT} \tag{10.3}$$

식 (10.3)에서 첫째 항의 지수 함수는 1과 같고 합은 핵의 **두 번째** 에너지 준위에서 시작되는 것에 유의하라. 그러나 핵의 두 번째 에너지 준위(즉, 핵의 첫 번째 '들뜬 상태')라도 매우 높은 에너지 값을 가진다면, 합의 첫째 항인 음의 지수 값조차도 엄청나게 작다. 그 다음의 항들은 훨씬 더 작다. 이것은 $i = 2$와 그 이후의 항들은 극히 작으므로 무시될 수 있음을 의미한다. 따라서 핵 분배 함수는 다음과 같다.

$$q_{핵} = g_1 \tag{10.4}$$

즉, 핵 분배 함수는 사실상 핵의 바닥 상태의 미분화도(degeneracy)와 같다.

화학 계산에서 핵 분배 함수는 무시되는데, 여기에는 여러 이유들이 있다. 우선 무엇보다도 미분화도는 좀 작은 정수일 것이란 점이다. 이는 전체 q에 정수를 곱하는 효과가 있지만, 열역학적 성질을 결정하는 데 실제로 영향을 끼치지는 않는다. 한 가지 이유는 열역학적 성질들이 온도나 압력에 따라서 q가 어떻게 변화하는지와 관련되어 있다는 것이다. 핵 에너지 준위의 변화가 너무 커서 $q_{핵}$에 의미 있는 변화를 주려면 수백만 또는 수십억 도 또는 기압이 필요할 것이다. 화학에서는 보통 이러한 극단적인 조건들을 고려하지 않으므로 $q_{핵}$의 효과를 무시하여도 괜찮다. 게다가 $\ln q$나 q와 직접 관련된 상태 함수들의 경우 간단한 정수인 $q_{핵}$이 있더라도 상태 함수의 전체 값에 약간의 보정만을 가할 뿐이다. 다른 q 값들의 기여도에 비교하면 더욱 그렇다. 그 보정이 상대적으로 작기 때문에 무시하여도 무방하다. 또한, 상태 함수들이 변하더라도 핵 상태는 보통 변하지 않으므로 최종 상태의 값에서 초기 상태의 값을 뺄 때 이 작은 보정은 상쇄된다. 따라서 $q_{핵}$은 심지어 드러나지도 않는다.

이러한 이유들로 인하여 $q_{핵}$이 화학에서 무시되는 것은 당연하다. 이것은 핵이 화학에 최소의 영향만을 끼친다는 것을 강조한다. 오히려 전자가 화학에 훨씬 큰 영향을 미친다. (그러나 핵 상태가 화학에 끼치는 재미있고도 놀라운 효과를 곧 다루게 될 것이다.)

원자의 분배 함수에서 전자 부분은 핵 분배 함수에서와 유사하게 다룬다(분자는 나중에 다룰 것임). 전자 분배 함수는 전자 에너지 준위들에 대한 음의 지수를 취하여 더해 준다.

$$q_{전자} = \sum_{i=\text{첫 번째 전자 준위}}^{\infty} g_i e^{-\epsilon_i/kT} \tag{10.5}$$

핵 분배 함수에서와 마찬가지로 바닥 전자 상태의 전자 에너지를 0이라고 정의하면 식 (10.5)는 다음과 같이 된다.

$$q_{전자} = g_1 + \sum_{i=\text{두 번째 전자 준위}}^{\infty} g_i e^{-\epsilon_i/kT} \tag{10.6}$$

많은 경우에 g_1을 제외한 모든 항들은 무시될 수 있다. 왜냐하면 들뜬 핵 준위처럼 들뜬 전자 상태들의 에너지도 kT에 비하여 너무 커서, 음의 지수 함수 값이 바닥 상태의 미분화도 g_1에 비해 무시할 수 있을 정도로 작기 때문이다.

하지만 항상 이런 경우만 있는 것은 아니다. 들뜬 전자 상태가 낮게 놓여 있는 계가 많이 있은데, 이 경우 들뜬 상태와 바닥 상태의 에너지 차이가 kT에 비하여 크지 않다. 이럴 때는 g_1 이후의 계속되는 항들을 아마도 무시하지 못하며, 이러한 항들의 한 부분인 전자 상태의 미분화도(g_i)가 있을 때 더욱 그러하다. 엄밀히 말하자면 전자 분배 함수는 각각의 항에 대하여 고려해야 한다. 더해지는 항이 아주 작을 때에만 합을 중단하고 그 이후의 항들을 **잘라낼** 수 있다. 다음의 예제들이 이를 보여 준다.

예제 10.1

탄소 원자의 처음 다섯 전자 상태는 다음과 같다.

이러한 종류의 데이터는 실험적으로 측정되며, 표에 수록되어 있다.

상태	에너지(cm^{-1})	에너지(J)	미분화도
1	0	0	1
2	16.4	3.26×10^{-22}	3
3	43.5	8.64×10^{-22}	5
4	10,194	2.02×10^{-19}	5
5	21,648	4.30×10^{-19}	1

첫 번째 에너지 준위만을 사용하여 전자 분배 함수 $q_{전자}$의 값을 구하라. 이어서 두 번째, 세 번째, 네 번째 및 다섯 번째 에너지 준위를 하나씩 추가하여 계산하라. 전자 분배 함수 계산에서 어느 에너지 준위의 합부터 생략하여 줄일 수 있는가? 온도는 25°C라고 가정한다.

풀이

각각의 음의 지수 함수 값을 계산하고, 하나씩 차례대로 더하면서 $q_{전자}$가 얼마나 변하는지를 알아본다. 첫 번째 항은 단지 바닥 전자 상태의 미분화도와 같기 때문에 분배 함수가 간단한다.

$$q_{전자,1} = 1$$

두 번째 항까지 포함하려면 음의 지수 함수를 한 번 계산할 필요가 있다. (이 장에서 이용하는 지수 함수 exp는 e와 동일한데, 지수 부분이가 길거나 복잡할 때 표현하기 용이하다.)

$q_{전자}$의 두 번째 항은 무시되지 못하며 반드시 포함되어야 한다.

$$3 \cdot \exp\left[-\frac{3.26 \times 10^{-22}\,\text{J}}{(1.381 \times 10^{-23}\,\text{J/K})(298\,\text{K})}\right] = 2.77$$

따라서 두 번째 항까지의 $q_{전자}$는 다음과 같다.

예제 10.1 *(계속)*

$$q_{전자,2} = 1 + 2.77 = 3.77$$

첫 번째 들뜬 전자 상태 하나만 포함되어도 $q_{전자}$ 값이 거의 네 배가 되는 것에 주목하라. 세 번째 항은 다음과 같다.

$$5 \cdot \exp\left[-\frac{8.64 \times 10^{-22}\ \text{J}}{(1.381 \times 10^{-23}\ \text{J/K})(298\ \text{K})}\right] = 4.05$$

$q_{전자}$의 세 번째 항도 무시할 정도로 작지 않으므로 포함해야 한다.

전체 $q_{전자}$는 이제 $1 + 2.77 + 4.05 = 7.82$가 된다. 네 번째 항은 다음과 같다.

$$5 \cdot \exp\left[-\frac{2.02 \times 10^{-19}\ \text{J}}{(1.381 \times 10^{-23}\ \text{J/K})(298\ \text{K})}\right] = 2.14 \times 10^{-21}$$

이 항과 더 높은 전자 상태들에 대한 항들은 매우 작으므로 무시할 수 있다.

앞의 항보다 대략 10^{21} 정도의 크기만큼이나 작다. 마지막 항은 점검할 필요가 없다. 왜냐하면 마지막 항을 $q_{전자}$에 더해도 값이 거의 변하지 않을 것이 명백하기 때문이다. 따라서 C에 대한 $q_{전자}$는 7.82라고 할 수 있고, 처음 세 개의 전자 상태만을 사용하여 계산할 수 있다.

물론 어느 전자 상태가 전자 분배 함수에 얼마만큼 기여하는지는 계의 온도에 영향을 받는다. (전자 상태의 미분화도 역시 영향을 끼치지만, 미분화도가 $q_{전자}$에 미치는 영향은 덜 중요할 것이다.) 일반적으로 E/T가 대략 10^{-22} J/K 정도 되거나 이보다 크면 음의 지수 함수는 약 0.0007이 되는데, $q_{전자}$의 최솟값인 1에 비하여 무시할 만하다. 보통은 이 값 이상의 항들은 $q_{전자}$의 계산에서 무시하여도 무방하다. 이 값보다 작은 에너지를 갖는 전자 상태는 분명하게 포함시켜야 한다.

예제 10.2

니켈 원자는 200 cm^{-1} (3.97×10^{-21} J) 정도의 에너지가 매우 낮은 들뜬 상태 하나를 갖고 있다. 바닥 및 첫 번째 들뜬 전자 상태의 미분화도가 모두 3이고, 전자 분배 함수에 중요한 기여를 하는 낮은 에너지의 들뜬 상태가 더 이상 없다고 가정하고 1000 K에서의 $q_{전자}$를 계산하라.

풀이

빠르게 점검을 해보자. E/T가 $(3.97 \times 10^{-21}\ \text{J})/(1000\ \text{K}) = 3.97 \times 10^{-24}$ J/K가 되는 것을 쉽게 알 수 있다. 이 값은 위에서 제시한 한계값 10^{-22} J/K보다 작아서 이 들뜬 상태는 $q_{전자}$의 계산에 반드시 포함시켜야 한다. 따라서 전자 분배 함수는 두 개의 음의 지수 함수를 합하여 구할 수 있다.

이와 같이 간단히 점검해 보면, 어떤 항이 무시할 만한지를 알 수 있어 계산의 양을 줄여 줄 수도 있다. 이 경우에는 두 번째 항을 무시할 수 없다.

$$q_{전자} = 3 \cdot \exp\left[-\frac{0\ \text{J}}{(1.381 \times 10^{-23}\ \text{J/K})(1000\ \text{K})}\right] + 3 \cdot \exp\left[-\frac{3.97 \times 10^{-21}\ \text{J}}{(1.381 \times 10^{-23}\ \text{J/K})(1000\ \text{K})}\right]$$

바닥 상태의 에너지를 0 J로 정의하였음에 유의하라. 답은 다음과 같다.

$$q_{전자} = 3 \times 1.000 + 3 \times 0.750$$
$$q_{전자} = 5.250$$

$q_{핵}$과 $q_{전자}$를 앞 장에서 구해 본 $q_{병진}$과 비교하면 보통은 $q_{병진}$이 $q_{핵}$이나 $q_{전자}$에 비해 엄청나게 크다는 것을 알게 되는데, 흔히 차이가 10^{12} 배 또는 그 이상이 되기도 한다. 이것은 $q_{핵}$과 $q_{전자}$가 기체 화학종의 전체적인 열역학적 성질에 매우 작은 영향만을 끼친다는 것을 암시한다. 사실이 그렇다. 이미 어떻게 $q_{핵}$을 사실상 무시할 수 있는지를 언급했다. 예상했겠지만 많은 경우에 $q_{전자}$의 기여도 역시 사실상 무시할 수 있다. 큰 미분화도를 가지며 에너지가 낮은 들뜬 상태의 수가 많은 분자의 경우(예를 들어, 대칭성이 좋은 분자의 경우) 예외가 될 수 있다. 매우 높은 온도에서 낮은 에너지의 들뜬 전자 상태들은 $q_{전자}$에 상당한 기여를 할 수 있다. 일반적으로 $q_{전자}$를 구하기 전에 각각의 계와 계의 상대적인 특징들을 평가하는 것이 좋다. $q_{전자}$가 열역학적 상태 함수들의 계산값에 얼마나 영향을 주는지를 곧 알아볼 것이다.

10.3 분자의 전자 분배 함수

앞에서 전자 분배 함수를 다룰 때 분명히 분자를 고려하지 않았다. 이제 분자에 대한 $q_{전자}$를 알아보자. 먼저 이원자 분자를 다루고 그 결과를 다른 분자들에 일반화할 것이다.

분자의 전자 분배 함수를 구하는 실마리는 에너지의 '영점'을 어떻게 정의하는가에 달려 있다. 사실상 모든 숫자로 나타낸 척도는 그 수치를 정의하기 위하여 사용되는 기준을 갖고 있다. 예를 들어, 원자의 경우 바닥 전자 상태를 영점으로 정의하였다. 진동과 회전은 최소 에너지 지점이 잘 정의되어 있으므로 이를 출발점으로 삼을 수 있다. 그러나 전자 에너지는 어떠한가?

전자 퍼텐셜 에너지 곡선은 단지 주어진 특정한 값이 아니라는 것을 유념하라. 모든 분자들은 가장 낮은 에너지 상태에서도 일정하게 진동하고 있으므로 전자 에너지 곡선은 하나의 퍼텐셜 에너지 곡선(조화 진동자)과 같은 모양을 하고 있다. 일반적인 이원자 분자의 바닥 및 첫 번째 들뜬 전자 상태에 대한 전형적인 곡선이 그림 10.1에 주어져 있다. 바닥 전자 상태의 경우 평형 거리 r_e에서 에너지가 최소이다. 핵간 거리가 매우 짧으면 핵간 반발력이 강해져서 퍼텐셜 에너지가 증가한다. 핵간 거리가 멀어지면 두 원자 사이의 결합이 존재하지 않게 되고 분자는 사실상 두 개의 분리된 원자들로 존재할 것이다. 이 점은 분자의 **해리 한계**(dissociation limit)로 알려져 있다.

전자 퍼텐셜 에너지 우물의 깊이를 **해리 에너지**(dissociation energy)라 부른다. 하지만 해리 에너지를 정의하는 방법이 두 가지 있다. 해리 한계와 전자 퍼텐셜 에너지 우물의 맨 아래 바닥의 에너지 간 차이를 D_e로 표시한다. 하지만 실제로 분자는 아마도 가장 낮은 진동 에너지 상태에 있을 것이고, 진동 에너지 상태는 0이 아닌 최소 에너지를 갖는다. 영점 에너지는 $\frac{1}{2}h\nu$이다. 여기서 ν는 이원자 분자의 고전적인 진동 주파수이다. 해리 한계와 전자 퍼텐셜 에너지 우물의 바닥 진동 상태와의 차이를 D_0로 표시한다. 따라서 D_e와 D_0의 관계는 다음과 같다.

$$D_0 = D_e - \tfrac{1}{2}h\nu \tag{10.7}$$

해리 에너지로 D_0를 사용할 것이다. 그러나 많은 표들이 D_e를 수록하고 있으므로, 보고되는 값이 어느 값인가를 파악하는 것이 중요하다. 식 (10.7)을 사용하여 한 값을 다른 값으로 바꿀 수 있다. 두 해리 에너지 값은 모두 양수로 주어지는데, D_0가 D_e보다 약간 작다. 해리 에너지는 보통 분자 1 mol 당 kJ의 단위로 주어진다. 분배 함수에서는

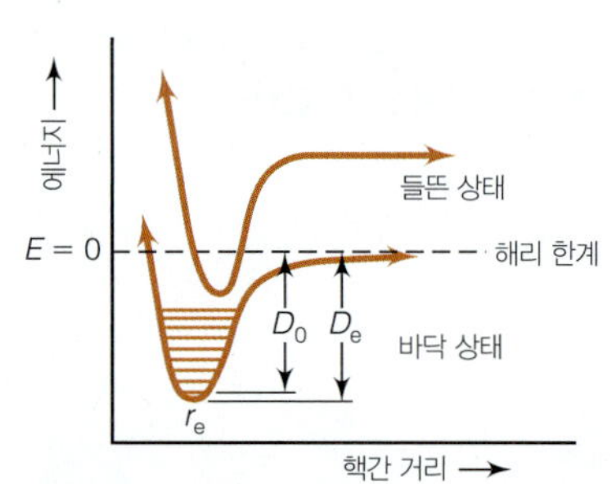

그림 10.1 가상적인 이원자 분자의 전자 퍼텐셜 에너지 그림. 바닥 상태에 낮은 진동 에너지 준위들을 표시하였다. 이러한 전자 에너지를 갖는 분자에 대한 '영점' 에너지는 어떻게 정의되는가?

개별 분자(individual molecule)에 대한 값이 사용되어야 함을 기억하라.

이원자 분자의 $q_{전자}$에 대한 전자 에너지의 기준은 해리 한계이다. 이것은 해리 한계의 에너지 값을 임의로 0으로 설정한다는 뜻이다. 따라서 퍼텐셜 에너지 표면의 최소점에서 분자의 전자 에너지는 $-D_0$이다. (전자 에너지는 에너지가 더 낮은 곳으로 가기 때문에 음수이다. 이 경우 D_0는 분자 1 mol이 아니라 분자 한 개에 대한 에너지이다.) q에 대한 정의로부터 다음 식을 얻을 수 있다.

$$q_{전자} = g_1 e^{D_0/kT} + g_2 e^{-\epsilon_2/kT} + g_3 e^{-\epsilon_3/kT} + \cdots$$

D_0는 보통 큰 값이며 양의 지수이므로 위 식의 첫째 항이 지배적인 것이 일반적이고, 이원자 분자의 전자 분배 함수는 다음과 같이 근사적으로 나타낼 수 있다.

$$q_{전자} \approx g_1 e^{D_0/kT} \qquad \textbf{(10.8)}$$

그러나 만약 낮은 에너지를 갖는 들뜬 상태들이 있다면 $q_{전자}$를 구하기 위하여 합을 계산해야 할 때, 전자 에너지의 영점은 바닥 전자 상태에 있는 분자의 해리 한계라는 것에 유념하여야 한다.

예제 10.3

수소 분자의 D_e는 457.8 kJ/mol이고, 진동 주파수는 $1.295 \times 10^{14}\ s^{-1}$이다. 298 K에서 H_2의 전자 분배 함수를 계산하라. 바닥 전자 상태의 미분화도는 1로 가정한다. 수소의 첫 번째 들뜬 전자 상태는 바닥 상태보다 1.822×10^{-19} J 위에 있으며, 미분화도는 1이다.

)) 풀이

D_e를 주었으므로 D_0를 계산하여야 한다. 식 (10.7)을 사용하여 다음을 얻는다.

$$D_0 = \frac{457.8\ \text{kJ}}{\text{mol}} \cdot \frac{1000\ \text{J}}{1\ \text{kJ}} \cdot \frac{1\ \text{mol}}{6.022 \times 10^{23}\ \text{molecules}} - \frac{1}{2}(6.626 \times 10^{-34}\ \text{J·s})(1.295 \times 10^{14}\ \text{s}^{-1})$$

첫 번째 항에서 D_e를 분자 한 개당 J로 환산하였다.

이 식을 풀면 다음과 같다.

$$D_0 = 7.17 \times 10^{-19}\ \text{J}$$

이제 전자 분배 함수를 다음과 같이 계산할 수 있다.

$$q_{전자} = \exp\left[\frac{7.17 \times 10^{-19}\ \text{J}}{(1.381 \times 10^{-23}\ \text{J/K})(298\ \text{K})}\right]$$

$$q_{전자} = 4.62 \times 10^{75}$$

$q_{전자}$ 값의 계산에 첫 번째 들뜬 상태를 포함할 필요가 있는지 알아보자. H_2의 D_0가 7.17×10^{-19} J이므로 바닥 전자 상태에 대한 퍼텐셜 에너지 곡선의 최저점이 영점에 대하여 -7.17×10^{-19} J에 놓여 있고, 이 위에 1.822×10^{-19} J의 들뜬 전자 상태가 하나 있다. 따라서 영점 에너지에 대하여 ϵ_2는 $(-7.17 \times 10^{-19} + 1.822 \times 10^{-19})$ J, 즉 -5.35×10^{-19} J의 값을 갖는다. (이것을 확인하려면 전자 퍼텐셜 에너지 곡선을 그려보는 것이 좋다.) $g_2 \exp(-\epsilon_2/kT)$를 계산하면 다음과 같다.

예제 10.3 *(계속)*

지수에 있는 두 개의 마이너스 부호는 상쇄된다.

$$g_2 \exp\left(-\frac{\epsilon_2}{kT}\right) = 1 \cdot \exp\left[-\frac{-5.35 \times 10^{-19}\ \text{J}}{(1.381 \times 10^{-23}\ \text{J/K})(298\ \text{K})}\right]$$
$$= 2.87 \times 10^{56}$$

이 값은 분명히 큰 수이지만 첫 항보다는 여전히 대략 10^{19}배만큼 작으므로 $q_{전자}$의 첫 항에 비하여 무시해도 좋다. 따라서 이 항은 다른 들뜬 전자 상태와 마찬가지로 무시될 수 있다.

매우 큰 $q_{전자}$ 값이 열역학적 상태 함수들에 어떤 영향을 주는가? 실제로 일반적인 온도에서는 거의 영향이 없다. $q_{전자}$ 값이 큰 것은 단지 영점 에너지의 선택에 따른 것이다. 온도나 압력에 대한 q의 도함수와 관련된 상태 함수들의 경우, $q_{전자}$는 대부분의 계에서 온도와 압력이 변함에 따라 극히 느리게 변한다. 따라서 이것이 상태 함수에 끼치는 영향은 작다. A와 G의 경우 q에 직접 관계하는데, 실제적인 효과는 작다. 왜냐하면 대개 A나 G의 **변화**에 관심이 있어서 $q_{전자}$의 수치적인 결과는 상쇄되기 때문이다. 병진 분배 함수는 이원자 분자의 열역학적 성질에서 여전히 주요한 영향을 끼치며, 나중에 알겠지만 병진 분배 함수 이외에 다른 분배 함수의 영향도 함께 고려해야 한다.

끝으로 $q_{전자}$를 더 큰 분자에 대하여 일반화하여야 한다. 문제는 동일하다. 전자 에너지가 측정되는 영점은 무엇인가? 다원자 분자의 경우 전자 에너지의 영점을 이원자 분자의 경우와 같은 방법으로 정의한다. 모든 원자가 서로 분리되어 있는 상태(원칙적으로 무한대의 거리)의 에너지이다. 해리 에너지와 마찬가지로 **원자화 에너지**(atomization energy)는 분자의 바닥 전자 상태와 분리된 원자들 사이의 에너지 차이로 정의한다. 분자들의 $q_{전자}$에 대한 다른 모든 사항들은 앞서 기술한 이원자 분자의 경우와 동일하다.

10.4 분자의 진동

분자에 대한 분배 함수의 정의를 완성하기 위하여 분자가 에너지를 가질 수 있는 다른 두 가지 방법을 고려하여야 한다. 분자는 회전 에너지를 가질 수 있고, 진동 에너지를 가질 수 있다.

분자들은 공유 결합으로 연결되어 있는 여러 개의 원자들로 이루어져 있다. 양자 역학에 따르면 심지어 절대 영도에서도 원자들이 평형 위치 근처에서 일정하게 진동하여 0이 아닌 약간의 최소 진동 에너지('영점 에너지')를 갖는다. 분자의 진동 운동이 다른 형태의 에너지를 나타내므로 분자에 대한 진동 분배 함수 $q_{진동}$을 다음과 같이 정의할 수 있다.

$$q_{진동} = \sum_{i=\text{첫 번째 진동 준위}}^{\infty} g_i e^{-\epsilon_i/kT} \tag{10.9}$$

(단원자 기체 종의 경우 진동 에너지 준위는 존재하지 않는다. 왜냐하면 진동하려면 최소한 두 개의 원자가 결합되어 있어야 하기 때문이다.)

먼저 간단한 이원자 분자를 고려한 후, $3N - 6$개(선형 분자의 경우 $3N - 5$개)의 진동 운동을 갖는 다원자 분자에 적용할 수 있도록 이원자 분자에 대하여 얻은 식을 일반화하겠다. 여기에서 N은 분자를 이루는 원자의 수이다. 이원자 분자의 단일 진동이 이상적인 조화 진동자라고 가정하면, 양자 역학으로부터 다음과 같은 조화 진동자의 양자화된 에너지에 대한 식을 얻는다.

$$E = h\nu(v + \tfrac{1}{2}) \qquad \textbf{(10.10)}$$

여기에서 E는 조화 진동자의 에너지이고, h는 플랑크 상수, ν는 진동자의 고전적 주파수, v는 진동 양자수이다. 고전적 주파수 ν는 다음과 같다.

$$\nu = \frac{1}{2\pi}\sqrt{\frac{k}{\mu}} \qquad \textbf{(10.11)}$$

이때 k는 진동자의 힘 상수(단위는 N/m)이고, μ는 진동자의 환산 질량(단위는 kg)이다. 끝으로 질량이 m_1과 m_2인 두 개의 원자를 갖고 있는 이원자 분자의 경우 환산 질량은 다음과 같이 정의된다.

$$\mu = \frac{m_1 \cdot m_2}{m_1 + m_2} \qquad \textbf{(10.12)}$$

위 식을 다음과 같이 쓸 수도 있다.

$$\frac{1}{\mu} = \frac{1}{m_1} + \frac{1}{m_2} \qquad \textbf{(10.13)}$$

$\frac{1}{2}h\nu$ 항이 양자화된 에너지를 나타내는 식 (10.10)에 들어 있지만 이를 무시하는 것이 보다 합당할 것이다. 전자 분배 함수를 다룰 때 D_e 대신에 D_0를 이용하였으므로, $\frac{1}{2}h\nu$ 항은 실제로 전자 분배 함수에 포함되어 있다. 이를 고려하여 식 (10.10)을 다시 쓰면 다음과 같다.

$$E = h\nu v$$

위의 식을 이용하여 진동 분배 함수를 구할 수 있다. q의 정의를 따르면 다음 식을 얻는다.

$$q_{\text{진동}} = \sum_{\substack{i=\text{첫 번째} \\ \text{진동 준위}}}^{\infty} g_i e^{-h\nu v_i/kT} \qquad \textbf{(10.14)}$$

여기에서 합의 지표 i를 양자수 v에 대한 지표로 사용하고 있다. 만일 v_i가 매우 큰 값을 갖게 된다면 실제 분자는 해리되겠지만, 합이 무한대까지 간다고 가정할 수 있다. 진동 준위를 하나씩 헤아리는 한 진동 준위의 미분화도가 1임을 또한 알 수 있다. 이런 상황은 다원자 분자를 다룰 때 마주치게 될 것이다.

식 (10.14)에 있는 무한 합을 구하기 위해 적분으로 변환하는 근사법을 쓸 필요는 없다. 왜냐하면 이러한 무한 합은 $(1 - e^{-h\nu/kT})^{-1}$로 수렴하는 잘 알려진 합이기 때문이다. 무한 합을 이 값으로 대치하면 다음의 $q_{\text{진동}}$ 식을 얻는다.

$$q_{\text{진동}} = \frac{1}{1 - e^{-h\nu/kT}} \qquad \textbf{(10.15)}$$

식 (10.15)를 다루는 여러 가지 방법이 있다. 우선 지적할 것은 지수 부분의 단위가 상쇄되려면 $h\nu/k$의 단위가 온도의 단위인 K이어야 한다는 것이다. 이원자 분자의 **진동 온도**(vibrational temperature) θ_v를 다음과 같이 정의하자.

$$\theta_v = \frac{h\nu}{k} \tag{10.16}$$

식 (10.15)를 다음과 같이 고쳐 쓸 수 있다.

$$q_{진동} = \frac{1}{1 - e^{-\theta_v/T}} \tag{10.17}$$

덧붙여 고온의 극한에서(고온이란 적어도 진동 온도 θ_v보다는 충분히 높다는 것을 뜻한다) 식 (10.17)의 지수 함수의 지수 부분은 작은 값이 된다. 이러한 조건에서 지수 함수는 근사적으로 테일러 급수(Taylor series) 전개식으로 나타낼 수 있다.

$$e^x \approx 1 + x + \frac{x^2}{2} + \cdots$$

두 번째 항까지만 고려하면 식 (10.17)은 다음과 같이 된다.

$$q_{진동} = \frac{1}{1 - \left(1 - \dfrac{\theta_v}{T}\right)}$$

표 10.1 몇 가지 이원자 분자의 진동 온도 θ_v

분자	θ_v (K)
H_2	6215
HCl	4227
CO	3100
N_2	3374
HBr	3700
Cl_2	810
NO	2690
I_2	310
O_2	2230
HI	3200

분모에 있는 두 개의 1은 상쇄되므로 다음 식을 얻는다.

$$q_{진동} = \frac{1}{\left(\dfrac{\theta_v}{T}\right)}$$

이 식을 고쳐 쓰면 다음 식이 된다.

$$q_{진동} = \frac{T}{\theta_v} \tag{10.18}$$

이 식은 진동 분배 함수를 나타내는 아주 간단한 식이다. 표 10.1에 몇 가지 이원자 분자에 대한 θ_v 값을 실었다. 각 기체상 분자의 경우 θ_v보다 충분히 높은 온도에서 진동 분배 함수는 식 (10.18)로 간단히 주어진다. 그러나 온도가 θ_v 근처이거나 이보다 낮은 경우 온전한 식인 식 (10.17)을 사용하여야 한다. (표에 주어진 분자 중 몇 개의 경우 $T < \theta_v$에서 안정한 상은 기체상이 아님에 유의하라.)

예제 10.4

$I_2(g)$의 θ_v는 310 K이다. 다음 온도에서 I_2의 $q_{진동}$을 계산하라.

a. 30 K

b. 1000 K

풀이

a. 30 K에서 $q_{진동}$에 대해서는 아마도 보다 정확한 식을 써야 할 것이다. 왜냐하면 30 K는 진동 온도보다 훨씬 낮기 때문이다. 따라서 다음과 같이 계산해야 한다.

$$q_{진동} = \frac{1}{1 - e^{-\theta_v/T}} = \frac{1}{1 - e^{-310\text{ K}/30\text{ K}}}$$

계산 결과는 다음과 같다.

예제 10.4 *(계속)*

$$q_{진동} = 1.0000325 \cdots \approx 1$$

b. 1000 K는 진동 온도보다 높으므로 $q_{진동}$에 대해서는 간단한 식을 쓸 수 있다. 따라서 다음과 같이 계산한다.

$$q_{진동} = \frac{1000\ \text{K}}{310\ \text{K}} = 3.23$$

흥미롭게도 보다 정확한 $q_{진동}$의 정의를 사용하면 $q_{진동} = 3.75$를 얻는다. (각자 계산해 보라.) 따라서 $q_{진동}$에 대한 간단한 식은 진동 분배 함수에 상당히 가까운 값을 주고 있다.

대부분의 분자들은 세 개 이상의 원자들로 이루어져 있으므로, 두 개 이상의 진동을 고려해야 한다. N개의 원자로 이루어진 분자는 선형 분자의 경우 $3N - 5$개(진동 중 적어도 하나는 두 겹 미분화되어 있을 것임), 비선형 분자의 경우 $3N - 6$개의 기준 진동을 가지며, 이들 기준 진동이 분자의 가능한 진동 운동을 정의하는 데 사용된다. (편의상 비선형 분자라고 가정하여 매번 선형이냐 비선형이냐의 문제를 거론하지는 않기로 한다. 그러나 어디에서 이 둘 사이의 차이가 있을 것인지를 인식해야 한다.) 따라서 전체 진동 에너지를 $3N - 6$개의 진동 부분으로 나눌 수 있다.

$$E_{진동} = E_{\nu_1} + E_{\nu_2} + E_{\nu_3} + \cdots + E_{\nu_{3N-6}}$$

아래 첨자 ν_1, ν_2 등은 각 기준 진동 방식을 나타내기 위하여 사용하는 일반적인 표시이다. 식 (10.9)에 대입하여 다원자 비선형 분자의 진동 분배 함수를 얻을 수 있다.

$$q_{진동} = \sum_{\substack{i=\text{모든}\\ \text{진동 준위}}}^{\infty} g_i \exp\left(-\frac{E_{\nu_1} + E_{\nu_2} + E_{\nu_3} + \cdots + E_{\nu_{3N-6}}}{kT}\right) \qquad \textbf{(10.19)}$$

이 식에 두 개의 합이 있다. 각 **진동 방식**(vibrational mode)에 대한 합(지수 함수의 지수 부분의 합)과 가능한 **진동 준위**(vibrational level)에 대한 합(Σ 기호로 표시한 합)이다.

앞에서 한 것처럼 지수 함수를 각 부분으로 나눌 수 있다. 식 (10.19)는 다음과 같이 $3N - 6$개 항의 곱으로 고쳐 쓸 수 있다.

$$q_{진동} = \left(\sum_{i=1}^{\infty} g_i e^{-E_{\nu_1}/kT}\right)\left(\sum_{i=1}^{\infty} g_i e^{-E_{\nu_2}/kT}\right)\left(\sum_{i=1}^{\infty} g_i e^{-E_{\nu_3}/kT}\right)\cdots.$$

곱을 나타내는 기호인 Π를 사용하여 $q_{진동}$을 보다 간단하게 표현할 수 있다. .

$$q_{진동} = \prod_{j=1}^{3N-6} \sum_{i=1}^{\infty} g_i e^{-E_{\nu_j}/kT} \qquad \textbf{(10.20)}$$

이 식은 복잡해 보이지만 단지 $3N - 6$개의 각 진동 분배 함수의 곱에 불과하다. 진동 분배 함수를 반복해서 유도하기보다는 이원자 분자에 대해서 얻은 결과를 단순히 적용하면, 다원자 분자의 진동 분배 함수는 다음과 같다고 할 수 있다.

$$q_{진동} = \prod_{j=1}^{3N-6} \frac{1}{1 - e^{-h\nu_j/kT}} \qquad \textbf{(10.21)}$$

$3N - 6$개의 진동 모두를 명백히 고려하고 있기 때문에 미분화도 g_i는 모두 1이고 식 (10.21)에서 g_i는 더 이상 나타나지 않는다.

분자의 경우 고온의 극한을 다루는 경우는 드물기 때문에 식 (10.21)이 $q_{진동}$에 대한 적당한 식이 된다. 비선형 다원자 분자는 $3N-6$개까지의 서로 다른 진동 온도를 갖고 있다(만약 진동이 두 겹 또는 세 겹으로 미분화되어 있으면 독립적인 θ_v의 수가 적어질 수 있음). 따라서 θ_v 값을 사용하면 식 (10.21)은 다음과 같이 된다.

$$q_{진동} = \prod_{j=1}^{3N-6} \frac{1}{1 - e^{-\theta_{v,j}/T}} \quad (10.22)$$

작은 분자들에 대한 몇 가지 진동 온도를 표 10.2에 실었다. 식 (10.22)에서 진동 온도 ($\theta_{v,j}$)는 두 개의 첨자를 갖고 있는데, 첫 번째 첨자는 이것이 진동 온도임을 나타내며, 두 번째 첨자는 분자의 어느 진동인가를 나타낸다.

식 (10.21)이나 식 (10.22)에서 고려해야 할 것이 두 가지 있다. 첫째, 분자의 원자수가 많아질수록 보다 많은 항이 곱해질 것이다(왜냐하면 N이 증가할수록 $3N-6$이 증가하기 때문). 둘째, $q_{진동}$이 기체의 열역학적 성질에 어느 정도 영향을 줄 것으로 예상할 수 있으므로, 분자의 원자수가 많아질수록 열역학 함수들이 단원자 기체의 열역학적 값들로부터 더 많이 벗어나게 될 것이다. 실로 이러한 경우는 사실이며, 이는 10.8절에서 볼 수 있을 것이다. 이러한 이유로 앞에서는 단원자 기체에 국한하여 사례들을 살펴보았다. 또한, 이러한 이유로 인해 분자의 열역학적 성질들을 고전적으로 예측하기 힘들었다. 분자는 에너지를 분배하는 다른 방법들을 가지고 있다. 이것이 분자의 열역학적 성질에 중요한 영향을 끼칠 수 있다.

표 10.2 다원자 분자들의 진동 온도 θ_v

분자	θ_v (K) [미분화도, 1이 아닌 경우 표시 안함]
H_2O	2287, 5163, 5350
CO_2	954 [2], 1890, 3360
NH_3	1360, 2330 [2], 4800, 4880 [2]
CH_4	1870 [3], 2180 [2], 4170, 4320 [3]
CCl_4	310 [2], 450 [3], 660, 1120 [3]
NO_2	1900, 1980, 2330

예제 10.5

1000 K에서 H_2O의 $q_{진동}$을 구하라. 기준 진동 방식의 주파수는 3720, 3590 및 1590 cm^{-1}이다. $q_{진동}$에 대한 고온의 식을 사용할 수 있는지 아닌지를 판단하라. 모든 주파수의 미분화도는 1이라고 가정한다.

)) 풀이

먼저 H_2O에 대한 세 개의 θ_v 값을 계산하여야 한다. 식 (10.16)에 있는 θ_v의 정의를 이용하고, 세 개의 진동 주파수의 단위를 s^{-1}로 바꾼다. h와 c를 적절히 사용하여 얻은 세 개의 진동 주파수는 각각 1.115×10^{14}, 1.076×10^{14} 그리고 $4.767 \times 10^{13}\ s^{-1}$이다. 이제 첫 번째 진동 주파수에 대한 θ_v를 식 (10.16)을 사용하여 구하면 다음과 같다.

$$\theta_v = \frac{(6.626 \times 10^{-34}\ J\cdot s)(1.115 \times 10^{14}\ s^{-1})}{1.381 \times 10^{-23}\ J/K} = 5350\ K$$

이 두 개의 θ_v 값 역시 계산할 수 있어야 한다.

마찬가지 방법으로 구한 다른 두 진동 온도는 각각 5163 K와 2287 K이다. 세 개의 θ_v 값 모두 주어진 온도(1000 K)보다 크므로 $q_{진동}$에 대한 고온의 식을 사용해서는 **안 된다**. 따라서 식 (10.22)를 사용하여 진동 분배 함수를 계산한다. H_2O 분자의 경우 $3N-6=3$이므로 $q_{진동}$의 곱에 세 개의 항이 있을 것이다.

이 값을 계산할 수 있는가?

$$q_{진동} = \frac{1}{1 - e^{-5350\ K/1000\ K}} \times \frac{1}{1 - e^{-5163\ K/1000\ K}} \times \frac{1}{1 - e^{-2287\ K/1000\ K}}$$

보다시피 높은 온도를 취해서 어떤 진동 상태의 개체수를 증가시킬 수 있다.

$$q_{진동} = (1.0048\ldots)(1.0058\ldots)(1.1131\ldots) = 1.1249$$

10.5 이원자 분자의 회전

기체 분자는 삼차원 공간에서 회전하기도 한다. 양자 역학에 따르면 회전 에너지도 양자화되어 있다. 따라서 분자의 완전한 분배 함수를 구하기 위해 $q_{회전}$도 고려해야 한다. 이것이 마지막으로 정의된 분배 함수이므로, 완전한 **분자 분배 함수**(molecular partition function) Q를 다음과 같이 정의하자.

$$Q = q_{병진} \cdot q_{전자} \cdot q_{진동} \cdot q_{회전} \cdot q_{핵} \quad \textbf{(10.23)}$$

여기서 완전한 분자 분배 함수를 대문자 Q로 표시하였고, 이를 구성하는 각각의 분배 함수는 소문자 q로 나타내었다. 다음 절에서 Q에 대하여 좀 더 알아보겠다.

완전한 분자 분배 함수 Q를 다루기 전에 $q_{회전}$이 무엇인지를 알 필요가 있다. $q_{회전}$의 기본적인 정의는 이제 다음과 같을 것이라고 아마 이해할 수 있을 것이다.

$$q_{회전} = \sum_{\substack{i=\text{첫 번째} \\ \text{회전 준위}}}^{\infty} g_i e^{-\epsilon_i/kT} \quad \textbf{(10.24)}$$

여기에서 g_i는 i번째 회전 준위의 미분화도이고, ϵ_i는 i번째 회전 준위의 에너지이다.

기체상 분자의 회전 에너지는 이상적인 계인 삼차원 강체 회전자를 이용하여 근사적으로 잘 기술될 수 있다. 이 근사법은 분자의 회전 분광학을 이해하는 기초가 되며, 회전 에너지 준위와 회전 분배 함수를 구하는 데 적용될 수 있다. 가장 간단한 분자인 이원자 분자로 시작하는 것이 보다 쉽다. 게다가 분자가 이종핵 이원자 분자라고 가정하자. 즉, 이원자 분자에 두 개의 다른 원자가 있다. (동핵 이원자 분자는 좀 미묘하지만 흥미로운 차이점이 있으므로 별도로 다룰 것임.)

이원자 분자의 회전 에너지는 다음과 같이 주어진다(양자화학 책 참조).

$$E_{회전} = \frac{J(J+1)\hbar^2}{2I} \quad \textbf{(10.25)}$$

여기에서 J는 회전 양자수, I는 관성 모멘트, $\hbar$는 플랑크 상수 h를 2π로 나눈 값이다. 또한, J번째 회전 상태의 미분화도가 $2J + 1$이라는 것을 전체 각운동량의 허용된 z 성분들로부터 알 수 있다. 이것을 식 (10.24)에 적용하면 회전 분배 함수는 다음과 같이 된다.

$$q_{회전} = \sum_{\substack{i=\text{첫 번째} \\ \text{회전 준위}}}^{\infty} (2J+1) \cdot \exp\left[-\frac{J(J+1)\hbar^2/2I}{kT}\right]$$

이 식에서 지수를 재배열하면 다음과 같이 쓸 수 있다.

$$q_{회전} = \sum_{\substack{i=\text{첫 번째} \\ \text{회전 준위}}}^{\infty} (2J+1) \cdot \exp\left[-\frac{J(J+1)\hbar^2}{2IkT}\right]$$

진동 분배 함수의 식에서 보았던 것과 마찬가지로 지수에 있는 온도 T와 회전 양자수 J를 제외한 모든 상수들을 함께 결합한 것은 온도의 단위를 가져야 한다. 그래야 전체적으로 지수의 단위가 없어진다. 따라서 다음과 같이 **회전 온도**(rotational temperature) θ_r을 정의할 수 있다.

$$\theta_r \equiv \frac{\hbar^2}{2Ik} \quad \textbf{(10.26)}$$

상수들을 θ_r로 대치하면 다음 식을 얻을 수 있다.

$$q_{회전} = \sum_{i=첫\ 번째\ 회전\ 준위}^{\infty} (2J+1) \cdot e^{-J(J+1)\theta_r/T}$$

(이원자 분자는 한 개의 회전만 정의되므로 한 개의 θ_r만을 갖는다.) 고온에서 θ_r/T는 작아서 합을 계산할 때 인접한 항들은 매우 근접한 값을 갖는다. 이를 고려하면 합을 적분으로 바꿀 수 있다.

$$q_{회전} = \int_{J=0}^{\infty} (2J+1) \cdot e^{-J(J+1)\theta_r/T}\, dJ \qquad \textbf{(10.27)}$$

여기에서 회전 양자수 J는 적분 변수이다.

이 적분은 구하기 어려워 보일 수도 있다. 왜냐하면 J가 지수에 있을 뿐만 아니라 지수 함수 앞에도 곱하여져 있기 때문이다. 그러나 지수에 있는 $J(J+1)$은 $J^2 + J$로 쓸 수 있으며, $J^2 + J$를 미분하면 $2J + 1$이 되므로, 다음과 같은 치환을 이용하면 문제를 간단하게 만들 수 있다.

$$x = J^2 + J$$

$$dx = (2J+1)\, dJ$$

식 (10.27)을 다음과 같이 고쳐 쓰고

$$q_{회전} = \int_{J=0}^{\infty} e^{-J(J+1)\theta_r/T}[(2J+1)\, dJ]$$

적분 변수를 J에서 x로 바꾸면 다음 식을 얻을 수 있다.

$$q_{회전} = \int_{x=0}^{\infty} e^{-x\theta_r/T}\, dx \qquad \textbf{(10.28)}$$

(적분 구간이 동일함에 유의하라.) 식 (10.28)의 적분은 풀이가 알려져 있는데, 그 형태는 $\int_0^\infty e^{-ax}\, dx = 1/a$이다. 이 풀이를 이용하면 다음을 얻는다.

$$q_{회전} = \frac{T}{\theta_r} = \frac{8\pi^2 IkT}{h^2} \qquad \textbf{(10.29)}$$

여기에서 $\hbar$ 대신 $h/2\pi$로 바꾸어서 식을 적었다. 식 (10.29)는 기체의 온도가 분자의 회전 온도보다 충분히 높을 때에만 적용이 가능하다. 이 조건이 만족되면 이종핵 이원자 기체의 회전 분배 함수를 계산하기가 쉬워진다. 몇 가지 이종핵 이원자 분자들의 θ_r 값을 표 10.3에 실었다. 만약 온도가 θ_r보다 확실히 높지 않으면 식 (10.29)를 적용할 수 없으며, 식 (10.24)에 나와 있는 엄밀한 합을 이용하여 $q_{회전}$을 계산해야 한다. 대부분의 분자들은 낮은 θ_r 값을 가지므로(H_2는 눈에 띄는 예외이다) 대부분의 온도에서 $q_{회전}$의 고온 식을 사용할 수 있다.

표 10.3 이원자 분자들의 회전 온도 θ_r

분자	θ_r (K)
H_2	85.4
N_2	2.86
O_2	2.07
Cl_2	0.346
Br_2	0.116
HCl	15.2
HBr	12.1
HI	9.0
CO	2.77
NO	2.42

예제 10.6

아이오딘화 수소(HI)의 관성 모멘트가 4.269×10^{-47} kg·m^{2}일 때, 310 K에서 θ_r과 $q_{회전}$을 계산하라. θ_r의 단위가 무엇인지 설명하라.

풀이

θ_r의 정의를 사용하여 다음의 계산을 할 수 있다.

예제 10.6 *(계속)*

$$\theta_r = \frac{(6.626 \times 10^{-34}\ \mathrm{J \cdot s})^2}{(2\pi)^2 \cdot 2 \cdot (4.269 \times 10^{-47}\ \mathrm{kg \cdot m^2}) \cdot (1.381 \times 10^{-23}\ \mathrm{J/K})}$$

$(2\pi)^2$ 항은 분자에 있는 $\hbar^2$ 항에서 온다. J 단위 하나는 직접 상쇄되고, $\mathrm{J} = \mathrm{kg \cdot m^2/s^2}$이라는 사실을 이용하면 두 번째 J 단위는 분자의 $\mathrm{s^2}$ 단위 및 분모의 $\mathrm{kg \cdot m^2}$ 단위와 상쇄됨을 알 수 있다. 남은 단위 하나는 분모의 분모에 있는 K인데, 분자로 올라간다. 따라서 다음의 회전 온도를 얻는다.

$$\theta_r = 9.431\ \mathrm{K}$$

마지막 단위 K는 적절한 회전 온도의 단위이다. 이로부터 $q_{회전}$을 다음과 같이 구할 수 있다.

$$q_{회전} = \frac{310\ \mathrm{K}}{9.431\ \mathrm{K}} = 32.9$$

분배 함수는 기대한 바와 같이 단위가 없는 순수한 숫자라는 것에 다시 한 번 주목하라.

동핵(homonuclear) 이원자 분자의 경우 동일한 핵을 가지므로 추가로 고려할 것이 있다. 이는 파울리 원리(Pauli principle, 양자화학 책 참조)와 관계된다. 엄격한 형태의 파울리 원리에 의하면, 페르미온(fermion)의 파동 함수는 두 개의 동일한 입자의 교환에 대하여 반대칭이어야 하며, 보존(boson)의 파동 함수는 두 개의 동일한 입자의 교환에 대하여 대칭이어야 한다. 전자는 페르미온이므로 전자의 파동 함수는 전자의 교환에 대하여 반대칭이어야 한다. 분자의 전체 파동 함수는 전자뿐만 아니라 원자핵을 포함한다. 따라서 파울리 원리를 전자뿐만 아니라 동핵 이원자 분자의 다른 부분들에도 적용하여야 하며, 가능한 파동 함수의 수(즉, 미분화도)와 거기에 따르는 분배 함수에 어떻게 영향을 주는가를 알아야 한다. 결국 파울리 원리의 제한이 동핵 이원자 기체의 열역학적 성질에 직접적으로 끼치는 영향을 알게 될 것이다.

앞에서 분자의 전체 분배 함수를 다음과 같이 정의하였다.

$$Q = q_{병진} \cdot q_{전자} \cdot q_{진동} \cdot q_{회전} \cdot q_{핵}$$

분자의 전체 파동 함수 역시 유사하게 분리된다.

$$\Psi_{전체} = \Psi_{병진} \cdot \Psi_{전자} \cdot \Psi_{진동} \cdot \Psi_{회전} \cdot \Psi_{핵}$$

Ψ를 구성하는 다섯 개의 항 중에서 $\Psi_{병진}$과 $\Psi_{진동}$은 파울리 원리가 관련되는 한 (핵의 입자가 페르미온이건 보존이건 상관없이) 항상 대칭적인 것으로 간주할 수 있다. 전자 파동 함수 $\Psi_{전자}$는 거의 항상 대칭적이다. 동핵 이원자 분자의 경우 바닥 전자 상태에 대한 항기호(term symbol)의 위첨자는 보통 +이고 아래 첨자는 g인데, 이것은 전자 파동 함수가 대칭임을 암시한다. 그러나 항기호의 위첨자가 O_2와 같이 (−)인 이원자 분자도 있는데, 이것은 실제로 바닥 전자 상태가 반대칭임을 나타낸다. 이러한 드문 예를 제외하면 결국 $\Psi_{회전}$과 $\Psi_{핵}$이 결합하여 분자에 대한 $\Psi_{전체}$의 총체적인 대칭성을 결정한다(바닥 전자 상태가 반대칭인 경우는 연습 문제 참조).

이원자 분자의 원자핵들의 스핀이 정수이면 이들은 보존(boson)이고, 전체 파동 함수(병진-핵-진동-전자-회전)는 핵의 교환에 대하여 대칭이어야 한다. 이원자 분자의 원자핵들의 스핀이 반정수(half-integer)이면 페르미온(fermion)이고, 전체 파동 함수는 핵의 교환에 대하여 반대칭이어야 한다. $\Psi_{병진}$과 $\Psi_{진동}$이 대칭적이고 $\Psi_{전자}$는 동핵 이원자 분자의 경우 거의 언제나 대칭적이므로, 전체 파동 함수의 대칭성에 따라서 어떠한 $\Psi_{회전}$과 $\Psi_{핵}$의 조합이 허용되는지가 정해진다. 결국 알게 되는 것은 $\Psi_{회전}$과 $\Psi_{핵}$의 조합에 따라 미분화도가 달라지며, 따라서 여러 회전 상태에 있는 분자의 개체수는 통상적인 예측에서 벗어나게 된다.

핵의 스핀 양자수가 반정수 또는 정수인가에 따라 핵은 페르미온 또는 보존이 된다. 스핀 양자수가 I인 핵의 경우 $2I + 1$개의 스핀 상태가 가능하다(가능한 회전 상태가 $2J + 1$개인 것과 마찬가지). 핵이 **두** 개인 경우 $(2I + 1)(2I + 1) = (2I + 1)^2$개의 조합이 가능하다. 이 조합 중 어느 것은 대칭적이고, 어느 것은 반대칭적이다. 보존이건 페르미온이건 모든 핵은 $(2I + 1)^2$개의 스핀 상태 중에서 반대칭 스핀 상태는 $2I^2 + I$개가 있고, 나머지는 모두 대칭 상태임이 밝혀졌다.

끝으로 $\Psi_{회전}$은 회전 양자수 J가 짝수이면 대칭적이며, 홀수이면 반대칭적이라는 것을 지적해 둔다.

따라서 다음의 두 가지 경우를 생각할 수 있다.

경우 1: 보존 핵(즉, 정수 스핀 핵)

$\Psi_{전체} = \Psi_{병진} \times \Psi_{진동} \times \Psi_{전자} \times$	$\Psi_{핵}$	$\times$	$\Psi_{회전}$
대칭 대칭 대칭 대칭*	대칭		대칭, 짝수 J
	미분화도: $(I + 1)(2I + 1)$		미분화도: $2J + 1$
		또는	
	반대칭		반대칭, 홀수 J
	미분화도: $2I^2 + I$		미분화도: $2J + 1$

경우 2: 페르미온 핵(즉, 반정수 스핀 핵)

$\Psi_{전체} = \Psi_{병진} \times \Psi_{진동} \times \Psi_{전자} \times$	$\Psi_{핵}$	$\times$	$\Psi_{회전}$
반대칭 대칭 대칭 대칭*	대칭		반대칭, 홀수 J
	미분화도: $(I + 1)(2I + 1)$		미분화도: $2J + 1$
		또는	
	반대칭		대칭, 짝수 J
	미분화도: $2I^2 + I$		미분화도: $2J + 1$

전자 상태가 반대칭인 이원자 분자도 일부 존재한다는 것을 상기시켜 주기 위하여 $\Psi_{전자}$의 대칭성에 위첨자 *를 덧붙였다. 대칭 및 반대칭 핵 파동 함수들의 미분화도는 페르미온과 보존에 대하여 각각 같지만, 대칭과 반대칭 파동 함수는 서로 다르다. 이는 동핵 이원자 분자의 경우 가능한 전체 파동 함수의 수가 다르다는 것을 뜻하며, 이는 각 회전 상태를 점유하는 분자의 수에 영향을 끼칠 것이다. 위의 두 경우가 무엇을 암시하는지 생각해 보자. 분자가 페르미온 핵을 가지고 있으면 대칭적인 핵 상태는 회전 양자수 J가 홀수인 경우에만 존재할 것이다. 마찬가지로 핵이 반대칭 스핀 상태에 있으면 분자는 대칭 회전 상태, 즉 회전 양자수 J가 짝수인 경우에만 존재할 것이다.

동핵 이원자 분자의 경우 측정되는 회전 상태가 '통상적인' 개체수에서 벗어나게 된다는 것을 위의 논의로부터 알 수 있다. 왜냐하면 미분화도가 다르기 때문이다. 사실 동핵 이원자 분자(또는 C_2H_2와 같이 분자축에 수직인 평면에 대하여 대칭인 선형 분자)의 스펙트럼에서 교대로 스펙트럼의 세기가 심하게 바뀌는데, 위의 논의에 근거하면 홀수

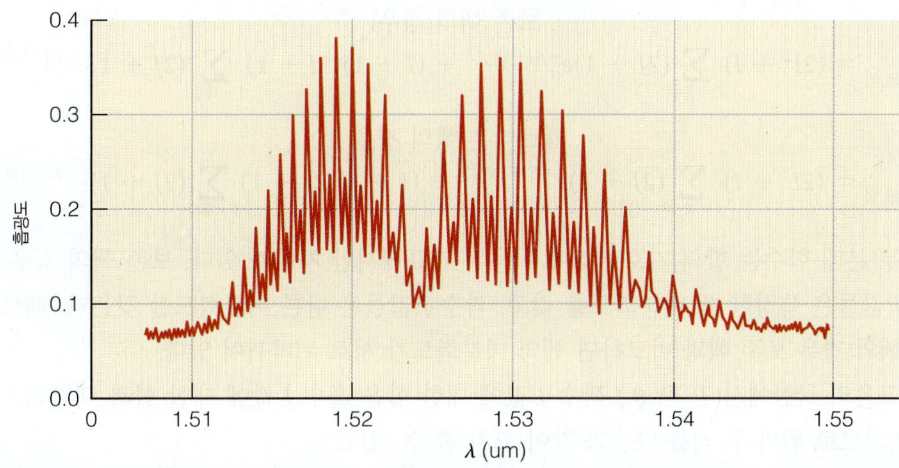

그림 10.2 아세틸렌(C_2H_2)의 진동 스펙트럼에서 세기 변화를 볼 수 있는데, 이러한 세기 변화는 핵 파동 함수의 대칭성이 분자의 전체 파동 함수의 미분화도에 영향을 미치기 때문에 나타난다. 이것은 화학에서 **핵** 파동 함수의 효과를 직접적으로 보여 주는 몇 안되는 결과 중의 하나이다. *출처*: L. W. Richards, *J. Chem. Ed.*, 1996, 43: 645.

와 짝수의 회전 양자수를 갖는 상태의 개체수가 다르기 때문이다. 그림 10.2의 스펙트럼에서 스펙트럼의 세기 형태가 이러한 성질을 보여 주고 있다. 이것은 파울리 원리를 극적으로 입증하는 실험 가운데 하나이다.

예제 10.7

이원자 수소 분자에서 원자핵의 스핀은 $\frac{1}{2}$이다. 홀수 회전 상태 분자와 짝수 회전 상태 분자의 비율이 얼마일 것으로 추정되는가?

풀이

수소 핵은 스핀이 $\frac{1}{2}$인 페르미온이다. 따라서 앞에서 언급한 경우 2에 따라 $(I + 1)(2I + 1) = (\frac{1}{2} + 1)(2 \cdot \frac{1}{2} + 1) = 3$개의 대칭 핵 파동 함수와 $2I^2 + I = 2(\frac{1}{2})^2 + \frac{1}{2} = 1$개의 반대칭 핵 파동 함수가 있을 것이다. 모든 회전 상태는 동일한 미분화도 $2J + 1$을 가지므로 홀수 회전 상태에 있는 H_2 분자가 짝수 회전 상태에 있는 H_2 분자보다 대략 세 배 많을 것이다.

임의로 수소 분자를 예로 든 것은 아니다. 수소의 회전 온도가 끓는점보다 훨씬 높으므로 수소는 저온에서 독특한 열역학적 성질을 나타낸다. 이러한 일은 대칭 및 반대칭 핵 상태들 사이의 변환이 극도로 느려서 생기는데, 이 때문에 인접한 회전 상태들 사이의 전이가 효과적으로 제한된다. 실제로, 반대칭 핵 상태를 갖는 이원자 수소 분자를 **파라 수소**(para-hydrogen), 대칭 핵 상태를 갖는 이원자 수소 분자를 **오쏘 수소**(ortho-hydrogen)라고 부른다. 오쏘와 파라 수소는 회전 준위의 개체수가 다르기 때문에 저온에서의 열역학적 성질이 다르고, 사실상 두 개의 다른 물질로 행동할 수 있다(보다 자세한 내용은 통계 열역학 교과서를 참조).

따라서 동핵 이원자 분자의 경우 핵 및 회전 분배 함수를 함께 고려하여야 한다. 실제 유일하게 차이가 있는 것은 핵 분배 함수가 전체 분배 함수에 추가적인 미분화도를 도입한다는 것이다. 그러므로 다음과 같이 나타낼 수 있다.

보존 핵의 경우:

$$q_{회전,핵} = (2I^2 + I)\sum_{J=홀수}(2J+1)e^{-J(J+1)\theta_r/T} + (I+1)(2I+1)\sum_{J=짝수}(2J+1)e^{-J(J+1)\theta_r/T}$$

페르미온 핵의 경우:

$$q_{회전,핵} = (2I^2 + I)\sum_{J=짝수}(2J+1)e^{-J(J+1)\theta_r/T} + (I+1)(2I+1)\sum_{J=홀수}(2J+1)e^{-J(J+1)\theta_r/T}$$

두 분배 함수는 합의 기호인 Σ에 이용된 지표에서만 차이가 있다. 보존 핵의 경우 홀수 J 값들은 특정한 핵 미분화도를 갖고, 짝수 J 값들은 다른 미분화도를 갖는다. 페르미온 핵의 경우 보존 핵과 비교하면 핵의 미분화도가 서로 뒤바뀌어 있다.

고온의 극한에서($T \gg \theta_r$) 짝수 J 값에 대한 합은 홀수 J 값에 대한 합과 대략적으로 동일하므로 위의 두 식을 다음과 같이 고쳐 쓸 수 있다.

$$q_{회전,핵} = (2I^2 + I)\sum_{\substack{J의 \\ 절반}}(2J+1)e^{-J(J+1)\theta_r/T} + (I+1)(2I+1)\sum_{\substack{J의 \\ 절반}}(2J+1)e^{-J(J+1)\theta_r/T}$$

두 항으로부터 합 부분을 인수로 꺼내면 다음과 같다.

$$q_{회전,핵} = \left[(2I^2 + I) + (I+1)(2I+1)\right]\left[\sum_{\substack{J의 \\ 절반}}(2J+1)e^{-J(J+1)\theta_r/T}\right]$$

이 식을 다음과 같이 간단히 할 수 있다.

$$q_{회전,핵} = (2I+1)^2 \cdot \left[\sum_{\substack{J의 \\ 절반}}(2J+1)e^{-J(J+1)\theta_r/T}\right]$$

절반의 J 값들에 대한 합은 전체 J 값들에 대한 합의 절반과 같으므로 전체 J에 대한 합에 $\frac{1}{2}$을 곱하면 된다.

$$q_{회전,핵} = (2I+1)^2 \cdot \frac{1}{2} \cdot \sum_{모든\ J}(2J+1)e^{-J(J+1)\theta_r/T}$$

합을 적분으로 대체하고, 이종핵 이원자 분자에서 했던 것과 같은 방법으로 적분을 간단히 처리하면 다음을 얻는다.

$$q_{회전,핵} = (2I+1)^2 \cdot \frac{1}{2} \cdot \frac{T}{\theta_r} = \frac{(2I+1)^2 \cdot T}{2\theta_r} \qquad \textbf{(10.30)}$$

이 식은 고온 극한에서 이용할 수 있다. 동핵 이원자 분자에 대하여 이 식을 대략적으로 다음과 같이 분리할 수 있다.

$$q_{핵} = (2I+1)^2 \qquad \textbf{(10.31)}$$

$$q_{회전} = \frac{T}{2\theta_r} \qquad \textbf{(10.32)}$$

동핵 이원자 분자의 추가적인 대칭성(즉 분자를 반으로 나누는 대칭 평면)이 $q_{회전}$에 어떤 영향을 끼치는지에 주목하라. 즉, 추가적인 대칭성은 분배 함수의 분모에 인자 2를 도입한다. 인자 2를 **대칭수**(symmetry number)라 부른다. 대칭수는 다원자 분자의 회전 분배 함수에도 나타난다. 표 10.3에 몇 가지 동핵 이원자 분자들의 회전 온도를 실었다.

10.6 다원자 분자의 회전

대부분의 경우 다원자 분자의 핵 분배 함수는 무시할 수 있다. 왜냐하면 핵 분배 함수는 다원자 분자의 전체적인 열역학적 성질에 끼치는 영향이 보통 매우 작기 때문이다. (실제로 이원자 분자의 경우 핵 분배 함수를 고려해야 했던 유일한 이유는 핵 분배 함수가 스펙트럼이나 10.8절에서 다룰 열역학적 성질들과 같은 다양한 관측에서 명백하고 측정 가능한 효과를 나타내기 때문이다.) 고온의 극한에서 선형 다원자 분자는 동핵 이원자 분자와 동일한 회전 분배 함수를 갖는다.

$$q_{\text{회전}} = \frac{T}{\sigma\theta_r}$$

여기에서 σ는 대칭수로서 OCS와 같은 비대칭 선형 분자의 경우 1이고, C_2H_2와 같은 대칭 선형 분자의 경우 2이다. 이 식은 σ를 제외하면 본질적으로 식 (10.32)와 동일하며, 이것은 선형 분자의 경우 회전 관성 모멘트가 하나만 정의되기 때문에 나타난다.

비선형 다원자 분자는 서로 다른 관성 모멘트를 세 개까지 가질 수 있으며, 이를 I_A, I_B 및 I_C로 표시하자. 관례에 따르면 I_A는 I_B보다 작고, I_B는 I_C보다 작다. 대칭성이 있는 다원자 분자는 관성 모멘트가 같을 수 있다. 관성 모멘트 세 개가 모두 같은 분자를 **구형 팽이**(spherical top)라 부르며, 회전 분배 함수는 다음과 같이 쓸 수 있다.

$$q_{\text{회전}} = \frac{1}{\sigma}\cdot\sum_{J=1}^{\infty}(2J+1)^2\exp\left[-\frac{J(J+1)\hbar^2}{2IkT}\right] \quad \textbf{(10.33)}$$

여기에서 구형 팽이의 회전 미분화도는 $(2J+1)^2$인데, 이 중 $(2J+1)$은 M_J 양자수에 의해서 생기며 또 다른 $(2J+1)$은 K 양자수에 의해서 생긴다. 대칭수 σ는 결국 분자의 점군(point group)에서 순수한 회전 대칭 조작의 수와 같다. 모든 예제에서 대칭수는 주어질 것이다. 높은 J 값을 의미하는 고에너지 극한에서 미분화도에 있는 '+1'은 무시할 수 있으며, 합은 적분으로 대체할 수 있다. 따라서 다음 식을 얻는다.

$$q_{\text{회전}} = \frac{1}{\sigma}\int_0^{\infty} 4J^2\cdot\exp\left[-\frac{J(J+1)\hbar^2}{2IkT}\right]dJ$$

이 적분의 해는 알려져 있으며, 위 식에서 사용된 변수들을 이용하여 구형 팽이에 대한 $q_{\text{회전}}$의 고온 극한 식을 표현하면 다음과 같다.

$$q_{\text{회전}} = \frac{\pi^{1/2}}{\sigma}\left(\frac{2IkT}{\hbar^2}\right)^{3/2} \quad \textbf{(10.34)}$$

구형 팽이 다원자 분자의 회전 온도 θ_r을 다음과 같이 정의하자.

$$\theta_r \equiv \frac{\hbar^2}{2Ik} \quad \textbf{(10.35)}$$

따라서 다음을 얻을 수 있다.

$$q_{\text{회전}} = \frac{\pi^{1/2}}{\sigma}\left(\frac{T}{\theta_r}\right)^{3/2} \quad \textbf{(10.36)}$$

대칭 팽이와 비대칭 팽이에 대한 수학적 풀이 과정은 좀 더 복잡하지만, 회전 분배 함수에 대한 최종적인 식은 식 (10.34) 또는 식 (10.36)을 조금 바꾼 것이다. 대칭 팽이의 경우 세 개의 관성 모멘트 중에서 두 개가 같다. 대칭 팽이의 회전 분배 함수는 다음과 같다.

$$q_{\text{회전}} = \frac{\pi^{1/2}}{\sigma}\left(\frac{2I_{\text{중복}}kT}{\hbar^2}\right)\left(\frac{2I_{\text{단일}}kT}{\hbar^2}\right)^{1/2} \quad \textbf{(10.37)}$$

식 (10.37)에서 $I_{중복}$은 동일한 두 개의 관성 모멘트를 나타내고, $I_{단일}$은 중복되지 않은 관성 모멘트를 나타낸다. $I_{단일}$은 분자가 뾰족 대칭 팽이인 경우 I_A이고, 납작 대칭 팽이인 경우는 I_C이다. 식 (10.37)은 뾰족 대칭 팽이와 납작 대칭 팽이 모두에 적용할 수 있다. 비대칭 팽이의 경우 세 개의 관성 모멘트가 모두 다르며, 회전 분배 함수는 다음과 같다.

$$q_{회전} = \frac{\pi^{1/2}}{\sigma}\left(\frac{2I_A kT}{\hbar^2}\right)^{1/2}\left(\frac{2I_B kT}{\hbar^2}\right)^{1/2}\left(\frac{2I_C kT}{\hbar^2}\right)^{1/2} \tag{10.38}$$

I_A, I_B 및 I_C는 서로 다른 세 개의 관성 모멘트를 나타낸다. 회전 온도를 사용하여 식 (10.37)과 식 (10.38)을 고쳐 쓸 수 있다. 대칭 팽이의 경우 다음과 같다.

$$q_{회전} = \frac{\pi^{1/2}}{\sigma}\left(\frac{T}{\theta_{r,A}}\right)\left(\frac{T}{\theta_{r,C}}\right)^{1/2} \tag{10.39}$$

비대칭 팽이의 경우 다음과 같다.

$$q_{회전} = \frac{\pi^{1/2}}{\sigma}\left(\frac{T}{\theta_{r,A}}\right)^{1/2}\left(\frac{T}{\theta_{r,B}}\right)^{1/2}\left(\frac{T}{\theta_{r,C}}\right)^{1/2} \tag{10.40}$$

$$= \frac{\pi^{1/2}}{\sigma}\left(\frac{T^3}{\theta_{r,A}\cdot\theta_{r,B}\cdot\theta_{r,C}}\right)^{1/2}$$

표 10.4에 몇 가지 분자들에 대한 회전 온도와 대칭수를 실었다.

표 10.4 다원자 분자들의 회전 온도 θ_r

분자(대칭수)	θ_r (K)
H_2O ($\sigma = 2$)	13.4, 20.9, 40.1
CO_2 ($\sigma = 2$)	0.561
NH_3 ($\sigma = 3$)	13.6, 13.6, 8.92
CH_4 ($\sigma = 12$)	7.54
CCl_4 ($\sigma = 12$)	0.0823
NO_2 ($\sigma = 2$)	0.590, 0.624, 11.5

예제 10.8

1000 K에서 기체 NH_3의 회전 분배 함수를 계산하라. 회전 온도는 13.6 K, 13.6 K 및 8.92 K이다. 암모니아의 대칭수는 3이다.

풀이

암모니아의 회전 온도 중 두 개의 값이 같으므로 이 분자가 대칭 팽이인 것을 알 수 있다. $q_{회전}$을 계산하기 위하여 식 (10.39)를 사용할 수 있으며, 각 회전 온도를 올바른 항에 넣도록 주의하여야 한다. 13.6 K가 두 번 반복되므로 $\theta_{r,A}$로 쓰인다. 회전 분배 함수는 다음과 같다.

$$q_{회전} = \frac{\pi^{1/2}}{3}\left(\frac{1000\ \text{K}}{13.6\ \text{K}}\right)\left(\frac{1000\ \text{K}}{8.92\ \text{K}}\right)^{1/2}$$

이것을 계산하면 다음과 같다.

$$q_{회전} = 460$$

모든 단위가 상쇄되므로 $q_{회전}$은 숫자로만 표현된다.

10.7 계의 분배 함수

이제 한 분자의 완전한 분배 함수 Q를 구하였고, 이를 다음 식으로 나타낼 수 있다.

$$Q = q_{병진}\cdot q_{전자}\cdot q_{진동}\cdot q_{회전}\cdot q_{핵}$$

Q의 모든 부분은 수학적으로 계산되었다. 이 분자 분배 함수는 오로지 한 개의 분자에 적용

될 수 있다. 상호 작용을 하지 않는 많은 분자들로 이루어진 계의 분배 함수는 어떻게 될까?

우선 계의 전체 에너지는 각각의 분자가 가지는 여러 형태의 에너지(전자, 병진, 진동 등)의 합으로 볼 수 있다. 계의 전체 에너지는 각 입자가 갖는 에너지의 합이다. 그러므로 분배 함수의 원래 정의에 따르면 계의 전체 분배 함수는 N개 분자에 대한 각 분배 함수의 **곱**이다.

$$Q_{계} = Q_1 \cdot Q_2 \cdot Q_3 \cdot \cdot \cdot \cdot \cdot Q_N$$

만약 계가 한 종류의 분자로만 이루어져 있다면 각각의 Q_i 값은 모두 동일할 것이며, 단지 이것을 N번 곱하여 계의 분배 함수를 구하면 된다. 이것을 다르게 표현하면 다음과 같다.

$$Q_{계} = Q^N$$

그러나 이 식은 계의 각 분자들이 거시적 수준에서 구별될 수 없다는 사실을 고려하지 않은 식이다. 제9장을 시작할 때 다루었던 상자에 들어 있는 공의 사례를 떠올려 보자. 두 공이 같은 색일 때에는 가능한 배열의 수가 줄어드는 것을 알 수 있었다. 마찬가지로 만약 어느 기체 분자가 어느 것인지 말할 수 없다면, 즉 구별할 수 없다면, 더 적은 수의 배열만이 가능할 것이다. (분자들은 같은 화합물이라는 것을 알고 있고 계에 있는 하나의 물 분자를 다른 물 분자들과 분간할 수 없다). 따라서 위의 $Q_{계}$ 식은 과대평가되었다. 통계학을 이용하여 값이 $N!$을 곱한 만큼 과대평가되었음을 보일 수 있다. N은 계의 분자수이다. 그러므로 구별 불가능한 입자로 이루어진 계에 대한 전체 분배 함수는 다음과 같다.

$$Q_{계} = \frac{Q^N}{N!} \tag{10.41}$$

하나의 분자에 대한 Q를 다양한 분배 함수의 곱으로 얻을 수 있다.

$$Q_{계} = \frac{(q_{병진} \cdot q_{전자} \cdot q_{진동} \cdot q_{회전} \cdot q_{핵})^N}{N!}$$

$$Q_{계} = \frac{1}{N!} \times \left[\left(\frac{2\pi mkT}{h^2}\right)^{3/2} \cdot V\right]^N \times \left[\frac{\pi^{1/2}}{\sigma}\left(\frac{2I_A kT}{\hbar^2}\right)^{1/2}\left(\frac{2I_B kT}{\hbar^2}\right)^{1/2}\left(\frac{2I_C kT}{\hbar^2}\right)^{1/2}\right]^N$$

$$\times (g_1 e^{D_0/kT})^N \times (g_{1,핵})^N \times \left(\prod_{i=1}^{3N^*-6} \frac{1}{1 - e^{-\theta_i/T}}\right)^N \tag{10.42}$$

(동핵 이원자 분자와 같이 특별한 분자에 대해서 일부 항을 다른 식으로 대치한다. 진동 분배 함수에 있는 N^*는 분자 하나에 포함되어 있는 원자의 수를 나타내는데, 계의 분자 수 N과 구별하기 위해서 *표시를 사용한다.)

식 (10.42)는 확실히 복잡하다. 그러나 두 가지 사항을 언급하겠다. 첫째, 분자에 대하여 식 (10.42)를 계산하는 데 필요한 거의 모든 정보는 대부분 다양한 분광학적 방법을 이용하여 실험적으로 얻을 수 있다. 둘째, 식 (10.42)는 분자의 종류에 무관하므로 주어진 계에 대한 $Q_{계}$를 계산하기 위한 전산 프로그램을 만드는 일이 비교적 단순하다. 다음 절에서 살펴 보겠지만 $Q_{계}$ 식을 얻게 되면 다양한 열역학적 성질들에 대한 식들을 유도할 수 있을 것이다. 이러한 식들은 계산기나 전산 프로그램으로도 계산할 수 있다. 사실 이러한 통계 열역학 식들의 유용성은 이 식으로부터 얻은 숫자들이 실험값과 일치하는 것을 증명하는 데 있는 것이 아니라, 다른 조건에서 또는 열역학적 성질을 측정하지 않은 새로운 물질에 대한 열역학적 성질들을 예측하는 데 있다.

10.8 Q로부터 분자의 열역학적 성질 결정

통계 열역학의 주요 목적은 통계학의 수식을 사용하여 계의 열역학적 성질들을 계산하는 것임을 상기하라. 여기에 이르기까지 시간과 노력이 들었는데 분자에 대한 분배 함수의 형태를 구해야 했기 때문이다. 이들을 모두 구했으므로 이제 열역학적 성질로 관심을 돌려보자.

분배 함수 Q의 정확한 식이 단원자 기체의 분배 함수 q로부터 다소 확대된 것이지만, Q와 다양한 열역학 함수들 사이의 기본적인 관계식은 동일하다고 말할 수 있다. 즉, 다음의 관계식들이 성립한다.

$$E = NkT^2\left(\frac{\partial \ln Q}{\partial T}\right)_V \tag{10.43}$$

$$p = NkT\left(\frac{\partial \ln Q}{\partial V}\right)_T \tag{10.44}$$

$$H = NkT\left[T\left(\frac{\partial \ln Q}{\partial T}\right)_V + 1\right] \tag{10.45}$$

$$S = Nk\left[T\left(\frac{\partial \ln Q}{\partial T}\right)_V + \ln\frac{Q}{N} + 1\right] \tag{10.46}$$

$$A = -NkT\left(\ln\frac{Q}{N} + 1\right) \tag{10.47}$$

$$G = -NkT\ln\frac{Q}{N} \tag{10.48}$$

각 식은 Q의 자연 로그(또는 Q의 자연 로그의 도함수)를 포함하고 있다. 한 개의 분자에 대한 Q는 다섯 개의 독립적인 q의 곱으로 정의된다. 곱의 로그는 곱의 각 항에 로그를 취한 것의 합으로 고쳐 쓸 수 있다. 즉, 다음과 같이 쓸 수 있다.

$$\ln Q = \ln(q_{병진} \cdot q_{전자} \cdot q_{진동} \cdot q_{회전} \cdot q_{핵})$$

$$\ln Q = \ln q_{병진} + \ln q_{전자} + \ln q_{진동} + \ln q_{회전} + \ln q_{핵} \tag{10.49}$$

분배 함수 Q의 로그를 여러 로그 항의 합으로 분리할 수 있다면 식 (10.43)부터 식 (10.48)까지의 열역학 함수들도 마찬가지로 여러 항의 합으로 분리할 수 있다는 것을 위 식으로부터 짐작할 수 있다. 예를 들어, 전체 에너지(내부 에너지) E를 다음과 같이 여러 항의 합으로 쓸 수 있다.

$$\begin{aligned} E_{병진} &= NkT^2\left(\frac{\partial \ln q_{병진}}{\partial T}\right)_V \\ E_{전자} &= NkT^2\left(\frac{\partial \ln q_{전자}}{\partial T}\right)_V \\ E_{진동} &= NkT^2\left(\frac{\partial \ln q_{진동}}{\partial T}\right)_V \\ E_{회전} &= NkT^2\left(\frac{\partial \ln q_{회전}}{\partial T}\right)_V \\ E_{핵} &= NkT^2\left(\frac{\partial \ln q_{핵}}{\partial T}\right)_V \end{aligned} \tag{10.50}$$

$$E = E_{병진} + E_{전자} + E_{진동} + E_{회전} + E_{핵} \tag{10.51}$$

다른 열역학 함수들도 각각 이와 같이 나타낼 수 있다.

분자의 각 분배 함수들에 대한 식을 이미 유도하였으므로 식 (10.50)의 값들을 계산할 수 있으며, 다른 열역학 함수들에 대해서도 마찬가지로 하나하나 계산할 수 있다. 이렇게 계산한 식들을 표 10.5에 정리하였다. 식 (10.50)에 있는 미분을 수행하거나 다른 열역학 성질들에 대하여 이와 유사한 계산을 하여 표 10.5에 있는 식들을 유도할 수 있어야 한다. 유도 과정에서 $[(\partial \ln q)/\partial T] = (1/q)(\partial q/\partial T)$ 관계식을 이용한다.

열용량은 일정 부피나 일정 압력에서 온도에 따른 E나 H의 변화로 정의된다.

$$C_V = \left(\frac{\partial E}{\partial T}\right)_V$$

$$C_p = \left(\frac{\partial H}{\partial T}\right)_p$$

표 10.5 분자의 열역학적 상태 함수의 여러 성분들에 대한 식[a]

상태 함수	병진	핵	전자
E	$\frac{3}{2}NkT$	—	$-ND_0$
H	$\frac{5}{2}NkT$	—	$-ND_0$
G	$-NkT\left[\ln\left(\frac{2\pi mkT}{h^2}\right)^{3/2}\frac{V}{N}\right]$	—	$-ND_0 - NkT\ln g_1$
S	$Nk\left[\ln\left(\frac{2\pi mkT}{h^2}\right)^{3/2}\frac{V}{N} + \frac{5}{2}\right]$	—	$Nk\ln g_1$

상태 함수	진동, 이원자	회전, 이원자
E	$\frac{Nk\theta_V}{e^{\theta_V/T} - 1}$	NkT
H	$\frac{Nk\theta_V}{e^{\theta_V/T} - 1}$	NkT
G	$NkT\ln(1 - e^{-\theta_V/T})$	$-NkT\ln\frac{T}{\sigma\theta_r}$
S	$Nk\left[\frac{\theta_V/T}{e^{\theta_V/T} - 1} - \ln(1 - e^{-\theta_V/T})\right]$	$Nk\ln\frac{T}{\sigma\theta_r} + Nk$

상태 함수	진동, 다원자[b]	회전, 다원자
E	$NkT\sum_{j=1}^{3N^*-6}\frac{\theta_V/T}{e^{\theta_V/T} - 1}$	$\frac{3}{2}NkT$
H	$NkT\sum_{j=1}^{3N^*-6}\frac{\theta_V/T}{e^{\theta_V/T} - 1}$	$\frac{3}{2}NkT$
G	$NkT\sum_{j=1}^{3N^*-6}\ln(1 - e^{-\theta_V/T})$	$-NkT\ln\frac{\pi^{1/2}}{\sigma}\left(\frac{T^3}{\theta_A\theta_B\theta_C}\right)^{1/2}$
S	$Nk\sum_{j=1}^{3N^*-6}\left[\frac{\theta_V/T}{e^{\theta_V/T} - 1} - \ln(1 - e^{-\theta_V/T})\right]$	$Nk\ln\frac{\pi^{1/2}}{\sigma}\left(\frac{T^3}{\theta_A\theta_B\theta_C}\right)^{1/2} + \frac{3}{2}Nk$

[a]모든 분자들에 대한 병진과 전자의 기여는 동일하다. 진동이나 회전의 기여는 이원자 분자인지 다원자 분자인지에 따라 다르다. N = 계에 있는 분자의 수, N^* = 분자에 있는 원자수.

[b]선형 분자의 경우 식이 다르다. 본문 참조.

(이 장에서 변수 E는 내부 에너지를 나타낸다.) 표 10.5에 있는 E의 각 항을 온도로 미분하면 비선형 다원자 분자의 열용량에 대한 간단한 식을 다음과 같이 얻는다.

$$C_V = Nk\left[\underbrace{\frac{3}{2}}_{\text{병진}} + \underbrace{\frac{3}{2}}_{\text{회전}} + \underbrace{\sum_{j=1}^{3N^*-6}\left(\frac{\theta_j}{T}\right)^2 \cdot \frac{e^{-\theta_j/T}}{(1-e^{-\theta_j/T})^2}}_{\text{진동}}\right] \tag{10.52}$$

(선형 분자의 경우 회전에 대한 값이 $\frac{3}{2}$이 아닌 $\frac{2}{2}$이다.) 열용량의 각 부분이 어디에서부터 나왔는지를 각 항의 아래에 표시하였다. C_V를 정의할 때의 도함수 때문에 곱의 함수로 이루어진 진동 분배 함수가 항들이 합해지는 모양으로 바꾸어진다. 식 (10.52)의 의미를 다음과 같이 이해할 수 있다. 병진과 회전은 기체 분자의 열용량에 동일한 양만큼 기여하며, 진동도 역시 열용량에 기여한다. 분자의 원자수 N^*가 클수록 진동 방식이 많아지고, 그에 따라 C_V에 대한 진동의 기여가 커진다. 실제로 이와 같은 결과를 실험을 통해서 얻을 수 있다. C_p에 대한 식은 연습 문제로 남겨둔다.

예제 10.9

온도가 727°C이고 압력이 1 bar일 때 수증기 1 mol의 일정 부피 열용량을 계산하라. 이 값을 온도가 727°C이고 압력이 1 atm(1 atm = 1.01325 bar)일 때의 값 33.0 J/(mol·K)와 비교하고, 그 차이에 관하여 논하라.

풀이

H_2O의 세 개의 진동 온도는 2287, 5163 및 5350 K이다. (예제 10.5 참조) C_V 식은 다음과 같이 된다.

$$C_V = (6.02\times 10^{23}\,\text{mol}^{-1})\left(1.381\times 10^{-23}\,\frac{\text{J}}{\text{K}}\right)\times\left\{\frac{3}{2}+\frac{3}{2}+\left(\frac{2287}{1000}\right)^2\cdot\frac{\exp\left(-\frac{2287}{1000}\right)}{\left[1-\exp\left(-\frac{2287}{1000}\right)\right]^2}\right.$$

$$\left.+\left(\frac{5163}{1000}\right)^2\cdot\frac{\exp\left(-\frac{5163}{1000}\right)}{\left[1-\exp\left(-\frac{5163}{1000}\right)\right]^2}+\left(\frac{5350}{1000}\right)^2\cdot\frac{\exp\left(-\frac{5350}{1000}\right)}{\left[1-\exp\left(-\frac{5350}{1000}\right)\right]^2}\right\}$$

이로부터 다음의 결과를 얻을 수 있다.

진동이 얼마나 열용량에 기여하는지에 주목하라. 낮은 에너지의 진동은 더 작은 θ_v 값을 가지며, 두 개의 높은 에너지의 진동을 합한 것보다 더 큰 기여를 한다.

$$C_V = \left(8.314\frac{\text{J}}{\text{mol·K}}\right)(3+0.658+0.154+0.137)$$

$$C_V = 32.8\ \text{J/mol·K}$$

이 값은 실험에서 얻은 값과 매우 비슷하다. 실험값과의 차이는 H_2O가 주어진 온도와 압력에서 이상 기체처럼 행동하지 않는다는 사실에 기인한다. 온도가 높아지고 압력이 낮아질수록 계산값은 실험값에 훨씬 더 가까워진다.

이 절의 핵심은 통계 열역학으로부터 분자의 열역학적 성질들을 얻을 수 있다는 것이다. 분자의 에너지 준위가 주어져 있을 때, 분자의 열역학적 성질을 계산하기 위하여 표 10.5에 있는 식들을 사용하는 전산 프로그램들이 많이 있다. (분자의 에너지 준위는 분광학적으로 또는 이론적으로 구할 수 있다.) 물리화학자는 분자의 열역학적 성질을 이해하기 위한 강력한 도구로서 이 식들을 활용하고 있다.

10.9 평형

고전 열역학은 평형 상태에서 일어나는 화학적 또는 물리적 과정에 매우 유용하게 적용될 수 있다. 통계 열역학은 평형에 얼마나 잘 적용될까?

다음의 기체상 균형 화학 평형 반응을 생각해 보자.

$$\nu_A A + \nu_B B \rightleftharpoons \nu_C C + \nu_D D \tag{10.53}$$

여기에서 A와 B는 반응물, C와 D는 생성물을 나타내며, ν_A, ν_B, ν_C 및 ν_D는 균형 화학 반응식의 몰 계수이다. 반응물들을 식의 반대편으로 옮겨서 식 (10.53)을 다음과 같이 다시 쓸 수 있다.

$$\nu_C C + \nu_D D - \nu_A A - \nu_B B = 0$$

(생성물에서 반응물을 빼는 것이 관례이다.) 고전 열역학적으로 화학 평형은 식 (5.4)로 주어지는데, 다음 식이 만족되어야 한다.

$$\sum_{i=1}^{\text{성분의 수}} \nu_i \cdot \mu_i = 0$$

위에서 일반식으로 나타낸 평형에 대해서 다음이 성립한다.

$$\nu_C\mu_C + \nu_D\mu_D - \nu_A\mu_A - \nu_B\mu_B = 0 \tag{10.54}$$

위 식의 μ_i는 분배 함수를 이용하여 나타낼 수 있다. 혼합 기체의 경우 계의 전체 분배 함수 $Q_{계}$를 각 성분의 분자 분배 함수들의 곱으로 쓸 수 있다고 가정한다.

$$\begin{aligned} Q_{계} &= \prod_{i=1}^{\text{성분의 수}} \frac{(Q_i)^{N_i}}{N_i!} \\ &= \frac{Q_A(V,T)^{N_A}}{N_A!} \cdot \frac{Q_B(V,T)^{N_B}}{N_B!} \cdot \frac{Q_C(V,T)^{N_C}}{N_C!} \cdot \frac{Q_D(V,T)^{N_D}}{N_D!} \end{aligned} \tag{10.55}$$

이 식에서 각 분자 분배 함수의 아래 첨자에 해당 성분을 표시하였다. 계가 평형 상태에 있으므로 각 성분은 동일한 부피를 점유하고 있고 동일한 온도를 갖는다. 그러나 평형에서 각 성분의 분자수 N_i는 일반적으로 모두 다르다. 통계 열역학에 의하면 한 성분의 화학 퍼텐셜은 다음 식과 같다.

$$\mu_i = -kT\left(\frac{\partial \ln Q_{계}}{\partial N_i}\right)_{N_{j\neq i},V,T} \tag{10.56}$$

여기에서 다성분 혼합물의 경우 편도함수는 오로지 한 개의 성분 N_i에 대해서만 미분하고, 나머지 다른 성분들의 분자수 N_j는 상수가 된다. 이것 때문에 각 성분에 대한 μ_i를 계산할 때 다른 모든 성분에 대한 분배 함수들은 제거된다. 네 개의 성분 각각에 대하여 식 (10.55)를 식 (10.56)에 대입하고, 스털링 근사법을 적용하면 각 성분에 대하여 다음을 얻는다.

$$\mu_i \approx -kT \ln \frac{Q_i(V,T)}{N_i} \qquad \textbf{(10.57)}$$

여기에서 각 Q에 대한 N_A ...와 같은 표시를 생략했다. 위 식을 식 (10.54)의 각 μ에 대입하면 다음을 얻을 수 있다.

$$\nu_C\left(-kT\ln\frac{Q_C(V,T)}{N_C}\right) + \nu_D\left(-kT\ln\frac{Q_D(V,T)}{N_D}\right) - \nu_A\left(-kT\ln\frac{Q_A(V,T)}{N_A}\right) - \nu_B\left(-kT\ln\frac{Q_B(V,T)}{N_B}\right) = 0$$

$-kT$ 항은 상쇄되어 다음과 같이 된다.

$$\nu_C\ln\frac{Q_C(V,T)}{N_C} + \nu_D\ln\frac{Q_D(V,T)}{N_D} - \nu_A\ln\frac{Q_A(V,T)}{N_A} - \nu_B\ln\frac{Q_B(V,T)}{N_B} = 0$$

로그의 성질을 사용하여 각 계수 ν를 로그 항 안의 지수로 넣을 수 있다. 간단히 나타내기 위하여 Q에서 (V, T) 표시들을 제거하면 다음과 같이 된다.

$$\ln\left(\frac{Q_C}{N_C}\right)^{\nu_C} + \ln\left(\frac{Q_D}{N_D}\right)^{\nu_D} - \ln\left(\frac{Q_A}{N_A}\right)^{\nu_A} - \ln\left(\frac{Q_B}{N_B}\right)^{\nu_B} = 0$$

다음 단계에서는 두 가지를 할 것이다. A와 B에 대한 항을 식의 우변으로 이동하고 양변에 있는 두 로그를 하나로 결합한다($\ln a + \ln b = \ln ab$ 사용).

$$\ln\left[\left(\frac{Q_C}{N_C}\right)^{\nu_C}\cdot\left(\frac{Q_D}{N_D}\right)^{\nu_D}\right] = \ln\left[\left(\frac{Q_A}{N_A}\right)^{\nu_A}\cdot\left(\frac{Q_B}{N_B}\right)^{\nu_B}\right]$$

위 식과 같이 양변의 로그 값이 같으면 로그 안의 값도 같아야 한다. 위 식의 양변에 역로그를 취한다고 생각해도 된다. 따라서 다음의 등식을 얻는다.

$$\left(\frac{Q_C}{N_C}\right)^{\nu_C}\cdot\left(\frac{Q_D}{N_D}\right)^{\nu_D} = \left(\frac{Q_A}{N_A}\right)^{\nu_A}\cdot\left(\frac{Q_B}{N_B}\right)^{\nu_B} \qquad \textbf{(10.58)}$$

이제 분배 함수 Q_i가 모두 한 변으로, N_i가 모두 다른 변으로 가도록 위 식을 재배열한다. 지수 계산 결과 지수 ν_i는 양변에 나타날 것이다. 관례대로 생성물에 관련된 표현은 분자에 놓고 반응물에 관련된 표현은 분모에 쓴다. 이렇게 하면 다음 식을 얻을 수 있다.

$$\frac{(Q_C)^{\nu_C}\cdot(Q_D)^{\nu_D}}{(Q_A)^{\nu_A}\cdot(Q_B)^{\nu_B}} = \frac{(N_C)^{\nu_C}\cdot(N_D)^{\nu_D}}{(N_A)^{\nu_A}\cdot(N_B)^{\nu_B}} \qquad \textbf{(10.59)}$$

식 (10.59)를 살펴보자. 분배 함수 Q_i는 각 화학종에 대하여 특정한 값을 갖고, ν_i는 균형 화학 반응식에서 특정한 값을 갖는다. 따라서 식 (10.59)의 좌변은 화학 반응에 고유한 어떤 상수이다. 각각의 Q_i 자체는 반응의 진척도가 아니라 분자에 의해서 정의되었지만, 이 고유의 상수는 **반응이 화학 평형에 도달하였을 때**의 각 화학종의 양과 관련되어 있다는 것을 식 (10.59)로부터 알 수 있다. Q_i 값들로 이루어진 위 식에 나타난 분수는 특정한 값을 가지므로, 평형에서 N_i로 이루어진 분수도 역시 어떤 특정한 값을 가져야 한다. 이 값을 반응의 **평형 상수**(equilibrium constant)라 한다.

이상 기체의 경우 분배 함수 Q는 부피 및 꽤 복잡한 온도의 함수의 곱이다. (부피는 $q_{병진}$으로부터 오고, 온도의 함수는 다른 여러 개의 q들로부터 온다.)

$$Q = f(T)\cdot V$$

부피와 무관한 분배 함수를 얻기 위해서 각 분자에 대한 Q를 V로 나누는 것이 편리하다.

$$\frac{Q}{V} = f(T)$$

부피와 무관한 이 분배 함수를 평형 상수의 분배 함수에 대입함으로써 평형 상수 $K(T)$를 얻을 수 있는데, 이때 $K(T)$는 반응에 참여하는 화학종들의 특성이고 온도 T에만 의존하며 다음 식으로 나타낼 수 있다.

$$K(T) \equiv \frac{\left(\frac{Q_C}{V}\right)^{\nu_C} \cdot \left(\frac{Q_D}{V}\right)^{\nu_D}}{\left(\frac{Q_A}{V}\right)^{\nu_A} \cdot \left(\frac{Q_B}{V}\right)^{\nu_B}} \quad \textbf{(10.60)}$$

식 (10.60)은 통계 열역학적으로 분배 함수로부터 온도에 의존하는 평형 상수를 계산할 수 있다는 것을 보여준다. 분배 함수 그 자체가 결국 화학종의 에너지 준위들로부터 결정되므로 에너지 준위(분광학으로부터 얻음)를 아는 것이 화학 반응에 대하여 열역학적인 예측을 하는 데 어떻게 도움을 주는지를 다시 한 번 알 수 있다.

단위에 대한 언급이 필요하다. 식 (10.60)의 모든 단위를 계속 추적하는 것이 중요하며, 계산 결과를 실험 결과와 비교할 때 단위가 일치해야 한다. 식 (10.60)은 농도로 표현된 평형 상수 K_c이다. 여기에서 농도는 일반적으로 많이 이용되는 몰농도가 아니라 단위 부피당 분자수인 수밀도(number density)이며, N_i/V 식으로 나타낼 수 있다. 반응물과 생성물이 기체상인 경우 평형 상수는 부분 압력으로도 표시될 수 있다. 압력으로 표현된 평형 상수 K_p는 다음과 같은 관계식에 의해 K_c와 관련된다.

$$K_p = K_c \cdot (kT)^{\Sigma\nu_i} \quad \textbf{(10.61)}$$

여기에서 $\Sigma\nu_i$는 균형 화학 반응식에서 기체 물질의 화학량론적 계수들을 적절히 더한 것을 나타낸다. 이때 ν_i 값은 반응물인 경우 음수이고 생성물인 경우 양수이다.

예제 10.10

당연히 식 (10.60)을 적용하려는 예는 비교적 간단해야 한다. 298 K에서 다음 반응의 평형 상수를 계산하라.

$$H_2 + D_2 \leftrightharpoons 2HD$$

핵 분배 함수들은 상쇄된다고 가정한다. 계산값을 실험값인 3.26(단위 없음)과 비교하라.

풀이

$\Sigma\nu_i = 2 - 1 - 1 = 0$이므로 이 경우 $K_p = K_c$이다. 각 화학종에 대한 나머지 네 개의 분배 함수들은 다음과 같이 계산된다.

q	H_2	D_2	HD
병진/V	2.737×10^{30}	7.741×10^{30}	5.028×10^{30}
진동	~1	~1	~1
회전	1.746	3.489	4.656
전자	$e^{175.901}$	$e^{178.890}$	$e^{177.262}$

온도가 진동 온도 θ_v보다 훨씬 낮으므로 진동 분배 함수는 거의 1이다.

예제 10.10 *(계속)*

위의 표에서 $q_{병진}$은 부피로 나누어져 있다. H_2와 D_2의 경우 회전 분배 함수를 구할 때 대칭수 2를 고려하였다. HD의 대칭수는 1이다. 평형 상수는 다음과 같이 계산할 수 있다.

지수 함수들만 따로 모으면 $e^{-0.267}$이 되며 이를 계산하면 0.7657이다.

$$K(T) = \frac{\left(\dfrac{q_{병진}q_{진동}q_{회전}q_{전자}}{V}\right)^2_{HD}}{\left(\dfrac{q_{병진}q_{진동}q_{회전}q_{전자}}{V}\right)_{H_2}\left(\dfrac{q_{병진}q_{진동}q_{회전}q_{전자}}{V}\right)_{D_2}}$$

$$= \frac{(5.028 \times 10^{30} \cdot 1 \cdot 4.656 \cdot e^{177.262})^2}{(2.737 \times 10^{30} \cdot 1 \cdot\ 1.746 \cdot e^{175.901})(7.741 \times 10^{30} \cdot 1 \cdot 3.489 \cdot e^{178.890})}$$

$K(T)$의 식에서 부피 항은 상쇄된다. 위 식을 계산하면 다음 값을 얻는다.

$$K(T) = 3.251$$

이 값은 실험값에 매우 가깝다.

이상에서 살펴본 것처럼 통계 열역학은 에너지 준위 외에는 알려진 것이 별로 없는 평형 화학종들이 참여하는 반응의 평형 상수를 예측할 수 있는 수단을 제공해 준다. 이것은 강력한 예측 도구가 되며, 화학자들은 직접 측정하지 못 할 수도 있는 조건하에서 일어나는 반응의 평형 진척도를 추정하는 데 이 도구를 사용한다.

10.10 결정

통계 열역학을 기체 계에 성공적으로 적용시킨 데 고무된 과학자들은 다른 계에도 통계 열역학을 적용하려는 시도를 하였다. 20세기 초에는 보다 유익한 시도가 있었다. 이 시기에 과학자들은 절대 영도에 근접하는 극저온에서 물질에 대한 심층적인 연구들을 처음으로 진행하였다. 수소와 헬륨 기체는 각각 1898년과 1908년에 처음으로 액화되었고, 이와 같은 저온에 도달하는 데 사용되는 기술로 물질을 냉각하여 그 성질들을 조사하였다.

이러한 저온에서 대부분의 물질은 고체이며, 연구하기에 가장 좋은 형태의 고체 시료는 결정(crystal)이다. 결정에 대한 연구는 흥미를 자아내는 열역학적 거동들을 보여 주었다. 예를 들어, 엔트로피의 측정 결과 온도가 절대 영도로 접근함에 따라 절대 엔트로피가 0으로 접근하는 것이 밝혀졌다. 이것은 열역학 제3법칙을 실험적으로 증명한 것이다. 그러나 고체의 열용량 측정은 흥미로운 것을 보여 주었다. 온도가 절대 영도로 접근함에 따라 고체의 열용량도 역시 0으로 접근하였다. 그러나 거의 모든 결정성 고체의 경우 온도에 따른 열용량의 그래프는 저온에서 그림 10.3과 유사한 양상을 보였다. 이 곡선들은 삼차 함수, 즉 $y = x^3$의 모양을 뚜렷하게 가지고 있다. 이 경우 변수는 절대 온도이므로, 일정 부피 열용량 C_V는 T^3에 직접 관련되는 것이 실험적으로 분명해졌다.

$$C_V \propto T^3 \qquad \textbf{(10.62)}$$

(여기에서 $\propto$ 기호는 '직접 관련되는' 또는 '비례하는'을 뜻함.) 이러한 거동을 어떻게 설명할 수 있을까?

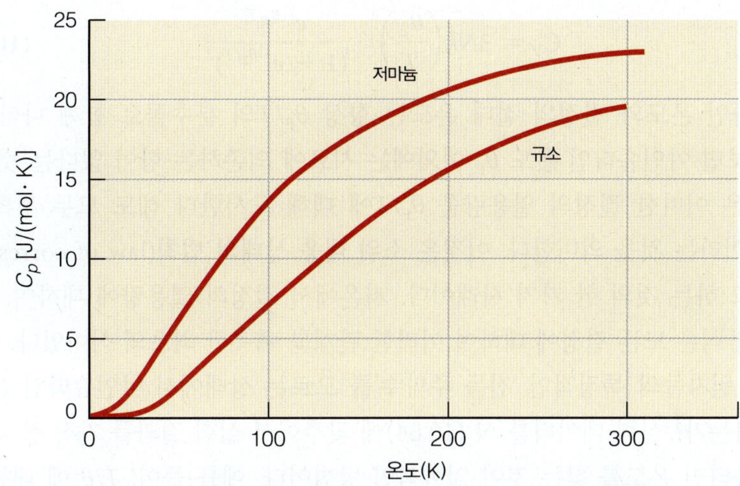

그림 10.3 매우 낮은 온도에서 결정의 열용량을 측정하면 $y = kT^3$의 그래프와 같은 모양의 곡선이 얻어진다. 결정의 열용량에 대한 이론이라면 이러한 종류의 거동을 예측할 수 있어야만 한다.

과학자들은 저온에서 결정의 열용량을 이해하기 위하여 통계 열역학을 사용하려는 시도를 하였다. 분자들을 구별할 수 없고 통계적으로 다룰 수 있는 기체에 대하여 통계 열역학이 성공하였으므로, 결정성 고체에도 통계 열역학을 적용하지 못할 이유가 어디 있겠는가? 결정을 이루는 원자들이 고체 전체의 열역학적 성질들에 기여하는 것도 아마 통계적으로 다룰 수 있을 것이다.

이러한 접근법으로 중대한 진전을 이룩한 최초의 과학자는 아인슈타인(Albert Einstein)이었다. 1907년에 아인슈타인은 플랑크의 양자화된 에너지 개념을 이용하여 결정에 있는 원자들의 운동을 이해하려고 하였다. 하나의 결정이 N개의 원자들로 이루어져 있다고 하자. 이 N개의 원자들은 결정 격자 내부에서 x, y 또는 z 방향으로 진동할 수 있으므로, 총 $3N$개의 진동 운동이 가능하다. 아인슈타인은 이 진동들의 주파수가 모두 같다고 가정하였다. 이 주파수를 **아인슈타인 주파수**(Einstein frequency)라고 하며 ν_E로 표시한다. 이러한 경우에 결정을 이루는 원자의 진동 형태 운동만을 고려한다면, 진동 분배 함수로부터 열용량의 **진동 성분만**을 가지고 결정의 열용량을 다음 식에서처럼 계산할 수 있다.

$$C_V = \sum_{i=1}^{3N} k\left(\frac{h\nu_E}{kT}\right)^2 \cdot \frac{e^{-h\nu_E/kT}}{(1 - e^{-h\nu_E/kT})^2}$$

이때 식 (10.52)로부터 열용량의 진동 성분을 취하였고, 아인슈타인 주파수를 진동 주파수로 사용하였다. 아인슈타인 주파수는 $3N$개의 모든 항들에 대하여 상수이므로, 열용량은 다음과 같이 된다.

$$C_V = 3Nk\left(\frac{h\nu_E}{kT}\right)^2 \cdot \frac{e^{-h\nu_E/kT}}{(1 - e^{-h\nu_E/kT})^2}$$

앞에서 사용한 방법대로 특성 온도를 정의한다.

$$\theta_E \equiv \frac{h\nu_E}{k} \tag{10.63}$$

θ_E는 결정의 **아인슈타인 온도**(Einstein temperature)이다. 따라서 결정의 열용량에 대한 아인슈타인의 식은 다음과 같다.

$$C_V = 3Nk\left(\frac{\theta_E}{T}\right)^2 \cdot \frac{e^{-\theta_E/T}}{(1 - e^{-\theta_E/T})^2} \qquad \textbf{(10.64)}$$

아인슈타인 온도와 결정의 절대 온도는 항상 θ_E/T의 분수꼴로 함께 나타난다. 식 (10.64)를 보면 아인슈타인 온도 θ_E 이외에는 시료에 의존하는 항이 없다는 것도 알 수 있다. 이것은 어떠한 결정의 열용량을 θ_E/T에 대해 도시한다 해도 모두 정확하게 같아 보일 것이라는 것을 의미한다. 이것은 소위 **대응 상태의 법칙**(law of corresponding state)이라고 하는 것의 한 가지 사례이다. 저온에서 결정의 열용량에 대하여 아인슈타인이 유도한 식은 모든 결정에 대하여 이러한 관계를 예측한 최초의 식이었다.

결정 내 원자들의 특징적인 '진동 주파수'를 모르는 상태에서 아인슈타인 온도 θ_E를 어떻게 구하는가? 실험 데이터를 식 (10.64)에 맞추어서 실험 결과를 가장 잘 기술할 수 있는 아인슈타인 온도를 찾는 것이 일반적인 방법이다. 예를 들어, T/θ_E에 대한 열용량의 실험값을 그림 10.4에 작은 원으로 나타냈으며, 아인슈타인 이론에 따른 열용량 곡선 역시 점선으로 함께 도시했다. (θ_E/T는 T에 반비례해서 $T \rightarrow 0$ K일 때의 그래프를 그리기가 쉽지 않으므로, T에 비례하는 T/θ_E를 이용하여 그래프를 그린다.) 그림 10.4를 보면 실험과 이론이 적절하게 들어맞는 것을 확인할 수 있다. 이것은 결정의 열용량에 대한 아인슈타인의 통계 열역학적 기초가 관심을 받을 만하다는 것을 암시한다. 표 10.6에 실험으로부터 구한 몇 가지 결정의 아인슈타인 온도를 실었다.

표 10.6 몇 가지 결정의 아인슈타인 온도

물질	θ_E (K)
Al	240
C (다이아몬드)	1220
Pb	67

그러나 매우 낮은 온도에서 아인슈타인 식을 이용하여 예측된 열용량은 실험적으로 측정한 값보다 작다. 사실 수학적으로 극한을 이용하면 온도가 절대 영도에 접근할 때 식 (10.64)는 다음과 같이 된다.

$$\lim_{T\rightarrow 0} C_V = 3Nk\left(\frac{\theta_E}{T}\right)^2 e^{-\theta_E/T} \qquad \textbf{(10.65)}$$

이 식은 실험에서 측정한 것과는 달리 T^3에 의존하지 않는다. 따라서 통계 열역학을 이용하여 아인슈타인이 세운 결정 이론은 유용하기는 하지만 한계가 있다. [어떤 면에서는 전자의 각운동량이 양자화되어 있다고 가정하여 전자 에너지 준위들에 대하여 설명한 보어(Bohr)의 시도와 유사한 것으로 생각할 수 있다. 보어의 이론은 수소 원자에는 잘 적용되었지만 보다 광범위한 의미에서는 결함이 있었다.]

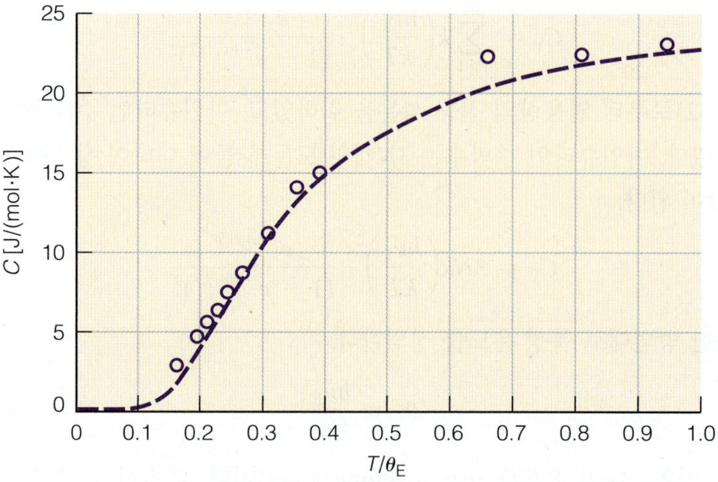

그림 10.4 결정의 열용량에 대한 아인슈타인 이론은 실험적으로 측정한 것과 적절하게 잘 일치한다.

네덜란드의 물리화학자 디바이(그림 10.5 참조)는 열용량에 관한 아인슈타인의 작업을 확장하였고, 디바이-휘켈 이론(Debye-Hückel theory)은 그의 이름을 부분적으로 따서 명명되었다. 디바이는 아인슈타인이 가정한 것처럼 결정의 모든 원자들이 동일한 진동 주파수를 갖는 것으로 가정하는 대신, 결정을 이루는 원자들의 가능한 진동 운동은 0부터 특정한 최댓값 사이의 주파수를 가질 수 있다고 가정하였다. 즉, 원자는 일정 **범위**나 **분포**의 주파수를 갖는다고 디바이는 가정하였다.

그림 10.5 디바이(Peter J. W. Debye, 1884~1966)는 네덜란드 계 미국 물리화학자로서 이온 용액과 분자의 쌍극자를 이해하는 데 중요한 진전을 이룩하였다. 디바이는 또한 저온에서 결정의 열역학적 성질들에 대한 만족스러운 이론을 만들었고, 이 일로 1936년에 노벨 화학상을 받았다.

디바이는 $q_{\text{병진}}$에서 병진 운동의 상태 수를 구하는 것과 유사한 방법을 사용하여 주파수의 분포를 나타내는 식 $g(\nu)$가 다음과 같다고 추론하였다.

$$g(\nu)\,d\nu = \frac{9N}{(\nu_D)^3}\cdot \nu^2\,d\nu \tag{10.66}$$

여기에서 ν_D는 결정의 원자들이 가질 수 있는 최대 주파수로 **디바이 주파수**(Debye frequency)라 한다. 분포 함수 $g(\nu)$는 주파수 ν의 함수이지만 모든 진동의 개수가 $3N$이라는 조건 역시 만족하여야 한다. 이때 N은 결정에 포함되어 있는 원자의 수이다. 이 제한을 수학적으로 표현하면 다음과 같다.

$$\int_{\nu=0}^{\nu_D} g(\nu)\,d\nu = 3N$$

따라서 식 (10.66)은 ν 값이 0과 ν_D 사이일 때 적용할 수 있다. ν가 ν_D보다 크면 $g(\nu)\equiv 0$이 된다.

식 (10.66)의 주파수 분포 함수를 다양한 상태 함수들에 대한 통계 열역학적인 식에 대입하여, 결정의 다양한 열역학적 성질들을 구할 수 있다. 이 중에서 관심의 대상인 열용량의 식은 다음과 같다(자세한 유도 과정은 생략함).

$$C_V = 9Nk\left(\frac{kT}{h\nu_D}\right)^3 \int_0^{\nu_D} \left(\frac{h}{kT}\right)^5 \frac{e^{h\nu/kT}}{(e^{h\nu/kT}-1)^2}\,\nu^4\,d\nu$$

이 식은 복잡하므로 조금 단순화할 필요가 있다. 첫째, $x \equiv h\nu/kT$로 정의하여 대입한다. 둘째, 디바이 온도를 다음과 같이 정의한다.

$$\theta_D \equiv \frac{h\nu_D}{k} \tag{10.67}$$

따라서 열용량의 식은 다음과 같이 단순화할 수 있다.

$$C_V = 9Nk\left(\frac{T}{\theta_D}\right)^3 \int_0^{\theta_D/T} \frac{x^4 e^x}{(e^x-1)^2}\,dx \tag{10.68}$$

식 (10.68)에 있는 적분은 해석적으로 풀 수 없지만 수치적으로 구할 수 있다. 결정의 열용량에 대한 아인슈타인 이론에서 했던 것과 유사하게, 식 (10.68)로부터 계산된 값이 실험 데이터와 될 수 있으면 잘 맞도록 디바이 온도 θ_D를 고른다. 그림 10.6은 디바이 식이 어떤 모양을 갖는지 보여주며, 표 10.7에는 몇 가지 θ_D 값들이 수록되어 있다.

$T \to 0$ K일 때 식 (10.68)의 극한은 다음과 같다.

$$\lim_{T\to 0} C_V = \frac{12\pi^4}{5} Nk\left(\frac{T}{\theta_D}\right)^3$$

표 10.7 몇 가지 결정의 디바이 온도

물질	θ_D (K)[a]
Al	390
C (다이아몬드)	1860
Pb	88
Na	150
Ag	215
Au	170
Fe	420
Pt	225
Gd	169
Sc	345

[a] $\theta_E \approx \frac{3}{4}\theta_D$가 성립함을 보일 수 있다.

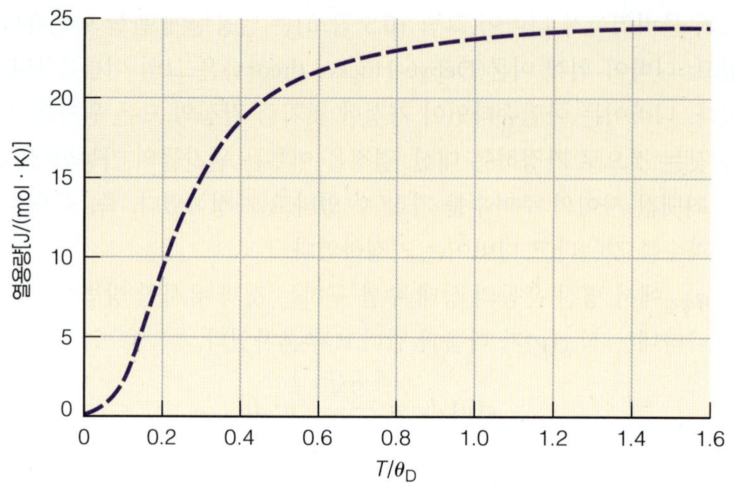

그림 10.6 결정의 열용량에 대한 디바이 이론은 저온 열용량 실험값과 더 잘 일치한다.

이 식은 낮은 온도에서 열용량이 절대 온도의 세제곱에 따라 변하는 것을 보여준다. 이것은 실험적으로 알려진 것이므로(아인슈타인 이론의 주된 실패가 C_V의 저온 거동을 적절하게 예측하지 못했던 데 있다는 것을 상기할 것) 결정 열용량에 대한 디바이의 방법이 더 성공적이라고 생각할 수 있다. 디바이의 열용량 식에서도 절대 온도와 θ_D가 항상 비율 형태로 함께 나타나므로 결정에 대한 디바이 모형 역시 대응 상태의 법칙을 함축하고 있다. 열용량을 T/θ_D에 대하여 도시하면 모든 물질들에 대하여 거의 동일한 형태를 가질 것이다.

아인슈타인과 디바이의 결정 이론은 어느 정도 이상적인 거동을 가정했다는 측면에서 근사법이다. 실제 기체와 유사하게 실제 고체의 거동은 이상적이지 않다. 어쨌든 이상 기체 법칙이 실제 기체의 성질을 이해하는 데 출발점이 된 것처럼 통계 열역학의 적용은 이들 계를 열역학적으로 이해하기 위한 출발점이 된다.

10.11 요약

통계 열역학을 두 개 이상의 원자로 이루어진 계에 어떻게 적용하는지를 알아보았다. 분배 함수의 개념을 전자, 핵, 진동, 회전 에너지 준위에 적용하여 기체상 분자의 열역학적 성질에 대한 식들을 결정할 수 있었다. 또한 통계 열역학을 화학 반응에 어떻게 적용하는지를 알 수 있었으며, 평형 상수의 개념이 자연스럽게 나타나는 것을 알 수 있었다. 마지막으로 통계 열역학을 고체 계에 어떻게 적용하는지를 알아보았다. 통계 열역학을 결정에 적용하는 두 가지 근사적인 방법을 제시하였는데, 두 방법 중에서 아인슈타인의 방법이 아마 이해하는 데 좀 더 용이했을 것이며 새로운 개념(대응 상태의 법칙과 같은)이 제시되기도 하였으나, 디바이의 방법이 아인슈타인의 방법보다 실험 데이터와는 더 잘 맞는다.

바로 앞 장을 시작할 때 열역학은 두 개의 완전히 다른 관점에서 출발하여 동일한 결과에 도달하는 하나의 주제라고 언급하였다. 이 다른 관점들은 화학의 거의 모든 방면에 열역학을 널리 적용할 수 있도록 보장한다.

주요 식

$$q_{핵} = g_1 \quad \text{(핵 분배 함수)}$$

$$q_{전자} = g_1 + \sum_{\substack{i=\text{두 번째} \\ \text{전자 준위}}}^{\infty} g_i e^{-\epsilon_i/kT} \quad \text{(원자의 전자 분배 함수)}$$

$$q_{전자} \approx g_1 e^{D_0/kT} \quad \text{(분자의 전자 분배 함수)}$$

$$q_{진동} = \frac{1}{1-e^{-h\nu/kT}} \approx \frac{T}{\theta_v} \quad \text{(이원자 분자의 진동 분배 함수)}$$

$$q_{진동} = \prod_{i=1}^{3N-6} \frac{1}{1-e^{-h\nu_i/kT}} \quad \text{(다원자 분자의 진동 분배 함수)}$$

$$q_{회전} = \frac{8\pi^2 IkT}{h^2} = \frac{T}{\theta_r} \quad \text{(선형 분자의 회전 분배 함수)}$$

$$q_{회전} = \frac{\pi^{1/2}}{\sigma}\left(\frac{2IkT}{\hbar^2}\right)^{3/2} = \frac{\pi^{1/2}}{\sigma}\left(\frac{T}{\theta_r}\right)^{3/2} \quad \text{(구형 팽이 분자의 회전 분배 함수)}$$

$$q_{회전} = \frac{\pi^{1/2}}{\sigma}\left(\frac{2I_{중복}kT}{\hbar^2}\right)\left(\frac{2I_{단일}kT}{\hbar^2}\right)^{1/2} = \frac{\pi^{1/2}}{\sigma}\left(\frac{T}{\theta_{r,A}}\right)\left(\frac{T}{\theta_{r,C}}\right)^{1/2} \quad \text{(대칭 팽이 분자의 회전 분배 함수)}$$

$$q_{회전} = \frac{\pi^{1/2}}{\sigma}\left(\frac{2I_A kT}{\hbar^2}\right)^{1/2}\left(\frac{2I_B kT}{\hbar^2}\right)^{1/2}\left(\frac{2I_C kT}{\hbar^2}\right)^{1/2} = \frac{\pi^{1/2}}{\sigma}\left(\frac{T^3}{\theta_{r,A}\theta_{r,B}\theta_{r,C}}\right)^{1/2} \quad \text{(비대칭 팽이 분자의 회전 분배 함수)}$$

$$Q_{계} = \frac{Q^N}{N!} \quad \text{(전체 계의 분배 함수)}$$

$$K(T) = \frac{\prod_{생성물}\left(\frac{q_{병진}q_{진동}q_{회전}q_{전자}}{V}\right)}{\prod_{반응물}\left(\frac{q_{병진}q_{진동}q_{회전}q_{전자}}{V}\right)} \quad \text{(반응의 평형 상수)}$$

연습 문제

10.2 핵과 전자의 분배 함수

10.1. 핵 스핀 상태의 표를 이용하여 다음 원자들의 $q_{핵}$을 구하라. **(a)** ^{12}C, **(b)** ^{56}Fe, **(c)** ^{1}H, **(d)** D (D는 ^{2}H임). c와 d의 답을 설명하라.

10.2. 핵 스핀 상태의 표를 이용하여 다음 원자들의 $q_{핵}$을 구하라. **(a)** ^{6}Li, **(b)** ^{7}Li, **(c)** ^{13}C, **(d)** ^{238}U.

10.3. 주석(Sn)은 10 개의 안정한 동위 원소를 갖는다. 핵 스핀 상태의 표를 이용하여 각 동위 원소의 $q_{핵}$을 구하라. 이 값이 다른 경우가 몇 개 있는가?

10.4. 표준 온도에서 **(a)** N_2 기체와 **(b)** O_2 기체의 전자 분배 함수를 각각 구하기 위하여 얼마나 많은 항을 더해야 하는가? 전자 에너지 준위의 표를 참조할 필요가 있다. (예를 들어, G. Herzberg, *Spectra of Diatomic Molecules*, Van Nostrand Reinhold, New York, 1950 또는 G. Herzberg and K. P. Huber, *Constants of Diatomic Molecules*, Van Nostrand Reinhold, New York, 1979 참조)

10.5. 아래의 표에 Ti 원자의 처음 네 개의 전자 에너지 준위가 있다. 타이타늄의 끓는점인 3560 K에서 $q_{전자}$를 구하라.

	에너지, cm^{-1}	미분화도
0	0.000	5
1	170.132	7
2	386.873	9
3	6556.86	3

10.6. 식 (10.4)를 사용하여 E와 S에 대한 핵의 기여도를 계산하라. 계산한 값이 적당한지를 보여라.

10.7. T = 10,000 K(뜨거운 별의 표면 온도)일 때 예제 10.1을 다시 풀어라. 들뜬 전자 상태들이 $q_{전자}$에 미치는 영향에 대한 결론에 변화가 있는가? 왜 그러한가?

10.8. $q_{전자}$의 최솟값은 얼마인가? 그 이유는 무엇인가?

10.9. 298 K에서 Ni 원자의 $q_{전자}$와 1000 K에서 Ni 원자의 $q_{전자}$를 비교하라(예제 10.2 참조). 왜 두 값이 비슷한지를 설명할 수 있는가? Ni 원자의 5.0 K에서의 $q_{전자}$와 298 K에서의 $q_{전자}$를 비교하라. 차이를 설명할 수 있는가?

10.10. SnO의 낮은 들뜬 상태가 27.2 cm^{-1}의 에너지를 가진다. 미분화도가 7이라면 298K에서 SnO의 $q_{전자}$는 얼마인가? 바닥 상태의 미분화도는 1이며, 주어진 들뜬 상태가 이 온도에서 $q_{전자}$에 기여하는 유일한 들뜬 상태라고 가정한다.

10.3 분자의 전자 분배 함수

10.11. N_2의 D_0는 945.0 kJ/mol이다. 만약 $\nu(N_2)$ = 2358 cm^{-1}이면 N_2의 D_e는 얼마인가?

10.12. 다원자 분자의 경우 식 (10.7)을 다음과 같이 고쳐 쓸 수 있다.

$$D_e = D_0 + \Sigma \tfrac{1}{2}h\nu$$

여기에서 합은 $3N - 6$ (선형 분자의 경우 $3N - 5$)개의 진동 주파수에 대한 것이다. 만약 H_2O의 D_0가 918 kJ/mol이고, 세 개의 진동 주파수가 각각 4.76×10^{13}, 1.08×10^{14} 및 1.12×10^{14} s^{-1}이면 H_2O의 D_e는 얼마인가?

10.13. H_2(g)의 진동 주파수는 4320 cm^{-1}이다. 만약 D_0 대신 D_e를 해리 에너지로 사용한다면 298 K에서 H_2의 $q_{전자}$는 얼마나 변하는가? H_2의 결합 에너지는 432 kJ/mol이다. 계산 값을 예제 10.3의 답과 비교하라.

10.14. O_2 분자의 D_0는 497.0 kJ/mol이며, 이 분자의 바닥 전자 상태의 미분화도는 3이다. O_2의 $q_{전자}$를 계산하라.

10.15. H_2O(g)에서 두 개의 O—H 결합을 깨는 데 918 kJ이 필요하다면, 373 K에서 H_2O(g)의 전자 분배 함수는 얼마인가?

10.16. 이원자 헬륨(He_2)은 극저온 기체 시료에서만 존재한다. 결합 에너지는 최대 89.8 J/mol인 것으로 추산된다. **(a)** He의 정상 끓는점인 4.2 K에서 He_2의 $q_{전자}$를 계산하라. **(b)** 실온(~300 K)에서 He_2가 존재하겠는가? 그 이유는 무엇인가?

10.4 분자의 진동 분배 함수

10.17. 어느 별에서 동일한 거리에 있는 똑같은 두 개의 행성을 생각해 보자. 한 행성은 아르곤 기체의 대기를, 다른 행성은 플루오린 기체의 대기를 가지고 있다. 두 행성의 모든 다른 물리적인 사항들은 동일한 것으로 가정한다. 통계 열역학적인 관점에서 어느 행성이 더 높은 대기 온도를 갖겠는가? 본문에 있는 특정한 식을 언급하여 답에 대한 근거를 제시하라.

10.18. H_2와 D_2의 진동 분배 함수의 비율을 계산하라.

10.19. F_2 분자의 진동 주파수는 459 cm^{-1}이다. 298 K에서 F_2의 θ_v 및 $q_{진동}$을 계산하라.

10.20. ICl 분자의 진동 주파수는 1.15×10^{13} s^{-1}이다. 300 K에서 ICl의 θ_v 및 $q_{진동}$을 계산하라.

10.21. H_2S 분자가 갖는 세 개의 진동 주파수는 각각 1183, 2615 및 2617 cm^{-1}일 때 310 K에서 H_2S의 θ_v를 계산하라.

10.22. 250 K, 500 K 및 1000 K에서 NH_3(g)의 진동 분배 함수를 계산하라. 온도가 변함에 따라 $q_{진동}$은 예상한 대로 변화하는가? 표 10.2에 있는 값들을 계산에 이용하라.

10.23. 250 K, 500 K 및 1000 K에서 NO_2(g)의 진동 분배 함수를 계산하라. 온도가 변함에 따라 $q_{진동}$은 예상한 대로 변화하는가? 표 10.2에 있는 값들을 계산에 이용하라.

10.24. 298 K에서 CH_4(g)의 진동 분배 함수를 계산하라. (표 10.2 참조)

10.25. 표 10.2에 있는 값들을 사용하여 사염화 탄소의 진동 주파수들을 cm^{-1} 단위로 계산하라. CCl_4는 총 몇 개의 진동 주파수를 갖는가?

10.5 & 10.6 분자의 회전 분배 함수

10.26. 기체상 분자에 대한 $q_{핵}$과 $q_{회전}$의 최솟값은 얼마인가? $q_{진동}$의 경우는 어떠한가?

10.27. F_2 분자의 관성 모멘트는 3.167×10^{-46} kg · m^2이다. 335 K에서 F_2의 회전 분배 함수 값은 얼마인가?

10.28. Br_2 분자의 θ_r이 0.116 K라면, Br_2의 관성 모멘트는 얼마인가?

10.29. HCl의 $q_{회전}$이 298 K에서 HBr의 $q_{회전}$ 값과 같아지는 온도를 구하라. 표 10.3에 있는 값들을 계산에 이용하라.

10.30. H_2와 D_2의 회전 분배 함수의 예상되는 비율을 계산하라. 이 비율을 연습 문제 10.18의 결과와 비교하라.

10.31. 다음 분자들에 대하여 홀수 회전 상태 및 짝수 회전 상태로 있는 분자수의 비율을 계산하라. **(a)** I_2 (I = 5/2), **(b)** Cl_2 (I = 2).

10.32. 다음 분자들에 대하여 홀수 회전 상태 및 짝수 회전 상태로 있는 분자수의 비율을 계산하라. **(a)** $^{14}N_2$ (I = 1), **(b)** $^{15}N_2$ (I = 1/2).

10.33. 이원자 분자인 산소(O_2)는 반대칭 바닥 전자 상태를 갖고 있다. 산소 핵이 보존이라면(I = 0), 핵 파동 함수와 회전 파동 함수의 예상되는 대칭 짝지음은 무엇인가?

10.34. 298 K에서 N_2(I = 1)에 대한 $q_{핵}$ 및 $q_{회전}$을 계산하라. 표 10.3에 있는 θ_r 값을 이용하라.

10.35. 아세틸렌(H—C≡C—H)의 회전-진동 스펙트럼의 세기 변화는 예상되는 핵의 미분화도와 일치한다. D—C≡C—H의 스펙트럼은 비슷한 세기 변화를 나타낼 것으로 예측되는가? 그 이유는 무엇인가?

10.36. J가 증가함에 따라 이원자 분자의 θ_r은 어떻게 되는가? 그 이유는 무엇인가? (양자화학의 회전 분광학 참조)

10.37. 298 K에서 NH_3 (σ = 3)의 $q_{회전}$을 구하라. 표 10.4에 있는 회전 온도를 참조하라.

10.38. 포스핀(PH_3)의 관성 모멘트는 5.478×10^{-47} kg · m^2, 5.478×10^{-47} kg · m^2 및 6.645×10^{-47} kg · m^2이다. PH_3 분자의 대칭수가 3이면 273 K에서 $q_{회전}$은 얼마인가?

10.39. 298 K에서 CCl_4 (σ = 12)의 $q_{회전}$을 구하라. 표 10.4에 있는 회전 온도를 참조하라.

10.40. 295 K 및 400 K에서 NO_2 (σ = 2)의 $q_{회전}$을 구하라. 표 10.4에 있는 회전 온도를 참조하라.

10.7 & 10.8 Q와 열역학적 성질

10.41. C_p에 대한 식을 구하라. [*힌트*: 식 (10.45)와 식 (10.52) 사용하라.]

10.42. 바로 앞의 문제에서 구한 식을 사용하여 다음에 답하라. 열용량 C_p와 C_V 중에서 어느 것이 더 큰가? 항상 그러한가? 그 이유는 무엇인가?

10.43. 식 (10.44)를 이용하여 $pV = NkT$임을 증명하라.

10.44. 표준 압력과 25°C에서 HCl의 E, H, G 및 S를 계산하라. 이 분자의 σ는 1이고 D_0는 397.0 kJ/mol이다.

10.45. 표준 압력과 25°C에서 CH_4의 E, H, G 및 S를 계산하라. 메테인의 σ는 12이고, 원자화 에너지는 1163 kJ/mol이다. 계산한 S 값을 부록 2의 표에 주어진 실험값과 비교하라.

10.46. 통계 열역학을 사용하여 25°C에서 다음 반응의 $\Delta H°$와 $\Delta S°$를 구하라.

$$H_2\,(g) + D_2\,(g) \longrightarrow 2HD\,(g)$$

D_2와 HD의 진동 온도와 회전 온도는 H_2에 대한 값들과 다른 기체 화학종들의 환산 질량의 차이를 이용하여 계산할 수 있다.

10.47. 통계 열역학을 사용하여 25°C에서 다음 반응의 $\Delta H°$와 $\Delta S°$를 구하라.

$$2H_2\,(g) + O_2\,(g) \longrightarrow 2H_2O\,(g)$$

이 값들을 부록 2에 있는 $\Delta_f H°$ 및 $S°$ 값들을 이용하여 계산한 $\Delta H°$ 및 $\Delta S°$와 비교하라. 생성물이 기체상인 것에 유의한다.

10.48. 표 10.5의 E에 대한 식을 증명하라(진동에 대한 식은 제외).

10.49. 온도가 298 K이고 압력이 1 bar일 때, H_2S의 열용량 C_V를 계산하라. 이때 H_2S의 진동 주파수는 각각 1183, 2615 및 2617 cm^{-1}이다. 계산값을 25.7 J/mol·K와 비교하라.

10.50. 298 K 및 400 K에서 NO_2의 열용량을 계산하라. 필요한 데이터는 표 10.2에 있다.

10.9 & 10.10 평형과 결정

10.51. 이 장에서 식 (10.59)의 우변을 사용하여 전체 식이 평형에서 상수가 되어야 한다고 주장하였다. 평형에 있는 반응에 대하여 식 (10.59)의 **좌변**을 사용하여 이와 같은 주장을 뒷받침하라.

10.52. 고온 조건에서 다음의 동위 원소 교환 반응의 평형 상수가 4임을 보여라.

$${}^{14}N_2 + {}^{15}N_2 \longrightarrow 2\,{}^{14,15}N_2$$

위에 있는 분자들의 해리 에너지는 모두 같다고 가정한다.

10.53. 1000 K와 1 atm 압력에서 다음 반응의 평형 상수를 구하라.

$$2H_2\,(g) + O_2\,(g) \longrightarrow 2H_2O\,(g)$$

H_2O, H_2 및 O_2의 σ는 모두 2이다. $D_0(H_2)$ = 431.6 kJ/mol, $D_0(O_2)$ = 497.0 kJ/mol 그리고 $D_0(H_2O)$ = 864.4 kJ/mol이다. 계산 결과를 고전 열역학적인 방법으로 구한 평형 상수 K(즉, $\Delta G = \Delta H - T\Delta S$ 식으로부터 T = 1000 K에서의 ΔG를 구하고 이로부터 얻음)와 비교하고, 평형 상수 간 차이를 설명하라. 어느 것이 실험값에 더 가까울 것으로 생각되는가?

10.54. 제9장과 제10장에서 에너지 H와 G의 절대량에 대한 식을 유도하였다. 그러나 열역학 데이터 표에서는 항상 ΔH와 ΔG(즉, 엔탈피와 깁스 에너지의 **변화**)가 기록되어 있다. 통계 열역학으로부터 계산된 양과 실험적인 자료를 어떻게 비교할 수 있는지 설명하라.

10.55. 결정 내 원자들이 '진동한다'는 아인슈타인-디바이의 제안은 어느 정도 유효하다. 사실 고체 내 원자들의 진동은 고유 진동 주파수를 갖는 **포논**(phonon)이라는 입자들이 일으키는 것처럼 간주한다. 고체 Al의 경우 포논의 주파수는 대략 4.5×10^{12} s^{-1}이다. 이 포논을 근사적으로 하나의 Al 원자가 신축 형태로 진동한다고 기술한다면 **(a)** 이 '신축 진동'의 힘 상수는 얼마에 해당되는가? **(b)** 이 포논이 흡수하는 빛의 파수(wavenumber)는 얼마인가? **(c)** 많은 고체 물질들은 낮은 에너지의 적외선을 매우 잘 흡수한다. b에 대한 답이 이러한 일반적인 성질과 일치하는가?

기호수학 문제

10.56. 뒬롱-프티(Dulong-Petit) 법칙에 따르면 고온에서 물질의 C_V는 $3Nk$($3nR$과 동일)에 접근한다. 고온에서 결정의 열용량에 대한 아인슈타인 식과 디바이 식 모두 뒬롱-프티 법칙을 따르는가?

10.57. 이원자 수소의 진동 주파수는 4320 cm^{-1}이다. 0 K부터 1000 K까지의 온도 범위에서 10 K 간격으로 여러 온도에서 진동 분배 함수를 구하고 결과를 도시하라. 어떠한 경향을 볼 수 있는가?

10.58. 아이오딘 분자의 회전 온도는 310 K이다. T = 298 K에서 $q_{회전}$의 각 항을 따로 계산하고 각 항의 누적된 $q_{회전}$ 값을 구하라. 몇 번째 항에서 $q_{회전}$의 변화를 무시할 수 있는가? 계산을 T = 1000 K에서 반복하라.

10.59. 분자의 일정 부피 열용량을 계산할 수 있는 일련의 식들(또는 작은 프로그램)을 작성하라. 이 알고리즘을 사용하여 H_2O와 CH_4의 온도(이를테면 298 K부터 1000 K까지)에 따른 열용량을 구하라.

10.60. 은(Ag) 금속은 매우 좋은 열 전도체이다. 여러 온도에서의 열용량이 아래의 표에 주어져 있다. 식 (10.64)를 사용하여 이 데이터에 가장 잘 맞는 아인슈타인 온도 θ_E를 구하라.

T (K)	C [J/(g · K)]
1	7.2×10^{-6}
2	2.39×10^{-5}
3	5.95×10^{-5}
4	1.24×10^{-4}
6	3.9×10^{-4}
8	9.1×10^{-4}
10	0.0018
15	0.0064
20	0.0155
25	0.0287
30	0.0442
40	0.078
50	0.108
60	0.133
70	0.151

출처: D. R. Lide, ed., *CRC Handbook of Chemistry and Physics*, 82nd ed., CRC Press, Boca Raton, Fla., 2001.

10.61. Gaussian이나 Spartan 등과 같은 많은 계산화학 프로그램들은 통계 역학에서 나온 수식들을 이용하여 열역학적 성질들을 계산한다. 이러한 계산에 대한 출력 파일을 얻고, 이 파일에 있는 열역학적 정보를 확인하라. 이러한 정보를 어떻게 이용할 수 있는가?

기체 운동론

The Kinetic Theory of Gases

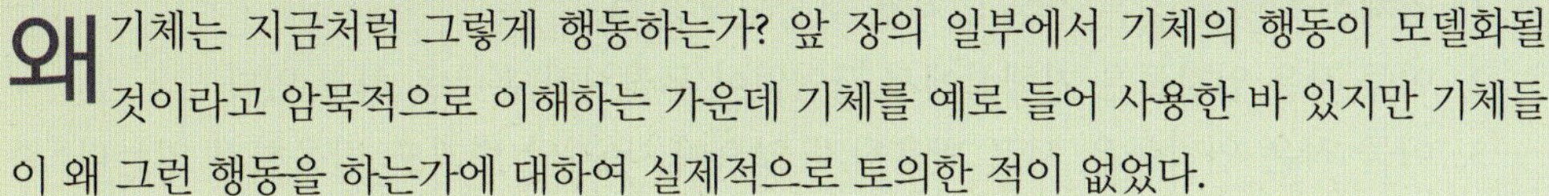

왜 기체는 지금처럼 그렇게 행동하는가? 앞 장의 일부에서 기체의 행동이 모델화될 것이라고 암묵적으로 이해하는 가운데 기체를 예로 들어 사용한 바 있지만 기체들이 왜 그런 행동을 하는가에 대하여 실제적으로 토의한 적이 없었다.

기체가 어떻게 행동하는가에 대하여 기본적으로 이해하려는 이론을 기체 운동론(kinetic theory of gas)이라 부른다. 이 이론은 주로 고전 역학과 관련된 몇 가지 가정에 기초를 두고 있다. 일부 이런 이유 때문에 운동론의 기초를 다룬 대부분은 1860년대에 볼츠만(Ludwig Boltzmann)과 맥스웰(James Clerk Maxwell)에 의해 완성되었다(이 두 이름은 오늘날까지 매우 익숙해져 있다). 이 시기가 보일(Boyle)에서 시작하여 많은 사람들 중에서도 특히 게이뤼삭(Gay-Lussac), 샤를(Charles), 아몽통(Amonton), 돌턴(Dalton), 그리고 그레이엄(Graham)을 통해 이어져 내려온 두 세기에 걸친 기체상의 성질에 대한 연구의 절정이었다.

이 장에서는 이상 기체를 중심으로 기체 운동론을 살펴 볼 것이다. 이 논의는 제1장(보다 현상학적인 견지에서 기체의 성질을 다룬)의 몇 가지 주제를 다시 취급함으로써 다음 장에서 기체상의 화학 반응을 다룰 때 이 개념을 더 잘 적용할 수 있게 해 준다.

11.1 개요

몇 가지 간단한 가정을 하면, 기체의 물리적 행동은 쉽게 이해될 수 있다는 것을 이 장에서 알게 된다. 각 기체 입자를 단단한 물체로 취급하자. '단단한 물체' 집단의 성질은 어떨까? 양자 역학보다는 고전 역학을 적용함으로써 몇 가지 성질을 예측할 수 있음이 알려졌다. 기체의 물리적 행동은 모든 개개 기체 입자의 통계적 평균으로 생각할 수 있으며, 따라서 이 장에서 다룰 몇 가지 개념들은 통계 열역학을 떠올리게 한다. 아울러 기체의 화학적 행동이 아닌 물리적 행동에 초점을 둘 것이다. 화학적 성질은 전자에 의존하기 때문에 화학 물질들이 어떻게 행동하는가를 이해하기 위해서는 전자들이 어떻게 행동하는가를 이해하는 것이 매우 중요하다. 즉, 양자 역학이 필요하다. 그러나 물질의 물리적 행동을 이해하기 위해서는 훨씬 간단한 자연의 물리적 이론을 사용할 수 있다. 물리적 행동의 일부는 화학 반응속도론에서 볼 수 있듯이 화학적 행동과도 관련된다.

운동론을 다루는 이 장에서 기체 압력의 기원을 다룰 것이다. 기체 입자의 속력들은 다양한 여러 값을 가질 수 있지만, 그들의 속력 분포는 계산될 수 있다는 것을 알게 될 것이다. 몇 가지 다른 방법으로도 평균 속력을 구할 수 있다. 또한 기체 입자가 서로 얼마나 자주 충돌을 하는지, 충돌한 다음에는 얼마나 멀리 이동하는지, 그리고 임의의 출발점으로부터 얼마나 멀리 이동하는지 등을 다룰 것이다. 운동론에서 알 수 있는 많은 신기한 것 중의 하나는 기체 입자는 실로 매우 빠르게 움직이고 있지만, 기체들이 서로 충돌 때문에 그들의 실제 이동은 그리 크지 않다고 예상되는 것이다.

11.2 가설 및 압력

기체 운동론은 몇 가지 가설 또는 증명되지 않는 가정에 기초를 두고 있다. 이 점에서 이 이론은 어떤 추정된 가정에 기초를 두고 있는 물질의 원자 구조에 관한 돌턴의 이론과 유사하다. 기체 운동론은 다음의 가정에 기초를 두고 있다.

1. 기체는 질량을 갖는 작은 입자로 구성되어 있다.
2. 이들 작은 입자들은 기체상에서 끊임없이 무질서한 운동을 하고 있다.
3. 이들 작은 입자들은 서로 반응하지 않으며, 용기의 벽과도 반응하지 않는다. 즉 임의의 두 입자 사이에 또는 입자와 벽 사이에는 인력이나 반발력이 없다(이 진술은 곧 명료화될 것이다).
4. 이들 작은 입자들은 서로 충돌하며 용기의 벽과도 충돌한다. 그러나 충돌이 일어날 때, 충돌 전의 총 에너지는 충돌 후의 총 에너지와 같다. 이와 같은 이상적인 충돌을 나타내는 한 가지 방법으로 총 에너지는 보존되며(변하지 않는다), 탄성 충돌이라 표현한다.

이들 진술로부터 기체 운동론의 수식을 구할 수 있고, 예측을 할 수 있다.

먼저, 기체상에 대해 공통적으로 측정되는 성질로 기체의 **압력**(pressure)을 이야기해 보자. 이것은 관찰 가능한 기체의 기본적인 성질 중 하나이다. 기체의 압력은 어디에서 나오는가?

기체 분자들이 끊임없이 움직이고 있다면(이것은 위의 두 번째 가정이다), 각 기체 분자는 일정량의 운동 에너지를 가지게 된다. 고전적으로 운동 에너지는 다음 식으로 나타낸다.

$$\text{운동 에너지} = \tfrac{1}{2}mv^2 \qquad \textbf{(11.1)}$$

여기서 m은 움직이는 물체의 질량이며, v는 속도이다. 속도는 벡터양이며(비록 여기서는 벡터로 표시하지는 않지만), 삼차원에서 세 개의 성분 v_x, v_y, v_z로 분리할 수 있다. 이것을 적용하면 식 (11.1)은 다음과 같이 된다.

$$\text{운동 에너지} = \tfrac{1}{2}m(v_x^2 + v_y^2 + v_z^2) \qquad \textbf{(11.2)}$$

일정 부피 V 내에 N개의 기체 입자가 들어있는 용기에서 각 기체 입자는 자신의 고유한 운동 에너지를 갖는다(지금까지는 운동 에너지에 전혀 제한을 두지 않았기 때문에 임의의 기체 입자의 운동 에너지는 무엇이든 상관이 없었다). 그러므로 모두 더하여 기체의 총 운동 에너지를 구할 때는 식 (11.2)가 N개나 존재한다.

위에서 언급한 가정과 같이 기체 입자는 끊임없이 운동하고 있으며 운동 중에 기체가 들어 있는 용기의 벽과도 충돌한다. 그림 11.1은 한 개의 기체 입자가 용기 벽과 충돌하는 것을 보여 주는 그림이다. 충돌하기 전에 입자는 초기 속도 v_i를 가지며, 충돌 후에는 최종 속도 v_f를 갖는다. 충돌을 일으키는 데 소요된 시간 동안 벡터량인 속도가 변한다는 것은 입자가 **가속됨**을 의미한다. 그림 11.1에 나타낸 속도로 가속도를 나타내면 다음과 같다.

$$가속도 = \frac{\Delta v}{\Delta t} = \frac{v_f - v_i}{\Delta t}$$

만일 그림 11.1에서 속도가 무한소로 변화를 하면, 가속도는 도함수 꼴로 다음과 같이 나타낼 수 있다.

$$가속도 = \frac{dv}{dt}$$

그림 11.1의 설명 과정에 포함되어 있는 힘은 뉴턴의 운동 제2법칙에 의해 다음과 같이 주어진다.

$$F = ma$$

여기서 F는 힘이며, m은 물체의 질량, a는 가속도이다. 도함수 꼴의 가속도를 사용하면 이 식은 단일 입자에 대해 다음과 같이 된다.

$$F = m \cdot \frac{dv}{dt} \tag{11.3}$$

뉴턴의 운동 제3법칙에 의하면 모든 힘은 크기가 같고 방향이 반대인 힘이 반드시 존재하며, 따라서 만일 기체 입자가 벽에 충돌하여 입자에 미치는 힘이 생긴다면 벽에 미치는 동일한(방향이 반대인) 힘도 생겨난다. 따라서 F는 벽에 미치는 힘뿐만 아니라 입자에 미치는 힘과도 관계된다.

위 식에서 F는 **한 개**의 기체 입자가 용기의 벽에 **한 번** 충돌할 때 미치는 힘을 나타낸다. 거시적인 시료에 대해서는 많은 기체 입자들이 장기간에 걸쳐 용기의 벽과 충돌한다. 따라서 벽에 미치는 힘은 시간에 따라 변할 수 있으며, 시간의 함수로서의 힘, $F(t)$로 다루는 것이 더 바람직하다. **평균 힘**(average force), $F_{평균}$은 일정 시간 동안의 총 힘을 소요된 총 시간으로 나눈 것이다. 만일 시간을 작은 간격으로 쪼갠다면 다음과 같이 된다.

$$F_{평균} = \frac{\sum\limits_{\substack{시간\\간격의\ 수}} F(t)}{총\ 시간}$$

물론, 간격이 매우 작아서 무한소가 된다면 합은 적분으로 바꿀 수 있다.

$$F_{평균} = \frac{\int F(t)}{총\ 시간} = \frac{1}{시간}\int F(t)\,dt$$

식 (11.3)을 대입하면 다음을 얻는다.

$$F_{평균} = \frac{1}{시간}\int m \cdot \frac{dv}{dt}\,dt$$

시간 변수에서 '총' 표현은 생략하였다. dt 항을 상쇄시키면 다음 식을 얻는다.

$$F_{평균} = \frac{1}{시간}\int m\,dv$$

입자의 질량은 일정하므로 적분기호 밖으로 빼내서 다음을 얻을 수 있다.

$$F_{평균} = \frac{1}{시간} \cdot m \cdot \Delta v_{평균} \tag{11.4}$$

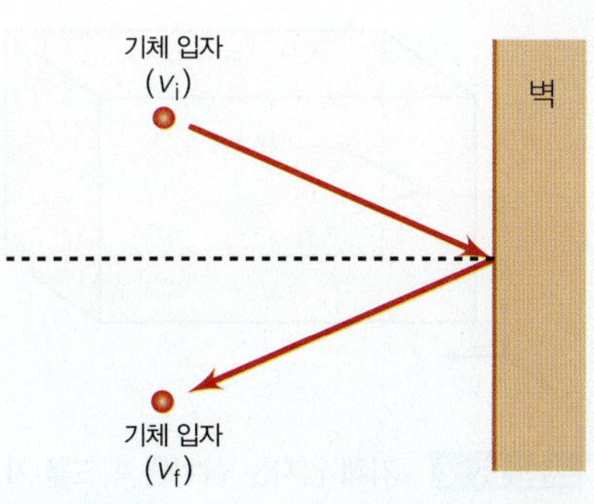

그림 11.1 용기의 벽과 충돌하는 기체 입자. 초기의 입자 속도는 v_i이다. 충돌 후의 입자의 속도는 v_f이다. 비록 속도의 크기가 변하지 않더라도 기체 분자는 속도의 방향이 바뀌므로 가속된다. 운동론에서는 이 모델을 사용하여 기체의 압력을 이해한다.

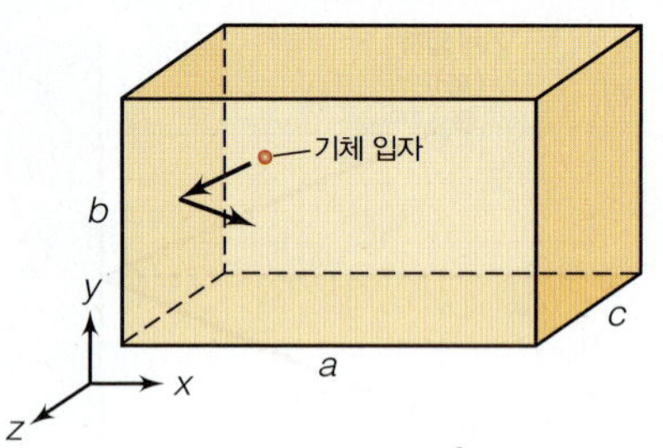

그림 11.2 기체 입자는 삼차원 속도를 가지며, 따라서 압력을 이해하기 위해서는 삼차원을 고려해야 한다. 그러나 세 개 차원 모두 동등하다고 가정하면 수학적으로 압력을 유도하는 것은 훨씬 쉬워진다.

여기서 $\Delta v_{평균}$은 기체 입자의 평균적인 속도 변화이다. 만일 용기 내에 N개의 기체 입자가 들어 있다면 총 평균 힘은 다음과 같다.

$$F_{총평균} = N \cdot \frac{1}{시간} \cdot m \cdot \Delta v_{평균} \tag{11.5}$$

여기서 $\Delta v_{평균}$은 N개 입자들의 평균적인 속도 변화를 나타낸다(아직도 어떤 특정 속도를 갖는 입자들로 제한하지는 않았다). 속도는 삼차원 공간에서의 벡터이며 속도의 변화, $\Delta v_{평균}$도 또한 그렇기 때문에 이 식은 퍼텐셜에 관한 문제이다. 삼차원 속도는 일차원 성분으로 분리될 수 있으며, 평균 힘은 서로 동등한 세 개의 성분으로 분리될 수 있다. 그러므로 일차원 문제를 취급하고 그 결과를 다른 이차원에 적용한다. 그림 11.1의 점선에 해당하는 x차원을 취급한다고 가정하자. 벽에 작용하는 x차원의 총 힘은 다음과 같다.

$$F_{총평균,x} = N \cdot \frac{1}{시간} \cdot m \cdot \Delta v_{평균,x}$$

그림 11.1에 있는 기체 분자의 초기 및 최종 속도를 분석해 보면, $v_i = -v_f$임을 알 수 있다(즉, 크기는 같고 방향만 반대이다). 따라서 초기 속도로 나타내면 $\Delta v_{평균,x} = v_{평균,x} - (-v_{평균,x}) = 2v_{평균,x}$(초기 속도에도 역시 아래 첨자 x를 붙인다). x 방향에서의 총 평균 힘에 관한 식은 다음과 같이 된다.

$$F_{총평균,x} = 2 \cdot N \cdot \frac{1}{시간} \cdot m \cdot v_{평균,x} \tag{11.6}$$

마지막으로 그림 11.2에 나타낸 바와 같이 x, y, z 방향에서 부피가 $a \times b \times c$인 상자를 취급해 보자. 식 (11.6)에서의 시간이란 무엇인가? 입자가 벽과 충돌하지 않을 때는 벽에는 어떠한 힘도 미치지 않으며 벽도 어떠한 것에도 미치는 힘이 없다(이것은 가정 가운데 하나이다). 시간은 입자가 한 쪽 벽을 출발하여 x 방향으로 이동하여 다른 쪽 벽과 충돌한 후, 반대의 벽 쪽으로 되돌아 올 때까지 걸리는 시간이다. 이것은 입자가 x 방향으로 이동한 거리의 두 배 또는 $2a$ 거리를 이동함을 의미한다. 속도의 정의로부터 평균 속도는 다음과 같다.

$$v_{평균,x} = \frac{2a}{시간}$$

다른 식으로 표현하면,

$$시간 = \frac{2a}{v_{평균,x}}$$

이 식을 식 (11.6)의 분모에 대입하면 다음을 얻는다.

$$F_{총평균,x} = 2N \cdot \frac{1}{\frac{2a}{v_{평균,x}}} \cdot m \cdot v_{평균,x}$$

$$F_{총평균,x} = N \cdot \frac{1}{a} \cdot m \cdot v^2_{평균,x} = \frac{N \cdot m \cdot v^2_{평균,x}}{a} \tag{11.7}^{\star}$$

알다시피 압력은 단위 면적당 힘으로 정의된다. 만일 우리가 x 방향으로 움직인다면 우리가 만나는 벽은 $b \times c$의 면적을 갖는다(그림 11.2에서 이를 확인하라). 따라서 x 방향으로 미치는 압력, p_x는 다음과 같이 된다.

---

[*] $v^2_{평균,x}$은 $(v_{평균,x})^2$을 뜻하는데, 간단하게 표현하기 위해 괄호를 생략한다. 그렇다고 이것을 $(v^2)_{평균,x}$와 혼동해서는 안 된다.

$$p_x \equiv \frac{\text{힘}}{\text{면적}} = \frac{F_{\text{총평균},x}}{b \times c} = \frac{N \cdot m \cdot v^2_{\text{평균},x}}{a \times b \times c}$$

마지막으로 두 가지를 주목하자. 우선 위 식의 분모에서 $a \times b \times c$는 용기의 부피이며, 따라서 분모의 부피 대신에 V를 대입한다. 다음으로 속도를 삼차원으로 확장한다. 피타고라스 정리(Pythagorean-theorem)를 삼차원의 속도에 적용하면 다음과 같다.

$$v^2_{\text{평균}} = v^2_{\text{평균},x} + v^2_{\text{평균},y} + v^2_{\text{평균},z}$$

여기서 $v^2_{\text{평균}}$은 삼차원 평균 속도의 제곱이다. 다른 방향에 비해 어떤 한 쪽 방향이 더 유리할 이유가 없기 때문에 평균 속도의 성분들은 서로 같아야 하므로 다음과 같이 쓸 수 있다.

$$v^2_{\text{평균}} = 3v^2_{\text{평균},x}$$

이 두 개념을 적용하면 압력에 대한 식은 다음과 같이 된다.

$$p = \frac{N \cdot m \cdot v^2_{\text{평균}}}{3V} \qquad \textbf{(11.8)}$$

이것이 이상 기체의 압력에 대한 기체 운동론의 기본식이다. 식 (11.8)에서 압력은 표준 SI 단위로 kg/(m·s^2)또는 N/m^2(이것은 단위 면적당 힘으로서 압력의 원래 정의와 일치한다)을 갖는다. 1 파스칼(pasca1, 약어로 Pa)은 1 N/m^{2}로 정의한다. 비록 **bar** (100,000 Pa)와 **atm** (101,325 Pa 혹은 1.01325 bar)이 많이 사용되고는 있지만, 압력의 기본 SI 단위는 Pa이다.

예제 11.1

부피가 25.00 L인 He 기체 1 mol의 압력이 0.8770 bar이다. 이 계에서 헬륨 원자들의 평균 속도는 얼마인가?

풀이

변수의 곱 $N{\cdot}m$은 He의 몰질량으로서 표준 단위로 0.004003 kg이며, 25.00 L는 역시 표준 단위로 0.02500 m^{3}임을 알고, 식 (11.8)에 바로 여러 값을 대입하면 다음과 같다.

1 m^3 = 1000 L 혹은 1 L = 0.001 m^{3}이다.

$$87{,}700\ \frac{\text{N}}{\text{m}^2} = \frac{(0.004003\ \text{kg})(v^2_{\text{평균},x})}{3(0.02500\ \text{m}^3)}$$

1 N = 1 kg·m/s^{2}이므로 단위를 바꾸어 쓰면 다음과 같다.

$$87{,}700\ \frac{\text{kg}}{\text{m}\cdot\text{s}^2} = \frac{(0.004003\ \text{kg})(v^2_{\text{평균},x})}{3(0.02500\ \text{m}^3)}$$

미터 단위 하나가 상쇄되었다.

같은 단위를 상쇄시키면 계산 결과는 다음과 같이 된다.

$$1.643 \times 10^6\ \text{m}^2/\text{s}^2 = v^2_{\text{평균},x}$$

$$v_{\text{평균}} = 1282\ \text{m/s}$$

단위는 모두 m^2/s^{2}으로 재배열되도록 해야 한다.

계산한 평균 속도는 초당 1 km 이상이다. 이것은 인간 경험의 견지에서 본 본질적인 속도이며, 기체상의 원자들에 대한 것은 아니다.

병진 운동만 고려하면 되는 단원자 기체의 압력과 운동 에너지 사이에도 간단한 관계가 있다(단원자 기체의 분배 함수에 대한 초기의 논의에서처럼 전자 및 핵에너지는 무시한다). 고전적으로 운동 에너지의 식은 다음과 같으므로

$$\text{운동 에너지} = \tfrac{1}{2}mv^2$$

기체 입자의 평균 운동 에너지에 대하여 다음과 같은 식을 쓸 수가 있다.

$$E_{\text{평균}} = \tfrac{1}{2}m \cdot v^2_{\text{평균}} \qquad \textbf{(11.9)}$$

이 관계를 식 (11.8)의 $mv^2_{\text{평균}}$에 대입하면,

$$p = \frac{2NE_{\text{평균}}}{3V}$$

부피 항을 왼쪽으로 옮겨서 다시 쓰면 다음이 된다.

$$pV = \tfrac{2}{3}NE_{\text{평균}} \qquad \textbf{(11.10)}$$

이 식은 이상 기체 법칙의 형태처럼 보인다. 식 (11.10)을 이상 기체 법칙 $pV = nRT$와 관련시키면 다음과 같은 관계가 된다.

$$NE_{\text{평균}} = \tfrac{3}{2}nRT$$

결국 이상 기체 1 mol을 고려하면 N는 아보가드로 수이며, $NE_{\text{평균}}$은 몰 에너지 $\overline{E}$이다. 위 식에서 n은 1 mol이므로 이상 기체에 대하여 다음 식이 성립된다.

$$\overline{E} = \tfrac{3}{2}RT \qquad \textbf{(11.11)}$$

여기서 $N_A \cdot E_{\text{평균}}$을 기체의 몰 에너지, $\overline{E}$로 정의하였다. 제9장에서 단원자 기체의 병진 운동 에너지는 다음과 같음을 알고 있다.

$$E = \tfrac{3}{2}NkT$$

기체 1 mol의 경우에는 $N = N_A$이다. 에너지에 대한 두 식을 같게 놓으면 다음 관계를 알 수 있다.

$$R = N_A k \qquad \textbf{(11.12)}$$

이 식은 볼츠만 상수와 이상 기체 상수 사이의 관계를 보여 준다.

11.3 기체 입자의 속도에 대한 정의와 속도 분포

앞 절에서 이상 기체의 평균 속도를 기체의 압력과 관련시킬 수 있었다. 지금까지 '평균 속도'가 무엇을 의미하는지 정의하지 않았다.

실제로 이 양을 정의하는 데는 몇 가지 방법이 있다. 무엇보다도 먼저 기체 운동론은 임의의 한 특정 기체 입자의 속도에 대해서는 어떠한 가정도 하지 않는다. 그것이 무엇이든 상관없다. 이것은 임의의 기체 시료에서 모든 가능한 속도가 동일 비율로 존재한다는 것을 의미하지는 않는다. 예를 들어, 기체 입자의 속도는 0에서 빛의 속력 사이의 어느 값도 다 가질 수 있다. 단순하게 생각하면, 평균 속도는 $(0 + c)/2 = \tfrac{1}{2}c$ (여기서 c는 진공에서 빛의 속력을 나타낸다)이다. 이것은 위의 예제 11.1의 답으로 설명된 것과 같이 분명히 사실이 아니다.

다음의 논의에서 '속도'와 '속력'이라는 말을 종종 구분하지 않고 사용할 것이다. 이것

은 각 경우에 방향보다는 크기에 더 많은 관심을 두고 있기 때문이다. 그러나 방향이 토의에서 중요한 경우에는 명백히 구별할 것이다.

'평균' 속력을 정의하는 데에는 몇 가지 방법이 있으며, 임의의 시료 내에 있는 기체 입자의 속력 분포를 결정하는 데에도 역시 몇 가지 방법들이 있다. 먼저 앞 절에서의 평균 속력을 사용해 보자. 기체의 운동 에너지를 나타내는 두 개의 식은 다음과 같다.

$$\overline{E} = \tfrac{3}{2}RT \quad \text{그리고} \quad N_A E_{\text{평균}} = N_A \cdot \tfrac{1}{2}m \cdot v^2_{\text{평균}}$$

[두 번째 식은 식 (11.9)의 양쪽에 아보가드로 수를 곱하면 나온다.] 기체의 몰 에너지에 대한 두 식을 같게 놓으면 다음과 같다.

$$\tfrac{3}{2}RT = N_A \cdot \tfrac{1}{2}mv^2_{\text{평균}} = \tfrac{1}{2}(N_A \cdot m) \cdot v^2_{\text{평균}}$$

$(N_A \cdot m)$은 기체의 몰질량이므로, 이를 M으로 정의하면 위 식을 다음과 같이 다시 쓸 수 있다.

$$\tfrac{3}{2}RT = \tfrac{1}{2}M \cdot v^2_{\text{평균}}$$

이 식을 대수적으로 다시 정리하면 $v_{\text{평균}}$에 대해 풀 수 있다. 제곱 속력의 평균에 제곱근을 취하고, 이 속력을 **근평균 제곱 속력**(root-mean-square speed), v_{rms}로 정의한다.

$$v_{\text{rms}} = \sqrt{\frac{3RT}{M}} \qquad \textbf{(11.13)}$$

이것이 평균 속력을 정의하는 한 가지 방법이다.

예제 11.2

만일 예제 11.1의 답을 v_{rms}라고 본다면, He 시료의 온도는 얼마인가?

풀이

예제 11.1에서 속도는 1282 m/s이다. 모든 양에 대해 표준 단위를 사용하면 다음과 같다.

$$1282\,\frac{\text{m}}{\text{s}} = \sqrt{\frac{3 \cdot \left(8.314\,\frac{\text{J}}{\text{mol}\cdot\text{K}}\right) \cdot T}{0.004003\,\frac{\text{kg}}{\text{mol}}}}$$

여기서 He의 질량은 몰당 g이 아닌 몰당 kg으로 표현하였다.

기체의 질량을 kg 단위로 나타내었음에 유의하라. 이것은 단위를 적절하게 상쇄시키기 위해 필요하다. 단위 J은 $\text{kg}\cdot\text{m}^2/\text{s}^2$으로 풀어 쓸 필요가 있으며, 이렇게 할 때 위의 식은 다음과 같이 된다.

$$1282\,\frac{\text{m}}{\text{s}} = \sqrt{6235.5 \cdot T\,\frac{\text{m}^2}{\text{s}^2 \cdot \text{K}}}$$

$$1.6435 \times 10^6\,\frac{\text{m}^2}{\text{s}^2} = 6235.5 \cdot T\,\frac{\text{m}^2}{\text{s}^2 \cdot \text{K}}$$

식의 양쪽을 제곱해 이 결과를 얻었다. 식의 왼쪽을 보면 단위가 어떻게 제곱이 되었는지를 알 수 있다.

K라는 단위를 제외한 모든 단위를 약분하고 T에 대해 풀면 다음과 같이 된다.

$$T = 264\ \text{K}$$

기체 입자의 근평균 제곱 속력은 정의하기는 쉽지만 핵심을 흐리게 해서는 안 된다. 기체 입자는 모두 같은 속력으로 움직이지는 않는다. 또한 이 절의 시작 부분에서 언급한 것처럼 모든 가능한 속력이 동일한 확률로 되어 있지는 않다. 임의의 시료 내에서 기체는 여러 가지 다른 특정한 속력 분포를 갖는다. 기체의 속력 분포를 나타내는 수학 식은 무엇인가?

만일 각 방향이 독립적이라면 각 방향에 대한 분포 함수를 따로따로 고려할 수 있다는 것을 지적하면서 시작하자. x, y, z 방향에서 분포 함수(또는 확률 함수) $g_x(v_x)$, $g_y(v_y)$ 및 $g_z(v_z)$를 정의할 수 있으며, 여기에서 각 함수는 세 개의 방향 가운데 오직 한 방향에만 관련된다. 삼차원 공간에서 임의의 기체 입자가 특정 속도를 갖게 될 확률은 다음과 같이 일차원 확률의 곱으로 나타낼 수 있다.

$$\text{확률} = g_x(v_x)\,dv_x \cdot g_y(v_y)\,dv_y \cdot g_z(v_z)\,dv_z \tag{11.14}$$

만일 이들 확률 함수가 실제로 속도의 함수라면 크기와 함께 방향도 고려해야 하므로 가능한 범위는 $-\infty \rightarrow +\infty$이다. 각 개개의 확률 함수는 변수의 전 범위에 대해 합하면 100%가 되어야 한다. x 방향에 대하여 이것을 수학적으로 표현하면,

$$\int_{v_x=-\infty}^{\infty} g_x(v_x)\,dv_x = 1 \tag{11.15}$$

이고, g_y와 g_z에 대해서도 이와 같은 식을 쓸 수 있다.

식 (11.15)로 표현된 함수를 구하는 일반적인 방법은 세 방향이 동등하게 고려될 수 있을 때 **삼차원 확률**(three-dimensional probability)이 바로 삼차원에서의 속도의 함수가 됨을 이해하는 것이다. 삼차원 확률 함수를 나타내기 위해서 기호 $\Gamma(v)$를 사용한다면 이 말은 다음과 같이 됨을 의미한다.

$$g_x(v_x) \cdot g_y(v_y) \cdot g_z(v_z) = \Gamma(v) \tag{11.16}$$

식 (11.16)의 왼쪽에서 전체 삼차원 확률을 얻기 위해서는 3개의 일차원 확률 함수들이 서로 곱해져야 하나, 오른쪽은 그 곱이 **삼차원 속도**(three-dimensional velocity), v의 어떤 함수가 되어야 한다는 것을 의미한다. 게다가 우리는 삼차원에 대한 속도와 각 방향의 속도 성분 사이에는 다음과 같은 관계가 있다.

$$v^2 = v_x^2 + v_y^2 + v_z^2 \tag{11.17}$$

일차원인 x 방향에 초점을 두고 함수 $g_x(v_x)$를 구해 보자. 식 (11.16)을 v_x로 미분하여 등식은 그대로 유지된다. 문제는 식 (11.16)의 왼쪽과 오른쪽이 서로 다른 변수로 되어 있다는 것이다. 그러나 미적분학에는 연쇄 규칙(chain rule)이라고 부르는 것이 있으며, 아울러 식 (11.17)은 여기서 관심의 대상이 되는 두 변수, v와 v_x 사이의 관계를 알 수 있게 해 준다. 식 (11.16)의 양쪽을 v_x에 대하여 미분하면 다음과 같이 된다.

$$\frac{\partial[g_x(v_x)]}{\partial v_x} \cdot g_y(v_y) \cdot g_z(v_z) = \frac{\partial[\Gamma(v)]}{\partial v_x}$$

$$\frac{\partial[g_x(v_x)]}{\partial v_x} \cdot g_y(v_y) \cdot g_z(v_z) = \frac{\partial[\Gamma(v)]}{\partial v} \cdot \frac{\partial v}{\partial v_x} \tag{11.18}$$

두 번째 식의 오른쪽은 연쇄 규칙의 작용을 나타낸 것이다. 위 식의 왼쪽은 v_x에 의존하는 함수가 세 개의 함수 중 단지 하나 뿐이기 때문에 g_x 함수만 미분하면 된다는 것을 보여 준다.

식 (11.17)에서 v의 전미분을 구하여 $\partial v/\partial v_x$에 대한 식을 결정할 수 있다.

$$v^2 = v_x^2 + v_y^2 + v_z^2$$
$$d(v^2) = d(v_x^2 + v_y^2 + v_z^2)$$
$$2v\,dv = 2v_x\,dv_x + 2v_y\,dv_y + 2v_z\,dv_z$$

편도함수로 나타내면, 모든 다른 변수들은 일정하게 유지되므로 $dv_y = dv_z = 0$이 되어서 다음과 같이 쓸 수가 있다.

$$2v\,dv = 2v_x\,dv_x$$
$$\frac{\partial v}{\partial v_x} = \frac{v_x}{v} \qquad \textbf{(11.19)}$$

이것이 원하는 결과이다. 이 관계를 식 (11.18)에 대입하면 다음과 같다.

$$\frac{\partial[g_x(v_x)]}{\partial v_x}\cdot g_y(v_y)\cdot g_z(v_z) = \frac{\partial[\Gamma(v)]}{\partial v}\cdot\frac{v_x}{v}$$

표준 미적분학 표시법을 사용해 한 변수에 대한 도함수를 프라임(′)을 사용하여 나타내보자.

$$g_x'(v_x)\cdot g_y(v_y)\cdot g_z(v_z) = \Gamma'(v)\cdot\frac{v_x}{v}$$

위 식을 $g_x(v_x)\cdot g_y(v_y)\cdot g_z(v_z) = \Gamma(v)$로 나누면, 왼쪽의 항들은 상쇄되고, 변수들을 다시 정리하면 다음 식을 얻는다.

$$\frac{1}{v_x}\cdot\frac{g_x'(v_x)}{g_x(v_x)} = \frac{1}{v}\cdot\frac{\Gamma'(v)}{\Gamma(v)} \qquad \textbf{(11.20)}$$

g_y 및 g_z에 대해 동일하게 처리하면 단지 왼쪽의 아래 첨자만 달리한 똑같은 식을 얻을 수 있다.

식 (11.20)은 흥미롭다. 이 식에서 v_x의 모든 항들은 왼쪽에 있고, v의 모든 항들은 오른쪽에 있다. 만일 이 식의 한 쪽이 다른 쪽의 변수에 무관하고, 이 식의 다른 쪽이 나머지 변수에 무관하다면, 식의 어느 쪽도 어느 한 변수에 의존하지 않게 된다. 다시 말해서 오른쪽과 왼쪽의 식은 상수와 같아야 한다. 이 상수를 다음과 같이 K로 나타내기로 하자.

$$\frac{1}{v_x}\cdot\frac{g_x'(v_x)}{g_x(v_x)} = \frac{1}{v}\cdot\frac{\Gamma'(v)}{\Gamma(v)} = K \qquad \textbf{(11.21)}$$

이것은 v와 v_x가 변하지 않는다는 것을 의미하지는 않으며, 다만 식 (11.20)의 양쪽에 있는 함수들의 특정 조합이 변하지 않는다는 것을 의미한다. 다른 두 개의 방향에 대해서도 이와 같이 처리하면 y와 z에 대해 같은 결론을 얻을 수 있으며, 따라서 동일한 상수 K를 갖는 두 개의 다른 관계를 얻을 수 있음을 알 수 있다.

$$\frac{1}{v_y}\cdot\frac{g_y'(v_y)}{g_y(v_y)} = K \quad \text{그리고} \quad \frac{1}{v_z}\cdot\frac{g_z'(v_z)}{g_z(v_z)} = K \qquad \textbf{(11.22)}$$

따라서 어떤 한 식을 풀면 네 개 모두(Γ를 포함)를 알 수 있게 된다. 이제는 x 방향에 국한시키고, 다음 식을 만족하는 함수가 무엇인지를 알아보자.

$$\frac{1}{v_x}\cdot\frac{g_x'(v_x)}{g_x(v_x)} = K$$

여기서 K는 어떤 상수이다. 유도과정을 쉽게 이해하기 위해 g_x'를 v_x에 대한 도함수로 확실하게 다시 쓰자.

$$\frac{1}{v_x}\cdot\frac{\frac{\partial g_x(v_x)}{\partial v_x}}{g_x(v_x)} = \frac{1}{v_x}\cdot\frac{1}{g_x(v_x)}\cdot\frac{\partial g_x(v_x)}{\partial v_x} = K$$

g_x의 미분을 포함하여 모든 g_x 항을 한쪽에 모으고, v_x의 미분을 포함하여 v_x 자체 항을 다른쪽으로 모아서 이 식을 다시 정리하면 다음과 같이 변수들을 함수 g_x로부터 분리시킬 수 있다.

$$\frac{dg_x}{g_x} = Kv_x \cdot dv_x$$

적분 상수를 포함시키는 것을 기억하면서(특정 범위 사이에서 적분하지 않기 때문) 이 식의 양쪽을 적분한다. 왼쪽을 적분하면 간단히 함수 g_x의 자연대수인 $\ln g_x$가 된다. 오른쪽의 적분은 단순한 멱함수(power function)이다. g_x에 대한 항을 분리시키고자 하므로 적분 상수는 v_x 항이 있는 쪽에 둔다.

$$\ln g_x = \tfrac{1}{2}Kv_x^2 + C$$

여기서 C는 임의의 적분 상수이다(이 값은 나중에 결정할 예정임). 양쪽에 역로그를 취하면 g_x에 대한 예비 식을 얻을 수 있다.

$$g_x = e^{(1/2)Kv_x^2+C} = e^{(1/2)Kv_x^2}\cdot e^C \qquad \textbf{(11.23)}$$

즉, 분포 함수 g_x는 속도의 제곱 항이 들어 있는 지수 함수이다. e^C는 단지 상수이기 때문에, e^C를 상수 A라고 할 때, 식 (11.23)은 다음이 된다.

$$g_x = Ae^{(1/2)Kv_x^2} \qquad \textbf{(11.24)}$$

이제 남아 있는 것은 두 가지 문제이다. 첫 번째로, 앞선 유도는 역시 y와 z 방향에도 적용될 수 있으므로 다음이 성립한다고 볼 수 있다.

$$g_y = Ae^{(1/2)Kv_y^2}$$
$$g_z = Ae^{(1/2)Kv_z^2}$$

각 방향에 대한 분포는 동등하다고 가정하므로 상수 A와 K는 세 개의 식 모두에 대해 동일하다. 두 번째로, A와 K가 얼마인지를 결정할 필요가 있으며, 이들은 서로 관련이 있음이 밝혀졌다. 먼저 식 (11.15)에서 다음이 요구된다는 것을 상기하자.

$$\int_{v_x=-\infty}^{\infty} g_x(v_x)\,dv_x = 1$$

식 (11.24)의 g_x를 사용하면 이것은 다음과 같이 된다.

$$\int_{v_x=-\infty}^{\infty} Ae^{(1/2)Kv_x^2}\,dv_x = 1$$

부록 1에 수록되어 있는 적분표를 사용하여 계산하면 다음을 얻을 수 있다.

$$A = \left(\frac{-K}{2\pi}\right)^{1/2} \qquad \textbf{(11.25)}$$

g_x(확대하면 온전한 삼차원 확률 함수)를 완전히 이해하려면 이제 상수 K를 구하는 데 달려 있다.

K를 구하기 위하여 먼저 각 방향의 속도는 동등하다. 즉 x 방향의 평균 제곱속도는 y 방향의 평균 제곱 속도와 동일하며, z 방향의 평균 제곱 속도와도 동일하다는 개념을 사용한다.

$$v^2_{평균,x} = v^2_{평균,y} = v^2_{평균,z}$$

[이 개념을 사용하여 식 (11.8)을 유도하였음] 기체 입자 하나의 평균 운동 에너지는 다음과 같으므로

$$E_{평균} = \tfrac{1}{2}m \cdot v^2_{평균}$$

평균 제곱 속도(average squared velocity)의 정의를 사용해 다음을 얻는다.

$$E_{평균} = \tfrac{1}{2}m(v^2_{평균,x} + v^2_{평균,y} + v^2_{평균,z})$$

혹은 속도 성분들의 등방성을 적용하면 다음과 같이 된다.

$$E_{평균} = \tfrac{3}{2}m \cdot v^2_{평균,x}$$

여기서는 임의로 x 성분의 평균 제곱 속도를 사용하였다. 이 식을 식 (11.11)과 비교하면,

$$E_{평균} = \frac{3}{2}m \cdot v^2_{평균,x} = \frac{1}{N} \cdot \frac{3}{2}RT$$

만일 N이 아보가드로 수라면 위 식은 다음과 같이 된다.

$$\tfrac{3}{2}m \cdot v^2_{평균,x} = \tfrac{3}{2}kT$$

(여기서는 R과 k 사이의 관계를 이용하였음) 다시 정리하면 다음과 같다.

$$v^2_{평균,x} = \frac{kT}{m} \tag{11.26}$$

이 식을 사용하여 상수 K를 구할 수 있다.

K를 구할 때 변수의 평균값 계산법에 대한 통계 열역학에서 개발된 개념을 사용한다. 식 (9.3)에서 정의된 것과 같은 평균값의 정의를 상기해보자.

$$\bar{u} = \frac{\sum\limits_{j=1}^{\text{가능한 값}} u_j \cdot P_j}{\sum\limits_j P_j} \tag{11.27}$$

여기서 u_j는 변수 u의 특정값이며, P_j는 값들의 집단에서 이 특정값이 나타내는 확률이며, $\bar{u}$는 변수 u의 평균값을 나타낸다(이 식의 사용법에 대한 예로 9.2절의 마지막 부분에서 설명한 문제를 참조). 완전 충족 확률 함수(well-behaved probability function)의 경우 분모에 있는 모든 확률의 합, $\sum\limits_j P_j$는 1이므로 식 (11.27)은 다음과 같이 된다.

$$\bar{u} = \sum_{j=1}^{\text{가능한 값}} u_j \cdot P_j$$

끝으로 어떤 함수가 가능한 많은 데이터를 가지고 있어서 확률 함수가 매끄럽게 표시될 수 있는 경우, 위 식의 합은 다음과 같이 적분으로 바꿀 수 있다.

$$\bar{u} = \int_{\text{최소}}^{\text{최대}} u_j \cdot P_j \, du \tag{11.28}$$

식 (11.28)은 기체의 속도 분포를 나타낼 때와 동일한 조건을 사용하여 유도되었다. 따라서 식 (11.28)을 사용하여 x 방향의 평균 제곱 속도에 대한 적분을 만들 수 있다. 이때 변수는 v_x^2이며, 확률 함수 P_j는 곧이어 결정된 지수 앞 상수 A를 갖는 식 (11.24)로 주어진다. 식 (11.28)에 대입하면 평균 제곱 속도는 다음과 같다.

$$v^2_{\text{평균},x} = \int_{-\infty}^{+\infty} v_x^2 \cdot \left(\frac{-K}{2\pi}\right)^{1/2} \cdot e^{(1/2)Kv_x^2} \, dv_x \tag{11.29}$$

식 (11.29)는 변수 v_x의 짝함수(even function)이므로 $-\infty$에서 $+\infty$까지 대신 0에서 $+\infty$까지 그 범위를 반으로 나누어 그 적분 값에 2를 곱할 수 있다. 그러므로

$$v^2_{\text{평균},x} = 2\left(\frac{-K}{2\pi}\right)^{1/2} \int_0^{+\infty} v_x^2 \cdot e^{(1/2)Kv_x^2} \, dv_x \tag{11.30}$$

여기서 모든 상수는 적분 기호 밖으로 옮겨졌다. 식 (11.30)의 적분은 알려진 형이다. 부록 1에서 $\int_0^\infty x^2 e^{-bx^2/2} dx$ [식 (11.30)에서 $x = v_x$]가 $\pi^{1/2}/[2^{1/2}(-K)^{3/2}]$이 됨을 사용한다. 식 (11.30)에 대입하여 정리하면 다음과 같다.

$$v^2_{\text{평균},x} = 2\left(\frac{-K}{2\pi}\right)^{1/2} \frac{\pi^{1/2}}{2^{1/2}(-K)^{3/2}}$$

이것은 $\dfrac{kT}{m}$와 같아야 한다.

여기서 마지막 부분은 식 (11.26)에서 취하였다. K가 있는 쪽의 항들은 대부분 상쇄되며, 결과적으로 다음과 같이 된다.

$$\frac{1}{-K} = \frac{kT}{m}$$

$$K = -\frac{m}{kT} \tag{11.31}$$

그러므로 분포 함수 g_x는 다음과 같다.

$$g_x = \left(\frac{m}{2\pi kT}\right)^{1/2} e^{-mv_x^2/2kT} \tag{11.32}$$

같은 방법으로 g_y와 g_z에 대한 일차원 분포 함수들도 쉽게 쓸 수 있다.

식 (11.32)와 y 및 z에 대한 같은 형식의 두 개의 분포 함수는 곧바로 **삼**차원 확률 함수를 주지 못한다. 세 개의 일차원 확률 함수의 곱을 다음과 같이 Γ로 정의한 바 있다[식 (11.16) 참조].

$$\Gamma(v) = g_x(v_x) \cdot g_y(v_y) \cdot g_z(v_z)$$

이것이 기체 입자의 속도에 대한 삼차원 확률 함수이다.

만일 기체 입자 속도의 **크기**에 초점을 맞추려면 벡터로서의 속도에서 양 또는 음의 속도를 구분하지 말아야 한다. 그러면 약간 다른 확률 분포 함수를 얻게 된다. $G(v)$로 표시하는 이 함수 역시 정규화 조건을 가진다.

$$\int_0^\infty G(v)\,dv = 1$$

이 경우에 적분 범위는 $-\infty$에서 $+\infty$가 아니라 0에서 $+\infty$를 적용한다. 또한 어떤 속도 벡터의 크기도 방향에 의존하지 않으므로, $G(v)$의 각 값은 그림 11.3에 나타낸 바와 같이 실제로 가능한 속도 벡터의 구형 껍질을 나타낸다. 그리하여 무한소의 부분으로 $4\pi v^2$ 성분이 존재한다. 선형 확률 함수 g_x, g_y 및 g_z를 사용하면 다음을 얻는다.

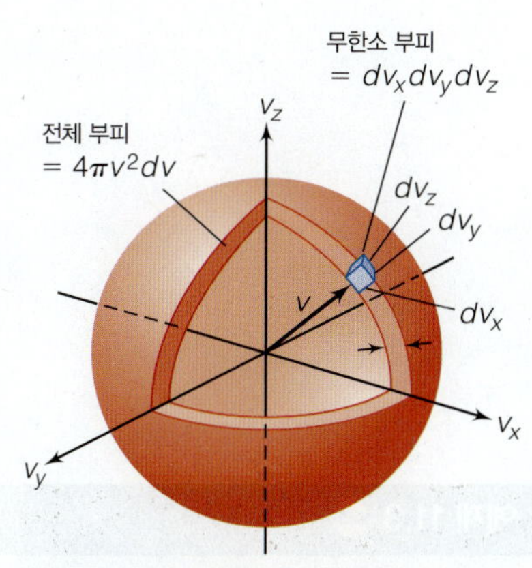

그림 11.3 삼차원에서 임의의 무한소 속도 변화는 원점에 대한 구형 껍질로 표현된다. 따라서 0에서 ∞까지 $G(v)$를 적분하는 경우 무한소는 구대칭으로 설명해야 한다.

$$G(v)\,dv = \left(\frac{m}{2\pi kT}\right)^{1/2} e^{-mv_x^2/2kT}\left(\frac{m}{2\pi kT}\right)^{1/2} e^{-mv_y^2/2kT}\left(\frac{m}{2\pi kT}\right)^{1/2} e^{-mv_z^2/2kT}\cdot 4\pi v^2\,dv$$

이 식에서 지수 항을 모아서 삼차원 공간에서의 속도의 제곱으로 쓰고, $(m/2\pi kT)^{1/2}$ 항을 모으면 다음과 같이 간단하게 할 수 있다.

$$G(v)\,dv = 4\pi\left(\frac{m}{2\pi kT}\right)^{3/2} v^2\cdot e^{-mv^2/2kT}\,dv \tag{11.33}$$

이와 같은 속도 크기의 삼차원 확률 분포 함수를 **맥스웰-볼츠만 분포**(Maxwell-Boltzmann distribution)라 한다. 이 분포를 속도에 대해 그래프로 그릴 수 있다. 이 분포는 기체 입자의 질량과 온도(절대 온도)에 의존한다. 그림 11.4는 서로 다른 온도에서 여러 기체의 다양한 속도 분포를 보여 준다. 이 식은 통계 열역학에서 언급된 맥스웰-볼츠만 분포의 한 가지 특별한 경우이며, 지수에 있는 $\frac{mv^2}{2}$항은 삼차원으로 움직이는 입자의 운동 에너지를 나타낸다.

확률 분포 함수를 보게 되면, 여러 종류의 '평균' 속력을 정의할 수 있다. 예를 들어 그림 11.4에서 각 곡선은 어떤 속도에서 극대점을 나타내며, 이것은 기체 입자들 가운데 어떤 특정 온도에서 가장 많은 입자들이 갖는 어떤 속력이 있다는 것을 의미한다. 식 (11.33)을 v에 대해 미분하고 이를 0으로 놓으면(극대점에서 기울기는 0이기 때문에), **최빈 속력**(most probable speed) v_{mp}에 대한 식을 유도할 수 있으며, 극대점에서의 속력에 대해 풀면 다음을 얻는다.

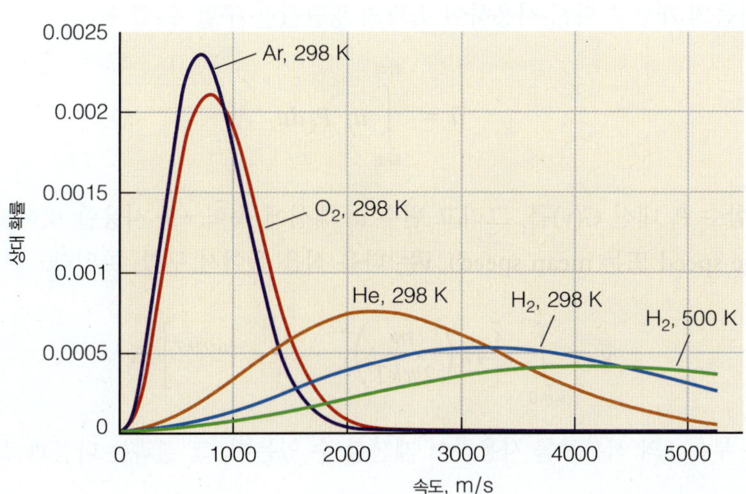

그림 11.4 여러 기체들의 속력 분포. H_2 곡선이 500 K에서 높은 속도 쪽으로 이동된 것에 주목하라. 이러한 곡선들을 총괄하여 맥스웰-볼츠만 분포라 부른다.

$$v_{mp} = \left(\frac{2kT}{m}\right)^{1/2} \tag{11.34}$$

여기서 m은 기체 입자 하나의 질량으로, 이 식을 1 mol에 대해 나타내면 다음과 같다.

$$v_{mp} = \left(\frac{2RT}{M}\right)^{1/2} = \sqrt{\frac{2RT}{M}} \tag{11.35}$$

여기서 M은 기체 입자의 몰질량이다.

예제 11.3

이것은 예제 11.2에서 계산된 온도이다.

기체의 온도가 264 K라면 He 원자의 최빈 속력은 얼마인가?

풀이

He의 몰질량(kg 단위)과 식 (11.35)를 사용하면 다음 계산을 할 수 있다.

$$v_{mp} = \left[\frac{2\left(8.314\ \frac{\text{J}}{\text{mol}\cdot\text{K}}\right)(264\ \text{K})}{0.004003\ \frac{\text{kg}}{\text{mol}}}\right]^{1/2}$$

J 단위를 기본 단위로 풀어서 대입하면,

$$v_{mp} = (1{,}096{,}626\ \text{m}^2/\text{s}^2)^{1/2}$$

$$v_{mp} = 1{,}047\ \text{m/s}$$

이것은 초당 1 km를 능가한다.

식 (11.13)과 (11.35)를 비교하면 알 수 있듯이 최빈 속력은 항상 근평균 제곱 속력보다 약간 작다. 두 가지 평균 속력의 정의는 모두 변수로서 기체의 절대 온도와 입자의 질량만을 가지고 있다. 다른 항들은 상수이다.

마지막으로 속도에 대한 분포 함수 $G(v)$를 알고 있으므로 또 다른 평균 속력을 구할 수 있다. 통계학에서 나온 식 (11.28)을 다시 사용하여 속력에 대한 또 다른 평균값을 알아보자. 다음의 개념을 다시 사용하여 속력의 평균값을 구할 수 있다.

$$\bar{u} = \int_{\text{최소}}^{\text{최대}} u_j \cdot P_j\, du$$

즉, 확률 함수 P_j 대신 $G(v)$를, 그리고 변수 u_j 대신에 속력 v를 사용할 것이다. **평균 속력**(average speed 또는 mean speed), $\bar{v}$는 다음 식을 풀어서 구할 수 있다.

$$\bar{v} = \int_{v=0}^{\infty} v\left[4\pi\left(\frac{m}{2\pi kT}\right)^{3/2} \cdot v^2 \cdot e^{-mv^2/2kT}\right] dv$$

이 적분은 부록 1의 적분표를 사용하여 계산할 수 있는데, 그 결과는 다음과 같다.

$$\bar{v} = \left(\frac{8kT}{\pi m}\right)^{1/2} = \left(\frac{8RT}{\pi M}\right)^{1/2} = \sqrt{\frac{8RT}{\pi M}} \tag{11.36}$$

여기서 m은 기체 입자 하나의 질량이고 M은 기체 시료의 몰질량이다. 평균 속력 또한 입자의 질량과 기체의 절대 온도에 의해서만 변하게 정의된다.

예제 11.4

Ar 기체 시료를 생각해 보자. 다음의 속력들이 각각 500.0 m/s라면, 이 기체의 온도는 얼마일까?

a. v_{rms}

b. v_{mp}

c. $\bar{v}$

d. 상대적인 온도는 예상과 일치하는가?

풀이

각 평균 속력에 해당하는 식을 사용하여 온도를 구한다. 지금쯤 사용하는 모든 단위에 대해서는 익숙할 것이다.

a. v_{rms}에 대해서는 다음과 같다.

$$500.0\,\frac{\text{m}}{\text{s}} = \sqrt{\frac{3\left(8.314\,\frac{\text{J}}{\text{mol}\cdot\text{K}}\right)\cdot T}{0.03995\,\frac{\text{kg}}{\text{mol}}}}$$

$$T = 400.4\text{ K}$$

b. v_{mp}에 대해서는 다음과 같다.

$$500.0\,\frac{\text{m}}{\text{s}} = \sqrt{\frac{2\left(8.314\,\frac{\text{J}}{\text{mol}\cdot\text{K}}\right)\cdot T}{0.03995\,\frac{\text{kg}}{\text{mol}}}}$$

$$T = 600.6\text{ K}$$

c. $\bar{v}$에 대해서는 다음과 같다.

$$500.0\,\frac{\text{m}}{\text{s}} = \sqrt{\frac{8\left(8.314\,\frac{\text{J}}{\text{mol}\cdot\text{K}}\right)\cdot T}{\pi\left(0.03995\,\frac{\text{kg}}{\text{mol}}\right)}}$$

$$T = 471.7\text{ K}$$

d. 이 결과가 보여주는 것은 같은 '평균' 값을 가지기 위해서 최빈 속력이 가장 높은 온도를 필요로 하며, 평균 속력과 근평균 제곱 속력은 이보다 낮은 온도를 필요로 한다는 것이다.

그림 11.5는 동일 온도인 500 K에서 Ar 기체의 속도에 대한 확률 분포 함수를 나타낸 것이다. 그림에 v_{rms}, v_{mp} 및 $\bar{v}$ 값들이 표시되어 있다. 평균 속력들의 상대적 순서는 모든 기체들에 대해 같으며, 각 평균 속력의 정의가 조금씩 다름을 보여 주고 있다. 이 그림이 지적하고 있는 것은 기체 입자의 '평균 속력'에 대한 단 하나의 유용한 정의는 없으며, 상황에 따라 어느 것을 사용할 것인가를 주의해서 명확히 규정해야 한다는 것이다.

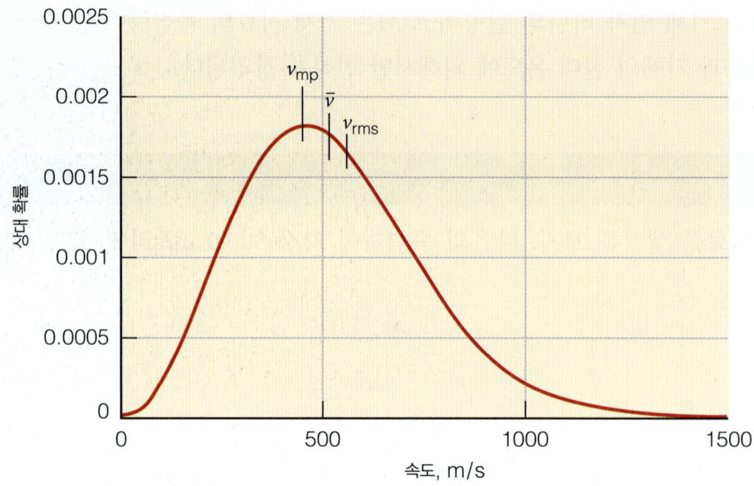

그림 11.5 500 K에서 아르곤 기체에 대한 맥스웰-볼츠만 분포에 v_{rms}, v_{mp} 및 $\bar{v}$가 표시되어 있으며, 이들이 수치적으로 어떻게 다른가를 보여 주고 있다.

끝으로 서로에 대해 상대 속도, $v_{상대}$를 갖는 두 입자의 평균 속력을 정의할 필요가 있다. 분명히 두 입자가 같은 방향으로 움직이고 있다면 이들의 상대 속도는 0 즉, $v_{상대} = 0$이다. 두 입자가 서로 정반대쪽으로 움직이면 이들의 상대 속도는 $v_{상대} = 2\bar{v}$이다. 이 두 극단 사이의 기하 평균은 $\sqrt{0 + 2\bar{v}}$ 즉, $\sqrt{2}\bar{v}$이다. 여기서 인자 $\sqrt{2}$는 다음 절에 나올 몇 가지 식에 나타날 것이다.

11.4 기체 입자의 충돌

기체 운동론을 정의할 때 하는 말 중 하나는 기체 입자들은 끊임없이 서로 충돌하며 충돌하는 동안 전체 에너지는 보존된다는 것이다. 기체 운동론은 이런 충돌의 몇 가지 특성을 이해할 수 있게 해 준다. 이런 특성을 이해하기 위해서는 기체 입자들 자신들의 몇 가지 파라미터를 정의할 필요가 있다.

순수 기체에 대해 **강체구 모형**(hard-sphere model)을 가정한다. 이 모형에서 각 기체 입자는 다른 입자가 내부로 침투할 수 없는 특정 반지름을 가진 구형 입자로 취급한다[가장 좋은 비유로 기체 입자를 크로케(croquet) 또는 당구 공으로 생각할 수 있다]. 이것은 그림 11.6에 설명되어 있다. 각 기체 입자는 r로 표시된 반지름을 가지며, 각 입자는 딱딱하기 때문에 두 입자의 중심이 접근할 수 있는 가장 가까운 거리는 반지름의 두 배 또는 지름 d이다(그림 11.6에 표시되어 있음). 입자들은 강체구이기 때문에 이 가정은 두 입자가 서로에 대해서 $2r = d$보다 이들의 두 중심이 결코 더 가까워질 수 없다는 것이다. 이것을 표현하는 하나의 방법은 임의의 두 기체 입자 사이의 퍼텐셜 에너지 V를 정의하는 것이다.

$V = 0$: 중심 사이의 거리가 $2r$보다 큰 경우(즉, 상호 작용이 일어나지 않는 경우)

$V = \infty$: 중심 사이의 거리가 $2r$보다 작은 경우(물리적으로는 불가능)

입자 사이의 충돌에 관하여 세 가지를 알아보고자 하는데, 주어진 시간 동안 한 입자가 경험하는 충돌수, 충돌 사이의 평균 거리, 그리고 기체 입자가 공간을 통해 움직이는 알짜 속도를 알 수 있을 것이다. 첫 번째와 두 번째의 양은 기체상 화학 반응(예를 들어, 대기나 우주 또는 고온에서 일어나는 반응)을 연구하는 사람들에게 유용하며, 마지막

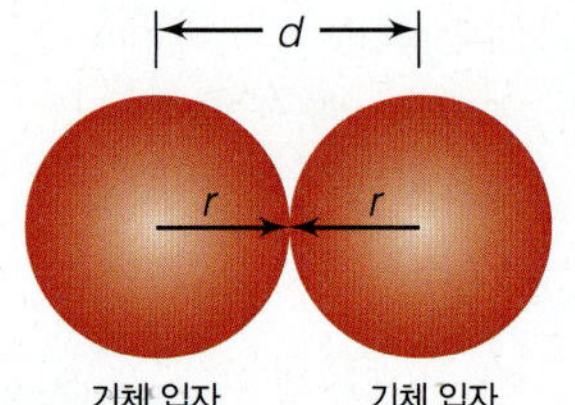

그림 11.6 기체 입자의 강체구 모형에서 각 입자는 침투 불가능한 반지름 r을 갖는 것으로 정의된다. r의 두 배 또는 지름 d는 기체 입자의 거동을 이해하는 데 사용되는 파라미터이다.

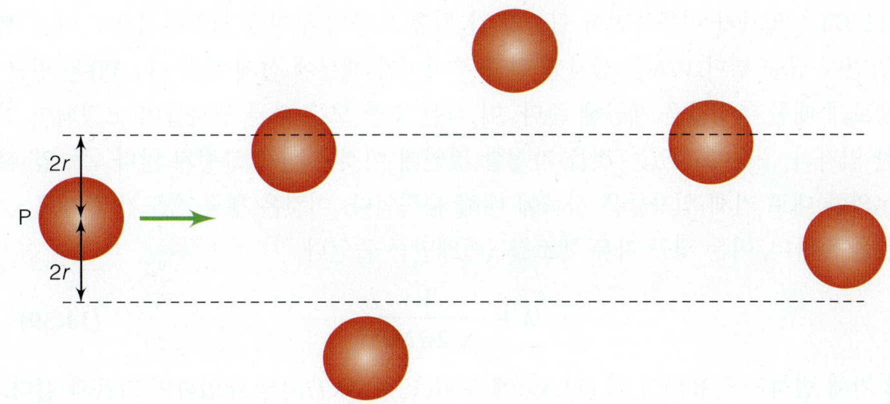

그림 11.7 이차원 공간에서 하나의 기체 입자 P가 한 영역을 휩쓸고 지나갈 때 입자 P의 중심에서 $2r$ ($2r = d$)의 거리 이내에 입자의 중심을 두고 있는 다른 어떠한 입자와도 충돌을 한다. 이 그림에서 P는 세 개의 다른 입자와는 충돌하겠지만 두 개의 다른 입자는 건드리지 못할 것이다. 실제 기체의 경우, 입자 P가 공간을 지나가면서 쓸고 가는 단면적은 πd^2이 된다.

양은 기체 입자의 확산과 분출의 개념을 이해하는 데 유용하다.

순수한 기체 시료를 생각해 보자. (기체 혼합물에 대해서는 나중에 간단히 취급할 예정) 임의의 기체 입자 하나는 다른 기체 분자들과 얼마나 자주 충돌하며, 또 그 입자는 한 번 충돌한 다음에 얼마나 멀리 이동해서 다시 충돌하게 될까? 하나의 기체 입자가 움직이는 동안에 다른 입자들은 모두 정지해 있는 가상적인 상황을 생각함으로써 이 문제에 대한 답을 할 수가 있다. 공간에서 입자 P가 이동하게 되면 입자 P의 중심으로부터 $2r$ (반지름의 2배)의 거리 이내에 **중심**을 두고 있는 어떠한 다른 입자와도 충돌하게 될 것이다. 이것은 그림 11.7에서 이차원적으로 설명되어 있다. 삼차원에서 입자 P의 경로는 원통의 공간을 휩쓸고 지나가며, 중심이 그 공간 내에 있는 다른 어떠한 입자도 입자 P와 충돌하게 된다. 원통관의 반지름은 입자 반지름의 두 배($2r$) 또는 입자의 지름(d)과 같으며, 이것을 입자의 **충돌 지름**(collision diameter)이라 한다. 삼차원에서 이 원통의 단면은 면적이 πd^2인 원이다. 이 면적을 기체 입자의 **충돌 단면적**(collision cross section)이라 한다.

한 번 충돌한 입자가 다음 충돌할 때까지의 정확한 거리는 길 수도 있고 짧을 수도 있지만(원자 크기로), 충돌 간에 입자가 이동한 평균 거리가 존재한다고 가정하자. 이 평균 거리를 **평균 자유 행로**(mean free path)라 부르며(이것은 입자가 '자유롭게' 그리고 다른 어떤 입자와도 충돌하지 않는 평균 거리이기 때문), 기호 λ로 나타낸다. 충돌 사이에 입자 P가 휩쓸고 지나간 원통의 평균 부피는 공간의 단면적(충돌 단면적)에 원통의 길이(평균 자유 행로)를 곱한 것과 같다.

$$\text{충돌 사이 공간의 평균 부피} = \lambda \cdot \pi d^2 \qquad (11.37)$$

주어진 부피 V 내에 들어 있는 원자의 총 수가 N이라면 입자당 평균 부피는 V/N이다. 거시적 시간 차원에서 볼 때, 이 평균 부피는 같아야 한다.

$$\frac{V}{N} = \lambda \cdot \pi d^2$$

이 식을 충돌 사이의 평균 자유 행로에 대해 풀면 다음과 같이 된다.

$$\lambda = \frac{V}{\pi N d^2} \qquad (11.38)$$

식 (11.37)은 입자가 이동하면서 휩쓸고 간 원통 모양의 부피를 일차원적으로 다룬 것이고, 반면에 평균 부피 V/N은 삼차원 평균 부피이기 때문에 실제로 식 (11.38)은 평균 자유 행로에 대한 추정값을 제공해 준다. 이 식은 또한 모든 다른 입자들이 고정되어 있을 때 한 입자가 움직이고 있는 것을 가정한 것인데 이것은 실제 그렇지 않다. 즉, 앞 절에서 논의한 대로 기체 입자들은 서로에 대해 움직인다. 이것은 평균 속도가 실제로 $\sqrt{2}\bar{v}$가 됨을 뜻하며, 이는 평균 자유 행로를 $\sqrt{2}$배만큼 줄인다.

$$\lambda = \frac{V}{\sqrt{2}\pi N d^2} \tag{11.39}$$

이상 기체 법칙을 적용하여 식 (11.39)에 부피($V = NkT/p$)를 대입하면 다음과 같다.

$$\lambda = \frac{kT}{\sqrt{2}\pi d^2 p} \tag{11.40}$$

λ에 대한 이 식은 평균 자유 행로가 기체의 다른 관측 가능한 값들에 따라 어떻게 변하는가를 보여 준다. 온도가 높을수록[식 (11.40)에서 온도 외의 모든 것을 상수로 둘 때] λ는 증가한다. 이는 일정한 압력 p에서 온도가 상승할수록 기체의 부피는 증가해야 하며, 이것은 각 기체 입자들 사이에 더 큰 공간이 존재한다는 것을 의미하므로 납득이 간다. 만일 압력이 증가하면[식 (11.40)에서 압력 이외의 모든 것을 상수로 둘 때) λ는 감소해야 한다. 압력의 증가는 기체 입자들을 서로 가까이 모이게 하고(즉, 부피가 감소), 따라서 각 기체 분자는 더욱 자주 그리고 더 짧은 거리로 충돌할 것이기 때문에 이 또한 옳다.

예제 11.5

크립톤(Kr) 원자의 강체구 반지름이 1.85 Å이라고 가정하자. 온도 20.0°C와 압력 1.00 bar에서 Kr 원자의 평균 자유 행로를 계산하라.

풀이

1 Å은 10^{-10} m이고, 지름은 반지름의 두 배이므로 $d = 3.70 \times 10^{-10}$ m이다. 식 (11.40)에 해당하는 값들을 대입하면 다음과 같다.

$$\lambda = \frac{kT}{\sqrt{2}\pi d^2 p} = \frac{(1.381 \times 10^{-23}\ \mathrm{J/K})(293.15\ \mathrm{K})}{\sqrt{2}\pi(3.70 \times 10^{-10}\ \mathrm{m})^2(1.00\ \mathrm{bar})}$$

위 식에서 단위는 곧바로 상쇄되지 않는다. 대신에 100 J = 1 L·bar이고, 1 L는 $(0.1\ \mathrm{m})^3$으로 정의됨을 알고 이들 환산 인자를 적용시키면 다음과 같이 된다.

$$\lambda = \frac{(1.381 \times 10^{-23}\ \mathrm{J/K})(293.15\ \mathrm{K})}{\sqrt{2}\pi(3.70 \times 10^{-10}\ \mathrm{m})^2(1.00\ \mathrm{bar})} \times \frac{1\ \mathrm{L \cdot bar}}{100\ \mathrm{J}} \times \frac{(0.1\ \mathrm{m})^3}{1\ \mathrm{L}}$$

이제 단위들을 적절히 제거하고 λ를 계산하면 다음과 같다.

$$\lambda = 6.66 \times 10^{-8}\ \mathrm{m} = 666\ \text{Å}$$

이 경우에 Kr 원자는 평균적으로 다른 원자와 충돌하기 전에 원자 지름의 거의 200배 이상의 거리를 이동한다.

이것은 당구공이 다른 공과 부딪치기 전에 약 당구대 7개의 길이를 이동하는 것과 같다(평균적으로).

평균 자유 행로는 추정값이다. 이것은 평균값을 사용하여 유도되었으며, 많은 기체 입자들이 구형이 아님에도 불구하고 기체 입자를 강체구로 가정하였기 때문이다. 그러나 평균 자유 행로로부터 기체 입자가 어떻게 상호 작용하는가를 이해하는 데 유용한 정량적인 값을 얻을 수 있다.

예제 11.6

질소 분자가 반지름 1.60 Å인 강체구로 작용한다고 가정하자. 만일 한쪽이 1.00 m인 진공 방이 있다면, 질소 분자 하나가 한쪽 벽면에서 다른 쪽 벽면으로 이동하는 다른 질소 분자와 충돌하지 않으려면(즉, 평균 자유 행로가 1.00 m) 압력이 얼마로 떨어져야 하는가? 온도는 22.0°C로 가정한다.

풀이

분자의 반지름이 1.60 Å일 때 지름은 3.20 Å이다. 문제는 본질적으로 평균 자유 행로가 1.00 m가 되기 위해서는 얼마의 압력이 필요한가를 묻는 것이다. 식 (11.40)을 사용하면 다음과 같다.

여기서 질소 분자를 구형체로 가정한다. 그러나 이것은 실제로 그렇지 않지만 좋은 가정이다.

$$1.00\ \text{m} = \frac{(1.381 \times 10^{-23}\ \text{J/K})(295.15\ \text{K})}{\sqrt{2}\pi(3.20 \times 10^{-10}\ \text{m})^2 p}$$

단위를 적절히 제거하기 위해 몇 가지 환산 인자를 사용한다(예제 11.5 참조).

$$1.00\ \text{m} = \frac{(1.381 \times 10^{-23}\ \text{J/K})(295.15\ \text{K})}{\sqrt{2}\pi(3.20 \times 10^{-10}\ \text{m})^2 p} \times \frac{1\ \text{L·bar}}{100\ \text{J}} \times \frac{(0.1\ \text{m})^3}{1\ \text{L}}$$

단위가 적절히 상쇄되는 것을 증명할 수 있어야 한다.

p에 대해 풀면 다음과 같이 된다.

$$p = 8.96 \times 10^{-8}\ \text{bar}$$

이 압력은 대기압의 약 천만분의 1이며, 실험실에서 쉽게 얻을 수 있다(예, 기름 확산 진공 펌프를 사용하여).

기체 입자가 전형적으로 충돌 사이에 대략 얼마나 멀리 이동하는가를 알았으므로, 한 기체 입자가 매 초 다른 기체 입자와 몇 번이나 접촉하는지를 나타내는 **평균 충돌 빈도**(average collision frequency)를 결정할 수 있다. 충돌 빈도는 기체상 화학 반응의 적용에 유용한 개념이다. 고전 역학의 간단한 계산으로 시작해보자. 정의에 따라 평균 속력은 다음과 같다.

$$\text{평균 속력} = \frac{\text{거리}}{\text{시간}}$$

이때 거리는 평균 자유 행로로 사용할 수 있고, 평균 속력으로는 이 장의 앞 부분에서 정의한 평균 속력의 정의 가운데 하나를 사용할 수 있다. 빈도는 보통 시간의 역수로 정의한다. 이 경우에 '빈도'는 초당 충돌수로 해석되며, 따라서 s^{-1}의 단위를 갖는다. 평균 속력 $\bar{v}$를 사용하고, 식 (11.36)의 평균 속력의 정의와 식 (11.39)의 평균 자유 행로를 적용하여 **평균 충돌 빈도** z를 구한다.

$$z = \frac{\bar{v}}{\lambda} = \frac{\left(\dfrac{8kT}{\pi m}\right)^{1/2}}{\left(\dfrac{V}{\sqrt{2}\pi N d^2}\right)} = \frac{\pi N d^2 \sqrt{16kT}}{V\sqrt{\pi m}} \tag{11.41}$$

분율 N/V가 기체의 밀도(m^3당 기체 입자수의 단위, $1/m^3$) ρ이므로, 식 (11.41)에 있는 N/V 대신에 ρ를 대입하여 다음을 얻을 수 있다.

$$z = \frac{4\pi\rho d^2 \sqrt{kT}}{\sqrt{\pi m}}$$

단위 부피당 1초 동안의 총 충돌수는 Z로 표시하며, z와 기체의 밀도의 곱에 관계된다. 그러나 전체 입자들에 대한 모든 충돌은 단순히 z와 ρ를 곱하여 계산한다. 두 입자가 한 번의 충돌을 하기 때문에, 총 충돌수는 실제보다 두 배가 된다. 이와 같은 계산을 보정하기 위해 인자 1/2을 포함시켜 Z를 다음과 같이 나타낸다.

$$Z = \frac{1}{2} \cdot z \cdot \rho = \frac{2\pi\rho^2 d^2 \cdot \sqrt{kT}}{\sqrt{\pi m}} \tag{11.42}$$

여기서 밀도의 단위는 l/m^3이므로 Z의 단위는 $l/(s \cdot m)^3$이다.

예제 11.7

제논(Xe)은 4.00 Å의 지름을 갖는 매우 큰 강체구이다. 1.000 bar와 273.15 K의 조건에서 0.02271 m^3의 부피를 갖는 1 mol의 Xe 기체 대해 다음을 계산하라.

a. 평균 충돌 속도(평균 충돌 빈도)

b. m^3당 총 충돌 속도(m^3당 총 충돌 빈도)

c. 총 충돌 속도(총 충돌 빈도)

풀이

이 예제는 z, Z 그리고 Z 곱하기 총 부피(시료 내의 모든 기체 입자에 대한 충돌 속도를 구하기 위해)를 묻는 것이다. 밀도 ρ는 $(6.02 \times 10^{23}$ 입자$)/(0.02271\ m^3) = 2.65 \times 10^{25}\ m^{-3}$이며, Xe 원자의 질량은 $(0.1313\ kg)/(6.02 \times 10^{23}) = 2.181 \times 10^{-25}$ kg이다.

a. $$z = \frac{2\pi(2.65 \times 10^{25}\ m^{-3})(4.00 \times 10^{-10}\ m)^2\sqrt{(1.381 \times 10^{-23}\ J/K)(273.15\ K)}}{\sqrt{\pi \cdot 2.181 \times 10^{-25}\ kg}}$$

분모와 분자의 제곱근 내에 있는 단위를 살펴보자. 그들은 $\sqrt{J}/\sqrt{kg}$으로 되며, J을 기본 단위로 풀어 쓰면 $\sqrt{kg \cdot m^2/s^2}/\sqrt{kg} = \sqrt{m^2/s^2} = m/s$이 된다. 분자에 있는 모든 미터 단위는 상쇄되고 유일하게 s^{-1} 단위(빈도에 대한 것이어야 하므로)만 남는다.

$$z = 1.98 \times 10^9\ s^{-1}$$

1 초당 거의 20억 번 충돌한다.

b. 따라서 단위 부피당 총 충돌 속도(단위 부피당 총 충돌 빈도)는

$$Z = \tfrac{1}{2} \cdot z \cdot \rho = \tfrac{1}{2}(1.98 \times 10^9\ s^{-1})(2.65 \times 10^{25}\ m^{-3})$$

$$Z = 2.62 \times 10^{34}\ m^{-3} \cdot s^{-1}$$

이것은 시료 1 m^3당, 1초 동안에 2.62×10^{34}번 충돌이 일어난다는 것을 말한다.

예제 11.7 *(계속)*

c. 그러나 부피는 0.02271 m^3에 불과하므로, Xe 1.000 mol에서 일어나는 총 충돌수는

$$2.62 \times 10^{34}\ \text{m}^{-3}\cdot\text{s}^{-1} \cdot 0.02271\ \text{m}^3 = 5.95 \times 10^{32}\ \text{s}^{-1}$$

총 충돌수는 초당 20억 번의 충돌을 하는 N_A개의 기체 입자(즉, 1 mol)와 대략 같다(두 값을 곱하여 이를 확인하라. 그리고 인자 2를 누락시키지 말자!).

만일 두 종류의 기체가 시료 내에 있다면, 어떤 특정 기체 분자의 충돌수는 같은 입자와의 충돌 및 다른 입자와의 충돌로 구분할 수 있다. 따라서 다른 입자와의 충돌 빈도와 함께 다른 입자와 충돌 사이의 평균 자유 행로를 정의할 수 있다. 지름이 각각 d_1과 d_2(그림 11.8 참조)이고 질량이 각각 m_1 및 m_2인 두 입자 P_1과 P_2에 대해 입자 P_2에 충돌하는 입자 P_1의 평균 자유 행로 $\lambda_{1\to2}$는 다음과 같이 주어진다(유도는 생략).

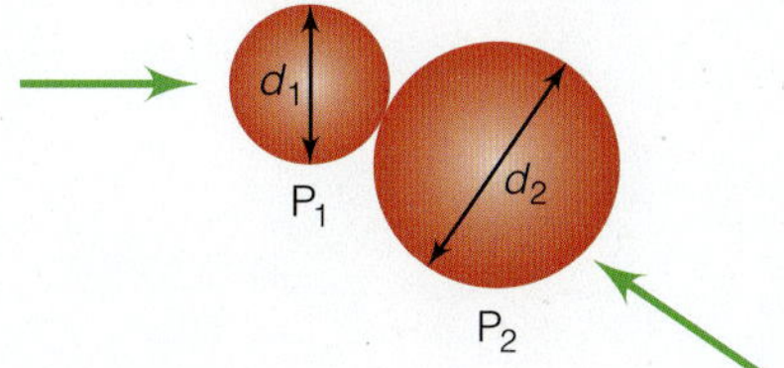

그림 11.8 충돌하는 기체 입자가 서로 다른 종류라면 충돌 빈도 식에서 두 개의 다른 질량과 지름을 사용하여야 한다.

$$\lambda_{1\to2} = \frac{V}{\sqrt{2}\pi\left(\frac{d_1 + d_2}{2}\right)^2 N_2} \qquad \textbf{(11.43)}$$

여기서 N_2는 기체 입자 P_2의 입자수이다. N_2/V가 기체 입자 P_2의 밀도이므로 이 식을 밀도 ρ_2 항으로 다시 쓰면 다음과 같다.

$$\lambda_{1\to2} = \frac{1}{\sqrt{2}\pi\left(\frac{d_1 + d_2}{2}\right)^2 \rho_2} \qquad \textbf{(11.44)}$$

마찬가지로 입자 P_2에 충돌하는 입자 P_1의 충돌 빈도 $z_{1\to2}$는 다음과 같이 정의할 수 있다.

$$z_{1\to2} = \frac{4\pi\rho_2\left(\frac{d_1 + d_2}{2}\right)^2 \sqrt{kT}}{\sqrt{\pi\mu_{12}}} \qquad \textbf{(11.45)}$$

여기서 μ_{12}는 다음과 같은 두 입자의 환산 질량이다.

$$\mu_{12} = \frac{m_1 \cdot m_2}{m_1 + m_2} \qquad \textbf{(11.46)}$$

m_1과 m_2는 다르기 때문에 여기서는 식 (11.42)에서 사용했던 $m/2$을 사용할 수 없다. P_1에 충돌하는 P_2의 평균 자유 행로와 충돌 빈도는 간단히 식 (11.43)~(11.45)에서 아래 첨자 1과 2를 바꾸면 된다. 단위 부피당 1초 동안의 총 충돌수는 식 (11.45)로부터 유도될 수 있으며, 다음과 같다.

$$Z_{1\to2} = \frac{2\pi\rho_1\rho_2\left(\frac{d_1 + d_2}{2}\right)^2 \sqrt{kT}}{\sqrt{\pi\mu_{12}}} \qquad \textbf{(11.47)}$$

이 식의 응용은 이 장의 끝에 있는 연습 문제로 남겨 두었다.

11.5 분출 및 확산

기체 시료 자체 내에서 기체 입자가 어떻게 이동하는가를 이해하는 것은 기체의 분출과 확산을 이해하는 데 도움을 준다. **분출**(effusion)은 기체 입자가 이전에 입자(보통은 어

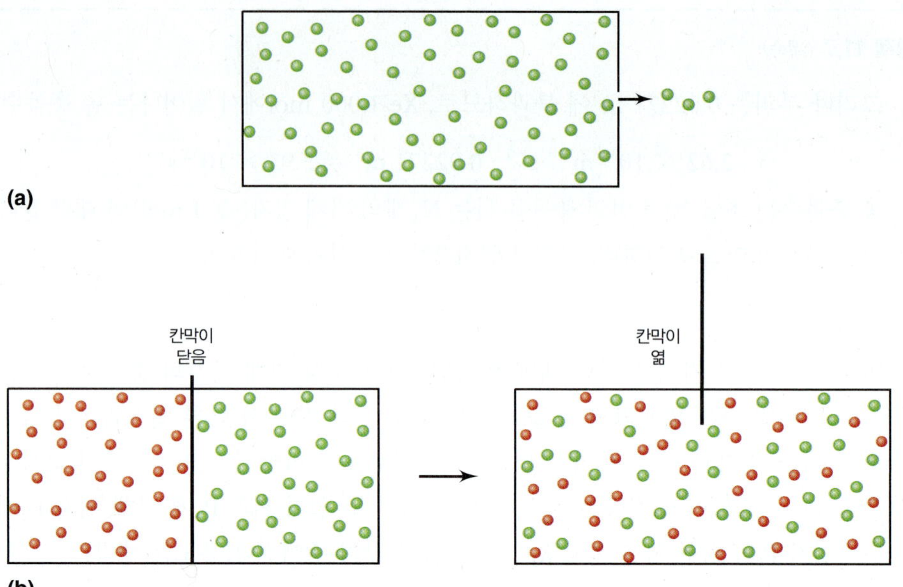

그림 11.9 (a) 분출은 기체 입자가 보통 하나의 작은 구멍 또는 여러 개의 구멍들을 통하여 계에서 주위로 이동하는 것이다. 전형적으로 주위는 기체 입자가 부족하고, 분출은 보통 매우 느려서 계 내 기체의 압력은 거의 일정하다고 볼 수 있다. (b) 확산은 기체 분자가 계 내부에서 움직이는 것이다. 예를 들어, 두 기체가 칸막이에 의해 분리될 수는 있으나, 칸막이가 들어 올려진 뒤에는 두 기체들은 확산되어 결국에는 완전히 섞이게 된다.

떤 종류의 기체)가 존재하지 않았던 다른 영역 내로 장벽(작은 구멍과 같은 것)을 통과하는 기체 입자의 이동이다. 분출은 보통 느린 과정이기 때문에 원래의 계에 들어 있는 있는 기체의 농도는 거의 변하지 않는다. **확산**(diffusion)은 계의 한 부분에서 다른 부분으로 기체 입자(용액에서는 용질)가 이동하는 것이며, 계 내의 총 압력은 일정하다(즉, 압력이 다르기 때문에 이동하는 것은 아니다). 그림 11.9는 그 차이를 설명해 준다.

분출은 일차원에서의 기체 입자의 속도를 생각하면 이해될 수 있다. 기체 입자가 빨리 이동할수록 더 빨리 계의 구멍을 빠져 나갈 수 있음을 예상할 수 있기 때문에 분출 속도는 그 방향에서의 평균 속도에 비례해야 한다. 이 개념은 수학적으로 다음과 같이 쓸 수 있다.

$$\text{분출 속도} \propto v_{\text{평균}}$$

기체 입자들 사이의 속도 분포를 나타내는 확률 밀도 함수를 이미 구하였는 바 x 방향에 대해서는 다음과 같다.

$$g_x = \left(\frac{m}{2\pi kT}\right)^{1/2} e^{-mv_x^2/2kT}$$

만일 1초 동안에 면적이 A인 어떤 작은 구멍을 통과하는 기체 입자의 수(dN/dt로 표현)를 알고 싶다면, **한쪽 방향에서** 그 구멍으로 접근하는 기체 입자의 수를 알아야 한다. 한쪽 방향이라고 하는 조건은 기체 입자로 채워진 방에서 기체 입자들이 천천히 방으로부터 새어 나오기만 하고 방 안으로 되돌아가지 않는다는 것을 의미한다(그림 11.9a 참조). 만일 방 안에서 구멍으로 향하는 방향을 양의 방향으로 일단 정하면, 구멍으로 접근하는 입자의 평균 속도는 다음과 같다.

$$\text{평균 속도} = \int_{v_x=0}^{\infty} v_x \left(\frac{m}{2\pi kT}\right)^{1/2} e^{-mv_x^2/2kT} \cdot dv_x \qquad \textbf{(11.48)}$$

이 적분은 풀이가 알려진 형태로서 다음과 같이 계산된다.*

$$\text{평균 속도} = \left(\frac{kT}{2\pi m}\right)^{1/2} \qquad \textbf{(11.49)}$$

따라서

$$\text{분출 속도} = \frac{dN}{dt} \propto \left(\frac{kT}{2\pi m}\right)^{1/2}$$

포함되어야 할 유일한 다른 인자들은 계 내의 기체 입자의 수(밀도) N/V, 즉 ρ와 기체 입자가 실제로 통과하는 면적 A이다. 이 두 인자는 분출 속도와 직접 관계가 있다. 어느 것이라도 증가하면 분출 속도는 증가한다. 따라서 면적 A를 통과하는 기체 입자의 분출 속도는 다음과 같이 쓸 수 있다.

$$\frac{dN}{dt} = A\rho\left(\frac{kT}{2\pi m}\right)^{1/2} \qquad \textbf{(11.50)}$$

이상 기체 법칙 $pV = NkT$를 사용하여 N/V 대신에 대입하면 다음과 같이 된다.

$$\frac{dN}{dt} = A\frac{p}{kT}\left(\frac{kT}{2\pi m}\right)^{1/2}$$

이 식은 다음과 같이 간단히 할 수 있다.

$$\frac{dN}{dt} = Ap\left(\frac{1}{2\pi mkT}\right)^{1/2} \qquad \textbf{(11.51)}$$

신기하게도 이 식의 일부는 단원자 기체의 병진 분배 함수의 일부와 매우 유사하며, 드브로이(de Broglie) 열 파장(제9장 참조)에 비례한다.

예제 11.8

금속 철이 0.5 mm 지름의 조그만 구멍이 나 있는 작은 용기에 들어 있다. 2050 K의 온도에서 용기 내부에 있는 Fe의 증기압은 1.00 mmHg이다. 1초 동안 구멍을 통과하여 분출되는 Fe의 원자수를 계산하라.

풀이

이와 같은 예제들에서는 일관된 단위를 갖도록 하는 것이 중요하다. 구멍의 면적은 $\pi[(0.5\ \text{mm})/2]^2$, 즉 0.196 mm^2 즉, $1.96 \times 10^{-7}\text{m}^2$이다. 1.00 mmHg의 압력을 파스칼

*특별하게 치환을 통해서 다음과 같은 형식의 적분을 사용할 수 있다.

$$\int_0^{\infty} x^n e^{-ax^p}\,dx = \frac{\Gamma(k)}{pa^k} \qquad \left(k = \frac{n+1}{p}\right)$$

$\Gamma(k)$는 **감마 함수**라 부르는 잘 알려진 수학적 함수이다. 정의에 따라 $\Gamma(1) = 1$이다. 이 식을 식 (11.48)에 적용하여 식 (11.49)를 얻을 수 있는지를 알아보라. 여기에 사용되는 감마 함수를 삼차원 확률 함수를 나타낼 때 사용했던 감마와 혼동하지 말아야 한다.

예제 11.8 *(계속)*

단위(1 Pa = 1 N/m^2 = 0.00750 mmHg)로 바꾸면 133 Pa이 된다. Fe 원자 한 개의 질량을 사용하여 다음 계산을 할 수 있다.

$$\frac{dN}{dt} = (1.96 \times 10^{-7}\ \text{m}^2)\left(133\ \frac{\text{N}}{\text{m}^2}\right)\left[\frac{1}{2\pi(9.27 \times 10^{-26}\ \text{kg})(1.381 \times 10^{-23}\ \text{J/K})(2050\ \text{K})}\right]^{1/2}$$

제곱근 내에 있는 단위를 정리하면 s^2/(kg^2·m^2)이 되며, 따라서 이 단위의 제곱근은 s/(kg·m)이다. 제곱근 항 바깥에는 N(뉴턴) 단위만 남는다. N = kg·m/s^{2}임을 생각하면 전체 단위는 l/s로 되며, 분출 속도에 대한 적절한 단위가 된다. 이것을 풀면,

$$\frac{dN}{dt} = 2.03 \times 10^{17}\ \text{s}^{-1} \quad \text{또는} \quad 1\text{초당 } 2.03 \times 10^{17} \text{ 철 원자}$$

이 값은 1초당 0.3 μmo1, 또는 1초당 약 16.7 μg에 해당한다. 이 속도로 Fe 1 g이 구멍을 통하여 분출되는 데는 16시간 이상이 걸릴 것이다.

기체의 분출을 연구하기 위하여 1900년대 초에 네덜란드의 과학자 크누센(Martin Knudsen)이 최초로 조그만 구멍이 나 있는 상자를 사용했기 때문에 이러한 상자를 **크누센 셀**(Knudsen cell)이라 부르며, 이와 같은 형태의 분출을 **크누센 분출**(Knudsen effusion)이라 한다. 크누센 셀은 여전히 진공계에서 녹는점이 높은 물질을 기화시키는 데 사용된다. 예를 들어, 컴퓨터 칩을 제조하는 반도체 산업에 사용된다.

농도 차이로 인하여 다른 기체를 통과하는 기체 입자들의 이동을 **확산**(diffusion)[특히, **기울기 확산**(gradient diffusion), 그림 11.9b 참조]이라 한다. 이것은 불균일한 매체를 통과하는 물질(이 경우에는) 또는 에너지의 알짜 이동을 나타내는 **운반 성질**(transport property)이라 불리는 것의 한 예이다. 다른 운반 성질에는 점성도, 전기 전도도, 열 전도도, 그리고 유체 내에서의 입자의 침강 등이 포함된다.

한 계 내에, 초기에는 서로 분리되어 있던 두 종류의 다른 기체가 있다고 가정하자. 처음 생각해야 할 질문은 분출에 대한 것과 유사하다. 일차원(임의로 x 방향이라 하자)에서의 운동을 가정하여 기체 입자가 얼마의 속도로 그들의 이동 방향과 수직인 면적 A인 평면으로 접근하겠는가? 문제의 계가 그림 11.10에 설명되어 있다. 실험 결과 기체 입자 P_1이 면적 A인 평면을 가로질러 기체 입자 P_2로 채워진 영역으로 흘러가는 속도는 다음 식으로 주어짐이 알려졌다.

$$\frac{dN_1}{dt} = -D \cdot A \cdot \frac{dc_1}{dx} \qquad \textbf{(11.52)}$$

여기서 dN_1/dt는 기체 입자 P_1이 면 A를 통과하는 속도이며, A는 면의 면적, dc_1/dx는 x 방향에 있는 기체 입자 P_1의 농도 기울기이고, D는 **확산 계수**(diffusion coefficient)라 부르는 비례 상수이다. 식 (11.52)는 **픽의 확산 제1법칙**(Fick's first law of diffusion)으로 알려져 있다(픽의 확산 제2법칙은 거리 대신 시간에 대한 c_1의 변화가 포함되며, 여기서는 다루지 않겠다). 식 (11.52)에 있는 음의 부호는 입자 P_1의 양을 증가시키는 흐름의 방향이 입자 P_1의 농도가 증가하는 방향과는 반대임을 의미한다. 즉, 입자들은 높은 농도에서 낮은 농도로 흐르는 경향이 있다.

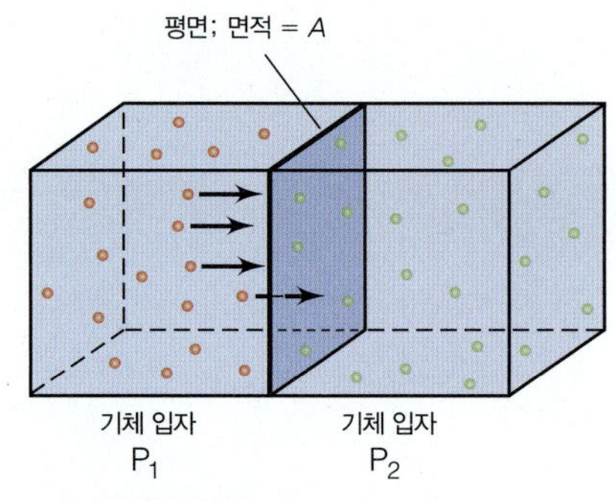

그림 11.10 확산은 기체 입자 P_1이 어떤 면적 A를 통과하여 기체 입자 P_2로 채워진 영역으로 이동하는 속도를 결정함으로써 이해될 수 있다.

만일 농도 c_1이 단위 부피당 입자량의 단위를 갖는다면, 도함수 dc_1/dx는 (입자량/m^3)/m의 단위를 갖는다. 면적은 SI 단위로 m^2이기 때문에 확산 속도 dN_1/dt가 1초당 입자량의 단위를 가지기 위하여 확산 계수는 m^2/s의 단위를 가져야 한다. 역사적으로 볼 때, D의 단위는 전형적으로 cm^2/s (비 SI)로 주어진다. D 값은 기체 P_1의 종류뿐만 아니라 P_1이 확산되어 들어가는 쪽에 있는 기체의 종류에도 의존한다. 그림 11.10에 대해서 기체 입자 P_2 역시 계의 왼쪽으로 확산될 수 있다는 것을 지적해야 하지만, 당분간 이것은 무시하고 P_1이 계의 오른쪽으로 이동하는 것에만 집중한다(궁극적으로 유도할 식은 어느 기체에나 적용될 것이다).

따라서 확산의 이해는 확산 계수 D를 정하는 데 중점을 둔다. 실제로 두 유형의 확산 계수를 정의할 수 있다. 첫째는 한 입자가 입자 자신(P_1과 P_2로 나타낸 기체가 실제로 같은 화학종인 경우)을 통과하는 확산을 기술하는 것이다. 이것을 **자체 확산**(self-diffusion)이라 부른다. 두 기체가 다른 종류인 경우도 있는데, 그들은 서로에게 확산한다. 이것을 **상호 확산**(mutual diffusion)이라 부른다.

어느 경우에나 확산 계수는 기체 입자의 평균 자유 행로뿐만 아니라 평균 속도에도 관련될 것으로 생각된다. 실제로 그렇다. 자세한 유도 과정은 생략하나, 자체 확산 계수 D는 다음과 같다.

$$D = \frac{3\pi}{16} \cdot \lambda \cdot \bar{v} = \frac{3}{8d^2\rho} \cdot \sqrt{\frac{RT}{\pi M}} \qquad \textbf{(11.53)}$$

이 식에 있는 모든 변수들은 앞에서 정의되었다. 실험적으로 측정된 확산 계수는 이 식을 사용하여 다원자 기체 분자의 강체구 지름 d를 얻는 데 사용할 수 있다. 정확성에 관해서는, 다른 방법으로 구한 강체구 지름을 식 (11.53)에 적용하여 확산 계수를 계산해 보면 결과가 실험적으로 측정한 확산 계수와 상당히 비슷하다.

상호 확산 계수에서는 고려해야 할 세 개의 평균 자유 행로, 즉 같은 기체 입자들 사이의 평균 자유 행로(각 기체에 대해 한 개씩이므로 두 개의 동일 입자 평균 자유 행로가 있음)와 다른 기체 입자들 사이의 평균 자유 행로가 있기 때문에 그 유도는 더욱 복잡하다. 최종 결과는 다음과 같다.

$$D_{12} = \frac{3}{8} \cdot \sqrt{\frac{RT}{2\pi\mu}} \cdot \frac{1}{(r_1 + r_2)^2 \rho_{전체}} \qquad \textbf{(11.54)}$$

여기서 μ는 두 기체의 환산 질량(몰질량), r_1과 r_2는 각각 강체구 P_1과 P_2의 반지름, $\rho_{전체}$는 기체의 총 입자 밀도이다. 식 (11.54)는 실험적으로 관측된 신기한 사실을 보여주는데, 예상할 수도 있겠지만 확산 계수는 계 내에 있는 각 기체의 몰분율에 의존하지 않는다는 것이다.

기체들의 확산 계수 대부분은 10^{-1} cm^2/s의 차수를 갖는다. 확산 계수는 액체와 고체 상에 대해서도 정의될 수 있다. 비록 기체 운동론이 이들 상에 직접 적용되지는 않지만 개념상의 유사성이 어느 정도 존재한다. 그러나 응축상 특히 고체의 확산 계수는 정상 온도에서 기체보다 훨씬 낮다. 고체의 확산 계수는 전형적으로 10^{-19}~10^{-25} cm^2/s 범위 내에 있다.

평균 자유 행로의 개념으로부터 기체 입자가 새로운 영역으로 확산될 때 직선으로 이동하지 않는다는 것을 이해해야 한다. 그들은 다른 기체 입자와 충돌하며 방향이 계속적으로 바뀐다. 그러나 농도 기울기 때문에 그들은 궁극적으로 낮은 농도 방향으로 움직

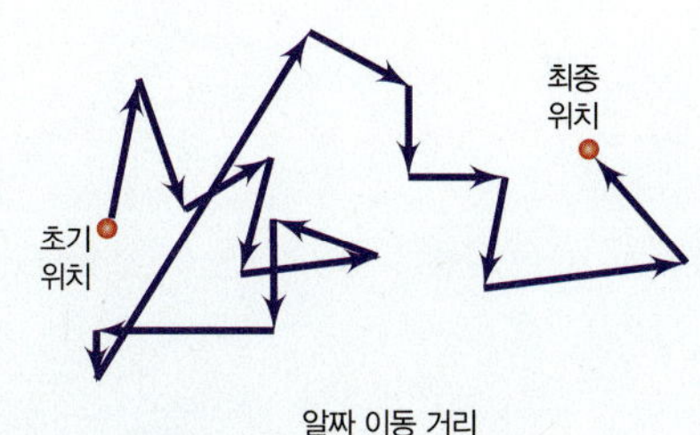

그림 11.11 일정 시간 동안에 기체 분자는 어떤 알짜 거리를 이동한다. 그러나 그렇게 이동하는 데 있어서 분자는 똑바른 경로를 취하지 않는다. 오히려 실제 이동은 삼차원 공간에서의 복잡한 '춤'에 의한 경로라 볼 수 있다. 임의의 한 기체 분자의 실제 경로를 무작정 걷기라고 부른다.

이게 된다. 그와 같은 경로를 **무작정 걷기**(random walk)라 부르며, 그림 11.11(이차원 그림)에 설명되어 있다. 실제로 각 기체 입자들의 무작정 걷기는 삼차원적이지만, 계의 한 부분(높은 농도)에서 계의 다른 부분(낮은 농도)으로 이동한 알짜 변위에 대한 전체 결과는 같다. 입자의 운동을 무작정 걷기로 표현한 한 입자가 어떤 거리를 움직이는 데는 얼마나 시간이 걸릴까? 즉 기체 분자의 알짜 변위를 구할 수 있겠는가?

이 질문에 대한 답은 1905년에 출간된 아인슈타인의 중요한 원고에서 다룬 한 주제였다(다른 주제는 플랑크의 광 이론에 의한 광전 효과의 이론적 설명과 특수 상대성 이론을 포함하고 있다). 브라운 운동(Brownian motion)이라 부르는 현상을 이해하기 위해서 아인슈타인은 운동론을 적용하여 입자 간 충돌에 기인하는 입자의 평균 변위와 평균 자유 행로에 대한 식을 구하였다. 기체 입자가 출발점으로부터 움직인 일차원 알짜 변위를 취급하는 데 있어서 분자들은 양 또는 음의 한 방향으로 이동할 수 있으며, 일차원 평균 변위, $\Delta x_{평균}$은 단순히 0이 됨을 인식할 필요가 있다. 이것을 해결하기 위해 변위를 제곱하면 모든 값을 양수로 만들 수 있기 때문에 변위의 **제곱** 평균, $(\Delta x)^2_{평균}$을 취급한다.

일차원 변위의 제곱 평균에 대해 아인슈타인은 다음 식을 유도하였다.

$$(\Delta x)^2_{평균} = 2 \cdot D \cdot t \tag{11.55}$$

여기서 D는 픽의 확산 법칙의 확산 계수이며, t는 시간이다. 이 일차원 확산식을 **아인슈타인-스몰루초프스키 방정식**(Einstein-Smoluchowski equation)이라 부른다[스몰루초프스키(Marian Smoluchoski) 역시 브라운 운동의 이론적 근거를 고찰한 폴란드의 물리학자이다]. $(\Delta x)^2_{평균}$의 단위는 m^2(만일 D에 미터 단위가 사용되었다면)이며, 따라서 $(\Delta x)^2_{평균}$의 제곱근을 취함으로써 기체 입자가 어떤 시간 t 동안에 최초 지점으로부터 이동한 근평균 제곱 거리라고 하는 평균 거리를 구할 수 있다. 총 거리는 x, y 및 z 방향으로 움직인 변위의 합이기 때문에 식 (11.55)를 모든 방향으로 일반화하는 것은 쉬우며, 여기에 더하여 평균 삼차원 변위도 다음과 같이 얻는다.

$$(3\text{차원 변위})^2_{평균} = 6 \cdot D \cdot t \tag{11.56}$$

대류가 없이 통제된 조건하에서 기체 입자의 변위는 다음의 예제에서 보여 주는 것과 같이 생각하는 것만큼 크지는 않다.

예제 11.9

공기 속에서 NH_3의 확산 계수 D_{12}는 정상 대기압과 실온에서 약 0.219 cm^2/s이다. 암모니아 용기를 강의실 앞에서 열었다. 공기는 완전히 정지되어 있으며, 확산만으로 공기 내로의 NH_3의 운반을 설명한다고 할 때 얼마의 시간이 지나야 암모니아 분자가 용기로부터 20.0 m를 확산할 것으로 예상되는가?

》 풀이

이 예제는 기체 암모니아 분자가 삼차원에서 20.0 m를 이동하는 데 걸리는 시간 t를 구하는 것이다. 식 (11.56)을 사용하면 다음과 같다.

$$(20.0\ \text{m})^2 = 6\left(0.219\ \frac{\text{cm}^2}{\text{s}}\right) \cdot t \left(\frac{1\ \text{m}}{100\ \text{cm}}\right)^2$$

위 식에서 마지막 항은 cm를 m로 변환시키기 위해 필요하다. 시간에 대해 풀면,

예제 11.9 *(계속)*

$$t = 3.04 \times 10^6 \text{ s}$$

NH_3 분자가 20.0 m를 확산하는 데는 한 달 이상이나 걸린다. 이 예제는 실제 조건하에서 기체 분자의 이동은 확산보다 대류의 중요성을 설명해 준다.

예상과 달리 기체의 확산은 비교적 느리다. 예를 들어, 위의 조건하에서 1분 동안 NH_3 분자의 평균 변위는 겨우 9 cm 정도이다. 그러나 암모니아 기체 분자가 다른 기체 분자들 사이에서 무작정 걷기로 이동한 **총 거리**는 36 km 이상이다(이것은 NH_3의 평균 속력을 계산하여 총 시간, 60초를 곱함으로써 계산할 수 있다)! 즉, 이동한 거리의 0.0002%만이 원래의 출발점에서 실제로 이동하여 나아간 것이다. 이것은 비록 이상하게 보일지 모르지만, 운동론에 기초한 기체 거동에 대해 이해하고 있는 것과 일치한다.

마지막으로 분출을 정의한 식 (11.51)과 확산에 관련된 식 (11.53) 및 식 (11.54)들은 모두 기체 입자 질량(또는 이성분 계의 환산 질량)의 제곱근에 반비례한다. 이 개념은 다음과 같이 표현된다.

$$\text{기체의 분출 또는 확산 속도} \propto \frac{1}{\sqrt{\text{질량}}} \qquad \textbf{(11.57)}$$

이 관계를 **그레이엄 법칙**(Graham's law)이라 한다. 스코틀랜드의 과학자 그레이엄(Thomas Graham)은 운동론이 나오기 거의 30년 전인 1831년에 이 관계를 발견하였다(여러 업적 중에서, 그레이엄은 콜로이드를 연구하고 정의하기도 하였으며, 섭취할 수 없는 '변성' 알코올의 개념을 제안하기도 하였다). 그레이엄 법칙은 훌륭한 보편성을 갖고 있지만 부분적으로 유체의 전도와 대류가 매우 쉽게 효과적으로 순수 분출 및 확산을 압도하기 때문에 종종 남용되고 있다(예제 11.9에서 제시함). 또한 대부분의 그레이엄 법칙의 예(하나의 관 속에서의 고전적인 HCl/NH_3 증기)들은 각 기체 자신들의 질량만을 사용한다. 만일 실험이 **분출**을 설명하는 것이라면 이것은 정확하겠지만, 식 (11.54)가 보여 주는 것과 같이 다른 기체를 통과하는 **확산**을 고려할 경우에는 환산 질량 μ가 사용되어야 한다.

11.6 요약

물리 화학의 목표 중 하나는 화학적인 현상의 거동을 설명하는 모형을 개발하는 것이다. 양자 역학이 화학에서 결정적인 모형이므로, 기체의 물리적 거동이 고전 역학만을 사용하여 이해될 수 있다는 것은 아이러니하다. 기체 입자는 끊임없이 움직인다고 가정하고, 그들을 강체구로 취급함으로써 고전적인 개념을 적용할 수 있으며, 그들이 공간을 통하여 얼마나 빨리 움직이는지(평균적으로) 그리고 다른 기체들 사이를 뚫고 얼마나 빨리 움직이는지를 계산할 수 있다. 그런 이해의 일부로서 기체 입자가 얼마나 자주 서로 충돌하는지, 그리고 충돌하기 전에 대략적으로 얼마나 멀리 이동을 하는지, 한 계로부터(분출) 또는 한 계 내에서(확산) 얼마나 빨리 이동하는지 등을 결정할 수 있다. 비록 이 장에서는 기체의 거동에 초점을 맞추었으나, 이런 개념들의 일부는 응축상에도 적용될 수 있음을 알 수 있다. 실제로 액체와 고체의 거동 역시 고전 역학을 적용함으로써 부분적으로 이해될 수 있다. 그와 같은 적용은 좀 더 고급 교재에서 찾아 볼 수 있다. 이 장의 주안점은 기체의 물리적 거동이 화학에서 잘 이해된 현상 중의 하나라는 것이다.

주요 식

$$p = \frac{N \cdot m \cdot v^2_{\text{평균}}}{3V}$$ (압력의 정의)

$$v_{\text{rms}} = \sqrt{\frac{3RT}{M}}$$ (근평균 제곱 속력)

$$g_x = \left(\frac{m}{2\pi kT}\right)^{1/2} e^{-mv_x^2/2kT}$$ (일차원 속도 분포 함수)

$$G(v)\,dv = 4\pi\left(\frac{m}{2\pi kT}\right)^{3/2} v^2 \cdot e^{-mv^2/2kT}\,dv$$ (기체 속도에 대한 맥스웰-볼츠만 분포)

$$v_{\text{mp}} = \sqrt{\frac{2RT}{M}}$$ (최빈 속력)

$$\bar{v} = \sqrt{\frac{8RT}{\pi M}}$$ (평균 속력)

$$\lambda = \frac{V}{\sqrt{2}\pi N d^2}$$ (평균 자유 행로)

$$z = \frac{4\pi\rho d^2\sqrt{kT}}{\sqrt{\pi m}}$$ (한 원자의 평균 충돌 빈도)

$$Z = \frac{2\pi\rho^2 d^2\sqrt{kT}}{\sqrt{\pi m}}$$ (단위 부피당 단위 시간당 총 충돌수)

$$Z_{12} = \frac{2\pi\rho_1\rho_2\left[\frac{d_1 + d_2}{2}\right]^2\sqrt{kT}}{\sqrt{\pi\mu_{12}}}$$ (서로 다른 두 기체 사이의 단위 부피당 단위 시간당 총 충돌수)

$$\frac{dN}{dt} = Ap\left(\frac{1}{2\pi mkT}\right)^{1/2}$$ (분출 속도)

$$\frac{dN_1}{dt} = -D \cdot A \cdot \frac{dc_1}{dx}$$ (픽의 확산 제1법칙)

$$D = \frac{3}{8d^2\rho} \cdot \sqrt{\frac{RT}{\pi M}}$$ (자체 확산 계수)

$$(\text{삼차원 변위})^2_{\text{평균}} = 6 \cdot D \cdot t$$ (확산에 의한 평균 알짜 변위)

연습 문제

11.2 가설 및 압력

11.1. '가설'을 과학적인 의미로 정의하라. 과학 용어들을 적절하게 정의한 좋은 사전을 참고해도 좋다. 기체 운동론의 가설들을 증명해 보라.

11.2. 200 m/s 속력을 갖는 수은 원자 하나의 운동 에너지는 얼마인가? (이 속력은 실온에서 수은 원자가 갖는 비교적 빠른 속력이다.) 이 속력을 갖는 Hg 원자 1 mol의 운동 에너지는 얼마인가?

11.3. 298 K에서 1 mol $SO_2(g)$의 운동 에너지는 얼마인가?

11.4. 용기 10.0 L에 들어 있는 Ne 원자 1 mol은 756 m/s의 평균 속도를 갖는다. 이 기체에 의해 발휘되는 압력은 얼마인가?

11.5. SATP(1장 참조)에서 1.00 mol의 기체는 22.8 L의 부피를 차지한다. 이 기체가 **(a)** He과 **(b)** NO_2 기체라면 각 기체의 평균 속력은 얼마인가?

11.6. Ar 기체 시료 0.440 mol은 6.55 L의 부피와 9.00×10^4 Pa의 압력을 갖는다. 아르곤 원자의 평균 속도는 얼마인가?

11.7. N_2 시료는 985 m/s의 평균 분자 속도를 갖는다. 0.500 g의 N_2가 15.6 L의 용기에 들어 있다면, 이 기체에 의해 발휘되는 압력은 얼마인가?

11.8. 식 (11.9)와 식 (11.11)을 사용하여 바로 앞 문제에 있는 N_2의 온도를 구하라.

11.9. 다음의 벡터 관계가 옳다는 것을 기하학적으로 증명하라.

$$v^2 = v_x^2 + v_y^2 + v_z^2$$

마찬가지로 다음의 관계가 성립됨을 기하학적으로 증명하라.

$$v_{평균}^2 = v_{평균,x}^2 + v_{평균,y}^2 + v_{평균,z}^2$$

11.10. 온도가 273.15 K와 압력이 1 atm, 즉 1.01325 bar에서 많은 기체들은 약 22.4 L의 부피를 갖는다(이것은 매우 유용한 근사이다). 이 조건에서 **(a)** He 원자와 **(b)** Kr 원자의 평균 속력은 각각 얼마인가? (a)의 결과를 예제 11.1의 답과 비교하라.

11.11. 식 (11.8)과 운동 에너지의 고전적 정의를 사용해 기체의 평균 운동 에너지는 동일한 절대 온도에서 모든 기체에 대해 동일하다는 것을 증명하라.

11.12. 우주 공간에는 cm^2당 수소 원자가 10개 정도 있으며(별들로부터 멀리 떨어진 곳의) 평균 온도는 2.7 K이다. **(a)** 우주 공간에서 수소의 압력과 **(b)** 수소 원자의 평균 속력을 구하라. 이 결과들을 정상적인 지구 조건하에서의 값과 비교하라.

11.3 속도

11.13. v_{rms}가 855 m/s일 때, Kr 시료의 온도는 얼마인가?

11.14. SF_6는 실온인 295 K에서 기체이다. 이 온도에서 이 기체의 근평균 제곱 속력은 얼마인가?

11.15. Cs 원자의 v_{rms}가 200, 400, 600. 800 그리고 1,000 m/s가 되기 위해 요구되는 온도를 서로 비교하라. 평균 속력이 일정한 유형을 갖는다는 것을 인식할 때 계산된 온도의 유형은 무엇인가?

11.16. 다음 내용을 생각해 보자. Ne은 He보다 5배 더 무겁다. 따라서 He의 평균 속도는 같은 온도에서 Ne의 평균 속도의 1/5이다. 사실인가 아니면 거짓인가? 그 이유를 설명하라.

11.17. 상대론적인 효과를 무시한다면, 수소 원자가 3.00×10^8 m/s의 v_{rms}를 갖기 위해 요구되는 온도는 얼마인가? 실제로 이 온도를 얻을 수 있는 가능성은 있는가?

11.18. **(a)** 식 (11.23)을 사용하여 K의 단위가 무엇인지 정하라. **(b)** 식 (11.31)에 근거한 K의 단위는 무엇인가? 이것은 (a)의 단위와 일치하는가?

11.19. 식 (11.25)를 증명하라. 부록 1의 적분표를 참고하고, $K = -(-K)$라는 개념을 사용하라.

11.20. 맥스웰-볼츠만 분포의 유도 과정에서 정의된 세 가지 확률 함수 g, G 및 Γ의 정의들을 구별하여 설명하라.

11.21. 식 (11.30)으로부터 식 (11.31)을 증명하라.

11.22. 다음으로 정의되는 상수 K가 있다.

$$K = \frac{1}{v_x} \cdot \frac{\left[\dfrac{\partial g_x(v_x)}{\partial v_x}\right]}{g_x(v_x)} = \frac{1}{v} \cdot \frac{\left[\dfrac{\partial \Gamma(v)}{\partial v}\right]}{\Gamma(v)}$$

이 K 값이 다음 두 식에 대해서도 같은 값을 가진다. 이를 증명하라.

$$\frac{1}{v_y} \cdot \frac{\left[\dfrac{\partial g_y(v_y)}{\partial v_y}\right]}{g_y(v_y)}, \quad \frac{1}{v_z} \cdot \frac{\left[\dfrac{\partial g_z(v_z)}{\partial v_z}\right]}{g_z(v_z)}$$

11.23. 식 (11.34)를 유도하라.

11.24. 식 (11.36)을 유도하라.

11.25. 주어진 온도에서 임의의 기체에 대해 v_{rms}/v_{mp} 비는 얼마인가?

11.26. 지구 극지방 오존층의 온도인 −45°C에서 O_3의 최빈 속력은 얼마인가?

11.27. 맥스웰-볼츠만 분포 함수를 사용하여 300 K에서 **(a)** 10에서 20 m/s 사이 **(b)** 100에서 110 m/s 사이 **(c)** 1,000에서 1,010 m/s 사이 **(d)** 5,000에서 5,010 m/s 사이 **(e)** 10,000에서 10,010 m/s 사이의 속도로 움직이는 O_2 분자의 분율(%)을 수치적으로 계산(즉, 적분으로 구하지 말고)하라. 각 간격은 같은 절댓값을 갖는다. 답은 기체 분자들 사이의 속도 분포에 대하여 무엇을 말해 주는가?

11.28. 저온에 관심을 가지는 오늘날의 연구에서는 기체 원자를 감속하기 위해 교차 레이저 광선('광 감속'이라는 말이 좋은 유추이다)을 사용하여 온도를 절대 영도 가까이까지 내린다. **(a)** Rb 원자가 1 cm/s로 움직인다면 Rb 기체의 대략적인 '온도'는 얼마인가?(이 계산을 위해 어떠한 '평균 온도'의 정의도 사용할 수 있다.) **(b)** '온도'라는 말은 기술된 것과 같은 계와 어떻게 관련이 있는가? 광 감속에 갇힌 기체 원자에 대한 온도의 적용성에 대해 찬반 토론을 전개하라.

11.29. $G(v)$를 사용하여 $\overline{v^2}$를 계산하고, 계산 결과에 제곱근을 취하여 근평균 제곱 속력, v_{rms}의 정의한 바를 구할 수 있다. 이를 증명하라.

11.30. 상대적으로 v_{rms}, v_{mp} 및 $\bar{v}$의 값을 비교하라. 이 값들은 항상 같은 상대값을 가질까, 아니면 온도나 몰질량과 같은 조건이 변함에 따라 그들의 상대적인 크기가 변할까?

11.31. 기체에서 소리의 속도는 다음 식으로 주어진다.

$$v_{소리} = \left(\frac{\gamma RT}{M}\right)^{1/2}$$

여기서 $\gamma = C_p/C_v$ (2.8절 참조)이다. **(a)** 298 K에서 단원자 이상 기체의 $v_{소리}$에 대한 값을 구하라. **(b)** 273 K에서 He에 대한 $v_{소리}$를 구하라. (실험치는 965 m/s이다.)

11.32. 바로 앞 연습 문제에서는 기체에서 소리의 속도($v_{소리}$)에 대한 식이 주어져 있다. $v_{소리}/v_{rms}$와 $v_{소리}/v_{mp}$ 및 $v_{소리}/\bar{v}$에 대한 비를 구하라. 이들 중 어느 것이 1보다 작은가? 왜 이러한 값을 갖는가를 물리적으로 설명하라.

11.33. 지구의 탈출 속도(지구 중력을 완전히 벗어나기 위해 필요한 속도)는 11.2 km/s이다. N_2의 경우 지구 탈출 속도보다 큰 v_{rms}를 갖기 위한 온도는 얼마인가? H_2의 경우에는 몇 도인가? 이 결과로 지구 대기에 있는 N_2와 H_2의 상대적인 양을 설명하라.

11.4 충돌

11.34. 진공 시스템에는 mtorr (760 torr = 1 atm) 단위의 압력을 측정하는 게이지(gauge)가 사용된다. 연습 문제 11.12의 답을 mtorr 단위로 표시하라.

11.35. Ne의 강체구 반지름은 140 pm이다. 300.0 K와 0.987 bar에 있는 Ne의 평균 자유 행로는 얼마인가?

11.36. Kr의 평균 자유 행로가 1.00 cm 일 때의 압력은 얼마나 되어야 하는가? 여기서 d = 185 pm, T = 25.0°C로 가정한다.

11.37. 평균 자유 행로는 T/p의 비에 의존한다. He (d = 65 pm)의 평균 자유 행로가 130 pm가 되기 위한 T/p의 값은 얼마인가? 이 비를 얻는다는 것이 실제로 가능한가?

11.38. 식 (11.41)을 유도하라.

11.39. 연습 문제 11.12의 조건을 사용하여 수소의 d = 1.10 Å일 경우 우주 공간에서 수소 원자들 사이의 평균 자유 행로를 구하라.

11.40. 비록 수소가 아르곤 보다 훨씬 작은 원자이지만 아르곤의 분자 지름 2.6 Å이 수소의 분자 지름 2.4 Å과 거의 같은 이유를 설명하라.

11.41. 질소 기체 탱크는 종종 실온에서 2400 psi (제곱인치당 파운드)로 압축된다. 이 조건에서 d = 3.20 Å인 질소 분자의 평균 자유 행로는 얼마인가? 1.00 atm은 14.7 psi이다.

11.42. 어떤 몰질량과 충돌 지름 등을 갖는 주어진 기체 시료의 평균 충돌 빈도는 어떤 변수에 의존하는가?

11.43. 실온(22.0°C)에서 Hg의 증기압은 0.001426 mmHg이다. Hg만 들어 있는 계에서 기체 Hg 원자의 평균 충돌 빈도는 얼마인가? d = 2.4 Å를 사용하고, 이 조건하에서 Hg 증기의 밀도는 이상 기체 법칙을 사용하여 구하라.

11.44. Xe 기체 시료 1.00 mol이 298 K의 온도에 놓여 있다. 초당 1의 평균 충돌 빈도를 가지기 위해서는 부피가 얼마나 되어야 하는가? 충돌 지름은 4.00 Å로 가정하라.

11.45. 바로 앞 연습 문제에서 설명된 기체 계에서 단위 부피당 1초 동안의 총 충돌수는 얼마인가?

11.46. 온도가 −45.0°C이고 밀도가 8.06×10^{19} 분자/dm^3인 오존(O_3) 시료의 충돌 빈도, 분자당 충돌수, 총 충돌수를 모두 구하라. 여기서 d = 5.00 Å으로 가정한다.

11.47. 바로 앞 연습 문제에서 설명된 기체 계에서 1초 동안의 총 충돌수는 얼마인가? (이 문제가 앞 문제와 어떻게 다른지 설명하라.)

11.48. 공기 내에서 질소와 산소 분자들 간 **(a)** 평균 자유 행로, **(b)** 평균 충돌 빈도, **(c)** 총 충돌수를 구하라. 열역학적 표준 상태(273 K, 1 atm)를 가정하고 질소 및 산소 분자에 대한 d로 3.15와 2.98 Å을 각각 사용하라.

11.49. 50:50 혼합물로 있는 아르곤과 제논 원자들 간 **(a)** 평균 자유 행로, **(b)** 평균 충돌 빈도, **(c)** 총 충돌수를 구하라. 표준 열역학 상태(273 K와 1 atm)를 가정하고, 아르곤과 제논에 대한 d로 2.60과 4.00 Å을 각각 사용하라.

11.50. 아르곤과 헬륨이 동일 농도로 들어있는 기체 혼합물을 생각해 보자. 어떠한 계산도 하지 말고 헬륨과 헬륨 사이의 충돌수, 아르곤과 아르곤 사이의 충돌수 혹은 헬륨과 아르곤 사이의 충돌수 가운데 어느 것이 더 큰지를 결정하라.

11.51. 충돌 속도의 역수인 $1/z$은 기체 입자들의 충돌 간 평균 시간이다. STP에 있는 1.00 mol의 Xe에서 Xe 원자의 충돌 간 평균 시간을 계산하라.

11.52. 바로 앞의 연습 문제를 참고로 공기에서 충돌 간 평균 시간을 계산하라. p = 1.00 atm, T = 295 K, M = 28.8 g/mol 그리고 d = 190 pm를 가정한다. 이 같은 조건에 있는 공기의 밀도를 구하기 위해 이상 기체 법칙을 사용하라.

11.5 분출 및 확산

11.53. 분출과 확산은 어떠한 점에서 다른가? 또한 그들은 어떠한 점에서 비슷한가?

11.54. 식 (11.51)을 de Brogile 열파장 Λ 항으로 표현하라.

11.55. 식 (11.51)에 의하면 분출 속도는 $T^{1/2}$에 반비례한다. 이는 T가 증가함에 따라 분출 속도는 감소함을 뜻한다. 이것은 언뜻 봐서 이해되지 않아 보인다. 이것을 어떻게 설명할 것인가?

11.56. Hg가 295 K에서 0.10 mm^2의 면적을 갖는 구멍으로 분출하는 속도를 구하라. 이 온도에서 Hg의 증기압은 0.0014 mmHg이다.

11.57. 2.00 atm의 공기(M = 28.8 g/mol)로 채워진 1.00 L 풍선을 가는 바늘로 찔러 크기 0.001 mm^2의 구멍을 만들었다. T = 295 K에서 풍선 내부 압력이 1.00 atm으로 되는 데 시간이 얼마나 걸릴까?

11.58. 크누센(Knudsen) 분출 셀은 고온 상태 물질의 증기압을 결정하는 데 사용된다. 예를 들어. 텅스텐으로 채워진 크누센 셀이 진공에서 4,500 K까지 가열되었다. 측정 결과 셀의 질량 손실은 W의 증기라고 볼 수 있으며, W 증기는 면적이 1.00 mm^2인 구멍을 시간당 2.113 g의 속도로 빠져나간 것으로 생각된다. 4,500 K에서 W의 증기압을 계산하라.

11.59. 크누센 분출은 구멍으로부터 진공계로 들어가는 기체의 양을 추산하는 데 사용될 수 있다. 만일 아르곤 기체가 300 K, 0.100 torr에서 내부 지름이 0.01625 in인 관을 통하여 진공계로 유입된다면, 1초 동안 몇 g의 아르곤이 진공계로 들어가겠는가? (이 문제에서 단위에 주의하라.)

11.60. 만일 다른 원자로 오염되지 않은 금속 표면이 압력이 1.00×10^{-12} torr로 유지되는 진공계에서 만들어졌다면 1초 동안 얼마나 많은 산소 원자가 1 cm^2의 표면에 충돌하겠는가? 계 내의 잔여 기체는 공기와 같은 조성을 가지며, 295 K의 온도를 가진다고 가정한다.

11.61. 식 (11.54)를 사용하여 D_{12}의 단위를 결정하라.

11.62. **(a)** He, **(b)** Xe에 대해 표준 압력과 0.0°C에서 D를 구하라. d = 2.65와 4.00 Å를 각각 사용하라.

11.63. M = 28.8 g/mol이고 d = 190 pm일 때 1.00 atm과 298 K에 있는 기체의 D를 구하라.

11.64. 픽의 제1법칙을 사용하여 용질(적은 성분) 기체가 용매(많은 성분) 기체계 내에 고르게 퍼져 있으면 확산이 멈추는 이유를 설명하라.

11.65. 암모니아의 강체구 반지름 1.60 Å과 공기 분자의 강체구 반지름 추정치 1.90 Å을 사용하여 예제 11.9의 D_{12}에 대한 근사값을 확인하라.

11.66. **(a)** 온도가 증가함에 따라, **(b)** 몰질량이 증가함에 따라, **(c)** 밀도가 증가함에 따라, **(d)** 압력이 증가함에 따라 D는 각각 어떻게 변하는지 각각 예측하라.

11.67. 운동론에 의해 정의된 평균 속도를 사용하여 1분 동안 암모니아 분자 하나가 이동한 총 거리를 계산하라. T = 295 K로 가정한다.

11.68. 네온에서 He의 확산 계수는 298 K에서 31.2 cm^2/s이다. Ne에서 He 한 원자의 평균 변위는 1.00 s 동안 얼마인가? 매 시간 간격(time interval) 동안 He 원자에 의해 이동한 전체 거리는 얼마인가?

11.69. 연습 문제 11.62의 D를 사용하여, He 또는 Xe의 경우 원자가 1초 동안 원래 위치로부터 평균 얼마나 멀리 이동하는지를 구하라.

11.70. 예제 11.9의 조건을 변화시켜 암모니아가 **(a)** 헬륨이나 **(b)** SF_6의 대기를 통하여 확산한다고 가정하자. 이 확산은 공기를 통하는 것보다 더 빠르겠는가 아니면 더 느리겠는가?

11.71. 그레이엄 법칙을 사용하여 공기를 통한 HCl과 NH_3 증기의 확산비를 구하라. 먼저 HCl과 NH_3의 질량만을 사용한다. 그런 다음 (HCl + 공기)와 (NH_3 + 공기)의 환산 질량을 구하여 확산비를 계산하라. 이 비를 실험적으로 결정된 비(약 0.7)와 비교하라. 어느 비가 실제 더 좋은 모형을 나타내는가?

기호수학 문제

11.72. 298 K에 있는 He 1 mol에 대해 g_x 대 v_x와, $G(v)$ 대 v의 그래프를 비교하라. 그래프상에서 유사점과 차이점은 무엇인가?

11.73. 연습 문제 11.72의 $G(v)$의 그래프를 사용하여 **(a)** 근평균 제곱 속력, **(b)** 최빈 속력, **(c)** 평균 속력의 1% 이내의 속도를 갖는 원자가 몇 퍼센트인지를 결정하라. 이 비율들은 서로 비슷한가?

제 12 장

화학 반응 속도론

Kinetics

화학 반응에서 반응 물질들 중 한 분자는 또 다른 분자와 충돌함으로써 화학 결합의 갑작스런 재배열을 통해 생성물 분자들을 만들어 낸다. 이렇게 되는게 맞을까?

정확하게는 그렇지 않다.

화학 반응은 **왜** 일어나는가가 바로 열역학의 주된 초점이다. 에너지나 엔트로피와 같은 개념은 어느 과정이 자발적인지 비자발적인지를 이해하는 데에 있어 중요하다. 화학 반응이 **어떻게** 일어나는가는 화학 반응 속도론의 주된 초점이다. 반응에 대한 기본적인 이해 중 첫째인 것은 그것이 얼마나 빠른가이다. 이것이 바로 반응 속도이다. 화학 반응의 더 깊은 이해는 어느 특정 화학 반응이 빨리 또는 느리게 일어나는 이유를 아는 것이다. 어떤 요인들이 반응 속도에 영향을 미치는가? 그러한 요인들은 농도나 온도 또는 가능한 표면적, 또는 촉매의 존재처럼 조절 가능한가? 그렇지 않다면, 반응물이나 생성물의 화학 성분, 또는 열역학에 의한 조건들처럼 반응에 내재되어 있는 요인들인가? 화학 반응의 반응 속도론을 이해하기 위해선 이러한 모든 요인들을 함께 고려해야 한다.

그 중 첫 번째는 열역학과 화학 반응 속도론을 서로 연결시켜야 한다는 것이다. 열역학은 **가능성**(if)을 결정하는 것이고, 화학 반응 속도론은 **방법**(how)을 결정하는 것이다. 이들은 때때로 겹쳐지지만 두 질문인 **가능성**과 **방법**은 두 가지 다른 것을 요구한다. 열역학은 어떤 것이 일어날 가능성에 대해 말해 주지만, 얼마나 오랫동안 기다려야 하는지는 말해 주지는 않는다. 반응 속도론은 어떤 것이 얼마나 빨리 일어날 것이냐 하는 것을 말해 주지만, 그것이 실제로 일어날 것인가는 말해 주지 않는다. 어떤 반응을 적절히 이해하기 위해서는 반응 속도론과 열역학 지식이 모두 필요하다.

반응 속도론은 많은 부분이 현상학적인 고전 열역학과 마찬가지이다. 반응 속도론은 관찰에 기초를 둔다. 실험 반응 속도론은 사람들이 화학 반응을 측정하고 그것을 설명하거나 일반화시키도록 노력하기를 바란다. 그러나 이론 반응 속도론에는 몇 가지 진전이 있었고, 이를 논하고자 한다. 이 장에서는 화학 반응 속도론에 대한 이해를 일반화시키는 데 사용된 틀을 약간 다룰 것이다.

12.1 개요

반응 속도론의 주된 목적 중 하나는 속도 법칙 즉, 특정 화학 반응이 얼마나 빨리 일어나는가를 나타내주는 간단한 수학식을 결정하는 것이다. 비슷한 수학적 표현을 갖는 속도 법칙들은 반응이 진행될 때 시간에 따라 어떤 방식으로 거동할 것인가 하는 것을 암시한다. 그런 거동들 몇 가지를 다룰 것이다. 미적분학을 사용하면 특정 속도 법칙을 갖는 반응의 반응물과 생성물의 양을 예측하는 데 도움을 주는 간단한 식을 유도할 수 있다.

어떤 화학 반응이든 화학 반응에 대한 속도 법칙의 핵심은 그 화학 반응의 속도 상수인데 이것은(이름이 의미하듯) 특정 온도에서 특정 반응에 대해 일정하다. 이 말은 속도 법칙 상수는 온도에 따라 변한다는 것을 뜻하고, 이는 옳다. 아울러 속도 법칙 상수가 온도에 따라 어떻게 변하는지에 대한 몇 가지 간단한 모형이 존재한다.

반응은 혼자서 간단하게 일어나지 않는다. 연속적으로 또는 평행하게 일어난다. 동시에 일어나는 몇몇 반응들이 어떻게 반응물과 생성물의 양에 영향을 주는가를 생각해 볼 것이다. 마지막으로 대부분의 화학 반응은 별개의 개별적인 단계로 일어난다는 것을 인식하게 된다. 단일 단계 과정이라 불리는 이들 단계들의 전체적인 조합이 반응의 메커니즘을 이루는 것이다. 제시된 메커니즘은 실험적으로 정해진 반응의 속도 법칙과 일치해야 한다. 이러한 요구를 통해 어떻게 화학 반응이 원자나 분자 수준으로 일어날 것이라고 예측할 수 있는지에 대하여 몇 가지 제한을 두게 된다.

이 장의 끝에서 갈래 반응(branched reaction)과 진동 반응(oscillating reaction)의 두 가지 재미있는 반응에 대해 생각해 보자. 이러한 반응들은 반응 속도론적으로 흥미로울 뿐만 아니라 매력적으로 활용된다. 마지막으로 모든 반응 속도론이 모두 현상학적인 것은 아니라는 생각을 갖도록 이론 반응 속도론을 약간 논의할 것이다. 또한 기본적인 물리화학적 원리를 분자 수준에서 적용하여 화학 반응에 대한 적당한 모델을 묘사하도록 시도한다. 이것은 결국 화학자에게 본질적으로 흥미로운 것이다.

12.2 반응 속도와 속도 법칙

화학 반응을 기술할 때 가장 기본적인 것 중 하나는 그것이 얼마나 빨리 진행하는가 하는 것이다. 그러나 반응이 얼마나 빨리 진행하는가를 말할 때, '빠르기'를 m/s의 속도로서 생각하지는 않는다. 그것보다는 반응물의 양(몰)이 얼마나 빨리 생성물의 양(몰)으로 변환되는가를 생각한다. '빠름'에는 시간(초, 분, 시간, 날짜 등의 단위)이 관련된다는 것을 의미한다. 반응 **속도**는 어느 시간 동안 얼마나 많은 반응물이나 생성물의 양(몰)이 반응하거나 생성되는지를 말한다.

반응 속도는 화학 반응 속도론에 있어 중심 과제이다. 반응이 얼마나 빠를지를 미리 예측하는 것이 어렵다는 것을 이해해야 한다(반응 속도에 영향을 주는 몇 가지 요인을 알아보겠지만). 반응 속도론에 대한 수많은 정보들은 실험으로부터 결정된다. 또한 반응 속도는 반응물들이 생성물을 만들기 위해 하는 개개 행동들을 추정하는 데 필요한 기본적인 정보들을 제공한다(이것은 이 장의 끝 부분에서 다루어질 것이다).

게다가 닫힌계에서 대다수 반응의 반응 속도는 시간에 따라 변한다. 일반적으로 반응물의 양은 시간에 따라 감소한다. 반응 속도를 논할 때, 반응의 진척도에 따라 어느 지점에 있는지를 제시하는 것이 중요하다(반응의 진척도 ξ는 제5장에서 이미 다루었다). 반응 속도는 생성물 없이 반응물만이 있는 화학 반응의 시작 초기에 정의하는 게 관례이다. 진척도가 영($\xi = 0$)에서의 반응 속도를 **초기 반응 속도**(rate of initial reaction 또는 initial reaction rate)라 한다. 대부분의 경우에 초기 반응 속도를 다루게 될 것이다.

앞에서 정의되었듯이 반응 속도는 단위 시간당 반응물의 변화량으로 나타내고, 이를 수학적으로 표현하면 다음과 같다.

$$\text{반응 속도} = \frac{\text{양의 변화}}{\text{시간의 변화}} = \frac{\Delta(\text{양})}{\Delta(\text{시간})} \tag{12.1}$$

여기서 대문자로 그리스 문자 델타(Δ)는 '변화'를 의미한다. 물질의 양을 몰(mol)로, 시간을 초(s)로 나타내면 속도는 mol/s의 단위가 될 것이다.

무엇의 몰(mole)인가? 이것은 필히 구별을 해야 하지만 잊기 쉽다. 예를 들어, 다음의 균형 화학 반응식에서

$$2H_2 + O_2 \longrightarrow 2H_2O \tag{12.2}$$

산소 1 mol마다 수소 2 mol이 반응하여 물을 만든다. 속도를 1.00 mol/s로 표시한다면, 이것은 매초 수소 기체 1 mol이 반응한다는 것인가, 아니면 산소 기체 1 mol이 반응한다는 것인가? 식 (12.2)의 화학량론 때문에 초당 1 mol의 속도란 반응의 실제 속도를 자세히 언급하기에는 충분치 않다.

그러나 균형 화학 반응의 화학량론으로 인해 각 반응물과 각 생성물이 반응 속도에 관련된다. 해야 할 일은 한 화학종으로 하나의 속도를 명시하는 것이고, 이렇게 함으로써 균형 화학 반응에 있는 다른 화학종에 대한 속도가 결정될 수 있다. 일반적인 화학 반응을 다음과 같이 나타내보자.

$$aA + bB \longrightarrow cC + dD$$

여기서 A와 B는 반응물, C와 D는 생성물, *a, b, c, d*는 균형 반응의 계수이다. 반응 속도를 다음과 같이 네 가지의 다른 변화량으로 표시할 수 있다.

$$\text{반응 속도} = \frac{1}{a}\cdot\left(-\frac{\Delta[A]}{\Delta\text{시간}}\right) = \frac{1}{b}\cdot\left(-\frac{\Delta[B]}{\Delta\text{시간}}\right)$$

또는

$$\text{반응 속도} = \frac{1}{c}\cdot\left(+\frac{\Delta[C]}{\Delta\text{시간}}\right) = \frac{1}{d}\cdot\left(+\frac{\Delta[D]}{\Delta\text{시간}}\right) \tag{12.3}$$

일반적으로 반응이 진행됨에 따라 반응물 농도가 감소하므로 반응물에 의한 반응 속도는 음으로 표시하는 것이 관례이다. 반면에 생성물의 양은 반응이 진행됨에 따라 증가하기 때문에 생성물에 의한 반응 속도는 양으로 표시한다. 이러한 사실로 인해 −와 + 부호가 식 (12.3)에 정확히 표시되었다. 대괄호 [ ]는 보통 몰이나 몰농도 단위의 양을 나타낸다. 분모에 있는 계수 *a, b, c, d*는 균형 화학 반응식의 화학량론으로부터 온 비율 인자이다. 이것은 반응 속도를 나타낼 때 어느 화학종의 양이 사용되었는지에 상관없이 같은 수치로 반응 속도가 표시될 수 있도록 해준다.

무한소 변화에 대해선 Δ를 사용하여 변화를 표시하는 대신, 미분 기호 *d*를 사용해야 한다. 따라서 식 (12.3)의 표현은 다음과 같이 된다.

$$\text{반응 속도} = -\frac{1}{a}\cdot\frac{d[A]}{dt} = -\frac{1}{b}\cdot\frac{d[B]}{dt}$$

또는

$$\text{반응 속도} = +\frac{1}{c}\cdot\frac{d[C]}{dt} = +\frac{1}{d}\cdot\frac{d[D]}{dt} \tag{12.4}$$

여기서는 시간을 나타내기 위해 변수 t를 사용하였다. 다시 말해 이와 같이 다르게 반응 속도를 표시해도 반응 속도의 수치는 똑같다. 다른 것은 단지 다른 화학종들의 양이다.

반응 속도를 한 화학종의 절대 양 변화로 표시하는 것이 일반적이므로 다른 화학종들의 속도들은 비례적으로 계산할 수 있게 된다. 이러한 방식에 의한 반응 속도의 수치는 속도를 표시하는 데 사용한 화학종뿐만 아니라 균형 화학 반응식의 계수에 따라 달라진다. 식 (12.4)에 있는 하나의 식을 재배열하면 다음과 같다.

$$\text{반응 속도} = -\frac{d[\mathrm{A}]}{dt} = -\frac{a}{b}\cdot\frac{d[\mathrm{B}]}{dt} \tag{12.5}$$

그러나 이 같은 방식으로 구한 다른 화학종들의 속도에 대한 수치는 더 이상 같지 않다.

예제 12.1

식 (12.2)에서 수소에 대한 화학 반응이 −5.00 mol/min의 속도로 진행될 때, 산소와 물에 대한 반응 속도는 얼마인가?

풀이

균형 화학 반응식과 식 (12.5)를 사용하면 산소의 반응 속도는 $\frac{1}{2}$(−5.00 mol/min) = −2.50 mol/min이다. 물의 반응 속도는 $+\frac{2}{2}$(5.00 mol/min) 또는 +5.00 mol/min이다. 관습적으로 반응물의 반응 속도는 음으로, 생성물의 반응 속도는 양으로 표시된다. 이 반응의 속도를 변하지 않는 값으로 표현하기를 원한다면, 이것은 ±2.50 mol/min이 된다(부호는 반응물의 사라짐을 나타내려 한다든지 아니면 생성물의 출현을 나타내려 한다든지에 따라 정해진다).

반응 속도는 수치로 나타낼 수 있으며, 보통 반응 초기(즉 $\xi = 0$)에서의 속도와 같이 반응의 특정 진척도에서의 속도를 의미한다. 그러나 수치로 나타낸 속도는 그 점에서만 정확하다. 반응이 진행되거나 반응물이나 생성물의 양이 변하는 식으로 조건이 변한다면, 또는 같은 반응이라 하더라도 다른 초기 조건을 갖는다면, 속도의 이런 수치는 더 이상 유효하지 않게 된다(곧 이에 대한 하나의 예외를 언급할 것이다). 따라서 반응물의 초기 농도 변화 같은 다른 조건 하에서도 잘 적용될 수 있는 방식으로 반응 속도를 정하는 것이 유용할 것이다.

대부분의 반응에 대해 초기 속도는 모든 반응물이나 일부 반응물의 초기 양과 관련된다. 실험적으로 밝혀진 것은 초기 속도는 모든 반응물이나 몇몇 반응물의 농도(몰농도)의 어떤 지수승에 비례한다는 것이다. 이 개념을 일반 반응 '$a\mathrm{A} + b\mathrm{B} \rightarrow$ 생성물'에 적용하여 수학적으로 표현하면 다음과 같다.

$$\text{반응 속도} \propto [\mathrm{A}]^m \cdot [\mathrm{B}]^n \tag{12.6}$$

이 식에 비례 상수 k를 도입하면,

$$\text{반응 속도} = k \cdot [\mathrm{A}]^m \cdot [\mathrm{B}]^n \tag{12.7}$$

비례 상수 k는 반응의 **속도 상수**(rate constant)인데, 이것은 보통 A와 B(또는 대수식에 농도가 포함된 어느 화학종)의 정확한 농도에 무관하지만 온도에는 의존한다. 지수 m과

n을 **반응 차수**(reaction order)라 부른다. 반응 속도를 식 (12.7)과 같이 나타내었을 때, 다른 항이 없다면 m을 **A에 대한 반응 차수**, n을 **B에 대한 반응 차수** 등으로 부른다. 반응 차수는 보통 양의 정수이지만, 음의 정수, 0 또는 심지어 소수일 때도 있다. 대수식에 있는 모든 반응 차수의 합을 **전체 반응 차수**(overall order of the reaction)라 부른다.

식 (12.7)에 표시된 전체 표현을 **속도 법칙**(rate law)이라 부른다. 속도 법칙은 **반드시 실험으로 정해져야 한다**. 어떤 경우에는 간단하게 표시되지만, 또 어떤 경우는 아주 복잡하게 표현된다. 그러나 모든 경우에 초기 농도를 다르게 하여 화학 반응을 하게 하고, 적절한 실험 방법에 의해 초기 농도를 측정하여, 개개의 반응 차수와 속도 상수 k의 수치를 대수적으로 얻음으로써 속도 법칙이 결정된다. 속도 상수 k는 전체 반응 속도가 적절한 단위(보통 mol/s 또는 M/s)를 갖게끔 단위를 갖는다. 속도 법칙을 포함하는 문제에 이미 익숙해져 있을 수 있지만, 다음 예제는 실험 데이터로부터 간단한 속도 법칙을 정하기 위해 필요한 수학적인 방법을 보여 준다.

예제 12.2

일반적인 반응 'aA + bB → 생성물'에 대하여 몰농도(M) 단위로 초기 농도가 주어진 화학 반응에 대하여 다음과 같이 초기 속도가 실험적으로 얻어졌다.

데이터는 실험으로 얻어진 것이다.

[A] (M)	[B] (M)	초기 반응속도(M/s)
1.44	0.35	5.37×10^{-3}
1.44	0.70	2.15×10^{-2}
2.89	0.35	2.69×10^{-3}

속도 법칙이 다음과 같이 표현될 수 있다고 가정하자.

$$\text{반응 속도} = k \cdot [\text{A}]^m \cdot [\text{B}]^n$$

이때 m, n 및 k의 값을 결정하라.

풀이

반응 차수를 결정하는 방법은 두 다른 조건의 수를 사용해 두 개의 다른 속도 법칙을 만들고, 한 식을 다른 식으로 나누는 것이다. 한 화학종의 농도가 상쇄되도록 실험 데이터를 선정한다(k도 상쇄될 것임). 이때, 다른 화학종의 반응 차수는 직관에 의해 얻어지거나 결과 식을 로그화시켜 결정한다. 첫 번째와 두 번째 순서의 데이터를 사용해 이것을 속도 법칙의 일반식에 대입하면 다음의 두 식을 얻게 된다.

$$5.37 \times 10^{-3}\ \text{M/s} = k(1.44\ \text{M})^m \cdot (0.35\ \text{M})^n$$

그리고

$$2.15 \times 10^{-2}\ \text{M/s} = k(1.44\ \text{M})^m \cdot (0.70\ \text{M})^n$$

첫 번째 식을 두 번째 식으로 나누게 되면,

$$\frac{5.37 \times 10^{-3}\ \text{M/s}}{2.15 \times 10^{-2}\ \text{M/s}} = \frac{k(1.44\ \text{M})^m(0.35\ \text{M})^n}{k(1.44\ \text{M})^m(0.70\ \text{M})^n}$$

왼쪽에 있는 단위는 상쇄되며, 오른쪽에 있는 k도 상쇄된다$(1.44\ \text{M})^m$ 또한 **m 값에 상관없이** 상쇄된다. 즉,

예제 12.2 *(계속)*

$$0.25 = (0.50)^n$$

지수 n이 2라는 사실에 동의하는가? 스스로 이것이 사실이라는 것에 만족해야 한다.

0.25는 $\frac{1}{4}$이고 0.5는 $\frac{1}{2}$이므로, 직관에 의해 지수 n은 2가 된다. 첫 번째와 세 번째 순서의 데이터를 사용하면 위와 비슷하게 다음과 같은 식을 얻게 된다.

$$\frac{5.37 \times 10^{-3}\ \text{M/s}}{2.69 \times 10^{-3}\ \text{M/s}} = \frac{k(1.44\ \text{M})^m(0.35\ \text{M})^n}{k(2.89\ \text{M})^m(0.35\ \text{M})^n}$$

단위와 k를 상쇄하면,

$$2 = (0.50)^m$$

$m = -1$이 되는 것을 증명해야 한다.

0.50은 $\frac{1}{2}$과 같으므로, $m = -1$이라는 것을 알 수 있다. 마지막으로 속도 상수 k의 값을 정하기 위해선 어느 순서의 데이터건 상관없이 속도 법칙에 대입하면 된다. 첫 번째 순서의 데이터를 사용하면,

농도 항의 지수를 잊지 마라.

$$5.37 \times 10^{-3}\ \text{M/s} = k(1.44\ \text{M})^{-1} \cdot (0.35\ \text{M})^2$$

이것을 풀면,

두 번째와 세 번째 순서의 데이터를 사용해도 같은 k 값을 내놓는지를 확인하라.

$$k = 6.31 \times 10^{-2}\ \text{s}^{-1}$$

반응 속도의 단위로 M/s를 주기 위해 k의 단위는 적절하다.

실제 경우에는 위의 예제에서 했던 것처럼 수학적인 취급이 완벽하게 행해지지 않는다는 것을 알아야 한다. 어느 정도의 수학적인 지식과 로그에 대한 응용이 속도 법칙에서 반응 차수를 찾는 데 필요하다. 이 장의 뒷부분에 있는 예제 12.6은 반응의 차수를 정하는 데 있어 로그에 대한 지식을 사용해야 한다는 것을 보여 준다.

12.3 초기 속도 법칙의 특성

몇 가지 간단한 형태의 속도 법칙들이 있고, 따라서 흔히 이들과 이들의 특성을 논의한다. 많은 속도 법칙들은 두 성분 이상의 양에 의존하지만, 이 절에서는 다음 형태의 속도 법칙에 중점을 두어 논할 것이다.

$$\text{반응 속도} = k \cdot [\text{A}]^n \qquad \textbf{(12.8)}$$

A에 대한 반응 차수가 다양한 정수 값을 가질 때 속도의 거동은 어떨까?

식 (12.8)에 미적분학을 적용하기 위해 '반응 속도'를 어떤 시간 동안 물질의 양 변화로 다시 써야 한다. 식 (12.4)를 사용하면 이것을 할 수 있다. 반응 물질 A에 중점을 둔다면, 속도는 다음과 같다.

$$\text{반응 속도} = -\frac{d[\text{A}]}{dt} \qquad \textbf{(12.9)}$$

여기서 [A] 항은 몰이나 농도의 단위를 갖는 양이다. 여기서는 농도의 단위(몰농도)를 가정한다. 원하는 일반식은 다음과 같다.

$$-\frac{d[\text{A}]}{dt} = k \cdot [\text{A}]^n \qquad \textbf{(12.10)}$$

일차 반응(first-order reaction)은 다음과 같이 반응 차수가 1인 속도 법칙을 따르는 반응이다.

$$-\frac{d[\mathrm{A}]}{dt} = k \cdot [\mathrm{A}]^1 \qquad \textbf{(12.11)}$$

모든 자발적인 방사성 붕괴 과정들과 많은 화학 반응들(인체 내 많은 대사 반응을 포함)은 일차 반응이다. 식 (12.11)을 한 쪽에 화학종 A만 있게 하고, 다른 쪽에 다른 변수들이 있게 분리되도록 재배열하면 다음과 같이 된다.

$$\frac{d[\mathrm{A}]}{[\mathrm{A}]} = -k \cdot dt \qquad \textbf{(12.12)}$$

이 식에서 지수 1은 표기하지 않아도 있는 것으로 이해되므로 생략했다. 초기 시간 t_i에서 A의 양을 $[\mathrm{A}]_i$, 다른 시간 t_f에서의 A의 양을 $[\mathrm{A}]_f$라 한다면, 각 변수의 상한과 하한 사이에서 식 (12.12)의 양쪽을 적분할 수 있다.

$$\int_{[\mathrm{A}]_i}^{[\mathrm{A}]_f} \frac{d[\mathrm{A}]}{[\mathrm{A}]} = \int_{t_i}^{t_f} -k \cdot dt$$

왼쪽에 있는 식을 [A]의 상한과 하한 사이에서 적분하면 A의 자연로그가 된다. 오른쪽에 있는 t의 식을 상한과 하한 사이에서 적분하면, 간단히 변수 t (시간)에 대한 식이 된다. 이렇게 양쪽을 연산해서 얻어진 식은 다음과 같다.

$$\ln \frac{[\mathrm{A}]_f}{[\mathrm{A}]_i} = -k(t_f - t_i)$$

오른쪽에 있는 첫 음의 부호는 로그 항의 분자와 분모를 바꿈으로써 보통 제거된다(이것이 수학의 로그 성질이다).

$$-\ln \frac{[\mathrm{A}]_i}{[\mathrm{A}]_f} = -k(t_f - t_i)$$

'–' 부호를 제거하면 다음과 같이 된다.

$$\ln \frac{[\mathrm{A}]_i}{[\mathrm{A}]_f} = k(t_f - t_i) \qquad \textbf{(12.13)}$$

일반적으로 반응 과정을 측정할 때 초기 시간은 0, 최종 시간은 단지 경과한 시간으로 정한다. 시간 0에서의 A의 초기량을 $[\mathrm{A}]_0$, 어떤 시간 t에서의 A의 양을 $[\mathrm{A}]_t$라 한다면 식 (12.13)은 통상 다음과 같이 표시된다.

$$\ln \frac{[\mathrm{A}]_0}{[\mathrm{A}]_t} = k \cdot t \qquad \textbf{(12.14)}$$

여기서 t는 경과한 시간을 말한다. 이것은 일차 반응에 대해 시간에 따라 A의 농도가 어떻게 변하는지를 알려 주는 기본 방정식이다. 식 (12.14)는 **일차 속도 법칙의 적분 형태**[또는 더 간단히, **일차 적분 속도 법칙**]로 알려져 있다. $[\mathrm{A}]_0$와 $[\mathrm{A}]_t$는 같은 단위를 가져야 한다(백분율이 될 수도 있다. 이때 $[\mathrm{A}]_0$는 원래의 양에 상관없이 보통 100%로 간주된다). 또한 k와 t도 똑같이 시간의 단위를 가져야 한다.

예제 12.3

일차 반응의 한 예로 아이소사이안화 수소(hydrogen isocynide)가 사이안화 수소(hydrogen cynide)로 이성질화하는 것이 있다.

$$\mathrm{HNC\ (g)} \longrightarrow \mathrm{HCN\ (g)}$$

어떤 특정 온도에서 속도 상수가 $4.403 \times 10^{-4}\ \mathrm{s^{-1}}$이고, 반응 초기에 HNC 시료 1.000 g이 존재했다면, 1.50시간 후 남아 있는 HNC의 질량은 얼마인가?

풀이

여기서 비는 단위에 상관없이 상쇄되기 때문에, 단위로 그램을 사용했다.

$k = 4.403 \times 10^{-4}\ \mathrm{s^{-1}}$, $[\mathrm{A}]_0 = 1.000\ \mathrm{g}$, 그리고 $t = 1.50\ \mathrm{hr} = 5{,}400\ \mathrm{s}$를 직접 식 (12.14)에 대입한다.

$$\ln \frac{1.000\ \mathrm{g}}{[\mathrm{A}]_t} = (4.403 \times 10^{-4}\ \mathrm{s^{-1}})(5400\ \mathrm{s})$$

$$\ln \frac{1.000\ \mathrm{g}}{[\mathrm{A}]_t} = 2.378$$

양쪽에 역로그를 취하면 다음이 된다.

$$\frac{1.000\ \mathrm{g}}{[\mathrm{A}]_t} = 10.78$$

그리고 최종 양에 대하여 풀면 다음을 얻는다.

$$[\mathrm{A}]_t = 0.0927\ \mathrm{g}$$

처음 HNC 양의 9% 조금 넘는 양만이 반응하지 않은 채 HNC로 남아 있다는 것을 알 수 있다.

식 (12.14)를 수학적으로 표현하는 데에 있어 두 가지 다른 방식이 있다. 하나는 식의 양쪽에 역로그를 취하고, 변수를 재정리해 시간이 변함에 따른 $[\mathrm{A}]_t$의 식을 얻는 것이다.

$$[\mathrm{A}]_t = [\mathrm{A}]_0 \cdot e^{-kt} \quad \textbf{(12.15)}$$

이 식이 보여주는 것은 어느 시간 t에서의 양이 시간의 음 지수 함수를 따른다는 것이다(주어진 실험에서 초기량 $[\mathrm{A}]_0$는 상수임). 음의 지수 함수는 변수 $t = 0$에서 최댓값을 가지며, 단순하고 점진적으로 0으로 감소하는 특징을 갖는다. 그림 12.1은 시간에 대한 $[\mathrm{A}]_t$의 일반적인 변화 경향을 나타낸다. $[\mathrm{A}]_t$의 양이 0으로 접근하는 속도는 속도 상수 k에 달려 있다.

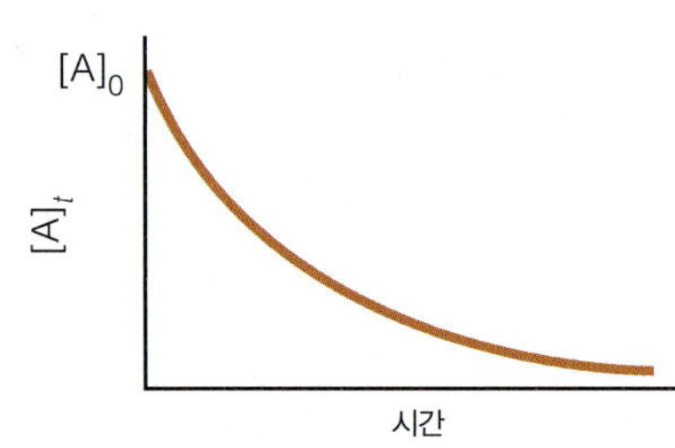

그림 12.1 일차 반응에 있어서 어느 시간에서의 농도, $[\mathrm{A}]_t$는 음의 지수 함수로 감소하는 특성을 갖는다. 이것이 0 농도로 접근하는 속도는 속도 상수의 값으로 표시된다. 수학적으로 $[\mathrm{A}]_t$를 그려보면 $t = \infty$에서도 0로 도달하지 않는다.

식 (12.14)을 다시 쓰는 또 다른 방법으로 분수에서 분자와 분모의 로그 항을 분리한다. 이렇게 했을 때 다음 식으로 다시 쓸 수 있다.

$$\ln [\mathrm{A}]_t = \ln [\mathrm{A}]_0 - kt \quad \textbf{(12.16)}$$

이 식은 직선 식 $y = mx + b$의 형태로서, 여기서 y는 $\ln [\mathrm{A}]_t$, 기울기 m은 $-k$, x는 t(경과한 시간)이다. 그리고 y 절편 b는 $\ln [\mathrm{A}]_0$(보통 $[\mathrm{A}]_0$와 $[\mathrm{A}]_t$의 단위는 무시하므로 단위가 없는 순수한 수의 로그를 취하면 된다. 그러나 이것들은 같은 농도 단위로 표시되어야 한다*)이다. 따라서 시간에 따른 $\ln [\mathrm{A}]_t$의 그림(다양한 시간에서의 A 양의 자연

*원래 식 (12.16)은 단위 문제를 제대로 표시하려면 다음과 같이 해야 한다.

$$\ln \frac{[\mathrm{A}]_t}{\text{농도 단위}} = \ln \frac{[\mathrm{A}]_0}{\text{농도 단위}} - kt$$

그러나 이 장에서는 식의 복잡함을 피하기 위해 그냥 간단히 표현한다.

로그)은 그림 12.2에서 보는 바와 같이 직선으로 나타난다. 이 직선은 속도 상수의 음인 $-k$의 기울기를 가지며, y 절편으로 초기량의 로그 값을 갖는다. t에 대한 $\ln [A]_t$의 직선 그림은 실제로 반응이 A에 대해 일차인 경우에만 적용된다.

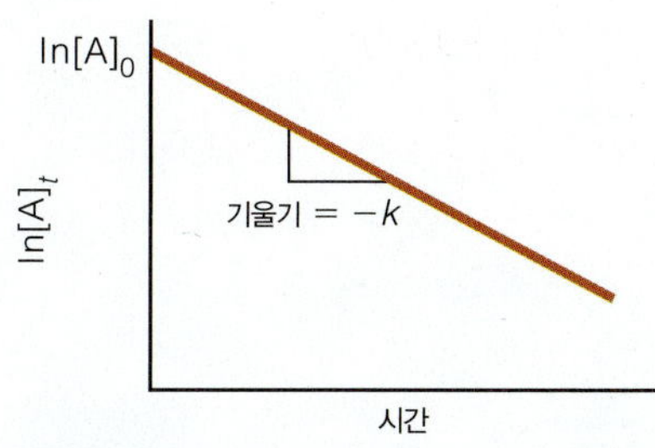

그림 12.2 일차 반응에 있어서 시간에 대한 $[A]_t$의 자연 로그 그림은 기울기가 $-k$이고 절편이 초기량의 로그인 $\ln [A]_0$인 직선이 된다. 이것이 일차 반응의 특성이다. 일차 반응 외 다른 차수의 반응은 시간에 대한 $\ln [A]_t$를 그렸을 때, 직선이 되지 않는다.

마지막으로 일차 반응에서 흔히 다루는 반감기라는 개념을 보자. 일차 반응의 **반감기**(half-life)는 초기량의 반이 반응하는 데 필요한 시간의 양이다. 식 (12.14)를 사용하여 반감기, $t_{1/2}$에 대한 간단한 식을 유도할 수 있다.

$$\ln \frac{100\%}{50\%} = k \cdot t_{1/2}$$

$$t_{1/2} = \frac{\ln 2}{k} = \frac{0.6931}{k} \tag{12.17}$$

$t_{1/2}$은 초기량, $[A]_0$에 무관하다는 것을 알 수 있다. 반감기는 반응의 일차 속도 상수에만 관련된다. 모든 자연적인 방사성 붕괴 과정은 일차 과정이므로 반감기가 공통의 개념이다.

모든 반응이 일차인 것은 아니다. **이차 반응**(second-order reaction)은 다음 속도 법칙에 의해 정의된다.

$$-\frac{d[A]}{dt} = k \cdot [A]^2 \tag{12.18}$$

이것 역시 일차 속도 법칙에서 했던 것과 같은 방식으로 접근할 수 있다. 한 쪽에 A에 관한 변수, 다른 쪽에는 시간에 관한 변수를 옮겨 놓는다.

$$-\frac{d[A]}{[A]^2} = k \cdot dt \tag{12.19}$$

다시 식의 양쪽을 상한과 하한 사이에서 적분하고 또 t가 경과한 시간을 나타내도록 초기 시간 $t_i = 0$에서 시작한다고 가정하면 **이차 적분 속도 법칙**을 얻게 된다.

$$\frac{1}{[A]_t} - \frac{1}{[A]_0} = k \cdot t \tag{12.20}$$

반응 화학종 A의 농도는 시간에 따라 변하므로 이것의 농도는 위 식을 따른다(반응이 화학종 A에 대해 이차 반응 속도 법칙을 따르는 한). 이 식에 있어서 물질의 양은 속도 법칙이 농도 단위로 표현되어 있다면 농도로 표시되어야 한다. 일차 반응을 설명해 주는 식 (12.14)와 다르게 물질의 양에 대한 비는 일정한 크기를 갖지도 않고 단위에 무관하지도 않다. 식 (12.20)을 직선 식이 되도록 재배열하면 다음과 같다.

$$\frac{1}{[A]_t} = k \cdot t + \frac{1}{[A]_0} \tag{12.21}$$

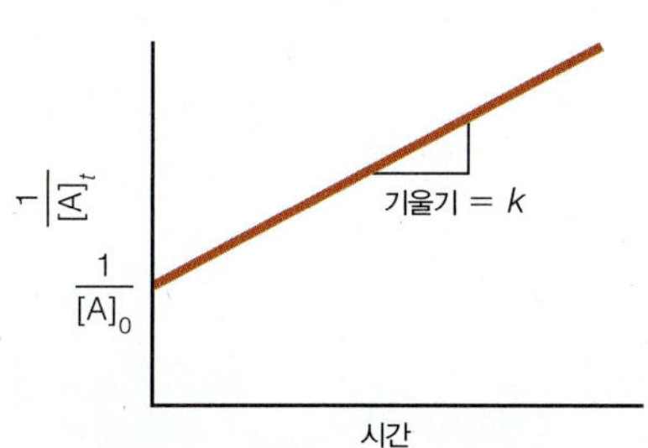

그림 12.3 이차 반응에 있어서 $[A]_t$의 역인 $1/[A]_t$를 시간에 대해 그래프를 그리면, 기울기가 k이고, y 절편이 초기량의 역수인 $1/[A]_0$인 직선이 된다. 이것이 이차 반응의 특징이다. 어떤 다른 차수의 반응도 $1/[A]_t$를 시간에 대해 그렸을 때 직선이 되지 않는다.

여기서 y는 $1/[A]_t$, x는 시간, 기울기 m은 속도 상수 k이며, y 절편 b는 화학종 A의 초기 양의 역수인 $1/[A]_0$이다. 그림 12.3은 $1/[A]_t$를 y축으로, 시간을 x축으로 그래프를 그렸을 때 이차 반응의 도표가 어떤 모양이 되어야 하는지를 보여주고 있다. 다시 한 번 t에 대한 $1/[A]_t$의 그래프에서 직선 모양은 이차 반응의 특징이라는 것을 강조한다. 이들 변수로 그래프를 그리면 반응이 화학종 A에 대해 이차일 때에만 직선이 될 것이다.

예제 12.4

다음과 같은 속도 법칙을 갖는 이차 반응에 대해 물질 양의 단위를 몰농도라 했을 때, 속도 상수의 단위는 무엇인가?

예제 12.4 *(계속)*

$$-\frac{d[A]}{dt} = k \cdot [A]^2$$

풀이

속도 자체의 단위는 M/s이다. 항 $[A]^2$이 몰농도 제곱인 M^2의 단위를 갖는다면 속도 상수는 $1/(M \cdot s)$의 단위를 가져야 한다.

$$M^2 \cdot \frac{1}{M \cdot s} = \frac{M}{s}$$

이것은 속도 상수에 대한 단위로서 이상한 것 같이 보이지만, 차원 분석을 통해서 실험적으로 결정된 반응 속도가 적절한 단위를 갖게 할 필요가 있다.

예제 12.5

다음 반응을 생각해 보자.

$$CS_2\,(g) + 3O_2\,(g) \longrightarrow CO_2\,(g) + 2SO_2\,(g)$$

다음처럼 반응에 대한 속도 법칙을 쓸 수 있다면,

$$-\frac{d[CS_2]}{dt} = \left(3.07 \times 10^{-4}\,\frac{1}{M \cdot s}\right)[CS_2]^2$$

다음 각 초기 농도에 대해 CS_2의 농도가 초기 농도의 반으로 떨어질 때 걸리는 시간은 얼마인가?

a. 0.0500 mol/L

b. 0.0050 mol/L

c. 답에 대해 설명하라.

풀이

이것은 또 다른 반감기 문제지만, 일차 반응처럼 직접적이지는 않다.

a. $[A]_0 = 0.0500$ mol/L이고 $[A]_t = 0.02500$ mol/L (원래 양의 반절)로 놓고 식 (12.20)을 적용한다.

$$\frac{1}{0.0250\ \text{mol/L}} - \frac{1}{0.0500\ \text{mol/L}} = \left(3.07 \times 10^{-4}\,\frac{1}{M} \cdot s\right) \cdot t$$

$$40.0\,\frac{L}{mol} - 20.0\,\frac{L}{mol} = \left(3.07 \times 10^{-4}\,\frac{1}{M} \cdot s\right) \cdot t$$

$$20.0\,\frac{L}{mol} = \left(3.07 \times 10^{-4}\,\frac{1}{M} \cdot s\right) \cdot t$$

농도의 역을 취하면 분자와 분모의 단위는 서로 바뀌어야 한다.

단위 L/mol은 오른쪽 분모에 있는 M 단위와 상쇄되므로 이것을 t에 대해 풀면 다음과 같다.

$$t = 65{,}100\ s$$

이것은 18시간 이상에 해당한다.

예제 12.5 *(계속)*

b. $[A]_0 = 0.00500$ mol/L로 초기 농도의 반이 반응하면 $[A]_t = 0.00250$ mol/L가 될 것이다. 같은 식과 속도 상수를 사용해서 풀면 다음과 같다.

$$\frac{1}{0.00250\ \text{mol/L}} - \frac{1}{0.00500\ \text{mol/L}} = \left(3.07 \times 10^{-4}\frac{1}{\text{M}}\cdot\text{s}\right)\cdot t$$

$$400.\frac{\text{L}}{\text{mol}} - 200.\frac{\text{L}}{\text{mol}} = \left(3.07 \times 10^{-4}\frac{1}{\text{M}}\cdot\text{s}\right)\cdot t$$

$$200.\frac{\text{L}}{\text{mol}} = \left(3.07 \times 10^{-4}\frac{1}{\text{M}}\cdot\text{s}\right)\cdot t$$

몰농도 단위는 상쇄되고, 시간에 대해 풀면

$$t = 651{,}000\ \text{s}$$

이것은 7일 이상에 해당한다.

c. 이 문제에서 시간은 반감기에 해당하고, 반감기는 초기 농도가 적을수록 훨씬 커진다. 이것은 이차 반응의 반감기가 반응의 한 가지 상수가 아니라, 초기 농도에 의존한다는 것을 말해준다.

앞의 예제는 '반감기'라는 문제가 일차 반응에 대해서만이 아니라 어떤 차수의 반응에나 적용될 수 있음을 보여 준다. 그러나 일차 반응의 반감기만이 초기량에 무관하고, 이것은 일차 반응의 한 특징이 된다. 어떤 다른 차수의 반응에 대해서도 반감기는 정의될 수 있지만, 식에 초기 농도가 항상 포함되게 된다. 예를 들어, 이차 반응에 대해 반감기 $t_{1/2}$은 다음과 같이 정의된다.

$$t_{1/2} = \frac{1}{k\cdot[\text{A}]_0} \qquad \textbf{(12.22)}$$

이 식은 초기 농도, $[A]_0$이 커질수록 반응물의 양이 반으로 되는 데 걸리는 시간은 줄어든다(앞의 예제에서 보았듯이). 이러한 관계는 화학 반응을 수행하는 합성 화학자와 공업 화학자에게 유용하다.

몇 가지 간단한 속도 법칙들이 있으며, 이들 속도 법칙들의 적분은 일차와 이차 반응에 대한 적분 속도 법칙을 구할 때 밟았던 같은 단계를 따라 구한다. 이러한 유도를 반복하기보다는 학생들에게 풀어야 할 과제로 남겨 둔다. 논의는 좀 더 흥미로운 다른 속도 법칙들의 특성에 한정될 것이다. 예를 들어, 영차 반응 속도를 따르는 반응은 다음의 속도 법칙을 갖는다.

$$-\frac{d[\text{A}]}{dt} = k\cdot[\text{A}]^0 = k \qquad \textbf{(12.23)}$$

즉, A가 사라지는 속도는 영차 속도 상수인 상수이다. 이들 형태의 반응들은 드물지만 일어나기는 한다. 예를 들어, 몸에 섭취된 에틸 알코올(CH_3CH_2OH)이 아세트알데하이드(CH_3CHO)로 변환되는 과정이 영차 반응 속도론을 따른다.

몇 가지 동등한 방식으로 식 (12.23)을 생각해 볼 수 있다. 반응물 A가 사라지는 속도는 상수이므로, 시간에 대한 $[A]_t$의 도표는 그림 12.4에서 보여 주듯이 직선이 된다. 또한, 적분 영차 속도 법칙을 얻기 위해 식 (12.23)을 적분할 수 있다.

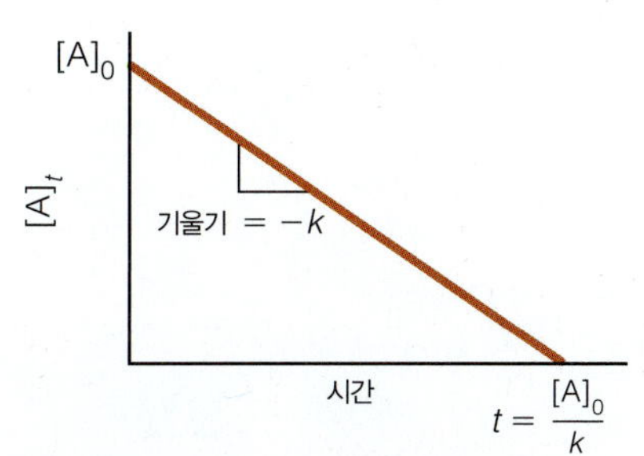

그림 12.4 영차 반응에 있어서 $[A]_t$를 시간에 대해 그래프를 그리면 기울기가 $-k$, y 절편이 $[A]_0$이고, x 절편이 $[A]_0/k$인 직선이 된다. 이것은 영차 반응의 한 특징이다. 어떠한 차수의 반응도 시간에 대한 $[A]_t$의 그래프를 그릴 때, 직선을 주지 못한다. 여기서 보여주는 그래프는 또한 x 절편을 갖는 유일한 도표(간단한 속도 법칙에 대한)이다.

$$[A]_0 - [A]_t = k \cdot t \tag{12.24}$$

여기서 t는 경과 시간을 말한다.

또한, 영차 반응에 대한 반감기를 구할 수 있는 식은 다음과 같다.

$$t_{1/2} = \frac{[A]_0}{2 \cdot k} \tag{12.25}$$

반감기는 예상했듯이 초기량에 의존한다. 영차 반응에 대해 또 다른 어떤 것을 인식할 필요가 있다. 두 번의 반감기가 지난 후 **반응물 A의 모든 양이 없어지며, 반응은 끝난다**(이것은 반응이 모든 농도에서 영차 반응으로 유지되고 실제 완결된다는 것을 가정한 것이다). 따라서 영차 반응의 직선 그래프는 y 절편 외에 x 절편을 갖게 되는 것이다.

지금까지 속도 법칙들이 단일 반응물만으로 손쉽게 표현될 수 있는 반응들을 다루었다. 많은 반응들은 두 농도 이상에 의존하는 속도를 가지고 있으며, 극단적으로 매우 복잡할 수도 있다. 이들 중 가장 간단한 것이 다음에 표시한 두 화학종의 반응이다.

$$a\mathrm{A} + b\mathrm{B} \longrightarrow \text{생성물}$$

반응 속도는 다음 식으로 표시된다.

$$\text{반응 속도} = -\frac{1}{a}\frac{d[A]}{dt} = -\frac{1}{b}\frac{d[B]}{dt} = k \cdot [A][B] \tag{12.26}$$

이 반응은 A에 대해 일차이고 B에 대해 일차이지만, 전체적으로는 이차 반응이다. 적분하면 최종적으로 다음의 결과를 얻게 된다.

$$\frac{1}{b[A]_0 - a[B]_0}\left(\ln\frac{[B]_0}{[A]_0} - \ln\frac{[B]_t}{[A]_t}\right) = k \cdot t \tag{12.27}$$

이 식 또한 직선 방정식으로 표시될 수 있다(약간의 재배열이 필요하지만). $[B]_t/[A]_t$ 비의 로그값을 시간에 대해 그래프를 그리면 균형 화학 반응식의 계수와 함께 초기 농도로 속도 상수 k를 결정할 수 있다.

속도 법칙은 금방 매우 복잡해질 수 있다(이것들 중 몇몇은 얼마나 복잡한지 그 감을 잡기 위해서 반응 속도론에 대한 교재를 간단히 훑어 보아라). 실험하는 사람들이 몇 가지 간단하게 하는 방법에 기대지 않는다면 실험적으로 속도 법칙의 표현에 많은 농도항을 갖는 복잡한 반응의 속도 법칙을 결정하는 것은 어렵다. 그러한 방법들 중 하나는 반응물 중 한 가지를 제외하고 나머지는 과량으로 존재하게 하여 반응을 시키는 것이다. 다음 속도 법칙을 갖는 반응을 생각해 보자.

$$\text{반응 속도} = k[A]^m[B]^n$$

반응물 B가 A에 대해 과량으로 존재한다면, 반응의 초기 과정 동안 B의 농도는 크게 변하지 않을 것이므로 근사적으로 일정하다고 할 수 있다. 따라서 반응 속도의 변화는 [A]의 변화와 관련된다.

$$\underbrace{\text{반응 속도}}_{\text{측정}} = \underbrace{k}_{\text{상수}} \cdot [A]^m \cdot \underbrace{[B]^n}_{\sim\text{상수}}$$

여기서 식의 오른쪽에 있는 두 상수를 하나의 변수, 즉 k'으로 놓을 수 있다.

$$\text{반응 속도} \approx k'[A]^m$$

상수 k'을 이 속도 법칙에 대한 **유사 속도 상수**(pseudo rate constant)라 부른다. 이러한 실험 조건 아래서는 속도 식이 간단하게 표시되어 속도 법칙과 속도상수를 결정하는 것이 훨씬 쉽게 된다.

아마 이 방법의 가장 흔한 사용은 반응 차수 m이 1인 경우인데, 이 반응의 속도는 다음의 근사식을 따른다.

$$\text{반응 속도} \approx k'[\mathrm{A}] \tag{12.28}$$

의도적으로 이렇게 꾸며진 반응은 **유사 일차 반응 속도론**(pseudo first-order kinetics)을 따른다고 하고, 상수 k'을 **유사 일차 속도 상수**(pseudo first-order rate constant)라 한다. 실제로 어떤 반응들은 약간 다른 더 특별한 속도법칙을 가질 수 있다. 특별한 조건 아래서만(즉 다른 반응물들의 농도가 높아 농도가 거의 변하지 않는), 반응은 유사 일차 반응 속도론을 보여 준다.

유사 일차 속도 상수 k'은 같은 반응에 대한 실제 속도 상수 k와는 다른 단위를 갖는다는 점도 유념해야 한다. k'의 단위는 항상 1/s이지만, k의 단위는 전체 속도 법칙에 의존한다. k'의 특정 수치는 다음 예제에서 보여 주듯이, 과도한 반응물의 농도가 얼마나 큰가에 달려 있다.

예제 12.6

다음 데이터는 일정한 온도에서 임의의 화학 반응 A + B → 생성물에 대하여 수집된 것이다.

[A] (M)	[B] (M)	초기 반응 속도($\times 10^{-7}$ M/s)
0.00636	0.00384	2.91
0.0108	0.00384	4.95
0.00636	0.00500	4.95

a. 속도 법칙과 속도 상수 k의 값을 결정하라.

b. [B] = 0.500 M이고 다른 조건은 같을 경우, 유사 일차 속도 상수인 k'을 구하라.

⟫ 풀이

a. 예제 12.2에서 보여 준 바와 같은 분석을 행함으로써, 속도 법칙은 다음과 같이 됨을 알 수 있다.

$$\text{반응 속도} = k[\mathrm{A}]^1[\mathrm{B}]^2$$

B에 대한 차수를 얻기 위해 농도와 속도는 정확한(또는 거의) 정수 배의 관계가 아니기 때문에 로그를 사용해야 한다. 첫 번째 데이터와 세 번째 데이터를 이용하면 다음과 같이 된다.

$$\frac{4.95 \times 10^{-7}\ \mathrm{M/s}}{2.91 \times 10^{-7}\ \mathrm{M/s}} = \frac{(0.00500\ \mathrm{M})^n}{(0.00384\ \mathrm{M})^n}$$

$$1.701 = (1.302)^n$$

n을 정하기 위해 양쪽에 로그를 취하면 다음과 같다.

$$\log(1.701) = n \cdot \log(1.302)$$

$$0.2307 = n \cdot (0.1146)$$

$$n = \frac{0.2307}{0.1146} = 2.013 \approx 2$$

예제 12.6 *(계속)*

실험을 수행할 때는 정확한 정수 비가 보장되기 어려우므로 로그를 가지고 계산하는 것이 일반적이다. 첫 번째 줄의 데이터를 사용해서 k를 계산하면 다음과 같다.

k의 단위는 전체적으로 3차 반응에 적합하다.

$$2.91 \times 10^{-7}\ \text{M/s} = k(0.00636\ \text{M})^1 \cdot (0.0038\ \text{M})^2$$
$$k = 3.103\ 1/\text{M}^2\cdot\text{s}$$

b. k'을 계산하기 위해 유사 일차 속도 상수로 k와 $[\text{B}]^2$ 항을 한데 묶어서 근사화할 수 있다. $[\text{B}] = 0.500$ M로 주어지면,

유사 일차 속도 상수는 당연히 일차 속도 법칙에 적합한 단위를 갖는다.

$$k' = (3.103\ 1/\text{M}^2\cdot\text{s})(0.500\ \text{M})^2$$
$$k' = 0.776\ 1/\text{s}$$

여기서 k'의 단위는 예상대로 되었다. 이러한 조건 아래서 유사 일차 속도 법칙은 다음과 같이 된다.

$$\text{반응 속도} = (0.776\ \text{s}^{-1})[\text{A}]$$

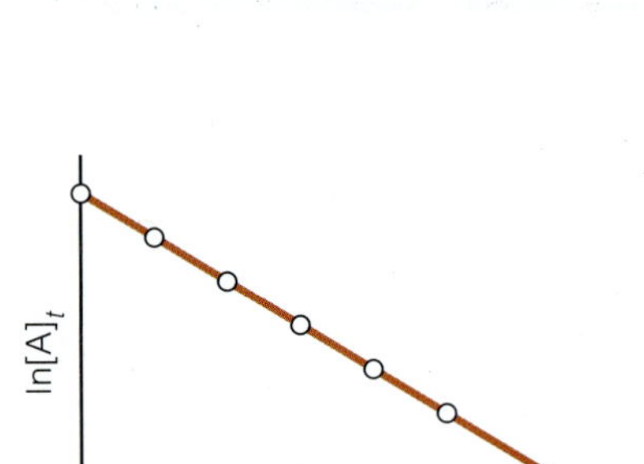

그림 12.5 일차 반응에 대해 완벽한 반응 속도 실험이 행해진다면, 그래프는 이처럼 보일 것이다. 모든 데이터들은 선상에 있게 된다. 그러나 실제로는 이같이 완벽하지는 못하다. 그림 12.6과 그림 12.7을 참조하라.

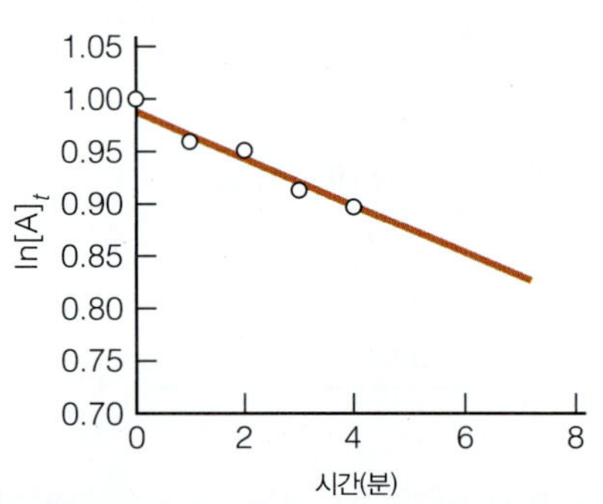

그림 12.6 반응이 일차 반응 속도론을 따르는지를 알아보기 위해 표 12.1의 데이터가 그려져 있다. 이 경우 직선으로 맞추는 것이 가능하지만 확실하지는 않다고 제시해주는 실험 데이터에서의 분산이 있음을 인식해야 한다. 그림 12.7과 비교하라.

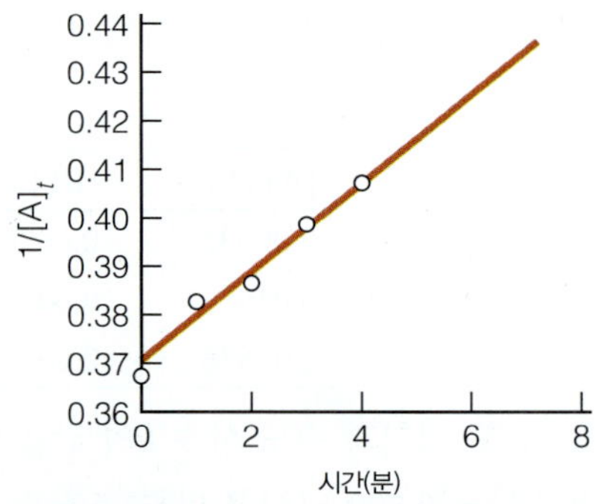

그림 12.7 반응이 이차 반응 속도론을 따르는지를 알아보기 위해 표 12.1의 데이터가 그려져 있다. 직선으로 맞추는 것 역시 이차 반응임을 확신시켜 주지 못한다고 제시해주는 실험 데이터에서의 분산이 있음을 인식해야 한다. 그림 12.6과 비교하라.

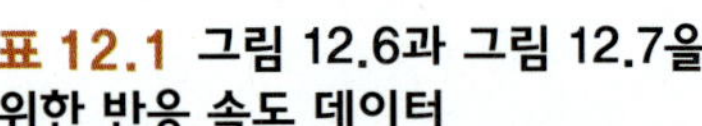

표 12.1 그림 12.6과 그림 12.7을 위한 반응 속도 데이터

시간(min)	$[\text{A}]_t$	$\ln[\text{A}]_t$	$1/[\text{A}]_t$
0	2.719	1.000	0.3678
1	2.612	0.9601	0.3829
2	2.586	0.9501	0.3867
3	2.509	0.9199	0.3985
4	2.459	0.8997	0.4066

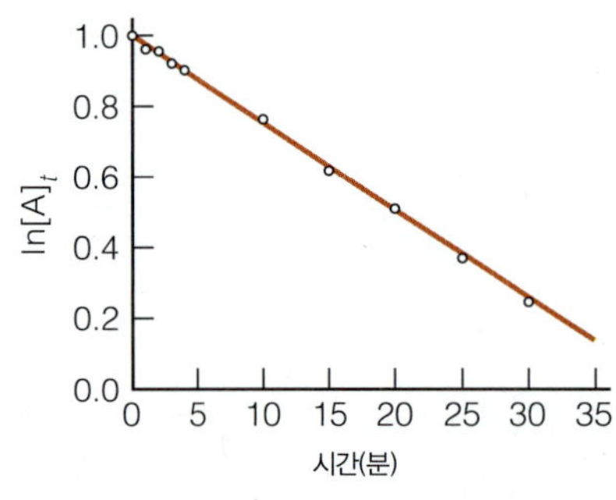

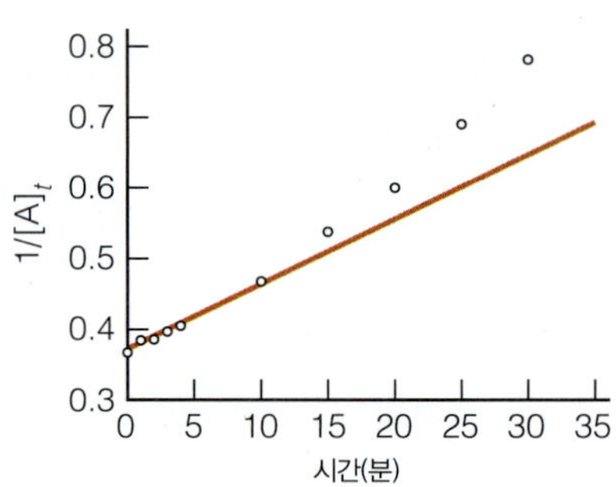

그림 12.8 측정 시간을 늘리면(표 12.1A의 데이터 사용) 이차 반응의 그래프보다는 일차 반응의 그래프가 실험 데이터를 더 잘 맞게 그려준다는 것이 분명해진다. 좀 더 긴 시간에 걸친 일차 반응의 그래프에서 직선 맞춤이 더욱 분명하다. 실험 반응 속도론에선 궁극적으로 적절한 직선이 얻어져서 옳은 반응 차수가 구해지도록 충분히 긴 시간 동안 실험을 행하는 것이 매우 중요하다.

이 절을 마치기 위해, 속도 법칙을 결정할 때 실험적으로 고려할 몇 가지 점을 간단히 생각해 보자. 전형적으로 물리화학적인 표현을 유도할 때에는 화학계가 완벽하게 이들 식(이 경우, $[A]_t$)의 예측대로 따를 것이라고 가정(이 경우, $[A]_t$)한다. 이상적인 반응 속도론 실험에서는 일차 반응에 대해 그림 12.5에서 보여 주는 것과 같은 그래프를 얻으리라고 예상한다.

그러나 실제로 실험 데이터는 완벽한 경우가 드물다. 실제 실험에서 실험하는 연구자는 그래프 상에서 약간 분산된 데이터를 얻게 된다. 표 12.1에는 시간에 따른 농도 값의 자료가 주어져 있는데, 이를 그림 12.6에 그래프로 나타내었다. 이 경우에 비록 그래프 상에서 약간의 분산은 있지만 직선은 실험 데이터에 가장 잘 맞고 반응은 일차 반응 속도론을 따른다는 것이 분명하게 보일 수도 있다. 그러나 실험하는 사람은 조심해야 한다. 같은 데이터를 가지고 이차 반응인 것처럼 그래프를 그린다고 생각해 보라. 이것이 그림 12.7에 나타나 있다. 짧은 시간 간격 동안의 데이터만 가지고는 어떤 그래프도 특정 차수의 반응 속도론에 대한 좋은 결과를 만들어 내지 못한다.

알지 못하는 반응의 반응 속도론을 탐구하는 훌륭한 실험학자들은 실험 측정(여기선 $[A]_t$의 측정)에서 뿐만 아니라 실험 조건들(초기 [A], 초기 [B], 경과한 시간 등)을 규정하는 데서도 조심할 필요가 있다. 이들 조건들은 실험하는 사람에 의해 선택되어진다. 표 12.1A의 데이터를 포함시키려 한다면 실험 시간을 연장해야 하며, 직선에 명백히 맞추도록 노력할 수 있다. 그림 12.8은 모든 데이터를 그래프로 표시한 것이다. 이제는 반응의 속도 법칙이 무엇인지 분명해져야 한다.

표 12.1A 그림 12.8을 위한 추가적인 반응 속도 데이터

시간(min)	$[A]_t$	$\ln [A]_t$	$1/[A]_t$
10	2.138	0.7599	0.4677
15	1.855	0.6179	0.5390
20	1.664	0.5092	0.6011
25	1.448	0.3702	0.6907
30	1.276	0.2437	0.7835

12.4 간단한 반응의 평형

반응 속도론은 반응이 어떻게 진행될 것인가를 묘사하지만, 실제로 모든 반응은 완결로 가지 않는다는 것을 열역학으로부터 이해해야 한다. 대신 조만간 역반응이 일어나기 시작하며, 역반응의 속도가 정반응의 속도와 같을 때 알짜 변화는 없고, 이때 계는 **동적 평형**(dynamic equilibrium)에 있게 된다. 앞에서 열역학과 반응 속도론을 분리해서 생각해야 한다고 말했지만, 평형에 있는 계에 대해 정반응 속도는 역반응 속도와 같다는 앞선 진술은 반응 속도론과 열역학 사이에 어떤 관계가 있음을 제시해 준다.

초기 속도를 논할 때 반응 시작 즈음 짧은 시간으로 은연중에 국한시켰다. 즉 ξ가 작다고 가정했다. 그러나 평형 조건에서는 다른 시간 상황을 고려할 필요가 있고 이때 ξ는 최댓값에 접근한다. 이것이 내포하고 있는 의미는 농도가 어떻게 변하는지를 이해하는 데 역반응이 중요해진다는 것이다. 이 역반응은 지금까지는 무시했던 추가적인 고려의 대상이 된다.

다음의 간단한 화학 반응을 생각해 보자.

$$\mathrm{A} \underset{k_r}{\overset{k_f}{\rightleftharpoons}} \mathrm{B} \tag{12.29}$$

여기서 k_f는 정반응의 속도 상수이고, k_r은 역반응의 속도 상수이다. 게다가 각 반응은 반응물에 대해 일차이고 A의 초기 농도는 $[A]_0$로, 반면에 $[B]_0 = 0$이라고 가정한다.

A의 농도 변화 속도는 다음과 같이 주어진다.

$$\frac{d[\mathrm{A}]}{dt} = -k_f[\mathrm{A}] + k_r[\mathrm{B}] \tag{12.30}$$

오른쪽에 있는 첫 번째 항은 A의 **소모**와 관련되기 때문에 음수이고, 두 번째 항은 A의

증가에 기여하기 때문에 양수이다. 임의의 시간 t에서 전체 반응 속도가 시간 t에서 A와 B의 농도에 의존하는 것을 보이도록 식 (12.30)의 농도 표시를 변경할 수 있다.

$$\frac{d[\mathrm{A}]_t}{dt} = -k_\mathrm{f}[\mathrm{A}]_t + k_\mathrm{r}[\mathrm{B}]_t \tag{12.31}$$

$[\mathrm{A}]_t$와 $[\mathrm{B}]_t$는 반응 속도가 임의의 시간에서 A와 B의 순간 농도에 의존한다는 것을 암시해 준다. 반응 속도는 또한 순간 농도, $[\mathrm{A}]_t$ 항으로 표시될 수 있다. 균형 화학 반응식에서의 1:1 화학량론과 질량 보존의 법칙으로 인해 임의의 시간에서 [A]와 [B] 사이에 다음의 관계가 성립한다.

$$[\mathrm{B}]_t + [\mathrm{A}]_t = [\mathrm{A}]_0 \quad \text{또는} \quad [\mathrm{B}]_t = [\mathrm{A}]_0 - [\mathrm{A}]_t$$

$[\mathrm{B}]_t$를 치환하고 재정리하면 다음이 된다.

$$\frac{d[\mathrm{A}]_t}{dt} = -k_\mathrm{f}[\mathrm{A}]_t + k_\mathrm{r}([\mathrm{A}]_0 - [\mathrm{A}]_t) = k_\mathrm{r}[\mathrm{A}]_0 - (k_\mathrm{f} + k_\mathrm{r})[\mathrm{A}]_t \tag{12.32}$$

이 식은 복잡해 보이지만, 하나의 변수 $[\mathrm{A}]_t$에 대한 일차 미분 방정식이 된다. 이 식은 지수 함수를 포함하는 해를 가지며, 이 미분 방정식을 만족시키는 방정식(즉, 미분 방정식의 해)은 다음과 같다.

$$[\mathrm{A}]_t = \frac{[\mathrm{A}]_0}{(k_\mathrm{f} + k_\mathrm{r})}(k_\mathrm{r} + k_\mathrm{f} \cdot e^{-(k_\mathrm{f}+k_\mathrm{r})t}) \tag{12.33}$$

실제로 역반응의 효과가 무시되는 반응 초기에 위 식은 다음과 같이 줄어들게 됨을 쉽게 알 수 있다.

$$[\mathrm{A}]_t = [\mathrm{A}]_0 \cdot e^{-k_\mathrm{f}t}$$

이것은 식 (12.15)와 같다.

식 (12.32)에 있는 속도 법칙의 또 다른 적분 형태는 다음과 같다.

$$\ln\left(\frac{[\mathrm{A}]_0 - [\mathrm{A}]_\mathrm{eq}}{[\mathrm{A}]_t - [\mathrm{A}]_\mathrm{eq}}\right) = (k_\mathrm{f} + k_\mathrm{r}) \cdot t \tag{12.34}$$

식 (12.34)의 로그 항을 시간에 대하여 그래프를 그리면, 기울기가 $(k_\mathrm{f} + k_\mathrm{r})$이고 y 절편이 0인 직선이 된다. 그리고 초기 반응 조건의 범위에서 이 그래프는 일차 반응에 해당되는 그래프로 예상되지만, 역반응이 $[\mathrm{A}]_t$에 영향을 미치는 긴 시간 동안을 고려한 그래프로 확장할 수 있다.

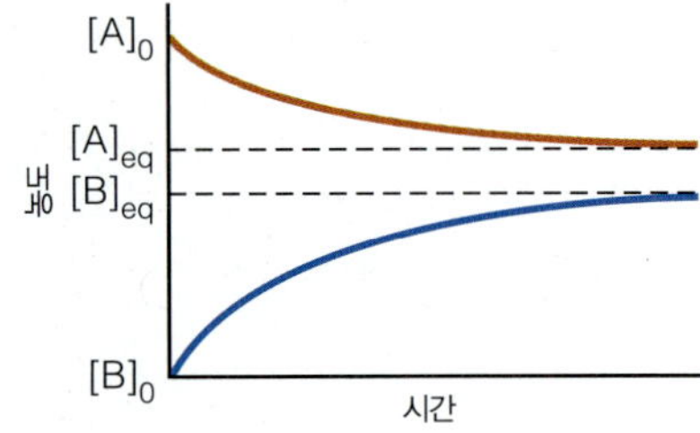

그림 12.9 반응이 평형에 접근함에 따라 반응물의 양 $[\mathrm{A}]_t$와 생성물의 양 $[\mathrm{B}]_t$는 평형값(이것은 반응에 의존)에 접근한다. $[\mathrm{A}]_t$에 대한 그래프를 그림 12.1과 비교하라. 긴 시간에서 그래프는 달라진다. $[\mathrm{A}]_t$에 대한 이 그래프는 식 (12.15)가 아닌 식 (12.33)을 따른다.

그림 12.9는 예상되는 거동을 보여 주는 $[\mathrm{A}]_t$에 대한 그래프를 보여주고 있다. 지수적으로 감소해 어떤 최솟값으로 접근한다. 같은 시간에 생성물의 농도 $[\mathrm{B}]_t$는 어떤 최댓값으로 점진적인 **증가**를 한다. 실제의 $[\mathrm{A}]_t$와 $[\mathrm{B}]_t$의 점근 값은 k_f와 k_r의 값 뿐 아니라 초기 농도 $[\mathrm{A}]_0$에 의존한다.

시간에 따른 $[\mathrm{A}]_t$와 $[\mathrm{B}]_t$의 점근 값은 바로 예상되는 A와 B의 평형 농도, $[\mathrm{A}]_\mathrm{eq}$와 $[\mathrm{B}]_\mathrm{eq}$이다. 그러면 이 두 값은 뭔가 연결되어야 한다. 연결은 간단하다. 이 간단한 반응에 대해 평형 상수 K를 생성물과 반응물의 농도 비로 정의하면 다음과 같다.

$$\frac{[\mathrm{B}]_\mathrm{eq}}{[\mathrm{A}]_\mathrm{eq}} \equiv K \tag{12.35}$$

이 정의와 A 및 B의 농도 관계를 가지고, 식 (12.33)에 $t \to \infty$를 적용하면 다음 식을 얻을 수 있다.

$$[\mathrm{A}]_{\mathrm{eq}} = \frac{k_r}{(k_f + k_r)} \cdot [\mathrm{A}]_0$$

이 간단한 반응[식 (12.29)]에 대해서 다음이 성립한다.

$$[\mathrm{B}]_{\mathrm{eq}} = [\mathrm{A}]_0 - [\mathrm{A}]_{\mathrm{eq}} = \frac{k_f}{(k_f + k_r)} \cdot [\mathrm{A}]_0$$

$$K = \frac{k_f}{k_r} \tag{12.36}$$

앞에 있는 3개의 방정식들 모두 일차나 유사 일차 반응에 모두 적용 될 수 있지만* 이 마지막 식은 간단하기 때문에(그리고 잠재적 유용성 때문에) 특히 가치가 있다. 이들 3개의 식들(그리고 이것을 유도하기 위해 사용된 개념들도)은 반응 속도론과 열역학을 연결시켜 준다. 고차 반응에 대해서 다른 식들이 유도될 수 있지만 이들 모두 질량 보존과 미분 방정식의 수학을 적용한다는 유사한 개념을 흉내낸 것들이다.

12.5 평행 반응과 연속 반응

앞 절에서는 반응 속도론과 열역학 사이에 존재하는 관련성을 도입하기 위해 간단한 반응, A → B를 사용했다. 많은 화학 반응식들이 이처럼 간단하지만은 않다. 어떤 반응에 대해선 두 개 이상의 생성물이 가능하다. 이것이 **평행 반응**(parallel reaction)이다. 다른 경우로 흔히 첫 번째 반응의 생성물이 두 번째 반응의 반응물이 되고, 이것은 또 다른 반응의 반응물이 되는 등의 경우이다. 이것이 바로 **연속 반응**(consecutive reaction)의 예이다.

간단한 평행 반응은 다음과 같이 나타낼 수 있다.

$$\mathrm{A} \xrightarrow{k_1} \mathrm{B} \qquad \mathrm{A} \xrightarrow{k_2} \mathrm{C}$$

여기서 어떤 반응물 A는 반응하여 B와 C로 표시되는 두 가지 가능한 생성물을 만들 수 있다. 각 개별 반응에 대한 속도 상수는 각각 k_1과 k_2이다. 예를 들어, CH_4와 같은 많은 작은 탄화수소들의 열분해는 일련의 평행[**경쟁**(competing) 또는 **병행**(concurrent)이라 부름] 반응을 이루면서 한꺼번에 여러 경로로 일어나게 된다.

양쪽 반응의 속도 법칙이 A에 대해 일차인 계를 생각해 보자. 오직 A만 존재하는 반응으로 시작한다면, A가 사라지는 초기 속도는 다음처럼 표시할 수 있다.

$$-\frac{d[\mathrm{A}]_t}{dt} = k_1[\mathrm{A}]_t + k_2[\mathrm{A}]_t = (k_1 + k_2) \cdot [\mathrm{A}]_t \tag{12.37}$$

식 (12.37)은 하나의 변수(A의 농도)만을 가지므로 여느 다른 일차 속도 법칙처럼 적분하면 된다. 그렇게 한다면(변수 t를 **경과**한 시간으로 표시하기 위해 초기 시간을 영으로 정하는 똑같은 가정을 함) 다음 식을 얻게 된다.

$$[\mathrm{A}]_t = [\mathrm{A}]_0 \cdot e^{-(k_1 + k_2)t} \tag{12.38}$$

이것은 시간에 따른 A 농도를 관련시키므로 그렇게 놀랄 만한 것이 아니다. 두 생성물 B와

*식 (12.36)은 반응 차수가 정반응이나 역반응의 반응물에 대한 화학량론 계수와 동일한 어떠한 정반응 및 역반응에도 모두 적용된다. 이 책에서는 이에 대한 응용은 다루지 않는다.

C의 출현에 대한 초기 속도는

$$\frac{d[\mathrm{B}]_t}{dt} = k_1[\mathrm{A}]_t$$

$$\frac{d[\mathrm{C}]_t}{dt} = k_2[\mathrm{A}]_t$$

식 (12.38)로부터 $[\mathrm{A}]_t$를 대입하면,

$$\frac{d[\mathrm{B}]_t}{dt} = k_1 \cdot [\mathrm{A}]_0 \cdot e^{-(k_1+k_2)t} \tag{12.39}$$

$$\frac{d[\mathrm{C}]_t}{dt} = k_2 \cdot [\mathrm{A}]_0 \cdot e^{-(k_1+k_2)t} \tag{12.40}$$

이들 식들을 적분하여 시간에 따른 B와 C의 농도를 결정할 수 있다. B와 C의 초기량을 초기 조건에 0로 놓는다면(즉, $t = 0$에서 $[\mathrm{B}]_t = [\mathrm{C}]_t = 0$), 이들 두 식은 다음과 같이 적분된다.

$$[\mathrm{B}]_t = \frac{k_1 \cdot [\mathrm{A}]_0}{k_1 + k_2} \cdot (1 - e^{-(k_1+k_2)t}) \tag{12.41}$$

$$[\mathrm{C}]_t = \frac{k_2 \cdot [\mathrm{A}]_0}{k_1 + k_2} \cdot (1 - e^{-(k_1+k_2)t}) \tag{12.42}$$

이 두 농도 모두 음의 지수에 의존하지만, 이 경우에 음의 지수항을 1에서 빼기 때문에 시간이 경과할수록 음의 지수는 더욱 더 작아지며, 1과 지수 사이의 차이는 더욱 커지면서 경과 시간이 증가할수록 $[\mathrm{B}]_t$와 $[\mathrm{C}]_t$는 증가한다. 그림 12.10은 주어진 일련의 속도 상수에 대해 $[\mathrm{A}]_t$, $[\mathrm{B}]_t$ 및 $[\mathrm{C}]_t$의 거동을 보여 준다.

식 (12.41)과 식 (12.42)는 약간 복잡한 것 같이 보이지만, $[\mathrm{B}]_t$와 $[\mathrm{C}]_t$의 비는 매우 간단하게 표시된다.

$$\frac{[\mathrm{B}]_t}{[\mathrm{C}]_t} = \frac{k_1}{k_2} \tag{12.43}$$

이 식은 역반응을 무시하는 조건에서는 시간에 관계없이 유효한 식이 된다.

반응이 평형에 도달하면, 상황 분석은 달라야 한다. 평형 근처에서 생성물은 반응물로 되돌아가고, 또한 이것은 다시 생성물로 변할 수 있다. 그러나 반응물 분자가 반응을 하여 같은 생성물을 만든다는 조건은 없다(즉, 분자는 기억력이 없다). 다음의 경우를

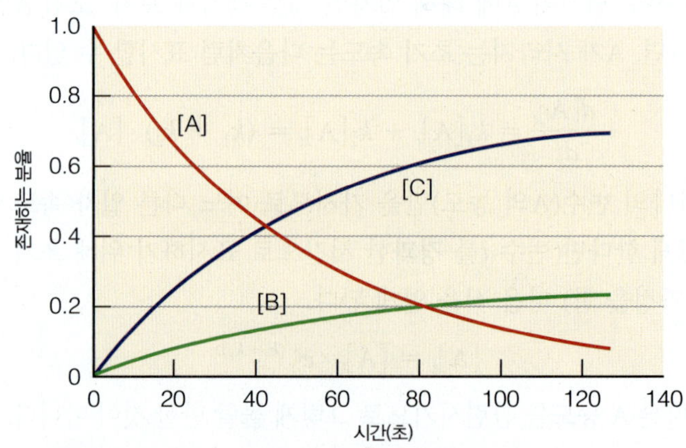

그림 12.10 $k_1 = 0.005\ \mathrm{s}^{-1}$과 $k_2 = 0.015\ \mathrm{s}^{-1}$인 두 평행 반응에 대하여 시간에 대한 $[\mathrm{A}]_t$, $[\mathrm{B}]_t$ 및 $[\mathrm{C}]_t$의 그래프. B와 C의 초기 농도는 두 속도 상수의 상대적인 크기에 달려 있다. 평형이 이루어진 긴 시간 동안의 그래프는 그림 12.11을 참조하라.

생각해 보자.

$$\begin{array}{ccc} A & \underset{k_{-1}}{\overset{k_1}{\rightleftharpoons}} & B \\ k_2 \Big\downarrow\!\Big\uparrow k_{-2} & & \\ C & & \end{array}$$

k_1과 k_2를 정반응 속도 상수로 정의하였고 아울러, k_{-1}과 k_{-2}를 역반응 속도 상수로 정의한다. 앞 절에서 설명한 대로 각 반응의 평형 상수를 다음과 같이 K_1과 K_2로 정의하자.

$$K_1 = \frac{k_1}{k_{-1}}$$

$$K_2 = \frac{k_2}{k_{-2}}$$

평형(즉, $t \rightarrow \infty$)에서 생성물과 반응물의 농도를 유도 과정 없이 간단히 표시하면 다음과 같다.

$$[\mathrm{A}]_{\mathrm{eq}} = \frac{[\mathrm{A}]_0}{K_1 + K_2 + 1}$$

$$[\mathrm{B}]_{\mathrm{eq}} = \frac{K_1 \cdot [\mathrm{A}]_0}{K_1 + K_2 + 1} \qquad \textbf{(12.44)}$$

$$[\mathrm{C}]_{\mathrm{eq}} = \frac{K_2 \cdot [\mathrm{A}]_0}{K_1 + K_2 + 1}$$

추가적으로 다음의 관계도 성립한다.

$$\frac{[\mathrm{B}]_{\mathrm{eq}}}{[\mathrm{C}]_{\mathrm{eq}}} = \frac{K_1}{K_2} \qquad \textbf{(12.45)}$$

식 (12.45)는 식 (12.43)의 특별한 경우로 생각할 수 있다. 짧은 시간 범위에서는 역반응의 효과는 무시할 만하고, 식 (12.43)이 적용된다. 역반응이 농도에 현저한 효과를 미치며 평형이 이루어지는 긴 시간의 경우에는 식 (12.45)가 적용된다. 그러나 어느 중간쯤 되는 시간에서의 생성물의 비 $[\mathrm{B}]_t/[\mathrm{C}]_t$와 무한 시간에서의 생성물의 비 $[\mathrm{B}]_{\mathrm{eq}}/[\mathrm{C}]_{\mathrm{eq}}$가 같다고 여길 만한 어떤 이유도 없다.

두 평행 반응이 초기에 같이 시작할 때, 더 빠른 반응은 더 큰 속도 상수를 가진다(두 반응 모두 간단한 일차 반응이라고 가정). 따라서 $[\mathrm{B}]_t/[\mathrm{C}]_t$로 주어지는 **초기** 생성물 비는 정반응 속도 상수 비인 k_1/k_2로 주어진다. 초기 생성물의 비는 정반응의 반응 속도론에 의해 결정되므로[즉, 식 (12.43)], 생성물의 비는 **반응속도론적으로 지배된다**(kinetically controlled)라고 한다. 그러나 긴 시간 간격을 지나서 최종적인 생성물의 비는 각 반응의 개별 평형 상수에 의존하게 된다. 평형 상수는 궁극적으로 반응의 열역학에 관련되므로, 이런 조건 아래 생성물의 비는 **열역학적으로 지배된다**(thermodynamically controlled)라고 한다.

어느 순간에서의 생성물의 비는 이것이 반응 속도론적으로 지배되느냐, 아니면 열역학적으로 지배되느냐에 따라 완전히 다르게 될 수 있다. 예를 들어, $k_1 = 1 \times 10^{-2}$과 $k_{-1} = 1 \times 10^{-4}$(이것은 생성물 B와 관련)인 반응과 $k_2 = 1 \times 10^{-3}$과 $k_{-2} = 1 \times 10^{-7}$(이것은 생성물 C와 관련)인 반응으로 이루어진 평행 반응을 생각해 보자. 두 평형 상수 K_1과 K_2는 각각 100과 10,000이다.

초기에 k_1은 k_2보다 10배 크므로 생성물 B는 생성물 C보다 많이 생성된다. 이 경우 B는 **반응 속도론적으로 유리한 생성물**(kinetically favored product)이라고 말한다. 그러나 오

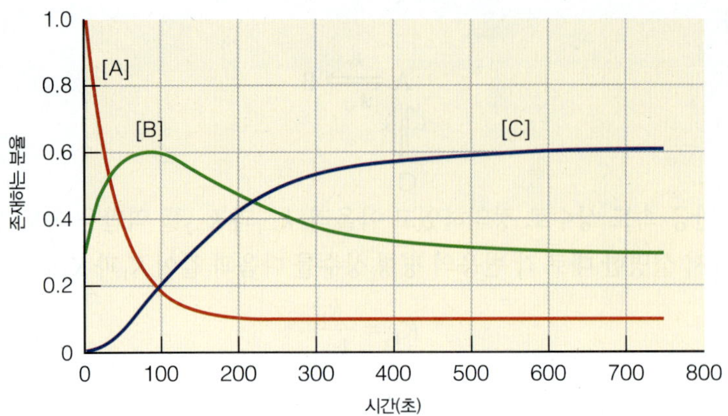

그림 12.11 평형이 이루어질 수 있는 긴 시간 동안의 $[A]_t$, $[B]_t$ 및 $[C]_t$의 그래프. B와 C의 상대적인 농도는 두 평형 반응의 정반응 속도 상수가 아닌, 개별 반응의 평형 상수에 의존한다.

랜 시간이 지나 평형이 이루어지면, 평형에 무관한 방식으로 우세한 생성물 B보다는 평형에 우세하게 의존하는 생성물 C의 양은 많이 증가된다. 이 경우 생성물 C를 **열역학적으로 유리한 생성물**(thermodynamically favored product)이라 한다. 그림 12.11은 처음에는 생성물 B가 많이 생성되지만, 평형이 이루어지는 긴 시간 간격을 통해 이것이 어떻게 변하는가를 보여주고 있다. 한 화합물 생산자가 반응 속도론적으로 유리한 생성물인 생성물 B에 관심이 있다면, 계로부터 B를 제거하는 방법이 개발될 필요가 있을 것이다. 그렇지 않다면 B는 다시 반응해서 열역학적으로 유리한 생성물인 C를 만들게 될 것이다.

첫 번째 반응의 생성물이 두 번째 반응의 반응물(또는 반응물들 중 하나)이 되는 많은 경우의 **연속 반응**이 존재한다. 간단한 연속 반응을 다음의 모형으로 나타낼 수 있다.

$$\mathrm{A} \xrightarrow{k_1} \mathrm{B} \xrightarrow{k_2} \mathrm{C}$$

방사성 붕괴 계열은 연속 반응의 좋은 예이다. 일반적인 경우로서 계는 B나 C 없이 A만으로 시작한다고 가정하면, 위 반응 순서에 있는 세 가지 화학종의 농도 변화 속도는 다음과 같다.

$$-\frac{d[\mathrm{A}]_t}{dt} = k_1[\mathrm{A}]_t$$
$$\frac{d[\mathrm{B}]_t}{dt} = k_1[\mathrm{A}]_t - k_2[\mathrm{B}]_t \qquad (12.46)$$
$$\frac{d[\mathrm{C}]_t}{dt} = k_2[\mathrm{B}]_t$$

A와 C의 농도 변화 속도는 연속 반응의 관찰로부터 합리적으로 보여야 한다. B의 농도 변화 속도는 **A로부터의** 형성에 의한 [B]의 증가와 **C의** 형성에 의한 [B]의 감소, 이 두 가지 효과의 결합으로 나타난다. 양의 항과 음의 항은 증가 또는 감소를 각각 반영한다.

식 (12.46)의 3개 식을 모두 적분하게 되면 다음과 같다.

$$[\mathrm{A}]_t = [\mathrm{A}]_0 \cdot e^{-k_1 t}$$
$$[\mathrm{B}]_t = \frac{k_1 \cdot [\mathrm{A}]_0}{k_2 - k_1} \cdot (e^{-k_1 t} - e^{-k_2 t}) \qquad (12.47)$$
$$[\mathrm{C}]_t = [\mathrm{A}]_0 \left[1 + \frac{1}{k_1 - k_2}(k_2 \cdot e^{-k_1 t} - k_1 \cdot e^{-k_2 t})\right]$$

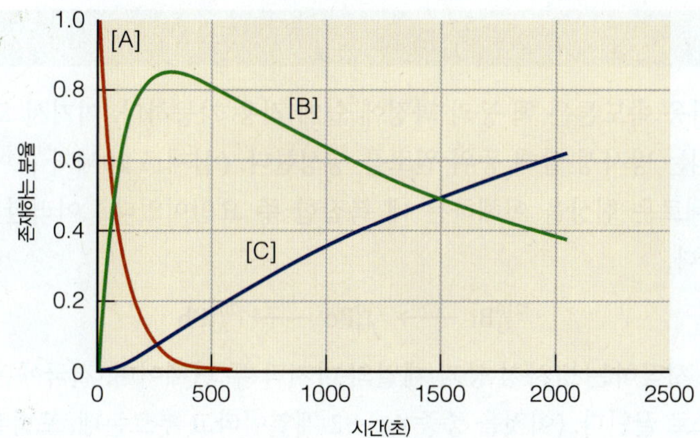

그림 12.12 k_1이 k_2보다 훨씬 큰 연속 반응에 대해, 처음에는 짧은 시간 동안 중간 생성물 B가 쌓이게 된다. 그러나 오랜 시간이 흐른 후에는 최종 생성물 C가 생성된다. 이 그래프에서 $k_1 = 0.01\ s^{-1}$ 및 $k_2 = 0.0005\ s^{-1}$이다.

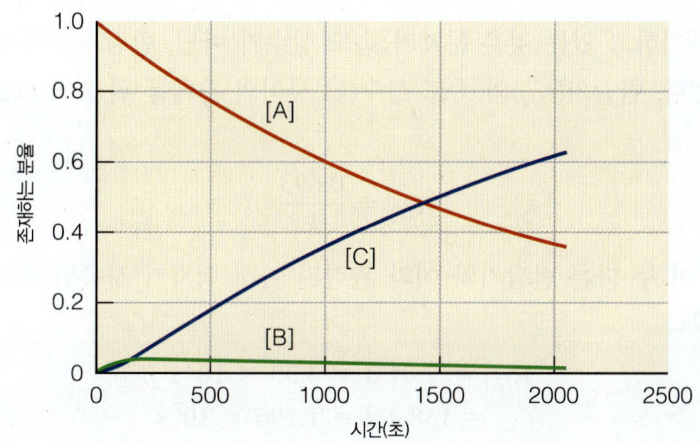

그림 12.13 k_1이 k_2보다 훨씬 작은 연속 반응에 대해, 초기에 중간 생성물 B의 쌓임은 매우 미미하다. 최종 생성물 C가 거의 금방 생성된다. 이 그래프에서 $k_1 = 0.0005\ s^{-1}$ 및 $k_2 = 0.01\ s^{-1}$이다. 그림 12.12와 비교하라.

여기서 t는 경과한 시간, $[A]_0$는 계에 존재하는 반응물 A의 원래 초기 농도(여기서 B와 C의 초기 농도는 0이라고 가정함)이다. $[A]_t$에 대한 식은 친숙하게 보일 것인데, 이것은 식 (12.15)와 완전히 같다.

그러나 $[B]_t$와 $[C]_t$에 대한 식은 좀 복잡하다. 실제로 이들 둘 다 두 반응의 속도 상수에 의존한다. 게다가 이들은 속도 상수의 차이(식의 분모에 있는 $k_2 - k_1$과 $k_1 - k_2$ 항을 가리킴)에 의존한다. 예를 들어, 두 번째 반응이 첫 번째 반응보다 훨씬 느리다면(즉, $k_1 \gg k_2$), 그림 12.12의 왼쪽에서 보는 것처럼 초기에 생성물 B가 쌓이게 된다. 오랜 시간이 흐른 상태에서만 생성물 B는 결국 생성물 C를 형성하도록 반응하게 되는데, 이는 그림 12.12의 오른쪽에 보여진다(B는 반응 속도론적으로 유리한 생성물이고 C는 열역학적으로 유리한 생성물이 되려는 경향이 있지만, 이것이 정확하게 항상 일치하지는 않는다).

$k_1 \ll k_2$일 때 두 번째 반응은 첫 번째 반응보다 훨씬 빠르고, 두 번째 생성물인 B는 생성되자마자 빠르게 최종 생성물인 C로 된다. 시간에 따른 생성물의 양은 그림 12.13에 나타내었다. 어느 시간에서나 B는 아주 미미하다. 반응계는 두 반응의 평형에 의해 B의 양이 많지 않는 한 이러한 식으로 유지될 것이다.

예제 12.7

연속 반응의 반응 속도론은 핵 붕괴 과정에 쉽게 적용 가능하다. 여기서 모핵 동위 원소는 다시 붕괴되는 방사성 딸핵 동위 원소를 생성한다. (실제로 20세기 초에 이러한 연속 과정들은 이 새로운 현상을 이해하는 데 복잡한 주 요인이었다.) 이러한 예 중 하나가 다음의 경우이다.

$$^{210}_{83}\text{Bi} \xrightarrow{t_{1/2,1}} {}^{210}_{84}\text{Po} \xrightarrow{t_{1/2,2}} {}^{206}_{82}\text{Pb}$$

이것은 $^{238}_{92}\text{U}$로 시작하는 방사성 붕괴 계열의 마지막 두 단계이며, 결국에는 Pb라는 비방사성 동위 원소로 끝난다. (이것을 종종 $4n+2$ 계열이라고 부르는데, 포함된 동위 원소의 모든 질량수가 이같은 일반식으로 나타낼 수 있기 때문이다.) 반감기 $t_{1/2,1}$과 $t_{1/2,2}$는 각각 5.01일과 138.4일이다. 시간에 따른 ^{210}Bi, ^{210}Po, ^{206}Pb의 상대적인 양에 대하여 설명하라.

풀이

이 예제에서 제시하고 있는 것은 문제가 속도 상수가 아닌, 반감기를 주었기 때문에 오해의 소지가 있다. 반감기($t_{1/2}$)와 속도 상수(k) 사이의 관계를 위해 식 (12.17)을 참고해야 한다.

$$t_{1/2} = \frac{0.693}{k}$$

이것을 사용하여 두 다른 반감기와 이와 관련된 아래 첨자가 사용된 속도 상수를 추적하면 다음과 같다.

$$t_{1/2,1} = 5.01\text{ d} = 4.33 \times 10^5\text{ s}$$
$$t_{1/2,2} = 138.4\text{ d} = 1.196 \times 10^7\text{ s}$$

여기서 반감기의 단위를 표준 단위로 바꾸었다. 따라서

$$k_1 = \frac{0.693}{4.33 \times 10^5\text{ s}} = 1.60 \times 10^{-6}\text{ s}^{-1}$$

$$k_2 = \frac{0.693}{1.196 \times 10^7\text{ s}} = 5.79 \times 10^{-8}\text{ s}^{-1}$$

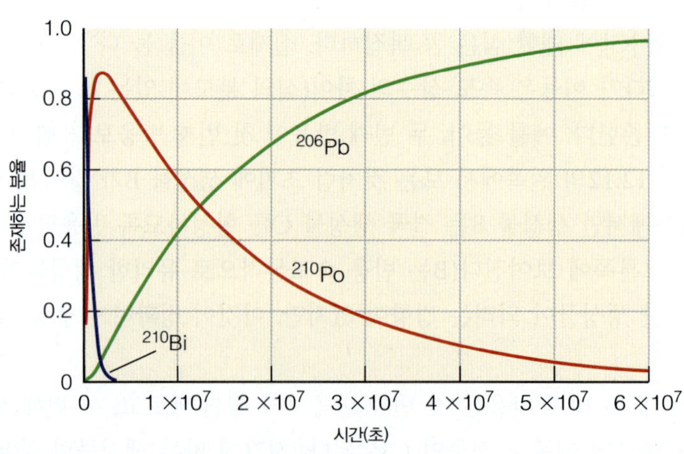

그림 12.14 예제 12.7을 참조하라. 이 그래프는 시간에 따른 ^{210}Bi, ^{210}Po 및 ^{206}Pb의 농도를 보여 준다. 0에서 시작했지만 순간적으로 ^{210}Po가 쌓이는 것에 주목하라. x축의 단위는 초이지만 그래프의 오른쪽의 시간은 1.9년과 동일함에 유의하라.

예제 12.7 *(계속)*

여기서 k_1이 k_2보다 훨씬 크다는 것을(즉, 10^{-6}은 10^{-8}보다 100배만큼 크다) 알 수 있으므로, 순간적으로 폴로늄(polonium)이 쌓이는 것을 예측할 수 있다. 시간이 흐름에 따라 폴로늄의 양은 이것이 안정된 납 동위 원소로 붕괴되기 때문에 감소한다. 그림 12.14는 ^{210}Bi 1.00 g에 궁극적으로 무엇이 일어나는지에 대한 그래프를 보여준다.

완전한 $4n + 2$ 계열은 ^{238}U과 ^{206}Pb 사이에 전체 15개의 핵종들을 가진, 14개의 핵반응을 일으킨다. 시간에 따른 이들 농도의 변화를 주는 15개의 수학적인 식들을 상상할 수 있겠는가?

12.6 온도 의존성

화학 반응의 속도는 온도에 크게 영향을 받는다. 이것이 대부분 속도 상수를 제시할 때 이 속도 상수가 유효한 온도를 명시하는 이유이다. 일반적인 온도는 25°C(일반적인 표준 온도)와 37°C(사람의 '정상' 체온)이다. 온도는 분명히 열역학적인 변수이지만, 이 절에서는 열역학과 반응 속도론의 또 다른 관계를 생각해 보자.

온도와 속도 상수 사이의 가장 직접적인 관계는 아마도 1889년에 아레니우스(그림 12.15)에 의해 제시되었을 것이다. 그는 유추의 형태로 열역학적인 접근을 사용했다. 반트호프 방정식으로 알려진 식에 따르면(삼투압을 염두에 둔 반트호프 방정식이 아님), 한 과정의 평형 상수에서 온도 변화가 있을 때 다음의 관계식이 성립한다.

$$\frac{\partial(\ln K)}{\partial(1/T)} = -\frac{\Delta_{\text{반응}}H}{R} \tag{12.48}$$

그림 12.15 아레니우스(Svante Arrhenius, 1859~1927). 속도 상수와 절대 온도 사이의 간단한 관계를 밝힌 스웨덴의 화학자.

여기서 $\Delta_{\text{반응}}H$는 반응의 엔탈피 변화이고, R은 이상 기체 법칙 상수이다. 아레니우스는 반응물 분자들과 에너지가 높은 불안정한 어떤 전이 상태에 있는 화학종 간에 '평형'을 제시함으로써 유사한 식을 제안했다. 이 두 상태 간의 에너지 차이를 **활성화 에너지**(energy of activation 또는 activation energy)라 부른다. 평형에서의 평형 상수는 반응에서의 속도 상수 k와 같다. 활성화 에너지에 대해 기호 E_A를 사용하면, 식 (12.48)은 다음이 된다.

$$\frac{\partial(\ln k)}{\partial(1/T)} = -\frac{E_A}{R}$$

다시 정리한다.

$$\partial(\ln k) = -\frac{E_A}{R}\,\partial\left(\frac{1}{T}\right)$$

이 식의 양쪽을 적분한다.

$$\ln k = -\frac{E_A}{RT} + (\text{적분 상수}) \tag{12.49}$$

보통 식 (12.49)의 양쪽에 지수를 취함으로써 다음과 같이 나타낸다.

$$k = e^{-E_A/RT} \cdot e^{(\text{적분 상수})}$$

여기서 두 번째 지수 항은 일정한 수가 되고, 그 수를 보통 A로 나타내어 다음과 같이 식을 다시 쓸 수 있다.

$$k = A \cdot e^{-E_A/RT} \quad (12.50)$$

이것을 **아레니우스 방정식**(Arrhenius equation)이라 부르고, 상수 A를 종종 **지수 앞자리 인자**(pre-exponential factor)라 한다.

E_A는 여러 온도에서 구한 속도 상수의 실험값을 이용해서 계산할 수 있다. 활성화 에너지를 안다면, 이것의 값은 새로운 온도에서의 속도 상수를 예상하는 데 이용될 수 있다. 또한 식 (12.50)에 자연 로그를 취하면 다음과 같은 아레니우스 방정식의 새로운 형태를 얻게 된다.

$$\underbrace{\ln k}_{y} = \underbrace{\ln A}_{b} + \underbrace{\left(-\frac{E_A}{R}\right)}_{m} \cdot \underbrace{\frac{1}{T}}_{x} \quad (12.51)$$

여기서 밑에 표시된 문자는 아레니우스 방정식의 형태가 어떻게 직선 형태를 나타내는가를 보여 준다. 지수 앞자리 인자와 활성화 에너지는 그래프를 그려 구할 수 있다.

예제 12.8

연구 논문(Orkin et al., *J. Phys. Chem.*, 1997, 101:174)에서 하이드록실 라디칼과 클로로브로모메테인(chlorobromomethane) 사이의 반응에 대한 속도 상수를 결정하였다.

$$OH\cdot + CH_2BrCl \rightarrow 생성물$$

이 반응에 대해 서로 다른 온도에서 얻은 속도 상수 k의 값이 다음 표에 주어져 있다.

T (K)	k [cm^3/(분자·초)]
298	1.11×10^{-13}
313	1.34×10^{-13}
330	1.58×10^{-13}

그래프를 작성하여 아레니우스 방정식이 성립함을 확인하고(실험상의 오차가 필연적으로 있기 때문에 대략적으로), E_A와 A를 결정하라.

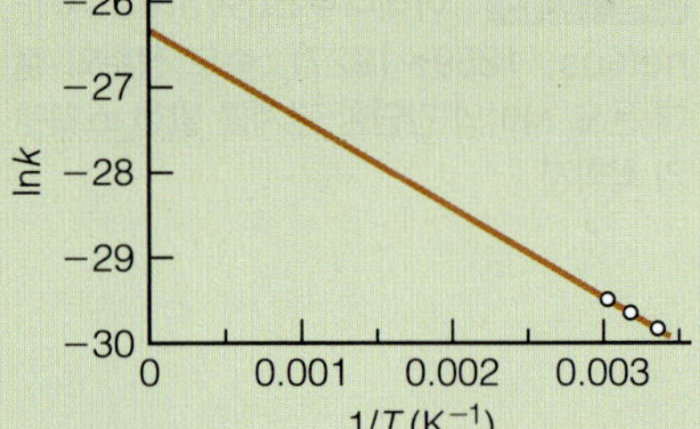

그림 12.16 예제 12.8을 참조하라. $1/T$에 대한 $\ln k$의 그림에 따르면 기울기는 $-E_A/R$이고, y절편은 지수 앞자리 인자의 자연 로그와 같다. 이 그래프에 따라 E_A는 8900 J/mol이고 A는 약 3.78×10^{-12} cm^3/(분자·초)가 된다. 자세한 것은 책 내용을 참조하라.

왜 직선의 기울기는 켈빈의 단위를 갖는지 알 수 있는가?

A는 주어진 속도 상수와 같은 단위를 갖는다.

풀이

처음에는 우선 그래프로 그릴 값들을 정해야 한다. 이것들은 위 표의 오른쪽 값들이 아니다. 다음과 같이 변형시킨 숫자들의 표가 필요하다.

$\ln k$	$1/T$ (K^{-1})
−29.829	0.00336
−29.641	0.00319
−29.476	0.00303

$1/T$에 대한 $\ln k$의 그래프는 그림 12.16을 참조하라. 위 표에 있는 3개의 점들은 정확하게 직선상에 놓이지는 않지만, 직선에 비교적 잘 일치한다고 근사적으로 생각할 수 있다(실험적으로 측정할 때 자연스러운 변이를 암시). 기울기는 $-E_A/R$이고, 그 값은 대략 1,070 K이다. 여기에 이상 기체 법칙 상수 R을 곱하면 1,070 K × 8.314 J/mol·K = 8,900 J/mol의 E_A 값을 얻게 된다. y 절편은 약 −26.3으로 ln A와 같다. 따라서 A는 약 3.78×10^{-12} cm^3/(분자·초)가 된다.

예제 12.9

예제 12.8에서 얻은 정보를 이용하여 370 K에서의 속도 상수를 계산하라. 이것을 실험적으로 얻어진 값인 2.10×10^{-13} $cm^3/(분자 \cdot 초)$와 비교하라.

풀이

8,900 J/mol의 활성화 에너지와 A의 값, 주어진 온도, 그리고 식 (12.50)을 사용하여 다음과 같이 계산할 수 있다.

$$k = A \cdot e^{-E_A/RT}$$

$$k = \left(3.78 \times 10^{-12} \frac{cm^3}{분자 \cdot 초}\right) \cdot \exp\left[-\frac{8900 \frac{J}{mol}}{\left(8.134 \frac{J}{mol \cdot K}\right)(370\ K)}\right]$$

지수 항에 있는 단위들은 서로 상쇄되어야 하므로 어떻게 단위들이 상쇄되는지 확인한다. 계산식을 풀어 다음을 얻는다.

$$k = 2.09 \times 10^{-13} \frac{cm^3}{분자 \cdot 초}$$

이것은 실험값에 아주 근접하며, 이는 아레니우스 방정식이 주어진 반응에 대해 좋은 모델형이 된다는 것을 보여주고 있다.

두 가지 다른 조건의 데이터가 있을 때, 아래 첨자 1과 2로 표시된 식 (12.51)의 두 형태가 가능하고 이들을 서로 뺌으로써 다음 식을 얻을 수 있다.

$$\ln \frac{k_1}{k_2} = \left(-\frac{E_A}{R}\right)\left(\frac{1}{T_1} - \frac{1}{T_2}\right) \tag{12.52}$$

이 식에서는 지수 앞자리 인자 A를 알 필요는 없다.

어떤 반응에 대해서는 아레니우스 방정식을 얻기 위한 출발점으로서 반트호프 방정식을 사용하는 것이 조금은 간단하다. 다음 식에서 도함수는 $-E_A/R$이라는 상수 값을 갖는다.

$$\left(\frac{\partial(\ln k)}{\partial(1/T)}\right) = -\frac{E_A}{R}$$

이 식을 가정하기보다는 $1/T$에 대한 $\ln k$ 그래프의 기울기가 온도에 의존하는 것을 가정하는 것이 더 낫다. 즉, 온도 항을 포함시키게 되면 이 식은 다음과 같이 된다.

$$\frac{\partial(\ln k)}{\partial(1/T)} = -\frac{E_A}{R} + m \cdot T \tag{12.53}$$

식 (12.50)에서 했던 것처럼 절차를 밟아 재배열하고 적분하면 궁극적으로 다음을 얻을 수 있다.

$$k = A \cdot T^m \cdot e^{-E_A/RT} \tag{12.54}$$

보통 변수 m은 작은 양수이거나 음수, 심지어 반정수(half-integer)이다. 보통 데이터 맞춤 프로그램(data-fitting program)을 사용하여 식 (12.54)의 변수 값을 그래프로 그려서 익숙하게 결정한다. $m = 0$일 때 식 (12.54)는 아레니우스 방정식이 된다.

반응물과 전이 상태 사이의 에너지 차이 이상에 대해서 아레니우스 방정식을 정당화할 수 있겠는가? 주어진 반응에 대해 상수인 지수 앞자리 인자(이것은 온도에 의존하지 않음)는 반응물의 본성이라든가 또는 반응물들이 분자 수준에서 어떻게 상호 작용하는지 등의 반응 자체의 특성에 따라 좌우되는 값을 가져야 한다.

분자들의 반응에 대해 결정되는 기체상 분자 상호 작용의 특성은 무엇인가? 가장 분명한 것들 중 하나는 충돌하고 있는 **분자수**이다. 충돌수는 반응 속도론으로부터 계산되며 이것은 11.4절을 시작하면서 다루었다. 예를 들어, 11.4절의 끝에서 1초당 단위 부피당 총 충돌수는 Z로 나타냈으며, 다음과 같이 주어진다.

$$Z = \frac{\pi\rho_1\rho_2\left(\frac{d_1 + d_2}{2}\right)^2\sqrt{8kT}}{\sqrt{\pi\mu_{12}}} \tag{12.55}$$

여기서 d_1과 d_2는 각각 기체 물질 1과 2의 지름이며, μ는 두 입자의 환산 질량이다. 온도 변화의 효과가 아레니우스 방정식의 지수 항($e^{-E_A/RT}$ 항)에 비교해 작다고 한다면, 그리고 두 물질의 밀도, ρ_1과 ρ_2가 농도로 변환되고 식의 나머지와 분리된다면, 식의 나머지 부분은 거의 상수라고 할 수 있다.

$$Z = \underbrace{\frac{\pi\left(\frac{d_1 + d_2}{2}\right)^2\sqrt{8kT}}{\sqrt{\pi\mu_{12}}}}_{\sim 상수} \times \rho_1\rho_2 \tag{12.56}$$

이것이 **충돌 빈도 인자**(collision frequency factor)인데, 이것이 지수 앞자리 상수 A의 주된 기여분이다.

A 값에 대한 두 번째 기여는 두 반응물의 서로에 대한 배향성과 그리고 결합의 재배열이 일어나게끔 적절히 배향하고 있는 충돌의 분율이다(분자가 충분한 에너지를 갖는다면 이것은 아레니우스 방정식의 지수 항을 고려한 것이다). 그림 12.17은 지수 앞자리 인자 A에 대한 기여로서 **입체 인자**(steric factor)를 어떻게 설명할 수 있는지에 대

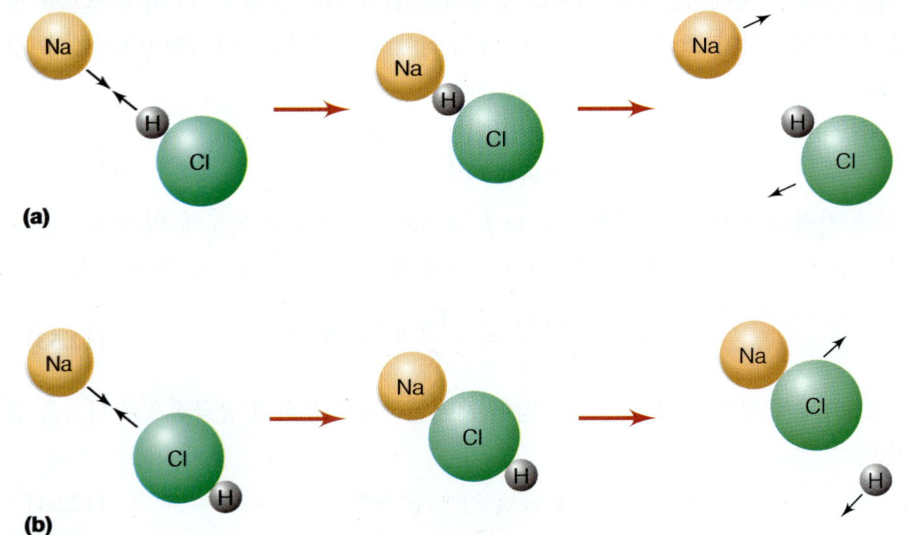

그림 12.17 입체 인자가 반응이 일어날 확률에 어떻게 영향을 주는가를 보여 주는 간단한 예. (a) 소듐 원자가 HCl 분자에 접근하지만 반응이 일어나게끔 하는 배향을 가지고 있지 않아서 충돌이 일어나더라도 각자는 제 갈 길을 간다. (b) HCl의 방향은 반응이 일어나기 좋게 되어 있어 충돌하게 되면 Cl 원자는 Na 원자와 결합하여 새로운 생성물이 형성된다.

한 한 예를 보여주고 있다. 한 경우는 원자들이 충돌하기에 적합하지 않게 배열되어 있다. 다른 경우는 배향 인자가 매우 유리해서 반응이 진행될 수 있다(모든 다른 인자들도 유리하다면). 입체 인자에 충돌 단면적(바로 앞 장에서 논의했음)의 크기 뿐 아니라 반응물 구조와 기하학적인 형태에 대한 고려도 포함된다. 최근 많은 연구에서는 분자살(molecular beam)과 계산 화학(computational chemistry)을 사용하여 생성물을 만드는 반응을 촉진시키는 정확한 배향 관계를 결정하려고 시도하고 있다. 간단한 화학 반응을 이렇게 묘사하는 것을 **충돌 이론**(collision theory)이라 부르며, 이것은 화학 반응의 속도론에 있어 기본적인 이론 모형이다.

12.7 반응 메커니즘과 단일 단계 과정

다음의 기체상 반응을 생각해 보자.

$$2H_2\,(g) + O_2\,(g) \longrightarrow 2H_2O\,(g) \qquad \mathbf{(12.57)}$$

이 반응은 실제로 분자 수준에서도 이렇게 진행하는가? 그렇지 않다. 위의 화학 반응을 간단히 전체 균형 화학 반응으로 인식하고 있다. 분자 수준에서 개개의 반응 분자들은 완전히 다른 방식으로 상호 작용을 하고 있다. 단지 이들 개개의 반응 **전체**가 위의 균형 화학 반응으로 나타난다.

일반적인 어떤 한 화학 반응에서든지 그 반응에서 일어나는 개별적인 단계를 **단일 단계 과정**(elementary process)이라 한다. 각각의 단일 단계 과정들을 전체적으로 합하면 균형 화학 반응이 되는데, 이러한 연속적인 단일 단계 과정을 모두 결합한 것을 반응의 **메커니즘**(mechanism)이라 한다. 보통 균형 화학 반응은 결정하기 쉽지만, 화학 반응의 메커니즘은 단일 단계 과정들이 일반적으로 매우 빠르고 또한 불안정한 화학종(예를 들어, 전이 상태)들이 포함되어 있기 때문에 훨씬 어렵다. 여기서 불안정한 화학종의 존재를 결정하기는 어렵고 더군다나 측정하기는 더 힘들다.

시작(반응물)에서 끝(생성물)까지 개개 분자들을 따라다니며 볼 수 없기 때문에, 하나의 화학 반응에 대한 메커니즘을 **입증**하는 것은 매우 어렵다. 그러나 제시된 메커니즘이 맞다고 **지지**하기 위해, 또는 제시된 메커니즘이 틀리다는 것을 보이기 위해 실험적인 증거를 모을 수 있다(과학적인 격언에 의하면, 아주 많은 실험을 통해서 하나의 가설이 옳다고 제시할 수 있지만, 그 가설이 틀리다는 것을 입증하기 위해서는 단 하나의 실험이면 족하다). 제시된 메커니즘을 지지하려고 사용된 실험 기술로는 용액상 화학 반응에 대해서 사용되는 흐름 정지(stopped-flow) 실험과 기체상 반응에 대해 사용되는 초고속(fs는 시간 단위, 1 fs는 10^{-15} s임) 레이저 분광학이 있다. 여기서 그러한 기술에 대해 다루지는 않을 것이다. 그러나 오히려 여기서는 이러한 실험을 통해서 연구하는 단일 단계 과정에 초점을 맞출 것이다.

예를 들어, 수소와 산소 기체의 반응에서 전체 반응의 처음 단일 단계 과정은 아마 다음과 같을 것이다.

$$H_2 + O_2 \longrightarrow 2OH\cdot \qquad \mathbf{(12.58)}$$

즉, 두 이원자 분자들이 공간에서 충돌하고, 재배열하여 두 개의 새로운 분자($OH\cdot$)를 형성한다. 이것은 수산화 이온(OH^-)이 **아니다**. 이것은 단지 하나의 산소 원자와 하나의 수소 원자가 결합한 것으로 홀수의 전자를 갖는 전하가 없는 이원자 분자이다. 그러한 홀수-전자를 갖는 화학종들은 주족 화합물에서 드물다. 일반적으로 홀수 전자를 갖는 분자들은 반응성이 크며, 수명이 매우 짧다. 이것을 **자유 라디칼**(free radical) 또는 간단히 **라디칼**(radical)이라 부른다.

이러한 이원자 생성물, OH· 는 '일반적인' 원자가 전자의 배열 규칙에서 벗어난다. 그러나 이것을 염두에 둘 필요는 없다. 왜냐하면 이것은 단지 전체 메커니즘의 첫 번째 단계이고, 균형 화학 반응식이 아니기 때문이다. 이 생성물은 더 나아가 다른 화학종들과 반응해서 궁극적으로는 반응의 최종 생성물을 만들 것으로 본다. 그러나 여기서 알 수 있는 것은 반응 메커니즘 취급 시 화합물을 만드는 정규 규칙 밖의 단계를 밟는 것을 인정한다는 것이다. 왜냐하면 일반적으로 중간체인 화학종들은 하여간 최종 생성물이 아니기 때문이다.

그러나 몇 가지 기본적인 지침이 있다. 화학종들은 삼차원 공간에서 상호 작용하므로 개개의 단일 단계 과정에는 하나의 화학종 또는 함께 충돌하게 되는 두 화학종, 그리고 **드물지만** 함께 충돌하는 세 화학종이 포함된다(여기서 '드물다'고 강조하였는데, 반응이 일어나기 위해서 삼차원 공간의 정확한 지점으로 세 가지 다른 원자나 분자가 적당한 배향을 가지면서 정확한 시각에 모일 확률이 얼마나 될까? 이런 경우는 매우 드물 것이다. 기체상에서 네 가지 이상의 화학종이 포함된 단일 단계 과정은 가능성조차 없다). 때때로 비확성 반응물이나 용기 벽과의 충돌이 단일 단계 과정의 부분으로 인용될 수 있다. 그러한 메커니즘은 두 충돌 반응물로부터의 과도한 에너지를 제거하기 위해 종종 필요하다. 그러나 대부분의 경우에 단일 단계 과정에는 하나 또는 두 개(그러나 드물지만 세 개도)의 반응 화학종이 포함될 것이다.

또한, 모든 단일 단계 과정의 전체 합은 균형 화학 반응을 만들어 내야 한다. 이것은 당연한 것처럼 보이지만, 전체 메커니즘을 제시할 때 쉽게 망각할 수 있다.

마지막으로 제안된 메커니즘은 실험적으로 결정된 전체 반응 속도 법칙과 일치해야 한다. 이것은 중요하며 유용하다. 일찍이 반응 속도 법칙의 농도에 대한 지수와 각 농도에 대한 차수는 균형 화학 반응의 계수와 반드시 같을 필요는 없다는 점을 지적했다. 그러나 단일 단계 과정에 대해서는 속도 법칙이 반응식의 화학량론으로부터 직접 결정된다. '반응물에 대한 차수'라는 항을 사용하는 대신, 단일 단계 과정에서는 '개개의 화학종에 대해 **분자도**(molecularity)'라는 용어를 사용한다.

예제 12.10

아래에 있는 반응식을 단일 단계 과정이라 가정했을 때, 예상되는 속도 법칙은 어떻게 되는가? 각 반응물에 대한 분자도는 얼마인가?

$$H_2 + O_2 \longrightarrow 2OH\cdot$$

풀이

이 예제 앞의 문단에서 언급한 바와 같이, 이 같은 단일 단계 과정에 대한 속도 법칙은 반응의 화학량론으로부터 직접 주어진다. 따라서 반응을 간단히 살펴보고 다음을 쓸 수 있다.

$$\text{반응 속도} = k[H_2]^1[O_2]^1$$

여기서 지수 1은 굳이 쓸 필요가 없으므로, 보통 속도 법칙은 다음과 같이 나타낸다.

$$\text{반응 속도} = k[H_2][O_2]$$

분자도는 H_2에 대하여 1, O_2에 대하여 1이다.

추가적으로 생각해야 할 것이 있다. 이때 처음 제시된 단일 단계 과정은 전체 반응의 **실험적으로 결정된** 속도 법칙과 일치하는가? 불행히도 아직은 모르고, 이것은 다음 절에서 판단하도록 하자. 그러나 적어도 반응의 메커니즘을 결정하는 데에 포함된 인자들이 어떤 것인가는 알아야 한다.

이 반응에 대해 다른 가능한 단일 단계 과정들은 무엇인가? 아래에 몇 가지 가능한 단일 단계 과정을 열거했다. 일부러 화학종에 대한 전하를 고려하지는 않았다. 단일 단계 과정에서 중간체들 대부분은 라디칼이다.

$$H_2 + O_2 \longrightarrow 2OH\cdot \qquad \text{(앞에서 제시)}$$
$$OH\cdot + H_2 \longrightarrow H_2O + H\cdot$$
$$H\cdot + O_2 \longrightarrow OH\cdot + O\cdot$$
$$OH\cdot + H_2 \longrightarrow H_2O + H\cdot$$
$$H\cdot + \cdot O\cdot \longrightarrow OH\cdot$$
$$OH\cdot + H_2 \longrightarrow H_2O + H\cdot \qquad \text{등등}$$

시료 속에 들어 있는 천문학적인 모든 분자들에 대하여 이들 과정 모두를 합하면 당연히 다음의 화학식이 된다.

$$2H_2 + O_2 \longrightarrow 2H_2O$$

단일 단계 과정의 또 다른 예는 알케인의 할로젠화이다. 메테인의 기체상 염소화 반응에 대한 전체 반응(원치 않는 생성물은 무시)은 다음과 같다.

$$CH_4 + Cl_2 \longrightarrow CH_3Cl + HCl$$

메커니즘으로 제안된 각각의 단계들은 다음과 같다.

$$Cl_2 \longrightarrow 2\,Cl\cdot$$
$$Cl\cdot + CH_4 \longrightarrow HCl + CH_3\cdot$$
$$CH_3\cdot + Cl_2 \longrightarrow CH_3Cl + Cl\cdot$$
$$Cl\cdot + CH_4 \longrightarrow HCl + CH_3\cdot$$
$$CH_3\cdot + Cl_2 \longrightarrow CH_3Cl + Cl\cdot \qquad \text{등등}$$

각 단일 단계 과정에서 몇몇 생성물은 일반적인 원자가 전자 배열 규칙에 어긋나지만, 이들은 수명이 짧은 중간체 화학종이다. 몇몇 생성물 화학종은 자유 라디칼이며, 다른 것들은 반응의 최종 생성물이다. 전체적으로 화학 반응은 다음과 같고 이렇게 되어야 한다.

$$CH_4 + Cl_2 \longrightarrow CH_3Cl + HCl$$

일단 반응들을 개개의 가상적인 단계들로 쪼갠다면 보통 하는 질문은 이들 단계들이 얼마나 빨리 진행될 수 있는가이다. 짐작하건데 전체 반응 속도는 개개 단일 단계 과정들의 속도에 의존할 것이다. 이것은 확실하며, 실제로 현대적 화학 실험을 통해서 어떤 단일 단계 과정들의 속도를 개별적으로 조사하는 단계에 와 있다(예를 들어, 초고속 레이저 실험을 사용해서). 이들 개개 단계들의 속도를 아는 것은 알짜 반응의 속도를 이해하는 데 있어 굉장히 도움이 된다.

그러나 실용적인 점이 하나 있다. 즉, 연속 단계의 전체 반응은 이 반응의 가장 느린 단계의 속도로 겨우 진행될 수 있다. 가장 느린 속도를 갖는 단일 단계 과정이 전체 화학 반응의 속도를 조절한다. 가장 느린 단계의 전단계들은 정체되고, 가장 느린 단계의 후 단계들은 보다 빨리 진행되어 이 단계가 이루어진 속도로 반응물을 고갈시킨다. 이것은 일차선 도로에서 천천히 운전하는 차와 같다. 그러한 운전자 뒤에 있는 차들(이것은 가장 느린 단계의 전 단계와 같다)은 정체되며, 그 운전자 앞에 있는 차들은(가장 느린 단계의 후 단계와 같다) 속도를 낼 수 있다. 이것들은 개개 단일 단계 과정과 같다고 생각할 수 있다. 이것 때문에 전체 반응 속도를 조절하는 단일 단계 과정을 **속도 결정 단계**(rate-determing step, 또는 간단히 RDS)라 부른다.

어느 때에는 RDS가 메커니즘의 초기 단일 단계 과정인 경우가 있다. 이 경우 전체 반응의 속도 법칙은 간단하다. 즉, 속도 법칙은 단지 처음 단일 단계 과정의 화학량론에 따르게 된다(전체 반응의 속도 법칙은 반응의 화학량론과 반드시 관련될 필요는 없지만, **단일 단계 과정**에 대해선 관련된다). 예를 들어, H_2와 O_2로부터 물이 생성되는 반응의 메커니즘에서 RDS가 다음과 같은 처음 단일 단계 과정이라고 해보자.

$$H_2 + O_2 \longrightarrow 2OH\cdot$$

예제 12.10에서 이러한 단일 단계 과정의 반응 속도는 다음으로 주어진다.

$$\text{반응 속도} = k[H_2][O_2]$$

여기서 k는 속도 상수이다. 그러나 이 단계가 속도 **결정** 단계라는 것을 보일 수 있다면, **전체 반응**에 대한 반응 속도는 다음과 같이 될 것이다.

$$\text{반응 속도} = k[H_2][O_2]$$

이것은 단일 단계와 같은 속도 법칙이다.

이 점에서 반응 속도를 말할 때 어떤 과정에 대해서 말하고 있는지를 주의 깊게 알아 볼 필요가 있다. 단일 단계 과정에 대한 속도 법칙은 그 과정의 화학량론으로부터 직접 결정될 수 있다. 알짜 균형 화학 반응에 대해서는 그럴 수 없다. 그러나 속도 결정 단계를 안다면 전체 반응의 속도를 알 수 있다고 제시한 바 있다. 다음 절에서는 속도 결정 단계를 사용하여 어떻게 측정할 수 있는 속도 법칙과 관련을 시킬 수 있는지를 알아볼 것이다.

예제 12.11

수소와 산소의 결합에 대해 다음의 속도 법칙을 가정한다.

$$\text{반응 속도} = k[H_2][O_2]$$

다음에 표시된 두 번째 단일 단계 과정이 이 반응의 속도 결정 단계라고 가정할 때 위의 속도 법칙이 이 가정과 일치하지 않음을 증명하라.

$$OH\cdot + H_2 \longrightarrow H_2O + H\cdot$$

풀이

앞서 제시한 메커니즘에서 두 번째 단일 단계 과정이 RDS라면, 다음의 속도 법칙을 바로 예측할 수 있다.

$$\text{반응 속도} = k[OH\cdot][H_2]$$

이 경우는 $[O_2]$를 $[OH\cdot]$로 치환한 것이다. OH· 라디칼의 농도가 이원자 산소의 농도와 같다는 확신이 없다면, 이 속도 법칙이 이 예제의 처음 부분에서 가정한 속도 법칙과 같다고 주장하기 어렵다. 이것은 두 번째 단계가 RDS라는 주장에 반대되는 결론이다.

12.8 일정 상태 근사법

앞의 예제에서는 한 가지 분명한 문제와 이것에 따르는 수반 문제를 지적했다. 분명한 문제는 단일 단계 과정의 속도 법칙이 바로 전체 과정의 속도 법칙으로 전환될 수 없다는 것이다.

수반되는 문제는 그렇게 분명하지는 않다. 일반적으로는 **측정**할 수 있는 양의 항으로 속도 법칙을 결정한다. 예를 들어, 수소와 산소 기체 사이의 반응에서 H_2와 O_2 양의 항으로 속도 법칙을 표현하고 싶어 한다. 반면, 속도 법칙을 이를테면 OH 라디칼 항으로 표현하기를 분명히 원하지는 **않는다**. 이러한 화학종은 중간체이지만, 이것의 존재는 순간적이기 때문에 어느 시간에 이것의 농도를 측정하기는 매우 어렵고, 더구나 이것의 농도 변화가 반응 속도에 어떤 영향을 주는지 결정하지 못한다. 일반적으로 반응물(때로는 생성물)의 농도와 같이 쉽게 측정할 수 있는 농도 항으로 속도 법칙을 표현한다.

속도 결정 단계가 메커니즘의 첫 번째 단계라면, 전체 반응에 대한 속도 법칙은 간단히 단일 단계 과정으로부터의 속도 법칙이다(첫 번째 단계는 반응물로 어떤 중간체도 없기 때문에 정의에 의해 속도 법칙은 측정 가능한 화학종의 양으로 표시될 수 있다). 그러나 속도 결정 단계가 두 번째 단계라고 가정해 보자. 다음과 같은 가상적인 두 단계를 생각해 볼 수 있다.

$$\mathrm{A} \longrightarrow \mathrm{B} \qquad (\text{빠름})$$

$$\mathrm{B} \longrightarrow \mathrm{C} \qquad (\text{느림})$$

여기서 B는 농도를 실험적으로 결정하기 어려운 중간체 생성물을 나타낸다. A와 C는 양을 측정할 수 있는 보통의 화학 물질이다. 두 번째 단계가 느린 속도 결정 단계라면, 이것은 일차선 도로의 느린 차처럼 첫 번째 단계를 지연시키게 된다.

그러나 실제로 어떤 화학 반응도 100% 완결로 가는 반응은 없다. 역반응이 일어나기 시작하고 결국에는 **평형**(equilibrium)이 이루어진다. 첫 번째 단계는 두 번째 단계에 의해 지연되므로, 많은 경우에 첫 번째 단계의 역이 시작되고 결국에는 이것의 생성물과 반응물 사이에 다음과 같은 평형을 이루게 된다. 이러한 두 단계 과정은 다음 식에 의해 잘 표현된다.

$$\mathrm{A} \rightleftharpoons \mathrm{B} \qquad (\text{빠름})$$

$$\mathrm{B} \longrightarrow \mathrm{C} \qquad (\text{느림})$$

여기서 화살표 $\rightleftharpoons$는 평형을 나타내기 위해 사용된다. 첫 번째 단계가 진짜 평형에 있다면 A, B 및 C의 농도는 비교적 일정하며 변하지 않는다. 이것 때문에 이 모형을 반응 메커니즘에 대한 **일정 상태 근사법**(steady-state approximation)이라 한다.

일정 상태 근사법은 RDS로부터 결정해진 속도 법칙과 실험으로부터 결정해진 속도 법칙을 관련시키는 데 도움을 준다. 메커니즘의 속도 법칙은 RDS의 화학량론에 달려 있지만, 이러한 속도 법칙이 **실험** 속도 법칙과 일치하는지를 어떻게 알 수 있는가? 앞 단계가 평형에 있다는 사실을 이용하여 원래의 반응물(측정할 수 있는 양이나 농도)로 속도 법칙을 유도할 수 있다. 이것을 하는 데에는 두 가지 방법이 있다. 우선 간단한 접근법을 채택하자. 앞의 두 단계 과정의 첫 번째 단계는 실제로 평형에 있으므로, 이것의 평형 상수 식은 다음과 같다.

$$K = \frac{[\mathrm{B}]}{[\mathrm{A}]} \qquad \textbf{(12.59)}$$

여기서 물질 양의 단위로 몰농도를 사용한다(열역학적으로는 활동도가 사용되어야 하지만 몰농도를 사용해도 설명하고자 한 바를 말해 준다). RDS가 두 번째 단계이기 때문에 반응에 대한 속도 법칙은 바로 다음과 같이 된다.

$$\text{반응 속도} = k[\mathrm{B}]$$

그러나 중간체 화학종의 농도인 [B]는 아마 측정할 수 없을 것이다. 그러나 문제는 없다. 식 (12.59)를 사용하여 [B]에 대한 식을 찾을 것이다.

$$K \cdot [\mathrm{A}] = [\mathrm{B}]$$
$$[\mathrm{B}] = K \cdot [\mathrm{A}]$$

[B]에 대한 이 식을 속도 법칙에 대입하면 다음을 얻는다.

$$\text{반응 속도} = \underbrace{k \cdot K}_{\text{상수}} \cdot [A]$$

k와 K는 상수이므로 이들을 묶어 새로운 상수 k'이라 하면 속도 법칙은 다음이 된다.

$$\text{반응 속도} = k' \cdot [\mathrm{A}]$$

이것은 농도를 알 수 있는 화학종 A로 나타낸 속도 법칙이다(앞의 몇 문단에서 언급한 대로).

이제 이 속도 법칙은 실험으로 결정된 속도 법칙과 일치하는가? 그렇다면 이 메커니즘(속도 결정 단계의 확인)은 그럴듯하다(증명된 것은 아니고 단지 그럴듯하다). 이 속도 법칙이 실험으로 결정된 속도 법칙과 다르다면 메커니즘은 아마도 **틀리게 된다**. 일정 상태 근사와 같은 근사법을 사용함으로써 제안한 메커니즘이 실험적으로 관찰된 것과 일치하는지를 판단해 볼 수 있다.

보다 더 자세히 살펴보면 평형에 있는 정반응과 역반응은 이들 자신의 고유한 속도 상수와 속도 법칙을 갖는다는 것을 알게 된다. 다음 반응에 대해

$$\mathrm{A} \underset{k_{-1}}{\overset{k_1}{\rightleftharpoons}} \mathrm{B}$$

정반응의 속도 법칙은 다음과 같고

$$\text{반응 속도} = k_1[\mathrm{A}]$$

역반응 속도 법칙은 다음과 같다.

$$\text{반응 속도} = k_{-1}[\mathrm{B}]$$

중간체 B가 일정 상태 농도를 갖는다고 생각하면 이것의 농도는 시간에 따라 변하지 않는다. 미적분학을 사용해 이것을 표현하면 다음과 같이 된다.

$$\frac{d[\mathrm{B}]}{dt} = 0$$

B의 농도는 첫 번째 단계의 정반응에 의해 증가하지만, 첫 번째 단계의 역반응과 속도 결정 단계의 정반응에 의해 감소한다. [B]의 전체 변화는 일정 상태 근사법에 의해 영이 되므로 두 번째 속도 결정 단계의 속도 상수를 k_2라 놓으면 다음과 같은 관계가 성립한다.

$$\frac{d[\mathrm{B}]}{dt} = 0 = +k_1[\mathrm{A}] - k_{-1}[\mathrm{B}] - k_2[\mathrm{B}] \tag{12.60}$$

RDS는 $\mathrm{B} \xrightarrow{k_2} \mathrm{C}$이므로 이 과정에서 B가 사라지는 속도는 간단히 k_2[B]이다. 이 반응의

속도 결정 단계에 대한 속도 법칙은 다음과 같다.

$$\text{반응 속도} = k_2[\mathrm{B}] \tag{12.61}$$

식 (12.60)을 사용하여 중간체 B의 농도를 구하면 다음과 같다.

$$[\mathrm{B}] = \frac{k_1[\mathrm{A}]}{k_{-1} + k_2} = \frac{k_1}{k_{-1} + k_2} \cdot [\mathrm{A}] \tag{12.62}$$

이 [B]를 식 (12.61)에 대입하면, 다음과 같은 속도 법칙을 얻게 된다.

$$\text{반응 속도} = \underbrace{k_2 \cdot \frac{k_1}{k_{-1} + k_2}}_{\text{상수}} \cdot [\mathrm{A}]$$

상수들을 모아서 어떤 다른 상수 k로 놓으면 이 속도 법칙은 다음과 같이 쓸 수 있다.

$$\text{반응 속도} = k \cdot [\mathrm{A}] \tag{12.63}$$

이것은 첫 번째 단일 단계 과정의 평형 상수를 사용해서 얻은 전체 속도 법칙과 똑같음에 주목하라. 따라서 일정 상태 근사법의 두 가지 수학적인 응용 사이에는 어떤 일치성이 있다. 사용하려는 특별한 수학적 접근법은 가능한 정보(즉, K나 k_1 그리고 k_{-1}의 값)에 의존할 뿐만 아니라 특정 화학 반응에도 의존한다.

일정 상태 근사법을 사용하는 일종의 반응 속도론 효소-촉매 반응에 적용된다. 효소(보통, 단백질)는 매우 좋은 촉매이기 때문에 생화학 반응을 일어나게 하는 데 매우 낮은 농도만 있어도 되고, 반응 속도론을 결정할 때 **기질**(substrate)이라 불리는 주 반응물의 농도 변화를 따라가는 것에 초점이 맞추어져 있다.

효소-촉매 과정의 첫 번째 단계는 E로 표시된 적당한 효소를 S로 표시되는 기질과 결합하는 것이다. RDS인 두 번째 단계는 어떤 생성 물질 P를 만들면서 동시에 변화되지 않은 효소 촉매를 내어 놓는 것이다. 이 두 단일 단계는 다음과 같이 표시된다.

$$\mathrm{E} + \mathrm{S} \underset{k_{-1}}{\overset{k_1}{\rightleftharpoons}} \mathrm{ES} \qquad \text{(빠름)}$$

$$\mathrm{ES} \xrightarrow{k_2} \mathrm{E} + \mathrm{P} \qquad \text{(느림)}$$

여기서 ES는 중간체인 효소-기질 착물을 나타낸다. 두 번째 단계가 RDS이기 때문에 첫 번째 단일 단계 과정은 평형에 도달하고, 중간체 ES에 일정 상태 근사법을 적용하면 다음의 속도 법칙을 얻을 수 있다.

$$\text{반응 속도} = \frac{k_2 \cdot k_1}{k_{-1} + k_2} \cdot [\mathrm{E}][\mathrm{S}] = k[\mathrm{E}][\mathrm{S}] \tag{12.64}$$

여기서 $k = k_2 . k_1/(k_{-1} + k_2)$이다. 식 (12.62)를 적용하면 효소-기질 착물 ES의 양은 다음과 같이 주어진다.

$$[\mathrm{ES}] = \frac{k_1}{k_2 + k_{-1}}[\mathrm{E}][\mathrm{S}] \tag{12.65}$$

효소가 어느 형태이건 존재하는 효소의 전체 양을 $[\mathrm{E}_0]$로 정의하자.

$$[\mathrm{E}_0] \equiv [\mathrm{E}] + [\mathrm{ES}] \tag{12.66}$$

식 (12.65)를 사용해서 $[\mathrm{E}_0]$에 대한 식을 다음과 같이 다시 쓸 수 있다.

$$[\mathrm{E}_0] = [\mathrm{E}] + \frac{k_1}{k_2 + k_{-1}}[\mathrm{E}][\mathrm{S}] = [\mathrm{E}]\left(1 + \frac{k_1}{k_2 + k_{-1}}[\mathrm{S}]\right)$$

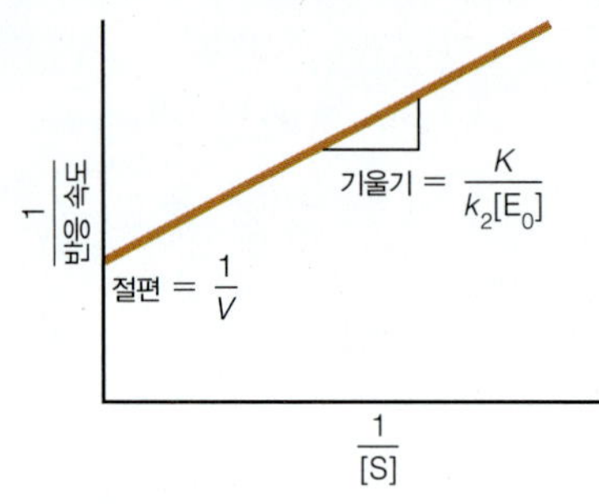

그림 12.18 미하엘리스-멘텐 식을 따르는 반응의 라인위버-버크 도표. $1/[S]$에 대한 1/(반응 속도)의 그래프는 기울기가 $K/k_2[E_0]$이고 y 절편이 $1/V$인 직선을 나타낸다.

이것을 [E]에 대해 풀면 다음을 얻는다.

$$[E] = \frac{[E_0]}{\left\{1 + \frac{k_1}{k_2 + k_{-1}}[S]\right\}} = \frac{[E_0](k_2 + k_{-1})}{k_2 + k_{-1} + k_1[S]}$$

$[E_0]$로 속도 법칙을 표현하면 다음과 같다.

$$\text{반응 속도} = \frac{k_2 \cdot k_1}{k_{-1} + k_2} \cdot [E][S]$$

$$= \frac{k_2 \cdot k_1 \cdot [E_0]}{k_2 + k_{-1} + k_1[S]} \cdot [S]$$

V와 K를 다음과 같이 정의하자.

$$V \equiv k_2[E_0] \quad \text{그리고} \quad K \equiv \frac{k_{-1} + k_2}{k_1} \tag{12.67}$$

반응 속도의 **역수**(1/반응 속도)를 취하여 다음과 같이 나타낼 수 있다.

$$\frac{1}{\text{반응 속도}} = \frac{1}{V} + \frac{K}{k_2[E_0]} \cdot \frac{1}{[S]} \tag{12.68}$$

기질 농도의 역인 $1/[S]$에 대한 1/(반응 속도)의 그래프는 기울기가 $K/(k_2[E_0])$이고 y 절편이 $1/V$인 직선을 준다. 식 (12.68)을 **미하엘리스-멘텐 방정식**(Michaelis-Menten equation)이라 하며, $1/[S]$에 대한 1/(반응 속도)의 그래프를 **라인위버-버크 도표**(Lineweaver-Burk plot)라 한다. 이러한 도표의 예가 그림 12.18에 주어져 있다. 이것은 일정 상태 근사법을 효소 반응 속도론에 적용한 일반적인 한 예이다.

12.9 연쇄 반응과 진동 반응

어떤 종류의 반응 속도론은 특별한 주목을 받을 만큼 매우 흥미롭다. 이 절에서는 두 가지의 재미있는 반응 속도론을 생각해 보자.

하나 또는 두 개의 반응물들이 매우 반응성이 큰 화학종으로 변환되는 기체상 반응을 생각해 보자. 예를 들어, 브로민 분자는 각각이 홀전자를 갖는 두 개의 브로민 원자로 깨질 수 있다.

$$\text{Br–Br} \longrightarrow \text{Br}\cdot + \text{Br}\cdot \tag{a}$$

자유 라디칼인 이 브로민 원자들은 이를테면 수소 분자와 같은 다른 화학종과 반응할 수 있다.

$$\text{Br}\cdot + H_2 \longrightarrow \text{H–Br} + \text{H}\cdot \tag{b}$$

이 경우에 홀전자를 가진 새로운 자유 라디칼인 수소 원자가 생성된다. 이 반응성이 큰 라디칼은 주변의 반응하지 않은 다른 브로민 분자와 반응하여 생성물 분자와 다른 자유 라디칼을 만들어낼 수가 있다.

$$\text{H}\cdot + Br_2 \longrightarrow \text{H–Br} + \text{Br}\cdot \tag{c}$$

새롭게 얻어진 자유 라디칼인 브로민 원자는 반응 (b)에서 보여준 것처럼 다른 수소 분자와 반응할 수 있다. 그 후 새로운 수소 원자는 반응 (c)에서 주어진 대로 다른 브로민 분자와 반응한다. 계속 이런 식으로 진행하게 된다. 이러한 반복은 한 반응물이 사실상 고갈될 때까지 또는 다음에서 보는 바와 같이 두 개의 자유 라디칼이 결합해 반응성이 없는 분자를 만들 때까지 사라지지 않고 계속된다.

$$\mathrm{Br\cdot + Br\cdot \longrightarrow Br\text{–}Br}$$
$$\mathrm{Br\cdot + H\cdot \longrightarrow H\text{–}Br} \qquad \textbf{(d)}$$
$$\mathrm{H\cdot + H\cdot \longrightarrow H\text{–}H}$$

이러한 일련의 반응 속도론 단계들은 연쇄 반응의 전형을 보여준다. **연쇄 반응**(chain reaction)은 생성물이 중간체이고 이것이 분명한 순환 방식으로 다른 중간체를 만드는 단계들로 구성된 메커니즘을 갖는 반응이다. 이 예에서 연쇄 반응을 시작하는 반응 (a)를 **개시 반응**(initiation reaction)[또는 개시 단계(initiation step)]이라 한다. 반응 (b)와 (c)는 하나의 중간체와 반응해서 또 다른 중간체를 만든다. 이것을 **전파 단계**(propagation reaction)라 부른다. 반응 (d)는 연쇄 반응을 전파하는 중간체의 손실을 나타내므로 **종결 단계**(termination step)라 부른다. 모든 단계들은 반응 과정 동안 반응성이 강한 중간체의 변화에 의해 일반적으로 특성화될 수 있다. 개시 단계에서는 반응물로부터 반응성이 큰 중간체를 만들고, 전파 단계에서는 중간체를 사용하지만 또 다른 중간체를 만든다(이 경우 반응성이 큰 중간체의 양에 있어서 알짜 변화는 없다). 그리고 종결 단계에서 반응성이 큰 중간체 수는 줄어들게 된다. 자유 라디칼 반응은 화학 연쇄 반응의 가장 흔한 예이지만, 최종의 반응에는 연쇄 반응이 되기 위한 자유 라디칼을 포함하지 않아야 한다.

많은 중합 과정들은 자유-라디칼 메커니즘을 통해 진행한다. 성층권의 오존 감소에 기여하는 염소 원자 촉매 반응 또한 최근에 많은 주목을 받는 자유-라디칼 반응이다.

예제 12.12

12.7절에서 속도 결정 단계를 논의할 때 메테인(CH_4)의 염소화는 다음의 자유-라디칼 메커니즘에 의해 일어난다고 가정하였다.

$$\mathrm{Cl_2 \longrightarrow 2Cl\cdot} \qquad \textbf{(a)}$$
$$\mathrm{Cl\cdot + CH_4 \longrightarrow HCl + CH_3\cdot} \qquad \textbf{(b)}$$
$$\mathrm{CH_3\cdot + Cl_2 \longrightarrow CH_3Cl + Cl\cdot} \qquad \textbf{(c)}$$
$$\mathrm{Cl\cdot + CH_4 \longrightarrow HCl + CH_3\cdot} \qquad \textbf{(d)}$$
$$\mathrm{CH_3\cdot + Cl_2 \longrightarrow CH_3Cl + Cl\cdot} \qquad \textbf{(e)}$$

a. (a)~(e)까지 각 반응을 개시 단계와 전파 단계로 분류하라.

b. 종결 단계는 위에 주어지지 않았다. 이 반응에 대해 몇 가지 가능한 종결 단계를 제시해 보라.

풀이

a. 첫 번째 반응은 반응물로 존재하지 않았던 두 개의 자유 라디칼을 만들므로 반응 (a)는 개시 반응이다. 모든 다른 반응들은 반응물로서 또는 생성물로서 반응성이 큰 중간체(자유 라디칼)를 가지므로, 반응 (b)~(e)는 전파 반응이다.

b. 종결 반응은 반응성이 큰 중간체의 수를 감소시킨다. 이 예제에서 종결 반응은 안정한 분자를 만들도록 두 개의 라디칼을 결합시킨다. 여기에는 다음과 같이 세 가지 가능성이 있다.

예제 12.12 *(계속)*

$$Cl\cdot + Cl\cdot \longrightarrow Cl_2$$

$$Cl\cdot + CH_3\cdot \longrightarrow CH_3Cl$$

$$CH_3\cdot + CH_3\cdot \longrightarrow CH_3CH_3$$

실험적으로 적은 양의 에테인(CH_3CH_3)의 존재는 이 화학 반응에 대하여 연쇄 반응 메커니즘의 증거로 보인다.

모든 반응들은 약간의 에너지 변화를 수반하면서 진행하지만, 보통 개시 반응과 종결 반응은 분명한 에너지 변화를 수반한다. 개시 반응에 있어서 반응성이 큰 중간체의 형성을 촉진하기 위해선 보통 어느 정도 에너지가 공급되어야 한다. 다시 말해서 많은 개시 반응들은 흡열 반응이다. 또 개시 단계는 에너지 분포 중 높은 에너지 쪽에 있는 원자로부터 자발적으로 일어나는 것이다(분자 운동론에 의하면 주어진 온도에서 분자에 대한 에너지 범위가 있음을 상기할 것). 더 분명히 이야기하면 개시 반응은 열, 빛, 또는 어떤 다른 과정의 형태로 에너지가 공급되어야 한다.

$$\text{반응물} \xrightarrow{\text{에너지}} \text{중간체} \qquad \text{(개시)}$$

종결 반응에 대해 안정한 생성물을 형성된다는 것은 에너지가 방출됨을 말해준다(즉, 이것은 발열 과정임). 방출된 에너지는 어딘가로 가야 한다. 일반적으로 에너지는 광자나 더 일반적으로 반응성이 큰 중간체가 안정한 생성물을 형성할 때 방출되는 에너지를 흡수할 제3의 물체가 필요하다. 제3의 물체를 M이라 한다면, 두 자유 라디칼 R· 사이의 종결 반응은 다음과 같다.

$$R\cdot + R\cdot + M \longrightarrow R{-}R + M^* \qquad \text{(종결)}$$

여기서 M*는 에너지적으로 들뜬 제3의 물질이다. 제3의 물질은 반응물 또는 생성물 분자, 비활성 기체와 같은 다른 화학종[**균일 종결**(homogeneous termination)의 예]이거나 또는 계를 정의하는 용기의 벽[**불균일 종결**(heterogeneous termination)의 예]조차도 될 수 있다.

어떤 조건 아래서 더 반응성이 큰 중간체를 실제로 만드는 중간체 반응은 전파 반응에 현저한 기여를 하게 된다. 이들 반응들은 **가지치기 반응**(branching reaction)이라 부르는 것이 더 적절하다. 다음 예는 H_2와 O_2 기체 간 반응의 메커니즘으로부터 얻은 것이다.

$$H\cdot + O_2 \longrightarrow HO\cdot + \cdot O\cdot \qquad \text{(가지치기)}$$

이 예에서 반응은 하나의 반응성이 큰 자유 라디칼에서 두 개의 반응성이 큰 자유 라디칼로 진행한다. 이들 두 반응성이 큰 생성물은 다음과 같이 자신들의 전파 반응에 참여하게 된다.

$$HO\cdot + H_2 \longrightarrow H_2O + H\cdot$$

$$\cdot O\cdot + HO\cdot \longrightarrow O_2 + H\cdot$$

또는 다른 단계

가지치기 반응은 전파 반응의 수를 증가시키는 데 기여하며, 만약 더 많은 가지치기 반응이 일어나면 결과적으로 더욱 더 많은 전파 반응이 일어나게 된다. 적당한 조건 아래서 가지치기 반응은 일어날 전파 과정의 수를 기하학적으로 증가시키는 역할을 하게 된다(즉, 그림 12.19에서 보는 바와 같이 $2 \rightarrow 4 \rightarrow 8 \rightarrow 16 \rightarrow 32 \rightarrow \cdots$). 대부분의 전파 반응은

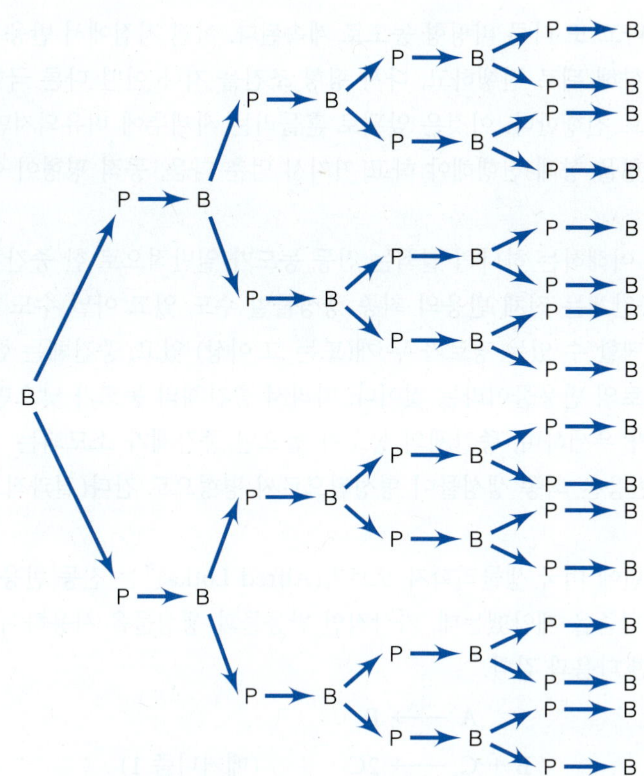

그림 12.19 가지치기 반응은 폭발을 일으킬 수 있는 전파 반응 수를 증가시킨다. 그림에서 P는 전파 반응을 나타내고, B는 가지치기 반응을 나타낸다.

발열 과정이므로, 전파 반응 수의 가하학적인 증가는 방출되는 에너지 양의 기하학적인 증가와 관련된다. 이와 같은 결과로 인해 **폭발**(explosion)이 일어난다.

모든 폭발이 가지치기 반응에 의해 유발되는 것은 아니며, 모든 연쇄 반응 메커니즘이 폭발을 유발하는 것도 아니다. 그러나 적절한 조건 아래서 가지치기 연쇄 반응은 기체상 폭발의 한 원인이 된다. 충분한 양의 비활성 물질이 있거나 용기 벽의 면적이 부피에 비해 충분히 크다면, 충분한 종결 반응이 일어나 가지치기 반응의 효과를 최소화시키고 폭발이 일어나지 않게 할 수 있다. 반응물의 농도가 적절한 비율이 되지 않으면, 전체 반응에 의해 방출되는 에너지의 기하학적인 증가를 유발하는 가지치기 반응이 일어나지 않을 것이고 폭발 또한 일어나지 않을 것이다. 예로서 H_2/O_2 계가 많이 연구되었으며, 폭발이 일어날 조건을 결정하기 위해 상대적인 부분 압력, 온도, 그리고 다른 변수들의 그래프가 작성되었다. 그림 12.20은 두 가지 혼합물에 대한 폭발 조건의 도표를 보여주고 있다.

반응 속도론의 또 다른 흥미로운 예는 **진동 반응**(oscillating reaction)이다. 이 반응에서는 반응 과정 동안 중간체의 농도가 뚜렷하게 진동하는 것이 보인다. 이러한 농도 진동은 색깔 변화 순환, 기체 생성물의 주기적인 형성, 또는 어떤 측정 가능한 화학종의 농도 증가 및 감소로써 나타난다. 진동 반응은 드물지만 특이한 거동을 보이기 때문에 화학자에게는 매우 매력적이다.

반응은 평형을 향해 진행해야 하고 일단 평형에 도달하면 어떤 외부 간섭이 없는 한 평형 조건에서 벗어나지 않는다고 보는 열역학의 법칙들을 벗어나는 것처럼 진동 반응이 보일지도 모른다. 진동 반응은 비평형 조건으로부터 시작해서 생성물의 어떤 평형 농

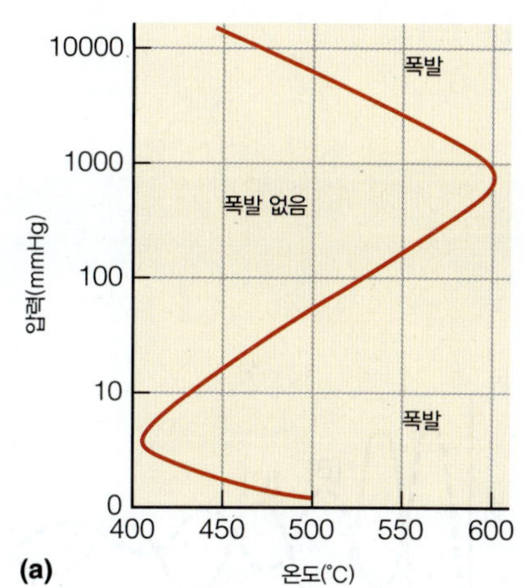

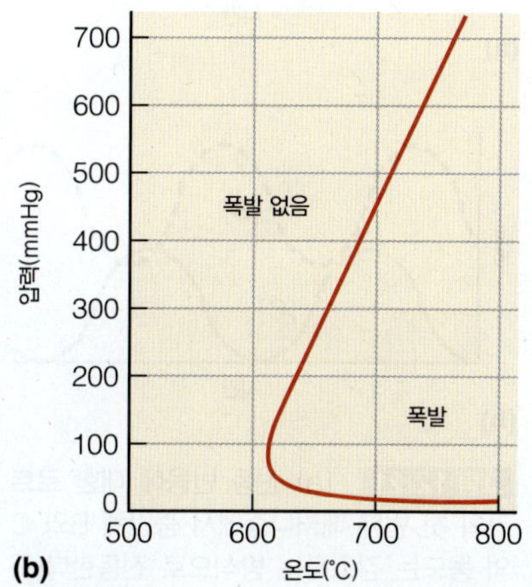

그림 12.20 기체 혼합물에 대한 폭발 한계의 그래프. (a) H_2와 O_2의 화학량론적인 혼합물. (b) CO와 O_2의 화학량론적인 혼합물.

도를 지나 나타나고 또 다른 비평형 농도로 계속된다. 어떤 지점에서 반응은 뒤집어져서 평형의 농도를 향해 뒤로 진행하고, 다시 평형 조건을 지나 어떤 다른 극한까지 진행한 다음 다시 역으로 진행한다. 이것은 앞뒤로 흔들리는 시계추에 비유되지만, 일반적으로 화학 반응은 평형을 향해 진행해야 하고 거기서 멈춘 다음, 동적 평형이 이루어지는 것으로 이해한다.

진동 반응을 이해하는 하나의 열쇠는 진동 농도가 일반적으로 한 중간체의 농도라는 것이다. 이때 중간체는 전체 반응의 최종 생성물일 수도 있고 아닐 수도 있다. 또 다른 열쇠는 반응이 택할 수 있는 경로가 두 개(또는 그 이상) 있고, 중간체는 한 경로의 생성물이며 다른 경로의 반응물이라는 것이다. 따라서 중간체의 농도가 낮으면 중간체가 만들어지는 경로가 우세하며, 중간체의 농도가 높으면 중간체가 소모되는 경로가 우세하게 된다. 결국 반응은 최종 생성물이 형성됨으로써 평형으로 간다(결과적으로 열역학과 일치).

1910~1920년에 미국 생물리학자 로트카(Alfred Lotka)* 는 진동 반응에 대한 두 가지 간단한 메커니즘을 제안했는데, 가상적인 반응물과 생성물을 사용하여 두 가지 메커니즘을 나타내면 다음과 같다.

$$\begin{aligned} A &\longrightarrow B \\ B + C &\longrightarrow 2C \qquad \text{(메커니즘 1)} \\ C &\longrightarrow D \end{aligned}$$

$$\begin{aligned} A + B &\longrightarrow 2B \\ B + C &\longrightarrow 2C \qquad \text{(메커니즘 2)} \\ C &\longrightarrow D \end{aligned}$$

두 경우 모두 전체 반응은 간단히 A → D이고, B와 C는 중간체 화학종이다. 메커니즘에서 각 개별 단계들은 개별 단일 단계 과정의 화학량론에 기초를 둔 속도 법칙을 갖는다. 로트카는 A가 일정하다고 가정한다면(즉, A가 과도한 양으로 존재) A, B, C 및 D의 농도를 관련시키는 미분 방정식은 속도 상수가 적절한 값일 때 중간체 B와 C의 농도 진동을 예측하는 수학적인 해를 갖는다는 것을 보였다. 메커니즘 1에서 [B]와 [C]는 약한 진동을 따르고, 메커니즘 2에서는 중간체 농도가 좀 더 균일하게 진동한다. 그림 12.21은 시간에 따른 중간체의 농도 변화 모습을 보여 준다.

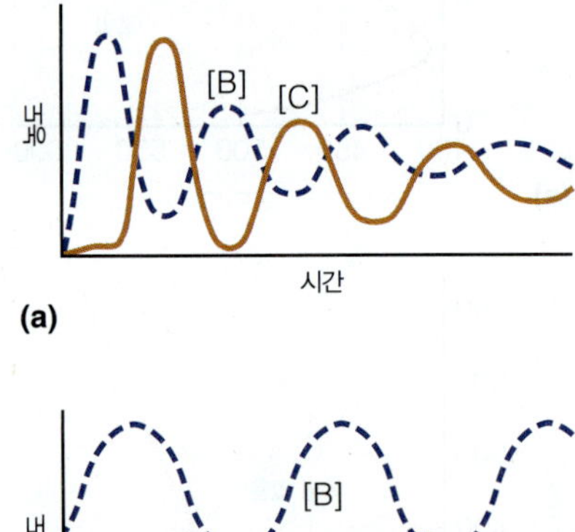

그림 12.21 (a) 진동 반응에 대한 로트카의 첫 번째 메커니즘에서 중간체 B와 C의 농도는 감소하는 방식으로 진동한다(즉 진동은 점점 약해진다). (b) 로트카의 두 번째 메커니즘에서 중간체의 농도는 적어도 짧은 시간 동안에는 더 규칙적인 형태로 진동한다.

로트카가 연구하던 그 시기에는 그의 이러한 두 가지 메커니즘을 따른다고 알려진 어떤 화학 반응도 없었다. 1921년에 브레이(W. C. Bray)는 과산화 수소와 아이오딘산 포타슘(H_2O_2 + KIO_3) 간 액체상 반응에서의 진동을 보고했지만 무시되었다. 1951년에 러시아의 생물리학자 벨로소프(Boris Belousov)는 진동 반응의 또 다른 예를 발견했다. 이것은 그의 동료인 러시아 생물리학자 자보틴스키(Anatol M. Zhabotinsky)에 의해 자세하게 연구되었다. 진동 반응의 생각에 대한 초기 반발에도 불구하고(벨로소프의 초창기 일은 1959년에서야 출판되었으며, 자보틴스키의 연구 또한 1960년대 중반에서야 출판되었다), **벨로소프-자보틴스키**(Belousov-Zhabotinsky 또는 BZ) **반응**은 이제 가장 잘 알려진 진동 화학 반응의 예가 되고 있다.

---

* 로트카(Lotka) 모형은 생태계의 동물 개체 수를 알아보는 데에도 적용되었는데, 동물은 분자가 아니지만 동물 개체수에 관한 '속도론'은 분자의 경우와 비슷한 미분 방정식을 따른다.

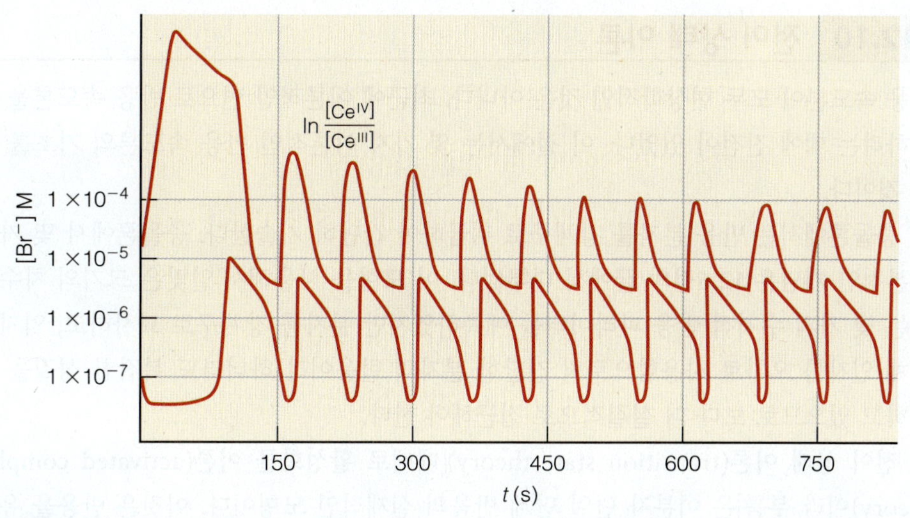

그림 12.22 벨로소프-자보틴스키 반응의 진동 성질은 포함된 몇몇 화학종의 농도를 변화시킴으로써 설명할 수 있다. 이들 농도의 대부분은 전기화학적으로 측정된다. *출처: Journal of American Chemical Society*. Vol 94, No. 25, p. 8651.

그림 12.23 어떤 조건 아래서 진동 반응은 시간에 따라 다른 색을 만들어 내는데, 이것은 환상적으로 보이는 화면을 연출한다.

실제로 반응은 몇 가지 공통 성분을 갖는 한 무더기의 반응이다. 일반적으로 BZ 반응은 브로민산 이온(BrO_3^-)에 의한 카복시산의 금속 이온 촉매 산화 반응이다. 공통의 촉매는 Ce(IV) 이온(Ce^{4+})이다. 전체 반응의 한 예는 다음과 같다.

$$2HBrO_3\,(aq) + 3\ \text{말론산} \xrightarrow{Ce^{4+}} 2\text{브로모말론산} + 4H_2O + 3CO_2\,(g) \qquad \textbf{(12.69)}$$

BZ 반응의 메커니즘에는 복잡한 단계(18단계의 메커니즘이 제안됨)를 거치지만 다음과 같이 두 진행 경로로 요약될 수 있다.

$$BrO_3^- + Br^- \longrightarrow HBrO_2 + Br^- \rightarrow \text{생성물} \qquad (\text{경로 I})$$

$$BrO_3^- + HBrO_2 \longrightarrow HBrO_2 \longrightarrow Br^- + \text{생성물} \qquad (\text{경로 II})$$

두 경로 모두 브로민산이 반응해서 생성물을 형성하지만, 경로 I은 반응물로서 Br^- 이온을 포함하는 반면 경로 II는 생성물로서 Br^- 이온을 갖는다. 따라서 충분한 Br^- 이온이 존재한다면 경로 I이 우세하게 되고, Br^- 이온이 적을 때는 경로 II가 우세하다. 이때 경로 II는 Br^- 이온을 만들므로 $[Br^-]$가 증가하고, 경로 I이 우세하게 되며, . . . 그러면서 순환은 계속된다. Ce^{4+}는 경로 II의 몇 가지 단계에 의해 Ce^{3+}로 환원되며, 이것은 같은 경로의 다른 단계에 의해 Ce^{4+}로 다시 산화된다. 결국 이것은 Ce(III)/Ce(IV)의 반쪽 반응이 되고, 진동은 BZ 반응 자체를 반쪽 전지로 사용함으로써 전기화학적으로 진행된다. 다양한 지시약과 분광학적인 기술을 사용해서 중간체의 농도 변화를 조사할 수 있다. 그림 12.22와 그림 12.23은 BZ 반응의 과정에서 농도가 어떻게 변하는가를 도식적으로 보여 주고 있다.

왜 화학자들은 이 같은 진동 반응에 관심을 가지는가? 이것은 반응 속도론적으로 흥미로울 뿐 아니라 몇 가지 화학 반응들은 자연적으로 스스로 진동하고 있기 때문이다. 이들 중 가장 중요한 것 중 하나는 심장을 뛰게 하는 반응이다. 특별한 화학 과정이 심장을 수축하고 피를 펌프질하여 생명을 유지케 하는 전기화학적 반응을 촉진한다. 따라서 진동 반응의 이해는 복잡한 생명계의 생화학을 더 잘 이해하게 해준다.

12.10 전이 상태 이론

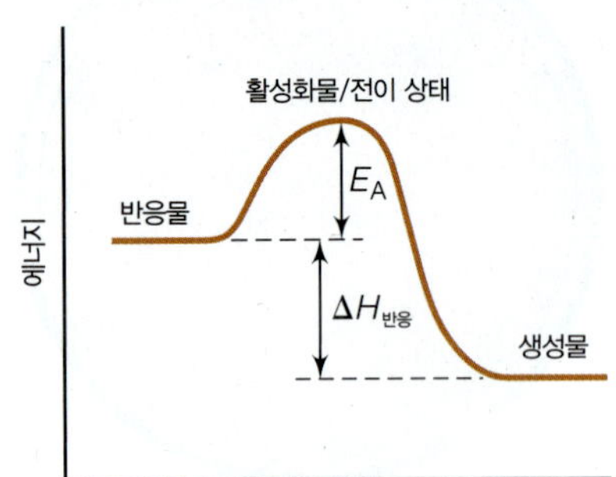

그림 12.24 반응 단면도는 반응물의 에너지, 생성물의 에너지, 활성화물 또는 전이 상태라 불리는 중간체의 에너지 사이 관계를 설명해주는 그림이다. 반응물과 전이 상태 사이의 에너지 차이를 아레니우스가 제안한 활성화 에너지라 한다.

반응 속도론이 모두 현상학적인 것은 아니다. 최근에 이론적인 면으로 반응 속도론을 이해하려는 데에 진전이 있었다. 이 절에서는 몇 가지 이론적인 반응 속도론의 기초를 다룰 것이다.

충돌론에서는 반응 분자를 강체구로 취급하여 간단히 기술한다. 충돌론에서 몇 가지 기본적인 개념은 12.6절의 끝에서 다루었다. 이 모형을 사용해서 알맞은 크기의 차수를 갖는 몇 가지 수치적 반응 파라미터를 예측하였지만 분자를 강체구로 묘사하고, 억지로 입체 인자를 오차로 사용함으로써 간단한 분자의 반응이라 하더라도 복잡한 성질을 무시하고 있으므로 보다 더 실질적으로 접근해야 한다.

전이 상태 이론(transition state theory)[때때로 **활성화물 이론**(activated complex theory)이라 부름]은 이분자 단일 단계 반응의 실제적인 모형이다. 이것은 반응을 유발하는 데 필요한 분자 배향(충돌론에서는 이것을 입체 인자라 부름)뿐 아니라, 반응물로부터 생성물이 되기 위해 극복해야 하는 에너지 장벽(충돌론에서는 이것을 활성화 에너지라 부름)을 고려한다. 전이 상태 이론을 이해하기 위해선 두 개의 새로운 개념이 필요하다. **반응 좌표**(reaction coordinate)는 두 반응 분자가 생성물이 되기 위해 택하는 개념상의 경로이다. 반응 좌표에 따른 이분자 계의 전체 에너지 도표를 **반응 단면도**(reaction profile)라 부르며, 이는 그림 12.24에 나타나 있다. 반응 단면도 곡선의 최대점은 반응물이 반응하기 위해 극복해야 하는 퍼텐셜 에너지 장벽을 나타낸다. **전이 상태**(transition state)[또는 **활성화물**(activated complex)]는 퍼텐셜 에너지의 최대점에 존재하는 두 분자의 중간체 구조이다.*

전이 상태 이론의 중요한 점은 이분자 단일 단계 과정에 대한 이론적인 속도 상수 k를 계산하는 것이다. 전이 상태 이론에서는 다음으로 주어진 이분자 단일 단계 과정이다.

$$\mathrm{A} + \mathrm{B} \longrightarrow \text{생성물}$$

전이 상태 C^*를 포함하는 두 단계 과정으로 쪼개질 수 있다.

$$\mathrm{A} + \mathrm{B} \xrightarrow{k} \mathrm{C}^* \qquad \textbf{(a)}$$

$$\mathrm{C}^* \xrightarrow{k^*} \text{생성물} \qquad \textbf{(b)}$$

여기서 k와 k^*는 두 가상적 단계의 속도 상수를 나타낸다(k는 이분자 단계 a에 대한 것이고, k^*는 단분자 단계 b에 대한 것). 실제로 취급하는 반응이 단일 단계 과정이라면 12.7절의 개념으로부터 속도 법칙은 다음과 같이 반응의 화학량론으로 나타낼 수가 있다.

$$\text{반응 속도} = k[\mathrm{A}][\mathrm{B}] = k^*[\mathrm{C}^*] \qquad \textbf{(12.70)}$$

식 (12.70)의 두 번째 등호는 화학종 A와 B가 생성물을 생성하는 도중에 전이 상태 C^*가 된다는 기본적인 가정이라 할 수 있다. 따라서 단일 단계 과정의 반응 속도는 원래 반응물의 농도로 표시될 수도 있고 또는 전이 상태의 농도로도 표시될 수 있다. 식 (12.70)을 단일 단계 과정 속도 상수 k에 대하여 정리하면 다음과 같다.

* 많은 문헌들은 전이 상태와 활성화물을 바꿔가면서 사용하지만 어떤 문헌에서는 이것들을 구분한다. 예를 들어 어떤 문헌은 전이 상태를 반응 단면도의 한 점을 얘기하고, 활성화물은 그 점에서의 분자라고 얘기한다. 여기에서는 이런 미묘한 차이에 대해서 염려하지 않는다.

$$k = \frac{k^*[\mathrm{C}^*]}{[\mathrm{A}][\mathrm{B}]} \tag{12.71}$$

식 (12.71)에 있는 농도들은 가상적인 두 단계 과정 중 첫 번째 반응의 농도에 의한 평형 상수에 해당하므로, 단위가 없는 K_c^*를 다음과 같이 정의해 보자.

$$\frac{K_c^*}{c^\circ} = \frac{[\mathrm{C}^*]}{[\mathrm{A}][\mathrm{B}]} \tag{12.72}$$

여기서 c°는 단위가 없는 식으로 만들기 위하여 도입된 표준 농도 단위(즉, 1 M 또는 a = 1)를 나타낸다. 이것을 식 (12.71)의 k에 대한 식에 적용시키면 다음과 같이 된다.

$$k = \frac{K_c^* \cdot k^*}{c^\circ}$$

따라서 K_c^*와 k^*를 결정할 수 있다면 단일 단계 과정의 반응 속도를 계산할 수 있게 된다.

가정한 두 단계 과정 중 두 번째 단계의 속도 상수 k^*는 비교적 표현하기가 쉽다. 어떻게 전이 상태 물질이 생성물 화학종으로 재배열될 것인가를 생각해 보자. 일반적으로 전이 상태의 화학 결합 한 개의 길이가 늘어나 전이 상태가 두 부분으로 나누어져서 궁극적으로 생성물로 되는 것이다. 화학 결합 길이가 늘어나는 것은 **진동**(vibration)이라 부르는 분자 운동의 일부분에 의한 것이다. 따라서 전이 상태에서는 전이 상태와 최종 생성물을 연결해주는 어떤 진동 진동수 ν^*를 가진다고 가정한다(다원자 화학종처럼 전이 상태는 다른 진동들도 가지지만 오직 하나의 특정 진동만이 전이 상태로부터 생성물로의 움직임을 나타낸다). k^*와 같은 단분자 반응 속도 상수는 s^{-1}의 단위를 가지므로, 속도 상수 k^*는 생성물의 생성을 촉진시키는 전이 상태 진동 진동수 ν^*(단위 역시 s^{-1})에 비례해야 한다. **투과 계수**(transmission coefficient)라 불리는 파라미터 κ는 단계 b의 단분자 반응 속도 상수 식에서 비례 상수로서 다음과 같이 정의된다.

$$k^* = \kappa \cdot \nu^* \tag{12.73}$$

투과 계수는 보통 1로 가정하며 따라서 k^*는 간단히 ν^*와 같다.

이제 제10장으로부터의 몇 가지 결과를 적용함으로써 K_c^*로 관심을 돌려보자. 통계 열역학을 이용하여 평형 상수 K_c^*에 대한 값을 결정할 수가 있다. 다음과 같은 반응에 대하여

$$\mathrm{A} + \mathrm{B} \xrightarrow{k} \mathrm{C}^*$$

A, B 및 C*의 분배로 나타낸 평형 상수 식은 다음과 같다[식 (10.62) 참조].

$$K_c^* = \frac{q_{\mathrm{C}^*}/V}{(q_\mathrm{A}/V)(q_\mathrm{B}/V)} \tag{12.74}$$

개개의 분배 함수들은 병진, 전자, 진동, 회전 및 핵의 5개 부분으로 분리될 수 있다. 이들 중 두 부분을 생각해보자. 우선, 식 (10.8)을 사용해 분배 함수의 전자 부분은 다음과 같이 표현된다.

$$\frac{q_{\text{전자},\mathrm{C}^*}}{q_{\text{전자},\mathrm{A}} \cdot q_{\text{전자},\mathrm{B}}} = \frac{(e^{D_0/kT})_{\mathrm{C}^*}}{(e^{D_0/kT})_\mathrm{A} \cdot (e^{D_0/kT})_\mathrm{B}} = \frac{(e^{D_0/kT})_{\mathrm{C}^*}}{e^{(D_{0,\mathrm{A}}+D_{0,\mathrm{B}})/kT}} \tag{12.75}$$

여기서 지수에 있는 D_0은 해당 화학종의 해리 에너지에 해당한다. C*의 D_0와 $(D_{0,\mathrm{A}} + D_{0,\mathrm{B}})$간 차이는 간단히 C*와 화학종 A와 B에 있는 전자 에너지의 차이다. 전자 에너지 차를 나타내기 위해 $-\Delta\epsilon^*$를 사용하자. 음의 부호는 관례에 따라 사용되며, *는 부분적으로 전이 상태를 나타낸다. 따라서 식 (12.75)는 다음과 같이 된다.

$$\frac{q_{전자,C^*}}{q_{전자,A} \cdot q_{전자,B}} = e^{-\Delta\epsilon^*/kT} \quad (12.76)$$

각 q에서 나머지 분배 함수를 q'으로 나타내면 식 (12.74)는 다음과 같이 된다.

$$K_c^* = \frac{q'_{C^*}/V}{(q'_A/V)(q'_B/V)} \cdot e^{-\Delta\epsilon^*/kT}$$

또한 C*의 진동 분배 함수를 생각해 보자. 이것은 그 안에 $3N - 6$(또는 $3N - 5$)개의 항을 가지지만, 이들 중 하나가 C*로부터 생성물로 이동을 추적하는 진동을 나타낸다. 이들 항에 대한 고온 극한 분배 함수[식 (10.18)로부터]는 다음과 같다.

$$q_{\nu^*} = \frac{kT}{h\nu^*}$$

C*에 대한 전체 분배 함수에서 진동 항과 전자 항을 제외한 나머지 분배 함수를 q''로 표현해 보자. 그러면 K_c^*는 다음으로 표시할 수 있다.

$$K_c^* = \frac{q''_{C^*}/V}{(q'_A/V)(q'_B/V)} \cdot e^{-\Delta\epsilon^*/kT} \cdot \frac{kT}{h\nu^*} \quad (12.77)$$

이 식을 식 (12.73)의 속도 상수 k^*에 대한 식과 결합시키면 이분자 반응의 속도 상수 k에 대한 식을 얻을 수 있다.

$$k = \frac{\kappa \cdot \nu^*}{c^\circ} \cdot \frac{q''_{C^*}/V}{(q'_A/V)(q'_B/V)} \cdot e^{-\Delta\epsilon^*/kT} \cdot \frac{kT}{h\nu^*}$$

ν^* 항은 상쇄되고, κ를 1이라 가정하면 다음 식을 얻을 수 있다.

$$k = \frac{kT}{c^\circ h} \cdot \frac{q''_{C^*}/V}{(q'_A/V)(q'_B/V)} \cdot e^{-\Delta\epsilon^*/kT} \quad (12.78)$$

이 마지막 식은 **아이링 방정식**(Eyring equation)[†]의 한 형태로 이분자 단일 단계 과정의 k를 얻는 데 사용된다(위의 식에서 변수 k의 두 가지 용도에 주의하라.) 주어진 반응물 A와 B 그리고 제시된 온도에서 식 (12.78)에 있는 모든 양들은 **전이 상태 C*의 주어진 구조**에 대해 계산될 수 있다. 따라서 전이 상태가 알려져 있던지 또는 제안된다면, 전이 상태 C*에 대한 $\Delta\epsilon^*$와 q를 계산할 수 있으므로 주어진 반응물 A와 B에 대한 분배 함수도 확실히 결정할 수 있게 된다(이들은 보통 알려져 있는 안정한 분자들이기 때문임). 모든 다른 파라미터들은 기본 상수이므로 속도 상수 k는 계산될 수 있다.

식 (12.78)과 다음의 아레니우스 방정식은 같은 형식으로 되어 있다.

$$k = A \cdot e^{-E_A/RT}$$

전이 상태 이론에 따라 지수 앞자리 인자 A는 다음으로 주어진다.

$$A = \frac{kT}{c^\circ h} \cdot \frac{q''_{C^*}/V}{(q'_A/V)(q'_B/V)} \quad (12.79)$$

따라서 이론적으로 A를 계산할 수가 있게 되었고, 이것을 실험값과 비교할 수가 있다(예를 들어, $1/T$에 대해 $\ln k$의 그래프를 그려 결정). 표 12.2에 몇 가지 간단한 반응의 실험적으로 정해진 지수 앞자리 인자와 계산된 지수 앞자리 인자가 열거되어 있다. 두

[†]전이 상태 이론 발표를 포함하여 반응 속도론에서 기본적인 업적을 남긴 20세기 화학자 아이링(Henry Eyring)의 이름을 따서 지었다.

표 12.2 지수 앞자리 인자의 실험값과 계산값

반응	A[cm³/(mol·s)] 실험값	A[cm³/(mol·s)] 계산값
$H + H_2 \longrightarrow H_2 + H$	5.4×10^{13}	7.4×10^{13}
$H_2 + Br \longrightarrow HBr + H$	3×10^{13}	1×10^{14}
$H + CH_4 \longrightarrow H_2 + CH_3$	1×10^{13}	2×10^{13}
$CH_3 + H_2 \longrightarrow CH_4 + H$	2×10^{12}	1×10^{12}
$ClO + ClO \longrightarrow Cl_2 + O_2$	6×10^{10}	1×10^{11}

출처: J. Nicholas, Chemical Kinetics: *A modern Survery of Gas Reactions*, Wiley. New York, 1976.

값 사이에는 차수의 크기가 정확히 일치하고 있음을 알 수 있다.

평형 상수와 깁스 에너지는 서로 관련되기 때문에 K^*를 사용하여 전이 상태 형성의 ΔG^* 값을 정의할 수 있다. 그리고 아이링 방정식을 깁스 에너지로 다시 쓰면 다음과 같다.

$$k = \frac{kT}{c^\circ h} \cdot e^{-\Delta G^*/RT} \tag{12.80}$$

왼쪽에 있는 k는 속도 상수이고, 오른쪽에 있는 k는 볼츠만 상수이다. ΔG는 ΔH와 ΔS로 나타낼 수 있으므로, 식 (12.80)을 다시 쓰면 다음과 같다.

$$k = \frac{kT}{c^\circ h} \cdot e^{-\Delta H^*/RT} \cdot e^{\Delta S^*/R} \tag{12.81}$$

이제 이 식에서 ΔH^*를 전이 상태 형성의 엔탈피 변화라 하고, ΔS^*를 전이 상태 형성의 엔트로피 변화라 한다. 식 (12.81)은 아레니우스 방정식과 비슷하지만, 정확히 같지는 않다. 그러나 다음과 같이 아레니우스 방정식에 자연 로그를 취하고

$$\ln k = \ln A - \frac{E_A}{RT}$$

이것을 온도에 대해 미분해 보자.

$$\frac{\partial \ln k}{\partial T} = \frac{\partial \ln A}{\partial T} - \frac{\partial}{\partial T}\left(\frac{E_A}{RT}\right)$$

$(\partial \ln A)/\partial T$ 항은 0이다(A는 상수이므로 미분하면 0임). 그리고 활성화 에너지 항의 도함수를 계산하면 다음과 같다.

$$\frac{\partial \ln k}{\partial T} = \left(\frac{E_A}{RT^2}\right)$$

이것은 다음과 같이 다시 고쳐 쓸 수가 있다.

$$E_A = RT^2 \frac{\partial \ln k}{\partial T} = RT^2 \frac{1}{k}\frac{\partial k}{\partial T} \tag{12.82}$$

식 (12.81)의 k에 대한 식을 식 (12.82)에 대입하면 다음과 같이 된다.

$$E_A = \Delta H^* + RT \quad \text{또는} \quad \Delta H^* = E_A - RT \tag{12.83}$$

k를 활성화 에너지 항으로 나타내면 다음과 같이 된다.

$$k = \frac{kT}{c^\circ h} \cdot e^{-(E_A - RT)/RT} \cdot e^{\Delta S^*/R}$$

$$= \frac{kT}{c^\circ h} \cdot e^{-E_A/RT} \cdot e^{-(-RT)/RT} \cdot e^{\Delta S^*/R}$$

이것은 다음과 같이 정리하여 쓸 수 있다.

$$k = \frac{ekT}{c^\circ h} \cdot e^{-E_A/RT} \cdot e^{\Delta S^*/R} \tag{12.84}$$

식 (12.84)의 활성화 에너지 지수 항과 아레니우스 방정식을 같게 놓으면, 식 (12.81)의 나머지 항들은 지수 앞자리 인자와 관련되어야 한다. 따라서 실험적으로 알려진 지수 앞자리 인자를 사용하면 다음의 식을 사용하여 전이 상태 형성에 수반되는 엔트로피 변화를 계산할 수 있다.

$$A = \frac{ekT}{c^\circ h} \cdot e^{\Delta S^*/R} \tag{12.85}$$

결국 반응 속도론과 열역학 간에 어떤 연결이 있음을 알게 되었다.

예제 12.13

다음의 두-단계 반응에 대해

$$H + H_2 \longrightarrow H_3 \longrightarrow H_2 + H$$

H_3는 이 같은 수소 이동 반응의 전이 상태이다. 지수 앞자리 인자가 25°C에서 5.4×10^7 $m^3/(mol \cdot s)$라면 ΔS^*의 값은 얼마인가? 부호와 크기에 대해 설명하라. 표준 농도 1 M = 1 mol/L = (1000 mol)/m^3을 사용하라.

풀이

지수 앞자리 인자는 표준 단위로 표시 되지만, 항상 사용하는 단위에 대해 조심해야 한다. 식 (12.85)를 사용하면

$$5.4 \times 10^7 \frac{m^3}{mol \cdot s} = \frac{ekT}{c^\circ h} \cdot e^{\Delta S^*/R}$$

모든 기본적인 상수들은 알려져 있으므로 다음과 같이 된다.

$$5.4 \times 10^7 \frac{m^3}{mol \cdot s} = \frac{e(1.381 \times 10^{-23}\ J/K)(298\ K)(m^3)}{1000\ mol\ (6.626 \times 10^{-34}\ J \cdot s)} \cdot \exp\left[\frac{\Delta S^*}{8.314\ J/(mol \cdot K)}\right]$$

우선 오른쪽에 있는 J와 K는 상쇄된다.

$$5.4 \times 10^7 \frac{m^3}{mol \cdot s} = 1.688 \times 10^{10} \frac{m^3}{mol \cdot s} \cdot \exp\left[\frac{\Delta S^*}{8.314\ J/(mol \cdot K)}\right]$$

단위는 양쪽에 모두 $m^3/(mol \cdot s)$이 나타나므로 상쇄되고, 재배열하면 다음과 같다.

$$3.2 \times 10^{-3} = \exp\left[\frac{\Delta S^*}{8.314\ J/(mol \cdot K)}\right]$$

양쪽에 자연로그를 취하고 풀면 다음과 같이 된다.

예제 12.13 *(계속)*

$$-5.74 = \frac{\Delta S^*}{8.314\ \text{J/(mol·K)}}$$

$$\Delta S^* = -47.8\ \frac{\text{J}}{\text{mol·K}}$$

결과를 설명하면 엔트로피의 감소는 반응물보다는 전이 상태가 더 질서 정연하게 되었다는 것을 암시한다. 이 반응은 두 개의 개별 화학종으로부터 하나의 삼원자 착물을 형성하므로 엔트로피가 감소하는 것은 당연한 이치이다.

12.11 요약

균형 화학 반응식만 가지고는 어떻게 화학 반응이 진행할 것인가를 알 수는 없다. 반응 속도론은 반응이 어떻게 진행될 것인가를 연구하는 학문이다. 반응 속도론은 일반적으로 화학 반응의 속도가 개개 반응물의 농도에 따라 어떻게 변하는가에 주안점을 두고 반응이 얼마나 빨리 진행되는가를 나타내주는 간단한 수학적인 모형 즉, 속도 법칙을 결정한다. 반응 속도론은 또한 반응의 속도를 아레니우스 방정식과 이 식의 수정을 통해 절대 온도와 관련시킨다. 또한 화학 반응을 보다 더 깊이 관찰하여 화학 반응의 단일 단계 과정에 대해 설명해 준다. 모든 단일 단계 과정들의 집합을 반응의 메커니즘이라 하며, 이것은 실제로 화학 반응이 어떻게 진행되는가를 설명한다. 어떻게 반응이 진행되는가에 대한 이해는 어떻게 화학 물질이 반응하고, 또 그것들을 어떻게 조절할 수 있는가에 대한 통찰력을 제공한다. 마지막으로 어떤 기본적이며 이론적인 생각을 단일 단계 과정에 적용할 수 있다. 즉, 통계 역학의 지식을 사용하여 간단한 반응의 속도 상수를 계산할 수 있다.

주요 식

$\text{반응 속도} = -\frac{1}{a}\frac{d[\text{A}]}{dt}$ 등	(화학 반응 속도)
$\text{반응 속도} = k\cdot[\text{A}]^m\cdot[\text{B}]^n \ldots$	(화학 반응에 대한 속도 법칙)
$\ln\frac{[\text{A}]_0}{[\text{A}]_t} = kt$	(1차 반응의 적분 속도 법칙)
$t_{1/2} = \frac{\ln 2}{k}$	(1차 반응의 반감기)
$\frac{1}{[\text{A}]_t} - \frac{1}{[\text{A}]_0} = kt$	(2차 반응의 적분 속도 법칙)
$t_{1/2} = \frac{1}{k[\text{A}]_0}$	(2차 반응의 반감기)
$[\text{A}]_0 - [\text{A}]_t = kt$	(0차 반응의 적분 속도 법칙)
$t_{1/2} = \frac{[\text{A}]_0}{2k}$	(0차 반응의 반감기)

$$K = \frac{k_f}{k_r}$$ (반응 속도 상수 항으로 표현된 평형 상수)

$$k = Ae^{-E_A/RT}$$ (아레니우스 방정식)

$$K = \frac{kT}{c^\circ h} \cdot \frac{\frac{q''_C}{V}}{\left(\frac{q'_A}{V}\right)\left(\frac{q'_B}{V}\right)} \cdot e^{-\Delta\epsilon^*/kT}$$ (반응 속도 상수를 계산하는 아이링 방정식)

연습 문제

12.2 반응 속도와 속도 법칙

12.1. 식 (12.3)이나 식 (12.4)로부터의 반응 속도 정의를 사용하여 식 (12.5)와 같은 반응 속도 관계식 세 개를 추가적으로 써라.

12.2. 산성 용액에서 철 금속과 수용성 과망가니즈산 이온 사이의 산화-환원 반응은 다음과 같다.

$$16H^+ (aq) + 5Fe (s) + 2MnO_4^- (aq) \longrightarrow 2Mn^{2+} (aq) + 5Fe^{2+} + 8H_2O (\ell)$$

어떤 온도에서 H^+ 1.00 mmol이 2분 33.8초 만에 소모되는 속도로 반응이 진행된다. mol/s의 단위로 이 반응의 속도를 써라.

12.3. 산성 용액에서 철 금속과 수용성 과망가니즈산 이온 사이의 산화-환원 반응은 다음과 같다.

$$16H^+ (aq) + 5Fe (s) + 2MnO_4^- (aq) \longrightarrow 2Mn^{2+} (aq) + 5Fe^{2+} + 8H_2O (\ell)$$

어떤 온도에서 H^+ 1.00 mmol이 2분 33.8초 만에 소모되는 속도로 반응이 진행된다. 이 반응의 속도를 초당 각 반응물의 몰 단위로, 아울러 초당 각 생성물의 몰 단위로 써라. 이 답은 앞 문제의 답과 어떻게 다른가?

12.4. 다음 반응의 속도는 -0.045 mol HNO_2/s이다.

$$HOCH_2CH_2OH + 2HNO_2 \longrightarrow NO_2 - CH_2CH_2NO_2 + 2H_2O$$

다른 세 물질에 대해 사라지고 생성되는 속도는 어떻게 표현되는가?

12.5. NO와 O_2 간 반응에 대해 속도 법칙은 다음과 같다.

$$\text{반응 속도} = k[NO]^2[O_2]$$

NO에 대한 차수, O_2에 대한 차수 및 전체 반응 차수는 각각 얼마인가?

12.6. SO_2와 Cl_2 간 반응에 대해 속도 법칙은 다음과 같다.

$$\text{반응 속도} = k[Cl_2]$$

SO_2에 대한 차수, Cl_2에 대한 차수 및 전체 반응 차수는 각각 얼마인가?

12.7. 다음 화학 반응을 생각하자.

$$A + B + C \longrightarrow \text{생성물}$$

A, B 및 C에 대한 반응 차수를 결정하고, 다음 실험 데이터로부터 완전한 속도 법칙(속도 상수의 값을 포함)을 만들어라.

초기 반응 속도(M/s)	[A], M	[B], M	[C], M
6.76×10^{-6}	0.550	0.200	1.15
9.82×10^{-7}	0.210	0.200	1.15
1.68×10^{-6}	0.210	0.333	1.15
9.84×10^{-7}	0.210	0.200	1.77

12.8. 다음의 화학 반응에 대해 아래 데이터가 제시되어 있다.

$$Mn^{2+} (aq) + H_2O_2 (aq) \longrightarrow \text{생성물}$$

$[Mn^{2+}]$, M	$[H_2O_2]$, M	초기 속도(M/s)
0.740	0.556	3.43×10^{-2}
0.219	0.556	3.01×10^{-3}
0.740	0.662	4.86×10^{-2}

Mn^{2+}와 H_2O_2에 대한 차수를 정하고, 속도 상수를 포함하는 완전한 속도 법칙을 구하라.

12.9. 한 화학종이 속도 법칙의 부분은 되지만 균형 화학 반응식의 일부가 아님을 어떻게 설명할 수 있을까?

12.10. 예제 12.2를 보고 첫 번째와 세 번째 데이터 세트를 비교함으로써 어떤 유용한 정보를 얻을 수 있는지 설명하라.

12.11. 속도 법칙 실험의 데이터들은 항상 mol/s의 형태로 주어지지는 않는다. 이들 중 어떤 것은 어느 주어진 점에 도달하기 위해 필요한 시간의 양을 제공한다. 속도가 빠를수록 필요한 시간은 적다. 다음 데이터는 0.10 M의 A가 반응하는 데 필요한 시간이다. 반응 A + B → 생성물에 대해 완전한 속도 법칙을 결정하라.

경과 시간(s)	[A]	[B]
36.8	0.20	0.40
25.0	0.20	0.60
10.0	0.50	0.60

(아이오딘 시계 반응이라 불리는 고전 화학 반응은 보통 이렇게 측정된다.)

12.12. 어떤 연구자가 간단한 반응에 대해 다음과 같은 속도 법칙을 구하였다.

$$\text{반응 속도} = k \cdot [A]^2$$

[A]가 0.167 M일 때 반응 속도가 2.44×10^{-4} M/s라면, 반응 속도가 1.55×10^{-6} M/s일 때 [A]는 얼마인가?

12.13. 다음 속도 법칙에 대해 k의 단위는 무엇이어야 하는가?

$$\text{반응 속도} = k \cdot [A]^2[B]^2$$

12.14. 다음 속도 법칙에 대해 k의 단위는 무엇이어야 하는가?

$$\text{반응 속도} = k \cdot [A]^{-1}$$

12.3 속도 법칙의 특성

12.15. 다음 반응은 1차 반응이며 7.66×10^{-3} s^{-1}의 속도 상수를 갖는다.

$$2O_3 \longrightarrow 3O_2$$

오존의 초기 농도가 3.4 × 10^{-3} M 일 때, 100 s 후 오존의 농도는 얼마인가? 1,000 s 후의 농도는 얼마인가?

12.16. 다음 반응은 1차 반응이며 1.06 × 10^{-5} s^{-1}의 속도 상수를 갖는다.

$$N_2O_4\,(g) \longrightarrow 2NO_2\,(g)$$

N_2O_4의 초기 농도가 3.4 × 10^{-5} M일 때, 1000초 후 N_2O_4의 농도는 얼마인가? 7500초 후의 농도는 얼마인가?

12.17. 소화 과정은 1차 과정이다. 소장에 의한 Fe^{2+}의 흡수는 3.09 × 10^{-2} s^{-1}의 속도 상수를 갖는다. 음식에서 Fe^{2+}의 초기 농도가 5.5 μM일 때, 농도가 1.0 μM로 떨어지기 위해 걸리는 시간은 얼마인가?

12.18. 식 (12.14)는 때때로 다음과 같이 쓸 수 있다.

$$\ln \frac{[A]_t}{[A]_0} = -kt$$

이 식이 식 (12.14)와 동일함을 증명하라.

12.19. 식 (12.15)를 유도하라.

12.20. 식 (12.15)에서 제시했듯이 시간에 대한 $[A]_t$의 도표는 일차 반응에 대해 직선을 나타내지 못하는 이유를 설명하라.

12.21. 매우 좋은 근사로 상온(298 K)에서 뜨거운 물체를 식히는 것은 일차 반응 속도론을 따른다(그러나 이 경우에 변하는 단위는 절대 온도이지 몰농도가 아니다. 이것이 바로 뉴턴의 식힘 법칙이다). 물체의 속도 상수가 0.0344 s^{-1}이라면, 그 물체가 1000 K에서 298 K로 가는 데 걸리는 시간은 얼마인가?

12.22. 산화 수은(HgO)의 열 분해가 일차 반응 속도론을 따른다고 가정하자. 이 반응을 통해 생성물로 산소 기체가 만들어진다.

$$2HgO\,(s) \longrightarrow 2Hg\,(\ell) + O_2\,(g)$$

어느 특정 온도에서 k = 6.02 × 10^{-4} s^{-1}이다. 초기에 1.00 g의 HgO가 존재했다면, 다음 물질들을 만드는 데 소요되는 시간은 얼마나 걸릴까? **(a)** STP에 있는 O_2(g) 1.00 mL, **(b)** STP에 있는 O_2(g) 10.0 mL (STP = 기체의 표준 온도와 압력.)

12.23. 산화 수은(HgO)의 열분해가 이차 반응 속도론을 따른다고 가정했을 때. 연습 문제 12.13에 주어진 k와 같은 값(단위는 다를 것임)을 사용해 바로 앞 연습 문제의 **(a)**와 **(b)**를 풀고 얻어진 답을 위 문제의 답과 비교하라.

12.24. 식 (12.19)로부터 식 (12.20)을 유도하라.

12.25. 식 (12.22)를 유도하라.

12.26. **(a)** 하나의 반응물이 삼차 반응 속도론을 따를 때 이 화학 반응에 대하여 속도 법칙과 적분 속도 법칙을 써라.

(b) 삼차 반응 속도론을 따르는 반응에 대해 직선을 얻기 위해선 그래프상에 무엇을 그려야 하는가?

12.27. **(a)** 삼차 반응, **(b)** 반응 차수가 −1인 반응, **(c)** 반응 차수가 1/2인 반응들의 반감기에 대한 식을 각각 유도하라. (마지막 두 경우의 예는 드물지만, 알려져 있다.)

12.28. 영차 반응에 대해 그린 그래프에서 직선의 기울기와 y 절편은 각각 무엇인가?

12.29. 식 (12.27)을 직선 방정식의 형태를 갖게끔 다시 쓰고, 두 가지 가능한 도표에 대해 예상되는 기울기와 절편을 구하라.

12.30. 반응물의 초기 양이 1/3로 줄어드는 데 걸리는 시간을 **삼분감기**(third-life, $t_{1/3}$)로 정의 할 수 있다. **(a)** 삼분감기가 상수를 갖는 반응 차수는 무엇인가? **(b)** 0차 반응의 $t_{1/3}$에 대한 식을 유도하라. 이 반응이 완결될 때까지 얼마나 많은 삼분감기가 필요한가?

12.31. 다음의 NH_3 분해 반응은 높은 온도에서 속도 상수가 1.04 × 10^{-1} M/s인 0차 반응이다.

$$2NH_3 \longrightarrow N_2 + 3H_2$$

NH_3의 초기 농도가 1.00 M일 때, 다음 농도로 떨어질 때까지 걸리는 시간을 구하라. **(a)** 0.75 M, **(b)** 0.50 M, **(c)** 0.00 M.

12.32. NH_3의 0차 분해 반응에 대한 $t_{1/2}$를 계산하라(바로 앞 연습 문제 참조). 이것을 연습 문제 12.31의 답과 비교하라. 얻어진 답이 합리적인가?

12.33. 식 (12.24)와 식 (12.25)를 사용해서 영차 반응이 완결되는 데 걸리는 시간을 구하라.

12.34. 과포화 용액으로부터 이온 결합 화합물이 결정화 될 때, 결정화 전면(front, 결정 고체와 과포화 용액 간 장벽)은 계의 경계선에 도달할 때까지 용액을 통해 일정한 속도로 움직이다가 멈춘다. 이러한 방식으로 묘사되는 속도 법칙의 반응 차수는 얼마인가?

12.35. 반응물로서 용매 H_2O를 사용하는 수용성 용액은 다음의 속도 법칙을 갖는다.

$$\text{반응 속도} = k \cdot [H_2O][A]$$

여기서 A는 다른 반응물이다. 대부분의 경우에 이 반응은 유사 일차 반응 속도론으로 정의되는데, 그 이유를 설명하라. 그리고 속도 상수의 단위는 무엇인가?

12.36. 다음 반응에 대한 속도 법칙은 아래와 같다.

$$C_6H_5OH + HNO_2 \xrightarrow{[OH^-\ \text{촉매}]} C_6H_5NO_2 + H_2O$$

$$\text{반응 속도} = k[C_6H_5OH][HNO_2]$$

35°C에서 k = 7.04 × 10^{-3} $M^{-1}s^{-1}$이다. $[C_6H_5OH]$ = 0.0433 M과 $[HNO_2]$ = 6.05 M일 때, 유사 1차 속도 법칙과 k'의 값은 무엇인가?

12.37. 한 반응물이 영차, 일차 및 이차 반응 속도론으로 각각 진행된다고 할 때 반응의 속도 상수가 같다고 한다면 이 반응물이 5%만큼(이것은 아직도 반응 초기에 해당함) 줄어드는 데 걸리는 시간은 각각 얼마인가?

12.38. 수산화 소듐 수용액에 의한 벤조산 에틸(ethyl benzoate)의 가수분해를 탐구할 때 실험자가 정의할 수 있고, 실험적으로 결정되는 파라미터를 적어도 네 가지 나열하라.

12.39. 일차 반응에 대해 시간에 따른 농도의 밑이 10인 로그, $\log[A]_t$ 그래프는 직선으로 나타나는가? 그렇다면 이 직선의 기울기는 무엇인가?

12.40. 속도 법칙의 전체 반응 차수는 k의 단위로 결정된다는 것을 설명하라.

12.41. 한 학생이 2개의 데이터만으로도 반응물에 대한 차수를 결정할 수 있다고 자랑한다. 이 주장에 대해 지지하는가 아니면 반대하는가?

12.4 & 12.5 평형, 평행 반응과 연속 반응

12.42. 영차 반응은 3번의 완전한 반감기에 대해 영차가 될 수 없다. 그 이유를 설명하라.

12.43. 정반응 속도 상수가 2.8 × 10^{-2} $M^{-1}s^{-1}$이고 역반응 속도 상수가 3.6 × 10^{-4} $M^{-1}s^{-1}$인 반응의 평형 상수 값은 얼마인가?

12.44. 반응 A + B $\rightleftharpoons$ C + D에 대해 여러 가지 초기 속도 측정이 A와 B만이 있을 때, C와 D만이 있을 때 행해졌다. 다음 데이터를 사용해서 반응의 평형 상수를 계산하라.

반응 속도(M/s)	[A], M	[B], M
1.081×10^{-5}	0.660	1.23
6.577×10^{-5}	4.01	1.23
6.568×10^{-5}	4.01	2.25
반응 속도(M/s)	**[C], M**	**[D], M**
7.805×10^{-7}	2.88	0.995
1.290×10^{-6}	2.88	1.65
1.300×10^{-6}	1.01	1.65

12.45. 아세토나이트릴 속에서 일어나는 다음 반응에 대하여

아세트산 에틸 + 물 → 에틸 알코올 + 아세트 산

여러 초기 속도 측정이 행해졌다. 다음에 주어진 데이터를 사용하여 이 반응의 평형 상수를 계산하라.

[EtAc], M	[H_2O], M	반응 속도(M/s)
0.678	0.500	3.68×10^{-3}
0.987	0.500	5.37×10^{-3}
0.987	0.309	3.28×10^{-3}
[EtOH], M	**[HOAc], M**	**반응 속도(M/s)**
0.241	0.115	1.77×10^{-4}
0.241	0.395	6.10×10^{-4}
0.300	0.115	2.29×10^{-4}

12.46. 식 (12.33)은 평형의 역반응을 무시했을 때 더 간단한 형태의 1차 적분 속도 법칙이 됨을 증명하라.

12.47. 같은 반응물로부터의 3개 평형 반응에 대해 식 (12.37)과 같은 식을 써라. 세 반응의 속도 상수를 각각 k_1, k_2 및 k_3라 한다.

12.48. 트라이사카라이드(trisaccharide)는 세 개의 설탕(saccharide) 분자로 구성된 탄수화물이다. 트라이사카라이드가 A–B–C인 세 개의 서로 다른 설탕 분자로 구성되어 있다고 가정하자. 산성 용액에서 이 탄수화물은 다음의 두 가능한 방식으로 가수분해한다.

$$\text{A–B–C} \xrightarrow{k_1} \text{A} + \text{B–C}$$
$$\text{A–B–C} \xrightarrow{k_2} \text{A–B} + \text{C}$$

$k_1 = 4.40 \times 10^{-5}\ s^{-1}$이고 $k_2 = 3.95 \times 10^{-4}\ s^{-1}$일 때, 초기의 비 A-B/B-C는 얼마인가? 반응이 평형에 도달되었을 때, 비 A-B/B-C를 결정할 수 있겠는가?

12.49. 식 (12.44)의 세 식은 일반적으로 사용된 화학 반응의 화학량론을 사용할 때 물질 보존의 법칙을 만족시킨다. 이를 증명하라. (*힌트*: 물질의 초기 농도는 $[A]_0$로 가정했을 때, 평형에서 이 물질의 총 양이 아직 $[A]_0$인 것을 증명하면 된다.)

12.50. 식 (12.44)는 평형에서 식 (12.45)가 된다. 이를 증명하라.

12.51. 간단한 두 평행 반응에 대해, 초기 화학종 A의 감소는 식 (12.38)의 로그를 취함으로써 그래프상으로 쉽게 볼 수 있다. 이 직선의 기울기는 얼마인가? 이 도표만으로 각각의 값들을 쉽게 결정할 수 있는 방법이 있는가?

12.52. 시간 t는 보통 가로축(즉, x축) 상에 그려진다는 것을 염두에 두고 식 (12.41)과 식 (12.42)에 대해 직선 그래프를 그릴 수 있는가? 가능성 여부에 대한 이유를 설명하라.

12.53. 바로 앞의 두 질문에 대한 답을 생각해 보라. 이제 각각의 속도 상수인 k_1과 k_2가 결정될 수 있는가? 어떻게 결정될 수 있는가?

12.54. 예제 12.7에서 중간체 생성물인 ^{210}Po는 순간적으로 축적된다는 것을 보였다. **(a)** 식 (12.47)에 있는 $[B]_t$에 관한 식을 이용하여 ^{210}Po의 **최대** 존재량을 얻는 데 소요되는 시간을 구할 수 있는 식을 유도하라. 이것을 위해 시간에 따른 $[B]_t$ 식의 도함수를 구한 다음 그것을 0으로 놓고(양의 최대점에서 시간에 따른 양의 그래프는 0의 기울기를 갖는다), 시간에 대해 풀면 된다. **(b)** 시간에 대하여 (a)에서 결정한 값과 식 (12.47)을 이용하여 ^{210}Po의 양이 최대일 때, ^{210}Bi, ^{210}Po 및 ^{206}Pb의 양을 결정하라.

12.55. ^{210}Bi와 ^{206}Pb가 최대가 되는 시간 t는 얼마인가? (연습 문제 12.54 참조)

12.56. 예제 12.7에 있는 반감기와 식 (12.47)을 사용하여 $[^{210}Bi]$의 초기 농도를 1.000 M이라 가정했을 때, 1.00×10^6 s 경과한 후 ^{210}Bi, ^{210}Po 및 ^{206}Pb의 농도를 구하라.

12.57. 재미있는 한 쌍의 연속 반응이 있는데, 이는 몸이 에탄올을 흡수하는 일차 과정과 간 알코올 분해효소(liver alcohol dehydrogenase, LADH)에 의해 알코올에서 아세트알데하이드로 산화되는 영차 과정을 포함한다. 따라서 세 상태의 에탄올에 대한 농도 변화는 다음과 같다.

$$-\frac{d[A]_t}{dt} = k_1[A]_t$$
$$\frac{d[B]_t}{dt} = k_1[A]_t - k_2$$
$$\frac{d[C]_t}{dt} = k_2$$

이것은 식 (12.46)이 약간 수정된 것이다. 첫 번째 식의 적분 형태는 두 연속 일차 반응에 대한 식과 같지만, 두 번째와 세 번째 식은 그렇지 못하다. **(a)** 이 예에서 A, B 및 C는 무엇인가? **(b)** 시간에 따른 [B]의 적분 형태를 결정하라. 이것은 $[A]_t$의 적분 식을 구하고(*힌트*: 본문 참조). 이것을 두 번째 식의 $[A]_t$에 대입한 다음 미분 항을 재배열하고, 한 쪽은 변수로 [B]에 대해 다른 쪽은 변수로 t에 대해 적분하면 된다. 적분은 이 장에 있는 연속 일차 반응보다 실제로 더 간단하다. **(c)** $[C]_t$를 시간으로 적분하여라. **(d)** 사람들의 대략적인 k_1과 k_2 값은 각각 $3.00 \times 10^{-3}\ s^{-1}$과 4.44×10^{-5} mol/s이다. 시간에 따른 농도 관계식을 사용하여 시간에 대한 $[A]_t$, $[B]_t$ 및 $[C]_t$의 그래프를 작성하라(그래픽 계산기나 그래픽 프로그램을 가진 컴퓨터가 유용할 것이다). $[A]_0$로 1.00 mol C_2H_5OH를 사용하라. 이 값을 변화시켜 이것이 $[A]_t$, $[B]_t$ 및 $[C]_t$의 각 그래프에 어떻게 영향을 미치는가 알아 보라.

12.58. **(a)** $k_1 \gg k_2$와 **(b)** $k_1 \ll k_2$일 때 식 (12.47)의 극한 형태를 구하라.

12.6 온도 의존성

12.59. 식 (12.48)을 그래프에 관련된 식으로 표현하라. 무엇이 그려지며, $-(\Delta_{반응}H)/R$은 무엇을 나타내는가?

12.60. 산화 이질소(Nitrous oxide, N_2O)는 열에 의해 분해된다. 여러 온도에서 속도 상수 k에 대한 값들이 다음과 같이 얻었다(S. K. Ross et al., *J. Phys. Chem. A*, 1997, 101:1104).

k [cm³/(분자 · 초)]	T (K)
6.79×10^{-16}	2056
8.38×10^{-16}	2095
1.03×10^{-15}	2132
1.39×10^{-15}	2173

이 반응은 아레니우스 방정식을 따르는가? 얻어진 지수 앞자리 인자는 무엇인가?

12.61. 식 (12.53)으로부터 식 (12.54)를 유도하라. 도함수의 분모에 있는 $1/T$ 부분을 조심하라.

12.62. 경험에 의하면 화학 반응은 상온으로부터(보통 295 K) 절대 온도가 매 10도 오를 때마다 속도는 두 배가 된다고 한다. 이것이 사실이라면 이 화학 반응의 활성화 에너지는 얼마인가?

12.63. 실온(22°C)에서 용액 내 물 분자 간 양성자 전이의 속도 상수는 $1 \times 10^{11}\ s^{-1}$이다. 이는 응축 상에서 일어나는 가장 빠른 반응 중 하나이다. 이 과정의 활성화 에너지가 O–H 결합 세기인 498 kJ/mol의 반일 때, 이 반응의 지수 앞자리 인자 *A*는 얼마인가?

12.64. 최근에 작은 기체 분자와 금속 원자의 반응에 대한 속도론을 연구하는 과학자들은 다음의 기체상 반응에 대한 속도 상수를 1,153 K에서 $9.9 \times 10^{-12}\ cm^3/s$로 측정했다.

$$Co + NO \longrightarrow \text{생성물}$$

이 반응의 활성화 에너지가 1.9 kJ/mol일 때, 지수 앞자리 인자의 값은 얼마인가?

12.65. 어떤 반응에 대하여 25.0°C에서 $k = 1.77 \times 10^{-6}\ 1/(M \cdot s)$이고 활성화 에너지는 12.0 kJ/mol이다. **(a)** 반응 차수는 얼마인가? **(b)** 100°C에서의 속도 상수는 얼마인가?

12.66. 어떤 반응에 대하여 25.0°C에서 $k = 1.77 \times 10^{-6}\ 1/(M \cdot s)$이고 활성화 에너지는 20.0 kJ/mol이다. 100°C에서의 속도 상수는 얼마인가? 이 값을 바로 앞의 연습 문제 (b)에 있는 답과 비교하고, 속도 상수에 대한 활성화 에너지의 효과를 설명하라.

12.67. 과학자들은 한 단계 화학 과정을 연구하기 위해 고진공계에서 아주 집중된 기체상 원자와 분자의 '분자 살(molecular beam)'을 사용한다. 염화 소듐과 메틸 라디칼을 만들기 위한 소듐 원자와 염화메틸 간 기체상 분자 살 반응에 대해

$$Na + CH_3Cl \longrightarrow NaCl + CH_3\cdot$$

반응의 확률은 소듐 원자에 대한 염화 메틸 분자의 배향에 의존한다. 이 결과를 설명해 줄 수 있는 가능한 상호 작용 기하학(공간적인 배향)을 제시하라. 왜 반응의 확률은 다른 반응물의 배향에는 의존하지 않는가?

12.68. 광자에 의해 유발되는 화학 과정들도 이 장에서 언급된 반응 속도론의 개념에 의해 이해된다. 시력에 대한 화학이 한 예이다. 시력에 대해 현재 받아들여지는 메커니즘은 *시스*-레티날(cis-retinal)이라 불리는 색깔 가진 폴리엔(polyene) 분자에 붙은 단백질 분자(옵신, opsin)로 구성된 로돕신(rhodopsin)이라 불리는 화합물을 포함한다(*시스*-레티날은 당근과 토마토의 색깔을 내는 고도의 유색 화합물인 카로텐이라 부르는 분자의 부류와 화학적으로 관련된다. 당근을 먹으면 시력에 도움을 준다.–특히 어두운 곳에서). 시력의 반응 과정은 *시스*-레티날이 광자를 흡수하고 이것의 이중 결합 하나 정도가 *트랜스*-레티날을 만들기 위해 이성질화되는 것이다.

$$h\nu + \textit{시스}\text{-레티날} \longrightarrow \textit{트랜스}\text{-레티날}$$

반응은 에너지적으로 유리하다. 광자의 에너지는 분명히 활성화 에너지 장벽을 극복하기 위해서만 필요하다. **(a)** 파장 750 nm를 갖는 가시광선이 최소한의 에너지 광자로 여겨진다. 이 경우 이성질화 반응의 활성화 에너지는 얼마인가? **(b)** 37°C에서의 속도 상수가 $3 \times 10^{11}\ s^{-1}$이라면 이 반응의 지수 앞자리 인자 A는 얼마인가? **(c)** −2°C에 달하는 남반구에서는 남극 빙어가 살고 있다. 위의 화학 과정이 빙어의 눈에서도 같게 일어난다면, 이 온도에서 *k*는 얼마인가?

12.69. 산화 질소(Nitric oxide, NO)는 다음 이분자 반응에 의해 오존을 분해시킨다고 알려져 있다.

$$NO\,(g) + O_3\,(g) \longrightarrow NO_2\,(g) + O_2\,(g)$$

이 반응의 활성화 에너지는 10.5 kJ/mol이고 지수 앞자리 인자는 $7.9 \times 10^{11}\ cm^3/(mol \cdot s)$ 이다. **(a)** 298 K에서 이 반응의 속도 상수는 얼마인가? **(b)** 오존 농도가 $5.4 \times 10^{-12}\ mol/cm^3$이고 NO 농도가 $2.0 \times 10^{-12}\ mol/cm^3$일 때(공해가 아주 높은 지역에서의 조건), 이 반응의 속도는 얼마인가?

12.7 & 12.8 메커니즘과 일정 상태 근사법

12.70. **(a)** 다음과 같은 에테인의 브로민화 반응에 대한 메커니즘을 제시하라.

$$Br_2 + CH_3CH_3 \longrightarrow CH_3CH_2Br + HBr$$

(b) 이 반응은 메테인의 염소화 반응보다 빠른가 아니면 느린가? (*힌트*: 메커니즘의 초기 단계에 포함된 결합 세기를 생각하라.)

12.71. 식 (12.62)를 유도하라.

12.72. '연속 반응' 분석에서 두 번째 단계가 RDS인 메커니즘에 적합하지 않은 이유를 설명하라. 이 경우 메커니즘을 A → B → C 항으로 쓸 수 없는 이유를 설명하라는 질문과 같다.

12.73. 첫 번째 단계가 RDS라고 가정한 메테인의 염소화 반응에 대한 속도 법칙을 구하라.

12.74. 두 번째 단계가 RDS이고, 첫 번째 단계가 일정 상태 근사법으로 가정되는 메테인의 염소화 반응에 대한 속도 법칙을 구하라. 여기서의 답과 바로 앞 연습 문제에서의 답을 비교하라.

12.75. 메테인의 기체상 염소화 반응에 대하여 제시된 메커니즘은 다음과 같다.

$$Cl_2 + CH_4 \longrightarrow CH_4Cl + Cl\cdot$$
$$CH_4Cl \longrightarrow CH_3\cdot + HCl$$
$$CH_3\cdot + Cl_2 \longrightarrow CH_3Cl + Cl\cdot$$
$$Cl\cdot + CH_4 \longrightarrow CH_3\cdot + HCl$$

등등

첫 번째 단계를 RDS라고 가정한다. 원래의 반응물인 Cl_2와 CH_4 항으로 예상된 속도 법칙을 표시하라. 이 메커니즘이 맞을지 맞지 않을지를 어떻게 판단할 수 있는가?

12.76. 바로 앞의 연습 문제에서 제시된 메커니즘을 생각하라. 이제 두 번째 단계를 RDS라 가정한다. 일정 상태 근사법을 적용하여 원래 반응물의 항으로 속도 법칙을 결정하라. 이 메커니즘이 맞을지 여부를 어떻게 판단할 수 있는가?

12.77. 아질산에 의한 메탄올(CH_3OH)의 질소화 반응은 다음 메커니즘으로 진행한다.

$$CH_3OH + H^+ \longrightarrow CH_3OH_2^+$$
$$CH_3OH_2^+ \longrightarrow CH_3^+ + H_2O$$
$$CH_3^+ + NO_2^- \longrightarrow CH_3NO_2$$

첫 번째 단계를 RDS라 가정했을 때, 예상되는 속도 법칙을 원래의 반응물 항으로 구하라.

12.78. 앞 연습 문제에서 제시된 메커니즘을 생각한다. 두 번째 단계를 RDS라 가정했을 때, 일정 상태 근사법을 사용해 원래의 반응물 항으로 속도 법칙을 구하라.

12.79. 많은 기체상 반응들은 반응을 진행시키기 위해 필요한 충돌에서의 에너지를 흡수하거나 공급하기 위해 보통 M으로 표시되는 비활성 기체를 요구한다. 오존의 자발적 분해 반응에서 제시될 수 있는 메커니즘은 다음과 같다.

$$O_3 + M \longrightarrow O_3{}^* + M$$
$$O_3{}^* \xrightarrow{RDS} O_2 + \cdot O\cdot$$
$$\cdot O\cdot + O_3 \longrightarrow 2O_2$$

전체 반응은 다음과 같다.

$$2O_3 \longrightarrow 3O_2$$

이 메커니즘에서 $O_3{}^*$는 자발적으로 O_2와 O 원자를 만들 수 있게끔 에너지적으로 들뜬 상태에 있는 오존 분자를 말한다. 제시된 메커니즘의 속도 법칙을 O_3와 M의 항으로 나타내라. 이때 두 번째 단계가 RDS이다. 오존 시료에 Ar과 같은 비활성 기체를 넣으면 반응 속도가 증가할까 아니면 감소할까?

12.80. 식 (12.68)이 식 (12.64)와 같음을 증명하라.

12.81. 기질이 CO_2인 탄산 무수화 효소(carbonic anhydrase)는 12 mM의 K를 가진다. CO_2의 농도가 1.4×10^{-4} M일 때, 탄산 무수화 효소와 CO_2 사이의 반응 속도는 2.72×10^{-7} mol/s이고, CO_2의 농도가 2.2×10^{-4} M일 때 속도는 4.03×10^{-7} mol/s이다. 반응이 미하엘리스-멘텐(Michaelis-Menten) 반응 속도론을 따른다면 이 반응의 V는 얼마인가?

12.82. 미하엘리스-멘텐 식의 또 다른 형태가 다음과 같음을 증명하라.

$$\text{반응 속도} = \frac{V[\mathrm{S}]}{K + [\mathrm{S}]}$$

12.83. 한 생화학자가 다음의 기질 농도를 사용해서 효소 반응을 수행하였더니 다음과 같은 속도를 얻었다.

[S], mM	반응 속도(mM/s)
0.125	0.0100
0.250	0.0167
0.500	0.0250
1.00	0.0333
2.00	0.0400

라인위버-버크 도표를 사용해서 K와 V를 구하라. $[E_0] = 0.010$ mM일 때, k_2의 값은 얼마인가?

12.84. $[\mathrm{S}] = K$일 때, 미하엘리스-멘텐 반응 속도론을 따르는 반응의 반응 속도 값은 얼마인가? 답을 생각하면서 이렇게 되도록 하기 위해 사용할 수 있는 것은 무엇인가?

12.9 연쇄 반응과 진동 반응

12.85. 탄화수소에 대한 대부분의 할로젠화 반응은 자유-라디칼 반응 메커니즘을 통해 진행한다. Cl_2, Br_2, I_2와 같은 할로젠 중에서 어느 것의 초기 반응이 가장 쉽게 일어나겠는가? 그 이유를 설명하라.

12.86. $H_2 + I\cdot \rightarrow HI + H\cdot$인 자유-라디칼 반응은 $2.4 \times 10^{11}\ M^{-1}\cdot s^{-1}$의 지수 앞자리 인자와 142 kJ/mol의 활성화 에너지를 갖는다. 400 K에서 속도 상수는 얼마인가?

12.87. 열분해에는 화합물을 더 작은 분자로 쪼개기 위해서 화합물들을 가열하는 것과 일반적으로 자유-라디칼 연쇄 반응이 포함된다. 원유의 열분해는 커다란 사슬의 탄화수소를 작은 탄화수소로 만드는 일반적인 방법이다. 에테인(C_2H_6)의 열분해는 주 생성물로 에틸렌(C_2H_4)과 수소(H_2) 기체를 만든다. 반응을 개시, 전파 및 종결 단계로 이름을 지으면서 이 열분해 반응의 메커니즘을 제시하라.

12.88. 핵분열 반응 또한 연쇄 반응에 의해 진행한다. 다음과 같은 이상적인 핵분열 반응을 생각해 보자.

$$^{235}\mathrm{U} + {}^{1}\mathrm{n} \longrightarrow {}^{92}\mathrm{Kr} + {}^{141}\mathrm{Ba} + 2\,{}^{1}\mathrm{n}$$

이 반응이 진행하지 않을 조건을 제시하라. 이 반응이 연쇄 반응을 유지할 조건을 제시하라. 뚜렷하게 가지치기 반응(폭발을 유도)이 일어날 조건을 제시하라.

12.89. H_2와 O_2 간 반응(12.7절 참조)의 단일 단계 과정들을 개시, 전파, 가지치기 및 종결 반응으로 명시하라.

12.90. 진동 반응에서 제시된 메커니즘 1과 2의 단일 단계 과정에 대한 속도 법칙을 각각 써라.

12.91. 두 번째 반응이 속도 결정 단계일 때 진동 반응에서 제시된 메커니즘 1과 2의 속도 법칙은 각각 무엇인가?

12.10 전이 상태 이론

12.92. 450 K에서 속도 상수 k가 $8.5 \times 10^{-1}\ M^{-1}\cdot s^{-1}$인 단일 단계 과정의 ΔG^{*}를 구하라.

12.93. 다음 반응에 대해 중간체는 HBr_2로 생각된다.

$$H\cdot + Br_2 \longrightarrow HBr + Br\cdot$$

20.0°C에서 지수 앞자리 인자가 $3.77 \times 10^{6}\ m^3/mol\cdot s$일 때, ΔS^{*}를 예측하라.

12.94. 335 K에서 75.0 J/K의 ΔS^{*}를 갖는 반응의 예상되는 지수 앞자리 인자는 얼마인가?

12.95. ΔS^{*}와 지수 앞자리 인자를 관련시킨 식 (12.85)에서 유일한 두 변수는 온도와 ΔS^{*} 자체이다. 이들 변수 각각이 증가할 때 A는 어떤 경향을 갖는가? 얻어진 이들 경향성을 합리화시킬 수 있는가?

12.96. 다음 두 반응이 있다.

$$H\cdot + Cl_2 \longrightarrow HCl + Cl\cdot$$
$$H\cdot + Br_2 \longrightarrow HBr + Br\cdot$$

첫 번째 반응은 두 번째 반응보다 더 낮은 A 값을 갖는다. 단지 A의 상대적인 값으로부터 중간체인 HCl_2와 HBr_2의 상대적인 성질에 대해 무엇을 말할 수 있는가?

12.97. $NaI + Cl\cdot \longrightarrow NaCl + I\cdot$ 반응에 대해 전이 상태의 구조를 제시하고, 전이 상태 이론을 사용하여 k 값을 결정하기 위해선 무슨 데이터가 필요한지를 나열하라.

12.98. 반응은 더 낮은 에너지와 더 높은 엔트로피로 가려는 경향이 있다는 열역학 법칙의 일반적인 언급은 식 (12.84)와 어떻게 일치하는지를 설명하라.

12.99. 모든 다른 인자들이 같을 때, ΔS^{*}가 $+1$ J/(mol·K)에서 -1 J/(mol·K)로의 변하면 속도 상수 k는 몇 퍼센트의 변화가 일어나겠는가?

기호수학 문제

12.100. 생성물을 만들기 위하여 두 개의 평행 경로(둘 다 일차)를 갖는 반응을 생각해 보자. 생성물 B를 만드는 경로 1은 $1.34 \times 10^{-5}\ s^{-1}$의 속도 상수를 갖고, 생성물 C를 만드는 경로 2는 $6.55 \times 10^{-4}\ s^{-1}$의 속도 상수를 갖는다. 시간에 따른 A, B 및 C의 농도를 그리고, 반응 속도론적으로 유리한 생성물의 최대량을 얻기 위해 필요한 시간을 구하라.

12.101. 일련의 일차 연쇄 반응인 $A \rightarrow B \rightarrow C$ 반응이 있다. 속도 상수는 각각 $8.4 \times 10^{-4}\ s^{-1}$과 $3.02 \times 10^{-5}\ s^{-1}$이다. 시간에 따른 A, B 및 C의 농도를 그리고 중간체 산물인 B의 최대량을 얻기 위해 필요한 시간을 정하라.

12.102. 1977년에 Whytock 등은 Cl 원자와 메테인과의 반응에 대한 연구를 출간했다(D.A Whytock 등, *J. Chem. Phys.* 1977, 66, 2690). 이들은 다음 표로 데이터를 제시하였다.

T, K	k, × 10^{-14} cm³/분자 · 초
200	1.46
210	1.91
220	2.34
232	3.24
245	4.11
260	5.71
276	7.49
299	11.3
318	13.8
343	20.4
371	27.4
404	37.7
447	57.1
500	90.6

속도 상수가 온도 의존 아레니우스 방정식인 식 (12.54)를 따른다고 가정했을 때, A, E_A 및 m의 값을 그래프를 사용해서 구하라.

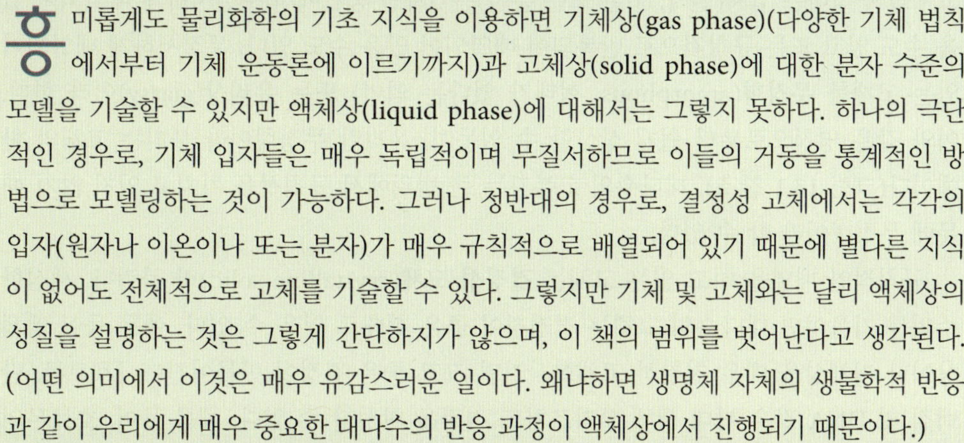

제 13 장

고체 상태: 결정

The Solid State: Crystals

흥미롭게도 물리화학의 기초 지식을 이용하면 기체상(gas phase)(다양한 기체 법칙에서부터 기체 운동론에 이르기까지)과 고체상(solid phase)에 대한 분자 수준의 모델을 기술할 수 있지만 액체상(liquid phase)에 대해서는 그렇지 못하다. 하나의 극단적인 경우로, 기체 입자들은 매우 독립적이며 무질서하므로 이들의 거동을 통계적인 방법으로 모델링하는 것이 가능하다. 그러나 정반대의 경우로, 결정성 고체에서는 각각의 입자(원자나 이온이나 또는 분자)가 매우 규칙적으로 배열되어 있기 때문에 별다른 지식이 없어도 전체적으로 고체를 기술할 수 있다. 그렇지만 기체 및 고체와는 달리 액체상의 성질을 설명하는 것은 그렇게 간단하지가 않으며, 이 책의 범위를 벗어난다고 생각된다. (어떤 의미에서 이것은 매우 유감스러운 일이다. 왜냐하면 생명체 자체의 생물학적 반응과 같이 우리에게 매우 중요한 대다수의 반응 과정이 액체상에서 진행되기 때문이다.)

입자가 질서정연하게 배열되어 있는 고체에서는 고체가 가지는 그러한 배열의 규칙성 때문에 수학적인 모델을 사용하여 고체의 구조와 성질 및 거동을 기술할 수 있다. 이것 때문에 물리화학에서 고체를 연구한다. 즉, 고체 상태에 대하여 알고 있는 것을 모델화할 수 있다. 이런 것이 물리화학이며 물리화학은 물질을 이해하기 위한 모델을 제공한다. 많은 물질은 실제 고체 상태로 존재하고 있으며, 고체 상태에 있지 않은 물질도 조건을 바꾸면 고체로 바뀔 수 있기 때문에 기체 상태에 대한 모델이 유용했던 것처럼 고체 상태를 이해하기 위한 모델도 유용하다. 이 장에서는 고체상을 이해하기 위하여 사용되는 몇 가지의 개념을 소개한다.

13.1 개요

우선 일반적인 고체의 종류를 다루고자 한다. 고체에서는 원자와 분자가 제멋대로 배열되어 있지는 않다. 물론 무질서하게 배열되어 있는 고체 물질도 있지만, 여기서는 원자와 분자가 규칙적으로 배열된 고체에 초점을 맞추기로 한다. 결정이라고 불리는 규칙적인 배열로 존재하는 가능한 방법이 단 몇 가지에 불과하다는 것을 알게 될 것이다. 먼저 그러한 방법에 관해서 설명할 것이다. 결정의 규칙성은 원자나 분자의 매우 작은 배열에 의해서 기술될 수 있고, 3차원적으로 몇 번이고 반복되는 이렇게 매우 작은 배열이 고체의 성질에 관해 많은 것을 말해줄 수 있음이 드러났다.

어떻게 그러한 규칙적인 배열이 결정되는 것일까? 이것을 이해하기 위해서는 분광법처럼 탐침(probe)으로서 전자기파를 이용한다. 그러나 결정성 고체는 특정 조건에서 전자기파를 흡수하거나 방출한다기보다는 회절시킬 수 있다. 회절이 일어나는 조건은 결정의 구조에 의존하며, 결정의 구조에 회절 효과를 서로 연관 짓는 간단한 법칙이 존재한다.

또한 화합물이 아무렇게나 임의의 결정 구조를 만들 수 없다는 것과 결정을 구성하는 성분들 사이에는 에너지적으로 큰 상호작용이 존재한다는 것과 결정은 완벽하지 않다는 것과 그리고 그러한 불완전성을 실제 대규모로 이용하고 있다는 것을 알게 될 것이다.

13.2 고체의 종류

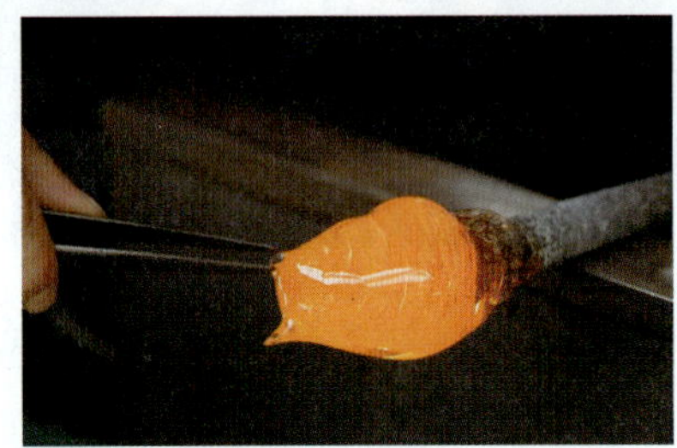

그림 13.1 위에 나타낸 무정형 또는 유리상 물질의 분자들은 무질서하게 배열되어 있다. 반면에 결정성 물질은 3차원적으로 반복되는 단위로 이루어진 고체이다.

고체상에 관해 구체적으로 논의하기에 앞서 다양한 고체상의 종류에 관해 정리해 보자. 고체를 구성하는 입자(원자, 이온 또는 분자)는 3차원 공간에서 무질서하게 배열되어 있을 수도 있고 또는 규칙적으로 반복되어 배열되어 있을 수도 있다. 무질서하게 배열되어 있는 고체를 **무정형**(amorphous, 형태가 없다는 의미) 또는 **유리상**(glassy)이라 한다. 이와 같은 명칭으로부터 쉽게 상상할 수 있듯이, 유리란 무정형이라 불리는 고체의 한 예이다(그림 13.1 참조). 대다수의 고분자는 큰 범위에서 규칙성을 가지고 있지 않기 때문에 무정형이라 할 수 있다.

규칙적인 배열을 하고 있는 고체는 **결정성 고체**(crystalline solid)라 불린다. 세심한 주의를 기울이면 대다수의 고체는 결정성이 좋은 형태로 얻을 수 있다. 예를 들어 액체상이나 기체상을 매우 천천히 고체화시키면 크고 좋은 결정이 만들어진다. [호르몬, 단백질 및 DNA 같은 거대 생체 분자조차도 결정을 형성할 수 있다. 예를 들어, 호르몬의 한 종류인 인슐린은 미국의 생화학자 아벨(John J. Abel)에 의해 1925년에 최초로 결정화되었다.] 결정을 성장시킬 때 주의를 기울이지 않으면 작은 결정들이 모인 고체가 형성되며, 이를 **다결정성 고체**(polycrystalline solid)라 한다.

결정성 고체는 결정의 형태에 따라 더욱 세부적으로 분류된다. 공유 결합 분자는 **분자 결정**(molecular crystal)을 형성할 수 있는데, 각각의 분자가 3차원적으로 규칙적인 배열을 하고 있다. 분자 결정을 하고 있는 한 가지 좋은 예가 물(H_2O)인데, 각각의 물 분자는 분자 화합물로서 H_2O 결정 중에서 어느 정도 규칙적인 배열을 한다. 앞서 언급한 거대 생체 분자와 같이 어떠한 공유 결합 화합물도 여건만 주어진다면 경우에 따라서는 쉽게 또는 힘들게 분자 결정을 형성한다. 분자 결정은 비교적 부드러우며 녹는점이 낮다. 그림 13.2는 겨울철에 흔한 분자 결정의 한 예를 보여주고 있다.

그림 13.2 분자들이 3차원적으로 규칙적인 배열을 하면 결정이 만들어질 수 있다.

이온으로 구성된 화합물은 **이온 결정**(ionic crystal)을 형성한다. 이 경우에는 반대 부호의 전하를 가진 양이온과 음이온이 서로 중화될 수 있도록 결정에서 이온들이 배열된다. 이온 결정은 일반적으로 매우 딱딱하지만 부서지기 쉽다(즉, 급격한 힘을 가하면 쉽게 부서진다). 아울러 이온 결정의 녹는점은 비교적 높은 편인데, 그 이유는 반대 전하들 사이에 작용하는 정전기적 인력(쿨롱 인력)이 물질 사이에 작용하는 힘 중에서도 가장 강하기 때문이다. 다시 말하면, 그와 같은 인력을 극복하면서 이온 결정을 액체 상태로 만들기 위해서는 온도의 형태로 많은 에너지가 필요하기 때문이다.

몇몇 고체는 인접 원자 사이의 공유 결합에 의해 거의 무한하게 3차원 배열을 형성한다. 이와 같은 고체를 **공유결합성 그물 구조 고체**(covalent network solid)라 부른다. 다이아몬드(탄소의 한 형태), 원소 규소, 원소 저마늄 및 이산화 규소가 이들의 예이다

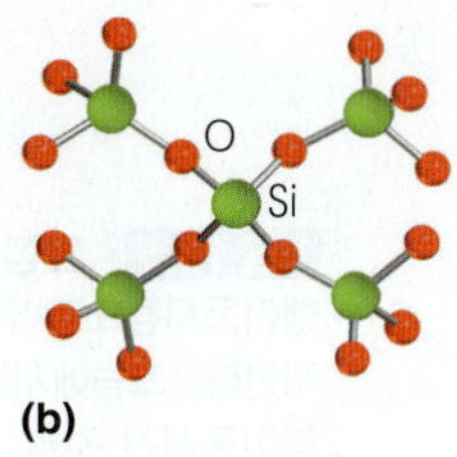

(a) (b)

그림 13.3 SiO_2와 같은 몇 가지 공유결합 물질은 사실상 원자들이 무한히 규칙적으로 배열하여 공유 결합성 그물 구조의 결정을 형성한다.

(그림 13.3 참조). 이러한 고체는 희소하지만 녹는점이 높고 매우 단단하다는 독특한 성질을 가질 수 있다. 아울러 공유 결합에 의해 거의 무한대로 펼쳐진 그물 구조를 깨기 위해서는 기계적인 또는 열적인 많은 에너지가 필요하다.

끝으로, 어떤 원소는 딱딱하지만 연성이 있어서 펴질 수 있는 성질을 가지고 있으며 전기를 통하고 광택을 가지면서 일반적으로 녹는점이 높다. 이들 원소들은 금속이고, 앞서 언급한 성질을 통털어 **금속 결합**(metallic bond)이라고 하는 개념으로 설명할 수 있다. 금속 결합이 형성되면 개별 금속 원자 중의 전자는 개별 원자에 속하는 형태가 아니라 고체 전체에 펼쳐져 있는 집단으로서 존재하게 된다. 이러한 개념에 의해 금속이 가지는 전기전도성과 열전도성이 잘 설명되며, 나아가 금속이 가지는 그 밖의 성질도 잘 설명된다. 이 개념은 이 책의 범위에서는 벗어나지만 금속 원자 사이의 상호 작용에 따라 다른 종류의 결정성 결합을 형성한다는 것을 이해하게 해 주고, 나아가 금속 고유의 성질을 잘 설명할 수 있도록 도와준다.

많은 개념들이 분자성 고체, 공유 결합성 그물 구조의 고체 및 금속 고체에도 적용할 수 있지만 이 장에서는 결정성 고체를 집중적으로 다룰 것이다. 무정형 고체의 구조를 연구하는 기술도 있지만 여기서는 다루지 않는다.

13.3 결정과 단위 세포

결정(crystal)이란 반복되는 구조를 가진 고체이다. 따라서 규칙적이고 3차원적인 질서를 가진 고체는 결정의 예가 된다. 반복되는 구조는 분자(분자 결정을 형성)나 이온 또는 원자가 될 수 있다. 3차원적으로 반복될 때 결정 전체를 재현할 수 있는 가장 작은 그룹의 분자나 이온 또는 원자를 언제나 찾을 수 있다. 이와 같이 반복되는 가장 작은 그룹을 결정의 **단위 세포**(unit cell)라 부른다.

단위 세포 자체도 3차원적인 구조를 가지지만, 우선은 쉽게 이해하기 위해 2차원적으로 생각해보기로 한다. 그림 13.4는 결정을 이루는 흰색 원과 유색 원의 이차원적인 배열을 보여주고 있다. 굵은 실선으로 나타낸 사각형이 단위 세포이다. 단위 세포를 표

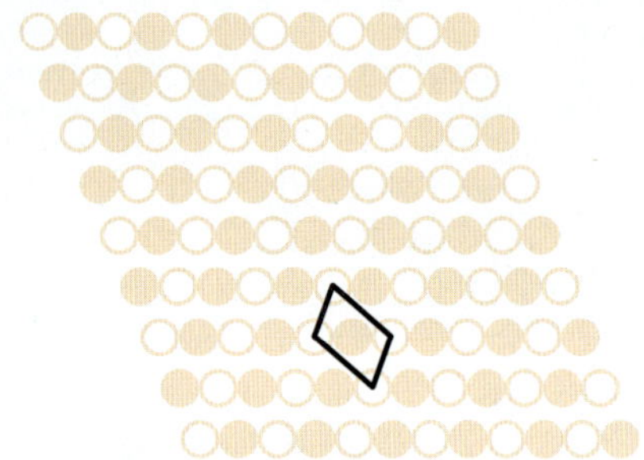

그림 13.4 단위 세포란 모든 방향으로 평행이동을 반복했을 때 완전한 결정을 재현할 수 있는 결정의 최소 단위이다. 단위 세포는 중심의 유색 원자와 모서리에 위치하며 흰색 원으로 나타낸 네 개 원자 각각의 1/4 부분으로 구성된다.

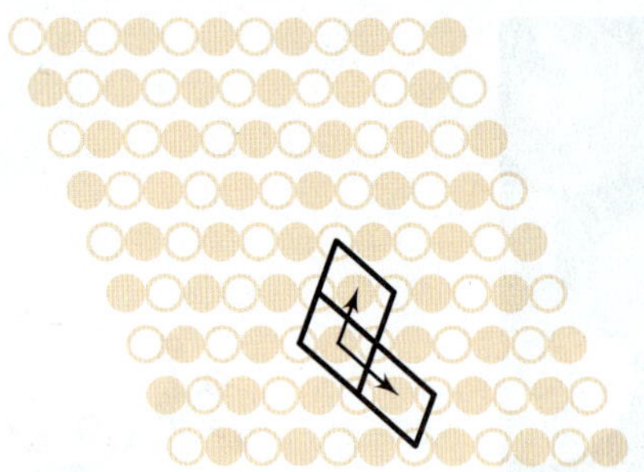

그림 13.5 인접한 곳으로 단위 세포를 평행이동시킴으로써 완전한 결정을 그리기 시작한다. 그림에서는 인접한 단 두 곳으로 평행이동시킨 것을 보여주고 있지만, 이것을 지속하면 결국 완전한 2차원 결정을 상세히 그릴 수 있다. 실제 단위 세포는 똑같은 일을 한다. 다만 3차원 공간에서 그런 일을 한다.

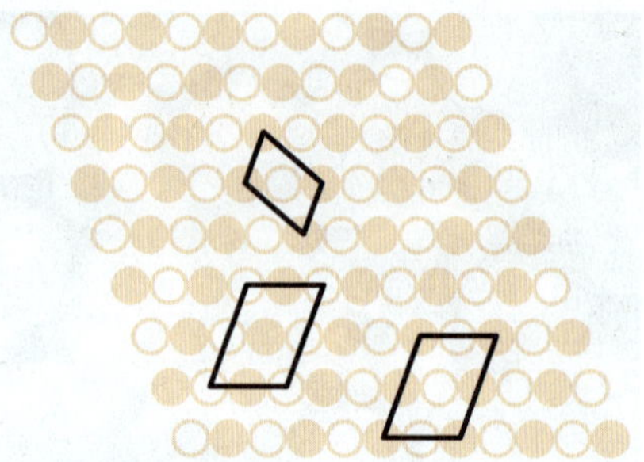

그림 13.6 가능성이 있는 몇 가지 단위 세포들. 관습에 따르면 결정에서 재현될 수 있는 가장 작은 부분을 진정한 단위 세포로 정한다. 가장 상단에 있는 사각형이 진정한 단위 세포이며(그림 13.4의 단위 세포와 비교하라) 하단의 사각형 2개는 진정한 단위 세포가 아니다.

시하는 방법에 주목하라. 단위 세포는 사각형의 네 모서리에 있는 각 흰색 원의 일부와 중심에 있는 유색 원 전체를 포함한다. 이것이 단위 세포를 그리는 올바른 방법이다. 이 단위 세포를 복사하여 원래의 단위 세포와 인접하도록 오른쪽 아래로 움직이고 오른쪽 위로 움직였다고 생각해보자. 이렇게 단위 세포를 펼친 것이 그림 13.5이다. 이처럼 단위 세포를 서로 인접하도록 계속적으로 반복하여 위치시켜가면 완전한 2차원 결정이 만들어진다.

왜 그림 13.4와 그림 13.5의 단위 세포를 단순하게 두 개의 유색 원과 두 개의 흰색 원으로 만들 수 없을까? 그 이유는 그렇게 하게 되면 원들 사이에 있는 공백이 무시되기 때문이다. 올바른 단위 세포는 단지 구성 입자의 위치뿐만이 아니라 구성 입자 사이의 공간까지도 포함하는 완전한 결정을 재현할 수 있어야 한다.

그림 13.4와 그림 13.5에 나타낸 단위 세포만이 유일한 단위 세포는 아니다. 그림 13.6에는 몇 개의 다른 가능성을 보여주고 있다. 어느 것이 올바른 단위 세포라 할 수 있을까? 관습에 따라 단위 세포는 완전한 결정을 재현할 수 있는 결정의 **가장 작은** 부분이다. 따라서 그림 13.4에 나타낸 단위 세포와 그림 13.6에서 가장 위에 표시된 세포만이 올바른 단위 세포이다. 그림 13.6의 아래에 위치한 두 개의 세포는 올바른 단위 세포가 아니다.

그림 13.7은 매우 단순한 이온 결정인 CsCl에 대해 두 가지의 가능한 단위 세포를 보여주고 있다. 단위 세포의 모서리가 원자의 일부분만을 포함하고 있다는 것을 다시 지적해 둔다. 그림 13.7a에서 각 모서리는 $\frac{1}{8}$개의 Cs 원자를 포함한다. 단위 세포의 8개 모서리에 있는 원자를 모두 더하면 단위 세포당 $\frac{1}{8} \times 8 = 1$개의 Cs 원자가 존재하고, 단위 세포의 중심에는 Cl 원자가 1개 존재한다. 이것은 화합물 중에 Cs와 Cl 원자가 1:1의 비율로 존재한다는 것을 의미하는 것이며, 화학식 CsCl로부터 결정되는 원자의 비율과도 일치한다. 그림 13.7b에서는 Cl 원자가 모서리에 위치하지만 이 단위 세포를 그림 13.5와 같은 방법으로 확장시켜 보면 그렇게 하여 생성된 화합물의 화학식이 CsCl임을 역시 뒷받침해준다.

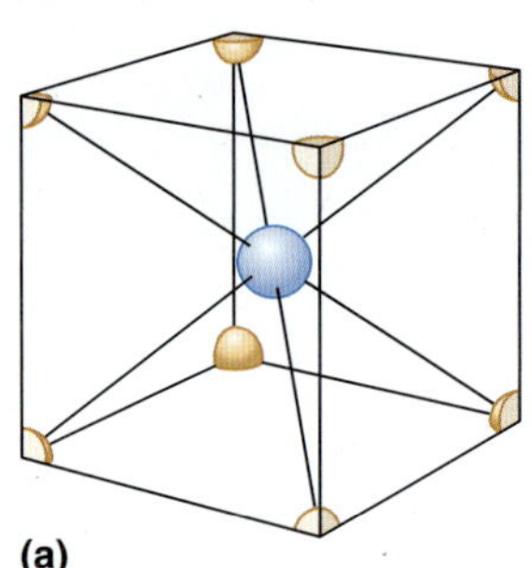

(a)

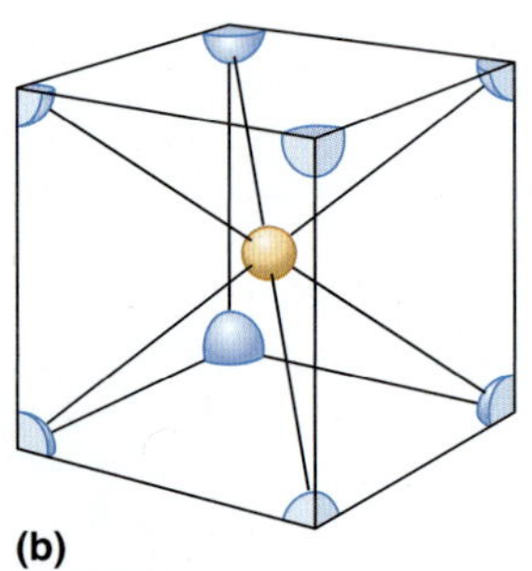

(b)

그림 13.7 CsCl에 대한 두 가지 가능한 단위 세포. 두 개 모두 올바른 단위 세포이다.

그림 13.7은 단위 세포를 결정할 때 고려해야 하는 중요한 점에 관하여 말해주고 있다. 단위 세포의 모서리에는 동일한 화학종이 오도록 하는 것이 일반적이다. 바로 뒤에서 언급을 하겠지만, 그러한 화학종은 다른 위치에 올 수도 있다. 이것은 단위 세포가 3차원 공간으로 퍼져나갈 때 모서리에 위치한 부분적인 원자가 합쳐져서 거시적 결정을 구성하는 완전한 원자를 만드는 데 필요하다. 그림 13.5에서 단위 세포의 평행이동은 모든 모서리에 똑같은 원자가 위치하고 있지 않으면 단위 세포는 다차원 결정으로서 의미를 가지지 못한다는 것을 나타낸다. 이와 같은 설명은 CsCl과 같은 단순한 이온 결정뿐만 아니라 결정성 나프탈렌($C_{10}H_8$)과 같은 복잡한 분자 결정에 대해서도 성립된다. 단위 세포를 정의하기 위해서는 단위 세포의 모서리에 같은 방향성을 가진 동일 화학종(특히 분자의 경우)이 위치하도록 하여야 한다.

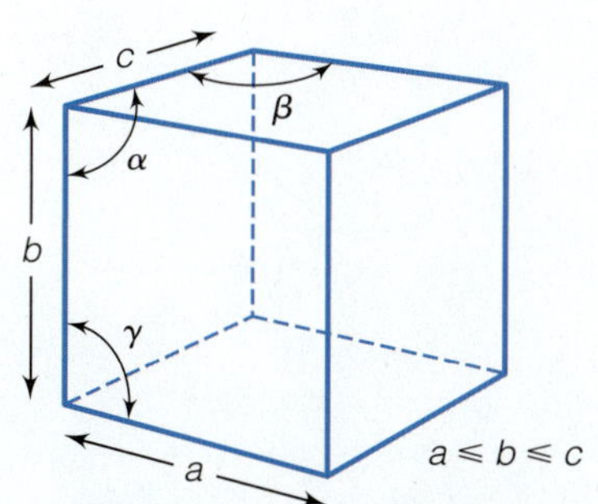

그림 13.8 단위 세포 상수의 정의. 단위 세포의 변 길이가 $a \le b \le c$가 되도록 a, b, c를 정한다. 단위 세포의 변이 이루는 각도를 α, β, γ로 정의한다.

같은 종류의 화학종(원자, 이온 또는 분자)은 단위 세포의 다른 위치에도 존재할 수 있으며 단위 세포의 크기에 따라 이들은 다른 거리와 각도에 위치한다. 예를 들어, CsCl은 입방 구조로 설명할 수 있는 매우 단순한 단위 세포를 가지지만 다른 화합물들은 그렇게 간단히 기술되지 못한다. 그렇지만 3차원 공간에 비슷한 화학종(예를 들어, Cs^+와 Cl^-)이 어떻게 배열될 수 있는지를 표현하는 데 14종류의 방법밖에 없다는 것이 알려져 있다. 이와 같은 14종류의 구조는 각각의 구조가 가지는 대칭 요소에 의해 7개의 결정계로 분류되고, 각각의 결정계 내에서도 단위 세포 내부의 어떤 위치에 원자, 이온 혹은 분자가 존재하느냐에 따라 변화가 있을 수 있다.

우선 표 13.1에 나타낸 7개의 결정계에 주목해 보자. 이들 결정계는 공간상에서 a, b, c(관습에 따라 $a \le b \le c$임)로 표시하는 단위 세포의 변 길이와 α, β, γ로 표시하는 변과 변 사이의 각도를 이용하여 정의한다(그림 13.8에서와 같이 관습에 따라 α는 b와 c가 이루는 각이며, β는 a와 c가 이루는 각이고, γ는 a와 b가 이루는 각도이다). 가장 단순한 결정계는 모든 변의 길이가 같고 변과 변 사이의 각도가 모두 90°인 경우이다. 이와 같은 결정계는 **입방**(cubic) 결정계라 불리며, CsCl (그림 13.7)을 예로 들 수가 있다. 변과 변 사이의 각도가 모두 90°이지만, 어느 한 변의 길이만이 다른 변들과 다른 **정방**(tetragonal) 결정계, 모든 변의 길이가 서로 다른 **사방**(orthorhombic) 결정계도 있다.

이제 a, b, c가 이루는 각도가 모두 90°인 경우가 아닌 결정계를 생각해 보자. 이 중에서 가장 제약이 없는 경우부터 시작해 보자. 모든 변의 길이와 변과 변 사이의 각도가

표 13.1 7개의 기본 결정계

명칭	단위 세포의 변 길이*	단위 세포의 변과 변 사이 각도
입방(Cubic)	$a = b = c$	$\alpha = \beta = \gamma = 90°$
정방(Tetragonal)	$a = b \neq c$	$\alpha = \beta = \gamma = 90°$
사방(Orthorhombic)	$a \neq b \neq c$	$\alpha = \beta = \gamma = 90°$
삼방(Trigonal)	$a = b = c$	$\alpha = \beta = \gamma \neq 90°$
육방(Hexagonal)	$a = b \neq c$	$\alpha = \beta = 90°, \gamma = 120°$
단사(Monoclinic)	$a \neq b \neq c$	$\alpha = \gamma = 90°, \beta \neq 90°$
삼사(Triclinic)	$a \neq b \neq c$	$\alpha \neq \beta \neq \gamma$

*단위 세포를 구성하는 변의 길이를 일반적으로 **격자 상수**(lattice parameter)라고 한다.

다른 경우의 결정계는 **삼사**(triclinic) 결정계이다. 두 개의 각도가 90°이고 나머지 한 개의 각도는 90°가 아닐 때 **단사**(monoclinic) 결정계라 한다. 세 변의 길이가 모두 같고 ($a = b = c$) 변과 변 사이의 각도도 같지만 90°가 아닌 경우에는 **삼방**(trigonal) 결정계 또는 **마름모**(rhombohedral) 결정계라 한다. 마지막으로 6겹(sixfold) 대칭성을 가진 결정도 있으며 이를 **육방**(hexagonal) 결정계라 한다.

끝으로 결정계 중에는 이러한 기본 구조에 원자나 이온이나 분자가 추가되어 생성되

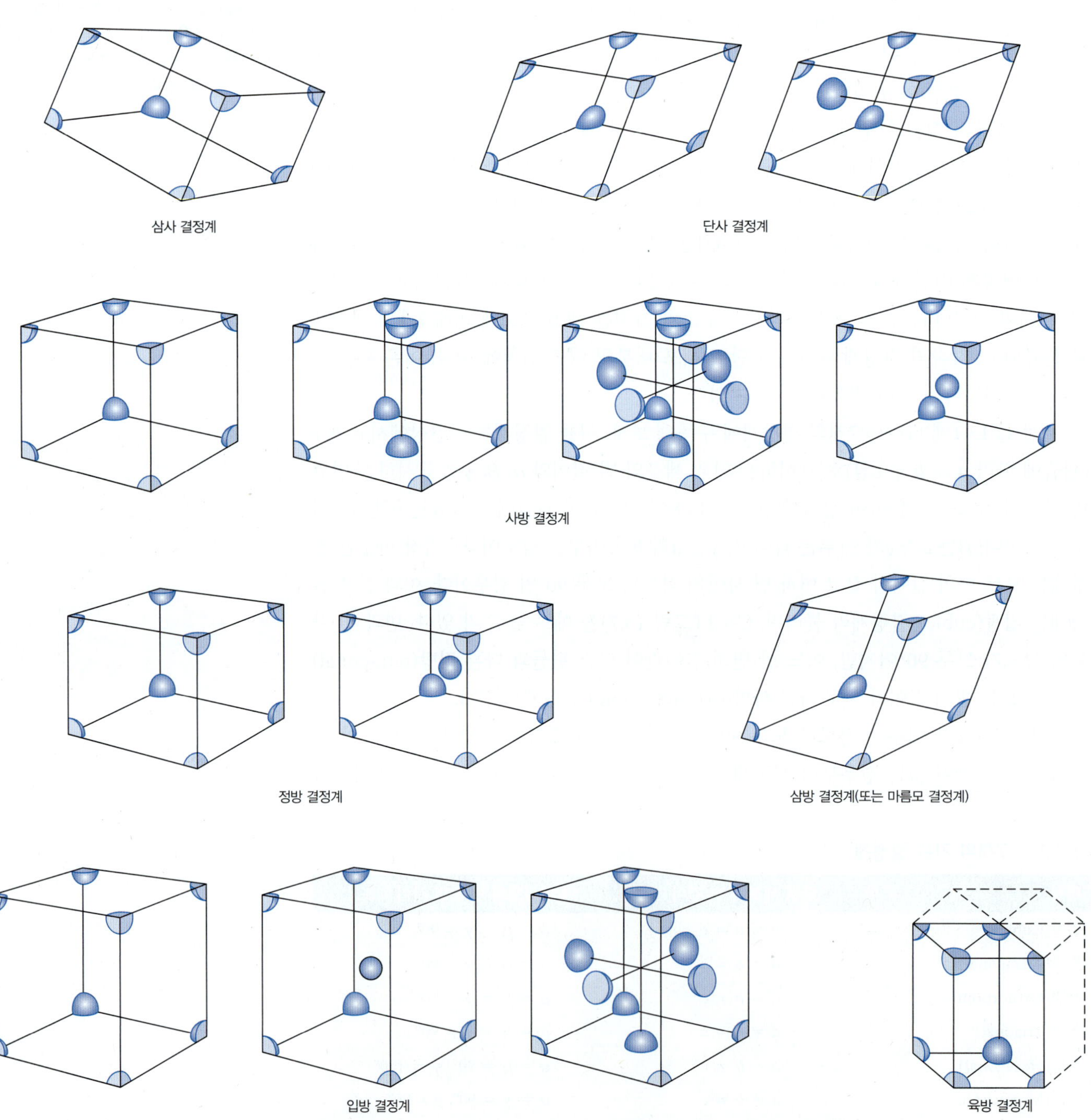

그림 13.9 7개의 결정계에 대해 구현이 가능한 14 종류의 브라베 격자. 두 개 이상의 브라베 격자가 존재하는 결정계가 있는 반면, 단 한 개의 브라베 격자만이 존재하는 결정계도 있다.

는 하위 결정계가 있다. 하위 결정계에서는 모서리를 점유하는 화학종과 동일한 화학종이 단위 세포 내부의 측면과 중심 등과 같은 다른 장소에 위치한다는 점에서 기본 구조와는 다르다. 이러한 내용은 표 13.2에 상세하게 기재되어 있으며, 그림 13.9에서는 추가적으로 가능한 입방 결정계, 정방 결정계, 사방 결정계 및 단사 결정계의 결정 구조를 보여주고 있다. 여기에 나타낸 14종류의 결정 구조를 **브라베 격자**(Bravais lattice)라 부른다. 이 명칭은 1848년에 이 구조들을 처음으로 기술한 프랑스 과학자 브라베(Auguste Bravis, 1811~1863)의 이름을 딴 것이다.

예를 들어, 입방 결정계에는 화학종이 단위 세포의 모서리에만 존재하는 **단순 또는 원시 입방**(simple or primitive cubic) 결정계, 화학종이 모서리와 중심에 존재하는 **체심 입방**(body-centered cubic) 결정계, 화학종이 단위 세포의 면 중앙에 존재하는 **면심 입방**(face-centered cubic) 결정계, 이렇게 세 가지 형태의 브라베 격자로 나누어진다. 체심 입방 결정계에서는 중심에 있는 화학종(원자, 이온 또는 분자)이 단위 세포의 화학량론에 통째로 1개가 기여한다. (각각의 모서리에 있는 화학종은 $\frac{1}{8}$개에 해당한다.) 면심 입방 결정계의 단위 세포에서는 면에 있는 원자나 이온이나 분자가 **각각** $\frac{1}{2}$개씩 기여하며, 이것을 전부 합치면 단위 세포의 화학량론에 $\frac{1}{2} \times 6 = 3$개가 기여한다.

정방 결정계도 단위 세포의 중심에 화학종을 가질 수가 있다. 사방 결정계에서는 화학종을 단위 세포의 중심에 두거나(체심 격자), 각 면의 중앙에 두거나(면심 격자), 서로 마주보는 면의 중앙에만 두거나(저심 격자), 모서리에만 두는(단순 또는 원시 격자) 것이 가능하다. 단사 결정계는 단순 격자 또는 마주보는 한 쌍의 면 중앙에만 화학종을 두는 저심 격자를 가질 수 있다. 삼사 결정계, 육방 결정계 및 삼방 결정계에서는 단순 격자만 존재한다.

표 13.2 14개의 브라베 격자

결정계	브라베 격자	기호
입방(Cubic)	단순 또는 원시 입방(Simple or primitive cubic)	sc, P
	체심 입방(Body-centered cubic)	bcc, I
	면심 입방(Face-centered cubic)	fcc, F
정방(Tetragonal)	단순 또는 원시 정방(Simple or primitive tetragonal)	P
	체심 정방(Body-centered tetragonal)	I
사방(Orthorhombic)	단순 또는 원시 사방(Simple or primitive orthorhombic)	P
	체심 사방(Body-centered orthorhombic)	I
	면심 사방(Face-centered orthorhombic)	F
	저심 사방(End-or base centered orthorhombic)	C
삼방(Trigonal)[a]	단순 또는 원시 삼방(Simple or primitive trigonal)	P
육방(Hexagonal)	단순 또는 원시 육방(Simple or primitive hexagonal)	P
단사(Monoclinic)	단순 또는 원시 단사(Simple or primitive monoclinic)	P
	저심 단사(End-or base centered monoclinic)	C
삼사(Triclinic)	단순 또는 원시 삼사(Simple or primitive triclinic)	P

[a]어떤 책에서는 삼방(trigonal) 결정계를 마름모(rhombohedral) 결정계라고도 한다.

표 13.2에는 브라베 격자의 종류를 나타내는 또 다른 표준 명명법(기호)도 표시되어 있다. 일반적으로 P는 단순 또는 원시 격자, I는 체심 격자, F는 면심 격자, C는 저심 격자를 의미한다.

14개의 브라베 격자만을 이용하여 존재할 수 있는 결정의 가능한 배열을 충분하게 설명하지 못한다고 보여질 수도 있다. 그러나 14개의 브라베 격자는 모든 가능성을 다 설명해준다. 결정이라는 것은 그 정의로부터 반드시 3차원적인 고유의 대칭성을 가지고 있으며, 14종류의 브라베 격자는 가능한 3차원 대칭 배열을 모두 설명해준다. 새로운 브라베 격자를 정의하려는 시도에서 단위 세포의 중심이나 면에 원자를 추가해도, 그렇게 생성된 결정의 브라베 격자는 원래와는 다른(일반적으로는 더욱 작음) 단위 세포로 설명할 수가 있으며 이것은 14개의 브라베 격자 중 어느 하나에 속하게 된다.

예제 13.1

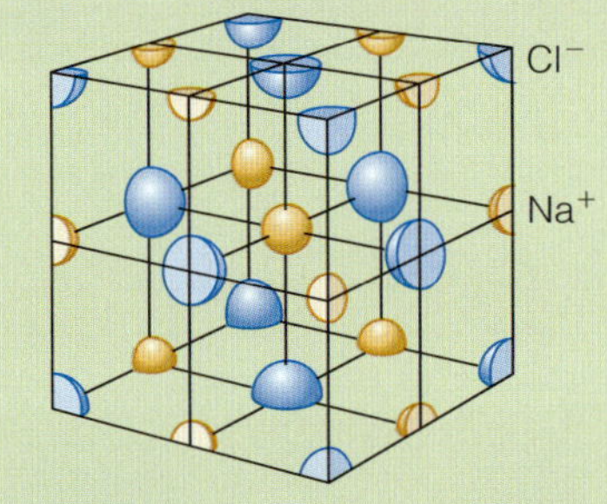

그림 13.10 염화 소듐(NaCl)의 단위 세포. 예제 13.1 참조.

그림 13.10은 단순한 구조를 가지는 이온 결정인 NaCl의 단위 세포를 나타낸 것이다.

a. NaCl이 어떤 브라베 격자에 속하는지를 밝혀라.

b. 단위 세포의 화학량론을 구하여라. 이것은 이 화합물의 화학식과 일치하는가?

풀이

a. 우선 모든 모서리에 같은 화학종이 존재한다는 것을 확인해야 한다. 그림 13.10을 보면 모든 모서리에 Cl^- 이온이 존재한다는 것을 알 수 있다. (이것은 결정의 단위 세포를 결정하는 경우에 많은 사람들이 충분히 이해하지 못하는 점이다.) 다음으로 단위 세포내 다른 곳에 있는 Cl^- 이온을 파악한다. 즉, Cl^- 이온은 단위 세포의 6개 면에도 존재한다. 따라서 NaCl은 면심 입방의 브라베 격자에 속하는 것으로 결론내릴 수 있다.

b. 모서리에 존재하는 모든 Cl^- 이온을 합치면 $\frac{1}{8} \times 8 = 1$개, 면에 있는 모든 Cl^- 이온을 합치면 $\frac{1}{2} \times 6 = 3$개로 모두 4개의 Cl 원자가 화합물의 화학식에 기여한다. 한편, 단위 세포의 중앙에는 1개의 Na^+ 이온이 존재하며 각각의 변 위에는 $\frac{1}{4}$개의 Na^+ 이온이 존재한다. (이것은 이해하기 어려울지 모른다. 그림 13.10을 참조하여 단위 세포의 변 위에 존재하는 각각의 Na^+ 이온에 대해 $\frac{1}{4}$개만이 실제로 단위 세포 내부에 포함되어 있다는 것을 확인하라.) 단위 세포의 변 위에 전부 12개의 Na^+ 이온이 존재하므로 $\frac{1}{4} \times 12 = 3$개와 중심의 1개를 더하여 모두 4개의 Na^+ 이온이 단위 세포 내에 존재하게 된다. 단위 세포 내에 존재하는 Na와 Cl 원자의 기여분을 따져보면 Na_4Cl_4의 화학량론을 가지게 되며 가장 작은 화학량론 비율을 적용하면 NaCl이 얻어진다. 이것이 염화 소듐의 예상된 화학식이다. (*주의*: 이 풀이 과정을 읽기만 하면서, 그림 13.10을 실제 참조하지 않고, 자신이 만든 결정 구조로부터 이 같은 내용을 파악하려는 사람은 이 예제로부터 아무 것도 얻을 수가 없을 것이다.)

예제 13.2

CsCl의 단위 세포는 중심에 1개의 원자가 존재함에도 불구하고 체심 입방이 아닌 단순 입방으로 분류되는 이유가 무엇인지 설명하라. CsCl의 단위 세포에 대해서는 그림 13.7을 참조하라.

풀이

단위 세포를 결정하기 위해서는 원자나 이온이나 분자든지 **동일한** 화학종이 단위 세포 내부의 적절한 장소에 위치할 필요가 있다. CsCl의 경우에는 Cs^+ 이온이 모서리에 존재(단위 세포라면 최소한 이 조건을 만족시켜야 함)하지만 Cs^+ 이온이 중심에는 존재하지 않는다(중심에는 **Cl^- 이온**이 존재). 중심에 위치하는 Cl^- 이온의 존재는 단위 세포의 종류를 결정하는 데 있어서 영향을 주지 않는다. 따라서 Cs^+ 이온의 위치에 의해 브라베 격자는 체심 입방 격자가 아닌 단순 입방 격자로 취급된다.

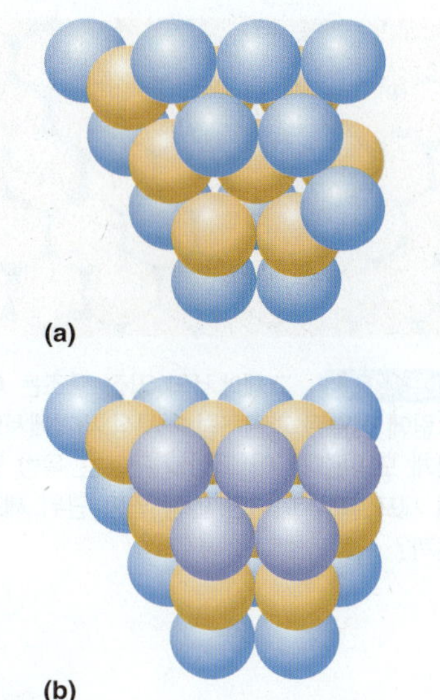

그림 13.11 구형 원자를 가장 효율적으로 채우는 두 가지 다른 방법. (a) 가장 아래층을 기본으로 하여, 가장 아래층에 있는 세 개의 원자들이 삼각형의 형태로 접촉하여 만든 틈새에 두 번째 층의 원자들이 위치하고, 두 번째 층의 원자들이 삼각형의 형태로 접촉하여 만들어진 틈새에 세 번째 층의 원자가 놓이는데, 이때 세 번째 층의 원자는 첫 번째 층의 원자 바로 위에 놓이게 된다. 이런 형태로 원자가 채워지는 것을 ABAB··· 형식의 조밀 채움이라고 한다. (b) 이 경우 세 번째 층의 원자는 첫 번째 층의 원자 위에 놓이지 않고 상대적으로 다른 위치에 놓이게 된다. 이런 형태는 ABCABC··· 형식의 조밀 채움이라고 한다.

특별한 언급이 필요한 두 가지 종류의 결정 격자가 있다. 모두 동일한 크기의 단일 원자로 구성된 단원자 결정을 생각해보자. 원자를 결정 내부의 한정된 공간에 가장 많이 채우기 위해서는(결정 내부의 공간을 효율적으로 채우기 위해서는) 어떤 방법이 있을까? 그림 13.11은 원자를 효율적으로 쌓아가는 두 가지의 방법을 나타내고 있다. 두 개의 그림에서 가장 아래층의 원자는 매우 규칙적인 격자를 만든다. 가장 아래층에서 삼각형의 형태로 인접하고 있는 3개의 원자에 의해 만들어진 자연적인 틈새에 두 번째 층의 원자가 놓인다.

세 번째 층의 원자가 놓이는 위치는 서로 다른 두 가지가 존재한다. 그 한 가지는 그림 13.11a에 나타낸 것처럼 세 번째 층의 원자가 첫 번째 원자의 바로 위에 오도록 하는 것이다. 이와 같은 방법으로 각 층의 원자 위치를 반복하면 결정을 계속 만들 수 있다. 첫 번째 층을 A, 두 번째 층을 B라고 하면, 이 같은 결정은 A, B, A, B,··· 와 같이 A와 B 층을 교대함으로써 만들 수 있다.

한편, 세 번째 층의 원자 위치를 A층이나 B층과는 다른 위치에 놓이게 할 수 있다. 이와 같은 방식을 그림 13.11b에 나타내었다. 여기서 새로운 세 번째의 층은 기호 C로 표시한다. 이렇게 형성된 결정에서는 교대층을 A, B, C, A, B, C,··· 와 같이 표시할 수 있다.

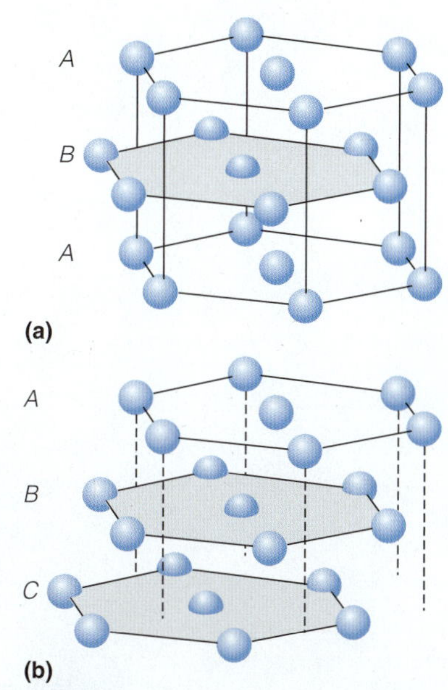

그림 13.12 (a) ABAB··· 형식으로 밀집 구조를 취하는 육방 단위 세포.
(b) ABCABC··· 형식으로 밀집 구조를 취하는 면심 입방 단위 세포.

그림 13.11에 나타낸 두 가지의 방법은 모두 가장 좋은 공간 효율로 원자나 이온이나 분자를 채우는 방법이다. 그림 13.12a는 ABAB형의 결정이 육방 브라베 격자를 형성한다는 것을 나타내고 있다. ABCABC형의 결정은 그림 13.12b와 같이 면심 입방 브라베 격자를 형성한다. 두 가지 결정 격자 모두 공간 효율이 가장 좋은 결정의 형태이며, 실제로 0족 기체에서 금속에 이르기까지 50종 이상의 원소 자체가 고체 상태에서 육방 결정격자 또는 면심 입방 결정 격자에 속한다. 육방 결정 격자의 효율성 때문에 이 격자를 종종 **육방 밀집 격자**(hexagonal close-packed lattice 또는 hcp lattice)라 부른다.

이같은 공간 효율이 좋은 결정 구조는 실제 거시 세계에서도 모습을 드러낸다. 예를

그림 13.13 고체에서의 밀집 구조는 이 그림에 진열된 과일처럼 거시적 세계에서도 쉽게 모방된다. 이 결정의 구조는 육방 단위 세포일까? 아니면 면심 입방 단위 세포일까?

들어, 골프공, 농구공 또는 야구공을 실제로 쌓아 보면 육방 밀집 또는 면심 입방 구조와 매우 유사한 구조가 얻어진다. 과일 가게에서 구형의 형태를 가진 과일(오렌지, 사과, 배, 감귤류 등)은 종종 밀집 구조가 되도록 쌓을 수 있다. 그림 13.13은 이와 같은 예이다. 이 같은 배열은 안정성 및 공간 효율이 좋기 때문에 이용된다.

13.4 밀도

한 결정의 결정 격자를 안다는 것은 단위 세포 내부에 얼마나 많은 분자가 존재하는지를 알 수 있다는 뜻이다. 나아가 단위 세포의 파라미터(세 변의 길이 a, b, c와 변과 변이 이루는 각도 α, β, γ)를 알면 화합물의 밀도를 구할 수 있다. 이렇게 계산된 밀도와 실험에 의해 구한 밀도 값을 비교하면 같은 값이 되어야만 한다. [실제로 밀도의 계산값이 실험값과 일치한다는 것은 물질의 원자설을 지지해주는(불필요하지만) 증거였다.]

밀도는 다음과 같이 단위 부피당 질량으로 정의된다.

$$\text{밀도} = \frac{\text{질량}}{\text{부피}} \tag{13.1}$$

일반적으로 고체의 밀도는 g/mL의 단위로 나타내며, mL는 cm^3와 같기 때문에 밀도의 단위는 g/cm^3로도 종종 나타낸다. 그러나 단위 세포는 한 변의 길이가 보통 Å(1 Å $= 1 \times 10^{-10}$ m) 단위일 정도로 매우 작다. 단위 세포에서 세포당 존재하는 원자나 분자의 수 또한 보통 적다고 생각할 수 있다. 따라서 임의의 단위 세포 한 개의 총 질량은 10^{-27}~10^{-26} kg 정도의 크기로 절대적으로 매우 작은 값을 가진다. 실제로 개개의 원자나 분자의 질량을 나타내기 위해 보통 '원자 질량 단위(atomic mass unit)' u를 사용한다. u는 다음과 같이 정의된다.

$$1 \text{ u} = 1.6605 \times 10^{-27} \text{ kg} \tag{13.2}$$

따라서 1개 단위 세포의 밀도를 u/Å^3 단위로 기술할 수 있다.

$$\text{밀도} = \frac{\text{질량}}{\text{부피}}\left(\frac{\text{u}}{\text{Å}^3}\right)$$

다행히 u/Å^{3}에서 g/mL로 변환하는 것은 단순한 단위환산의 문제이다. 식 (13.2)와 식 (13.3)을 이용하여 단위 세포 파라미터로 표시된 미시 단위의 밀도(u/Å^3 단위로 나타낸 밀도)를 측정 가능한 단위로 표시된 거시 단위의 밀도(g/mL 혹은 g/cm^3 단위로 나타낸 밀도)로 바꿀 수 있다.

$$1 \text{ mL} = 1 \text{ cm}^3 = 10^{24} \text{ Å}^3 \tag{13.3}$$

단위 세포의 질량은 격자 내에 존재하는 원자와 분자의 누적 수로 결정된다. 한편, 단위 세포의 부피는 기하학적으로 결정된다. 서로 평행인 6개의 면으로 둘러싸인 물체인 **평행 육면체**(prallelepiped)의 부피는 식 (13.4)로 주어진다.

$$\text{부피} = a \times b \times c \times \sqrt{(1 - \cos^2\alpha - \cos^2\beta - \cos^2\gamma + 2\cos\alpha\cos\beta\cos\gamma)} \tag{13.4}$$

식 (13.4)는 일반적인 식이며, 결정 격자에 따라서 단위 세포의 두 개 또는 세 개의 변이 같은 길이를 가질 수 있으며 변과 변 사이의 각도도 두 개 또는 세 개가 같은 값(즉, 90°)을 가질 수 있다. 단위 세포의 변에 대응하는 각도 α, β 및 γ의 정의를 잘 이해 할 필요가 있다. 90°의 각도를 가지는 단위 세포에 대해서는 식 (13.4)를 다음과 같이 직육면체의 부피와 동일한 형태로 간략하게 나타낼 수 있다.

$$\text{부피} = a \times b \times c$$

다음 예제 13.3과 13.4는 거시적인 밀도와 미시적인 정보가 어떻게 서로 연관성을 가지는지를 보여주고 있다.

예제 13.3

고체 상태의 은(Ag)은 a가 4.09 Å인 면심 입방 결정으로 존재한다. 은의 밀도는 얼마인가? 단, 은 원자 1개의 질량은 108 u이다.

풀이

우선 면심 입방 단위 세포 안에 들어 있는 은 원자의 수를 구해야 한다. 단위 세포의 각 모서리에 있는 원자는 단위 세포에 한 원자의 $\frac{1}{8}$만큼을 기여한다. 모서리에 있는 원자가 모두 8개 있으므로 $\frac{1}{8} \times 8 = 1$개의 은 원자가 단위 세포에 기여한다. 아울러 각각의 면에 있는 원자는 단위 세포에 한 원자의 $\frac{1}{2}$만큼 기여를 하게 되고 면이 전부 6개 있으므로 $\frac{1}{2} \times 6 = 3$개의 원자가 단위 세포에 기여한다. 따라서 1개의 단위 세포에는 $1 + 3 = 4$개의 은 원자가 존재한다. 은 원자 1개의 질량이 108 u이므로 원자 4개의 총 질량이 1개의 단위 세포의 전체 질량이 될 것이다.

$$\text{질량} = 4 \times 108\ \text{u} = 432\ \text{u}$$

입방 단위 세포에서 모든 각도가 90°이므로 단위 세포의 부피는 식 (13.4)를 이용하여 구할 수 있다.

$$\text{부피} = a \times b \times c = 4.09\ \text{Å} \times 4.09\ \text{Å} \times 4.09\ \text{Å}$$
$$= 68.4\ \text{Å}^3$$

숫자뿐만 아니라 단위도 3제곱이 되는 것에 유의해야 한다.

밀도의 정의에 대입하여 거시적 단위로 환산을 한다.

$$\text{밀도} = \frac{\text{질량}}{\text{부피}}$$
$$= \frac{432\ \text{u}}{68.4\ \text{Å}} \times \frac{1.6605 \times 10^{-27}\ \text{kg}}{1\ \text{u}} \times \frac{10^{24}\ \text{Å}^3}{1\ \text{cm}^3} \times \frac{1000\ \text{g}}{1\ \text{kg}}$$
$$= 10.5\ \text{g/cm}^3$$

여기서는 단위를 변환하기 위해 1.6605×10^{-27} kg = 1 u, 10^8Å = 1 cm를 사용하였다.

측정에 의해 얻어진 고체 상태의 은의 밀도는 10.5 g/cm^{3}이며 이는 계산된 값과 유효 숫자 3자리까지 정확하게 일치한다.

예제 13.4

약 20 K에서 고체 질소(N_2)의 밀도는 1.026 g/cm^{3}이다. 만일 고체 질소가 5.66 Å의 격자 상수를 갖는 입방 격자의 일종이라고 알려져 있다면 고체 질소는 어떤 종류의 입방 격자인가?

예제 13.4 (계속)

풀이

격자 변의 길이로부터 단위 세포의 부피를 계산할 수 있다.

숫자뿐만 아니라 단위도 3승이 되는 것에 유의해야 한다.

$$\text{부피} = (5.66\ \text{Å})^3 = 181\ \text{Å}^3$$

주어진 밀도의 단위를 변환하여 다음과 같이 단위 세포 1개의 질량을 구할 수 있다.

이 식은 밀도의 정의에 관한 식을 약간 변형시킨 것이며, 변환 계수는 예제 13.3과 동일하지만 역수를 사용하였다.

$$\text{질량} = \text{밀도} \times \text{부피}$$
$$= 1.026\ \frac{\text{g}}{\text{cm}^3} \times 181\ \text{Å}^3 \times \frac{1\ \text{u}}{1.6605 \times 10^{-27}\ \text{kg}} \times \frac{1\ \text{cm}^3}{10^{24}\ \text{Å}^3} \times \frac{1\ \text{kg}}{1000\ \text{g}}$$

따라서 단위 세포 한 개의 질량은 112 u가 얻어지고, 두 개의 질소 원자로 이루어진 질소 분자 N_2의 질량은 28 u이다. 단위 세포 한 개의 질량이 112 u이므로 다음 식과 같이 단위 세포 한 개당 네 개의 질소 분자가 존재하게 된다. (계산에 의해 단위가 어떻게 변하는지에 유의 할 필요가 있다.)

단위가 수학적으로 어떻게 서로 상쇄되어 삭제되는지를 확인할 필요가 있다.

$$\frac{\text{단위 세포당 } 112\ \text{u}}{N_2\ \text{분자당 } 28\ \text{u}} = \frac{112\ \text{u/단위 세포}}{28\ \text{u}/N_2\ \text{분자}} = \frac{4\text{개의 } N_2\ \text{분자}}{\text{단위 세포}}$$

입방 브라베 격자 중에 단위 세포 내에 네 개의 화학종을 가지고 있는 것은 면심 입방 격자이다. 즉, 8개의 모서리에 각각 $\frac{1}{8}$개의 화학종(전부 1개 분자)이 존재하고, 6개의 면에 각각 $\frac{1}{2}$개의 화학종(전부 3개 분자)이 존재하기 때문에 단위 세포 1개에 전부 4개의 분자가 존재하게 된다. 이와 같은 사실로부터 고체의 질소 분자(N_2)는 면심 입방 격자를 가질 것으로 예측된다.

그림 13.14 라우에(Max von Laue, 1879~1960)는 독일의 물리학자로 결정이 정말로 원자로 이루어져 있다면 결정은 X-선을 회절시킬 수 있는 회절발로써 작용해야 한다고 최초로 제안하였다. 그의 제안은 옳았고 결국 1914년에 노벨 물리학상을 수상하였다.

바로 앞 두 개의 예제는 입방 결정계를 대상으로 하였는데 입방 결정계는 변들이 서로 직교하고 있기 때문에 비교적 쉽게 형상화된다. 입방 결정계 이외의 결정계도 비슷하게 취급된다.

13.5 결정 구조의 확인

다양한 원소, 분자 및 화합물들의 결정 격자가 무엇인지를 어떻게 알 수 있을까? 이 질문에 대한 답을 찾아가는 과정은 과학사의 입장에서도 매우 흥미로운 부분이다.

1800년대 후반의 과학자들은 가시광선뿐만 아니라 눈에 보이지 않는 빛이 존재한다는 것을 인지하고 있었다. 빛은 다양한 진동수와 파장을 가진 파동이라고 생각할 수 있다. '빛'(현재는 전자기파라고 부르는 것이 더 좋음) 중에서 매우 짧은 파장을 가지며 에너지가 큰 빛이 X-선이다. 이것은 본래 1895년에 독일의 물리학자인 뢴트겐(Wilhelm Conrad Röntgen, 1845~1923)이 최초로 발견하였고, 발견 당시에 미지의 성질을 가지고 있다고 해서 X-선이라는 이름을 붙였다. 그 후에 X-선은 0.01~100 Å 정도의 짧은 파장을 가진 전자기파라는 것이 밝혀졌다.

한편, 반사될 수 있는 표면에 같은 간격으로 평행하게 골이 여러 개 파여 있는 **회절발**(grating)이라고 하는 것은 프리즘처럼 빛을 회절시킨다는 것이 같은 시기의 물리학자들에게 알려져 있었다. 이 회절 효과는 골의 간격이 빛의 파장과 비슷해지면 현저하게 나타났다. (실제로 대부분 최신 분산형 분광계에서는 **분산 장치**로서 회절발을 사용한다.) 물질은 보통 상대적으로 다른 각도로 X-선을 투과시키고 이러한 성질로 인해 X-선이 의료용으로 사용되고 있다. 1912년경 독일의 물리학자 라우에(그림 13.14)는 결정 내부에 원자(또는 이온이나 분자)에 의해 만들어진 층이 존재하며 이러한 층 사이의 간격이 X-선의 파장과 유사한 길이를 가지고 있어서, 결정이 X-선을 **회절**시키지는 않을까라고 생각했다. 라우에의 생각이 옳았다는 것이 황산 구리 결정, 그리고 이후에 황화 아연 결정을 사용한 실험에 의해 1912년에 입증되었다.

이 연구 결과는 라우에와 함께 부자 사이인 아버지 브래그(W. H. Bragg, 그림 13.15a)와 아들 브래그(W. L. Bragg, 그림 13.15b)에 의해 더욱 발전하였다. 특히 1915년에 브래그 부자는 결정 격자에 따라 선택적으로 회절되는 단색 X-선의 파장 λ와 결정 격자 내에 형성되는 면과 면 사이의 거리[**면간격**(d spacing)이라 불린다] d, 결정면과 단색 X-선의 입사각 θ와의 사이에 단순한 관계를 이끌어 냈고, 그 관계식은 다음과 같다.

$$n\lambda = 2d \sin \theta \qquad \textbf{(13.5)}$$

여기서 n은 정수(0, 1, 2, 3, ...)이다. 식 (13.5)는 **브래그의 회절 법칙**(Bragg's law of diffraction)으로 알려져 있다. X-선과 결정에 대한 업적으로 라우에는 1914년에, 브래그 부자는 그 다음 해인 1915년에 노벨 물리학상을 각각 수상하였다. (당시 아들 브래그의 나이는 약관 25세였는데, 이것은 지금까지도 과학 분야에서 최연소 노벨상 수상자로 기록되고 있다. 브래그 부자에게 노벨상 수상을 안겨준 연구 논문은 바로 노벨상을 수상한 1915년 초에 발간된 것이었다.)

n이 0인 경우는 표면에서 빛이 반사되는 것을 의미하고 이것은 새로운 물리 현상은 아니기 때문에 더 이상 고찰할 필요는 없다. 그러나 n이 1이면 아래에 나타낸 것과 같이 입사하는 단색 X-선의 파장이 $2d$와 $\sin \theta$의 곱과 같은 경우에만 X-선은 선택적으로 회절된다. 즉, 회절되는 파장은 식 (13.6)으로 나타낸다.

$$\lambda = 2d \sin \theta \qquad \textbf{(13.6)}$$

이와 같은 선택적인 회절의 물리적인 의미가 그림 13.16에 나타내어져 있다. 단색 X-선이 임의의 각도에서 결정(일반적으로 결정은 X-선을 잘 투과시킴)에 입사하면(그림 13.16a) 결정을 구성하는 화학종에 의해 형성된 다수의 격자면에서 반사가 일어난다. 그러나 그러한 반사광은 **상쇄적으로** 중첩되고 결국 결이 맞으며 측정이 가능한 회절된 X-선을 만들지 못한다.

한편 각도 θ가 적절한 값이 되면 많은 면으로부터 반사되는 X-선은 서로 **보강** 간섭을 하게 되고 그림 13.16b에 나타낸 것과 같이 회절이 일어난다. 적당한 위치에 검출기를 설치하면 결정성 격자가 X-선을 회절하므로 결정 격자에 의해 회절되는 X-선을 검출할 수 있게 된다. 식 (13.5)와 식 (13.6)에 2라는 숫자가 포함되어 있는 것은 X-선이 회절면 사이의 거리의 두 배를 이동해야 하기 때문이다. 실제로 λ와 θ 사이의 수학적 관계는 브래그 부자가 했던 방식대로 기하학적인 관계로부터 유도할 수 있다. 그림 13.16에는 결정의 이웃한 사이에 빛의 경로차가 파장 1개만큼만 나기 때문에 n은 1이 되고, 이러한 회절을 **1차 회절**(first-order diffraction)이라고 한다. (특별한 언급이 없

(a)

(b)

그림 13.15 아버지 브래그(William Henry Bragg, 1862~1942)와 아들 브래그(William Lawrence Bragg, 1890~1971)는 라우에의 생각을 어떠한 결정성 고체에도 적용할 수 있는 간단한 수학식으로 나타내었다. 이러한 공로를 인정받아 라우에가 노벨 물리학상을 수상한 다음 해에 아버지와 아들이 공동으로 노벨 물리학상을 받았고, 이 당시 아들 브래그의 나이는 25세로서 지금까지도 최연소 노벨상 수상자로 기록되고 있다.

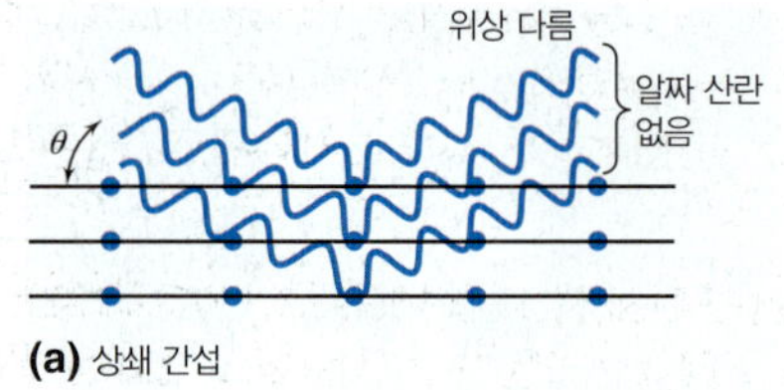

(a) 상쇄 간섭

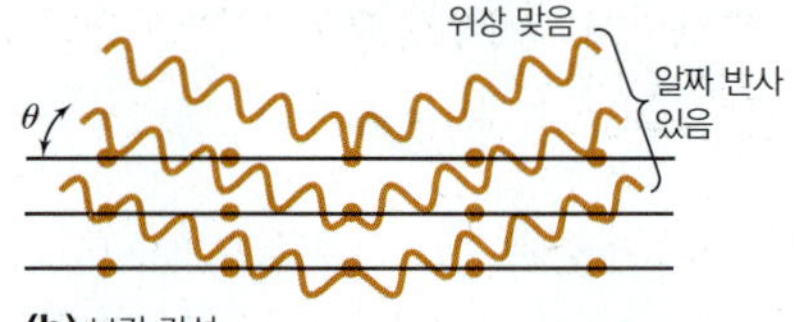

(b) 보강 간섭

그림 13.16 (a) 임의의 방향에서 X-선이 입사하는 경우 적층된 원자의 2차원 면(격자면)에서 반사되는 X-선은 서로 상쇄되는 간섭이 일어나, 결과적으로 회절되는 X-선의 강도는 0이 된다(회절이 일어나지 않는다). (b) 입사각, X-선의 파장, 격자면의 간격(면간격) 사이에 특정 조건이 성립되면, X-선의 경로차가 파장의 정수배가 되어 X-선 사이에 **보강** 간섭이 일어나고, 강한 X-선 회절이 일어난다. 입사각, X-선의 파장 및 면간격 사이의 관계를 브래그 방정식이라고 한다. 인접하는 면에서 반사되는 빛의 경로차가 파장 한 개의 길이보다 큰 경우도 있으며, 파장 한 개 길이의 몇 배에 해당하는지의 값을 회절 **차수**라고 한다.

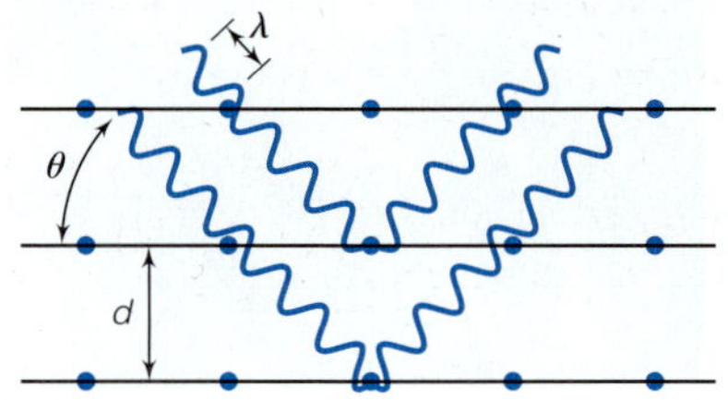

그림 13.17 인접하는 격자면에서 반사되는 X-선의 경로차가 파장 2개 이상의 차이가 나는 경우에 고차 회절이라고 한다. 이 그림은 브래그의 식에서 $n = 2$인 2차 회절을 나타낸 것이다.

으면 결정으로부터 회절되는 X-선은 1차 회절이라고 생각한다.)*

브래그의 법칙을 더 일반적으로 나타낸 식 (13.5)에서 보강간섭의 조건은 n이 **정수**여야 한다. 그림 13.17은 그림 13.16b와 동일한 파장의 X-선이 $n = 2$가 되면 다른 각도에서 회절된다는 것을 나타내고 있다. 이것은 2차 회절이라 불린다. 마찬가지로 3차 회절($n = 3$)과 4차 회절($n = 4$) 등도 존재한다. 일반적으로 1차 회절이 가장 뚜렷하고 분명하다. 결정에 따라 다르기는 하지만 0차 회절($n = 0$인 단순한 반사에 해당한다)도 매우 뚜렷하고 분명하게 검출된다.

다음 예제는 브래그 법칙의 이용에 대하여 설명해준다.

예제 13.5

원자의 간격이 2.77 Å인 단순 입방 격자에서 입사하는 X-선의 파장이 1.82 Å이고 2.77 Å 떨어져 있는 격자면에서 회절이 일어난다고 했을 때 1차 회절과 2차 회절이 일어나는 각도를 구하라.

풀이

X-선의 파장과 회절이 일어나는 면 간 거리가 모두 동일한 Å 단위로 주어진 것에 주목하라. 이들이 브래그 법칙에서 단위를 가지고 있는 유일한 물리량이기 때문에 매우 중요하다. 1차 회절에 대해서는 식 (13.6)을 이용할 수 있다.

$$\lambda = 2d \sin\theta$$
$$1.82\ \text{Å} = 2(2.77\ \text{Å}) \times \sin\theta$$

이 식에서 유일한 변수는 각도 θ이다.

$$\frac{1.82\ \text{Å}}{2 \times 2.77\ \text{Å}} = \sin\theta$$

여기서 단위 Å는 대수적으로 상쇄되므로 다음과 같이 된다.

$$\sin\theta = 0.329$$

따라서 입사각은 다음과 같이 얻어진다.

$$\theta = 19.2°$$

결국 이 경우 그림 13.16(b)에 나타낸 각도가 19.2°이다. 다른 모든 각도에서는 상쇄 간섭이 일어나서 실제 어떠한 X-선의 회절도 검출되지 않는다.

한편, 2차 회절에 대해서는 $n = 2$이므로 아래의 식을 이용해야 한다

$$2\lambda = 2d \sin\theta$$

(1차 회절에서는 $n = 1$이므로 숫자 1을 브래그 식에 굳이 쓰지 않았다.) 위 식을 이용하면 다음과 같이 입사각이 구해진다.

*거리가 $\lambda/2$만큼 떨어져 있는 면으로부터 반사되는 빛이 서로 상쇄되는 경우도 있다. 예를 들어, 면심 입방 결정계에서는 브래그의 법칙을 만족시키는 몇 개의 회절이 상쇄 간섭 때문에 검출이 안된다.

예제 13.5 *(계속)*

$$2 \times 1.82\ \text{Å} = 2(2.77\ \text{Å}) \times \sin\theta$$

$$\frac{2 \times 1.82\ \text{Å}}{2 \times 2.77\ \text{Å}} = \sin\theta$$

$$\sin\theta = 0.657$$

이 계산에서 단위는 역시 상쇄되고, 입사각을 계산하면 다음과 같다.

$$\theta = 41.1°$$

2차 회절이 일어나는 각도 41.1°가 1차 회절이 일어나는 각도 19.2°의 두 배가 아닌 것에 유의하라. 이것은 회절 차수가 X-선이 입사되는 각도 그 자체에 의존하는 것이 아니라 이 각도의 sine 함수에 의존하기 때문이다.

예제 13.6

어떤 결정에 파장이 10.4 Å인 단색 X-선을 입사시켰더니 25.5°의 각도에서 선택적으로 회절되었다.

a. 이 회절이 일차 회절이라 가정하고 결정면 간 거리 d를 계산하라.

b. 2차 회절이 일어나는 각도는 몇 도에서 관찰되겠는가?

풀이

a. 일차 회절에 대하여 $n = 1$이므로 브래그 법칙에 관련된 값을 대입하면 다음과 같이 나타낼 수 있다.

$$10.4\ \text{Å} = 2d \sin(25.5°)$$

위 식에서 미지수는 결정면 간 거리 d이다. d에 대해 풀면 다음과 같다.

$$d = \frac{10.4\ \text{Å}}{2\sin(25.5°)}$$

$$d = 12.1\ \text{Å}$$

단위가 어떻게 되는지 유의하라. 이 계산에서 남게 되는 유일한 단위는 거리의 단위인 Å이다.

b. 면간격 d의 값을 알았으므로 X-선의 2차 회절이 일어나는 각도를 구할 수 있다. $n = 2$일 때의 브래그 식은 다음과 같다.

$$2(10.4\ \text{Å}) = 2(12.1\ \text{Å}) \sin\theta$$

이 식에서는 각도 θ가 미지수이므로 식을 풀면 다음과 같이 θ 값이 얻어진다.

$$\sin\theta = \frac{2(10.4\ \text{Å})}{2(12.1\ \text{Å})}$$

$$\sin\theta = 0.859$$

$$\theta = 59.3°$$

임의로 주어진 결정의 면간격과 X-선 파장에 대해 얼마든지 많은 회절이 일어나는 것은 아니라는 것을 수학적으로 확인할 수 있다. 바로 앞의 예제에서 3차 회절이 일어나는 각도를 구하려고 했다면 차수를 의미하는 n에 3을 대입하면 다음과 같이 쓸 수 있을 것이다.

$$\sin\theta = \frac{3(10.4\ \text{Å})}{2(12.1\ \text{Å})}$$

여기에서 분자에 있는 3은 차수 n이 3임을 나타낸다. 이 분수를 계산하면 다음과 같다.

$$\sin\theta = 1.289$$

그러나 sine 함수는 1 이상의 값을 가질 수 없기 때문에 1.289에 해당하는 $\sin\theta$ 값은 물리적으로 존재하지 않는다. 이것은 이 면이 파장 10.4 Å인 X-선을 1차와 2차 회절만 시킬 수 있다는 것을 보여주고 있는 것이다.

브래그 법칙은 실험 결정학의 기본 원리이지만 식이 너무도 간결하여 잘못된 해석을 유발하는 경우도 있다. 많은 영족 기체의 고체가 취하는 구조로 결정 격자 중 가장 단순한 입방 격자에서는 한 종류의 원자만이 X-선을 굴절시키는 면을 이루고 있다. 한편, 물(H_2O)과 같은 결정성 분자 고체에서는 결정이 분자 고체이기 때문에 더욱 복잡할 뿐만 아니라 물 분자에 있는 각 원자들이 굴절면으로서 작용할 수 있는 원자 집합체를 정의하는 데 사용된다. 자유분방한 화합물에 의한 X-선의 회절은 사실 매우 복잡하다. 그 이유는 대부분 화합물이 분자 화합물이고, 이들은 해당 단위 세포 위치에 회절에 기여할 수 있는 많은 원자를 가지고 있기 때문이다.

결정의 배향 즉, 시료의 형태와 관련된 추가적인 복잡함도 존재한다. 시료가 단결정인 경우에 단위 세포의 배향은 정해져 있다. X-선의 굴절(부분적으로 브래그 법칙에 의해)은 정해진 방향에서 일어나고, X-선 회절 실험은 그러한 특징적인 방향성을 이용하여 화합물의 구조를 결정하게 된다. X-선이 회절되는 각도로부터 분자의 구조를 계산하기 위해 컴퓨터를 사용하면 매우 유용하다. 그러나 시료가 분말 또는 다결정인 경우에는 입사되는 X-선에 대한 각각의 작은 결정들의 방향이 제각각이어서 회절되어 나오는 X-선의 배양도 제각각이 된다. 실험적으로 소위 분말 X-선 회절 패턴을 얻는 것은 비교적 간단하지만 분말 시료의 X-선 회절 패턴은 단결정의 것에 비해 훨씬 복잡하다. (단, 입방 단위 세포의 경우에는 예외이다. 단위 세포가 입방 격자이므로 각각의 미세 결정 조각이 어느 방향을 향하고 있더라도 문제가 되지 않는다.) 예상하였겠지만 X-선 회절을 이용하여 화합물의 분자 구조를 결정하려고 하는 과학자는 단결정 시료를 선호한다. 그렇지만 결정화가 어려운 거대 생체 분자의 경우 단결정을 제조하는 것은 어려울 수 있다.

13.6 밀러 지수

앞 절에서는 X-선 회절이 결정 내부의 단일 원자층에 의해서만 일어나는 것으로 간주했다. 실제로는 그렇지 않으며 그림 13.16에 나타낸 것과 같이 회절은 결정 내부의 비슷한 단위 세포 위치에서 원자들로 이루어진 연속적인 면에 의해서 반사되는 X-선이 서로 보강 간섭하여 일어난다. 실제로 평면에 의한 X-선 회절을 모으면 X-선 회절을 3차원적인 현상으로 만들어 준다(그림 13.16에서는 2차원적으로 나타내었지만).

한 층만을 생각하는 모식도가 엄밀하게는 틀린 것이지만, X-선 회절의 개념은 결정 구조를 이해하는 데 있어서 원자로 이루어진 면이 중요하다는 사실을 이끌어 냈다. 우선 원자로 구성된 각각의 면이 X-선을 반사하고, 많은 면으로부터 반사된 많은 빛이 서로 보강 간섭을 하여 알맞은 각도로 X-선을 굴절시킨다고 생각할 수 있다. 이때 단위 세포에 존재하는 원자로 이루어진 면을 어떻게 정의하면 될까? 나아가 한 가지 더 생각해야만 하는 것이 있다. 단위 세포가 무한대로 반복된다고 해도 어느 지점에서 반복이 끝나게 되고, 그렇게 끝나는 지점에서 표면을 형성한다. 이 표면은 일반적으로 평면으로 간주한다. (실제로 다수의 대형 결정은 확실한 평면을 가지고 있기 때문에 이와 같은 예로 들 수 있다. 잘 절단된 다이아몬드는 단위 세포의 연결을 끝낸 표면에 의해 매우 특정적인 모양을 가진다.) 따라서 단위 세포의 반복 구조 중에 존재하는 해당 원자로 이루어진 면을 정의할 수 있다는 것은 명백하다.

결정 내 해당 화학종이 만들 수 있는 서로 다른 가능한 면을 표시하기 위하여 **밀러 지수**(Miller index)를 사용한다. [밀러 지수는 본래 1825년에 영국의 과학자 휴얼(William Whewell)에 의해 만들어졌지만, 1839년 영국의 광물학자 밀러(William Miller)가 저술한 결정학 교재에서 보편화되었다.] 밀러 지수는 단위 벡터로 작용하며 단위 세포의 변 길이를 나타내는 *a*, *b*, *c*를 바탕으로 한다. 원점으로부터 그 면에 도달하기까지 각 변의 길이를 이들 단위 벡터의 몇 배가 되는지 분수와 배수로 나타낸 후에 역수를 취한 것이다. 이런 점에서는 **역지수**(reciprocal index)라고 할 수 있다.

그림 13.18은 단순 입방 단위 세포의 특정 격자면에 대한 밀러 지수를 결정하는 수순을 보여주고 있다. (이 수순은 다른 종류의 단위 세포에 대해서도 복잡하게 보일 뿐이지 동일하다.) 그림에는 네 개의 단위 세포 내부에 서로 평행인 원자가 이루는 면이 그려져 있다. 이들 평행한 면을 단위 세포의 변 길이 *a*, *b*, *c*를 이용하여 어떻게 표시할 수 있을까? 아래의 4단계 수순대로 따라가면 된다.

1. 고려하고 있는 단위 세포의 모서리를 한 개 선택하여 3차원 직교 좌표의 원점으로 지정한다. 그림 13.18에 그 예를 나타내었다.
2. 격자면의 절편(각 변과 교차하는 점)을 구하고, 각 절편이 원점으로부터 *a*, *b*, *c*의 몇 배만큼 떨어져 있는지를 구한다. 그림 13.18에서는 정의하려고 하는 격자면의 각 변과 만나는 절편이 1*a*, 1*b*, 1*c*이다. 이 면을 정의하기 위하여 얻어진 숫자는 1, 1, 1이며 이것은 각 변의 절편을 나타내는 단위 세포의 변 길이를 의미이다.
3. 위에서 얻어진 숫자 각각에 대해 역수를 취한다. 이 경우에는 1, 1, 1의 역수가 단순하게 1, 1, 1이 된다(또 다른 예는 나중에 생각해 보자).
4. 밀러 지수는 위에서 얻어진 3개의 역지수를 괄호 안에 쉼표 없이 한데 모아 (111)로 표시한다. 그림 13.18에 나타낸 면은 단위 입방 격자의 (111) 면이라고 한다.

결정 내부의 임의의 격자면에 대한 밀러 지수는 위에서 기술한 방법대로 결정할 수 있다. 밀러 지수를 나타내는 일반적인 형태는 (*hkℓ*)인데, *h*는 단위 세포의 *a*축 방향의 밀러 지수이고, *k*는 *b*축 방향의 밀러 지수이며, *ℓ*은 *c*축 방향의 밀러 지수이다. 입방 결정계의 단위 세포에서는 동등한 다수의 평면이 존재하며 이들 평면의 밀러 지수는 모두 같다. 실제로 (100)은 (010) 및 (001)과 동등한 평면이다. 그러나 입방 결정계가 아닌 다른 결정계의 단위 세포에서는 이들 면이 동등하지 않다.

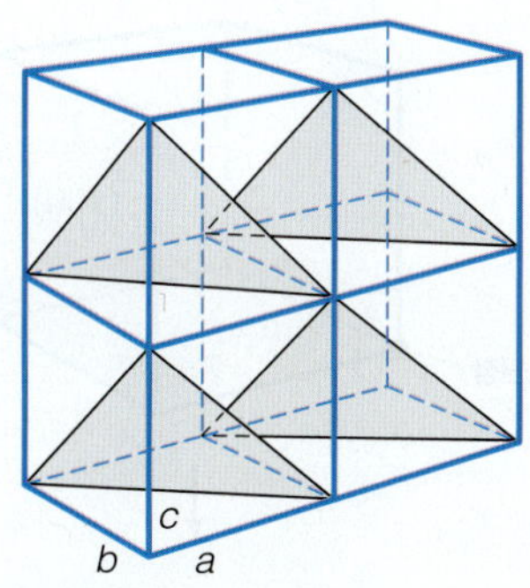

그림 13.18 서로 평행한 원자 면의 밀러 지수를 결정하는 방법. 자세한 내용은 본문 참조.

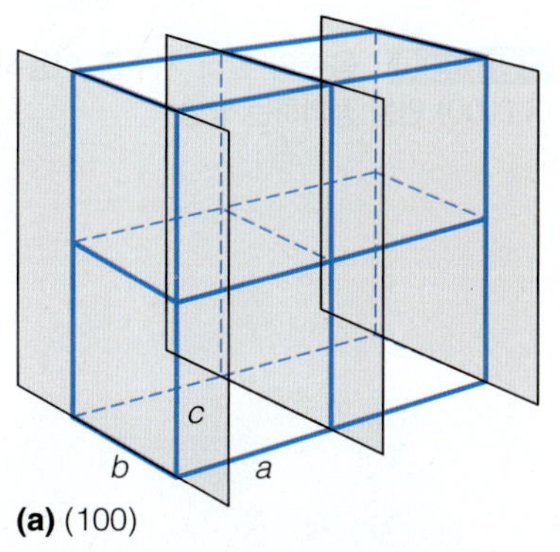

(a) (100)

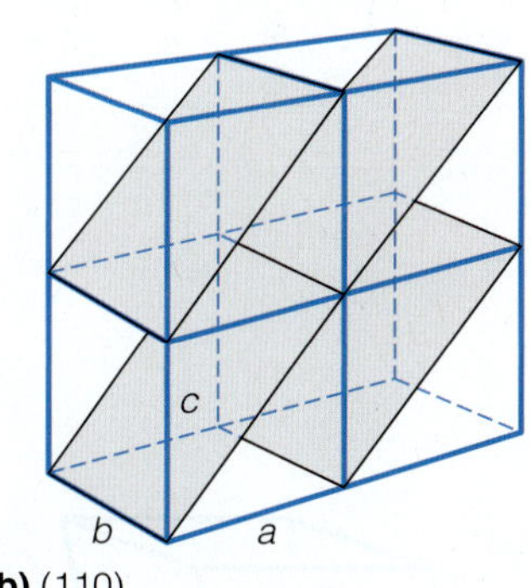

(b) (110)

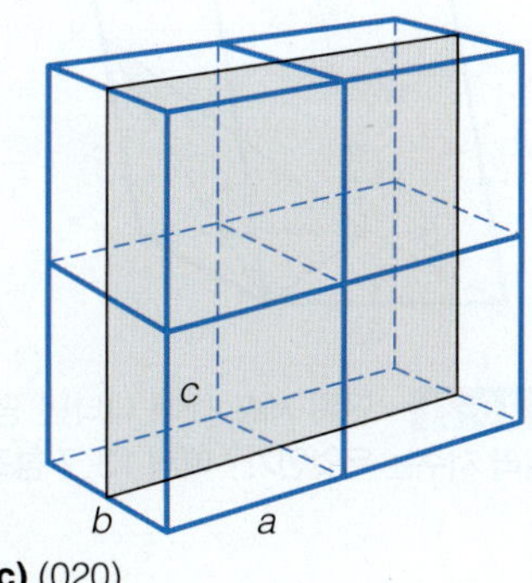

(c) (020)

그림 13.19 입방 결정계에 존재하는 몇 가지 격자면들에 대한 밀러 지수.

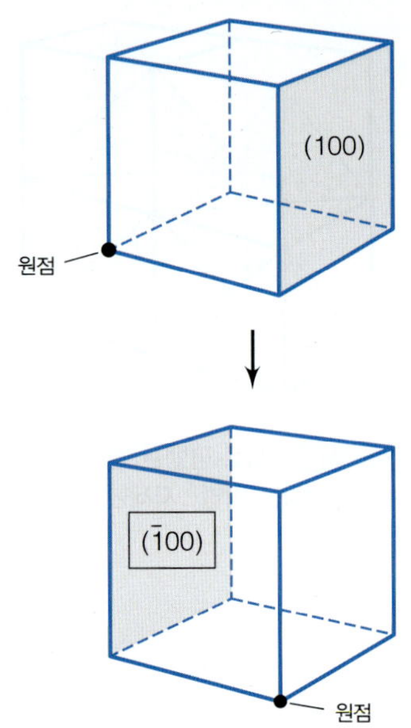

그림 13.20 음수의 밀러 지수를 이용하여 (100) 면을 정의하는 방법.

주의해야 할 점이 몇 가지 있다. 첫째로, 밀러 지수를 결정하려고 하는 면이 단위 세포를 구성하는 격자면 그 자체인 경우도 있다는 것이다. 그림 13.19에 그와 같은 예를 몇 가지 나타내었다. 이와 같은 면에서는 단위 세포의 세 개 변 중에서 교차되지 않는 면이 존재한다. 이 경우에는 단위 세포의 변 길이가 무한대가 되는 지점에서 교차된다고 간주한다. ∞의 역수는 0이므로 그림 13.19에 나타낸 면의 밀러 지수는 각각 (100), (101) 및 (020)이다. (이것이 올바른 밀러 지수임을 각자 확신할 수 있어야 한다.)

둘째로, 밀러 지수는 1보다 큰 수(일반적으로는 정수)일 수 있다. 그림 13.19c에는 밀러 지수가 1보다 큰 격자면이 있다. 여기에서도 또 다시 앞에서 기술한 각 수순을 밟았을 때 해당되는 밀러 지수가 얻어진다는 것을 각자 확신할 수 있어야 한다.

끝으로, 음수를 사용하여 밀러 지수를 잘 나타낼 수 있는 경우가 종종 있다. 그러나 격자면을 표기할 때는 (ABC) 등과 같이 쉼표 등을 사용하지 않기 때문에, 음의 부호를 사용하면 (A −BC) 등과 같이 되어서 해석에 문제를 야기할 수도 있다. 관습적으로 음의 부호를 사용하지 않으면서 음이라는 것을 나타내기 위하여 숫자의 위에 바(bar)를 표시한다. 따라서 (A −BC)로 쓰기보다는 (A$\bar{\mathrm{B}}$C)로 쓴다. 여기서 $\bar{\mathrm{B}}$는 앞서 언급한 4단계의 수순에 의해 정해진 값으로 실제는 −B를 나타낸다. 이와 같은 방법에 의해 정의된 결정 격자면이 그림 13.20에 나타내어져 있다.

왜 이처럼 번거로운 지수를 도입할 필요가 있는 것일까? 그 이유는 밀러 지수로 정의되는 면이 X-선을 회절시키고 그렇게 회절된 X-선은 서로 보강 간섭을 하기 때문이다. 격자면이 다르면 면간격 d도 다르기 때문에 밀러 지수가 다른 면은 같은 X-선을 다른 각도에서 회절시킨다. 결정 구조를 이해하기 위해서 X-선이 서로 보강 간섭을 한다는 현상을 이용하고 있기 때문에 X-선을 반사하는 원자(또는 분자나 이온 등)로 이루어진 면을 파악할 수 있는 것이 필요하다. 밀러 지수라는 개념은 결정 내부에 격자면이 매우 많다는 것을 의미하고, 많은 격자면은 X-선 결정학이 꽤 복잡하다는 것을 말해주고 있다. 물론 어떤 측면에서는 분명히 그렇게 말할 수 있지만, 한편으로 밀러 지수는 서로 다른 결정 면이 X-선과 어떻게 상호 작용을 할 수 있는지 모델화하는 방법을 제시해준다.*

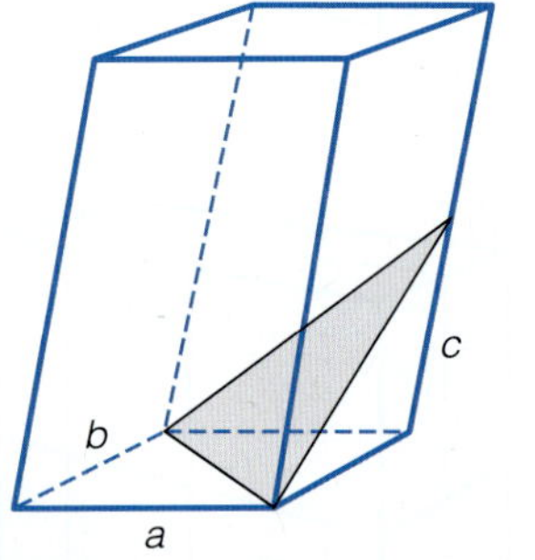

그림 13.21 단위 세포 내에 나타낸 평면의 밀러 지수는 무엇인가? 예제 13.7 참조.

예제 13.7

결정 내부의 적당한 위치에 원자가 있다고 하고, 그림 13.21에 나타낸 격자면의 밀러 지수를 구하라. 이 결정이 입방 구조의 결정이 아니라는 것은 그다지 중요하지 않다. 단위 세포가 단 한 개 표시되어 있다는 것에 유의하라.

풀이

그림의 왼쪽 아래 모서리를 원점으로 정한다. 도시되어 있는 면과 a, b 및 c의 결정축과의 교점을 구하면 a의 1배, b의 1배, c의 1/2배이다. 이들 단위 벡터의 배수의 역수를 취해

*면심 입방 결정(fcc)에서는 (100)면에 의해 회절된 X-선은 서로 소멸 간섭하여 검출되지 않는다. 이러한 현상을 **계통적인 소멸**(systematic extinction)이라고 부른다. 면심 입방 결정에서 (110)면과 (210)면 역시 소멸된다. 계통적인 소멸을 나타내는 추가적인 면에 대해서는 뒤에서 서술하는 표 13.3을 참고하라.

예제 13.7 *(계속)*

밀러 지수로서 1/1, 1/1, 1/(1/2), 즉, 1, 1, 2를 각각 얻는다. 따라서 이 면의 밀러 지수는 (112)가 된다.

예제 13.8

염화 세슘(CsCl)은 격자 상수가 4.11 Å인 단순 입방 격자의 구조를 가진다. CsCl의 (111)면에 의해 20.0°의 각도에서 1차 회절을 일으키는 X-선의 파장을 구하라.

풀이

이 문제는 단순해 보이지만 몇 가지의 개념들을 필요로 한다. 브래그의 식을 직접 사용하면 되는데, 우선 (111)면 사이의 거리인 면간격 *d*를 구해야 한다. 이것은 결정의 격자 상수로부터 기하학적으로 구해야 한다. 그림 13.22에 구하는 수순을 나타내었다. 그림 13.22로부터 평행인 (111)면 사이의 면간격 *d*가 2.91 Å임을 알 수 있다. 여기서 브래그 법칙을 이용하면 다음과 같이 X-선의 파장을 구할 수 있다.

$$1 \cdot \lambda = 2(2.91\ \text{Å}) \cdot \sin 20.0°$$
$$\lambda = 1.99\ \text{Å}$$

다시 말해, (111)면은 파장 1.99 Å의 X-선을 20.0°의 각도에서 회절시킨다. 이 파장이 결정의 격자 상수보다도 작다는 것에 주목할 필요가 있다. 이것은 결정 내부에서 원자로 이루어진 기울어진 면의 면간격 *d*가 더 짧다는 결과이다.

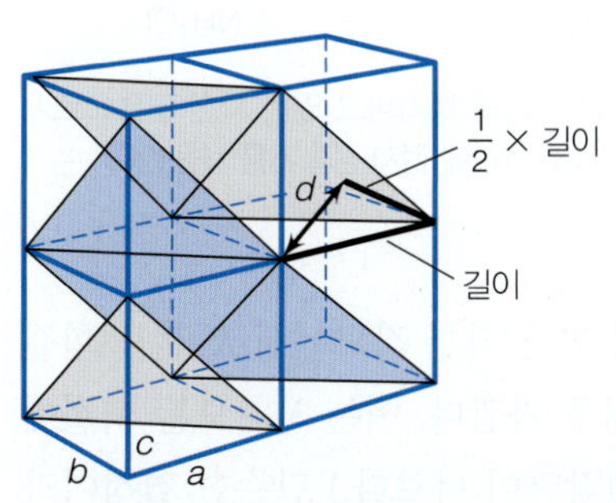

단계 1. 길이 = 4.11 Å × $\sqrt{2}$ = 5.81 Å

단계 2. $\frac{1}{2}$(길이) = $\frac{1}{2}$(5.81 Å) = 2.91 Å

단계 3. *d* = 직각 삼각형의 한 변
(굵은 선으로 나타낸 삼각형)
다른 한 변 = 2.91 Å
빗변 = 4.11 Å
피타고라스의 정리를 이용하여:
$(4.11\ \text{Å})^2 = (2.91\ \text{Å})^2 + d^2$
$8.424\ \text{Å}^2 = d^2$
$d = 2.91\ \text{Å}$

그림 13.22 밀러 지수를 이용한 X-선 회절 조건을 결정하기. 기하학은 조금 사용하면 단위 세포 상수로부터 면간격 *d*를 계산할 수 있다. 그런 후에 브래그 식을 사용하면 된다. 예제 13.8 참조.

위의 예제는 중요한 점을 시사하고 있다. 즉, 반복되는 단위 세포의 모서리에 의한 단순한 면뿐만 아니라 결정 내부의 원자나 이온에 의해 만들어진 모든 면이 X-선을 회절시킨다는 것이다. 이 사실은 실제 결정에 의한 X-선의 회절이 매우 복잡할 수 있다는 것을 의미한다. 그림 13.23은 몇 개의 서로 다른 브라베 격자를 가진 화합물의 분말로부

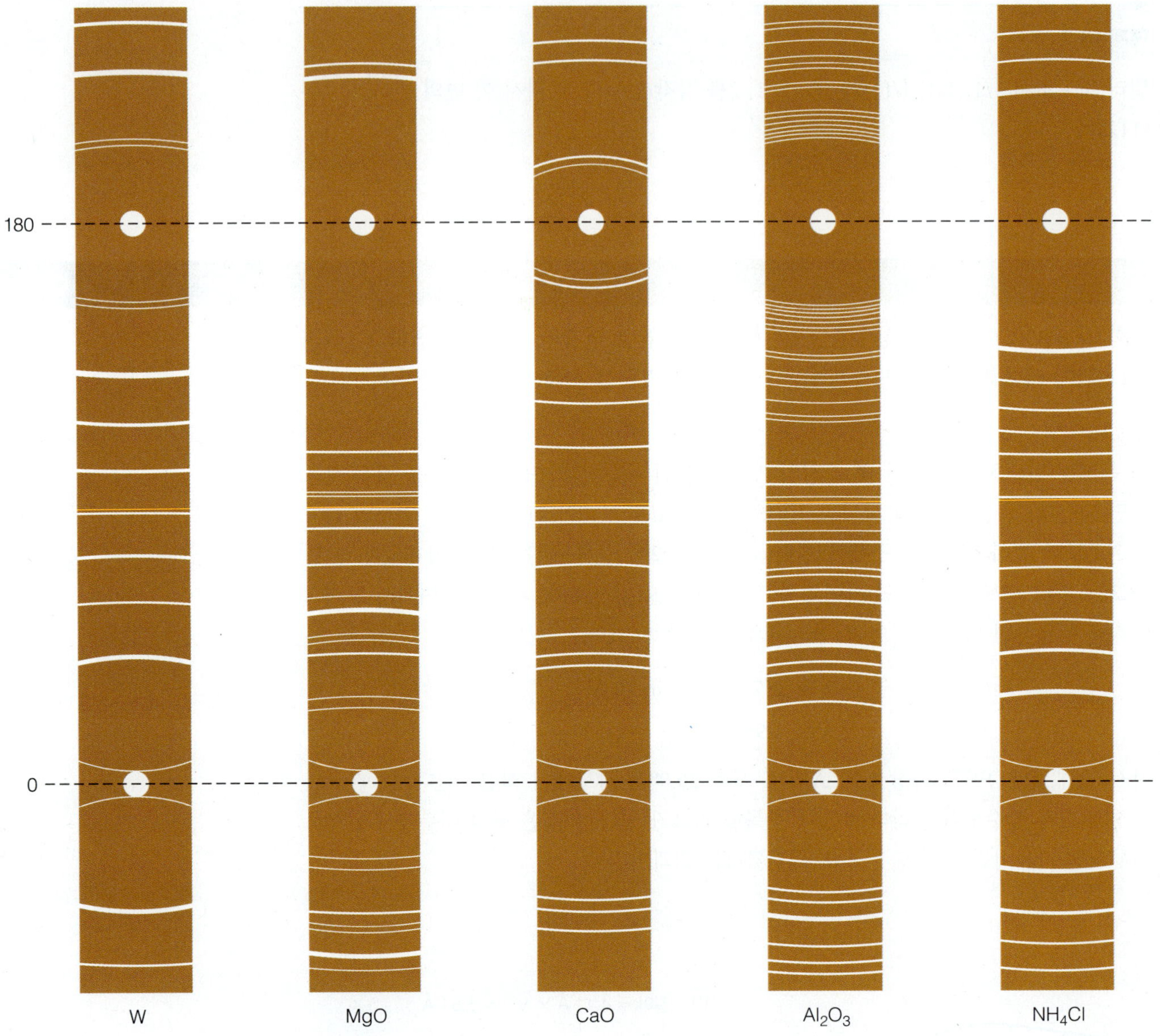

그림 13.23 분말 결정에 의한 X-선 회절의 예. 가늘고 긴 띠는 분말 시료를 둘러싸고 있는 사진 필름으로서 X-선이 회절하는 각도에서만 빛에 노출된다. 최근의 X-선 장치에서는 필름 대신에 전자 검출기를 사용한다.

터 얻어진 X-선 회절 결과이다. 서로 다른 밀러 지수의 면은 다른 각도에서 X-선을 회절시킨다. (실제로 이용되고 있는 X-선은 보통 단색에 매우 가깝다. 이는 λ가 모든 회절에 대해 동일하다는 것을 의미한다. 다만 면간격 d와 회절각만이 다르다.) 단순한 결정이라 해도 X-선 회절 패턴은 매우 복잡하며 컴퓨터로 분석하는 것이 유용할 정도이다.

그러나 X-선이 회절되는 각도는 밀러 지수(결국, 단위 세포 변 길이의 분율이나 배수임)를 이용하여 표시할 수 있다. 쉽게 예상할 수 있듯이 밀러 지수와 다양한 반사면과의 관계는 직교하는 결정축을 가진 단위 세포를 가진 결정의 경우에 가장 간단해진다. 굳이 유도하지는 않겠지만 면간격 d와 원자가 이루는 면의 밀러 지수 사이에는 다음과 같은 관계가 성립한다.

$$\frac{1}{d} = \left(\frac{h^2}{a^2} + \frac{k^2}{b^2} + \frac{\ell^2}{c^2}\right)^{1/2} \qquad \textbf{(13.7)}$$

이 식은 입방 결정계, 사방 결정계 및 정방 결정계의 결정에 적용할 수 있다. 입방 결정계의 결정에 대해서는 $a = b = c$의 관계가 성립하므로 식 (13.7)은 더욱 간략하게 나타낼 수 있다. 즉, 면간격 d는 다음과 같다.

$$d = \frac{a}{\sqrt{h^2 + k^2 + \ell^2}} \tag{13.8}$$

따라서 입방 결정계에 속하는 결정에 대한 브래그의 식은 일반적으로 강도가 가장 큰 1차 회절에 대해 다음이 성립된다.

$$\lambda = 2\frac{a}{\sqrt{h^2 + k^2 + \ell^2}} \cdot \sin\theta \tag{13.9}$$

입방 결정계에 속하는 결정에서 결정에 의해 회절되는 단색 X-선의 회절각은 밀러 지수가 정수로 한정되기 때문에 비교적 간단하게 예측할 수 있다. 결정이 단순 입방 격자인지 면심 입방 격자인지 또는 체심 입방 격자인지에 따라 정의되는 격자면이 다르기 때문에 다양한 각도에서 회절이 일어난다. 회절각 패턴은 입방 결정의 형태에 따라 각각의 특징이 있으며, 이것은 밀러 지수가 어떤 정수 값을 취하게 되는지와 관련이 있다. 그림 13.24는 X-선을 회절시킨 단위 세포 내부의 면의 밀러 지수에 따르는 X-선의 회절 패턴을 나타내고 있다.

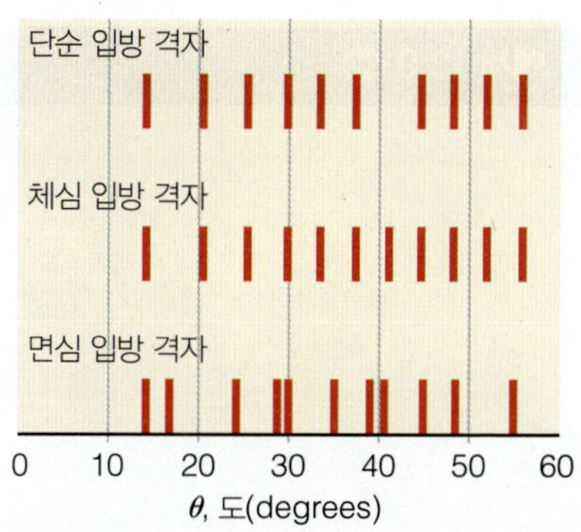

그림 13.24 회절된 X-선의 패턴은 결정이 가지고 있는 단위 세포의 고유한 특성이다. 여기에는 세 가지 입방 결정계의 브라베 격자로부터 얻어지는 X-선 회절 패턴을 나타내었다. 세 개의 단위 세포 모두 격자 상수는 3.084 Å이고, 사용된 X-선의 과장은 1.542 Å이다. 여기에 나타낸 각도 분포를 그림 13.23과 비교하여 이들 사진 간에 부합하는 점을 발견할 수 있는가?

입방 결정계의 결정은 비교적 단순한 X-선 회절 패턴을 나타내기 때문에 식 (13.8)은 보통 다음과 같이 바꾸어 쓴다.

$$\sqrt{h^2 + k^2 + \ell^2} = \frac{a}{d} \quad \text{또는} \quad h^2 + k^2 + \ell^2 = \frac{a^2}{d^2} \tag{3.10}$$

h, k, ℓ은 정수이므로 가능한 h, k, ℓ에 대해 a/d 값을 표로 쉽게 만들 수 있다. 이와 같은

표 13.3 입방 결정계에서 X-선을 회절시킬 수 있는 ($hk\ell$) 및 ($h^2 + k^2 + \ell^2$)의 값[a]

($hk\ell$)	($h^2 + k^2 + \ell^2$), sc	($h^2 + k^2 + \ell^2$), bcc	($h^2 + k^2 + \ell^2$), fcc
100	1	—	—
110	2	2	—
111	3	—	3
200	4	4	4
210	5	—	—
211	6	6	—
220	8	8	8
300, 221	9	—	—
310	10	10	—
311	11	—	11
222	12	12	12
320	13	—	—
321	14	14	—
400	16	16	16

출처: D. P. Shoemaker, C. W. Garland, and J. W. Nibler, *Experiments in Physical Chemistry*, 6th ed., McGraw-Hill, New York, 1996.

[a]각 형태의 입방 단위 세포별로 각 밀러 지수 세트에 대한 $h^2 + k^2 + \ell^2$의 값이 존재한다면 원자가 이루는 면은 X-선을 회절한다. 한편, 표 안에서 '—'표시는 회절이 일어나지 않는다(또는 소멸되었다)는 것을 의미한다. 따라서 X-선의 회절 패턴은 결정이 어떤 형태의 입방 단위 세포인지를 나타낸다.

관계에 의해 결정되는 상대적인 값에서 X-선 회절 패턴이 나타나는 결정은 쉽게 입방 결정계라고 확인할 수 있다. 표 13.3은 이와 같은 비교하기 위한 표이다. 회절된 X-선에 엄밀하게 180° 만큼의 위상차가 생겨 서로 간섭하여 소멸되는 경우가 있기 때문에 단순 입방 격자, 면심 입방 격자, 체심 입방 격자 각각에 상응하는 h, k, ℓ의 조합만 나타난다. 회절이 일어나는 면의 가능한 밀러 지수 패턴은 결정이 가지고 있는 입방 단위 세포의 특성이다. (더욱 상세한 내용은 결정학 교재를 참조하라.) 식 (13.10)과 표 13.3 및 브래그 법칙을 함께 이용하여 입방 결정계 결정의 단위 세포 크기와 형태를 결정할 수 있다. 다음 예제를 통해 이 세 가지가 어떻게 사용되는지 설명해 보자.

예제 13.9

입방 결정계의 단위 세포를 가진 미지의 결정이 있다. 이 결정의 분말 시료에 의한 X-선 회절은 13.7°, 15.9°, 22.8°, 27.0°, 28.3°, 33.2°, 36.6° 및 37.8°에서 나타났다. 파장이 1.5418 Å인 X-선이 사용되었을 때 다음 질문에 답하라.

a. 각각의 회절에 대응하는 면간격 d를 구하라.

b. 입방 단위 세포의 종류를 결정하라.

c. 단위 세포의 격자 상수(단위 세포 한 변의 길이) a를 구하라.

풀이

표 13.3에서 보면 특정 밀러 지수들만이 X-선을 회절시킨다는 것을 알 수 있다. 다음 단계를 밟아보자.

1. 브래그 법칙을 이용하여 각각의 회절각에 대응하는 면간격 d를 구한다.
2. 면간격 d를 제곱한 후 역수를 취한다. 이렇게 되면 $1/d^2$은 결정되지만, 아직 a 또는 밀러 지수는 알 수가 없다.
3. 위에서 구한 역수를 작은 쪽에서 두 개 취하여 그 비를 구한다.
4. 표 13.3에 나타난 값과 비교한다. 단계 3에서 구한 비가 0.5(즉, 1/2)이면 단순 입방 격자 또는 체심 입방 격자일 수 있다. 이 중 어느 쪽인지를 결정하기 위해서는 7번째와 8번째의 $1/d^2$의 비를 구해본다. 그 비가 0.875(즉, 7/8)이면 체심 입방 격자, 0.889(즉, 8/9)이면 단순 입방 격자이다.
5. 단계 3에서 구한 비가 0.75(즉, 3/4)이면 결정은 면심 입방 격자 구조를 가진다.

a, b. 결정의 구조를 결정하기 위하여 아래와 같은 표를 만든다.

θ	d (브래그 법칙으로 구한 값, Å)	$1/d^2$ (Å^{-2})
13.7	3.25	0.0947
15.9	2.81	0.127
22.8	1.99	0.253
27.0	1.70	0.346
28.3	1.63	0.376
33.2	1.41	0.503
36.6	1.29	0.601
37.8	1.26	0.630

예제 13.9 *(계속)*

역수 $1/d^2$을 작은 것부터 두 개 취하여 그 비를 구하면 다음과 같다.

$$\frac{0.0947}{0.127} = 0.746$$

이 값은 근사적으로 0.75이다. 따라서 결정은 면심 입방 격자이다.

c. 단위 세포의 a를 구하기 위하여 식 (13.10)을 이용한다.

$$(h^2 + k^2 + \ell^2) = \frac{a^2}{d^2}$$

표 13.3에서 알 수 있듯이 13.7°에서 일어나는 1차 회절의 밀러 지수는 (111)이어야 한다. 이로부터 이에 대응하는 면간격 d를 앞의 표에서 찾아 식 (13.10)에 대입하면 다음과 같이 격자 상수 a가 구해진다.

$$(1^2 + 1^2 + 1^2) = \frac{a^2}{(3.25\ \text{Å})^2}$$

$$a = 5.63\ \text{Å}$$

이 값은 면심 입방 격자를 단위 세포로 하는 염화 소듐의 격자 상수인 것을 알 수 있다. 이상과 같은 방법은 모든 입방 결정계에 대해 적용할 수 있다.

그 밖의 단위 세포에서는 X-선 회절 패턴이 단위 세포의 변에 의해 만들어지는 각도(직교하지 않더라도)에 정확하게 의존한다. 이것 때문에 모든 결정에 대해 적용할 수 있는 일반적 논의는 불가능하다. 그러나 입방 결정계의 단위 세포에 대한 것처럼 간단하지는 않지만 면간격 d와 밀러 지수와의 사이에 관계식이 존재한다. 면간격 d와 밀러 지수, 단위 세포의 변 길이와 변과 변 사이의 각도를 관련짓는 식은 복잡하기 때문에 여기서는 다루지 않는다.

X-선 결정학의 실험에 관한 상세한 내용은 분석화학이나 물리화학실험 교재를 참조하라.

끝으로 X-선 회절 패턴에서 모든 회절이 동일한 강도를 나타내는 것은 아니라고 하는 사실을 이해할 필요가 있다(한 예로서 그림 13.23 참조). 이것은 언뜻 생각하면 이상하다고 느낄지도 모른다. 일정한 강도의 X-선을 시료에 입사시키는 데 회절되어 나오는 X-선의 강도는 왜 다른 것일까?

그 답의 일부는 각각의 회절에 관여하는 원자에 있다고 할 수 있다. 모든 원자가 전적으로 동일한 효율로 X-선을 산란시키는 것은 아니다. 임의의 원자가 X-선을 산란시키는 능력은 그 원자의 전자밀도와 직접적인 관계가 있다. (이것이 X-선을 의료용으로 사용하게 만든 것이다. 무거운 원자를 포함한 물질로 구성된 뼈와 같은 조직은 장기, 근육 및 피부와 같은 조직보다도 X-선을 훨씬 잘 회절시킨다. 그렇기에 X-선을 사용하여 인체의 조직 상태를 구별할 수 있는 사진을 찍을 수 있는 것이다.) A라는 원자가 X-선을 산란시키는 능력을 나타내기 위하여 원자 A의 **산란 인자**(scattering factor) f_A를 정의한다. 산란 인자가 클수록 원자는 X-선을 더 잘 산란시키고 최종적으로 얻어지는 회절 강도는 커진다. 예상되는 것처럼 큰 원자는 일반적으로 작은 원자보다도 큰 산란 인자를 가진다. 그림 13.25에는 매우 유사한 화합물이지만 이온의 크기가 다르기 때문에 산란 인자도 다른 두

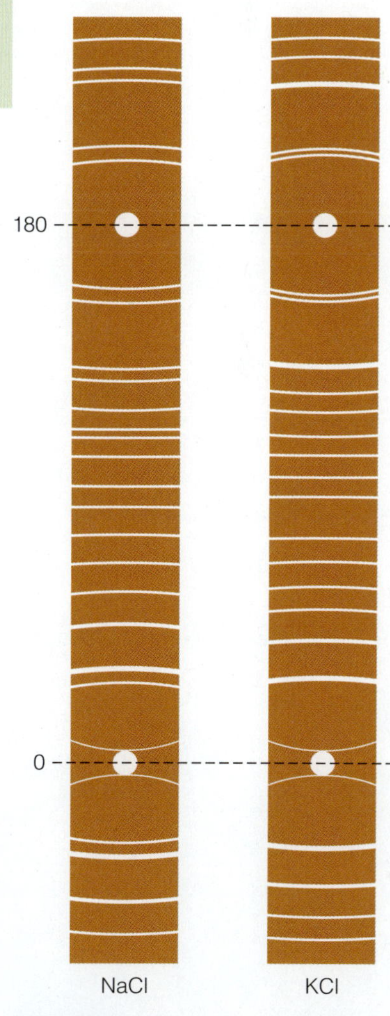

그림 13.25 NaCl과 KCl은 동일한 단위 세포를 가지고 있으나 Na^+ 이온과 K^+ 이온의 크기가 다르기 때문에 각각의 회절 강도에 차이가 생긴다.

그림 13.26 결정 표면도 밀러 지수를 이용하여 나타낼 수 있다. 실제로 보석의 원석을 절단하여 연마할 때는 특정 밀러 지수를 가진 면을 따라 작업한다. 광물학자, 보석감정사, 보석 세공사는 보석을 적절히 절단하고 연마하기 위해서 이 같은 결정면에 관하여 잘 알고 있어야 한다.

가지 물질(NaCl과 KCl)의 회절 패턴을 보여주고 있다. 회절의 산란 패턴은 비슷하지만 비슷한 회절의 강도는 명백하게 다른 것을 확인할 수 있다.

X-선의 특정 회절 강도는 또한 위상의 효과에도 의존한다. 그림 13.16에 나타낸 것처럼 전자기파는 서로 간섭하여 보강되기도 하고 소멸되기도 한다. 임의의 격자면에서 회절이 일어날 것으로 예상되는 몇몇 결정에 대하여 인접한 격자면으로부터의 회절이 **정확하게 역위상**이 되는 경우가 있다. 이렇게 되면 완전히 상쇄되는 간섭이 일어나 예상된 회절의 강도는 0이 되어 버린다. 체심 입방 구조의 단위 세포에 대해 $h^2 + k^2 + \ell^2$의 값이 홀수인 경우가 없는 것은 이 때문이다(표 13.3 참조). 서로 다른 원자로 이루어진 결정이라 해도 이들 원자의 산란 인자가 비슷한 값을 가지면 회절이 일어나야만 하는 곳에서 서로 상쇄되는 간섭이 우연히 일어나서 결과적으로 회절 강도가 극단적으로 작아지는 현상도 일어날 수 있다.

밀러 지수의 편리한 이용 방법을 소개하면서 이 절을 마치고자 한다. 고체 결정이라는 것은 원자나 분자가 무한히 규칙적으로 배열된 것이라고 정의하고 싶다. 그러나 실제로는 그런 배열이 무한대가 아님을 알게 되었고 어느 특정한 지점에서 결정은 멈춘다. 그곳은 결정의 **표면**(surface)이다. 미시적으로 보더라도 결정 표면이 경계면처럼 원자나 분자가 매우 무질서하게 배열되어 있는 경우는 매우 적다. 대다수의 결정에서는 넓은 영역(nm^2 또는 μm^2 정도의 크기)에 걸쳐 형성된 표면이 특정 밀러 지수로 기술할 수 있는 격자면에 해당된다. 그림 13.26은 몇 가지 결정 표면의 예를 보여주고 있다. 주의 깊게 결정을 성장시키면 표면에 특정 면을 가진 큰 결정을 얻을 수 있고, 각각의 면에서 그 표면 특유의 화학적 현상이 일어난다. 다음 장에서는 표면을 다루게 되는데, 밀러 지수가 표면에서의 원자 배열을 설명하는 방법으로서 다시 등장하게 된다.

13.7 단위 세포의 이해

결정성 고체는 특정 형태의 단위 세포로 존재하는 것일까? 어떤 고체 물질이 갖는 격자에 대하여 실제 어느 정도 합리성이 있다.

앞에서 이미 언급했듯이, Ar 및 Fe와 같은 많은 원자 원소의 고체는 면심 입방 구조 또는 육방 밀집 구조를 취한다. (나머지 대부분의 원자 원소는 체심 입방 구조를 취한다.) 면심 입방 구조 또는 육방 밀집 구조의 단위 세포는 공간을 가장 효율적으로 사용하는데, 원자를 고체 구(solid-sphere)로 간주하는 원자 모델에서는 공간의 74%가 원자에 의해 점유되고 나머지 26%는 빈 공간으로 남아 있게 된다. 이러한 채움의 효율은 실제로 독일의 천문학자인 케플러(Johanns Keppler)가 1611년에 예측하였다.

명확한 근거가 있는 것은 아니지만, 임의의 화합물을 구성하는 단위 세포가 전혀 변하지 않아야 할 필요는 없다. 온도와 압력과 같은 조건이 변하면 다른 단위 세포가 안정해지는 경우도 있다. 이것은 **고체-고체 간의 상변화**로 알려져 있다. 원소 물질에 대한 단위 세포의 변화를 살펴보면 이해하기 쉽다. 가장 널리 알려져 있는 것은 탄소로서 두 가지의 일반 형태를 갖는다. 즉, 흑연(육방 결정계의 단위 세포를 취하지만 육방 밀집 구조는 아님)과 다이아몬드(면심 입방 구조)이다. 원소 철(elemental iron)은 910°C 이하에서 체심 입방 구조를 취하지만 910~1400°C 영역에서는 면심 입방 구조를 취한다. 금속 주석(metallic tin)은 실온에서는 정방 결정계이지만 13°C 이하(실온에 비해 그다지 낮은 온도는 아님)에서는 입방 결정계로 바뀐다. 이 과정에서 단위 세포의 부피가 20% 이상이나 증가하기 때문에 큰 문제를 야기하는 경우도 있다. 온도 변화에 의해 유발되는 고체-고체 간의 상변화는 공학에서 큰 관심을 가지는 사항이다.

한편, 분자성 원소와 분자 화합물이 왜 특정의 단위 세포 구조를 가지는지에 관한 설명은 매우 복잡하기 때문에 여기서는 다루지 않는다. 일반적으로 이런 물질들은 전체의 에너지가 최소가 되는 단위 세포를 취한다. 따라서 어떤 단위 세포를 취할 것인지는 분자 자체의 성질과 크게 관련이 있다. 또한 분자 화합물에는 몇 가지 두드러진 고체-고체 상변화가 존재한다. 널리 알려져 있는 예로서 H_2O가 있다. 고체 상태인 H_2O의 단위 세포로는 다수의 형태가 실제로 알려져 있다. 그 중에서 '얼음(ice)'이라고 불리는 것은 정상 압력 및 정상 온도의 조건에서 안정한 결정상이다. 압력이 급격히 증가하면 고체 상태인 H_2O의 결정 구조가 바뀐다. 그림 13.27은 H_2O의 상도표로서 H_2O의 몇 가지 서로 다른 결정 구조를 보여주고 있다.

H_2O 이외의 분자 화합물도 그림 13.27과 마찬가지로 복잡한 상도표를 나타내지만 그와 같은 화합물이 결정 상태에서 어떤 구조의 단위 세포를 가지는지에 관해서는 더 이상 언급하지 않겠다.

단순한 이온 결합 화합물에 관해서는 몇 가지의 지침이 있다. 이온 결합 화합물은 양이온(cation)과 음이온(anion) 사이에 작용하는 상호 인력에 의해 형성된다. 형성된 단위 세포는 상대적인 이온의 크기와 상대적인 전하의 크기, 이렇게 두 가지 인자에 의해 크게 좌우된다. 전자는 3차원 공간을 어느 정도 채울 수 있는지와 관계가 있고, 후자는 화합물 전체가 전기적으로 중성을 유지하기 위해 필요한 상대적인 양이온과 음이온의 상대적인 개수와 관계가 있다. 이온의 크기, 바꾸어 말해 **이온 반지름**(ionic radius)은 실제 결정학적으로 구한다. 양자역학에서 언급하는 파동함수의 확률적 해석으로도 이온 주변에 형성되는 전자 분포의 '크기(size)'를 정의하지 못한다. 그러나 여러 종류의 결

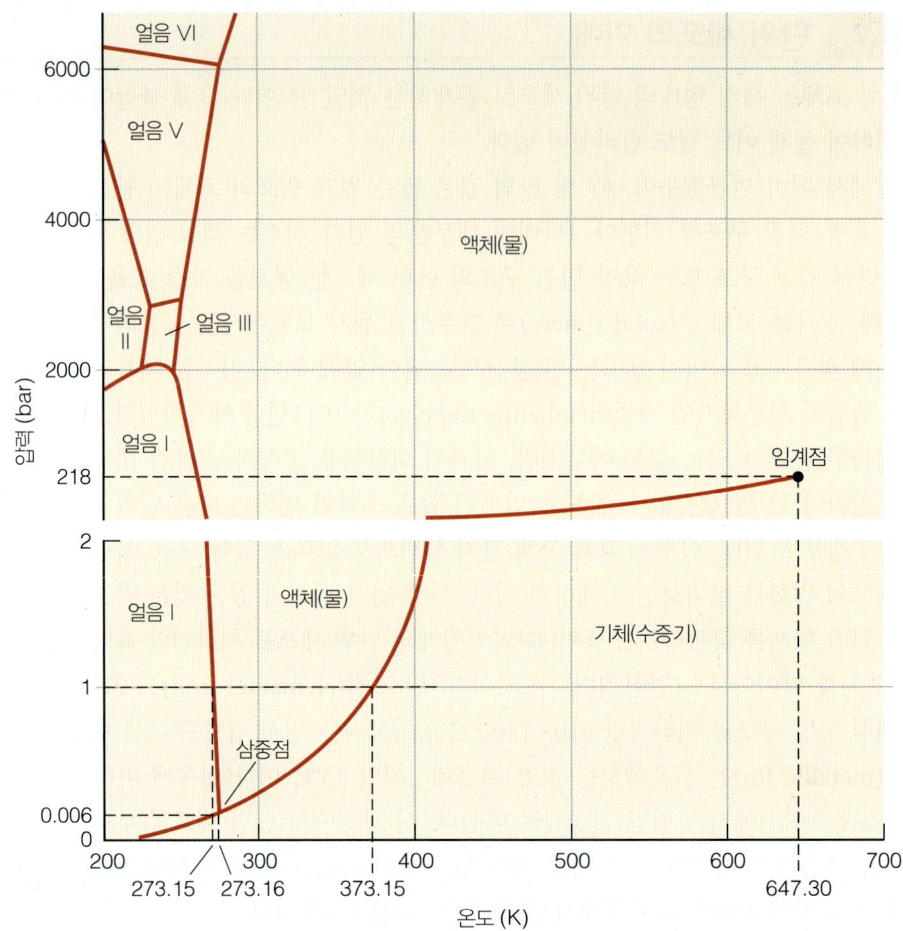

그림 13.27 상도표에는 액체상과 기체상뿐만 아니라 서로 다른 종류의 고체상을 나타내는 것이 가능하다. 예를 들어, H_2O는 온도와 압력에 따라 서로 다른 결정성 구조를 가진다. 그림에서 각각의 영역(얼음 I~VI)은 H_2O의 서로 다른 고체상을 나타낸다.

정에 대한 단위 세포의 격자 상수를 측정함으로써 한 이온이 결정 격자에 기여하는 일반적인 크기를 구하여 이를 이온의 크기(이온 직경 또는 이온 반지름)로 정의한다. 표 13.4에 몇 가지 이온에 대해 실험적으로 결정한 이온 반지름을 수록하였다. 다원자 이온의 이온 반지름도 제시되어 있다. 다원자 이온의 경우 실제로 어떤 특정 값을 그 이온의 반지름으로 정할 수는 없지만, 결정학이나 에너지 결정으로부터 '유효 이온 반지름(effective ionic radius)'을 추정할 수는 있다.

양이온과 음이온의 화학량론비가 1:1인 NaCl, CsCl 또는 MgO와 같은 이온성 화합물은 이온의 상대적인 크기에 의해 3종류의 가능한 단위 세포 중에서 어떤 단위 세포 구조를 가질 것인지가 결정된다. 각각의 단위 세포를 정의해 보자. 아래의 표에는 실험적으로 결정된 일반적인 사항을 정리하였다. 첫 번째 열에 나타낸 이온의 상대적 크기에 따라 단위 세포의 종류와 구조가 결정된다.

반지름 비 $\frac{r_{작은\ 이온}}{r_{큰\ 이온}}$	단위 세포	구조 표시
>0.73	단순 입방	염화 세슘(Cesium chloride)형 구조
0.41~0.73	면심 입방	염화 소듐(Sodium chloride)형 구조
<0.41	면심 입방	섬아연광(Zincblende)형 구조

Cl⁻
Cs⁺
Cl⁻
Na⁺

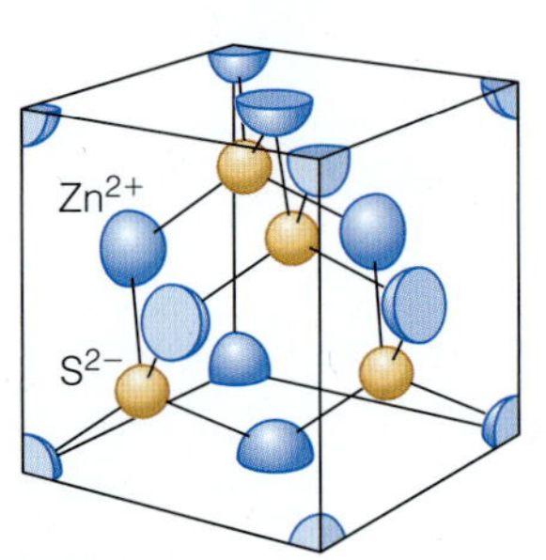

그림 13.28 염화 세슘형 구조, 염화 소듐형 구조, 섬아연광형 구조의 전형적인 단위 세포.

표 13.4 결정 내부에 존재하는 여러 이온들의 이온 반지름

이온	반지름 (Å)	이온	반지름 (Å)
Ag^{+}	1.26	K^{+}	1.33
Al^{3+}	0.51	Mg^{2+}	0.66
Au^{3+}	1.37	Na^{+}	0.97
Ba^{2+}	1.34	O^{2-}	1.31
Be^{2+}	0.35	Pb^{2+}	1.20
Br^{-}	1.96	S^{2-}	1.84
Ca^{2+}	0.99	Ti^{4+}	0.68
Cl^{-}	1.81	Zn^{2+}	0.74
Cr^{3+}	0.63	NH_4^{+}	1.48
Cs^{+}	1.67	BF_4^{-}	2.28
F^{-}	1.33	SO_4^{2-}	2.30
I^{-}	2.20		

그림 13.28에 양이온과 음이온의 비가 1:1인 이온 결정의 전형적인 단위 세포를 나타내었다. 이들 단위 세포의 이름은 일반적인 단위 세포를 대표하는 보통 화합물의 이름에서 유래된다. '섬아연광(Zincblende)'이라는 이름은 황화 아연(ZnS)의 관용명이다.

그렇다면 염화 소듐형 구조와 섬아연광형 구조의 차이는 무엇일까? 두 가지 화합물 모두 면심 입방 구조를 취하며 이온 비가 1:1인 화학식으로 표현된다. 그러나 그림 13.28로부터 알 수 있듯이 단위 세포 내부에서 상대적인 이온의 위치가 다르다. 염화 소듐형 구조에서는 단위 세포를 정의하는 데 관여하지 않는 이온(즉, 모서리나 면 위에 위치하지 않는 이온)이 *x*, *y*, *z* 방향의 결정 축 위에 존재하고, 단위 세포를 정의하는 데 관여하는 이온을 에워싸고 있다. 단위 세포를 임의의 방향으로 확장시켜 보면 각 이온이 반대의 전하를 가진 6개의 이온과 같은 거리가 되도록 위치하고 있다는 것을 알 수 있다. 이것을 표현하는 한 가지 방법으로서 '염화 소듐형 구조에서는 각 이온의 **배위수**(coordination number)가 6이다'라고 한다.

한편, 섬아연광형 구조에서는 부호가 반대인 전하를 가진 이온이 단위 세포의 내부에 배치되며 서로 직교하는 결정축 위에는 존재하지 않는다. 그림으로부터는 이해하기 어려울 수 있겠지만, 단위 세포를 임의의 방향으로 확장시켜 보면 각 이온은 부호가 반대인 전하를 가진 4개의 이온으로부터 같은 거리만큼 떨어져서 존재하며 이들 4개의 이온은 본래의 이온에 대해서 정사면체의 형상으로 위치한다. 이 경우에는 이온의 배위수가 4가 된다.

어느 경우에도 단위 세포의 내부에 존재하는 이온 비는 1:1인 것을 쉽게 알 수 있다. 두 개의 면심 입방 격자는 화합물의 화학식으로 나타낸 1:1의 이온 비를 만족한다. 그러나 두 가지의 구조 중 어느 구조를 취할지는 상대적인 이온의 크기에 달려 있다.

양이온과 음이온의 비가 1:2 또는 2:1인 CaF_2나 K_2O와 같은 이온 결정에 대해서는 공통된 두 가지의 단위 세포 배열을 생각해볼 수 있다. 여기서도 양이온과 음이온의 상대적인 크기를 고려함으로써 일반적으로 결정이 어떠한 단위 세포 배열을 가질 것인지 예측할 수 있다. 큰 이온에 대한 작은 이온의 반지름 비($r_{작은\ 이온}/r_{큰\ 이온}$)가 0.73보다 크면 그림 13.29a에 나타낸 **형석형 구조**(fluorite structure)를 취한다(이 명칭은 CaF_2의 관용

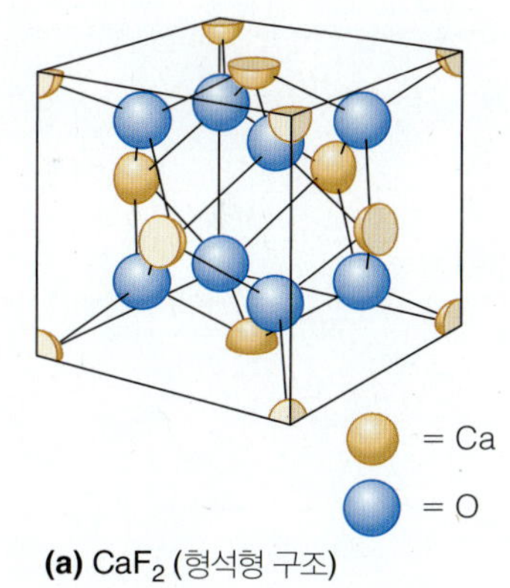

(a) CaF_2 (형석형 구조)

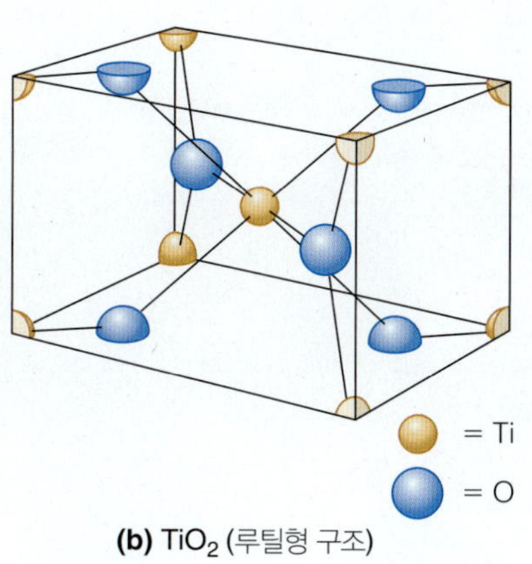

(b) TiO_2 (루틸형 구조)

그림 13.29 형석형 구조와 루틸형 구조의 전형적인 단위 세포.

명인 형석에서 유래됨). 반지름 비가 0.73보다 작으면 그림 13.29b에 나타낸 **루틸형 구조**(rutile structure)가 우선한다. 루틸이란 이 구조를 대표하는 물질인 TiO_2의 관용명이다. 형석형 구조의 단위 세포는 면심 입방 격자이지만 루틸형 구조는 정방 격자(변 사이의 각도는 모두 90°이고 한 개의 변이 다른 두 개의 변 길이와 다름)이다.

끝으로, 여기서 논의되었던 내용은 어디까지나 보편적인 것이며 모든 결정에 대해서 성립하는 것은 아니라는 것에 유의할 필요가 있다. 정확한 고체의 결정 구조는 오직 실험을 통해 얻어진 결과를 토대로 결정해야만 한다. 예제 13.10은 예상과 실제 사이에 몇 가지 차이점을 보여주고 있다.

예제 13.10

다음 결정들의 구조를 예측하라. 필요하면 표 13.4의 이온 반지름을 이용하라.

a. 황화 소듐(Na_2S)

b. 납(Pb)

c. 마그네슘(Mg)

d. 브로민화 은(AgBr)

e. 염화 암모늄(NH_4Cl)

풀이

a. 표 13.4로부터 Na^+ 이온의 반지름은 0.97 Å이고 S^{2-} 이온의 반지름은 1.84 Å이다. 따라서 이온 반지름의 비($r_{작은\ 이온}/r_{큰\ 이온}$)는 0.97/1.84 = 0.527이 된다. 이온의 비가 2:1인 이온 결합 화합물은 루틸형 구조라고 생각할 수 있다. (그러나 실제로는 형석형 구조임.)

b. Pb는 금속 원소로서 원자 고체이다. 따라서 공간을 가장 효율적으로 사용하는 배치인 면심 입방 구조나 육방 밀집 구조 중 어느 하나의 구조를 취할 것이다. (실제로는 면심 입방 구조임.)

c. Mg도 금속이며 원자 고체이다. Pb와 동일하게 면심 입방 구조 또는 육방 밀집 구조 중 어느 하나의 구조를 취할 것이다. (실제로는 육방 밀집 구조임.)

d. 표 13.4로부터 Ag^+ 이온의 이온 반지름은 1.26 Å이고 Br^- 이온의 이온 반지름은 1.96 Å이다. 따라서 이온 반지름의 비($r_{작은\ 이온}/r_{큰\ 이온}$)는 1.26/1.96 = 0.643이 된다. 이것으로부터 1:1 염인 AgBr은 염화 소듐형 구조를 가진다고 예측할 수 있다. (실제로 AgBr은 염화 소듐형 구조임.)

e. 암모늄 이온의 유효 이온 반지름은 1.48 Å이고 Br^- 이온의 이온 반지름은 1.81 Å이다. 따라서 이온 반지름의 비($r_{작은\ 이온}/r_{큰\ 이온}$)는 1.48/1.81 = 0.818이 된다. 이것으로부터 염화 암모늄은 CsCl 구조를 가진다고 예측할 수 있다. (실제로 NH_4Cl은 염화 세슘형 구조임.)

위의 예제는 결정의 단위 세포를 예측하는 데 사용하는 보편적인 방법은 되지만, 그러한 방법이 항상 옳은 것은 아니며 예외도 있다는 것을 보여준다. 결정의 단위 세포를 정확하게 알기 위해서는 실험이 유일하다는 것을 다시 한 번 강조해 둔다.

13.8 이온 결정의 격자 에너지

서로 반대 부호의 전하를 가진 이온이 함께 모여 결정을 형성하는 경우 결정 전체의 에너지는 항상 감소한다. 이처럼 에너지가 감소하기 때문에 이온은 독립적으로 떨어져서 존재하는 것보다 결정화되는 것이 안정한 것이다. 에너지가 감소한다는 것은 이온 결합을 '에너지'와 관련시켜 준다.

이온 결합 화합물의 화학식 단위 1 몰(mole)을 구성하는 이온들이 기체 상태에서 응집하여 결정을 형성하는 과정에서 방출하는 에너지를 이온 결정의 **격자 에너지**(lattice energy) 또는 **격자 엔탈피**(lattice enthalpy)라고 부른다. 격자 엔탈피라는 명칭은 결정 생성 과정에서 결정의 생성 엔탈피와의 관련성을 더욱 강하게 한다. 이와 같은 정의에 의하면 예를 들어 염화 소듐(NaCl)의 격자 에너지는 다음 식과 같이 진행되는 반응의 몰당 에너지 변화에 의해 나타낼 수 있다.

$$Na^+ (g) + Cl^- (g) \longrightarrow NaCl (s) \qquad \text{격자 에너지} \equiv -\Delta_{\text{반응}}H \qquad (13.11)$$

격자 에너지는 $\Delta_{\text{반응}}H$의 값에 음의 부호를 붙여서 정의한다는 것에 유의하라. 음의 부호를 붙이는 이유는 서로 떨어져 있던 이온이 응집하여 이온 결정을 형성할 때에는 반드시 에너지가 방출되기 때문이다. 따라서 격자 에너지는 단순히 이 발열 과정에 따른 에너지의 절댓값이다. 표 13.5에 몇 가지 간단한 이온 결정에 대한 격자 에너지의 실험값을 나타내었다.

표 13.5의 데이터로부터 두 가지 간단한 경향을 알 수 있다. 우선 이온이 가지는 전하의 절댓값이 클수록 격자 에너지는 커진다. 또한 이온이 클수록 격자 에너지는 작아진다.

이와 같은 경향은 서로 반대 부호의 전하 사이의 상호작용에 대한 매우 간단한 수식을 고려함으로써 어느 정도 설명할 수 있다. 쿨롱 법칙(Coulomb's law)에 따르면 서로 일정 거리만큼 떨어져 있는 반대 부호의 전하를 가진 두 입자 사이에 작용하는 정전기적 퍼텐셜 에너지는 다음 식으로 나타낼 수 있다.

$$E = \frac{q_+ \cdot q_-}{4\pi\epsilon_0 \cdot r} \qquad (13.12)$$

여기에서 절대 전하 q_+와 q_-는 쿨롱(C)의 단위로 나타내고, 거리 r의 단위는 미터(m)

표 13.5 몇 가지 이온 결정에 대한 격자 에너지의 실험값

이온 결정의 화학식	격자 에너지(kJ/mol)	이온 결정의 화학식	격자 에너지(kJ/mol)
LiF	1,013	KCl	701
LiCl	834	KBr	671
LiBr	788	CsI	600
NaCl	769	CaF_2	2,609
NaBr	732	$CaCl_2$	2,223
Na_2O	2,481	$CaSO_4$	2,489
K_2O	2,238	$SrSO_4$	2,577
TiO_2	12,150	$BaSO_4$	2,469
K_2S	1,979	Na_2SO_4	1,827

로 나타내며 ε_0는 진공에서의 유전율이다. 식 (13.12)에서 전하를 나타내는 변수 q_+는 양의 부호를 가지고 q_-는 음의 부호를 가지고 있음에 유의할 필요가 있다. 서로 반대 부호의 전하 사이에 작용하는 정전기적 퍼텐셜 에너지는 음의 값(에너지를 낮게 하는데 기여)을 가지고, 같은 부호의 전하 사이에 작용하는 정전기적 퍼텐셜 에너지는 양의 값(에너지를 높게 하는데 기여)을 가진다.

쿨롱 법칙을 알았으므로 (1) 이온이 가지는 전하의 크기와 (2) 단위 세포 내부에서의 이온 간 거리가 주어지면 격자 에너지를 간단하게 계산할 수 있을 것이다. 그러나 실제로는 그렇게 간단하지가 않다. 쿨롱 법칙은 주어진 거리에서 상호작용하고 있는 전하를 띠고 있는 단 두 개 입자 사이의 퍼텐셜 에너지만을 고려하는 이상적인 모델에 불과하다. 이온 결정이란 다양한 거리에서 상호작용하고 있는 수많은 이온의 집합체이다. 다음 예제에서는 단순하게 쿨롱 법칙의 모델을 통하여 얻어지는 격자 에너지의 값과 실험을 통해 얻어진 격자 에너지의 값이 어떻게 다른지를 설명하고 있다.

예제 13.11

실험에 의해 얻어진 염화 소듐(NaCl)의 격자 에너지는 769 kJ/mol이다. 결정 내부에서 Na^+ 이온과 Cl^- 이온 사이의 거리가 약 2.78 Å일 때, 쿨롱의 법칙을 이용하여 1 mol의 Na^+ 이온과 1 mol의 Cl^- 이온 사이의 상호작용 에너지를 구하라.

풀이

Na^+ 이온과 Cl^- 이온은 둘 다 1가 이온으로 전하의 부호는 반대지만 같은 전하량을 가진다. 단위 C로 나타낸 단위 전하량은 1.602×10^{-19} C이다. r은 2.78 Å (2.78×10^{-10} m)이므로 이온 사이의 상호작용 에너지는 다음과 같이 구해진다.

$$E = \frac{(+1.602 \times 10^{-19}\ \text{C})(-1.602 \times 10^{-19}\ \text{C})}{4\pi[8.854 \times 10^{-12}\ \text{C}^2/(\text{J}\cdot\text{m})](2.78 \times 10^{-10}\ \text{m})}$$

$$E = -8.297 \times 10^{-19}\ \text{J}$$

이 값은 한 쌍의 이온에 대해서 계산한 값이고, 이것을 1 mol에 대한 값으로 환산하기 위해서는 다음과 같이 위에서 얻은 값에 아보가드로 수(Avogadro's number)를 곱하면 된다.

$$E(\text{몰당}) = -4.995 \times 10^5\ \text{J/mol}$$

$$E = -499.5\ \text{kJ/mol}$$

이 값은 NaCl의 격자 에너지가 약 499 kJ 정도가 될 것이라는 것을 암시하지만, 실제의 격자 에너지는 이 값보다도 훨씬 크다. 다시 말해 두 개의 이온만을 고려하는 모델은 그다지 적절하지 못하다.

두 개의 이온만을 고려하는 모델(더 일반적으로 표현하면 단일 화학식 단위 모델)은 주위에 존재하는 다른 이온을 무시하고 있기 때문에 그리 좋다고 할 수 없다. 그림 13.28에 나타낸 NaCl의 단위 세포를 참조하면 두 개의 이온만을 고려하는 모델이 왜 잘 맞지 않는지 그 이유를 알 수 있다. 각각의 이온은 실제 반대 부호의 전하를 가진 **6개**의 이온에 의해 둘러싸여 있다. 이온 결정에 관한 모델이 이와 같은 점을 고려하지 않아도 괜찮은 것일까? 하지만 고려해야 할 것이 아직 더 있다. 반대 부호의 전하를 가진 6개 각각의 이온 주위에는 처음에 고려했던 중심의 이온과 같은 전하를 가진 이온이 존재한다. 이러한 이온은 이온 사이의 상호작용 전체에 반발력을 제공하게 되어 결정 전체의 퍼텐셜 에너지를 **증가**시키는 데 기여한다. 그리고 같은 부호의 이온 주위에는 반대 부호를 가진 6개의 이온이 있고, 이것은 전체 퍼텐셜 에너지를 감소시키는 방향으로 기여한다. 나아가 이와 같은 이온 사이의 상호작용은 결정 전체에 걸쳐 지속적으로 확장되어 간다.

격자 에너지를 계산하는 데 사용되는 적절한 모델에서는 결정을 구성하는 반대 부호의 전하를 띤 이온으로 이루어진 이온층을 고려해야 한다. 또한 이온들의 전하 크기나 부호에 관계없이 모든 이온의 전자 구름 사이에 작용하는 반발력도 고려해야만 한다. 실제로 반대 부호를 가지는 전하 사이에 작용하는 인력과 전자 구름 사이에 작용하는 반발력이 서로 균형을 이루어 단위 세포의 크기가 정해진다.

이온 결정의 격자 에너지는 다음의 식으로 주어진다(수식 유도는 결정학 교재 참조).

$$\text{격자 에너지} = \frac{N_A \cdot M \cdot Z^2 \cdot e^2}{4\pi\epsilon_0 \cdot r}\left(1 - \frac{\rho}{r}\right) \quad \textbf{(13.13)}$$

여기서 Z는 화합물을 구성하는 각각의 이온들이 가지는 전하 크기의 절댓값들에 대한 최대 공약수(NaCl, Na_2O 등에서는 1이며, MgO, TiO_2, ZnS 등에서는 2가 된다)이고, e는 전자의 전하량이며, r은 반대 부호를 가진 이온[일반적으로 가장 가까이에 있는 '최근접(nearest-neighbor)' 이온] 사이의 거리, 그리고 ε_0는 진공 상태에서의 유전율이다. N_A는 아보가드로 상수이고 따라서 격자 에너지의 단위는 J/mol 즉, 이온 결정 화학식 단위의 J/mol이다. 그런데 식 (13.13)에는 ρ와 M으로 표현된 두 개의 매개 변수가 포함되어 있다. **반발 범위 매개 변수**(repulsive range parameter)로 불리는 ρ는 전자 구름 사이의 반발력 범위와 관련되는 거리 매개 변수인데, 일반적으로 r 값의 0.1배 이하가 되는 값을 가지며 반발 효과는 상당하지만 격자 에너지에 기여하는 정도는 작다. 반발 범위 매개 변수 ρ의 단위는 거리의 단위를 가지며 보통 Å의 단위를 사용한다.

식 (13.13)에서 M은 결정의 **마델룽 상수**(Madelung constant)라고 부른다. 마델룽 상수는 이온 결정 내부에 존재하는 임의의 한 이온에 대하여 양(또는 음)이온의 구와 음(또는 양)이온의 구가 교대로 연속적으로 전개될 때 교대로 이어지는 정전기적 인력과 반발력을 모두 합한 것이다. 인력과 반발력이 교대로 어떻게 나타날지는 결정 내부에서의 이온 배열(이것은 결국 결정의 단위 세포에 의해 결정됨)과 격자 상수(브라베 격자에서 변의 길이와 변 사이의 각도)에 의해 결정된다. 그렇기 때문에 결정의 마델룽 상수를 계산하는 것은 쉬울 것이라고 생각할 수도 있다. 이론적으로는 그럴지 모르지만 실제로는 그렇게 간단하지가 않다. 임의의 이온을 중심으로 일련의 포개어진 구 껍질을 통과해 멀리 움직여 가는 단순한 경우를 생각해 보자. 이때 중심으로부터 멀어질수록 구 껍질 상의 이온 수는 증가한다. 따라서 이와 같은 일련의 껍질로부터 발생하는 인력과 반발력의 기여는 매우 급격하게 감소하지는 않는다.

표 13.6 일부 이온성 결정들에 대한 마델룽 상수와 반발 범위 매개 변수 ρ

이온 결정의 화학식	마델룽 상수 M	ρ (Å)
LiF		0.291
LiBr		0.330
NaCl	1.74756	0.321
NaBr		0.328
KCl		0.326
KBr		0.336
ZnS	1.6381	0.289
TiO_2	2.408	0.250
CsCl	1.7627	0.331

단순한 구조에 관한 논의로부터 마델룽 상수가 정해지면 이온 결정의 격자 에너지는 쉽게 구해진다. 이러한 격자 에너지는 직접적으로 결정하기 어려운 화학적 과정에서의 에너지를 평가하기 위하여 이용하는 열역학적 사이클 중에서 활용된다. 이와 같은 사이클을 **본-하버 사이클**(Born-Haber cycle)이라 부른다.

표 13.6에 여러 종류의 이온 결정에 대한 마델룽 상수 M과 반발 범위 매개 변수 ρ를 나타내었다. 마델룽 상수는 단위를 가지지 않지만 반발 범위 매개 변수는 길이의 단위를 갖는다. 마델룽 상수는 순수한 기하학적 고찰에 의해서 결정될 수 있기 때문에 일반적으로 단위 세포를 대표하는 결정에 대해서만 구해져 있다. 예를 들어, 단위 세포가 단순 입방 구조인 염화 세슘형 단위 세포를 가지는 결정의 마델룽 상수는 1.7627이다. 그러나 반발 범위 매개 변수는 단위 세포의 크기뿐만이 아니라 이온의 전하에도 영향을 받기 때문에 동일한 단위 세포를 가지는 결정이라 해도 ρ의 값은 다르다.

예제 13.12

마델룽 상수가 1.748이고, 반발 범위 매개 변수 ρ가 0.321 Å일 때 식 (13.13)을 이용하여 염화 소듐(NaCl)의 격자 에너지를 다시 계산하라. Na^+ 이온과 Cl^- 이온 사이의 거리는 2.78 Å이다. 얻어진 결과를 격자 에너지 769 kJ/mol과 비교하고, 또한 앞에서 구한 예제 13.11의 결과와도 비교하라.

풀이

NaCl은 이온 비가 1:1인 이온 결정이므로 Na^+ 이온과 Cl^- 이온이 가지는 전하 크기의 절댓값에 대한 최대공약수 Z는 1이다. 만약 처음부터 표준 단위를 사용하고자 한다면 2.78 Å을 2.78×10^{-10} m로 변환하는 것이 좋다. 식 (13.13)을 사용하고

$$\text{격자 에너지} = \frac{N_A \cdot M \cdot Z^2 \cdot e^2}{4\pi\epsilon_0 \cdot r}\left(1 - \frac{\rho}{r}\right)$$

해당 상수를 대입하면 다음이 된다.

$$\text{격자 에너지} = \frac{(6.02 \times 10^{23}/\text{mol})(1.748) \cdot 1^2(1.602 \times 10^{-19}\ \text{C})^2}{4\pi[8.854 \times 10^{-12}\ \text{C}^2/(\text{J}\cdot\text{m})](2.78 \times 10^{-10}\ \text{m})}\left(1 - \frac{0.321\ \text{Å}}{2.78\ \text{Å}}\right)$$

여기서 오른쪽 항의 가장 오른쪽에 있는 괄호 안에서 r을 Å 단위 그대로 사용하고 있다는 것에 앞에서 언급한 것과 좀 일치하지 않은 부분이 있다. 그러나 이것은 주어진 ρ의 단위가 Å이기 때문에 이 단위와 일치시키려고 r의 단위를 Å으로 놔두었다. 비를 구하는 것이기 때문에 단위는 상쇄되어야 한다. ρ를 m로 쉽게 변환시킬 수도 있다. 오른쪽 항에서 왼쪽 부분의 단위는 서로 약분되어 없어지게 되고 결과적으로 J/mol이 된다. 계산하면 다음과 같이 된다.

$$\text{격자 에너지} = 873{,}000\ \frac{\text{J}}{\text{mol}} \times 0.885$$

$$\text{격자 에너지} = 773{,}000\ \frac{\text{J}}{\text{mol}} = 773\ \frac{\text{kJ}}{\text{mol}}$$

실험값인 769 kJ/mol과 예제 13.11에서 얻은 499.5 kJ/mol과 비교했을 때, 식 (13.13)을 이용하여 구한 값이 실험값에 훨씬 가깝다는 것을 알 수 있다.

식 (13.13)은 격자 에너지가 양수가 되도록 정의되었다. 반대 부호의 전하를 가지는 이온들이 함께 모이면 전체 에너지는 항상 **감소**한다. 따라서 이와 같은 과정의 반응 엔탈피 $\Delta_{반응}H$는 항상 음의 값을 가지며, 이는 발열 과정임을 뜻한다.

13.9 결정 결함과 반도체

지금까지 이 장에서 결정성 고체는 완전한 결정이라고 가정한 상태에서 논의를 진행해 왔다. 즉, 고체 결정 전체에 걸쳐서 모든 원자나 이온이나 분자가 단위 세포 내부의 올바른 위치에 있다고 가정했던 것이다.

실제 이런 경우는 없다. 대부분 실제의 결정은 매우 불완전하다. 질서정연한 구조를 가지고 있는 것처럼 보이는 결정에서조차 원자나 분자 수준에서는 결정 내부에 가끔은 불규칙한 부분이 생긴다. 이와 같은 구조를 **결함**(defect)이라고 부른다.

결정에는 몇 가지 다른 형태의 결함이 있다. 결정의 일정 부피 중에 결함의 형태와 수(즉 결함의 형태와 밀도)에 따라 결정은 완전 결정 형태와는 다른 물리적 성질과 화학적 성질을 가지게 된다. 결함은 이것이 단지 한 개의 점(point)으로서 영향을 줄지 또는 한 줄의 점들(a line of points)이나 한 면의 점들(a plane of points)로서 영향을 줄지에 따라 그 종류가 분류된다. 설명을 단순화하기 위해 원자 결정을 고려해보자. 원자 결정이든 이온 결정이든 분자 결정이든, 모든 결정은 여기서 논의한 결함의 대부분을 나타낸다.

가장 간단한 점결함(point defect)은 하나의 원자가 존재해야만 하는 위치에 그 원자가 없는 것이다. 이런 형태의 결함을 **격자 빈자리**(lattice vacancy) 또는 **쇼트키 결함**(Schottky defect)이라고 부른다. 다른 형태의 결함으로서 하나의 원자가 추가적으로 존재하는 결함이 있다. 추가된 원자가 단위 세포에 있는 다른 나머지 원자들 사이에 들어가면 정상적으로 점유하고 있는 위치 사이에서 추가된 원자는 끼어 있어야 한다. 이런 형태의 결함을 **침입형 결함**(interstitial defect)이라고 부른다. 한편, 원래 단위 세포의 임의의 위치에 있던 원자가 화학적 성질이 같지 않은 다른 원자로 치환되었을 경우 **치환형 결함**(substitutional defect)이라고 부른다. 그림 13.30은 지금까지 언급한 세 가지 형태의 결함을 2차원적으로 보여주고 있다.

선결함(line defect)과 면결함(plane defect)은 표현하기가 더욱 복잡하다. 선결함의 한 가지 형태로는 결정 내부에 한 줄의 원자 또는 단위 세포가 갑자기 생성되는 경우이다. 그림 13.31은 이와 같은 선결함을 2차원적으로 묘사한 것이다. 한편, 면결함은 일반적으로 결정의 표면이나 그림 13.32에서 보여주는 것처럼 큰 조각의 고체 물질에 존재하는 두 개의 작은 결정 사이의 계면에서 생긴다. 아울러 면결함은 동일한 화합물이 취할 수 있는 서로 다른 두 가지의 브라베 격자 사이에서도 존재할 수 있다.

'결함'이라는 용어는 부정적인 느낌이 들지만, 결정에서의 결함은 반드시 나쁜 것만은 아니다. 결정 결함을 이용하는 영역의 한 예로 반도체 분야가 있다. 예를 들어, 반도체의 대다수는 거의 규소(Si)로 구성되어 있는데, 규소의 결정 형태는 공유 결합을 하고 있는 그물 구조의 고체이다. 순수한 규소는 실제로 전기가 통하지 않는 부도체이지만 극소량의 치환형 결함이 존재하면 전기전도성이 획기적으로 변한다. 예를 들어 10 ppm의 규소 원자를 붕소(B) 원자로 치환하면 결정의 전기전도성이 1000배나 증가한다. 그

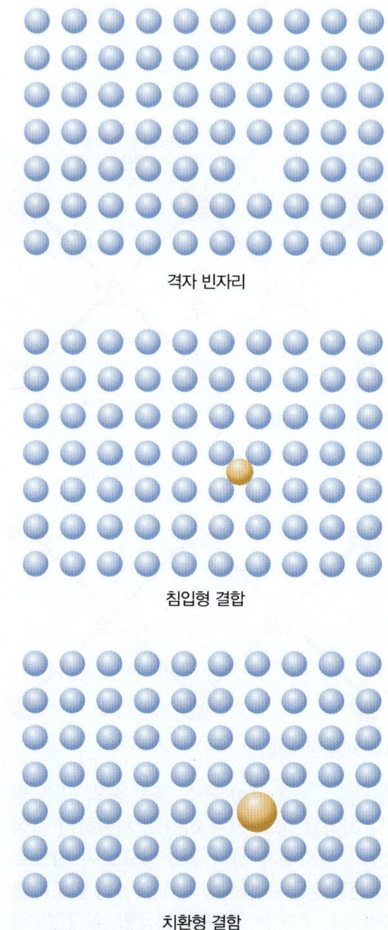

그림 13.30 결정 중에서 일반적으로 관찰되는 격자 결함의 예. 거시적으로는 매우 질서 정연하게 보이는 결정이라 해도 이처럼 결함을 다수 함유하고 있을 가능성이 있다.

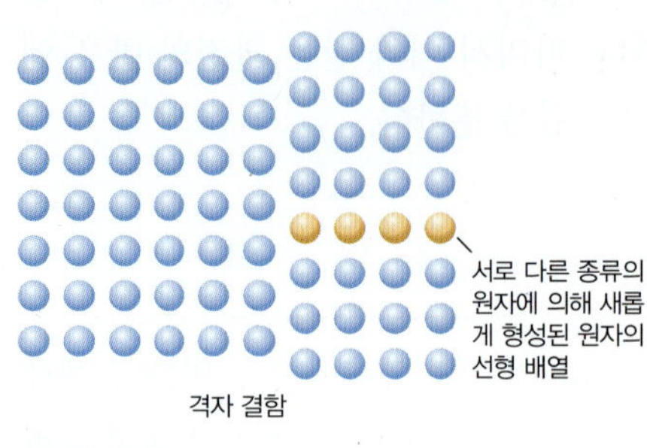

그림 13.31 결정(이차원 결정) 중의 선 결함.

그림 13.32 두 개의 서로 다른 결정이 접해 있는 계면은 일종의 면 결함으로 생각할 수 있다. 완전한 결정에서는 이와 같은 계면이 존재하지 못한다.

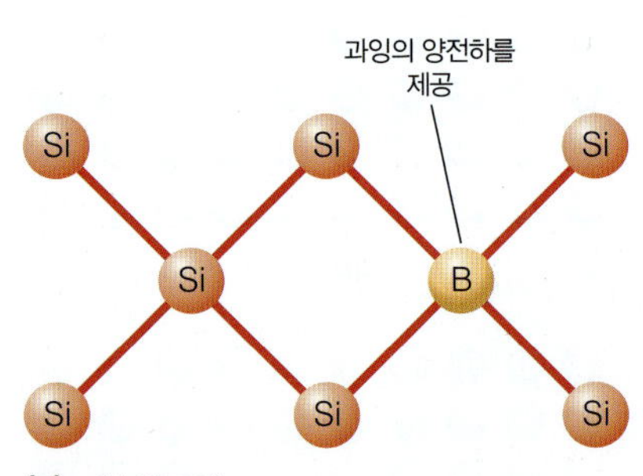

(a) *p*형 반도체

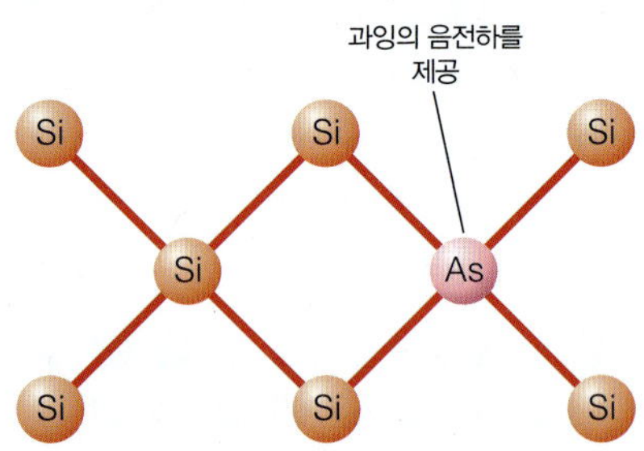

(b) *n*형 반도체

그림 13.33 (a) 규소 결정 중의 규소 원자 하나를 붕소 원자 하나로 치환하면 결정 중의 전자수가 하나 감소함으로써 양으로 하전된 정공을 형성하여 소위 *p*형 반도체를 만든다. 전자는 정공을 점유할 수 있고 정공 사이를 이동하면서 물질 중에 전기를 전도한다. (b) 비슷하게 규소 원자 하나를 비소 원자 하나로 치환하면 전자가 하나 여분으로 남게 되며, 이 전자가 고체 중을 자유롭게 이동하며, 이것이 *n*형 반도체이다.

림 13.33a와 같이 규소 원자 하나가 붕소 원자로 치환됨으로 인해 고체 중의 전자가 하나 감소한다. 치환된 붕소 원자에 인접하는 규소 원자의 홀전자(unpaired electron)는 자유스럽게 전기를 전도한다(그러나 전기를 매우 잘 전도하지는 못하므로 도핑된 규소 결정을 **반도체**라고 표현함). 바꾸어 말하면, 붕소 원자에 의한 치환은, **정공**(hole)이라고 불리는 '전자의 결함'을 도입하는 것이고, 이때 전기를 전도하는 것은 정공이다(정공의 정의는 '존재하는 것'보다는 '존재하지 않는 것'에 가깝다. 그러나 정공이란 개념은 반도체의 전기전도성을 고찰할 때에 널리 이용된다. 전자가 정공을 채우기 위해 이동함으로써 전기가 전도된다). 전자의 수를 감소시키는 방법으로 얻어지는 반도체를 ***p*형 반도체**(*p*-type semiconductor)라고 하고, 이때 *p*는 **양**(positive)을 의미한다. 즉, 전자의 수가 부족함은 물질에 양전하가 있음을 뜻한다. 그러나 이와 같은 명칭은 꼭 적절하다고만 할 수 없다. 왜냐하면 결정이 양전하를 가지는 것은 아니기 때문이다.

비슷한 방법으로 규소 원자보다 많은 전자를 가진 다른 종류의 원자로 규소 원자의 일부를 치환하면 그림 13.33b에 나타낸 것과 같이 결정 중에 전자가 추가된다. 이와 같은 과잉 전자도 규소 결정에 전기전도성을 갖게 한다. 치환형 결함에서 부가적인 전자 때문에 이 반도체를 ***n*형 반도체**(*n*-type semiconductor)라 부르고, 이때 *n*은 *p*와는 반대 의미로 **음**(negative)을 의미한다.

위에서 기술한 붕소나 비소 이외의 원자를 이용한 치환 및 치환되는 원자의 양을 바꾸는 것에 의해서도 규소의 전기전도성은 다양하게 변한다. 고체 전자공학의 기초라 할 수 있는 것이 바로 이와 같은 전기전도성의 가변성이다. 앞에서 설명한 것과 같이 반도체를 만들기 위하여 일부러 결함을 도입하는 공정을 **도핑**(doping)이라고 부른다. 규소 이외의 다른 물질에서도 적절한 도핑을 실시하면 반도체로 이용할 수 있다. 이와 같은 물질 중에는 p^3와 p^5 원자가 전자 껍질을 갖는 원자를 1:1로 조합한 것들이 있다(규소는 p^4 원자가 껍질을 가지고 있으며, 평균적으로 원자들은 규소와 유사한 원자가 껍질을 가진다). GaAs와 InAs가 반도체로 사용될 수 있는 대표적인 물질이다.

13.10 요약

이 장에서는 고체 내부의 입자가 질서정연하게 배열되어 있는 결정으로 구성되어 있다고 간주하여 다양한 물질의 고체 상태를 어떻게 모델화 시킬지에 관해서 살펴보았다. 질서도가 그다지 높지 않은 고체는 다결정성이거나 무정형일 수 있다. 그러나 결정의 규칙성은 고체 상태의 물질을 설명하는 모델을 수립하는 데 도움이 된다.

고체 상태를 모델화하기 위한 핵심은 브라베 격자라고 불리는 14종류의 기본적인 결정 구조를 이해하는 것이다. 단위 세포로 불리며 주기적으로 반복되는 단위 구조로 결정이 이루어지며, 모든 단위 세포는 원자나 분자로 이루어진 동일한 3차원 배열을 가지는 동시에 결정 전체에 걸쳐 펼쳐져 있다. 단위 세포와 결정의 관계는 원자와 원소의 관계와 같은 것이다. 즉, 단위 세포는 커다란 물질의 기초 요소이다. 이 장에서 취급한 또 하나의 중심 개념은 결정 격자가 X-선과 같은 전자기파와 어떻게 상호작용을 하는지를 다루는 간단한 수학 모델에 관한 것이었다. 브래그 방정식은 결정에 의한 X-선의 회절과 결정 구조를 어떻게 연관질 수 있는지를 보여주고 있다. NaCl과 같은 단순한 결정이나 DNA와 같이 복잡한 물질까지 X-선 회절에 의해 연구될 수 있고, 얻어진 회절 데이터에 근거하여 이들 물질의 구조가 규명된다. 실제로 1950년대에 DNA의 이중 나선 구조를 성공적으로 규명한 것은 X-선 회절 기술의 큰 성과이다(그림 13.34 참조).

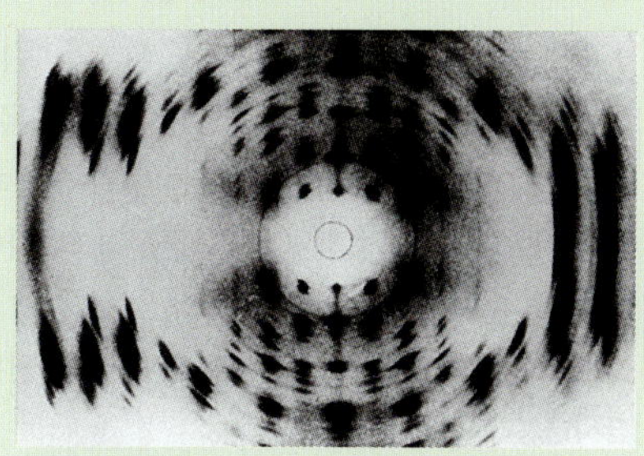

그림 13.34 DNA 결정에서 얻어진 X-선 회절 패턴의 해석으로부터 DNA가 이중 나선 구조를 가지고 있음이 밝혀졌으며, DNA의 구조 결정은 생물학 분야에서 커다란 발전이었다.

결정 내부에서 원자나 분자의 규칙적인 배열에 의해 만들어지는 다수의 격자면은 X-선을 회절시킨다. 밀러 지수를 사용해서 X-선을 회절시키는 격자면을 표시할 수 있고, 브라베 격자가 다르면 회절을 야기하는 격자면도 달라진다. 이 때문에 X-선 회절 패턴의 특징으로부터 단위 세포를 구별할 수 있다. 다음 장에서는 결정 표면의 방향을 기술하기 위해서 밀러 지수가 또한 유용하다는 것을 알게 될 것이다.

화합물은 언제나 제멋대로 단위 세포를 취하는 것이 아니다. 대다수의 단순한 이온 결합 화합물의 경우에는 화합물의 화학량론과 이온의 크기에 의해 어떤 단위 세포인지가 정해진다. 이 때문에 화합물의 단위 세포를 예측하는 것이 가능하다. 또한 이온 결합 화합물의 '결합 에너지'도 계산할 수 있다. 이온 결정은 3차원적으로 작용하는 정전기적 힘을 통해 응집하고 있기 때문에 '결합 에너지'라는 용어는 엄밀한 의미에서는 옳지 않다. 격자 에너지라는 용어가 더욱 적절하다. 왜냐하면 여기서 실제 결합 에너지는 서로 반대 부호의 전하를 가진 이온들이 서로 잡아당겨 3차원 격자를 형성할 때 방출되는 에너지를 의미하기 때문이다. 격자 에너지를 구하기 위해서는 서로 반대 부호의 전하를 가진 이온들 사이의 인력뿐만이 아니라 같은 부호의 전하를 가진 이온들 사이의 반발력도 고려해야만 한다.

끝으로 모든 결정이 다 완전한 것은 아니라는 것을 알았다. 불완전한 결정을 반도체로서 사용하고 있는 사실에서 알 수 있듯이 결정의 불완전성은 오히려 유익하게 이용할 수가 있다. 그러나 이를 위해서는 완전한 결정에 관해서 잘 이해하고 있어야만 한다.

주요 식

$$n\lambda = 2d\sin\theta$$ (X-선 회절에 관한 브래그 식)

$$\frac{1}{d} = \left(\frac{h^2}{a^2} + \frac{k^2}{b^2} + \frac{\ell^2}{c^2}\right)^{1/2}$$ (면간격 d와 단위 세포 상수와 관계식)

$$\text{격자 에너지} = \frac{N_A M Z^2 e^2}{4\pi\epsilon_0 r}\left(1 - \frac{\rho}{r}\right)$$ (이온 결정의 격자 에너지)

연습 문제

13.2 & 13.3 고체의 종류; 단위 세포

13.1. 이온 결정은 왜 깨지기 쉬운지 그 이유를 원자 수준에서 설명하라.

13.2. 질소화 붕소(BN)는 매우 단단한 물질로 만드는 방법에 따라서는 다이아몬드보다도 더 단단하다. 이 물질이 왜 다이아몬드와 같은 성질을 갖는지를 설명하라.

13.3. 다결정성(polycrystalline) 물질의 단위 세포는 어떻게 나타낼 수 있는지를 설명하라.

13.4. 준결정(quasicrystal)이라는 것은 정돈된 구조를 가지고 있지만 주기성이 없는 고체이다. 따라서 준결정의 단위 세포를 나타내는 것은 불가능하다. 준결정에 대해 처음으로 인식하게 된 것은 10겹 대칭성을 가진 물질이 발견되었을 때부터이다. 2차원 영역에서는 왜 10겹 대칭성을 가진 단위 세포가 존재할 수 없는지를 설명하라.

13.5. 그림 13.35는 다이아몬드의 단위 세포를 나타낸 것이다. 단위 세포를 결정하고 있는 원자들을 확인하고, 다이아몬드 구조의 브라베 격자를 결정하라. 그리고 단위 세포에는 원자가 몇 개 들어 있는가?

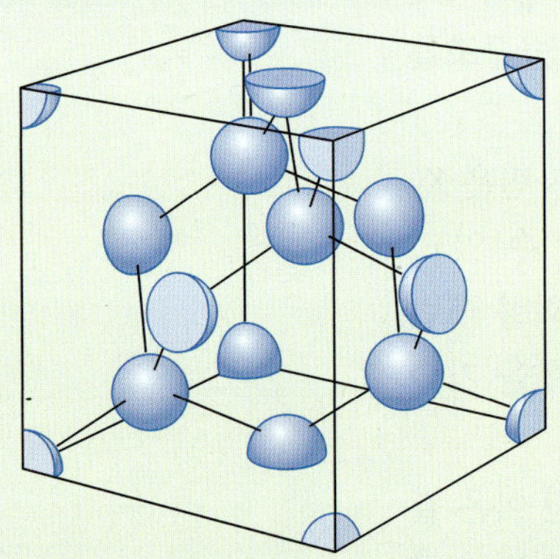

그림 13.35 다이아몬드의 단위 세포.

13.6. 다이아몬드의 단위 세포(그림 13.35)와 섬아연광의 단위 세포(그림 13.28) 사이에는 어떠한 관계가 있는가?

13.7. 다음과 같은 조건의 단위 세포로 이루어진 결정은 몇 종류의 단위 세포를 가질 수 있는가?

(a) 결정축 사이의 각도가 모두 90°

(b) 단위 세포의 변 길이가 모두 같음

(c) 결정축 사이의 각도가 최소한 하나는 90°

(d) 서로 수직인 축이 없고, 변의 길이도 같은 것이 없음

13.8. 그림 13.9를 이용하여 14종의 브라베 격자의 각 단위 세포 내부에 들어 있는 전체 화학종의 수를 결정하라.

13.9. 어느 연구자가 '변심(edge-centered)' 입방 단위 세포(입방체의 변 중앙에 원자가 존재하는 단위 세포)를 제안한다면, 이 단위 세포는 어떤 브라베 격자로 잘 나타낼 수 있는가?

13.10. 기하학과 그림 13.11을 이용하여 강체구 원자들이 3차원 공간에서 가장 효율적으로 채워질 때 전체 공간의 약 74%를 차지한다는 사실을 증명하라. 강체구 원자들이 차지하는 공간을 더욱 정확하게 표현할 수 있는 그림을 제공할 수 있는가?

13.11. 기하학을 이용하여 체심 입방 격자의 단위 세포에 들어갈 수 있는 가장 큰 원자의 크기를 결정하라. 단위 세포의 변 길이가 a로 답하라.

13.12. 단순 입방 격자의 단위 세포 안에서 원자들이 점유할 수 있는 부피는 최대로 몇 %인가? 그것은 조밀 채움에 의해 원자들이 점유하는 부피와 비교하여 얼마나 작은가?

13.4 밀도

13.13. 식 (13.3)의 관계식을 증명하라.

13.14. 셀렌화 아연(ZnSe)은 적외선 분광기의 투과 창으로 종종 사용되는 밝은 주황색 화합물이다. 이 화합물은 a = 5.669 Å의 입방 단위 세포로 이루어져 있고, 밀도는 5.263 g/cm^{3}이다. 한 개의 단위 세포에 ZnSe의 이온 화학식 단위가 몇 개 존재하는가? 또한 이 단위 세포는 입방 결정계의 어떤 단위 세포에 해당하는가?

13.15. 황철석(Pyrite)은 황금색의 광물로 광부들 사이에서는 '어리석은 자의 금'이라고도 불린다. 이 물질은 철과 황으로 이루어진 이온 결합 화합물로서 단위 세포 내에 4개의 화학식 단위를 포함하고 있고, 밀도가 5.012 g/cm^{3}인 입방 결정계이다. 단위 세포의 변 길이가 5.418 Å일 때, 이 화합물의 화학식을 구하라.

13.16. 활석은 화학식이 $Mg_3Si_4O_{10}(OH)_2$인 복합 규산염 광물질이다. 이 물질은 a = 5.287 Å, b = 9.158 Å, c = 18.95 Å 및 β = 99.50°의 단위 세포 매개 변수를 가지는 단사 결정계의 단위 세포로 이루어져 있다. 한 개의 단위 세포 내에 4개의 화학식 단위가 존재할 때 활석의 밀도를 구하라.

13.17. 석영(SiO_2)의 한 가지 결정 형태는 a = 4.914 Å 및 c = 5.405 Å인 육방 결정계의 단위 세포(단위 세포당 세 개의 화학식 단위를 포함)를 갖는다. 석영의 밀도를 구하라.

13.18. 육방 결정계의 단위 세포는 6개의 면을 갖지 않음에도 불구하고, 왜 그것을 '육방'이라고 부르는지를 설명하라.

13.19. 몇 가지 단위 세포 매개 변수를 수록한 표 13.7에는 몇 개의 값이 빠져 있다. 그 이유는 무엇인가?

13.20. 표 13.7의 데이터를 사용해서 결정성 터키석의 밀도를 구하라.

표 13.7 몇 가지 물질의 단위 세포 매개 변수[a]

물질	결정 격자	a	b	c	α	β	γ
콜로라도아이트(Coloradoite, HgTe)	입방 결정계	6.46			90	90	90
얼음(Ice, H_2O)	육방 결정계	4.5212		7.366			
하프니아(Hafnia, HfO_2)	단사 결정계	5.1156	5.17	5.2948		99.18	
터키석[Turguoise, $CuAl_6(PO_4)_4(OH)_8 \cdot 4H_2O$]	삼사 결정계	7.424	7.62	9.910	68.61	69.71	65.08

[a] 길이 a, b, c의 단위는 Å이며, 각도 α, β, γ의 단위는 °(degrees) 이다.

13.5 결정 구조의 확인

13.21. 낱개의 원자들만으로 구성되어 있는 적어도 43종류의 원소(이원자 분자 기체, 황, 인과 같은 분자성 원소, 탄소, 규소, 저마늄과 같은 망상 공유 결합성 원소와는 다름)는 육방 밀집 또는 면심 입방 격자로 된 결정계를 형성한다. 그 이유를 설명하라.

13.22. 모든 차수의 X-선 회절은 파장에 영향을 받는데, 왜 0차의 X-선 회절만은 파장에 무관한지를 설명하라. [식 (13.5)에서 $n = 0$을 적용시켜 보라.]

13.23. 기하학을 사용하여, 그림 13.16에 나타낸 θ 대신에 결정면에 **수직**인 면과 이루는 각도로 브래그 식을 유도하라.

13.24. 30°보다 큰 각도에서 1차 회절이 일어날 수도 있고 그렇다고 하더라도 2차 이상의 회절은 일어나지 않는다. 브래그 법칙을 이용하여 왜 그런지를 설명하라(30°보다 큰 각도에 대한 sine 함수의 성질을 생각해 보라).

13.25. 이산화 우라늄(UO_2) 결정의 면간격 d가 5.47 Å일 때 이 결정에 의해서 파장이 1.5511 Å인 X-선의 1차 회절 각도와 2차 회절 각도를 구하라.

13.26. 가속시킨 전자를 금속 구리에 충돌시켜 생성된 X-선의 파장이 1.54056 Å이며, 구리 자체는 격자 상수가 3.615 Å인 면심 입방 결정계이다. 구리는 그 자신에게서 생성된 X-선을 몇 도에서 회절시키는가?

13.27. ^{56}Fe는 한 변의 길이가 2.8664 Å인 체심 입방 결정계의 단위 세포로 결정화된다. ^{56}Fe의 몰질량은 55.9349 g/mol이고, 밀도는 7.8748 g/cm^{3}이다. 이러한 정보를 이용하여 아보가드로 수(Avogadro's number) N_A를 계산하라. (이 방법은 N_A를 결정하는 매우 정확한 방법 중의 하나이다.)

13.6 밀러 지수

13.28. 단순 입방 격자에 대하여 3개의 결정축 중에서 2개를 포함하는 면을 나타내는 밀러 지수는 무엇인가?

13.29. 단순 입방 격자에 대하여 (100), (110), (111) 면에 대한 면간격 d의 비는 얼마인가?

13.30. 그림 13.36에 나타낸 면심 입방 격자에서 단위 세포의 면 중심에 있는 원자에 의해서 만들어지는 평면의 밀러 지수는 무엇인가?

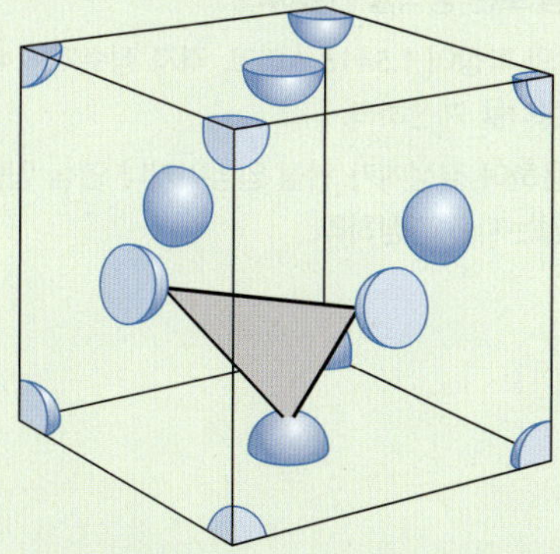

그림 13.36 그림에 표시된 격자면의 밀러 지수는 무엇인가?

13.31. 결정은 3차원 공간에 존재하고 있기 때문에 공간적인 개념을 설명하기 위해서는 3차원적인 그림이 필요하다. 그림 13.21의 단일 단위 세포를 사용하여 총 8개($2 \times 2 \times 2$)의 입방 단위 세포를 그린 후 모든 단위 세포 내부에 같은 면을 그려라.

13.32. 그림 13.21에서 단위 세포의 맨 오른쪽 아래의 모서리를 원점이라고 간주하면, 이 그림에 표시된 평면의 밀러 지수는 무었인가? 얻어진 답을 예제 13.7의 답과 비교해 보라.

13.33. 음수의 지수까지 사용한다면 임의의 한 개 평면은 두 개 이상의 밀러 지수 세트로 나타낼 수가 있다. 입방 단위 세포에 대하여 $(1\bar{1}1)$ 평면은 양수의 숫자로만 나타낸 어떤 평면의 밀러 지수와 동등한가? 답을 알아내기 위하여 몇 개의 단위 세포를 그림으로 나타내 보아야 할 것이다.

13.34. 알루미늄-니켈 합금(AlNi)은 격자 상수가 2.88 Å인 단순 입방 격자로 구성되어 있다. 이 합금에 파장이 1.554 Å인 X-선이 입사되면 다음의 격자면에 의해 회절되는 X-선의 각도는 얼마인가?

(a) (100) 면

(b) (110) 면

(c) (210) 면

13.35. 어떤 분말 시료가 15.7°, 18.2°, 26.1°, 31.1° 및 32.6°에서 X-선(파장 $\lambda = 1.5418$ Å)을 회절시킨다. 이 시료는 어떤 형태의 입방 결정계인가? 또 단위 세포 매개 변수는 얼마인가?

13.36. 어떤 분말 시료의 X-선(파장 $\lambda = 1.47742$ Å인) 회절을 분석한 결과, 처음 두 피크가 13.48°와 15.62°에서 검출되었다. 이 분말 시료는 어떤 입방 결정이며, 또 단위 세포 매개 변수는 얼마인가?

13.37. 어느 결정학자가 $(h^2 + k^2 + \ell^2)$의 값을 계산하였고 그 계산 값이 1:2:3:4:5:6…의 패턴을 갖는다는 것을 알아내었다. 이 결정학자는 이 결정이 단순 입방 단위 세포를 갖는다고 가정했다. 과연 이것은 올바른 가정일까? 어떻게 이것을 입증할 수 있겠는가?

13.38. KBr의 결정 구조는 NaCl의 결정 구조와 같고, 단위 세포의 매개 변수는 6.59 Å이다. KBr에에 의해 파장 $\lambda = 1.54056$ Å인 X-선이 회절되는 각도를 예측하라(표 13.3 참조).

13.39. 기하학적인 고찰에 의해 체심 입방 격자의 (111) 면이 X-선을 회절시키지 못하는 이유를 설명하라.

13.40. 체심 입방 결정계의 단위 세포로 이루어져 있고 화학량론비가 1:1인 황동(CuZn)의 X-선 회절 무늬가 종종 단순 입방 결정계로 잘못 해석되는 이유를 설명하라(원자들의 산란 인자를 생각해 보라).

13.41. 어떤 시료로부터 얻어진 X-선 회절 패턴이 거의 동일한 강도를 가진 회절선으로 이루어져 있었다. 이 사실만을 가지고 다음 중 어떤 시료로부터 얻은 결과인지 알 수 있을까?

(a) KBr, **(b)** CsF, **(c)** NaCl, **(d)** MgO

13.7 단위 세포의 예측

13.42. 다음 물질의 단위 세포를 예측하라.

(a) 브롬화 포타슘(KBr), **(b)** 플루오린화 세슘(CsF), **(c)** 산화 바륨(BaO).

13.43. 다음 물질의 단위 세포를 예측하라.

(a) 황화 타이타늄(TiS_2), **(b)** 플루오린화 바륨(BaF_2), **(c)** 황산 칼륨(K_2SO_4).

13.44. 황(**S**)은 비교적 실온에 가까운 온도에서도 고체-고체상 전이를 일으키는 흥미로운 물질이다. 실온에서 황은 사방 결정계의 단위 세포로 된 구조를 취하지만 물의 끓는점 정도의 온도에서는 단사 결정계로 구조가 변한다. 고체인 원소 상태의 황은 왜 육방 밀집 구조나 면심 입방 구조는 취하지 않는가?

13.45. 원소 상태의 탄소를 단원자 화학식인 C로 나타내지만, 원소 상태의 탄소는 왜 면심 입방 결정계나 육방 밀집의 단위 세포를 취할 수 없는 이유를 설명하라.

13.46. 입방 결정계인 염화 세슘형 구조에서 각 이온의 배위수는 얼마인가?

13.47. 형석형 구조와 루틸형 구조의 단위 세포에서 각 이온의 배위수를 구하라. 염화 세슘형 구조, 염화 소듐형 구조 및 섬아연광형 구조의 단위 세포에서는 배위수가 한 종류만 있는데, 형석형 구조와 루틸형 구조의 단위 세포에 두 종류의 배위수가 있는 이유는 무엇인가?

13.48. 탄소는 흑연과 다이아몬드 중에서 어느 고체(즉, 어느 동소체) 상태가 더 안정한가? (이 책의 열역학 부분의 표를 참조할 것) 두 가지 고체상 모두 통상적인 압력과 온도 조건에서 존재한다. 만약 어느 한 쪽의 고체가 다른 쪽보다도 열역학적으로 더 안정하다면, 그럼에도 불구하고 두 고체가 동시에 존재하는 이유에 관해서도 설명하라. 이들 동소체 각각의 단위 세포는 상대적인 안정성을 설명하는 데 참고가 되는가?

13.8 & 13.9 격자 에너지, 결정 결합과 반도체

13.49. 반응에 따른 엔탈피 변화(또는 이것에 음의 부호를 붙인 것)가 격자 에너지를 나타내도록 다음 물질의 특정 화학 반응식을 써라.

(a) 플루오린화 포타슘(KF), **(b)** 셀렌화 마그네슘(MgSe),
(c) 산화 소듐(Na_2O), **(d)** 과산화 소듐(Na_2O_2)

13.50. 격자 에너지가 왜 일종의 **퍼텐셜** 에너지로 간주되는지를 설명하라.

13.51. 연습 문제 13.49에서 언급된 각 이온 결합 화합물의 생성 반응과 격자 에너지 정의 사이의 관계를 나타내는 본-하버 사이클(Born-Haber cycles)을 써라. 필요하면 이 책의 앞부분에서 설명한 '생성 반응'에 대한 정의를 다시 확인해 보라.

13.52. 다음 물질에 대하여 두 원자 사이에 작용하는 인력에 의한 정전기적 에너지와 더욱 정밀하게 계산되는 격자 에너지를 비교해 보라.

(a) 염화 세슘(CsCl, ρ = 0.331 Å), **(b)** 섬아연광(ZnS, ρ = 0.289 Å),
(c) 루틸(TiO_2, ρ = 0.250 Å) 이 계산에서 어떠한 경향이 있는가? 표 13.4와 13.6을 활용하라.

13.53. 표 13.6의 데이터를 사용하여 이온들 사이의 거리가 0.319 nm인 KCl의 격자 에너지를 계산하고, 계산에 의해 얻어진 값을 표 13.5의 실험값과 비교하라.

13.54. 표 13.6의 데이터를 사용하여 TiO_2의 격자 에너지를 계산하고, 계산에 의해 얻어진 값을 표 13.5의 실험값과 비교하라.

13.55. 아이오딘화 포타슘(KI)의 격자 에너지는 627.2 kJ/mol이다. 이온 간격이 3.533 Å이라면 KI에 대한 반발 범위 매개 변수 ρ는 얼마인가? 어떤 마델룽 상수를 적용시켜야 할지를 결정해야 한다.

13.56. 전하 밀도라는 개념은 이온의 총 전하량을 그 이온이 점유하고 있는 공간으로 나눈 것이다. 표 13.5를 이용하여 어느 이온의 전하 밀도와 그 것을 포함하는 비슷한 종류의 이온 결정의 격자 에너지 사이에서 어떤 경향이 나타나는지를 설명하라. 이런 경향의 물리적인 의미는 무엇인가?

13.57. 기체 상태의 He, Ne 및 Ar과 같은 단원자 원소 상태의 물질에 대해서도 격자 에너지를 정의할 수가 있다.

(a) 식 (13.13)은 왜 이러한 결정체에 적용할 수 없는지를 설명하라.

(b) He, Ne, Ar 등과 같은 물질의 격자 에너지를 어떻게 측정하는가? 이 책의 제1~8장까지의 내용을 참조하여 답을 알아보라.

13.58. He, Ne, Ar 등과 같은 결정에 대하여 연구하려면 이 물질들이 고체 상태가 되도록 저온 냉동 장치가 부착된 진공 장치를 이용해야만 한다. 이때 이러한 진공 장치에는 분해되어 H 원자나 H_2 분자들을 만들어 내는 탄화수소가 포함되면 안 되는데, 그 이유를 설명하라.

13.59. 고체 상태의 팔라듐(Pd) 금속은 수소 기체를 흡수하지만, 다른 기체는 흡수하지 않는 것으로 알려져 있다. 이 성질을 이용하여 고순도의 수소를 제조할 수 있다. (실제로 이런 성질 때문에 다른 원소보다 훨씬 순수한 상태로 수소를 얻을 수 있다. 고체 상태의 팔라듐 금속 중에 흡수된 수소 분자는 주로 어떤 결합을 만들까?) 얻어진 답을 근거로 해서 다른 기체는 팔라듐 금속에 흡수되지 않는데, 수소는 흡수되는 이유를 설명할 수 있는가?

13.60. 비소화 갈륨(GaAs)은 반도체를 제조하는 원료 물질로도 활용될 수 있다. 이 물질의 구조는 원소 상태의 규소와 비슷하지만 Ga 원자와 As 원자가 번갈아 가면서 존재한다. GaAs를 기초 물질로 하는 n형 반도체와 p형 반도체는 물론이고, GaAs의 단위 세포에 대한 전자점(electron-dot) 형식의 그림을 작성하라. 각 형태의 반도체에 대하여 Ga 대신에 치환될 수 있는 것은 무엇인가? 또한 각 형태의 반도체에 대하여 As 대신에 치환될 수 있는 것은 무엇인가?

13.61. GaAs를 **(a)** p형 반도체와 **(b)** n형 반도체로 만들기 위해서 무엇을 도핑하면 되는가?

13.62. 정공(hole)이 어떻게 전기를 전도하는지 설명하라.

기호수학 문제

13.63. 표 13.7에 있는 화합물에 대한 단위 세포의 부피를 계산하라.

13.64. 입방 결정계에 대하여 h, k, l의 값을 사용하여 회절이 일어나는 각도를 구하는 프로그램 또는 공식을 만들어라.

(a) 입사되는 X-선의 파장이 1.5418 Å이고, 격자 정수가 6.46 Å인 단순 입방 격자에 대하여 회절각을 계산하라.

(b) 표 13.3을 이용하여 결정계가 체심 입방이거나 면심 입방일 경우에 어느 회절이 존재하지 않는지를 결정하라.

제 14 장

표면

Surfaces

여러분은 이 장 전체가 표면에 관한 내용이라는 것에 대해 의아하게 생각할지 모른다. 표면은 꽤 이해하기 쉬워 보인다. 모든 응축상의 물리적인 경계를 **표면**(surface)이라고 부르고 표면에 대해서 특별한 것이 있어 보이지는 않는다. 책상의 윗면이나 포장된 도로면은 우리가 매일 접하는 표면이고, 이들 표면과 관련하여 특이한 어떠한 일들이 있어 보이지 않는다.

일상생활에서는 아마 그럴지도 모른다. 그러나 물질이 원자로 이루어져 있다는 것, 원자는 열역학과 양자역학의 법칙에 따라 거동한다는 것, 아울러 기체와 고체 자체는 어느 정도 납득이 되는 방식으로 거동한다는 것을 알고 있기 때문에 표면은 특별한 관심을 받을 가치가 있다고 기꺼이 생각할 수 있다. 표면은 한 물질이나 상이 끝나고 다른 물질이나 상이 시작하는 면을 이루는 일련의 점들을 나타낸다. 이처럼 물질의 연속성이 단절된다는 것은 물질의 본체 성질(bulk property)이 표면에서도 반드시 얻어지는 것이 아님을 의미한다. 표면의 성질이 본체 성질과 어떻게 다른지를 알기 위해서는 여러 가지로 표면을 정의할 필요가 있고, 표면과 본체의 물질이 어떻게 다른지를 알아볼 필요가 있다.

따라서 표면을 다루면서 본 물리화학 책을 마무리하고자 한다. 이 장을 가장 끝에 배치한 것은 지금까지 다룬 열역학, 속도론 및 고체 상태의 구조에 관한 많은 개념이 여기에서 적용되기 때문이다('양자역학' 부분은 양자화학 책을 참조할 것). 다른 책에서는 여러 장에서 부분적으로 조금씩 표면에 관한 물리화학을 다루고 있지만 이 책에서는 표면에 관한 내용을 하나의 장에 제시하고, 표면의 거동을 이해하기 위해 물리화학의 모델이 어떻게 사용될 수 있는지를 알아보고자 한다.

14.1 개요

표면은 어디에나 있으며 너무나도 흔하기 때문에 쉽게 무시된다. 그러나 표면은 물질을 이해하고 물질들끼리 어떻게 상호작용하는지를 이해하는 데 중요한 영향을 끼친다.

여러 가지 방법으로 표면을 생각할 수 있다. 첫째는 표면을 원자 한 개 또는 분자 한 개만큼의 두께를 가진 박막(thin film)으로 간주할 수 있다. 둘째는 표면을 서로 다른 두 종류의 물질에 의해 형성된 계면(interface)이라고 간주할 수 있다. 예를 들어, 섞이지 않는 두 액체사이의 경계(boundary)나 액체와 기체(또는 진공), 고체와 기체(또는 액체나 진공) 사이의 경계가 여기에 해당된다. 셋째는 앞 장에서 간략히 언급한 개념으로 고체 결정의 말단(terminations of solid crystal)을 표면이라고 간주할 수 있다.

표면은 본체 물질과는 다른 특성을 가진다. 이것은 왜일까? 두 종류의 물질 사이에서 형성된 경계에서는 궁극적으로 경계에서의 성질에 영향을 주는 상호작용의 불균형이 있기 때문이다. 이것이 바로 표면에 대하여 알아보아야 할 것이다. 예를 들어, 본체에는 없는 표면 장력(surface tension)이라는 성질이 있다. 하지만 이것은 액체의 거동에 큰 영향을 끼칠 수 있다. 이 영향은 물로 매일 경험하고 있다. 상들 사이의 경계인 계면의 성질은 표면의 효과에 좌우된다. 액체 방울의 표면과 같은 곡면 또한 독특한 성질을 가지고 있는데, 이에 대해 간단하게 알아볼 것이다.

결정성 고체의 표면은 특별히 명확하게 정의할 수 있다. 그 이유는 결정 내부에 원자로 이루어진 면이 명확하게 정의될 수 있기 때문이다. 바로 앞 장에서 결정에 관해 다룬 몇 가지 개념이 여기에 적용될 것이다. 끝으로, 임의의 표면이 존재함으로 인하여 어떤 화학 반응이 가속되거나 촉진된다는 사실을 알고 있다. 왜 이런 일이 일어나는 것일까? 그 이유는 반응물과 표면 자체 사이에 상호작용이 발생하면서 반응물의 활성화 에너지가 감소함으로 인해 반응 속도가 빨라졌기 때문이다. 화학 반응의 촉매는 산업적으로 중요한 관심사이다. 왜냐하면 산업 현장에서 '시간은 곧 돈'이기 때문이다. 표면의 물리화학은 표면에서 촉매 반응이 일어나는 이유를 이해하는 데 필요한 기초 지식을 제공한다.

14.2 액체의 표면 장력

그림 14.1 액체의 표면에 있는 원자와 분자들은 막으로 간주할 수 있다. 그림의 좌측 아래에 있는 색칠한 액체 입자의 경우에, 주변의 모든 액체 입자와 상호작용을 하고 있으며 상호작용의 크기가 모든 방향으로 같아 힘의 균형을 이루고 있다. 그렇지만 표면에 있는 비슷한 입자는 아래 방향과 옆 방향의 상호작용만을 갖는다. 표면층의 위에는 액체 입자가 존재하지 않기 때문에 힘의 불균형이 생기고, 이로 인해 궁극적으로 표면 효과가 일어나게 된다.

물질은 조건만 갖추어지면 단원자 또는 단분자의 층(layer) 또는 **막**(film)으로 퍼질 수 있다. 예를 들어, 긴 사슬을 가지는 알킬 지방산의 일종인 스테아르산(stearic acid)이나 올레산(oleic acid)을 탄화수소계의 용매에 녹인 후에 조심스럽게 물 위에 방울로 떨어뜨리면 용매가 휘발하며 물 표면에 지방산 단분자 막이 형성된다. 이와 같은 막은 존재하는 지방산 분자의 수에 따라 일정한 표면 덮힘률(즉, 일정한 면적)을 갖는다.

액체의 원자나 분자로 이루어진 표면층을 그림 14.1의 그림으로 나타낸 것처럼 일종의 막이라고 생각할 수 있다. 이와 같은 표면층은 본체 물질과는 다른 성질을 가진다고 볼 수 있다. 왜냐하면 표면층은 실제로 '본체'가 아니기 때문이다. 본체에서는 원자 또는 분자가 같은 종류의 원자나 분자에 의해 모든 방향에서 둘러싸여 있지만, 표면의 경우 한쪽에서는 같은 종류의 원자나 분자가 둘러싸고 있고 다른 쪽에서는 **다른** 종류의 원자나 분자가 둘러싸고 있거나 아무것도 둘러싸고 있지 않은 상태이다. 같은 종류의 물질이 접촉하고 있는 경우와 다른 종류의 물질(또는 아무 것도 없는 상태)이 접촉하고 있는 경우에는 물질 사이에 작용하는 힘이 다르다. 이것은 표면층의 원자나 분자에 대한 힘이 본체의 원자나 분자에 대한 것과 다르다는 것을 의미한다. 따라서 표면의 원자나 분자는 실제로 본체의 화학종이 아니고, 표면의 원자나 분자의 거동은 본체 물질의 거동과 같지는 않을 것이다.

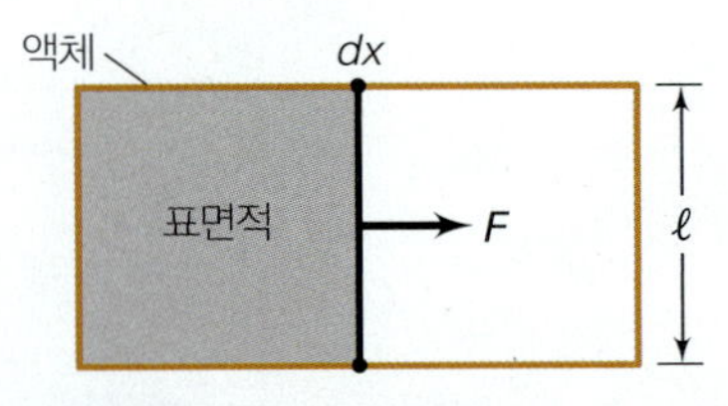

그림 14.2 표면 장력 γ를 정의하기 위한 실험 장치. 본문의 내용 참조.

표면의 양을 증가시키거나 감소시키는 경우를 생각해 보자. 액체의 모양을 변화시키면 노출되어 있는 표면적을 변화시킬 수 있다. 표면에 작용하는 힘들이 다르기 때문에 표면적을 변화시키기 위해서는 일이 필요하다. 표면의 양을 변화시키는 이상적인 실험 장치를 그림 14.2에서 보여주고 있다. 사각형 형태의 표면 면적을 증가시키고자 한다면 액체에 일을 행함으로써 표면에 존재하는 불균형의 힘에 대항해야 한다. (액체의 표면적을 증가시키기 위해서는 액체에 대해 일을 할 필요가 있다. 반대로 표면적이 감소하는 경우에는 주위에 대해 액체가 일을 하게 된다.) 불균형의 힘의 크기를 F라 하고, 경계선을 무한소량 dx만큼 움직여서 사각형 면적을 증가시키기 위해 필요한 일의 무한소량

dw는 다음과 같이 된다.

$$dw = +F \cdot dx \quad (14.1)$$

양의 부호 +를 붙인 것은 이 일이 액체에 행해지는 것이라는 것을 강조하기 위해서이다. 이 식은 물리학에서 일의 정의가 힘과 거리의 곱이라는 것과 매우 유사하다. 그림 14.2의 모형에서 사각형의 폭은 ℓ이다. 힘을 이 폭으로 나눈 F/ℓ을 변수 γ로 정의하면 식 (14.1)은 다음과 같이 된다.

$$dw = +\gamma \cdot \ell \cdot dx$$

거리의 무한소량 dx에 ℓ을 곱하면 무한소 면적 dA가 되므로 위의 식은 다음과 같이 된다.

$$dw = +\gamma \cdot dA \quad (14.2)$$

식 (14.2)의 γ는 액체의 **표면 장력**(surface tension)이라 불린다.

그림 14.2의 계가 본체 액체라기보다는 물질의 막으로서 3차원적으로 변화한다면, 일의 크기는 식 (14.2)로 예상한 양의 두 배가 된다. 막에는 한 개가 아닌 상하 두 개의 표면이 있기 때문이다. 막의 그림을 그림 14.3에 나타내었으며, 막에서 일은 식 (14.2)가 계산한 것의 두 배가 된다. 이 경우, 표면 장력 γ는 다음과 같이 정의된다.

$$\gamma = \frac{F_{막}}{2\ell} \quad (14.3)$$

여기서 분모에 있는 2란 인자는 표면 장력을 **표면당** 폭의 길이당 힘으로 간주하기 때문에 들어간 것이다. 이때 $F_{막}$(액체 막의 표면이 느끼는 불균형의 힘)은 단일 표면의 두 배이기 때문에 결과적으로 γ의 값은 같다. 몇 가지 일반적인 액체의 표면 장력을 표 14.2에 수록하였다. 표면 장력의 단위는 단위 길이당의 힘 또는 단위 면적당의 에너지로 N/m, dyn/cm, erg/cm^2 또는 J/m^2 등으로 나타낼 수 있다.*

그림 14.3 막은 두 개의 표면(앞면과 뒷면)을 가지고 있어서 막의 크기를 증가시키기 위해서는 두 배의 힘이 필요하다.

표 14.1 여러 액체의 표면 장력

액체	온도 (°C)	표면 장력, γ (dyn/cm 또는 erg/cm^2)[a]
아세트산	20	27.8
아세톤	20	23.7
브로민	20	41.5
클로로폼	20	27.1
다이에틸 에터	20	17.0
다이에틸 에터	50	13.5
에탄올	20	22.8
글리세린	20	63.4
헬륨	−270	0.24
수은	25	485.5
물	0	75.6
물	10	74.22
물	20	72.75
물	60	66.18
물	100	58.9

출처: D. R. Lide, ed., CRC *Handbook of Chemistry and Physics*, 82nd ed., CRC Press, Boca Raton, Fla.
[a]J/m^2 단위로 변환하려면 1×10^{-3}을 곱해주어야 한다.

* dyn (dyne의 약어)은 cgs계에서 힘의 단위로 표면 장력을 나타낼 때 종종 사용된다. 1 N = 100,000 dyn이다.

표면 장력은 액체가 가지는 특성의 하나로 온도에 따라 예상한 것처럼 변한다. 액체와 기체의 구별이 없어지는 임계 온도에서 표면 장력은 0이 된다.

표면적을 변화시킬 때에는 일을 해야 하기 때문에 이 일을 열역학적 상태 함수와 연결시킬 수 있다. 제4장에서 깁스 에너지가 한 과정에서 행해지는 비팽창 일(비-pV)의 최댓값과 동일하다는 것을 알았다. 전기적인 일이 비팽창 일인 것처럼 표면적의 변화도 비팽창 일이므로 '표면 장력-면적' 일은 깁스 에너지와 연관지어져야 한다. 온도와 압력이 일정한 상태에서 일어나는 표면적의 가역적인 변화에 관해 다음 식이 얻어진다.

$$dw = dG = \gamma \cdot dA \tag{14.4}$$

이 식은 세 가지를 의미한다. 첫째는 식 (14.4)를 적분하여 다음 식을 얻을 수 있다.

$$w = \Delta G = \gamma \cdot \Delta A \tag{14.5}$$

둘째는 식 (14.4)를 변형하여 일정 온도와 일정 압력에서 표면 장력을 편도함수로 풀이할 수 있다는 것이다.

$$\gamma = \left(\frac{\partial G}{\partial A}\right)_{T,p} \tag{14.6}$$

셋째는 표면적이 변하는 액체계의 dG에 대한 자연 변수(4장 2절) 식을 구할 때에는 식 (14.7)과 같이 표면적의 변화에 수반되는 깁스 에너지의 변화를 포함시켜야만 된다는 것이다.

$$dG = -S\,dT + V\,dp + \gamma\,dA \tag{14.7}$$

표면 장력은 응축상에서 **깁스 표면 에너지**(Gibbs surface energy)로 불리는 경우도 종종 있다. 에너지를 면적으로 나누면 γ와 단위가 같아지므로 표면 장력은 단위 면적당의 깁스 에너지라고 생각할 수 있다.

예제 14.1

용기에 들어 있는 물의 표면적을 200.0 cm^{2}에서 300.0 cm^{2}로 증가시키는 데 필요한 일은 얼마인가? 예를 들어, 플라스틱 용기를 변형시킴으로 인해 좀 더 큰 면적을 드러낸다고 할 때 물에 그러한 일을 행하여야 할 것이다. 단, 물의 표면 장력은 20°C에서 72.75 erg/cm^{2}이다.

)) 풀이

식 (14.5)에서 표면적의 변화 ΔA는 (300.0 − 200.0) cm^2 = 100 cm^{2}이고, 식 (14.5)에 의해 일은 다음과 같이 계산된다.

$$w = \gamma \cdot \Delta A = \left(72.75\,\frac{\text{erg}}{\text{cm}^2}\right) \cdot 100\ \text{cm}^2$$

$$w = 7275\ \text{erg}$$

양(+)의 일이므로 에너지가 계에 들어와 물의 표면적을 증가시킨다.

1 erg는 1×10^{-7} J이므로 표면적 증가에 필요한 일은 0.0007275 J이다. 비록 이 값은 절대적인 의미에서 크지는 않지만 상대적 의미에서 액체의 역학적 성질에 영향을 주기에는 충분한 값이다(이 영향에 관해서는 나중에 설명할 것이다).

예제 14.2

무중력 상태에서 수은 시료는 구의 형상을 갖는다. 시료의 반지름을 1.000 cm라고 가정하자. 수은 시료를 10개의 동등한 크기를 가지는 작은 구로 나누기 위해 필요한 일의 양은 얼마인가? 단, 행해진 일은 모두 표면 에너지의 변화에만 사용된다고 가정한다. 반지름 r인 구의 표면적은 $4\pi r^2$이고, 부피는 $4\pi r^3/3$이며, 수은의 표면 장력은 435.5 erg/cm^{2}이다.

풀이

필요한 일이 오직 수은 구의 표면적 변화에만 관계가 있다면 반지름 1.000 cm인 구로부터 10개의 동등한 부피를 갖는 구를 만들어낼 때의 표면적 변화 ΔA를 계산할 필요가 있다. 반지름 1.000 cm인 구 한 개의 표면적 A와 체적 V는 각각 다음과 같다.

$$A = 4\pi r^2 = 4\pi(1.000\ \text{cm})^2 = 12.57\ \text{cm}^2$$
$$V = \tfrac{4}{3}\pi r^3 = \tfrac{4}{3}\pi(1.000\ \text{cm})^3 = 4.189\ \text{cm}^3$$

표면 장력은 cm^{2}당으로 주어지므로 길이의 단위로서 cm를 유지하는 것은 합리적이다.

이것을 10개로 분할하면 각각의 부피는 4.189 cm^3/10 = 0.4189 cm^{3}이다. 이 부피를 갖는 구의 반지름을 구하면 다음과 같다

$$0.4189\ \text{cm}^3 = \tfrac{4}{3}\pi r^3$$
$$r = 0.4642\ \text{cm}$$

따라서 작은 구의 표면적은 다음과 같다

$$A = 4\pi r^2 = 4\pi(0.4642\ \text{cm})^2 = 12.57\ \text{cm}^2$$

10개 구의 크기가 동일하다면 10개의 구가 가지는 표면적의 합계는 $10 \times 2.708\ \text{cm}^2 = 27.08\ \text{cm}^2$이다. 그러므로 이 과정에서의 표면적 변화는 다음과 같다.

$$\Delta A = (27.08 - 12.57)\ \text{cm}^2 = 14.51\ \text{cm}^2$$

이것을 식 (14.5)에 대입하면 다음과 같이 일의 양이 얻어진다.

$$w = \gamma \cdot \Delta A = \left(435.5\ \frac{\text{erg}}{\text{cm}^2}\right) \cdot 14.51\ \text{cm}^2$$
$$w = 6319\ \text{erg} = 6.319 \times 10^{-4}\ \text{J}$$

마지막 단계에서 1 erg = 10^{-7} J이다.

예제 14.2이 보여준 것은 필요한 일이 매우 작기는 하지만 질량이 같은 상태에서 커다란 액체 방울을 작은 액체 방울로 분할하기 위해서는 일이 필요하다는 것이다. 거꾸로 말하면 질량이 같은 상태에서 작은 액체 방울이 **적은** 수의 좀 더 **큰** 액체 방울로 될 때 그와 같은 과정에서는 일 또는 에너지가 계로부터 **방출**될 것이다. 다시 말해 에너지를 방출하게 된다. 일반적으로(항상 그런 것은 아니지만) 에너지가 작은 쪽으로 변화가 진행되는 것은 일반적으로(항상 그런 것은 아니지만) 좋아하고 자발적인 과정임을 암시하는 것이므로, 위의 예제는 에너지 관점에서 물질은 여러 개의 작은 몸체보다는 하나의 큰 몸체가 되는 것을 선호할 것이라고 제시해 준다. 이것은 실제로 그러하다.

표면 장력과 자유 에너지의 관계를 사용하여 또 다른 현상을 설명할 수가 있다. 식 (14.5)는 다음과 같다.

$$\Delta G = \gamma \cdot \Delta A$$

그림 14.4 표면 장력 외에 다른 영향이 없는 경우 액체 방울은 표면 장력 효과로 인해 구형이 된다.

그림 14.5 중력 효과로 인해 액체 방울의 이상적인 형상이 변하기는 하지만 구형이 되려고 하는 경향은 분명하다. 이 같은 경향은 표면 장력 때문이다.

이 관계를 말로 표현하면, 깁스 에너지의 변화는 액체의 표면적 변화량에 비례한다고 할 수 있다. 등온과 등압의 과정[즉, $dp = 0$과 $dT = 0$, 식 (14.7)의 자연 변수 식을 고려할 때 이 조건은 필요하다]에서는 ΔG가 음의 값을 가지면 그 과정은 자발적이다. 표면 장력은 항상 양의 값을 가지므로 자발적인 과정의 ΔA는 음의 값을 가져야만 한다. 즉, 자발적 과정은 표면적이 **감소**되어야 일어날 수 있다.

구는 가장 밀집된 고체 물질임이 오래 전부터 알려져 왔다. 즉, 부피가 같다면 구의 표면적은 최소가 된다. 따라서 **그 어떤 힘도 작용하지 않는 경우에 표면 장력으로 인해 액체의 형상은 구라고** 생각할 수 있다. 무중력 상태인 경우에는 이것이 실제로 일어나고(그림 14.4 참조) 이는 궁극적으로 액체의 표면 장력 때문이다. 많은 경우에 액체의 양이 많으면 중력의 효과로 인해 액체의 이상적인 구형은 변형된다. 그러나 플라스틱 표면의 작은 물방울처럼 액체가 소량인 경우에는 액체가 구형으로 되려고 하는 경향이 뚜렷하다. 그림 14.5는 쉽게 접할 수 있는 현상의 한 예를 보여 주고 있는데, 이런 현상의 궁극적인 근원은 표면 장력이다.

이 절의 마지막 주제로서 표면 장력으로 설명할 수 있는 또 다른 현상이 있다. 예를 들어, 곤충이 물 위를 걷거나 바늘이나 면도날이 물 위에 뜨는 현상이다. 표면적을 변화시키기 위해서는 일 즉, 에너지가 필요하다. 표면을 뚫고 통과하기 위해서는 표면을 변형시켜야 하기 때문에 역시 일 즉, 에너지가 필요하다. 따라서 표면 장력에 대항하여 이길 수 있을 만큼의 일을 해야만 표면을 변형시킬 수 있다. 곤충은 수면에 접촉하는 면적이 매우 작기 때문에 물 위에 뜰 수 있는 것이다. 바늘과 면도날은 너무 가벼워서 중력에 의한 힘이 표면 장력을 극복하지 못해 이들 또한 물에 뜨게 된다.

예제 14.3

면도날이 물 위에 뜰 수 있음을 증명하라(실제로 아주 조심스럽게 실험하면 성공할 수 있다). 우선 면도날의 두께와 같은 거리만큼 이동시키는 데 필요한 일을 계산하라. 다음에는 그 값을 면도날의 표면적만큼 물의 표면적을 증가시키는 데 필요한 일과 비교하라. 일반적으로 양날 면도날의 면적은 19.9 mm × 38.9 mm, 두께는 0.250 mm, 질량은 1.1240 g이다(그러므로 작용하는 중력은 1.102×10^{-2} N이다). 또한, 물의 표면 장력은 72.75 erg/cm^{2}이며, 부력과 그 밖의 상호 작용은 무시한다(실제로는 부력 등의 영향을 무시할 수 없음).

풀이

수면에 면도날이 통과할 수 있는 크기의 구멍을 뚫기 위해서는 면도날이 자신의 두께만큼 가라앉는 것보다도 큰 에너지가 필요하다는 것을 증명하면 된다. 우선 1.1240 g의 면도날이 0.250 mm만큼 가라앉을 때의 위치 에너지의 감소를 구한다. 고전역학에서 '일 = 힘 × 거리'이므로 위치 에너지 변화는 다음과 같다.

$$\text{일} = \text{힘} \times \text{거리}$$

$$= (1.102 \times 10^{-2}\ \text{N}) \times (0.250\ \text{mm}) \times \frac{1\ \text{m}}{1000\ \text{mm}} = 2.75 \times 10^{-6}\ \text{J}$$

예제 14.3 *(계속)*

따라서 면도날이 0.250 mm만큼 가라앉을 때 계로부터 방출되는 중력에 의한 일은 2.75 × 10^{-6} J이다. 이것은 면도날이 수면을 뚫고 통과하는 데 필요한 에너지보다 큰 것일까? 면도날이 수면을 뚫고 통과하기 위해서는 19.9 mm × 38.9 mm 크기의 '구멍'이 만들어져야 한다. 면도날이 통과하는 면적은 다음과 같이 구해진다.

$$\text{면적} = 19.9\text{ mm} \times 38.9\text{mm} \times \left(\frac{1\text{cm}}{10\text{mm}}\right)^2$$
$$= 7.74\text{ cm}^2$$

아울러 물의 표면 장력이 72.75 erg/cm^2이므로 위의 면적만큼 물의 표면적을 증가시키는 데 필요한 에너지를 구하면 다음과 같다.

$$\text{에너지} = \left(72.75\,\frac{\text{erg}}{\text{cm}^2}\right) \times (7.74\text{ cm}^2) \times \frac{1\text{ J}}{1 \times 10^7\text{ erg}}$$
$$= 5.63 \times 10^{-5}\text{ J}$$

이 값은 면도날이 중력에 의해 가라앉는 에너지보다도 20배 이상 큰 값이다. 이로부터 면도날은 실제로 물 표면에 뜰 거라고 예상된다.

14.3 계면 효과

앞 절에서 표면 장력이 열역학 함수인 일 및 깁스 에너지와 관련이 있다는 것을 알았다. 액체 표면에 대해서 어떤 열역학적 표현이 또 있을까? 이런 표현 중 몇 가지에는 서로 접촉하고 있는 두 개(또는 그 이상)의 상 표면에서 이들 상의 상호 작용이 포함되어 있다.

열역학 변수의 하나인 압력은 표면이 존재함으로 인하여 몇 가지 특이한 효과를 나타낸다. 한 액체가 다른 상(예를 들어, 다른 액체 또는 심지어 기체 또는 진공)과 접촉하고 있다고 생각해보자. 여기서 영역 I를 액체, 영역 II를 그 액체와 접촉하고 있는 다른 상이라고 하자. 이 두 상이 열역학적으로 고찰해야 할 계이다.

두 개의 영역으로 이루어진 계가 평형 상태에 있는 고립계라고 하면 계의 전체 에너지 변화 dU는 열역학 제1법칙에 의해 0이 된다. dU_{I}를 영역 I의 내부 에너지 변화, dU_{II}를 영역 II의 내부 에너지 변화로 정의할 수 있다. 아울러 두 개 영역의 경계 부분에서는 표면 장력에 의한 표면 에너지도 존재한다. 이 경계를 **계면**(interface)이라고 부른다. 이미 표면 장력과 깁스 에너지의 관계에 관해서 살펴보았지만, 다른 열역학 변수(내부 에너지의 자연 변수 S와 V)가 일정하게 유지된다면 다음과 같이 표면 장력-면적 일은 내부 에너지 변화와 같게 된다.

$$dU_\sigma = \gamma \cdot dA \tag{14.8}$$

여기서 dU_σ는 계면의 내부 에너지이다.

이미 언급한 것처럼 열역학 제1법칙으로부터 이 계의 내부 에너지 변화는 0이다.

$$dU = 0$$

계를 작은 계로 분할하여 생각하면 각각의 계는 자신의 내부 에너지를 가지므로 표면

에너지를 다음과 같이 포함시킬 수 있다.

$$dU = dU_{\text{I}} + dU_{\text{II}} + dU_{\sigma} = 0 \tag{14.9}$$

이 식으로부터 매우 흥미로운 것은 **전체**의 내부 에너지 변화는 0이지만 각각의 영역이나 계면의 dU가 불변일 필요는 없다는 것이다. 각 영역의 내부 에너지 변화를 자연 변수를 사용하여 표현하고, 계면의 dU_{σ}를 나타내는 식 (14.8)을 식 (14.9)에 대입하면 다음 식이 얻어진다.

$$(T_{\text{I}} \cdot dS_{\text{I}} - p_{\text{I}} \cdot dV_{\text{I}}) + (T_{\text{II}} \cdot dS_{\text{II}} - p_{\text{II}} \cdot dV_{\text{II}}) + (\gamma \cdot dA) = 0$$

다음에 오는 몇 가지 식에서 가운뎃점으로 나타낸 곱하기 표시를 생략할 것이다. 위 식을 단순화시키기 위해 각 영역의 온도는 같고($T_{\text{I}} = T_{\text{II}}$), 한 쪽 영역에서의 엔트로피의 무한소 변화와 또 다른 쪽에서의 엔트로피의 무한소 변화는 서로 크기는 같지만 부호는 반대라고 가정한다(즉, 이 조건하에서 계 전체에 대하여 $dS = 0$이다). 따라서 수학적으로 TdS 항이 없어지면서 남는 것은 다음 식이 된다.

$$\gamma\, dA - p_{\text{I}}\, dV_{\text{I}} - p_{\text{II}}\, dV_{\text{II}} = 0 \tag{14.10}$$

이 식을 유도하는 과정에서 각 영역의 압력은 같다고 하지 않았다는 점에 유의하기 바란다. 그러나 영역 I의 부피가 변하면 영역 II의 부피는 반대 방향으로 같은 양만큼 변해야 한다는 것을 지적해 둔다. 즉, 한 쪽 영역이 커지면 다른 쪽의 부피는 같은 크기만큼 작아진다(역도 마찬가지이며 언제나 같은 크기만큼 변한다). 이를 수식으로 나타내면 다음과 같다.

$$dV_{\text{I}} = -dV_{\text{II}} \tag{14.11}$$

영역 I (액체)에 관심이 있기 때문에 영역 II의 부피 dV_{II}를 dV_{I}로 치환하면 식 (14.10)은 다음과 같이 된다.

$$\gamma\, dA - p_{\text{I}}\, dV_{\text{I}} + p_{\text{II}}\, dV_{\text{I}} = 0$$

$$\gamma\, dA + (p_{\text{II}} - p_{\text{I}})\ dV_{\text{I}} = 0 \tag{14.12}$$

식 (14.12)에서는 dV_{I}로 두 개의 항을 묶고 있다. 두 영역의 압력이 같다고 가정하지 않으면서 압력의 **차이**와 표면 장력을 관련짓는 식을 유도했다는 점에서 식 (14.12)는 흥미롭다. 식 (14.12)를 재배열하면 다음 식이 얻어진다.

$$(p_{\text{I}} - p_{\text{II}})\, dV_{\text{I}} = \gamma\, dA$$

(이 식의 정렬 과정에서 두 압력의 순서가 바뀌었다.) 두 미분을 하나로 묶으면 다음 식이 된다.

$$(p_{\text{I}} - p_{\text{II}}) = \gamma\left(\frac{\partial A}{\partial V_{\text{I}}}\right) \tag{14.13}$$

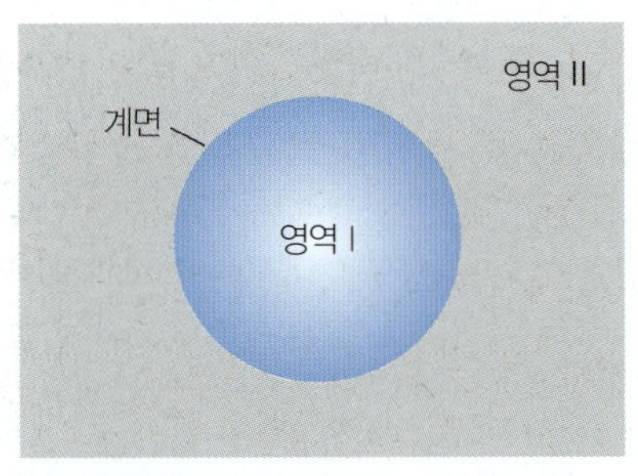

그림 14.6 영역 I은 액체이고 영역 II는 진공이나 어떤 기체이다. 계면은 두 영역을 구분한다. 라플라스-영 방정식을 통해 액체 방울의 일부 성질을 예측한다.

이 식은 표면 장력에 따른 한 계면의 양쪽 압력 차이와 부피에 따른 액체의 면적 변화를 관련지어주고 있다. 식 (14.13)은 계면의 거동에 관한 기본 방정식으로 이 식을 유도한 프랑스의 수학자 라플라스(Pierre-Simon Marquis de Laplace)와 영국의 과학자 영(Thomas Young)의 이름을 따서 **라플라스-영 방정식**(Laplace-Young equation)이라 부른다.

식 (14.13)을 어떻게 사용할 수 있을까? 우선 그림 14.6의 액체 방울에 관하여 생각해 보자. 참고로 영역 I과 II가 표시되어 있다. 이 그림과 식 (14.13)을 살펴볼 때, 영역 I의 압력이 영역 II의 압력보다 크다는 사실이 함축되어 있다. 그 이유를 생각해보자. 표면 장력은 항상 양의 값을 가지며 $(\partial A/\partial V_I)$ 또한 항상 양의 값을 가진다. 즉, 영역의 부피가 증가하면 면적도 증가한다. 따라서 식 (14.13)의 우변은 항상 양의 값을 가지므로 압력의 차이 $p_I - p_{II}$는 항상 양의 값이어야 한다. 이렇게 되기 위해서는 오로지 p_I은 항상 p_{II}보다 큰 값을 가져야 한다. 다시 말해 액체 내부의 압력은 액체 외부의 압력보다 크다.

액체 방울이 반지름 r인 구라고 하면 표면적 A와 체적 V는 기하학 식을 사용하여 구할 수 있다.

$$A = 4\pi r^2, \quad V = \tfrac{4}{3}\pi r^3$$

표면적과 부피는 모두 변수 r에 의존하기 때문에 r에 대하여 A와 V의 미분을 취하고, 이를 라플라스-영 방정식에 대입한다. dA는 다음과 같이 나타낼 수 있다.

$$dA = 8\pi r \cdot dr$$

dV는 다음과 같이 나타낼 수 있다.

$$dV = 4\pi r^2 \cdot dr$$

위의 두 식을 라플라스-영 방정식에 대입하면 다음 식이 얻어진다.

$$(p_I - p_{II}) = \gamma\left(\frac{8\pi r \cdot dr}{4\pi r^2 \cdot dr}\right)$$

계면의 내부와 외부의 압력 차이를 Δp로 정의하면 위 식은 다음과 같이 된다.

$$\Delta p = \frac{2\gamma}{r} \qquad \textbf{(14.14)}$$

취급하는 계가 액체 방울이 아니라 기포(즉, 안쪽과 바깥쪽 표면을 가진 막)라면 양쪽 표면 모두가 표면 에너지(즉, 표면 장력)에 기여하고 식 (14.14)는 다음과 같이 되어 액체 방울의 두 배에 해당하는 크기를 가진다.

$$\Delta p = \frac{4\gamma}{r} \qquad \textbf{(14.15)}$$

식 (14.14)와 식 (14.15)를 활용한 흥미로운 것들이 몇 가지 있다. 계에 압력의 불균형이 발생하면 무슨 일인가 일어나게 된다. 예를 들어, 피스톤 내부에 기체가 있는 간단한 장치의 경우 내부와 외부의 압력에 불균형이 생김으로 인하여 장치의 부피가 비가역적으로 팽창하거나 또는 수축한다. 액체 방울의 경우 식 (14.14)로부터 알 수 있듯이 액체 방울이 작을수록 액체-기체 계면의 기체상 쪽의 증기압이 높아진다. 액체의 휘발 속도가 빨라진다. 이같은 사실은 스프레이식의 향수나 가솔린 엔진의 효율과 같은 다른 주제와 연루되어 있다. (그 밖에도 액체 방울의 거동을 더 이해하기 위한 식들이 있지만 여기서는 더 이상 언급하지 않을 것이며, 다른 예를 위해서 연습 문제를 참조하라.)

예제 14.4

반지름이 0.100 mm인 물방울의 표면 내부와 외부의 압력 차이는 얼마인가? 또한 반지름이 0.001 mm (즉, 1 μm)인 물방울의 경우는 압력 차이가 얼마가 되겠는가? 단, 물의 표면 장력은 72.75 erg/cm^{2}이다.

예제 14.4 *(계속)*

풀이

이 문제는 수학적으로 숫자 계산에서 간단하지만 단위에 주의할 필요가 있다. 식 (14.14)를 이용하여 다음 계산을 할 수 있다.

$$\Delta p = \frac{2\gamma}{r} = \frac{2\left(72.75\,\dfrac{\text{erg}}{\text{cm}^2}\right)}{0.100\text{ mm}}$$

단위를 잘 맞추어 압력 단위가 되게 한다. 우선 분모에 있는 mm를 cm로 변환시킨다.

$$\Delta p = \frac{2\left(72.75\,\dfrac{\text{erg}}{\text{cm}^2}\right)}{0.100\text{ mm}} \cdot \frac{10\text{ mm}}{1\text{ cm}} = 1.455 \times 10^4\,\frac{\text{erg}}{\text{cm}^3}$$

단위를 포함한 복잡한 분수가 어떻게 단순한 분수가 되었는지 확인하라. 아울러 힘의 단위인 1 dyn은 1 erg/cm (erg는 에너지 단위)이며, 이를 대입하면 다음이 된다.

$$\Delta p = 1.455 \times 10^4\,\frac{\text{dyn}}{\text{cm}^2}$$

단위 면적당 힘(dyn/cm^2)은 압력으로 정의되지만, 여기서의 단위는 어떤 압력의 단위일까? 1 dyn/cm^2를 SI 단위로 바꾸면 1×10^{-6} bar이므로 다음 값이 얻어진다.

$$\Delta p = 1.455 \times 10^4\,\frac{\text{dyn}}{\text{cm}^2} \cdot \frac{1 \times 10^{-6}\text{ bar}}{1\,\dfrac{\text{dyn}}{\text{cm}^2}}$$

$$= 0.01455\text{ bar}$$

이와 같은 압력 차이는 대기압의 2% 이하에 불과한 값으로 그다지 큰 값이 아니라고 생각할 수 있다. 그러나 액체 방울의 반지름이 불과 0.100 mm라는 것을 생각하면 충분히 큰 압력 차이라 할 수 있다. 액체 방울의 반지름이 0.001 mm인 경우에 동일한 방법으로 압력 차이를 계산하면 다음과 같다.

$$\Delta p = 1.455\text{ bar}$$

이 압력 차이는 대기압보다 크다.

상기 예제로부터 계면에 걸쳐 얼마나 큰 압력 차이가 날 수 있는지를 알았다. 압력 차이는 액체 분자를 기화하도록 강요한다는 것을 생각하고 액체를 가능한 한 작은 방울로 분리시킴으로써 액체를 기화시키는 데 유리하게 한다는 것을 알 수 있다[이 과정은 오해를 불러일으키게 **원자화**(atomization)라고 부른다].

그림 14.7 고체 표면에 있는 액체의 거동은 세 개의 계면에 의해 결정된다. 즉 액체와 고체의 계면, 액체와 증기의 계면, 고체와 증기의 계면 이렇게 세 종류의 계면이다. 액체의 가장자리와 고체 표면과 이루는 접선의 각도를 접촉각 θ로 정의한다.

계면은 액체상과 고체상 사이에도 존재한다. 조건에 따라서는 액체-고체 계면의 거동이 표면 장력에 의해 정해진다. 고체 표면의 작은 액체 방울에 관해서 생각해보자. 액체 방울의 거동은 여러 계면(액체-고체, 액체-증기, 고체-증기)의 표면 에너지에 의존한다. 각각의 계면에서 다른 표면 장력을 정의할 수 있다. 그림 14.7에 고체 표면 위에 있는 이상적인 액체 방울과 세 가지의 표면 장력으로 표시한 세 가지 계면을 나타내었다. 액체-고체, 액체-증기 및 고체-증기의 계면에 작용하는 표면 장력을 각각 $\gamma_{\ell s}$, $\gamma_{\ell v}$, γ_{sv}로 표기한다. 또한 액체와 증기는 동일한 화학 물질이지만 고체는 액체 및 증기와는 다른 물질일 수 있음에 주의하라.

표면 장력은 평면적인 효과를 나타내며, 매우 작은 점에서의 접선으로 표시될 수 있는 표면에 작용한다. 평면인 액체-고체 및 증기-고체 계면의 경우에는 접선과 계면이 동일 평면에 있다. 표면 장력이 존재하는 곳에 평평한 표면이 있다. 액체-증기 계면은 곡면이므로 표면 장력은 곡면의 접선 방향으로 작용한다. 액체-고체 계면의 가장자리에서 계면(즉, 액체 방울의 가장자리)에서의 접선을 그림 14.7에 실선으로 나타내었다. 이 접선과 고체 표면이 이루는 각도를 θ라 정의하고, 각도 θ를 **접촉각**(contact angle)이라고 한다.

왜 이런 식으로 매개 변수를 정의했을까? 예를 들어, 액체-증기 계면의 표면 장력이 다른 표면 에너지와 비교하여 매우 큰 경우 그림 4.17은 어떻게 될 것인지 생각해 보자. 그림 14.8(a)와 같이 액체 방울의 형상이 거의 구형이 된다. 이때의 접촉각은 거의 180°이다. 반면에 액체-증기 계면의 표면 장력이 다른 표면 에너지와 비교하여 그다지 다르지 않을 때에는 어떻게 될까? 그림 14.8(b)에 나타낸 것과 같이 액체 방울은 표면에 퍼지게 된다. 이것의 극단적인 경우는 θ가 거의 0°가 된다. 이와 같은 상태를 액체가 고체를 **적신다**(wetting)라고 말한다.

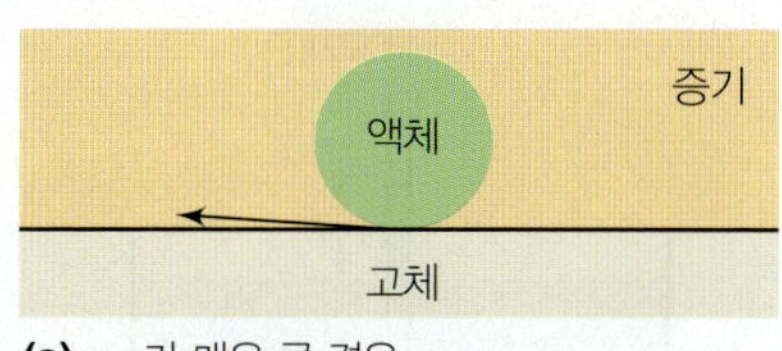

(a) $\gamma_{\ell v}$가 매우 큰 경우

증기
액체
고체

(b) $\gamma_{\ell v}$가 매우 작은 경우

그림 14.8 (a) 액체가 고체 표면을 전혀 적시지 못할 경우에 액체는 (중력이나 다른 힘이 작용하지 않는다고 가정하면) 표면 위에서 작은 구의 형상을 취한다. 이때의 접촉각은 180°에 이르게 된다. (b) 액체가 고체 표면을 매우 잘 적실 경우에는 액체가 고체 표면에서 퍼지게 되며 이때의 접촉각은 0°에 이르게 된다.

여기에서 요점은 고체 위에서의 액체의 거동이 계면에 따른 세 가지 표면 장력의 상대적인 크기에 의해서 결정된다는 것이다. 1805년에 영국의 과학자 영은 세 개의 표면 장력과 접촉각과의 관계를 추정했고, 그 후 1869년에 프랑스의 과학자 뒤프레(A. Dupré)가 아래의 관계식을 유도하였다.

$$\gamma_{sv} = \gamma_{\ell s} + \gamma_{\ell v} \cos\theta \tag{14.16}$$

이 식은 **영-뒤프레 방정식**(Young-Dupré equation)이라 불리며, 실제 세 가지 벡터량의 균형이라고 간주할 수 있다. 즉, 고체-증기 계면의 표면 장력이 하나의 방향으로 잡아당기고, 액체-고체 및 액체-증기 계면의 표면 장력이 다른 방향으로 잡아당긴다. 그러나 액체-증기 계면의 표면 장력에서 액체-고체 계면을 따르는 성분만이 힘의 균형에 기여하게 된다. $\cos\theta$ 항이 이 성분을 설명해준다.

영-뒤프레 방정식을 사용하여 어떻게 하면 액체가 고체 표면을 적시고 적시지 않을지를 예측할 수 있다. 식 (14.16)을 $\cos\theta$에 관해서 정리하면 다음과 같은 식이 얻어진다.

$$\cos\theta = \frac{\gamma_{sv} - \gamma_{\ell s}}{\gamma_{\ell v}} \tag{14.17}$$

고체 표면을 액체로 적시고 싶은 경우(즉, $\theta \approx 0$, 따라서 $\cos\theta \approx 1$), 식 (14.17)의 분자와 분모의 값이 거의 같아야만 한다. 바꾸어 말하면 $\gamma_{sv} - \gamma_{\ell s}$가 $\gamma_{\ell v}$와 거의 같아야 한다. 예를 들어, 땜납은 녹였을 때 다른 금속의 표면을 적시는 합금인데, 식 (14.17)의 값이 1에 가깝도록 적당한 표면 장력을 가지고 있기 때문이다. 마찬가지로 합성 세제와 비누는 이것들이 물에 첨가됨으로써 물의 표면 장력을 적당한 값으로 감소시키기 때문에 합성 섬유와 같은 고체 표면을 물이 적시도록 도와주는 작용을 한다.

표면 장력의 효과는 원통형 고체의 표면에서도 나타난다. 매우 가느다란 원통형 표면을 가진 관을 **모세관**(capillary)이라고 한다. 모세관을 액체에 담그면 어떻게 될까? 액체-증기의 계면에 존재하는 표면 장력은 다음에 나타낸 라플라스-영 방정식을 따르게 된다.

$$\Delta p = \frac{2\gamma}{r}$$

즉, 액체 표면의 양쪽에 압력 차이가 발생한다. 고체 표면의 젖음성(wettability)에 따라

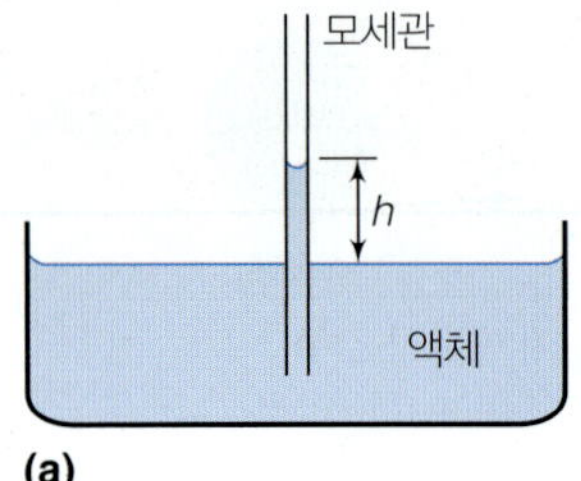

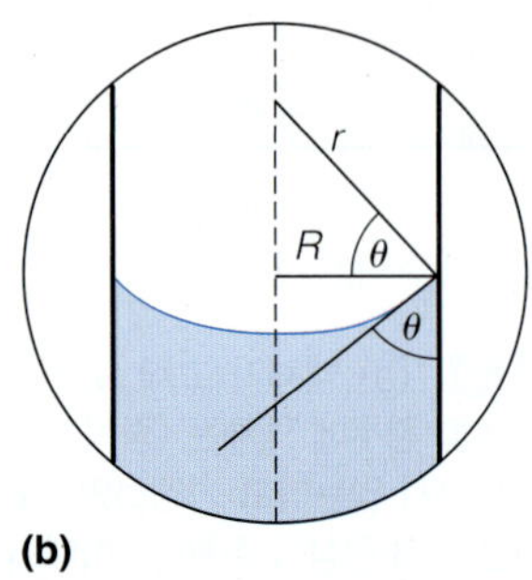

그림 14.9 액체가 고체를 적시는 경우에는 고체 물질로 이루어진 모세관 내부의 액체 면이 상승한다. (a) 모세관 작용의 알짜 효과. (b) 모세관 내부의 액체는 모세관 벽과 어느 정도의 접촉각을 이루는 메니스커스를 형성한다. 그림에 표시된 변수들의 정의는 본문을 참조하라.

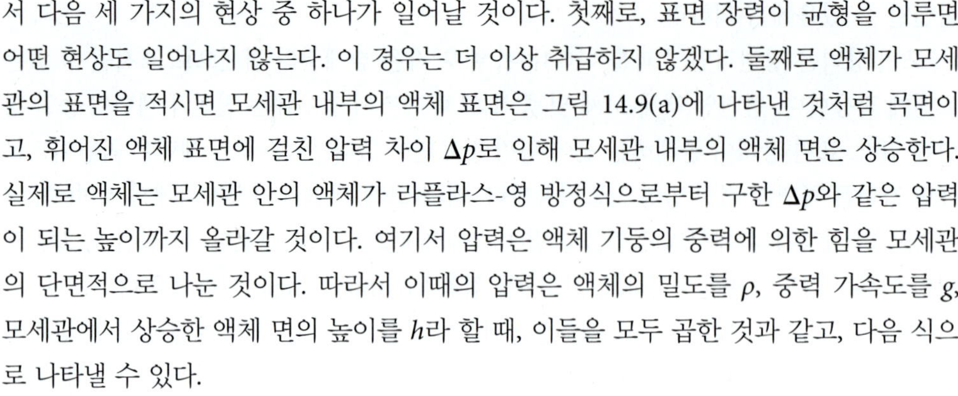

서 다음 세 가지의 현상 중 하나가 일어날 것이다. 첫째로, 표면 장력이 균형을 이루면 어떤 현상도 일어나지 않는다. 이 경우는 더 이상 취급하지 않겠다. 둘째로 액체가 모세관의 표면을 적시면 모세관 내부의 액체 표면은 그림 14.9(a)에 나타낸 것처럼 곡면이고, 휘어진 액체 표면에 걸친 압력 차이 Δp로 인해 모세관 내부의 액체 면은 상승한다. 실제로 액체는 모세관 안의 액체가 라플라스-영 방정식으로부터 구한 Δp와 같은 압력이 되는 높이까지 올라갈 것이다. 여기서 압력은 액체 기둥의 중력에 의한 힘을 모세관의 단면적으로 나눈 것이다. 따라서 이때의 압력은 액체의 밀도를 ρ, 중력 가속도를 g, 모세관에서 상승한 액체 면의 높이를 h라 할 때, 이들을 모두 곱한 것과 같고, 다음 식으로 나타낼 수 있다.

$$\Delta p = \rho g h$$

따라서 **모세관 오름**(capillary rise)이 얼마나 높아질지를 아는 것은 쉽다.

$$\rho g h = \frac{2\gamma}{r}$$

즉, h에 대하여 식을 정리하면 다음과 같다.

$$h = \frac{2\gamma}{\rho g r} \tag{14.18}$$

그림 14.9(b)의 확대 그림으로부터 식 (14.18)을 모세관의 안쪽 반지름 R로 나타낼 수 있다. 액체의 표면이 구의 형상을 취한다고 하면 휘어진 메니스커스(meniscus)의 반지름과 모세관의 안쪽 반지름 사이에 다음과 같은 관계식이 성립한다.

$$R = r\cos\theta$$

여기에서 θ는 접촉각이며 위 식을 식 (14.18)에 대입하면 다음이 얻어진다.

$$h = \frac{2\gamma\cos\theta}{\rho g R} \tag{14.19}$$

표면 장력이 별도로 측정되어 있다면 식 (14.19)로부터 액체의 접촉각을 쉽게 구할 수 있다. 아울러 식 (14.19)로부터 모세관의 안쪽 반지름 R이 작을수록 모세관 오름은 커질 것이라고 예측할 수 있다.

셋째로 액체가 고체의 표면을 적시지 못하는 경우이다. 이 경우의 메니스커스는 그림 14.10에 나타낸 것과 같이 위로 볼록한 형태가 된다. 이때 접촉각 θ는 90°보다 커서 $\cos\theta$는 음의 값을 가진다. 따라서 모세관 내부의 액체 면 높이가 음의 값을 가지며, 액체는 **모세관 내림**(capillary depression)을 하게 된다. 수은은 모세관 내림을 보여주는 대표적인 액체이다.

모세관 오름과 모세관 내림이라고 하는 모세관 작용은 작은 반지름을 가지고 있는 실린더에서만 유효하다. 모세관이 충분히 넓어지면 내부의 액체가 평탄한 표면을 가지게 되고, 모세관 작용은 무시될 수 있다.

모세관 작용은 일상생활 속에서도 종종 관찰된다. 종이 수건(paper towel), 커피 여과지(coffee filter) 및 티백(tea bag) 등은 모세관 작용 때문에 작동한다. 어떤 합성 섬유는 모세관 현상을 나타내지 않기 때문에 습한 날씨에서는 불쾌감을 느끼게 된다. 방수 섬유는 모세관 작용이 없는 물질로 섬유 표면을 코팅하거나 모세관 작용이 없는 섬유를 사용하여 만든다. 여기서 제시된 모든 예는 결국 표면 효과의 원리에 기초하고 있다.

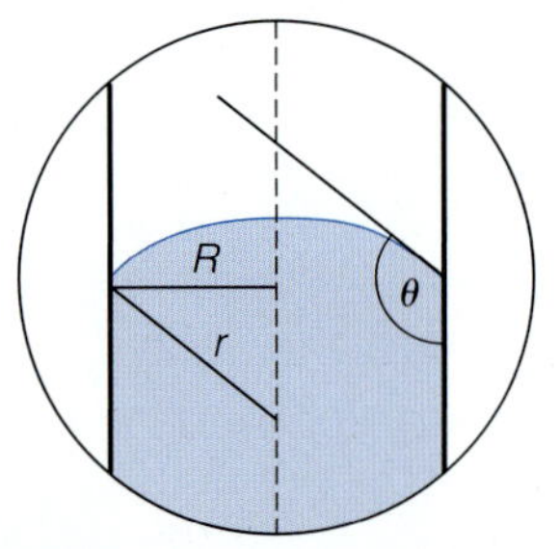

그림 14.10 모세관의 재질인 고체 물질을 액체가 적시지 못할 경우 모세관 내림 현상이 발생한다. 이 경우에는 그림 14.9(a)에 나타낸 모습에서 모세관 내부의 액체 면이 모세관 바깥쪽의 액체 면보다도 **낮아지며** 이때의 메니스커스는 위로 볼록한 형상이 된다.

14.4 표면막

어떤 계에서는 본체 물질의 표면이 매우 얇은 막으로 덮여 있는 경우가 있다. 예를 들어, 다량의 물 위로 작은 기름 방울이 퍼지면서 예쁜 무지개 색이 관찰된다(이것은 얇은 기름 막의 상하 계면에서 다중 반사되는 빛의 간섭작용에 의해 일어나는 현상이다). 이와 같이 단분자의 두께를 가진 매우 얇은 막을 **랭뮤어-블러젯 막**(Langmuir-Blodgett film)이라 부른다[랭뮤어(Irving Langmuir는 미국의 물리화학자로 General Electric 사에서 연구를 수행하면서 1918년에 단분자 막을 개발하였다. 랭뮤어의 연구 내용은 그 후 1934년에 같은 회사의 과학자 블러젯(Katherine Blodgett)에 의해 발전되었다]. 이 단분자 막은 수면 위에 떠 있을 때 물에 용해되지 않는 물질로 구성되고 증기압은 거의 0이다.

특정량의 물질로 이루어진 표면막의 경우, 그림 14.2의 장치와 비슷한 실험 장치를 사용해서 표면 장력과 유사한 물성을 측정할 수 있다. 그러나 이 경우 표면 장력으로 단분자 막의 면적을 변화시켰을 때에 막을 구성하는 분자가 압축되거나 펴지는 능력을 측정한다. 표면막에 대하여 **표면 압력**(surface pressure) π는 순수한 용매(일반적으로는 물)의 표면 장력 γ°와 표면막이 덮여 있는 용매의 표면 장력 γ의 차이로 정의한다.

$$\pi = \gamma^\circ - \gamma \tag{14.20}$$

표면 압력 π는 막의 면적에 따라 크게 변한다. 분자당 덮힘 면적 A에 대해서 여러 가지 물질의 π를 그래프로 나타낸 그림 14.11을 살펴보자. 이 같은 그래프에서 일정한 양의 물질로 이루어진 막은 압축되거나 확장되어 표면 압력은 측정된다. 각 분자가 자신보다 더 큰 면적을 덮을 것으로 계산되는 지역에서 표면 압력은 다음 식으로 근사될 수 있다.

$$\pi A = RT \tag{14.21}$$

이 식은 이상 기체의 상태 방정식과 유사하다. 그림 14.11의 점선은 π와 A의 반비례 관계를 나타내는(즉, 보일 법칙) 쌍곡선과 유사하다. 이 영역에서 각 분자는 다른 분자로부터 자유롭게 흔들거릴 수 있고, 일종의 2차원 상에서의 기체 분자처럼 모델화될 수 있다.

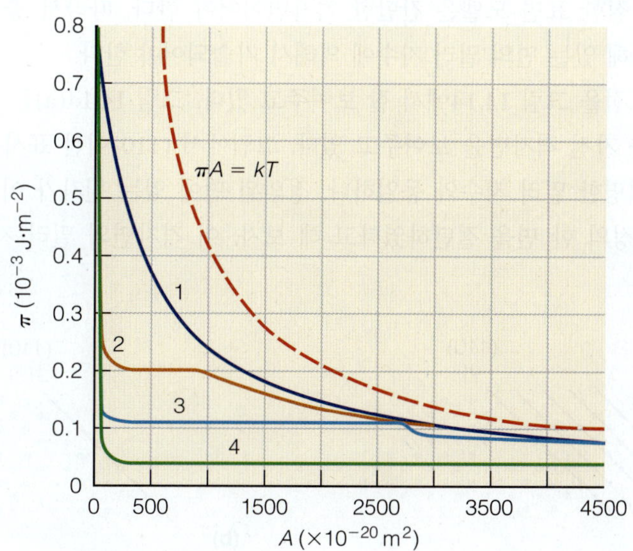

그림 14.11 면적 A에 대한 표면 압력 π의 그래프. 각 물질에 대하여 x축은 막에 있는 분자 한 개의 평균 면적을 나타낸다. *출처:* Ya. Gerasimov, *Physical Chemistry*, Mir Publishers, Moscow, 1974.

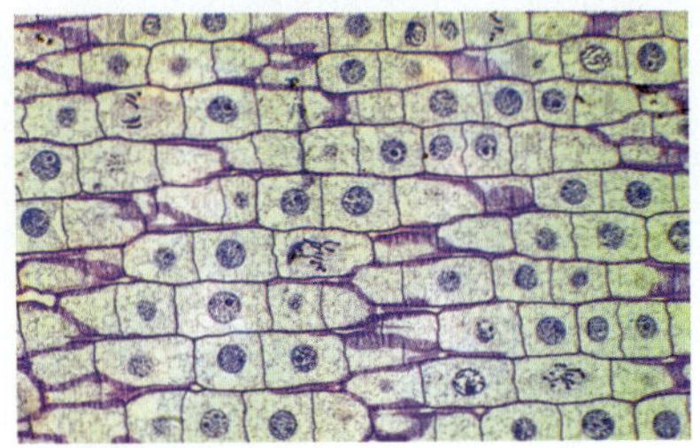

그림 14.12 생물의 세포에는 세포막으로 불리는 박막이 있다. 세포가 기능을 발휘하거나 생존할 수 있는 능력은 세포막이 적절하게 작동할 수 있는 능력에 크게 달려 있다.

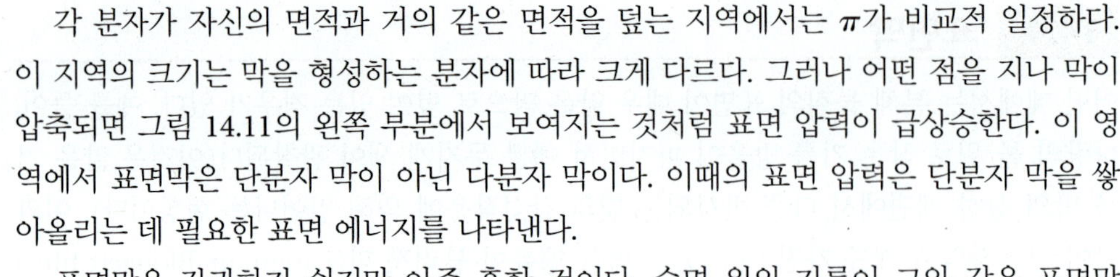

각 분자가 자신의 면적과 거의 같은 면적을 덮는 지역에서는 π가 비교적 일정하다. 이 지역의 크기는 막을 형성하는 분자에 따라 크게 다르다. 그러나 어떤 점을 지나 막이 압축되면 그림 14.11의 왼쪽 부분에서 보여지는 것처럼 표면 압력이 급상승한다. 이 영역에서 표면막은 단분자 막이 아닌 다분자 막이다. 이때의 표면 압력은 단분자 막을 쌓아올리는 데 필요한 표면 에너지를 나타낸다.

표면막은 간과하기 쉽지만 아주 흔한 것이다. 수면 위의 기름이 그와 같은 표면막이라는 것은 이미 앞에서 설명하였다. 매우 중요한 표면막의 한 예는 세포막이다. 그림 14.12에 나타냈듯이 세포막은 원형질의 표면에 존재하는 지질의 막이다. 이와 같은 세포막의 물리적 성질과 화학적 성질이 세포 생존의 열쇠를 쥐고 있다.

14.5 고체 표면

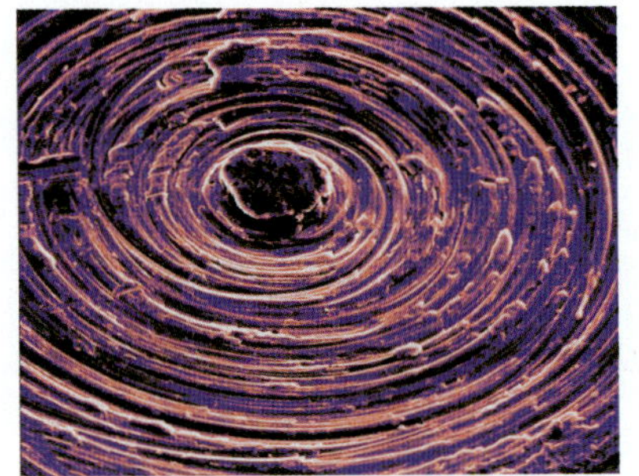

그림 14.13 어떤 표면이라도 원자 수준에서 관찰하면 실제로 매우 지저분하다. 이 사진은 매끄러운 스테인리스의 표면을 10,000배 확대한 것이다.

어떤 고체이든 그 고체의 구조가 끝나는 지점이 반드시 존재한다. 이렇게 끝나는 지점이 그 고체의 표면이다. 우리 주위에 있는 물체의 표면(예를 들어, 이 책의 현재 페이지)을 생각해 보자. 인간의 감각 수준에서는 그와 같은 표면이 이상하거나 특별한 것은 아니다.

그렇게 느끼는 한 가지 이유는 고체 표면에 너무 친숙하기 때문이다. 실생활에서는 고체 표면이 흥미롭다거나 특별한 성질을 가지고 있는지에 대한 물음에 신경을 쓰지 않는다. 실제로 많은 고체들은 그다지 흥미롭지도 특별하지도 않다. 고체 상태에 있는 모든 물질의 표면은 원자나 분자 수준에서 다소 지저분하다(표면을 확대한 그림 14.13 참조). 고체는 다결정이거나 심지어 무정형으로서 매우 복잡하고 무질서한 표면을 가지고 있다. 따라서 고체 표면의 거동을 알 수 있는 바가 거의 없다.

물리화학 분야에서 취급하게 되는 표면은 다소 규칙적이고도 질서정연한 구조를 가져야만 한다. 고체 표면을 모델화하려면 고체 표면이 비교적 간단한 구조로 기술되는 것이 바람직하다. 작은 결정들이 모인 다결정도 곤란하다. 다시 말해 표면의 모델은 간단하고 규칙적이며 쉽게 정의할 수 있는 것이야 한다.

13장에서 격자면을 실제 기술하였다. **밀러 지수**를 사용하여 고체 결정의 격자면을 정의하였다. 적절한 표면 모델은 간단한 격자면이어야 한다. 따라서 좋은 표면 모델은 표면 원자가 속해 있는 면의 밀러 지수에 의해서 기술되어야 한다.

여기서의 요점을 그림 14.14에서 잘 보여주고 있다. 그림 14.14(a)는 결정 내에서 특정 밀러 지수를 가진 격자면을 보여주고 있다. 그림에서 (110)이란 표시는 이미 13장에서 정의했고 설명한 밀러 지수와 동일하다. 정의된 면에 있는 원자가 이제 고체 표면에 존재하도록 결정의 한 면을 절단하였다고 해 보자. 이 격자면의 밀러 지수를 사용하여

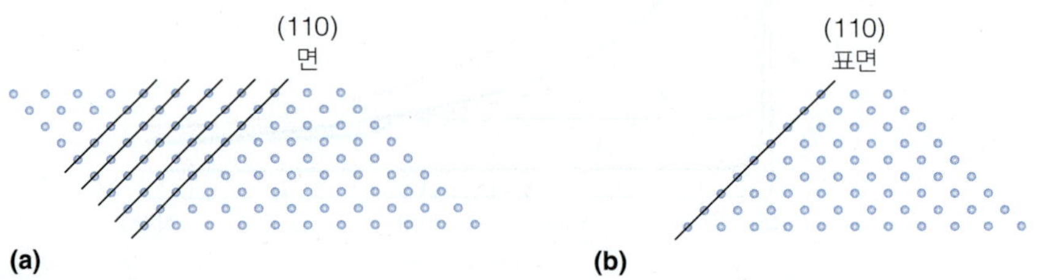

그림 14.14 (a) 원자에 의해 만들어지는 결정 내부의 가상적인 면은 밀러 지수로 정의된다. (b) 표면에 노출된 원자가 만드는 결정면도 밀러 지수로 표현될 수 있다.

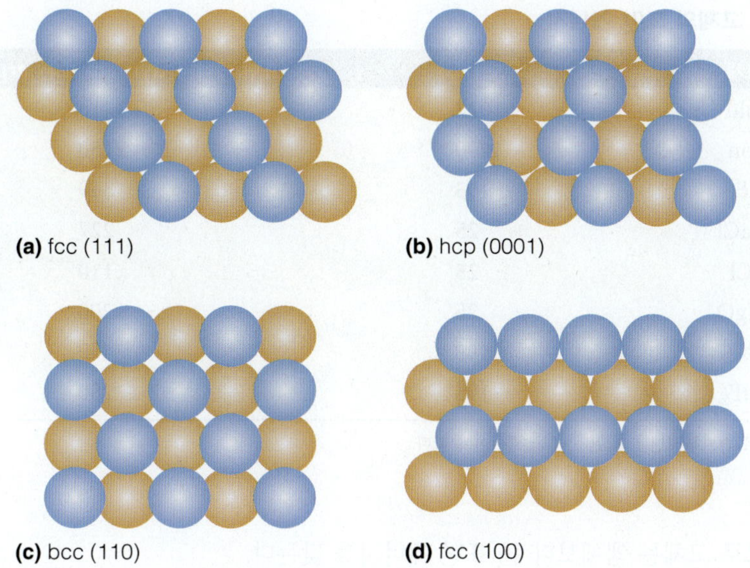

그림 14.15 결정 내부의 원자 배열과 표면의 밀러 지수(위에서 본 그림). 진한 색의 원자가 가장 위에 위치하며, 결정 격자의 종류와 밀러 지수($hk\ell$)에 따라 원자의 배열은 다르다.

그 고체의 표면을 충분히 기술할 수가 있다. 즉, '이 표면은 결정의 (XYZ)면이다'라고 말할 수 있다.

일반적으로 밀러 지수를 사용하여 결정성 고체의 표면을 기술할 수 있다. 그림 14.15에 몇 가지 예가 주어져 있다.

예제 14.5

그림 14.16은 체심 입방 구조를 갖는 결정성 고체의 표면을 나타낸 것이다. 이 결정에 표시된 표면의 밀러 지수를 구하라.

풀이

이 결정은 입방 결정계이기 때문에 단위 세포의 각 변의 길이 a, b, c는 같다. 표시된 표면은 a축과 b축과는 단위 길이에 해당하는 곳에서 교차하며 c축과는 전혀 교차하지 않는다. 이것을 다른 방법으로 표현하면 c축과는 무한대의 위치에서 교차한다. 밀러 지수는 각 축과의 절편의 역수이므로 이 표면의 밀러 지수는 $(\frac{1}{1}\frac{1}{1}\frac{1}{\infty})$ 즉, (110)이다. 따라서 표면은 (110)면이다. 결정의 다른 표면도 같은 방법으로 밀러 지수를 사용하여 표시할 수 있다.

액체의 표면에서처럼 고체의 표면도 에너지와 연관되어 있다. 그러나 고체의 표면과 관련하여 '표면 장력'이라는 용어는 일반적으로 사용하지 않는다. 그 대신에 **표면 에너지**(surface energy)라는 용어를 사용한다. (개념적으로는 액체에서의 표면 장력과 동일하지만 고체의 표면적을 증가시키는 경우에도 에너지가 필요하다.) 표 14.2에 몇 가지 고체에 대한 표면 에너지가 열거되어 있다. 일반적으로 금속은 비교적 큰 표면 에너지를 가지며 이온 결합 화합물은 작은 표면 에너지를 갖는다. 표 14.1과 표 14.2를 비교하면 수은이라고 하는 한 액체가 고체보다 큰 표면 에너지(표면 장력)를 가지기는 하지만,

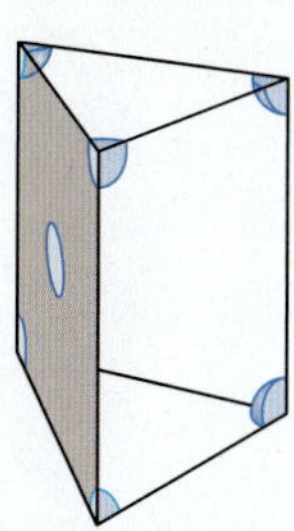

그림 14.16 예제 14.5를 참조하여 체심 입방 격자에서 어둡게 표시된 면의 밀러 지수는 무엇인가?

표 14.2 고체의 표면 에너지

고체	온도 (°C)	표면 에너지(dyn/cm 또는 erg/cm^2)[a]
gold	1027	1410
iron	1400	2150
LiF	−195	340
NaCl	25	227
KCl	25	110
MgO	25	1200
CaF_2	−195	450
BaF_2	−195	280

[a] J/m^2 단위로 변환하려면 1×10^{-3}을 곱해주어야 한다.

그림 14.17 고체를 열풀림(annealing)하면 고체 내부의 원자나 분자가 구조는 다르지만 더욱 안정한 상태를 취하게 된다. 좌측 슬라이드 유리는 열풀림 공정 전에 편광된 빛이 투과하는 양상을 보여주고 있으며, 우측 슬라이드 유리는 열풀림 공정 후에 편광된 빛이 투과하는 양상을 보여주고 있다.

일반적으로 고체는 액체보다 큰 표면 에너지를 갖는다.

고체의 표면 에너지는 또한 표면을 이루는 원자들의 배열에 따라 달라진다. 즉, 밀러 지수가 다른 표면은 다른 표면 에너지를 가질 것이다.

표면 에너지가 다르다는 생각과 열역학의 이해로부터 표면은 가장 낮은 표면 에너지를 갖는 표면을 취할 것이라고 예상할 수 있다. 이와 같은 **경향**은 사실 맞지만, 다음과 같이 이를 방해하려는 두 가지의 요인이 존재한다.

1. 입방 구조 결정을 제외하면 어떠한 고체도 표면의 밀러 지수가 같을 수 없다. 왜냐하면 일반 고체라면 어떤 것이나 결정축이 공간적으로 다르기 때문이다. 입방 구조 결정에 대해서조차 세 개의 결정축 중에서 두 개를 포함하는 면에만 예외가 적용된다. (그러나 축에 일치하지 않는 면에 대해서 이러한 예외는 적용되지 않는다.)
2. 고체는 역시 고체이다. 고체를 구성하고 있는 원자나 분자가 고정된 위치에 존재하는 것이 바로 고체의 정의이다. 따라서 표면 에너지가 최저가 아니어도 표면은 보통 높은 표면 에너지를 가진 구조 그대로를 유지한다. (어떤 조건에서는 표면 에너지가 더 낮아지게 표면에서 재배열이 일어나지만 여기서는 상세히 설명하지 않겠다. 그림 14.17의 아래 부분과 본문에서의 설명을 참조하라.)

이와 같은 방해 요인 중 두 번째의 요인은 경우에 따라서는 고체를 가열하는 **열풀림**(annealing)이라는 과정에 의해서 해결된다. 열풀림 공정에서는 고체를 녹는점 보다 낮은 온도에서 가열함으로써 액체상이 형성되는 것을 피한다. 그러나 충분한 열 에너지가 있기 때문에 고체 원자나 분자의 일부가 짧은 거리만큼 천천히 이동하거나 **확산**하여 낮은 에너지 구조를 취한다. 시료를 가열한 후에 천천히 냉각시키면 이는 원자나 분자에게 새로운 구조를 취하도록 시간을 주게 된다. 열풀림은 유리 제품을 만드는 데 널리 사용되는 공정이며 유리 분자는 안정되고 뒤틀림이 없는 고체 구조를 형성할 수 있게 된다. 그림 14.17은 열풀림에 의해 낮은 에너지의 고체가 어떻게 만들어지는지를 한 가지 예를 들어 보여주고 있다.

고체 표면에 관한 지금까지의 설명에서 고체의 표면은 고체 물질 자체에 의해서 이루어졌다고 가정하였다. 고체 철 조각을 예로 들면 고체 표면은 철 원자로 이루어져 있다고 할 수 있는데, 이 표면의 원자는 표면 바로 안쪽에 있는 본체의 철과 접촉하고 있으며 다른 쪽은 공기와 접촉하고 있다. 이것은 옳은가? 불행하게도 철의 표면 및 거의 모든 다른 표면의 경우 이것은 확실히 옳지 않다. 실제로 고체의 표면은 원자나 분자의 수준에서 매우 지저분하다.

왜 그런 것일까? 표 14.1과 표 14.2에 나타낸 고체와 액체의 표면 에너지를 비교해 보자. 물을 포함한 다수의 액체는 고체보다도 작은 표면 에너지를 갖는다. 물질은 보다 작은 에너지를 가지는 경향이 있다는 것을 고려하면, 고체와 액체가 공존하는 계에서는 상대적으로 작은 표면 에너지를 가지는 액체가 고체의 표면을 덮게 될 것이다. 이와 같은 개념을 원자와 분자 수준의 고체 표면에 적용하면 다음과 같이 말할 수 있다. 고체의 표면을 외부 환경에 노출시키게 되면 고체의 표면은 전체 표면 에너지를 작아지게 하는 물질에 의해 실제로 덮이게 된다. 산화 마그네슘(MgO) 결정을 습기가 있는 환경에 노출시켰다고 생각해 보자. MgO의 표면 에너지는 약 1,200 erg/cm^{2}이고 물의 표면 에너지는 약 73 erg/cm^{2}이다. 에너지가 작아지는 방향으로 변화가 진행된다는 논리에 의하면 MgO 결정의 표면이 얇은 물층으로 덮이게 된다. 이때 물은 매우 얇은 단분자 층의 형태로 고체 표면에 **흡착**(adsorption)된다고 볼 수 있다. 흡착은 표면 현상의 하나이며, 스펀지 안의 물처럼 한 물질이 다른 물질의 내부로 들어가 통합됨을 의미하는 **흡수**(absorption)와는 구별된다. 원자나 분자의 수준에서 보면 주변의 모든 표면에는 무엇인가가 표면 위에 흡착되어 있다. 수지 코팅된 탁자 상판의 표면이라고 알고 있는 것이 실제로는 수지가 아니고, 진정한 표면 물질로서 물이나 유기물, 실리콘(silicone), 플루오로탄소 또는 다른 에너지가 낮은 물질이 흡착되어 있다.

예제 14.6

표 14.1과 표 14.2에 관하여 생각해 보자. 염화 소듐(NaCl) 결정을 물과 에탄올과 다이에틸 에터(diethyl ether)의 증기를 함유한 공기에 노출시켰다. (물, 에탄올 및 다이에틸 에터는 실온에서 액체이다.) 이 세 종류의 증기 사이에 최소 에너지 상호작용의 가능성(즉, 불변 끓음 혼합물 및 유사한 것)을 무시할 때 NaCl의 진정한 표면 구조를 예측하라. (단, NaCl과 증기와의 상호작용은 무시한다.)

》풀이

앞서 설명한 내용을 적용하면 다음과 같다. 최적의 표면 구조는 표면 에너지가 가장 작은 구조이다. 증기와 관련된 액체상의 표면 장력을 비교하면 다이에틸 에터의 표면 장력이 가장 작다. 따라서 염화 소듐의 표면이 다이에틸 에터 분자로 덮여 있을 것으로 생각할 수 있다. [그러나 이와 같은 결론은 너무 단순하게 생각한 것이다. 실제로 고체의 표면에 분자막이 형성되는 데 이온-쌍극자 상호 작용이 매우 큰 영향을 미친다. 극단적인 예로 NaOH의 경우에는 용매화(solvation) 에너지가 매우 큰 음의 값을 가지기 때문에 표면에 많은 물이 흡착되어 용액을 형성한다. 이러한 화합물을 **조해성**(deliquescent) 물질이라고 한다.]

위 예제로부터 알 수 있는 것은 대기에 노출된 실제 고체의 표면은 원자나 분자 수준에서 보면 매우 지저분하다는 것이다. 우리 주변에 보이는 모든 표면은 본체 물질 자체와는 다른 분자로 덮여 있다.

그러므로 불순물이 흡착되어 있지 않은 **청정한**(clean) 표면을 얻기 위해서는 실제 특별한 조치를 취한다. 매우 높은 진공 상태에서 표면을 노출시키는 것이 필요하다. 일반적으로 **초고진공**(ultrahigh vacuum)이란 압력이 1×10^{-8} torr 이하인 경우라고 볼 수 있는데, 이 같은 초고진공 상태는 표면에 접촉되어 흡착되는 분자의 수를 최소화하고 낮은 표면 에너지 층을 형성하기 위해서 필요하다. 이 같은 초고진공은 대기압의 $1/10^{11}$ 정도에 해당하는 낮은 압력이지만 '초고(ultrahigh)' 진공인 것처럼 들리지 않을 수도 있다. 기체운동론과 관련하여 생각해 볼 때 약 1×10^{-6} torr의 압력에서조차 1초 동안에 단분자 단일층을 형성하기 위해 충분한 기체 분자가 표면에 충돌한다. 압력이 1×10^{-8} torr에서는 단일층을 생성하는 데 100초 즉, 2분보다 짧은 시간이 걸린다는 것을 뜻한다. 따라서 청정한 표면이 있었다 해도 긴 시간 동안 지속되지는 않는다. 압력이 1×10^{-11}~1×10^{-12} torr 정도가 되지 않으면 청정한 표면을 유지할 수가 없다. 그러나 이와 같은 초고진공 상태를 만들기 위해서는 특별한 진공 기술이 필요하다.

노출(exposure)이란 다음과 같이 표면과 접촉하는 기체의 압력과 그와 같은 압력에 놓여 있는 시간의 곱으로 정의한다.

$$\text{노출} \equiv (\text{압력}) \times (\text{시간}) \tag{14.22}$$

노출의 단위는 **랭뮤어**(langmuir)이다. 1초 동안 1×10^{-6} torr의 압력을 표면에 가할 때 표면은 1 랭뮤어(1 L로 표시하며, 1 리터와 혼동하지 말 것)로 정의되는 노출을 받게 된다.

$$1\ \text{랭뮤어} \equiv 1 \times 10^{-6}\ \text{torr} \cdot \text{s} \tag{14.23}$$

청정한 표면을 연구하려는 과학자에게는 이 같은 단위가 노출 압력과 노출 시간을 말할 때 유용한데, 노출 압력과 노출 시간은 모두 표면이 실제 얼마나 오랫동안 '청정'하다고 할 수 있는지와 관련이 있다. 대충 말해서 표면이 1 랭뮤어의 노출을 받게 되면 흡착된 원자나 분자의 단일층이 형성된다.

예제 14.7

청정한 표면이 2.0×10^{-11} torr의 압력에 놓여 있다고 하자. 표면에 약 절반의 단일층이 형성되는 데 필요한 시간은 얼마인가?

풀이

표면에 절반의 단분자 층이 형성되는 데 약 0.5 L의 노출이 필요하다. 식 (14.22)와 식 (14.23)의 정의를 이용하면 다음과 같이 계산할 수 있다.

$$0.5\ \text{L} = (2.0 \times 10^{-11}\ \text{torr}) \times (\text{시간}) \times \frac{1\ \text{L}}{1 \times 10^{-6}\ \text{torr}\cdot\text{s}}$$

우변의 마지막 항은 해당 단위 사이의 환산 인자로서 식 (14.23)에서 바로 얻어진다. 이것을 시간에 대하여 풀면 다음과 같다.

$$\text{시간} = \frac{0.5\ \text{L}}{(2.0 \times 10^{-11}\ \text{torr}) \times \dfrac{1\ \text{L}}{1 \times 10^{-6}\ \text{torr}\cdot\text{s}}}$$

예제 14.7 *(계속)*

L 및 torr 단위는 각각 상쇄되고 시간의 단위인 s만이 분모의 분모에 남게 되며, 이것이 결국 분자가 된다. 계산을 하면 다음을 얻는다.

$$\text{시간} = 2.5 \times 10^4 \text{ s}$$

즉, 절반의 단일층이 형성되는 데 거의 7시간이 소요될 것이다. 이 예제가 보여주는 것은 초고진공 상태가 유지된다면 표면은 한동안 청정하게 유지될 수 있다는 것이다.

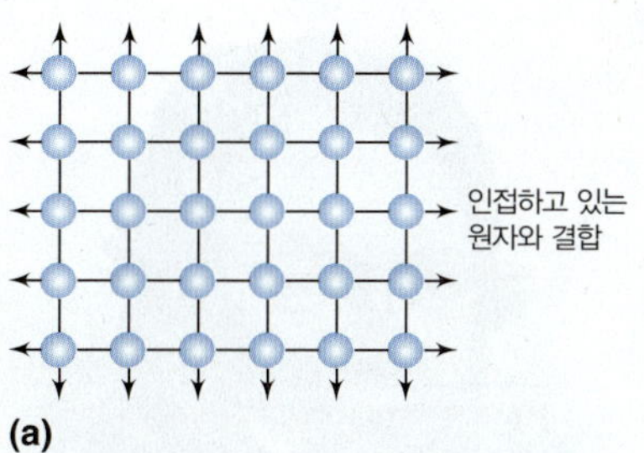

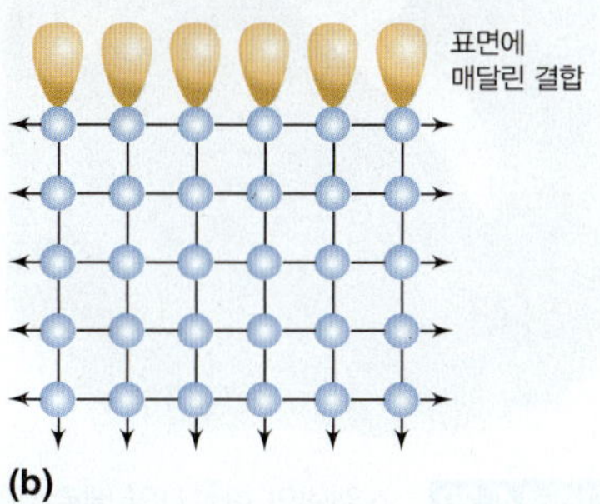

그림 14.18 (a) 고체 본체에 존재하는 원자는 자신을 둘러싼 모든 원자와 상호작용을 한다. 원자 간의 결합은 화살표로 나타낸 방향으로 계속하여 쭉 이어진다. (b) 표면에 있는 원자는 한 방향을 제외한 모든 방향의 원자들과 상호작용을 한다. 제외된 방향에서는 다른 화학종들과 쉽게 상호작용을 할 수 있는 매달린 결합(dangling bond)이라고 부르는 불만족한(unsatisfied) 결합이 있다. 궁극적으로 표면 장력을 야기한 힘의 불균형을 나타내고 있는 그림 14.1과 이 그림을 비교할 수 있다.

이와 같은 계산은 표면에 충돌하는 모든 원자나 분자가 그대로 표면에 달라붙을 것이라고 전제했기 때문에 근사적이다. 실제로 이 계산은 기체와 표면의 종류, 기체와 표면의 온도에 따라 달라진다.

초고진공 상태를 유지하기 위해서는 특별한 진공 장치가 필요하다. 우선, 청정한 표면은 누출이 없는 특별한 진공 용기 안에 있어야 한다. 이것은 말처럼 간단하지가 않다. 특별한 진공 펌프는 그러한 고진공에 쉽게 도달하고 그 상태를 유지해야 한다. 통상적인 유압 회전 진공 펌프(oil-filled rotary vacuum pump)는 10^{-4} torr 정도의 진공밖에는 유지하지 못한다. 초고진공을 위해서는 이것보다 10^5배 이상 높은 진공이 필요하다. 이를 위해서는 터보 분자 펌프(turbomolecular pump), 타이타늄 승화 펌프(titanium sublimation pump) 및 액체 헬륨 기반 저온 펌프(liquid-helium-based cryopump)와 같은 특별한 진공 펌프가 필요하며, 이러한 펌프들은 값이 매우 비싸다.

실제로 청정한 표면이 얻어졌다고 가정하자. 무엇이 표면을 특별하게 하여 본체와 다른 성질을 갖도록 하는가? 이 질문에 답하기 위해서는 고체의 본체를 화학적으로 이해할 필요가 있다. 그림 14.18(a)는 2차원적인 고체를 표현한 것이다. 여기에서는 모든 원자가 모든 방향의 원자와 서로 연결되어 있다. 즉, 원자들은 이웃 원자들과 모두 결합을 한다. 이와 같은 2차원 고체가 깨지면서 새로운 표면이 주위에 노출되면 어떻게 될지를 그림 14.18(b)에서 보여주고 있다. 표면에 있는 원자는 본체의 원자와 결합하고 있지만, 표면의 외부에는 결합할 원자가 존재하지 않는다. 표면의 원자는 다른 원자나 분자와 상호작용 즉, 결합을 하지 않는 원자 오비탈을 가지고 있다. 이와 같이 비어 있는 오비탈을 '매달린 결합(dangling bond)'이라고 부르고, 이것은 반응성이 매우 높아 다른 화학종들과 매우 쉽게 상호작용을 할 것이다. 이 모델을 사용하면 표면이 주위의 분자를 쉽게 흡착할 수 있는 능력을 가지고 있을 뿐만이 아니라 흡착 이외의 여러 가지 표면 성질을 설명할 수 있다. 이웃하고 있는 비어 있는 오비탈끼리의 상호작용에 의해 표면층이 약간 재구성됨으로 인해 표면 구조가 본체 구조와 조금 달라진다. 이와 관련해서는 이 장의 앞부분에서 언급하였다. 표면의 구조적으로 재구성된 한 예를 그림 14.19에 나타내었다.

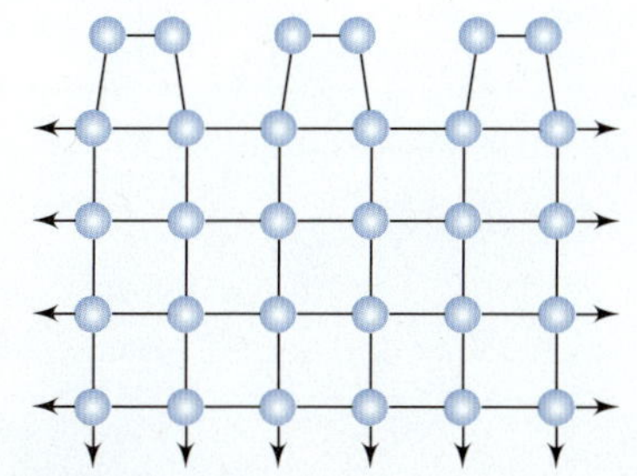

그림 14.19 매달린 결합끼리 상호작용을 하는 경우도 있다. 이 경우에 그림에 나타냈듯이 표면의 구조는 본체의 구조와 상당히 다를 수 있다. 이 그림은 단지 설명을 위한 것이며, 실제 표면 구조는 물질에 따라 다르다.

14.6 덮임률과 촉매작용

1830년대에 스웨덴의 화학자인 베르셀리우스(Jöns Jakob Berzelius, 그림 14.20)는 화학 반응의 속도를 증가시키지만 자신은 화학반응에 의해서 소모되지 않는 물질의 효과를 기술하기 위해서 '촉매작용(catalysis)'이라는 용어를 제안했다. 이와 같은 작용을 하는

그림 14.20 스웨덴의 화학자인 베르셀리우스(Jöns Jakob Berzelius, 1779~1848). 그는 당시에 화학 분야에서 세계적인 권위자였다. 1813년에 그는 당시 사용되고 있던 연금술 기호를 대신하여 알파벳 문자를 사용하여 화학식의 원소를 표시하자고 제안하였다. 또한 비반응성 성분이 있을 때 화학 반응의 속도가 증가하는 것을 기술하기 위해 촉매작용(catalysis)이란 용어를 고안했다.

물질을 **촉매**(catalyst)라고 부른다. [반면에 **억제제**(inhibitor)는 반응 속도를 감소시키는 물질이다.] 현대에 와서는 촉매란 화학 반응의 경로를 변화시켜 활성화 에너지의 크기를 낮춤으로 인해 반응 속도를 상승시키는 화학 물질로 간주하고 있다. 이상적인 촉매는 촉매 그 자신이 화학 반응식에 나타나지 않으며 반응을 통해 소비되지도 않는 물질이다. 그러나 실제 대부분의 촉매는 훼손(poisoning)을 포함한 여러 메커니즘 때문에 촉매로서의 유효성을 결국에는 잃어버린다.

촉매작용은 **균일 촉매작용**(homogeneous catalysis)과 **불균일 촉매작용**(heterogeneous catalysis)의 두 종류로 분류될 수 있다. 화학 반응과 촉매의 상에 따라 이 두 종류는 차이가 난다. 촉매를 포함한 모든 물질이 동일한 상인 경우에는 균일 촉매작용이라 생각할 수 있다. 예를 들어, 산(H^+ 이온)이나 염기(OH^- 이온)가 촉매로 작용하는 수용액 반응과 대기권 상층에서 염소 원자에 의한 오존(O_3)의 분해와 같은 기체상 반응 등이다.

반응물과 촉매가 서로 다른 상에 존재하기 때문에 촉매작용이 상 경계 부분에서 일어나는 경우는 분균일 촉매작용이다. 예를 들어, 자동차의 촉매 정화 장치에 의한 오염물질 NO_x의 분해나 H_2와 O_2로부터 미세하게 나누어진 금속 분말에 의한 H_2O의 생성이 여기에 해당한다.

불균일 촉매 작용에 대한 두 가지 예에서 가체 반응물은 고체 촉매와 상호작용을 하여 생성물을 만든다. 단순하게나마 고체 표면이 어떻게 촉매작용을 나타내는지를 이해하기 위해서는 기체와 고체 표면의 상호작용에 관한 모델을 수립해야만 한다.

촉매 반응의 속도는 기체 반응물이 고체 표면과 상호작용을 하는 속도와 관계가 있다고 생각하는 것이 좋은 가정이다. 즉, 촉매 반응의 속도는 반응물 분자가 표면에 흡착되는 속도에 관련지어져야 한다.

$$\text{기체 반응물} \xrightarrow{\text{촉매}} \text{흡착된 기체 반응물} \qquad \text{흡착 속도}(R_{\text{흡착}})$$

한 종류의 기체 성분이 고체 표면에 흡착되는 과정을 고찰해 보자. 고찰 과정을 단순화하기 위해 두 가지의 가정을 한다. 첫 번째 가정은 표면에 직접 흡착된 기체 분자가 좀 더 빠르게 반응하는 즉, 촉매화된 분자이다. 이로부터 흡착되어 촉매화될 수 있는 기체 분자의 최대량은 기체 분자의 완전한 단일층일 것이라고 바로 결론지을 수 있다. **덮임률**(coverage)은 흡착이 가능한 최대량에 대해 실제로 흡착된 양의 분율이고, 그리스 문자 θ로 나타내며, θ는 0 (아무것도 흡착되지 않은 상태)과 1 (완전한 단일층의 덮임 상태) 사이의 값을 가진다. 아울러 표면에 흡착된 분자의 위에 또다시 흡착된 분자는 표면의 촉매작용에 의한 영향을 받지 않는다고 간주한다.

두 번째 가정은 표면에 기체 분자가 흡착되는 과정은 단일 단계 과정(elementary process)이며 흡착 속도($R_{\text{흡착}}$)는 화학 반응의 화학량론 식으로부터 직접 결정할 수 있다는 것이다. 따라서 흡착 속도는 기체 반응물의 농도 즉, [기체]에 정비례하는 동시에 흡착 가능한 장소가 표면에 얼마나 존재하는지의 양에도 비례한다. 표면에서 이 같은 기체의 흡착 가능한 장소를 **흡착 자리**(site of adsorption)라고 부른다. 덮임률이 θ일 때 흡착이 가능한 비어 있는 자리의 수는 $(1 - \theta)$이다. 따라서 흡착 속도는 다음과 같이 쓸 수 있다.

$$R_{\text{흡착}} = k_{\text{흡착}} \cdot [\text{기체}] \cdot (1 - \theta) \qquad \textbf{(14.24)}$$

표면에서의 반응 후에 기체 분자는 표면에서 떨어져 나간다. 즉, **탈착**(desorption)이 일어난다. 탈착 속도는 덮임률 θ에 의해서만 결정되는 0차 반응으로 다음과 같이 쓸 수 있다.

$$\mathrm{R}_{\text{탈착}} = k_{\text{탈착}} \cdot \theta$$

여기서 아래 첨자 '탈착'은 탈착 과정의 변수에 붙인다. 흡착 과정과 탈착 과정이 평형에 도달하면 반응은 일정한 속도로 일어나고 흡착 속도와 탈착 속도는 서로 같아진다.

$$\mathrm{R}_{\text{흡착}} = \mathrm{R}_{\text{탈착}}$$

$$k_{\text{흡착}} \cdot [\text{기체}] \cdot (1 - \theta) = k_{\text{탈착}} \cdot \theta \tag{14.25}$$

위의 식을 덮임률 θ에 대하여 풀면 구하면 다음 식이 얻어진다.

$$\theta = \frac{k_{\text{흡착}} \cdot [\text{기체}]}{k_{\text{흡착}} \cdot [\text{기체}] + k_{\text{탈착}}} \tag{14.26}$$

여기서 흡착 반응과 탈착 반응의 평형 상수를 다음과 같이 나타낼 수 있다.

$$K = \frac{k_{\text{흡착}}}{k_{\text{탈착}}}$$

따라서 식 (14.26)은 평형 상수 K로 다음과 같이 나타낼 수 있다.

$$\theta = \frac{K \cdot [\text{기체}]}{K \cdot [\text{기체}] + 1} \tag{14.27}$$

식 (14.27)에서 분자는 분모보다 항상 작을 것이기 때문에 θ는 항상 1보다 작을 것이다.

식 (14.26)과 식 (14.27)은 **랭뮤어의 흡착 등온식**(Langmuir adsorption isotherm)이라고 부른다. 여기서 '등온식'이라는 용어는 이러한 형태의 연구에서 일정한 온도 조건을 강조하기 위해서 사용되고 있다. θ를 직접 측정하는 것은 어렵지만 흡착량을 측정함으로써(최대 흡착량은 $\theta = 1$에 해당하므로) 또는 적정법에 의해서(흡착된 산의 양은 측정될 수 있고 θ와 관련되므로) 간접적으로 구할 수는 있다. [기체]에 대해 θ (또는 관련된 변수)의 그래프를 그림 14.21의 그래프처럼 그릴 수 있다. 식 (14.27)로부터 $\theta = 1/2$일 때 [기체] $= 1/K$이므로 평형 상수 K의 값을 이 그래프로부터 구할 수 있다.

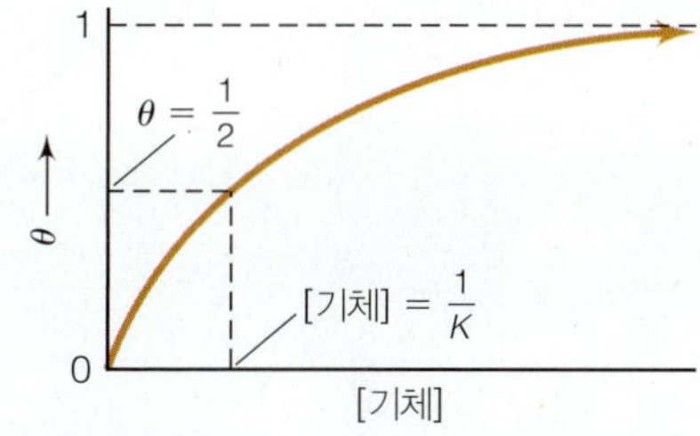

그림 14.21 고체의 표면에 기체 또는 용해된 용질의 흡착은 랭뮤어의 흡착 등온식을 따르는 경우에 [기체]에 대한 덮임률 θ의 그래프는 이 그림과 같이 된다. 식 (14.27)로부터 θ가 0.5일 때 [기체]는 $1/K$이 된다.

덮임률 θ의 역수에 대해 식 (14.27)을 정리하면 다음 식이 얻어진다.

$$\frac{1}{\theta} = \frac{K \cdot [\text{기체}] + 1}{K \cdot [\text{기체}]} \quad \text{또는} \quad \frac{1}{\theta} = \frac{1}{K \cdot [\text{기체}]} + 1 \tag{14.28}$$

식 (14.28)의 두 번째 식은 일반적으로 직선식이다. 즉, $1/\theta$을 y축으로, 1/[기체]을 x축으로 하여 직선의 그래프를 그리면 기울기가 $1/K$이다. 따라서 $1/\theta$ (또는 흡착량이나 적정되지 않은 산의 역수와 같이 θ에 비례하는 변수)을 1/[기체]에 대해서 그래프로 나타내면 그림 14.22와 같은 직선이 얻어진다. 실제 실험에서 고체 표면 시료의 질량 변화 Δm을 덮임률 θ에 비례하는 것으로 정하면 두 변수를 연결짓도록 비례 상수를 κ (그리스 문자 '카파')를 정의할 수 있다.

$$\Delta m \propto \theta$$

$$\Delta m = \kappa \cdot \theta \quad \text{또는} \quad \frac{1}{\Delta m} = \frac{1}{\kappa} \cdot \frac{1}{\theta}$$

이 식을 식 (14.28)에 적용하면 다음과 같이 측정할 수 있는 파라미터로 나타낼 수 있다.

$$\frac{1}{\Delta m} = \frac{1}{\kappa \cdot K \cdot [\text{기체}]} + \frac{1}{\kappa} \tag{14.29}$$

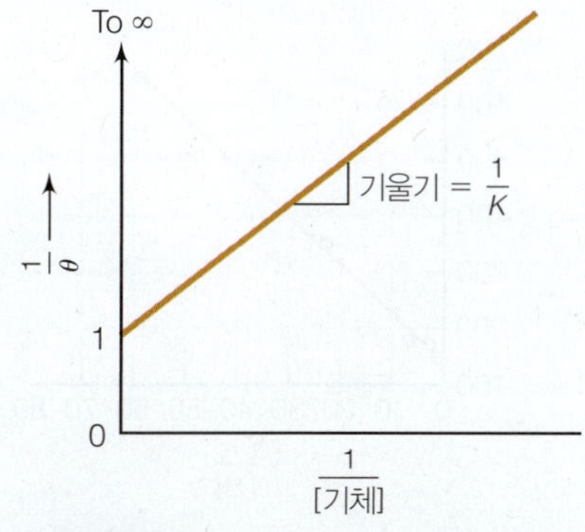

그림 14.22 흡착이 랭뮤어의 흡착 등온식을 따르는 경우, 고체의 표면에 기체(또는 용해된 용질)의 흡착을 나타낸 또 다른 그래프. 이 경우 y의 절편은 1이고, 기울기가 $1/K$인 직선이 된다. 식 (14.28)을 참조하라.

기체가 고체 표면에 흡착될 때 질량 변화의 역수 $1/\Delta m$을 기체 농도의 역수에 대해 그래프를 그리면 직선이 얻어지며, 이 직선의 y절편이 비례상수 κ의 역수라는 것을 식 (14.29)는 보여주고 있다. 이와 같은 κ 값을 직선의 기울기 $1/(\kappa \cdot K)$에 대입하면 흡착과 탈착에 대한 평형 상수를 결정할 수 있다. 또한 Δm 대신에 흡착에 의한 농도 변화를 사용해도 괜찮다. 이 경우에도 식 (14.29)의 배후에 있는 개념은 동일하게 유지된다.

끝으로 그래프의 y절편은 기체 농도가 무한대($1/[\text{기체}] = 0$)인 경우이며 덮임률이 1인 때에 해당한다. 흡착되는 분자의 대략적인 크기를 알면 대략적인 고체 표면의 면적뿐만 아니라 흡착된 분자의 수를 구할 수 있다. 따라서 비례상수 κ는 흡착량과 고체의 표면적 사이의 환산 인자로서 작용한다. 다음의 예제를 통하여 이러한 개념을 어떻게 사용하는지를 알아보자.

예제 14.8

표면 흡착의 한 가지 응용으로서 활성탄에 의한 산의 흡착 능력 측정을 들 수 있다(처리된 탄소의 일종인 활성탄은 많은 기공을 가지며 물에 있는 불순물을 흡착하기 위하여 사용한다. 대표적으로 수족관에서 이 같은 성질을 사용한다). 어느 실험실에서 진행된 실험에서 한 학생이 일정량의 활성탄 분말을 일련의 아세트산 용액에 넣어 혼합하였다. 아세트산의 처음 농도는 다르다. 아세트산의 일부는 활성탄에 흡착된다. 평형이 이루어진 후 학생은 혼합액의 일부를 취함으로써 산의 농도 변화를 결정하였다. 다음 표에 나타낸 실험 데이터에 대한 랭뮤어의 흡착 등온선을 그리고 흡착에 대한 평형 상수를 구하여라.

처음 농도(M)	농도 변화(M)
0.7001	0.00665
0.3694	0.00588
0.1515	0.00553
0.0437	0.00283
0.0169	0.00153

풀이

식 (14.29)를 사용하여 동온선을 그리고 비례 상수 κ를 결정하기 위해서는 1/[산]에 대한 농도 변화의 역수 $1/\Delta c$의 그래프를 그려야 한다. 위에 주어진 실험 데이터로부터 아래 표가 얻어진다.

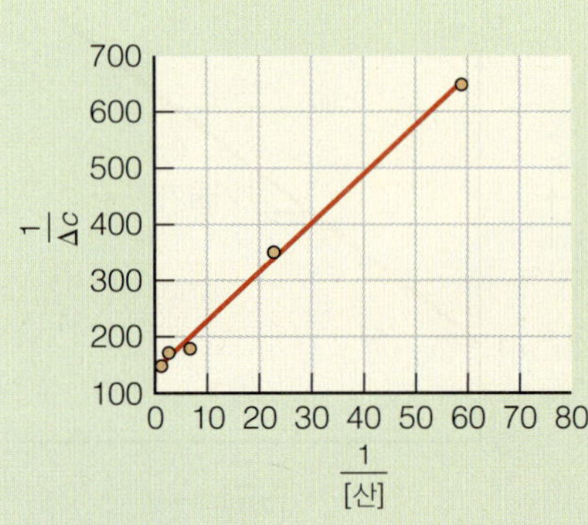

그림 14.23 예제 14.8의 데이터를 사용한 그래프. y절편은 비례 상수의 역수 $1/\kappa$이고, 기울기는 $1/(\kappa \cdot K)$이다. 상세한 설명은 예제 14.8을 참조하라.

1/[산]	$1/\Delta c$
1.428	150.
2.708	170.
6.601	181
22.9	353
59.2	654

위의 표를 그래프로 나타낸 것이 그림 14.23이고, 이때 y축은 $1/\Delta c$이며, x축은 1/[산]이다. 가장 적합한 직선을 그렸을 때 y절편은 대략 141이 된다. 식 (14.29)에 의하면 y절편이 $1/\kappa$이므로, κ는 $1/141 = 0.00709$가 얻어진다. 한편, 직선의 기울기는 8.45이며

예제 14.8 *(계속)*

이것이 $1/(\kappa \cdot K)$이므로 앞서 구한 κ 값을 대입하면 평형 상수 K는 약 16.7이 얻어진다. 만약 아세트산 분자의 크기를 알고 있다면 활성탄의 표면적을 계산할 수 있으며, 활성탄의 표면적을 알고 있다면 아세트산 분자의 크기를 계산할 수가 있다.

랭뮤어의 흡착 등온식은 고체 표면에 흡착되는 기체상 또는 액체상 분자의 일반적 모델이지만 유일한 것은 아니다. 다른 모델로서 **프로인틀리히의 흡착 등온식**(Freundlich adsorption isotherm)이 있는데, 흡착되는 화학종의 농도에 대한 덮임률을 모형화한 것이다. 이 등온식은 다음 식과 같다.

$$\theta = K \cdot [\text{흡착되는 화학종}]^c \tag{14.30}$$

여기서 K와 c는 실험에 의해 구해지는 상수이다. 양변에 로그를 취하면 다음과 같이 된다.

$$\log \theta = \log K + c \cdot \log [\text{흡착되는 화학종}]$$

이 식은 직선의 형태를 나타낸다. 그 밖에도 다른 불균일 계에 대한 흡착 등온식들이 알려져 있다. 이와 관련된 상세한 내용은 표면과학의 교재를 참조하라.

두 종류의 기체상 화학종 A와 B가 하나의 고체 표면에 흡착되는 경우에는 어떻게 될까? 이 과정을 모델화하기 위해서 두 개의 서로 다른 덮임률 θ_A와 θ_B을 정의할 필요가 있다. 두 가지의 화학종 각각의 흡착과 탈착 과정이 평형을 이룬다고 하면 흡착과 탈착의 속도가 같다는 식 (14.25)를 각 기체상 화학종에 적용하여 다음과 같이 다시 쓸 수 있다.

$$k_{\text{흡착},A} \cdot [A] \cdot (1 - \theta_A - \theta_B) = k_{\text{탈착},A} \cdot \theta_A$$

$$k_{\text{흡착},B} \cdot [B] \cdot (1 - \theta_A - \theta_B) = k_{\text{탈착},B} \cdot \theta_B \tag{14.31}$$

앞에서 처리하였던 것처럼 흡착과 탈착 속도 상수로 두 가지의 평형 상수 K_A와 K_B를 정의하면 두 가지 덮임률을 다음과 같이 구할 수 있다.

$$\theta_A = \frac{K_A \cdot [A]}{K_A \cdot [A] + K_B \cdot [B] + 1}$$

$$\theta_B = \frac{K_B \cdot [B]}{K_A \cdot [A] + K_B \cdot [B] + 1} \tag{14.32}$$

식 (14.32)는 **랭뮤어-힌셜우드의 흡착 등온식**(Langmuir-Hinshelwood adsorption isotherm)이다. [힌셜우드(Cyril Norman Hinshelwood)는 영국의 화학자로 화학반응 기구에 관한 연구 업적을 인정받아 1956년에 노벨상을 수상하였다.]

끝으로 해리 흡착에 관해서 설명한다. 이원자 분자가 표면에 흡착될 때 우선 분자가 두 개의 원자로 해리되면서 각각의 원자가 한 자리씩 두 개의 자리를 차지한다.

$$A_2\,(g) \xrightleftharpoons{\text{표면}} 2A \xrightleftharpoons{\text{표면}} 2A\ (\text{흡착된 상태})$$

이와 같은 과정이 평형 상태에 있다고 하면, 반응의 화학량론에 따라 A 원자에 의한 덮임률 θ의 식이 영향을 받을 것이다. 따라서 랭뮤어의 식은 식 (14.27) 대신에 다음의 식

표 14.3 기체의 표면 흡착열 $\Delta_{흡착}H$

기체	고체 표면	$\Delta_{흡착}H$ (kJ/mol)
O_2	Cu(110)	205
O_2	Pd(110)	200 – 350
O_2	Pt(100)	187 – 290
H_2	Ni(111)	95
H_2	Pd(111)	87
H_2	Pt(100)	~40
H_2	Pt(111)	75
H_2	W(211)	192
CO	Cu(100)	64 – 48
CO	Ni(110)	16 – 191
CO	Ni(111)	98 – 111
CO	Pd(100)	151
CO	Pd(111)	125
CO	Pt(100)	134
CO	Pt(110)	105 – 133

출처: G. A. Somorjai, *Chemistry in Two Dimensions: Surfaces*, Cornell University Press, Ithaca, N.Y., 1981.

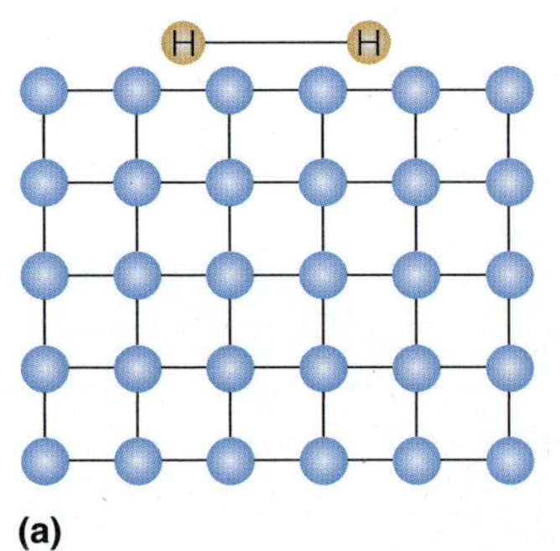

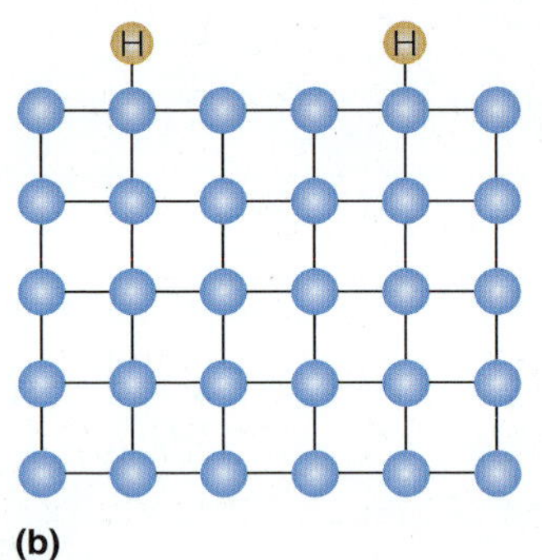

그림 14.24 도표로 보여준 물리 흡착과 화학흡착의 근본적 차이. (a) 물리 흡착에서는 수소 분자가 원자 간의 결합이 끊어지지 않고 원래의 상태를 그대로 유지하며 반데르발스 힘이나 런던 힘 또는 유사한 힘에 의해 표면에 달라붙게 된다. (b) 화학흡착에서는 화학종이 실제로 표면과 화학적으로 결합을 한다. 수소 분자의 경우에 H–H의 결합이 끊어져서 화학흡착을 한다. 단, 흡착하는 분자의 결합이 항상 끊어지는 것은 아니다. 일산화 탄소의 경우에는 CO 분자가 표면과 강하게 결합하는 것으로 보이지만 C–O 결합은 그대로 유지된다.

이 될 것이다.

$$\theta = \frac{K^{1/2} \cdot [A_2]^{1/2}}{K^{1/2} \cdot [A_2]^{1/2} + 1} \tag{14.33}$$

지금까지는 고체의 표면에 기체 화학종이 얼마만큼 흡착되는지를 모델화하는 방법에 대하여 알았기 때문에 이제 흡착된 화학종이 고체 표면과 어떻게 상호작용하는지를 알아보자. 흡착은 주로 분자와 표면이 상호작용하는 세기에 따라 두 가지 종류의 흡착이 있다. **물리흡착**(physisorption)에서는 분자가 약하고 일반적인 방법으로 표면과 상호작용을 하며, 반데르발스 힘 또는 분산력에 의한 상호작용처럼 간단하게 분자를 고체 표면에 잡아둔다. 금속 표면에 흡착된 메테인(CH_4)이나 질소 분자(N_2) 또는 곳곳에 흡착된 유기 잔류물의 경우가 물리 흡착에 해당된다. 또한 표면 원자와 쌍극자 상호작용을 할 수도 있다. 이것은 물 분자가 어떻게 대부분의 표면에 그리도 손쉽게 흡착되는지를 설명해준다.

화학흡착(chemisorption)의 경우에는 흡착 분자와 표면 사이의 상호작용의 세기가 화학 결합(공유 결합)이라고 생각할 만큼 크다. 화학흡착의 세기는 분자 중의 화학 결합과 그다지 다르지 않다. 예를 들어 산소 분자는 다양한 금속 표면에 화학흡착을 하는데, 흡착의 세기가 500 kJ/mol을 넘는다.

온도에 대한 표면의 덮임률을 직접 또는 간접적으로 측정함으로써 보통 화학 흡착과 물리 흡착을 연구한다. 표면의 덮임률을 낮추는 데 필요한 온도가 낮으면 낮을수록 기체 분자와 표면 사이의 상호작용 에너지는 낮아진다. 흡착에 대한 상호작용의 에너지는 통상적으로 흡착열 또는 $\Delta_{흡착}H$로 주어진다. 모든 흡착 과정 자체는 **발열**이지만, 흡착열은 일반적으로 양의 값으로 나타낸다. 표 14.3에 분자와 표면의 다양한 조합에 대한 $\Delta_{흡착}H$ 값이 주어져 있다. 단, 표 14.3에 나타낸 값은 대략적인 값이다. 물리흡착과 화학흡착의 구별은 확실하게 정해져 있는 것이 아니라 구조적인 고려뿐만 아니라 상호작용의 세기에 근거하여 보통 판단한다. 예를 들어, 일산화 탄소(CO)와 팔라듐(Pd) 사이의 상호작용 에너지는 화학흡착이라고 간주할 정도로 크지만 많은 경우에 표면에 대한 CO의 분포가 겉으로 볼 때 표면 특성에 대하여 무작위적이고, 이는 물리 흡착을 하고 있다고 볼 수 있다.

화학흡착은 물리흡착과 확실하게 다른 점이 있다. 화학흡착된 분자의 경우 그 분자의 화학 결합이 끊어져서 생긴 조각들이 표면의 원자와 직접 결합을 형성하는 것은 특이한 일이 아니다. 그러한 조각들은 표면 원자와 결합을 만듦으로써 조각들의 원자가 전자(valence electron) 요건을 만족시킬 수 있다. 그림 14.24는 수소 분자의 물리흡착과 화학흡착의 차이를 보여주고 있다. 그림 14.24(a)에서는 수소 분자가 표면에 약하게 결합되어 있다(표면이 무엇인지, 온도가 얼마인지, 덮임률이 어느 정도인지에 따라 다양한 배향을 할 수 있다). 그러나 그림 14.24(b)에서는 두 개의 수소 원자 사이의 결합이 끊어지고 생성된 각각의 수소 원자가 표면의 다른 원자와 직접 결합을 하고 있다. 물리흡착 모델은 Ta(110) 표면 위에 흡착하는 H_2에 적용될 수 있으며, 이때 흡착열은 대략 40 kJ/mol이다. 한편, 화학흡착 모델은 W(111) 표면 위에 흡착되는 H_2에 관하여 설명할 수 있으며, 이때 흡착열은 물리흡착의 경우와 비교하여 2~3배 큰 값을 가진다.

결합이 끊어지도록 촉진시키는 표면의 능력은 표면이 화학 반응을 촉진시키는 이유를 이해할 수 있는 열쇠가 된다. 다수의 기체상 반응에서는 반응물이 생성물을 생성할 수 있기 전에 반드시 극복해야 할 활성화 에너지가 있다. 그런데 반응물이 표면과의 상호작용을 통해 활성화 에너지 장벽을 현저하게 낮출 수 있고 이와 같은 경우에는 반응 속도가 증가한다(즉, 촉매작용).

이때 표면에서 진행되는 화학 반응과 이에 대응하는 에너지 변화 ΔE는 다음과 같이 간단하게 일반화할 수 있다.

$$\text{기체 분자} \xrightarrow{\text{표면}} \text{물리 흡착된 분자} \qquad \Delta E = \Delta_{\text{흡착}}H \text{ (발열)}$$

$$\text{물리 흡착된 분자} \xrightarrow{\text{표면}} \text{해리된 원자} \qquad \Delta E = \text{결합 에너지(흡열)}$$

$$\text{해리된 원자} \xrightarrow{\text{표면}} \text{화학 흡착된 원자} \qquad \Delta E = \text{결합 에너지(발열)}$$

두 번째 단계에서는 결합이 끊어진다. 이 과정은 항상 흡열 과정이다. 반대로 세 번째 단계에서는 새로운 결합이 생성되며, 이 과정은 언제나 에너지의 방출(즉, 발열)을 동반한다. 이 단계에서 화학 흡착된 원자는 활성화 에너지가 별로 없거나 전혀 없이 표면에서 반응을 할 수 있다.

$$\text{화학 흡착된 원자} \xrightarrow{\text{표면}} \text{생성물} \qquad \Delta E = \text{결합 에너지(발열)}$$

생성물의 탈착이 촉매 반응의 마지막 단계이다.

활성화 에너지가 없는 마지막 단계에 이르기 위해서는 처음 세 단계에서의 발열도가 흡열도보다 커야 하는 점이 중요하다. 그렇지 않으면 결과적으로 반응은 흡열 반응이 되고, 엔트로피 효과를 무시한다면 비자발적이다(엔트로피 인자가 중요한 경우도 있지만 여기서는 논하지 않는다). 그러나 어떠한 경우에는 에너지 균형이 잘 성립되면서 반응물 분자가 고체 표면에 자발적으로 흡착되고 해리되며 활성화 에너지가 거의 없는 상태에서 반응을 한다. 두 가지의 예를 들면, H_2와 O_2로부터 H_2O가 생성되는 반응과 H_2와 N_2로부터 NH_2가 생성되는 반응이 있다. 두 경우 모두 촉매 표면을 잘 선택하면 흡열 과정과 발열 과정 사이의 에너지 균형이 잘 이루어져서 반응은 비교적 빨리 진행된다. 촉매가 없으면 반응 속도는 거의 감지되지 못한다.

앞에서 언급한 처음 세 가지의 반응에 대한 에너지가 서로 상호작용을 하기 때문에 한 반응에 대해 좋은 촉매가 다른 반응에 대해서는 매우 빈약한 촉매가 될 수도 있다. H_2/O_2 반응은 팔라듐이나 백금 촉매에 의해 잘 일어나는 반면, 암모니아 합성 반응에서는 철 기반(iron-based) 촉매가 사용된다. 어떤 반응에 대해서 어떤 촉매를 이용하면 좋을지는 지금도 활발하게 연구가 진행되고 있는 영역이다.

마지막으로 촉매작용은 잘 정의된 밀러 지수에 의한 금속 표면에 한정된 것은 아니다. 최근 관심을 끄는 한 분야가 광물을 사용하여 반응을 촉진시키는 것이다. 알루미나와 실리카의 혼합 구조를 가진 알루미노규산염은 구멍(pore)을 함유하고 있는데, 그곳으로 분자들이 들어가서 촉매작용으로 반응을 한다[그림 14.25(a)]. **제올라이트**(zeolite)라는 것이 있으며, 그림 14.25(b)에 나타내었다. 제올라이트 안의 구멍(정확한 제올라이트의 형태에 따라 크기와 기하 구조는 다양할 수 있음) 때문에 적당한 크기의 반응물 분자가 그곳으로 들어가 특정 반응이 촉진될 수 있다. 실제로 구멍의 크기가 딱 맞다면 이러한 광물이 선택된 화학 반응을 촉진시키는 데 사용될 수 있는 미래의 설계된 촉매라고 생각된다.

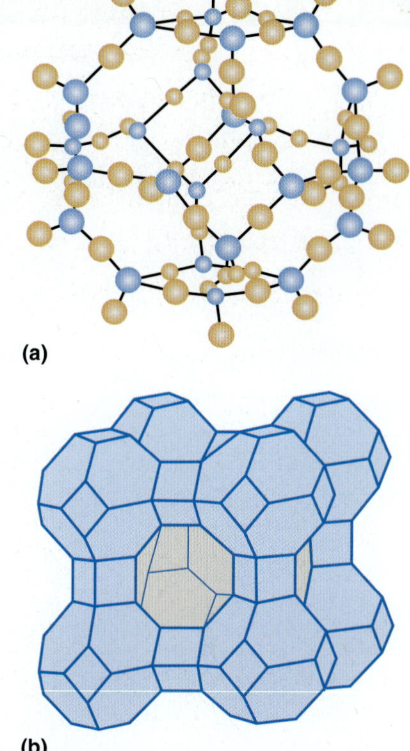

그림 14.25 광물 중에는 촉매의 성질을 가진 것이 있다. 알루미노규산염 광물은 산화 규소 단위들이 산재된 산화 알루미늄 단위들로 구성되어 있으며, 분자가 안으로 들어가 반응할 수 있는 구멍이 뚫려 있다. (a) 알루미노규산염(aluminosilicate)의 공통 구축 단위. (b) 불균일 촉매로 사용되고 있는 알루미노규산염의 일반적인 형태인 제올라이트의 구조.

14.7 요약

표면은 어디에나 존재하며 언뜻 대단하지 않은 것처럼 보이지만 물리화학 분야에서는 매우 중요하다. 표면은 본체 물질과는 다른 열역학적 성질을 가지고 있다. 이것은 표면에서의 힘의 불균형 때문이다. 이와 같은 불균형이 주된 원인이 되어 표면 장력이나 모세관 작용과 같은 현상이 일어난다. 표면이 단분자 두께로 얇을 수 있는데, 이것을 막(film)이라 부른다. 이렇게 얇은 막이 어떤 거동을 할지는 일반적으로 표면의 성질과 밀접한 관계가 있다.

결정과 같이 구조가 잘 확립된 고체의 경우에는 표면 자체도 밀러 지수를 이용하여 나타낼 수 있다. 고체 표면이 이처럼 잘 확립된 구조를 항상 가지는 것은 아니지만 그렇게 생각하는 것이 이해를 돕는다. 표면은 화학 반응에 영향을 줄 수 있지만 실제 전체 화학 반응에 참여하지는 않는다. 즉, 표면은 촉매로서 작용한다. 촉매로서 작용할 수 있는 표면의 능력은 여러 가지 요인에 따른다. 이러한 요인의 예로서는 원료 분자가 표면에 흡착되기 쉬운 정도, 원료 분자가 표면에서 해리되기 쉬운 정도, 또한 해리된 분자로부터 생성된 원자들이 합하여 생성물을 만들어가기 쉬운 정도 등이 있다. 반응과 표면의 올바른 조합에 따라 반응 속도가 주된 영향을 받는다.

주요 식

$$\gamma = \frac{F_{\text{막}}}{2\ell}$$ (막의 표면 장력)

$$dw = dG = \gamma \cdot dA \quad \text{또는} \quad w = \Delta G = \gamma \cdot \Delta A$$ (표면적 변화에 따른 일)

$$\Delta p = \frac{2\gamma}{r} \quad \text{또는} \quad \Delta p = \frac{4\gamma}{r}$$ (액체 방울 또는 기포의 표면 양쪽의 압력 차)

$$\gamma_{sv} = \gamma_{\ell s} + \gamma_{\ell v} \cos\theta$$ (액체-고체 계면에 대한 영-뒤프레 식)

$$h = \frac{2\gamma\cos\theta}{\rho g R}$$ (모세관 상승의 크기)

$$\theta = \frac{k_{\text{흡착}} \cdot [\text{기체}]}{k_{\text{흡착}} \cdot [\text{기체}] + k_{\text{탈착}}} = \frac{K \cdot [\text{기체}]}{K \cdot [\text{기체}] + 1}$$ (랭뮤어의 흡착 등온식)

연습 문제

14.2 표면 장력

14.1. 표면 장력이 표면에서 힘의 불균형에 의해 발생한다는 설명을 사용하여, 액체의 표면적을 증가시킬 때 왜 에너지가 필요한지를 설명하라. 액체의 표면적을 증가시킬 때 에너지가 방출되는 경우가 있는가?

14.2. 식 (14.1)의 우변은 일(work)의 단위를 가진다는 것을 증명하라.

14.3. 본문에는 '표면 장력은 온도에 의존한다'라고 설명되어 있지만, 어떻게 변화하는가는 설명되어 있지 않다. 표 14.1의 데이터를 사용해서 온도 T에 대한 표면 장력 γ의 변화를 설명하라.

14.4. 표 14.1에 보여지듯이 수은의 표면 장력은 435.5 dyn/cm이다. 이것을 N/m의 단위로 환산하라.

14.5. 클로로폼($CHCl_3$)의 표면 장력은 27.1 dyn/cm이다.

(a) 클로로폼의 표면적을 50.0 cm^2 만큼 증가시키기 위해서 필요한 에너지를 J의 단위로 구하여라.

(b) 0.010 m^2의 면적을 갖는 클로로폼 막을 만들기 위해서 필요한 에너지를 J의 단위로 구하여라.

14.6. 글리세린의 표면적을 67.7 cm^2에서 23.9 cm^2로 감소시켰다. 이 변화에 수반되는 표면의 일은 얼마인가?

14.7. 20°에서 그림 14.2와 같이 길이 2.00 cm의 봉을 끌어당겨서 아세톤 액체의 표면적을 증가시키기 위해 필요한 힘을 계산하라.

14.8. 식 (14.6)은 표면 장력을 깁스 에너지(Gibbs energy)로 정의한 것이다. 화학 퍼텐셜과 동일한 방법으로 생각하면, 표면 장력은 엔탈피, 내부 에너지 또는 헬름홀츠 에너지로서도 정의할 수 있다. 이러한 정의들에 대한 편도함수를 구하라.

14.9. 식 (14.6)에서 양변의 단위가 같다는 것을 증명하라.

14.10. 이 책의 앞 장에서 기체의 팽창과 수축에 관하여 설명을 하였고, 이러한 변화에 수반되는 열역학적 변수의 변화를 구하였다. 그러나 그 과정에서 기체의 표면적이 변함에도 불구하고 표면 에너지 변화에 대해서는 고려하지 않았다. 그 이유에 관해서 설명하라.

14.11. 작은 액체 방울들이 합쳐져 보다 큰 액체 방울이 될 때에는 에너지가 방출된다. 이렇게 액체 방울이 합쳐지는 과정을 사용하여 일을 할 수 있는지를 설명하라. 아울러 반지름이 1.00 nm인 두 개의 물방울이 20°C에서 한 개의 물방울로 합쳐질 때 온도는 얼마나 변하는가? 단, 물의 표면 장력은 72.75 erg/cm^{2}이다.

14.12. 면도날이 떠있지 않기 위해서는 액체의 표면 장력이 근사적으로 얼마가 되어야 하는가? 예제 14.3의 데이터를 사용하여 예측하라.

14.13. 구형의 비누 기포 크기가 서서히 감소하고 있다. 이때 기포에 일을 해 주어야 되는가, 아니면 기포가 일을 하게 되는가? 그 이유를 설명하라.

14.14. **(a)** 빗방울을 중력의 영향을 받지 않고 자유 낙하하는 적은 양의 물이라고 가정한다면, 이 빗방울은 어떤 형상을 가질 것으로 예상되는가? 그 이유를 설명하라.

(b) 실제로 빗방울은 어느 정도의 종단 속도(terminal velocity)를 가지고 낙하하기 때문에 이상적인 모양에서 약간 변형된다. 이러한 사실을 고려하여 변형된 빗방울의 모양을 예측하라.

14.3 계면 효과

14.15. 식 (14.9)는 열역학 제1법칙에 위배되지 않는다는 것을 설명하라.

14.16. 라플라스-영 방정식(Laplace-Young equation)은 구의 표면적을 부피의 항으로 나타낸 후에 이로부터 $(\partial A/\partial V)$를 구하는 방법에 의해서도 유도할 수 있다. 그러나 이 방법은 잘못된 것이다. 왜 그와 같은 방법에 의해 같은 식이 얻어지지 않는지를 설명하라.

14.17. 식 (14.13)로 나타낸 라플라스-영 방정식에서 우변이 압력의 단위를 가진다는 것을 증명하라.

14.18. 그림 14.6의 계에서 영역 II를 불활성 기체로 압축하는 것과 같이 외부의 압력을 증가시킴으로써 액체 방울의 기화를 최소화시킬 수 있겠는가? 그 이유는 무엇인가? 단, 계는 이상적으로 거동한다고 가정한다.

14.19. 핵융합 분야의 연구자들은 중수소와 삼중수소 혼합물을 포함하고 있는 금으로 만든 작은 미소구(microsphere)를 만들고자 한다. 이때 무한소구는 초점을 맞춘 레이저를 사용하여 매우 높은 온도와 압력까지 가열될 수 있다. 이러한 조건에서 핵융합이 일어날 수 있다. 라플라스-영 방정식으로 보아 무한소구의 크기가 작은 것과 큰 것 중에 어느 쪽이 더 좋은 것이 되겠는가? 또한, 이러한 조건에서 핵융합 반응이 지속적으로 진행될지 어떨지에 관해서도 설명하라.

14.20. 표면 장력이 480 dyn/cm인 수은 방울의 반지름이 **(a)** 1.00 nm인 경우와 **(b)** 0.001 nm인 경우에 액체 방울의 내부와 외부의 압력 차이를 계산하라.

14.21. 반지름이 1.00 cm인 에탄올 액체 방울의 내부와 외부의 압력 차이는 얼마인가? 반지름이 1.00 mm인 경우는 어떠한가? 온도는 20°C라고 가정한다.

14.22. 1.00 K에서 액체 헬륨의 표면 장력은 0.347 erg/cm^{2}이다. 이 온도에서 반지름이 0.0055 mm인 액체 헬륨 방울의 내부와 외부의 압력 차이를 계산하라.

14.23. 비눗물의 표면 장력이 24.3 erg/cm^{2}라고 할 때, 반지름이 1.75 cm인 비눗물의 기포의 내부와 외부의 압력 차이는 얼마인가?

14.24. 연습 문제 14.23에 있는 비눗물의 표면 장력을 사용하여 순수한 물의 기포와 비눗물의 기포 중 어느 쪽이 먼저 증발하여 기포가 터질지를 설명하라.

14.25. 이 장에서는 온도가 라플라스-영 방정식에 어떤 영향을 주는지에 관해서 설명하지 않았다. 온도 T가 상승하면 Δp가 어떤 거동을 나타낼지를 예상하라. 또한, 예상되는 온도 효과가 식 (14.14)와 식 (14.15) 및 온도가 상승할 때의 γ 거동과 일치하는가?

14.26. 식 (14.16)에 기여하는 세 가지 표면 장력 벡터를 그림 14.8에 표시하라. 이 그림을 사용하여 식 (14.16)을 합리적으로 설명하고 $\cos\theta$ 항이 어떻게 나타나는지를 밝혀라.

14.27. 반지름이 r인 액체 방울의 평형 증기압을 산출하기 위해서 다음에 나타낸 켈빈 방정식(Kelvin equation)을 사용한다.

$$\ln\frac{p_{증기}}{p°_{증기}}=\frac{2\gamma\cdot\overline{V}}{r\cdot RT}$$

여기서 $p_{증기}$는 액체 방울의 증기압, $p°_{증기}$는 표준 상태(25°C)에서의 액체의 증기압을 나타내고, $\overline{V}$는 액체의 몰부피이며, R, T 및 γ는 각각 기체 상수, 온도 및 표면 장력이다.

(a) 액체 방울의 반지름이 감소할 때 액체의 증기압이 증가하는 사실에 대하여 설명하라. 이로부터 응축 과정(증기가 액체가 되는 과정)과 대기 중에서 빗방울이 생성되는 과정에 관해서 무엇을 말할 수 있는가?

(b) 298 K에서 반지름이 20.0 nm인 물방울의 증기압을 계산하라. 단, 이 온도에서 물의 증기압은 23.77 mmHg이다.

14.28. 액체-기체 계면의 표면 장력(γ_{lv})을 측정하는 것은 거의 불가능하기 때문에 식 (14.16)에 나타낸 영-뒤프레 방정식(Young-Dupré equation)을 그대로 직접 사용하기는 어렵지만, 식 (14.17)에 주어진 영-뒤프레 방정식은 고체에 대한 액체의 젖음성을 증가시키거나 감소시키기 위해서 고체-액체 계면에 무엇이 행해져야 할 것인지를 결정하는 데 유용하다.

(a) 젖음성을 좋게 하기 위해서(즉, $\cos\theta$를 가능한 한 작게 하기 위해서) 액체를 어떻게 해야 하는가?

(b) 젖음성을 나쁘게 하기 위해서(즉, $\cos\theta$를 가능한 한 크게 하기 위해서) 고체를 어떻게 해야 하는가?

14.29. 반지름이 큰 원통형 관에서는 왜 모세관 오름과 모세관 내림이 나타나지 않는가?

14.30. 내부 반지름이 0.200 mm인 모세관이 25°C의 물에 잠겨 있으며, 4.78 cm의 모세관 오름을 나타낸다면 예측되는 접촉각은 얼마나 될까?

14.31. 수은이 모세관 표면과 이루는 접촉각이 115.5°일 때, 반지름이 2.00 mm인 관의 모세관 내림은 얼마인가? 단, 수은의 밀도는 13.6 g/cm^{3}이고, 온도는 25°C이다.

14.4 & 14.5 표면막, 고체 표면

14.32. 1 dyn/cm^{2}가 1×10^{-6} bar와 같음을 증명하라.

14.33. **실리콘**(silicone)은 규소와 산소가 번갈아가며 연결된 고분자로 규소 원자 곁에 유기 원자단이 결합하고 있다. 실리콘은 유용한 특성을 많이 가지

고 있기 때문에 널리 사용되고 있다. 실리콘은 아주 작기는 하지만 증기압을 가지고 있고, 또한 매우 낮은 표면 에너지를 가지고 있다. 실제 표면에 실리콘이 존재한다면 어떤 일이 일어날지를 설명하라.

14.34. 식 (14.21)에 이상 기체 법칙 상수 R이 포함되어 있는 이유를 설명하라.

14.35. 평탄한 결정면에 존재하는 원자들 사이의 거리는 결정면의 밀러 지수에 의존한다. NaCl은 격자 상수가 5.640 Å인 면심 입방 구조이다. 다음에 주어진 결정면에서 가장 가까이에 있는 Na^+-Na^+ 이온 사이의 거리는 얼마인가? **(a)** (100) 면, **(b)** (110) 면, **(c)** (111) 면.

14.36. 평탄한 결정면에 존재하는 원자들 간의 거리는 결정면의 밀러 지수에 의존한다. 입방 결정계에서 원자들 사이의 거리가 가장 가까운 결정면은 무엇인가?

14.37. 고체 표면에 대하여 사용하는 '**청정한**(clean)'이라는 용어에 대하여 정의하라. 청정한 표면을 얻기가 어려운 이유는 무엇인가?

14.38. 표 14.2의 한정된 데이터를 사용하여 이온 결합 화합물의 표면 에너지와 여기에 포함되는 이온 전하 크기 사이에 어떤 관계가 있는지를 설명하라.

14.39. 도자기로 된 컵이 깨지는 것은 충격(shock)이나 응력(stress) 또는 다른 영향에 의해 이온 결합이나 공유 결합이 끊어지기 때문이다. 컵이 두 조각으로 깨진 경우라도 깨진 조각들을 서로 접촉시켜 힘을 주어 누른다고 해도 원래대로 조각들이 다시 붙지는 않는다. 그 이유는 무엇인가? 이러한 현상 때문에 접착제와 같은 것이 필요하다.

14.40. 우주에 있는 인공위성에서는 진공 용접(vacuum welding) 때문에 종종 어려움을 겪는다. 이 현상은 두 개의 금속 조각을 접촉시켜두면 한동안 생각보다 더 강하게 달라붙게 되는 것이다. 지구상에서는 발생하지 않는 이러한 현상이 왜 우주 공간에서는 발생하는가?

14.41. 압력이 1.00×10^{-8} torr일 경우 273 K에서 1 cm^3의 부피 안에 존재하는 기체 원자 또는 분자의 수를 계산하라.

14.42. 유압식 회전 진공 펌프를 가지고 1.0×10^{-4} torr의 진공을 만들었다면 이와 같은 진공 중에 놓인 표면에 단분자 막이 형성되는 데 필요한 시간은 얼마인가?

14.43. 1초 동안 1.00 bar에 노출된 경우 몇 랭뮤어(langmuir)에 해당되는가? 이 정도 크기에도 노출이라는 개념이 의미를 가지는가? 그 이유를 설명하라.

14.6 덮임률, 촉매작용

14.44. 다음 과정을 균일 촉매 반응과 불균일 촉매 반응으로 구분하라.

(a) 염기성 수용액 중에서 물과 섞이지 않는 아세트산에틸(액체)의 가수분해 반응.

(b) 금속 백금에 의한 NO_x 기체의 N_2와 O_2로의 전환 반응.

(c) NO 기체에 의한 대기 중 오존의 분해 반응.

(d) 생체 중에서 알코올 탈수소효소(alcohol dehydrogenase, ADH)에 의해 에탄올이 아세트알데하이드(acetaldehyde)로 산화되는 반응.

(e) 고압에서 전이 금속 첨가제에 의한 C (흑연)가 C (다이아몬드)로의 고체 상태 상전이 반응.

14.45. 식 (14.26)으로부터 식 (14.27)을 유도하라.

14.46. 테플론[poly(tetrafluoroethylene)]을 금속에 코팅하는 연구가 시작되었던 초창기에는 코팅된 테플론 막이 쉽게 벗겨지는 문제가 있었다. 그 이후 노력의 결과로 훨씬 오랫동안 지속되는 피막을 만들 수 있게 되었다. 각 경우에 어떤 형태의 흡착 과정이 나타나겠는가? 내구력이 있는 피막을 개발하는 데 어떤 기술적인 문제점이 해결되었는가?

14.47. 450 K에서 백금 표면에 대한 일산화 탄소(CO)의 덮임률은 압력에 따라 다음 표에 주어져 있다.

덮임률	압력(torr)
0.25	1.5×10^{-8}
0.45	7.0×10^{-8}
0.65	3.5×10^{-7}
0.72	8.7×10^{-7}
0.78	1.9×10^{-6}
0.82	6.8×10^{-6}

이 데이터가 랭뮤어의 흡착 등온식을 따른다는 것을 증명하라. 이 흡착 과정에 대한 평형 상수는 얼마인가?

14.48. 물고기용 수조 안에서 요소와 같은 오염 물질이 정화용 여과기 안의 활성탄(activated charcoal, AC)에 흡착되는데, 이 연구에 랭뮤어의 흡착 등온식이 사용된다. 요소의 초기 농도가 2.00×10^{-2} M인 물 시료에 대해서 아래와 같은 다섯 개의 데이터를 얻었다.

활성탄의 양, g	최종 요소의 농도, M
0.750	1.00×10^{-2}
3.65	3.34×10^{-3}
6.75	1.54×10^{-3}
5.85	1.12×10^{-3}
8.80	8.03×10^{-4}

식 (14.29)를 적절히 재해석하여 이 데이터가 랭뮤어의 흡착 등온식을 따른다는 것을 증명하라.

14.49. 표면에서 일어나는 촉매 반응의 각 단계는 생성물의 탈착 에너지를 무시한다. 이 마지막 단계가 아주 적은 에너지 변화로서 일어나야 하는 당위성을 설명하라.

부록

Appendices

부록 1 유용한 적분

부정적분*

$$\int \sin bx \cos bx \, dx = \frac{1}{b}\sin^2 bx$$

$$\int \sin ax \cdot \sin bx \, dx = \frac{\sin(a-b)x}{2(a-b)} - \frac{\sin(a+b)x}{2(a+b)}$$

$$\int \sin^2 bx \, dx = \frac{x}{2} - \frac{1}{4b}\sin(2bx)$$

$$\int \cos^2 bx \, dx = \frac{x}{2} + \frac{1}{4b}\sin(2bx)$$

$$\int \sin^3 bx \, dx = -\frac{1}{3b}\cos bx(\sin^2 bx + 2)$$

$$\int x \sin^2 bx \, dx = \frac{x^2}{4} - \frac{x}{4b}\sin(2bx) - \frac{1}{8b^2}\cos(2bx)$$

$$\int x \cos bx \, dx = \frac{1}{b^2}\cos bx + \frac{x}{b}\sin bx$$

$$\int x^2 \sin^2 bx \, dx = \frac{x^3}{6} - \left(\frac{x^2}{4b} - \frac{1}{8b^3}\right)\sin 2bx - \frac{x}{4b^2}\cos 2bx$$

$$\int e^{bx} \, dx = \frac{1}{b}e^{bx}$$

$$\int xe^{bx} \, dx = e^{bx} \cdot \frac{1}{b^2}(bx - 1)$$

*각 적분식은 보통 취급 조건에 따라 결정되는 일정한 범위에서 계산되어야 한다.

$$\int x^2 e^{bx}\,dx = e^{bx}\left(\frac{x^2}{b} - \frac{2x}{b^2} + \frac{2}{b^3}\right)$$

$$\int x^m e^{bx}\,dx = e^{bx}\sum_{k=0}^{m}(-1)^k \frac{m!\cdot x^{m-k}}{(m-k)!\cdot b^{k+1}}$$

정적분†

$$\int_0^\infty e^{-bx^2}\,dx = \frac{1}{2}\left(\frac{\pi}{b}\right)^{1/2}$$

$$\int_0^\infty x e^{-bx^2}\,dx = \frac{1}{2b}$$

$$\int_0^\infty x^n e^{-bx}\,dx = \frac{n!}{b^{n+1}}, \qquad n \neq -1, b > 0$$

$$\int_{-\infty}^\infty x^2 e^{-bx^2}\,dx = \frac{1}{2}\left(\frac{\pi}{b^3}\right)^{1/2}$$

$$\int_0^\infty x^{2n} e^{-bx^2}\,dx = \frac{1\cdot 3\cdot 5\cdot \cdots \cdot (2n-1)}{2^{n+1}\cdot b^n}\cdot\sqrt{\frac{\pi}{b}}$$

†각 식은 적분에 명시된 범위에서 계산되어야 한다.

부록 2 몇 가지 물질의 열역학 성질(298 K)

물질	$\Delta_f H°$ (kJ/mol)	$\Delta_f G°$ (kJ/mol)	$S°$(J/mol·K)
Ag (s)	0	0	42.55
AgBr (s)	−100.37	−96.90	107.11
AgCl (s)	−127.01	−109.80	96.25
Al (s)	0	0	28.30
Al_2O_3 (s)	−1675.7	−1582.3	50.92
Ar (g)	0	0	154.84
Au (s)	0	0	47.32
Ba^{2+} (aq), 1 M	−537.64	−560.77	9.6
$BaSO_4$ (s)	−1473.19	−1362.3	132.2
Bi (s)	0	0	56.53
Br_2 (ℓ)	0	0	152.21
C (s, 다이아몬드)	1.897	2.90	2.377
C (s, 흑연)	0	0	5.69
CCl_4 (ℓ)	−128.4	−62.6	214.39
CH_2O (g)	−115.90	−109.9	218.95
$CH_3COOC_2H_5$ (ℓ)	−480.57	−332.7	259.4
CH_3COOH (ℓ)	−483.52	−390.2	158.0
CH_3OH (ℓ)	−238.4	−166.8	127.19
CH_4 (g)	−74.87	−50.8	188.66
CO (g)	−110.5	−137.16	197.66
CO_2 (g)	−393.51	−394.35	213.785
CO_3^{2-} (aq), 1 M	−676.3	−528.1	−53.1
C_2H_5OH (ℓ)	−277.0	−174.2	159.86
C_2H_6 (g)	−83.8	−32.8	229.1
C_6H_{12} (ℓ)	−157.7	26.7	203.89
$C_6H_{12}O_6$ (s)	−1277	−910.4	209.19
C_6H_{14} (ℓ)	−198.7	−3.8	296.06
$C_6H_5CH_3$ (ℓ)	12.0	113.8	220.96
C_6H_5COOH (s)	−384.8	−245.3	165.71
C_6H_6 (ℓ)	48.95	124.4	173.26
$C_{10}H_8$ (s)	77.0	201.0	217.59
$C_{12}H_{22}O_{11}$ (s)	−2221.2	−1544.7	392.40
Ca (s)	0	0	41.59
Ca^{2+} (aq), 1 M	−542.83	−553.54	−53.1
$CaCl_2$ (s)	−795.80	−748.1	104.62
$CaCO_3$ (s, arag)	−1207.1	−1127.8	88.7
$CaCO_3$ (s, calc)	−1206.9	−1128.8	92.9
Cl (g)	121.30	105.3	165.19
Cl^- (aq), 1 M	−167.2	−131.3	56.4
Cl_2 (g)	0	0	223.08
Cr (s)	0	0	23.62
Cr_2O_3 (s)	−1134.70	105.3	80.65
Cs (s)	0	0	85.15
Cu (s)	0	0	33.17
D_2 (g)	0	0	144.96
D_2O (ℓ)	−249.20	−234.54	198.34
F^- (aq), 1 M	−332.63	−278.8	−13.8
F_2 (g)	0	0	202.791
Fe (s)	0	0	27.3
$Fe_2(SO_4)_3$ (s)	−2583.00	−2262.7	307.46

물질	$\Delta_f H°$ (kJ/mol)	$\Delta_f G°$ (kJ/mol)	$S°$(J/mol·K)
Fe_2O_3 (s)	−825.5	−743.5	87.4
Ga (s)	0	0	40.83
H^+ (aq), 1 M	0	0	0
HBr (g)	−36.29	−53.51	198.70
HCl (g)	−92.31	−95.30	186.90
HCO_3^- (aq), 1 M	−691.99	−586.85	91.2
HD (g)	0.32	−1.463	143.80
HF (g)	−273.30	−274.6	173.779
HF (aq), 1 M	−320.08	−296.82	88.7
HI (g)	26.5	1.7	114.7
HNO_2 (g)	−76.73	−41.9	249.41
HNO_3 (g)	−134.31	−73.94	266.39
HSO_4^- (aq), 1 M	−887.3	−755.9	131.8
H_2 (g)	0	0	130.68
H_2O (g)	−241.8	−228.61	188.83
H_2O (ℓ)	−285.83	−237.14	69.91
H_2O (s)	−292.72	—	—
He (g)	0	0	126.04
Hg (ℓ)	0	0	75.90
Hg_2Cl_2 (s)	−265.37	−210.5	191.6
I (g)	106.76	70.18	180.787
I_2 (s)	0	0	116.14
K (s)	0	0	64.63
KBr (s)	−393.8	−380.7	95.9
KCl (s)	−436.5	−408.5	82.6
KF (s)	−567.3	−537.8	66.6
KI (s)	−327.9	−324.9	106.3
Li (s)	0	0	29.09
Li^+ (aq), 1 M	−278.49	−293.30	13.4
LiBr (s)	−351.2	−342.0	74.3
LiCl (s)	−408.27	−372.2	59.31
LiF (s)	−616.0	−587.7	35.7
LiI (s)	−270.4	−270.3	86.8
Mg (s)	0	0	32.67
Mg^{2+} (aq), 1 M	−466.85	−454.8	−138.1
MgO (s)	−601.60	−568.9	26.95
NH_3 (g)	−45.94	−16.4	192.77
NO (g)	90.29	86.60	210.76
NO_2 (g)	33.10	51.30	240.04
NO_3^- (aq), 1 M	−207.36	−111.34	146.4
N_2 (g)	0	0	191.609
N_2O (g)	82.05	104.2	219.96
N_2O_4 (g)	9.08	97.79	304.38
N_2O_5 (g)	11.30	118.0	346.55
Na (s)	0	0	153.718
Na^+ (aq), 1 M	−240.12	−261.88	59.1
NaBr (s)	−361.1	−349.0	86.8
NaCl (s)	−385.9	−365.7	95.06
NaF (s)	−576.6	−546.3	51.1
NaI (s)	−287.8	−286.1	—
$NaHCO_3$ (s)	−950.81	−851.0	101.7
NaN_3 (s)	21.71	93.76	96.86
Na_2CO_3 (s)	−1130.77	−1048.01	138.79

물질	$\Delta_f H°$ (kJ/mol)	$\Delta_f G°$ (kJ/mol)	$S°$(J/mol·K)
Na_2O (s)	−417.98	−379.1	75.04
Na_2SO_4 (s)	−331.64	−303.50	35.89
Ne (g)	0	0	146.328
Ni (s)	0	0	29.87
O_2 (g)	0	0	205.14
O_3 (g)	142.67	163.2	238.92
OH^- (aq), 1 M	−229.99	−157.28	−10.75
PH_3 (g)	22.89	30.9	210.24
P_4 (s)	0	0	41.08
Pb (s)	0	0	64.78
$PbCl_2$ (s)	−359.41	−314.1	135.98
PbO_2 (s)	−274.47	−215.4	71.78
$PbSO_4$ (s)	−919.97	−813.20	148.50
Pt (s)	0	0	25.86
Rb (s)	0	0	76.78
S (s)	0	0	32.054
SO_2 (g)	−296.81	−300.13	248.223
SO_3 (g)	−395.77	−371.02	256.77
SO_3 (ℓ)	−438	−368	95.6
SO_4^{2-} (aq), 1 M	−909.3	−744.6	20.1
Si (s)	0	0	18.82
U (s)	0	0	50.20
UF_6 (s)	−2197.0	−2068.6	227.6
UO_2 (s)	−1085.0	−1031.8	77.03
Xe (g)	0	0	169.68
Zn (s)	0	0	41.6
Zn^{2+} (aq), 1 M	−153.89	−147.03	−112.1
$ZnCl_2$ (s)	−415.05	−369.45	111.46

Source: Data from National Institute of Standards and Technology's Chemistry Webbook (available online at webbook.nist.gov/chemistry); D. R. Lide, ed., *CRC Handbook of Chemistry and Physics,* 82nd ed., CRC Press, Boca Raton, Fla., 2001; J. A. Dean, ed., *Lange's Handbook of Chemistry,* 14th ed., McGraw-Hill, New York, 1992.

부록 3 지표표

마지막 열에 있는 문자는 해당 대칭을 갖는 분자의 진동(x, y, z 표시)과 회전(R_x, R_y, R_z 표시)에 대한 기약 표현임을 뜻한다. 괄호 안에 있는 두 개 이상의 표지는 미분화(축퇴, degeneracy)를 의미한다. 괄호 없이 두 개 이상의 표지가 있는 것은 미분화가 반드시 존재하지는 않는다는 것을 말해준다(예로서 C_{2h} 점군을 참조).

C_1	E	
A	1	all

$C_s\ (\equiv C_{1h})$	E	σ_h	
A'	1	1	$x, y, R_z, x^2, y^2, z^2, xy$
A''	1	−1	z, R_x, R_y, yz, xz

$C_i\ (\equiv S_2)$	E	i	
A_g	1	1	R_x, R_y, R_z, all second-order functions
A_u	1	−1	x, y, z

C_2	E	C_2	
A	1	1	$z, R_z, x^2, y^2, z^2, xy$
B	1	−1	x, y, R_x, R_y, yz, xz

C_3	E	C_3	C_3^2	$\epsilon = e^{2\pi i/3}$
A	1	1	1	$z, R_z, x^2 + y^2, z^2$
E	$\left\{\begin{matrix}1 \\ 1\end{matrix}\right.$	$\begin{matrix}\epsilon \\ \epsilon^*\end{matrix}$	$\left.\begin{matrix}\epsilon^* \\ \epsilon\end{matrix}\right\}$	$(x, y)(R_x, R_y)(x^2 - y^2, xy)(xz, yz)$

C_4	E	C_4	C_2	C_4^3	
A	1	1	1	1	$z, R_z, x^2 + y^2, z^2$
B	1	−1	1	−1	$x^2 - y^2, xy$
E	$\left\{\begin{matrix}1 \\ 1\end{matrix}\right.$	$\begin{matrix}i \\ -i\end{matrix}$	$\begin{matrix}-1 \\ 1\end{matrix}$	$\left.\begin{matrix}-i \\ i\end{matrix}\right\}$	$(x, y)(R_x, R_y)(xz, yz)$

D_2	E	C_2	C_2'	C_2''	
A	1	1	1	1	x^2, y^2, z^2
B_1	1	1	−1	−1	z, R_z, xy
B_2	1	−1	1	−1	y, R_y, xz
B_3	1	−1	−1	1	x, R_x, yz

D_3	E	$2C_3$	$3C_2$	
A_1	1	1	1	$x^2 + y^2, z^2$
A_2	1	1	−1	z, R_z
E	2	−1	0	$(x, y)(R_x, R_y)(x^2 - y^2, xy), (xz, yz)$

D_4	E	$2C_4$	C_2	$2C_2'$	$2C_2''$	
A_1	1	1	1	1	1	$x^2 + y^2, z^2$
A_2	1	1	1	−1	−1	z, R_z
B_1	1	−1	1	1	−1	$x^2 - y^2$
B_2	1	−1	1	−1	1	xy
E	2	0	−2	0	0	$(x, y)(R_x, R_y)(xz, yz)$

S_4	E	S_4	C_2	S_4^3	
A	1	1	1	1	R_z, x^2+y^2, z^2
B	1	−1	1	−1	z, x^2-y^2, xy
E	$\begin{Bmatrix} 1 \\ 1 \end{Bmatrix}$	$\begin{matrix} i \\ -i \end{matrix}$	$\begin{matrix} -1 \\ -1 \end{matrix}$	$\begin{matrix} -i \\ i \end{matrix}$	$(x, y)(R_x, R_y)(xz, yz)$

C_{2v}	E	C_2	σ_v	σ_v'	
A_1	1	1	1	1	z, x^2, y^2, z^2
A_2	1	1	−1	−1	R_z, xy
B_1	1	−1	1	−1	x, R_y, xz
B_2	1	−1	−1	1	y, R_x, yz

C_{3v}	E	$2C_3$	$3\sigma_v$	
A_1	1	1	1	z, x^2+y^2, z^2
A_2	1	1	−1	R_z
E	2	−1	0	$(x, y)(R_x, R_y)(x^2-y^2, xy), (xz, yz)$

C_{4v}	E	$2C_4$	C_2	$2\sigma_v$	$2\sigma_d$	
A_1	1	1	1	1	1	z, x^2+y^2, z^2
A_2	1	1	1	−1	−1	R_z
B_1	1	−1	1	1	−1	x^2-y^2
B_2	1	−1	1	−1	1	xy
E	2	0	−2	0	0	$(x, y)(R_x, R_y)(xz, yz)$

C_{6v}	E	$2C_6$	$2C_3$	C_2	$3\sigma_v$	$3\sigma_d$	
A_1	1	1	1	1	1	1	z, x^2+y^2, z^2
A_2	1	1	1	1	−1	−1	R_z
B_1	1	−1	1	−1	1	−1	
B_2	1	−1	1	−1	−1	1	
E_1	2	1	−1	−2	0	0	$(x, y)(R_x, R_y)(xz, yz)$
E_2	2	−1	−1	2	0	0	(x^2-y^2, xy)

C_{2h}	E	C_2	i	σ_h	
A_g	1	1	1	1	R_z, x^2, y^2, z^2, xy
B_g	1	−1	1	−1	R_x, R_y, xy, yz
A_u	1	1	−1	−1	z
B_u	1	−1	−1	1	x, y

C_{3h}	E	C_3	C_3^2	σ_h	S_3	S_3^5	$\epsilon = e^{2\pi i/3}$
A'	1	1	1	1	1	1	R_z, x^2+y^2, z^2
E'	$\begin{Bmatrix} 1 \\ 1 \end{Bmatrix}$	$\begin{matrix} \epsilon \\ \epsilon^* \end{matrix}$	$\begin{matrix} \epsilon^* \\ \epsilon \end{matrix}$	$\begin{matrix} 1 \\ 1 \end{matrix}$	$\begin{matrix} \epsilon \\ \epsilon^* \end{matrix}$	$\begin{matrix} \epsilon^* \\ \epsilon \end{matrix}$	$(x, y)(x^2-y^2, xy)$
A''	1	1	1	−1	−1	−1	z
E''	$\begin{Bmatrix} 1 \\ 1 \end{Bmatrix}$	$\begin{matrix} \epsilon \\ \epsilon^* \end{matrix}$	$\begin{matrix} \epsilon^* \\ \epsilon \end{matrix}$	$\begin{matrix} 1 \\ 1 \end{matrix}$	$\begin{matrix} \epsilon \\ \epsilon^* \end{matrix}$	$\begin{matrix} \epsilon^* \\ \epsilon \end{matrix}$	$(R_x, R_y)(xz, yz)$

D_{2h}	E	C_2	C_2'	C_2''	i	$\sigma(xy)$	$\sigma'(yz)$	$\sigma''(xz)$	
A_g	1	1	1	1	1	1	1	1	x^2, y^2, z^2
B_{1g}	1	1	−1	−1	1	1	−1	−1	R_z, xy
B_{2g}	1	−1	1	−1	1	−1	1	−1	R_y, xz
B_{3g}	1	−1	−1	1	1	−1	−1	1	R_x, yz
A_u	1	1	1	1	−1	−1	−1	−1	
B_{1u}	1	1	−1	−1	−1	−1	1	1	z
B_{2u}	1	−1	1	−1	−1	1	−1	1	y
B_{3u}	1	−1	−1	1	−1	1	1	−1	x

D_{3h}	E	$2C_3$	$3C_2$	σ_h	$2S_3$	$3\sigma_v$	
A_1'	1	1	1	1	1	1	$x^2 + y^2, z^2$
A_2'	1	1	−1	1	1	−1	R_z
E'	2	−1	0	2	−1	0	$(x, y)(x^2 - y^2, xy)$
A_1''	1	1	1	−1	−1	−1	
A_2''	1	1	−1	−1	−1	1	z
E''	2	−1	0	−2	1	0	(R_x, R_y)

D_{4h}	E	$2C_4$	C_2	$2C_2'$	$2C_2''$	i	$2S_4$	σ_h	$2\sigma_v$	$2\sigma_d$	
A_{1g}	1	1	1	1	1	1	1	1	1	1	$x^2 + y^2, z^2$
A_{2g}	1	1	1	−1	−1	1	1	1	−1	−1	R_z
B_{1g}	1	−1	1	1	−1	1	−1	1	1	−1	$x^2 - y^2$
B_{2g}	1	−1	1	−1	1	1	−1	1	−1	1	xy
E_g	2	0	−2	0	0	2	0	−2	0	0	$(R_x, R_y)(xz, yz)$
A_{1u}	1	1	1	1	1	−1	−1	−1	−1	−1	
A_{2u}	1	1	1	−1	−1	−1	−1	−1	1	1	z
B_{1u}	1	−1	1	1	−1	−1	1	−1	−1	1	
B_{2u}	1	−1	1	−1	1	−1	1	−1	1	−1	
E_u	2	0	−2	0	0	−2	0	2	0	0	(x, y)

D_{6h}	E	$2C_6$	$2C_3$	C_2	$3C_2'$	$3C_2''$	i	$2S_3$	$2S_6$	σ_h	$3\sigma_d$	$3\sigma_v$	
A_{1g}	1	1	1	1	1	1	1	1	1	1	1	1	$x^2 + y^2, z^2$
A_{2g}	1	1	1	1	−1	−1	1	1	1	1	−1	−1	R_z
B_{1g}	1	−1	1	−1	1	−1	1	−1	1	−1	1	−1	
B_{2g}	1	−1	1	−1	−1	1	1	−1	1	−1	−1	1	
E_{1g}	2	1	−1	−2	0	0	2	1	−1	−2	0	0	$(R_x, R_y)(xz, yz)$
E_{2g}	2	−1	−1	2	0	0	2	−1	−1	2	0	0	$(x^2 - y^2, xy)$
A_{1u}	1	1	1	1	1	1	−1	−1	−1	−1	−1	−1	
A_{2u}	1	1	1	1	−1	−1	−1	−1	−1	−1	1	1	z
B_{1u}	1	−1	1	−1	1	−1	−1	1	−1	1	−1	1	
B_{2u}	1	−1	1	−1	−1	1	−1	1	−1	1	1	−1	
E_{1u}	2	1	−1	−2	0	0	−2	−1	1	2	0	0	(x, y)
E_{2u}	2	−1	−1	2	0	0	−2	1	1	−2	0	0	

D_{2d}	E	$2S_4$	C_2	$2C_2'$	$2\sigma_d$	
A_1	1	1	1	1	1	$x^2 + y^2, z^2$
A_2	1	1	1	−1	−1	R_z
B_1	1	−1	1	1	−1	$x^2 - y^2$
B_2	1	−1	1	−1	1	z, xy
E	2	0	−2	0	0	$(x, y)(R_x, R_y)(xz, yz)$

D_{3d}	E	$2C_3$	$3C_2$	i	$2S_6$	$3\sigma_d$	
A_{1g}	1	1	1	1	1	1	x^2+y^2, z^2
A_{2g}	1	1	−1	1	1	−1	R_z
E_g	2	−1	0	2	−1	0	$(R_x, R_y)(x^2-y^2, xy)(xz, yz)$
A_{1u}	1	1	1	−1	−1	−1	
A_{2u}	1	1	−1	−1	−1	1	z
E_u	2	−1	0	−2	1	0	(x, y)

D_{4d}	E	$2S_8$	$2C_4$	$2S_8^3$	C_2	$4C_2'$	$4\sigma_d$	
A_1	1	1	1	1	1	1	1	x^2+y^2, z^2
A_2	1	1	1	1	1	−1	−1	R_z
B_1	1	−1	1	−1	1	1	−1	
B_2	1	−1	1	−1	1	−1	1	z
E_1	1	$\sqrt{2}$	0	$-\sqrt{2}$	−2	0	0	(x, y)
E_2	1	0	−2	0	2	0	0	(x^2-y^2, xy)
E_3	1	$-\sqrt{2}$	0	$\sqrt{2}$	−2	0	0	$(R_x, R_y)(xz, yz)$

T_d	E	$8C_3$	$3C_2$	$6S_4$	$6\sigma_d$	
A_1	1	1	1	1	1	$x^2+y^2+z^2$
A_2	1	1	1	−1	−1	
E	2	−1	2	0	0	$(x^2-y^2, 2z^2-x^2-y^2)$
T_1	3	0	−1	1	−1	(R_x, R_y, R_z)
T_2	3	0	−1	−1	1	$(x, y, z)(xy, xz, yz)$

O	E	$8C_3$	$3C_2$	$6C_4$	$6C_2'$	
A_1	1	1	1	1	1	$x^2+y^2+z^2$
A_2	1	1	1	−1	−1	
E	2	−1	2	0	0	$(x^2-y^2), (2z^2-x^2-y^2)$
T_1	3	0	−1	1	−1	$(x, y, z), (R_x, R_y, R_z)$
T_2	3	0	−1	−1	1	(xy, xz, yz)

O_h	E	$8C_3$	$3C_2$	$6C_4$	$6C_2'$	i	$8S_6$	$3\sigma_h$	$6S_4$	$6\sigma_d$	
A_{1g}	1	1	1	1	1	1	1	1	1	1	$x^2+y^2+z^2$
A_{2g}	1	1	1	−1	−1	1	1	1	−1	−1	
E_g	2	−1	2	0	0	2	−1	2	0	0	$(x^2-y^2, 2z^2-x^2-y^2)$
T_{1g}	3	0	−1	1	−1	3	0	−1	1	−1	(R_x, R_y, R_z)
T_{2g}	3	0	−1	−1	1	3	0	−1	−1	1	(xy, xz, yz)
A_{1u}	1	1	1	1	1	−1	−1	−1	−1	−1	
A_{2u}	1	1	1	−1	−1	−1	−1	−1	1	1	
E_u	2	−1	2	0	0	−2	1	−2	0	0	
T_{1u}	3	0	−1	1	−1	−3	0	1	−1	1	(x, y, z)
T_{2u}	3	0	−1	−1	1	−3	0	1	1	−1	

$C_{\infty v}$	E	$2C_\phi$	$\infty\sigma_v$	ϕ = any angle
Σ^+	1	1	1	z, x^2+y^2, z^2
Σ^-	1	1	−1	R_z
Π	2	$2\cos\phi$	0	$(x, y)(R_x, R_y)(xz, yz)$
Δ	2	$2\cos 2\phi$	0	(x^2-y^2, xy)
Φ	2	$2\cos 3\phi$	0	
⋮	⋮	⋮	⋮	
Γ_j	2	$2\cos j\phi$	0	

$D_{\infty h}$	E	$2C_\phi$	∞C_2	i	$2S_{(-\phi)}$	$\infty\sigma_v$	ϕ = any angle
Σ_g^+	1	1	1	1	1	1	x^2+y^2, z^2
Σ_g^-	1	1	−1	1	1	−1	R_z
Π_g	2	$2\cos\phi$	0	2	$-2\cos\phi$	0	$(R_x, R_y)(xz, yz)$
Δ_g	2	$2\cos 2\phi$	0	2	$2\cos 2\phi$	0	(x^2-y^2, xy)
⋮	⋮	⋮	⋮	⋮	⋮	⋮	
$\Gamma_{j,g}$	2	$2\cos j\phi$		2	$(-1)^j\cdot 2\cos j\phi$	0	
Σ_u^+	1	1	−1	−1	−1	1	z
Σ_u^-	1	1	1	−1	−1	−1	
Π_u	2	$2\cos\phi$	0	−2	$2\cos\phi$	0	(x, y)
Δ_u	2	$2\cos 2\phi$	0	−2	$-2\cos 2\phi$	0	
⋮	⋮	⋮	⋮	⋮	⋮	⋮	
$\Gamma_{j,u}$	2	$2\cos j\phi$	0	−2	$-(-1)^j\cdot 2\cos j\phi$	0	

$R_h(3)$	E	C_ϕ	i	$S_{(-\phi)}$	σ	ϕ = any angle
$D_g^{(0)}$	1	1	1	1	1	
$D_g^{(1)}$	3	$1+2\cos\phi$	3	$1-2\cos\phi$	−1	
$D_g^{(2)}$	5	$1+2\cos\phi+2\cos 2\phi$	5	$1-2\cos\phi+2\cos 2\phi$	1	
⋮	⋮	⋮	⋮	⋮	⋮	
$D_g^{(2j+1)}$	$2j+1$	$1+\sum_{\ell=1}^{j} 2\cos \ell\phi$	$2j+1$	$1+\sum_{\ell=1}^{j}(-1)^\ell\cdot 2\cos \ell\phi$	$(-1)^j$	
$D_u^{(0)}$	1	1	−1	−1	−1	
$D_u^{(1)}$	3	$1+2\cos\phi$	−3	$-1+2\cos\phi$	1	
$D_u^{(2)}$	5	$1+2\cos\phi+2\cos 2\phi$	−5	$-1+2\cos\phi-2\cos 2\phi$	−1	
⋮	⋮	⋮	⋮	⋮	⋮	
$D_u^{(2j+1)}$	$2j+1$	$1+\sum_{\ell=1}^{j} 2\cos \ell\phi$	$-(2j+1)$	$-1-\sum_{\ell=1}^{j}(-1)^\ell\cdot 2\cos \ell\phi$	$-(-1)^j$	

선택된 연습 문제의 해답

Answers to Selected Exercises

제 1 장

1.2. A system is a part of the universe under observation. A closed system is a system that does not allow for transfer of matter to or from the surroundings. Energy, however, can transfer between surroundings and a closed system.

1.3. A closed system has boundaries that prevent matter from moving in and out, although energy can transfer across them. An example is a soda can that hasn't been opened yet; neither gas nor liquid can escape, but energy can be transferred into and out of it (e.g., by cooling it down in a refrigerator).

1.4. (a) 1.256×10^4 cm^3 **(b)** 318 K **(c)** 1.069×10^5 Pa **(d)** 1.64 bar **(e)** 125 cm^3 (f) -268.9°C (g) 0.2575 bar

1.5. (a) 0°C is the higher temperature. **(b)** 300 K **(c)** -20°C

1.7. 10.3 m $\approx$ 34 ft.

1.9. A temperature difference will usually result in heat flow from the hot to the cold system if they are in thermal contact with each other. Under certain circumstances, heat can also flow in the inverse direction, from cold to hot, if external work is put into that process (e.g., in a refrigerator, where heat is extracted from the inside and dumped into the surrounding air).

1.10. $F(T) = 0.164$ L·atm; $V = 0.164$ L.

1.11. $F(p) = 1.04 \times 10^{-4}$ L/K; T = 643 K.

1.13. 1500 L

1.15. 4.8 atm

1.20. (a) $p_{tot} = 1.25$ atm **(b)** $p_{He} = 0.250$ atm, $p_{Ne} = 1.00$ atm **(c)** $x_{He} = 0.200$, $x_{Ne} = 0.800$

1.22. $p_{N_2} = 11.8$ lb/in^2, $p_{O_2} = 2.94$ lb/in^2

1.23. 0.0626 g CO_2 per cm^3

1.25. 35.37 L

1.27. (a) 5 and 5 **(b)** 25 and 55 **(c)** -0.28 and -0.07, respectively

1.28. (a) $3y^2 - \dfrac{2y^2z^3}{w}$ **(b)** $\dfrac{3w^2z^3}{32y} + \dfrac{xy^2z^3}{w^2}$

(c) $6xy - \dfrac{w^3z^3}{32y^2} - \dfrac{2xyz^3}{w}$ **(d)** $-\dfrac{3y^2z^2}{w}$

1.29. (a) $-\dfrac{nRT}{p^2}$ **(b)** $\dfrac{RT}{p}$ **(c)** $\dfrac{p}{nR}$ **(d)** $\dfrac{nR}{V}$ **(e)** $\dfrac{RT}{V}$

1.31. R is a constant, not a variable.

1.33. $\left[\dfrac{\partial}{\partial p}\left(\dfrac{\partial T}{\partial V}\right)_{n,p}\right]_{n,V}$ or $\left[\dfrac{\partial}{\partial V}\left(\dfrac{\partial T}{\partial p}\right)_{n,V}\right]_{n,p}$

1.35. The van der Waals constant a represents the pressure correction and is related to the magnitude of the interactions between gas particles. The van der Waals constant b is the volume correction and is related to the size of the gas particles.

1.38. $T_B(CO_2) = 1026$ K, $T_B(O_2) = 521$ K, $T_B(N_2) = 433$ K

1.40. Units on C are L^2; units on C′ are L/atm (for molar quantities).

1.42. In order of higher to lower predicted ideality: He, H_2, Ne, N_2, O_2, Ar, CH_4, CO_2

1.43. $a = 2.135 \times 10^5$ bar·cm^6/mol^2. The cm^6 unit comes from the fact that 1 L = 1000 cm^3, and there is an L^2 term in the original unit for a.

1.45. The van der Waals constant b is directly proportional to the proper volume of the gas particles and is therefore always positive.

1.46. Under "normal" conditions of about 1 atm pressure and 25°C, V(gas) is approximately 24,500 cm^3. Therefore, the B/V term is about 6.1×10^{-4} for H_2, increasing its compressibility by about 0.06%. For H_2O, the compressibility is decreased by about 4.6%, an easily noticeable deviation from ideality.

1.49. Nitrogen's Boyle temperature is very close to room temperature, implying that its second virial coefficient B is close to zero. Therefore, N_2 would be expected to act close to ideally at room temperature.

1.51. (a) -0.0395. atm/mol **(b)** -0.0013 atm/mol

1.53. $p(V - nb) = nRT$

1.55. $p = 0.9953$ atm. Using ideal gas law: $p = 1.0001$ atm

1.57. No.

1.59. $\left(\dfrac{\partial p}{\partial p}\right)_T = -\dfrac{\left(\dfrac{\partial T}{\partial p}\right)_p}{\left(\dfrac{\partial T}{\partial p}\right)_p}$, according to the cyclic rule. However, it makes no sense to take the derivative with respect to a variable being held constant, so no useful information can be obtained from this expression. The original expression is also mathematically useless, since we typically must find the variation in p with respect to variables other than itself.

1.60. k has units 1/(pressure), like 1/atm or 1/bar. α has units 1/(temp), or 1/K.

1.61. STP: $\alpha = 0.0037\ K^{-1}$ SATP: $\alpha = 0.0034\ K^{-1}$

1.69. $p = 0.81$ atm

1.71. 6

1.73. **(a)** 0.74 **(b)** 0.89 **(c)** 0.94

1.75. **(a)** atom: $\langle E_{trans}\rangle = \frac{3}{2}RT; \langle E_{rot}\rangle = 0$

(b) linear: $\langle E_{trans}\rangle = \frac{3}{2}RT; \langle E_{rot}\rangle = RT$

(c) linear: $\langle E_{trans}\rangle = \frac{3}{2}RT; \langle E_{rot}\rangle = RT$

(d) nonlinear: $\langle E_{trans}\rangle = \frac{3}{2}RT; \langle E_{rot}\rangle = \frac{3}{2}RT$

1.77. Vibrational degrees of freedom have relatively large energy gaps, so they cannot be treated as a continuous distribution of energies. For high vibrational energy values, this simplifies to $\langle E_{vib}\rangle \approx 0$ (see section 1.9), whereas the low vibrational energy limit is $\langle E_{vib}\rangle \approx RT$.

제2장

2.1. **(a)** 900 J **(b)** 640 J

2.3. −0.932 L·atm or −94.4 J

2.5. −3.345 L·atm or −338.9 J

2.7. **(a)** $w = -56.7$ J **(b)** $w = -80.7$ J

2.9. $w = -8160$ J

2.10. $c = 0.18$ J/(g·°C)

2.11. $\Delta T = 3.44$ K

2.15. Final temperature = 24.4°C

2.16. Approximately 1070 drops of the mass are required to raise the temperature by 1.00°C.

2.19. An open system allows for matter and energy exchange with the surroundings (open beaker). A closed system does not allow matter to pass, but energy can be transferred into and out of the system (closed bottle). An isolated system does not allow for passage of matter or energy into or out of the system (thermos-type bottle).

2.21. Equation 2.10 is applicable to isolated systems (no transfer of matter or energy). Equation 2.11 is applicable to closed systems, which allow a transfer of energy between system and surroundings.

2.22. $\Delta U = -70.7$ J

2.23. $w = +5180$ J

2.24. $w = -5705$ J (reversible), $w = -912$ J (irreversible). More work is obtained from the reversible expansion.

2.25. **(a)** $\Delta U = +98$ J **(b)** $\Delta U = +74$ J

2.27. **(a)** ΔU **(b)** ΔH **(c)** ΔU **(d)** ΔH

2.30. **(a)** $w_{tot} = 0$ **(b)** $\Delta U = 0$

2.31. $\Delta U = 1590$ J

2.32. **(a)** $p_{final} = 242$ atm **(b)** $w = 0$, $q = 1.44 \times 10^6$ J, $\Delta U = 1.44 \times 10^6$ J

2.33. When $q = -w$, $\Delta U = 0$ even if final conditions aren't the same as initial conditions.

2.34. $w = +2690$ J, $q = -2690$ J, $\Delta U = 0$ J, $\Delta H = 0$ J

2.35. $q = 516$ J, $w = -599$ J, $\Delta U = -83$ J, $\Delta H = +34$ J

2.36. $\Delta H = 2260$ J, $w = -172$ J, $\Delta U = 2088$ J

2.37. true if pressure is constant

2.39. $\Delta U = -4450$ J

2.41. $q = -15200$ J, $w = +15200$ J, $\Delta U = 0$ J, $\Delta H = 0$ J

2.43. The units should be J/K, J/K^2, and J·K, respectively.

2.49. T(He) ≈ 36 K (compared to 40 K measured experimentally), $T(H_2)$ ≈ 224 K (compared to 202 K measured experimentally).

2.53. $\left(\frac{\partial p}{\partial H}\right)_T = -0.201 \frac{\text{atm}}{\text{J}}$

2.57. $w = +71.1$ J, $\Delta U = -107$ J

2.58. $T_f = 186°C$

2.63. $q = +374$ J

2.65. **(a)** By 21.9%. **(b)** By 16.7%.

2.66. The temperature decreases to about 55.0% of its original temperature.

2.67. **2.67.** $\left(\frac{p_f}{p_i}\right)^{\frac{\gamma-1}{\gamma}} = \frac{T_f}{T_i}$

2.69. $T_i = 410$ K

2.71. $\Delta H = 333.5$ J, $\Delta U = 333.491$ J $= 333.5$ J (4 sig figs). Even in the case of H_2O, which experiences a 9% change in volume upon melting, the difference between ΔH and ΔU is negligible for the solid-liquid phase change.

2.72. The system does 0.165 J of work.

2.74. 6.777 g of ice can be melted.

2.79. $\Delta_f H = +1.9$ kJ/mol

2.83. $q = -31723$ J, $\Delta U = -31723$ J, $w = 0$, $\Delta H = -31735$ J

2.84. $q = -31723$ J, $\Delta H = -31723$ J, $w = +12$ J, $\Delta U = -31711$ J

2.85. $w = 0$, $q = \Delta U = -890.9$ kJ

2.86. ΔH (773 K) $= -491.9$ kJ

제3장

3.1. **(a)** not spontaneous **(b)** spontaneous **(c)** spontaneous **(d)** not spontaneous **(e)** spontaneous (f) spontaneous (g) not spontaneous

3.3. $e = 0.267$

3.4. The individual steps must also be carried out under the proper conditions (i.e., reversible & adiabatic, or reversible & isothermal). If they are, then according to the data, e = 0.191.

3.5. $T_{low} = -36°C$

3.7. $e = 0.268$

3.15. $\Delta S = 0$

3.16. $\Delta S = 74.5$ J/K

3.17. $\Delta S = -1.35$ J/K

3.19. $\Delta S = 23.5$ J/K

3.20. $\Delta S = 100.9$ J/K

3.21. Greater than 0.368 J/K

3.23. $\Delta S_{sys} = -3.97$ J/K, $\Delta S_{surr} > 13.97$ J/K, $\Delta S_{univ} > 0$

3.27. $\Delta S = 8.13$ J/K

3.28. ΔS equals zero if the process is reversible. However, in most cases, release of compressed gas is irreversible, so the change in entropy should be greater than zero.

3.31. $\Delta S_{mix} = 4.6$ J/K

3.32. $\Delta S_{mix} = 2.20$ J/K, $\Delta S_{expansion} = 3.72$ J/K; $\Delta S_{total} = 5.92$ J/K.

3.35. (a) $T_{final} = 75.0°C$ **(b)** $\Delta S_{hot} = -5.03$ J/K **(c)** $\Delta S_{cold} = 6.25$ J/K **(d)** $\Delta S_{total} = 1.22$ J/K **(e)** It is spontaneous.

3.37. $\Delta S = 37.5$ J/K

3.38. $\Delta S = 9.09 \times 10^5$ J/K

3.39. $\Delta S = +8.04$ J/mol # K

3.49. S = 158.99 J/mol # K

3.51. From lowest to highest entropy: $C_{dia} < C_{gra} <$ Si < Fe < NaCl < $BaSO_4$

3.53. $\Delta S = +5.76$ J/mol·K

3.56. (a) -163.29 J/K **(b)** -44.24 J/K **(c)** -1074.1 J/K

3.59. The difference between the two values of entropy change is 118.87 J/K. The difference is due to the phase of the product, H_2O.

3.61. $\Delta S = -13{,}640$ J/K

3.63. ΔS should be positive.

제4장

4.9. Since ΔA is less than or equal to the maximum amount of work the system can do, calculate work for the given conditions and recognize that ΔA must be less than that, since the process is not reversible: $\Delta A < -293$ J.

4.10. The reaction can do up to 237.17 kJ per mole of H_2O reacted.

4.11. $\Delta A = -536$ J

4.12. $w = -15{,}700$ J, $q = 15{,}700$ J, $\Delta U = 0$, $\Delta H = 0$, $\Delta A = -15{,}700$ J, $\Delta S = 57.5$ J/K

4.13. -97.7 kJ

4.14. +2.3 kJ and + 138.3 kJ

4.17. $\Delta S = -3.37$ J/K

4.19. maximum electrical work = 817.8 kJ

4.21. No; the maximum amount of non-pV work that can be obtained is 0.

4.25. $\Delta S = +111$ J/K

4.27. $\Delta A = 0$ (because it's a state function)

4.33. ΔA and ΔG values have entropy components to them, which are not necessarily zero for all isothermal processes.

4.41. ΔU should change by approximately 4460 J.

4.47. $\left(\frac{\partial U}{\partial V}\right)_T = \frac{RT}{V-b} + \frac{a}{TV^2} - p$

4.49. 38.5 J/K

4.51. slope = $1/\Delta H$

4.52. $\Delta G = -967$ J

4.53. $\Delta G = 5.21$ kJ

4.59. $\Delta G = 181$ J

4.61. $\frac{\partial}{\partial T}\left(\frac{\Delta A}{T}\right)_V = -\frac{\Delta U}{T^2}$

4.66. All are intensive variables.

4.68. (a) -1.91×10^3 J **(b)** -5.74×10^3 J

4.69. -29.7 J/mol

제5장

5.5. The minimum ξ is 0. The maximum ξ is 0.169 mol, as determined by the limiting reagent HCl.

5.6. (a) $\xi = 1.5$ mol **(b)** ξ cannot equal 3 mol in this case, because H_2 will act as a limiting reagent at $\xi = 1.66$ mol.

5.7. (a) $\xi = 0.75$ mol **(b)** No; Al is limiting.

5.10. False. $p°$ is the standard pressure, defined as 1 atm or 1 bar.

5.11. $Q = 567$

5.13. $K = 0.507$; $\Delta G° = 1.98$ kJ

5.14. $\Delta_{rxn}G° = -514.38$ kJ; $\Delta_{rxn}G = 2539.26$ kJ

5.15. $p_{NO_2} = 0.105$ atm

5.16. (b) $\Delta G° = -68$ kJ **(c)** $K = 8.2 \times 10^{11}$

5.17. (a) $K = \frac{pNO_2{}^2}{pNO^2 \cdot pO_2}$ **(b)** $\Delta G° = -70.6$ kJ **(c)** $K = 2.4 \times 10^{12}$ **(d)** to the right

5.19. The system would not necessarily be at equilibrium, because the p_i or p_j values in equation 5.9 now have different values. Only if there were the same number of moles on either side of the chemical reaction would these partial pressures cancel mathematically and the equilibrium constants have the same value.

5.23. (a) $\Delta G° = -32.8$ kJ **(b)** $\Delta_{rxn}G = -29.4$ kJ

5.24. ΔG will be zero when all partial pressures are approximately 1.29×10^{-3} atm.

5.25. $p(H_2) = 0.42$ atm, $p(D_2) = 0.017$ atm, $p(HD) = 0.17$ atm, $\xi = 0.083$ mol

5.27. (a) $K = 6.96$ **(b)** $\xi = 0.40$ mol

5.28. $\Delta G° = 10.2$ kJ, $K = 1.63 \times 10^{-2}$

5.31. (a) $K = \dfrac{\dfrac{\gamma_{Pb^{2+}} \cdot m_{Pb^{2+}}}{m^\circ}\left(\dfrac{\gamma_{Cl^-} \cdot m_{Cl^-}}{m^\circ}\right)^2}{\dfrac{\gamma_{PbCl_2} \cdot m_{PbCl_2}}{m^\circ}}$

(b) $K = \dfrac{\dfrac{\gamma_{H^+} \cdot m_{H^+}}{m^\circ} \cdot \dfrac{\gamma_{NO_2^-} \cdot m_{NO_2^-}}{m^\circ}}{\dfrac{\gamma_{HNO_2} \cdot m_{HNO_2}}{m^\circ}}$ **(c)** $K = \dfrac{\dfrac{p_{CO_2}}{p^\circ}}{\dfrac{\gamma_{H_2C_2O_4} \cdot m_{H_2C_2O_4}}{m^\circ}}$

5.33. $K = 8.1 \times 10^{-9}$

5.34. $K = 0.310$

5.35. $p = 1.49 \times 10^4$ atm

5.36. $K = 6.3 \times 10^{-5}$

5.37. $a = 1.5 \times 10^9$

5.39. (a) $\Delta G^\circ = 10.96$ kJ **(b)** $m_{H+} = m_{SO_4{}^{2-}} = 6.49 \times 10^{-3}$ molal, $m_{HSO_4{}^-} = 3.51 \times 10^{-3}$ molal

5.41. (a) $K = \dfrac{a_{CO_2}}{a_{O_2}}$ **(b)** $K = \dfrac{1}{a_{O_2}{}^5}$

5.42. $\Delta H^\circ = -77$ kJ

5.43. $\Delta H^\circ = 20.9$ kJ

5.45. (a) $\Delta H^\circ = 49.5$ kJ **(b)** $\Delta H^\circ = 52.3$ kJ

5.46. A 5-K temperature drop, to 293 *K*, increases *K* by a factor of 2. Lowering the temperature to 282 K, a drop of 16 K, increases *K* by a factor of 10. For $\Delta H = -20$ kJ, the temperatures necessary are 274 K and 232 K, respectively.

5.47. $\Delta H = -57.6$ kJ

5.51. (a) $\Delta_{rxn}G^\circ = 31.03$ kJ; $\Delta_{rxn}H^\circ = 135.54$ kJ **(b)** $K = 3.6 \times 10^{-6}$ **(c)** $p_{CO_2} = p_{H_2O} = 1.91 \times 10^{-3}$ atm **(d)** At equilibrium at 1150°C, $p_{CO_2} = p_{H_2O} = 4.6 \times 10^6$ atm.

5.55. (a) the reactants side **(b)** the products side

5.59. [zwitterion] $\approx 7 \times 10^{-4}$ m in neutral water

제6장

6.1. (a) 1 **(b)** 2 **(c)** 4 **(d)** 2 **(e)** 2

6.3. $FeCl_2$ and $FeCl_3$ are the only chemically stable, single-component materials that can be made from iron and chlorine. Note that we are identifying single components as the compound, not the elements that make up the compound.

6.6. (a) The equilibrium shifts toward the liquid phase. **(b)** The equilibrium shifts to the gas phase. **(c)** The equilibrium shifts to the solid phase. **(d)** No change in phase is expected (unless there is a more stable solid allotrope or crystal form; metallic tin is one example).

6.7. By definition, every pure substance has only one normal boiling point.

6.8. $-dn_{liquid} = dn_{solid}$

6.13. (a) The liquid is losing energy as heat. **(b)** $T_{final} = 19.1$°C

6.15. $\Delta\mu/\Delta T = -214$ J/K

6.16. $\Delta S = 87.0$ J/mol

6.17. MP (Ni) = 1452°C

6.18. MP (Pt) = 3820°C

6.21. Assumptions are that ΔH and ΔV are invariant over the temperature range involved.

6.23. A pressure of ~7.3 atm will make the rhombic form of sulfur the stable phase at 100°C.

6.25. $T = 312$ K

6.26. (a) yes **(b)** yes **(c)** no **(d)** no **(e)** no (f) no (g) no (h) yes

6.27. Normal boiling point is higher.

6.30. A pressure of ~7.3 atm will make the rhombic form of sulfur the stable phase at 100°C. This is very similar to the pressure predicted in equation 6.10.

6.33. The Clausius-Clapeyron equation predicts decreasing vapor pressures in the following order: tert-butanol (44.7 mmHg), 2-butanol (20.5 mmHg), isobutanol (13.6 mmHg), and 1-butanol (9.6 mmHg). This order is also the lowest-to-highest in normal boiling points of the isomers.

6.35. $T = 328$ K or 55°C

6.36. $dp/dT = 7.8 \times 10^{-6}$ bar/K, or about 6/1000 mmHg per degree K

6.37. $p = 0.035$ bar

6.39. $p = 540$ torr

6.42. $p = 97$ atm, corresponding to approximately 960 m beneath the ocean surface.

6.43. $T_{BP} = 365.7$ K = 92.6°C

6.45. $T_{BP} = 394.3$ K = 121.1°C

6.49. Water boils at a lower temperature in the mountains (see exercise 6.43), so cooking takes longer.

6.51. All other solid-liquid equilibrium lines in Figure 6.6 for the other forms of ice have positive values, suggesting that the solids are more dense than water.

6.53. *P* can never be greater than three because degrees of freedom cannot be negative.

6.55. Having four phases in two variables would not allow for a definitive mathematical solution; thus having four phases in equilibrium is not possible.

6.61. (a) $T_{tp} = 508$ K **(b)** $p_{tp} = 2258$ torr

6.62. Higher pressures are needed to have a stable liquid phase for a compound that sublimes under normal pressure. CO_2 is an example.

6.69. $\Delta\mu \approx 209$ J

제7장

7.1. Degrees of freedom = 3

7.3. There would have to be five distinct phases (for example, you could have three different solid phases).

7.8. Minimum amount of H_2O is 6.39×10^{-3} mol (0.115 g); minimum amount of CH_3OH is 3.36×10^{-2} mol (1.08 g).

7.9. $y_{H_2O} = 0.0928$; $y_{CH_3OH} = 0.907$

7.10. a = 0.984

7.14. Total vapor pressure equals 124.5 torr.

7.15. Total vapor pressure equals 133.4 torr.

7.16. $p_{EtOH} = 0.0693$ torr

7.17. $p_{tot} = 42.5$ torr

7.19. $p_{tot} = 32.5$ torr

7.20. $x_{MeOH} = 0.669$, xEtOH = 0.331

7.21. $x_{EtOH} = 0.412$, xPrOH = 0.588

7.23. $y_{C_6H_{14}} = 0.608$, $y_{C_6H_{12}} = 0.392$

7.25. $y_{EtOH} = 0.760$, $y_{PrOH} = 0.240$

7.27. $p_{tot} = \dfrac{p_1^* p_2^*}{[p_2^* + (p_1^* - p_2^*)y_2]}$

7.28. Equation 7.24 is written in terms of the vapor-phase composition, not the liquid-phase composition.

7.29. $\Delta_{mix}G = -3380$ J (for 2 mol of material), $\Delta_{mix}S = -11.5$ J/K (for 2 mol of material)

7.34. Determine the temperature of phase transition (melting, boiling) and compare it with pure components.

7.35. Minimum-boiling azeotropes: CCl_4 & CHOOH, CH_3OH & CH_3COCH_3, H_2O & $C_2H_5OCH_3$ H_2O & pyridine. Maximum-boiling azeotropes: HCl & $(CH_3)_2O$, HCOOH & pyridine.

7.37. Benzene is poisonous and a suspected carcinogen.

7.38. Using a 50:50 mix of ethylene glycol and water lowers its freezing point to below those of the individual components.

7.39. $K = 1.23 \times 10^6$ mmHg $= 1.62 \times 10^3$ atm $= 1.64 \times 10^3$ bar

7.41. 1.31×10^9 Pa $= 1.29 \times 10^4$ atm

7.43. 2.4×10^3 Pa

7.44. Molarity = 0.00232 M; $K = 2.43 \times 10^9$ Pa

7.45. **(a)** $M = 0.00077$ M **(b)** $K = 7.3 \times 10^9$ Pa **(c)** Decrease

7.49. As pure water freezes, the remaining liquid gets more concentrated in impurities, which eventually precipitate as the last liquid solidifies.

7.50. $M = 5.08$ M

7.51. $x_{phenol} = 0.79$, suggesting a solubility of over 1900 g of phenol per 100 g of H_2O. The reason for this odd result is that H_2O and phenol do not form an ideal solution.

7.52. **(a)** 2.78 M **(b)** 29.7 g/100 mL, or about 1.80 M

7.56. MP (Fe, est) = 1515 K

7.62. $x_{Na} = 0.739$

7.67. $p = 37.6$ mmHg

7.69. 347 g/mol

7.72. BP = 101.1°C, MP = −4.0°C, P = 52.5 bar

7.73. $\Pi = 219$ atm

7.75. Δ (MP) = −9.8°C

7.77. $\Delta_{fus}H = 2.69$ kJ/mol

7.80. $K_f = 8.89$°C/molal

7.81. The cryoscopic constant; $\Delta_{fus}H$ is usually much less than $\Delta_{vap}H$, making fraction larger.

7.85. **(a)** $\Pi = 250.8$ atm **(b)** $\Pi = 344.9$ atm **(c)** $\Pi = 424.5$ atm

제8장

8.1. 2.50×10^{-8} C

8.2. **(a)** $F = 3.54 \times 10^{22}$ N **(b)** Charge equals 2.97×10^{17} C, which is approximately × 3 10^{12} mol e^-. This mass of this many electrons is approximately 1.7×10^6 kg, 18 orders of magnitude less massive than Earth.

8.3. **(a)** Charge equals 4.98×10^{-9} C and 9.96×10^{-9} C. **(b)** $E = 312$ and 156 J/(C·m) (or V/m).

8.4. 1 C = 2.998×10^9 statcoulombs

8.5. $F = 8.24 \times 10^{-8}$ N

8.7. $w = 1.602 \times 10^{-19}$ J

8.9. **(a)** $4\,MnO_2 + 3O_2 + 2H_2O \rightarrow 4MnO_4^- + 4H^+$, $E° = -1.278$ V, $\Delta G° = 1480$ kJ **(b)** $2Cu^+ \rightarrow Cu + Cu^{2+}$, $E° = 0.368$ V, $\Delta G° = -35.5$ kJ

8.14. Only part b could provide enough energy to perform the task.

8.15. Part b and part d give reaction that can provide enough energy.

8.16. $E°$ values are shifted up or down by 0.2682 V depending on whether the calomel is used as the reduction reaction or the oxidation reaction in the cell.

8.17. $Hg_2Cl_2 + H_2 \rightarrow 2Hg + 2H^+ + 2Cl^-$

8.18. **(a)** $E° = 1.401$ V, $\Delta G = -270.3$ kJ **(b)** $E° = 0.0067$ V, $\Delta G = -2.6$ kJ

8.19. **(a)** $E° = -0.0005$ V, $\Delta G = -96.5$ J **(b)** $E° = -0.912$ V, $\Delta G = 176.1$ kJ

8.21. The Fe pipe corrodes first.

8.23. $E = 1.307$ V

8.27. dependent variable: E independent variable: Q slope: RT/nF y-intercept: $E°$

8.28. $[Zn^{2+}]/[Cu^{2+}] = \sim 3210$

8.29. $E = 1.540$ V

8.31. Approximately 19,700 K.

8.32. $E = 1.519$ V

8.33. **(a)** $E° = 0.00$ V **(b)** $Q = [Fe^{3+}]/[Fe^{3+}] = 0.001/0.08$ **(c)** $E = 0.0375$ V

8.35. **(a)** $Q = 0.0202$ **(b)** $Q = 0.00287$ **(c)** $Q = 0.0202$

8.36. $K = 3.25 \times 10^{-2}$

8.37. $E \approx -0.0176$ V

8.39. $\Delta S = -70.4$ J/K

8.43. $\dfrac{\partial E}{\partial T} = -0.0000402$ V/K

8.44. $\Delta C_p = -nF\left(2\frac{\partial E^\circ}{\partial T} + T\frac{\partial^2 E^\circ}{\partial T^2}\right)$

8.47. $K = 2.41$

8.49. $K_{sp} = 1.36 \times 10^{-8}$

8.54. $[Cl^-] = 1.38 \times 10^{-6}$ M

8.55. $E_{1/2} = -0.431$ V

8.57. $\phi = -0.000851$ V $= -0.851$ mV

8.59. $a_\pm = 0.00000618 = 6.18 \times 10^{-5}$

8.61. 1.5 *m*

8.60. **(a)** 0.0055 m **(b)** 0.075 m **(c)** 0.0750 m **(d)** 0.150 m

8.69. $\Delta_{soln}H = 17.8$ kJ/mol

8.73. $\gamma_\pm = 0.949$, using equation 8.49

8.74. $I = 0.00280$ m

8.83. $v_i = 4.735 \times 10^{-6}$ m/s, which is over 10,000 times its radius per second

제9장

9.2. One per box: 4 ways. Any number per box: 24 ways.

9.3. 24 ways

9.4. ln (1,000,000!) $\approx 1.281 \times 10^7$. Therefore, 1,000,000! $= e^{1.281 \times 10^7}$

9.5. **(a)** 3.24×10^{25} **(b)** 2.292×10^{102}

9.8. ln (5000!) $\approx$ 37,591, which is the same value as given in the text (*not* from Stirling's approximation)

9.11. On average, there are 25 insects per month over the course of a year.

9.12. **(a)** 113,400 **(b)** 6 **(c)** 20

9.15. $W(0, 1, 2) = 3$

9.17. Most probable distribution: 1 ball in each of three boxes ($P = 0.50$)

9.19. Most probable distribution is the only possible distribution, $W(0, 2, 1)$.

9.24. $N_1/N_0 = 0.38$

9.25. $q = 8.55$

9.27. Up through 15 electronic states, $q = 3.185313\ldots$. Successive terms are negligible after this.

9.29. 13.2 K for 1:2 E_1:E_0, 38.9 K for 1:1 E_2:E_0, 122.5 K for 1:1 E_3:E_2

9.31. G is always higher than A.

9.41. $q = \left(\frac{2\pi mkT}{h^2}\right)^{1/2} \cdot a$ for a 1-D box; $q = \left(\frac{2\pi mkT}{h^2}\right) \cdot A$ for a 2-D box (where A is the area of the box)

9.44. The development of statistical thermodynamic equations is based on the statistical behavior of individual particles. Thus, the masses of those individual particles (i.e., atoms or molecules) must be used, not the molar mass.

9.47. $\Lambda(25\text{ K}) = 1.745 \times 10^{-10}$ m, L(500 K) $= 3.903 \times 10^{-11}$ m

9.48. $q_{el} = V/\Lambda^3$

9.49. At 120 K, krypton is very close to its liquefaction temperature and is not acting like a real gas.

9.50. **(a)** 164.9 J/(mol·K) **(b)** 210.2 J/(mol·K) **(c)** 174.9 J/(mol·K)

9.52. $q_{12}/q_{13} = (12/13)^{3/2}$ (ignoring the nuclear partition function). The q for ^{13}C will always be larger.

9.54. 620 J

9.55. 94,100 K

제10장

10.1. **(a)** 1 **(b)** 1 **(c)** 2

10.3. $I(^{112}\text{Sn}) = 0$; $I(^{114}\text{Sn}) = 0$; $I(^{115}\text{Sn}) = 1/2$; $I(^{116}\text{Sn}) = 0$; $I(^{117}\text{Sn}) = 1/2$; $I(^{118}\text{Sn}) = 0$; $I(^{119}\text{Sn}) = 1/2$; $I(^{120}\text{Sn}) = 0$; $I(^{122}\text{Sn}) = 0$; $I(^{123}\text{Sn}) = 0$.

10.5. $q_{elect} = 19.445$

10.7. $q_{elect} = 8.96$ (not much change from 7.82 at 298 K)

10.8. Minimum $q_{elect} = 1$

10.9. q_{elect} (Ni, 298 K) $= 4.143$ vs. q_{elect} (Ni, 1000 K) $= 5.250$; q_{elect} (Ni, 5.0 K) $=$,3.000 vs.q_{elect} (Ni, 298 K) $= 4.143$

10.11. $D_e = 959.1$ kJ/mol

10.13. $q_{elect} = 5.89 \times 10^{75}$

10.15. $q_{elect} = 10^{128}$

10.16. **(a)** $q_{elect} = 13.1$ **(b)** Room temperature has enough thermal energy ($\approx RT$) to break the He_2 "bond," so it probably won't exist at 300 K.

10.18. $q_{H2}/q_{D2} = 1/\sqrt{2}$

10.19. $\Theta_v = 660.2$ K, $q_{vib} = 1.122$

10.21. $q_{vib} = 1.0042$

10.22. q_{vib} (250 K) $= 1.0045$; q_{vib} (500 K) $= 1.0913$

10.23. q_{vib} (250 K) $= 1.0010$, q_{vib} (500 K) $= 1.0528$

10.24. $q_{vib} = 1.0071$

10.25. 216 (2), 313 (3), 459, and 779 (3) cm^{-1} (degeneracies in parentheses)

10.26. Minimum $q_{nuc} = 1$, minimum $q_{rot} = 1$ (from equation 10.26)

10.27. $q_{rot} = 263.5$

10.29. $T = 374$ K

10.30. $q_{H2}/q_{D2} = 1/2$

10.31. **(a)** 7/5 **(b)** 3/2

10.33. Even-numbered J states are associated with antisymmetric nuclear wavefunctions; odd-numbered J states are associated with symmetric nuclear wavefunctions.

10.36. θ_r should increase because centrifugal distortions will increase the moment of inertia I of the molecule.

10.37. q_{rot} (NH_3) $= 74.8$

10.39. $q_{rot} = 3.22 \times 10^4$

10.44. For HCl, 298 K: $E = -407.8$ kJ/mol, $H = -397.9$ kJ/mol, $G = -456.0$ kJ/mol, $S = 186.5$ J/mol·K

10.49. $C_V = 25.9$ J/mol·K

10.55. (a) 35.8 N/m or 3.58 mdyn/Å **(b)** 150 cm^{-1}

제11장

11.2. 6.66×10^{-21} J; 4.01 kJ/mol

11.3. $E = 3/2RT = 3.72$ kJ

11.5. (a) 1255 m/s **(b)** 370 m/s

11.7. 10,400 Pa or 0.102 atm

11.10. (a) 1305 m/s **(b)** 285 m/s

11.12. $p = 3.68 \times 10^{-21}$ atm; $v_{avg} = 184$ m/s

11.13. $T = 2460$ K

11.15. 213 K, 853 K, 1920 K, 3410 K, 5330 K

11.17. 3×10^{12} K

11.25. ratio $= \sqrt{3/2}$

11.27. (a) Using $v = 15$ m/s and $dv = 10$ m/s, $G(v) = 8.24 \times 10^{-5}$. **(b)** Using $v = 105$ and $dv = 10$ m/s, $G(v) = 3.77 \times 10^{-3}$. **(c)** Using $v = 1005$ m/s and $dv = 10$ m/s, $G(v) = 5.69 \times 10^{-4}$. **(d)** Using $v = 10005$ m/s and $dv = 10$ m/s, $G(v) = 0$.

11.28. $T = 5 \times 10^{-7}$ K

11.31. (a) $v = 64.2595\left(\frac{1}{M}\right)^{1/2}$ **(b)** $v = 972$ m/s

11.33. $T(N_2) = 141{,}000$ K; $T(H_2) = 10{,}100$ K

11.35. $\lambda = 4.82 \times 10^{-7}$ m

11.37. $T/p = 1.767 \times 10^{-7}$ K/Pa

11.39. $\lambda \approx 2.6 \times 10^{12}$ m

11.41. $\lambda \approx 7.65 \times 10^{-10}$ m

11.42. For a given gas, density and temperature are the only variables needed to determine an average collision frequency.

11.43. $z = 2110\ s^{-1}$

11.51. 2.50×10^{-10} s

11.55. Pressure grows as a function of T, so the rate of effusion actually increases with T.

11.56. 2.02×10^{14} per second

11.57. About 4300 s (not accounting for the change in p, however)

11.58. $p = 664$ bar or 4.98 torr

11.59. 2.85×10^{-6} g of Ar per second

11.62. (a) 0.844 cm^2/s

11.63. $D = 0.698\ cm^2/s$

제12장

12.2. rate $= 4.06 \times 10^{-7}$ mol/s

12.3. All rates are 4.06×10^{-7} mol/s

12.5. Order with respect to NO = 2; order with respect to O = 1; overall order = 3.

12.7. rate $= (1.12 \times 10^{-4}\ M^{-2}\cdot s^{-1})[A]^2[B]^1[C]^0$

12.11. rate $= (3.34 \times 10^{-2}\ M^{-1}\cdot s^{-1})[A]^1[B]^1$

12.12. $[A] = 1.33 \times 10^{-2}$ M

12.13. $M^{-3}\cdot s^{-1}$

12.15. 1.6×10^{-3} M; 1.6×10^{-6} M

12.17. 55.2 s

12.21. 35.2 s

12.22. (a) 32.4 s **(b)** 356 s

12.23. (a) 32.7 s **(b)** 397 s

12.26. $\frac{-d[A]}{dt} = k[A]^3$; $\frac{1}{2[A]_t^2} - \frac{1}{2[A]_0^2} = kt$; plot $\frac{1}{2[A]_t^2}$ vs. t, slope $= k$, intercept $= -\frac{1}{2[A]_0^2}$

12.27. (a) $t_{1/2} = \frac{3}{2k[A]_0^2}$ **(b)** $t_{1/2} = \frac{3[A]_0^2}{8k}$

12.28. slope $= -k$; intercept $= [A]_0$

12.31. (a) 2.4 s **(b)** 4.8 s **(c)** 9.6 s

12.33. $t = \frac{[A]_0}{k}$

12.39. slope $= k/2.303$

12.41. Incorrect; any two points define a straight line.

12.43. $K = 77.8$

12.44. $K = 12.9$

12.45. $K = 1.70$

12.48. Initial ratio of (A − B)/(B − C) = 8.98. Equilibrium ratio cannot be determined without knowing the rates of the reverse reactions.

12.51. slope $= -(k_1 + k_2)$

12.62. $E_A = 51.9$ kJ

12.63. $A = 1.2 \times 10^{55}\ s^{-1}$

12.64. $A = 1.21 \times 10^{-11}\ s^{-1}$

12.65. (a) order = 2 **(b)** k (100°C) $= 2.08 \times 10^{-6}\ M^{-1}\cdot s^{-1}$

12.68. (a) $E_A = 159$ kJ/mol **(b)** $A = 1.8 \times 10^{38}\ s^{-1}$

12.75. rate $= k[Cl_2][CH_4]$

12.77. rate $= k[CH_3OH][H^+]$

12.81. $V = 2.6 \times 10^{-6}$ mol/s

12.85. I_2 should proceed most easily.

12.93. $\Delta S^* = -69.8$ J/mol·K

12.95. As ΔS^* increases, A increases; as T increases, A increases.

제13장

13.7. **(a)** 3 unit cells **(b)** 2 unit cells **(c)** 6 unit cells **(d)** 1 unit cell (See Table 13.1 for the crystal systems that fit the given requirements.)

13.11. $r_{max} = \left(\frac{\sqrt{3}}{4}\right)a$

13.14. 4 formula units; face-centered cubic

13.15. FeS_2

13.16. $d = 2.784 \text{ g/cm}^3$

13.19. The missing parameters are either equal to other parameters or defined by the type of crystal structure.

13.25. $\Theta = 8.2°$ and $16.5°$

13.26. $\Theta = 12.3°$ (or 25.2° or 39.7° or 58.5°)

13.27. $N_A = 6.0320 \times 10^{23}$

13.34. **(a)** 15.5° **(b)** 22.3°

13.35. fcc, $a = 4.933$ Å

13.37. It could be body centered cubic. The crystallographer can calculate the density from the derived unit cell parameters and compare to the experimental value.

13.38. KBr diffracts the given X rays at $\Theta = 11.7°$, 13.5°, 19.3°, 22.8°, 23.9°, and 27.9°.

13.41. The sample *could* be MgO, since the ions in this compound are isoelectronic and would have similar scattering factors.

13.42. **(a)** fcc, NaCl-type **(b)** sc **(c)** sc

13.43. **(a)** rutile **(b)** fluorite **(c)** rutile

13.46. coordination number = 8

13.47. coordination number (Ca, fluorite) = 8, coordination number (F, fluorite) = 4; coordination number (Ti, rutile) = 6, coordination number (O, rutile) = 3.

13.49. **(a)** $K^+ (g) + F^- (g) \rightarrow KF$ (crystal)

13.52. **(a)** 399 kJ/mol (coulombic) vs. 636 kJ/mol (lattice energy)

13.53. lattice energy = 683 kJ/mol

13.55. $\rho = 0.307$ Å

제14장

14.3. As T increases, γ decreases.

14.4. **(a)** 1.36×10^{-4} J

14.7. $F = 47.4$ dyn

14.11. **(a)** $\Delta T = 10.8°C$

14.12. $\gamma < \sim 4 \times 10^{-2} \text{ erg/cm}^2$

14.20. **(a)** $9600 \text{ dyn/cm}^2 = 0.72$ torr

14.21. **(a)** 4.56×10^{-5} bar **(b)** 4.56×10^{-4} bar

14.23. 5.55×10^{-5} bar = 0.0417 torr

14.27. **(b)** $p_{vapor} = 25.06$ mmHg

14.30. 49.9°

14.31. −0.157 cm or −1.57 mm

14.35. **(a)** 3.988 Å

14.41. 3.54×10^8 molecules of gas per cubic centimeter

14.42. ~0.01 s

14.43. 7.5×10^8 L

14.44. **(a)** heterogeneous **(b)** heterogeneous **(c)** homogeneous

찾아보기

Index

ㄹ

ㅁ

ㅂ

ㅅ

ㅇ

ㅈ

ㅊ

ㅋ

옮긴이 소개

강릉원주대학교	윤병집, 전상일	순천향대학교	정순기
목포대학교	오세웅	원광대학교	정광우
부경대학교	이명원	한국교통대학교	홍연기

데이비드 볼의 제2판

물리화학 Physical Chemistry

2nd Edition

| 발행일 2017년 3월 1일 2판 1쇄

| 지은이 David W. Ball

| 옮긴이 오세웅 외 6인

| 발행인 박 종 성

| 발행처 

| 주　소 (우) 04003 서울특별시 마포구 잔다리로 101

| 전　화 332-6170~6171

| 팩　스 332-6185

| 등　록 2005.10.20. 제 313-2005-00222호

| ISBN 978-89-92603-09-6 93430

| 값 43,000원

데이비드 볼의
제2판
물리화학
Physical Chemistry
2nd Edition

데이비드 볼의

제 2 판

물리화학

Physical Chemistry

2nd Edition